国家重大出版工程项目

Rebhun's DISEASES OF DAIRY CATTLE

Second Edition

Rebhun's 奶牛疾病学（第2版）

Thomas J. Divers, Simon F. Peek 主编

赵德明　沈建忠　主译

全书包括625幅图片

中国农业大学出版社

图书在版编目（CIP）数据

Rebhun's奶牛疾病学：第2版/（美）迪沃斯（Thomas J.Divers）等主编；赵德明等译.—北京：中国农业大学出版社，2009.8
书名原文：Rebhun's DISEASES OF DAIRY CATTLE，Second Edition
ISBN 978-7-81117-820-3

Ⅰ.R… Ⅱ.①迪…②赵… Ⅲ.乳牛-牛病-诊疗
Ⅳ.S858.23

中国版本图书馆CIP数据核字（2009）第118301号

书　　名 Rebhun's 奶牛疾病学（第2版）
作　　者 Thomas J.Divers，Simon F.Peek　主编　赵德明　沈建忠　主译

策划编辑 汪春林　宋俊果
责任编辑 田树君
封面设计 郑　川
责任校对 陈　莹　王晓凤
出版发行 中国农业大学出版社
社　　址 北京市海淀区圆明园西路2号
邮政编码 100193
电　　话 发行部 010-62731190，2620
编辑部 010-62732617，2618
读者服务部 010-62732336
出　版　部 010-62733440
网　　址 http://www.cau.edu.cn/caup
e-mail cbsszs@cau.edu.cn
经　　销 新华书店
印　　刷 涿州市星河印刷有限公司
版　　次 2009年12月第1版　2009年12月第1次印刷
规　　格 889×1194　16开本　40.75印张　1 197千字
定　　价 338.00元

Rebhun's Diseases of Dairy Cattle, Second Edition
Thomas J. Divers, Simon F. Peek
ISBN-10: 1-4160-3137-5；ISBN-13: 978-1-4160-3137-6

Authorized Simplified Chinese translation from English language edition published by the Proprietor.
ISBN-10: 981-272-126-6； ISBN-13：978-981-272-126-6

Elsevier (Singapore) Pte Ltd.
3 Killiney Road
#08-01 Winsland House I
Singapore 239519
Tel: (65) 6349-0200
Fax: (65) 6733-1817

First Published 2009
2009年初版

著作权合同登记图字：01-2009-7208

第2版译校人员

章节	译者	单位	校者	单位
序	赵德明	中国农业大学	齐长明	中国农业大学
第一章	王金秀	中国农业大学	李玉荣	河北农业大学
第二章	李玉荣	河北农业大学	刘爱玲	西北农林科技大学
第三章	乔俊文	中国农业大学	王桂花	中国农业大学
第四章	白 瑜	中国农业大学	丁天健	中国农业大学
	张交儿	沈阳农业大学	许立华	宁夏大学
			张珠明	宁夏大学
第五章	孙 斌	黑龙江八一农垦大学	苑方重	河北农业大学
	周海云	中国农业大学	尹晓敏	中国农业大学
第六章	杨秀进	宁夏大学	王金果	中国农业大学
	余 琦	中国农业大学	周海云	中国农业大学
	郭又春	中国农业大学	岳 欣	中国农业大学
第七章	苏晓鸥	中国农业大学	师福山	中国农业大学
第八章	叶思丹	中国农业大学	马 欣	中国农业大学
	牟爱生	中国农业大学	孙 斌	黑龙江八一农垦大学
第九章	王 洋	中国农业大学	张晓立	中国农业大学
	岳 欣	中国农业大学	李泽盛	中国农业大学
第十章	师福山	中国农业大学	苏晓鸥	中国农业大学
			谭荣荣	中国农业大学
第十一章	王桂花	中国农业大学	乔俊文	中国农业大学
第十二章	任 伟	中国农业大学	林敬筠	中国农业大学
	黄 瑛	中国农业大学	涂 健	安徽农业大学
第十三章	王伊琴	内蒙古二连浩特出入境检验检疫局	杨利峰	中国农业大学
			杨 杨	中国农业大学
第十四章	张交儿	沈阳农业大学	白 瑜	中国农业大学
			鲁 云	中国农业大学
第十五章	赵化阳	山东农业大学	黄 瑛	中国农业大学
	白 玉	中国农业大学	王 进	中国农业大学
第十六章	王金秀	中国农业大学	李玉荣	河北农业大学
索引	默罕默德	中国农业大学	李 华	中国农业大学
	杨利峰	中国农业大学	常家鑫	中国农业大学
			王 洋	中国农业大学

第1版译校人员

主　　译　赵德明　沈建忠

审　　校　狄伯雄　温代茹

译　　者　（按姓氏笔画为序）

马梦琳	王乐元	王宏卫	尹燕博	齐长明	匡　宇
刘　群	江海洋	吕　慧	李纪平	李俊锁	陈西钊
陈明勇	张成林	张金国	张素霞	肖希龙	沈建忠
余　姗	庞万勇	查红波	祝俊杰	赵德明	夏茂华
常建宇	董世山	彭真信	裴建武	滕可导	薛水玲

撰稿者
Contributors

Alexander de Lahunta, DVM, PhD, Dipl ACVIM, ACVP
James Law Professor of Anatomy
Department of Biomedical Sciences
College of Veterinary Medicine
Cornell, University
Ithaca, New York

Thomas J. Divers, DVM, Dipl ACVIM, ACVECC
Professor, Large Animal Medicine
Department of Clinical Sciences
College of Veterinary Medicine
Cornell University
Ithaca, New York

Norm Ducharme, DMV, MSc, Dipl ACVS
Professor of Large Animal Surgery
College of Veterinary Medicine
Cornell University
Ithaca, New York

Francis H. Fox, DVM, Dipl ACVIM
Professor Emeritus
College of Veterinary Medicine
Cornell University
Ithaca, New York

Susan Fubini, DVM, Dipl ACVS
Professor of Large Animal Surgery
Department of Clinical Sciences
College of Veterinary Medicine
Cornell University
Ithaca, New York

Franklyn Garry, DVM, MS, Dipl ACVIM
Professor, Department of Clinical Sciences
Colorado State University
Fort Collins, Colorado

Lisle W. George, DVM, PhD, Dipl ACVIM
Professor, Dept of Medicine and Epidemiology
School of Veterinary Medicine
University of California
Davis, California

Robert O. Gilbert, BVSc, MMed Vet, MRCVS, Dipl ACT
Professor of Theriogenology
Senior Associate Dean
College of Veterinary Medicine
Cornell University
Ithaca, New York

Charles Guard, DVM, PhD
Associate Professor
Population Medicine and Diagnostic Science
College of Veterinary Medicine
Cornell University
Ithaca, New York

Robert Hillman, DVM, MS, Dipl ACT
College of Veterinary Medicine
Cornell University
Ithaca, New York

Sheila M. McGuirk, DVM, PhD, Dipl ACVIM
Professor, Department of Medical Sciences
School of Veterinary Medicine
University of Wisconsin
Madison, Wisconsin

Simon F. Peek, BVSc, MRCVS, PhD, Dipl ACVIM
Clinical Professor
Large Animal Internal Medicine, Theriogenology, and Infectious Diseases
School of Veterinary Medicine
University of Wisconsin
Madison, Wisconsin

Ronald Riis, DVM, MS, Dipl ACVO
Associate Professor of Ophthalmology
Department of Clinical Sciences
College of Veterinary Medicine
Cornell University
Ithaca, New York

Danny W. Scott, DVM, Dipl ACVD
Professor of Medicine and Dermatology
Department of Clinical Sciences
College of Veterinary Medicine
Cornell University
Ithaca, New York

Bud C. Tennant, DVM, Dipl ACVIM
James Law Professor of Comparative Medicine
Department of Clinical Sciences
College of Veterinary Medicine
Cornell University
Ithaca, New York

David C. Van Metre, DVM, Dipl ACVIM
Assistant Professor
Department of Clinical Sciences
College of Veterinary Medicine and Biomedical Sciences
Fort Collins, Colorado

Frank L. Welcome, DVM
College of Veterinary Medicine
Cornell University
Ithaca, New York

Robert H. Whitlock, DVM, PhD, Dipl ACVIM
Associate Professor of Medicine
Department of Clinical Studies
New Bolton Center
School of Veterinary Medicine
University of Pennsylvania
Kennett Square, Pennsylvania

Amy E. Yeager, DVM, Dipl ACVR
Staff Veterinarian
Imaging
Cornell University Hospital for Animals
Ithaca, New York

译者的话

英文版《REBHUN'S DISEASES OF DAIRY CATTLE》（REBHUN'S奶牛疾病学）1995年问世以来，已经成为世界范围内奶牛疫病诊断方面的权威之作。中文译本1999年翻译出版后受到国内广大致力于奶牛临床疾病诊断方面的兽医及从业者的好评。

主编WILLIAM C. REBHUN博士是美国康奈尔大学非常优秀的诊断医师，不幸的是，他在英文版问世第2年的1996年却英年早逝。但他的博学和坦诚豁达的人格魅力，赢得了同事、朋友的无比尊重和深切怀念。为了纪念REBHUN博士，并继承发扬他在奶牛科学与技术方面的成就，由THOMAS J.DIVERS和SIMON F. PEEK 博士联系国际上曾与REBHUN博士交往密切的专家，分别撰稿，编辑出版了本书的第2版。

在这里，我们为能够继续将第2版翻译为中文，奉献给广大国内读者，感到非常高兴。第2版保留了原版的风格和框架，内容涉及临床检查、治疗方法以及日常操作，还包括中毒、代谢疾病及部分传染病诊断治疗的相关内容，在不同系统分别阐述，总共16章。与第1版相比，在形式和内容上都作了很大改进和完善，增加了实用性与可读性。

新版本采用全彩印刷，较第1版增加了数百幅彩图，更详尽直观地展现了临床检查的方法与操作要领。一些症状典型、效果清晰的图片，具有很高的鉴别诊断意义及临床诊断价值。

新版本增加了肢蹄病的部分内容，奶牛的肢蹄病不论对散养户和规模化的养殖场，都属常发病，也是重要病，本版收集了更多临床诊断的资料并提出切实可行的解决方案和治疗措施。这对于我们国家的奶牛肢蹄病诊断同等重要。

新版本增加了大量新药的给药剂量和合理用药的原则，具有很高的现实治疗意义，对于目前国内的临床药物治疗有很好的参考价值。书中还增加了药物残留检测、代谢病的日常护理及应对方案。本书虽不像专门的兽药检测书籍那样系统全面，但是原理简单明了，内容言简意赅。

新版本增加了临床中很多例如心电图检查、输血方法及腹腔穿刺等操作性强、适用性广的方法，对于奶牛疫病的诊断治疗具有直接的诊断价值和治疗意义，某些方法也成为临床治疗的必掌握科目。

新版本改进和完善的内容很多，在此不能一一列举。总之由于第1版基础很好，第2版传承了第1版的编书理念，又汇集了众多活跃于北美的权威专家，注入了新知识和新技能，应该是好上加好。

需要提出的是，英文版附加了一套介绍手术操作等过程的视频短片，但由于翻译制作程序繁琐，远不能赶上版权合同中规定的出版日期，经商定，中文版未附加。有希望了解详细信息的读者，请直接参阅英文原著。

为将原著内容准确真实地呈现给读者，在翻译过程中，所有翻译、审校人员恪尽职守，历时两年，几易其稿。可以说，书中的字字句句，既体现了原作者的经验与智慧，又凝聚了译校者的心血与汗水。

由于译者水平和时间所限，翻译过程难免有错误，希望读者多提宝贵意见！

William C. Rebhun
1947年7月24日至1999年3月24日
康奈尔大学医学教授

非常荣幸为William C. Rebhun博士的《奶牛疾病学》一书题词。Rebhun (Bill)博士1967年至1971年是我的学生，他在大动物方面实践了2年后，我邀请他回康奈尔大学兽医学院教授大动物临床课程。他回到康奈尔是我60余年工作生涯中的闪光点之一。Rebhun 博士是一位非常优秀的诊断医生，是我教过的学生中最棒的。他对奶牛疾病的理解几乎无懈可击，可以解释奶牛体检中每一个异常的细节。通过细致的检查，他可以很快地分析发现的问题，为奶牛的主人提供详细、准确适当的治疗方案。他是一名掌握3C的兽医：完整、自信和沟通（completeness, confidence, and communication）；这些就是最杰出兽医学家具备的特点。

Bill是个有竞争精神的人，他工作时会特别努力，休息时也会非常放松。在很多体育项目，特别是垒球方面，他不仅是积极的观众，而且是一个活跃的参与者。作为一个典型的个人主义者，他又是个真正的户外运动者和狂热的猎手。在临床中的他，有威严，无偏见，令人安心，并且热情有同情心，被广泛认可。他可以很精确地回忆并重复操作。他有异常精确的记忆，无偏见、不妥协的诚实。这些特点在他职业和私人的人际关系中非常明显。在很多情形下，他很有趣。这些特点在他的课堂上经常见到。Bill可以灵活运用以前的情形和病例作为教学素材，包括好的和不好的。他还经常把他犯的或遇见的错误当作重点来讲述。Bill尊重别人的意见，并且喜欢与同事交流学术思想。当他讲述自己的观点时经常很独立，很激动。他赞扬和尊重周围有才能的人，敞开胸怀，一直努力学习，甚至在他最后的几个月里。

我认为Bill是位非常杰出的撰稿人，写书贯穿了他的整个职业生涯，因此又出版了该书的第2版。

尽管在奶牛诊断上群体（牛群健康）诊断仅仅才开始20多年，我们应该详细记忆所有奶牛兽医提供的基础症状，以便能“识别患病动物、快速确定疾病发展进程并提供合适的治疗”。建立在Rebhun博士第1版基础上，第2版的合作者/作者将为广大读者提供诊断和治疗患病奶牛的最新技术。这将是每位对患病奶牛诊断和治疗感兴趣的读者所期待的。这本书将成为Rebhun博士留给大家的永远的遗产。

Francis H. Fox, 兽医学博士,
美国兽医内科学双博士
康奈尔大学45岁级别的名誉教授

（赵德明译，齐长明校）

序
Preface

我们写这本书的目的主要有两个：一是，为大家提供一本在奶牛疾病方面最新、尽可能全面的书；二是，为了William Rebhun博士的荣誉。与Bill一起工作和学习是我们的荣幸，我们将永远受惠于从他身上学到的知识。Francis Fox 博士在题词中说到了Bill的博学，认识Bill的人，不管是学生、同事还是顾客，都对Fox 博士描述的Bill的幽默、热心、专业有深刻的印象。这就是他对奶牛学技术，以及科学的执著。

计划出版本书的时候，我们联系了与Rebhun博士联系密切的国内外专家，甚至包括奶牛场的兽医。来源于对Rebhun博士的尊敬，每位潜在的作者都欣然同意为《Rebhun's奶牛疾病学》第2版撰稿。在此，我们对所有的作者表示感谢。本书为了纪念Rebhun博士，来自北美洲的撰稿者都是自己所在领域的非常著名的专家；因此，我们希望书中提供的详细信息能对世界范围内相关的读者有用。

这一版中许多章节比第1版有了很大变化，为读者提供了更新的诊断和治疗技术；同时，我们还保留了很多Rebhun博士意义深远的思想和语言，这将是奶牛疾病诊断技术和操作中永远的遗产。奶牛疾病越来越倾向于牛群健康状况和产量的诊断，我们试图将这点贯穿于本书的每一章节；然而，与Rebhun博士的第1版相似，第2版仍主要集中在个体奶牛疾病方面。我们希望本书能在您诊断和治疗奶牛疾病方面有所帮助，同时也可以作为兽医课程的参考书。

本版还提供了DVD光盘，里面包含58个神经系统、超声、内窥镜病例检查的实际录像——手术技术和影像技术将会为现代的执业兽医师提供更多相关的资料（中文翻译版未附加DVD）。

我们还要感谢Bridgett Barry博士，Rebhun博士的妻子，她花费了大量的时间来检索Bill留下的奶牛病例照片和录像，并为由她发起的这个计划提供资助。我们同样要感谢录入书稿的康奈尔大学的Anne Littlejohn、对本书自始至终负责的Elsevier出版社的Teri Merchant 和David Stein。再次感谢Bridgett、Anne、Teri和David。

最后，我们还要感谢我们的家人，Nita、Shannon、Bob和Laurie、Emma、Michael和Alexander，他们是我们生命的中心。T.J. Divers要感谢他的父亲鼓励他在奶牛场度过25年，同时感谢George Lawrence、Al Rice、Dilmous Blackmon、John McCormick、Robert Whitlock和Lisle George博士们，他们教给他奶牛疾病方面的知识和技术。S.F. Peek要对父母、Bill 和 Lorna的支持表示感谢和爱意，他衷心地感谢能有好的运气和机会跟随Tom Divers、Bill Rebhun和Bud Tennant博士们学习这么多年。

Thomas J. Divers

Simon F. Peek

照片是Rebhun博士在1996年3月参加康奈尔会议时照的——这将被他的朋友和同事永远铭记。

（赵德明译，齐长明校）

目录
Contents

第一部分

PART I

检查和分析

Examination and Assessment

第一章
CHAPTER 1

临床检查
The Clinical Examination

Thomas J. Divers and Simon F. Peek

临床检查包括三部分：⑴获取有意义的病史；⑵进行彻底的体格检查，包括对环境的观察；⑶必要时选择合适的辅助检验。

临床检查的目的是进行鉴别诊断以及理论诊断来确定器官系统的疾病。有经验的临床大夫可以对绝大多数病例作出准确的诊断。对于疑难病例，即使是有经验的兽医师也只能提出需要鉴别诊断的几种可能，需要作出准确诊断尚需更多的资料。

临床检查与其说是一门科学不如说是一门艺术。临床检查的一般程序可以教授，但在其实施和理解中则需要必要的实践经验。懒惰、不善观察或者是不善与畜主沟通的人绝不会成为优秀的临床大夫。

临床检查的目的是寻找解开病畜疾病之谜的线索。这些线索通常以“体征”的形式表现出来。检查者通过望、触、叩和听诊等手段可以发现这些症状。兽医所说的“体征（signs）”与医学上所说的病人的“症状（symptoms）”相对应。在《*Stedman*医学词典》中是这样定义“症状”的：“病人感知的任何病态现象或生理功能、外表或感觉偏离正常，是疾病的指征”。同书将“体征”定义为“医生在对病人检查中发现的表明病态的任何异常”。虽然有些学究气，但这些名词的兽医学定义已经自然形成，认为动物没有“症状”而仅有“体征”。但我认为病牛能“感知”偏离正常的状况并将这种感觉表示给有经验的临床兽医师。为了避免拘泥形势，本书中将全部应用“症状”一词。

症状不是诊断的唯一线索。有关牛的正常行为知识、对病畜环境的准确估测、环境与病畜间可能的关系、辅助检测或数据均对确诊有用。“初步”诊断可在病史调查和物理检查后得出，而由“初步”诊断变为最后的确诊则需要辅助检测的数据。

实习医生的主要的障碍是资料和症状结合起来作出诊断或者鉴别诊断。缺乏临床经验的医生常把注意力集中在某一症状或者零碎的病史资料上，以至于在诊断时“只见大树，不见森林”。当病牛存在两种或者两种以上的并发病时初学者往往更感困难。在这种情况下，病畜表现的症状往往与教科书上所列的两种疾病的症状均不一致，使检查者难以作出诊断。例如，患有严重的子宫炎（metritis）和皱胃左侧移位（left abomasal displacement，LDA）的牛往往出现发烧并伴有食欲废绝。而这并非LDA的典型症状，因此。缺乏经验的医生很可能想排除LDA。临床大夫必须懂得并发病会单纯地叠加或成倍地加重始发病的症状，同时有些症状亦可能互相掩盖；例如，因低血钙（hypocalcemic）而躺卧的牛（体温低于正常值）在感染了大肠杆菌性乳腺炎（coliform mastitis）（发烧）时临床检查体温正常。

许多疾病是病畜和人的“问题”造成的。这些问题是编写《提问或医疗记录》（Problem-Oriented Medical Record）的基础。我并不是不同意这种思考方式，但事实上它对优秀的诊断人员的诊断技术及综合判断能力的提高没有丝毫帮助，仅仅是让别的医生和学生按编写这种记录的医生的思路行事。这对涉及同一病畜的医生间的交流也许有益。这种提问式方法的主要问题是不能使一个差的诊断人员变得优秀。如果不能将掌握的资料和表现的症状综合考虑，就不能很好地解决问题，也就不能做出正确的诊断。因此，提问式方法并不是万灵药，而只是一个训练有素的医生行医实践中常规思维方式的一个分支。

病史
HISTORY

获得准确并且有意义的病史或既往史是建立诊断的基本要素。有些病史也许准确但毫无意义，甚至在某些病例中起误导作用。临床医生应慎重提问以避免畜主或饲养员回答时形成口头上的偏见。在获取病史时，医生还应尽可能展示自己对特定病畜的品种、年龄、用途和体形的知识。当医生显示出对病畜各方面的博学时，会给畜主良好的印象而主动提供更多的病史资料。若大夫表现出对病畜和奶牛场的无知时，畜主通常会有所保留，回答问题简短，甚至对大夫诊断牛病的能力产生怀疑。因此，取得病史资料也是一门艺术，一部分取决于与畜主的沟通能力。谨记畜主以他们的牛为骄傲，关心牛群，并为其投入大量的资金。临床兽医通过展露知识和关心病畜、牛群以及奶牛场而增加牛场主对自己的信任。

病史询问由哪儿开始呢？畜主通常要求兽医注意某一特殊问题，这种问题很明确，也可能含糊不清。例如，主诉的乳房炎的部位是具体的，但原因却无特异性。而患牛“厌食”是一个更含糊的问题，需要更多更详尽的病史资料。对奶牛病的诊断，常常需要问几个关键性的问题，这类问题有些可通过观察直接得到答案，病史询问可以省去。下列问题为询问病史时应该提出的典型问题的范例。

1.该牛什么时候产犊？现在处于泌乳期的什么阶段？

2.首次出现病状的时间？自此之后有什么变化？是否测量过体温？

3.用什么药物治疗过？

4.这个泌乳期或以往的泌乳期中是否发生过其他疾病？

5.现在吃什么饲料？

6.发病前的泌乳量和当前泌乳量？

7.粪便情况？

8.是否注意到其他异常情况？

9.其他的牛（犊牛）是否有类似的问题？如果有，结局如何？

亦可能还有其他信息需要了解。多数情况下，有经验的临床兽医常常已经了解动物的品种、性别、大致年龄、用途和其他饲养管理的资料。某些情况下特殊的年龄资料也许很有必要。当病牛明显注射过药物时，医生通过问题3询问有关治疗情况，可显示自己非常善于观察。问题8则是随意回答的问题，从善于观察的畜主那里可能获得有价值的信息，而由粗心的畜主那里可能得到完全无价值的信息。大夫了解病史资料应尽量完整，但也应避免问一些无意义的问题，因为这样可能惹恼畜主，把畜主的思想搞乱了。学生在刚开始工作时，常会问一些不相关的问题，比如在牛明显难产时却问畜主给牛吃什么了，畜主会怎么想？这种情况下，缺乏经验的大夫或学生的目的是努力取得更充分的资料，但却使畜主感到不快，常会回答说：“吃什么有区别吗？现在的问题是生小牛！”

询问病史的另一重要方面是确定疾病的持续时间。虽然不同专家对确定每一类疾病的准确时间持不同意见，但用做区别疾病时间长短的一般术语仍是：最急性、急性、亚急性和慢性。Rosenberger建议如下：

最急性＝0～2 d

急性＝3～14 d

亚急性＝14～28 d

慢性≥28 d

这种分法比美国的习惯分法要长，因此，我建议用下述分法：

最急性＝0～24 h

急性＝24～96 h

亚急性＝4～14 d

慢性≥14 d

兽医师为了取得有效的病史资料尚需要人际交往的艺术和“得体的举止”，这与内科医生常常采用的方式相似。兽医大夫必须建立的是医生—畜主关系，而内科医生必须建立的则是更直接的医患关系。精湛的业务技术与有效的沟通能创造良好的医患关系，这是兽医大夫能被畜主认可的秘诀（就像在人医中情况一样）。

有经验的兽医师能调整自己的状态，对待博学且受教育程度较高的畜主需要更标准的语言和准确的用词，而受教育程度较低的畜主则有可能由于不理解科学术语和丰富的词汇而引起误会。

病史调查还应弄清楚一般观察不能确定的有关特征的问题。因为我们涉及的仅仅是牛，所以，动物的用途、性别、颜色、品种、体型和年龄通过观察很易搞清楚。如果产奶量急剧下降，那么确定贵重牛仅做繁殖用是否值得保留则是非常重要的。因为有些疾病在某些品种、颜色、年龄和性别中比另一些更常发生，所以，认识外貌的各种特征是很重要的。

物理检查
PHYSICAL EXAMINATION

兽医一看见牛，物理检查就已经开始了。

一般检查 General Examination

一般检查包括望诊和观察。有经验的大夫常常很快完成一般检查，有时同时从畜主那里获得相关的病史资料。一般检查可短至 30 s，如需进一步观察亦可长达 5 min。作为一般检查的一部分，大夫需对病畜的体质——姿势、体况、体型结构和性情做出评价。

姿势

姿势往往提示某一特殊诊断或某一特定系统的紊乱。大夫在认识非正常的姿势之前必须具备奶牛、犊牛和公牛正常姿势的知识。牛患腹膜炎时出现那种弓背站立姿势和不愿走动可能提示金属器具病或穿孔性皱胃溃疡或仅有背部肌肉骨骼的损伤；若发现牛常常靠在围栏上可能患有神经性酮病或李氏杆菌病；若牛站立时头前探，眼半闭，精神沉郁可能患有脑炎或额窦炎；牛躺卧时呈观星状可能有垂体脓肿；围产期中牛躺卧时颈部呈“S”状可能为低血钙症。上述各种姿势均为异常，是疾病的表现。但也有一些姿势没有特殊的意义，例如，患有低血钙症的牛当受到刺激或有人靠近时常有张嘴或吐舌头的动作，而某些神经质的牛健康时亦有这种姿势。伴有里急厚重的弓背站立可以在单纯性阴道炎、球虫病或直肠刺激时见到，但在肝病和狂犬病时亦出现同样的体态。

牛起立时的典型动作是先抬起后躯，同时前部用腕支撑然后才抬起前腿。牛像马那样先抬起前腿起立的方式并不多见，但有些牛，尤其是瑞士褐牛，前肢跛行的牛以及怀孕晚期的牛则属该种起立方式。因此，熟悉牛的正常变化尤为重要。我们不可能列举牛可能出现的所有异常姿势，但将部分异常姿势列举如下，见表1-1。

体况

动物的体况是一般检查过程中评定体质的另一重要因素。多数情况下，体况是根据主观感觉和经验来判断的。临床大夫可以根据牛群的总体状况或者与同群的其他个体比较来评定犊牛或成年牛的体况。过于肥胖的牛在围产期易患代谢疾病。当其发生骨骼肌肉损伤时，可能会比瘦的牛更容易躺卧。

有些牛虽瘦但完全健康。当一头牛由于生病而失重变瘦时，它的表现与同群牛是不同的。健康清瘦牛有正常的被毛且无脱水现象，有精神且食欲正常。由于慢性疾病而失重的瘦弱牛被毛粗糙无光泽，皮肤脱水，精神迟钝。临床大夫必须牢记严重的急性病每天可失重50 lb × 0.454 kg/lb=22.7 kg以上。动物的体况与疾病的持续时间密切相关。极度瘦弱总是与慢性疾病相关，如寄生虫病、慢性脓肿、慢性骨骼肌肉疼痛、副结核病、肿瘤晚期和营养不良。

乳牛的体躯评分是根据某些客观指标加主观判定体况的评分系统。体躯评分用于牧场管理可估测牛的营养水平及与此相关的产奶量、相对的能量摄入和泌乳期。通过观察和触诊牛的腰部、腰椎横突和从身体后部观察尾根部的面积得到牛的记分。记分为0～5分，每级相差半分，0分是非常瘦弱的，5分则是相当肥壮的。理想的记分是泌乳期牛3.5分，初产牛2.0~2.5分，干奶期的牛为3.0分（见第十四章）。

体型

在牛的一般检查中，体型结构是估测体质的第三要素。熟悉正常牛的体型结构对于发现牛的结构缺陷是很有价值的，因为结构缺陷可能诱发或暗示某些特殊疾病。例如，奶牛的乳房结构极其重要，其悬韧带松弛会造成乳头损伤和乳房炎。驼背的犊牛有可能脊柱异常，例如，半椎体畸形。蹄指外分易导致指（趾）间纤维瘤。系部虚弱常易患慢性蹄病。压扁的尾根部会导致会阴和阴门的长期粪便污染，是导致繁殖障碍或上行性尿路感染的潜在因素。慢性卵巢囊肿可使许多牛的外形结构发生改变，使得牛的颈部增厚，尾根部隆起，荐坐韧带以及会阴松弛。

性情

性情是体质的第四个要素。评价动物性情时，先与其保持一定距离评价，然后慢慢靠近进行一般检查。从实际工作和法医学的角度看，无论何时临床大夫必须注意防止病牛可能出现的意外动作或攻击行为，以免管理人员、临床大夫或动物本身受到伤害。奶牛场的公牛绝对不可信任，即使他们显得

表1-1 牛的某些异常姿势列举

弓背，厌食，肘外展（疼痛站立姿势）	胸膜炎，腹膜炎
弓背，厌食，躺卧时四肢伸得比正常远，不愿站立	多关节炎
弓背，食欲正常，前肢前伸，后肢后送比正常远	背部肌肉骨骼损伤
胃鼓气，举尾，头颈平伸，前肢和后肢均比正常时前伸和后送，精神紧张，耳竖立，瞬膜突出	破伤风
卧地，前肢伸直	前肢肌肉骨骼损伤，通常为腕部损伤
侧卧但有警觉反应	有时为正常状态；常是肌肉骨骼疼痛的指征，引起一肢或多肢不愿弯曲；由于乳房肿胀，乳房血肿、腹疝或腹部蜂窝组织炎引起的腹侧部疼痛
躺卧时颈部呈“S”状弯曲，沉郁或昏迷	低血钙症
侧卧，角弓反张，沉郁	
犊牛	脑灰质软化或其他中枢神经系统疾病
成年牛	偶见于低镁血症或中枢神经系统疾病
躺卧，高度兴奋	低镁血症，偶见低血钙症
磨牙，眼瞎但有良好的瞳孔反应，沉郁	铅中毒，脑灰质软化
磨牙，用鼻子抵推物体	慢性腹痛，鼻窦炎，肌肉、骨骼疼痛
腹痛	伴有小肠积气和积液的消化不良；小肠梗阻；肾盂肾炎或其他泌尿道异常；盲肠鼓胀或扭转
“祈祷”姿势：腕部支地，后躯抬起	蹄叶炎
里急后重	阴道炎，直肠刺激，球虫病，狂犬病，肝衰竭，牛病毒性腹泻（BVD）或是跛行
犬坐姿势	抬起后躯前可能是瑞士褐牛的正常姿势，偶见于其他品种；如果牛不能抬起后躯但能抬起前端（不是动物的正常姿势）提示胸腰段脊髓损伤
后蹄在躯体下，前蹄在躯体前，不愿站立或运动	蹄叶炎或严重的前肢跛行
后蹄站在平台边缘而蹄踵不负重	蹄踵溃疡，蹄过度生长，蹄底溃疡
后蹄在排粪沟中，后肢伸至躯体之后	痉挛综合征，平台过短，蹄踵疼痛
后蹄在排粪沟中，后肢伸至躯体之后，脊柱前凸	慢性肾痛，慢性肾盂肾炎，其他原因引起的腹痛
前肢交叉，不愿运动	两侧的蹄内侧都出现跛行
咀嚼物品，咬水槽，咬铁管，舐咬皮肤，有攻击行为，虚脱	神经性酮病或器质性中枢神经系统疾病

很温顺。接近带有新产小牛的母牛也应小心，因为许多人已被外表安静但为了保护小牛而突然变得有攻击性的母牛所伤害甚至攻击致死。有些奶牛有天生的野性和恶癖，接近它们时应极小心，如果可能应先将其保定在狭栏内。值得庆幸的是，大多数奶牛都是比较温顺的，除非受惊吓或没有提示的接触，可以接受全面的检查而无需特别的保定。

按照一般规律，自由放牧的牛比在圈舍中饲养的牛更具野性，但也有例外。畜主的行为方式和性格可直接反应在畜群中观察到的满意程度上。有些牛群完全由安静和得到满足的牛只组成，而另一些牛群，所有的牛都显得不安、神经质和怕与人接触。后一种牛群毫无例外地处于粗鲁的管理之中，常常得不到善待。在实际工作中兽医要很快学会并调整自己以适应各种不同的牛群。现在，牛群的扩大和非人工管理的自然放牧正在增多，而使得人和牛接触较多的家庭牧场已经减少。

助手须知

在厩舍中始终要遵守的规则是对所有的牛（年轻的和年老的）要充满耐心和爱心。谁在牛群中发脾气和对牛的态度粗暴，他的作用就立即停止。人人必须有耐心，牛不是会推理的动物。要记住这是母亲之家，对待每头牛都必须像对待母亲一样。泌乳是母性的功能，粗暴的对待会减少泌乳。这既伤害了牛，也伤害了我。在与我的牛打交道时请记住这一点。

W.D.Hoard,Hoard奶牛场创始人(约 1885年)

有时牛从熟悉的环境转运到陌生的环境中会变得野蛮，或变得极为不安或有攻击性。这些牛的表现似乎是得了神经性酮病，但常常并非这样。

大夫应该询问畜主以了解病畜的性情有无变化，原来温顺的奶牛变得有攻击性要考虑神经性酮病、狂犬病和其他神经性疾病。有恶癖的奶牛变得温顺应考虑是否病重或是否有器质性和代谢性中枢神经系统疾病。

不熟悉奶牛的人认为在接触牛时“牛踢”是主要危险。确实牛能够向前-外侧-后踢，而有些牛还能向直后方踢，而且惊人的准确。牛踢人的危险确实不容忽视，但大夫更应警惕牛头，可能是它最危险的武器。被奶牛或公牛恶意地用头抵撞或反复猛击过的人都能理解这种潜在的危险。

当牛群中全部或大部分牛突然变得烦躁不安、惊吓、乱叫或拒绝挤乳时，提示大夫可能存在杂电压。在草场放牧时偶尔自发地出现焦虑、激动的表现则提示存在外寄生虫。

实际操作检查 Hands-on Examination

一旦完成一般检查和病史调查，就应开始物理检查的实际操作部分，并且不间断地进行。重要的一点是，临床医生需要在不被其他人打扰并保持环境干扰最小的情况下开始并完成实际操作检查。环境的干扰包括喂食，附近奶牛的移动等等。同时对一群奶牛进行物理检查或者在存在干扰的环境中实施检查都会降低检查结果的真实性，对最好的诊断专家都是一种挑战。

因为从后躯接近时奶牛较少有不安表现，因此，物理检查应从奶牛的后躯开始。成年奶牛习惯于人们在其乳房周围工作，因为常做生殖检查和输精，所以，从后躯开始对奶牛进行检查则少有不安、焦躁。接近奶牛的头部和前躯易引起牛变得兴奋，而使像心率和呼吸频率这些基本指征发生改变。

检查开始，在直肠中插入温度计（大约15 cm长的动物温度计）以测量直肠温度。温度计应在直肠中停留2 min（能够迅速读数的电子温度计除外），在此期间通过触诊尾动脉确定其脉搏率（离尾根15～30 cm），通过观察胸部的运动来记录呼吸频率。大夫应利用这2 min的时间进一步观察病畜及其环境来确定其体质，后方的乳房及乳房上淋巴结亦应在此时触摸检查。乳房上淋巴结肿大需考虑乳房炎、淋巴肉瘤及其他能引起局部或全身淋巴结病的疾病。通过对阴户黏膜的检查可查出贫血、黄疸或充血，也可观察到阴道排出物。此时尚应充分利用兽医的嗅觉，脓毒性子宫炎、坏死性阴道炎和胎衣滞留独有的恶臭气味；乳房皮炎的坏死气味；黑粪症的微甜气味；以及沙门氏菌性腹泻引起的“化粪池”气味，有经验的大夫都可以清晰辨别。如果牛尾巴上沾着粪便或牛身后的排粪沟中有粪便堆积，大夫就应将其与饲喂同样饲料的同群牛比较以估测粪便的稠度和体积。皮肤完全或部分无色素沉着的品种，如荷斯坦牛，从后部观察可能在左或右侧看到“肋弓突起”（sprung rib cage），是皱胃变位的特征。乳头和乳房的过度苍白可能提示贫血。

体温 Body Temperature

奶牛的正常体温范围是38～39.17 ℃。其他作者认为其上限可达39.5 ℃，但这已超过温带一般奶牛正常的体温范围。小牛、兴奋状态的牛或暴露在高温和高湿环境中的牛体温可达39.5℃或更高。除非这些情况存在，否则不应视为一般牛的正常体温。当环境温度低于体温、暴露于极冷的冬天，血容量减少或脓毒性休克时导致的低血钙症可引起真正的体温过低。当直肠积气或直肠温度计在直肠内放置的时间过短时可发生假的体温降低。体温升高可能是内源性的（发热），亦可能是外源性的（中暑虚脱、日射病）。通常外源性体温升高在进行一般检查和环境估测时可得到合理的解释。值得注意的是低血钙症牛或躺卧牛，尤其是黑毛面积大于白毛的牛不能躲避太阳照射或外界温度比其体温高时，亦会导致体温升高。把39.5℃或39.17℃作为正常体温的上限是有微妙差别的，这是作者根据对百余头确诊患有慢性腹膜炎的住院病牛的观察得来的。这些牛每日的体温就保持在39.17～39.5℃。因此，除非怀疑外源性温度升高，当牛直肠温度高于39.17℃时大夫就应想到牛可能患有炎症性疾病。但不能用正常体温来排除所有的炎症性感染性疾病！例如，在我们临诊工作中，已被确诊为创伤性网胃炎的牛至少有50%保持正常体温。其他专家亦观察到类似现象。

发热可分为稽留热、弛张热、间歇热、回归热。弛张热温度忽高忽低但不会低于正常范围；间歇热在1 d之内会有几次恢复至正常温度范围；回归热的特点是发热几天中间间隔1 d或数天的体温正常。

应该强调的是：发热是机体对脓毒症、毒血症或致热物质的保护性生理反应。它是机体破坏微生物和激发保护性防御机制的手段。牛发热不应被抗炎或退热药物所掩盖。牛没有发热后继发蹄叶炎的倾向，而马则如此。因此，原发病（不是发热）应该得到治疗。发热为大夫评价牛对原发病治疗的临床反应提供了极好的指标。

脉搏率

成年牛的正常脉搏率是60～84次/min。犊牛的脉搏率为72～100次/min。不同的学者对牛正常的脉搏次数有不同看法，但这些数据均来源于安静动物脉搏数的平均值。影响脉搏率的外界因素应由进行检查的大夫根据环境因素及动物的习性来确定。

心动过速是心率（脉搏率）加快，见于病牛兴奋或有器质性疾病时。心动过速虽属异常，但并非某系统特有，当感染性疾病、代谢性疾病、心脏病、呼吸系统疾病、肿瘤生成或毒血症时均可出现心动过速。疼痛性疾病（包括肌肉骨骼疼痛）亦出现心动过速。患有肌肉骨骼疼痛的病牛在躺卧（低体位）和站立时脉搏率有很大差别。

心动徐缓是指心率（脉搏率）低于正常值，在牛只中见于很少几种疾病。垂体脓肿、迷走神经性消化不良和肉毒中毒是导致牛心动徐缓的主要病症。但并不是患有上述疾病的所有牛均有心动徐缓。有报道称正常牛连续数小时停止饲喂和饮水常出现心动徐缓。作者常发现非系统性疾病的牛出现这种情况，一般是发生于为准备麻醉和择期手术前禁食的情况下，除了偶见于一些酮病病例。作者对长时间废食的病牛观察后未发现出现心动徐缓的情况。这可能是兽医仅仅被要求检查病牛而很少见到长时间停喂的正常牛。唯一例外的是圈养的牛“打破了饮水器”，因为它一天以上没有水喝而导致绝食。低血糖或高血钾的犊牛亦可出现心动徐缓。

当检查脉搏时发现脉搏缺失或节律不齐时，提示要进一步考虑心脏疾病和代谢疾病。

呼吸频率

根据Gibbons报道，奶牛安静时的正常呼吸频率为18～28次/min，而Rosenberger认为其正常呼吸频率为15～35次/min。呼吸的次数、深度和特性均应估测。当兴奋、运动、呼吸困难和缺氧时呼吸的深度就会增加。犊牛在安静时呼吸频率为20～40次/min。一些患有肺炎的犊牛在站立时呼吸频率都正常，但当躺卧时频率就会增加。代谢性酸中毒会导致呼吸的深度和频率都增加。较高的环境温度、湿度亦会使呼吸的频率和深度增加。疼痛涉及胸、膈和前腹部时，呼吸的深度变浅。当牛处于严重代谢性碱中毒时，因代偿性地储存CO_2，呼吸的深度和频率而减低。

呼吸的特点，可能是正常的胸腹式，亦可能是胸式或腹式。当腹膜炎和腹部鼓胀导致的疼痛或膈肌受压妨碍腹部参与呼吸时，发生胸式呼吸。当牛患有疼痛性胸膜炎、纤维素性支气管肺炎或由于大泡性肺气肿、肺水肿、急性肺泡性肺炎和其他因素导致的呼吸道潮气量减少等肺脏疾病时出现腹式呼吸。

呼吸困难是呼吸艰难或用力呼吸的同义词，亦用于描述呼吸频率的增加（如单纯性呼吸困难）。呼吸急促也许是用来描述呼吸频率增加的更合适的词，呼吸过度是指呼吸深度的增加。检查者应注意最大呼吸困难是发生在吸气阶段（吸气性呼吸困难）还是呼气阶段（呼气性呼吸困难），或者是呼气和吸气时同样困难（混合性呼吸困难）。一般情况下，吸气性呼吸困难通常源于上呼吸道疾病，而呼气性呼吸困难则通常由于下呼吸道疾病。混合性呼吸困难可发生在多种情况下，如缺氧、重症肺炎和气管下段管腔狭窄。在吸气时听到呼吸杂音是上呼吸道障碍的特点。当牛患有呼吸功能障碍时，牛的头和颈常异常前伸；患有肺炎时，在站起后时常伴有咳嗽。

体左侧检查　Left Side

一旦在牛的后部物理检查实际操作的第一步完成后，检查者就应着手于牛体左侧的检查。

心和肺的听诊

心脏的听诊应在相当于肺动脉瓣、主动脉瓣和二尖瓣的三个部位完成（见第三章，心血管疾病）。如果动物由于检查者出现在其前肢处而兴奋，则其心率就可能比原来测得的要快。心脏听诊时应测定心率、节律和心音的强度。心率或心脏收缩频率应在前述脉搏率的正常限度内。节律应整齐，心音的强度和幅度应均匀，并与胸壁的厚度相称。例如，犊牛的心音比肥胖奶牛的心音强。临床大夫必须听诊多头犊牛和成年牛以便了解心音的正常强度或幅度。在极度贫血、用力之后和有些心内膜炎的病例可听到心脏怦怦跳动且心音幅度增高。

在极度瘦弱的动物和患有腹侧肺实变的牛可听到心跳幅度相对增高。心音强度减弱可能与休克、内毒素血症、严重脱水或胸壁极度增厚（成牛公牛或肥胖牛）有关。两侧心音极度减弱或“低沉（muffled）”见于心包炎、纵膈积气及心肌和心包淋巴肉瘤弥漫性浸润时，单侧性心音减弱或低沉可见于单侧性胸部脓肿、膈疝和胸部肿瘤，包括淋巴肉瘤或结核病灶。

第一心音或称收缩音，产生于心室收缩的开始，常认为与房室瓣的关闭和心室收缩相关连。第二心音或称舒张音，出现于心室舒张的开始，认为是由主动脉瓣和肺动脉瓣的关闭而形成的。许多奶牛的第一心音分裂出奔马节律（如叭—叭—砰，叭—叭—砰）。第一心音分裂是由于房室瓣不是同步闭锁或心室收缩不是同步起始造成的。多数牛第一心音分裂也是一种正常心音。

心杂音是不正常的心音，应估测可听到其最大强度的瓣膜位置，与心脏收缩和舒张的关系以及杂音的强度。用于小动物的杂音分级系统可用于描述牛的心杂音（例如，Ⅱ/Ⅵ级全收缩期杂音）。但对于牛来说这是非常主观的估计，因为实际工作中很少有人遇到足够数量的患有心杂音的牛并能客观地描述杂音的强度。心杂音出现于先天性心脏异常、后天性瓣膜闭锁不全、心内膜炎、贫血、某些心脏肿瘤，亦见于牛侧卧时心动力及体位的影响。快速大量静脉补液可因输入的液体而导致一过性心杂音。

当存在液体媒介（胸膜渗出液）和固体媒介（实变的肺组织）时心音可传播至比正常心区更宽的解剖位置，这种声音的传导是异常的。心音可“穿透”极度干燥的瘤胃，这种心音甚至能在左侧肷窝处听到。这在酮病牛中有典型的描述，但这种现象并不仅限于酮病。

心跳时有击水声通常暗示心包积液，最常见于创伤性或原发性心包炎。胸、肺脓肿位于心包外，但与心包临近偶尔亦可产生击水声，这是由于心脏跳动时脓肿内的液体运动产生的。这种击水声多是单侧性的，双侧性击水声并伴有心音低沉见于患畜心包炎。

心房纤维性颤动是奶牛最常见的心律不齐，常见于低氯血和低血钾性代谢碱中毒。低血钙亦可能是其诱因之一，但低血钾似乎是心房纤维性颤动的最常见的因素，有些临床大夫发现小部分患革兰氏阴性菌乳腺炎而发生内毒素血症的牛出现心房纤维性颤动。牛也有心率强度及速度变化不定（88～140次/min）和脉搏缺失，是心房纤维性颤动物理检查的特征变化。当怀疑患有心房纤维性颤动时，同时听诊心脏并触诊面动脉和正中动脉以确定是否患有脉搏缺失。成年奶牛心律不齐比心房纤维性颤动少见。患有白肌病的犊牛和患有高血钾症的犊牛可出现心脏节律不齐。

心脏听诊后，就开始肺部听诊，听诊部位应覆盖整个肺区；其次听诊气管以排除来自上呼吸道的干扰声。肺区的后界大约从第6肋骨腹侧交界处至背侧的第11肋骨间，若听诊发现异常则应进行胸部叩诊以辅助诊断。听诊器应按压在肺的腹侧前面的肩部或三头肌处仔细听诊。重点比较胸部两侧不同位置的声音。患有严重肺炎的牛一般没有湿啰音和呼哧呼哧的声音，而在胸部听到像气管处听诊的声音或者“吸汤音”（sucking soup sound）则说明牛的肺已实变。让畜主帮忙捏闭牛的嘴和鼻子15～45 s迫使牛进行深度呼吸。同样也可以通过给牛口鼻套上塑料袋1～2 min，迫使它吸入逐渐增多的CO_2而减少O_2的含量，以观察牛的呼吸替代能力。如果通过上述步骤有迅速的不耐受性，偶有肺音增强，甚至发展到呼吸困难；或者在再次呼吸时经常有自发性的咳嗽，那么说明牛有下呼吸道疾病。在没有其他人帮助的情况下，检查者可以将犊牛逼至墙的角落，然后将牛的嘴和鼻子握住，进行听诊。

大夫在进行左半胸心肺的听诊过程中，亦应触诊颈部及乳区（腹部浅层）静脉以检查其相对紧张程度、搏动或血栓形成的情况。此外，颈部浅层的淋巴结、末梢皮肤温度（耳朵和四肢末梢）及末梢皮肤的充盈程度均应进行估测。

瘤胃和腹部评估

检查左腹部并开始对瘤胃进行评估，应对瘤胃进行触诊和听诊。在左肷窝处听诊最少1 min以确定瘤胃收缩的数量和性质。触诊左下腹和肷窝有助于评估瘤胃收缩的数量和性质，同时也是确定瘤胃内容物相对硬度的一个较好的方法。健康牛的瘤胃每分钟蠕动1或2次。瘤胃蠕动减弱提示瘤胃停滞，可能是由内毒素血症、腹膜炎、低血钙症或其他原因引起的。瘤胃蠕动增强意味着迷走神经性消化不良。在瘤胃的听诊过程中，应触诊左侧腹股沟浅淋巴结并对被毛和皮肤进行进一步的估测。

在进行左腹部听诊的同时，叩诊左腹部检查回声区（砰声）以查出左腹部内脏的气体性或气/液体性膨胀。根据发生频率排出以下顺序：皱胃的左侧移位、瘤胃积气、气腹、瘤胃塌陷和瘤胃套管针插入继发的腹部脓肿（见第五章）。当证实有砰声时，应同时进行冲击触诊和听诊以确定液体的相对量。

体右侧检查 Right Side

下一步是右胸的评估。

心和肺的听诊

右侧心和肺的听诊与左侧相似。由于心脏位于左半胸，所以，总的来说，右侧心音通常稍弱于左侧心音。进行右侧心脏听诊时，大夫必须把听诊器的听头尽可能放在右肋下方的前部。产生于右房室瓣的杂音，其最佳听诊部位是在右侧肘水平线的第3肋间处。虽然右肺比左肺大，但临床发现其底部界限与左肺一致。在听诊右侧胸廓时，大夫同样应该注意同侧颈静脉、乳静脉浅表淋巴结、皮肤充盈度、末梢皮肤温度、被毛和皮肤的情况。右胸听诊发现可疑区域可通过叩诊进一步诊断。

腹部评估

右侧腹部的评估从叩诊和同时听诊整个腹部开始。右腹部的许多脏器和疾病都可能发出砰声（见第五章）。通过冲击触诊和同时听诊确定有砰声时，可大致估测处于扩张状态的内脏中存在的液体量。指尖可用来确定右腹部的局限性疼痛。方法是触压肋间区、肷窝和右下腹。同样的技术也可用于触诊向后突出至第13肋骨处肿大的肝脏。

腹侧腹部

物理检查的下一步是确定腹侧腹部的局限性疼痛。完成这一诊断有多种方法。作者更倾向于要求大夫采用跪姿贴近右前乳区附着部。检查者握紧拳头放在左膝上，采用间断性手法，轻柔但深压中线左、右侧的特定区域，一直向前直达剑突区。前一部位按压和下一部位按压之间应间隔2～5 s。一般深压8～10次，就应同时观察病畜的头颈部有无疼痛迹象。当触及疼痛区域时，牛通常收腹以躲避大夫的拳头，缩紧颈部肌肉显示不安，亦可能闭眼，或睁大眼睛，可听见呻吟或保护自己的腹部。检查者不用看就可感觉到牛收腹。轻微的或慢性腹膜炎病例可能仅显示出颈部肌肉收缩或仅有面部表情显示出痛感。超急性病例的反应更为激烈，病畜可能躲开检查者或踢人，尤其是神经质的病牛。有些大夫采用肩峰紧压法，即用单手或双手抓捏肩峰，紧压肩峰区。正常牛会降低肩峰以避免受压，而患有腹膜炎的牛不愿降低肩峰，因为降低肩峰会“推撞”疼痛的腹膜。采用这种方法需要更多的主观分析，因为许多神经质牛不愿对肩峰压迫做出反应。

乳腺

通过触诊和对每个乳区分泌的乳汁进行检查而对乳腺进行评估。乳房的结构及悬韧带虚弱可以检查出，但在一般检查时，往往已经注意观察。干奶期奶牛首先通过触诊来检查乳腺，当触诊感觉有硬块或在某一乳区有乳房炎发热的可能时才对其乳汁进行检查，泌乳期奶牛常需对每一乳区用条盘来检查乳汁。这种条盘应有一黑色的底板来充分显示异常，一个乳区的正常乳汁放在条盘上的小池中，以便尽可能将异常的乳汁也挤进小池中。随后还可用其他试验如加州乳房炎试验或pH试纸条检测，通过乳房触诊检出的广泛的水肿以及硬结灶、脓肿、局部水肿或纤维化均应记录下来。每一乳头均应单独检查，包括乳头端异常、皮肤的情况、炎症或瘤状物的情况、冻伤、光致敏作用、水肿或以前受损伤的痕迹。

头部检查 At the Head

在检查了乳房和乳头之后开始检查牛的头部，因为头部检查常引起大部分病畜的恐惧，因此，该项检查后延在直肠检查之前进行。头部检查应对其对称性、鼻液、双侧鼻孔的气流、颅神经的缺陷和眼球的凹陷或突出进行检测。由于脱水或极度消瘦使眼睛下陷。特殊检查应包括眼的检查和对黏膜的观察，检查是否有出血、黄疸、贫血、糜烂或溃疡。额窦和上颌窦应通过叩诊来检测。对淋巴结采用触诊方法检查。若前面的物理检查结果怀疑有狂犬病的可能，则头部的检查更需小心，检查口腔时需戴手套。对腭骨和牛舌亦应检查以估测其强度，检查牙齿看是否有过度磨损、高低不平、断齿或缺失。看牙齿还可估计牛的年龄。

应用局部光照检查腭和口腔黏膜是否有糜烂或溃疡。应注意牛的呼吸道和口腔的气味。有些大夫可以通过闻牛呼出气中的酮味评估这一指标。如果怀疑口腔、咽、喉或近端食道内有异物、炎症损伤或团块状物应用手进行口腔检查。应检查鼻镜以确定其潮湿程度和对称性，因为霍纳氏综合征（Horner's syndrome）可导致鼻镜和鼻孔的同侧性（ipsilateral）干燥，是该病最明显的临床症状。如果怀疑颅神经受损则应检查面部肌肉和皮肤的运动及感觉功能。如果怀疑李氏杆菌病或内耳/中耳炎时，检查这些则特别重要。虽然多数牛的角被截去了，但未去角的奶牛应触诊角部检查是否有角折断或角基部的颅骨骨折。

直肠检查 Rectal Examination

在完成物理检查之前，体型合适的牛直肠检查是必须做的。直肠检查可以评估生殖道，触诊瘤胃背囊和腹囊、左肾、髂骨及腹股沟深部淋巴结、膀胱、近端结肠、骨盆骨、腰椎和荐椎的腹面。直肠检查可确诊外部检查怀疑腹部鼓胀的许多病因。包括盲肠鼓胀/扭转，小肠鼓胀，瘤胃膨大，瘤胃塌缩，气腹，皱胃右腹侧变位及扭转，某些腹部和盆腔脓肿，脂肪坏死和偶尔见到的新生物。后腹部及盆腔粘连和直肠撕裂也可通过直肠内触诊得到确诊。当生殖系统异常时，例如，检出或怀疑牛患有子宫炎、难产、子宫扭转、胎盘滞留，可在清洗会阴和阴门后，用手进行阴道检查。由于阴道检查比直肠检查能更好地触诊单侧或双侧输尿管膨大，因此，若怀疑肾盂肾炎时也应采用阴道检查。在直肠和阴道检查之后，应观察患有骨盆疼的牛是否有持久性的里急厚重，以确定是否有硬膜外用药的必要。

采集尿样备检 Obtaining Urine for Analysis

理论上应在直肠检查之前采集尿液，用手掌、稻草或干草反复击打奶牛的乳镜和阴门刺激排尿，以便通过导尿管采集尿样进行进一步检验，所采集的尿样应用多试剂纸条或试验板检查尿酮和其他异常成分。

附加检验 Additional Evaluations

若怀疑跛行或肌肉骨骼异常，则可以对牛的四肢、蹄及其他部位进行专门检查。这些内容将在第十一章中进行讨论。

辅助检验

ANCILLARY TESTS

在完成物理检查时，大夫可能已得到一特定的诊断或者已明确需要鉴别诊断，这种鉴别诊断需要辅助检验或特殊的系统检验以获得最终的诊断。有些辅助检验立即可做，而有些检验需要实验室检测或特殊设备，因此，应用前需要考虑经济因素。

超声检查 Ultrasound

如果有扇形探头的超声仪可以用，那么对许多病牛来说，超声检查是辅助检查中获取信息最直接最有效的手段。肺炎、心内膜炎、胸膜和心包积液、肠内鼓胀、肠壁增厚、腹皮痈和许多其他的异常都可以通过超声检查立即诊断出来。现在，便携式的超声检查已经非常常见了。

腹腔穿刺术 Abdominal Paracentesis

当怀疑牛患有腹膜炎时实施腹腔穿刺术，脱落细胞检查可能对诊断有帮助。实施穿刺术的最佳部位是在腹中线的右侧和右乳静脉的内侧。腹部左侧和腹侧正中是禁忌部位，因为瘤胃的脏面浆膜紧贴壁浆膜，通常会引起穿刺口污染。如果在右侧的下腹部没有穿出液体，则可换至前右侧乳房的边缘，没有明显乳腺血管的地方再试。不管什么部位在施行穿刺术前，应将穿刺部位剪毛并做外科消毒处理。穿刺用3.75 cm，18号（gauge）的穿刺针小心地进行，避免肠管污染。抽取牛的腹腔液要比马的难得多。但这种方法对于腹膜炎疑难病例的确诊是很有帮助的。牛腹腔液的正常值变化很大，但一般情况下，总蛋白不应高于3.0 g/dL，白细胞总数不应超过5 000～6 000/mm^3。一位作者指出中性粒细胞高于白血球总数的40%，嗜酸性粒细胞少于白血球总数的10%，是比前面提到的总蛋白和白血球总数更重要的腹膜炎的指标。

胸腔穿刺术和心包穿刺术 Thoracocentesis and Pericardiocentesis

当怀疑有腹腔积液、胸部脓肿或肿瘤和心包有漏出液或渗出液时，可做胸腔穿刺术和心包穿刺术。方法是在穿刺部位（常在第3、4、5肋间的下部）做外科准备，用8.75 cm的18号脊髓穿刺针刺入必要的深度。同时应在施行穿刺前与畜主讨论，并告知该操作存在一定的危险性。目前的超声检查是比上述穿刺危险性小很多的方法。

关节穿刺术 Arthrocentesis

当怀疑脓毒性关节炎或变性性关节病时则需要进行穿刺作细胞学研究和培养。根据要检查的关节来确定所用穿刺针的长度，并在穿刺前做好外科准备。

抽吸术 Aspiration

牛体的任何部位发生积液性肿块时都可能要施行抽吸术。多数情况下，抽吸术可以鉴别脓肿、血肿和浆液性肿块。如果物理检查认为很可能是血肿（临近大血管或贫血）时禁忌用抽吸术。因此，在实际应用中，抽吸术多用于鉴别不需要引流的浆液性肿块和常常需要外科引流的脓肿。

气管分泌物（气管冲洗）抽吸后进行细胞学检查和培养可以为呼吸道疾病的诊断和治疗提供有价值的信息。方法是通过颈部中间区域直接插入气管中。在插入部位注射适当的利多卡因，沿皮肤中线切开小口，直接插入气管中。可以用14号的针，16号的导管插入气管中。导管一插入气管中，就将20～30 mL的不含防腐剂的无菌盐水冲洗气管，然后吸回。在对牛进行气管穿刺前，将牛头抬高并且头两侧保定（在头的左侧和右侧分别用牵引索固定）后，这个操作就容易得多了。犊牛的头可以用手抬起。收集到的痰液很重要，应放在合适的转移玻璃瓶中运送到实验室。

活组织检查 Biopsy

对于实体团块例如肿瘤、肉芽肿和脂肪坏死的诊断或像肝、肾、乳腺和肺等特定器官的组织病理学检查则需进行活组织检查Tru-Cut (Baxter Healthcare Corp., Valencia, CA)。活组织检查针是该项检查通用的设备，上列大多数病变和器官均可应用。对上部和下部呼吸道的病变可能需要特殊的组织检查装置，活组织是通过内窥镜通道来取得的。要强调的是在经皮肤采取器官或组织的活组织检查前要进行皮肤术部的外科处理。

尿道导管插入术 Urinary Catheterization

当为了避免外界污染或需做尿液培养时则须施行导尿管插入术以获取尿液。应用Chambers导管可很好地完成该项工作，开业诊治牛病的医生需要练习熟练地应用导管插入术，以免尿道下憩室限制适当的导尿管插入。

乳汁抽样检查 Milk Sampling

检测乳汁并进行加州乳腺炎试验（检测牛的亚

临床性乳腺炎）是泌乳期牛常规检测的一部分，详细的将在乳腺炎章节中进行讨论（见第九章）。

血液学和血清化学
Hematology and Serum Chemistry

有多种不同的原因均需要采集血液进行实验室分析。常规的全血计数（CBC）和化学检测对物理检查无明显症状病牛的评估非常有意义。特定的实验室数据均列于特定疾病的章节里。作者临床上应用的正常值列于表1-2和表1-3中。

表1-2 全血细胞计数（CBC）正常值

血细胞压积（HCT）	%	23.1～31.7
血色素(HB)	g/dL	8.6～11.9
红细胞(RBC)	百万/μL	5.0～7.2
红细胞平均容量积(MCV)	fL	41.2～52.3
红细胞平均血红蛋白量(MCH)	pg	15.3～19.2
红细胞平均血红蛋白浓度(MCHC)	g/dL	35.7～38.1
红细胞分布宽度(RDW)	%	16.7～23.0
白细胞总数(WBC)*	千/μL	5.6～12.7
嗜中性分叶白细胞	千/μL	1.1～5.7
嗜中性带状白细胞	千/μL	0～0
淋巴细胞	千/μL	2.3～9.3
单核细胞	千/μL	0～0.6
嗜酸性粒细胞	千/μL	0～2.0
嗜碱性粒细胞	千/μL	0～0.2
S＋Ⅳ血小板	千/μL	210～710
血小板平均容积（MPV）	fL	5.5～7.2
总固体量-折射仪（TP-Ref）	g/dL	5.9～8.1

*正常情况下＜6周龄的犊牛，中性粒细胞比淋巴细胞多。它们的PCV和血糖值也比正常的成年牛高。

表1-3 血清化学（DACOS）日立（917）参考值范围——康奈尔大学

钠	mEq/L	134～145
钾	mEq/L	3.9～5.3
氯	mEq/L	94～105
总二氧化碳（静脉）	mEq/L	25～35
阴离子隙	mEq/L	17～24
血液尿素氮（BUN）	mg/dL	10～25
肌酐	mg/dL	0.4～1.0
葡萄糖	mg/dL	31～77
碱性磷酸酶（Alk，Phos）	IU/L	23～78
天门冬氨酸转氨酶（AST）	IU/L	53～162
铁	mg/dL	113～226
总铁结合量（TIBC）	mg/dL	362～533
r-谷酰基转移酶	IU/L	11～39
钙	mg/dL 或 mmol/L	8.3～10.4离子化的 ≥4 mg/dL 或 1.0 mmol/L
磷	mg/dL	4.2～7.7
总蛋白	g/dL	7.2～9.0
白蛋白	g/dL	3.2～4.2
球蛋白	g/dL	3.5～5.8
总胆红素	mg/dL	0～0.1
直接胆红素	mg/dL	0～0
脂酶	IU/L	1～35
胆固醇	mg/dL	73～280
肌酸肌酶（CK）	IU/L	77～265
乳酸脱氢酶	IU/L	659～1231
镁	mg/dL	1.7～2.2
甘油三酯	mg/dL	7～323
胆汁酸	Umol/L	9～455 在奶牛应用中变化非常大
谷胱甘肽过氧化物酶	Eu/g of Hb（总血）	≥60
肝素血 pH 静脉		7.35～7.50
CO_2分压（静脉）	mm Hg	41～50
重碳酸盐	mEq/L	24～34
总CO_2	mEq/L	25～35
重量克分子渗透压浓度	mOs/kg	270～300
渗透克分子差额	mOsm/kg	0～15

未脂化的游离脂肪酸（NEFFAs）在怀孕后期（在生产前2周至2 d）的牛中为0.4 mEq/L，提示有严重的能量负平衡。

β-羟丁酸高于1 400 μmol/L或14.4 mg/dL提示有酮病（亚临床的或临床的）的可能性增加3倍；患有临床性酮病的奶牛BHBA常高于3 000 μmol/L或26 mEq/dL。

临床检查步骤概括
SUMMARY FOR CLINICAL EXAMINATION

随着大夫临床经验的增多，症状识别将会成为越来越多重要的手段为做出准确诊断提供帮助。提高症状识别能够既提高诊断的准确性，又降低诊断检测的费用。如果症状识别成为诊断的主要方法时，大夫仅凭经验却不进行全面彻底的临床检测和/或寻找适当的病理生理解释的临床症状，准确的临床诊断将会减少（图1-1）。有经验的临床大夫必须抵制严重依赖症状识别的情况。

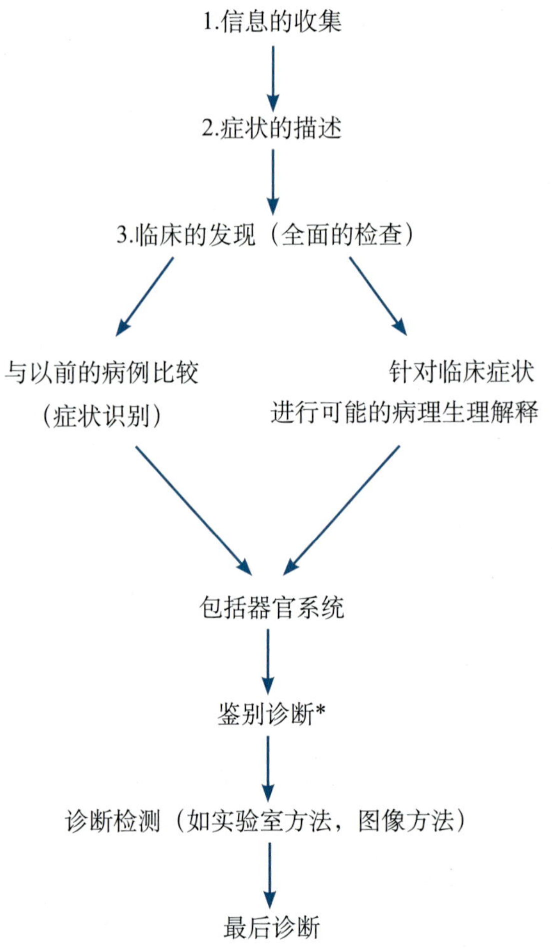

*每种临床症状鉴别诊断的列表可以从http://www.vet.cornell.edu/consultant/consult.asp中查找。

图 1-1

建立准确诊断的步骤。

（王金秀译，李玉荣校）

参考文献

Eddy RG, Pinsent PJN. In Andrews A, Blowey RH, Boyd H, et al, editors: *Bovine medicine,* ed 2, Oxford, UK, 2004, Blackwell, pp135-138.

Gibbons WJ: *Clinical diagnosis of diseases of large animals,* Philadelphia, 1966, Lea and Febiger.

Perkins GA: Examination of the surgical patient. In Fubini SL, Ducharme NG, editors: *Farm animal surgery,* St. Louis, 2004, WB Saunders, pp 3-14.

Radostits OM, Gay CC, Blood DC, et al: *Veterinary medicine,* ed 9 Philadelphia, 2000, WB Saunders, pp 3-40.

Rosenberger G: *Clinical examination of cattle.* Dirksen G, Gründer H-D, Grunert E, et al, collaborators, and Mack R, translator. Berlin, 1979, Verlag Paul Parey.

Terra RL. In Smith BP, editor: *Large animal internal medicine,* ed 3, St. Louis, 2002, Mosby, pp 1-14.

Wilson JH: The art of physical diagnosis, *Vet Clin North Am Food Anim Pract* 8(2):169-176, 1992.

第二章
CHAPTER 2

治疗方法与日常操作
Therapeutics and Routine Procedures

Thomas J. Divers and Simon F. Peek

静脉穿刺
VENIPUNCTURE

颈静脉主要用于奶牛大剂量补液。尾中静脉（尾静脉）用于采集血样和小剂量给药（<5.0 mL）。对周围组织有刺激性的药物不能通过尾静脉给药，因注射操作时有可能造成漏液。乳静脉不能用于采血和给药，因乳静脉穿刺易出现并发症，如乳静脉血栓和静脉炎（图3-20和图3-21）、持久性单侧乳房水肿和心内膜炎。除非奶牛患有危及生命的疾病且处于危急情况下颈静脉很难找到时，乳静脉治疗一般禁用。另外，当牛双侧颈静脉形成血栓时，也只能采用乳静脉穿刺。严重脱水的犊牛，因反复输液使颈静脉形成血栓，可偶尔选用头部或跖骨背部的静脉。静脉穿刺前，术部的皮肤和被毛用酒精擦拭消毒。用手指按压穿刺部位的近心端使静脉怒张（图2-1）。初学者在静脉穿刺前常因按压的力量不足或不够持久，而不易触到或看到扩张的静脉。有经验的临床医生则非常有耐心会让静脉充分怒张起来，这样静脉穿刺才比较容易。在常规的颈静脉穿刺中，很少用止血绳或止血链，不过对于极度脱水的患牛可能有帮助。当犊牛严重脱水时，使牛头低下，在重力作用下颈静脉显著扩张利于静脉穿刺。在欧洲，Witte氏颈链（Witte's neck chain）和Schecker氏静脉钳（Schecker's vein clamp）等一些辅助器械已商品化了。

颈静脉穿刺可选用多种型号的针头，但必须根据药物黏度、剂量及预期给药持续时间来定。一般剂量不超过2～4 L的输液和快速输液，使用14号5.0～7.5 cm长的不锈钢针头。然而许多操作者使用14号3.75 cm长的一次性针头，这种针头因为太短太尖，只要患牛稍一挣扎就会引发静脉内膜划破或药物注射到血管周围等现象。这些较短的一次性针头只适用于不能动或保定牢固的奶牛。一般来说，用较短的针头常引起血栓形成和血管外注射等静脉并发症的发生。而5.0～7.5 cm较长不锈钢针头可以很好地保留在静脉内，加之针头不太尖，因而不易划破静脉内膜；这样操作者在对不易驯服的患牛时也会少受挫折。使用14号不锈钢针头的不足之处是每次使用前后都需要清洗、消毒和定期用阿肯萨斯石（Arkansas stone）磨尖针头。而使用前后的清洗、消毒，对于防止牛白血病病毒（bovine leukemia virus，BLV）的传播极为重要，虽然大多数操作者愿意用14号针头，但有些操作者成功地使用5.0～7.5 cm长的12号不锈钢针头进行速度更快的输液，如葡萄糖和平衡电解质液的颈静脉输注。拔出针头后，在针眼处轻压一会儿，对于防止血肿的形成很重要，而血肿常会导致静脉血栓的形成。

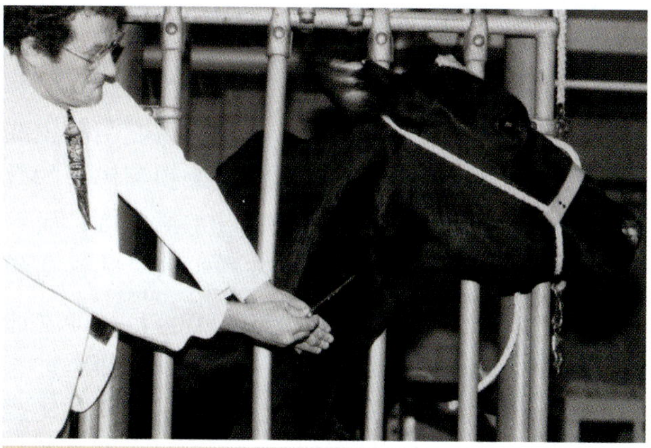

图 2-1

颈静脉穿刺。奶牛在颈枷内前部保定，头部用绳制笼头保定，并打一易开结。颈静脉区用酒精擦拭，并且压迫静脉穿刺部位近心端。图中指示的是扩张的静脉。

颈静脉埋管时，选定颈静脉沟上1/3的部位进行插管前的剪毛和外科手术准备。通过皮肤黏合、胶带粘贴、皮肤上涂抹氰基丙烯酸酯（cyanoacrylate）等方法或几种方法联合使用固定导管。导管的放置与不锈钢针头的放置相似，但是必须将更长一段的导管插入静脉。在操作中，导管放置处远侧的静脉一定要用敷布压紧。因为牛的皮肤极厚，特别是脱水的牛，所以对脱水的牛或青年牛，首先用15号的手术刀进行皮肤穿刺，将有利于进行静脉插管。

尾中静脉（尾静脉）穿刺可在近尾根的腹中线处进针。准确部位可根据动物的大小不同而有变化，一般距肛门10.0～20.0 cm。牛的尾静脉和尾动脉并行至第4尾椎，然后尾动脉通常转到静脉腹侧。但是这种解剖结构经常变化。当进行尾静脉穿刺时，临床医生必须举起牛尾巴，使它与背中线垂直来保定牛。如果忘了这样做，会得到惨痛的教训。临床医生习惯于用一只手进行静脉穿刺，而另一只手抬举牛尾（图 2-2）。若针头与已装好药的注射器相连，或是采血管（vacutainer）已部分插入尾静脉，那么用一只手就可完成全部操作。针头应选用2.5～3.75 cm长的18号或20号针头，在尾腹侧中线，垂直于尾纵轴进针至针头稍稍触及骨头。然后试着抽吸，若有回血，即可注药或采血。如果无回血，可将针稍微退出1～5 mm，并再次抽吸。奶牛经尾静脉小剂量（<5.0 mL）的给药和采血，在很大程度上取代了颈静脉穿刺法。尾部抽血可减轻患牛紧张，避免牛吼叫和过度保定，而且操作更快速，一个人就可完成保定和穿刺。尽管尾中静脉主要用于成年奶牛的采血，但也可用于300 kg或300 kg以上小母牛的采血，只是对于像小母牛这样大小的牛，操作起来更困难些。犊牛不能使用尾部抽血，以免引起尾部血管的永久性损伤。

选择适合奶牛肌肉注射的针头需考虑所用药物的浓度与黏度、患牛大小和需要注射的深度。针头太细会延长注射时间，常常引起患牛恐惧、挣扎或乱踢。针头太粗，药会从针眼处漏出以及引起大量出血。对于成年牛来说，大多数水剂药物可使用3.75 cm长的18号针头进行肌肉注射，而油剂或较黏的药物(如青霉素、盐酸土霉素)则用3.75 cm长的16号针头，为了避免清洗、消毒这些烦琐的劳动，大多数操作者使用一次性针头进行肌肉注射。肌肉注射有可能影响屠宰后奶牛酮体品质，以前通过肌肉注射方式给予很多药物（抗生素、激素），现在逐渐被皮下注射所替代。

小于2月龄的奶牛最好用2.5 cm长的20号或18号针头进行肌肉注射。因牛个体体重之间存在很大的差别，所以应依据患牛个体大小来选择不同针头。

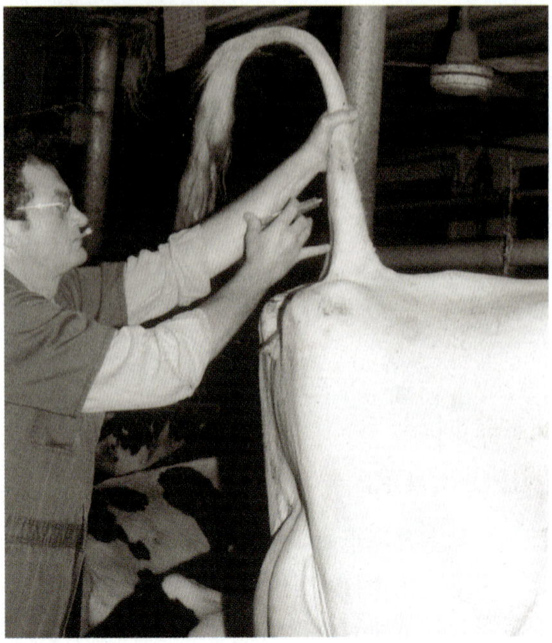

图 2-2

尾中静脉穿刺。

牛肌肉注射的主要部位在股后肌群，特别是在半膜肌和半腱肌上，偶尔也可在股二头肌(图2-3)。犊牛或成年奶牛不能在臀部肌肉注射，因为奶用动物此部位肌肉相对较少。若必须反复进行肌肉注射或采用肌肉注射刺激性药物时，臀部注射很容易引起经过此区的坐骨神经分枝暂时性或长期性损伤。乳犊尤其应禁止臀部注射(图2-4)。尽管许多课本和出版物中提倡在臀部肌肉注射，但应避免在奶牛中应用。

适用肌肉注射的其他部位有肱三头肌和颈后肌群(图2-5)。从实践经验上讲，在奶牛身体前部注射比后部注射更易引起骚动。如果用笼头将奶牛良好保定，在颈后区或肱三头肌区肌肉注射会很安全。保定不良的牛，在这些部位注射常会引起牛疯狂的、过度的挣扎。大多数奶牛在股后肌群注射时不会乱踢。但是由于多种原因而延长了注射时间的操作，如选用不适合的针头、进行多重肌肉注射或未让牛做好“扎针”准备等，均可导致牛的强烈反应。另外，有些危险的奶牛，肌肉注射前需要额外的保定，以免伤了它们自己或操作者。

犊牛在颈后肌群注射很方便，适于小剂量(<5.0 mL)且无刺激性的溶液注射。注射时临床医

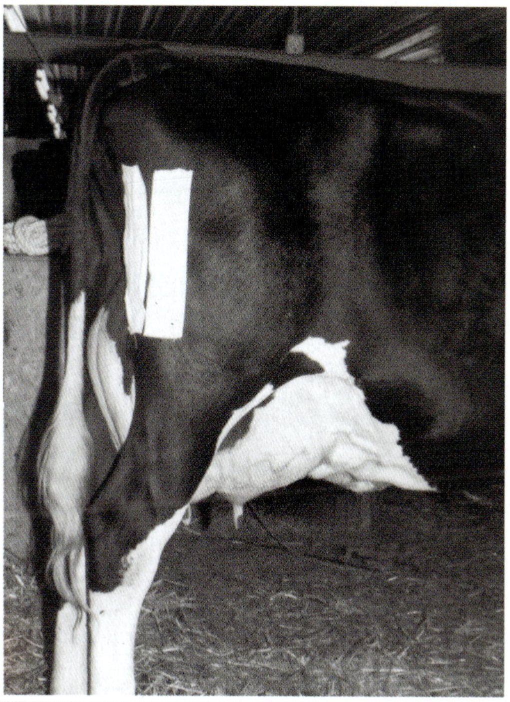

图 2-3

肌肉注射的股后和股外侧部位（白色条带）。

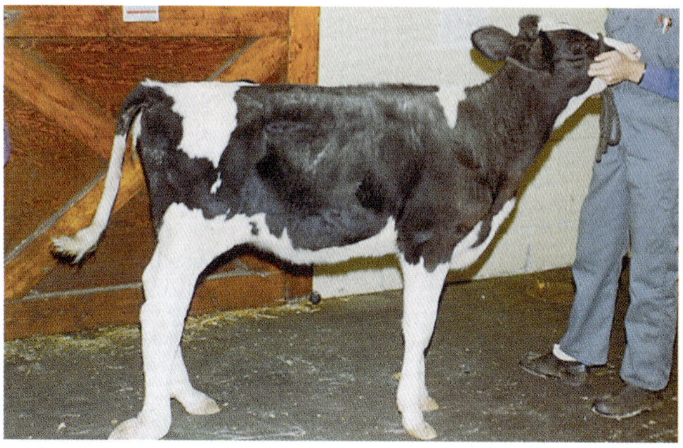

图 2-4

荷斯坦犊牛臀部肌肉注射继发坐骨神经损伤。

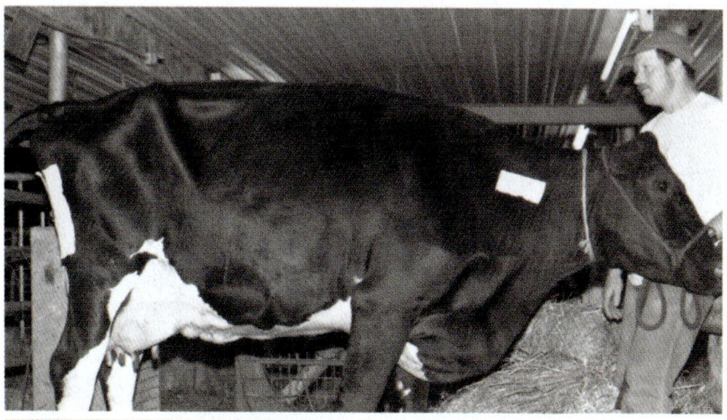

图 2-5

颈部肌群（白色条带）用以小剂量的肌肉注射。如果选用此部位注射，应确保注射在颈椎区的背侧面。

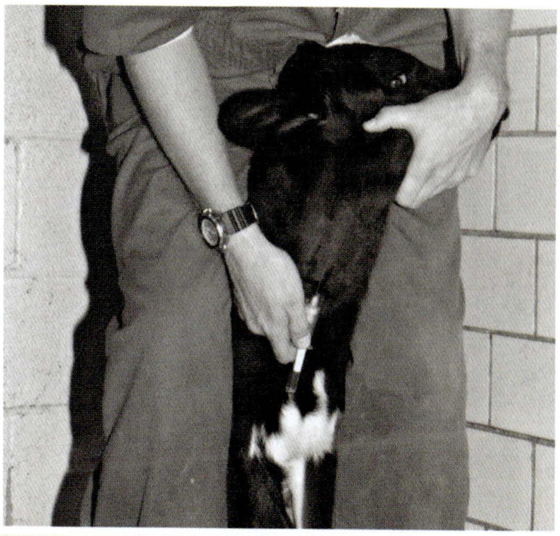

图 2-6

犊牛保定及确定颈后肌群注射和颈静脉穿刺的位置。

生可用两腿夹住犊牛颈部并把它的头弯向一边来保定(图2-6)。

选一洁净部位(无粪、干燥)用70%酒精擦拭后，可进行肌肉注射。操作者用拇指和食指捏住针尾，用手背在注射部位连续拍打几下，然后快速翻腕，在选定部位猛地将针头扎入。针头必须全部扎入，检查是否有血液从针尾流出。如果没有，就迅速连上已加好药的注射器，抽动注射器活塞，可查知针头是否在血管中。如果有血液被吸出，则不能注射，应改换注射部位。如果没有血液被吸出，应尽快注射。成年奶牛每个肌肉注射点可注射近 20 mL的药液，犊牛每点注射剂量不应超过 5 mL。而且药物对组织的刺激性也会影响肌肉注射的具体剂量。

颈枷保定的牛通常不需额外保定。而对于散养或敏感的牛，由助手抓住笼头或牛尾巴，进行保定是有必要的。

皮下注射用于成年牛的某些抗生素和钙制剂的给予，犊牛的平衡液和某些抗生素的给予。奶牛皮下注射的推荐部位为：①前肢后部的胸中部区，此处皮肤松弛，容易抓起；②前肢前部的颈后区，此处皮肤松弛，易抓起。注意一定不要用针触及肩胛骨。

在这些部位注射，重要的是避免对前肢的损伤和刺激。不能注射刺激性药物或大剂量药液，以免动物前肢运动时疼痛(图2-7)。为了快速注射，可用大号针头。例如，成年牛用14号、犊牛用16号3.75 cm长的一次性针头，长度足够用于皮下注

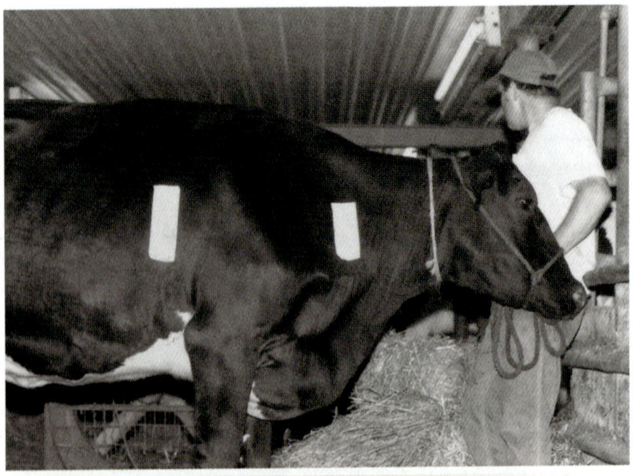

图 2-7

皮下注射的前肢前部和后部区（白色条带）。

射。500 mL/瓶的葡萄糖酸钙通常分3或4点注射(如左右侧前肢前部、左右侧前肢后部)。注射某种抗菌素时可以早上注射一个部位，晚上注射另一个部位，第二天再换一个部位注射。犊牛皮下注射平衡液时，随牛体大小和注射位点不同，每点可注射250～1 000 mL。为了利于药液扩散、增加吸收、减少拔针头后药液漏出，注射前操作者应轻弹药液中的气泡，将其排出。刺激性药物或含葡萄糖的溶液禁止皮下注射。

奶牛很少进行腹腔注射。除非在奶牛需要补钙而操作者又不会静脉穿刺时，可进行腹腔注射。有些市售的葡萄糖-钙溶液(calcium-dextrose solutions)的说明书中建议经右侧肷窝进行腹腔注射。尽管这一技术可挽救严重缺钙奶牛的生命，但也具有危险性，原因如下：

1.根据奶牛的位置和所用针头的长度不同，药液可能进入皮下、肌肉、腹腔或内脏(如近端结肠)。

2.如果钙溶液中有葡萄糖会引起化学性腹膜炎。

3.可能并发大肠粘连。

成年奶牛腹腔注射宜用5.0 cm以上长度的针头，并且先要将卧着的牛转成左侧卧，再进行右侧肷窝穿刺，可大大降低损伤内脏的危险性。

颈静脉注射的并发症包括血肿形成、血栓形成、血栓性静脉炎、刺激性药物注入血管周围、心内膜炎以及霍纳氏(Horner)综合征(见第三章，图3-19和图3-5)。一般用于牛静脉注射的最具刺激性和危险性的药是40%～50%的葡萄糖、20%的碘化钠和钙溶液。避免将这3种药注射到血管周围是至关重要的。熟练的技术和良好的保定是避免静脉注射并发症发生的关键。

尾静脉注射的并发症有血肿形成、血栓形成、血栓性静脉炎和尾巴脱落(图2-8)。

肌肉注射的并发症有组织坏死继发跛行、外周神经损伤——特别是臀部的坐骨神经分枝或犊牛股后肌群的胫骨神经分枝的损伤、梭菌性肌炎和普鲁卡因反应。肌肉注射时不选用臀部，可有效避免外周神经损伤。在靠近犊牛膝关节处，可摸到由股二头肌和半腱肌形成的一个沟，在此沟的内侧或外侧注射，可避免损伤坐骨神经。当注射刺激性药物时，在肌肉注射部位可造成局灶性组织坏死和厌氧环境，易引起梭菌性肌炎。尽管组织中可能存在肖氏梭菌(黑腿病)[*Clostridium chauvoei* (blackleg)]芽孢，但大多数继发于肌肉注射的梭菌性肌炎是因为针头不洁、缺少皮肤消毒工作或药瓶中供多次使用的药品的污染，使产气荚膜梭菌(*Cl.perfringens*)或败血梭菌(*Cl.septicum*)经注射部位进入。目前前列腺素溶液是导致梭菌性肌炎的最常见的药物(见第十五章，图15-1和图15-2)。使用无菌的注射器和针头以及避免药瓶中供多次使用的药品的污染，是重要的预防措施。另外未经初步清洗、不洁或黏有粪污的局部皮肤，不能用于肌肉注射。

如果误将普鲁卡因青霉素制剂(procaine penicillin preparations)注射到静脉中，可引起普鲁卡因过敏反应。在注射后1 min之内，牛可出现过度兴奋、向前冲、颤抖、虚脱或其他神经症状。

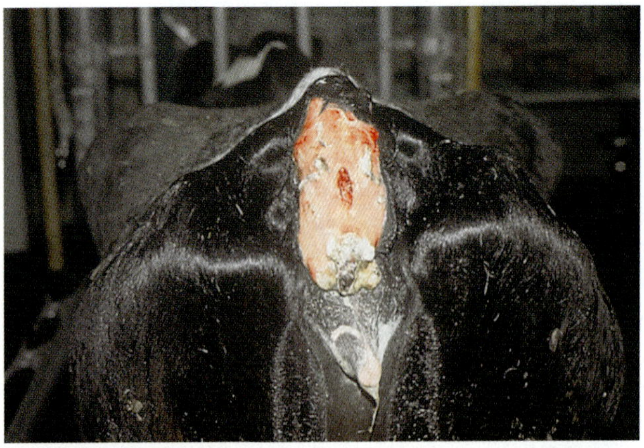

图 2-8

血管周围注射保泰松（phenylbutazone）后导致荷斯坦牛的尾巴完全脱落。

曾经因肌肉注射造成牛普鲁卡因过敏的临床医生或兽医专业的学生坚持说："他们在注射前检查了回血情况，确实针头不在血管中。"的确，他们开始注射时针头可能不在血管中，但是当使用18号或更小号的针头，用力将黏稠的普鲁卡因青霉素推出注射器时，操作者会在不经意中将针尖推入血管。这种事情，任何人都会遇到。最有效的防止方法是选用足够大的针头，以利于注射前检查回血和不费力地将药物快速注入肌肉内。当牛发生普鲁卡因过敏反应时，不要管它——不要设法保定动物，让大家远离动物，以免造成人员伤害。普鲁卡因过敏反应很少致命，除非将药物大剂量地注入血液中。非专业人员和无经验的临床医生经常把普鲁卡因过敏反应误认为成青霉素过敏反应；后者有更为明显的血管活性胺释放现象和（或）皮肤过敏反应症状。然而，二者的区分很重要，因为普鲁卡因过敏反应不需要治疗，只是需要更多关注注射技巧。

皮下注射的并发症有化学性和感染性炎症。如果将葡萄糖或葡萄糖-钙合剂(calcium dextrose combinations)注射到皮下，会引起化学性炎症的发生，最终导致组织坏死和无菌脓肿。如果局部皮肤预处理不好或操作方法不良，可导致感染性炎、蜂窝织炎和最终脓肿形成。常见的症状为疼痛、弥散性肿胀(从皮下注射部位向腹侧扩散)、前肢运动时因疼痛引起跛行和步态强直、发烧和精神抑郁(图2-9)。治疗方法包括水疗法、热敷法、止痛和最终的引流法。

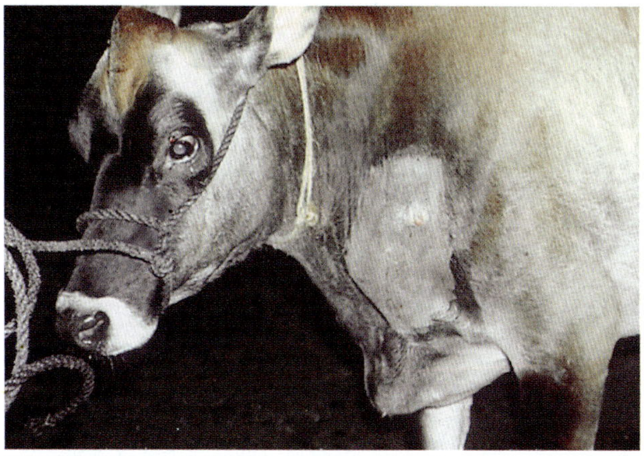

图 2-9

娟姗牛颈后区的痛性蜂窝织炎和脓肿，继发于皮下注射葡萄糖-钙溶液。

各种各样的插管和已商品化的乳腺炎用管均适于乳房内输注。单个的带有注射器接头的无菌塑料插管（2 cm）最常用于非商品化乳腺炎药品的输注。而5.0～10 cm长的14号钝头不锈钢乳头插管，则用于从受损的乳头中吸取乳汁或用做乳头堵塞的探查诊断。

在任何情况下，不管使用何种插管，在经乳头管插管前，应消毒乳头与乳头末端。彻底洗净乳头后，乳头末端还应该在插管前和管子退出后，用酒精反复擦拭(见第八章)。大剂量的输注(>100 mL)可借助单一管道和无菌乳头插管造成的重力流来完成。

除鼻胃插管外，用来将药投入咽、食管或瘤胃的器械均需要通过口腔。投药枪、开口器和封管，各种容量的注射器以及灌药工具均适用于牛。但是这些器械如果使用不当或粗暴操作，极有可能损伤牛。兽医们应该训练非专业人员正确使用经口给牛投药的器械。因为牛的咽部、软腭或食管的大多数损伤是医源性的，由非专业人员操作不当引起的。

投药枪

BALLING GUNS

投药枪可用于单枚或多枚药丸的投放。单枚药丸投放枪需2个人共同操作，否则抓着牛头的人每投完一枚药，就得放开一次手。而每次放开牛头然后再抓住，都会比前一次困难。如今流行使用能放多枚药丸的弹仓，这样可避免重新装药丸。

两种类型的药丸投放枪，如果正确使用，都很安全。但如果使用不当，都会成为致命工具。将投药枪插入患牛口中前，先要迅速估计一下患牛的大小。使用投药枪投丸剂的人应该明确以下几点：此患牛的咽部在哪儿？器械应伸入口腔多深？如果投药枪插得太深，紧靠软腭或咽背侧壁，当打出一枚或多枚药丸时，会引起咽部损伤。当用市售投药枪的支撑指环(不是活塞的指环)抵住成年荷斯坦牛的嘴角时，枪正好处在口腔中的正确位置(图2-10)。但是若娟姗牛或1岁的荷斯坦牛以同样位置投药，就太靠后了。当药丸被强力释放时，牛的咽部会有受损伤的危险。

成年牛的投药枪，不能用于犊牛或青年牛，

除非使用时特别小心。较小的投药枪更适于犊牛使用。不要用尖头的连发式投药枪。像大多数在口腔中使用的器械一样，投药枪的使用也应该动作轻柔并且要事先润滑，这样可减少医源性损伤。投药枪应该是单一构件，以免弹盒部分偶然掉入瘤胃(当器械由两部分组成时，有可能出现这种情况)。

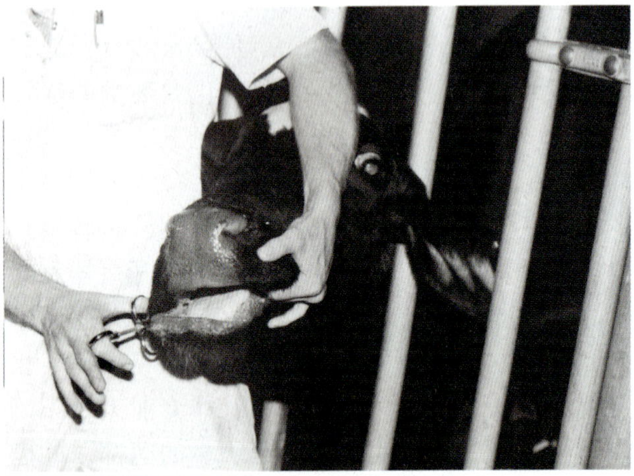

图 2-10

使用标准投药枪给成年荷斯坦牛投药的正确位置。注意：操作者用保定牛头的手指轻轻顶住患牛硬腭，使牛嘴张开。较小的牛需要调整投药枪插入口腔的深度以免损伤咽部。

胃管
STOMACH TUBES

经口腔插入胃管前，必须使用开张器或开口器以保护管子，胃管和一些类型的开张器很可能会造成医源性损伤。胃管应光滑，有尖尖的头，柔韧性适中并且有测量标示。为防止牛咀嚼或吃胃管，可使用多种类型的开口器。如果能正确使用开口器就不会损伤患牛。而管状或Fricke氏开张器是最常用于奶牛的开口器并且具有潜在的危险性。Fricke氏开张器的长度大于奶牛口腔的长度，所以，操作者可以安全地握着露在患牛嘴外的那段开张器。如果Fricke氏开张器插入患牛口腔过深，会引起牛连连作呕，咳嗽并且干扰插胃管，使管子前进时反复触到咽壁而不是进入咽腔。在这种错误位置下，过度用力推进导管往往导致患牛损伤。在使用Fricke氏开张器前，应估计患牛大小，以确定开口器可以进入口腔的深度(图2-11)。在此过程中，操作者应当抓住开口器以防被牛咽下。

各种各样的胃管都可以用。对于牛来讲，导管应具有某种柔韧性，而这种柔韧性可以通过温度调节。用热水可以增加柔韧性，用冷水可以增加坚硬度。如果导管太柔软，插管有时会回折，而完全不能弯曲的导管可能会造成牛咽部、软腭或食管的医源性损伤。为了快速递送药物或排气，成牛的胃管外径不得<1.88 cm (图2-12)。管径较小，很容易被瘤胃中的消化物堵塞。管径较大，大到“最大的胃管”[金门(Kingman)氏胃管]则需要患牛有很好的保

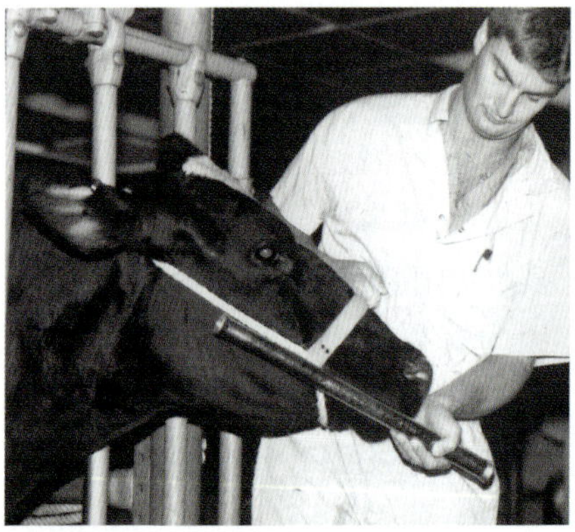

图 2-11

插胃管前先确定Fricke 氏开张器能进入患牛口腔的深度。

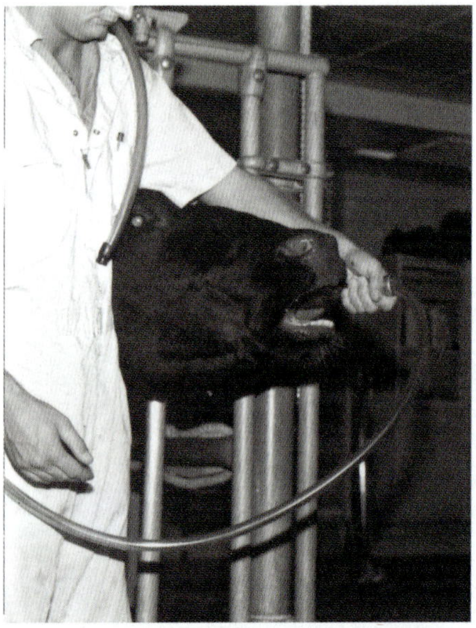

图 2-12

Fricke 氏开张器辅助胃管的插入。注意：兽医用左臂保定牛，使牛紧靠自己的身体，同时左手握住开张器，用右手插导管。患牛头部需保持正直，不能偏向任何一边，否则导管很难插入，并且有可能损伤患牛咽部。

定，适当的开口器或开张器，导管的润滑以及正确的头部位置(图2-13)。

金门氏胃管用于排除异常瘤胃内容物或用于瘤胃清洗。也可在牛泡沫性鼓气、乳酸中毒及瘤胃过度积液时使用。当插入金门氏或其他大口径胃管时，必须保证牛头的正直，不能偏向一边，因为这些导管不能绕过拐角。插管时，如果导管外周有回流(常见并发症)，牛头抬得不能高于水平或正常位置，这样有助于避免吸入回流的瘤胃内容物。

随着对围产期和产后奶牛的常规检查的增加，现代奶牛场已开始广泛应用McGrath泵（图2-14）。因为McGrath泵可由一鼻夹来定位，所以只需一人即可完成胃管的定位和给药过程。兽医师要耐心地教会非专业人员正确的保定、胃管定位和灌胃技术。因为不正当的操作McGrath泵或其他胃管将可能导致奶牛溺死。

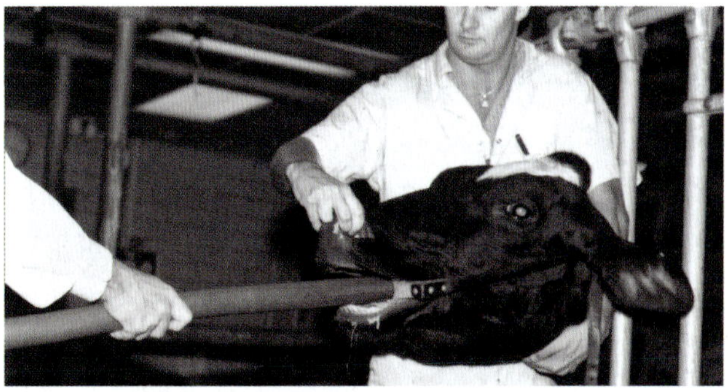

图 2-13

在相应的木制开口器的辅助下插入金门氏导管，开口器需连在牛头部的皮带上。保持患牛头颈正直。关键是头不能高抬，以利于润滑好的导管插入，如果患牛发生反胃，也可减少回流物误吸入气管的机会。

图 2-14

McGrath泵。泵通过食道进入胃，经触诊证实后，用鼻夹来固定装置。而后一个人即可通过泵完成液体灌胃。

掌握基本常识、充分润滑导管、轻柔操作是对使用大口径胃管的兽医们的基本要求。

灌药器与灌药瓶

DOSE SYRINGE AND DRENCH BOTTLES

促瘤胃剂和丙二醇等口服药常用灌药器或灌药瓶给药。这些方法不易引起牛口腔或咽部的机械性损伤，但是如果操作不正确，可引起吸入性肺炎。

保定好牛头后，操作者就可将灌药瓶或注射器插入奶牛口腔，插时要从靠近自己一侧的奶牛的嘴角插入，并且用固定牛头手的手指抵住患牛硬腭，以利于插入(图2-15)。操作者用手抓住奶牛的鼻镜，使头部从头顶到鼻镜这一段与地面水平或略高些。抬得太高或牛头扭转，偏向一边会影响吞咽，造成刺激性药物的误吸。计算灌药量时，应该算上允许漏出的药量。

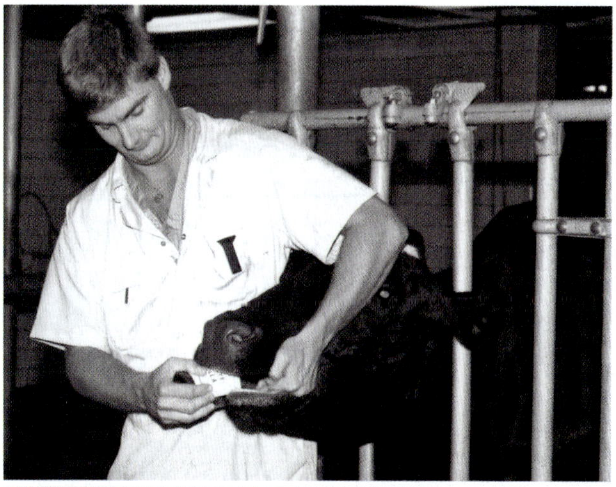

图 2-15

给奶牛灌药。用一只手的指尖顶住牛的硬腭，另一只手将灌药瓶插入牛口腔中。
抓住牛头，保持水平、正直且紧靠操作者的肋部。

食管饲喂器
ESOPHAGEAL FEEDERS

食管饲喂器常用来给新生犊牛或青年犊牛灌喂初乳或电解质液的食管饲喂装置，如果让未经良好训练或是没有耐心的非专业人员使用是极其危险的。咽部与食管的划伤都是很常见的医源性并发症，少数还会引起吸入性肺炎。非专业人员只有在兽医的指导下才可使用这些装置。对食管饲喂器的正确消毒是防止犊牛患传染性肠道疾病的重要措施。

专门用来从网胃中取出金属异物的磁力获取器及其他工具
MAGNET RETRIEVERS AND OTHER INSTRUMENTS DESIGNED TO RETRIEVE HARDWARE FROM THE RETICULUM

所有这类器械对患牛都是非常危险的。尽管有的临床医生使用这类工具获得了成功，但由于它们的使用常伴有极高的并发症，所以，不宜推荐使用。医源性的咽部划伤是最常遇到的并发症。

口服钙胶或糊剂
ORAL CALCIUM GELS OR PASTES

奶牛口服用的，装有各种钙制剂和酮血症制剂的管子，已经投放市场。尽管大多数的管子已变短，一些管子仍有极尖的头，当被粗暴而用力地推入患牛口腔中时，可划破软腭和咽。所以对尖而细长的药管，用前应切掉尖部。

鼻胃插管
NASOGASTRIC INTUBATION

导管饲喂新生犊牛时，最好用软橡胶管进行鼻胃插管。用一根软橡胶的马导尿管（stallion urinary catheter），经牛下鼻道插入食管(图2-16)，为确定导管是否插入瘤胃，可以从导管末端向管内吹气，同时在牛左肷窝处进行瘤胃听诊。此方法操作简便，不会给患牛带来不适，避免了口腔插管时器械对牛口腔、咽或食管的损伤，并且可以一人操作。

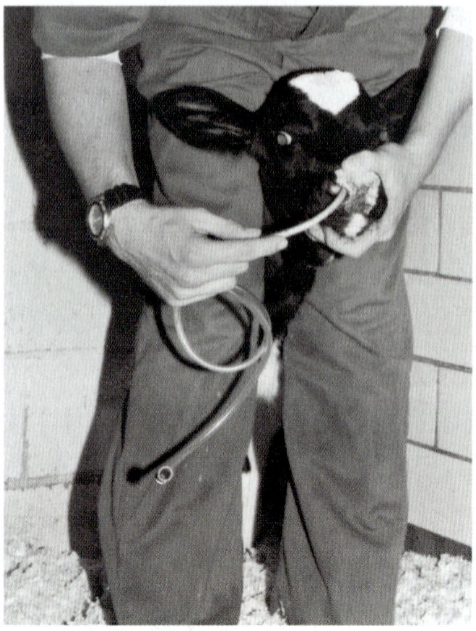

图 2-16

将软橡胶胃管插入犊牛下鼻道。

这种马导尿管应该柔软，由橡胶或软的聚乙烯制成。导管插好后，就可通过连在导管末端的漏斗或注射器给牛灌喂初乳、乳汁或液体。如果需要不断的灌注，可以用胶带把导管固定住。不过鼻胃管保留在鼻中，患牛会不舒服。较粗的鼻胃管可用于较大的青年牛或成年牛。比起口腔插管法，有些操作者更爱用鼻胃插管法。对于口腔插管时持续反刍的动物，必须使用鼻胃插管法。

口服给药的基本原则
GENERAL PRINCIPLES FOR ADMINISTRATION OF ORAL MEDICATIONS

最好使用颈枷或头枷来保定，以限制患牛的运动，使操作者不费力地抓住牛头或免受伤害。当人从前面接近牛时，牛会后退，低头，尤其是那些曾经经口给过药的或用鼻钳保定过的奶牛，头会低得更厉害，贴近地面，使人不易抓住它。那些用绳拴着的牛，经口给药时，保定更困难，需套上笼头，以限制牛前后左右地乱动。

操作者一只手抓牢牛头，并让牛头紧靠自己的身体(图2-17)。这样人可以随着牛一起动，以防被撞伤肋骨或引起其他损伤。操作者两脚分开站立，脚间距至少为一个肩宽，并且用身体上部牢牢保定住患牛。当有颈枷或头枷时，操作者还要靠住颈枷或头枷，以加强保定。

当保定确实后，操作者可将保定患牛的那只手抵压其硬腭，使患牛张开嘴，以利于投放药物或插入器械。经口给药应避免的一般性错误有:

1. 使用笼头:如果笼头系得太紧，会使牛嘴张不开，这时应去掉笼头或放松笼头，或改用鼻钳保定。

2. 保持牛头正直朝前:过分将牛头扭转或推拉至一边，可造成患牛吞咽困难，并且在进行瘤胃插管时，易造成咽部损伤。绝不能将大口径胃管插入头位不正的牛口中。

3. 不要把牛头抬得太高:如果牛的鼻镜高于其头顶，易引发吸入性肺炎，使胃管更易插入气管而不是食管，还可造成牛吞咽困难。

4. 缺少润滑:任何器械插入口腔前均需润滑，哪怕只是用水来润滑。这样可避免造成医源性损伤。

图 2-17

将牛头紧靠操作者的身体保定，使牛头水平正直，用Weingart氏牛开口器协助，进行口腔检查。

阴道检查
VAGINAL EXAMINATIONS

阴道检查用于奶牛产后生殖道状况的评估或给药，监察或协助分娩，当怀疑牛患有肾盂肾炎时触摸其输尿管，协助尿道插管及其他多种操作。阴道检查前，应将牛尾拴在牛身上或让助手抓着。然后用中性低刺激的肥皂和干净的温水彻底清洗整个会阴部。适用的肥皂有碘附皂(Iodophorsoap)、象牙皂(Ivory soap)和绿皂酊 (Tincture of grean soap)等。使用无菌润滑剂或低刺激性肥皂，在检查者探查奶牛生殖道时，可减少带着套袖的手和手臂对奶牛阴门或阴道的损伤。

阴道检查完毕后，所有的肥皂和阴道分泌物都应从会阴部、乳镜和乳房后部冲洗掉，并擦干。如果有排泄物污染了乳头顶端，需清洗干净乳头，并用浸洗液浸洗，这后一步重在全面清洗，特别利于乳房的健康。

直肠检查
RECTAL EXAMINATIONS

尽管直肠检查的程序简便，但是用来进行生殖道和内脏直肠触诊的一些必要的技能却很复杂，且需要上千次的重复。作者认为初学者操作时应带橡胶手套和套袖。这种手套不仅能使触觉较灵敏，还能防止因新手触摸及塑料套袖引起的对患牛直肠的必然刺激。在直肠检查中，套袖和手套的充分润滑，清除直肠中过多粪便，有耐心和手法轻柔都是从患牛身上获得诊断信息的关键。

尿道插管
URINARY CATHETERIZATION

尿道插管前，患牛尾巴要保定好。清洗会阴部，擦洗方法与进行阴道检查时一样。还应该使用无菌手套和润滑剂。奶牛尿道插管最好用无菌套管式导尿管。用一带手套的手插入牛尿道前庭，并确定尿道下憩室的位置。绝大多数奶牛的尿道下憩室距阴门开口不到一手远处，且位于尿道前庭底部。尿道口是一条狭缝，位于憩室的阴道起始部前缘。由于平滑肌作用，使尿道呈紧缩状态不如尿道下憩室明显。因此，操作时最好用一手指挑起憩室，并将无菌润滑的导尿管沿手指背侧插入，这样可避免导尿管插入憩室。轻柔耐心的操作利于导尿管沿憩室与阴道壁连接处的前缘插入尿道。一旦插入尿道，即可很容易地将导尿管插进膀胱。无菌操作是极为重要的，因为导尿管的污染和损伤很容易引起尿道感染。这种情况在奶牛进行常规尿道插管，收集尿液以测定酮体含量时经常会发生。蹩脚的操作会使生殖道末端的肾棒状杆菌（*Corynebacterium renale*）和其他常在菌以及污染物进入泌尿道。

尾椎硬膜外麻醉
CAUDAL EPIDURAL ANESTHESIA

牛需要进行尾椎硬膜外麻醉的内、外科原因，如：

1. 缓解难产中的过度紧张与里急后重（下坠）。

2. 缓解子宫脱出或阴道脱出复位时的紧张与里急后重。

3. 缓解由结肠炎、直肠刺激或阴道刺激继发的里急后重。

4. 涉及会阴部外科手术(Caslick氏手术等)的麻醉。

尾椎硬膜外麻醉部位，在牛第一、二尾椎间隙，通常以荐骨末端第一个可动关节来确认。举起牛尾巴上下晃动，有助于探知此关节的活动。而尾根粉碎或荐骨末端曾经受损的牛，则很难确定第一、二尾椎间隙。当位置确定好后，应进行局部的外科准备，并选用3.75 cm长的18号无菌针头进行麻醉。体型非常大的牛(>800 kg)及成年公牛则需要长一些的18号针头。上下晃动牛尾，确定第一、二尾椎间隙。在此间隙与背中线相交处进针，然后慢慢向腹侧推进，当感到针头所受阻力突然消失，则表明针已进入硬膜外腔。当针刺入硬膜外腔时，会有一种刺穿弓间韧带的突破感。在收集脑脊液的操作中也有同感。此时，可注入选好的麻醉剂。如果位置正确，药液注入时应无阻力或阻力很小。许多临床医生在检验针头位置是否正确时，将注射器中的麻醉剂滴一两滴于针尾中。如果位置正确，药液会很快流入硬膜外腔;如果位置不正确，药液就会受阻，不流走。

尾椎硬膜外麻醉的使用剂量(通常为2%的利多卡因)应尽量少些，以免麻药上行扩散影响运动和后肢机能。多数情况下，3～6 mL 2%的利多卡因就可使感觉消失，缓解里急后重等。动物麻醉时应保持站立姿势或采取胸卧位。不应使牛前低后高，以免麻药沿硬膜腔上行。在尾椎硬膜外麻醉以后，出现任何程度肢麻痹或肢无力的牛，应关在场地情况好的地方，并将其两肢松松地绑在一起以防肌肉与骨的损伤，直至麻醉作用消失。奶牛脊髓麻醉(腰麻)的主要术后并发症就是肌肉与骨的损伤，因为牛在恢复期，尽管尚处于神经麻痹状态，却要不断地试图站起。为了避免出现前面提到的并发症的出现，我们医院很少使用腰麻。

注射完麻药后，针头应取出。如果想反复注射(如长时间的难产)，而把针头留在硬膜外腔，很容易损伤脊神经，造成永久性神经麻痹。

有些麻醉药的药效比利多卡因长，当反复进行硬膜外麻醉时，只能在最后一次使用。因为这类药物不仅可以延长麻醉时间，而且可以引起不可逆性并发症。如果要反复麻醉，可将一硬膜导管插入硬膜腔（这种装置商品有售或用14号针可完全通过的无菌硅胶导管）。将一无菌纱布敷于插管插入位点上以保持无菌。

输血
BLOOD TRANSFUSIONS

当患牛极度贫血、急性失血、血小板减少及其他因凝血不良导致的出血以及新生犊牛所获得的被动转移免疫球蛋白量很少时，都可通过输血来挽救其生命。尽管有这些及其他一些众所周知的失血症状，许多兽医也不愿意或根本不给患牛输全血。这主要是因为担心采血或输血的方法不正确，而使整个操作费时费力。因此输血必须简单、快速易于操作且不引起供血牛、受血牛的紧张。以下所讲的输血方法不仅简单、快速，而且是作者多年经验之所得。与以往的方法比，失败少且省时。

供血牛应选用体型高大的健康牛，最好没有牛白血病病毒(BLV)和牛持续性病毒性腹泻病毒(BVDV)的感染。对于处于哺乳期或妊娠期的牛，可灵活掌握。但最好是在这个哺乳期之后准备淘汰的未配种的母牛。由于牛的血型类型多，所以，进行血型测定不是必需的。但是有奶牛主要和次要配型试验(例如医院中的患牛)的数据，那么通过血型测定，就可减少血型不相容的可能性。大型健康奶牛(≥700 kg)一次采全血4～6 L全血不会有危险。供血牛颈静脉处剪毛消毒后先注射15～25 mg

甲苯噻嗪(xylazine)镇静，并将牛限制在颈枷或头枷内，以利于笼头或鼻钳的牢固保定。止血带扎在颈部下1/3处，用15 cm长的8号套管针进行颈静脉采血，并用1 L的广口瓶收集。瓶中需事先加入抗凝剂，35 mL/L 20%的柠檬酸钠(图2-18)。随着血液自动地流入瓶中，操作者需轻轻旋动瓶子，使血液与抗凝剂充分混合(图2-19)。用这种方法采集4～6 L全血，可在10 min内完成。采够量后，松开止血带，拔出套管针，在针眼处按压2 min。商品出售的输血针、绳和袋子也可以用，但是收集血液的速度要慢一些。

受血牛做好颈部插管的准备，然后插入14号导液管。所采集的血，通过带滤器的输血器以低速至中速滴注，尽管在某一紧急情况下可能需要快速输注，但过快输注可导致心动过速、呼吸急促以及虚脱。输注时间一般为30～120 min不等。

图 2-18

镇静后的供血牛采血所需器械：止血绳，4个或4个以上1 L的广口玻璃瓶，20%的柠檬酸钠溶液（35.0 mL/L作为抗凝剂），笼头或鼻钳以及15 cm长的8号套管针。

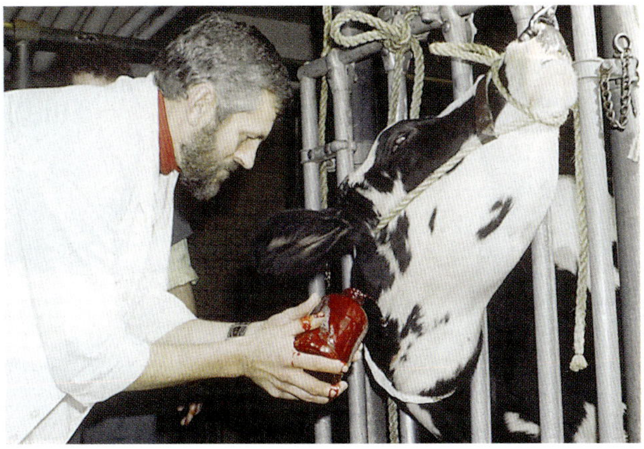

图 2-19

由保定良好的供血牛采集血液。

对供血牛的镇静与充分保定，加之使用大号套管针和止血带进行快速采血，可以减少供血牛和兽医的惊恐与挫折，而这些麻烦是选用别的采血方法时经常遇到的。当受血牛出现荨麻疹或过敏反应时，则表明与供血牛的血液不相容。这种情况一般不多见。如果受血牛出现荨麻疹、黏膜与皮肤连接部水肿，心动过速，呼吸急促等症状，应停止输血，并对症治疗过敏反应。然后必须做交叉配血或随机另选一头供血牛。

脑脊髓液的采集
CEREBROSPINAL FLUID COLLECTION

脑脊髓液(CSF)可以从牛的寰一枕(AO)或腰荐间隙(LSS)收集。对这两个部位，兽医都应熟悉，因为患牛的姿势不同，应选用的部位也要不同。对于躺卧或极度沉郁的患牛，这两处均可使用。但是对能走动的患牛，应在LSS处穿刺。因为AO穿刺需要先镇静或麻醉。预诊也能决定穿刺部位。当怀疑牛患有脑膜炎或脑炎时，应在AO穿刺，而怀疑牛患有脊髓脓肿或淋巴肉瘤时，应选择LSS穿刺。尽管临床上通常采取近损伤处穿刺，但作者还没有确凿的证据来证明，用这一方法得到的CSF与别处得到的CSF在诊断结果上的明显差异。除了少见的脊髓脓肿或淋巴肉瘤肿块曾在LSS处穿刺外，无论哪个部位收集的CSF，如CSF不正常都能反映出来。

AO处收集CSF通常比LSS处收集容易，但只有当牛躺卧、沉郁或充分镇静时才能确保操作时不出现医源性损伤。从角前端到第二颈椎后端的区域剪毛并做外科准备。术野通常为15～20 cm长，5～10 cm宽，以枕外结节(前端)和两环椎翼前端连线(后端)为前后界，其中间部位与背中线的交点处即为收集CSF的AO穿刺部位。穿刺时使患牛头部下垂屈曲，鼻镜朝向胸部，其颈部应正直，不能偏到一边。成牛或公牛一般用8.75 cm长的带针芯的18号针头，而新生犊牛应该用3.75 cm长的20号针头，将针头从穿刺点向牛腹侧面小心径直插入。确切的方向根据所选的穿刺部位不同而变化(稍稍偏前或偏后些)。一般位置不正，是因为针向前偏得太厉害，而扎到了头盖骨。这并不是什么大问题，

层间易发生纤维素性粘连，使渗出物被分隔，形成许多小腔，因此，不易收集到胸膜腔液。

偶尔可以观察到胸膜腔积液的病例，它们是在牛患如下病时继发出现的，如淋巴肉瘤或其他肿瘤、胸部创伤、肺脓肿以及因食入的金属异物引起的急性横膈膜穿孔等疾病。胸脓肿常为一侧性的，可能由胸部原发感染引起或由金属异物从网胃前移到胸部引起。胸腔穿刺是这些疾病诊断的重要辅助手段。

经听诊、叩诊确定出积有大量液体的一侧胸腔，然后进行胸腔穿刺。通常在野外情况下，因为或许不能进行胸部超声和射线摄影，所以，诊断胸膜腔积液完全依靠听诊和叩诊。胸腔穿刺前，在牛肩肘之间的胸部下1/3的第5肋间处剪毛及进行外科准备。奶牛采用笼头保定和尾部保定。如果患牛无呼吸困难，给予适度的镇静或用2%利多卡因局部浸润麻醉，有利于穿刺的进行。如果患牛呼吸困难，最好直接操作或减少镇静剂用量及额外的穿刺。

通过胸腔穿刺诊断疾病时，最好选用18号8.75 cm长的带针芯的脊髓穿刺针。小型或中型牛可在手术刀刺破皮肤后用14号5.0 cm长的钝头不锈钢乳头插管进行穿刺。为了排除胸腔液体或黏稠渗出物，例如胸脓肿时的渗出物，需要使用20号或28号带针芯的French穿胸套管针(French chest trochar)，并且在使用这类大号针进行胸腔穿刺时，一定要事先用手术刀刺破局部皮肤。

在进行胸腔穿刺时，一定要小心，避免针头及套管针刺伤心脏。一定要掌握好针头、插管或套管针刺入胸壁的初始力度。一旦针刺入胸膜腔，必须立即停止用力。操作时，一只手推进针头，而另一只带无菌手套的手用消毒纱布握住针，起制动作用。一开始针头只能刺入皮肤4～5 cm深，然后再用较小的力，小心推进针头。

心包穿刺只是胸腔穿刺技术的延伸，用于心包炎的确认。尽管心包囊极度扩张，但为确保穿透心包，应该选用至少8.75 cm长的针头或是套管针。为避免刺伤心脏，必须小心操作，并且需要先与畜主商议后才可进行穿刺。少数情况下，心包穿刺可能引起患脓毒性心包炎的牛迅速死亡——不是因为心脏被刺伤，而是因为心包囊内生理性气体/液体压的迅速变化。心包中，由细菌产生的气体可使心包膨胀，远离心脏，从而降低了心脏可能受到的约束力。如果心包穿刺时，针从心包囊背侧刺入，可使气体迅速排出，这样心包和其中残留的脓毒性液体作用于心脏，使已经发生代偿性变化的患牛的心脏压力迅速发生变化。因此，在进行心包穿刺时，尽管没有刺伤心脏，偶尔也会引起患牛死亡。

在诊断性胸腔穿刺以后，应拔除针头与插管。如果想要持续地或间断地引流，还可以将穿胸导管或排液管固定住。HeimLich氏阀(HeimLich’s valve)应连接在排液管暴露在外的一端，以防在采用持续性排液时牛发生气胸。大多数胸部排液管在穿过肋间时易扭结，往往在几天之内就可使导管阻塞或需要更换。

脓肿的引流
ABSCESS DRAINAGE

脓肿是奶牛极常发生的疾病，最常见的类型有皮下脓肿及肌内脓肿，乳腺脓肿也常发生。

皮下脓肿出现于过度受压部位，四肢及面部。肌内脓肿几乎总是由不洁注射引起，还有一些无注射史的牛，其脓肿可能由外界环境中某些物品刺伤皮肤引起。脓肿大小介于垒球和水球大小范围之间。

脓肿最终会“软化”并在多数情况下自动排脓，但这可能需要数周或数月的时间。另外，病灶可能会引起患牛不适和疼痛，常干扰运动或正常躺卧，而且还会继发心内膜炎、肾小球肾炎或淀粉样病变等疾病。因此，只要有可能，应通过外科手术排除脓肿。手术排脓可以选择适当的排脓部位，以利于增加脓汁的有效排放，减少脓肿复发。

尽管浆液性肿块或血肿不如脓肿常见，但兽医应注意排除这两类病变。因为这两者是禁止引流的。在疑有脓肿的区域下侧选好最佳引流部位后，进行局部皮肤的剪毛及外科准备，并使用16号3.75 cm长的一次性针，抽吸病变部位内的物质。如果有血液或血清流出，则应拔出针头，按压穿刺部位，但无需作进一步的治疗。然而更常见的是针头插入后，没有任何东西流出，这是由于脓液黏稠造成的。典型的要数存在于多数脓肿中的化脓性放线菌(*Actinomyces pyogenes*)引起的脓肿。可以连接注射器将脓汁吸出或是抽出针头，观察塞在针头、针尾中的典型的黄白色黏稠脓汁。尽管有人使用内径大的针头，以利于脓汁排出，但是由于这种针头太粗，很容易使针眼内的外源性细菌进入被刺破的无菌的浆液性肿块或血肿中。因此，牛最好使用16号的针头。

一旦脓肿经穿刺证实后，即可用手术刀切开脓肿排脓。如果牛温顺，只需简单保定或使用温和的镇静剂(15～30 mg甲苯噻嗪)，即可迅速完成这一操作。脓肿的充分切开(≥5.0 cm)对于充分和持续引流很重要。大块坏死组织及炎性组织碎片应从脓肿中人工清除。在首次引流后，应建议患牛看管人按以下几点调养患牛：

1. 每天应清洗切口，并用戴手套的手开张切口。

2. 对于大的脓肿腔洞，在5～7 d内，用稀释的碘附、过氧化氢或盐水冲洗，以利于清除坏死和发炎的组织碎片。

3. 大多数患脓肿的牛，并不需要使用全身性抗菌素，只有在严重或是复发的病例中才使用抗菌素。

肝活组织检查
LIVER BIOPSY

尽管肝活组织检查不是常规操作，但在超声检查的辅助下，对于确诊弥散性肝病或局灶性肝损伤是很必要的。

成牛在进行肝活组织检查时，先给予镇静，然后在右侧第11肋间，与肷窝中心水平的部位做外科准备，并进行局部浸润麻醉。接着，用手术刀刺破皮肤，插入Tru-Cut活组织检查器(Tru-Cut Biopsy NeedLe ,Baxter Healthcare Corp.,Valencia,CA.)或者其他的肝活组织检查针，并向前腹侧轻轻推进至选定的肝脏位置。

此操作通常可以直接进行，但是毫无疑问，用超声确定肝脏的准确位置，对于活组织检查的顺利完成是极有帮助的。

去角术
DEHORNING

在美国的绝大多数地区，奶牛的去角早已成为一种常规管理的需要。尽管兽医和畜主都认为去角应尽可能及早进行，但是在某些农场由于人力或时间所限，使得6～24月龄的牛都有需要去角的。

兽医必须了解和掌握对不同年龄牛的正确去角技术，非专业人员去牛角时很少注意一些细节，如局部麻醉、清洁或消毒以及止血等，另外还常会引起窦炎、破伤风等并发症的发生。下面将从简单到复杂地讲解一下去角技术。

去角的麻醉与保定
Anesthesia and Restraint for Dehorning

所有去角术均采用角神经阻断麻醉，它可以减轻患牛手术中的痛疼，并且术后兽医在止血时也不会引起患牛过分紧张与痛疼。角神经是颧颞神经的一个分支，位于颞骨嵴稍下方，经眼眶后缘至角。角神经在眼眶附近位置比较深，而在颞嵴后部，位置比较浅，根据去角动物个体大小，用2%的利多卡因3～10 mL封闭角神经，针则用18号3.75 cm长的。青年犊牛还可选用小号的针。

除了使用局部麻醉外，有些医生还使用甲苯噻嗪等止痛镇静剂以减少进一步的保定。当有大批犊牛通过斜道或颈枷时，这种方法尽管不便使用，但对于个别暴躁的患牛及公牛都是很有用的。镇静剂的使用剂量可根据动物个体大小、所需镇静程度及设备来定。

保定对于有效正确地去角很重要。幼犊只需用手抓住或用笼头保定，较大的犊牛(>4月龄)应使用笼头及颈枷牢固保定或由助手在去角部位的对侧用髋部抵住牛头。大于6月龄的犊牛最好使用颈枷或斜槽，使用这类头枷，利于抓获犊牛并且可以防止牛过分挣扎。犊牛也可使用笼头或鼻钳，将牛头拉向一侧，然后另一侧，以便保持去角的正确位置。对于体型大的犊牛和成牛鼻钳保定优于笼头保定，因为此方法保定好且不干扰有效止血。若用笼头牢牢保定，会压迫角根区，加重或掩盖出血。去角时，一定要充分麻醉和保定，否则将会延长操作时间，如果操作不正确，牛角可能会重新长出，还会加剧患牛的紧张、挣扎以及增加患牛受伤的机会，并且操作者和兽医也会变得灰心丧气。

电去角或烧烙去角
Electric or Heat Dehorning

这一技术是去角术中最简便的操作，因为它可以在刚能摸到幼犊角胚时进行，不需任何止血措施，一个人即可完成，并且可根本消除去角后的并发症。

犊牛通常在2～8周龄去角，并且只有在角胚能明显摸到时进行，每一侧的颞嵴下角神经用2%利多卡因5 mL进行局部浸润麻醉。角基部有长的被毛应剪除。每次烧烙前，都先要将电热去角器加热，然后在角基周围烧烙，造成角及生发上皮周围皮肤的热灼伤。烧烙时，轻轻按压去角器，并稍稍转动以保证热均匀扩散。在灼伤的组织上留下一个棕色的环，通常表明烧烙充分，可防止角的继续生长。操作时，由助手抓着犊牛或兽医用两腿夹着犊牛，并使其头偏向一侧保定，同时去除对侧的角。然后换手，将牛头拉向另一侧，去除对侧角。

电去角术或烧烙去角术虽然没有什么缺点，但有些畜主仍不能成功使用这一技术，原因多种多样:如因管理不良使犊牛长得太大，不能有效进行电去角；唯美思想，即有些人不能忍受皮肉烧焦的味道；或为了装饰需要，有些以展示牛为目的的畜主认为，牛在4～12月龄用钳凿去角，更能装饰牛头。

Robert氏去角器或管状去角器 Roberts or Tube Dehorners

此工具与电去角器一样，专门用于角处于角胚期的青年犊牛的去角。局部麻醉、保定或镇静后，将周边锋利的管状去角器，边转动边挤压入角胚周围皮肤，然后猛地转下角胚及周围皮肤。最后还必须给予止血，并且无菌敷料包扎。此方法快速有效。

凿式去角器或钳式去角器 Gouge or Barnes Dehorners

如果牛角生长超过角胚阶段，形成椭圆形角基，通常需要用凿式去角器以确保去角完全，并且应充分切除角周围皮肤，防止角再长出。凿式或钳式去角器有两种型号，根据牛的品种及大小不同来选择，用于3～10月龄的大多数犊牛。去角器配有木制或金属的管形手柄，当合起手柄时，会形成一个椭圆形锋利的金属刀口。张开手柄，锋利的刀口就可切除角及角周围皮肤。选用的去角器凿孔必须足够大，以便有效切除角周围皮肤，防止生发上皮的继续生长。当保定好牛的头部，并给予适当麻醉后，将椭圆切割面的长轴对准椭圆形角基长轴放好，猛地用力，快速切割，并且将刀口贴紧头盖骨，这是正确去角的关键，这样不仅能去角完全而且可以暴露出皮下而不是骨间区的出血的动脉，利于有效止血。用止血钳牵拉出血的角动脉进行止血，并在局部喷撒抗菌药。

巨型去角器 Keystone Dehorners

角基大的小母牛、青年公牛及成年牛需使用巨型去角器。木制大手柄可操动铡刀式刀片去除牛角(图2-23)。巨型去角器很沉，使用不便且危险，但是如果使用正确，去角效果很好。为了能成功有效地去除角及其周围皮肤，防止生发上皮的再生长，患牛需良好保定，并限制在颈枷或头枷中。将牛头拉向一边，去除内侧角(远离兽医，靠近柱栏的角)。然后再将牛头拉向另一边，去除另一只角，放置巨型去角器时，使它恰好能从角的腹侧面切割(图2-23)，以利于皮下角动脉分枝的暴露。这就需要让牛头倾向兽医，并且使去角器末端紧贴牛头盖骨。麻醉、保定、止血以及局部用抗菌剂处理，均如前所述。

除任何开窦去角术之后都会出现的并发症(急性窦炎、慢性窦炎或破伤风)外，成年牛使用巨型去角器，少数会引起头盖骨骨折。

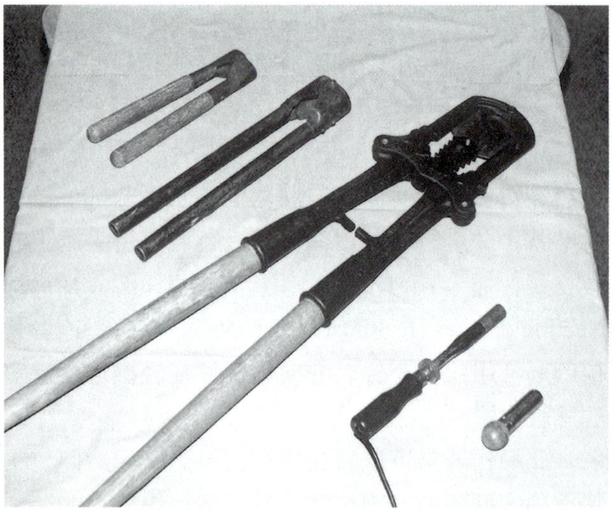

图 2-23

各种常用去角工具，从上到下依次为：小号钳凿、大号钳凿、巨型去角器、电去角器及Robert氏或管状去角器。

动力去角器 Power Dehorners

铡刀式机械动力驱动的去角器已经商品化了。当有大批量小母牛或成年牛需要去角时，或当需要用凿式去角器或巨型去角器时，兽医为了减轻工作量，都可用这种去角器。它的操作与巨型去角器的那些操作相似。不过还要再一次强调，充分保定是正确操作的关键。操作这类工具时必须极为小心，因为任何动力设备都具有潜在的危险性，都有可能造成对兽医或助手的伤害。

产科线锯 Obstetric Wire

产科线锯用于公牛去角及角基过大不宜用巨型去角器的其他大型牛的去角。线锯常用于公牛去角，甚至一岁的公牛也用。一方面，因为公牛的角基大，并且角垂直于纵轴面。小母牛头的角从头盖骨伸出向上弯，而公牛的角却直接向外伸出，使得去角器很难放到正确位置上，以确保成功切下牛角。在使用凿式或巨型去角器时，经常会因切割不正确，造成公牛腹侧角基的骨架残留，这样不仅能使角继续生长(“skurl”)，还妨碍了角动脉的充分止血，这是因为角动脉被横断，断端留在了骨头中；另一方面，锯角的部位可以选在角骨架下的皮肤处。手握产科线锯手柄，来回拉动锯子，即可正确完整地将角锯下来。与巨型去角器的使用相同，去角时应将牛头倾向兽医，去除内侧角(靠近颈枷的角)。

除局部麻醉之外，在用产科线锯去角时，最好给予公牛或要用此法去角的其他动物一定量的镇静剂。因为此操作耗时较长，而且兽医为了能完全去除牛角需要用较大力气。正确的去角，可暴露出皮下区的角动脉，利于止血。并且只需做一般性术后护理。

去角锯 Dehorning Saws

盒式锯已用于牛的去角。并且此技术类似于用产科线锯进行的操作。锯条同线锯一样，在去角时比使用凿式或巨型去角器费力，没有被广泛应用在奶牛中。

美容去角术 Cosmetic Dehorning

美容去角术在奶牛中的应用不如肉牛中应用普遍。美容去角需要注意无菌操作，较费时而且花费也比其他的技术要多。其唯一的优点是有利于增加牛头部的审美或展示价值，并且伤口初步闭合后可以迅速愈合。

将牛镇静并局部麻醉，整个头顶部及后部区剪毛，进行外科准备，并采用无菌技术实施外科手术操作。切开角周围皮肤及生发上皮周围的皮肤，分离并松弛皮肤。把无菌产科钢线锯放在皮肤切口下方，在低于皮肤的部位去除牛角。把皮肤切口稍稍拉向头顶，并适当分离皮肤，以使皮肤闭合，覆盖原先牛角所在区。并用强力缝合材料连续缝合，封闭创口。对于做美容去角术的牛应考虑手术前后给予抗菌素及预防破伤风。

去角时的止血 Hemostasis for Dehorning

尽管有些兽医去角时不想法控制出血，但在极少数情况下，作为去角的并发症能发生致命性失血，证明专业人员注意止血是有道理的。充分止血只需控制住角动脉出血，这只需正确切割，暴露出皮下的角动脉。角动脉是颞浅动脉的一个分支，沿颞嵴后行，在角前分为背侧枝与腹侧枝，背侧枝较小，去角后通常在切口前缘显露，腹侧枝较大，通常在切口的副侧面显露（图 2-24）。切割不当使腹侧角的骨头不能被全部切除，使一根侧枝或两根侧枝的短端直接从残留的角中冒血。如果发生这种情况，则无法夹住或结扎动脉断端。正确切割可在皮下显露出两根侧枝，利于止血钳夹住断端，并且牵拉止血。夹住腹侧枝，慢慢拉，向尾部牵引直至动脉断裂。如果背侧仍有明显出血，应夹住背侧动脉枝断端，慢慢拉，直接向后牵引至动脉断裂。如果腹侧枝被拉得很长，通常不再需要牵拉背侧枝，因为拉断动脉时，断端往往靠近背侧分枝的起点。牵拉动脉至断裂，能快速止血。因为出血被限制于组织或骨头中，较易形成凝血块。正确的去角技术及充分麻醉利于快速有效的止血。

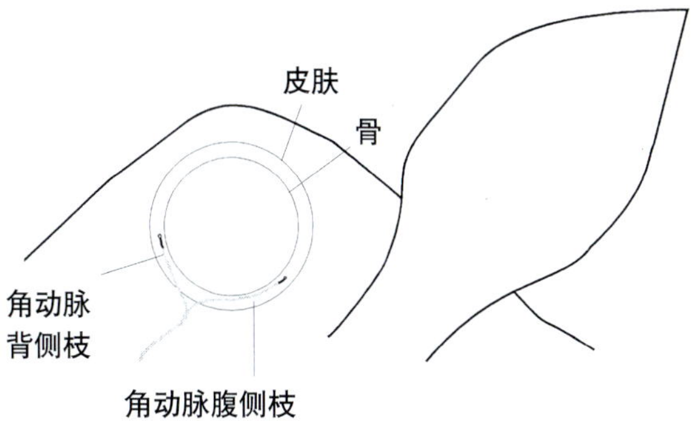

图 2-24

图中表示出角动脉及其腹侧与背侧分枝经正确去角后在皮下区的部分。被掩盖的动脉以点状线再现，而去角后的动脉断面以实线加黑再现。用止血钳牵拉这些断端以利止血。

去势术
CASTRATION

乳用动物很少需要去势，因为大多数的雄性子代被淘汰或作为种畜。然而畜主也会要求将公犊去势，作为小肉牛、乳肉牛或阉牛饲养。去势术有许多种，本书想探究所有的方法是不可能的。小于6月龄的公犊，使用Burdizzo氏无血去势钳(Burdizzo’s emasculatome)，可以减少术后发生并发症的可能性，也可减少患畜紧张。Burdizzo氏无血去势钳放在每侧精索选两点实行手术，耗时60 s。当进行阉割时，兽医应保证将每侧睾丸拉直，以免损伤阴茎和尿道。并且用钳钳住阴囊中的精索将其移到阴囊侧面，以免去势时损坏阴囊整个腹面的血液供应。

伸缩带(elastrator bands)绑扎等其他无血去势技术也有使用，但会受到季节性影响，如天气暖和时伤口长蛆，及非季节性影响，如破伤风或错误操作等。

许多兽医更愿意使用外科去势，以确保完整清除睾丸。无血去势术如果能正确操作，会非常成功，但有可能去势不完全。因而使有些畜主更愿意用外科去势法。双侧切开阴囊侧面皮肤或切除阴囊腹侧的1/4～1/3后，可进行外科去势。阴囊切开后个别人爱用开放式去势法。不管是哪种方法，应建议用能减少出血的去势钳。外科去势的缺点在于，潜在性创口并发症、蛆虫生长、破伤风、失血以及对患牛应激较大。而其主要优点是确保去势完全。

安装鼻环
NOSE RING PLACEMENT

鼻环位置安装正确，有助于防止保定中因将鼻环从牛鼻镜处拉脱，而造成鼻环的丢失。当青年公牛到了青春期，开始显露出统治欲或攻击性时，一般要安装鼻环。当公牛接近成熟时则需安装一个较大的鼻环。一些型号的鼻环已经商品化了。每头公牛选用的鼻环大小应便于手指抓握或公牛牵引棒的绑缚。但也不能太大，否则容易挂到其他物体上而被拉脱。

鼻环专门为了方便公牛保定、牵引和管理而设计。不使用鼻环就不可能安全地管理单个公牛。不过，在人工授精畜群中，群养的公牛不安装鼻环，因为它们常集体活动与争斗，易造成外伤，引起鼻环脱出。所以，只有当公牛离开群体单个管理时，才安装鼻环。

攻击性强或难捕捉的公牛，需在鼻环上系一短链牵引棒，以便使抓握鼻环更容易。

在群养中，对常常吸吮乳头的小母牛，有时也安装鼻环。这种鼻环连有一个带尖桩的铝板，用来戳刺被吸吮乳头的小母牛，使它们不再能忍受和允许有此恶癖的小母牛的吸吮。成年母牛很少用鼻环，但攻击性强的展出牛需安装鼻环，以使其在展出场中更易被控制。

正确安装鼻环，需用鼻钳将公牛头拽直，牛头不应偏转。当牛头被完全拉展，鼻钳牢牢固定好后，用一带柄的22号手术刀快速刺穿鼻中隔，切口做好后刀背应紧贴鼻钳抽出。R. B. Hillman医生则不用手术刀而是用1. 0～1. 5 cm长的套管针穿刺。抽出针芯将鼻环导入，然后再抽出套管针，鼻环就穿过了鼻中隔，用鼻钳钳牛鼻时，需施加一个压力，这样可以保证鼻环能尽量安放在鼻中隔的深部，以免损伤鼻中隔软骨以及引起潜在并发症。现在已经可以买到将鼻钳、手术刀和导入器合为一体的专用鼻环钳。

一旦鼻中隔被切开，可将开环的尖端伸入切口，很容易插入鼻环，对合鼻环，并拧入一个小螺钉，使环紧紧闭合在一起。安环时，常会因小螺钉的掉脱或丢失使操作失败，因此，为了避免这种情况发生，操作者在使用螺钉前，可把它小心地咬在齿间。

正确的安装鼻环可减少因鼻环被拉脱造成的鼻和鼻镜撕裂的可能性。鼻环的错误安装或过度牵引，均可造成这类严重损伤，并使今后无法再保定和牵引受过伤的公牛。鼻环拉伤的修补已有介绍，可用于有价值的公牛。修补时，先给予患牛镇静及局部麻醉，阻断两侧眶下孔分布的感觉神经，再用钢丝或其他不可吸收缝线进行大褥垫缝合 (large mattress sutures)。

R. B. Hillman医生作为纽约伊萨卡城东部人工授精合作处公牛群公牛健康主管人，对修补鼻环撕裂有丰富的经验。他建议初步闭合用大的褥垫缝合，并且是在打结前放褥垫(这样能看到整个伤口)，然后用简单的结节缝合对合皮肤创缘。Hillman医生则愿意用强力缝合 (heavy suture)。除了使用甲苯噻嗪镇静及局部浸润麻醉外，Hillman医生还将患牛绑缚在斜的工作台上进行站立保定，这样牛头就能被牢牢地固定在台子上。

切除悬蹄
REMOVAL OF DEWCLAW

在一些奶牛场，小母犊切除后内侧悬蹄是一项常规操作。这些牛场的管理人员相信，这种措施可减少自诱导性乳头损伤。对这一做法尽管存在争议，但很明显，一些成年奶牛或乳房悬垂的奶牛正是因内侧悬蹄造成乳头损伤，而不是由于趾的内侧蹄。这可以通过在内侧悬蹄上涂上染料，几个小时后观察牛的乳房和乳头，看什么地方被触到。

去除犊牛两侧的内侧悬蹄，可以作为一种预防性措施。反复发生自诱导性乳房或乳头损伤的成年奶牛可单侧或双侧去除内侧悬蹄。

操作前内侧悬蹄周围的皮肤进行剪毛及外科准备。成牛应在头枷或颈枷内保定。像修蹄时一样，将手术肢用绳子提起或者也可使用斜工作台保定，犊牛可由助手保定或者给予镇静。局部麻醉可以采用局部浸润、环形封闭、扎止血带进行跖骨背侧静脉注射或是进行特定的神经封闭。用甲苯噻嗪进行镇静是很有帮助的(特别是对于成牛)，因为此药有一定止痛作用。大的有齿剪刀足以用来去除幼犊的内侧悬蹄，而去除成牛的内侧悬蹄最好用钳式或凿式去角器。截去悬蹄时应注意避免损伤深层组织，并且一定要去除悬蹄基部周围的一圈皮肤，这样悬蹄才不会再长出。切除后使用灭菌敷料和弹性绷带，保护伤口和加速止血。1周后除去绷带，或更换敷料或露出伤口治疗。

断尾术
TAIL AMPUTATION

如今许多奶牛场的主人都将奶牛的尾巴截除，许多动物学家也都建议进行此项操作，因为牛断尾后，可使牛及其乳房更清洁卫生，并且可以减少因尾巴的来回摆动造成的环境污染。挤奶工也很喜欢这项措施，因为它可以防止牛尾巴扫脸。但是目前还不清楚断尾措施将来是否会继续流行或者只是一时的风尚。断尾并不能改善日常管理，防止弄脏牛棚或缺乏垫草，也不能改善挤奶前、中、后期实行操作技术。另外，尽管断尾的支持者对此有异议，但是牛应具有尾巴驱赶昆虫侵扰的防御能力。

截断牛尾的位置是与会阴门腹侧平齐或刚好在阴唇腹侧。这样残余的尾巴是可以保护会阴并且便于动物尾部保定。犊牛、小母牛或成年奶牛可用一种能伸缩的带子断尾。扎好带子后，尾巴远端会发生渐进性干性坏疽，2～8周后脱落。如果带子直接扎在尾椎骨上，而不是靠近脊间区，尾巴脱落时间可能需要8周。当伤口处有骨头露出，则需要较长时间愈合。

断尾后，可能会发生慢性感染、骨髓炎、上行性神经脊髓炎、梭菌性肌炎及破伤风等并发症。

如果畜主不能给牛提供良好的防虫措施及进行全身清洁卫生，则不应给牛断尾。恶劣的管理不能成为断尾的理由。近年有关断尾的许多研究涉及动物福利、昆虫驱赶等方面。目前断尾术在一些欧洲国家是不合法的，而在美国是允许的。目前的研究表明，在传统的自由活动畜栏内，断尾将导致动物抑郁，且动物断尾与否与乳房的洁净程度及泌乳奶牛内部感染之间未见直接的关系。

保定
RESTRAINT

保定不是一门学科，而是一种技术。在某个兽医的操作过程中，选择正确的保定方法，需要有一定的辨别力、判断力及人道的考虑，经验在选择保定方法时起主要作用。它可以根据某些因素:如患牛的性格，畜主的性格，可用的设备，完成必要操作一般所需时间及助手或保定员保定技能来改变保定方法。

常言道:“最佳最简单的保定法是能保证快速有效地完成整个操作的保定。”当然最好是永远不需要保定，但这是不可能的。然而，如果保定不充分，会伤及兽医、保定员和牛本身。我们兽医治疗的每头牛都可能给我们造成职业上的不利与治疗失当的起诉。所以，我们要给予重视。保定太不充分，使原本简单的过程变成了一个延长了的冒险活动，因此，增加了患牛的紧张、暴躁而且是渐生性的疯狂。每次因动物保定不良，重新开始操作程序时，动物都会更早地发生反抗，而且更加强烈。另外也会让助手和兽医更难办。设备不足或保定知识不足都有可能会造成保定不充分。

保定可以保护保定者、助手、兽医及患牛本身。蹴踢可能是牛的恶癖或是一种防御反应。牛有时向直后方踢，但是通常是后腿先向前提起，然后腿外展，突然向侧后方呈一曲线踢出。凶险的牛能用一条或两条后腿向直后方踢，造成操作者的严重损伤。显然，如果两后肢同时踢，奶牛会降低头部，将重心移到前肢，这样可以踢到站在它后面人的脸，并能造成严重的伤害。旁踢的牛经常挤靠近它的人，而且多数是挤从侧面靠近的人，但不是所有有这种举动的牛都踢人。被困在管子分隔栏或分隔墙之间并且受到牛的用力挤压，不是一个令人愉快的经历，不过与牛打交道的人都知道这种情况。

有些非常敏感的牛，当它们觉得要被保定、注射或捕捉时，仅仅因为恐惧会吼叫和乱跑乱跳，进行防御。牛在这种状态下，会使人陷入危境或是踩伤人。

大多数人甚至仅有基本畜牧知识的人都知道牛踢人，但很少有人知道，当牛防御或攻击时，牛头对人造成的危险。接近牛头时，应该小心。如果牛头未被牢固保定，人应站在牛头侵袭范围之外。甚至在牛头被松松地用笼头套住或被抓住的情况下，牛也能迅速撞断保定者的肋骨而引起其他损伤。奶牛的头只需10～15 cm的活动范围就可产生足够的力量伤害保定者或引起他们骨折。因此，当使用笼头或鼻钳保定牛头时，要把牛头拉展，拉紧，不能有任何松弛。同样，当抓着牛头进行口腔检查或经口投药时，必须用身体髋部和上部牢牢固定住牛头。愤怒的、发狂的或是护犊的牛会试图袭击人、顶撞人或把人别倒在地。奶牛可向正前方冲或前后晃头，每摆动一次都能给人一次撞击。操作人员被弄伤或被他们自己饲养的护犊牛弄死的情况允许在非专业新闻中报道还不到一年。当然公牛就更有可能对人造成伤害。公牛永远不能被相信。公牛具有不可预见性，这一点流传已久，并且曾经严重伤害过许多有经验的奶牛场工人。这些人在公牛圈内工作时变得过于自信或匆忙，因而很容易受到伤害。

有攻击性的或受惊吓的牛，在少数情况下也用前腿踢人。通常在进行静脉注射或其他一些有关头、颈部的操作，牛头被保定时，才有这样的情况发生。因此，兽医和保定人员应注意操作，不要跪得离奶牛太近。

不同牛场牛的行为和对牛的管理及饲养，均有很多不同。小农场具有传统的房屋建筑，并且牛和管理员有大量接触时间，因此，很少会有烈性的或不驯服的牛。然而，在任何环境下都会有骂牛的管理者，会粗鲁地对待牛，经常会有对牛怒吼或打牛的事发生。散养牛或放牧牛都不驯服，只有经过有经验的“驯牛员”早期认真训练，让它们不再害怕人的靠近或带上笼头，才会变得驯服。牛群越大单个牛越不易接受带笼头的训练。使用能自动关闭的头枷或颈枷和斜道，对于安全的管理和治疗不驯服的牛，是很有必要的。

奶牛保定法

AN APPROACH TO DAIRY CATTLE RESTRAINT

奶牛的所有者不一定了解正确保定这些牛所必需的知识、判断力和方法。因此，兽医必须平衡好正确保定的需要与尊重畜主的希望和意见间的关系。除非畜主的方法明显不起作用，一般最好让畜主提出如何保定的建议。例如，当一个兽医初到一个牛场应对畜主说：“请你把牛头抬高，我来把这瓶药……给牛静脉注射。”这样做不仅显得很有礼貌，而且还能观察到这个牛场常规的保定方法是什么。这儿的畜主保定愿意用笼头还是鼻钳? 许多注册牛和展出牛的主人总是用笼头，并且认为鼻钳有伤害性且不必要。因此，一个新来的兽医一上来便想用鼻钳保定牛场的奶牛，也许就不会再被请到这个牛场去了。

好的奶牛场工人也会提醒兽医，那些牛危险或敏感，而这应该是畜主的责任。在治疗或外科手术中为确保人、畜安全，兽医也许需要指导奶牛场工人进行保定。

人应该慢慢靠近奶牛，并要告诉它，让它意识到你要靠近它，决不要突然触碰奶牛或向它快速移动。被拴的奶牛最好从它被挤奶的一侧接近(散养奶牛也许看不清楚在哪侧挤奶)，从挤奶对侧靠近牛，被拴的奶牛经常会显得很紧张，这种情况可以通过观察奶牛中间的真空管道制动开关设在哪儿来避免。如果兽医必须接近奶牛前部，助手或保定员应站在与兽医同侧的奶牛后部，这样可以防止奶牛挤人。性情温和的牛，保定员可通过抓搔它的尾根或肩胛和肩峰来消除牛的恐惧。当兽医在奶牛后面操作时，助手应防止奶牛后部摆晃出它附近放置的那些柱子。散养牛，可让它站在角落中或在牛的一边站一个人，把它赶到一开阔的地方，慢慢驱赶，并且注意噪声不要太大，是不让牛棚中其他奶牛不安的最有效的方法。如果有一头牛被粗暴对待或虐待，整个牛群的牛都会紧张不安。不论拴着的或是散养的奶牛，凡在小道或前后走动时，都应使用笼头保定，以限制其定向的移动。

头部保定 Restraint of the Head

绳制笼头是最实用、最温和的保定方法。用于大多数的基础保定、颈静脉注射以及奶牛的牵引。给牛套好笼头，绳子游离端在下颌部系紧，拉到左侧，一般牵牛都在这一侧。给不驯服的牛套上两个笼头，让两个人一边一个站在牛旁边牵引，一般是没有用的，因为牛可以把他们拉到一起。而用一个笼头，则有利于牵引人将不驯服的奶牛头拉向一侧，使它转圈，而不至于跑掉。当奶牛不驯服或操作过程快且痛时，就需要使用鼻钳来加强保定，鼻钳不能用来牵引奶牛。因为牛对鼻钳通常的反应是向后拖拽或疯狂向前冲，以设法摆脱鼻钳或减轻拉力。颈部束带的使用，有助于抓紧奶牛，但对于大型的或不驯服的牛，则保定作用差。公牛经常用颈部束带上或笼头上的一根长绳穿过鼻环来牵引，或用与鼻环相连的绳子上的钩扣来牵引，也可以用系在鼻环上的公牛牵引棒来牵引。每当牵引公牛时，最好安放一长排人能过去而公牛过不去的分隔管。

小型到中型安静的奶牛都可以一个人保定。保定时用笼头协助或用手指掐住牛鼻中隔， 将牛头弯曲，环绕保定者的躯干(图2-25)。

当保定牛头时，应将牛头抬起，并且拽向一侧，以利于更好地保定。牛头抓得太低，便于奶牛用力，因而可能不利于保定。欧洲的某些保定方法中提倡用眼罩协助保定，但作者未曾用过这种方法。犊牛保定可以两腿夹住其脖颈，让它退到角落，以便进行注射和检查。

尾部保定对于小而快的操作很有效。如肌肉注射，皮下注射，尾中静脉采血，乳房输注，疏通阻塞的乳头或排脓等。有效的尾部保定法是：一只手举起牛尾巴，另一只手按压兽医进行操作一侧的奶牛臀部(图2-26)。在牛进行乳头手术或其他有痛操作时，尾部保定可结合止痛镇静剂或局部麻醉一同使用。正确的尾部保定可以限制牛蹴踢和保持牛稳定。拴养或散养的牛，尾部保定前应套上笼头，以防牛前后左右的过分移动。尾部保定时，地面干燥、不滑是很重要的，可防止保定时奶牛向后或向旁边滑倒。极强壮的人抓尾保定时动作粗暴、猛烈，会造成牛尾椎骨骨折，导致其会阴部和尾部的神经麻痹。相反，如果举直牛尾巴时用力不够，会使保定不充分。因此，采用尾部保定时，必须力量适度和经验丰富，这样才能做到有效的保定。

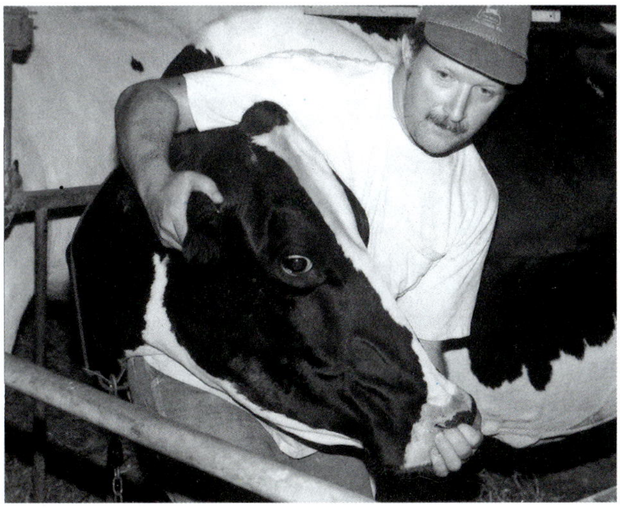

图 2-25

用于静脉注射或其他小的操作过程中的人工保定。

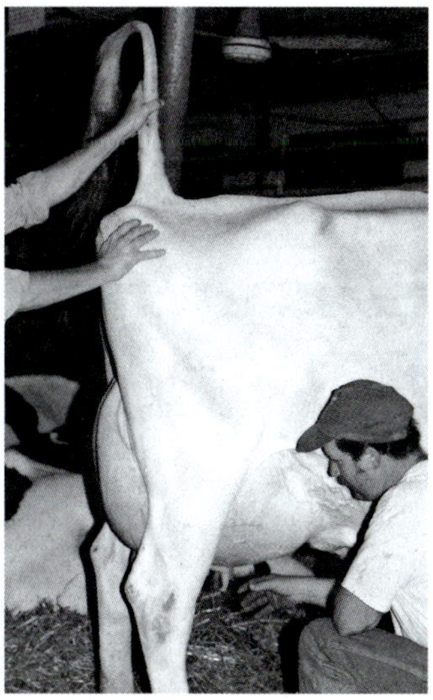

图 2-26

尾部保定。注意兽医在奶牛一侧进行操作，而保定员则按住同一侧的奶牛臀部，这样如果奶牛进行反抗，对操作者构成威胁时，可以将牛推离正操作着的人员。

兽医很少使用对抗蹴踢的工具，而挤奶工却在日常工作中使用，以对付那些常踢奶桶和挤奶工的奶牛。有些牛场曾使用抗踢缚腿绳（anti-kicking hobbles）和跟腱（腓肠肌）（achilles tendonclamps）钳夹，但现已被肋腹钳（flank clamps）广泛代替。因为这种钳比缚腿绳的安放更安全便利。缚腿绳的另一缺点是：奶牛反抗时会“双管齐下”，两后腿同时抬起向后踢。

修蹄时抬起牛后腿的方法有几种。抬后腿保定最好用颈枷或修蹄斜槽(图2-27)。但是兽医还应该熟悉其他方法，因为有些牛棚结构不利于使用横杆挂钩或滑轮。

前肢抬起和保定比后肢难，不管哪种方法，前肢的工作都会让兽医腰酸背痛，浑身是汗。修蹄时，当然都愿意使用工作台，但并不是总能有工作台以供使用。抬前肢的经典方法在图2-28和图2-29中说明。

将绳环绕肋腹区或胸腹区并拉紧，可有效地保定某些牛，以防其蹴踢和过分移动。保定站立的牛做蹄部护理或其他治疗和外科手术时，牛头都需要用笼头拴牢，以防其前后乱动。最好是将牛头拉向进行操作的一侧。

牛肋腹部和胸腹部绕绳改良法也可用于倒牛。经证明有几种方法是可用的，并且当进行下腹部手术、乳头手术或纠正子宫扭转时，大多数操作者都使用改良的Hertwig氏法或Szabo氏法倒牛(图2-30)。镇静牛和未镇静牛均可使用这些方法。

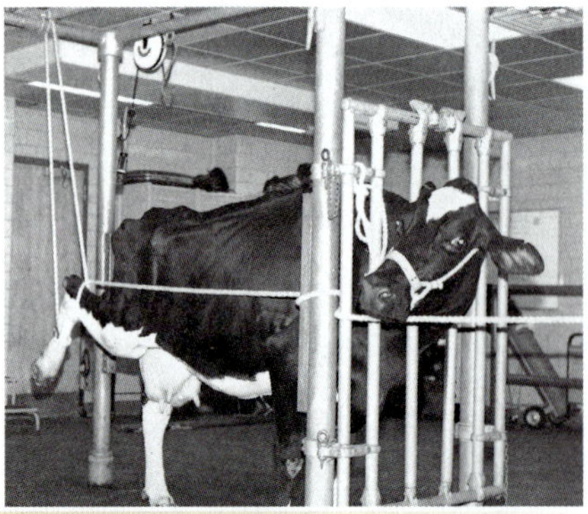

图 2-27

用一根 10 m 长的软尼龙绳或棉绳，做一易解套牛圈，套住牛的后肢，再将绳越过支出的横梁或横杆挂钩协助抬举后肢。在颈枷内把牛向前拉，套上笼头，以减少其前后移动。并且如果对侧有杆子或支持物可供牛斜靠着，可将笼头系向后肢被抬起的一侧。半拴的绳环必须绑缚在腓肠肌后部，才能最大地发挥作用。

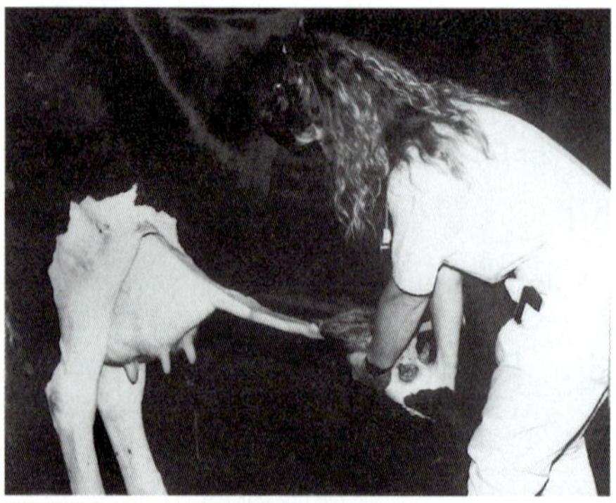

图 2-28

人工抬起前肢用来蹄部检查。牛头用笼头保定并系向待检肢对侧，以减轻待检肢的重量。在某些情况下，可将待检前肢放在一大捆稻草上或木制跕板上，以减轻检察员背部紧张。

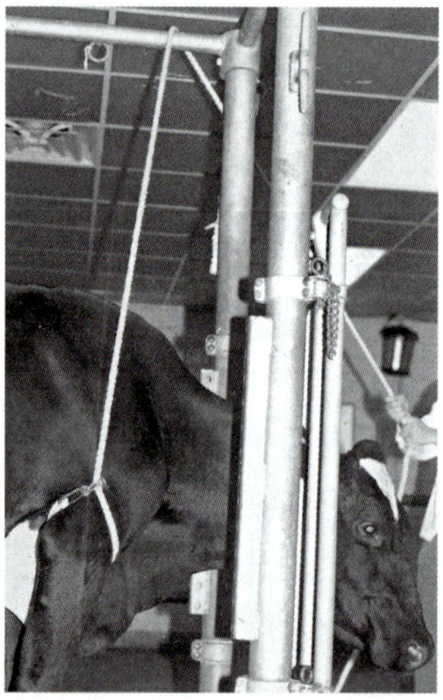

图 2-29

另一种减轻待检肢重量的办法。用绳环拴住待检前肢，然后将绳子越过上方横杆或横杆挂钩在对侧系紧。这样就能比较容易地抓抬起待检前肢的蹄部。此法仍需要笼头保定奶牛，并在待检前肢对侧系牢。

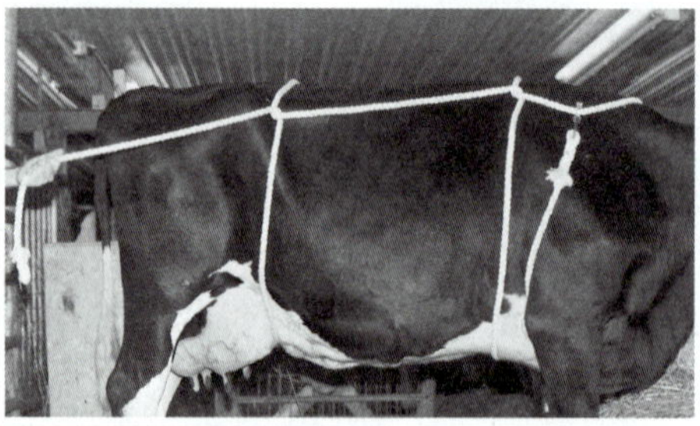

图 2-30

常用的Hertwig氏改良法倒牛。最前一个绳环从前肢之间穿过，以免倒牛时发生窒息，此环可用单套结或如图所示，用一易解套牛圈系牢。

（李玉荣译，王金秀校）

参考文献

deLahunta A: *Veterinary neuroanatomy and clinical neurology*, ed 2, Philadelphia, 1983, WB Saunders.

deLahunta A, Habel RE: *Applied veterinary anatomy*, Philadelphia, 1986, WB Saunders.

Fox FH: Personal communication, Cornell University, Ithaca, New York, 1970.

Hillman RB: Personal communication, Cornell University, Ithaca, New York, 1984.

Leahy JR, Barrow P: *Restraint of animals*, ed 2, Ithaca, NY, 1953, Cornell Campus Store.

Perkins GA: Examination of the surgical patient. In Fubini SL, Ducharme NG, eds: *Farm animal surgery*, St. Louis, 2004, WB Saunders, pp 3-14.

Rosenberger G: *Clinical examination of cattle*, Berlin, 1979, Verlag Paul Parey, Dirksen G, Grunder H-D, Grunert E, et al, (collaborators) and Mack R (translator).

Stöber M: Surgery for the cattle practitioner: nose ring torn out—nasolabioplastic operation, *Bov Pract* 23:153-155, 1988.

Wheeler R: Facilities and restraining devices. In Fubini SL, Ducharme NG, eds: *Farm animal surgery*, St. Louis, 2004, WB Saunders, pp 51-57.

第二部分

PART II

系统疾病

Disease of Body Systems

第三章
CHAPTER 3

心血管系统疾病
Cardiovascular Diseases

Simon F. Peek and Sheila M. McGuirk

心血管系统检查
EXAMINATION OF THE CARDIOVASCULAR SYSTEM

心血管系统检查主要通过观察动物的全身状况、黏膜外观、静脉是否扩张及脉搏情况，检查动脉的脉搏质量、速率和心率。

如果检查时发现下颌下间隙、胸部、腹侧、乳房、下肢水肿，或者腹部出现水肿则要怀疑心脏已经出现病变。很明显，这种诊断需要与低蛋白血症性水肿、血管炎、血栓性静脉炎、淋巴结炎或者其他罕见疾病相区别。大体检查时发现呼吸困难、呼吸急促、颈静脉或乳静脉严重扩张也可能是动物心脏疾病的征兆，衰弱及锻炼不耐受也是患心脏疾病可能症状。犊牛明显异常如眼睛过小、歪尾巴或无尾是心室间隔缺失的伴发症状。从胸腔入口或颈基部检查，心脏明显异位。然而，很多先天性心脏畸形发生在没有其他任何疾病的时候。

物理检查时，观察黏膜是否苍白、充血及发绀。眼观判断口腔黏膜的病变时，要注意某些特殊品种牛的正常色素沉着（如棕色瑞士奶牛和海峡群岛牛），如色素易变的荷斯坦奶牛，被经验不丰富的诊断者往往视为口腔黏膜苍白。一般，首选检查结膜或者外阴黏膜表观及毛细管充盈时间。奶牛中很少看到黏膜发绀，除某些死于严重的肺部疾病的牛。然而，具有早期心衰、左到右先天性旁通及并发心肺疾病的牛可能出现黏膜发绀。常在具有早期心脏病的患畜检查中发现毛细管再充盈时间延长。

物理检查中，进一步检查颈静脉和乳静脉的相对扩张程度及是否存在异常脉搏是非常重要的。在一个诊断者能够从正常的不同年龄段及泌乳期中区别出异常脉搏前，练习和熟练对主静脉的触诊是非常必要的。一般，乳静脉对增加静脉压力较颈静脉明显，因此常常在物理检查中通过触诊乳静脉来进行诊断。在一般检查及后续的胸廓听诊中应该检查颈静脉。考虑到很多牛在开始触压颈部时表现很敏感，这种恐惧及后续兴奋会影响到物理检查时基线参数及数据的收集，因此颈部检查一般应该放在最后。物理检查时，如果确认颈静脉检查是必要的，那么就应该放在检查头部的最后再进行。

乳静脉触诊通过指尖按压的方式进行。静脉轻柔按压来检测搏动以确定右心是否衰竭；轻柔按压使静脉鼓出腹壁，能够使静脉鼓出腹壁的力量正常情况下很小。当静脉很难挤压或者常常挤压时翻滚于一侧，则要怀疑可能是由于右心衰竭而致静脉压升高。乳静脉的评价很多时候带有主观性，但是在检查者熟练时，也有助于发现一些其他的物理异常。尽管乳静脉搏动常常认为是异常症状，且往往是右心衰竭的征兆，但是偶尔一些有着乳房体积较大且富含静脉分支的健康老龄牛也可能有轻微的乳静脉搏动和扩张。

判断颈静脉的搏动与扩张，需要将一些颈部较细的乳牛本身存在的固有颈静脉搏动及扩张现象与病理性搏动与扩张相区别。假的或正常的颈静脉搏动是心脏收缩期右房室瓣膜舒张与膨胀末期心房血液逆流的结果。收缩期被动性颈静脉充盈也可能导致“颈动脉搏动”。当头颈与地面平行时，假性颈静脉搏动由胸腔入口向下颌部搏动呈波浪状。当头和颈部抬起时，假性搏动在颈背侧部分区域搏动升高或者消失。真正的颈静脉搏动在头颈与地面平行或稍抬高时，迅速充盈整个颈静脉，这种充盈之快如同开关打开后水管充盈水一样。另外，真正的颈静脉扩张在心力衰竭时非常明显（图3-1）。区分真、假性静脉搏动和扩张也可在下颌处压住静脉，血液流入胸腔入口静脉空虚为假性，而真性静脉搏动则迅速地再次灌注空虚的颈静脉，表明右心衰竭中心静脉压升高或者右心房室瓣闭锁不全。有人建议在胸腔入口轻度压迫闭合颈静脉，使其轻度扩张能消除假性（正常的）颈静脉搏动。一般来说，右心衰竭引起静脉的扩张程度比搏动更加明显。

诊断动脉脉搏有助于估计心脏病的严重程度。物理检查时常检查尾中动脉，低血钙症卧倒牛则多检查面动脉，在心脏听诊和脉搏听诊时便于同时触诊正中动脉。脉搏率、节律及特征都应考查，脉搏特征包括大小、力度及动脉扩张程度和脉搏持续时间。许多心力衰竭牛脉搏力度减弱、脉搏不匀和、脉搏增多。如果出现脉搏节律异常，应考虑到心律不齐。

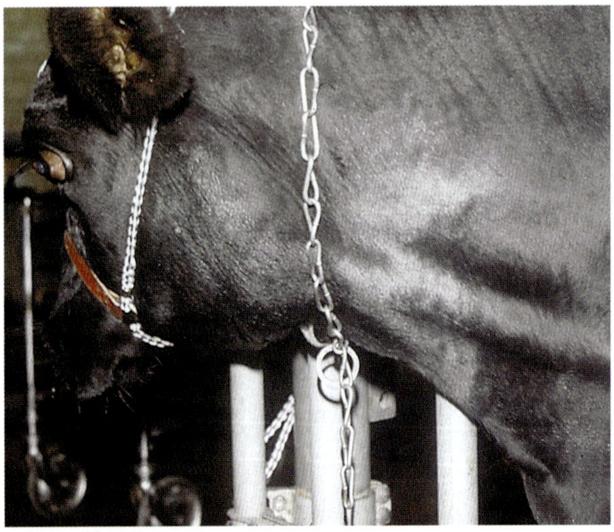

图 3-1

继发于心内膜炎心力衰竭的牛颈静脉的明显扩张。

熟练掌握心脏听诊需要一些基础知识，并且在每次检查时都要认真听取两侧胸壁。许多牛不愿让检查者在胸壁上放听诊器，特别是在咽部第3肋间附近听诊时，会用前肢紧紧夹住胸壁。肥胖或胸壁很厚的牛听诊比较困难，心音会减弱。正常牛心音在左侧容易听到。肺动脉瓣最佳听诊点在左侧第3肋间肩关节和肘关节的水平线上。主动脉瓣靠近心基底部最佳听诊点在左侧第4肋间与大约肩关节水平线交界处。二尖瓣与心尖一致，听诊区在左侧第5肋间大约肺动脉瓣的水平线上。三尖瓣也靠近心尖，在右侧第3肋间肩关节与肘关节连线中点处听诊最佳。

尽管临床医生一般只检查正常牛的2个心音，但有些牛能像马那样听到4个心音。可能4个心音存在某种程度上的混淆，临床检查时不易区分，检查者应事先了解这一点。第一心音（S1）主要是由于心脏开始收缩时，心室血流突然减速引起的，而同时关闭的房室瓣作用较小。S1最佳听诊点在心尖部与房室瓣一致。S1可能轻微地分裂成三尖瓣和二尖瓣的摩擦音，但在正常牛不常见。S1一般比S2低而长。

S2通常不如S1响亮，是由主动脉瓣和肺动脉瓣关闭产生的。然而，现在的理论认为S2的起源不是这些瓣膜的关闭引起，而是瓣膜关闭时主动脉和肺动脉内逆流的血液快速减速造成的。在一些正常牛身上，由于主动脉瓣和肺动脉瓣的不同时关闭也可导致S2心音的分裂的出现，特别是在吸气时。

S1和S2是组成牛的主要心音，S3和S4也有报道。在牛很少听到S3，但一般认为是舒张早期快速充盈结束时出现的心室纤颤引起的。S4有时在舒张末期听到且一般被认为与心房收缩相关。心动过速的S4非常接近S1，常被误认为是S1的分裂音。当心动过速时,常出现正常心率范围内心率较快的3～4倍的奔马节律。奔马律是与心房收缩、心室充盈或者二者重叠相关的舒张音。持续显著的奔马律再加上心动过速很可能是心脏病的最初症状。

正常牛心率为60～84 次/min，初生牛犊的心率高达110～120 次/min，通常这么高的心率是由于被抓摸变得兴奋或是采食而引起的。心率范围目前存在争议，有几点需要介绍。公牛、肥胖牛，仅供胚胎移植的长期干奶牛比泌乳奶牛新陈代谢率低。因此，这些牛心率较低，甚至低于60 次/min。兴奋、神经紧张、好斗的健康牛，在检查者接近时心率和脉搏可超过84 次/min。因此，60～84 次/min只是平均数，必须根据病牛具体环境及其用途来解释。McGuirk等测定禁食牛的心率为48 次/min。除科学研究外，很少有人检查健康禁食牛的心率。当母牛继发于典型的“打破水杯”综合征的拒食时例外，这种牛因断水继而厌食。病牛因厌食心率低于60 次/min。心率确实低于60 次/min的病牛，通常有迷走神经性心动迟缓的症状。所以，笔者仍然认为60～84 次/min是成牛乳牛的正常心率范围。

激动或紧张牛除心率增加外，还出现心音增强或心音高亢，其他情况下的心率增强可能是相对的或者与疫病有关。相对因素包括消瘦、青年牛胸壁薄或兴奋。病理性因素包括贫血以及心内膜炎或由于对侧膈疝、脓肿、肿瘤引起心脏移位靠近胸壁侧出现的“怦怦音”。心音强度降低或者“心音低沉”，可由相对因素引起，如公牛或营养良好的牛因胸壁厚或肥胖，听诊时则心音低沉。心音低沉也可由病理因素引起，如心包炎、纵膈积气、膈疝或由于听诊侧胸腔有肿瘤、脓肿造成心脏向对侧移位。休克时，随持续时间和严重程度不同，可能出现“高亢音”或“低沉音”、虚弱但能走动的“休克”牛往往心音增强，而躺着或者濒死的牛心音减弱。

听诊结合叩诊是主观估计心脏位置和大小的最好方法。当肺实变或胸腔积水时，心音较正常时传播的范围更大。

犊牛或消瘦的成年牛，可在左侧第四五肋间肘关节和肩关节连线中点触诊到心尖搏动。在右侧除非严重的心脏病或心脏向右移位（由于占位性增生物挤压）很难触诊到心搏动。用指尖压迫心区肋间深部触诊，在一些疾病如心内膜炎、胸膜炎症、创伤性网胃炎和肋骨骨折，可以引起疼痛反应。

与其他动物一样，一般牛的心杂音根据出现时间和强度而进行分类。根据心音强度可主观的分为6级：1级是微弱但勉强能觉察到的杂音；2级很微弱但很容易分辨出来；3级为较低到中等强度；4级为中等强度，但没有震颤；5级心杂音强，可触知震颤；6级心杂音很强，听诊器探头离开胸壁也可听到，同时有明显的触诊震颤。根据杂音在心跳周期的时相分成缩期杂音、舒期杂音或连续性杂音。进一步细分可分为收缩早期杂音或者整个收缩期杂音。通常，牛出现收缩期杂音反映房室瓣闭锁不全、主动脉或肺动脉狭窄。舒张期杂音反映主动脉或者肺动脉瓣闭锁不全或房室瓣闭锁异常。良性收缩期杂音偶尔见于兴奋性心动过速的犊牛及贫血、低蛋白血症的母牛或静脉快速输入平衡体液的卧躺牛。病理性收缩期杂音最常见于有先天性心脏异常（如心室间隔缺失）的犊牛或是心内膜炎的成年牛。连续性杂音少见，只是在有开放性动脉导管的犊牛可以听到。各种心杂音的最大强度听诊点应结合其涉及的异常瓣膜部位来定。

牛心律不齐可以是正常生理状态、病理性的或继发于代谢紊乱。禁食牛、低血钙成年牛、低血糖青年牛都会出现窦性心动迟缓及心律不齐。激动、兴奋、疼痛及各种全身性状态改变如内毒素中毒、休克可引起窦性心动过速。牛患严重的肌肉骨骼疼痛疾病时，躺卧时常心律正常，强迫站立时出现心动过速。持续的心动过速是不正常的，如无其他全身疾病，应该考虑心脏疾患。

高血钾也能引起心律不齐，常常出现在新生犊牛大肠杆菌性分泌性腹泻导致的急性代谢性酸中毒或急性弥散性白肌病。心房停搏或其他的心律不齐在有代谢性酸中毒和高血钾的腹泻犊牛中已有报道。极度高血钾（7.0 mEq/L）会导致心搏停止，应迅速纠正，特别是在可能需要全身麻醉的犊牛。因为严重的高血钾症与病理性心动过缓有关，尽管临床中没有血液供输血，但有经验的临床医生应该针对严重脱水、腹泻且不一致的心率较慢的犊牛补充体液以缓解高血钾症状。犊牛的白肌病会直接损伤心肌，出现心律不齐、心杂音或心跳停止。代谢性碱中毒牛的低血钾、低氯血也可诱发成年牛最常见的心律失常——心房纤颤。

牛患有胃肠道疾病而出现代谢性碱中毒时,可能出现低血钙，也会引发心房纤颤。心房纤颤能引起杂乱无章的不规则节律，并常引起心动过速（88～140次/min）或正常心率，这主要取决于是否存在心脏病及潜在的诱因。心房纤颤与心音的不规则强度有关。在一些心脏节律不规则或者心率较快的牛可能出现心房纤颤，特别是当心率超过120次/min时。心房期前复合波（APC）在一些胃肠炎疾病及电解液失衡的奶牛也可能发生。一些牛在心房纤颤后提前或马上出现APC，听诊时第一心音强度变化是APC的一个特征。

成年牛心律失常的其他原因还包括心肌浸润的散发性淋巴肉瘤、脓毒性或中毒性心肌炎。牛静脉注射钙制剂是药物性心律不齐的主要原因，但静脉注射抗生素或高钾溶液也偶尔引起心律不齐。

牛患心包炎时，心音听诊变化较大，时常与心脏杂音混淆且每天都有变化。典型的心包炎“摩擦音”在心跳周期的不同时期都存在，这与心杂音是不同的，后者一般在心动周期的特定时间能够出现。患心包炎时可以听到像挤压海绵一样的尖锐声音。心包膜脏层和壁层表面的纤维素相互摩擦而产生的摩擦音也可听到。真正的心音往往变得低沉，游离的液体或液体-气体交界处可造成“击水音”或“玎玲音”或者使所有的心音变得很低。在创伤性网胃炎心包炎急性期，心音特征每天都发生变化。在亚急性或慢性期心音低沉，或出现明显的“玎玲音”、“击水音”。

心律不齐或心杂音表明心脏异常，但不能确定是否发生心力衰竭。牛的右心衰竭比左心衰竭常见，右心衰竭一般症状如下：

1.腹侧水肿：水肿可能是弥散的或局限于特定部位如下颌部、胸下、腹下、乳房或阴鞘部以及四肢下部（图3-2）。

2.颈静脉或乳静脉扩张，出现静脉搏动。

3.不能耐受运动，有时出现呼吸困难。

4.持续的心动过速。

5.产生腹水，有时出现胸水。

除了一般症状之外，特殊的心脏症状如心杂音、心律不齐、心音强度改变等常常出现，有助于诊断。但要注意与导致低蛋白血症的疾病的鉴别诊断比较困难。低蛋白血症也引起腹侧水肿，不耐运动以及心动过速，但是不引起颈静脉和乳静脉扩张和搏动。因此，静脉扩张和搏动加上异常心音或心律不齐是诊断奶牛右心衰竭的关键症状。

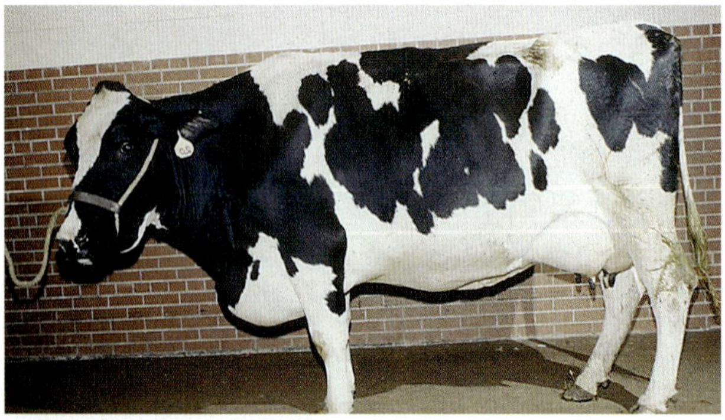

图 3-2

牛心包炎引起右心衰竭时出现下颌部、胸下、腹下侧和乳房水肿。

左心衰竭引起呼吸困难、肺水肿、不耐运动，甚至发绀、虚脱或昏厥。牛很少发生单纯的左心衰竭，但左、右心同时衰竭较为常见。

辅助性诊断方法 Ancillary Procedures

心电描记法

心电图（ECG）是进行心律不齐分类的必需手段。可确定心脏扩张和其他病理变化的心电图向量分析很少应用于牛，因为牛的心室肌去极化快和弥散，不像其他动物那样有规律。另外，当牛出现心音强度变化，需要监测麻醉。治疗心律不齐或出现心力衰竭症状时也需要用心电图。目前，用超声波诊断心室扩张或心脏病比心电图更为优越。

牛常用心基部-心尖导联。该导联可得到较大的心电图波幅，足以分析多数的心律不齐。正极放在左侧第5肋间的肘关节水平处的皮肤上，负极放在右侧大约距胸腔入口30 cm的颈静脉沟中，接地极连接颈部或肩峰。所得心电图为具有一个峰的正向P波，一个先为正偏转、后为大的负偏转的QRS复合波和一个可正可负的T波（图3-3，A～C）。

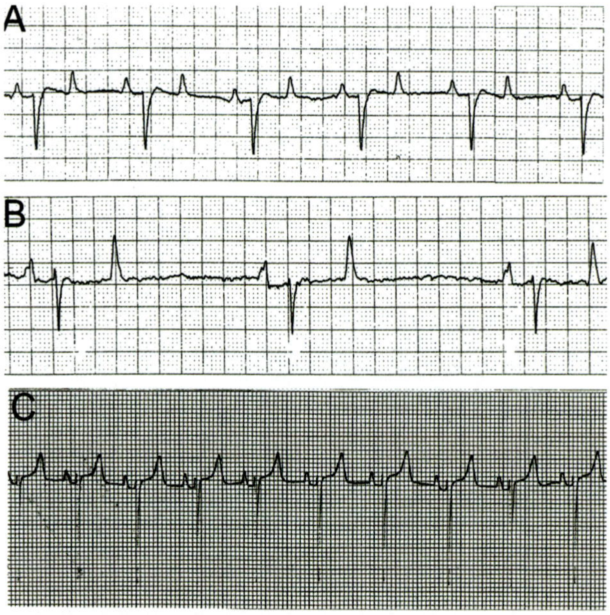

图 3-3

A，4岁荷斯坦乳牛的正常窦性心律，心率为60次/min。B，6岁棕色瑞士病牛皱胃溃疡而至的窦性心动过缓心律，心率为36次/ min。C，2岁荷斯坦牛急性肢体损伤而至的窦性心动过速，心率为108次/ min。

心回声检查法

二维心回声检查是一种诊断价值很高的检查法，用来检查心脏功能、解剖学和病理学变化、心内膜损伤、先天性心脏异常、肿瘤和心包疾病。这些检查有时可以用来实时监测心脏变化。使用合适的仪器再加上心脏检查训练有素的人员，完全可以对先天性异常的影响及心内膜炎、心包炎或者其他心肌损伤进行定性定量评价。简而言之，它是现代心脏病学研究工作的基本手段。成年牛常用3.5 Hz（或更低）传感器的扇形扫描器，怀疑新生犊牛有先天性症状，用5.0 Hz传感器的扫描器效果更好。尽管现在的临床医生缺乏设备及相应的回声造影学的专业知识，但是目前的毕业生正在接受相关培训，而且该设备厂家的竞争会使得更多的兽医拥有此设备。有治疗价值的牛出现明显的心脏病症状，而无特异性诊断手段时，可以用心回声检查法进行诊断。很多情况下，牛的系统检查可以在右侧胸骨旁的窗户入手，这样可以看到一个长轴的四腔心外观，长轴左侧心室传出管道观及位于二尖瓣腹侧及乳头肌水平的左心室短轴观。同一个视窗下，所有的4个心瓣膜都可被观察到，心房大小可被测量，心肌功能也可被测量且心包异常也可被观察到。先天性的病变比如心室间隔缺损（VSD）（图3-4）及后天性心包炎（图3-5）也可被轻易观察到。

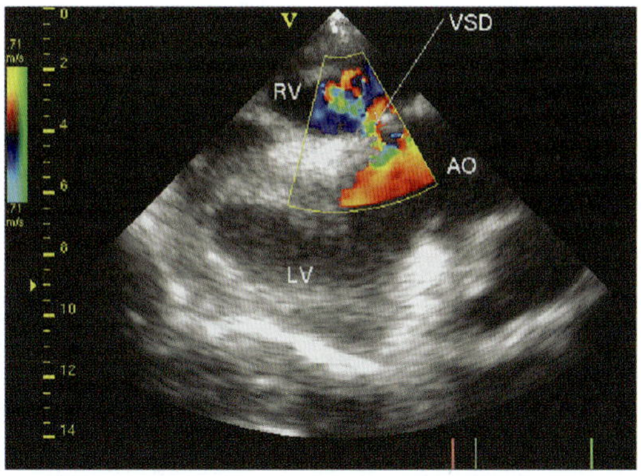

图 3-4

先天性心室间隔缺损的小乳牛超声回波图。

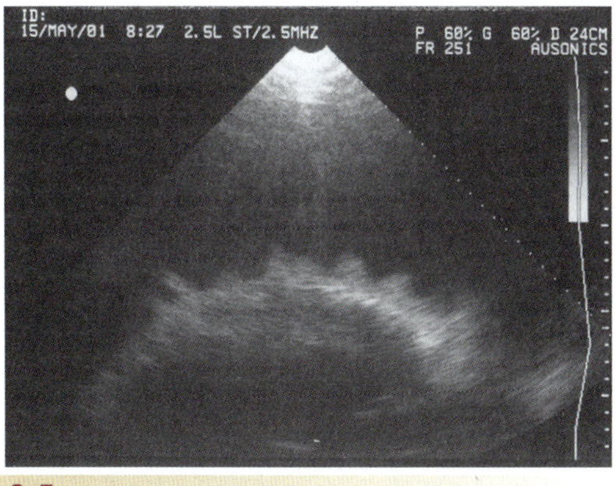

图 3-5

外伤性心脏周围网状组织炎成年奶牛的心脏超声回波图。

犊牛特殊心脏病
SPECIFIC CARDIAC DISEASES IN CALVES

白肌病 White Muscle Disease

维生素E或硒（Se）缺乏引起的心肌损伤可发生在心脏的任何部位，呈局灶性、多灶性或弥散性分布（图3-6）。从出生到4岁都可出现症状，但多发生在3月龄内的犊牛。心脏病异常症状是各种各样的，包括心律不齐、心杂音、不耐运动、发绀、呼吸困难以及急性死亡。症状可能轻微或剧烈，取决于损伤的程度和部位。猝死可能自然发生或者在活动及保定时发生。白肌病的其他症状如身体僵硬、采食或吞咽困难、吸入性肺炎及肌红蛋白尿间或出现。呼吸困难可能直接与心肌损伤有关，或由于膈肌、肋间肌的岑克尔氏变性。心动过速（120次/min）和心律不齐是最常见的特殊心脏病症状，但心杂音有时也可能出现。

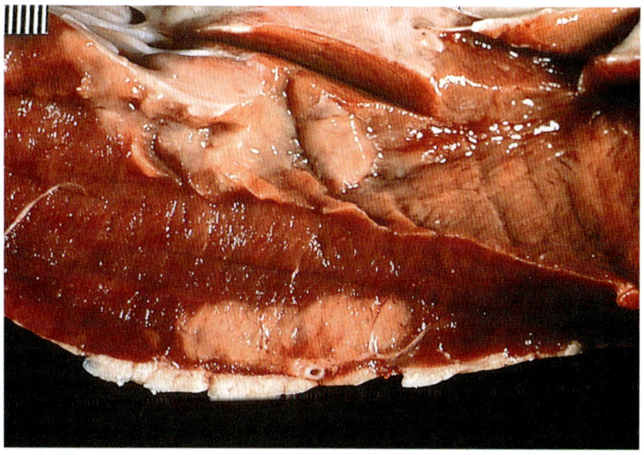

图 3-6

死于弥散性白肌病的犊牛心肌的局部白色病灶区发生岑克尔氏变性。

确诊可根据血液硒含量、血红蛋白尿、蛋白尿检查、血清肌酸激酶（CK）和天门冬氨酸转氨酶（AST）等参数。如果心脏是唯一的受损组织，血清酶不会有明显的升高，然而心脏一般很少是唯一受损的器官。

治疗应该按照厂商建议的剂量注射维生素E和硒制剂。尽管一些商家的制剂包括含静脉注射（IV）使用的标签说明，一般建议肌肉或者皮下注射(IM)以避免偶发的危及生命的过敏反应。犊牛应该关在小的围栏或犊牛圈中，周围用稻草围绕，这样既可活动，又可以防止自由跑动加重肌肉的损伤。如果出现肺水肿，可给予速尿（0.5～1.0 mg/kg）每日1次或每日2次。如同时伴发吸入性肺炎时，应用有效的抗生素治疗。维生素E和硒制剂间隔72 h后再注射1次，总共用3～4次。出现症状后经治疗耐过3 d的犊牛预后良好。

高血钾 Hyperkalmia

高血钾引起的心律不齐和心动迟缓主要见于患严重急性腹泻的新生犊牛。能引起分泌性腹泻、代谢性碱中毒、血浆碱储降低和高血钾的产肠毒性大肠杆菌是最常见的病原微生物。轮状或冠状病毒也可能引起犊牛腹泻，但很少引起像大肠杆菌那样明显的代谢性酸中毒。

引起高血钾的不常见原因包括四肢肌肉的严重弥散性白肌病、膀胱破裂、肾功衰竭、泌尿道阻塞以及非特异性休克。

高血钾降低静息膜电位水平，导致细胞开始时易于兴奋而后（由于进一步的血钾水平升高和导致进一步的静息膜电位降低）逐渐变得不易兴奋。心房细胞比心室细胞对此更为敏感。心脏传导能力受到影响，伴随血钾水平升高，出现几种特征性的心电图：T波出现尖峰，P波变得短而宽，PR间期延长，直至P波消失，QRS波变宽，R-R间隔不规则(图3-7)。据报道，腹泻伴有高血钾的犊牛出现以P波消失、心动迟缓为特征的心房停止搏动。进一步发展会导致房室传导阻滞、心搏脱漏、心室纤颤以及心搏停止、死亡。

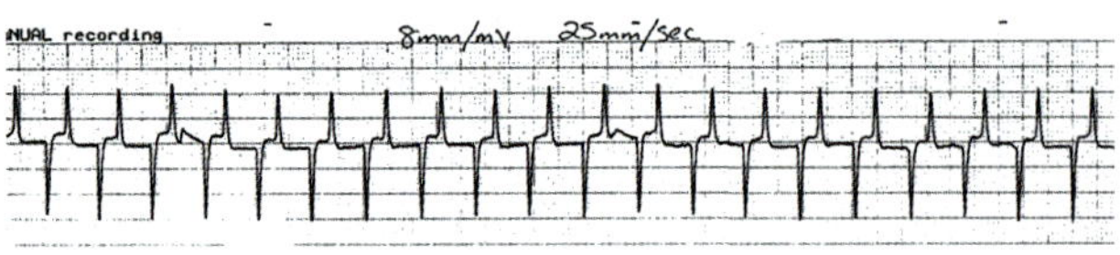

图 3-7

犊牛血钾含量为8.6 mEq/L；尽管心动过速为130次/min，尖形T波和P波非常明显。

新生犊牛出现心动迟缓时诊断要与低血糖相区别。出现心律不齐时还应该考虑脓毒性心肌炎或白肌病。

急性腹泻、倒卧、脱水的2周龄内犊牛出现心动徐缓或心律不齐时应该考虑高血钾的可能。显然，只有血液酸碱平衡和电解质分析及心电图能够确诊，但是在基层一般做不到这些。对这些病牛，低估心脏与钾离子水平的相关性是非常危险的。

根据病史和临床症状，心动徐缓或心律不齐时怀疑犊牛是高血钾，应注射碱液或者葡萄糖。新生犊牛的低血糖是可能的，也经常引起心动过缓。治疗代谢性酸中毒和高血钾可以静脉注射含有150 mol $NaHCO_3$/L的5%葡萄糖液。根据代谢性酸中毒和碳酸氢盐的缺乏程度一般补充1～3 L。葡萄糖和碳酸氢盐有利于K^+向细胞内回流，葡萄糖能治疗或预防潜在的低血糖症。一旦急性救助结束后，犊牛可使用含钾的平衡电解液来进行后续治疗。有报道认为，尽管血浆呈高血钾，但身体内总钾量不足，仍需要补钾这一观点可能是对的，但在本病的急性期，当血清K^+浓度为5.0～8.0 mmol/L 时不能考虑身体总钾的缺乏。笔者用这种方法治疗了几百例犊牛，那些静脉血pH7.0或更高的犊牛，除非有免疫球蛋白被动转移失败或继发败血症，预后都非常好。在犊牛，没有必要在葡萄糖和碳酸氢盐中加入纠正高血钾的辅助药胰岛素。

先天性心脏病 Congenital Heart Disease

事实上，所有类型的先天性心脏异常在牛都有发生。大多数的先天性畸形是散发的，但是遗传性因素在一些常见畸形中起一定作用。牛常见的先天性畸形有心室间隔缺损（VSD）(图3-8)、心房中隔缺损和大血管移位。

大多数先天性心脏缺损都能引起明显的心脏杂音。患常见心脏缺陷如心室间隔缺损、心房中隔缺损、法乐氏四联症或主动脉、肺动脉狭窄的牛通常出现缩期杂音。开放性动脉导管在犊牛罕见，能引起缩期或持续的杂音。

多数患先天性心脏缺陷的犊牛出生时表现正常，但以后逐渐出现呼吸困难、生长缓慢或二者皆有。这类病牛都是由于持续或反复出现的呼吸症状而被发现的。呼吸症状可能是由于心力衰竭和心脏灌流短路造成肺水肿引起，也可能是肺水肿和下呼吸道防御机制受损后继发条件致病菌性肺炎的结果。畜主可能已经一次或多次给犊牛治疗过咳嗽、呼吸困难或发热，只是症状反复发作。通常只有一头犊牛患病，这样就容易与地方性肺炎相区别。不论是肺水肿还是肺炎伴发肺水肿，兽医检查一般根据心脏杂音作出诊断。可能出现颈静脉扩张和搏动，但是犊牛很少出现像成年牛心衰那样明显的腹侧水肿。

患先天性心脏缺陷的犊牛，有时并不表现呼吸

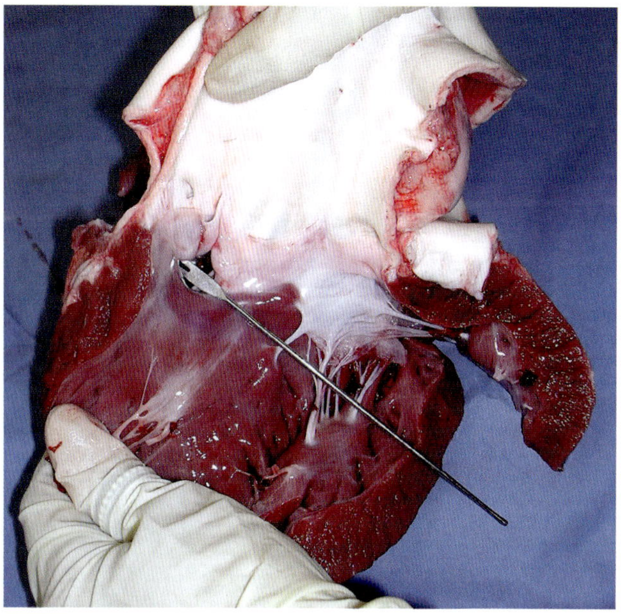

图 3-8

室间隔缺损的犊牛尸体剖解。

困难，但与同群中同龄牛相比，常显得矮小。生长阻滞的程度直接与心脏缺损程度和血氧含量有关，一般到6月龄时症状明显，如能存活1年时更为明显。有些心脏缺陷很小的牛能存活，成年后也能上膘，但是这种情况很少见。

心室间隔缺损（VSD）是奶牛中最常见的心脏缺陷，可见于各品种牛。在更赛牛和荷斯坦牛中VSD可能与眼和尾畸形联系在一起。眼过小和尾巴缺陷包括无尾、歪尾或短尾常常表明VSD(图3-9)。有时，眼、尾和心脏缺陷同时存在于同一头犊牛，但更为常见的是眼或尾畸形与心脏缺陷伴发。根据VSD的范围，患犊牛存活时间变化较大，由于最终出现的呼吸困难和生长阻滞，大多数患犊预后不良，只有个别病牛能活到生产年龄。没有对荷斯坦牛多缺陷（眼、尾、心脏）的遗传学进行研究，在更赛牛被认为是一种单纯隐性性状。

法乐氏四联症和其他多发性先天性缺陷能引起从右心向左心直接灌流血液，导致明显的不耐运动、发绀、呼吸困难并可能继发缺氧性红细胞增多症。这些犊牛预后长期存活不良。犊牛心脏异位在颈部皮肤下搏动会产生非常严重的症状，但是极少发生。

图 3-9

1岁荷斯坦小母牛尾巴先天性缺失，该犊牛患心室间隔缺损。

成年牛特殊心脏病
SPECIFIC CARDIAC DISEASES IN ADULT CATTLE

肿瘤 Neoplasia

成年奶牛心脏是淋巴肉瘤常见的靶器官。许多患多种心性淋巴肉瘤病牛，心脏有肉眼或组织病理学可见的浸润，但这些牛很少出现临床上可觉察的心脏病症状。如果心脏是肿瘤形成的主要靶部位时，心脏异常就会很明显。心脏不单是淋巴肉瘤唯一侵害的器官，因此，检查心脏异常配合检查其他可疑损伤（外周淋巴结肿大、眼球突出、黑粪症、不全麻痹和相关症状）更有助于明确诊断。

根据肿瘤的部位和大小，心脏有淋巴肉瘤的患牛可能出现心律不齐、杂音或由于弥散性心脏或心包损伤导致心音低沉。心包有漏出液时出现心音低沉音和击水音。最常见的淋巴肉瘤损伤部位是右心房，但可以在心肌和心包的任何部位发现节结性或浸润性肿瘤（图3-10），肿瘤的颜色质地不一致。也常累及到纵膈淋巴结。牛出现心脏病症状时应该仔细检查与淋巴肉瘤有关的其他病变。如果存在多发性病灶，较易诊断。然而，一般症状如食欲

不振、产奶量下降及伴有心功能异常时很难作出诊断。心电图和胸部射线对确诊帮助不大，超声波有助于显示节结性或大的淋巴肉瘤团块。当怀疑有心脏淋巴肉瘤时，最有效的辅助手段是胸腔穿刺液和心包穿刺液的细胞学检查。也可做全血细胞计数和牛白血病病毒（BLV）抗体水平检测，但是BLV琼脂凝胶免疫扩散试验(AGLD)或放免标记（RIA）试验阳性并不能绝对确诊，因为多数阳性牛并不产生肿瘤（见第十五章，淋巴肉瘤）。因此，简单的依据BLV检查阳性和体检心脏异常就诊断为淋巴肉瘤可能是错误的。但是BLV双相琼脂凝胶免疫扩散试验阳性及一组全血细胞计数，若发现持续淋巴细胞增多则可能有助于诊断。最好的确诊方法是临床鉴定其他部位有肿块或胸腔穿刺液或心包穿刺液的细胞学检查。

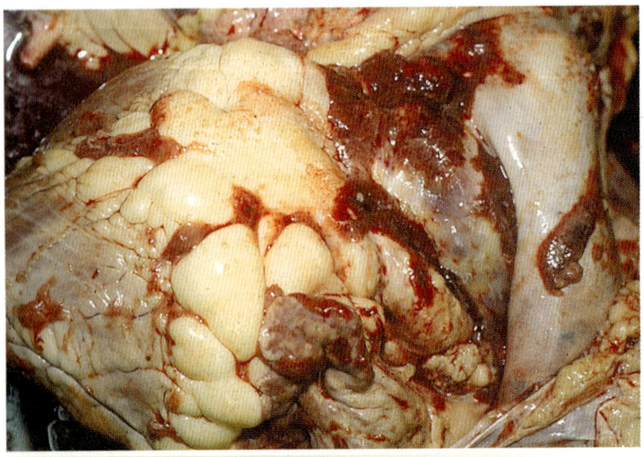

图 3-10

死于多中心淋巴肉瘤牛的心脏出现的淋巴肉瘤。心包、大血管和右心房上有多个红黄色易碎的肿瘤浸润区。

心脏有淋巴肉瘤的牛通常不发热。胸腔或腹腔有大的肿瘤团块的牛，有时由于肿瘤坏死或新生物产生非特异性致热原而出现发热。肺或其他系统的继发性细菌感染也会引起发热，常使诊断变得复杂。

患心脏淋巴肉瘤的牛预后不良，许多患牛在几周或几个月就死于心脏或多系统疾病。据作者所知尚无成功的化疗病例。有一位医生通过间隔的心包引流除去心包内大量积液成功地使几头患心脏淋巴肉瘤的病牛生命延长6个月。有价值的牛偶尔可以利用这种方法治疗，使妊娠维持到足月或完成超数排卵。然而，针对多系统疾病情况，畜主应该注意到晚期心脏病的损伤如果维持数周的话，即便妊娠足月也可能导致妊娠困难，或者即使能生产出体外授精有活力的卵，当然也可能严重影响到超排能力。同样损伤处有明显的肿瘤则要注意到子宫内BLV由损伤处向胎儿传播的危险。在一例由晚期淋巴肉瘤引起的严重心包积液的怀孕牛中，我们通过手术在胸膜腔内打开心包，显著改善了静脉回流情况及牛的整体情况，使患牛存活了数周。该牛也用异氟泼尼龙进行治疗过。

神经纤维瘤虽然不常发生，但常引起患病母牛和公牛的心律不齐和心音强度的改变。而且心律不齐可能与脊椎管中神经纤维肿块引起的轻瘫或瘫痪同时发生。由于淋巴肉瘤引起轻瘫和心脏病较常见，所以如果两种症状同时出现，检查者应该想到存在淋巴肉瘤这种可能。由于这两种病都是致死性的，对神经纤维瘤病牛做进一步医学检查也不能提供淋巴肉瘤的证据，尽管这一点是假设。到目前为止，尸体剖检是唯一确诊心脏神经纤维瘤的手段。有能力利用超声波诊断的检查者可以根据侵害心脏神经的典型的节结状隆起的索状肿瘤作出诊断。

心肌病 Myocardial Disease

感染

脓毒性心肌炎 新生犊牛脓毒性心肌炎最常见的原因有G^-细菌引起的新生犊牛败血症、昏睡嗜血杆菌急性感染和化脓性放线菌引起的慢性感染。患败血症犊牛、疑似昏睡嗜血杆菌感染和慢性感染的犊牛，如果发现心律不齐或其他的心脏功能出现异常，则要怀疑已经患脓毒性心肌炎。白肌病、高血钾症及低血糖症都要考虑在内。败血症一般预后谨慎，而脓毒性心脏病则会使预后更坏。成年牛脓毒性心肌炎病灶常常伴随慢性、活跃感染或脓肿及乳腺炎、局限性腹膜炎、蹄部损伤或慢性肺炎发生，而这些病灶一般常由病理学家而非临床医生发现。尽管有时存在心动过速，但是很多情况下这些病症可能来源于原发病而非心肌炎。患心肌炎的犊牛和成年牛出现阵发性的心律失常，应该引起临床医生诊断时候的注意。一般很难对活的病牛进行特殊诊断，因为测定心肌酶对于心肌而言缺少特异性。肌钙蛋白 I 浓度的增加常被用于帮助诊断心肌病。心电图可以显示具有明显脓毒症状或隐性感染

(walled-off)的心房或心室过早去极化现象，可以增加诊断的可信度。

处理脓毒性心肌炎最重要的是针对主要原发病进行治疗。如果原发病和心肌损伤能够消除，心脏功能就能恢复。

像犊牛一样，成年牛的脓毒性心肌炎常常继发于败血症或慢性感染。败血症传染性病原体的扩散、血栓和炎症介质都会引起心肌急性病理生理性损伤。虽然心肌炎相对较少见，但是若患感染性疾病的病牛出现持续性心动过速，不论伴发或不伴发心律不齐都应该考虑到它的发生。心动过速无特异性，许多检查者都将它归咎于原发病而非继发的心肌炎。只有到了心肌损伤引起心力衰竭的症状时，才容易诊断出心肌炎。心肌炎有可能引起急性死亡。如果出现心律不齐，一定要用心电图及血液中电解质和酸碱分析排除由于代谢障碍引起的心房纤颤。奶牛患急性脓毒性疾病如重度乳房炎、子宫炎、肺炎或昏睡嗜血杆菌感染时极易伴发心肌炎。个别病例也可继发于慢性局部感染，如能诱发菌血症的趾（指）部脓肿。根据心肌受损的部位和大小，临床症状可表现为从亚临床症状到严重心衰。心电图出现心室性心律不齐，表明心肌损伤，但可能出现室上性心律不齐。遗憾的是如果没有先进的心回声诊断法或侵袭性心脏技术，不可能在剖检前确诊。治疗必须针对原发病，轻微的心肌损伤可以治愈或纤维化。大的或多灶性的损伤可能导致心衰、持续性心律不齐、心动过速或猝死。

毒素

摄入中毒量的离子载体如莫能菌素和拉沙里菌素能引起心肌和骨骼肌损伤。常见的导致中毒的原因是日粮中不当地掺入了离子载体，但也可能是偶然接触高浓缩产品。显然，这对饲喂奶替代物或含有离子载体饲料的犊牛和小母牛是一种潜在的危险。幸运的是，奶牛对于离子载体毒性的抵抗力比马强，但是也有一个狭窄的安全范围，尤其是犊牛。

许多有毒植物在理论上可使心肌受损，事实上却很少发生，可能是由于圈养的小母牛和成年牛数量增多。常柔毛野豌豆、望江南等都能引起心肌中毒性损伤。棉籽酚喂以中毒剂量时也会引起心肌损伤，甚至死亡（在澳大利亚叫猝倒病）。许多其他有机或无机的毒素，也有引起心肌损伤的可能，但对机体其他部分损伤更为严重，因而在此不做讨论。

中毒性心肌炎没有特殊治疗方法，一般首先查找中毒原因，从环境中清除毒物，然后对症采用缓泻药、泻药、保护剂和其他支持疗法。建立灌服维生素E或硒的支持性疗法，但对已发生充血性心力衰竭的动物预后不良。

寄生虫和原虫感染

牛囊尾蚴会引起心肌损伤，但是在美国东北部奶牛中很少发生。它是牛肉绦虫（人绦虫）的幼虫。由于人的粪便污染饲草、草场或圈舍使牛有患此病的危险。

虽然粪地垄形虫可以感染牛，但是很少出现临床症状，因为牛能很快从组织中将寄生虫清除。牛食入被猫粪便污染的饲料后也可能感染此虫。

肉孢子虫常常引起牛的心肌病。尽管大部分感染不表现症状，但也可能出现临床病患，如溶血、肌病、心肌炎、体重下降、尾巴掉毛或其他症状。肉孢子虫需要2个宿主。食肉动物和人在粪便中排出孢子囊，随后污染牛的饲料（见第十五章）。牛成为中间宿主，孢子囊进入牛体内后先侵入内皮细胞，后期侵入到肌肉，包括心肌并形成包囊。以后食肉动物食入牛肉中的包囊，继续这个循环。

组织病理学检查常见心肌中的肉孢子虫包囊，但是很少引起重视。受到病原体严重侵袭会导致心肌的明显损伤。

寄生虫或原虫性心肌炎通常需要进行组织病理学或血清学诊断。治疗最好采取预防措施避免肉食动物或人的粪便污染牛的饲草。

遗传性心肌炎

据报道，加拿大荷斯坦牛中呈发生扩张性心脏病，病牛为黑白花荷斯坦牛，19~78月龄。虽然有许多牛在4岁内就出现心脏病的临床症状，但是有些牛能活到6~7岁。

许多病例出现心力衰竭症状，如腹侧水肿、不耐运动、食欲不振、呼吸困难、心动过速、心音低沉、颈静脉和乳静脉扩张和搏动。心动过速是持续性的，但是心律不齐、杂音和心音强度改变在各个病例中有所不同。有些病例由于右心衰竭引起慢性淤血性肝肿大。

心脏回声描记法和心电图有利于诊断。超声波是确诊扩张性心肌病的最好方法。

长远预后不容乐观，但短期内利用强心苷治疗对患牛有所帮助。出现肺水肿时使用速尿。MuGuirk建议用0.86 μg/(kg·h) 地高辛静脉输注，这显然需要静脉插管术和住院以及畜主的悉心照料；另一种方法是每隔4 h用3.4 μg/kg，每日2次。用地高辛治疗时，食欲不振的牛可每天口服50～100 mg KCl 保持钾平衡，最好是每天或隔天能检测血液的酸碱平衡及电解质情况。

心内膜炎 Endocarditis

病因学

细菌性心内膜炎是成年奶牛中最常见的瓣膜或心内膜性疾病，也是几种可以治疗的牛心脏病之一。因此，早期怀疑、早期诊断和适当的治疗能改善其预后。

牛患慢性感染如肌肉骨骼的脓毒性疾病、金属器具病、脓肿、乳酸性消化不良、慢性肺炎、乳房炎、子宫炎和血栓性静脉炎都可能导致心内膜炎。长期使用静脉插管术也增加了心内膜感染的危险。牛细菌性心内膜炎的发生与菌血症密切相关。

化脓性放线菌是从患心内膜炎的牛血液和心内膜病灶分离出的最常见的细菌之一。但是链球菌和葡萄球菌及G^-菌也可以导致本病的发生。三尖瓣常易受到侵害，其次是二尖瓣（图3-11）。偶尔其他瓣膜或瓣膜附近的心内膜也会受到侵害（图3-12）。畜主陈述病牛反复发热、体重下降、食欲不振、产奶量严重降低，有时还出现跛行。

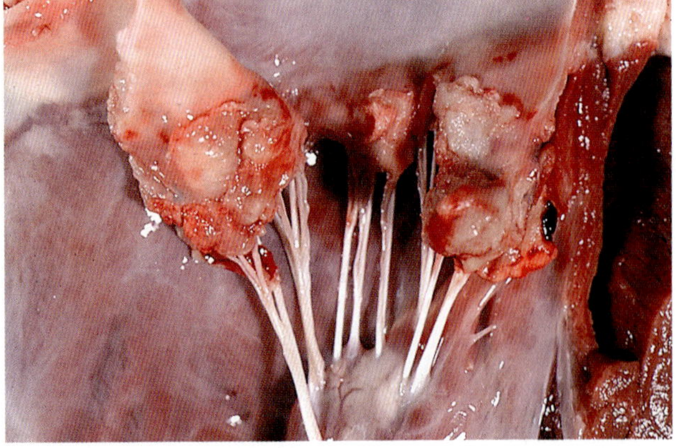

图 3-11

牛细菌性心内膜炎瓣膜赘生性病变（照片由Dr.John M.King提供）。

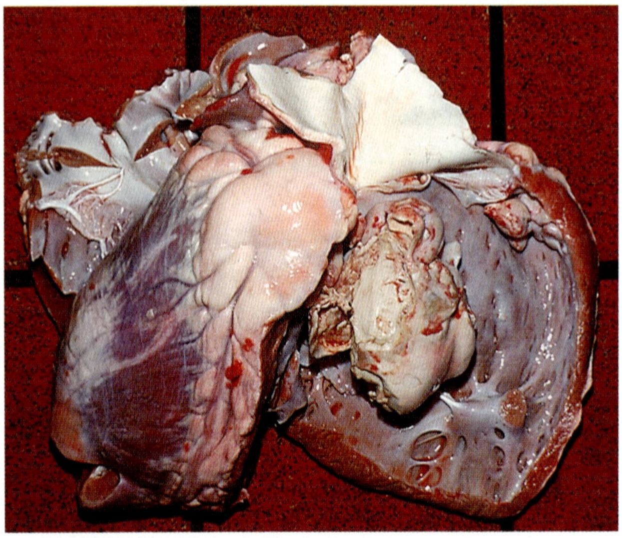

图 3-12

心内膜炎病变及瓣膜和临近的心室内膜巨大的赘生物（照片由Dr. John M. King提供）。

症状

持续或间隔性发热、心动过速和缩期杂音是牛患心内膜炎最常见的症状，也常出现“高亢”心音或心音强度增强。但是有时心音强度在一些病牛会出现变化甚至减弱。在听诊没有心脏杂音时也可能发生增殖性心内膜炎。

触压心区胸壁，有些患心内膜炎病牛会出现疼痛反应。通常伴随发热或有发热病史，有时是首次诊断后间隔地发生发热。有些病牛不发热，但表现其他症状如心脏缩期杂音或其他心脏病症状。

常常发生心衰，多数病例出现颈静脉、乳静脉扩张和搏动。有时也出现腹侧水肿，但比静脉扩张少见。也有心动过速和呼吸困难，心律不齐不常见，但约有10%病牛可以见到。

有时患牛出现游走性跛行和关节强拘，滑膜炎和关节触疼时有发生，但是一些病牛其确切的跛行定位比较困难。菌血症波及关节炎或骨骺炎和免疫性滑膜炎一般被认为是心内膜炎病牛出现跛行的主要原因。

实验室数据

慢性原发性感染、心内膜炎感染或二者并发感染常导致非再生性贫血。据报道，24/31例发现嗜中性白细胞增多，其中14/31出现白细胞绝对增多。同一报道中患心内膜炎病牛19/23血清球蛋白水平高于5.0 mg/dL。血清球蛋白升高是持续慢性感染而引起的。

血液培养是最重要的诊断手段。怀疑患心内膜炎的牛都应做一系列的血液培养。尽管在成年牛中50%的心内膜炎牛血液培养阴性，一旦从血液中分离到致病菌就可以确诊，同时可制定最好的治疗方案和选择最佳的抗生素。血液培养前24～48 h禁用全身性抗菌素，颈静脉剪毛消毒后采血培养。经济条件允许时可以做3～4次培养。临床兽医及相关人员就采血间隔时间的问题几十年来一直有争议，有人认为应在发热高峰时采血，有的间隔0.5 h，有的间隔6～8 h，有的每日1次。作者倾向于发热间隔30 min取3次，对不发热牛则间隔几小时。

诊断

早期症状是食欲下降、产奶量下降、发热和心动过速，但都不是心内膜炎的特征症状。发现心音高亢和缩期杂音时，应考虑到本病的可能并作进一步检查。因为许多明显的原发病如脓肿、趾（指）部感染或其他肌肉骨骼感染、金属器具病及血栓性静脉炎，都会引起发热和非特异性临床症状，也可造成心内膜炎漏诊。因此，出现心脏杂音、心音高亢、心衰早期症状和心动过速时应该考虑到可能患有心内膜炎。很难将由心内膜炎引起的跛行和强拘与原发性肌肉骨骼肌病或腹膜炎疼痛姿势区分开来，但它是帮助诊断的一个非常重要的症状。由于发热、心动过速和偶尔出现的呼吸迫促，牛患心内膜炎时常被误诊为肺炎或创伤性网胃腹膜炎。

诊断心内膜炎通常依据病史和临床症状，然而，血液培养阳性和心回声检查可以确诊。如前所述，血液培养可能成功，也可能不成功。如果成功就可以选择适当的抗生素。二维心回声检查法可对本病进行确诊，证明它是10年来广泛应用超声诊断中最好的方法。现在受过心回声检查法训练的兽医已拥有确诊多数病牛中细菌性心内膜炎的设备(图3-13)。

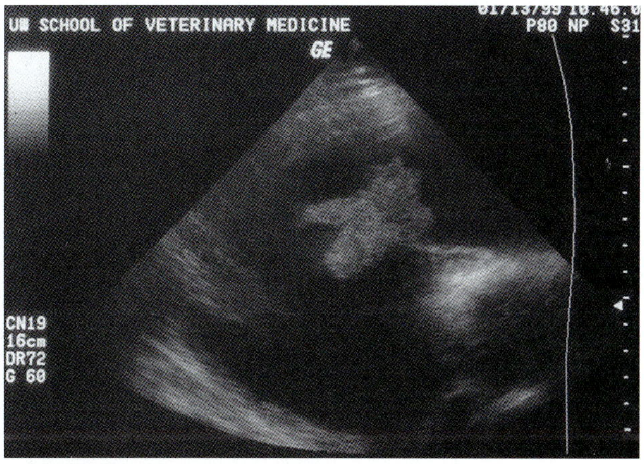

图 3-13

牛三尖瓣心内膜炎的超声回波图。

治疗

必须长期使用抗生素治疗奶牛细菌性心内膜炎。因此，应估算治疗费用、废弃奶损失及其牛本身的实际价值。血液培养成功后可以根据药物敏感性和最小抑菌浓度（MIC）选择最佳药物。由于牛心内膜炎常是化脓性放线菌或链球菌引起的，一些临床工作者不做血液培养而直接选用青霉素。如果这样做会降低化验费用，那么也是一种值得的冒险行为。

青霉素或氨苄青霉素仍然是化脓性放线菌和链球菌引起心内膜炎的首选药物。尽管现在头孢噻呋有不需停药的优点，但是这些药物昂贵，在临床上已被那些想用一种药物治疗奶牛所有感染的临床医生滥用和误用。青霉素（22 000～33 000 IU/kg，每日2次）或氨苄青霉素（10～20 mg/kg,每日2次）最少连用3周。如果血液培养出G^-菌或抗青霉素的G^+菌时，应根据药敏试验和MIC选择其他药物。

根据宾夕法尼亚大学的Dr.Ray Sweeney 和其他工作者的实践经验，利福平在反刍动物口服后能维持治疗量的血药浓度。遗憾的是不同奶牛的血药浓度有明显的差异，这样可能会影响其实际使用效果。利福平是独特的广谱抗生素，具有良好的组织渗透性，渗透到巨噬细胞，杀伤或帮助杀伤细胞内细菌。利福平应与其他药物配合使用，因为单独使用细菌能很快产生耐药性。牛口服利福平的剂量是5 mg/kg，每日2次。虽然有些人认为这个剂量太低，但与青霉素合用，在目前认为临床上治疗无望的慢性化脓性放线菌感染如犊牛慢性多发性肺脓肿和支气管扩张是有效的。因此，如果经济允许，可口服利福平配合由血液培养筛选的抗生素。利福平可以很好地渗透到脓性肉芽肿病变区域或进入巨噬细胞，它可以杀伤细菌或协同其他抗生素(青霉素或其他药物)杀伤细菌，或者因其他抗生素而增强杀菌能力。无论怎样，已有报道利用利福平治疗牛细菌性心内膜炎可提高治愈率。

牛偶尔服用利福平后会出现食欲不振（大多与原发病相关）的不良反应，但是在多数情况下，这种明显的对药物的不耐受可以在停药几天后症状消失，然后重新予同样或者较低剂量的药物即可。

出现静脉扩张、腹下水肿或肺水肿的牛，除抗生素治疗外，还要谨慎使用速尿。由于许多心内膜炎的病牛食欲减少或废绝。过量应用速尿会导致电解质减少（K^+、Ca^{2+}）和脱水，因此，速尿用量应按需要使用，通常为0.5 mg/kg，每日1或2次。

患心内膜炎的牛常出现疼痛或强直以及原发性肌肉骨骼病或继发游走性跛行，口服阿司匹林15.6～31.0 g，每日2次，阿司匹林似乎并不减少防止增生性损伤进一步扩大的血小板聚集。牛有充血性心力衰竭时应限制食盐的摄入量。

治疗最少维持3周。食欲增加、产奶量增加同时发热消退都是好转的征兆。心杂音可持续存在，也可能在治疗期内不断变化。心杂音的消除和其他主观症状的改善是非常可喜的，然而许多存活牛由于瓣膜的损伤仍遗留轻微或明显的杂音。只要感染的其他症状消失，心杂音可以不管，也不会出现心力衰竭。出现静脉扩张、腹侧水肿和其他右心衰竭症状的牛，其预后比心力衰竭症状出现前诊断出的牛更加危险。但轻度到中度心力衰竭症状并不等于预后无望，因为用支持疗法可以减轻这些症状，而抗生素可以治疗原发病。

心内膜炎的病牛预后应该慎重。散发的病例报道显示较高的治愈率，但准确的治愈率还有待于更多的病例报告检验。1977—1982年，我们医院治疗31例心内膜炎病牛中9例长期应用抗生素（8例青霉素，1例四环素）效果很好。根据这些数据和其他临床医生的经验，一般若能在疾病早期作出诊断，则预后较好。反复多次的心电图检查可以监测和重新评价治疗前后的瓣膜损伤情况。有经验而且能使用正确的软件，超声检查同样可以使我们对心脏功能进行特定的评价（心房直径，缩短分数），这种检查对心脏机能异常程度可以进行更为精确的评价，提供更为有价值的预后信息。

心包炎 Pericarditis

病因学

奶牛心包炎最常见的原因是穿透网胃的金属异物刺伤心包引起的。在牛剖腹术和瘤胃切开术中可明显看到心脏与网胃仅一膈之隔。因此，创伤性网胃腹膜炎偶尔会引起脓毒性心包炎。向前刺穿网胃的金属器具会刺伤纵膈、心包甚至心肌。异物和携带的细菌污染了心包液，导致化脓性和纤维素性心包炎。

纤维素性心包炎可发生在患败血症的犊牛和成年牛，也可发生在患严重的细菌性支气管肺炎的成年。但是该型心包炎很少像创伤性心包炎那样出现临床可见的心包积液体，也很少引起明显的心力衰竭。同时也常常发生原发性出血性心包液渗出，导致右心衰竭。

症状

创伤性心包炎的症状包括静脉扩张和搏动、腹侧水肿、心动过速和双侧心音低沉（图3-14），发热常出现但是也可能不发热。心包炎发展到心力衰竭时出现呼吸迫促和呼吸困难。患牛不愿活动，表现疼痛，肘关节外展。

在胸壁外侧或剑状软骨区叩击或直接压迫引起疼痛反应。心包扩张压迫肺脏及肺水肿和心输出量减少可共同引起呼吸困难。听诊两侧心音强度减弱。心音低沉常与呼啸音、摩擦音、击水音或玎玲音同时存在，但这些心音并不一定在所有病牛中都出现。心包内产气菌产生气体形成的液体界面，产生明显的击水音。由于心包扩张使肺移向背侧，在两侧胸壁下1/3～1/2可能听不到呼吸音。除这些症状外，有两个重要的临床症状与创伤性心包炎有关系：

1. 大多数患创伤性心包炎的牛，在7～14 d前，畜主观察到牛出现不适。

当时可能诊断出或没有诊断出创伤性网胃腹膜炎。疾病的症状不明显及非特异性，已经引起或可能没有引起兽医注意。随后病牛好转或症状消失，而后症状重新出现，重新发病时出现心脏病症状。当然并非所有牛都有这两个临床发病过程。有些牛出现最急性心包炎或创伤性心肌炎可能在几小时或几天内死亡。一旦病史上出现了两个相的临床症状，就可以认为是异物从网胃和膈肌进入胸腔后，疼痛和炎症减轻，症状有所缓解，随后严重脓毒性心包炎感染及后来的心衰引起第二相的症状。

2. 在创伤性心包炎急性期或亚急性期间，心音可能每天都会变化。低沉音、玎玲音、击水音、摩擦音、杂音或其他心音在1 d内都可出现，第2天可能都消失，第3天又可能出现。动态的病理过程取决于心包内纤维蛋白、脓性液体和气体的相对含量的变化。在慢性病例，当心脏搏动冲击脓性积液时，往往出现一致的双侧低沉心音和遥远的玎玲音。

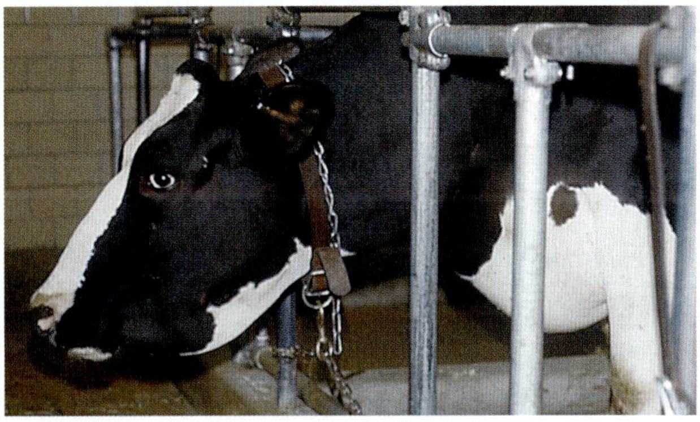

图 3-14

患创伤性心包炎表情忧虑和严重的腹侧水肿。

实验室数据

在亚急性或慢性病例可能出现中心粒细胞增多。发病10～14 d后常出现血清白蛋白减少和球蛋白升高，因而总的蛋白水平升高或正常。高纤维蛋白原血症（hyperfibrinogenemia）在疾病的各个时期均存在。胸透显示心包严重扩张、心包积液以及液面上有气体。如果心包液和纤维蛋白及心脏阴影挡不住射线的话，致病性金属异物也可见到。患心包积液的牛一般纤维蛋白原及球蛋白浓度正常。不论何种原因的心包积液，血清中的血清肝酶可能会升高。

诊断

显然根据创伤性心包炎的临床症状足以做出诊断。但是确诊需要借助二维心回声检查法、心包穿刺法或二者同时使用。胸透也可以确诊。

利用二维心回声检查法可以很容易观察到心包内的积液和纤维素。在心脏壁层和心包脏层间出现大量纤维素沉着（图3-15）。这些纤维素就是剖解时见到的"炒鸡蛋"样变化（图3-16）。

心包穿刺可以用18号8.75 cm脊髓穿刺针或相近长度的小胸套管针。首先在左胸部剪毛消毒，用手术刀在第5肋尖肘关节顶部位置，预先将皮肤切开一个小口，然后穿刺。如果想连续引流，需准备20号French胸套针和导管伸入到心包腔中，引流出脓性、恶臭的液体。纤维蛋白凝块时常阻塞较细的引流针头或管道。脓性液中蛋白和细胞含量大大超出了心包液的正常范围(正常时蛋白质< 2.5 mg/dL，WBC ≤ 5 000/μL)。脓性液中细胞成分主要是嗜中性白细胞而不是正常心包液中的单核细胞。脓性液涂片革兰氏染色容易发现细菌。

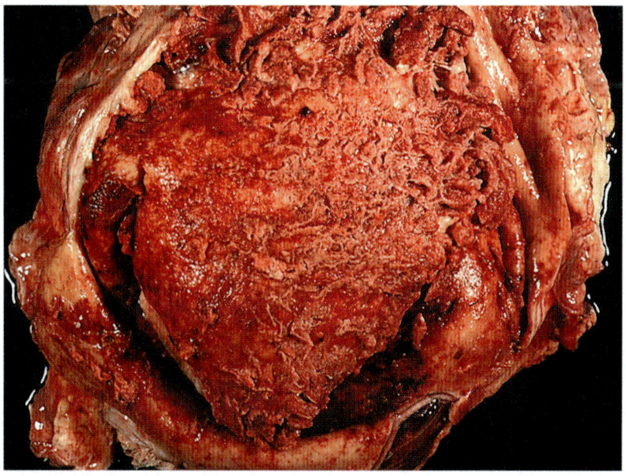

图 3-15

创伤性细胞炎牛心脏和心包剖解时状态。脓性液体已被冲走，但大量纤维素沉着仍很明显，心外膜表面完全被覆盖。心包膜显著增厚，有纤维素覆盖（照片由Dr. John M. King 提供）。

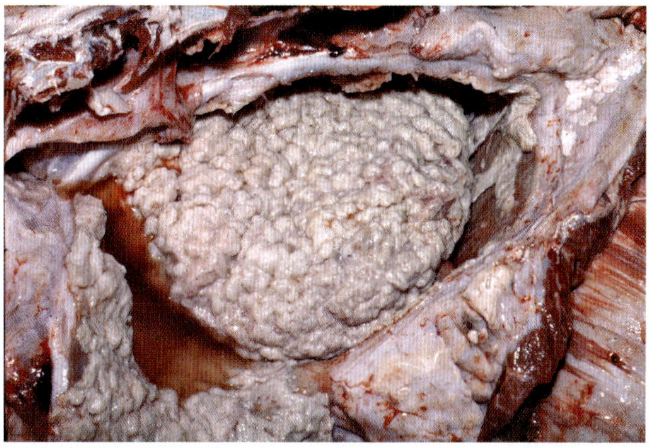

图 3-16

患心包炎的成年牛心包囊和心外膜"炒鸡蛋"样外观。

心包穿刺的主要目的是鉴别与创伤性心包炎症状相似的疾病如淋巴肉瘤累及心包膜引起的心包积液。淋巴肉瘤一般涉及心包及液体聚集，这是主要的鉴别诊断要点。偶发的原发性非脓毒性心包炎已经阐述过了，其症状与脓毒性心包炎非常相似，但是液体是无菌出血的渗出液，有低到中等数量的巨噬细胞、嗜中性细胞和淋巴细胞。心包液的细胞学信息可以帮助鉴别这些疾病。原发性出血性心包炎经过引流及抗炎疗法预后要比脓毒性肿瘤性心包炎良好。超声检查中絮状沉淀物、混合回声流再加上心包中的气影是脓毒性心包炎的一个特征。

心包穿刺并非没有危险。潜在的并发症有气胸、致死性的心律不齐、心脏穿刺引起出血和死亡以及心包液漏入胸腔导致胸膜炎。因为多数心包炎病牛的心包壁层与胸膜不是紧密相连，所以，在穿刺时候容易将心包液漏入胸腔。作者在一次进行心包穿刺时，气体从针头喷出，病牛立即表现惊恐不安和呼吸困难，于5 min内死亡。尸检证实既不是出血也不是刺伤心肌，主要是由于积气积液使心包扩张呈正压状态。心脏处于正压下呈某种程度的收缩，当突然解除这种压力时，改变了代偿机制而引起死亡。

心包炎一般预后不良。如怀疑牛患此病，在抢救前为正式诊断进行心包穿刺的冒险是值得的。

治疗

奶牛创伤性心包炎治疗基本无效。全身性抗菌素治疗和心包腔引流很少能治愈病牛。因此，大多数都采用手术疗法。已经采用各种形式的胸廓切开术和心包切除术进行引流、寻找异物和防止液体和后来的紧缩损伤心脏。散发病例有人报道将第5肋骨切除并进行心包切开术偶获成功，但是成功率极低。有的作者推荐切除肋骨开胸术、心包切开治疗，5/9患牛得到康复。根据作者诊所和Ducharme及其合作者的报道，只有1/7胸部手术成功。尽管预后不良，对于有价值的牛仍可以选择手术治疗。

为了增加病牛存活的机会，手术越早进行越好。出现严重腹侧水肿和明显心衰的牛不宜手术。胸廓切开去除刺入的金属丝很困难，但是非常必要。通常，金属丝大部分或全部刺入胸腔，因此，很难甚至不可能通过瘤胃切开术进行清除。然而，作者曾见到一些急性网胃腹膜炎和急性创伤性心包炎病例中，它们是由一条金属异物引起的，并且异物仍然停留在网胃中，后通过瘤胃切开术取出了这个异物。这些病牛事先临床已查出心包渗出，同时射线照片证明异物刺伤心包。瘤胃切开术和全身性抗生素疗法有时足以治疗这类最急性或急性心包炎。尽管瘤胃切开术清除了异物，并进行全身抗生素治疗，但如果心包炎恶化则可考虑胸廓切开术。瘤胃切开术可能最适用于急性病例，因为这些病例中一部分金属异物可能仍然停留在网胃内。不幸的是，如果没有射线照片的帮助，我们很难了解这一点，而且瘤胃切开术失败可能进一步危害病牛。

临床中较为可惜的是未充分发展成创伤性心包炎的有价值牛在死亡之前未在特定时间进行预防性的灌喂磁石。两岁前的公牛及繁殖期的小母牛应该按常规灌喂磁石以预防常见疾病。

非脓毒性心包炎症的治疗包括心包液的引流，全身抗菌疗法及注射5 mg地塞米松（和）或100 000 U青霉素到心包腔中。

肺原性心脏病 Cor Pulmonale

病因学

由肺动脉高血压和肺血管阻力增加导致的右心扩张、肥大，继而心力衰竭，常统称为肺原性心脏病。这种病在奶牛中不常见，只是散发。大多数患此病的病例多发生于已知有慢性肺炎、支气管扩张和继发于支气管肺炎的肺脓肿，及在肺炎或慢性肺线虫感染的基础上发生的前腹侧肺叶实变的牛。在这些病例，肺动脉高血压初期是由于肺泡缺氧和前毛细血管收缩引起的。牛慢性缺氧和肺动脉高血压会引起肺动脉和小动脉平滑肌肥大，导致右心室负荷增加。

肺原性心脏病最常见的例子是肉牛“胸水肿”或“高山病”。这种病在奶牛也有发生，据报道荷斯坦奶牛特别敏感。然而，基于作者的经验和知识，在美国奶牛患此病的危险性很小，因为奶牛不养在高海拔地区。“胸水病”可见于海拔1 600 m的地区，并伴随着海拔升高发病率也增加。已经明确这种病具有遗传抵抗性和遗传易感性。患牛必须在疾病的早期回到低海拔地区才能生存。同时，采食某些植物如黄芪属和棘豆属在高海拔地区可促进或促进“胸水肿”病发生。

最近在一群奶犊牛中发现肺原性高血压继发于肺动脉炎和支气管动脉炎，并呈地方流行性。病理变化是小动脉外膜硬化和脉管炎。症状是右心衰竭。虽然尚未证实，作者认为单野合碱(一种吡咯双烷生物碱)可能是该致病原因。

症状

呼吸困难、心动过速、腹侧水肿及静脉扩张和搏动是肺原性心脏病的特征症状。因此，这些症状与牛其他心脏病的症状相似，需要与心肌病、心内膜炎、淋巴肉瘤、心包炎和心肌炎相区别。

根据右房室瓣和肺动脉瓣的功能不同，可以听到存在心杂音或奔马节律。心音强度正常或增强。应当密切注意到肺部情况，决定是否有慢性异常变化（如肺实变），这种情况常引起右心衰竭。随着呼吸困难的加重，病牛的病情也更加严重。

诊断

具有慢性肺病的病史或高海拔地区特征，排除其他心脏病，若见到与右心衰竭相一致的症状可以诊断为此病。二维心回声检查证明，右心室肥大和扩张可提供进一步的证据。用心导管插入术可以诊断肺动脉压升高，但操作很困难，只是限于研究。器官冲洗术、超声波或射线胸部照相有助于了解肺部疾病，特别是患慢性肺炎、化脓性放线菌肺炎或肺脓肿的牛。

治疗

患原发性慢性肺炎的牛，治疗原发病同时应配合使用速尿可能有效。有肺炎病史且此后有轻微而持续的慢性呼吸症状的牛，最好能用器官冲洗术进行细胞学检查，同时细胞培养以确定慢性肺炎病的抗生素治疗方案。如怀疑慢性肺线虫感染可以用贝尔曼氏检查法检查。高海拔地区的牛怀疑患“胸病”应用氧治疗并送往低海拔地区。

利尿剂速尿的用量为0.5～1.0 mg/kg，每日2次。尽管这些病例可以考虑应用地高辛，但病牛需要住院治疗，且花费昂贵，因此，实际中很少使用。个别病例如果必须使用地高辛，其注射剂量一般为0.86 μg/ (kg·h) 。

心律不齐 Arrhythmias

病因学

各种药物、心肌损伤和代谢性异常都会引起成年牛的心律不齐。心肌炎、高血钾、低血糖和白肌病作为引起犊牛心律不齐的因素，其机理已经讨论过了。

心肌炎作为成年牛心律不齐的原因很难诊断，只有在其他原因被排除后才会怀疑到它。牛出现心律不齐但没有胃肠道、电解质或其他典型异常时，就应该考虑到离子载体和植物毒素引起中毒性心肌损伤、脓毒症或炎症介质（心肌抑制因子、肿瘤坏死因子）等的作用。

牛静脉注射钙制剂时最容易引起心律不齐或死亡。低血钙和高血钙都与心律不齐有关。高血钙性心律不齐认为是迷走神经兴奋介导的。事实上，高血钙性心律不齐可用阿托品消除。然而，阿托品很少用于这个目的，因为其对牛胃肠道有强烈的副作用。心房纤颤与低血钙有关，并有报道用新斯的明治疗可以增高迷走神经的紧张度。低血钙和低血钾可能是具有原发性胃肠道疾病的成年奶牛出现心房纤颤和心房前收缩的最主要的危险因素。

以丙二醇为赋型剂的土霉素能使心搏量和心输入量减少，同时使心率和主动脉压降低。该文还报道，清醒健康牛在静脉注射这些药物时还见到全身性低血压和心脏停搏。开业兽医都知道，应用土霉素特别是以丙二醇为赋型剂时应缓慢给药，同时药物应用生理盐水或葡萄糖溶液稀释以避免造成犊牛和成年牛的低血压、虚脱或死亡。

心房纤颤是成年奶牛最常发生的心律不齐（图3-17，A和B）。据报道患胃肠道疾病的牛心房期前收缩与心房纤颤一样多发。心房期前收缩常与低血钙有关，有时也与低血钾有关。心房期前收缩可能反映由于腹部膨胀或胃肠道疾病引起的迷走神经过敏。心房前期收缩在心电图上的特点是出现与窦房结不同的心房位点去极化引起的前期异常P波（P’）。心房期前收缩只要不与心室的部分不应期重叠或与房室结对兴奋不应答同时，在ECG上QRS-T波正常。无论哪种情况，心房前期收缩均出现在心房纤颤之前，且易于导致心房纤颤。在牛期前收缩时听诊只是出现个别的不规则节律，而不是心房纤颤时那种杂乱无章的不规则节律。

心房纤颤可能有或没有潜在的心脏病，幸运的是，通常为继发的，与原发性心脏病无关。无规则节律，通常出现心动过速、心音强度改变、脉搏缺失，是心房纤颤的典型症状。心电图中出现f波而P波缺失(图3-17)。

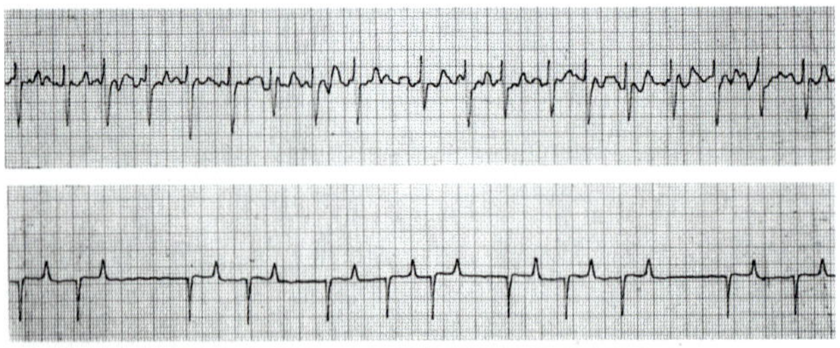

图 3-17

2头不同的牛显示的心房纤颤特征，A图和B图显示不规则节律，包含QRS波群但没有P波。在A图，f波（间隔波）较为粗糙而且心率较B波快，说明相对正常的f波常常伴随正常的心率。

症状

心房期前收缩和纤颤的症状没有特异性，除非作为原发性心脏病的伴发症状时，才能见到心力衰竭的一般症状。进一步观察心房期前收缩的牛颈静脉可能出现偶尔的异常搏动。因此，心房纤颤的牛通常不出现心衰症状如静脉扩张或腹侧水肿，除非先前有病史并进一步发展成充血性心衰的牛可能出现此类症状。由于大多数出现心房期前收缩或心房纤颤的牛患有原发性胃肠道疾病或用药不当，所以，每个病例的症状各不相同。毫无疑问，患有皱胃移位或其他表现腹部鼓胀疾病的牛都容易发生心房纤颤。心脏听诊时可诊断出心房期前收缩或纤颤的特殊症状。散发的心律不齐和S1强度改变是典型的心房期前收缩。心率可能改变，或许还随原发病而变动，但一般在正常范围之内。相反，心房纤颤的心脏听诊异常则明显得多，出现明显的心律不齐、心动过速（通常）和心音强度的剧烈变化。据报道，许多患牛出现脉搏缺失及S4缺失。尽管患心房纤颤牛可能不耐受运动，但是由于这些牛不参加“赛跑”，因而一般不表现这个症状。

心房纤颤也可能是原发性心脏病（例如心房的淋巴肉瘤和心衰）的结果，这些症状都是预后不良的表现。

诊断

牛的心脏听诊虽然具有较高的诊断参考价值，但是确诊心房期前收缩和纤颤（图3-17），必须用心电图（图3-18）。各种情况下的心电图主要变化如下：

心房期前收缩＝异常的期前P波（P’）＝正常的QRS-T波，除非发生在心房或房室结的不应期＝散发

心房纤颤＝P波缺失＝F波可能出现＝杂乱无章的失常心律＝心动过速（通常）＝脉搏缺失

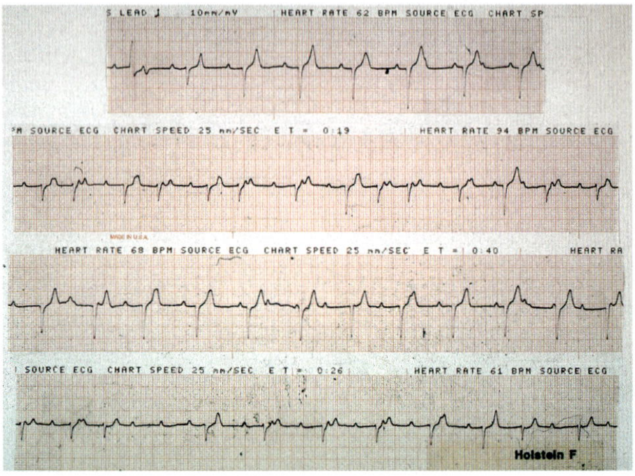

图 3-18

房性早搏收缩伴发胃肠道疾病心脏超声回波图。

治疗

一般对心房纤颤不进行治疗，因为原发性胃肠疾患或医药问题消除后一般都会转归为正常的窦性心律。对于包括心房纤颤的患牛，可用药物或手术治疗原发病，同时纠正存在的酸碱和电解质异常。

常规的皮下注射钙制剂，口服50～100 g KCl，每日2次，连续用药3～5 d。对患皱胃移位或其他引起腹部鼓胀以及心房期前收缩或纤颤患牛是非常好的经验和支持疗法。

心房纤颤在治愈原发病后偶尔会持续几天至几周。对持续的心房纤颤要多加注意，以免最终导致心力衰竭。马心力衰竭的一个原因已被证实，是由于长期（几年时间）心房纤颤引起，在牛也有相同的怀疑，但就作者所知还没有研究证明这个病理机制。另外，如果胃肠道疾病或药物问题解决后，心房纤颤持续一个月以上的牛，事实上常常是由于具有心肌疾病而非简单的电解质问题。也有可能有些牛在发生胃肠道疾病或药物不当前已经有持续的心房纤颤。因此，探讨作为治疗基础的标准是主要的。如果药物或手术治疗原发病失败，而牛仍然有心房纤颤时，很难说清心律不齐对食欲不振、抑

郁、产奶量下降到底有何影响。

有人建议在治愈原发病后纤颤持续5 d以上，应考虑使用奎尼丁治疗。但是作者认为，对原发病的消除，临床改善的牛这样做可能操之过急，干预性治疗应在14 d以上，因为在此阶段可能会自然清除。牛不能自然消除心房纤颤可能是由于继续用药或胃肠不适、酸碱平衡或电解质异常所致。用奎尼丁治疗或用地高辛治疗，可能花费昂贵，也需要精心的临床和心电图监控，以避免毒副作用。

如果心房纤颤在治疗原发病后持续存在超过一定的时间，或是认为可能是由于病畜疾病不确定的病因引起的，或者认为可能最终具有导致心力衰竭的危险时，就应考虑治疗措施，推荐下列的治疗方案：

1. 单纯心房纤颤且在治疗原发病后持续存在：

奎尼丁48.0 mg/kg 加在4 L生理盐水或乳酸林格氏溶液中，以1 L/h的速度静脉输注，同时应在对侧颈静脉输入平衡液体。

2. 心房纤颤并发强烈心动过速或早期的奎尼丁治疗无效者：

(A) 地高辛0.86 μg/ (kg·h) ；或11.0 μg/kg静脉注射，每日3次，连用4～5 d。此后，奎尼丁按1中所述剂量给予。

(B) 地高辛-负荷剂量22.0 μg/ (kg·次) ，之后用0.86 μg/ (kg·h) ，2～4 d。以后参照1中用法给与奎尼丁治疗。

奎尼丁的副作用有腹泻、瘤胃运动过强和心动过速。中毒时除了心房纤颤外，还出现心律不齐，QRS波延长或虚脱。如果出现中毒症状静脉注射速度应减慢或停止，同时静脉输注碳酸氢钠。据报道，在转归正常节律前牛出现眼睑痉挛和运动失调。

治疗后仍然持续存在心房纤颤的牛或原发病仍在发展的牛，可能有妨碍正常节律恢复的心肌病或迷走神经过敏。这些牛以及原发性胃肠道疾病或药物病明显治愈后心房纤颤仍持续存在30 d以上的牛，预后谨慎。

静脉疾病
DISEASES OF VEINS

血栓形成和静脉炎
Thrombosis and Phlebitis

病因学

损伤性静脉穿刺术和血管周围对静脉注射时漏至静脉外刺激性药物的反应，是静脉血栓形成和血栓性静脉炎的主要原因。葡萄糖注射液和含有葡萄糖的钙制剂最易引发此病，因为葡萄糖高渗溶液易引起局部组织的严重反应。四环素、保泰松和静脉注射用碘化钠，静脉注射漏于血管外时也可能引起严重的血栓性静脉炎。

损伤性或反复的静脉穿刺损伤可引起单纯的血栓形成、血栓性静脉炎或脓毒性血栓性静脉炎。保定不确实、术前准备不当、不正确的静脉穿刺、静脉注射针头选择不当都增加了损伤的危险，通常使用的一次性14号针头增加了静脉损伤的机会，因为它只有3.75 cm长，对成年牛来说太短，不能适当放置。而且这种针非常锋利，如果牛一旦骚动就会划破静脉内膜。长期使用静脉留置插管增加了发生血栓性静脉炎和脓毒性血栓性静脉炎的危险。任何原因引起的脓毒性血栓性静脉炎都有引起心内膜炎和心包炎的危险。

脱水和内毒素中毒牛静脉穿刺时，更易引起血栓形成。在严重脱水时正常厚度的牛皮肤变得更难穿刺，在新生犊牛腹泻脱水时尤为明显。在这些病例中反复费力的静脉穿刺会损伤静脉并引起血栓形成。内毒素中毒和败血症患牛具有潜在的凝血可能，倾向于形成血栓。这种病牛，即使有经验的人做静脉穿刺，活化的血小板和其他凝血因子也能促进血栓形成。在一些内毒素中毒或脓毒症患牛，几秒钟内就会在静脉穿刺处出现胶状或果胨状的凝血块。如果再试图进行静脉穿刺时，常引起血栓沿临床可感知的血管长轴延长。

奶牛静脉是最易受到损伤的，偶尔乳静脉和尾静脉也会受损伤。除非在极端危急或两侧颈静脉已经形成血栓的情况下是不能做乳静脉穿刺的。乳静脉损伤不仅涉及静脉，而且引起前后区乳房的持续性水肿，并对病情发展有不良影响。

步的修复和结扎。

因为静脉炎或脓毒性血栓性静脉炎容易发生并发症，全身性抗生素如青霉素或头孢噻呋按标准剂量连用5～7 d，手术后应在腹部包扎保护绷带。

后腔静脉血栓形成 Caudal Vena Caval Thrombosis

后腔静脉血栓形成多继发于肝门附近的脓肿破裂后进入后腔静脉，在奶牛中是临床上最常见的肠源性肝脓肿的并发症。血栓可能在脓肿破裂进入后腔静脉处形成，或停留在心脏与膈之间的静脉处。栓子还可通过右心进入肺动脉循环引起急性死亡、急性呼吸困难或更常见的后腔静脉血栓形成综合征，继而出现鼻出血、咯血、贫血和肺炎。右心瓣膜性内膜炎是另一种常见的继发病。详见第四章。

先天异常 Congenital Anomalies

先天性门静脉系统吻合在犊牛中已经证实，并常导致生长迟缓和神经症状。将在第十二章中进一步介绍。

动脉疾病 DISEASES OF THE ARTERIES

动脉破裂 Rupture

牛大动脉很少破裂，偶尔分娩牛发生原因不详的子宫动脉破裂，怀疑是动脉的外伤，并可能是由于难产时过分牵引犊牛将血管拉入骨盆所致。在子宫严重扭转时子宫动脉也可能被极度牵张。有时牛子宫脱垂引起子宫动脉破裂和大出血（图3-23）。因为铜缺乏能引起动脉内弹性膜变性，有人认为是由于铜缺乏，但是很难得到证实是动脉破裂的原因。含铜的赖氨酸氧化酶缺乏时，可能阻止胶原和弹性蛋白的正常交联。虽然在铜缺乏时，主动脉似乎有破裂的危险，但Charles Guard和John.M.king 医师最近对多头有食欲的肠系膜动脉或主动脉破裂的牛群进行了调查。患牛动脉破裂的组织病理学检查提示铜缺乏，但是铜水平却表现正常，因此，尽管怀疑铜缺乏是病因，但仍然没能被证实。主要动脉破裂通常是致命的。

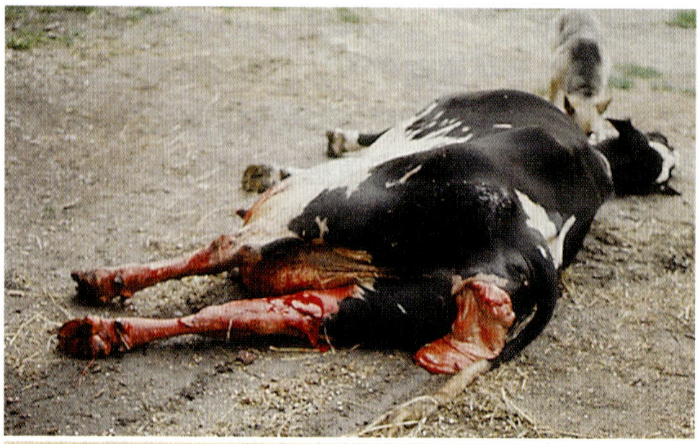

图 3-23

因低血钙绊倒踩踏脱垂子宫引起致命性子宫动脉破裂和子宫切除。

动脉瘤 Aneurysms

成年奶牛动脉瘤最好的例证是后腔静脉血栓形成综合征时，临近脓毒性栓子的肺动脉瘤。这些动脉瘤后来随着脓肿的化脓性栓子向气道内破溃而造成出血。

作者曾偶尔观察到成年奶牛有持续性或间歇性腹痛，后来证明这种牛有肠系膜动脉瘤。某些情况下手术移除动脉瘤是可能的，但是很可能导致这些牛动脉破裂和大出血。如果同时有好几头牛有此症状，要怀疑延长凝血时间的发霉三叶草或甜的春季干草的毒素可能是发病原因。尽管铜缺乏症是一个重要原因，但引起腹部出血的诸多可能原因还未得到证实。

动脉肥大 Arterial Hypertrophy

肺动脉和小动脉的中膜肥大及肺动脉高压是牛高地病或胸水肿时长期缺氧的反应。这种状况能导致右心衰竭，在本章肺原性心脏病中已经讨论过。

脉管炎 Vasculitis

尽管无特殊原因，但是脉管炎常与许多感染、寄生虫病和免疫介导疾病同时发生。在奶牛中，恶性卡他热是引起典型的广泛性脉管炎的原因。牛病毒性腹泻、蓝舌病、沙门氏菌、昏睡嗜血杆菌和红斑丹毒丝菌也是引起牛脉管炎的潜在因素。

红细胞系

利用全血细胞计数（CBC）、染色血液涂片、PCV、血红蛋白及其他参数评价红细胞系对临床医师监控牛贫血是非常有用的。应该强调的是健康泌乳牛的PCV就比许多其他动物低（表1-2）。怀疑贫血经常是根据体检所见，根据红细胞系和白细胞系的测定可以证实贫血，对贫血进行定量和分型。虽然根据一次CBC值也可把贫血分成“再生性”或“非再生性”，但是有必要连续检查CBC分析红细胞趋向。失血性贫血和溶血性贫血是“再生性贫血”，而由慢性疾病引起的贫血是“非再生性贫血”。再生性意味着骨髓通过增强红细胞生成从而应对贫血反应。牛的再生性贫血经常引起明显的红细胞生成增多的显微镜下变化，如大小不均的红细胞增多，多染性细胞增多，网状细胞增多，有时还出现有核红细胞（RBCs）。另外，红细胞平均容积(MCV)增加和红细胞平均血红蛋白浓度（MCHC）降低是典型的再生性贫血。

脱水时血液出现生理性浓缩，因而贫血被血液浓缩抵消，所以，解释病牛的PCV必须与脱水状况联系起来。真正的红细胞增多症（无脱水状况而出现持续的PCV增加）很少发生，可只是一般呈现家族性、地域性或病理状态等特点。超急性严重失血出现在乳静脉撕裂或一些皱胃溃疡出血的情况下，此时PCV不立即降低，因为生理性的血液稀释至少需要12～24 h。因此，急性明显的失血，病牛的失血程度最好由心率、呼吸频率和可视黏膜苍白来评价。

定义 Definitions

1. 红细胞大小不均＝牛红细胞大小变化在一定程度是正常的＝在再生性贫血中增多

2. 多染性细胞增多＝瑞氏染色出现多种染色（趋于蓝色）＝指示幼稚红细胞或网状细胞仍含有DNA

3. 嗜碱染色点彩＝蓝色颗粒，表明存在DNA＝在慢性铅中毒时观察到

4. 有核红细胞＝严重反应性贫血的牛常出现

5. 海恩茨氏小体＝血红蛋白沉淀物沉着在RBC边缘，在一些溶血性贫血中容易见到。涂片新鲜美蓝染色有助于检出海恩茨氏小体和多染性细胞增多。

6. 异型红细胞症＝牛红细胞出现异常变化，不常见

7. 红细胞平均容积＝PCV × 10/RBC计数(百万/μL)

增生＝通常为再生性贫血

假性增生＝血液没有充分离心所得PCV不准确

8. 红细胞平均血红蛋白含量＝Hb (g/dL) × 10/RBC计数(百万/ μL)

增加＝网织红细胞数量增加；溶血

9. 红细胞平均血红蛋白浓度=Hb(g/dL) × 10/PCV

降低＝应答性贫血伴有网织红细胞增多=溶血

假性降低＝血液离心不足

红细胞增多症 Polycythemia

由于血液浓缩引起相对的红细胞增多是常见的。绝对的红细胞增多由PCV绝对增加（通常≥60%）引起，绝对的红细胞增多是可以重复的，与血液浓缩无关，在补液治疗时也不降低。绝对红细胞增多症可能是原发性的或继发性的。原发性红细胞增多症也叫真性红细胞增多症，是罕见的髓样增生状态，通常引起白细胞和血小板与红细胞同时过量增生。在真性红细胞增多时，血浆中红细胞生成素（EPO）较正常水平降低。

不论原因如何，进行性红细胞增多因为血液黏度增加和心输出量减少，最终妨碍组织氧合功能。

牛继发红细胞增多症较原发性红细胞增多症更为常见，此举是机体对红细胞生成素增多的生理性反应。一般来说，红细胞生成素增加是对慢性组织缺氧的反应。因此，继发性红细胞增多症一般多发生在饲养于高海拔地区的动物和左右心血流短路的先天性心脏缺陷的犊牛。与高原病或胸病有关的慢性缺氧，能引起红细胞增多症（见肺原性心脏病）。法乐氏四联症和其他能造成或加重左右心血流短路的严重的先天性心脏缺陷也会导致继发性红细胞增多。

娟姗牛的先天性红细胞增多症认为是隐性遗传缺陷。这些牛都有不明原因的红细胞生成素增加，因此，被归入继发性红细胞增多症。

不论原因是心脏性还是遗传性的，红细胞增多症的临床症状是呼吸困难、不耐运动、心动过速、呼吸迫促、可视黏膜酱紫色或污红色。病犊牛生长发育不正常。检查眼底视网膜血管能够证实高黏滞血症（图3-24）。视网膜血管的直径显著增加，温斯娄氏毛细血管涡非常明显（脉络膜血管直立）。PCV超过55%并常大于60%。

多数病例治疗无效，尤其是先天性心脏缺陷和遗传性疾病时更是如此。伴有高原性缺氧的特别有价值牛，最好是采取静脉放血术并运往低海拔地区。实践证明静脉放血能够显著缓解极度呼吸

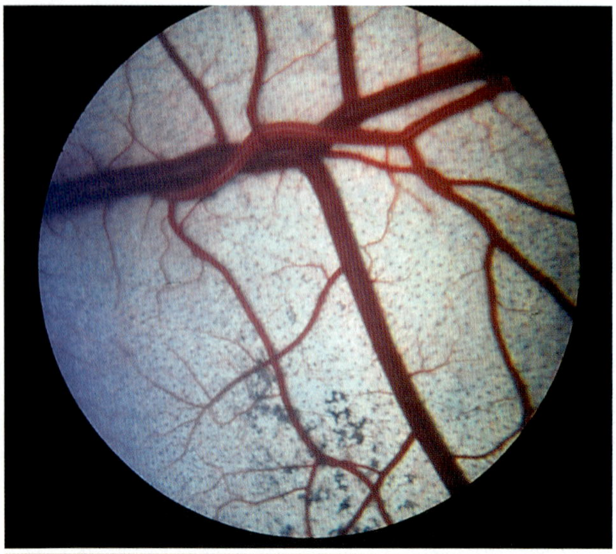

图 3-24

继发于法乐氏四联症的红细胞增多症犊牛眼底上面观，眼底血管明显增粗，呈典型的高黏滞血综合征症状。

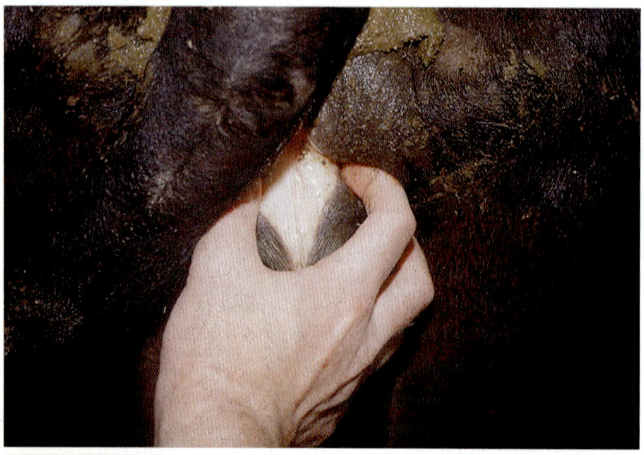

图 3-25

出血性皱胃溃疡造成严重失血，牛外阴黏膜极度苍白。

困难。这些患牛如果保定可能会死亡。放血术后，PCV应降低至50%以下，并将牛运往低海拔地区，同时对症治疗。怀疑是遗传性红细胞增多症的病例，应调查遗传背景和淘汰家族成员。

贫血 Anemia

失血性贫血

除创伤性、手术性失血之外，牛还有许多其他原因的失血性贫血，下面就几种常见因素予以讨论。

成年牛出血性皱胃溃疡会引起急性或亚急性失血。多数引起明显失血的皱胃溃疡都出现黑粪症（图3-25）。虽然皱胃溃疡和穿孔很常见，但这种出血造成贫血很少见。慢性皱胃移位时也会出血。这些皱胃疾病在干奶期奶牛、公牛和小母牛最常见，但对这些牛观察的不如泌乳牛仔细。因此，这种移位可能在诊断前已存在几天或几周。移位皱胃扩张加上大量盐酸损伤黏膜继而引起溃疡和出血。

皱胃患淋巴肉瘤也引起溃疡、出血和失血性贫血。除非物理检查时查出淋巴肉瘤的其他症状，临床上很难与皱胃溃疡性出血区分。

淋巴肉瘤浸润脾脏引起急性脾脏破裂时，出现严重急性的或超急性的腹腔积血，同时伴有明显的失血性贫血症状。

后腔静脉血栓形成综合征在脓毒性栓子停留在肺动脉造成的脓肿破溃进入气道或肺实质时，会引起出血，随后出血引起咯血和鼻出血。如果病牛吞咽一定量的血后也会出现黑粪症或粪潜血。在肉芽肿性鼻炎和头颅创伤时也会发生鼻出血和失血。

寄生虫也引起失血性贫血。在美国东部虱是最常见的引起牛贫血的体外寄生虫。在其他地区，猫栉头蚤和蜱也引起明显的出血。尽管牧场具备现代的管理系统和常规的驱虫措施，但是体内寄生虫仍可能引起出血，特别是放牧的小母牛。牛艾美尔球虫可引起致命的贫血最终导致肠道出血。牛群边缘虫可能导致发热、黄疸和严重的血管外溶血。

牛肾盂肾炎由于出血（急性但不常见）或非再生机制（慢性且常见）可引起贫血。因患急性肾盂肾炎出血的牛在血凝块堵塞时输尿管或尿道会出现严重的腹痛（见第十章），同时伴有发热。在慢性肾盂肾炎病例中可见由于慢性感染或该病引起的红细胞生成素下降而造成的贫血。出血性贫血，有时很严重，与Ⅱ型牛病毒性腹泻感染引起的血小板减少症相关。患牛在口腔、外阴及结膜处有淤点和淤斑（见血小板减少症章节）。

获得性或先天性止血缺陷可因各种机制导致出血。一旦止血机制出现障碍，轻微的擦伤、虫咬、注射或其他小的创伤会引起明显的出血。

分娩或子宫脱垂后子宫动脉破裂，或其他大动脉破裂都会引起急性大失血。已在奶牛中见到子宫脱垂后自身引起损伤、撕裂继而出血。直肠触摸、用手摘除黄体也会引起严重出血。

极少情况下，冬季痢疾也能引起头胎小母牛结肠的严重出血，患牛粪便中出现新鲜血凝块和严重痢疾时，需输全血治疗。

非再生障碍型贫血（慢性病性贫血）

慢性感染或肿瘤常与红细胞再生不足或非再生性贫血有关。慢性肺炎伴发肺脓肿、慢性肾盂肾炎，继发于骨骼肌疾病的多发性脓肿、心内膜炎和内脏器官脓肿都会引起非再生性贫血。虽然与BVD病毒有关的贫血通常见于急性疾病、血小板减少症和出血，但是慢性病毒性腹泻在少数情况下也能引起非再生性贫血。

牛患双侧慢性肾盂肾炎时，由于肾脏损伤抑制红细胞生成素的生成，有助于解释出现的非再生性贫血。慢性蛋白质丢失性肾病如淀粉样变和肾小球肾炎也会引起非再生性贫血。

淋巴肉瘤通过几种机理导致贫血：单纯肿瘤扩散、成年牛散发病例或患幼稚型淋巴肉瘤犊牛骨髓萎缩所致的非再生性贫血，皱胃淋巴肉瘤溃疡或脾脏破裂引起的出血性贫血。

慢性欧洲蕨中毒引起的骨髓抑制可导致非再生性贫血和继发于血小板减少继而出血的出血性贫血。在欧洲蕨草草场放牧牛中发生地方性血尿地区，膀胱损伤常伴发出血性贫血。

铁缺乏性贫血在泌乳期犊牛中导致衰弱的例子很少见。常常在PCV小于15%的时候发生。贫血是低色素性贫血和小红细胞的一个特征。血清中铁浓度很低，而铁结合能力正常或偏高。输血一般可以治愈。

溶血性贫血

溶血性贫血与血管内或血管外的红细胞破坏有关。虽然血管外红细胞破坏在许多种动物更为常见，但牛有几种溶血性贫血是由血管内红细胞破坏引起的。犊牛常见引起血管内溶血的原因是水中毒。间歇给水的犊牛，突然大量给水，可能饮水过量引起严重的血管扩张和红细胞溶解，根据病史和出现血红蛋白尿可作出诊断。红细胞溶解时会出现低热，极度溶血病例会出现神经症状。同样，在血管内注射低渗溶液也会引起溶血（20 L无菌水）。发热震颤、被毛逆立、血红蛋白尿都是鉴别这种医疗事故病畜常见的临床症状。

牛巴贝斯原虫病（梨浆虫病）常引起红细胞血管内破坏，出现发热、贫血、抑郁、黄疸、血红蛋白尿和其他一些贫血症状。犊牛钩端螺旋体病引起发热、红细胞血管内溶血和血红蛋白尿。D型诺氏梭菌（溶血梭菌）是引起牛血管内溶血的另一种传染病。

海恩茨氏小体性溶血性贫血是由多种氧化剂使血红蛋白变性引起的。这种珠蛋白复体以显微镜下海恩茨氏小体的形式出现在红细胞中。这种贫血在奶牛中很少发生，只是在硒缺乏以及饲喂黑麦草、臭草和芥属植物的牛中见到。在这些病牛中，血红蛋白尿一般都很明显。

产后血红蛋白尿发生于日粮缺乏磷时的泌乳牛。血管内溶血和血红蛋白尿往往与泌乳第一个月的低磷血症有关系。在这种情况下，磷缺乏后继发的ATP合成减少与红细胞溶解有关。

牛患边虫病发生免疫介导的红细胞破坏，出现血管外溶血。这种溶血不会出现血红蛋白尿。除了红细胞原虫寄生后引起红细胞破坏，牛很少发生像其他动物那样的自身免疫性溶血。怀疑一些患淋巴肉瘤的牛发生自身免疫性红细胞破坏，但是没有明确的证据。在牛不会自然发生新生犊牛同种红细胞溶解。但如果用牛源的抗边虫病或巴贝斯原虫病疫苗免疫后，可见到这种病症。由这些牛后来被动转移的抗犊牛特定血型的母源抗体在一些犊牛引起了同种红细胞溶解。

有时有遗传病的牛也会出现贫血，红细胞生成卟啉症（红牙齿）（见第七章）认为是溶血性的，尽管其他几种因素也可能起作用。

根据身体检查结果和PCV测定决定贫血牛需要输全血时间。超急性出血时，尽管黏膜明显苍白、心动过速、呼吸迫促、虚弱和出现表明需要输血的其他症状，PCV仍可能很高。急性或亚急性（24～72 h）出血能引起贫血，表明需要输血的PCV常低于12%～14%，在没有脱水情况下，PCV高于14%时很少需要输血。而PCV＜14%时常同时出现心率＞100次/min，呼吸频率60次/min，黏膜明显苍白时，不管PCV如何，表明需要输血。

慢性出血和非再生性贫血很少需要输血。缓慢而逐渐发生的贫血似乎使机体能对红细胞减少生理性代偿。慢性贫血牛的PCV值可到9%～10%而不出现贫血危机。

白细胞系

牛的白细胞相及其对各种疾病和应激的反应是独特的。一些疾病，特别是超急性炎症或内毒素中毒能引起白细胞相一致的变化，而其他疾病，尽管是感染性的，白细胞相可能正常或有改变，但不能提供病牛患什么病的信息。在多年临床工作中，作者获得了数千例病牛的白细胞相资料，无论发病原因如何，大部分数据都处于正常范围之内。尽管如此，白细胞相或系列的白细胞相测定偶尔也会在诊断和预后中起很大作用。

第一章已经列出了纽约州立兽医学院应用的成年牛白细胞范围参数。

应激和糖皮质激素会改变白细胞相，出现嗜中性白细胞增多，淋巴细胞减少，嗜酸性白细胞减少，对单核细胞的影响不一。如果同时伴发炎性疾病会改变这种典型的"应激白细胞相"。例如，患急性大肠杆菌性乳腺炎的牛用地塞米松治疗时，嗜中性白细胞计数正常，因为糖皮质激素引起嗜中性白细胞增多抵消了内毒素中毒引起的嗜中性白细胞减少。这种病牛可能出现嗜中型白细胞核左移（带状）和淋巴细胞减少。牛和其白细胞相对外源性皮质激素异常敏感。仅仅注射20 mg或者更多的地塞米松，通常会在24 h之内引起嗜中性白细胞增多、淋巴细胞减少和嗜酸性白细胞减少的应激白细胞相。犊牛偶尔在注射地塞米松后嗜中性白细胞计数达20 000/ μL或更高。皮质激素不仅改变嗜中性白细胞数量，也降低其功能。糖皮质激素一般具有免疫抑制作用，酮病中单一的0.02 mg/kg治疗剂量一般不会造成临床上严重的免疫功能损伤作用。围产期和胎衣滞留牛嗜中性白细胞功能也受到影响。

牛严重急性炎症或内毒素中毒时，嗜中性白细胞减少，出现变性核左移和带状嗜中性白细胞。在牛感染严重的大肠杆菌性乳腺炎、急性溶血性巴氏杆菌肺炎、严重沙门氏菌病、严重的产后乳腺炎和大的皱胃溃疡穿孔导致弥散性腹膜炎时，可以见到这种一致的或大部分一致的白细胞相。对这种现象最简单的原因是牛在紧急状态下，只有有限的骨髓白细胞池可供利用。虽然变性核左移是预后不良的征兆，在急性感染和内毒素中毒时是良好的征兆，但是在以此作为预后根据时，必须结合病畜的临床症状和对治疗的反应。出现变性核左移病牛，可在成功治疗感染后的4～7 d内，嗜中性白细胞数恢复正常。这种时间间隔只是反映严重感染消退所需要的时间。如果感染的消退需1周以上，嗜中性白细胞增多通常不会出现核左移。慢性感染可能引起嗜中性白细胞增多，但是许多患慢性感染如内脏器官脓肿、骨骼肌肉的感染、慢性腹膜炎和其他疾病，尽管感染明显，嗜中性白细胞计数仍然正常。在急性或亚急性感染消退期比慢性感染期易于出现嗜中性白细胞增多。有些慢性感染患牛也出现嗜中性白细胞增多，但增多的幅度不大。除非注射外源性皮质激素，成年母牛的嗜中性白细胞很少超过18 000~20 000/ μL。

严重病毒感染如牛病毒性腹泻病毒和BVDV可出现嗜中性白细胞减少。急性BVDV感染引起白细胞减少，是由于嗜中性白细胞减少、淋巴细胞减少或二者兼有。因为急性BVDV感染常影响嗜中性白细胞功能或绝对数量减少，所以，易感牛急性感染BVDV后，在产生抗体抵御BVDV感染以前对并发或继发感染的抵抗力下降。在畜群发生肠道及呼吸道系统疾病临床诊断中，急性BVDV感染引起的免疫抑制，及潜在的如沙门氏菌病及巴斯德氏菌病等共感染引起的高死亡率和高发病率应该引起注意。

在应激、注射外源皮质激素时，一些病毒性疾病如BVDV、急性严重感染或内毒素中毒时出现绝对的淋巴细胞减少。常常很难确定淋巴细胞减少是与疾病直接相关，很少只是体现与疾病有关的应激。在应激或注射皮质激素时，虽然嗜酸性白细胞减少可能与淋巴细胞减少伴发，但是嗜酸性白细胞计数没有多少参考价值。绝对的淋巴细胞增多在奶牛中很少见到，也是短暂的，即使出现也是在急性感染恢复时与嗜中性白细胞增加一起出现。如果淋巴细胞增多（PL）是一种独立的遗传病，其发生与某些牛的BLV感染有关。在对白血病有更新的认识之前，控制BLV的Bendixen氏法仍是以淘汰PL牛为基础。BLV阳性伴有PL的牛比BLV阳性而无PL更易患淋巴肉瘤（大约是33%对5%）。在一项研究中，大约1/3BLV感染牛出现PL。然而，由于遗传影响PL对BLV感染的反应特点，这一比值在不同牧场中不尽相同。PL牛淋巴细胞增多一般抗应激和皮质激素。一小部分感染BLV后出现淋巴肉瘤的牛发生了真正的淋巴白血病。这些病例淋巴细胞计数为30 000～10 0000/ µL,同时可能观察到幼稚淋巴细胞和成淋巴细胞。

在解释牛白细胞相时，嗜酸性白细胞很少有诊断意义，地理环境和管理措施不同可能改变患寄生虫或其他一些状况下的“正常数值”。嗜酸性白细胞减少和淋巴细胞减少与应激和注射外源皮质类固醇有关。嗜酸性白细胞增多很少见，嗜酸性白细胞增多表示严重的寄生虫感染、组胺释放、一些免疫介导或变态反应性疾病。遗憾的是，嗜酸性白细胞计数很少具有临床诊断价值，嗜碱性白细胞也是如此。

因为单核细胞增多总与慢性疾病有关，对牛有一定的诊断价值。例如，牛患慢性腹膜炎时，嗜中性白细胞计数可能正常且无核左移，但是常出现单核细胞增多。尽管没有特异性，但至少可引起对慢性病的怀疑。反刍动物患单核细胞增多性李氏杆菌病时，并不像人或啮齿动物那样外周单核细胞总是增多，但是部分病例的确出现典型的单核细胞增多（单核细胞增多性李氏杆菌是因单胃动物感染这种病原体后出现外周单核细胞增多的趋势而得名）。

牛白细胞黏附力缺乏（牛粒细胞病综合征）Bovine Leukocyte Adhesion Deficiency (Bovine Granulocytopathy Syndrome)

病因学

20世纪70年代后期，在荷斯坦犊牛发现一种致死性综合征，包括生长发育不良、慢性反复感染和持续极度的嗜中性白细胞增多。病犊嗜中性白细胞计数持续超过30 000/ µL甚至100 000/ µL。这种病牛最初被认为具有“白血病样”需与髓细胞性白血病相区别的血液反应特征。尽管嗜中性白细胞数量很多，这些犊牛却不能抵抗普通病原体和轻微的感染。有些病犊能存活几个月，但是多数在1岁前就死亡。这种病的真正发病率很难估计，因为许多表现不佳的犊牛甚至在没做CBC之前就死去。据作者对一窝胚胎移植同胞后代的观察，怀疑本病具有遗传免疫缺陷的特点。

据来自美国和日本多选择的颗粒细胞病和可疑牛的研究报告，爱尔兰赛特种猎狗的颗粒细胞综合征以及人的白细胞黏附力缺乏的比较研究，进一步怀疑“白血病样”犊牛为遗传性疾病。随后，Kehrli及同事证实了这一点并命名为牛白细胞黏附力缺乏（BLAD），这是荷斯坦牛的一种遗传病，是一种严重的嗜中性白细胞Mac-1（CD11b/CD18）缺陷。隐性纯合体患病，杂合体携带一半Mac-1 β亚基（CD18）。虽然循环血中嗜中性白细胞很多，但患犊不能有效抵抗感染，因为这些嗜中性白细胞β2整联蛋白表达缺乏，阻止进入血管内皮组织，因而也不能进入炎性区组织。

症状

患犊出现慢性或持续性感染，生长缓慢（图3-26），尽管一些犊牛仅仅生存几个月，但早期就会出现症状。腹泻和肺炎是典型症状，但顽固性金钱癣损伤、持续的角膜结膜炎、齿龈溃疡、牙齿松动、牙龈脓肿、去角创伤难以愈合等症状也常见

图 3-26

同一牧场的8月龄正常小母牛和患BLAD小母牛比较。（照片Dr.Robert O.Gilbert提供）

到。感染后对治疗反应很弱或根本无反应。特点是症状和多种病患反复出现。

诊断

嗜中性白细胞增多但无核左移引起的白细胞持续增多是本病的特征。多数病犊外周血中嗜中性白细胞超过30 000/ µL。虽然需要考虑到骨髓性白血病，但是可用嗜中性白细胞功能试验加以区分，因为在骨髓性白血病中白细胞的碱性磷酸酶活性降低。另外，白血病样血象的特征是再生性核左移，而BLAD犊牛主要是成熟嗜中性白细胞增多，此外，体外检测黏附-依赖性反应，如趋向性及吞噬作用反应可以鉴别BLAD动物及严重的无β2整联蛋白缺乏的慢性嗜中性白细胞增多症。BLAD犊牛应该与慢性胸部或腹部脓肿以及BVDV持续性感染犊牛

注射、静脉穿刺、骨髓抽取、直肠检查等都可导致出血的发生。

诊断 判断血小板减少而引起出血的根据如下：

1.血小板数量通常低于50 000/ μL。

2.排除DIC及其他凝血病。

在现场可能很难进行确诊，因此，要证实血小板减少性紫癜一般必须进行一组血凝试验以证实前凝血酶原时间，活化部分凝血激酶时间、凝血酶时间、纤维蛋白原和纤维蛋白原降解产物的正常值，出血时间和血凝块收缩时间异常。实际上主要和DIC进行鉴别诊断，上述试验可以对原发性血小板减少症和由于DIC而继发的血小板减少症作出鉴别诊断。

一旦经实验室诊断为血小板减少症后，应立即寻找发病原因。比较明显有败血症、内毒素中毒以及新近的创伤，而有食入毒素或非经肠用药则需要对患畜病史及其外界环境进行考察。如不能确定诱因或病因，应诊断为自发性或免疫介导的血小板减少症。但是，自发性或免疫介导的血小板减少症在牛中非常罕见。

在病因不明、同时伴发粒细胞减少以及慢性或复发性血小板减少症的情况下，可以考察抽取骨髓或进行活组织检查。

治疗 导致临床出血的血小板减少症应输新鲜全血及治疗可能的原发病。供血者应无BLV和BVDV持续性感染。输血量的多少应根据患畜失血量而定。犊牛一般为1 L，成年牛一般为4 L，严重贫血病例应加大输血量。输血只是应急措施，是否成功完全取决于血小板丢失情况或机体不产生血小板状态是否仍然存在。

对原发性疾病如内毒素中毒、败血症、外伤、局部感染进行特异性和支持性治疗后，只需要输一次全血即可缓解继发的血小板减少。同样，犊牛或成年牛患BVDV后出现血小板减少出血时，也只需输一次血。这些BVDV患畜感染后14 d血小板数量最低。这时患畜已开始恢复，体液抗体达到峰值水平。输全血和支持疗法能治愈一部分病畜。

患畜同时患有血小板减少症和粒细胞减少症时，应怀疑各类血细胞均减少，所以预后不良。犊牛慢性欧洲蕨中毒、呋喃唑酮中毒以及患抑制骨髓的其他疾病时难以治疗。对这些病牛应该施以支持疗法，输全血以及防止条件病原菌感染的抗生素治疗。抽取骨髓有助于该病毒确诊。

如果找不到原发病因而诊断为自发性血小板减少症时，其临床过程更难以预测。应根据病史排除特异性药物反应，并且避免使用能引起血小板减少的药物。应每天检测血小板的数量观察是否仍有出血。粪便潜血、尿Multistix评价以及黏膜的检查是监控自发血小板减少症牛的重要方法。如停止出血，可不必再进行输血。自发性血小板减少症病畜血小板数量如持续或反复＜25 000/ μL和出血，应该抽取骨髓化验。如果骨髓正常，可以服用低剂量的皮质类固醇以增加血小板生成并抵消导致血小板破坏的各种免疫机理。以作者的经验地塞米松效果最好，用量为0.25 mg/kg，每日1次。大多数成年患畜在用药5 d后，药量可减至0.02～0.25 mg/kg，每日1次。多数疑为免疫介导的血小板减少症用药30 d后不再复发。

弥散性血管内凝血

病原学 DIC是以出血和广泛性血管内血栓形成为特征的复杂血凝病，可以引起重视的通常为致死性的临床表现。患败血症、内毒素血症、梭菌性肌炎引起的外毒素血症，严重局部感染的牛最易发生DIC。奶牛脓毒性乳房炎和子宫炎是导致DIC最常见的两种原因。值得庆幸的是，DIC在牛的发生率并不高。

临床上表现的出血和血栓形成是由于血管内凝血过程过度活化而导致凝血因子过量消耗所致。纤维蛋白过度溶解且由于血栓形成导致局部及区域性组织缺氧，继而导致重要脏器（肝、肾、脑、肠）功能障碍。由于DIC发生以前病畜已有严重的原发病，所以，可以进一步发生器官的功能衰竭及休克。

炎性产物（血小板激活因子）或传染性因素（内毒素、梭菌α毒素）可以促进前凝血活性或者损伤血管内皮，从而导致DIC的发生。但是，DIC发生确切机理目前尚不清楚，而且很难确定患有生命危险疾病病畜是否会并发DIC。

临床症状 患有严重炎症或胃肠道阻塞性疾病的患畜，在发生血管内血栓形成和出血的同时，全身状况迅速恶化，就应怀疑是否发生了DIC。出血可表现为淤点、淤斑、血肿或天然孔出血。可能出现黑粪症或者粪便中有明显的血凝块，特别是患肠炎的牛。可能存在镜下或肉眼可见的血尿。典型症状是在注射部位出血以及静脉穿刺处迅速发生静脉血栓形成。鼻出血、眼前房出血以及内脏血肿现象也时有发生。

由于血栓形成而引起血液灌流量不足可导致主要脏器功能衰竭。程度较轻的局部缺血可引起肾脏（梗死或肾小管坏死）、胃肠道（出血）、神经系统（CNS出血）等症状。

随着病情继续恶化，由于静脉血栓形成很难改善全身状况。

诊断　临床上怀疑病畜发生DIC时必须进行凝血时相试验、血小板计数，在所有情况下，已经患有严重原发性疾病的患畜病情会变得更重，并出现血栓形成和出血的症状。由于血小板减少症也可由类似的诱因引起，所以，DIC必须与单纯性血小板减少症进行鉴别诊断。其他导致出血的疾病和肝衰竭、法华令中毒以及遗传性血凝病只能通过实验室检验排除。

DIC的确诊有如下几个方面：

1. 血小板数量减少。

2. 凝血酶原时间延长，部分凝血激酶激活时间延长，凝血酶时间延长。

3. 纤维蛋白降解产物增多。

4. 出血时间长。

5. 抗凝血酶Ⅲ活性下降（如果可以检测的话）。

实际上并不是所有怀疑有DIC的患畜指标都符合上述标准。例如，凝血酶原时间和部分凝血激酶激活的时间并不一定超出正常范围，或者即使不正常也只是轻微延长一点。而且有些DIC患畜的纤维蛋白降解产物水平一般可降到中间（10～40 μg/mL），凝血酶原时间或部分凝血激酶激活时间稍微延长。

治疗　治疗DIC的办法不多，无疑应积极治疗原发病。为了缓解低血压、组织血液灌流不足以及主要器官功能衰竭，应该采取静脉输液。对患有革兰氏阴性菌感染或肠道疾病患畜应采取非类固醇性抗炎药，例如，氟胺烟酸葡胺（0.5 mg/kg，每日1次）。严重的血小板减少或持续性出血应该考虑补充凝血因子。可以输入新鲜的血全浆或全血。

可以应用肝素或皮质类固醇，但无太大意义，而且实际上他们可能对DIC的病畜更加有害。

预后不良，大多数患有DIC的牛最后死亡。

香豆素抗凝血剂、双香豆素中毒和弥散性肝细胞疾病

病因学　有些杀鼠剂如法华令、溴鼠隆（香豆素的衍生物）、霉变的含香豆素的草木樨饲草以及弥散性肝细胞性疾病都能引起肝源性凝血因子缺乏而导致出血。香豆素是维生素K_1的拮抗物，而维生素K_1是凝血因子Ⅱ、Ⅶ、Ⅸ和Ⅹ的前体。晒制草木樨饲草不当造成大量霉菌生长，可使香豆素转变为双香豆素，也可引起肝中上述凝血因子的生成减少。弥散性肝细胞疾病时可阻止这些凝血因子的合成，但比较少见，主要见于进行性肝脏衰竭病例。

由于血浆中凝血因子Ⅶ的半衰期低于Ⅱ、Ⅸ和Ⅹ，因此，香豆素或双香豆素中毒时，凝血酶原时间延长是实验室诊断时最早出现的凝血异常。疾病进一步发展可出现部分凝血激酶激活时间和激活凝血时间延长。明显的外部出血、血肿以及看不见的内部出血可以导致患牛严重贫血。

不慎食入香豆素衍生物性灭鼠剂或发霉的草木樨饲草后可分别引起散发性或地方性血凝病。

低蛋白血症，高蛋白结合性药物（可以使更多的香豆素游离到血液中去），肝功能降低，日粮中维生素K含量不足都可以进一步加重食入香豆素的毒性。

临床症状往往在食入毒物后1周出现。

临床症状　可能表现为淤斑、关节积血、血肿（尤其是受压点）、鼻出血、黑粪、血尿、注射部位或昆虫叮咬部位长时间出血（图3-30，A和B）。点状出血虽不常见，但可见于某些患畜。由于内、外部血液流失导致中等到严重贫血，表现为黏膜苍白，心率增加，呼吸加快。严重出血可出现低蛋白血。由于意外外伤可以导致血液流至某些特殊部位。例如，头颅外伤后可出现抽搐或其他神经症状，一些小的外科手术如亚临床牛去角可以导致长时间出血。

诊断　根据临床症状，食用草木樨饲料的历史，是否误食过香豆素型灭鼠剂以及凝血酶原时间，或部分凝血激酶激活时间延长以及无其他血凝异常来进行诊断。血小板数量应该正常，肝生化检测无异常时可排除肝脏疾病。有些疾病或毒物学实验的还能进行血液化验、肝脏化验和饲料中双香豆素检测。

治疗　所有患畜都应使用维生素K_1（1.0 mg/kg皮下或肌肉注射），每日2次，持续5 d。严重贫血病例可输入健康牛新鲜全血2～6 L（见第二章）。

维生素K_3不能代替维生素K_1，而且有毒性，多数维生素K_3产品（亚硫酸氢钠甲萘醌）由于对家畜

A

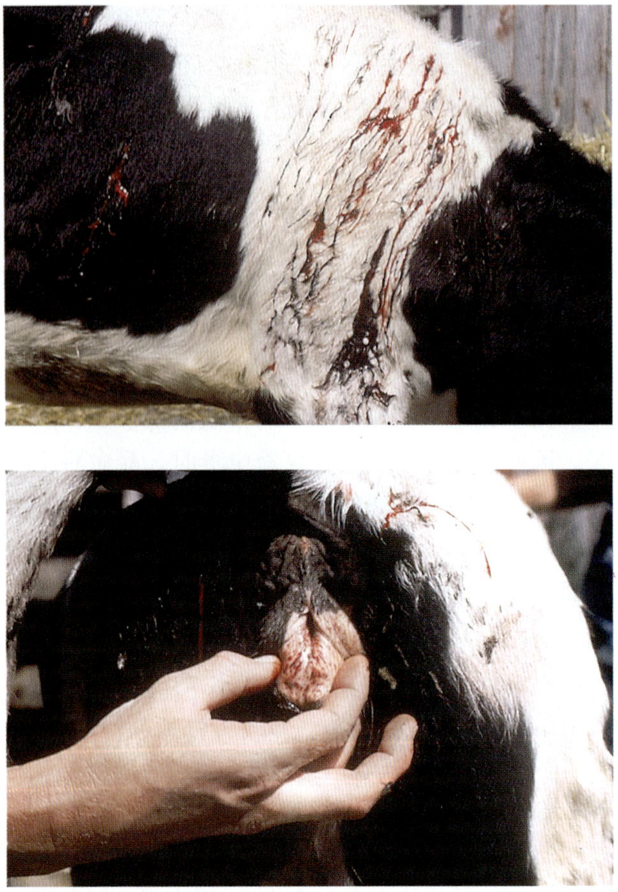

B

图 3-30

A，误食法华林和灭鼠剂的犊牛，苍蝇叮咬马肩隆区域后的血丝。
B，同一头牛外阴黏膜淤点及淤斑性出血。

和人有毒性作用已被淘汰。

对已变质的饲料应弃掉不用，剩下的可疑饲料在检测安全后才可食用。灭鼠剂应严加管理以防误食。

牛致死性超急性出血的原因

CAUSES OF FATAL PERACUTE HEMORRHAGE IN CATTLE

由于大量出血而导致牛迅速死亡的原因有很多，当先前健康的动物突发超急性贫血或死于失血后，兽医现场检查或尸体剖解，应该考虑到以下等疾病：

1. 明显的外部出血：

- 大血管撕裂，如乳静脉撕裂；
- 后腔静脉血栓形成且经口腔和鼻孔大量出血；
- 皱胃出血，有明显的黑粪症。

2. 内出血：

- 直肠触诊时摘除黄体；
- 有淋巴肉瘤脾脏异常肿大继发破裂；
- 子宫或肠系膜血管破裂（可能由于生殖原因或铜缺乏）；
- 超急性皱胃出血，但没有明显黑粪症。

血栓症 Thrombosis

动脉或静脉血栓的形成一般与脓毒性原因有关，例如腔静脉和相关肺血栓；颈静脉和腔静脉与脓毒性静脉炎有关；子宫、乳房或肠血栓与这些器官的感染或炎症性疾病有关；脓毒性脾血栓形成也是这样。心内膜炎导致肾脏或肺脏动脉的血栓形成。羊茅足或麦角中毒可能引起四肢、耳和尾部动脉的血栓形成。主动脉和髂动脉血栓可能发生在青年牛身上（<6月龄牛），导致急性臀部麻痹症状。治疗一般均不成功。

（乔俊文译，王桂花校）

参考文献

Anderson DC, Schmalsteig FC, Finegold MJ, et al: The severe and moderate phenotypes of heritable Mac-1 LFA-1 deficiency: their quantitative definition and relation to leukocyte dysfunction and clinical features, *J Infect Dis* 152:668-689, 1985.

Anderson DC, Springer TA: Leukocyte adhesion deficiency: an inherited defect in the Mac-1 LFA-1 and p150, 95 glycoproteins, *Annu Rev Med* 38:175-194, 1987.

Araujo FR, Silva MP, Lopes AA, et al: Severe cat flea infestation of dairy calves in Brazil, *Vet Parasitol* 80:83-86, 1998.

Baird JD: Dilated cardiomyopathy in Holstein cattle: clinical and genetic aspects. In *Proceedings: 6th Annual Veterinary Medicine Forum* (American College Veterinary Internal Medicine), 175-177, 1988.

Bartol JM, Thompson LJ, Minnier SM, et al: Hemorrhagic diathesis, mesenteric hematoma, and colic associated with ingestion of sweet vernal grass in a cow, *J Am Vet Med Assoc* 216:1605-1608, 2000.

Buck WB: Toxic materials and neurologic disease in cattle, *J Am Vet Med Assoc* 166:222-230, 1975.

Buntain B: Disseminated intravascular coagulopathy (DIC) in a cow with left displaced abomasum, metritis and mastitis, *Vet Med Small Anim Clin* 75:1023-1026, 1980.

Callan RJ, McGuirk SM, Step DL: Assessment of the cardiovascular and lymphatic systems, *Vet Clin North Am Food Anim Pract* 8: 257-270, 1992.

Carlson GP: Diseases of the hematopoietic and hemolymphatic systems. In Smith BP, editor: *Large animal internal medicine*, ed 3, St. Louis, 2002, Mosby.

Carlson GP: Heinz body hemolytic anemia. In Smith BP, editor: *Large animal internal medicine*, ed 3, St. Louis, 2002, Mosby.

Carlson GP, Kaneko JJ: Influence of prednisolone on intravascular granulocyte kinetics of calves under nonsteady state conditions, *Am J Vet Res* 37:149-151, 1976.

Constable PD, Muir WW 3rd, Bonagura JD, et al: Clinical and electrocardiographic characterization of cattle with atrial premature complexes, *J Am Vet Med Assoc* 197:1163-1169, 1990.

Constable PD, Muir WW 3rd, Freeman L, et al: Atrial fibrillation associated with neostigmine administration in three cows, *J Am Vet Med Assoc* 196:329-332, 1990.

Corapi WV, Elliot RD, French TW, et al: Thrombocytopenia and hemorrhages in veal calves infected with bovine viral diarrhea virus, *J Am Vet Med Assoc* 196:590-596, 1990.

Corapi WC, French TW, Dubovi EJ: Severe thrombocytopenia in young calves experimentally infected with noncytopathic bovine viral diarrhea virus, *J Virol* 63:3934-3943, 1989.

Crispin SM, Douglas SW, Hall LW, et al: Letter: warfarin poisoning in

domestic animals, *Br Med J* 2:500, 1975.
D'Angelo A, Bellino C, Alborali GL, et al: Aortic thrombosis in three calves with *Escherichia coli* sepsis, *J Vet Intern Med* 20:1261-1263, 2006.
Divers TJ: Blood component transfusions, *Vet Clin North Am Food Anim Pract* 21:615-622, 2005.
Ducharme NG, Fubini SL, Rebhun WC, et al: Thoracotomy in adult cattle: 14 cases (1979-1991), *J Am Vet Med Assoc* 2011:86-91, 1992.
Dyson DA, Reed JBH: Haemorrhagic syndrome of cattle of suspected mycotoxin origin, *Vet Rec* 100:400-402, 1977.
Evans ETR: Bacterial endocarditis of cattle, *Vet Rec* 69:1190-1206, 1957.
Evans IA, Howell RM: Bovine bracken poisoning, *Nature* 194: 584-585, 1962 [London].
Evans WC: Bracken fern poisoning of farm annuals, *Vet Rec* 76: 365-369, 1964.
Ferrer JF: Bovine leukosis: natural transmission and principles of control, *J Am Vet Med Assoc* 175:1281-1284, 1979.
Firshman AM, Sage AM, Valberg SJ, et al: Idiopathic hemorrhagic pericardial effusion in cows, *J Vet Intern Med* 20:1499-1503, 2006.
Fox FH: Personal observation, 1968, Ithaca, NY.
Fox FH, Rebhun WC: Warfarin poisoning with complications in a heifer, *Vet Med Small Anim Clin* 78:1611-1613, 1983.
Fregin GF: Arial fibrillation in the horse. In *Proceedings: 16th Annual Convention American Association Equine Practitioners,* 383-388, 1970.
Frelier PF, Lewis RM: Hematologic and coagulation abnormalities in acute bovine sarcocystosis, *Am J Vet Res* 45:40-48, 1984.
Gabor LJ, Downing GM: Monensin toxicity in preruminant dairy heifers, *Aust Vet J* 81:476-478, 2003.
Gentry PA: The relationship between factor XI coagulant and factor XI antigenic activity in cattle (factor XI deficiency), *Can J Comp Med* 48:58-62, 1984.
Gentry PA, Ross ML: Failure of routine coagulation screening tests to detect heterozygous state of bovine factor XI deficiency, *Vet Clin Pathol* 15:12-16, 1986.
Gentry PA, Tremblay RRM, Ross ML: Failure of aspirin to impair bovine platelet function, *Am J Vet Res* 50:919-922, 1989.
Giger U, Boxer LA, Simpson PJ, et al: Deficiency of leukocyte surface glycoproteins Mo1 LFA-1 and Leu M5 in a dog with recurrent bacterial infections: an animal model, *Blood* 69:1622-1630, 1987.
Gilbert RO, Grohn YT, Guard CL, et al: Impaired post partum neutrophil function in cows which retain fetal membranes, *Res Vet Sci* 5:15-19, 1993.
Goldman L, Ausiello D: The chronic leukemias. In Wyngaarden JB, Smith LH Jr, editors: *Cecil textbook of medicine,* ed 22, Philadelphia, 2004, WB Saunders.
Gross DR, Dodd KT, Williams JD, et al: Adverse cardiovascular effects of oxytetracycline preparations and vehicles in calves, *Am J Vet Res* 42:1371, 1981.
Hagemoser WA, Roth JA, Lofstedt J, et al: Granulocytopathy in a Holstein heifer, *J Am Vet Med Assoc* 183:1093-1094, 1983.
Harrison LR: A hemorrhagic disease syndrome of the vealer calf. In *Proceedings: 21st Annual Meeting American Association Veterinary Laboratory Diagnosticians,* 117-125, 1979.
Hayashi T, Yamane O, Sakai M: Hematological and pathological observations of chronic furazolidone poisoning in calves, *Jpn J Vet Sci* 38:225-233, 1976.
Howard JL: Monensin, lasalocid, salinomycin, narasin. In Howard J, Smith RA, editors: *Current veterinary therapy—food animal practice,* ed 4, Philadelphia, 1999, WB Saunders.
Hoyt PG, Gill MS, Angel KL, et al: Corticosteroid-responsive thrombocytopenia in two beef cows, *J Am Vet Med Assoc* 217:717-720, 674, 2000.
Jain NC: *Schalm's veterinary hematology,* ed 4, Philadelphia, 1986, Lea & Febiger.
James LF, Hartley WJ, Nielsen D, et al: Locoweed oxytropis-sericca poisoning and congestive heart failure in cattle, *J Am Vet Med Assoc* 189:1549-1556, 1986.
Jeffers M, Lenghaus C: Granulocytopaenia and thrombocytopaenia in dairy cattle—a suspected mycotoxicosis, *Aust Vet J* 63: 262-264, 1986.
Jensen R, Pierson RE, Braddy PM, et al: Brisket disease in yearling feedlot cattle, *J Am Vet Med Assoc* 169:513-520, 1976.
Jesty SA, Sweeney RW, Dolente BA, et al: Idiopathic pericarditis and cardiac tamponade in two cows, *J Am Vet Med Assoc* 226: 1555-1558, 1502, 2005.
Jubb KVF, Kennedy PC, Palmer N: *Pathology of domestic animals,* ed 3, vol 3, New York, 1985, Academic Press, Inc.
Kehrli ME Jr, Schmalstieg FC, Anderson DC, et al: Molecular definition of bovine granulocytopathy syndrome: identification of deficiency of the Mac-1 (CB11b/CD18) glycoprotein, *Am J Vet Res* 51:1826-1836, 1990.
Kimeto BA: Ultrastructure of blood platelets in cattle with East Coast fever, *Am J Vet Res* 37:443-447, 1976.
King JM: Personal communication, 1968, Ithaca, New York.
Krishnamurthy D, Nigam JM, Peshin PK, et al: Thoracopericardiotomy and pericardiectomy in cattle, *J Am Vet Med Assoc* 175:714-718, 1979.
Lacuata AQ, Yamada H, Nakamura Y, et al: Electrocardiographic and echocardiographic findings in four cases of bovine endocarditis, *J Am Vet Med Assoc* 176:1355-1365, 1980.
Littledike ET, Glazier D, Cook HM: Electrocardiographic changes after induced hypercalcemia and hypocalcemia in cattle: reversal of the induced arrhythmia with atropine, *Am J Vet Res* 37: 383-388, 1976.
Litwak KN, McMahan A, Lott KA, et al: Monensin toxicosis in the domestic bovine calf: a large animal model of cardiac dysfunction, *Contemp Top Lab Anim Sci* 44:45-49, 2005.
Mason TA: Suppurative pericarditis, treated by pericardiotomy in a cow, *Vet Rec* I05:350-351, 1979.
McGuirk SM: Treatment of cardiovascular disease in cattle, *Vet Clin North Am (Food Anim Pract)* 7:729-746, 1991.
McGuirk SM, Bednarski RM: Bradycardia associated with fasting in cattle. In *Proceedings: 4th Annual Veterinary Medicine Forum,* 2: 10–29-10–32, 1986.
McGuirk SM, Bednarski RM, Clayton MK: Bradycardia in cattle deprived of food, *J Am Vet Med Assoc* 196:894-896, 1990.
McGuirk SM, Muir WW, Sams RA, et al: Atrial fibrillation in cows: clinical findings and therapeutic considerations, *J Am Vet Med Assoc* 182:1380-1386, 1983.
McGuirk SM, Shaftoe S: Alterations in cardiovascular and hemolymphatic system. In Smith BP, editor: *Large animal internal medicine,* St. Louis, 1990, CV Mosby.
McGuirk SM, Shaftoe S, Lunn DP: Diseases of the cardiovascular system. In Smith BP, editor: *Large animal internal medicine,* St. Louis, 1990, CV Mosby.
Morley PS, Allen AL, Woolums AR: Aortic and iliac artery thrombosis in calves: nine cases (1974-1993), *J Am Vet Med Assoc* 209: 130-136, 1996.
Muller M, Platz S, Ehrlein J, et al: [Bacterially conditioned thromboembolism in dairy cows—a retrospective study of 31 necropsy cases with special consider of the causative complex] (German), *Berl Munch Tierarztl Wochenschr* 118:121-127, 2005.
Nagahata H, Noda H, Takahashi K, et al: Bovine granulocytopathy syndrome: neutrophil dysfunction in Holstein Friesian calves, *Zentralbl Veterinarmed A* 34:445-451, 1987.
Nicholls TJ, Shiel MJ, Westbury HA, et al: Granulocytopaenia and thrombocytopaenia in cattle, *Aust Vet J* 62:67-68, 1985.
Ogawa ERI, Kobayashi K, Yoshiura N, et al: Bovine postparturient hemoglobinemia: hypophosphatemia and metabolic disorder in red blood cells, *Am J Vet Res* 48:1300-1303, 1987.
Otter A, Twomey DF, Crawshaw TR, et al: Anaemia and mortality in calves infested with the long-nosed sucking louse (Linognathus vituli), *Vet Rec* 153:176-179, 2003.
Pipers FS, Rings DM, Hull BL, et al: Echocardiographic diagnosis of endocarditis in a bull, *J Am Vet Med Assoc* 172:1313-1316, 1978.
Power HT, Rebhun WC: Bacterial endocarditis in adult dairy cattle, *J Am Vet Med Assoc* 181:806-808, 1983.
Pringle JK, Bright JM, Duncan RB Jr, et al: Pulmonary hypertension in a group of dairy calves, *J Am Vet Med Assoc* 198:857-861, 1991.
Pritchard WR, Rehfeld CE, Mizuno NS, et al: Studies on trichlorethylene-extracted feeds. I. Experimental production of acute aplastic anemia in young heifers, *Am J Vet Res* 17:425-429, 1956.
Radostits OM, Gay C, Blood DC, et al: *Veterinary medicine. A textbook of the diseases of cattle, sheep, pigs, goats and horses,* ed 10, London, 2007, Saunders [with contributions by Arundel JH, Gay CC].
Rebhun WC, French TW, Perdrizet JA, et al: Thrombocytopenia associated with acute bovine virus diarrhea infection in cattle, *J Vet Intern Med* 3:42-46, 1989.

2007, Saunders [with contributions by Arundel JH, Gay CC].
Rebhun WC, French TW, Perdrizet JA, et al: Thrombocytopenia associated with acute bovine virus diarrhea infection in cattle, *J Vet Intern Med* 3:42-46, 1989.
Reimer JM, Donawick WJ, Reef VB, et al: Diagnosis and surgical correction of patent ductus venosus in a calf, *J Am Vet Med Assoc* 193:1539-1541, 1988.
Renshaw HW, Davis WC: Canine granulocytopathy syndrome: an inherited disorder of leukocyte function, *Am J Pathol* 95: 731, 1979.
Rosenberger G: *Clinical examination of cattle.* Dirksen G, Grunder H-D, Grunert E, et al (collaborators) and Mack R (translator): Berlin, 1979, Verlag Paul Parey.
Roth JA, Kaeberle ML: Effect of glucocorticoids on the bovine immune system, *J Am Vet Med Assoc* 180:894-901, 1982.
Roth JA, Kaeberle ML: Effects of in vivo dexamethasone administration on in vitro bovine polymorphonuclear leukocyte function, *Infect Immun* 33:434-441, 1981.
Scott EA, Byars TD, Lamar AM: Warfarin anticoagulation in the horse, *J Am Vet Med Assoc* 177:1146-1151, 1980.
Step DL, McGuirk SM, Callan RJ: Ancillary tests of the cardiovascular and lymphatic systems, *Vet Clin North Am (Food Anim Pract)* 8: 271-284, 1992.
Stockdale CR, Moyes TE, Dyson R: Acute post-parturient haemoglobinuria in dairy cows and phosphorus status, *Aust Vet J* 83: 362-366, 2005.
Sweeney RW, Divers TJ, Benson C, et al: Pharmacokinetics of rifampin in calves and adult sheep, *J Vet Pharmacol Ther* 11:413-416, 1988.
Takahashi K, Miyagawa K, Abe S, et al: Bovine granulocytopathy syndrome of Holstein-Friesian calves and heifers, *Jpn J Vet Sci* 49: 733-736, 1987.
Tennant B, Asbury AC, Laben RC, et al: Familial polycythemia in cattle, *J Am Vet Med Assoc* 150:1493-1509, 1967.
Tennant B, Harrold D, Reina-Guerra M, et al: Arterial pH, PO_2, and PCO_2 of calves with familial bovine polycythemia, *Cornell Vet* 59:594-604, 1969.
Van Biervliet J, Krause M, Woodie B, et.al: Thoracoscopic pericardiotomy as a palliative treatment in a cow with pericardial lymphoma, *J Vet Cardiol* 8:69-75, 2006.
Vrins A, Carlson G, Feldman B: Warfarin: a review with emphasis on its use in the horse, *Can Vet J* 24:211-213, 1983.
Weldon AD, Moise NS, Rebhun WC: Hyperkalemic atrial standstill in neonatal calf diarrhea, *J Vet Intern Med* 6: 294-297, 1992.
Wessels J, Wessels ME: Histophilus somni myocarditis in a beef rearing calf in the United Kingdom, *Vet Rec* 157:420-421, 2005.

第四章
CHAPTER **4**

呼吸系统疾病
Respiratory Diseases

Thomas J. Divers

上呼吸道疾病
DISEASE OF THE UPPER AIRWAY

上呼吸道疾病的特征是吸气性呼吸困难。上呼吸道阻塞增加对气流的阻力，常常产生可听得见的吸气音，并导致整个气管支气管部位出现呼吸道声音。由上呼吸道阻塞而出现的下呼吸道声音，如果不对这些病例进行上呼吸道检查和气管听诊，就有可能被误认为是下呼吸道的原发性啰音。如果不借助听诊器就能听到这种呼吸音，这种呼吸音很可能来源于上呼吸道。对上呼吸道的检查应该包括对两鼻孔气流和头部软组织的检查，必要时要对口腔进行检查。严重的上呼吸道阻塞，当患牛试图减少对空气阻力时，可出现张口呼吸（图4-1）。

图 4-1

医源性外伤引起成年荷斯坦奶牛的疼痛和咽后部脓肿，张口呼吸并伸长颈部。

机械性或阻塞性疾病
Mechanical or Obstructive Diseases

先天性阻塞

病因学和症状　在犊牛和成年牛中观察到的先天性异常包括呼吸道上皮源性咽囊肿、鼻囊肿、呈贝壳状的囊性鼻甲、颅骨异常、喉畸形和腮囊肿。呼吸性吸气困难，带有可听见的打鼾声或者鼾声性吸气是这类疾病最常见的症状。这种情况可能出生时就存在，或出生后的前几个月内见到。因病变（囊肿）的增大或由畸形造成呼吸道狭窄、机械性呼吸过度引起上呼吸道黏膜的水肿和肿胀加重，使由上述异常造成的呼吸困难程度进一步发展。

诊断　特异性诊断要求全身检查，包括鼻孔和口腔观察、内窥镜检查、颅骨X射线检查（图4-2）。此外，吸取病变物质进行细胞学检查和细胞培养可以确诊囊肿性病变。大多数囊肿性病变会发生继发感染。

治疗　治疗方法取决于发现的特异性病变。囊肿性病例易治疗，外科摘除使囊肿有治愈的希望。简单引流或引流后烧灼未必能成功。因此，建议将这类病例转到在上呼吸道外科方面有经验的兽医，将分泌性上皮完全切除。其他疾患，如喉畸形和颅骨异常其预后不良。

不管何种病因，对严重呼吸困难的犊牛实施诊断程序前，都要进行对症治疗和支持疗法，以免检查应激或内窥镜检查造成缺氧。为了安全地进行诊断操作，也可以考虑气管切开术。将患畜因缺氧而挣扎误认为狂暴，从而增加机械保定措施，常常是一些没有经验的兽医做出的错误判断，往往导致患畜死亡。在临床检查中，当呼吸困难动物出现挣扎时，常是缺氧、惊恐和极度不安所致，这时头部和颈部的所有保定都应松开，使动物能“自由呼吸”，在这种情况下，继续保定将导致动物窒息。

尽管先天性病变的预后随特异性诊断而变化，但一般预后不良。

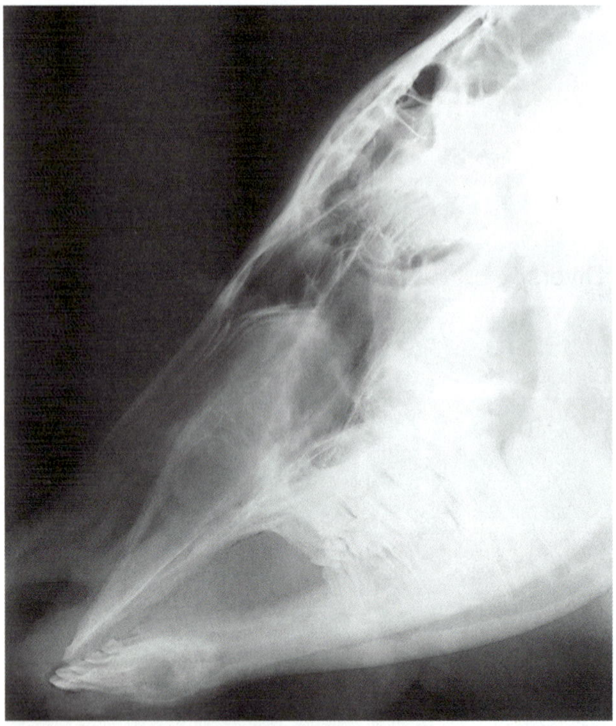

图 4-2

6月龄小母牛外耳脓肿的X光照片。

后天性阻塞

病因学和症状 后天性机械性或阻塞性上呼吸道病变可能发生于犊牛或成年牛。大多数病变表现为呼吸道以外的组织和结构的增大和炎症。软组织团块如咽脓肿、咽后部蜂窝织炎、坏死性喉炎、颗粒性肿胀（如木舌）、肿大的淋巴结、肿瘤、异物或肿大的上颌窦突入呼吸道是主要病变。咽脓肿和坏死性喉炎可能是引起阻塞的最常见原因。咽脓肿和咽后部蜂窝织炎可继发于给动物口服药物时所致的口腔创伤，或者发生于咽部没有发生过外伤的犊牛。

不论何种原因，患畜最先观察到的症状是进行性吸气性呼吸困难。咽脓肿或慢性上颌窦炎的动物可能发热。上颌窦炎、单侧鼻咽或上颌窦肿瘤患畜可出现单侧流鼻液或一个鼻孔气流减弱同时发生。有肿瘤发生时淋巴结病变可能为原发症状，如幼畜淋巴肉瘤和成年牛淋巴肉瘤（图4-3和图4-4），有软组织感染的病例可能为继发症状。在鼻咽部发生的慢性生长的呼吸道上皮腺癌病例中，已经观察到单侧霍纳氏综合征（unilateral Horner's）和进行性眼球突出症（图4-5）。患有单侧鼻阻塞的牛在炎热的夏天常常表现出更为明显的呼吸困难症状。一例霍纳氏综合征病牛在热天时张口呼吸就证明了这一现象，其原因是鼻黏膜的血管舒张和水肿（图4-6）。有些病例，由于慢性炎症或肿瘤坏死，在呼吸气中有一种腐臭味。畜主可以发现从鼾声性呼吸到张口呼吸的渐进性过程。炎症病变常常呈现比肿瘤更急性的病程，但这是个别情况，没有规律性。在一些病例如慢性上颌窦咽、咽部或咽后部囊肿和淋巴肉瘤可出现明显的外向性肿胀。

诊断 开始的诊断程序为彻底的全身检查及对口腔的触诊与观察。注意鼻孔的通气性和呼吸气

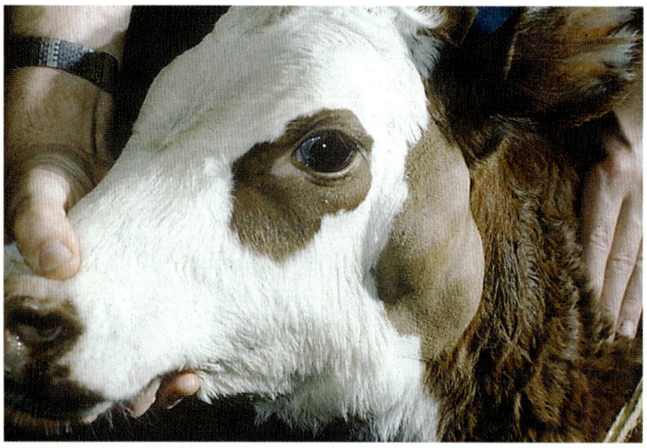

图 4-3

4月龄乳用短角犊牛的幼年性淋巴肉瘤，因吸气性呼吸困难就诊。

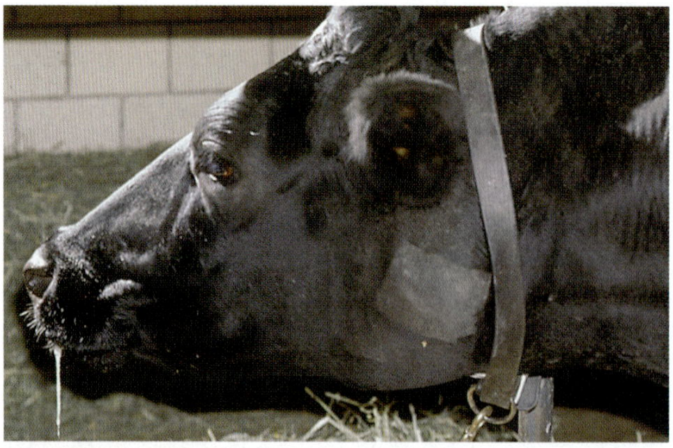

图 4-4

成年荷斯坦奶牛咽部淋巴肉瘤引起吸气性呼吸困难。

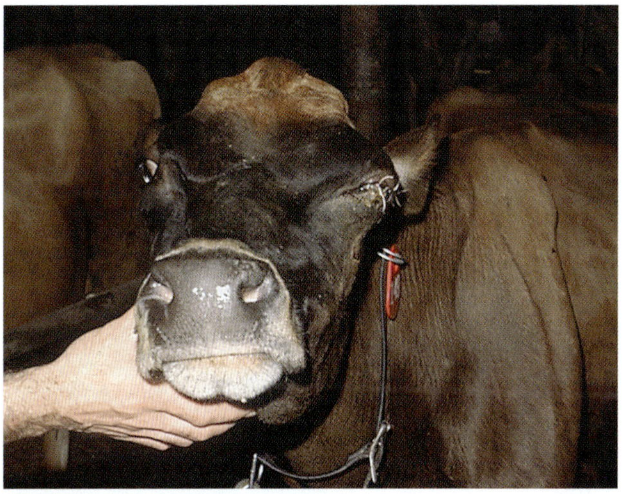

图 4-5

老龄的娟姗种奶牛呼吸上皮源性腺癌。肿块造成左侧鼻道通气减少、左侧霍纳氏综合征以及眼球突出症。为保护眼睛，眼睑已被缝合。

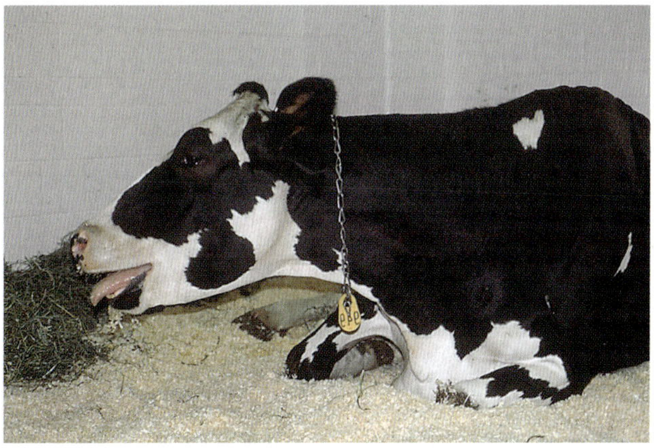

图 4-6

5岁奶牛单侧霍纳氏综合征（病原未知），张口呼吸。该奶牛冬季没有呼吸困难。

味，如果怀疑慢性上颌窦炎，应仔细检查上前臼齿和臼齿有无异常。

实施内窥镜检查以确定特异的病变或组织突入呼吸道的解剖部位。对严重上呼吸道呼吸困难的犊牛或母牛进行内窥镜检查时，大部分黏膜表面（软腭、喉、咽呼吸部）会因动物拼命呼吸而发生水肿，这类水肿不能误认为是病因。

如果全身检查和内窥镜检查不能确定病变，应采用颅骨X射线检查。射线检查有助于确诊窦炎、鼻或窦囊肿以及软组织团块如脓肿或肿瘤的部位。此外，X射线检查可以确诊慢性上颌窦炎病例的牙根脓肿和金属性异物。

有条件的地方也可做超声波扫描诊断，有助于对软组织肿胀的评价。该技术也被用来精确地确定咽喉部脓肿和非金属性异物的位置，以便安全地进行外向引流。

对于头部和咽部明显肿胀或可触摸到肿胀的病例，要进行吸取物的细胞学检查和培养，对实质性病变和增大的淋巴结要进行组织病理学检查。

治疗和预后 当通过治疗炎症病变使上呼吸道的外来压力被解除时，治疗是最成功的。咽和咽后部脓肿应通过大的切口引流，但要避开重要的器官组织。如果脓肿距离皮肤表面较近，就需要向里引流。对位于皮下数厘米以上深部的咽脓肿，向外引流的操作比较困难。一些并发症如迷走神经损伤、唾液腺导管破裂和急性蜂窝织炎是最大的风险。如引流不畅，脓肿还会复发，如果复发明显，要由多处部位引流并进行培养和敏感性试验。每天清洗引流部位是很重要的。根据细菌敏感试验选择全身抗生素治疗，引流后用药1～2周；化脓隐秘杆菌(化脓性放线菌) 和梭形杆菌是最常见的病原微生物，所以青霉素是最常使用的抗生素。

慢性上颌窦炎应采用环锯术治疗，摘除全部有根部感染的牙齿。每天用稀释的消毒剂或灭菌盐水冲洗窦的患部，并给予有效的全身性抗生素治疗1～2周。

一般情况下，肿瘤病例预后不良，这种患畜无需治疗。幼畜淋巴肉瘤常因咽淋巴结肿大引起上呼吸道呼吸困难。偶发性的成年牛淋巴肉瘤病例也出现一个或多个巨大的（直径10～20 cm）咽淋巴结或者纵膈淋巴结，造成呼吸困难。淋巴肉瘤一般在确诊后1～6个月内死亡。原发于咽呼吸部的腺癌，在老龄牛（如8岁以上），可能出现隐匿性长达数月至数年的进行性过程。因此，不同于患淋巴肉瘤牛，这些动物可以存活一段时间，在此期间可生产犊牛或用于超数排卵和胚胎移植。只有当这些牛停止采食，出现严重的呼吸症状，或者眼球突出时，可对其实施安乐死。有原发性鳞状细胞癌、转移性鳞状细胞癌或窦、骨、眼周感染引起骨肉瘤的患畜，有时肿瘤结节很多或者淋巴结转移，造成吸气性呼吸困难。这些患牛常因原发性肿瘤呼吸带有腐臭味，不宜再养。

炎性疾病 Inflammatory Diseases

过敏性鼻炎

也称夏季鼻塞，主要发生在春、夏季转到草场的牛。患牛不表现出疾病过程，但是双侧鼻孔流出大量鼻液和鼻搔痒。这种状况在荷斯坦-安格斯牛被认为是一种家族性疾患。患牛可能会频繁地摩擦鼻子，以致异物进入鼻腔内，这样会造成严重的外伤。

肉芽肿性鼻炎

弥散性鼻肉芽肿在美国东北部奶牛不常见。如有发生，则为鼻孢子虫感染所致。肉芽肿发生在鼻黏膜至鼻甲部，随着肉芽肿增大，鼻腔气道逐渐变窄。因此，这种病的症状表现为进行性吸气性呼吸困难，流鼻液和鼻搔痒。

畜主常发现患牛鼻腔出血。利用聚光灯观察鼻孔，可见淡褐色或褐色肉芽肿结节。利用内窥镜可进一步确定这种病变。通过活检组织进行组织培养和组织病理学检查，可确定鼻肉芽肿的准确原因。

治疗采用静脉注射碘化钠溶液（IV: 30 g/450 kg，间隔24 h注射1或2次），随后每天口服有机碘化物粉剂30 g，直到出现碘中毒症状为止。

利尼埃尔氏放线杆菌或牛放线菌肉芽肿

病因学和症状　利尼埃尔氏放线杆菌（*Actinobacillus lignieresii*）肉芽肿通常集中在鼻外部，呈红色、隆起、肉样、易出血，看起来与鼻孢子虫肉芽肿极其类似（图4-7，A和B）。症状为单侧鼻孔内肿块进行性肿大，随着肿块增大出现吸气性呼吸困难至鼻孔完全阻塞。肉芽肿发生在鼻环损伤时鼻中隔附近的黏膜或软组织遭受异物或纤维性物质损伤处的其他部位黏膜上。鼻腔深部、喉部、咽部或气管发生肉芽肿的患病牛，表现出进行性吸气性呼吸困难和流鼻液。在我们诊所治疗过的一头奶牛的多发性气管肉芽肿是由牛放线菌引起的。

诊断　在肉眼检查中，肉芽肿常与肿瘤混淆。因此，诊断时需要采取活检组织做组织病理学和组织培养检查。切面上肉眼可观察到硫磺样颗粒，可作出初步诊断。利尼埃尔氏放线杆菌和牛放线杆菌引起的肉芽肿虽然常常在靠近外鼻孔的部位发现，但也可发生在上呼吸道和气管的任何部位，因为这些病原菌存在于口腔和咽。当黏膜受损后软组织发生感染，这两种微生物可产生相似肉芽肿。除发生外鼻孔的肉芽肿外，其他部位的肉芽肿都需要进行内窥镜检查和X射线检查。

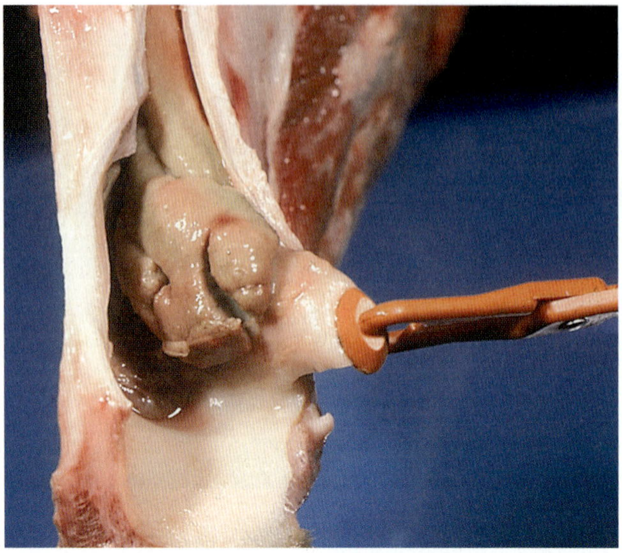

A

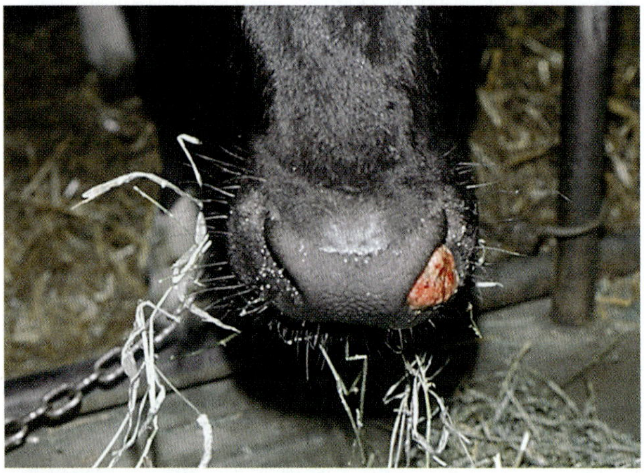

B

图 4-7

A，鼻甲部位剖检标本，示鼻孢子虫性肉芽肿。
B，荷斯坦奶牛的牛放线杆菌性肉芽肿。

治疗　治疗利尼埃尔氏放线杆菌引起的肉芽肿，包括切取活检组织，沿鼻黏膜切除肿块，并施以碘化钠治疗，直到出现碘中毒症状。一般需先静脉注射碘化钠（30 g/450 kg），间隔2～3 d再进一步治疗几个疗程，或者先静脉注射后每天口服有机碘化物（30 g/450 kg）。冷冻手术也已成功用于治疗肉芽肿。对急性和复发性病例，除碘化钠外，还需施用抗生素。青霉素和氨苄青霉素已用于治疗利尼埃尔氏放线杆菌引起的感染。可能时要做微生物培养和药物敏感试验，一般预后良好。

牛放线杆菌引起的肉芽肿治疗比较困难，因为这种微生物对碘化钠不敏感。青霉素（22 000 IU/kg 肌肉内注射[IM]，每日1次），配合碘化钠，效果可能更好。对软组织肉芽肿也可外科切除。对牛放线菌引起的病变，其预后要谨慎，因为对该微生物临床治疗知识有限，畜主不可能花长时间来治疗。

额窦炎

病因学和症状 犊牛和成年牛的额窦炎可为急性或慢性。急性的额窦炎常见，并常在粗暴切去角之后发生。由于器械的污染和技术本身问题，没有经验的人对犊牛和成年牛施行去角术的危险性最大。急性额窦炎的症状包括发热（39.4～41.1℃），单侧或双侧鼻孔流黏液脓性鼻液，沉郁，头痛，眼半闭，头颈前伸，鼻镜架在支撑物上（有趣的是，患有严重骨骼疼痛的牛会经常把头顶在一个物体上，表明这种方法可以减轻头痛），额窦叩诊敏感。如果急性额窦炎发生在牛去角之后不久，在窦角状突起的伤口处可见流出的脓汁或厚痂。多数细菌，如化脓性放线菌（*A. pyogenes*）、多杀性巴氏杆菌、埃希氏大肠杆菌和一些厌氧菌可引起急性额窦感染。在急性前窦炎中，如果伤口碎片或结痂阻塞角状突起的开口，造成厌氧环境，破伤风是另外一种可能的并发症。

慢性额窦炎在牛去角后数月至数年发生，或者根本与去角术没有关系，因为该病也偶然生于去角手术良好的去角牛、无角牛或带角牛。像其他种动物一样，上行性上呼吸道感染是慢性额窦炎的病因之一，常由多杀性巴氏杆菌引起。慢性额窦炎偶尔与陈旧的去角并发症有关，如轻度感染、颅骨片或死骨片、典型的化脓放线菌感染或化脓放线菌、多杀性巴氏杆菌、厌氧菌或其他革兰氏阴性微生物的混合感染。慢性额窦炎的临床症状是体况和生产性能持久性或间断性逐渐降低，常见单侧鼻孔持续性或间断性流鼻液，其他症状包括精神沉郁，头颈前伸，眼半闭，头顶住护栏。间断性和持续性发热也有。窦部骨肿胀，特别是没有明显鼻液的牛，开口于鼻腔的筛骨道口被阻塞。事实上，有些牛窦骨肿胀有间断性，随着窦开口引流和鼻液流出，骨肿胀减轻。在发病窦的额骨上触诊或叩诊时引起疼痛，当检查者接近头部时，患病牛极度不安。窦骨肿胀可导致同侧眼球突出和同侧鼻道内的气体流动减少（图4-8）。有的病例由于窦骨糜烂，可能出现神经系统并发症如脓毒性脑膜炎、硬脑膜脓肿和垂体脓肿。另外，破伤风也是一种潜在的并发症。偶尔慢性额窦炎的牛由于眼眶后窦憩室感染性破坏造成眼眶软组织感染，发生眼眶的蜂窝织炎、病理性眼球突出症和面部脓肿（图4-9）。

诊断 急性病例，依据临床症状、病史和窦部触诊和叩诊作出诊断。其他数据限于细菌培养和敏

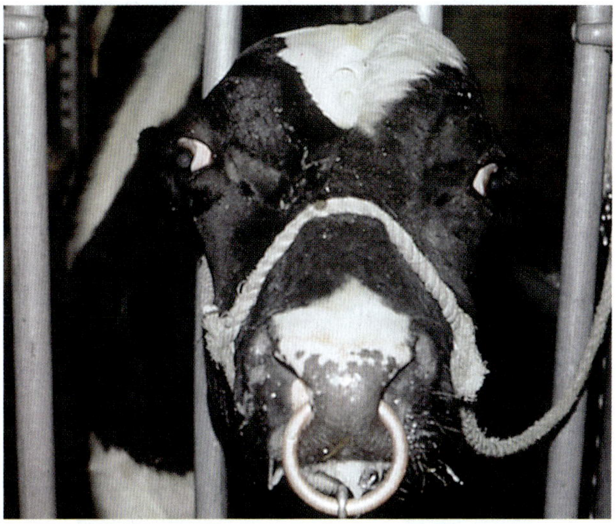

图 4-8

成年公牛的慢性额窦炎，该牛死于额窦炎引起的脓毒性脑膜炎。

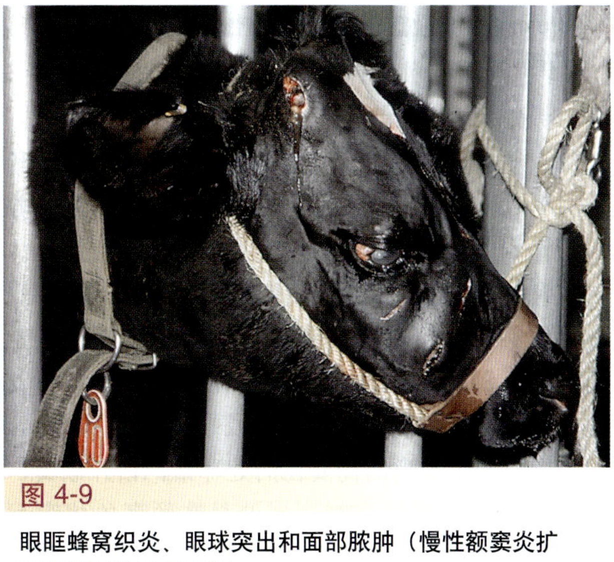

图 4-9

眼眶蜂窝织炎、眼球突出和面部脓肿（慢性额窦炎扩散到眼眶软组织引发）。

为这两种微生物具有协同作用。对于有价值的慢性感染牛，应送到熟悉Gasthuys所描述的气管切开术的专业外科医生进行治疗。

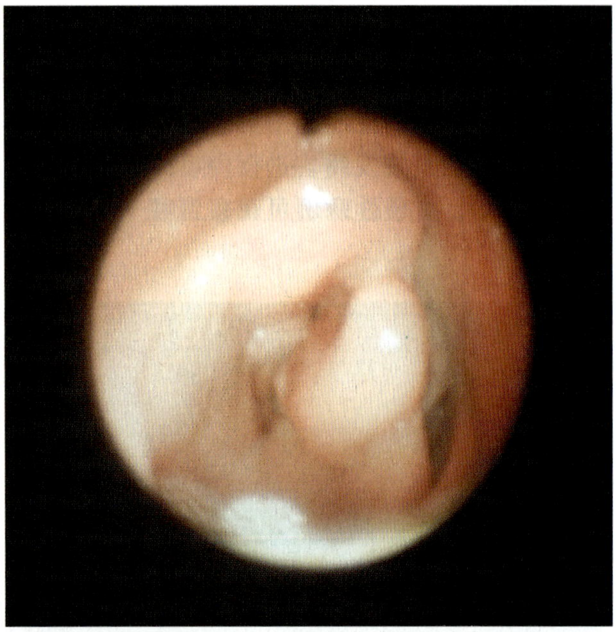

图 4-13

3月龄荷斯坦犊牛内窥镜观察情况：喉变形、喉气道明显狭窄。该牛由坏死梭菌感染引发坏死性喉炎和慢性喉软骨感染。

气管阻塞

气管阻塞并不常见，可能发生于管腔内部阻塞，如传染性牛鼻气管炎（IBR）感染，或发生于管腔外部阻塞，如脓肿或淋巴肉瘤或犊牛第一根肋骨的增生性硬结组织引起的外部阻塞（图4-14）。曾报道了在颈部或胸部气管发生的有别于肋骨损伤的先天性气管狭窄。

如果借助内窥镜检查和X射线照片能够进行临床检查，诊断一般相对容易。增生性肋骨硬结引起的气管阻塞大多发生于几周龄犊牛，此时犊牛具有呼吸症状并在出生时有呼吸困难病史。

治疗腔内炎症性阻塞包括喷雾状的乙酰半胱氨酸、吸入的头孢噻呋，以及适合的支气管扩张药（吸入异丙托和全身性注射氨茶碱或阿托品）。已有对由增生性硬结引起的气管压缩的修补治疗，但这个程序在技术上有难度，且由于动物年龄较小，这种修补物应被移除，以保证气管的正常生长。

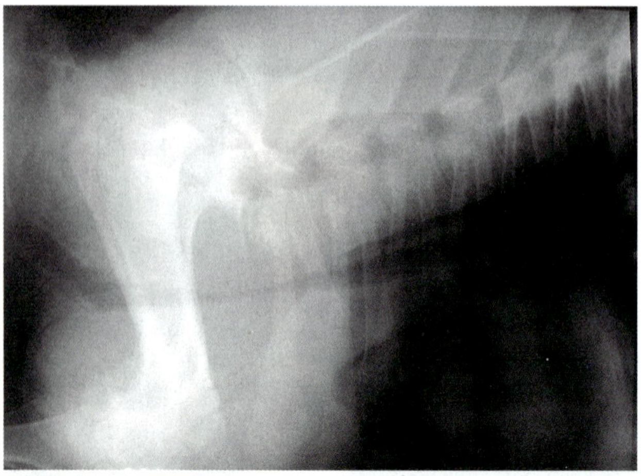

图 4-14

2月龄犊牛X射线照片，示第一根肋骨上形成的皮肤硬结组织引起的气管压缩。

下呼吸道疾病
DISEASES OF THE LOWER AIRWAY

细菌性支气管肺炎
Bacterial Bronchopneumonia

细菌性支气管肺炎是犊牛和成年牛致死性呼吸道疾病的最主要原因。有毒力的溶血性巴氏杆菌菌株和昏睡嗜血杆菌是导致下呼吸道和肺组织感染的原发病原。这两种病原并不总是需要环境因素、管理因素或其他感染因素的协助才能引起肺炎。多杀性巴氏杆菌和化脓性放线杆菌导致的慢性下呼吸道感染会引起犊牛发生肺炎，细菌性肺炎也可继发于其他感染，如呼吸道病毒、霉形体，或继发于应激，如运输、管理不好或通风换气不良。牛由急性化脓性肺炎转为慢性化脓性肺炎，可能是以前感染吸入性肺炎的结果。通常多杀性巴氏杆菌、化脓性放线杆菌、 梭菌属和霉形体同时感染。与这些细菌性病原相关的吸入性肺炎发生于患有白肌病的犊牛、用奶嘴开口很大的牛奶瓶喂奶的犊牛、声门保护性本能反应形成不当的早产犊牛，以及患有能干扰上呼吸道正常反应的咽后部疾病的犊牛。兽医师必须了解这些病原的致病原因、诱因、治疗、控制和预防。另外要强调的是，诊断和控制牛呼吸系统传染病的唯一途径是必须确切了解其病原和特性。只有通过详细的病史，全身检查，采集合适的样品，和有能力鉴定这些牛呼吸系统所有病原的诊断实验室合作才能完成。牛下呼吸道常见的5种细菌性病原为溶血性巴氏杆菌、多杀性巴氏杆菌、霉形体、昏睡嗜血杆菌和化脓性放线杆菌将分别进行讨论。其他微生物虽然可能也有关系，但是它们很少引起群发病，将不讨论。

溶血性巴氏杆菌

病原学和症状 溶血性巴氏杆菌是一种革兰氏阴性杆菌，是寄生于上呼吸道的正常常在菌，但不像多杀性巴氏杆菌那样能经常从正常牛的上呼吸道中分离。溶血性巴氏杆菌的一些特性与它的致病性有关，包括：夹膜，可抵抗吞噬作用；产生外毒素（白细胞毒素），可致死肺泡巨噬细胞、单核细胞和嗜中性白细胞；细胞壁来源的内毒素，可协助致活补体和凝血过程；能以非致病性的血清型存在于上呼吸道，在应激因素作用下转变成致病性的血清型A1型，后者具有更强的毒性。白细胞毒素的细胞毒性与其结合B2整合素白细胞功能相关抗原1并相互作用的能力有关。近来，引起美国大部分地区因呼吸道感染死亡的奶牛和犊牛病例中，溶血性巴氏杆菌是主要病原。该微生物是一种原发性病原，并不总是需要其他病毒或霉形体的协助才能造成下呼吸道感染，尽管证明牛疱疹病毒1（BHV1）感染可以激活能够提高淋巴毒素结合性的基因和提高牛单核细胞的细胞毒性的基因，以及加重溶血性巴氏杆菌感染性的基因。当IBR病毒、牛呼吸道合胞体病毒（syncytia virus，BRSV),或牛病毒性腹泻病毒（IBDV）感染牛群时，如果再混合感染溶血性巴氏杆菌支气管肺炎，死亡率将明显增加。在这种情况下，该菌可导致患畜死亡，因为感染的病毒通过破坏机械性和细胞性防御机制使机体虚弱。在一个已经存在病毒感染（如BHV1或BVDV）的牛群里，当再发生强毒性溶血性巴氏杆菌感染时，死亡率将达到30%～50%。处于应激的牛感染溶血性巴氏杆菌性肺炎的危险很大，因为应激将微生物激活为一种毒力更强的菌型，使强毒株克隆更大化，并能抵抗宿主的防御机制。常从“运输性发热肺炎”分离溶血性巴氏杆菌，这种肺炎与牛运输和最近购买的交易动物有关。在任何应激之下，典型的肺炎症状一般出现在1～2周内。溶血性巴氏杆菌性肺炎暴发时，牛的发病率和死亡率比引起运输性发热的多杀性巴氏杆菌造成的比率大。

各型溶血性巴氏杆菌的致病性和抗生素抗性存在很大差别，因此，兽医必须清楚这些型的细菌产生的症状将有轻度和重度之分。轻度感染或弱致病性溶血性巴氏杆菌感染，其临床症状和对治疗的反应类似于多杀性巴氏杆菌感染，而严重感染时可能非常剧烈，在最初临床症状出现数小时内引起死亡。很少病例会出现特急性死亡，这可能是毒素引起的。近来在新引进的奶牛中出现了一种致病力较低的菌型，所有症状在头孢噻呋治疗后能迅速康复。

急性溶血性巴氏杆菌肺炎症状包括：发热，沉郁，厌食，奶产量明显下降，流涎，流鼻液，痛性湿咳和呼吸频率加快（图4-15）。发热可高达42.22℃，但一般在40.0～41.67℃。听诊时双侧肺前腹侧干性或湿性啰音。支气管音表明腹侧肺实变，比多杀性巴氏杆菌感染多见（图4-16）。有些病例由于胸腔浆膜壁层和脏层纤维素性粘连，随着伸缩活动，可听到胸腔摩擦音。溶血性巴氏杆菌轻度到中度感染病例，背侧肺区听诊可能无异常。但在重度病例，由于腹侧肺区实变，使背侧肺过度活动，其结果可引起间质水肿或大泡性肺气肿，这些病变导致肺背侧区听诊异常安静。因气管内炎性渗出物自由移动，气管听诊有粗略的呼噜声或气泡音。肺炎区域的肋间触诊时，患畜有痛感。

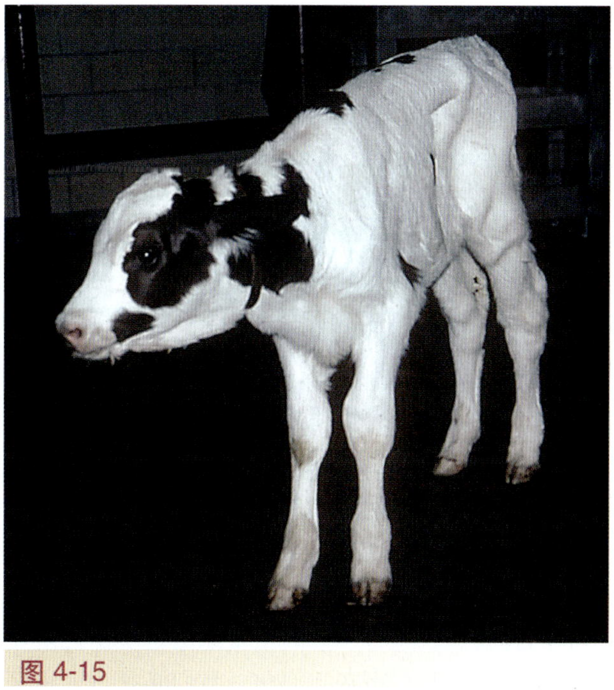

图 4-15

溶血性巴氏杆菌肺炎犊牛表现焦虑不安，头颈前伸，以减小上呼吸道阻力，由于白蛋白进入严重感染的肺脏和重力性水肿而呈现腹侧水肿。

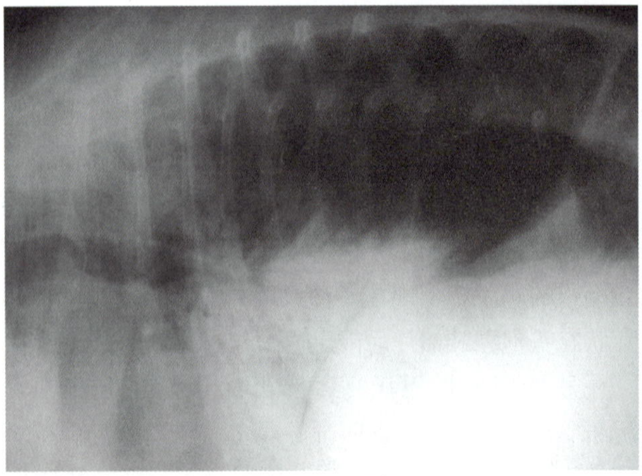

图 4-16

严重感染溶血性巴氏杆菌肺炎的犊牛胸部射线照片。前腹侧实变区被支气管空气造影衬亮。听诊感染区时，肺实变造成支气管音。

有的患畜单侧或双侧胸腔下积有渗出液和漏出液，当听诊时听不到任何声音。

严重病例可出现张口呼吸（图4-17），焦虑不安，并肺背侧大泡性气肿而继发皮下气肿，腹侧肺出现粗劣的支气管音，而背侧听不到声音。这类患畜有明显的呼吸困难症状，吸气和呼气均困难，但呼气困难更明显。每次努力呼气时可听到呻吟声，患畜不愿走动，都是由缺氧和胸膜疼痛造成的。

在过去10年中，美国东北部偶尔观察到超急性支气管肺炎病例，感染牛群发病率和死亡率都高。该病原菌有非常强的抗药性，有些病例对所有试验的抗生素均有抗药性。急性患畜的症状包括：高烧（41.11～42.22℃），明显沉郁，流涎，呼吸频率加快（60～120次/min），食欲废绝，停止产奶，不愿走动。肺腹侧听诊无声音，双侧出现明显的支气管音者表明腹侧肺实质25%～75%实变（图4-18），背侧肺安静或听不到声音，该部肺组织为保证气体交换处于极度机械性生理性应激状态。皮下气肿和肺水肿是这类患畜常见的后遗症。由于存在纤维素性胸膜炎，前腹腹侧部出现疼痛。这种类型疼痛和瘤胃活动缺乏，再加上其他一些症状，许多兽医把这种快速实变性肺炎误认为铁器或穿孔性皱胃溃疡引起的腹膜炎。这种误诊的主要原因是不出现溶血性巴氏杆菌性肺炎啰音。因此，我们必须再训练耳朵，认真听诊支气管音，区分正常或异常的水泡音。肺腹侧区不注意听时，就不能区分出支气管音和水泡音。急性感染溶血性巴氏杆菌的患畜，将出现进行性呼吸困难，并在12～48 h内死亡，除非兽医有幸在最初治疗中选用了敏感性抗生素。

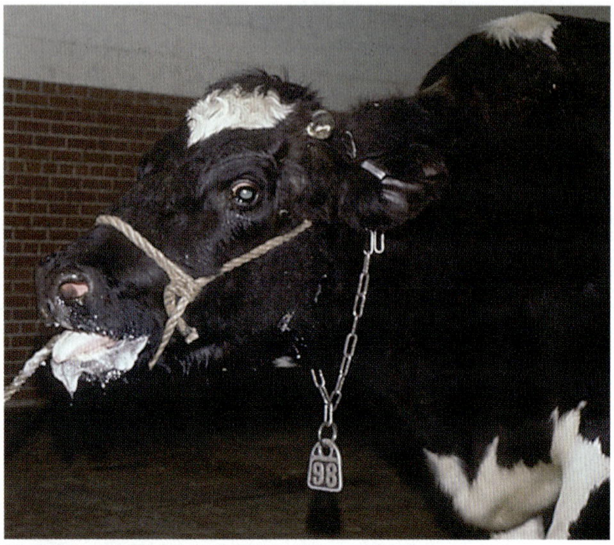

图 4-17

严重溶血性巴氏杆菌性肺炎母牛，表现张口呼吸，鼻镜处肺水肿性泡沫，焦虑不安，脱水，头颈前伸以保持上呼吸道呈“直线”状态。

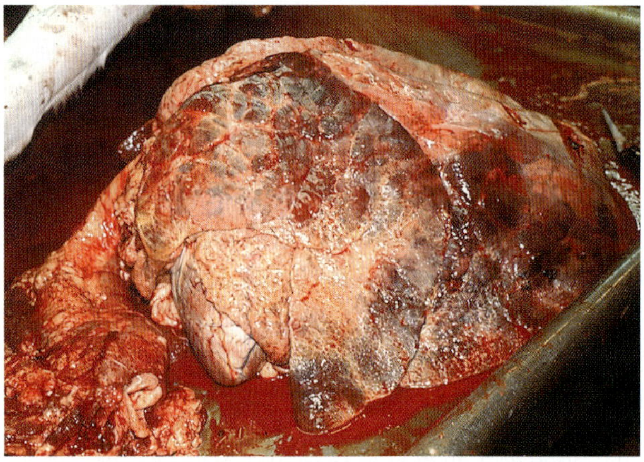

图 4-18

M. haemolytica 超急性实变性肺炎剖检所见，肺实质80%～90%实变，胸膜脏层纤维素明显。该患畜临床经过为36 h。

诊断　与多杀性巴氏杆菌肺炎一样，确诊溶血性巴氏杆菌性肺炎需要对未治疗过的急性患畜收集气管洗液样品，或者尸体剖检的肺和淋巴结进行细菌培养（图4-19）。因为溶血性巴氏杆菌死亡率比多杀性巴氏杆菌感染率高，所以，尸体剖检材料常用于诊断。

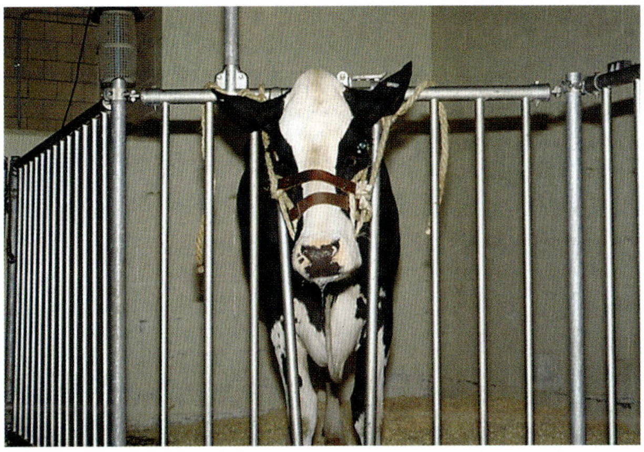

图 4-19

奶牛被固定在两根缰绳上，保持头和颈前伸，准备冲洗气管。

在牧场中一旦有该病的流行倾向，兽医应当利用一些患畜的气管洗出物进行细菌培养，这样就可尽快获得精确诊断和细菌对抗生素敏感性的结果。

气管洗出物和尸体剖检样品应用来培养病毒、昏睡嗜血杆菌和霉形体。为了测定病毒滴度，从一些急性患畜采集血清，如果患畜能够康复，便于将来与恢复期的滴度比较。用这种方法，一些难以培养的病毒如可以证实牛呼吸道合胞体病毒（BRSV）是呼吸系统疾病暴发的原发病原还是继发病原。有了这些样品进行抗原试验和血清转化试验，兽医便有了鉴定有关病原的基础，才能确定疾病是由溶血性巴氏杆菌一种病原引发，还是与其他病原联合致病。这对以后采取预防措施也很重要。

肺的肉眼病变为双侧纤维素性支气管肺炎，病变范围达25%～75%，或更大。所有病例都在前腹侧，病变肺坚实，肉样，质脆，没有光泽。胸膜的脏层和壁层均有纤维素附着，胸腔液增多，呈黄色或红黄色。肺实质实变严重的急性病例或者慢性病例在肺背侧部可能有大泡性水肿或间质性水肿。

急性患牛全血细胞计数（CBC）表明白细胞减少（因为嗜中性白细胞进入严重感染部位），特征为嗜中性白细胞减少，核左移。纤维蛋白原增加。

X射线或超声波扫描诊断只有对那些有价值的犊牛或母牛有判断预后的作用。利用这些技术可以帮助估计实变和脓肿形成的程度，对后果做出准确的判断。然而，如果全身症状明显，这些方法很少应用。

治疗　广谱抗生素是治疗溶血性巴氏杆菌肺炎的主要药物。临床兽医对这种患畜开始选用抗生素时要进行推测和判断。在采集到合适的诊断样品后，应立即开始抗生素治疗。因为有些患畜经常出现危及生命的症状，兽医比较喜欢立即选用广谱抗生素。目前犊牛和母牛常用的抗生素见表4-1。即使已经知道是病原性细菌，由于各种原因，抗生素也不能治愈患畜，如选用的抗生素在肺脏达不到合适的水平；细菌有抗药性；由于剂量、投药次数或其他药理学原因，体外细菌敏感，而在患畜体内达不到体外的抑制浓度；药物不能穿透到实变组织或在化脓组织中不发挥作用；体外敏感性试验能抗特定微生物的抗生素，不一定在体内有效地抵抗微生物——这是Kirby-Bauer培养皿试验受到批评的原因，因为该法与能提供抑菌药物浓度的平均抑菌浓度实验比较，太粗略了。

表4-1　开始治疗时选用抗生素的剂量和使用方法

抗生素	剂量	给药次数	动物年龄
头孢噻呋	2.2 mg/kg*，肌肉注射或静脉注射	每日1或2次	成年牛和小母牛
盐酸氧四环素单用或与磺胺药合用	11 mg/kg，静脉注射	每日2次	成年牛和小母牛
氟苯尼考	20 mg/kg 颈部肌肉注射	每48 h1次	小母牛
红霉素	5.5 mg/kg	每日2次	非泌乳奶牛
氨苄青霉素	11.0～22.0 mg/kg	每日2次	成年牛和小母牛
恩诺沙星	2.2～5.0 mg/kg*+	每日1次，仅用于欧洲	成年牛和小母牛
替米考星	10.0 mg/kg，皮下	每3日1次	小母牛
土拉霉素	2.5 mg/kg，皮下	每5日1或2次	非泌乳奶牛

* 通常使用高剂量，但是没有明确的数据显示高剂量的效力。
+ 在美国禁止应用于奶牛。

这种平均抑制浓度可以与血液和组织中获得的抗生素水平进行比较，以确定治疗成功的可能性。病理变化是不可逆的，病毒和霉形体、化脓性放线杆菌可能同时存在，使治疗计划复杂化。教科书中引用的对各种抗生素敏感的分离株的百分比帮助不大，因为菌株存在地区差异和产生的暂时抗药性。必须清楚和遵守所选择的任何一种抗生素的一定的停药期，以免残留在奶和肉中。

工业上继续寻找“镀银的子弹”——一种有魔力的抗体，能够治愈所有的溶血性巴氏杆菌性肺炎病例。这种“镀银的子弹”可以满足诊断工作或预防医学的需要，免去肺炎诱因的管理技术，当然，这种“镀银的子弹”只能由兽医使用。作为一种职业，我们主张过量使用任何一种新抗生素，并要求这些抗生素能够产生久经试验的抗生素不能产生的效果。但是这种“镀银的子弹”并不存在，将来也不可能存在。

抗生素疗效将在24 h内出现体况和食欲好转，体温下降。体温下降2°F或更多是临床好转的指标。多数使用适当抗生素的病例，48～72 h后体温降至正常。抗生素治疗至少需要3 d，更多的连续5～7 d，很少有致复发现象。

如同在多杀性巴氏杆菌性肺炎中介绍的一样，很多兽医还用抗炎药物结合抗生素疗法。如果应用皮质类固醇作为开始治疗的一部分，我们认为20 mg的氟美松或类似量的强的松是最大的剂量。只能用一次，且妊娠期奶牛不可以使用。目前，在我们诊所治疗溶血性巴氏杆菌性肺炎不使用任何皮质激素类固醇类药物。在治疗溶血性巴氏杆菌性肺炎的第1～3天，氟尼辛葡甲胺或其他的非类固醇抗炎药物（NSAIDs）是很好的治疗药物。要避免超剂量或长时间使用NSAIDs。在这种情况下，阿司匹林是最安全的药物（一个剂量是240～480 g，口服，成年牛每日2次，小牛每100 lb体重25 g，每日2次）。0.50～1.0 mg/kg氟尼辛葡甲胺是广泛推荐的药物，NSAIDs仅批准用于治疗牛肺炎，且批文中说明NSAIDs与抗生素合并应用时的疗效比单独使用抗生素的疗效好，能够提高临床效果。

抗组胺药如吡苄明（1 mg/kg,每日2或3次）在这几年中很少使用，而很多有经验的临床兽医作为支持治疗在使用。对出现严重呼吸困难、张口呼吸或肺水肿的重症患畜，阿托品是一种有益的辅助药物，阿托品每45 kg 体重2.2 mg，肌肉注射或皮下注射,每日2次，以减少支气管的分泌，并使支气管轻度扩张。

重症患畜，因毒血症和发热，食欲和饮水受到限制，可能出现脱水。另外，有的牛严重呼吸困难，无暇饮水，以免机体变得更缺氧。任何使血管过度扩张的静脉输液治疗，可能引起或加重肺水肿，输液量要适当。由于有肺水肿，通过胃导管注射液体更安全，但这种操作过程对已缺氧的患畜是很大的应激。做这种决定需要临床判断，多数病例，最好希望抗生素治疗能在24～48 h内改善体况，使母牛或犊牛通过自己适当的饮水获得水分。应用适量的水、盐和少量新鲜饲料促进食欲。

应立即改善各种管理和通风不良，新鲜空气是最重要的。动物在寒冷的新鲜空气中也比在通风不良或通风良好但暖和的封闭环境中好。最糟糕的是在湿热、潮湿天气发生溶血性巴氏杆菌性肺炎的牛，因为要加强呼吸以促进散热，使已经存在的缺氧更加严重。鼻内的氧气对正接受治疗的感染牛是有益的。

预后要谨慎，除非临床症状得到改善，24～48 h内临床症状得到改善的患畜预后良好， 72 h以上的病例有转成慢性肺损伤或脓肿的危险。

一群犊牛出现地方性溶血性巴氏杆菌性或多杀性巴氏杆菌性感染后，Dr.King 和 Dr.Rebhun观察到有些犊牛溶血性巴氏杆菌性或多杀性巴氏杆菌性肺炎恢复2～4周后，因增生性肺炎发生超急性呼吸困难。剖检发现在肺前腹侧以前感染的溶血性巴氏杆菌性或多杀性巴氏杆菌性肺炎灶正在消散，肺脏其他部位呈弥漫性坚实、重沉和湿润。组织病理变化为增生性肺炎。病毒分离、荧光抗体（FA）和血清学检查，其他病原均为阴性，包括BRSV，它可以引起迟发性过敏反应性肺炎，但病变不同。通过在剖检室对这种继发性增生性肺炎病例的观察，我们已经能够对有该问题的犊牛进行临床诊断和治疗。这种犊牛2～4周前有肺炎病史，然后明显恢复。一头已经康复的犊牛突然出现极度的呼吸困难，可以作为这种临床病例的代表。症状包括轻度发热，张口呼吸和弥漫性肺无声。治疗包括阿托品（2.2 mg/45 kg，每日2次）、利尿磺胺（25 mg/45 kg，每日1或2次）、广谱抗生素并在通风良好的厩舍内休息。机体对抗生素反应慢，但生还者在7～10 d后状况逐渐得以改善。

多杀性巴氏杆菌

病因学和症状 多杀性巴氏杆菌是牛和犊牛的上呼吸道的正常常在菌，革兰氏阴性。在健康状态时，下呼吸道的防御机制通过机械性、细胞性和分泌物的防御作用防止该菌在肺内繁殖。然而，在下呼吸道防御机制受损时，多杀性巴氏杆菌很可能成为条件病原菌。对黏膜纤毛清除的化学性损伤，比如舍厩通风不良时由于氨气造成的损伤，给多杀性巴氏杆菌在下呼吸道繁殖提供了机会。多杀性巴氏杆菌也可与以下微生物造成肺脏的混合感染，如昏睡嗜血杆菌、化脓放线菌、霉形体及各种牛呼吸道病毒。梭菌属和其他的厌氧微生物可能存在于慢性化脓性肺炎的成年牛。

从牛和犊牛肺中分离的多杀性巴氏杆菌分离株对多种抗生素敏感，包括青霉素。这与溶血性巴氏杆菌明显不同，该菌更易产生抗药性。这点区别对治疗和预防多杀性巴氏杆菌肺炎很重要。

急性多杀性巴氏杆菌肺炎的症状包括：发热，沉郁，轻度到严重厌食，湿咳，呼吸频率和深度增加，产乳下降，厌食。大多数病例发热幅度为39.72～40.83℃。在两侧前腹侧区域可听到干啰音和湿啰音，为急性病例的典型症状。背侧肺区一般正常。鼻液呈浆液状或脓状，犊牛比成年牛更明显。任何年龄的犊牛和母牛都可发生急性感染，但断奶犊牛和其他犊牛群更易发生。犊牛群发生急性感染时，病因一般为通风不良、氨水过多、免疫球蛋白被动转移，或者是腹泻/肺炎综合征中的部分病因。当犊牛在屠宰场饲养或在别处室内饲养时，所有这些诱因都是常见的。已经发现在没有获得适当初乳的犊牛中，多杀性巴氏杆菌是新生犊牛败血症的病因。这些败血症犊牛除典型的多杀性巴氏杆菌肺炎症状外，还出现脑膜炎、脓毒性葡萄膜炎、脓毒性关节炎和黏液性鼻液和眼分泌物（图4-20）。

在舍养犊牛和成年牛群中，急性多杀性巴氏杆菌肺炎呈流行性或地方性流行，发病率可达10%～50%。这是称为犊牛“地方性肺炎”的原因之一，但这个病名不太合适，因为没有说明肺炎的确切病因。在急性暴发中，患病犊牛或成年牛中疾病的明显程度和肺炎的听诊情况变化很大。如果一个牛群中仅一头牛发病，在了解病史时应搜查针对该牛特异的诱因和应激因素（如新近购入、产犊不久、持续感染BVDV的可能性[图4-21]、运输去展览、或出售、或通风不良）。

多杀性巴氏杆菌引起的慢性肺炎，其症状类似于急性肺炎，但在肺前腹侧常听到表明实变的支气管啰音。异常区域的听诊很可能被忽略，除非将听诊器置于肩部下或犊牛和母牛被迫做深呼吸。如使犊牛的嘴和鼻子闭合一段时间，这个操作过程就容易进行（图4-22）。慢性肺炎动物如果饲养在通风不良或环境温度超过21.1℃的厩舍内，呼吸困难明显加剧，呼吸频率增加（≥60次/min）。多杀性巴氏

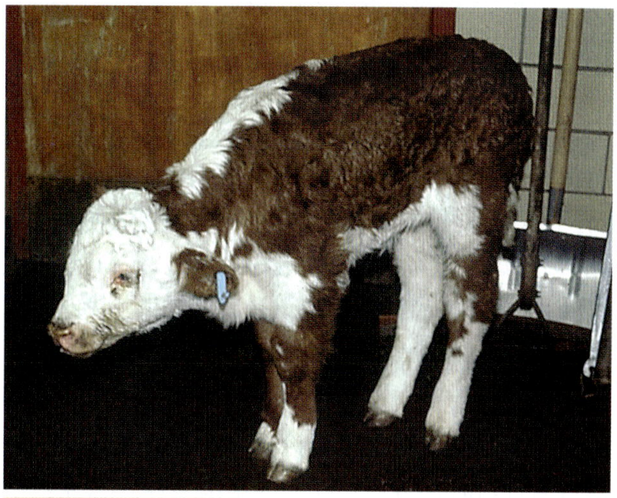

图 4-20

新生犊牛多杀性巴氏杆菌败血症，除肺炎外，症状还包括发热、眼前房积黏脓液、黏液性鼻液和眼分泌物。

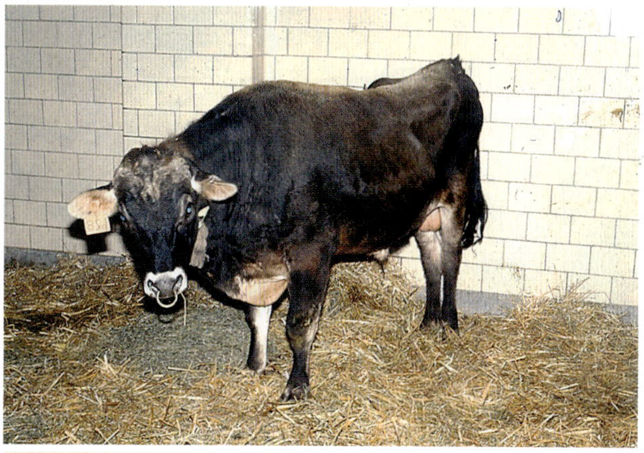

图 4-21

3岁娟姗种公牛出现多杀性巴氏杆菌肺炎，无环境应激因素。该牛后来被证明是持续感染BVDV，可能导致免疫抑制。

常就是管理问题。尽管人们的确认识到先出现的病毒感染或混合感染如霉形体是牛和犊牛多杀性巴氏杆菌肺炎的诱因，但必须强调管理因素是非常重要的。继发性多杀性巴氏杆菌肺炎，如继发于呼吸道病毒感染，将结合病毒病进行论述。患畜对根据细菌培养和药敏试验结果选用的抗生素反应不良时，兽医应注意以下情况：①在本次流行中多杀性巴氏杆菌不是传染的唯一病原（如可能或已经存在病毒或霉形体，所以要进一步分离毒株和双份血清学检查）；②管理和通风不良的诱因还没有得到纠正；③应考虑肺丝虫的可能性。

免疫接种放在预防一节中。

昏睡嗜血杆菌

病因学和症状　随着病例的不断增加，昏睡嗜血杆菌已被确认为奶牛下呼吸道的病原微生物，成为美国东北部牛场时而暴发的奶牛或犊牛肺炎的主要病原。昏睡嗜血杆菌可能单独致病或与霉形体或巴氏杆菌联合致病。尽管偶尔从正常牛上呼吸道中分离出昏睡嗜血杆菌，但在临床肺炎病例中更常分离到革兰氏阴性微生物。正常上呼吸道菌群的改变，或者上呼吸道中潜在的昏睡嗜血杆菌被应激激活，都可造成下呼吸道的感染。

昏睡嗜血杆菌和巴氏杆菌的病原性与以下特性有关：①来源于细胞壁脂多糖的内毒素；②外毒素致死性或破坏肺泡巨噬细胞、嗜中性白细胞和血管内皮；③作为炎症介质的趋化因子溶血素。脉管炎是昏睡嗜血杆菌致病的主要特征。昏睡嗜血杆菌刺激的血小板能引起内皮细胞损伤，这种损伤导致脉管炎和血栓症。此外，昏睡嗜血杆菌对心肌有致病的倾向，有时对中枢神经系统也有损伤。

犊牛和成年牛昏睡嗜血杆菌性支气管肺炎的症状不同于轻度到重度多杀性巴氏杆菌肺炎，也不同于轻度到重度溶血性巴氏杆菌肺炎。患畜发热体温达到39.72～41.44℃，呼吸频率加快（40 ～ 80次/min），精神沉郁，流鼻液，偶尔流涎，痛咳，食欲减退和产奶量下降。有些病例呼吸困难明显，表现为焦虑不安，不愿走动。昏睡嗜血杆菌在肥育牛引起的神经症状和败血症，在犊牛和奶牛中不常见。然而，如果牛场或犊牛暴发支气管肺炎期间都出现神经症状，应该重点怀疑昏睡嗜血杆菌是疾病的原因。

肺部听诊表明典型的双侧肺前腹侧肺炎，特征为除支气管音外还出现湿性和干性啰音，并伴随着指示肺腹侧实变的患病牛高达50%。由于气管内有大量的黏液脓性渗出物，可以听到气管啰音。触摸肺炎区域的肋间，动物有疼痛感。

诊断　由于临床症状和多杀性巴氏杆菌肺炎一样，兽医应该采集适当的样品（气管冲洗样品进行细菌培养和药敏试验，或者剖检患畜的肺和淋巴结培养）并进行治疗。标准广谱抗生素治疗无效表明是昏睡嗜血杆菌肺炎。确切的病原诊断需要等气管冲洗样品的细菌培养和药敏试验结果。全血细胞计数（CBCs）变化不定，无特异性、退行性或增生性核左移，纤维蛋白原水平增高。如果诊断实验室能够测定昏睡嗜血杆菌的滴度，急性和康复期的血清将有助于对病例的回顾性诊断。

尸检发现双侧肺前腹下侧实变区，肺炎区域胸膜的脏层和壁层纤维素很明显。有的病例红斑或出血明显。也可观察到白色小脓肿。

治疗　尽管昏睡嗜血杆菌在体外对很多抗生素敏感，包括青霉素，但在体内临床结果不乐观。氨苄霉素是选用治疗犊牛和成年牛昏睡嗜血杆菌肺炎的药物，氨苄霉素11～22 mg/kg,每日2次，多数病例注射3～7 d。头孢菌素也是有效的药物，但尚未广泛应用。据报道恩诺沙星对昏睡嗜血杆菌有很好的治疗效果，但目前尚未批准用于奶牛场。

如果氨苄霉素或其他有效抗生素治疗有效，体温在24～72 h后逐渐降低，直到正常范围。因此，兽医发现在昏睡嗜血杆菌性肺炎中，最好不用NSAIDs或皮质类固醇，因为这类药物通过退热作用人为地降低体温，干扰对选用抗生素治疗效果的判断。

像巴氏杆菌性支气管肺炎一样，要提高下呼吸道防御机制，应当立即改善通风条件或管理。其预后一般良好，除非存在严重的肺炎和明显的呼吸困难。

化脓性放线菌

病因学和症状　化脓性放线菌是革兰氏阳性球杆菌，是无处不在的条件病原菌，能够引起母牛机体各处的慢性化脓性感染。在肺部为继发侵入者，只有当机体机能、细胞和分泌性防御机制受到抑制时才能形成感染。如吸入性肺炎可造成肺的化脓性放线菌感染，但常是病毒、细菌或霉形体感染先于该菌感染。在犊牛和成年母牛，已见到牛病毒性腹泻病毒BVDV急性或持续性感染造成免疫抑制之后出现化脓性放线菌肺炎。同样，患牛白细胞黏附力缺乏（BLAD）的犊牛经常发生化脓性放线菌肺炎感染。化脓性放线菌产生的蛋白酶和溶血素促进了肺的感染。这些因子造成组织坏死和炎症过程，延长了微生物的存在。梭菌素和其他致病性的厌氧微生物可能与化脓性放线菌、多杀性巴氏杆菌和霉形体并存。

慢性或复发性感染是化脓性放线菌肺炎的特征。病史通常为至少1周的病程，或几周到几个月的肺炎发作。一群牛或一个牛场（通常为成年牛）可能只有一头或数头发病（通常是犊牛）。成年奶牛一般在产仔之后出现化脓性放线菌肺炎感染的临床症状（图4-24）。有些病例在背部出现严重的皮下肺气肿，表明产仔后肺部疾病引起了胸膜破裂，结果导致纵膈气肿、皮下肺气肿或气胸。牛产仔之后背部出现肺气肿后应考虑到化脓性放线菌感染，但是产仔之后的健康牛有时也会出现背部肺气肿，当然间质性肺炎牛会有肺气肿发生。患畜表现为低热（39.44～40.56℃），呼吸频率加快（40～100次/min），呼吸困难，特点是吸气明显和呼气用力（尤其在有应激时），在躺着时伸长头和颈，咳嗽，流鼻液（图4-25），被毛粗糙、体况差、精神沉郁、食欲不振、产奶量下降。有些牛能保持正常的呼吸频率，但是出现其他症状。慢性化脓性肺炎牛被称为“表现不好”的牛。肺听诊显示25%～50%的肺区有湿性或干性啰音（犊牛在两侧肺，成年牛在单侧或两侧）和表明肺腹侧实变的支气管音，由于呼吸道有黏稠的黏液性渗出物，还可以听到粗糙的气管啰音。高温、高湿和通风不良加重临床症状。如果存在厌氧微生物，咳嗽后发出恶臭味。在调查轻度到中度慢性化脓性支气管肺炎病例时，再次呼吸时的听诊应注意三头肌下腹侧肺区的支气管音，这是很重要的。

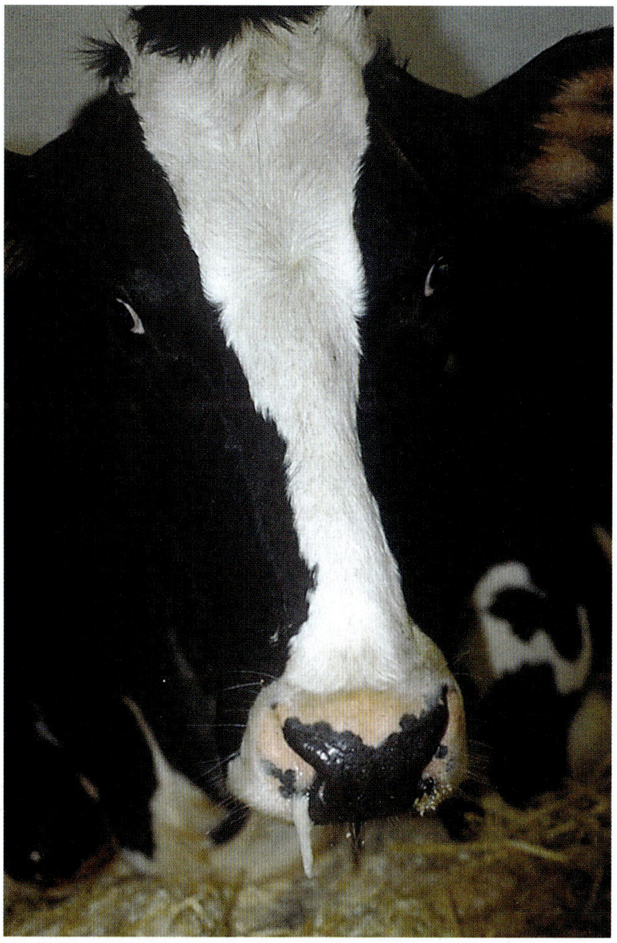

图 4-25

成年的荷斯坦奶牛由于生产力低和体重减轻而被送到医院。呼吸频率在正常范围内，但是该奶牛站起来会咳嗽，在躺倒时头和颈轻微前伸，间断性分泌脓性鼻液。对从气管冲洗样品中分离的多杀性巴氏杆菌、化脓性放线菌和霉形体进行了细菌培养。四环素治疗后状况明显改善。

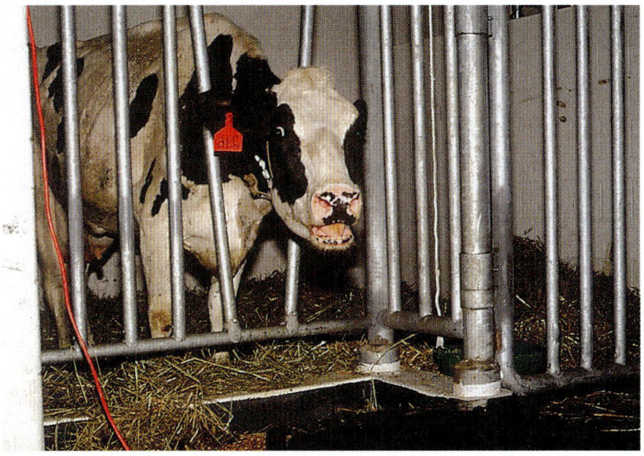

图 4-24

产仔5 d后的5岁奶牛咳嗽，呼吸困难。这头奶牛患有慢性化脓性肺炎，出现与产仔应激相关的急性呼吸症状。

诊断 病史和症状是化脓性放线菌初步诊断的依据，但特异性诊断需要对气管冲洗物和肺组织进行微生物培养。其他微生物引起牛群地方流行性肺炎之后，可能只有一头或数头牛出现慢性肺炎的症状。一些农场主将慢性或复发性病例称为“肺病牛”。

胸腔X射线照相或超声波扫描诊断有助于判断预后，因为支气管造影照片显示病变肺的脓肿、支气管扩张和实变（有时出现严重的圆形突出物）（图4-26），这种情况很常见。

全血细胞计数CBC显示嗜中性白细胞增多或正常。特别在成年牛，血清球蛋白为正常水平的高限

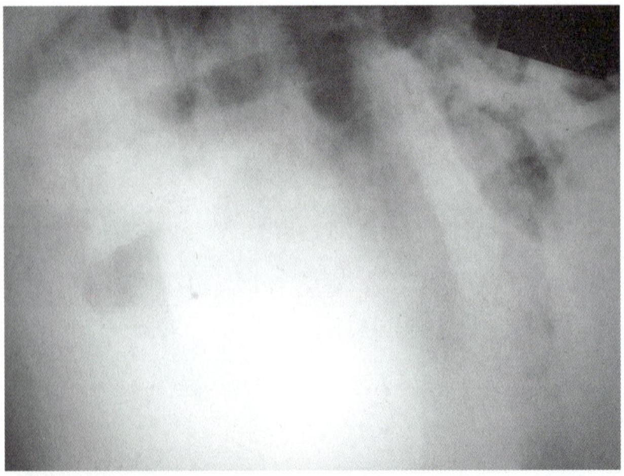

图 4-26

慢性化脓性肺炎奶牛的X射线照片，显示明显的肺小叶部实变。

或者超过（≥5.0 g/dL）。对患畜要利用血沉棕黄层病毒分离技术检查牛BVDV的持续性感染。死亡患畜大体剖检可见肺前腹侧实变、化脓性支气管扩张和多发性肺脓肿（图4-27）。

治疗　化脓性放线菌引起的肺炎治疗困难，预

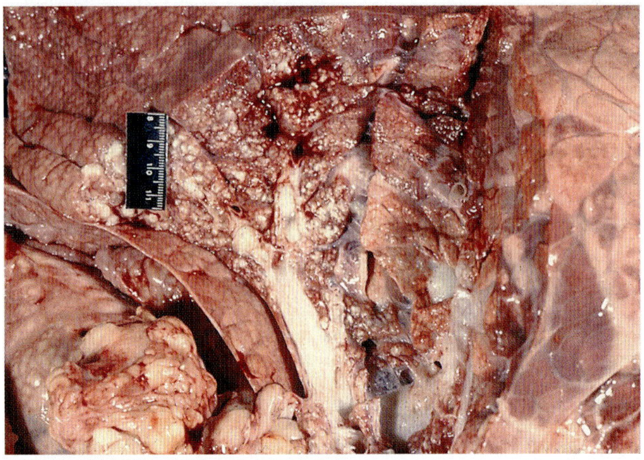

图 4-27

犊牛前腹侧肺区尸体剖检切面所见，呈现典型慢性化脓性放线菌肺炎的支气管扩张和肺脓肿。

后不良。从气管冲洗样品中分离培养潜在的致病性微生物，如多杀性巴氏杆菌、溶血性巴氏杆菌、霉形体或梭菌属。青霉素是选用的治疗药物，22 000 U/kg，每日2次，用药7～30 d。尽管青霉素在体外能有效抑制化脓性放线菌，但体内肺感染应当作脓肿看待，因为支气管扩张区或有包囊的肺脓肿内有大量化脓性放线菌性脓汁聚集。除化脓性放线菌外，如果从气管冲洗样品中分离出其他病原，同时也应选用针对该微生物的适当抗生素。头孢噻呋、氨苄霉素和四环素也是常用的治疗药物。频繁的临床治疗使患畜出现短期的好转，但在应激或处于高温、高湿及通风不良环境时又出现复发。改善的表现是：直肠温度正常，呼吸功能及机体整体状况的改善。在较差的环境条件下，很多患畜最终死于感染，或者由于体况和生产性能不良被淘汰。

霉形体肺炎

病原学和症状　从犊牛和成年牛肺炎组织中分离出的霉形体类型包括：特异霉形体、牛霉形体和牛鼻炎霉形体。此外，牛下呼吸道感染病例中偶尔分离出脲原体和牛生殖器官霉形体。特异霉形体和牛霉形体是两种主要类型。这些微生物可能是一些牛上呼吸道内的正常常在菌。实验性地使霉形体进入下呼吸道，可引发肺炎，其特征是细支气管和支气管周围淋巴样细胞增生，及化脓性细支气管炎。病变常局限于肺叶的前腹侧尖部，其临床症状较轻微。尸体剖检肉眼观察见肺叶的前腹侧呈红、蓝色，坚实，外观像肺膨隆不全，切面通道有脓性渗出物。霉形体肺炎被描述为“套袖样肺炎”，因为支气管周围出现淋巴样细胞增生，并随时间而扩大。霉形体的特性与它的致病性有关，包括：引起黏膜纤毛运输机制抑制（至少在人体）；引起犊牛一定程度的体液和细胞介导的免疫抑制；能够附着在没有肺泡巨噬细胞分布的纤毛上皮上，躲避细胞吞噬作用。

在我们诊所，常从急性和慢性犊牛肺炎发病病例中分离霉形体，在我们调查过的地方性犊牛慢性肺炎流行中，高达50%有霉形体。然而在这些暴发流行中，霉形体很少是唯一分离到的病原，常同时分离出昏睡嗜血杆菌、多杀性巴氏杆菌和溶血性巴氏杆菌。因为很多牛场中霉形体无处不在，我们不知道霉形体感染在犊牛肺中存在已久，并导致机体抵抗细菌和病毒的防御能力下降，还是霉形体与其他微生物一起造成急性感染。作者的看法是，有霉形体肺炎的牛群，几乎所有的成年母牛和犊牛都能分离到霉形体，但大多数牛体况健康。因此，由于该微生物无处不在，这些牛场的犊牛不可能不被感染。霉形体引起的轻度肺炎和防御机制减弱，可能先于细菌和病毒性病原引起的临床肺炎。很

难确定霉形体对整个问题的影响程度，但是我们相信它增加了犊牛肺炎的危险性。除肺炎之外，牛霉形体也能引起牛的耳炎、乳腺炎和关节炎。有些牛霉形体传播可能是由饲喂污染的牛奶引起的。由于尚无有效疫苗可用，当感染普遍存在时，对其采取的控制措施是主要挑战。在流行牛群内，给犊牛饲喂废牛奶是造成霉形体传染的一个危险因素，因此不鼓励使用这种方法。巴氏消毒法可以消除霉形体的传播，但是对于大型奶牛场或小母牛饲养场，这种方法仅有经济意义，而不能有效控制霉形体传播。

单纯的霉形体肺炎症状很轻微。一些犊牛和小母牛暴发单纯的霉形体肺炎时，可观察到的症状仅仅是因应激和运动所引起的咳嗽，呼吸频率轻微增加（40～60次/min），低热(39.72～40.56℃)。多数患畜能继续吃食，轻微沉郁。畜主观察到患畜在早晨流少量黏液脓性鼻液，当患畜活动、吃食和自己舔干净后鼻液消失。气管冲洗液培养生长出纯霉形体，细菌培养、病毒分离或双份血清学没有检查出其他微生物。单纯的霉形体感染病例少见，因为在我们诊所，大多数肺炎病例常常是同时分离到霉形体和其他病原微生物。这些病例的肺炎临床症状与分离出的特异性细菌和病毒病例的临床症状一样。霉形体感染后的症状中除耳炎和关节炎之外，无特异的临床症状。有时针对细菌性病原的抗生素治疗反应较差，当出现这种情况时，应怀疑有病毒或霉形体感染。

诊断　诊断完全依靠气管冲洗物或尸检样品的微生物培养。单纯霉形体肺炎，死亡病例很少，典型霉形体肺炎大体病变为肺前下部呈红色、蓝色实变区。这些区域类似肺膨隆不全，但质地坚实，当把坚实部位切开时，从支气管流出脓汁。组织病理学检查表现为“套袖样肺炎”。

多数病例中，霉形体仅仅是感染的一种成分，剖检变化是其他病原的典型变化——常常是巴氏杆菌或嗜血杆菌感染典型的前腹侧实变性支气管肺炎，或者是化脓性放线杆菌引起的脓肿。有时能从BRSV、BVDV或其他病毒感染的典型病病肺中分离到霉形体。

治疗　单纯由霉形体感染的霉形体性肺炎不必治疗，因为患畜不表现明显的病症。单纯感染时盐酸土霉素（11 mg/kg,每日1或2次）是治疗最有效的药物。红霉素(5.5 mg/kg，每日2次)、替米考星(10 mg/kg，皮下注射)，土拉霉素(2.5 mg/kg，皮下注射)或氟尼辛 (20 mg/kg，颈部肌肉注射) 也是治疗该病的有效药物，但是体外药敏试验证明霉形体对这些抗生素有广泛的抗性。据报道恩诺沙星或其他的氟喹诺酮对霉形体是有效的，但在美国奶牛场尚未得到批准应用。因为感染牛仍能继续吃食，添加氯四环素或氧四环素（土霉素，Pfizer）到饲料中达到治疗水平，对断奶犊牛或小母牛群能提供有效的治疗。

当霉形体与多杀性巴氏杆菌、溶血性巴氏杆菌、化脓性放线杆菌、梭菌属或昏睡嗜血杆菌同时被分离出来时，抗生素治疗首先要针对细菌性病原。如果巴氏杆菌或嗜血杆菌对四环素或红霉素敏感，可选择其中之一，以同时达到抵抗细菌和霉形体的效果。幸运的是，如果是治疗针对细菌性病原，并且通风和管理因素得到改善，小牛可康复，霉形体不需要特异性治疗。

在我们诊所，研究过几头小母牛和断奶后犊牛的慢性肺炎问题，这些病例同时存在牛霉形体和多杀性巴氏杆菌或者霉形体和昏睡嗜血杆菌。这些问题很难解决。在这些牛群中，霉形体似乎到处存在，犊牛很早就被感染。有些牛群，犊牛圈栏和单独饲养都不能有效预防霉形体感染。因此，犊牛一旦断奶分群，就有细菌和霉形体造成肺炎暴发。几乎所有新生犊牛都被感染，预防几乎无效。唯一的解决方法是与母牛分开后隔离在单独的农场饲养。预防犊牛感染霉形体的其他建议包括避免饲喂被霉形体污染的牛奶，每头犊牛都用自己的饲料桶和牛奶瓶，以防止犊牛之间的相互接触。

呼吸道病毒性疾病
Viral Diseases of the Respiratory Tract

牛传染性鼻气管炎

病原学和症状　牛传染性鼻气管炎IBR（也称1型牛疱疹病毒BHV1病,或“红鼻病”）是由牛1型疱疹病毒引起的上呼吸道和气管的传染病。牛感染本病后有多种形式，包括呼吸道型、结膜型、侵害生殖道后段的传染性脓疱状外阴阴道炎、雄性外生殖器传染性阴茎头包皮炎，地方性流产、乙脑炎和舌局灶性斑状坏死为特征的新生犊牛败血症。牛疱疹病毒(BoHV5)也能引起幼畜脑炎的暴发。呼吸道型最常见，可以单独发生或与结膜型联合发生。分子遗传学已能鉴定1型疱疹病毒的DNA变异型，并与各自特异的系统疾病有关，但是最近的基因图谱对这种分类还没有描述。流产可出现于该病的任何型中，发生在急性病例或地方流行数周。感染群似乎只出现一个主型，但在地方流行时患畜偶尔出现该病的其他一些类型。最近研究表明，在牛抗IBR的病毒的相对抵抗力中遗传因素发挥一定的作用，这种抵抗性可能是由I型干扰素基因型介导的。

像很多其他疱疹病毒一样，以前被感染过的牛，常有隐性病毒感染，当遇到传染性疾病时，运输或皮质类固醇的应激时IBR病毒便可复发。自然感染或免疫接种产生的免疫性持续时间短，不超过6～12个月。易感动物中呼吸性IBR发病率高，死亡率低。原发或复发病例很少死亡，除非继发细菌性支气管肺炎，特别是溶血性嗜血杆菌，或者同时感染牛病毒性腹泻病（BVDV）或牛呼吸道合胞体病毒（BRSV）（这些病毒将在本章的后续部分讨论）。IBR病例通过损伤黏膜纤毛转运功能、黏膜层和直接感染肺泡巨噬细胞，降低下呼吸道的细胞防御机制。因此，出现混合感染时，因为下呼吸道防御的多重损伤，也可能有免疫抑制——特别是与BVDV同时感染，死亡率可能很高。如上所述，1型牛疱疹病毒BHV1感染能够激活溶血性嗜血杆菌白细胞毒素受体基因的表达，可使病情加重。

目前由于大多数奶牛和犊牛都进行IBR免疫接种，因此，当牛场暴发急性呼吸道疾病或畜群流产时，畜主和兽医往往忽略了或者不考虑IBR感染的可能性。然而，非专业人员买来的批次混乱的牛疫苗，疫苗过期或放置不当，以及由于粗心造成个别牛群的免疫失败，也是诱发IBR急性暴发的因素。

呼吸型IBR的临床症状包括：高热（40.56～42.22℃），沉郁，厌食，呼吸频率加快（40～80次/min），流大量浆液性鼻液，感染72 h后这种鼻液由浆液性变成浓稠黏液脓性，痛咳，鼻镜出现干的坏死痂；鼻黏膜、鼻中隔黏膜可见白斑（图4-28），有时在外鼻孔和鼻镜处也可见到白斑（图4-29）；鼻镜和口腔黏膜有时溃疡；由于在喉和气管内有黏液性脓性渗出物或纤维素性伪膜，可听到粗粝的气管啰音；上呼吸道啰音和相关音遍及两肺区域（特别在支气管区域）。尽管有时观察到支气管炎和细支气管炎，除非有继发性细菌性支气管肺炎发生，多数患畜没有肺脏病变。在病毒感染并发细菌感染的病例中，急性IBR感染后的7～10 d常出现细菌性支气管肺炎。在应激、运输或新购进的牛感染IBR，同时感染BVDV和BRSV，或发生溶血性嗜血杆菌强致病菌株支气管肺炎时，可出现灾难性死亡率。在成年牛群中暴发，该病在第一胎小母牛引起的症状可能最严重，并对第一个泌乳期后期的产奶量有严重影响。

患畜表现临床症状7～14 d，如果没有继发感染，随后即可康复。在急性感染期或者感染4～8周内可能发生流产。尽管妊娠各阶段都可以出现胎儿

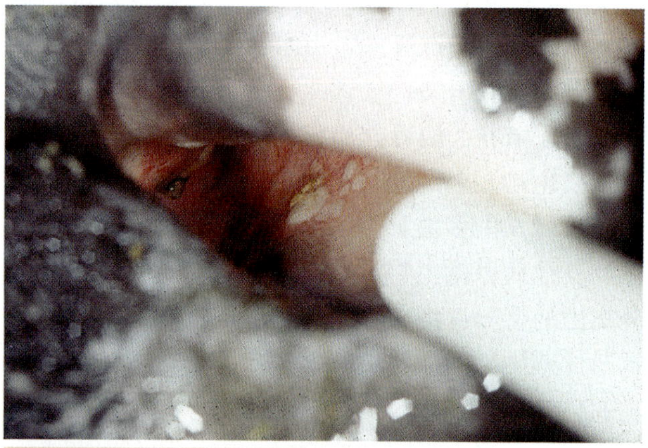

图 4-28

荷斯坦牛鼻中膈膜表面典型IBR斑。该处为右侧鼻孔，照片右下角为一笔形手电筒。

图 4-29

荷斯坦牛右鼻孔黏膜及黏膜皮肤结合处IBR斑。

死亡，但大多数母牛流产都发生在妊娠期或后3个月。胎儿直接感染、应激和发烧都可造成流产。结膜型通常与呼吸型同时存在，其特征为单侧或双侧严重的结膜炎和眼浆液性分泌物，2～4 d内转变为黏液性脓性分泌物。此外，眼睑结膜出现淋巴细胞和浆细胞组成的多灶性白斑（图4-30）。有些患畜角膜周围有水肿，但不出现溃疡（见第十三章）。在眼睛处BHV1与*Moraxella bovis*感染有协同性（致病性提高），相似于在肺脏BHV1和溶血性巴氏杆菌的协同性感染。患有脑炎型IBR的新生犊牛在舌腹侧面或在尸检时胃肠道近中心端可观察到坏死斑（图4-31）。

诊断　当存在特异症状和鼻黏膜白斑时，IBR的诊断一般依靠全身检查。在急性阶段，实验室确诊可采用荧光抗体技术FA（病变不超过7 d最好）。多数急性患畜的黏膜病变和鼻黏膜白斑的刮取物都呈阳性。此外，在此期间也能进行病毒分离。双向血清（急性和康复期的14～21 d）样品可提供另外一个阳性诊断。要提醒的一点是，伴有脓毒性乳腺炎、脓毒性子宫炎、细菌性肺炎等的个别患畜，由于在疾病期间自然或活疫苗源性潜在的病毒复发，可出现典型的IBR斑块。尽管白斑是在免疫受损的患畜中观察到的唯一BHV1症状，但对这些牛不应做原发性IBR诊断，重要的是这些白斑对相互接触的动物造成了传染危险。

IBR死亡病例尸体剖检可见鼻道、喉和气管弥漫性炎症、坏死、溃疡和纤维素性伪膜（白喉膜）（图4-32）。在发炎的鼻黏膜，有时在鼻咽或气管处，可看到特征性白斑。有时口腔黏膜出现溃疡。继发性细菌性支气管肺炎或并发的病毒感染会掩盖一些IBR病变。

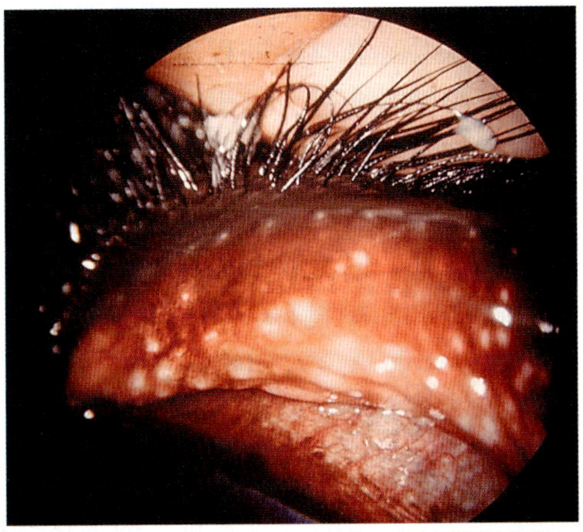

图 4-30

感染结膜型IBR荷斯坦牛眼睑结膜处多灶性白斑。

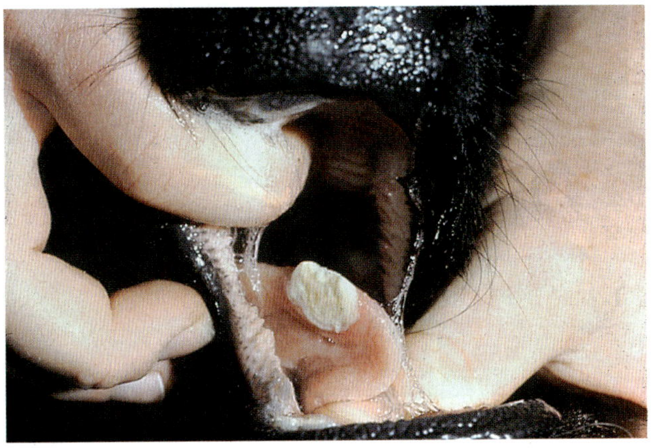

图 4-31

感染IBR的新生犊牛舌上的白斑。

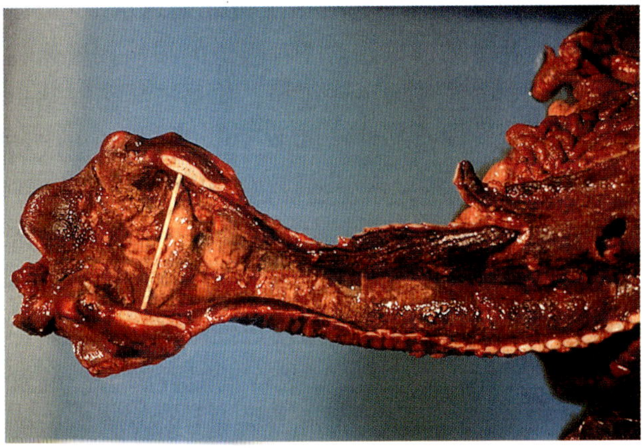

图 4-32

死于IBR母牛的喉和气管黏膜严重坏死。尽管单纯的IBR致死性病例少见，但是其病理学变化表明下呼吸道防御机制的损伤，从而诱导继发细菌性肺炎（照片由Dr. John M. King提供）。

牛呼吸道合胞体病毒

病因学和症状　在过去的20年里，BRSV已经成为犊牛和成年牛最重要的呼吸道病原之一。该病毒可能确实存在了很长时间，但随着新的诊断程序和病毒学技术的提高，以及对病毒及其病理生理的认识提高了对这种病的注意。该病毒属于副黏膜病毒科的肺炎病毒，与牛反转录病毒科的泡沫病毒属的牛合胞体病毒（BSV）明显不同。目前尚未证明免，2～4周后再进行加强免疫。最近研究表明IBR和BVDV免疫时，前两次接种死疫苗，接着加强免疫时使用修饰过的活疫苗，能使疫苗产生最大的免疫反应。所有大型疫苗生产商都会提供可选择的联合产品，如死疫苗或修饰的活疫苗，修饰的活疫苗注射一次可有4种病毒成分。溶血性巴氏杆菌白细胞毒素是另外一种不同的产品。增强剂的使用频率应根据观察到的危险来定，一般是在给管理带来方便的时间和年龄施用。由于不可能知道定期使用疫苗的每一种成分，因此不易知道适当免疫后免疫力的持续期。建议低危险群每年对整个牛群进行重复免疫，而高危险群应每年给予2或3次加强免疫。对于很多大群，成年母牛的免疫应结合泌乳周期。例如，修饰的活疫苗的加强免疫于泌乳期30 d时进行，死疫苗的加强免疫于妊娠期的120～240 d时实施。

对于地方流行性呼吸道疾病感染犊牛，建议给小犊牛超免病毒和细菌性疾病疫苗，2周后重复免疫1次。到目前为止，尚未证明这种策略有何优点。前面讨论的环境和管理因素更可能给予牛群健康和经济的回报。对于感染呼吸道疾病且刚断奶的犊牛，另外一个广泛使用的策略是危险牛群的后期预防。目前大多奶牛场施行的方法是给一组犊牛断奶，并在1周以内转移到集体畜舍内。这种方法，特别是10头犊牛1个组，1次性转移，似乎引发了呼吸道性疾病。很多牛群在疾病控制方面已取得很大成功，在转移同时集中施行药物治疗，注射1次长效抗生素，比如氧四环素、替米考星、拖拉菌素和氟苯尼考，或饲喂氯四环素、磺胺甲嘧啶颗粒，持续5～7 d。犊牛数量逐渐发展壮大或仅有几头犊牛的牛群出现这种问题的危险性较低。

在撰写这一章内容的时候，一种商品化牛霉形体疫苗被推出，不过还未证明有效。美国定期使用的疫苗要求必须对动物是安全的，且通过特异抗体的产生来衡量是否能诱导免疫反应。不幸的是，预防特定疾病的疫苗有效性并不是必须的。因此，有些已应用的呼吸道病原疫苗似乎对犊牛和母牛不起作用，如巴氏杆菌疫苗和昏睡嗜血杆菌疫苗。毫无疑问，生产更安全、更有效和更经济的新疫苗产品的努力仍在继续。随着知识和技术的不断发展，应鼓励兽医继续同心协力，努力开发新的疫苗产品。

寄生虫肺炎 Parasitic Pneumonia

胎丝网尾线虫

病因学和症状 胎丝网尾线虫是牛的肺线虫，是引起犊牛和成年牛寄生虫性肺炎和细支气管炎的病因。这种寄生虫有直接的生活周期，所以，它的感染仅需要环境中有能促使寄生虫寄居的管理方面的因素。

肺线虫成虫寄生在气管和支气管。成年雌虫产生的虫卵在气管内或在排出前的粪便中孵化。发育成第3期感染性幼虫仅需5 d，然后通过污染的饲草或畜舍褥草被食入。食入的幼虫穿过肠壁定居在肠系膜淋巴结，1周内发育成第4期幼虫，通过淋巴管或血管迁移到肺脏。幼虫到达细支气管后，发育成最后的第5期幼虫。潜伏期约4周，因为幼虫需要这一段时间才能成熟为产卵成虫。

原发感染症状包括不同程度的呼吸困难，典型的湿性深咳，整个肺区可听到湿啰音和爆裂音。这种感染出现的咳嗽比其他大多数肺炎牛的咳嗽严重。与细菌性肺炎主要不同的症状为弥漫性啰音，而不是仅限于肺前腹侧。严重感染的犊牛或母牛将表现出努力呼气和吸气的“举起”样呼吸。当呼吸道有大量渗出物导致努力机械性呼吸时，一些病例可出现肺气肿。当条件病原菌如多杀性巴氏杆菌侵害受损的下呼吸道，造成继发性细菌性支气管肺炎时，有些患畜可能发热（39.44～41.11℃）。在温热季节或通风不良的畜舍，也可因努力呼吸出现发热。在一群牛中或整个牛场中常常是一部分牛表现出症状。感染牛能继续吃食，除非严重的呼吸困难或咳嗽干扰它们的采食能力。这些严重呼吸困难的患牛，常观察到咳嗽、明显的努力呼气和张口呼吸症状。

除上述原发感染的症状外，兽医应该知道发生于成年牛的地方性胎丝网尾线虫的再感染综合征。虽然在流行地区成年牛具有抗胎丝网尾线虫的年龄相关免疫性，但这种免疫性可能不完全或不能克服严重的感染。尽管以前的感染牛中，大部分摄入的幼虫被杀死或不能成熟，但严重感染明显使大量幼虫到达肺脏，并通过免疫介导途径引起呼吸道症状。症状常在接触污染牧草之后的14～16 d发生。这种综合征的特征为频咳、深咳及呼吸频率加快。感染牛的产奶量急剧下降。没有啰音。排泄物检查结果通常为胎丝网尾线虫阴性，因为是第4期幼虫（L4）迁移到肺脏引起了疾病的发生。

诊断　对原发感染，诊断依靠病史、大体检查、实验室和尸体剖检，以及对该寄生虫生活史的认识。

最有意义的临床症状为特征性深咳、湿咳和整个肺区听诊湿啰音，特别是在一个牛群中多数出现这种症状。像所有寄生虫病一样，一些患牛（体弱牛）表现出比其他牛更剧烈的症状，但这一个群中的多数都会感染。如果最近把牛放入牧场或群养（小母牛）在有数月积粪的畜舍中，将更有助于诊断。

利用贝尔曼法（Baermann's）对新鲜粪便检查为特异性诊断，但是在感染的潜伏期和感染后期，其价值是有限的。因此，贝尔曼法和气管冲洗物应该在数头牛中进行。如果利用贝尔曼法发现幼虫，可确定为感染明显期。在感染潜伏期，气管冲洗物可以证实寄生虫，排除了肺炎的其他病因，并通过细胞学证实寄生虫性支气管炎/肺炎特有的嗜酸性白细胞炎症。在感染后期，气管冲洗物细胞学表现为嗜酸性白细胞炎症，且可能为慢性炎症。气管冲洗物中的嗜酸性白细胞是寄生虫性肺炎特异性的标志（图4-39）。

死亡患畜剖检结果随感染阶段而变化。在感染潜伏期早期需要显微镜气管渗出物中的幼虫，而在感染潜伏期后期，打开呼吸道可观察到明显的幼虫。组织病理学可呈嗜酸性白细胞性支气管炎。感染期明显，因为呼吸道中有大量长达8.0 cm的成虫（图4-40）。肺前腹侧可能继发细菌性支气管肺炎，严重病例偶尔可观察到间质性肺气肿。感染后期病例，可观察到慢性支气管炎、支气管扩张和继发性闭塞性支气管炎。

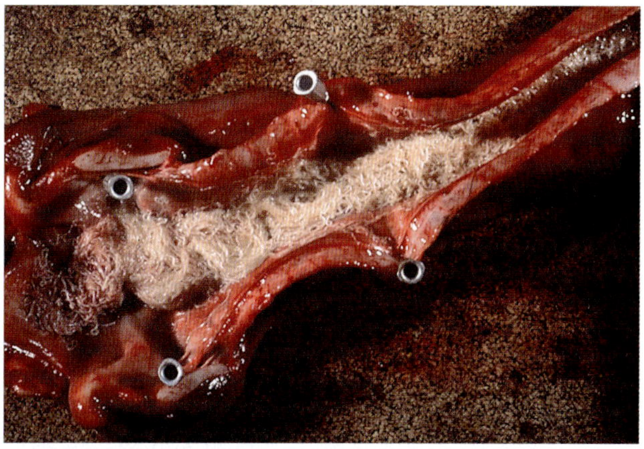

图 4-40

死于肺线虫感染犊牛的气管剖检样品，显示数百条胎丝网尾线虫(照片由Dr. John Perdrizet提供)。

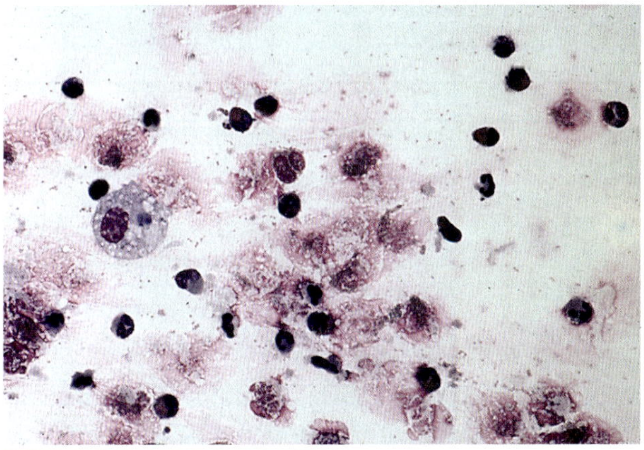

图 4-39

一头奶牛气管冲洗物的Wright-Giemsa 染色结果，该牛代表了整个牛群中存在的问题：慢性咳嗽和产奶量下降。胎丝网尾线虫是该病的病因。载玻片上大量嗜酸性白细胞，表示肺线虫感染（40 ×）。

再感染综合征的临床特征为：把牛引进污染牧场后多数牛出现严重的咳嗽。气管冲洗物显示嗜酸性白细胞性炎症。贝尔曼法检测结果为阴性。剖检变化包括呈胸膜下绿灰色小结节，绿色渗出物阻塞细小气道，以及有时肺小叶间隔呈绿色。组织病理学特征主要为嗜酸性白细胞，但在呼吸道内也可观察到淋巴细胞、浆细胞、巨噬细胞和巨细胞。

治疗　治疗胎丝网尾线虫原发感染的包括驱虫剂来消灭寄生虫，需要时可用抗生素来控制下呼吸道的继发性细菌感染。

建议使用的治疗药物包括：磷酸左咪唑（8 mg/kg，皮下或口服），苯硫哒唑（5 mg/kg，口服），阿苯哒唑（10 mg/kg，口服）和伊维菌素（0.2 mg/kg，皮下注射）。在我们诊所，左旋咪唑非常有效，但奶牛场已不再批准使用，因此，苯硫哒唑为治疗的首选药物。不能让患牛再回到污染牧场，舍饲牛应该转移出污染的粪便堆积处，直到圈舍内的粪便和褥草被完全清理。

因为最常见的继发性感染细菌为多杀性巴氏杆菌，因此，可用四环素、头孢噻呋、氨苄霉素和青霉素来治疗细菌支气管肺炎。在犊牛或小母牛中，继发性细菌性肺炎可掩盖肺线虫的存在，这些患畜常在抗生素治疗后呈暂时性改善，一旦停用抗生素就会复发。这些病例抗生素治疗可缓解发热和改善体况，但不能减轻咳嗽和严重的呼吸困难。只有当对活的患牛进一步的诊断或死亡病例进行尸体剖检， 才能获得真正的诊断结果，并提出有效的治疗措施。

虽然再感染综合征似乎表现为免疫介导性疾病，但患牛对注射左旋咪唑好像反应很快。如果不进行治疗，患牛咳嗽持续数周，产奶量下降。

控制 控制胎丝网尾线虫需要加强对污染牧场的管理。因为，感染期幼虫可在冬季条件下存活，所以，早春时期不要在牧场放牧，放牧前，应采用有效的抗胎丝网尾线虫驱虫剂，对1岁小母牛进行治疗，如果进入污染的牧场中放牧，对所有的牛应该每隔1个月采用驱虫剂常规治疗。潮湿能促进感染幼虫的存活或活性。美国东北部，临床肺线虫感染病例主要见于潮湿的夏季。只要有可能，在潮湿的夏季，以及把动物放在地方流行性、低洼的沼泽地区放牧时，要对动物非常留心并用驱虫剂治疗。

蛔虫

病原学和症状 蛔虫即猪蛔虫，虽然报道很少，已证明是牛肺炎的自然感染和实验感染病因。当牛饲养在以前饲养过猪的铺有褥草的圈、畜栏或使用品质较低的牧草时，易感牛会接触大量幼虫。

当牛接触蛔虫卵7～14 d后，出现临床症状：体温升高，呼吸和心跳加快，明显呼吸困难，咳嗽和呼气带哼哼声。肺听诊为肺水肿和肺气肿的间质性变化。因此，初期增强的支气管水泡音，因随后的间质病变和肺气肿而被减弱。大多数病例病程持续10～14 d，偶尔也有死亡。

实验性感染表明，初次接触蛔虫幼虫出现很轻微症状，而当再次接触时导致显著症状。这可能意味着免疫介导是间质性肺炎的原因和成分之一。

诊断 该病诊断困难，除非了解病史能够怀疑接触了蛔虫虫卵。气管冲洗样品表明是嗜酸性白细胞性炎症。确诊需要确定这种寄生虫，或者组织病理学观察幼虫或相关的间质性肺炎。

治疗 为非特异性治疗和对症治疗，目的是通过正常生活周期消灭这种幼虫。预防措施是避开饲养过猪的环境。

后腔静脉血栓形成

病因学和症状 后腔静脉血栓形成导致牛出现多样的临床症候。来自肝门脓肿的脓毒性血栓栓子，进入后腔静脉、右心和肺动脉循环，虽然这时多数牛不出现疾病症状，但是有些牛由于肺大面积梗死或者在血栓性栓塞时，猝发严重呼吸窘迫而导致急性死亡。肺动脉血栓性栓塞不明显或者耐过因血栓栓塞猝发呼吸窘迫的牛，最后可出现呼吸困难、咯血和贫血。出现咯血的牛，鼻出血是最常观察到的临床症状。

后腔静脉血栓形成的发病机理是从前胃或皱胃开始的，炎性或溃疡性黏膜病变，使细菌进入门脉循环，随后形成肝脓肿。因此，瘤胃炎、瘤胃酸中毒、皱胃溃疡和类似的损伤能诱发本病。肉牛“锯屑肝”(sawdust livers)具有相同的发病机理，但在奶牛，肝脓肿的体积较大，而数量较少，很多奶牛只有一个脓肿。然而，脓肿的部位远比数量更重要，因为只有位于肝门处或靠近后腔静脉的脓肿，才具有明显的危险性（图4-41）。从奶牛肝脓肿中最常分离出的微生物为坏死梭杆菌和化脓放线菌。多数有肝脓肿的奶牛不表现临床症状，除非脓肿破溃进入后腔静脉或形成多个大脓肿。该病散发于小母牛和成年牛，但犊牛罕见。作者只遇到过一例死于后腔静脉血栓形成的犊牛，这可能是因为犊牛的饲料中没有小母牛或泌乳牛那么多精料。

在后腔静脉血栓形成中，肝脓肿破溃进入后腔静脉，形成静脉脓毒性血栓，造成临床疾病，患牛可表现出下列综合征之一。

猝死综合征

肝脏脓肿急性破裂，进入后腔静脉，造成大量血栓栓子进入右心和肺动脉血栓形成、肺梗死、外毒素血症或内毒素血症及缺氧，从而导致猝死。这种综合征是成年奶牛急性死亡的常见原因之一。猝死可能是由以前临床症状不明显的血栓性栓子诱发的过敏反应引起，然而大的肝门脓肿突然破裂，进入后腔静脉，或者大的脓毒性血栓的栓子移动，都可直接引起肺梗死，造成动物死亡，不需要前面提到的致敏阶段。

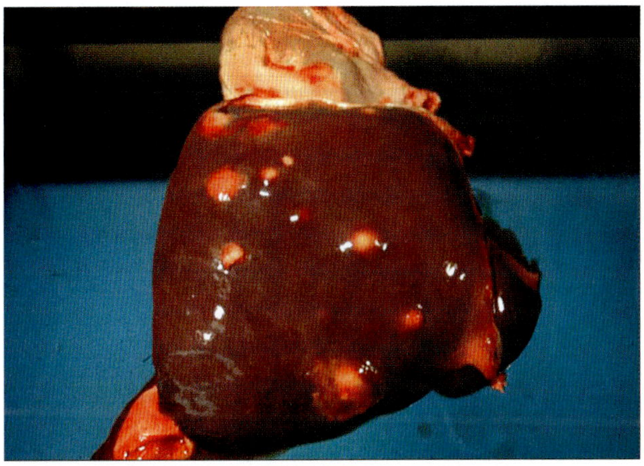

图 4-41

成年奶牛死后偶然发现的多个肝脓肿灶。尽管有多个脓肿，但较小，且远离肝门。没有证据表明奶牛死后栓子运行到其他部位。

急性呼吸窘迫综合征

该症出现于牛群或牧场中的个别牛，患牛出现超急性呼吸窘迫发热，呼吸用力、呼吸和心跳频率加快。也可观察到肺水肿、皮下气肿和张口呼吸。胸部听诊，一般呈现呼吸音降低，这是肺水肿、肺梗死和呼吸用力导致肺泡性肺气肿造成的。有的患畜也可以听到啰音，但一般情况下，肺部明显用力呼吸时，肺区听诊音比预想的要小。诊断的关键是，只有个别牛发生明显的下呼吸道疾病,畜主也没发现该患畜有过特异的应激或上述问题。

咯血、鼻出血、慢性肺炎、贫血综合征

典型的综合征与牛后腔静脉血栓形成有关，因一次或多次发生来自肝门脓肿的血栓栓塞和随后在后腔静脉中出现脓毒性血栓形成所致。脓毒性血栓栓子在肺动脉末端引起肺脓肿，并且在每个脓肿的附近区域，受损肺动脉形成动脉瘤。因牛肺动脉分支靠近支气管，脓肿增大，最后破溃进入呼吸道内。脓性物质突然排入呼吸道内造成脓毒性支气管肺炎，随后出现已与呼吸道直接贯通的动脉瘤不同程度的出血，这种出血足以导致咯血和鼻出血。病牛生长不良常复发支气管肺炎；表现为发热(39.44～41.11℃)，呼吸加快和肺局部出现啰音、湿性啰音或喘吸音，常需进行治疗。有些患畜因后腔静脉内的脓毒性栓子导致心内膜炎，这种脓毒性栓子也是经过右心和肺动脉形成慢性菌血症的根源。

鼻出血和咯血可能为轻度间隙性，或者为重度急性，导致猝死(图4-42)。伴有咳嗽和慢性支气管肺炎的鼻出血奶牛，其预后要非常谨慎，因为后腔静脉血栓形成的病变是不可逆的。如果血栓形成阻塞了后腔静脉并造成门脉高压，奶牛就可能会出现其他症状，如腹水、全身性内脏水肿和腹泻。一些慢性病例可能发展为右心衰竭和慢性肝淤血。

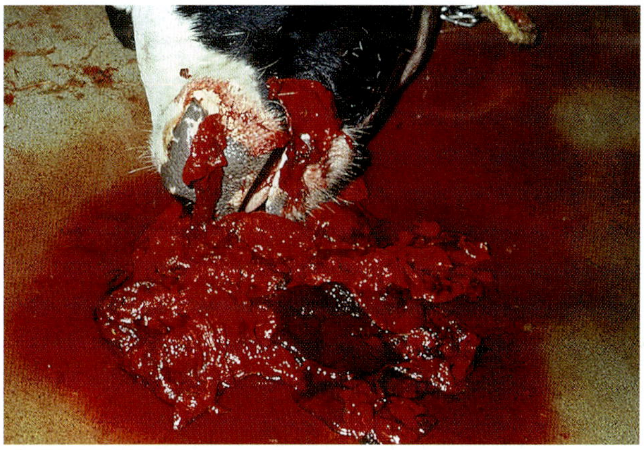

图 4-42

患有肝性肺脓肿的3岁荷斯坦奶牛，肺大出血，急性死亡。发生出血时奶牛正产犊。

猝死综合征的诊断

后腔静脉血栓形成的诊断需要对突然死亡的动物进行认真的尸体剖检。通常，患畜在死亡之前表现完全健康，可能牧场内仅有一头患畜突然死亡，以至于来不及进行体况检查或获得相应的实验室数据。尸体剖检可发现一个肝门脓肿灶破溃并进入后腔静脉(图4-43)。肺可能出现肺泡性肺气肿、肺水肿、肺梗死和肺动脉血栓形成。

急性呼吸窘迫综合征的诊断

在一牧场内出现单个牛突然发生呼吸窘迫，提示其可能发生了急性后腔静脉血栓形成。通过病史调查和体况检查应当排除严重下呼吸道病和急性呼吸窘迫的其他原因。血清球蛋白增高(>5.0 mg/dL)进一步提供了可疑的线索，但还不能确诊。胸腔透视，虽然在临床上不能广泛地采用，但非常有利于诊断，因为胸透可确定脓毒性栓子引起的单个或多个肺梗死灶及病灶的密度、弥散性肺水肿和肺泡性肺气肿。在牧场，对症治疗患牛，5～10 d后可逐渐

恢复。然而，这些患畜随后往往出现后腔静脉血栓形成的典型症状：咯血，鼻出血，贫血和慢性肺炎。从出现鼻出血到急性症状改善平均需要3～6周 。

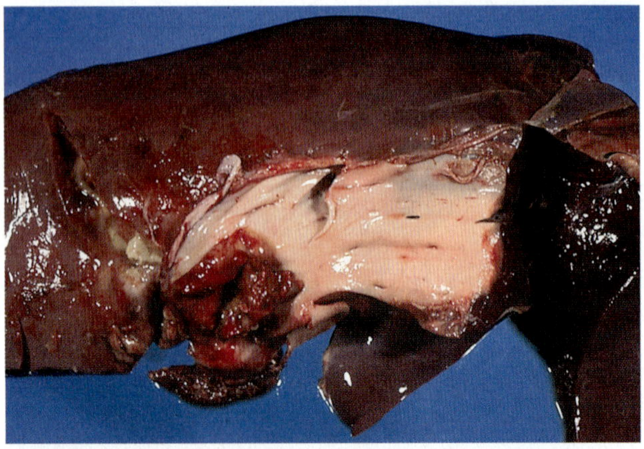

图 4-43

死于肝脓肿破溃后进入后腔静脉的奶牛的剖检组织标本，破溃部位明显，在静脉内膜衬托下呈边缘粗糙的火山口状，脓肿的残余物位于火山口的左侧（照片由Dr. John King提供）。

伴有鼻出血、咯血、贫血和慢性支气管肺炎的典型后腔静脉血栓形成的诊断

该型是后腔静脉血栓形成的最常见的临床综合征。心跳加快、呼吸加速、听诊啰音、持续或反复发热、贫血和咯血是常见的症状。畜主偶然或只有一次发现鼻出血(图4-44和图4-45)，有些患牛几乎没有任何先兆而急性出血。可能出现由于贫血或心内膜炎引起的心脏杂音。有些患畜后肢、腹部、乳房出现广泛性水肿和腹水。如果水肿为全身性，由于胃肠道水肿，可观察到腹泻。常见血浆球蛋白升高(>5 mg/dL)和血象中中性白细胞增多。胸部透视和超声波扫描可帮助确定肺脓肿灶，有时后腔静脉内可能有原发性血栓，也可通过胸部X光照确定。内窥镜可帮助确定下呼吸道出血的部位，并有助于采集气管洗出物做细胞学培养诊断。

治疗 对后腔静脉血栓形成引起急性呼吸窘迫的治疗为对症治疗，包括：

1.广谱抗生素如土霉素、头孢菌素或青霉素控制脓毒性血栓栓子。脓肿内发现的主要病原为坏死梭杆菌和化脓放线菌。

2.速尿(每头成年牛200～250 mg，静注，每日2次)，出现肺水肿时使用。

3.阿托品(2.2 mg/45 kg体重，皮下注射，每日2次)，作为支气管扩张剂,使支气管分泌物变干。

4.阿司匹林或其他非类固醇抗炎药，标准剂量，作为抗炎药物。初期也可使用氟胺烟酸葡胺(250～500 mg/450 kg体重)，消除可能出现的内毒素血症。

如果病症有所改善，对患畜应长期使用青霉素，以彻底清除脓毒性血栓栓子。加入利福平可增强抗生素的疗效，但会使治疗成本增加。因为大的血栓往往长期存在于后腔静脉，并且可能继续出现持续性或间断性栓子，其预后不良。长期存活的牛很少。

对伴有典型肺炎、鼻出血、咯血和贫血症状的后腔静脉血栓形成的患畜，由于存在广泛的病理学变化，几乎无治疗价值。贵重牛可以长时期使用青霉素(22 000 IU/kg，肌肉注射，每日2次)和阿司匹林(15.5～31.1 g/450 kg体重，口服，每日2次)治疗。治疗病原微生物时，首选青霉素，为减少血小板进一步黏集和血栓形成，阿司匹林可长期使用。一旦发现鼻出血，并证实来自于下呼吸道，其预后谨慎。对非常有价值的牛，在肺动脉中只有少数脓肿形成，可以试着治疗以使该患畜有一线存活的机会。然而，确诊为后腔静脉血栓形成的牛，很少能够存活下来。

图 4-44

后腔静脉血栓形成（CVTV）的奶牛观察到的间歇性轻度鼻出血。

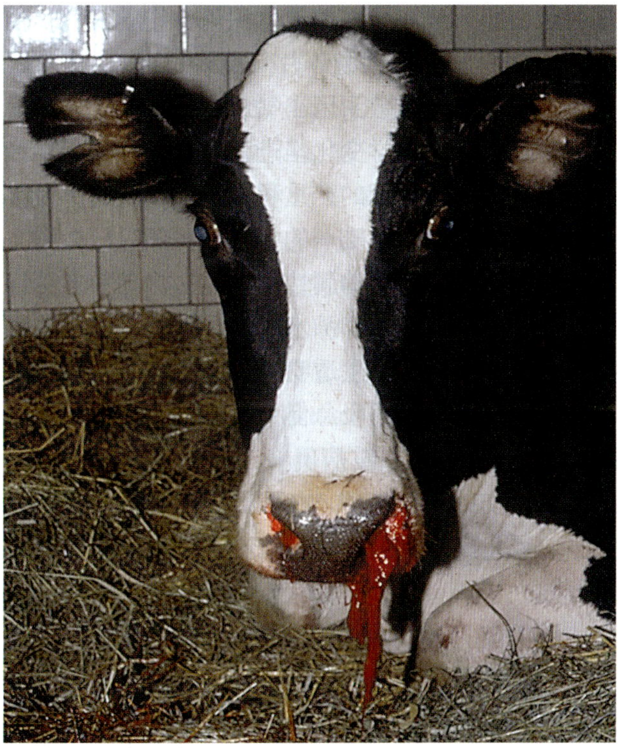

图 4-45

后腔静脉血栓形成（CVTV）的荷斯坦奶牛严重鼻出血和咯血，确诊为CVTV后存活3个月。

控制　牛后腔静脉血栓形成的预防和控制涉及到营养的变化。引起临床或亚临床瘤胃炎和皱胃溃疡的高酸性饲料，必须用缓冲剂中和，饲喂高能量饲料如高湿度谷物前，先饲喂干草或者饲喂全价混合饲料。泌乳期添加的日粮，不能饲喂1～2岁或育种小母牛。高产牛群中，因饲喂高能量饲料而继发瘤胃炎和皱胃溃疡的危险非常高。多数肝脓肿患牛无临床症状，并且有肝门脓肿的牛可能在临床症状发作前数月至数年，即已出现了病理生理学变化。当牛群中出现一头以上后腔静脉血栓形成病例时，要立即检查营养成分和营养标准。在牛场中出现一头后腔静脉血栓形成的患畜是令人遗憾的，但它是一个常见的临床问题。在同一牛场中出现一头以上的患畜，预示可能引起严重的经济损失，这时需要改变饲养程序。这些情况下，对于牛群中亚临床瘤胃酸中毒的评价将在第五章详细描述。

吸入性肺炎

病因学和症状　当饲料、奶或药物进入气管的量超过动物从呼吸道清除的能力，并造成脓毒性支气管肺炎时，发生吸入性肺炎。白肌病和医源性吸入性肺炎是犊牛最常见的两种病因。白肌病为硒/维生素E缺乏所致，可影响舌肌、咬肌和与吞咽有关的肌肉。当犊牛试图吃奶时导致乳或代乳品的吸入，当不慎将胃管或食管喂食器误插入气管，或更常见的情况是，奶头的末端有一个很大的洞时，常引起犊牛医源性吸入性肺炎。早产或发育障碍的犊牛，由于喉头的保护性反射发育不全，易发生吸入性肺炎。吸入性肺炎也常见于胃管、食管喂食器或者投药枪造成咽部损伤，导致吞咽困难或神经性吞咽障碍。外行人员粗鲁地或不熟练地使用胃管、喂食器或投药枪是引起多数医源性吸入性肺炎的原因。

乳热(分娩低血钙症)是成年牛最常见的吸入性肺炎的原因，严重低血钙母牛，不仅躺卧不起，并且也可侧卧造成瘤胃鼓气。瘤胃内容物反流可导致误咽，因为半昏迷状态牛不能清除咽和呼吸道中的反流食物。胃管、磁石吸附体和投药枪可损伤经过咽部的迷走神经分支，这种神经性损伤造成吞咽困难、嗳气和反刍障碍，引起吸入性肺炎。像犊牛一样，操作不熟练的人插胃管时误入气管，也最容易引起成年牛吸入性肺炎。窒息虽然在奶牛已很少见，但其也是诱发吸入性肺炎的重要原因。由蔬菜或饲料引起窒息的奶牛，要认真分析有无吸入性肺炎的早期症状。

神经性疾病是构成成年牛吸入性肺炎的另一个原因。李氏杆菌病和其他影响有关吞咽、咀嚼的脑神经疾病和吞咽的食团，也可引起吸入性肺炎。梭菌中毒导致吞咽困难，从而继发吸入性肺炎。

吸入性肺炎的症状随吸入物质的量和成分不同而异，如由于疏忽，使大量的液体进入气管，可立即导致呼吸困难、呼吸窘迫、发绀和反复咳嗽，患畜在死亡前的数分钟至数小时内从鼻腔或口腔中排出一些泡沫状液体物质。少量奶(犊牛发生白肌病时)或饲料吸入下呼吸道，由于吸入物中微生物的繁殖，引起脓毒性或坏疽性肺炎。该型病例的症状呈进行性，包括发热（对抗生素治疗不敏感）、呼吸困难、频数，肺前腹侧部啰音或支气管音(如果在吸入时动物侧卧，病理变化可能出现在一侧肺)，抗生素治疗无效。不像典型的传染性肺炎那样出现一群动物感染，吸入性肺炎只是单个发病。然而，当一群犊牛发生白肌病时，也可同时出现数头吸入性肺炎的患畜。

诊断　本病诊断比较困难，最多也只是在患畜死亡前的推测。气管洗出物做细菌培养可以确诊该类微生物，但也可能被视为上呼吸道污染了气管洗出物而被忽视。

根据大体和组织病理学可确诊。大体剖检可见颜色改变的多病灶肺炎区(图4-47)，组织病理学观察可见到菌丝。

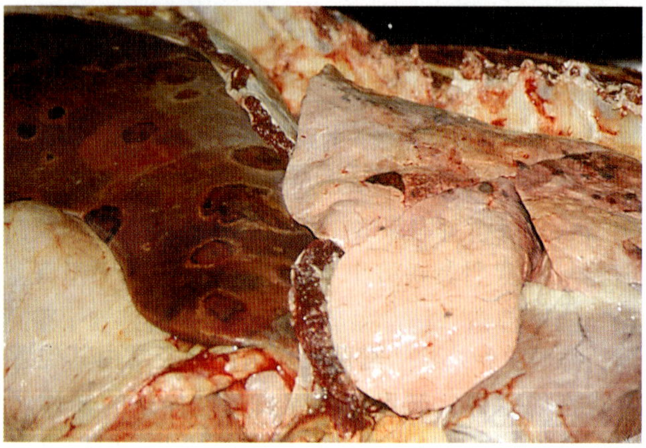

图4-47

尸体剖检显示霉菌性肝炎（左）和肺炎（右），继发于乳酸消化不良。霉菌性肺炎像“靶子”，中央红，外周白。

治疗　牛霉菌性肺炎尚没有治疗成功的报道，并且原发感染伴有霉菌性肺炎或霉菌性败血症的病例常以死亡告终。

预防　尽管对奶牛的一些感染需要大剂量抗生素治疗，但临场医生应该明白对乳房、子宫或胃肠道局部慢性感染，采用长时间抗生素治疗可诱发酵母或真菌生长，并且有栓子扩散的危险。兽医或非专业人员从大剂量瓶中应用药物反复静脉注射治疗，也可直接引起霉菌性败血症，像人滥用静脉药物者偶然发生的那样。

不赞成给奶牛大剂量或反复应用外源性皮质类固醇，因为这可能是目前最易诱发真菌感染的药物。需要大剂量皮质类固醇治疗的奶牛疾病不多。用于严重感染/炎症疾病初始治疗的皮质类固醇，不能反复使用。很多兽医治疗乳牛酮病每天使用低剂量皮质类固醇(10～20 mg，地塞米松)，如果不超过3～7 d，一般是安全的，并且不能用于严重感染牛，如患脓毒性乳腺炎、脓毒性子宫炎、肺炎或中毒性瘤胃炎的牛。

胸腔、肺实质或下呼吸道占位性肿块

病因学和症状　占位性胸腔肿块波及到肺实质、胸膜脏层、壁层或胸腔的其他结构，引起轻微的或明显的进行性呼吸困难和类似于充血性心力衰竭的症状。其他临床症状因特异性病变而不同，如胸腔脓肿或胸膜炎患牛出现对抗生素治疗无效的发热，而胸腔或纵膈肿瘤可能不出现发热。

炎症病变包括胸腔脓肿和胸膜炎（图4-48）。胸腔脓肿常为单侧性，并且病变的胸部腹侧肺音缺失，同侧心音消失或低沉，而对侧心脏因变位而靠近对侧胸壁使心音高于正常或亢进。抗生素治疗无效的发热、进行性呼吸困难、颈静脉和乳腺静脉鼓胀和搏动，腹部水肿和不愿走动等为胸腔脓肿患畜的症状。有时胸腔脓肿的病因不清楚，但在一些死亡病例剖检中，已经证实异物刺穿胸腔和以前肺炎引起的局部大的脓肿为发生胸腔脓肿的病因。在一些病例中，以前的肺炎和创伤性网胃腹膜炎可能是其病因，但对存活下来的牛特异性病因很少能被确定。从多数胸腔脓肿中分离出化脓放线菌。

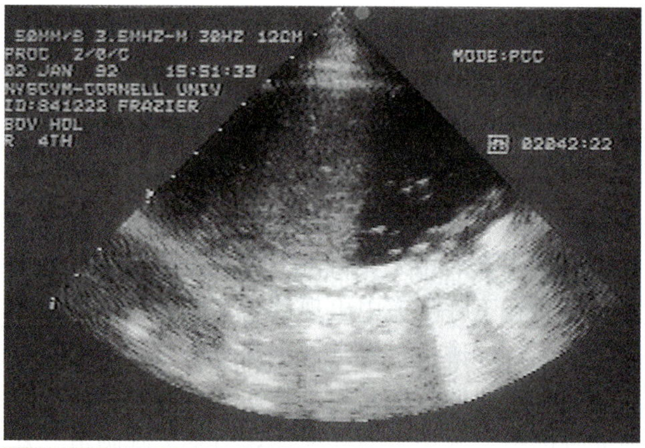

图4-48

患有坏死性胸膜炎的奶牛胸腔超声波图，黑色液体中的白色斑点表明厌氧菌感染和气体产生。

奶牛的胸膜炎很少见，除非伴发严重的细菌源性实变性支气管肺炎。像在其他动物一样，典型症状包括：发热，进行性呼吸困难，腹侧胸区肺音缺失(单侧或双侧)和胸部疼痛。当有大量胸腔积液时，颈静脉和乳腺静脉可出现扩张和搏动。有的胸膜炎病例是由肺实质脓肿向胸腔内破溃，穿透性胸部创伤或与网胃腹膜炎有关的异物，铁丝造成的膈糜烂或穿孔性皱胃溃疡性脓肿及继发于慢性梗阻或创伤的食管破裂造成。

胸壁创伤后可形成浆液肿块和血肿，这些肿块有时可以突入胸腔，浆液肿块可以发生明显的破裂或通过胸膜壁层漏出。这些浆液肿块和血肿可能与肋骨断裂或肋骨软骨结合处创伤性损伤有关(图4-49)。症状包括：进行性呼吸困难，呼吸频率加快，静脉扩张和搏动，体温正常，患病一侧胸腹侧肺音消失或低沉，以及对侧心音因心脏变位而亢进。

图 4-49

成年荷斯坦牛左胸肋骨软骨区损伤继发胸腔浆液肿块或液体漏出。通过胸腔穿刺从左胸取出40 L漏出液，该牛完全康复。

膈疝可引起呼吸困难及患病胸区的心肺音缺失。膈疝患牛常见鼓气。

肿瘤性肿块可发生于肺实质、胸膜、淋巴结或胸腺。心脏肿瘤将与心脏其他疾病一起讨论。在这一类患病牛中胸腺淋巴肉瘤可能是最常见的肿瘤。牛胸腺淋巴肉瘤发生于4～24月龄，引起进行性呼吸困难、鼓气或两者同时发生。颈腹侧上部肿胀明显，并延伸到胸腔入口。有些胸腺淋巴肉瘤肿块柔软，触摸时呈液体样肿胀(图4-50)，有些则较坚实。压迫气管和食管造成呼吸困难并影响嗳气，其程度随肿瘤结节大小而不同。偶见其他淋巴结肿大。成年牛淋巴肉瘤由于淋巴结、胸膜、心脏及偶尔波及肺脏可引起胸腔肿瘤形成。其症状随肿瘤的数量、大小及被肿瘤波及的其他器官而不同。有时淋巴肉瘤患畜因肿瘤坏死而发热，这种症状可能引起误诊。严重的胸腔积液内可能含有许多新生的淋巴细胞。由淋巴瘤引起的胸腔积液颜色常显著改变，呈血样外观。

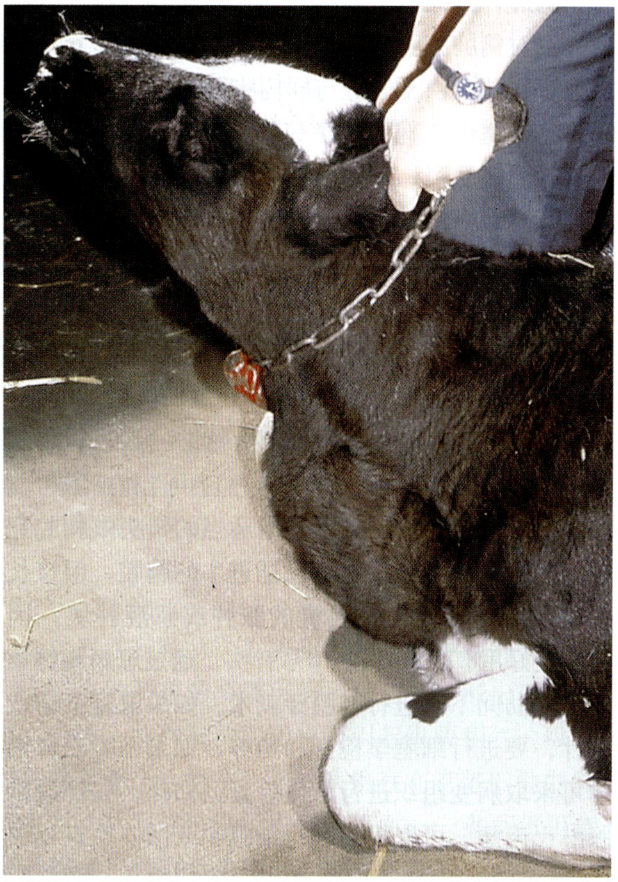

图 4-50

6月龄犊牛胸腺淋巴肉瘤，伴有进行性呼吸困难和间歇性鼓气。

称为乳头腺瘤的原发性上皮性肺肿瘤，已经在屠宰的青年牛中观察到。据报道它为良性多中心性肿瘤，未观察到转移。由于这些是在屠宰检验中发现的，症状未见有报道。文献记载了几例恶性肿瘤的病例，如成年牛细支气管腺癌，其症状呈进行性呼吸困难。Rebhun博士记录了一老龄母牛和一公牛的大面积肺腺癌，患牛进行性呼吸困难，体重减轻及肺音降低。间皮瘤起源于胸膜，多发，它可以集合性增大，造成进行性呼吸困难，肺音降低，体重减轻，并且最终导致死亡。

结核病因为有规范的控制措施，在奶牛罕见，但也应该注意它是进行性呼吸困难，咳嗽，体重减轻和肺炎症状的潜在病因。因感染结核病造成胸腔淋巴结肿大，可压迫食管，导致鼓气和呼吸窘迫。

牛急性呼吸窘迫的非传染性病因

Noninfectious Causes of Acute Respiratory Distress in Cattle

牛急性呼吸窘迫可发生于多种非感染性病理变化中，有些病因具有明确的病理生理学变化，另外一些则很不确定，存在争议。在病理学家和临床医生中，名词术语有很大差别，因此，使这些疾病异常变得很混乱，教科书描述中使用不同的同义词和人名名词来表明这些疾病的特征也引起混乱。这里介绍的多数急性疾病，需要肉眼和组织学病变才能作出诊断。临床医生仅仅根据体况检查不能区别这些疾病。幸运的是，作为呼吸道疾病的整体，与呼吸道疾病的传染性病因相比，这些疾病在奶牛中不常见，也不很重要，因此，对这一部分将尽可能地对其进行阐述。读者应清楚这些疾病的命名过去已有变化，将来可能还要改变。需要的地方也记述了特异性治疗。

牛急性肺水肿和气肿(非典型间质肺炎、雾热)

病因学和症状　牛的这种急性疾病发生于牛转移至茂盛草场后的2周内。草场的确切成分似乎不重要，因为青草、紫花苜蓿、芜菁、甘蓝和油菜都可能是病因。同样，紫苏薄荷和发霉的红薯也可引发相同的症状。尽管没有详细记载，但我们发现相似的临床症状和病理学暴发与青贮饲料和毒麦饲草有关。患牛出现急性、重度呼吸窘迫特征，表现为不愿走动、张口呼吸、肺水肿、呼吸急促和呼吸深快，体温正常至轻度升高，除非环境温度很高。

食入的*L*-色氨酸转变为吲哚乙酸，继而脱羧基形成了3-甲基吲哚，它是色氨酸的毒性代谢产物。3-甲基吲哚从瘤胃吸收进入体循环后，混合功能氧化酶系统代谢该化合物，产生对细支气管细胞和1型肺泡上皮细胞的肺毒性。实验研究证明3-甲基吲哚为色氨酸的毒性代谢产物，与牛急性肺气肿(ABPE)有关。犊牛很少患病，但2岁龄以上体况良好的成年牛似乎最易发病。

幸运的是，在美国该病在奶牛中很少见，因为草场管理比较严格，并且舍饲的奶牛与肉牛相比较少放牧。临床医生应该警惕奶牛ABPE，但牛场可能很少暴发该病。

症状　重度呼吸困难，不愿走动，腹侧肺区有间质性肺炎的听诊特征(摩擦音和啰音)，及背侧肺区因发生气肿和水肿而变得安静。可能观察到皮下气肿。发病率可达到50%，死亡率为25%～50%。

诊断和治疗　根据病死牛的发病史、临床症状和肺脏病理学变化进行诊断。治疗很少有效，各种各样的药物也用于治疗那些重症的牛。轻微活动或保定就能造成这些缺氧动物的死亡。因此，治疗仍有争议，需依靠经验治疗。速尿(0.5～1.0 mg/kg)可减轻肺水肿，阿托品(0.048 mg/kg或1/30格令/100 lb体重，每日2次)、抗组胺制剂、非载体抗炎药和可的松都已用来治疗该病，但效果各异。得到休养后离开牧场的不严重的病牛，一般1～2周内康复。一些牛可能转变为慢性肺炎，主要由2型肺泡上皮细胞增生和肺纤维化所致。

预防　预防是最好的治疗，在转入茂盛草场前数天和进入该草场后7～10 d，对敏感牛饲喂莫能菌素(200 mg/（头· d))或拉沙里菌素(200 mg/(头·d))。这些药能抑制色氨酸转化为3-甲基吲哚。

增生性肺炎

病因学和症状　增生性肺炎是在奶牛中观察到的另一种类型的急性呼吸窘迫，此病可偶尔在牧场中观察到。发病率很高，但一般是在一个牛群中仅仅一头或几头牛患病。观察到的症状包括急性呼吸困难，特征为呼吸深快，呼吸频数，偶尔咳嗽，张口呼吸以及肺水肿（图4-52)。

图4-52

荷斯坦牛因增生性肺炎表现出严重呼吸困难和张口呼吸。

增生性肺炎一词来源于特征性大体病理变化，即肺重量增加，质度坚实、湿润，病变呈弥散性。组织病理学观察，可见2型肺泡上皮细胞增生，阻塞肺泡腔，间质水肿。

大体病理学和组织病理学变化具有特征性，遗憾的是，患牛症状常见于很多以急性呼吸窘迫为特征的疾病，临床症状包括低热(39.44～40.00℃)，发热可因用力或环境因素而增高(40.56～41.11℃)，肺听诊呈现整个胸部呼吸道音普遍降低。肺泡的2型肺泡上皮细胞增生和间质水肿造成呼吸道音降低，因此，尽管患牛有严重的下呼吸道呼吸困难，但是听诊时肺常无杂音。

其他一些疾病，如ABPE，弥散性肺水肿，后腔静脉血栓形成栓子散播引起的急性呼吸困难，吸入NO_2，以及急性呼吸窘迫综合征的其他原因都能引起类似的症状。根据作者的经验，增生性肺炎是引起美国东北部奶牛非传染性急性呼吸窘迫的最常见病因。

该病很难确诊，并且其确切的病因尚不清楚。氮气被认为是病因之一，并且该病类似于由NO_2引起的青贮病。然而，发生增生性肺炎的犊牛和成年牛通常没有接触青贮塔气(silo gas)或环境中的氮气。其他理论包括：代谢产物如3-甲基吲哚(ABPE的病因)紫苏酮(白苏或紫花薄荷)，它与牛、绵羊、大鼠和鼠急性呼吸窘迫有关，形成的毒素吸收通过瘤胃进入血流引起肺毒性；发霉甘薯的毒性是由茄病镰刀菌(*Fusarium solaria*)真菌从甘薯酮(ipomeamarone)产生的4-薯醇(4-ipomeanol)和有关的代谢产物以及由感染甘薯产生的4-hydroxymyoparone引起的。4-薯醇通过细胞色素P-450依赖的混合功能氧化酶系统代谢转变后，具有对Clara细胞和肺泡上皮细胞的肺毒性。

现在的问题是，对牛所有这些各自的毒性是否都是完全独立的?增生性肺炎可能是这些毒性因素混合作用所致，或者是由奶牛环境中尚未确定的毒素引起的。

病理学确诊的另一种类型的增生性肺炎见于感染巴氏杆菌性肺炎后恢复的犊牛中。该病发生于2～4周前感染巴氏杆菌、(肺炎)外表已康复的犊牛，一群犊牛中只有单个牛发病，病牛出现严重的急性呼吸窘迫症候，伴有呼吸急促，呼吸深快，心跳加快，张口呼吸，发热(39.44～41.11℃)，肺水肿及可能有呼气呻吟声。病牛不愿走动，应激时出现发绀。呼吸极度用力以至不能确定发热是由炎症还是由过劳造成。肺听诊非常宁静，所有区域肺音降低。如果以前的巴氏杆菌性肺炎造成前腹侧肺叶实变，腹侧可以听到支气管音而其他部位声音降低。一般涉及到双侧肺，但偶尔一侧具有更严重的病变。如果治疗不及时，病牛将在24 h内死亡。大部分尸体剖检可见肺重量增加、湿润、质度坚实，并呈弥散性，伴有正在消散或已经消散的前腹侧巴氏杆菌性肺炎(图4-53)。一般认为，细菌性产物引起迟发性超敏反应为该疾病的主要原因。典型的巴氏杆菌性肺炎的早期症状与随后发生的急性增生性肺炎间有2～4周的间隔期，加上病理变化，使这一症候区别于有时在BRSV感染中观察到的“复发性”呼吸窘迫。另外，双份血清样品也不支持BRSV感染。

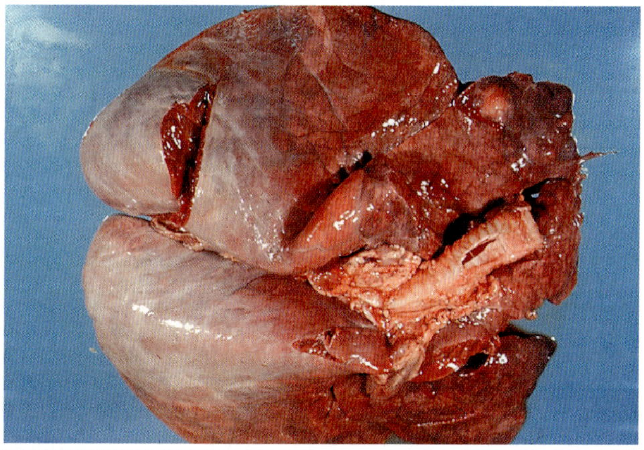

图4-53

犊牛肺标本，正在消散的前侧支气管肺炎并发急性增生性支气管肺炎。

诊断和治疗 增生性肺炎的治疗存有争议，只有活体组织检查和尸体剖检才能证实临床表现。对贵重牛，Tru-cut活检针头取肺活组织检查有助于诊断和治疗。如果条件允许，胸部透视可显示弥散性肺水肿及混合性肺泡间质型病变。King建议用阿托品，每天每1000 lb体重用1 g，肌肉注射或皮下注射治疗。作用机理尚不清楚，但在尸体剖检证实地方性增生性肺炎的病例，这种治疗对同群病牛有显著的益处，当证实或强烈怀疑增生性肺炎时，作者建议进行如下治疗：

1.使患畜远离任何氮气源，如只有靠近青贮塔斜槽或粪池的牛患病，把它们移开。只有当患畜需要改善通风和环境时，才能被转移。否则，任何移动都构成严重应激。

2.治疗的前2 d，如果机体允许，使用速尿(0.5～1.0 mg/kg或25～50 mg/100 lb体重，注射，每日1或2次)治疗。

3.阿托品[0.048 mg/kg或 $\frac{1}{30}$ 格令(2.2 mg)/100 lb体重，每日2次]。

4.地塞米松(10～20 mg，每日1次)，用3 d，怀孕患畜除外。

5.广谱抗生素用5～7 d，预防继发性细菌性肺炎。

新生牛呼吸窘迫

病因学、病理生理学和症状 该病相对常发，可能由于误吸入胎粪、先天性心脏病、白肌病和致死性肺部病变如疱疹感染，更常见于肺发育障碍或发育不全，如肺表面活性物质缺乏。尤其见于早产、克隆或人工授精的犊牛。一些早出生约6周的犊牛可能肺功能相对正常，但很少见。肺顺应性异常可引起肺气体交换能力差，缺氧，肺动脉高压，甚至右心衰竭。

诊断 犊牛在出生后1 h就应当形成一个非常正常的呼吸模式，然而患有呼吸窘迫综合征（RDS）的新生犊牛用力呼吸，且症状不会随着时间的推移而有所改善。早产奶牛也可能具有早产的其他症状，如体积小，皮毛不正常。克隆牛也可能有异常大的脐管。肺音刺耳，通常无啰音。心率快，但无大的心杂音，除非呼吸窘迫症是由先天性心脏病引起。采自肱动脉的动脉标本证实了这种低氧血症的严重性。在一些病例，CO_2的量升高，这可以通过一个静脉标本证实（>45 mm Hg)。如果呼吸急促的牛CO_2的量升高，P_aO_2将极度降低。脉搏量氧法在证实犊牛低氧血症和治疗监控方面非常有用。胸透将显示弥散性肺萎陷和实质塌陷。一些早产犊牛患有中度到重度的呼吸性酸中毒、高碳酸血症和低氧血症，但由于中枢反应不正常或反应过低，犊牛呼吸正常或轻度呼吸急促。因此建议在早产牛出生后1～2 d，最好定期评价动脉血中的气体，至少要评价血液pH值和CO_2。

治疗 如果犊牛有存活的希望，则需采取及时有力的治疗措施。应肌肉注射维生素E和硒。必须通过鼻腔内给氧，并且给予犊牛预防性抗生素。根据经验，常给以一次剂量的皮质类固醇（10 mL地塞米松）对治疗并无帮助，尤其在胎粪引出术之后。据证明，尽管在奶牛妊娠的最后2 d给予皮质类固醇可改善剖腹产犊牛的呼吸功能，少数事例证明，奶牛出生后给予类固醇同样会促进肺的发育。出生后给予类固醇，如果起作用，其原因可能是其抑制了含氧量低的犊牛的氧化性肺损伤。如果有表面活性物质，应使用一个试管通过气管内滴注给药，或者通过喷雾法给药，很少直接注射。首选商品化的表面活性物质，但我们从健康的奶牛通过用100 mL的无菌生理盐水灌洗支气管，收集表面活性物质，然后从支气管的顶端（泡沫状）给药或喷雾法给药。在给予犊牛氨茶碱滴注的同时，我们通过喷雾给予易咳净。氨茶碱不仅作为一种支气管扩张药，还具有抗炎活性，有助于维持膈膜的强度。如果必要，也可以通过静脉持续给予流体（晶体或胶体，如血浆）。我们也给予了促甲状腺素释放激素和/或甲状腺素以增加表面活性物质的产量。如果用上述方法，肺气体交换功能不能得到很好的改善，并且畜主想要进一步治疗，可将犊牛置于机械呼吸机中，但费用较高。让犊牛在呼吸机里保持安静，有时比让驹保持安静更难。患有腹水和脐管扩张的克隆牛即使放在呼吸机里，也很少存活。持续性肺高压引起犊牛右心衰竭，有时犊牛回归到胎儿循环模式。通过氧运输管给予NO（NO：O_2＝1：9）有助于增加肺高压（图4-55)。

图 4-54

新生牛患有低氧血症，正通过鼻腔内给氧治疗。

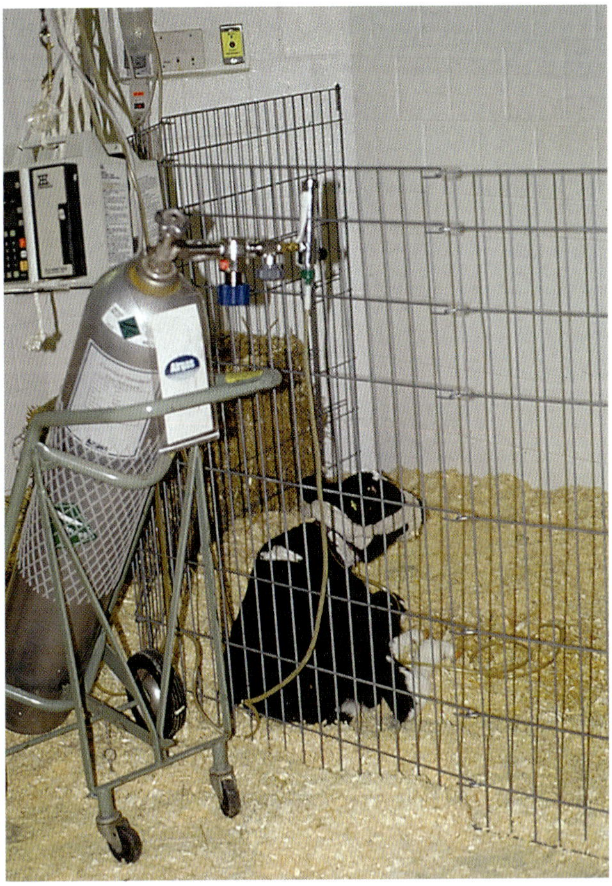

图 4-55

一头2岁龄奶牛患有肺动脉高压，正在接受氧和一氧化氮治疗。

呼吸窘迫的其他不常见的原因
Other Less Common Causes of Respiratory Distress

青贮者病(二氧化氮中毒)

病因学和症状　二氧化氮(NO_2)是由新鲜青贮饲料无氧发酵产生的较重的黄色气体，牛接触该气体后，引起和人一样的下呼吸道损伤。由于比空气重，所以NO_2位于最近的青贮饲料——特别玉米青贮饲料的上侧，并从下方如青贮塔斜槽逸出。当工作人员进入青贮塔斜槽或青贮塔，没有预先用吹风机把NO_2吹散，会发生危险。圈养于青贮塔斜槽附近的牛可能出现慢性低接触性毒性或急性严重接触性毒性。NO_2气体遇到水分后将转变为HNO_3，损伤组织。在呼吸道，HNO_3引起类似于无水氨造成的急性损伤及随后的阻塞性细支气管炎和间质纤维化。

慢性接触NO_2的患畜呈现慢性干咳和呼吸加快(>40次/min)，但很少有其他症状。急性严重接触NO_2的患畜呈现湿咳、较严重的呼吸困难(频率加快和用力呼吸)和肺水肿。

诊断　仔细观察并详细了解病史可能是诊断的关键，因为症状没有特异性。肺脏活组织检查和尸体剖检是唯一可靠的诊断方法。

治疗　对患牛慎用皮质类固醇，牛对地塞米松特别敏感。10～20 mg/d，连用数天比较合理。要考虑地塞米松引起继发感染和流产的危险。也可使用阿托品和速尿。

农民肺——过敏性肺炎(外源性变应性肺泡炎)

病因学和症状　过敏性肺炎可发生于牛，导致呼吸窘迫或者慢性呼吸道疾病。对于人很多特异性吸入性抗原可引起类似症状，但牛常认为是干草小多孢菌和相关的微生物所致。湿草过度发酵是农民和牛发病的主要原因。多灰、发霉的干草在人和家畜面前打开时,释放出大量孢子。偶尔，大捆未打开的饲草也能引发该病。可能为迟发性过敏反应所致。

急性实验性接触的症状包括食欲和产奶量突然下降，咳嗽，双侧肺前腹侧啰音，一过性发热。美国东北部发生该病时的自然病例最常见的症状为慢性咳嗽，并无明显疾病表现。牧场50%以上的牛感染，由于患病牛咳嗽严重，影响采食，产奶量下降10%～25%。肺部听诊可能出现喘息音或正常。把牛饲养在户外或到牧场放牧，症状减轻，但不能完全消失，关养在舍内，用变质饲草饲喂症状加重。死亡很少见，但有时严重慢性病例发展成右心衰竭。在美国，随着混合日粮的饲喂，加之奶牛寿命缩短，本病已很少见。然而散发病例仍然存在，与其说是一个群体问题，倒不如说是一个个体问题，主要见于传统养殖业，年龄大的经产奶牛。

诊断　根据患牛的病史、临床观察以及缺乏明显病症和高发病率有助于诊断。气管洗出物样品呈现淋巴细胞炎症，内含巨噬细胞、淋巴细胞和浆细胞。对患牛可通过血清学方法分析其抗干草小多孢菌和其他类抗原的沉淀素。当为阳性时，只能提供参考，不能确诊，因为很多正常牛也具有阳性抗体。

如果对贵重牛不能做尸体剖检时，肺脏活组织检查也非常有助于诊断。剖检检查，病肺出现灰色小点，表明间质中小气道周围淋巴细胞浸润。病理组织学可见，肺泡间隔内淋巴细胞和浆细胞浸润。对可疑饲草做检查，可得到致病性证据。必要时用贝尔曼氏法、气管洗出物细胞学和尸体剖检排除肺线虫感染。

治疗和控制　牛群中感染率高，皮质类固醇并不是最佳的治疗选择，皮质类固醇对急性患牛或复发牛有益，但不宜大量使用。改善饲养管理既可作为治疗，又可以起到预防作用。饲喂舍外干草可能使症状减轻，特别是在牛采食干草之前几分钟或更长时间打开草捆更好。把干草弄湿也可能有利。如果经济条件允许，最好把这批干草清理掉，可能解决疾病问题。应鼓励一贯做劣质干草的农民制作半干青贮饲草。接触致病性饲草的工作人员，应该考虑使用外科口罩或防护面具防止自己发生农民肺。

闭塞性细支气管炎

病因学和症状　这类描述较少的疾病见于个别动物，病牛主要症状为干咳。Fox报道，据农民讲，患牛咳嗽程度严重以致把挤奶机翻倒。肺听诊可听到喘息音或异常宁静的肺音。尽管除干咳外，还存在呼吸深快和急促，但患牛似乎又不像有病。

病因不详，可能与慢性接触毒性气体3-甲基吲哚、变应原或牛急性呼吸窘迫的其他病因有关。所引起的慢性损伤可导致闭塞性细支气管炎（病理学诊断）。

诊断　确诊需要做肺活组织检查或尸体剖检后的病理组织学检查。

治疗　当每天给予10～20 mg地塞米松时，患畜常常出现一些缓解，但也应考虑到有关的禁忌症。

纤维化性肺泡炎

病因学和症状　这是成年牛的一种慢性虚弱性呼吸道病。患牛不表现疾病，但有明显的呼吸加快和用力，以及明显的咳嗽。整个肺区可听到干性或湿性啰音。因为疾病呈慢性进行性，发病率低，死亡率高。

病因不详，可能是与本章前面讨论过的一些肺毒性物质的慢性接触有关。慢性接触3—甲基吲哚、NO_2、其他气体、引起过敏性肺炎的抗原或者尚不清楚的物质，均可能导致肺泡的弥散性纤维化。

诊断　尸体剖检时，肺大体变化呈弥散性苍白、重量增加和质度变实。肺小叶呈白色肉样。组织病理学检查可见肺泡腔充满2型肺泡上皮细胞、巨噬细胞及其他细胞，从而证明了患牛生前呼吸困难的原因。如果不能尸体剖检，则需进行肺活组织检查。

治疗　无成功的治疗措施，可试用抗炎药物。

过敏反应和乳变态反应

病因学和症状　呼吸窘迫常伴有由外源性抗原如疫苗、抗生素、饲料或内源性抗原如牛奶的α-酪蛋白引起的过敏反应。

敏感动物常在注射生物制品或抗生素后数分钟内出现症状，包括荨麻疹、皮肤黏膜结合部水肿和呼吸窘迫。症状可呈轻度，以荨麻疹为主，或者症状严重，出现症状后很快虚脱。喉头水肿，几小时内疾病进行性发展。在这方面一些生物制品比其他制品更易致病。已经观察到能引起过敏反应的抗菌药有：青霉素、四环素、磺胺类药物及其他抗生素。应避免使用多次引起奶牛产生过敏反应的生物制品，除非没有合适的替代物。事实上，很多明显的过敏性反应是由一些生物制品中的内毒素以及一些品种牛对疫苗反应比较敏感引起的。

患牛呈现忧虑不安，毛竖立，可能出现心跳加快以及荨麻疹，频频试图排尿和排粪与四肢不停踏地交替出现。呼吸困难不明显或显著，伴有肺水肿，呼吸加快和呼吸鼾声。严重病例出现发绀，皮肤湿冷以及低血压性虚脱。

乳变态反应最常发生于海峡两岛(Channel Island)品种牛，其他品种也可发生。奶牛干奶期或减少挤奶次数以使乳房“鼓胀”进行展览时症状突然发作。任何推迟正常挤乳间隔都可引起敏感牛对自身α-酪蛋白的反应。如前所述，症状可轻微或严重，形成不同程度的荨麻疹、黏膜皮肤结合部水肿和呼吸症状。

很多开业兽医给牛注射浓缩维生素E/Se制品后观察到一种独特的虚脱症候。肌肉注射后数分钟内出现反应，虚脱和呼吸困难是仅有的症状。尚不清楚这是由过敏反应还是特异性毒性引起。多数病例康复，但有10%～25%的病例死亡。

诊断　根据发病史和临床症状足以作出诊断。

治疗　治疗需根据疾病的严重程度，药物包括肾上腺素、抗组胺药、皮质类固醇和速尿。成年牛推荐剂量如下：

1. 肾上腺素(1/1 000浓度)：2～10 mL，肌肉注射或皮下注射；严重奶牛，2～4mL静脉注射。

2. 盐酸扑敏宁：1 mg/kg，肌肉注射或皮下注射。

3. 速尿：0.5～1.0 mg/kg，肌肉注射(如果有肺水肿)。

4. 地塞米松：20～40 mg，静脉或肌肉注射，怀孕奶牛禁用。

5. 氟胺烟酸葡胺：1.1 mg/kg，肌肉注射。

6. 对乳变态反应，如果母牛表现严重的变态反应时要立即把奶挤出，结合对症治疗(同上)

多数病例仅需一次治疗，但伴有严重肺水肿或荨麻疹的奶牛，为彻底治愈，可能需数次治疗，每次间隔8～12 h。

（白瑜、张交儿译，丁天健、许立华、张珠明校）

参考文献

Ahn BC, Walz PH, Kennedy GA, et al: Biotype, genotype, and clinical presentation associated with bovine viral diarrhea virus (BVDV) isolates from cattle, *Intern J Appl Res Vet Med* 3:319-325, 2005.

Antonis AF, Schrijver RS, Daus F, et al: Vaccine-induced immunopathology during bovine respiratory syncytial virus infection: exploring the parameters of pathogenesis, *J Virol* 77:12067-12073, 2003.

Aslan V, Maden M, Erganis O, et al: Clinical efficacy of florfenicol in the treatment of calf respiratory tract infections, *Vet Q* 24:35-39, 2002.

Autio T, Pohjanvirta T, Holopainen R, et al: Etiology of respiratory disease in non-vaccinated, non-medicated calves in rearing herds, *Vet Microbiol* 119:256-265, 2007.

Bednarek D, Kondracki M, Friton GM, et al: Effect of steroidal and non-steroidal anti-inflammatory drugs on inflammatory markers in calves with experimentally-induced bronchopneumonia, *Berl Munch Tierarztl Wochenschr* 118:305-308, 2005.

Bednarek D, Zdzisinska B, Kondracki M, et al: Effect of steroidal and non-steroidal anti-inflammatory drugs in combination with long-acting oxytetracycline on non-specific immunity of calves suffering from enzootic bronchopneumonia, *Vet Microbiol* 96:53-67, 2003.

Braun U, Pusterla N, Fluckiger M: Ultrasonographic findings in cattle with pleuropneumonia, *Vet Rec* 141:12-17, 1997.

Breeze R: Parasitic bronchitis and pneumonia, *Vet Clin North Am (Food Anim Pract)* 1:277-287, 1985.

Bryson DG, McNulty MS, McCracken RM, et al: Ultrastructural features of experimental parainfluenza type 3 virus pneumonia in calves, *J Comp Pathol* 93:397-414, 1983.

Carbonell PL: Bovine nasal granuloma—gross and microscopic lesions, *Vet Pathol* 16:60-73, 1979.

Confer AW, Fulton RW, Step DL, et al: Viral antigen distribution in the respiratory tract of cattle persistently infected with bovine viral diarrhea virus subtype 2a, *Vet Pathol* 42:192-199, 2005.

Cornish TE, van Olphen AL, Cavender JL, et al: Comparison of ear notch immunohistochemistry, ear notch antigen-capture ELISA, and buffy coat virus isolation for detection of calves persistently infected with bovine viral diarrhea virus, *J Vet Diagn Invest* 17:110-117, 2005.

Ducharme NG, Fubini SL, Rebhun WC, et al: Thoracotomy in adult cattle: 14 cases (1979–1991), *J Am Vet Med Assoc* 200:86-90, 1992.

Ellis J, Gow S, West K, et al: Response to calves to challenge exposure with virulent bovine respiratory syncytial virus following intranasal administration of vaccines formulated for parenteral administration, *J Am Vet Med Assoc* 230:233-243, 2007.

Ellis JA, West KH, Cortese VS, et al: Lesions and distribution of viral antigen following an experimental infection of young seronegative calves with virulent bovine virus diarrhea virus-type II, *Can J Vet Res* 62:161-169, 1998.

Ellis JA, West KH, Waldner C, et al: Efficacy of a saponin-adjuvanted inactivated respiratory syncytial virus vaccine in calves. *Can Vet J* 46:155-162, 2005.

Endsley JJ, Roth JA, Ridpath J, et al: Maternal antibody blocks humoral but not T cell responses to BVDV, *Biologicals* 31:123-125, 2003.

Ewers C, Lubke-Becker A, Wieler LH: Mannheimia haemolytica and the pathogenesis of enzootic bronchopneumonia [article in German], *Berl Munch Tierarztl Wochenschr* 117:97-115, 2004.

Fairbanks KK, Rinehart CL, Ohnesorge WC, et al: Evaluation of fetal protection against experimental infection with type 1 and type 2 bovine viral diarrhea virus after vaccination of the dam with a bivalent modified-live virus vaccine, *J Am Vet Med Assoc* 225: 1898-1904, 2004.

Fingland RB, Rings DM, Vestweber JG: The etiology and surgical management of tracheal collapse in calves, *Vet Surg* 19:371-379, 1990.

Flock M: Diagnostic ultrasonography in cattle with thoracic disease, *Vet J* 167:272-280, 2004.

Francoz D, Fortin M, Fecteau G, et al: Determination of Mycoplasma bovis susceptibilities against six antimicrobial agents using the E test method, *Vet Microbiol* 105:57-64, 2005.

Fulton RW, Briggs RE, Ridpath JF, et al: Transmission of Bovine viral diarrhea virus 1b to susceptible and vaccinated calves by exposure to persistently infected calves, *Can J Vet Res* 69:161-169, 2005.

Fulton RW, Ridpath JF, Confer AW, et al: Bovine viral diarrhoea virus antigenic diversity: impact on disease and vaccination programmes, *Biologicals* 31:89-95, 2003.

Fulton RW, Ridpath JF, Saliki JT, et al: Bovine viral diarrhea virus (BVDV) 1b: predominant BVDV subtype in calves with respiratory disease, *Can J Vet Res* 66:181-190, 2002.

Fulton RW, Step DL, Ridpath JF, et al: Response of calves persistently infected with noncytopathic bovine viral diarrhea virus (BVDV) subtype 1b after vaccination with heterologous BVDV strains in modified live virus vaccines and Mannheimia haemolytica bacterin-toxoid, *Vaccine* 21:2980-2985, 2003.

Gevaert D: The importance of *Mycoplasma bovis* in bovine respiratory disease, *Tijdschr Diergeneeskd* 131:124-126, 2006.

Genicot B, Close R, Lindsey JK, et al: Pulmonary function changes induced by three regimens of bronchodilating agents in calves with acute respiratory distress syndrome, *Vet Rec* 137:183-186, 1995.

Grell SN, Ribert U, Tjornehoj K, et al: Age-dependent differences in cytokine and antibody responses after experimental RSV infection in a bovine model, *Vaccine* 23:3412-3423, 2005.

Guard CL, Rebhun WC, Perdrizet JA: Cranial tumors in aged cattle causing Horner's syndrome and exophthalmos, *Cornell Vet* 74:361-365, 1984.

Haines DM, Moline KM, Sargent RA, et al: Immunohistochemical study of Hemophilus somnus, Mycoplasma bovis, Mannheimia hemolytica, and bovine viral diarrhea virus in death losses due to myocarditis in feedlot cattle, *Can Vet J* 45:231-234, 2004.

Hasokusuz M, Lathrop SL, Gadfield KL, et al: Isolation of bovine respiratory coronaviruses from feedlot cattle and comparison of their biological and antigenic properties with bovine enteric coronaviruses, *Am J Vet Res* 60:1227-1233, 1999.

Hill JR, Roussel AJ, Cibelli JB, et al: Clinical and pathologic features of cloned transgenic calves and fetuses (13 case studies), *Theriogenology* 51:1451-1465, 1999.

Jolly S, Detilleux J, Desmecht D: Extensive mast cell degranulation in bovine respiratory syncytial virus-associated paroxystic respiratory distress syndrome, *Vet Immunol Immunopathol* 97:125-136, 2004.

Kadota K, Ito K, Kamikawa S: Ultrastructure and origin of adenocarcinomas detected in the lungs of three cows, *J Comp Pathol* 96:407-414, 1986.

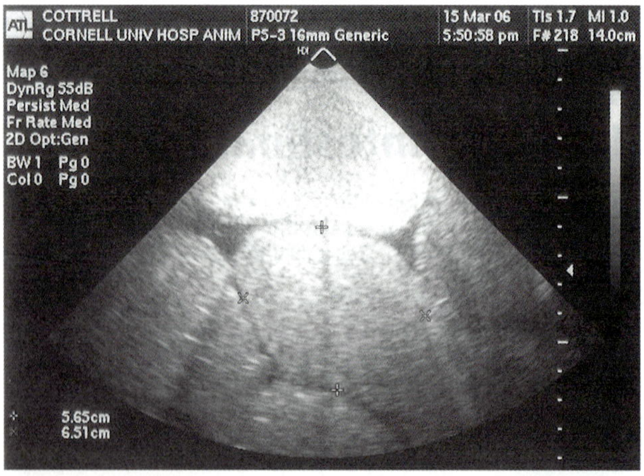

图 5-2

奶牛腹部超声图像显示小肠扩张。

为达到上述两个目的，需给动物投服轻泻-促反刍合剂和注射钙溶液。临床上有多种轻泻-抗酸-促反刍合剂供选用。若瘤胃的蠕动尚存，可给予丸剂；若瘤胃蠕动已严重停滞，宜将粉剂加温水用胃管投药。已出现瘤胃鼓气的病例给药前应先通过胃管放气。使用治疗药物时应避免产生碱性物质，因为碱性物质能引起高血镁症和代谢碱中毒，降低Ca^{2+}。由于食欲和胃肠功能减退以及继续泌乳（尽管产奶量下降），常导致低血钙，因此，所有患畜必须补充钙制剂。低血钙时动物表现为末梢冰凉，胃肠停滞加重。一般每头病畜需注射500 mL硼酸葡萄糖酸钙，静脉注射或分4个部分皮下注射。镁离子（硫酸盐、氧化物或氢氧化物）的产生是碱化的普遍特征；脱水的病畜伴随尿量减少，就是过度或反复使用该类药物导致的高血镁症，临床表现虚弱。出现严重腹痛的动物应给予镇静剂或安定剂。一般病例常能自愈或经上述常规治疗后康复。给药后12～14 h内动物应该恢复正常的食欲并排出大量松软的粪便。排泄物在2～3 d内仍能保持多量水分或呈松软状态。轻泻疗法应持续2～3 d，但剂量宜逐次降低，以保证彻底清除瘤胃内的致病性内容物。临床上一旦动物出现食欲和产奶量降低，确诊为单纯性消化不良似乎缺乏直接的证据。但是，本病的确可能存在，在详细检查并排除其他疾病的可能性后宜及早作出诊断。有意义的鉴别诊断是原发性酮病，可通过检查尿酮排除。单纯性消化不良和酮病在近期内产犊的母牛可能并发。

中度和重度消化不良

Moderate to Severe Acute Ruminal Indigestion

病因学

较严重的消化不良有时与乳酸中毒（乳酸性消化不良，中毒性消化不良）极相似，且难以区分。临床表现依牛误食饲料的质和量不同而异。尽管在现代奶牛场饲养管理下很少发生，但是由于奶牛贪食导致的瘤胃酸中毒还是很普遍（尤其是新生母牛）。

病史上，牛可能贪食过量的谷物，或进入果园食入大量的被风吹落的苹果。所以，与常见的单纯性消化不良不同，重度消化不良的病例往往已知动物摄食的食物种类。

临床症状

临床症状包括食欲和产奶量急剧下降，胃肠蠕动完全停止，末梢冰凉，直肠温度正常或偏低，心率和呼吸频率正常或增加。一些病畜由于低血钙出现卧地不起。必须指出，尽管重度消化不良牛的临床表现较单纯性消化不良严重，包括严重脱水和心搏过速，但任何一种消化不良临床上2～6周后都可能发生跛行。

辅助指标

病畜常表现低血钙，酸碱及电解质水平依赖乳酸水平而变化。同时可能出现氮质血症。

治疗

治疗方法与单纯性消化不良类似。已出现卧地不起的牛应缓慢静脉注射或皮下注射钙制剂。由于病畜存在严重的瘤胃停滞，建议将促反刍-轻泻-抗酸合剂粉末和活性炭溶解于十几升水中经胃管投服。使用胃管灌胃可以很容易地将瘤胃液体反流出来。如果动物是在摄入易发酵的食物后数小时内发生重度消化不良，一旦兽医人员认为有可能发展成为乳酸中毒时，可考虑实施瘤胃切开术。但是，要做实施瘤胃手术的决定是极困难的，因为通常情况下药物治疗能够满足需要，而且也难以判断动物摄入多少食物就足以对生命构成威胁。治疗表明给药24～48 h后病情就将逐渐缓解，间隔24 h可能需要重复给药。胃肠功能一旦恢复，动物即可排出松软的粪便。由于严重的消化不良造成的损耗，患畜的产奶量将缓慢恢复至病前水平。

重度瘤胃乳酸中毒
Fulminant Acute Lactic Rumen Acidosis

病因学

乳酸中毒，又称中毒性消化不良，谷物过食，瘤胃积食，反刍动物急性碳水化合物过食，为临床上最为严重的消化不良，与食入过量易发酵的饲料或突然饲喂含多量粉碎的且易发酵的精料（如玉米或小麦）的日粮有关。临床表明若不按照由高粗饲料逐渐变换的方式而突然饲以高精饲料易发生乳酸中毒。由于饲养管理方面的原因，奶牛很少出现乳酸中毒。但是，过快的饲料变更，如由含纤维素的颗粒状精料转换为玉米粉或小麦粉时则可能导致发病。饲料中如果突然加入易发酵的青贮饲料颗粒也可能导致发病。现代化奶牛生产中饲料混合不均匀亦可成为发病的原因，如由于设备或操作失误可引起混合饲料成分分层，处于饲料传送带两端的动物可能摄入含有较多精料饲料。另外，意外闯入精料室贪食精饲料也可能导致乳酸中毒。精料的质和量也是重要的。对于动物不熟悉的粉碎性精料，即使摄入数千克亦是危险的。乳酸中毒的发生常与管理因素有关，因此，在畜群中可能有多个动物同时发病。了解乳酸中毒的发病机制对理解临床症状和制订治疗措施十分重要。采食后6 h内，易发酵的饲料被分解为*D*-乳酸和*L*-乳酸。除了在瘤胃中，实际上瘤胃下胃肠道也可发生。*L*-乳酸被吸收后可迅速被代谢利用；*D*-乳酸则代谢缓慢，在体内蓄积而导致发病。牛链球菌是瘤胃中参与转化产生乳酸的主要微生物。随着越来越多的乳酸和挥发性脂肪酸的产生，瘤胃内pH值逐步降低，甚至可降到4.5～5.0，使得瘤胃中其他微生物均被抑制，瘤胃出现停滞。牛链球菌继续繁殖并产生更多的乳酸，导致瘤胃内渗透压升高，从机体吸收大量的水分，导致脱水。此外，化学性或酸性瘤胃炎能损伤瘤胃黏膜，使血浆向瘤胃内渗透，内毒素和细菌进入门脉循环。

临床症状

病畜食欲消失，产奶量急剧下降，脱水，心率可达90～120次/min，呼吸50～80次/min，瘤胃积液，蠕动停止，皮肤冰凉，体温下降。通常出现腹泻或排出稀软的粪便，虚弱或卧地不起（图5-3）。由于脱水、碳酸氢盐丢失、低血压和血液及瘤胃中高水平的乳酸，严重的病例可进一步发展为代谢性酸中毒。

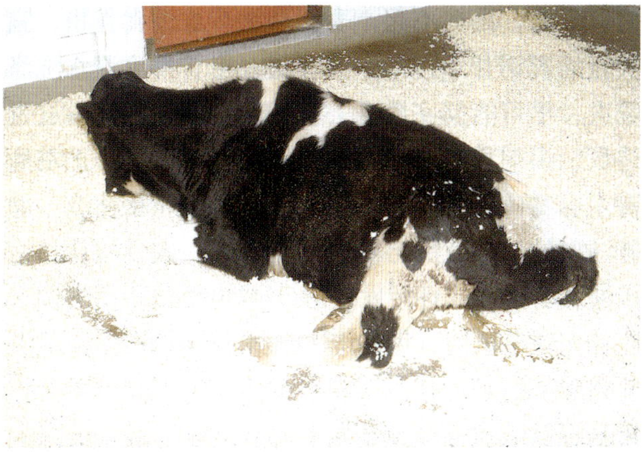

图 5-3

奶牛食入青贮饲料引发瘤胃乳酸中毒。身体大部分机能障碍，如不能站立，严重脱水，行动迟缓，酸中毒，视力下降。此牛在补充高渗生理盐水和静注硫胺素后康复，使用口径胃管排出瘤胃液体和投放活性炭等物质。

辅助指标和诊断

需结合临床症状及牛群详细的有关饲养管理方面的病史作出诊断。急性病例可通过胃管、穿刺或死后剖检取瘤胃内容物进行检查，若pH值为4.5～5.0，可作为诊断依据。必须注意，病程一旦超过24 h，由于唾液的缓冲作用和血浆的稀释作用，瘤胃内pH值通常可回升至6.5～7.0。其他实验室指标：酸碱和电解质水平显示代谢性酸中毒；中性白细胞减少，核左移，明显的氮质血症。病程超过24 h的死亡病例仍存在上述变化。*D*-乳酸和*L*-乳酸增多导致全身和血液的酸中毒。一些病畜的粪便中可见未消化的精料，亦可作为诊断线索。

治疗

治疗是困难的，兽医人员必须判断药物治疗是否足够有效，或者是否需要采取瘤胃切开术。此外，病程一旦超过24 h，瘤胃黏膜的损伤已经形成，无论采用何种治疗措施都难以奏效。若有多只动物同时发病，治疗难度及费用则会大大增加。

治疗措施包括纠正酸中毒和抑制乳酸生成。若动物瘤胃pH≤5.0，心率＞100次/min，脱水＞8%，

A

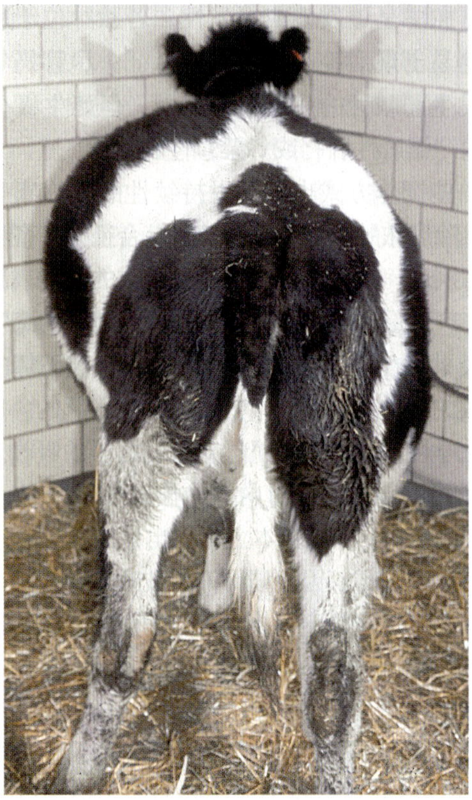

B

图 5-9

A，青年母牛的瘤胃鼓气。左腹鼓胀并波及背中线。
B，周围网状纤维脓肿引起严重的瘤胃积食鼓胀，伴随迷走神经性消化不良。典型的临床表现呼吸困难，瘤胃膨大。

病因学

急性瘤胃鼓胀可由游离气体或泡沫性食物引起。急性游离气体鼓气的发生常与低血钙、原发性肠梗阻、食管阻塞或损伤、咽部损伤（波及控制嗳气的迷走神经）、消化不良、急性局灶性腹膜炎（继发肠梗阻）有关。奶牛的泡沫性鼓气几乎总与原因不明的消化不良或突然摄食或贪食多汁的青饲料如苜蓿有关。

根据引起鼓气的原因将瘤胃鼓气分为3种：

1.泡沫性鼓气。由摄食较多含有叶绿素和可溶性蛋白的饲草，如多汁的豆科植物和三叶草，生成稳定的泡沫所致。一些品种的牛可能有遗传因素。研究表明喂服甘露醇、高可溶性蛋白也可导致泡沫性气胀。此病也发生于小牛犊并伴有腹膜炎和其他疾病。使用胃管不能治愈。

2. 气体性鼓气。

a.气体性鼓气的发生仅次于过食谷物引起的消化不良，谷物过食会加速大量挥发性脂肪酸的产生，降低pH值，导致乳酸蓄积，最终出现瘤胃停滞和气体性鼓气。

b.机械性损伤、炎症或代谢原因会干扰嗳气或影响瘤胃排空，而导致气体性鼓气，例如食管梗阻、迷走神经性的消化不良、低血钙症、李斯特菌病或破伤风。

c.气体性鼓气和液体性鼓气也发生在产褥期幼犊。发生在哺乳后30 min左右，瘤胃液体散发腐败气味。叩击患气体性鼓气的病畜左上腹时发出砰声，并伴有凝乳块。这也是幼病畜患慢性消化不良的临床症状。另外病畜出现精神不振，食欲减退，消瘦虚弱，粪便稀等症状。

3.液体性和气体性鼓气。牛液体性和气体性鼓气被认为是梭状芽孢杆菌皱胃炎-瘤胃炎和急性瘤胃酸中毒的急性并发症。

临床症状

临床症状包括急性发病史，左腹显著膨大（可达背中线，左侧肷窝消失），直肠检查（以下简称“直检”）发现膨大的瘤胃已达右腹背侧和腹侧，腹压升高压迫膈肌和胸腔，引起中度或严重呼吸困难。

患气体性鼓气的病畜左上腹出现大的砰声区，可达背中线（图5-10）。插入胃管鼓气缓解即可确诊。其他一些体征可帮助查明特定的病因，如产褥期病畜体温正常或稍低，末梢冰凉，瞳孔对光反应迟钝、卧地、虚弱，可怀疑低血钙为主要发病因素。若动物伴有发热，肠梗阻，局灶性腹膜炎，则可能存在腹膜炎。消化不良所致的鼓气在临床上少有其他症状，如出现其他症状则可能存在低血钙，同时还要注意排除其他疾患。伴有食道阻塞、损伤或

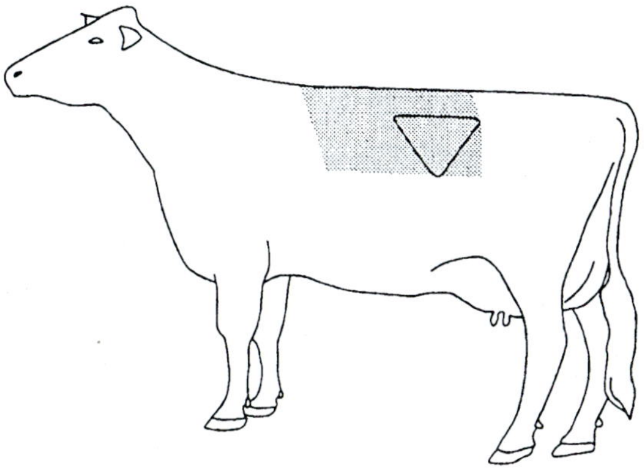

图 5-10

左腹积气或瘤胃鼓气。

咽喉损伤的动物表现多涎、不安、伸颈、腹部鼓胀，若发生食道或咽部穿孔会出现发热，胃管插入受阻（食道阻塞）或动物拒绝操作（咽或食道损伤）。泡沫性鼓气的诊断依据为典型的左侧腹部膨大，叩诊时听到不甚明显的砰声，插入胃管不能解除鼓胀。如果鼓胀速度快，最后两侧都极度膨胀极限，病畜呼吸困难，低血氧，心脏静脉血回流减弱，低血压，最后死亡（图5-11）。

治疗

治疗措施包括缓解鼓胀和消除病因。低血钙引起的气体性鼓气病例在实施胃管放气的同时注射钙制剂。伴有鼓气的消化不良需胃管放气并给予钙剂、轻泻剂、抗酸剂和促反刍剂。食道阻塞的病例需人工或器械轻柔操作，消除阻塞，存在原发性局灶性腹膜炎的动物应给予抗生素，减少活动并实施磁吸铁器或瘤胃切开术（取金属物），调整日粮（穿孔性真胃溃疡）。怀疑有咽损伤时应给予广谱抗生素和止痛药，插入胃管时动作要轻柔（见“咽损伤”）。

插入胃管对急性泡沫性鼓气极少有效，但此法有助于诊断，插入胃管的同时可给予表面活性剂如聚羟亚烃（poloxalene，浓缩型口服剂）或植物油以消除泡沫。有些病例使用大口径胃管可能缓解鼓

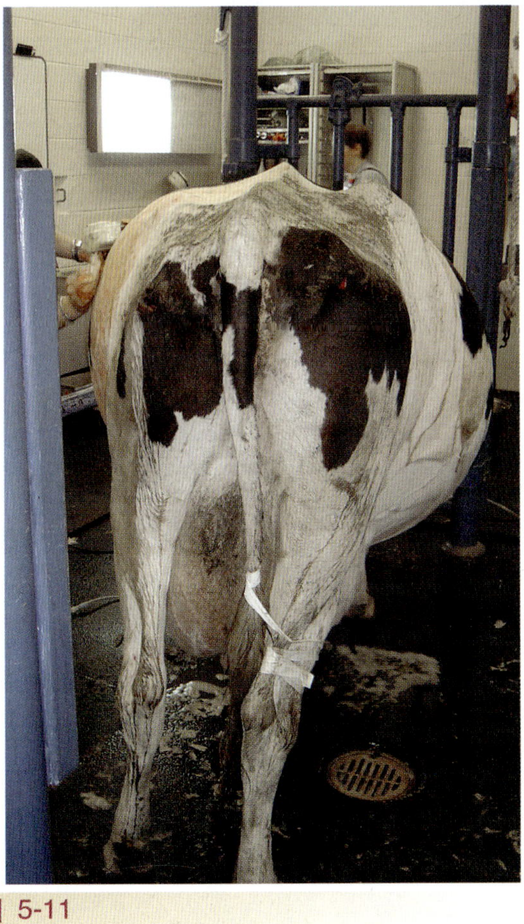

图 5-11

泡沫胃气胀引起的严重腹部膨胀，呼吸性压迫和低血容量性休克。

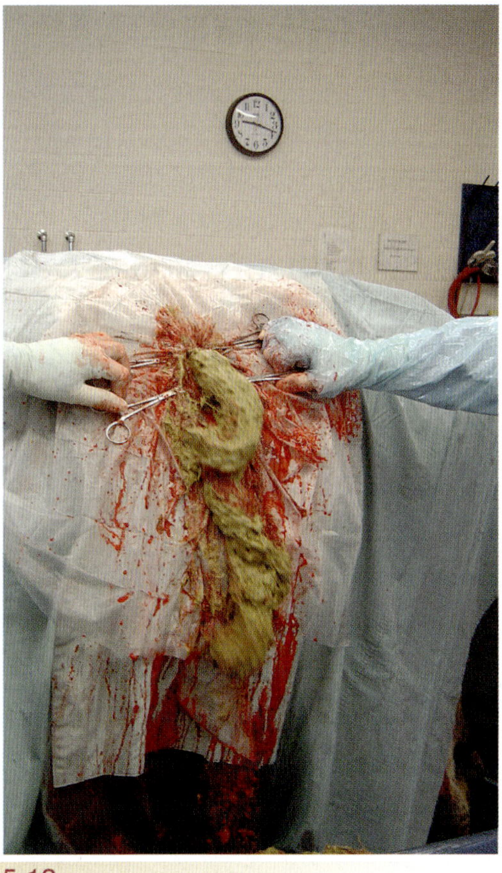

图 5-12

实施瘤胃切开术，胃内容物进出。

胀。为加速瘤胃排空，可给予促反刍-轻泻-抗酸合剂（温水送服）并注射钙剂。在急性鼓气的病畜实施瘤胃穿刺术时，应给机体补注生理盐水，补氧和镇痛药，使治疗稳定进行(图5-12）。

除极严重的病例急需缓解鼓胀外，一般应避免给患急性鼓气的奶牛实行瘤胃穿刺术。套管针穿刺会导致腹膜炎，对于动物来说可能是致命的。术后动物可能出现发热和腹膜炎症状（包括瘤胃鼓气），影响对原发病的诊断。

只要避免动物摄食致病性的饲草即可防止本病的发生，如不要突然到生长有茂盛苜蓿的草地上放牧，逐渐饲喂多汁牧草，预饲整株干草，向草地上喷洒表面活性剂，甚至简单地让畜群避开危险的地段。

慢性瘤胃鼓气 Chronic Bloat

病因学

绝大部分犊牛的慢性瘤胃鼓气有饲喂方面的病史，低纤维日粮是饲喂牛奶或代乳品犊牛最常见的发病原因（图5-13，A和B）。另一些犊牛外表健康，但在进食后不久即发生气体性鼓气。患全身性感染性疾病或腹泻的犊牛长期或过量给予抗生素后，由于瘤胃微生物区系的改变，导致发生瘤胃鼓气。用抗胆碱药如甲基东莨菪碱或其他抗副交感神经药治疗腹泻时会引起麻痹性肠梗阻及瘤胃鼓气。鼓气在给药后出现，可持续24～72 h。有些犊牛即使给予推荐剂量的甲基东莨菪碱也能诱发鼓气。

有严重支气管肺炎的犊牛若胸部的迷走神经受损或局部淋巴结肿大妨碍嗳气过程。皱胃左侧变位也可能会呈现慢性或间歇性气体性鼓气，应注意鉴别诊断。伴随有生长缓慢、厌食、土样粪便和腹部鼓胀等症状的间歇性或慢性气体性鼓气也偶发于3～8周龄的饲喂乳汁的犊牛。这些患病犊牛由于网胃沟反射缺陷，使得乳汁直接进入瘤胃而不是皱胃，造成瘤胃角化不全或角化过度，所以这些患病牛亦称“瘤胃嗜乳者”。在牛犊的肠内产生过量的*D*型和*L*型乳酸，引起严重的酸中毒。进食后不久即可以发生急性瘤胃鼓气，但也会产生慢性瘤胃鼓气。有些病畜瘤胃由于过多乳汁的腐烂作用使牛犊发病，通过胃管可取出灰色发臭的液体（图5-14B）。

已经断奶或停喂代乳品的较大犊牛，如果饲喂低纤维日粮如青贮或谷物也会发生食物性慢性气体

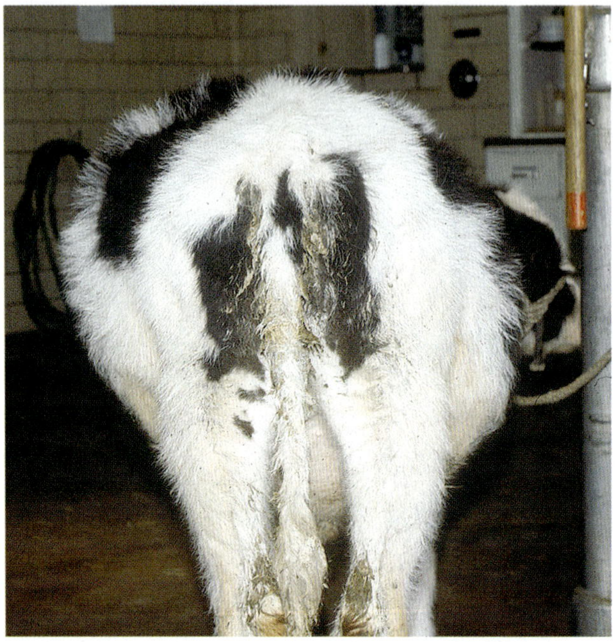
A

B

图 5-13

A，摄食低纤维日粮犊牛的慢性气体性鼓气。
B，健康牛发生气体性鼓气。

A 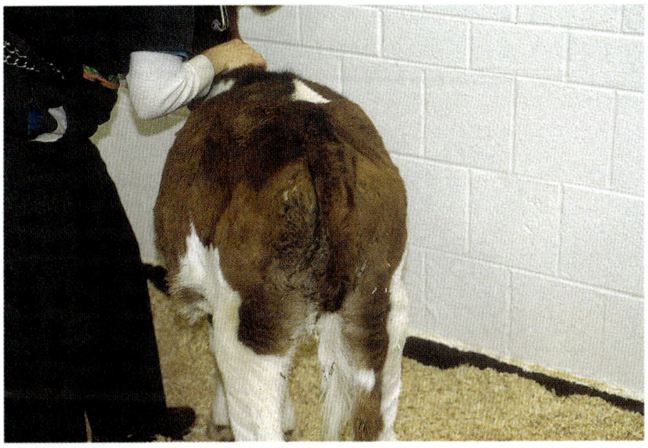  B

图 5-14

A，牛犊哺乳1 h后发生急性瘤胃鼓气。这头牛犊鼓气对全身状况和体毛产生了不利影响。B，收集的牛犊瘤胃内容物。

性鼓气。若饲以10%以上的颗粒型日粮而未辅以干草的犊牛出现慢性鼓气，若短时间大量饮水将加重病情。尚有多种其他因素亦诱发断乳犊牛发病，且往往难以诊治，如前胃神经支配或平滑肌功能的遗传性缺陷、侏儒牛的遗传性鼓气。其他疾病如腹部脓肿、脐或脐尿管粘连、肠道梗阻、皱胃嵌塞（图5-15）亦能导致慢性鼓气。

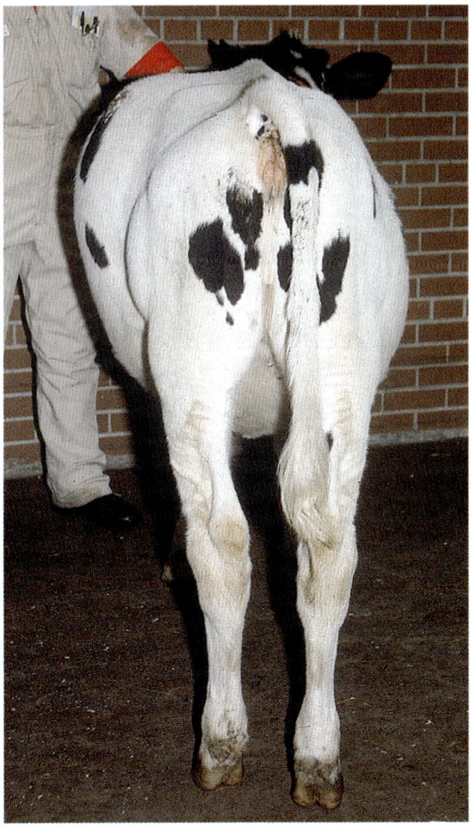

图 5-15

迷走神经性消化不良引起的腹部鼓胀，伴随有皱胃阻塞。

食道损伤亦是犊牛慢性鼓气的重要病因，包括食道饲喂器、投药器械或胃管造成的咽和食道的损伤，可能影响到控制嗳气、吞咽及前胃运动的复杂的迷走神经分支。尽管食管能动性障碍很少见，但是牛犊伴随食管扩张引起的气胀疾病也是不容忽视的。胸腺淋巴肉瘤或幼年型淋巴肉瘤导致的咽部或纵膈淋巴结肿大是最常见的肿瘤性病因。膈疝在奶牛少见，但可诱发急、慢性瘤胃鼓胀和鼓气（图5-16）。通常是网胃通过膈裂进入胸腔导致发病，症状为心音和肺音减弱，胸部腹侧叩诊呈现沉闷的鼓音(单侧或以侧)、鼓气、呕吐、呼吸困难。膈疝可能是先天性的，或继发于创伤、分娩、金属器穿孔和网胃腹膜炎导致的附近膈肌的进行性膈肌无力。

绝大部分成年牛的慢性鼓气与迷走神经受损有关。损伤可发生于咽至皱胃的任何部位。具体发病原因与犊牛相似，如李斯特氏菌感染、尖锐异物刺伤、网胃脓肿、肝脓肿、皱胃扭转、皱胃阻塞、淋巴肉瘤等，详见“迷走神经性消化不良”。

前胃肿瘤主要包括食道末端或贲门的纤维乳头瘤和前胃或皱胃的淋巴肉瘤。食道末端出现纤维乳头肉瘤可阻塞食道造成嗳气障碍。淋巴肉瘤和皱胃弛缓引起皱胃的内容物返流至瘤胃造成的瘤胃动力减弱和嗳气减弱，以上两种均可引发慢性瘤胃鼓气。瘤胃内氯化物含量>51 mEq/dL，血常规检查病畜有不同程度的低血氯，代谢性碱中毒典型症状。

利尼耶尔放线杆菌（*Actinobacillus lignieresii*）和牛放线菌(*Actinomyces bovis*)所致的肉芽肿可损伤

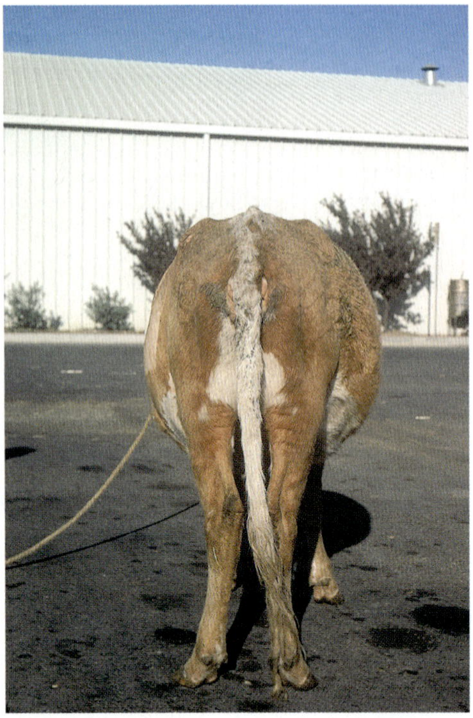

图 5-16

病畜膈疝诱发慢性瘤胃鼓气。网胃先天性膈疝继发膈肌无力。

食道末端和网胃，造成慢性鼓气和消化不良，但这种情况罕见。

破伤风患畜可能有慢性鼓气(持续数天)，因此，该病也是慢性鼓气的潜在病因。患病动物由于喉、咽和食道横纹肌功能障碍而影响嗳气导致发病。此外李斯特氏菌病、肉毒杆菌中毒和其他神经性疾病也会造成该病的发生。

对于任何腹部鼓胀的病例，兽医怀疑瘤胃鼓气时应首先将其与气腹或皱胃左方变位区分。在犊牛，结合叩诊、听诊和腹部冲击触诊可以将皱胃小肠鼓胀和盲肠鼓胀与瘤胃鼓胀区别开来。由于对犊牛无法实施直检，故外部视诊、物理检查和超声检测显得极为重要。在成年动物，物理检查结合直检可以确诊瘤胃鼓胀。

慢性瘤胃鼓气一般借助病史和物理检查确诊，但应注意排除腹水、皱胃变位、盲肠鼓胀和水肿等疾病。插入胃管是区分气体性或积食性的有效方法，必要时应通过物理检查结合实验室检查和外科手术探查确定原发性病因。

治疗措施依原发病因而定。由于大多数慢性鼓气与迷走神经损伤有关，治疗方法详见“迷走神经性消化不良”。对患有慢性或间歇性气体性鼓气的

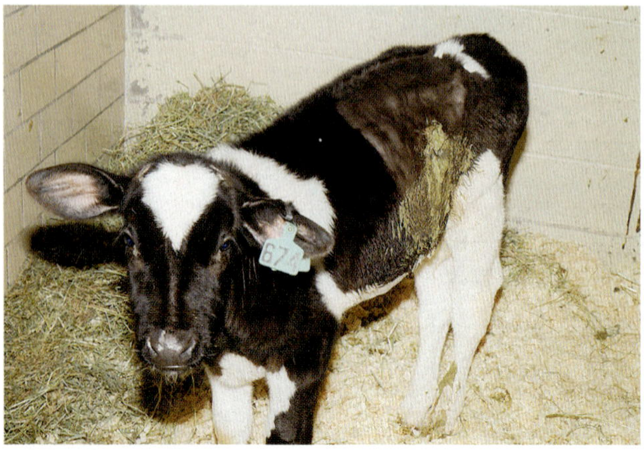

图 5-17

患气体性瘤胃鼓气施行外科造瘘术，内容物从腹侧流出。

犊牛进行治疗时，最好采用滞留暂时性瘤胃瘘管的方法。如果犊牛因喂奶或鼓气而急性发病时，需向瘤胃内插入胃管抽出尽可能多的液体，并且给予抗生素治疗和体液补充。

由破伤风引起的慢性气体性鼓气可用轻轻插入胃管的方法予以缓解，或经过外科手术做一瘤胃瘘管，使瘤胃内气体能持续放出，亦可经此瘘管直接给予食物和饮水。对于破伤风病例的治疗，置瘤胃瘘管很重要，因为被感染动物正常的咀嚼和嗳气功能丧失而频繁的使用胃管会增加动物的不安和焦虑。

由服用阿托品或甲基东莨菪碱造成的气体性鼓气和肠梗阻依病情适时使用胃管放气，一般在给药48～72 h后症状开始缓解。

有些病毒由于皱胃异常使得皱胃内容物反流到瘤胃而引起瘤胃鼓气，往往预后不良。

创伤性网胃腹膜炎(金属器具病)

Traumatic Reticuloperitonitis (Hardware Disease)

病因学

因摄入金属异物导致的创伤性网胃腹膜炎是一种很古老的牛病，但在现代饲养条件下发病率仍相当高。与绵羊或山羊不同，牛不用唇辨别混于粗饲料中的金属异物，但切碎的饲料中可能混有残留的铁丝或机器零件。

金属丝和钉子是最常见的致病金属异物。通常情况下金属丝的长度为5.0～15.0 cm，稍弯曲或一

端有钩。发病动物的前胃中可见各种大小的钉子，偶见皮下注射或采血用的针头。多数牛网胃内存有各种异物，如金属器具、石块、沙砾、围栏钉，有些还深埋于胃壁中。上述异物进入瘤胃后在24～48 h内被送入网胃，因重力原因或被网胃黏膜所缠绕而滞留其中。钝异物如坚果、螺栓、刷子、短金属丝（<2.5 cm），在对患病动物进行常规射线检查时或屠宰后发现。在乳牛时就应该避免接触金属异物。潜伏在体内的锐利金属异物和其他物理因素可随时造成穿孔和继发的临床症状。物理因素导致穿孔的首要例子是处于妊娠期的奶牛带有很重的子宫。在妊娠期后3个月时，妊娠子宫的重量和大小像个钟摆一样一起随着身体的活动而摆动，这样给予瘤胃和网胃的压力，促成了存在胃内锐利金属物质的穿孔。在奶牛妊娠期的后3个月内金属器具病发生率很高，这样也保证在妊娠期或干乳期对任何紧急疾病的鉴别诊断。由于疾病和其他状况（如分娩）引起的里急后重和肌用力过度，加强了腹腔的压力造成穿孔。

创伤性网胃腹膜炎多发于1岁以上的母牛，1岁以内牛发病率低是否是由于动物自身的辨别能力造成的尚不清楚。

由于存在饲草中混入金属异物的可能性，给12～18月龄的奶牛投服预防性磁铁也许是最简单的预防措施。

症状

一旦金属异物刺穿网胃壁，动物即呈现临床症状。本病的临床症状变化很大，影响因素包括穿孔的解剖部位、深度、波及的内脏器官、异物的形状和病畜是否怀孕或所处的泌乳阶段。

存在急性局灶性网胃腹膜炎时病畜的典型表现包括食欲或泌乳突然急剧下降甚至废绝，发热（39.44～40.56℃），呼吸和心率正常或轻度加快，肘外展，不安，弓背站立（图 5-18），瘤胃蠕动减弱，有时轻度鼓气，排粪减少且粪便干燥，前腹区（剑突附近）疼痛。发病24 h内检查，典型病例易于诊断，但不同个体症状差异大（如有的频繁站立，有的卧地不起），增加了诊断的难度。一些病例可能只有轻度的食欲，泌乳减少以及大便稠度异常，物理检查仅见瘤胃蠕动减弱，轻度鼓气（常提示局灶性腹膜炎）和前腹区疼痛。某些轻度病例仔

图 5-18

牛患创伤性网胃腹膜炎的典型症状：不安，弓背站立，虚弱。

细听诊和观察时可能发现在瘤胃收缩时因局部疼痛而出现后肢踏地。有的病例虽已发生创伤但临床症状并不太明显，可能与异物被网胃黏膜或黏膜下层包埋有关。若刺穿胃壁，这可能发生间歇性疼痛。偶见动物“呕吐”出多于瘤胃容量的内容物，表明动物已出现网胃刺激引起的神经性或压迫性食物反流。对于症状不明显的病畜，针对腹痛进行认真细致的物理检查是诊断的关键。

虽然患病动物存在明显的腹膜炎，但体温可能正常，这与一些教科书的描述不尽相同，似乎难以解释。根据作者的统计结果，200头已确诊(外科手术或尸体剖检)患金属器具病的牛体温正常者占50%以上。上述现象可能与一些病畜呈亚急性或慢性经过有关。体温升高也许仅发生在创伤初期，未能及时发现。临床上兽医人员难以观察到急性发病的动物，因此，不能依据直肠温度正常而排除本病。

慢性局灶性腹膜炎的动物可出现体重下降，被毛粗乱无光泽，间歇性厌食，泌乳减少，粪便异常，瘤胃功能紊乱(有或无轻度鼓气)。这些动物有时还存在弓背站立和腹痛症状。

存在弥漫性网胃腹膜炎的动物症状更为严重：发热，呼吸频率高达40～80次/min，心率增至90～140次/min，胃肠活动完全停滞，泌乳停止，食欲废绝，皮肤冰冷，黏膜毛细血管再充盈时间延迟，粪便稀软而少。病畜呼气时常可听到呼噜声或呻吟声，当起卧或强迫运动时更加明显。由于腹部出现广泛性的剧烈疼痛，难以用触诊的方法检查到局部的腹痛，动物不愿起立或走动，多数在12～48 h内进入类似休克的状态。若病情进一步恶化，体温

至C）。通过放射照相和超声检查有时候可以帮助鉴定镶嵌在体内的异物。长期的纤维性粘连采用脓肿引流术，用解剖刀经网胃壁切开粘连位点，此操作要求有一定水平的设备和实践经验。有大量的网胃脓肿，尽管可能导致蜂窝组织炎、网状瘘和腹膜炎的发生，仍在腹侧经皮进行引流。

抗生素治疗至少应待续3～7 d以确保完全控制局灶性网胃腹膜炎和防止穿孔部位发生脓肿。青霉素G、头孢噻呋、氨苄青霉素、四环素已成功地应用于上述治疗。

亚急性或慢性发病动物已出现顽固性厌食，脱水、重度碱中毒时应及早进行液体疗法、抗生素疗法和瘤胃切开术，仅用保守疗法难以治愈。通常还需要瘤胃转宿、补充钙剂和长期的抗生素治疗。

并发症

牛创伤性网胃腹膜炎的并发症很多，脓毒性心包炎可能是最重要的并发症，是由于金属异物向前刺穿膈和心包炎而发病（图5-22）。网胃脓肿亦是相当常

A

B

C

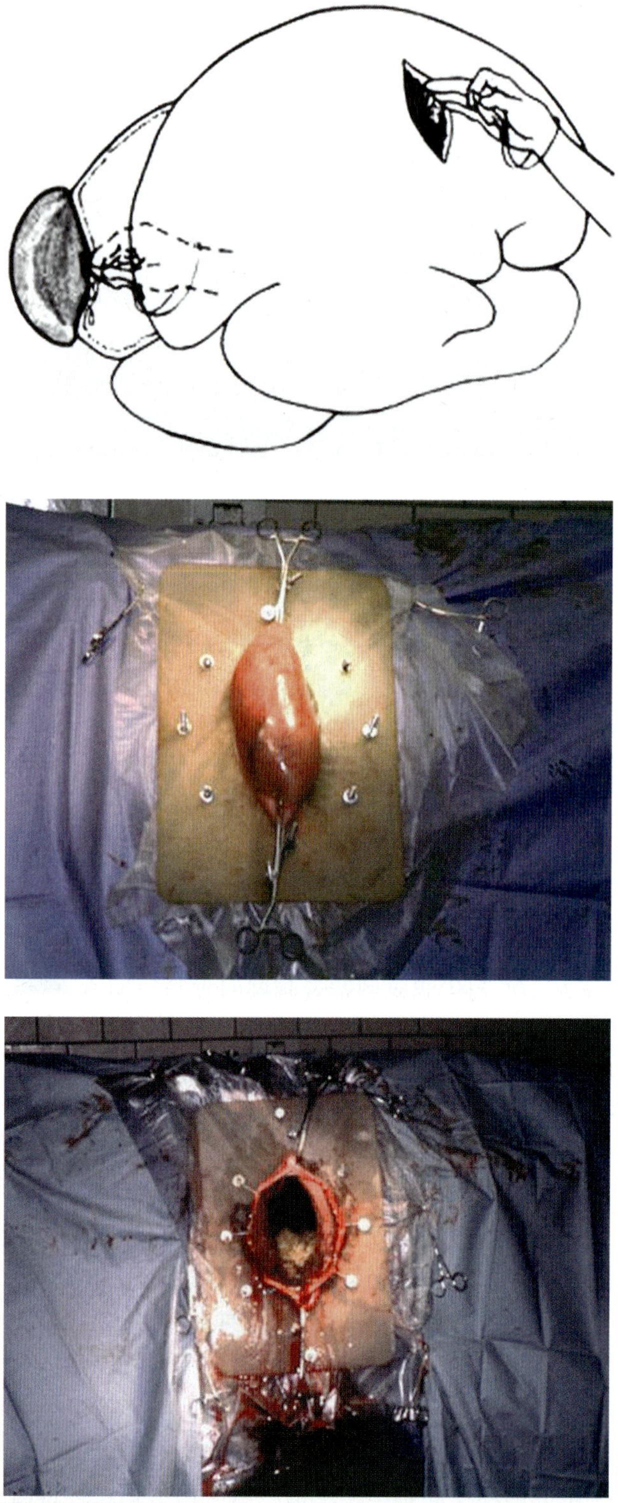

图 5-21

A，作图描述实施瘤胃切开术，刀割除网胃内的网状纤维周围性脓肿。B，左侧腰腹侧做剖腹术，瘤胃壁及部分瘤胃。C，将图B的瘤胃剖开。

A

B

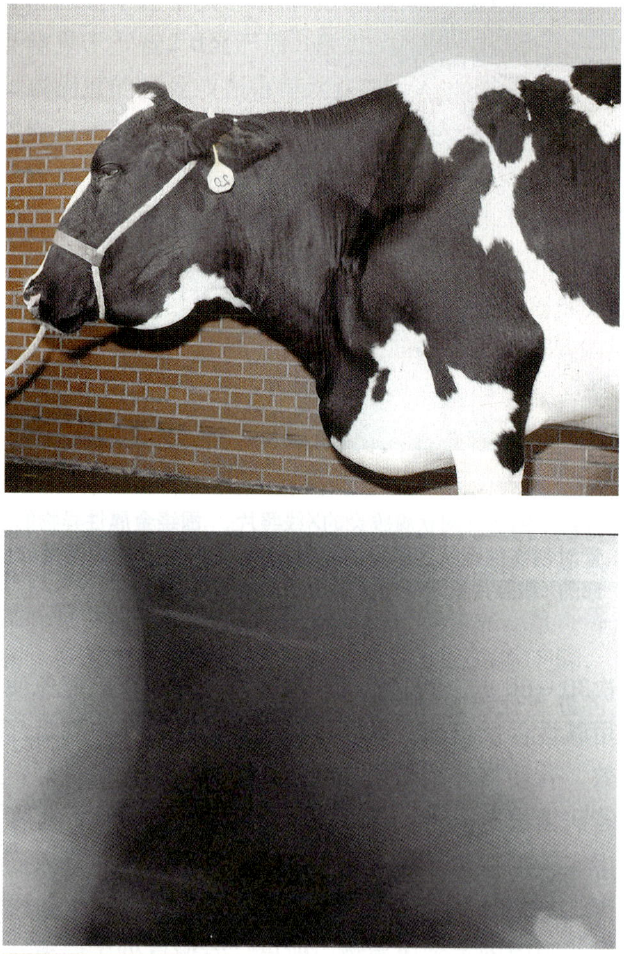

图 5-22

A，奶牛创伤性网胃腹膜炎并发心包炎，病畜腹侧、前胸及下颌间隙出现浮肿。B，腹侧和胸部X相片显示外伤性网胃炎并发96处脓点。

见，常发生在网胃的前侧或右侧壁，直接或间接地影响腹侧的迷走神经分支而发生迷走神经性消化不良。临床上迷走神经性消化不良有轻度瘤胃网状结构紊乱，瓣胃运输困难或皱胃机能障碍等表现。膈刺伤的其他并发症还有脓毒性胸膜炎、胸部脓肿、膈疝、创伤性心内膜炎。偶见金属异物(通常是铁丝)刺穿网胃和胸骨或前腹侧腹壁形成网胃瘘(图5-23)，任何刺穿右侧网胃壁的金属异物均可通过炎症反应和粘连，直接或间接地损伤或刺激腹侧迷走神经分支,导致迷走神经性消化不良。所以,若怀疑并发迷走神经消化不良。切开瘤胃后应仔细探查网胃右壁。

预防

兽医人员有责任建议畜主应该给所有已达繁殖适龄或1岁的青年母牛预防性的投服强磁铁。因创伤性网胃腹膜炎而丧失一头性能优良的奶牛是不可原谅的。令人担忧的是临床上金属器具病仍极为普遍,每年有许多奶牛因畜主“疏忽”投置磁铁而导致死亡。虽然偶见投服的磁铁随粪便排出或丧失磁性，但本法仍是目前预防本病的主要手段。磁铁的效果是相当明显的，在屠宰场可发现前胃中的金属异物在磁铁上紧密地排列并被紧紧吸附。购置磁铁时应用铁器进行检查，选购优质的磁铁投服。

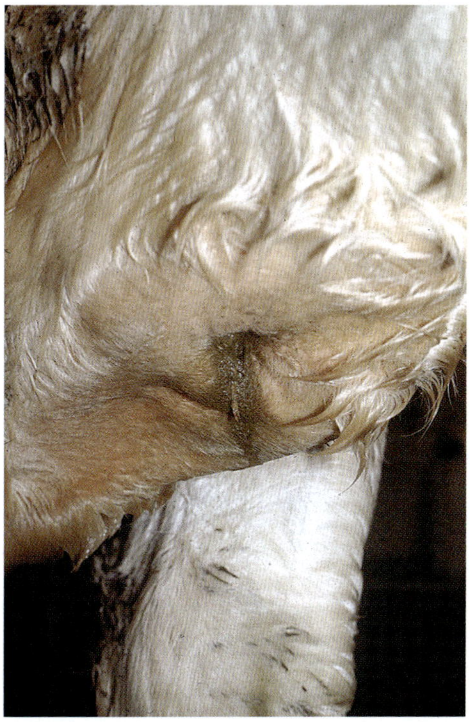

图 5-23

奶牛前胸出现网胃瘘。金属异物刺穿网胃和胸骨形成瘘道，食糜从中流出。

建议在饲料自动输送线或青贮塔卸料机上安装大块电磁铁板（有商品出售），用以除去饲草中的金属异物。该方法在使用自动饲料输送线的大型农场中非常有效，每年可吸附几十磅尖锐的金属异物。

迷走神经性消化不良

Diseases Affecting the Vagus Innervation of the Forestomach and Abomasum——Vagus indigestion

沿着前胃和真胃的迷走神经干的任何部位都有可能受到损害。这种损害从脑干开始并沿着迷走神经的远端能使迷走神经和其分支受到损伤、引起炎症或被破坏。所有这些疾病将导致前胃或真胃在某种程度上的机能障碍，并且它们均属于迷走神经性消化不良的类型。依损伤的部位及程度，迷走神经消化不良在临床上有多种表现。通常瘤胃鼓胀呈现间歇性或持续性，这与贲门窦的功能性或机能性流出梗阻或嗳气障碍（气体性鼓胀）有关。真胃或幽门的机能性或功能性阻塞可以防止更多末梢损害部位发生外流。

上述条件描述的症状称为迷走神经性消化不良。这个症状可视为迷走神经干受损伤后出现的一系列并发症或继发症。

症状

主要症状包括食欲下降（数日或更长），泌乳减少，进行性（持续和间歇性）腹部鼓胀，粪便呈糊状（排出量随食欲及鼓胀变化而改变），逐渐消瘦。许多病例出现心动过缓（≤60次/min），但部分病畜无此症状，故不能作为排除本病的依据，心动过缓可能由迷走神经的反射性刺激引起，这种刺激还引起副交感神经性的心率缓慢。心动过缓还与厌食症有关，瘤胃过度性收缩、低渗性收缩及弛缓性收缩一直被一些作者作为诊断迷走神经消化不良的标准。大多数病例中瘤胃收缩频率增加（3～6次/min），但效率下降，难以将食物由瘤胃网胃推入瓣胃和真胃，持续的蠕动会导致内容物出现泡沫。

迷走神经消化不良所致的典型腹胀见图5-24，从尾部向前观察可见左上、下腹和右下腹隆起。在大多数的病例中，这种膨胀是由瘤胃腹囊向右侧进

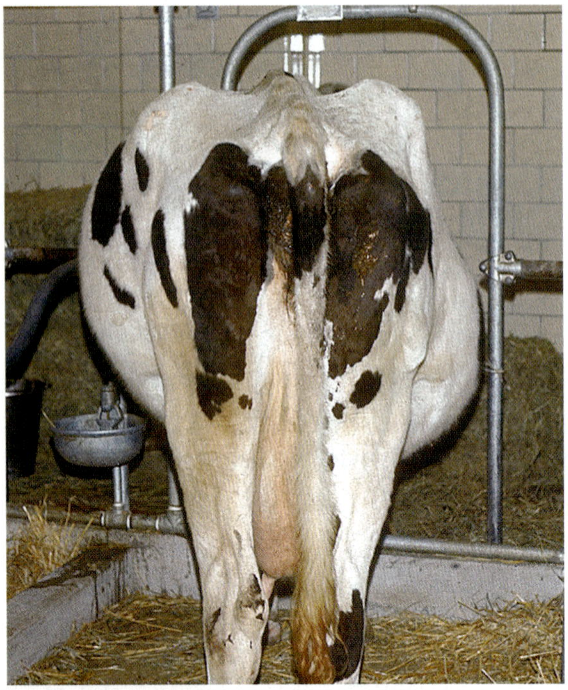

图 5-24

奶牛迷走神经消化不良的典型腹部鼓胀：左上、下腹和右下腹隆起。

表5-1 长期跟踪评估112头患迷走神经性消化不良的病牛的临床治疗结果

	良好	一般	差	合计
咽损伤			1	1
肺损伤			1	1
纤维乳头瘤	1		1	
放线菌性肉芽肿		1	1	
淋巴肉瘤			2	2
中毒性瘤胃炎			3	3
创伤性网胃腹膜炎	13	3	16	32
网胃脓肿	10	1	4	15
肝脓肿	1	2	3	
穿孔性真胃溃疡	3	3	6	
真胃右方变位(RDA)	4	4		
真胃扭转	3	3	20	26
RDA和真胃穿孔性溃疡			1	1
真胃左方变位			1	1
瓣胃阻塞			1	1
真胃阻塞			2	2
真胃脓肿			1	1
弥漫性腹膜炎	1		7	8
妊娠后期			1	1
自发性损伤	1		1	2
	33	8	71	112

"良好"：病畜未隔离，治疗后产奶量恢复至或超过患病前水平；"一般"：未隔离，泌乳期结束后淘汰；"差"：死亡或经1个月治疗后淘汰。

行性扩张引起的，此时由尾部向前观察或直检可发现瘤胃呈"Z"形。严重者瘤胃腹囊不但占据右下腹而且向右上腹扩张，瘤胃外观呈近似"V"形，极严重病例瘤胃完全呈"V"形，偶见背囊中存留大量气体且延伸至腹囊，此时在右上腹叩诊能听到鼓音。真胃阻塞或幽门狭窄亦可能引起右下腹鼓胀，但临床上极少见。

依原发性损伤的部位和程度，迷走神经消化不良可呈急性或慢性经过，大多数出现发病征兆的动物在数日至数周内出现典型的腹部鼓胀症状。一些原发性损伤易于诊断，有些则需要更多地借助实验室检查或外科探查后才能确诊。原发性损伤与预后直接相关，故对所有病例应努力确定原发性损伤的原因。上述介绍了迷走神经消化不良的一般症状，各种原发性损伤所导致的特殊症状将在下面讨论，表5-1为对112个病例进行的长期临床跟踪治疗和观察结果，并列出了各种原发性损伤的相对发生率。

迷走神经核病变较为罕见。临床上偶见患李斯特氏菌病（Listeriosis）的牛在早期出现呕吐和瘤胃活动抑制，这反映了迷走神经过度兴奋。当脑干部颅神经（Ⅴ，Ⅶ，Ⅸ，Ⅹ）受损伤时，若口、咽部位的神经-肌肉功能受损，动物会出现不能控制的呕吐或反刍。

咽部损伤可引起典型的发热、吞咽障碍、流涎、伸颈、咽周围软组织肿胀和迷走神经功能紊乱。损伤原因包括治疗患牛是不是规范使用投药器具、注射器、胃管、窥镜、食管饲喂器、磁铁/金属异物移取设备。迷走神经功能紊乱的可能表现出瘤胃活动减弱、吞咽困难、嗳气障碍及稍后继发性瘤胃鼓气，并且有些病例还出现心动过缓。控制咽、喉或前部食道的迷走神经直接受损伤或局部炎症将扰乱正常嗳气产生所需的复杂的神经-肌肉活动。咽后部脓肿或咽部异物嵌塞所致的症状与咽部损伤相似，但较少见。

使用胃管、食道饲喂器或磁铁/金属异物移取器装置可造成食道撕裂，导致严重的蜂窝织炎及有关迷走神经的机能障碍。颈静脉注射时误漏到血管周围的药液亦可导致化学性或脓毒性蜂窝织炎，出现类似的症状。这些病牛除出现迷走神经损伤的症状外，还见颈部肿胀、发热、多涎。慢性食道阻塞会导致组织坏死、大量流涎、食物及饮水反流。

临床上有时见到患严重支气管肺炎的犊牛或成年牛因炎症损伤穿过纵膈的迷走神经干，尚不明确是神经干自身炎症反应抑或是肿胀的淋巴结间接挤压所致。在广谱抗生素治疗下尽管肺炎病情已趋明显好转，但病畜仍出现腹部鼓胀，瘤胃鼓气，食欲下降。通常在肺炎发生后数日内出现瘤胃鼓气症状。插入胃管可排出胃内气体，但瘤胃嗳气容易顽固性地复发。病畜只能在鼓气缓和时进食，因此日渐消瘦。嗳气障碍似乎是反复性气体性鼓气的主要原因。当肺炎病变弥散到迷走神经的胸腔分支时，有时可见气性肿胀病例，这与成年牛的慢性支气管炎有关。

某些肿瘤，如胸腺淋巴肉瘤、犊牛或成年牛淋巴肉瘤、多发性神经纤维瘤和肺癌，可能挤压食道或迷走神经引起消化不良及继发性嗳气障碍和慢性气体性鼓胀。

贲门区病变包括纤维乳头瘤及其他肿瘤、放线菌或利尼耶尔放线杆菌所致的肉芽肿，当嗳气或反刍时会机械性地挤压远侧的食道，导致迷走神经性消化不良。

绝大多数网胃的创伤位于右侧或中部网胃壁，可直接损伤腹侧迷走神经分支或借炎症反应及挤压作用影响迷走神经。创伤性网胃腹膜炎、网胃脓肿、肝脓肿、重度中毒性瘤胃炎及肿瘤如淋巴肉瘤属于此类。有人将网胃前侧或中部粘连亦归此类，认为网胃粘连会引起机械性运动障碍，但是多数人认为腹侧迷走神经分支的神经性损伤是引起迷走神经性消化不良的主要原因，即使网胃粘连同时存在。上述迷走神经性消化不良的预后取决于原发性病因。创伤性网胃腹膜炎所致迷走神经性消化不良的预后依腹膜炎的严重程度和波及的腹侧迷走神经分支而不同(13/32预后良好)，网胃脓肿的治愈率高于前者(10/15)，详见表5-1。网胃脓肿对迷走神经的损伤主要是挤压作用，可通过外科手术切除脓肿使症状得到缓解。

发生于网胃或真胃远侧的前胃损伤种类很多，如淋巴肉瘤及其他肿瘤、弥漫性腹膜炎及真胃穿孔性溃疡继发的腹膜炎、真胃脓肿、迷走神经损伤、真胃右方扭转所致血管内血栓形成、瓣胃阻塞、慢性或急性真胃阻塞。这类损伤往往呈多发性，波及范围广，且可能机械性与功能性障碍并存，故继发于这类损伤的迷走神经性消化不良多预后不良(表5-1)。作者曾治疗过一定数量的真胃右方扭转的转诊病例，许多家畜已发病24 h以上，出现迷走神经性消化不良的危险性很高。一般外科手术整复后24～72 h内病情缓解，但随之出现排空障碍，心动过缓，典型的瘤胃鼓胀，排粪减少，食欲不振，真胃鼓胀，瘤胃呈典型的“L”形。

即使真胃是主要症结所在，多数病例仍出现前胃鼓胀。近年来的研究认为，肠扭转常波及真胃、瓣胃和网胃。长时间的肠扭转会牵拉损伤迷走神经干或导致供应真胃、瓣胃和网胃小弯的大血管内出现血栓。尽管努力治疗，多数由真胃右方变位和扭转引起的迷走神经性消化不良难以治愈，且出于本病在病理上是不可逆的原因，不主张行瘤胃切开术。所以，真胃右方扭转所致的迷走神经性消化不良通常预后不良，26个病例中仅3例痊愈(表5-1)。临床上一旦发生真胃右方变位和肠扭转时应立即予以纠正，以减少出现迷走神经损伤及排空障碍的可能性。对于有价值的病畜，若经网膜固定术纠正真胃右方扭转后仍出现迷走神经性消化不良的症状，可实施真胃固定术，或在实施瘤胃切开术后进行真胃固定术，以确保真胃位置适当和利于排空。但预后谨慎或不良。

迷走神经性消化不良的诊断依据是亚急性或慢性病程，典型的腹部鼓胀，直检瘤胃呈“L”形(尾侧观察)及心动过缓(有时不出现)。完整的诊断需确定原发性病因。有些病例原发性病因比较明确，如咽部创伤、食道撕裂、近期内进行过真胃右方扭转整复术。另一些原发性损伤病例，特别是较少见的腹部损伤或早孕，在实施剖腹探查术或瘤胃切开术前难以确诊。与迷走神经损伤无关的皱胃或瘤胃嵌塞会发生，皱胃嵌塞是食欲及产奶量减少的原因，并且通过长期的药物或手术治疗康复，这多与迷走神经功能障碍无关，一旦牛患有因迷走神经功能障碍引起皱胃嵌塞，多难以治愈。

临床病理学

对病畜应进行详细的物理检查(包括直检)，若仍难以确定原发性病因，则应辅以实验室检查。CBC变化可能表明存在急性或慢性炎症或淋巴肉瘤(持续淋巴细胞增多)。同时应检查血清总蛋白、清蛋白和球蛋白。球蛋白升高预示存在网胃或肝脓肿。但患迷走神经性消化不良的病牛，由于瘤胃极度鼓胀，内脏器官与腹壁紧密挤压，难以实施腹腔穿刺术。尽管如此，借助超声波若发现腹部有流动液体预示腹膜炎或淋巴肉瘤。右侧颅部正中部位是一个反馈位置，发生真胃变位淋巴肉瘤时可获得含有脱落肿瘤细胞的诊断液。pH值和电解质变化有助于诊断碱中毒程度。临床上严重的碱中毒并不总与真胃或幽门疾患有关，有些患亚急性或慢性创伤性网胃腹膜炎的牛亦会出现严重的碱中毒。需注意的是尽管患迷走经神性消化不良的动物存在明显的胃肠排空障碍，但多数病畜血清pH值和电解质正常，或只有轻度的低血氯、低血钾性碱中毒。大约50%的肝脓肿病牛γ谷氨酰基转移酶升高，但是全部对该病弱敏感性和弱特异性。

辅助试验

腹部超声在诊断牛受到迷走神经性消化不良的影响时是非常有帮助的。超声波有助于确定腹部流体的性质和纤维蛋白的存在度或腹腔脓肿。 超声也可用于皱胃壁成像，以确定内脏的大小和瘤样病变的任何迹象。由于生化标志物对牛肝病的敏感性和特异性很弱，经腹超声在诊断肝脓肿时是最有效的诊断辅助方法。如果设施齐备，网胃的X光照片在探查网胃异物穿孔时是非常有帮助的，咽或胸部的X光照片也有助于诊断咽或胸部病变。如果怀疑是牛淋巴肉瘤，必须将血清做牛白血病病毒（BLV）琼脂凝胶免疫扩散试验或酶联免疫吸附试验，并且于腹膜穿刺之后做肿瘤细胞的细胞学检查。

治疗

一些原发性疾病，如肿瘤、真胃右方扭转、弥漫性腹膜炎导致的迷走神经性消化不良通常难以治愈，可能无手术的必要。有些原发性疾病，如咽部创伤、重度肺炎以及能够确定的导致嗳气障碍的其他损伤可能仅需要对原发性损伤治疗即可，如咽炎蜂窝织炎需给予广谱抗生素、抗炎药和止痛药。上述病例若出现顽固性嗳气障碍，可做一瘤胃瘘管以缓和慢性鼓气，并在恢复过程中经此给予食物和饮水。对于有价值的病畜，若原发病因位于腹腔则有必要进行手术。左侧剖腹探查术和瘤胃切开术是诊断迷走神经性消化不良原发性病因最有效的方法，不但有助于确诊和预后，而且能排空瘤胃内的积食，减缓鼓胀，暂时减小瘤胃的重量及迷走神经感受器所受的压力。术后瘤胃和网胃的压力感受器将恢复正常功能。若迷走神经损伤是可逆的，则前胃将恢复正常的收缩功能。对少数牛可以使用金曼管使部分瘤胃液排出，这促使瘤胃切开术和探查术对外科医师和牛都较简单。

手术前应进行静脉液体疗法以补充水分和纠正酸碱平衡和电解质平衡。怀疑存在腹膜炎时需同时注射广谱抗生素。由于胃肠存在功能性排空障碍，应禁止经口补液或给药，虽然经口胃给成年牛注入1 lb的咖啡可显著地促进食物的吸收。出现低血钙时应注射钙剂，以补偿胃肠吸收减少和泌乳造成的损失。

进行左侧剖腹探查术检查时应尽可能完全、彻底。发现腹腔内或网胃周围存在广泛粘连应避免触动或损坏，防止炎症扩散和引起疼痛。腹腔探查结束后再进行瘤胃切开术和积食排空。仔细检查前胃特别是网胃、贲门及瓣胃口，提起网胃黏膜检查脏层和壁层腹膜是否粘连。通过瘤胃壁触诊真胃和瓣胃，这种方法能发现及由皱胃穿孔性溃疡引起的皱胃嵌塞或广泛性粘连是否存在由粘连引起的真胃或幽门移位。在中等体型的动物，可将手伸入瓣胃口检查瓣胃内部，有时能触及真胃内部。应有条不紊地彻底检查网胃黏膜是否存在创伤性网胃腹膜炎、异物或肿瘤。发现纤维乳头状瘤应予排除。触诊远侧食管以检查可能发生在这个部位的肿瘤或肉芽肿。虽然不同病例中脓肿的位置多变化，但网胃脓肿和肝脓肿多位于网胃壁右侧和中部，通常网胃脓肿与网胃壁紧密粘连，而肝脓肿则不然。存在大的网胃或肝脓肿触诊时似乎有2个瓣胃的感觉。脓肿通常位于瓣胃前方，若能通过一个气音而肯定网胃脓肿与胃壁粘连，外科医生可经网胃壁切开脓肿将内容物引入网胃（图 5-25）。穿刺脓肿如图 5-21所示。当确诊存在肝脓肿（图 5-26，A至C）需进一步治疗时，可从腹部腹侧做一引流。一旦贲门窦区室的探查手术完成时，健康牛瘤胃的宿主转变应投药，并且封闭瘤胃和胃壁。如果迷走神经功能障碍只以自由气体膨胀存在为特点，可在手术关闭腹部

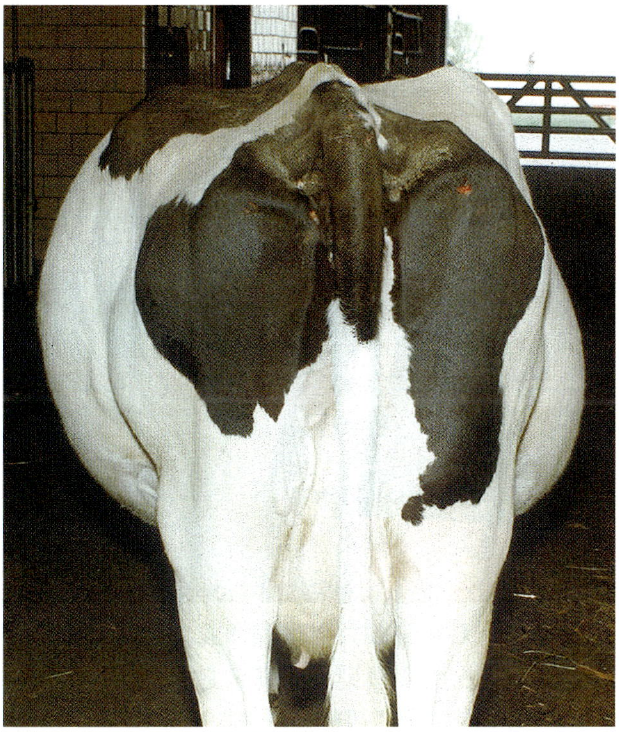

图 5-25

网胃脓肿引起的迷走神经性消化不良。

时放一瘤胃瘘管;以便瘤胃气体逃逸，直至愈合。继续试探性检查，如果认为迷走神经性消化不良的迹象是由早孕造成的，母牛需要在适当的时候流产。

根据瘤胃切开术探查结果制定术后护理措施，对导致迷走神经性消化不良的原发性疾病应进行针对性治疗。存在活动性腹膜炎或脓肿的病畜应注射广谱抗生素。检查并调节体液及电解质平衡。有条件时应每日给予转宿物。日粮中应含适量的粗纤维（如苜蓿干草）并具轻泻作用，以刺激食欲。低血钙的动物需补充钙剂。病畜康复是缓慢的，即使对治疗有效的病例完全康复通常需要几个星期时间。病情好转的表现为食欲和泌乳增加，反复性膨气消失，排粪增多，直检瘤胃鼓胀消失，体重增加。病情恶化时呈现顽固性食欲不振，排粪减少，反复性膨胀，瘤胃及腹部鼓胀。刚结束手术，不应允许手术时从前胃拿出大量内容物的牛自由进料，特别是饮水。大多数患有实质性腹膜炎的牛无论如何不能在这个时候进食或饮水太多，在许多情况下，这些牛在术后的24～48 h状态变差。然而，偶然病例在术后过分吞咽或饮水过多，如果让其随意采食，瘤胃将再次迅速鼓胀。

左侧开腹探查术和瘤胃切开术

Left Flank Abdominal Exploratory Laparotomy and Rumenotomy

Fubini 和 Ducharme已经对这种临床及研究中常用的瘤胃外科检查术进行了详细评述（图 5-21）。在某些情况下，瘤胃太大，它阻碍了任何有意义的腹腔触诊。接着是常规准备和切口，术前某种程度上要暴露腹部。手术人员应切记腹腔存在粘连，特别是与网胃或真胃有关的粘连预示可能有脓毒性病灶，触动它可能会造成感染的扩散和弥漫性腹膜炎。根据牛体型大小，术者伸入手臂在瘤胃上方或后方能触摸到绝大多数腹腔脏器，但一般难以触及右前腹的器官。

切开瘤胃治疗迷走神经性消化不良和金属器具病时，应尽可能完全地移出内容物，以便于通过瘤胃壁像直检那样触诊各个腹腔脏器。

除仔细检查网胃内有无异物外，应握住网胃壁轻轻晃动观察是否存在粘连。将手伸入食道末端检查是否存在肿瘤或肉芽肿；用数个手指或整只手伸进网-瓣口探查瓣胃内部。在较小的个体，此时可经瓣胃触摸真胃。隔瘤胃壁亦能触诊瓣胃、真胃及与网胃、肝、脐残迹有关的脓肿。

一旦发现脓肿附着于网胃壁，吸取脓汁先证实脓肿，再切开将内容物引入网胃。对于未附着于前胃的脓肿，应仔细定位，视病畜价值必要时进行第二次腹部手术做一引流或袋形缝合。

怀疑患金属器具病的牛只，若发现网胃粘连，则有助于确诊并指示术者查找引起创伤的异物。应仔细检查网胃“蜂房状”黏膜的每一部分。在教学医院，常出现缺乏经验的术者难以找到引起创伤的异物，这是由于异物刺穿数个黏膜嵴，平行进入网胃壁，或异物刺入胃壁，在网胃内侧仅露出很小部分，需在有经验的兽医人员的指导下进行。临床上见到许多异物刺穿并脱离网胃壁进入腹腔，这种情况下只有通过腹侧探查术才可能取出异物。少数病例，在瘤胃切开术或超声波证实异物及其周围纤维组织后，用腹侧探查才能取出异物。但是，腹腔内弥漫性粘连使异物难以取出，或大范围的探查导致的术后发生弥漫性腹膜炎，也往往导致手术失败。也许只有确认异物位于网胃腹侧或后侧时才有意义进行第二次腹侧探查手术。

网胃腹膜炎症状，治疗方法见“创伤性网胃腹膜炎”。当动物发生膈疝、食道远侧疣或网胃疣时亦能观察到类似的食物反流。瘤胃和网胃的溃疡也能引起呕吐，其中一例呕吐物有出血。

患迷走神经性消化不良的牛亦出现呕吐。这些动物通常已处于腹部和瘤胃发生鼓胀的后期。这种食物反流的出现可能是大量瘤胃液体内容物倒流，在口腔内难以存留故而表现为呕吐，亦可能与瘤胃内压力异常增高有关。

前面已经讲述，患李斯特菌病的奶牛在早期出现呕吐（图5-29）。一般认为是迷走神经核的炎症反应对迷走神经的刺激或颅神经（Ⅴ，Ⅸ，Ⅹ，Ⅻ）损伤造成对反流食物失去控制所致。

呕吐亦发生于患白肌病的犊牛，但较少见。病畜因咽部肌肉机能障碍而出现吞咽困难，不能控制反流的食物而表现为呕吐。这在犊牛的中/内耳炎中也可以看出。吸入性肺炎是这种病畜常见的继发症。有毒植物或毒素也可引起呕吐，如白蛇根（*Eupatorium rugosum*）、芳草（*Hymenoxys* sp.）、棂木（*Andromeda* sp.）、夹竹桃（*Oleander* sp.）、芹叶钩吻（*Conium* sp.）等。除偶然因素外，现代的饲养管理方式下奶牛接触有毒植物的机会已大大减少。据报道，牛发生砷中毒时出现呕吐。

图 5-29

呕吐和抑郁是患李斯特菌病成年奶牛最显著的临床症状。

临产奶牛存在重度低血钙时由于瘤胃内压力升高和平滑肌张力下降会发生呕吐。此时动物处于昏迷状态，因此，出现吸入性肺炎的危险性高于其他动物。

插入胃管特别是粗胃管（直径达4.0～5.0 cm）可诱发奶牛呕吐，此可能是咽部和网胃受到刺激引起的，呕吐也可能与必须使用胃管的原发病如金属器具病有关。如果这种情况反复出现，而奶牛需要用胃管来饲喂，通常使用小管通过鼻腔来饲喂，可防止反流的发生。

前胃肿瘤 Forestomach Neoplasia

纤维乳头瘤常见于奶牛食道末端、网胃或瘤胃（图 5-30），但其生长部位和体积一般不足以导致临床症状。位于食道末端或贲门区的大瘤块可能引起嗳气障碍，病畜出现间歇性或慢性气胀。牛消化道疣通常由牛乳头瘤病毒(4-型DNA)引起。该病毒能诱发奶牛口腔、食道和前胃的纤维乳头瘤。在世界上一些地区，牛摄入有致病物质的植物如欧洲蕨可引起纤维乳头瘤发生癌变。除非出现鼓气，这种病畜外观和食欲正常。诊断和治疗本病最有效的方法是瘤胃切开术，切除肿瘤。上述方法已成功地应用于纤维乳头瘤和纤维瘤的诊治。尽管内窥镜可用于检查食道末端的肿瘤，但可疑病例在实施瘤胃切开术前很难作出诊断。

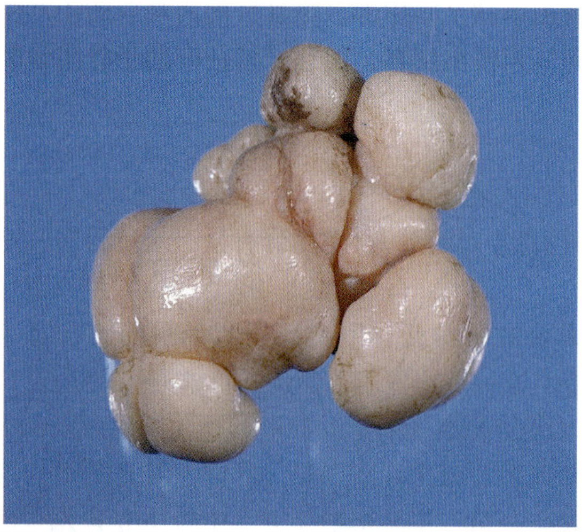

图 5-30

从牛网胃邻近贲门区部位切除的纤维乳块已引起嗳气障碍和迷走神经性消化不良。

另一重要的前胃肿瘤是淋巴肉瘤，但淋巴肉瘤在真胃更多见。淋巴肉瘤可在前胃胃壁及相关淋巴结呈现单发性或多发性损伤，病畜可能出现鼓气和迷走神经性消化不良。如果其他靶器官、外周淋巴结或直检触及的脏器瘤块用细胞学检查证实基本可以确诊。大约50%患真胃淋巴瘤的病牛的腹腔液中能发现肿瘤细胞。但是，大多数病例是通过超声波探查术剖腹探查术确诊的。目前本病难以治愈。我们已经成功地使用了异氟泼尼龙和泼尼松（酒精做基质，1 mg/kg，肌肉注射），以改善奶牛在妊娠后期的临床症状，使奶牛存活时间足够长而分娩出一个足月牛犊。虽然这已成功地用在少数病例，但是小牛可能会感染牛白血病病毒。

瘤胃造瘘术的治疗作用 Rumen Fistulas as a Therapeutic Tool

瘤胃造瘘术一直是治疗奶牛和犊牛慢性或反复性气体性瘤胃鼓胀的有效外科手段。为保证造瘘术的最佳效果，必须确诊原发病。所以，瘤胃造瘘术通常是在瘤胃切开术后进行。若鼓气(嗳气障碍)一旦消除，动物即恢复正常，最能显示造瘘术的治疗作用。临床上若发现插入胃管病畜吸气消失、恢复正常，宜用造瘘术代替胃管插入法处理慢性或反复性气体性鼓气。

如果通过瘤胃切开术已确诊由创伤性网胃腹膜炎、咽部创伤或其他原因所致的迷走神经性消化不良导致的嗳气障碍，并且瘤胃鼓胀基本上是气体性的，那造瘘术是有效的治疗嗳气障碍的手段。类似地，患重度支气管肺炎和因胸部炎症反应损伤迷走神经，出现慢性气体性鼓气的犊牛，只要对抗生素治疗有效，亦可应用造瘘术。少数病例剖腹术或瘤胃切开术找不到病变，造瘘术仅是为其他治疗“赢得时间”，并避免频繁地使用胃管来缓解鼓气。

瘤胃造瘘术对于一些损伤病例的治疗有多方面的意义。根据经验，临床上最常见的有关病例是咽部创伤、撕裂和破伤风。咽部损伤或撕裂时动物存在吞咽困难、发热和咽部疼痛，亦可能因损伤迷走神经而存在前胃功能紊乱，因此，瘤胃功能障碍或嗳气障碍有时也会发生。若恢复期较长或发生慢性鼓气时，可经瘤胃瘘给予食物和饮水，并排放气体，亦可避免频繁使用胃管刺激已损伤的咽部。气体性鼓胀和进食困难是患破伤风牛只的常见症状。通过胃管进食和放气会引起动物疼痛和恐惧。所以，在发病早期宜将动物镇静并实施局部麻醉后进行瘤胃造瘘术，能方便饲喂并防止出现鼓气。在一部最近的外科学文章中有完整的手术描述(Fubini and Ducharme)。

真胃(皱胃)疾病 DISEASES OF THE ABOMASUM

真胃变位 Abomasal Displacement

真胃变位(DA)是奶牛最常见的真胃疾患，亦是实施奶牛腹部外科手术的最主要原因。

病因学

DA可分为左方变位(LDA)和右方变位(RDA)，在美国绝大多数病例是LDA。DA发病高峰出现在泌乳期的前6周，但也可散发于泌乳或怀孕期的任何阶段，犊牛和公畜亦有发病。断乳前犊牛一般发生RDA，但断乳后RDA与LDA都有发生。发现过仅3日龄患RDA的幼畜。犊牛、公牛及未产犊的青年母牛和干奶牛的DA一般都是长期慢性的，因为很少怀疑这些牛发生DA，而且相对泌乳期奶牛人们对这些群体观察较少。虽然曾被认为主要发生于经产的母牛，但目前发现在初产青年母牛及任何年龄的泌乳牛中亦常发。一些研究表明性成熟牛的发病率仍高于初产青年母牛。DA的确切病因尚不清楚，但可能与以下因素有关：

1.现代奶牛日粮中含高水平的酸性成分如玉米青贮、低水分青贮和易发酵成分如高湿度玉米，导致过多地产生挥发性脂肪酸。

2.一些代谢性或感染性疾病如：低血钙、酮病、胎衣滞留、子宫炎、乳房炎和消化不良等，会引起胃肠停滞。在产后初期，上述疾病对诱发DA有至关重要的作用。胃肠停滞（有或无内毒素血症并发）可导致真胃停滞和产气。上述疾病降低病畜食欲使瘤胃体积减小，促进了DA（特别是LDA）的发生。

3.现代奶牛育种一直选育后躯硕大的品种，腹腔变大增加了真胃的活动性。所以，有些品种的牛或奶牛DA的发病率较高。胚胎移植术的普及更增加了发生DA的机会。

任何个体发病可能是上述数种因素综合影响的结果。但是，对于一个高发病率的畜群，建议对饲养及管理方式进行检查。如饲喂易发酵饲料时辅以缓冲剂或干草，也可使用完全混合日粮，有助于降低DA的发病率。类似地，对于子宫炎高发的畜群，宜做好产房的清洁工作，检查动物硒水平并加强对干奶期母牛营养的监控。这样可以减少发生DA的危险性。围产期内管理因素造成的应激和日粮变化亦能诱发DA。

临床症状

患单纯性LDA或RDA的奶牛表现为厌食高能量的饲料，产奶量下降30%～50%，主诉通常是“食欲和产奶量下降”。检查见病畜精神沉郁，轻度脱水，体温、脉搏和呼吸正常，可见瘤胃收缩、收缩力中等，从尾侧观察发现真胃移位（左/右）侧肋弓突起（图 5-31，A和B）。左LDA时更易发现从左侧观察肋弓突起更为明显。此时瘤胃已被变位的真胃推向右侧，在左侧肷窝已触摸不到瘤胃。听诊时叩击左侧（LDA）或右侧（RDA）肋弓下部发出高亢的鼓音（“砰”声）。叩击区位于髋结节与肘

A

B

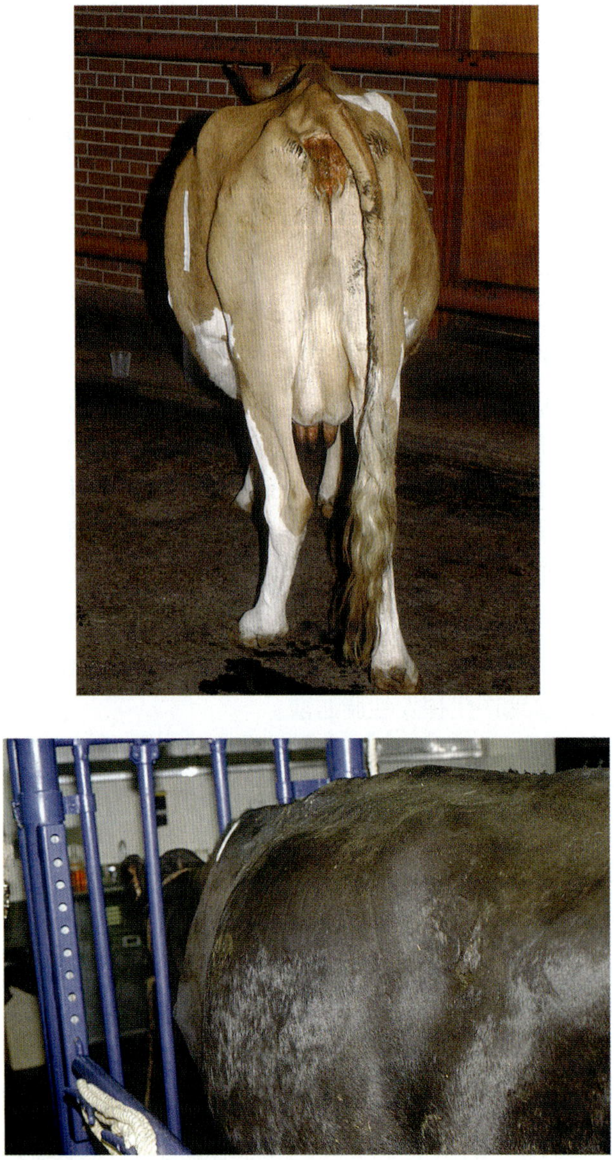

图 5-31

A, 更赛牛（Guernsey）患真胃左方变位时出现肋弓突起。 B, 真胃左方变位引起更具显著的突起变化。经直检可以检查到该牛的皱胃。

A

B

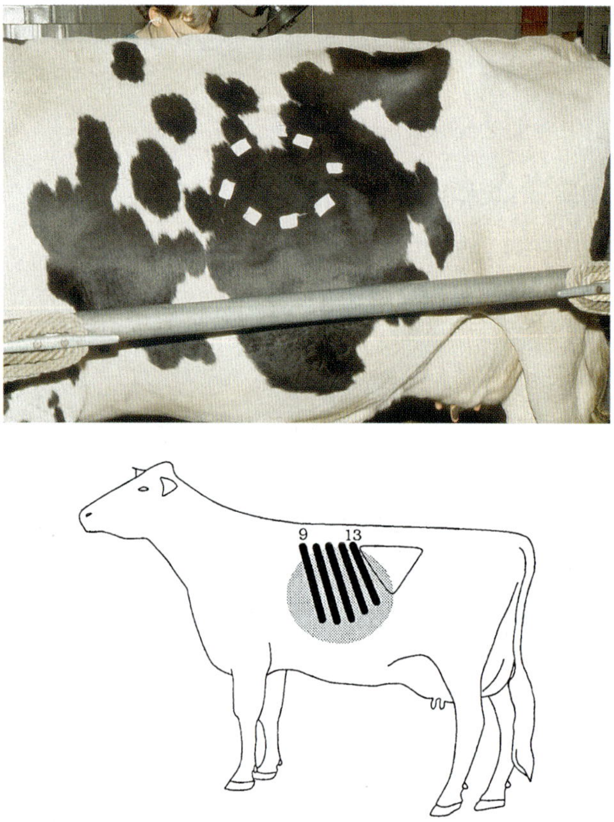

图 5-32

A 和 B, 真胃左方变位典型的鼓音叩击区。

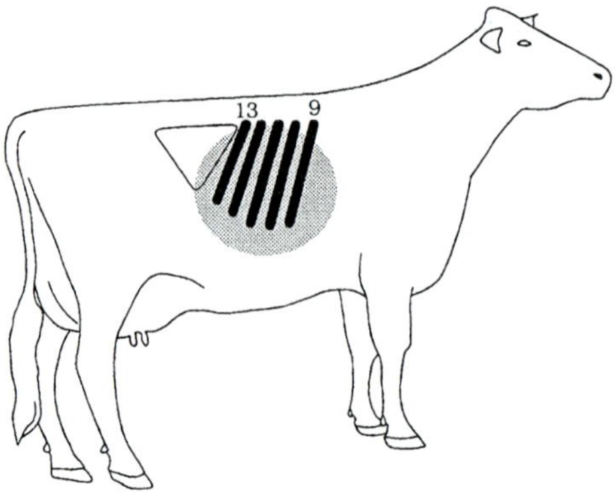

图 5-33

真胃右方变位典型的鼓音叩击区。

结节的连线上，但面积大小不等。向前延伸至第9肋，常可达第8肋（图 5-32,A和B和图 5-33）（这些特征对鉴别RDA与盲肠近端及直肠鼓胀特别重要，RDA的鉴别诊断在下文另述）。对胸腔冲击触诊，并可听诊到由充满液体的脏器产生的拍水音。严重变位的病例鼓胀区域向后超过第13肋及达肷窝，从侧面观察时肷窝内出现弦月状或半月状突起（图 5-34）。多数情况下难以实施直检。在极严重的病例或体型较小的牛只（直检时）可能触摸到真胃大弯，但无典型变化。

多数DA会出现上述提到的叩诊区，但有时出现非典型的病例。犊牛LDA典型叩诊区在肋弓后缘、向背侧可延伸至肷窝（图5-35）。主诉患LDA病犊主要表现为慢性或间歇性鼓气。若触诊和叩诊仅局限于左侧肋弓，则可能检查不到LDA典型的叩诊音和拍水音。有时发现成年牛LDA的叩诊区在（图5-36A）所示位置，但极罕见。另外，LDA和瘤胃砰音可同时并存，造成LDA更多的吻端位置，增加了诊断的困难（图 5-36B）。瘤胃砰音不会像LDA一样在腹侧扩大，也可能不会像LDA一样有振荡音，或音调很高的共振声，听诊或触诊瘤胃收缩的有无，可有助于鉴别瘤胃紊乱 / LDA音；若有瘤胃收缩，这个砰音不太可能是瘤胃砰音。如果砰音相当大，而且瘤胃紧贴腹壁（根据直检和外部触诊），这将更可能是瘤胃砰音，而不是LDA。

LDA其他罕见的位置包括：①瘤胃、网胃交界处左肘区域的近尾部；②牛的空瘤胃或塌陷瘤胃的背侧；③左腹的较低部（腹面）；④网胃的顶部和背侧部。最后的位置仅被证实过一次，是由Dr. N.G. Ducharme及本人经过对一头间歇性食欲减退母牛该区域鼓胀的内脏进行X光照相发现的。在该动物腹部的任何一侧都没有砰音。由于位置

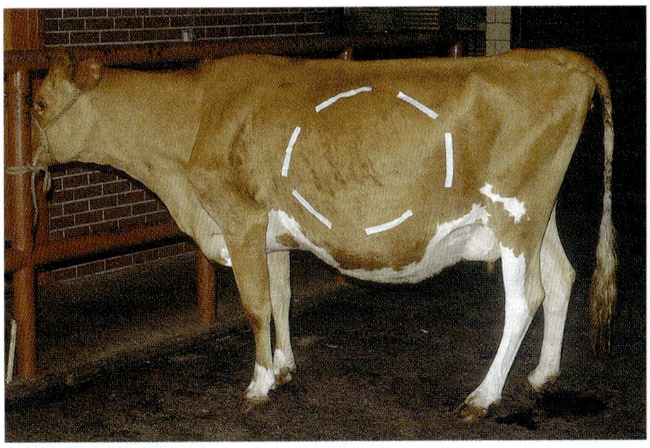

图 5-34

发生重度真胃左方变位鼓胀的真胃向右延伸超过第13肋及达肷窝。

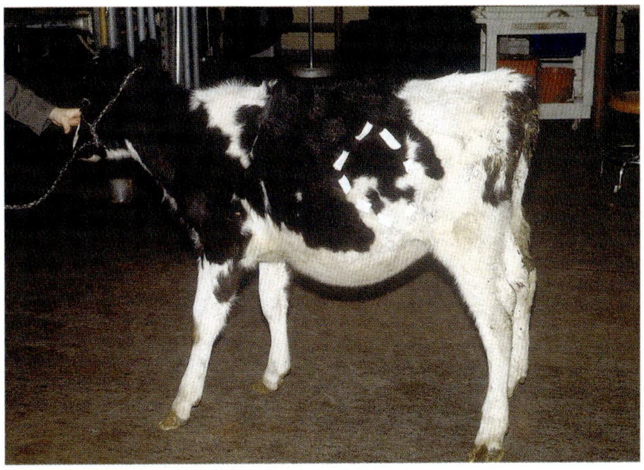

图 5-35

患真胃左方变位犊牛的“砰”音典型位置。

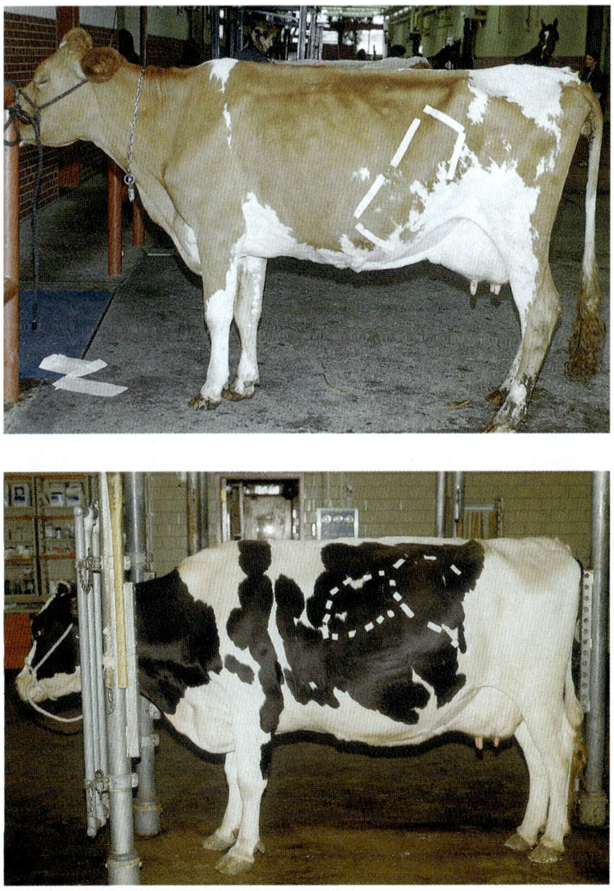

A

B

图 5-36

A, 更赛奶牛真胃左方变位在尾椎位置。B, 一奶牛左方变位与瘤胃鼓气（音）并存。

的多变性，在排除LDA之前检查者必须保持广泛关注临床变化和整个左腹部的砰音。

患LDA伴有发热和气腹的奶牛应警惕其真胃穿孔和真胃变位的可能性。通常这种奶牛在溃疡附近位置皱胃与腹壁发生粘连。病畜预后谨慎，外科手术矫正的最佳选择通路是右腹正中旁。

DA的奶牛常伴有尿酮阳性。酮病是导致食欲和瘤胃活动下降的主要诱因，进而产生DA。诱发DA或患DA后动物拒绝进食高热量食物同时持续泌乳而继发酮病。患DA奶牛的尿酮反应强度在原发性和继发性之间弱相关，强烈的反应更可能指示原发性酮症。

应对患畜进行详细的物理检查，观察是否存在并发症，如子宫炎、乳房炎、肺炎、肾盂肾炎、低血钙、肌肉与骨骼疾患，并采取适宜的治疗措施。

一旦确诊DA，应从过去和现在的产奶水平，是否患有其他疾病及遗传潜能来确定病畜的价值，若值得治疗，则应用药物和外科手术矫正DA。

临床病理

患DA而无其他并发症时，动物将会出现特征性低血氯、低血钾性代谢性碱中毒。轻度或中度代谢性碱中毒通常不需要大量补充电解质。慢性DA或DA伴有其他疾患引起动物食欲急剧下降时，需强力补液以纠正体液酸/碱和电解质平衡。表5-2列出了正常牛和患DA时牛的体液pH值及电解质浓度变化范围。若怀疑患DA并伴发真胃穿孔时可用腹腔穿刺术确证。

对于有慢性DA病史、虚弱并伴有重度脱水的病畜，若实验室条件允许，有必要进行pH值和电解质水平检查。DA伴发严重酮病时会出现酮血症，血液pH值呈酸性，阴离子差增大和碳酸氢钠浓度低于患单纯DA时水平，此可以解释一些DA牛并未出现多数病例中存在的代谢性碱中毒。所以，对任何DA病畜均应检查尿酮。

有报道DA伴有长期或严重代谢性碱中毒时出现酸性尿液这一反常现象。这可能涉及到低血氯（在近曲肾小管引起钠的被动重吸收下降），在远曲小管脱水作用增加钠和水的重吸收，而更重要的是钾损耗到这种程度，以至于氢离子而不是钾必须被排泄在尿液中（以抵消增加的钠的重吸收）。虽然存在这一有趣的生理变化，我们在临床上仍使用传统的液体和电解质疗法，因为我们通常假定患DA奶牛钾缺乏，少数肾功能衰竭个例除外。

表5-2 牛发生真胃变位（DA）和真胃扭转（AV）时血液酸碱度和电解质变化大致范围

	pH值	Cl^-/(mEq/L)	K^+/(mEq/L)	HCO_3^-/(mEq/L)	Base Excess
正常静脉血	7.35～7.50	97～111	3.7～4.9	20～30	−2.5～2.5
典型LDA	7.45～7.55	85～95	3.5～4.5	25～35	0～10
典型RDA	7.45～7.60	85～95	3.0～4.0	30～40	5～15
重度RDA	7.45～7.60	80～90	3.0～3.5	35～45	5～20
典型AV	7.45～7.60	75～90	2.5～3.5	35～50	10～25
晚期AV	7.45～7.65	60～80	2.0～3.5	35～55	10～35
晚期AV并发真胃坏死*	7.30～7.45	85～95	3.0～1.5	15～25	−10～0
典型AV并发重度酮病†	7.15～7.30	85～95	3.5～4.5	15～30	−10～0

* 病毒真胃扭转范围大，有严重脱水，心率增高，虚弱，及近乎休克的表现。酸碱度和电解质改变与典型的AV不一致，这是组织坏死和休克所致的酸中毒与先期出现的AV所致的碱中毒叠加的结果。

† 病畜真胃损伤不严重，无重度脱水及虚弱症状。因重度酮酸症影响pH值和阴离子差等，病畜未出现典型LDA碱中毒，若酮酸症极为严重，可能存在神经性酮病。

治疗

药物疗法　对于单纯性DA，考虑到费用、并发症及护理或管理方面的限制因素，药物疗法常作为治疗DA的首选方法。药物治疗虽不如外科手术那样有效，但在单纯性DA可以值得一试。药物治疗通常包括口服轻泻剂、促反刍剂、抗酸药或拟胆碱药，以促进胃肠蠕动和加速胃肠道排空。存在低血钙者可皮下或静脉注射钙制剂。可投服氯化钾明胶胶囊(每次1～4 oz，每日2次)，将其溶于饮水中或胃管投服。一些兽医人员推荐使用0.5～1 lb咖啡与温水混合后经胃管灌服。另外“滚转法”亦是治疗单纯性LDA常见的药物疗法。使病畜向一侧横卧，在2或3个人员协助下将牛转成仰卧姿势再轻轻地向左右两侧摆动，每次回到正中位置(背部着地)时静止2～5 min，此时真胃应该“悬浮”于腹中线并回到正常位置。仰卧时间越长，从鼓胀的器官中逸出的气体和液体越多。然后将牛转为左侧卧，使瘤胃与腹壁紧密接触，以防LDA立即复发，然后马上迫使牛站立。因为有发生真胃扭转(AV)的危险，所以本法绝不适用于RDA

经药物治疗(或再加上“滚转法”)后让动物尽可能多地摄食干草以填充瘤胃，一则防止LDA复发，二则促进胃肠的蠕动(LDA或RDA病例)。在食欲完全恢复之前日粮中的酸性成分应逐渐增加。若存在并发症，如子宫炎、乳房炎、酮病等，应同时进行治疗，否则药物治疗难以奏效。

作者用药物疗法和“滚转法”治疗了100头患LDA的奶牛，其中30头经1或2次治疗后在整个泌乳期内未复发。虽然治愈率不高，但当不能进行外科手术时药物疗法不失为一种有价值的选择。

有人提出用针刺疗法治疗DA，但作者尚无这方面的临床经验。一旦确诊DA并已矫正，则胃肠将恢复正常的蠕动与消化吸收功能。所以，在单纯性DA仅经口补充液体和电解质即足以纠正脱水和体液酸/碱及电解质平衡。怀疑存在低血钾时用饮水、胃管投服或给予氯化钾明胶胶囊进行补钾，通常每只牛每次给予1～4 oz氯化钾(每日2次) 即可。若动物出现虚弱，可能是因为血钾过低(<3.0 mEq/L)，需经静脉大量补充液体和钾离子。使用氯化钾时，1.0 g氯化钾约折合14 mEq K^+。

举例说明，假如一头奶牛患有重度子宫炎和LDA，食欲废绝，虚弱，需提起尾巴才能起立。低血钾是导致虚弱的原因之一。经化验，血液中Cl^-=85 mEq/L，K^+=2.5 mEq/L。牛体重为600 kg,正常的血钾浓度为4.5 mEq/L，因此，该牛每升细胞外液（ECF）至少应补充2.0 mmol K^+。算法如下：

$$\begin{array}{r} 600\ \text{kg} \\ \times 0.3\ \text{ECF} \\ \hline 180\ \text{kg or } 180\ \text{L ECF} \end{array} \qquad \begin{array}{r} 180\ \text{L ECF} \\ \times 2\ \text{mEq KCl} \\ \hline 360\ \text{mEq KCl} \end{array}$$

即该牛至少应补充360 mEq的KCl以维持细胞外液K^+水平为4.5 mEq/L。折合如下：

$$1\ \text{g KCl} \approx 14\ \text{mEq}$$
$$25.7\ \text{g KCl} = 360\ \text{mEq}$$

选择静脉注射补充K^+时(30 g KCl或1 oz=420 mEq)，静脉注射时浓度应控制为40 mEq/L。口服时可以胶囊或饮水方式给药，当用于LDA术后和子宫炎治疗时，每次2～4 oz，每日1或2次，直至动物恢复食欲和体力。

有时患低血钾的病畜对补钾或其他电解质为基础的液体反应不良。尽管大量补钾，但仍呈现进行性低血钾。病畜进行性虚损、常卧地，当血钾低于2.0 mEq时会出现神经症状。目前尚不明了为何这些病畜对补钾治疗无效。尽管经过治疗低血氯及碱中毒已经消除，但仍存在低血钾。一旦动物血钾降至2.5 mg/L以下，应视为危重病畜，需口服或静脉注射大量补钾（有时达到1 lb，80 mEq/L 缓慢静脉注射,或口服、静脉注射并用）。

已经证明重度低血钾症和斜卧病症发展的患病因素是重复应用强的松龙；然而，并非所有的案例与联合给予盐皮质激素/糖皮质激素药物有关。某些案例与治疗重复使用地塞米松有关。关于重度低血钾症将在第十四章详细讨论。

外科手术疗法　本部分将介绍矫正单纯性DA的各种手术。临床上可根据个人的特长或经验、动物存在的并发症、妊娠阶段和费用进行选择。下面将讨论每种手术的优、缺点。

右腹正中旁真胃固定术　该方法能很方便地检查真胃并使之复位。若手术顺利，真胃将被永久性地固定于腹壁。应使用非吸收性缝合线进行真胃固定术以确保效果持久。

真胃固定术的不足之处包括：动物需滚动和仰卧保定，切口有发生疝或瘘及感染的危险，因切口处污物在仰卧时可能发生食物反流，可能出现临产腹壁

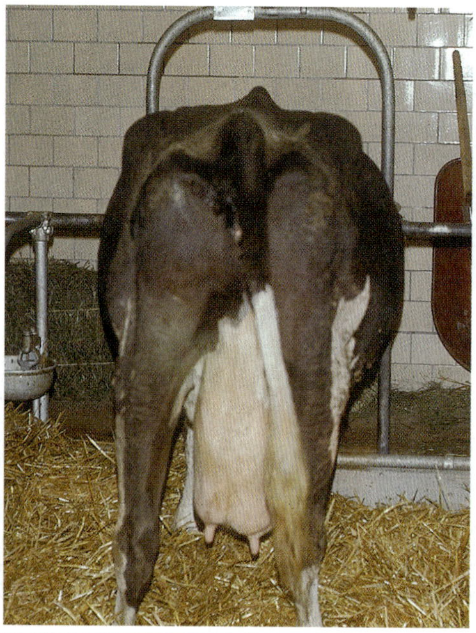

图 5-41

奶牛真胃扭转时出现肋弓突起。

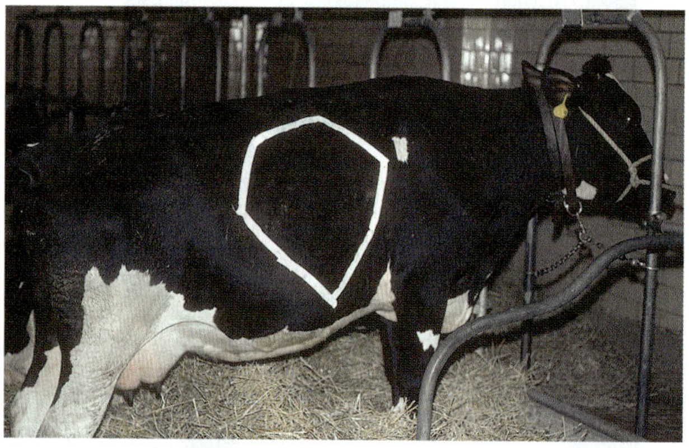

图 5-42

荷斯坦牛真胃扭转时右腹的鼓音叩击区。

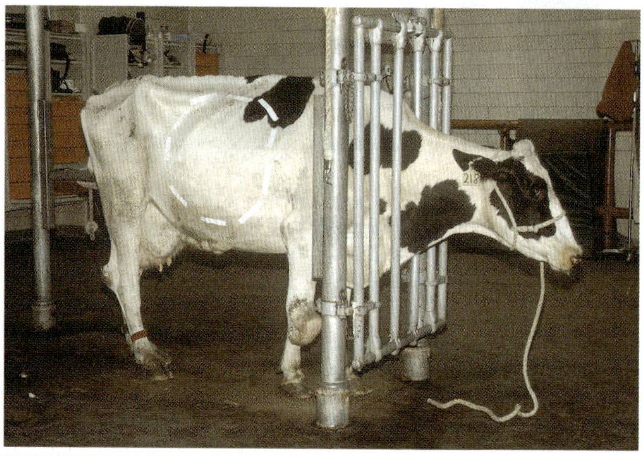

图 5-43

牛真胃扭转时右腹的鼓音叩击区和液体波动区。

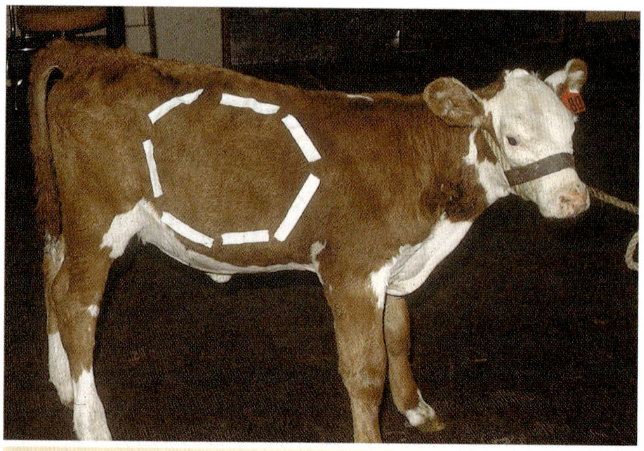

图 5-44

4周龄海富特牛真胃扭转时右腹的鼓音叩诊区。

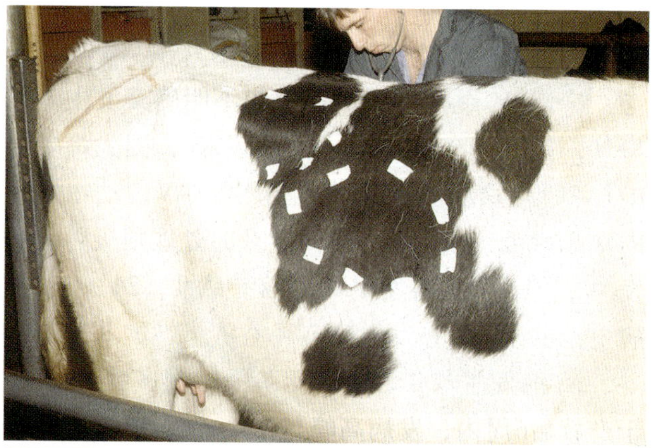

图 5-45

牛真胃扭转的典型听诊区。

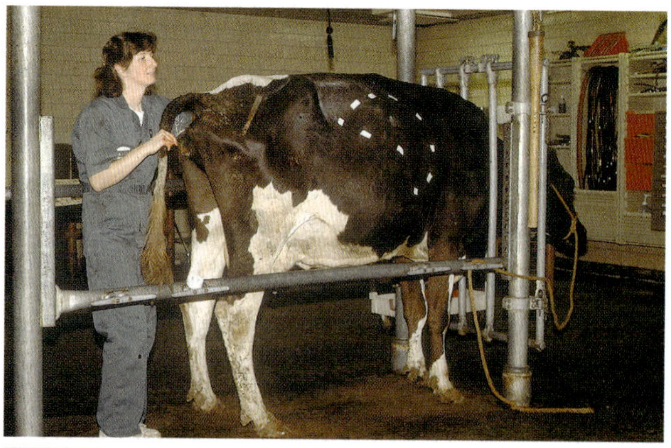

图 5-46

牛真胃扭转和网膜破裂的听诊区。

部鼓气可能与RDA同时发生，这样在诊断“砰”声时引起混乱（图5-45和图5-47）。

在一些牛中，仅依据物理检查一些早期的AV

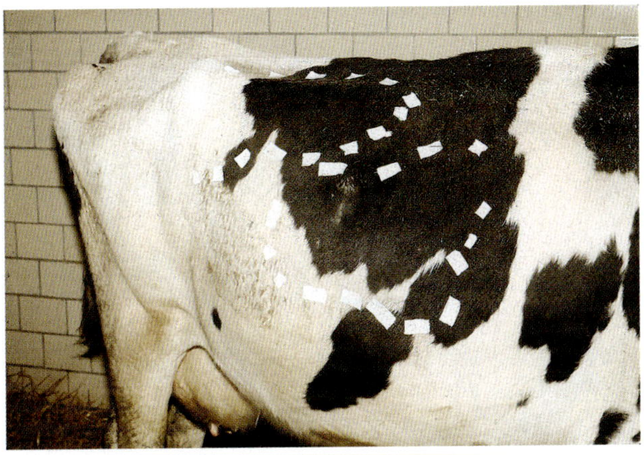

图 5-47

荷斯坦奶牛真胃扭转和盲肠膨胀区。通过直肠检查能够在尾背部听到盲肠膨胀的声音而不是降结肠气腹的气体声。

易与RDA混淆。一般的AV牛常出现中度或重度脱水、四肢冰凉、比RDA的牛更为不安。如果能通过直肠检查真胃，在臂长处能摸到膨胀的胃大弯抵着右腹部。就大多数病例大网膜覆盖整个真胃，此有助于与膨胀的盲肠或近端结肠相区别。

患畜有时出现呼吸缓慢及极度浅表，表明已经发生重度的代谢性碱中毒，动物试图通过代偿性的降低呼吸以保留体内的二氧化碳。一些AV牛还可观察到腹部膨胀，可能继发于真胃或幽门的机械性排空障碍或低血钙导致的肠梗阻。

临床病理学

典型的AV存在血液黏稠，中度至重度的低血氯、低血钾、代谢性碱中毒。血清中氯化物浓度在AV早期为80～90 mmol/L，未治疗或严重病例为65～80 mmol/L。多数病例血浆氯化物浓度和碱大致与临床预后直接相关。但是，在极严重的晚期AV，由于器官衰竭、休克和乳酸酸中毒会出现代谢性酸中毒，出现较原代谢性碱中毒占优势的酸中毒，也掩盖了代谢紊乱严重程度。所以，当AV出现真胃极度膨胀，严重脱水，末梢冰凉，直检阳性，虚弱，但酸/碱比率和电解质水平正常或在代谢性酸中毒范围时，则可能预后不良。血浆*L*-乳酸盐的显著提高表明弱的全身性和/或皱胃灌注。若代谢性酸中毒同时存在低血氯和低血钾，则应检查是否发生严重的酮酸血症并重新评估预后。呼吸性酸中毒常常由于代谢性碱中毒或者严重的腹部膨胀出现的呼吸补偿而引起的，这可能危及呼吸深度。不同AV的酸碱比率和电解质范围见表5-2。尽管许多专业书中详细阐述了牛AV预后与酸碱比率、电解质、阴离子间隙、乳酸盐值之间的统计关联性，但临床医师在确定病畜预后时必须考虑动物的整体状态。若病畜外观状态尚良好，则决不可仅依据生化检验结果而放弃手术矫正的机会。通常病畜的预后与氯化物的浓度和脱水程度有直接的关系，而与手术前的心率、AV的持续时间、血浆乳酸盐、阴离子间隙有相反的关系。如果这头奶牛是酸中毒的和不活泼的，预后是非常严重的。

尽管AV可能存在酮症和低血钙症并且需给予治疗，但通常被酸碱比率和电解质异常所遮掩。患有LDA的奶牛血清山梨糖醇脱氢酶或者鸟氨酸氨基甲酰的提高表明肝脂沉积症，但是患有AV的牛奶血清山梨糖醇脱氢酶或者鸟氨酸氨基甲酰的提高可能是全身性低血压和/或炎症反应的结果。CBC和腹水检查一般对诊断和治疗AV无太大的帮助，但当AV发展至组织坏死、液体漏出或渗出时会出现白细胞增多、核左移和腹水中蛋白增多。

治疗

AV的最重要的处理措施是早期诊断和矫正。与简单的LDA或RDA不同，AV属于进行性疾患，在很大程度上病程长短决定预后。多数病例若能及时为畜主发现并作出诊断和矫正（病程在12 h以内），则预后良好。病程超过24 h，手术矫正后50%预后良好；病程超过48 h，则通常预后不良。上述原则必须综合物理检查才能做出最终判断。如奶牛患有RDA已有24～36 h，但在诊断前12 h才发生AV，这样预后可能不致那么严重。

治疗方法包括外科手术整复和药物纠正脱水和代谢性碱中毒。外科矫正方法包括右腹网膜固定术和右腹正中旁真胃固定术，术者可根据具体情况选用。其他术式由于不能直接对真胃、瓣胃和网胃进行整复，一般不予采用。由于扭转波及真胃、瓣胃和网胃的胃小弯，故切开腹壁后术者将发现瓣胃移至真胃（右上方）中部、网胃移至正常的瓣胃位置之后。右腹手术操作时腹内张力较小，减少了发生食物返流的危险，而且可以直接处理真胃，导出真胃内的气体和液体，可以单人操作，能较容易地将瓣胃和真胃恢复至正常的解剖位置。右腹正中旁真胃固定术的主要优点是，一旦解除扭转真胃能准确复位，可保证极度膨大的真胃和幽门区在术后很好的恢复，而右腹网膜固定术中膨大的真胃在术后可能稍稍向右偏离。但是，由于解剖学方面的原因，真胃固定术对缺乏经验的术者较为困难，而且当存在严重的真胃和瘤胃膨胀时发生食物返流。上述两种术式中，向瓣胃加压均有助于扭转的整复，将瓣胃向右上方推或提起，可以使瓣胃和真胃复位。

复位时应使用负压装置吸去真胃内的气体。严重的AV若胃内积存的液体超过10 L，则需实施真胃切开术，此时通过右腹手术较易完成。对于早期的AV病例可在术后纠正水、酸碱及电解质平衡，严重病例则应在术前进行适当的体液疗法，以免低血钾发展为弥漫性肌肉无力。早期的病例或仅有轻度的脱水者，术后口服补液（20～40 L水）和氯化钾（每次30～120 g，每日2次）即可，此时胃肠已经复位并恢复正常的吸收功能。中度或严重脱水和代谢性碱中毒病例，需静脉滴注1～2 L高渗盐水或20～60 L含40 mEq/L氯化钾的生理盐水。从实用的观点看，外科整复手术一旦完成即经口补液。但是，在极严重的病例由于术后前胃暂时仍不通畅，不宜经口补液。这类病例禁止术前经口补液，否则会加重腹部膨胀。有关的低血钙、酮病和一些并发症应同时进行治疗。我们医院在纠正AV时，手术前给予500 mg的氟尼辛葡胺和静脉滴注1～2 L的高渗盐水和皮下注射500 mL的钙并在手术后检测钙离子的变化是操作规程。

预后和继发症

AV的两个重要的并发症是对迷走神经分支的直接损伤和沿胃小弯扭转部位的血管内血栓形成。这两种并发症是导致手术和药物治疗失败或动物死亡的主要原因。经手术、补液治疗存活的动物多数在处理24～72 h后，食欲和外观状态大大改善。然而根据临床经验，病畜预后如何需在96 h后才能做出判断。若存在迷走神经损伤或血管内血栓形成（图5-48，A和B），则在此时间内会出现真胃排空障碍。如果AV患畜在临床症状出现后1～4 h内得到诊断和适当治疗，上述并发症出现的机会大大低于病程24 h的动物。此两种并发症均可导致进行性腹部膨胀、脱水、心动过缓、食欲减退、排粪减少、瘤胃收缩无力和体重下降等类似迷走神经性消化不良的症状（图5-49）。上述症状经对症治疗后无改善，但动物仍可存活数周（见迷走神经性消化不良）。

在临床上偶见严重AV并发生真胃衰竭的牛在术

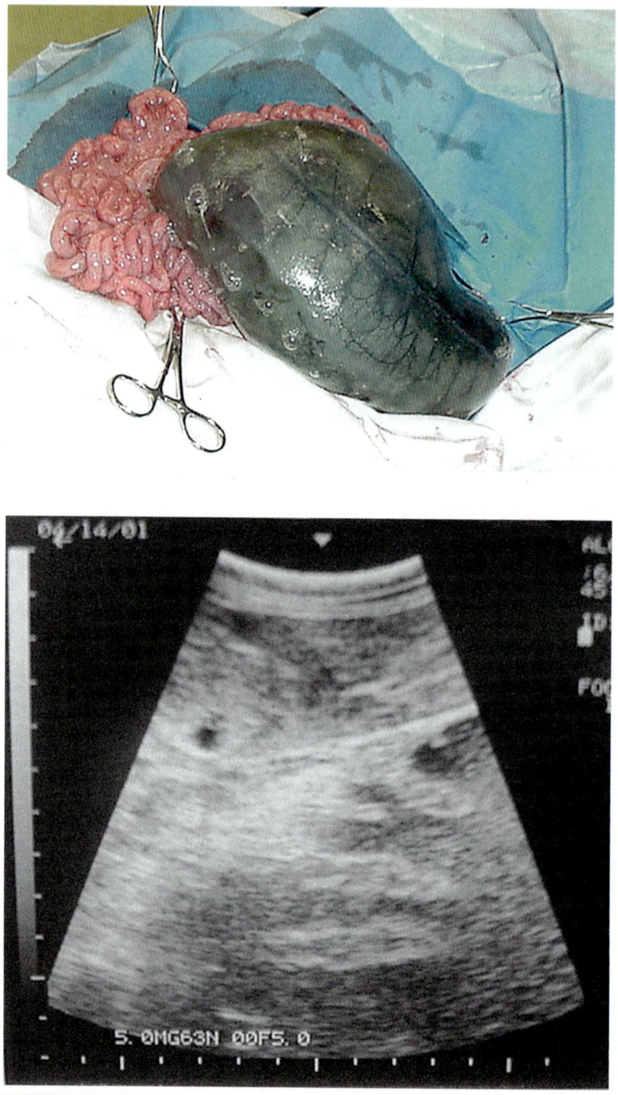

图 5-48

A，由于真胃扭转而导致严重血管损伤的真胃出现紫色污点。B，牛的右腹部超声波显示扩张的真胃和真胃折痕。

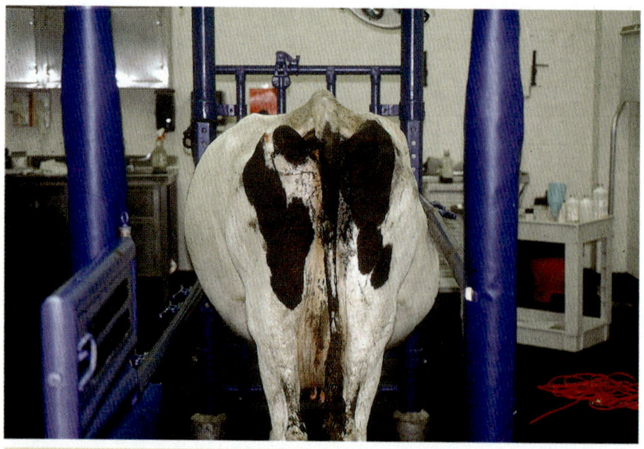

图 5-49

纠正了真胃扭转的牛出现了迷走神经症状，通常预后不良，但这头牛幸运地活着。

后72 h内死于真胃穿孔和弥漫性腹膜炎。但是，与引起慢性恶化的前两种并发症相比，后者极少见。

毫无疑问，有经验畜主的早期发现和有经验兽医的早期诊断及适宜的手术整复提高了患AV牛的预后。患AV的牛需要休息，不能起身，即使纠正了低血钙，也常常出现酸中毒、预后不良。

真胃溃疡 Abomasal Ulcers

病因学

真胃溃疡是奶牛和犊牛常见的疾病。真胃溃疡的发病机理与动物集约化饲养和饲喂精料及青贮饲料等高酸性日粮有关。饲喂日粮中含较多量潮湿玉米或玉米青贮的牛群常发本病。应激（一种难下定义的状态）促发刚产犊的奶牛的真胃溃疡。另外，高产的奶牛倾向于出现真胃溃疡，到乳房的心输出量增加可能引起腹部内脏的相对的低灌量，容易引起真胃溃疡。大多数出现临床症状的奶牛发病期是在哺乳期的前4～6周。成年奶牛次之的发病期是在新生犊牛之前，可能由于心脏对胎儿的更高的心输出量导致血浆皮质醇的增加、真胃灌注减少有关。青年的、迅速增长的犊牛也常出现真胃溃疡和穿孔。虽然每天2次的大量喂乳可能参与发病机理，但在许多病例，诱病因素是很难确定的。犊牛和成年奶牛用NSAIDs处理后也能形成真胃溃疡；一般来说，我们常见的用氟胺烟酸处理犊牛、用NSAIDs处理公牛来延长肌肉骨骼紊乱期。在成年牛淋巴肉瘤也引起出血性真胃溃疡。

临床症状

穿孔性真胃溃疡可见于犊牛、公牛、年龄较大的青年母牛及任何阶段的泌乳或妊娠奶牛，其中在泌乳1～6周的奶牛中最常见。根据穿孔的大小和数目，临床上表现差别极大，本文将按继发局灶性腹膜炎和弥漫性腹膜炎两类分别进行讨论。穿孔性溃疡引发局灶性腹膜炎后的症状与创伤性网胃炎相似。真胃内容物急性漏出时会被纤维素性粘连包围（图5-50），造成真胃与腹膜和/或网膜粘连，出现穿孔的脓毒性反应并局限于真胃和横膈膜之间。奶牛呈现不同程度的厌食，体温常达103.0～105.0°F (39.44～40.56℃)，瘤胃蠕动减弱或停滞、腹痛。病畜不愿走动，腹壁触诊存在疼痛区（右腹正中旁）。犊牛发病时与上述症状相同，但由于局灶性腹膜炎诱发肠梗阻而出现瘤胃鼓气。患有穿孔性真胃溃疡的犊牛比成年奶牛更容易形成弥漫性腹膜炎。偶见一些病畜磨牙。急性病例疼痛部位易于确诊，但在亚急性或慢性病例疼痛难以定位，不易与创伤性网胃腹膜炎进行区分。超声检查来决定腹膜炎的程度是有帮助的。如果已经知道在奶牛网胃中投放磁铁（根据病史或罗盘检验），发生真胃溃疡的可能性很大。相反，如果是在泌乳的中后期，真胃溃疡的可能性较小。临床症状取决于溃疡孔的大小和出现的局灶性腹膜炎的范围。患病的成年牛和犊牛发生弥漫性腹膜炎后的症状一开始就与局灶性腹膜炎的动物有很大的不同。大量真胃内容物漏出使感染易于扩散（图5-51至图5-53）。症状包括急性厌食或食欲废绝、前胃和远侧胃肠道完全停滞、出现数小时发热（典型温度

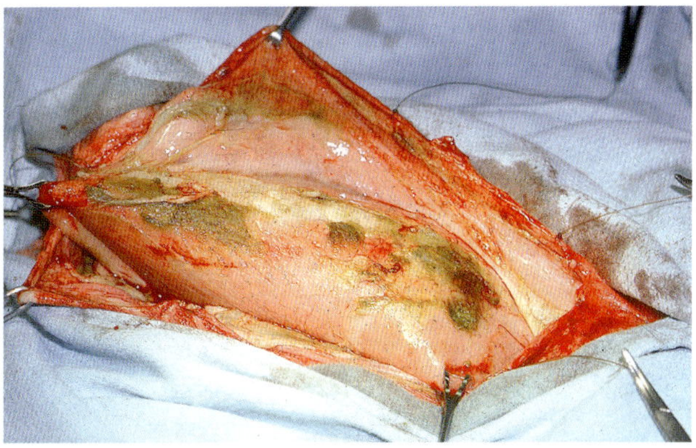

图 5-50

实施真胃固定术时，发现有一小的溃疡孔的真胃浆膜局灶性纤维素性腹膜炎。

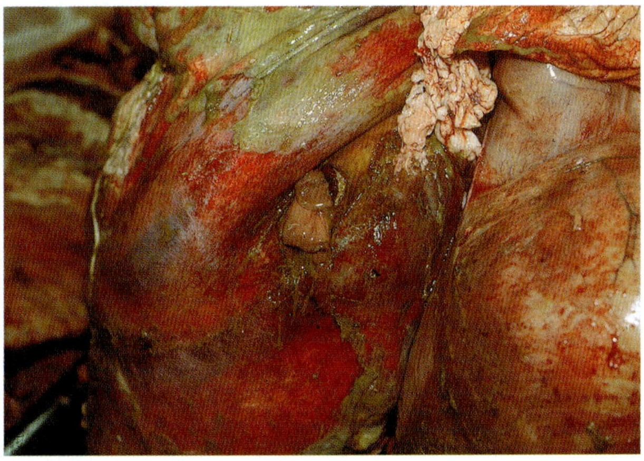

图 5-51

真胃大面积穿孔性溃疡引起弥漫性腹膜炎并导致奶牛死亡。图示真胃黏膜通过溃疡孔突出于真胃表面。

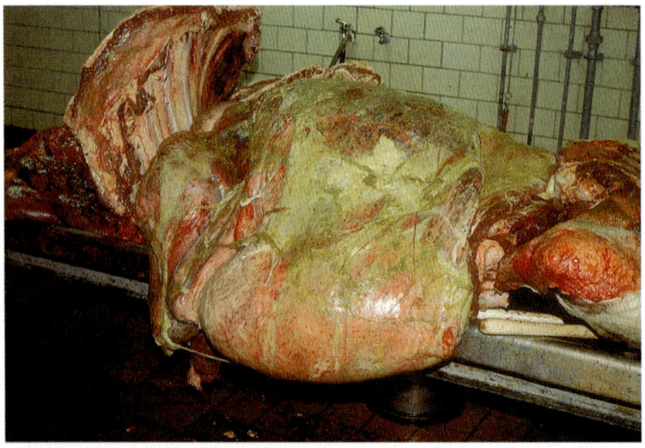

图 5-52

真胃穿孔继发弥漫性腹膜炎。图示大片纤维素膜覆盖多个脏器。

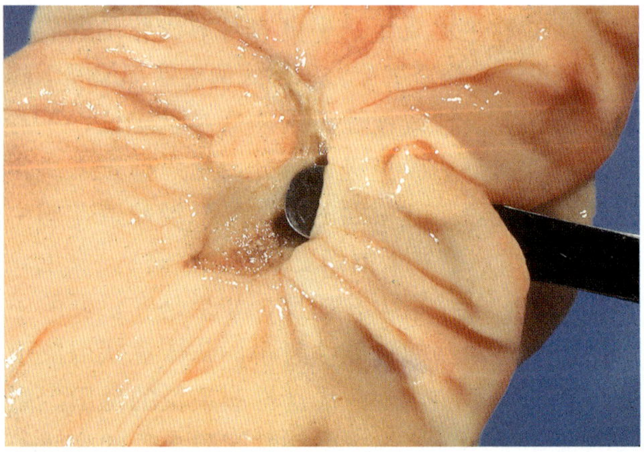

图 5-53

奶牛真胃出现一大溃疡孔（3.0 cm）病畜死于弥漫性腹膜炎（照片由John M King 兽医师提供）。

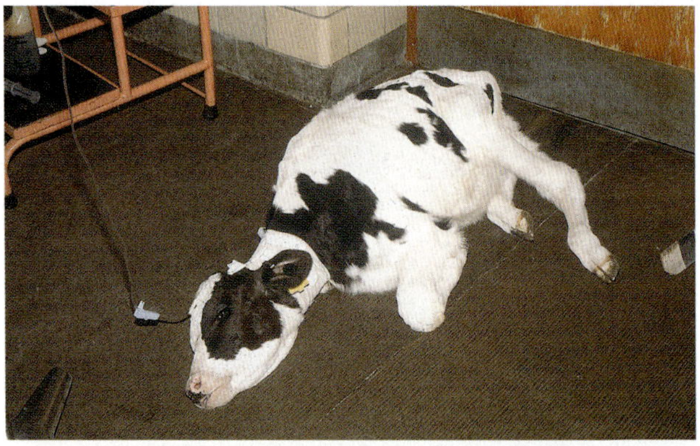

图 5-54

由穿孔性溃疡引起的3周龄犊牛急性败血性休克。

104.0～106.5°F/40.0～41.39℃），皮肤和末梢冰凉、脱水、不愿活动、强迫运动或起立时呼气有呼噜声或呻吟声、广泛性腹痛、心率可达100～140次/min、精神高度沉郁，逐渐卧地不起。总之，动物基本上处于败血性休克状态类似于严重的大肠杆菌性乳房炎。患有穿孔性真胃溃疡的犊牛常常发现死亡或者如果活着则是斜躺着的（图5-54），出现腹部膨胀和呼吸困难。这种疾病的整个发病过程是特急的，通常6 h内可致死亡。若实施治疗，则可存活36～72 h或更长，但仍预后不良。在初诊时若发现病畜体温已开始下降或已降至正常体温以下，则通常在12～36 h内死亡。

出血性真胃溃疡在犊牛较少见。成年牛在泌乳的任一阶段均可发病，但以前最常见。出血性真胃溃疡可根据真胃出血程度加以分类。

伴有少量出血的真胃溃疡症状不明显，临床上极难诊断。无临床症状但有轻度出血的病例在粪便中可间歇性地发现焦油状的不完全消化的小血凝块。症状较明显的病畜则表现为轻度慢性腹痛、周期性磨牙、食欲不定、粪便中存在周期性潜血（图5-55）。病畜有食欲，但吃进几口饲料即停止，似乎感受到腹部不适。直接诊断本病可能比较困难，但在排除其他疾病的基础上并结合腹腔穿刺术和粪便潜血检查可作出诊断。粪便潜血检查应该在广泛的直肠检查之前获得样本，以避免假阳性。

有些严重出血的真胃溃疡的病畜体温正常，但存在明显的黑粪症（图5-56），部分或完全厌食。当呈现食欲废绝、精神极度沉郁时，动物则主要表现出大量失血的症状，包括可视黏膜变淡或苍白（图5-57），脉搏可达100～140次/min，脉弱，呼吸

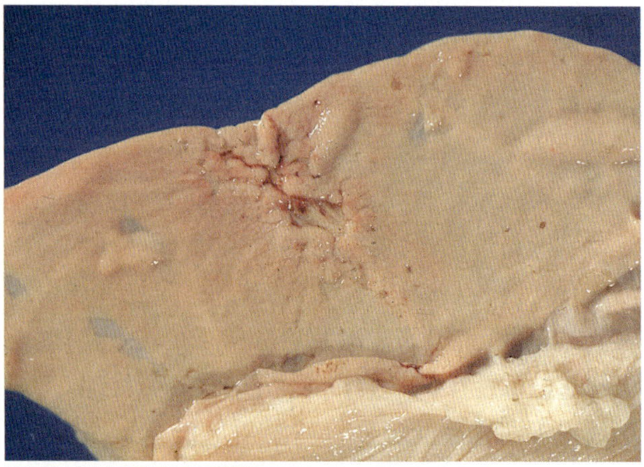

图 5-55

真胃黏膜溃疡，这种病变可导致真胃轻度出血（照片由John M King 兽医师提供）。

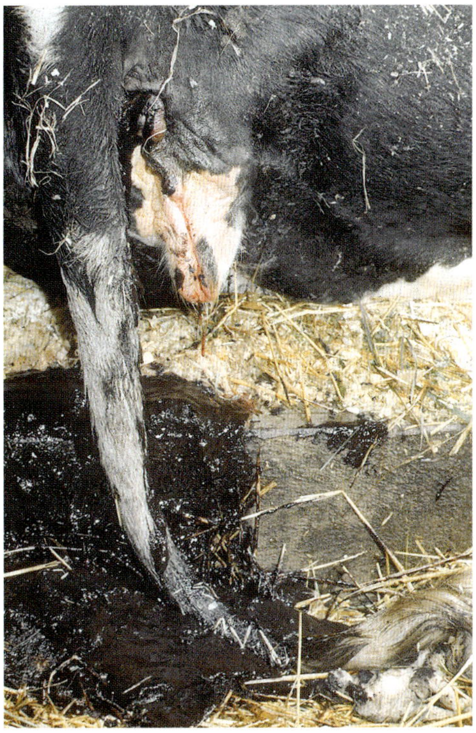

图 5-56

真胃溃疡出血引起的焦油样黑色粪便（黑粪症）。

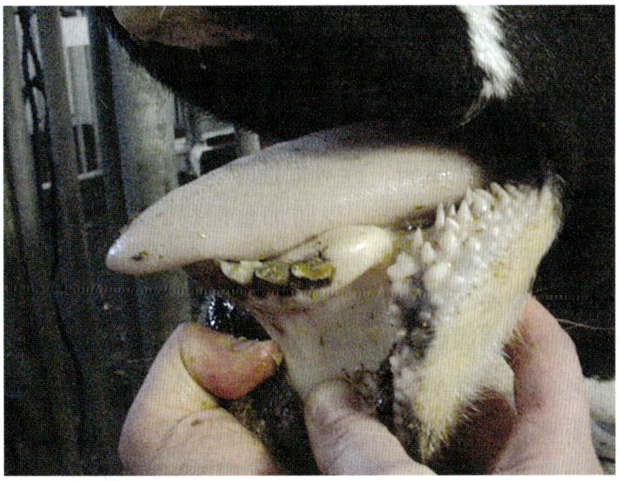

图 5-57

患有出血性真胃溃疡和14%PCV（血细胞压积）的黑白花奶牛口腔的白色黏膜。

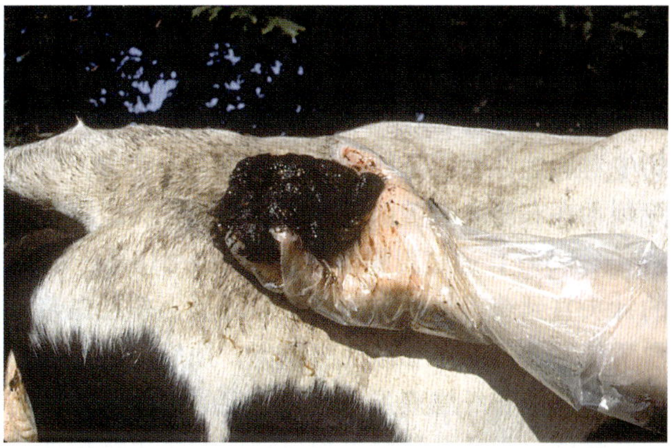

A

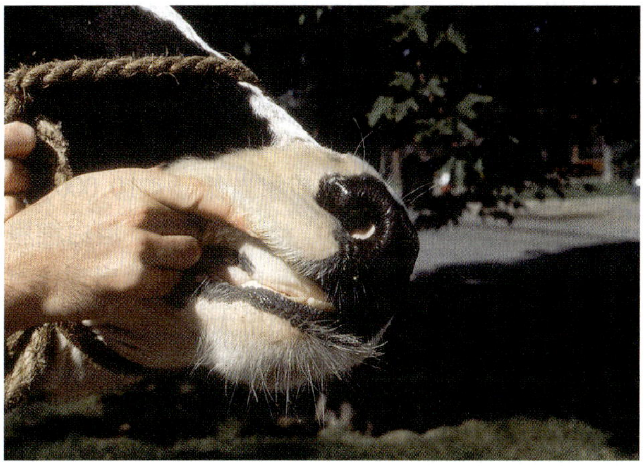

B

图 5-58

患有出血性真胃溃疡和11%PCV奶牛的黑粪症（A）和苍白色黏膜（B）。

浅而快，末梢冰凉。在黑粪污染的尾部或会阴部周围可嗅出典型的血液消化后产生的微甜气味。若黑粪症明显，则只需物理检查就可确诊（图5-58，A和B）。粪便是正常的或更松软的。血细胞压积、血清总蛋白、脱水状态、粪便潜血的可用来作为辅助的和确诊的目的。

虽然大多数真胃溃疡为出血型或穿孔型，但是偶尔可见到兼有出血和穿孔的溃疡，长期的DA有可能导致这种类型的真胃溃疡。因此，多见于平时不太引起关注或认为通常不会发生DA的牛群，如青年母牛、公牛、干奶奶牛。这些牛一般是群饲，难以仔细观察，其中某一个体呈现厌食时可能在数天甚至数周内不被发现。

DA导致的慢性真胃膨胀机械性的加剧减少了对真胃黏膜的牵拉和撕裂。而且，受损伤的黏膜进一步被滞留的含大量盐酸的胃液侵蚀而出血溃疡。黏膜表面的多处糜烂和溃疡导致出血，进一步向深层发展造成黏膜下层出血或穿孔。临床症状包括厌食，部分或完全性肠梗阻，黑粪症，发热，心率加速和腹痛。若仍存在DA，则压迫变位区时会出现剧烈腹痛。真胃穿孔后也可能出现发热和气腹。

实验室指标

存在局灶性腹膜炎的真胃穿孔性溃疡的最佳辅助性手段是腹腔穿刺，典型变化包括白细胞增多

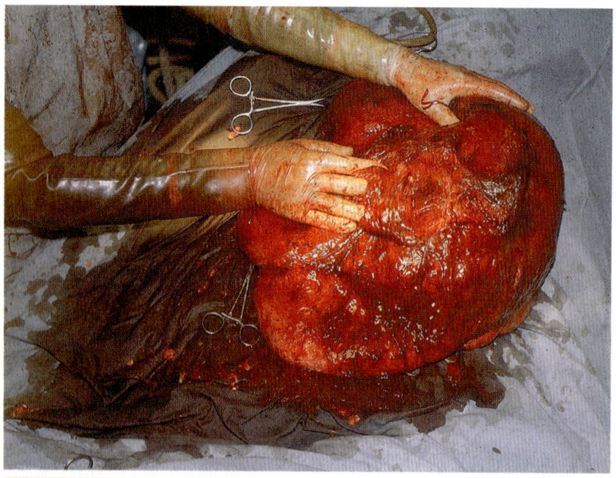

图 5-60

继发于慢性LDA的穿孔性真胃溃疡。真胃表面存在广泛性粘连，术者已成功地将粘连的真胃与腹壁分离并通过腹中线切口拉出。术者正在检查内容物漏出情况，准备进行真胃固定术。

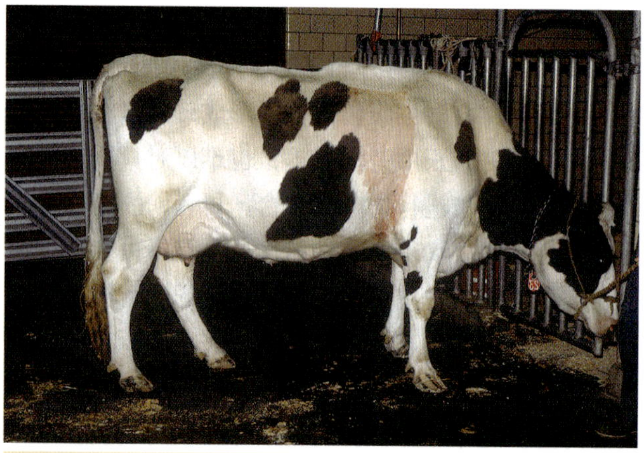

图 5-61

6岁黑白花奶牛在怀孕后期患穿孔性真胃溃疡与膈膜发生粘连，发展为脓毒性胸膜炎，在产犊后最终膈膜坏死。

剂进一步增加了pH值。每日4次混合牛奶添加硫糖铝可能有附加的保护效应。

预后和讨论

继发局灶性腹膜炎的穿孔性胃溃疡病例，经调整日粮和药物治疗后通常预后良好。重要的应连续给予广谱抗生素直至腹膜炎被完全控制。在彻底康复后7～14 d无复发的迹象时，可以归群开始正常的饲养管理。问题最大的是干奶牛的妊娠子宫，在溃疡孔周围难以形成有效的粘连，且硕大的子宫迫使真胃前移挤压膈肌，因此，干奶牛发生穿孔性溃疡时真胃即处于上述位置，这与泌乳牛有所不同。这些病畜产犊后对高精料日粮食欲不一。另外，作者在临床上观察到2例患穿孔性真胃溃疡的干奶牛继发局灶性腹膜炎后，真胃与膈肌发生粘连，膈膜被侵蚀和感染后进一步发展为脓毒性胸膜炎（图5-61）。基于上述理由，妊娠后期病畜较多呈慢性经过，更易出现多发性溃疡并继发弥漫性腹膜炎或网膜脓肿，预后不良。

穿孔性真胃溃疡继发弥漫性腹膜炎时预后不良，多数患病成年牛或犊牛将最终死亡。一些动物昨夜还正常但次日早晨“突然”死亡；一些病例可能有足够时间进行诊断和治疗，但通常在24～48 h内死去。极少数病例虽然经过数周的广谱抗生素治疗病情已得到控制，但存在广泛性的腹腔粘连，泌乳期奶牛亦停止产奶。所以只有价值特别高的奶牛才值得全力治疗。

出血性溃疡若在发展为严重贫血之前能够确诊和治疗，则预后良好。按上述介绍的日粮调整和药物治疗后一般7～14 d内痊愈。即使对于需要输血的病例，若畜主和兽医人员肯花费时间努力治疗，预后良好。

偶尔淋巴肉瘤浸润真胃时会造成严重出血。淋巴肉瘤造成的其他损伤更为明显，易于检查，但少数病例在出现黑粪症和贫血时很难发现其他损伤，这种病例对输血及其他治疗措施无效，最终死亡。大约50%的患真胃淋巴瘤的牛在腹腔液中有新生的瘤细胞（图5-62），而出血和幽门梗阻是主要的临床症状。尸体剖检可见到典型的淋巴肉瘤损伤（图5-63，A和B），很少见到真胃穿孔。临床上牛发生黑粪症时应详细检查是否存在淋巴肉瘤的其他损伤，可进行BLV的血清学检查，但对结果解释应慎重（详见牛白血病）。右侧正中旁腹腔穿刺术可见淋巴细胞，这种症状对2岁的牛来说与真胃溃疡引起的胃肠出血是一致的，这种溃疡超出了早期哺乳期溃疡的一般的症状。

作者发现临床上犊牛极少发生出血性真胃溃疡，而穿孔性溃疡则相当常见。造成犊牛和成年牛这种差异的原因尚不清楚。犊牛经历脓毒症并发肠炎或接受注射性的营养物质而出现自发性的穿孔性真胃溃疡。

出血合并穿孔的真胃溃疡预后不良，因为这种病例通常呈慢性经过，易被忽视，或伴发有DA，真胃损伤严重。若存在DA并经手术矫正，溃疡的预后得到改善。但是，如果真胃在变位处已嵌入溃疡孔或诱发大面积腹膜炎，则预后谨慎或不良。临床上对这种病例需区别对待。

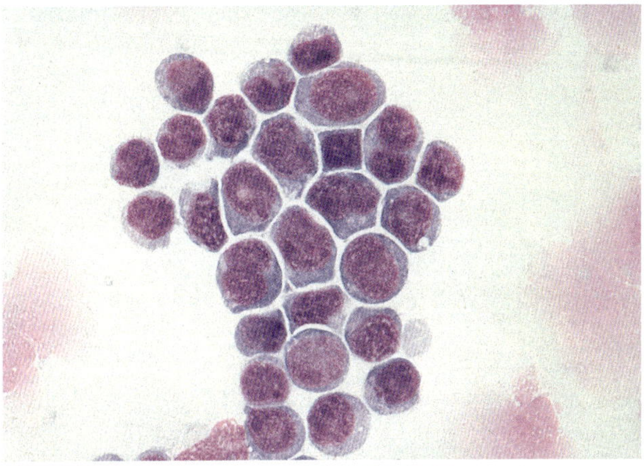

图 5-62

来自2岁黑白花奶牛公牛腹腔液中真胃的非白血病淋巴瘤的新生淋巴细胞。

A

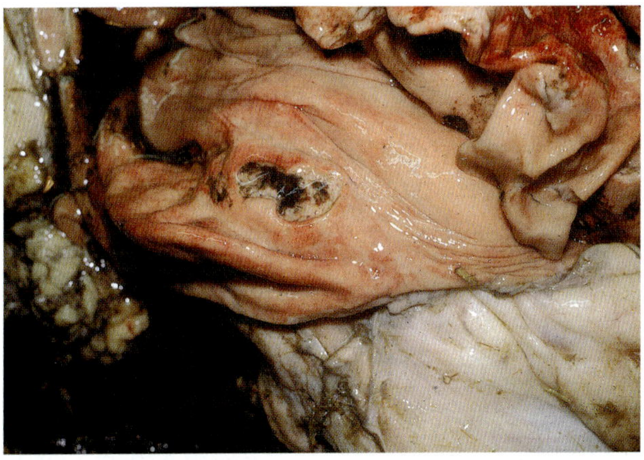

B

图 5-63

A和B，尸体剖检发现真胃黏膜表面存在淋巴肉瘤浸润，深深的溃疡引起非常明显的黑粪症。

真胃瘘 Abomasal Fistulas

真胃瘘偶见继发于真胃外科固定术或盲向固定术（盲针固定术和套索针固定术）。真胃浆膜与腹壁相互紧密粘连，再加之宫腔内放置的缝合线（盲针固定术中有意放置或真胃外科固定术中意外遗留的缝合线）会导致真胃内容物沿切口处的缝隙向体外渗漏（真胃外科固定术），或沿贯穿缝合的缝合线漏出（盲针或套索针固定术）。上述手术中缝合线均已穿进真胃腔，易发生内容物泄露。在实施真胃外科固定术的病例，切口处组织被侵蚀后张力变弱，最终开裂，真胃内容物和黏膜涌出体外。类似地，在贯穿缝合的病例中可能发生内容物沿非吸收性缝合线通过体壁流出，真胃黏膜沿缝合线移至体壁。一些病例最终可见到黏膜脱出，黏膜表面出血、水肿（图5-64），此时体内可能存在严重出血。

诊断中除临床观察外，还需了解实施真胃固定术的病史。若动物有严重失血表现，则需检查PCV和血浆蛋白等实验室数据来决定是否需输全血。因慢性病例可能发生氯化物慢性丢失，导致严重的代谢性碱中毒，所以慢性真胃瘘病畜应检查酸/碱和电解质平衡。病畜预后决定于修补胃瘘时需切除部位的大小，但所有病例均需谨慎。

根据物理检查和实验室检查结果，治疗措施中应首先注射抗生素、输全血（如果必要的话）和平衡电解质溶液，然后是外科切除真胃瘘。手术采用整块腹壁切除术，切除包括真胃的粘连组织在内的患部腹壁。腹壁切口的止血和完全关闭对外科医生来说比较费时。真胃固定术切口产生的瘘经常形成疝，也需切除，因此，造成大的腹壁缺损。成功的完全关闭切除术的切口已经报道。极严重的病例需

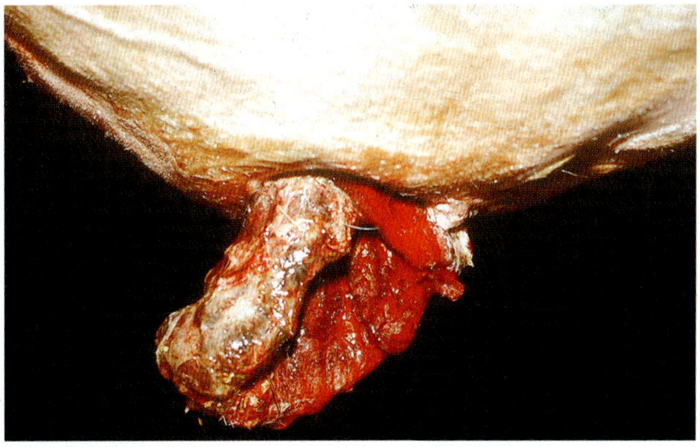

图 5-64

真胃固定术后，继发真胃瘘。

用粗外科钢线做贯穿减张式缝合。术后将患部打上绷带，连续给予抗生素直至切口长出肉芽闭合至完全愈合，需要2～4周的时间。一般的麻醉对这些程序是完全可以满足的。

犊牛的真胃（皱胃）炎、腹部鼓胀和真胃溃疡综合征

Abomasitis, Abdominal Tympany,and Abomasal Ulceration Syndrome in Calves

病因学

这是一个具有特征性临床症状和病理发现的综合征，恰恰护理的犊牛还不知道确切的病因。梭状芽孢杆菌、产气荚膜杆菌A型、八跌球菌sp.和*Salmonella typhimurium* DT 104所有的都归因于此。综合征已在护理的肉犊牛和羔羊、奶用犊牛上暴发，但大多数是散发的或者地方性的发生。

临床症状

患病的犊牛常常是2～4周龄哺乳的犊牛，急性膨胀、食欲缺乏、精神沉郁以至于躺着并频繁出现休克。患病的犊牛出现腹泻或者疝气痛的症状，虽然这些症状是矛盾。临床检查时，犊牛明显膨胀（图5-65）并有可变的部位和大小，有时很大，在腹部检查时容易听到震荡音。患病的犊牛心动过速、四肢末端发凉、出现休克/弱的灌流等其他症状。临床过程的发展是非常迅速的。

实验室检查

严重的犊牛经常出现代谢性酸中毒（高的乳酸盐、高的阴离子间隙）。其他的异常包括低血清氯化物、氮质血症、高的PCV和未成熟和有毒性的嗜中性粒细胞。严重的腹部膨胀和精神沉郁、呼吸性酸中毒（通气不足）可能伴随代谢性酸中毒并引起酸血症，使pH＜7.0。

诊断

该病的诊断根据犊牛的年龄、特征性的临床检查、实验室酸中毒的检查、脱水和脓毒症。鉴别包括真胃的移位、有穿孔性真胃溃疡或瘤胃膨胀（原发性的或者瘤胃中奶的沉积）引起的急性腹膜炎。瘤胃膨胀的犊牛一般不如真胃炎疼痛，并且不出现真胃炎的震荡音。在一些犊牛瘤胃耗水量和真胃炎并发，但这不是特征性的。超声检查可见真胃壁水肿和增厚（图5-66）。在非穿孔性真胃炎很少出现明显的腹部渗出液，但若出现渗出液应提高警惕，可能是很厚的穿孔，预后不良。

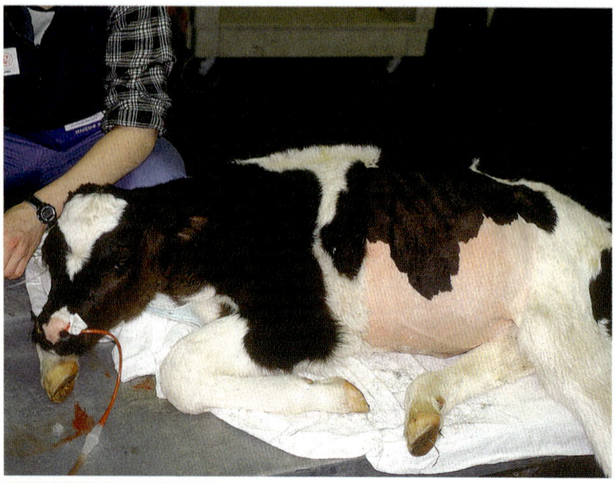

图 5-65

患有急性真胃炎、鼓胀和真胃溃疡的6周龄犊牛的真胃膨胀和频繁出现休克。真胃的外科引流术、缝合两个真胃溃疡和加强药物治疗，犊牛康复。

治疗

患有真胃炎的犊牛有渐进性症状，需要用胶体、类胶体和全身性抗生素加强护理。胶体（血浆或羟乙基淀粉）对严重的犊牛有很好的作用，这方面已经在全身性炎症休克、漏的毛细血管和遗传因素对肠壁水肿和肺水肿有证据。全身性抗生素已经

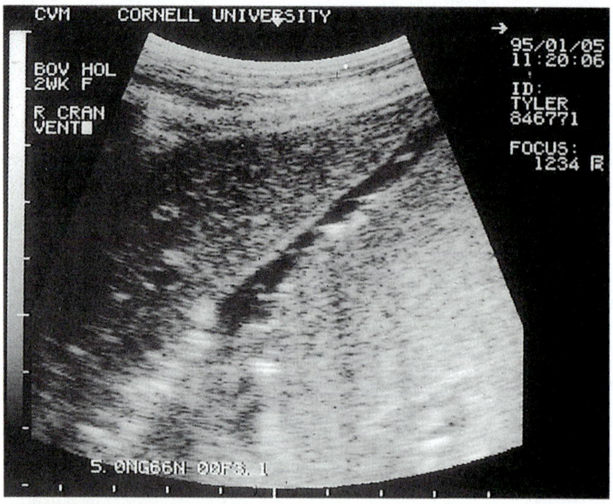

图 5-66

超声检查时犊牛真胃炎真胃壁水肿。在体壁与真胃之间可见肝脏。

在梭状芽孢杆菌spp.或其他的从肠道到其他器官的肠道细菌的易位得到证明。因为在一些病例有大量的恶臭液体返流，所以应该插入一个口腔-胃管，这将提高犊牛的临床状况。是否返流的液体是真胃液体或瘤胃腐烂的作用在这些病例中是不清楚的。在许多病例，没有返流。不管怎样，口服给予青霉素来减少肠道梭状芽孢杆菌的过快增长。这是真胃穿刺技术，描述疯羔病有严重的真胃鼓胀，但是在犊牛没有检验。C型产气荚膜杆菌和D型抗毒素频繁的SQ或口服给予，但效果没有得到证明。

若犊牛对液体治疗和胃管的插入和腹部膨胀以及休克症状没有迅速得到提高，对空腹的真胃实施剖腹术并缝合真胃溃疡。若没有真胃穿刺和低血压逆转，犊牛可能预后良好。受侵袭的犊牛在急性腹膜炎和严重的低血压时可能迅速的死亡，有的可能在手术后几天由于腹膜炎和粘连的发生而死亡。

预防性的措施并不明确，因为大多数的犊牛会被感染此种疾病。如果采用以下措施，此病可能会在某些农场防预：

机械的常规消毒；适当的喂奶或乳粉的操作，以避免细菌传染；对患病动物的隔离；对畜舍进行消毒。对于已有多例患有真胃炎的病牛，为了防止此病的蔓延，可在牛奶中增加口服的盘尼西林，也可增加饲喂次数。接种过C型产气荚膜杆菌疫苗或D型抗毒素疫苗的成牛或犊牛并不能产生某种特殊蛋白以对抗其他有害微生物。

真胃阻塞 Abomasal Impaction

病因学

原发性真胃阻塞可有摄食过于粗硬的纤维、砂石（异食癖）引起。也有自发性阻塞发生。有摄入过于粗硬的纤维性饲料和缺水引起的原发性阻塞可见于冬季的肉牛，奶牛极少见。继发性病因更常见，包括有腹侧迷走神经受损导致的幽门排空障碍、有AV、腹内粘连、幽门肿块或粘连和淋巴肉瘤导致的血管或神经损伤。作者在临床上发现，创伤性网胃腹膜炎和由穿孔性真胃溃疡导致的腹膜炎是最常见的原因。这些疾患可引起真胃神经性或机械性排空障碍。其他的医院诊断这种情况是常见的，常常没有一个可知的病因。

任何品种的犊牛均可出现先天性的真胃阻塞，但以更赛牛最常发。任何原因引起的犊牛腹膜炎腹腔出现粘连后可能继发真胃阻塞。犊牛AV或慢性DA出现迷走神经损伤后有诱发真胃阻塞的倾向。

临床症状

无特征症状，临床表现与迷走神经性消化不良相似。病畜在数天至数周内呈现进行性腹部膨胀，间歇性厌食，粪便减少且稀软，体重和产奶下降。由于液体食物逃脱真胃，旁路阻塞，故动物常常呈现腹泻症状。腹部膨胀的特征与迷走神经性消化不良相同，即左上、下腹和右下腹隆起。其他病例症状不明显，临床上仅仅是食欲减退，瘤胃收缩正常到增加呼吸次数。在犊牛触诊时能触及坚实膨胀的真胃，但在成年牛一般难以检查到。成年牛直肠检查时通常可触摸到膨大的瘤胃背囊和腹囊。个别牛在右下腹能触及膨大的真胃，但右下腹通常为瘤胃腹囊占据。

真胃阻塞的病畜经常出现磨牙，在腹中部做深部触诊时可能有疼痛反应。除非发生迷走神经兴奋时出现心动过缓，否则体温、脉搏和呼吸一般正常。

实验室指标

依真胃内滞留或返流到瘤胃的盐酸量的差异，病畜将出现不同程度的代谢性碱中毒。但是，真胃阻塞的病畜很多出现中度的代谢性碱中毒，这可能与该病不明显的慢性过程、阻塞的部位和流出物未被完全阻塞有关。

诊断

真胃阻塞的确诊需进行右侧探测剖腹手术或左侧剖腹手术和瘤胃切开术，对于出现迷走神经损伤症状的动物，通常是在实施瘤胃切开术时通过扩张的瘤胃触诊真胃进行诊断。真胃阻塞的大多数牛有单独的幽门腔阻塞，然而更严重的病例有真胃体和幽门腔的阻塞。

治疗

切开瘤胃后，通过网胃口向真胃输送胃管并投以矿物油或二辛基琥珀酸钠（DSS），然而，如果迷走神经损伤，通常一次投药难以见效，轻泻剂、促反刍剂和有轻泻作用的食物很少成功，但咖啡（瘤胃中给予1 lb）对有些病例有一定的效果。对迷走神经性消化不良/真胃阻塞的最终处理要求躺着的病畜实施真胃切除术。对所有神经损伤的真胃阻塞的预后要谨慎，器官的粘连或错位的特异性损伤可能有助于纠正。继发于任何形式腹膜炎的真胃阻塞病例预后不良。原发性真胃阻塞实施右侧剖腹术和给予2～5 d的矿物油、咖啡（1 lb）或者镁产品，预后良好。腔的阻塞比真胃体的阻塞有更好的预后。

真胃肿瘤 Abomasal Neoplasia

淋巴肉瘤是真胃最重要的肿瘤。牛真胃是多发性淋巴肉瘤嗜好的“靶”器官之一。淋巴肉瘤细胞在真胃壁内弥漫性分布或多发性浸润（图5-67）。瘤块可能阻塞幽门区，导致真胃和前胃排空障碍。很少的胆汁流出物可能阻塞，引起黄疸和γ-谷氨酰胺转移酶的升高。如果淋巴瘤阻塞幽门时，血清氯化物几乎总是很低（<70 mEq/L），瘤胃氯化物很高（>60 mEq/L）。病畜有进行性腹部膨胀（图5-68），最终变得很弱以至于它们不升高。我们已经处理了许多氟强的松龙2×的淋巴瘤怀孕的奶牛。很少出现足够的提高直到犊牛出生奶牛保持活着。畜主意识到犊牛患BLV的风险很高，并且易感染形成瘤。其他一些病例当肿瘤的增生导致溃疡和出血时，黑粪症是唯一的可见症状。诊断通常通过病牛的年龄（4岁或更老）、临床症状、其他地方的肿瘤病、奶牛的BLV状况、真胃的超声检查以及腹腔液和血液的细胞学检查。在外周血有低的淋巴母细胞瘤，但大约50%的牛在腹腔液有真胃淋巴瘤细胞。在一些病例最终的诊断要求右侧剖腹术和活组织检查。真胃腺癌也有报道。

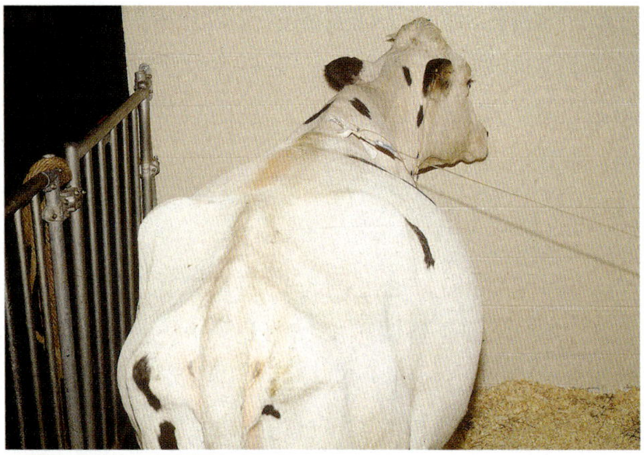

图 5-68

淋巴肉瘤梗阻幽门引起严重的腹部膨胀，导致真胃和前胃膨胀。

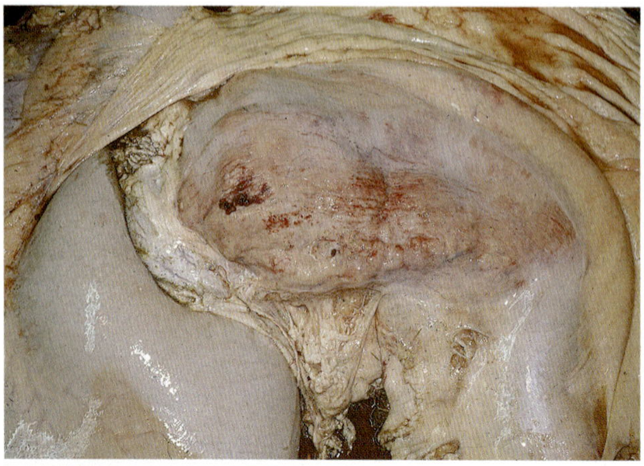

图 5-67

牛真胃淋巴肉瘤剖检所见。图中褶皱和隆起的区域为肿瘤。

小肠梗阻性疾病 Obstructive Diseases of the Small Intestine

与前胃和真胃疾病相比，牛小肠的机械性梗阻较少见，但在奶牛和犊牛腹部膨胀性疾患的鉴别诊断中仍不可忽视。各种梗阻将放在一类中介绍，某些特定的梗阻病将在其他章节讲述。

病因学

小肠梗阻病如肠缠结、肠扭转、肠套叠的发病原因通常不明确，一般在剖腹探查或死后剖检时才追溯到疾病的诱因。如在奶牛发生肠套叠时，常发现在套叠部位存在引起肠道异常运动的牛结节线虫结节或息肉，在传染性腹泻时犊牛比奶牛更常见发生肠套叠，也见到因外科手术将动物放倒保定引起肠系膜根部完全扭转的病例。类似地，特别是在犊牛横穿腹腔的带状纤维组织有可能卡住肠管，出现肠梗阻。日渐长大的犊牛因虱子引起的愤怒也可能发生梗阻。在一些牛群，因肠出血症状引起的宫腔内梗阻更常见。虽然牛的小肠（最常见的是回肠）粪便嵌塞不常见，但是确实发生过。

症状

奶牛小肠梗阻的全身症状较为明显，一般包括：

1. 急性厌食和胃肠停滞。
2. 腹部膨胀特别是1/4右腹部。
3. 腹痛。

4. 排粪停止。

5. 右下腹冲击触诊和听诊出现积水音（图5-69）。

6. 直检或超声检查发现膨胀的小肠襻。

7. 全身状态如脱水、姿势、脉搏呈现进行性恶化。

通过上述检查多数病例可以确诊，可决定是进行外科手术抑或屠宰。但是，根据病程、年龄和阻塞类型，临床症状有差异。动物发生小肠梗阻时早期发生脱水并迅速恶化。梗阻发生在小肠远侧时出现轻度代谢性碱中毒，但发生在十二指肠时将出现严重的代谢性碱中毒。随着疼痛和脱水加剧，心率出现进行性升高，但在已服用止痛药或肠套叠发病时间超过24 h腹绞痛症状已经消失的病例可能心率正常。由于食欲不振、胃肠停滞和泌乳，动物会发生低血钙。

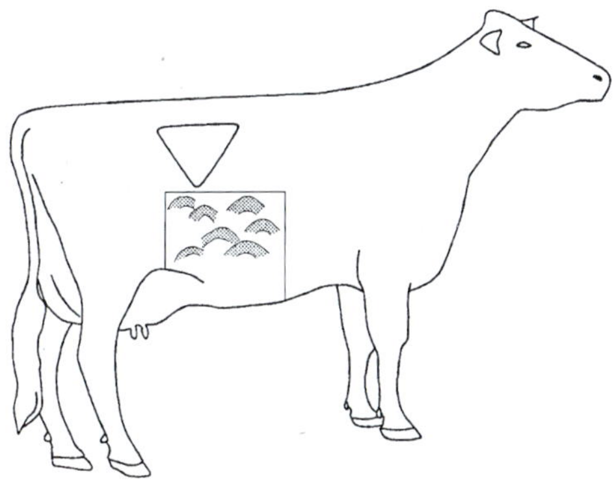

图 5-69

小肠液体性膨胀的典型叩击区。

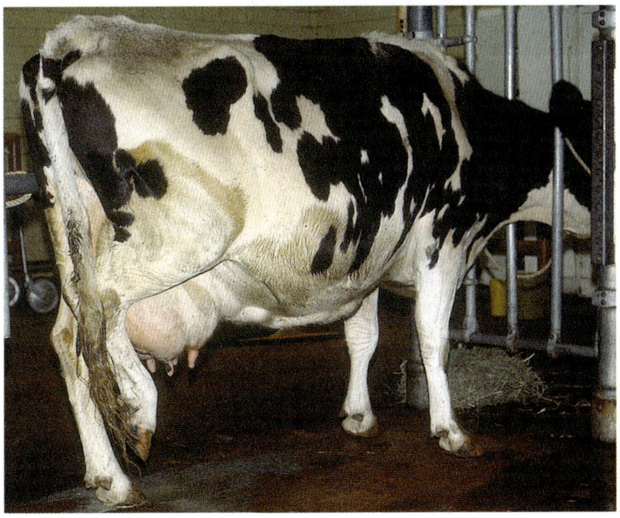

图 5-70

患肠套叠的奶牛因腹痛踢腹。右腹肋下部潮湿的局部皮毛显示右后肢敲击部位。

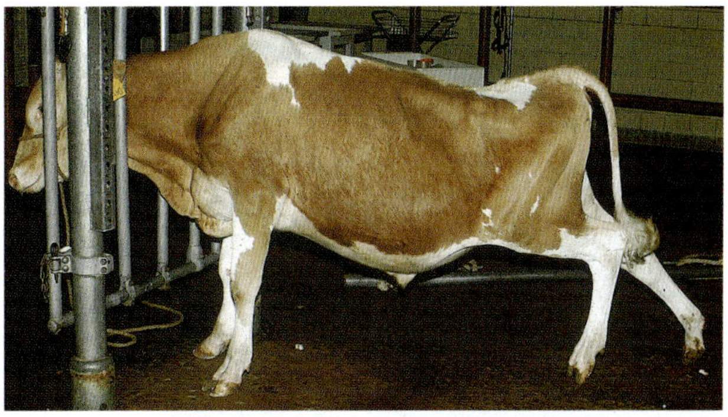

图 5-71

发生小肠缠结的更赛公牛背部下沉，显示严重腹痛。

动物发生肠系膜根扭转，小肠任一部位缠结和远侧肠管扭转时均会出现严重的腹痛。病畜表现为踢腹（图5-70）、吼叫、脊柱前凸（图5-71）、不愿站立（即使持续数秒钟，图5-72），有时突然自行倒地。发生肠套叠时腹痛表现稍缓，如踢腹、后脚跟踏地、摇尾、喜卧。我们需要记住成年奶牛腹痛的最重要原因是小肠消化不良。除了C型产气荚膜杆菌，犊牛很少出现细菌性的、寄生虫性的或病毒性的腹泻引起的腹痛。肠套叠动物一般在发病初期12～24 h出现腹绞痛症状，此后仅有厌食、轻度腹痛、排粪停止、脱水、腹部膨胀。出现完全梗阻的肠套叠病例仅能存活数天至1周以上。所以，诊断中直检或者超声检查是必要的。

牛发生小肠梗阻后一般将停止排粪，但极个别病例可能例外，因为处于梗阻远侧的粪便可能会在梗阻早期排出体外。偶尔在直肠中发现从小肠套叠

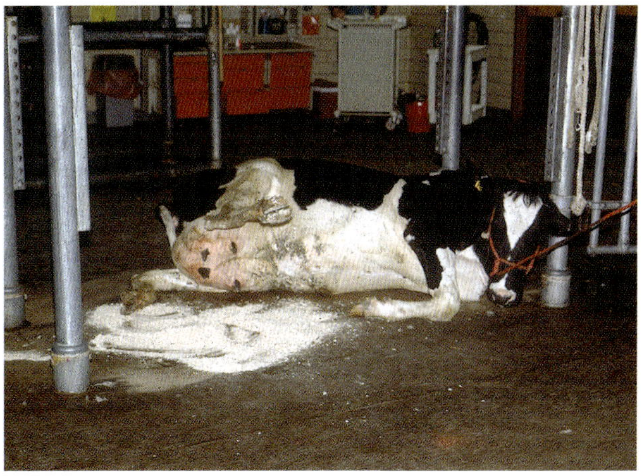

图 5-72

肠系膜扭转的奶牛出现明显的腹痛。

同的梗阻部位差异极大。所以，从经济方面考虑，对于治疗费用很高、晚期或接近休克状态的病例可予以屠宰。若病畜的价值允许进行外科手术，需首先决定是在本农场或家畜病院进行。牛小肠手术复杂，通常需配备训练有素的助手，出现并发症或需局部小肠切除时需2个或若干术者进行操作。

术前或在手术准备过程中可静脉补液，并给予止痛药如氟胺烟酸葡胺（1.0 mg/kg）,以稳定动物并保持在站立手术中不致卧下。犊牛手术中应选择左侧卧（首选）或仰卧姿势进行手术。条件允许时术前可进行酸/碱和电解质平衡，PCV和血浆蛋白检查，以确定补液疗法。当需进行小肠切除术时，有些术者选择左侧卧姿势，对成年动物需实施全身麻醉。

切开腹腔后，应从十二指肠到回肠（或相反程序）检查以确定病变的准确解剖部位。面对大量膨胀的小肠，经常需取出体外进行整理、复位或切除，难度较大（图5-78）。

一些情况如腹腔内纤维组织缠绕、肠系膜轻度扭转和远侧肠襻扭转仅需予以复位或切除相应的纤维组织即可。有些情况较为复杂，可能需进行肠切除和吻合术，如肠系膜完全扭转（图5-79），肠系膜撕裂并有肠管嵌入，小肠扭转、肠套叠。术后需持续进行静脉液体疗法和光谱抗生素疗法，补充钙剂并适当给予止痛药。已实施肠切除和吻合术病例需连续注射青霉素类和氨基糖苷类抗生素3～7 d。一些术者在闭合腹腔前用温热的电解质平衡液和抗生素灌洗腹腔。

术后4～24 h内动物应开始排出松软的粪便。要求加强疾病治疗后的照顾调养，包括一些病例的胶体和晶体的治疗和外周静脉营养。主要的并发症包括腹膜炎、肠管吻合部位开裂和粘连，后者能导致肠梗阻和脓肿。术后5～7 d动物体温正常、食欲恢复并连续排出粪便时预后良好。

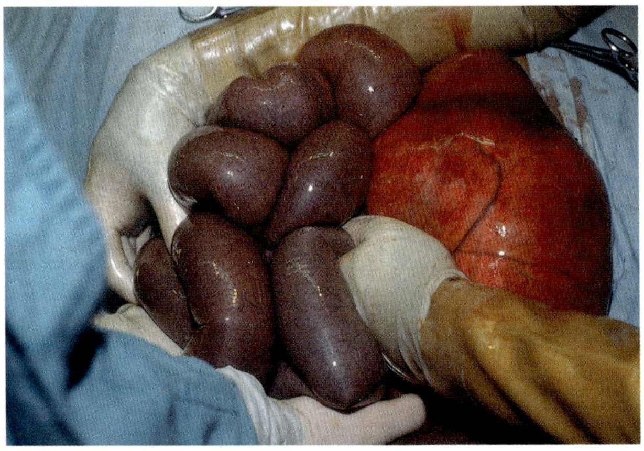

图 5-78

牛肠套叠部前段小肠膨胀的肠襻。

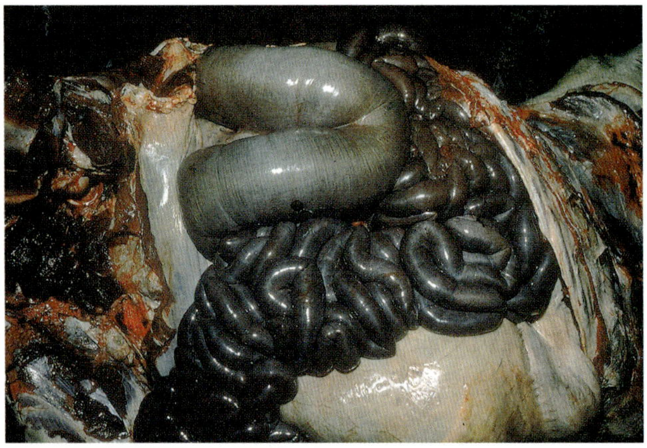

图 5-79

牛肠系膜发生360° 完全扭转。

影响肠蠕动的药物

Drugs Used to Alter Intestinal Motility

各种影响小肠蠕动的药物已被用于治疗术后持续性肠梗阻，以刺激小肠蠕动和促进排粪。作者曾使用灭吐灵治疗因小肠或盲肠疾患而进行手术的犊牛，剂量为0.1～0.25 mg/kg，皮下注射，每日1或2次。这些犊牛术后因长时间存在肠梗阻，导致真胃和前胃排空障碍、食糜积滞，出现腹部膨胀。如动物腹腔内不存在广泛性粘连，灭吐灵可显著促进胃肠排空。近年来的研究表明，乌拉胆碱（0.07 mg/kg）与灭吐灵（0.1 mg/kg）合并使用或单独使用乌拉胆碱较仅使用灭吐灵效果好。其他研究表明，红霉素（8.8 mg/kg）比灭吐灵或者新斯的明在真胃蠕动上有更大的效应。当前对于2周龄以上的犊牛，术后肠梗阻静脉注射利多卡因作为首选的治疗方法。1.3 mg/kg的利多卡因作为一个大丸剂缓慢进入体内10～15 min，这样混合类晶体液体0.05 mg/(kg·min)的速度灌注。虽然没有证明，但是青年犊牛已经延迟了利多卡因的代谢，利多卡因将导致神经或心脏的紊乱。

作者很少使用新斯的明作为促进小肠蠕动药物，但一些兽医人员使用新斯的明治疗迷走神经性消化不良。在犊牛肠外科手术后，应用雷尼替丁和静脉注射青霉素钾有促进肠胃运动的功能。

阿托品和甲基东莨菪碱能降低胃肠蠕动，在牛发生胃肠功能紊乱时应避免使用。这些药物引起的梗阻和鼓气可持续24～96 h，且只能自行消退。若用于呼吸道或其他疾患的治疗时，低剂量的硫酸阿托品（0.04～0.08 mg/kg）是安全的。当奶牛或犊牛发生胃肠疾患（包括腹泻）应禁止超剂量或长期使用这类药物。成年奶牛用0.5 kg P.O.咖啡对增加蠕动是有效的。

导致小肠梗阻的其他原因

MISCELLANEOUS CAUSES OF SMALL INTESTINAL OBSTRUCTION

脂肪坏死　Fat Necrosis

脂肪坏死可发生于各品种的奶牛，其特征是肠系膜和网膜出现硬块，逐渐导致肠管部分或完全腔外性梗阻。更常见的是直肠收缩发生，多是由于触诊时医源性的直肠损伤引起的。患畜多是过肥的中老年动物。发生部分梗阻时，肠腔因外压而缩小，动物常呈现腹泻，临床症状不明确，动物可表现出一定的厌食、粪便稀软而后量少直至停止排粪，偶见腹部膨胀或轻度腹绞痛。直检发现在小肠或结肠附近的肠系膜和网膜存在硬块即可确诊。鉴别诊断包括淋巴肉瘤、肠腺癌和腹腔脓肿。在直肠触诊时，脂肪坏死对比瘤来说特别硬的，这一点值得我们注意。有价值的患畜可使用超声波引导的活体检查、腹腔探查及活体组织检查进行诊断。病畜无康复希望，但个别局灶性脂肪坏死病例曾进行过病变肠断切除和吻合手术。

肿瘤　Neoplasia

已发现奶牛发生肠腺癌和淋巴肉瘤时出现部分或完全性肠梗阻，其他肿瘤诱发的梗阻极少见。与脂肪组织坏死相似，本病无特征性表现。若发生完全性梗阻，可能观察到腹部膨胀和腹痛。梗阻发生在小肠前部时出现明显的代谢性碱中毒。物理检查可能发现淋巴肉瘤特征，但发生肠腺癌时需经腹腔探查术才能确诊。直检时，肠腺癌块一般坚硬，而淋巴肉瘤质地坚实，并有相关脏器的淋巴结病。除非切除所有波及的肠管，否则肠腺癌患畜预后不良，淋巴肉瘤病畜无康复希望。

分娩过程造成的损伤

Lesions Associated With Reproductive Tract Pathology

牛分娩后助产人员冲洗子宫以促进硕大的子宫体恢复，此时经常发生冲洗管道刺穿前背侧阴道组织。由此引发的化学性或细菌性腹膜炎通过粘连波及网膜和小肠，发生大范围粘连时可能导致部分或完全性小肠梗阻。给予广谱抗生素直至逐渐痊愈。病畜预后取决于粘连程度。病畜应停止配种，每月仅进行一次触诊以检查病情。

纽约州立大学兽医学院病理学教授John King观察到分娩过程中发生小肠创伤性破裂病例。多数病畜在分娩后24 h内死亡。剖检发现小肠破裂和广泛的纤维素性腹膜炎。很明显，在分娩过程中由于努责，在胎儿挤压下小肠被推入盆腔，当胎儿排出时进一步推拉导致小肠撕裂。

近年来作者及其同事发现，一些经产奶牛在分娩后很快出现厌食和轻度腹痛。动物后肢踏地，偶尔踢腹，不愿站立。经对症治疗后可恢复食欲和排粪，但1周后又出现厌食，排粪减少，腹痛和发热。直检显示小肠膨胀。外科手术探查证实存在局灶性小肠破损并形成脓肿。切除病变肠段后病畜完全康复。推测在分娩的过程中该部分肠管可能被严重挫伤但未完全撕裂。

难产或子宫脱垂时小肠可通过子宫破裂而脱出。病畜通常难以恢复，应予以屠宰。对有价值的病畜可试进行整复，但手术复杂且往往存在明显的腹膜炎，术后动物难以存活。

盲肠和结肠阻塞性疾病

OBSTRUCTIVE DISEASES OF THE CECUM AND COLON

盲肠扩张和扭转

Cecal Dilatation and Volvulus

病因学

奶牛的盲肠疾患较真胃少得多，但仍相当常见。

许多解释真胃变位的理论可用于解释盲肠扩张及由此诱发的盲肠扭转。与真胃相似，牛盲肠中亦产生挥发性脂肪酸。现代奶牛日粮中含高水平的精料和青贮料，为胃肠道产生挥发性脂肪酸提供了丰富的原料。其他因素，如低血钙、继发于乳房炎或子宫炎的内毒素血症和消化不良均可导致胃肠梗阻，使盲肠内产生的气体无法排出进而引发盲肠扩张。发生单纯性盲肠扩张时，盲肠出现膨胀并不同程度地滞留有气体和液体。盲肠尖从正常位置上升并移至盆腔入口。盲肠进一步膨胀会导致自身沿顺时针方向旋转（从右侧观察）。盲肠扩张-扭转可发生于怀孕或泌乳的任一阶段，但高发时间是泌乳早期，与代谢紊乱和真胃变位一致。盲肠扩张-扭转也发生于犊牛和公牛，特别是饲喂易发酵精料如高湿玉米者。许多有经验的医师注意到在常规的生殖检查时，许多正常的、健康的奶牛有轻度到中度的盲肠扩张，表明在一些个体存在亚临床症状。

症状

盲肠扩张初期表现为食欲不振、排粪减少和腹部膨胀。食欲下降导致泌乳减少。体温、呼吸正常、心率正常或稍升高。随着病情发展，动物出现轻度至中度腹痛，表现为后肢踏地或踢腹。瘤胃收缩力下降，蠕动次数减少，肠道蠕动下降。叩击右腹呈鼓音。鼓音叩击区位于右侧肷窝，亦可向前延伸1～3肋骨（图5-80，A和B和图5-81），晚期病例扩展至右后腹中部或下部。右上腹冲击触诊可听到击水声。从尾侧或右侧观察，牛右腹显著膨胀。早期病例可发现因鼓胀导致右侧肷窝消失。晚期病例整个右腹呈现鼓胀，肷窝部位显示出盲肠体的部分轮廓。发病超过24 h或严重的病例可出现轻度至中度脱水、末梢冰凉，提示低血钙，直检对确诊至关重要。在右后腹能方便地触摸到膨胀的盲肠，而且只要腕部伸入直肠即可触及移至盆腔入口的盲肠尖。若盲肠体已发生扭转，可在后腹右侧或中部触摸到呈螺旋状的肠管。血清氯化物的浓度是有用的，典型的奶牛右侧真胃障碍是低血氯引起的，而盲肠疾患的牛通常不出现血清氯化物的明显变化。

发生盲肠扭转时症状严重，动物产奶量、食欲和排粪急剧减少，中度或重度脱水，右腹显著膨胀，瘤胃停滞并鼓胀，心率加快（80～100次/min），鼓音叩击区经常由右侧肷窝向前至少延伸至第3肋间和向下至右下腹。冲击触诊容易发现器官积液。一些病例鼓音叩击区范围较广，需与真胃扭转进行鉴别诊断（图5-82）。直检可发现膨胀且呈旋转或扭转状态的盲肠、鼓胀的近端结肠，当盲肠发生扭转并造成回-盲区扭结时还可能触及鼓胀的回肠。直检可区分主要的鉴别诊断疾病——真胃扭转。超声检查也有助于鉴别是盲肠扭转还是真胃扭转。盲肠扭转时出现小肠膨胀。另外，盲

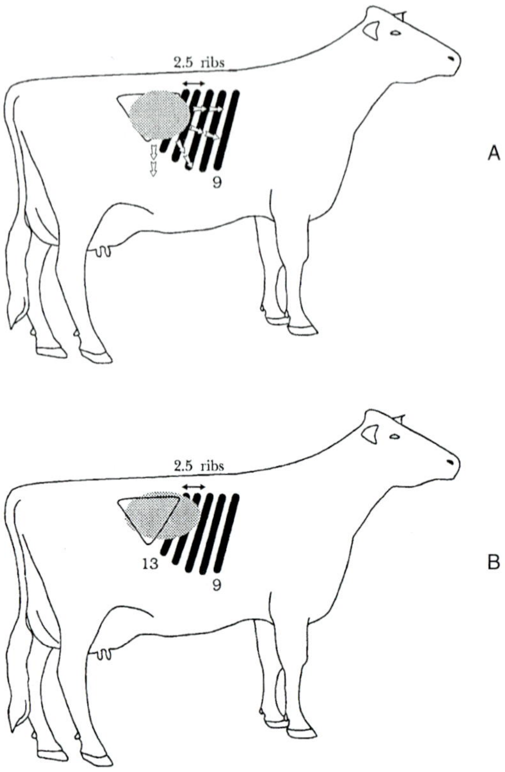

图 5-80

A，奶牛发生轻度盲肠鼓胀时的鼓音叩击区。若鼓胀加重或发生盲肠扭转，则叩击区增大（箭头方向）。B，近端结肠或螺旋结肠膨胀导致的鼓音叩击区。

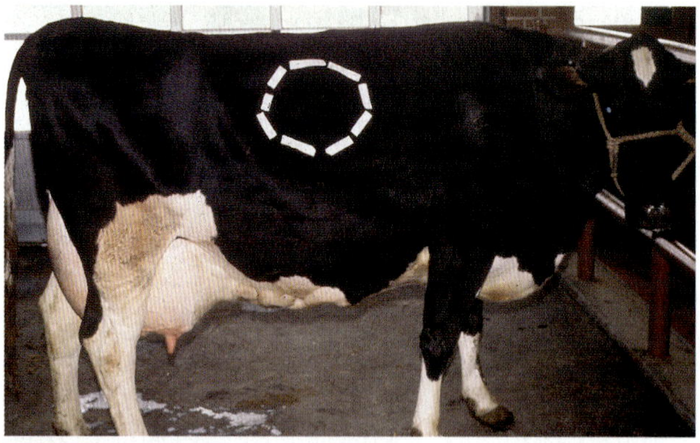

图 5-81

奶牛盲肠扩张呈现的鼓音叩击区，包括第11～13肋和右肷窝前部。直检可以鉴别盲肠扩张和轻度结肠鼓胀和RDA或AV。

肠扭转的奶牛有疝气痛，这在真胃扭转很少出现（图5-83）。

犊牛盲肠扩张-扭转的特征是右腹膨胀，厌食，排粪急剧减少，脱水，心率加快（84～120次/min）。在右后腹包括肷窝和最后数个肋间的大范围内出现鼓音叩击区（图5-84）。右腹做冲击触诊时有击水音。动物常出现轻度腹痛（后肢踏地、踢腹）、卧地。犊牛由于无法直检，难以与同龄动物的真胃扭转相区别。但是，与成年动物相同，右侧肷窝消失和右肋部出现管状脏器轮廓，提示盲肠鼓胀；真胃扭转常在右侧第13肋后肷窝内出现半月状隆起。严重的是由于犊牛胃肠道较脆弱，在短期内（24～72 h）可由盲肠扩张或扭转发展为肠内容物漏出和腹膜炎。此时，除上述症状外还将出现发热和腹痛。

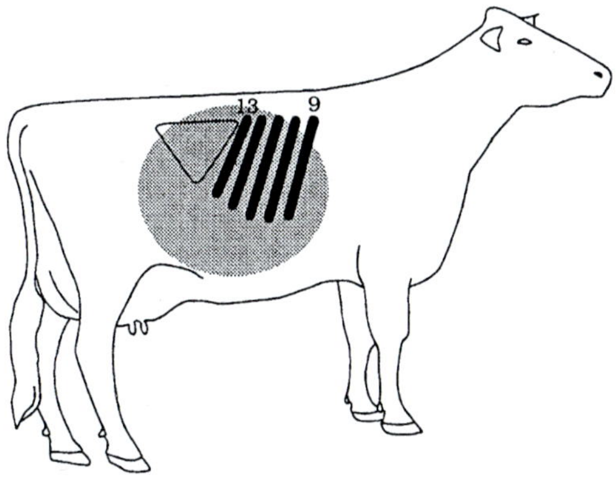

图 5-82

奶牛发生大范围盲肠或真胃扭转时的鼓音叩击区。

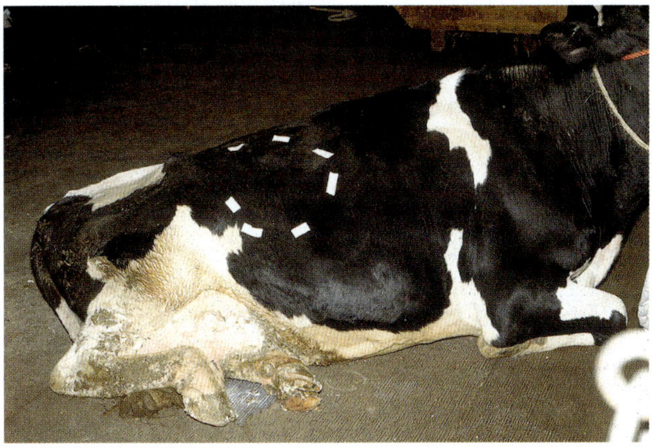

图 5-83

盲肠扭转疝气痛的奶牛的鼓音叩击区，在右肷窝处容易检测到震荡音。

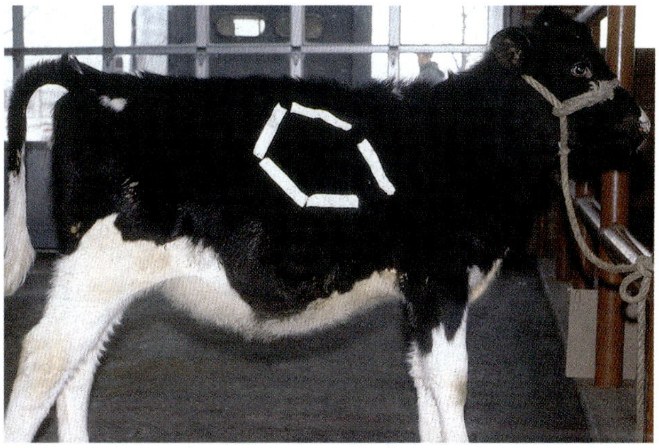

图 5-84

犊牛发生盲肠扩张后的鼓音叩击区。由于无法进行直检且鼓音叩击区前移（右肷窝前部至第9肋），与真胃右方变位难以区分。

实验室指标

实验室检查对本病诊断意义不大。由于发生机械性胃肠阻塞，可出现轻度或中度的代谢性碱中毒，盲肠扩张会导致部分阻塞，可能出现轻度的碱中毒；盲肠扭转导致完全阻塞，会出现较严重的碱中毒。晚期病例发生肠管坏死时将呈现代谢性碱中毒。腹水检查正常，但在晚期病例因血管损伤、肠系膜和盲肠水肿出现腹水蛋白升高。极少数犊牛发生盲肠穿孔或内容物漏出，其腹水指征与腹膜炎一致。

鉴别诊断

主要鉴别诊断疾病是右方变位和真胃扭转。一般地，真胃疾患引起的鼓音叩击区较盲肠疾患前移，而且腹部膨胀在右侧肋弓下缘而不是在后腹部。动物出现停止排粪和腹绞痛时应与小肠梗阻相区别。直检可有效区分上述疾病。

治疗

对于盲肠膨胀，首先必须确定药物治疗是否足够，是否需要进行剖腹探查。病畜呈现下列症状可仅进行药物治疗：

1.心率正常。

2.有一定食欲（通常指粗饲料）和排粪。

3.无或有轻度脱水现象。

4.轻度或中度腹部膨胀，直检时在盆腔入口可触及盲肠尖。

5.疑似低血钙。

治疗措施包括每天给予轻泻剂、促反刍剂，必要时给予钙剂，并处理并发症，如酮病、子宫炎或乳房炎。将轻泻剂与温水混合后经胃管投服似乎较口服丸剂更有效（临床印象）。治疗后食欲增加，开始排粪和泌乳预示病情好转。限制饲喂易发酵的饲料。治疗必须持续3～7 d，期间即使病情出现改善仍应继续治疗，以防止复发。直检已显示膨胀的盲肠需5 d以上才能恢复正常形态和位置。一旦动物持续改善，进一步治疗即可痊愈。为避免掩盖腹痛症状，一般不使用止痛药。

出现下列指征的盲肠鼓胀或扭转病例需使用外科手术疗法：

1.心率加快。

2.几乎完全丧失食欲和停止排粪。

3.明显脱水。

4.中度或重度腹部膨胀，直检显示盲肠和近端结肠高度膨胀。

5.腹痛。

术前静脉补液并给予氟胺烟酸葡胺（0.5～1.0 mg/kg，每日2次）。外科处理包括右肋腹部剖腹术和盲肠切开术。严重病例的膨胀盲肠直径可达18～30 cm，切口应足够长，以便取出盲肠进行处理。进入腹部后，盲肠气体通过针管吸气装置来减压，这有助于缓解膨胀。一旦移出盲肠（图5-85，A和B），即可在盲肠尖进行切开术（图5-86）。掏空盲肠内容物，挤出近端结肠和回肠的食糜（图5-87），双层缝合闭合盲肠。

晚期病例出现盲肠坏死或盲肠膨胀-扭转复发病例可进行盲肠部分切除术。盲肠基部紧接回肠并延续为近端结肠，因此，无法实施盲肠全切除。多数情况下可以切除回-盲部远端的盲肠以减少“气囊效应”，降低复发的可能性。晚期病例发生盲肠-结肠坏死时（图5-88）盲肠全切术和回肠-结肠吻合术是唯一的选择。手术极为复杂，需非常有经验的术者进行操作。

但是，由于该病的复发率仅约为10%，对首次手术的动物而言，首选的是盲肠切开术而不是复杂的盲肠切除术。

术后连续数天内每日给予轻泻剂和促反刍剂，每隔24～48 h直检判断盲肠恢复的程度。术后48 h时松软的粪便是典型的和理想的状态。接受盲肠切开术或盲肠切除术的病例，术后需分别进行抗生素疗法3～7 d和5～14 d。高发酵饲料的日粮可逐渐恢复。

盲肠膨胀-扭转病畜预后良好。并发症包括复发（约10%）以及进行过复杂外科手术的病畜可能出现腹膜炎或腹腔粘连。

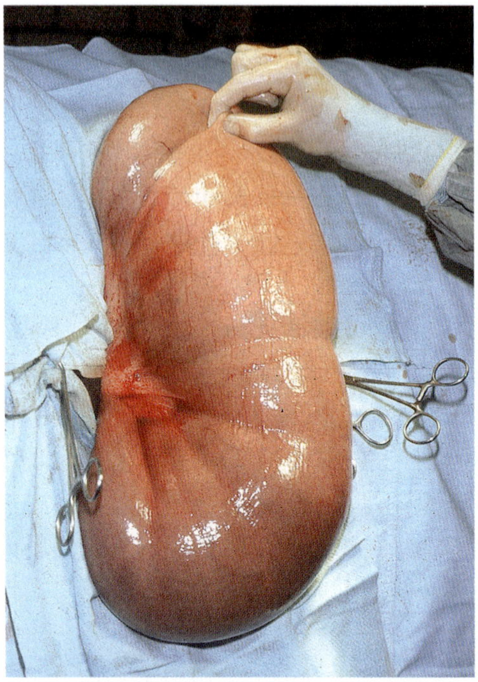
A

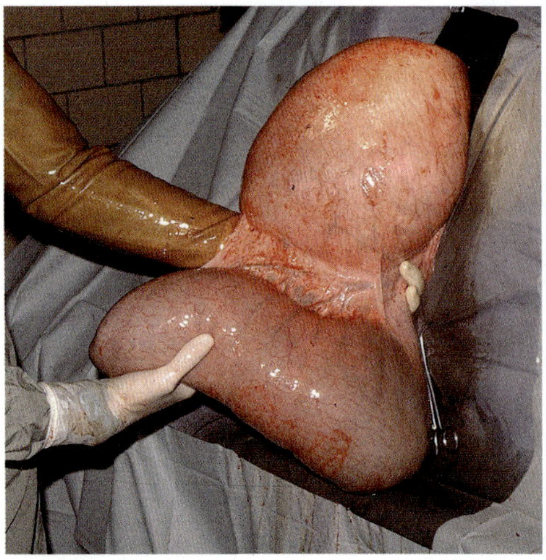
B

图 5-85

A，从右侧剖腹切口取出膨胀的盲肠。B，盲肠扩张病例手术中将盲肠（腹侧）和近侧结肠移出腹腔。

结肠梗阻 Colonic Obstructions

结肠梗阻在奶牛呈散发。结肠梗阻主要由局部炎症所致的粘连或占位性块状物引起。右肷窝部腹腔注射可能引发脓毒性或非感染性腹膜炎，导致部分或完全性结肠梗阻。以同样方法注射浓葡萄糖亦能引发明显的化学性腹膜炎和结肠梗阻。任何形式

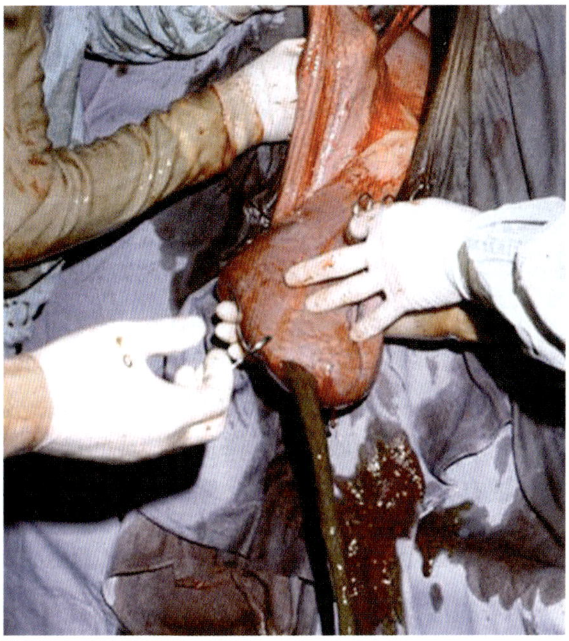

图 5-86

盲肠扭转的病例实施盲肠切开术并引流内容物。

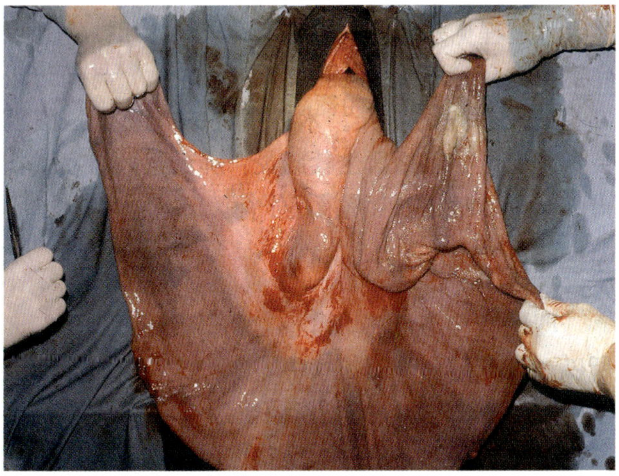

图 5-87

奶牛盲肠扭转实施盲肠切开后呈弛缓状态的盲肠。图中左侧为盲肠尖，右上为近端结肠。

的腹腔注射若刺破十二指肠或近端结肠会引起内容物漏出，将出现局灶性脓毒性腹膜炎和类似的梗阻症状。存在脓毒性腹膜炎时出现发热。右侧剖腹术有时亦能引起类似的炎症反应和脓肿。

对发生腹泻的犊牛，突然没有粪便时应考虑螺旋状的结肠套叠并出现渐进的膨胀（图5-89），患有小结肠梗阻的犊牛有盲肠液体膨胀时能容易的通过超声波进行检查。腹腔内出现占位性块状物时，如脂肪坏死也可导致结肠梗阻。

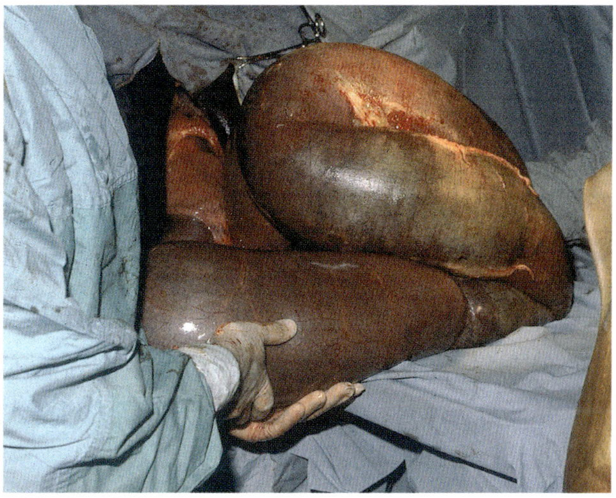

图 5-88

奶牛发生严重盲肠扭转，图示梗死的盲肠和盲肠浆膜上的纤维素。对出现上述病变的盲肠应实施切除术。

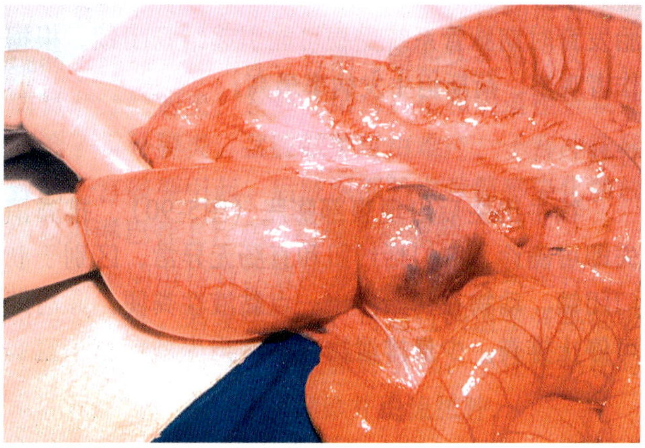

图 5-89

2周龄的荷斯坦牛的降结肠发生肠套叠。犊牛腹泻3 d后突然没有粪便。超声检查时盲肠有膨胀的液体声，肠切除术和吻合术是成功的。

症状

病畜存在不明显的厌食，粪便松软且量少，泌乳下降。出现完全性结肠梗阻时有腹部膨胀。右腹出现的鼓音叩击区与结肠或盲肠鼓胀一致。实施过腹腔注射的牛，在右侧肷窝可查到“针眼”及粘在毛上的干燥血迹，此病史有助于诊断。直检腹腔内是否存在膨胀的近端结肠、盲肠或纤维素粘连。发生局灶性脓毒性腹膜炎的牛常呈现发热。直检还可确认是否存在脂肪坏死，右上腹若出现硬块直检可以触摸到。患有螺旋状结肠套叠的犊牛通过超声检查可见同质的充满液体的盲肠。

表5-3 导致直肠受压的疾病

疾病	诊 断	治疗	预后
脂肪坏死	直检显示直肠周围存在弥漫性坚硬团块，TPR正常	无	不良
淋巴肉瘤	通常在盆腔淋巴结或生殖道发现坚实的团块	无	不良
子宫外膜炎	盆腔特别是腹侧的生殖道和直肠周围软组织存在坚实肿胀，限制了直肠的活动性，发热，难产病史（分娩后数天发病）	广谱抗生素治疗，止痛	不良
脓肿	直检显示生殖道或盆腔淋巴结上附着有波动或坚实的大团块	引流 抗生素 碘化物	引流预后良好，多发性脓肿预后不良
血肿	盆腔存在坚实的团块，通常为多发性，难产病史，青年母牛最常见	休息	良好（多数在30～60 d内消散）

后适当注射抗生素。若从脓肿中分离出化脓性放线菌，应注射青霉素22 000 IU/kg，每日1或2次。为治疗囊壁较厚的脓肿，可口服有机碘化合物（非特异性抗菌）每天1 oz，连续口服2～3周。若难以实施引流术（可能污染腹腔），则预后不良，但可试用长期青霉素和碘化物3～6周。虽然利福平已经禁用，吸收量不稳定，价格也很昂贵，但是添加利福平也可提高脓肿的渗透性。

子宫外膜炎的治愈率不高。为控制细菌混合感染，需给予大剂量的广谱抗生素。可使用止痛药如氟胺烟酸葡胺。

原发病为淋巴肉瘤或脂肪坏死时预后不良。盆腔血肿病例不需治疗，仅需休息并每月直检以观察消散情况，多数血肿在产犊后30～60 d内消散。极少数发生大面积血肿病例引起贫血，可能需输全血，预后不良。

直肠撕裂 Rectal Lacerations

病因学

直肠撕裂常发生于直检时术者缺乏经验、动作粗暴或动物保定不确定。直肠撕裂偶见于自然配种时阴茎误入直肠造成损伤。但是，直肠撕裂最多是由无经验的直检人员所致。尽管奶牛直肠撕裂发病率远低于马，但仍足以引起重视，要求术者操作时务必轻柔并使用润滑剂。直检术者使用塑料套袖时难以准确和轻柔操作，是导致直肠撕裂的重要原因。应训练新手使用橡皮套袖和手套。即使有经验的术者，佩戴塑料套袖操作仍会造成直肠黏膜破损和出血。

与马不同，牛直肠撕裂通常不予分级，但可简单地划分为黏膜损伤、黏膜下层和肌层损伤、直肠全层破裂。

症状

直检造成直肠撕裂时会立即在套袖上发现新鲜的血迹，动物出现里急后重。若兽医未在直检现场，则出现的症状将取决于损伤的深度和时间。直肠未发生全层撕裂时动物呈现里急后重、厌食、粪便中有血迹。再次操作时动物将抗拒直检并出现里急后重、吼叫。

发生直肠全层撕裂时动物出现发热、胃肠梗阻、心率加快、弓背站立。若直肠全层撕裂后与腹腔相通而发生脓毒性腹膜炎，动物通常在24 h内死亡。青年母牛经过直检后常被归群放牧，难以仔细观察，可能发生突然死亡，剖检才能确定病因。若直肠撕裂口位于腹膜后间隙，动物将呈现发热、里急后重、弓背站立、胃肠梗阻，极力抗拒直检，存活期比直肠撕裂口直接与腹腔相通的患畜长2～7 d，但仍最终死亡。

诊断

除非诊断人员已经明确病因，否则只有通过直检才能做出确诊。直检时一旦摸到损伤或套袖上有血迹，动物呈现里急后重，应终止检查，立即实施硬膜外麻醉术。术者带上橡皮套袖或赤膊（涂上大量润滑油）小心进行检查。轻轻触摸直肠内损伤的范围并作出诊断和预后。如果动物无直检病史，兽医应想到可能有虐待狂并谨慎决定是否以及何时与畜主或有关方面讨论这种可能性。

治疗

若仅出现直肠黏膜损伤，应至少在1周内不进行直检并给予轻泻作用的食物（青贮或青刈饲料）。存在极严重里急后重的动物，可实施硬膜外麻醉术（24～48 h）。预后良好。

若损伤已深达黏膜下层或肌层，则至少1个月内不进行直检并给予轻泻作用的日粮。个别动物呈现腹部极度紧张，形成“紧张—疼痛加剧—紧张”恶性循环，食欲废绝。此类病例需实施硬膜外麻醉1～4 d，以减轻里急后重。1个月后由经验丰富的术者进行直检以评价恢复情况。病畜预后良好，但此后该家畜应只由有经验的术者进行直检。

直肠壁发生全层撕裂并与腹腔相通时直肠内的粪便已经进入腹腔，动物康复无望，应即予以屠宰；若直肠撕裂口位于骨盆部腹膜后间隙，则预后不良。但一些伤口小的病例经全身抗生素治疗，给予较强泻下作用的日粮并避免直检操作一系列治疗和护理后创伤愈合。牛粪便较软，再加之轻泻作用的日粮，故可省去类似马发生直肠撕裂时的直肠冲洗工作（除去患部坚实的粪块）。

娟姗牛直肠阴道狭窄 Rectovaginal Constriction in Jersey Catlle

娟姗牛直肠阴道狭窄是一种单纯常染色体隐性遗传病，可导致直肠肛门区和阴道前庭狭窄。这些部位的纤维组织使直检难以实施并可引起难产。具有这种缺陷的娟姗牛特别易患严重的产后乳房水肿。

肛门闭锁 Atresia Ani

奶牛极少发生肛门闭锁。存在肛门闭锁的犊牛出生后因无法排粪会在短期内出现症状。出生24 h后，犊牛呈现出腹部膨胀、沉郁、腹绞痛、虚弱。挤压腹部时可于正常的肛门区皮下出现隆起物。切开皮肤后肛门开放，但切口常纤维组织化，导致肛门狭窄，里急后重，腹部鼓胀。从长远考虑，有人提出一种能缓解病情的直肠手术。尽管尚无有关该病的遗传性报告，但这种动物术后作为种畜时应予慎重。

便秘 Constipation

便秘在牛中不常见。奶牛便秘一般是因神经机能障碍或疼痛性疾患干扰排粪过程所致。神经性便秘与荐部外伤、肿瘤或脊椎的严重损伤导致肛门弛缓和痛觉减退有关。非创伤性尾脊髓损伤的可能原因包括淋巴肉瘤、神经纤维瘤和马的脊髓炎和由尾部血管周围的刺激药的泄露引起的尾部蜂窝组织炎有关。在重复硬膜外给药时无菌操作不严格也是引起脊髓炎上升的原因。

牛发生尾椎骨折并涉及荐尾结合部时可引起剧痛（可能还导致神经功能障碍），动物呈现便秘。引起尾椎骨折最常见的原因是发情期内其他母牛或公牛的爬跨。粗暴保定尾巴也能造成尾椎骨折，引起剧痛、便秘、尾根肿胀和弛缓。

处理方法主要是对症治疗，包括止痛、消炎、轻泻。止痛药物如阿司匹林（240～480粒，口服，每日2次）、氟胺烟酸葡胺（200～500 mg，肌肉注射，每日2次），可连续用药3～5 d。肌肉注射地塞米松（10～30 mg，每日1次）可降低急性病例（未妊娠）脊神经的炎性反应。尾麻醉可能长期存在，尾巴、会阴部及外阴阴道粪便污染，影响动物繁育。尾椎骨折影响动物外观和交配，对于供展览的动物或种畜可实施外科整复术。

直肠积气 Pneumorectum

奶牛会阴部结构缺陷、难产导致阴道后部撕裂，呼吸困难，各种原因的里急后重和直检操作均可引起直肠积气。直肠积气并不引起病变，通常无需治疗。需对存在直肠积气的动物实施直检诊断如妊娠诊断时，应先将直肠内的气体轻轻排出。方法是轻擦直肠，直到能抓到收缩带并向外拉,将空气挤压出直肠，可重复数次直到把气体完全排除。除有直肠严重损伤或里急后重的动物外，一般均相当成功。

直肠积气病例在右侧出现鼓音叩击区（图5-93），易与其他原因的腹部膨胀混淆。由于直肠在右上腹穿过，鼓音叩击区从髋结节通过右侧肷窝向前延伸（距离不等），向上可达背中线。尽管鉴别诊断疾病较多，包括盲肠鼓胀、轻度结肠鼓胀和气腹，但通过外部叩诊、听诊和直检易于区分。

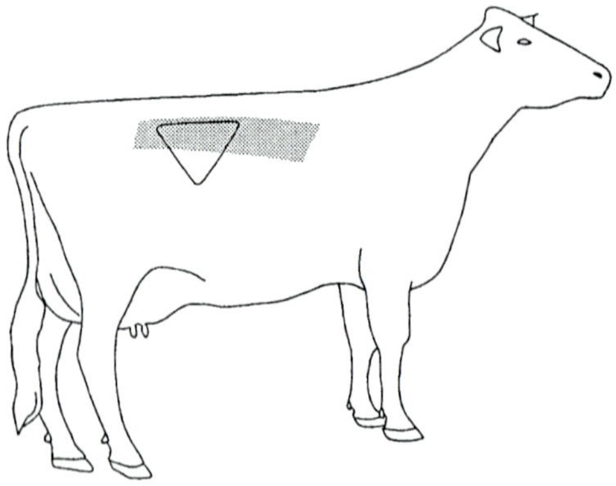

图 5-93

奶牛直肠积气时典型鼓音叩击区。

其他腹部疾病
MISCELLANEOUS ABDOMINAL DISORDERS

气腹 Pneumoperitoneum

病因学

气腹即腹腔内出现游离的气体或空气。腹腔探查是导致气腹的最常见原因，其他原因包括膨胀的腹内脏器穿孔或破裂。临床上可见的气腹常常是和真胃穿孔联合的，而不是与创伤性网胃穿孔同时出现。气胸或纵膈积气亦可能波及腹腔，出现气腹。

症状

病畜出现双侧性轻度或明显的腹部膨胀，两侧腹部上1/3（直达背中线）存在鼓音叩击区（图5-94）。由于瘤胃的解剖位置，右侧的叩击鼓音明显高于左侧。冲击触诊叩击区时显示腹内无积液。

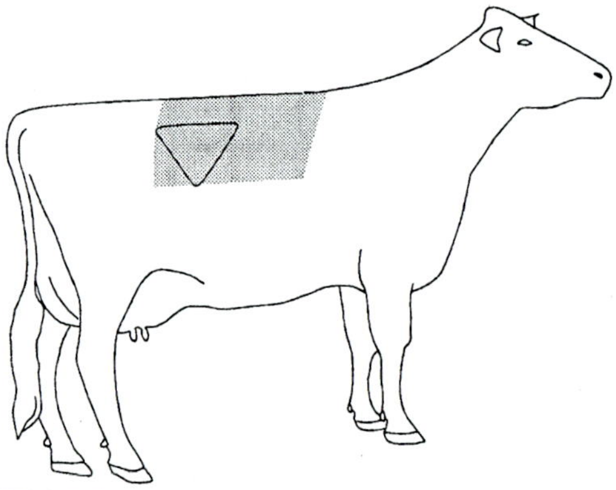

图 5-94

牛出现气腹时右侧的鼓音叩击区。

直检发现直肠内压升高，通过直肠壁难以抓握腹内器官，只能用手指尖触摸。由于在腹壁与器官间充满气体，在左肷窝难以对瘤胃实施触诊或听诊。

上述症状是在多数气腹病例中出现的一般症状。根据发病原因，一些病例还会呈现特有的症状。继发于DA——真胃穿孔性溃疡的气腹病例将呈现发热和腹痛。胸源性气腹病畜除一般症状外还会发生呼吸困难。难产所致的子宫破裂、腹壁穿透引起的气腹各有相应的症状和病史。

诊断

诊断措施包括物理检查和直检。可借叩诊、听诊和直检与其他腹部膨胀性疾病进行鉴别诊断（表5-4）。若动物出现双侧性叩击鼓音，一般可确诊；若动物最近实施过腹腔探查术，病因应显而易见。患有LDA或RDA的奶牛突然出现气腹，应怀疑发生真胃穿孔性溃疡。

表5-4 奶牛气腹症与一些腹部疾病的鉴别诊断

	疾　病	主要鉴别诊断方法
左腹	瘤胃鼓气	直检或插入胃管
	瘤胃塌陷	直检，无腹部鼓胀
右腹	盲肠扩张	直检，单侧性鼓胀
	轻度结肠鼓胀	直检，单侧性鼓胀或无鼓胀
	直肠积气	直检
	RDA	RDA积液（冲击触诊），RDA在中腹和前1/3（气腹在上1/3）

治疗

剖腹探查术引起的轻度气腹不必治疗，中度或严重病例腹部膨大明显，影响食欲，可在右侧肷窝实施针刺吸出腹内的气体。

若动物伴有发热且呈现LDA或RDA症状，或最近有LDA或RDA病史，应进行右腹正中旁切开术，检查真胃是否发生穿孔性溃疡（图5-95）。有些病例发生真胃穿孔后仍保持左侧或右侧移位并与腹壁发生粘连，动物同时呈现气腹、发热和真胃变位典型的叩击鼓音和积液。这些病例在用抽吸法消

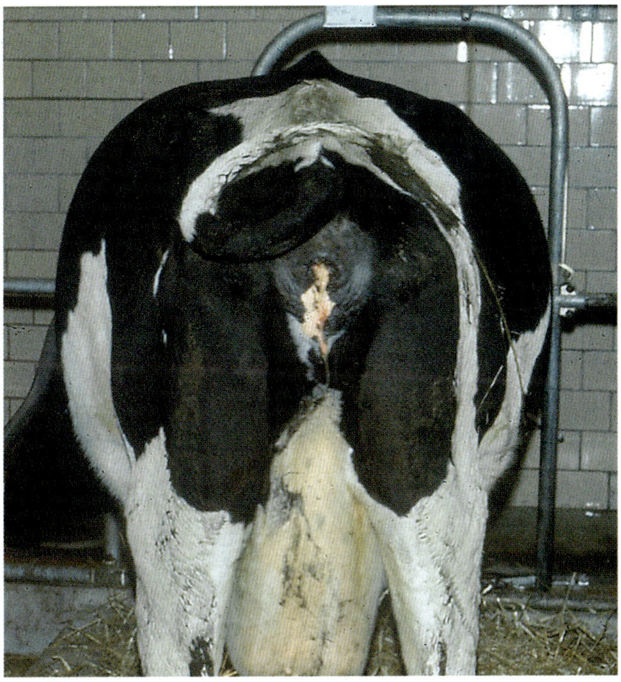

图 5-95

该病畜被转至作者门诊时已经出现气腹并有单纯性DA病史，发热。随后进行的右腹正中旁探查术证实真胃存在一小的溃疡孔，经缝合后实施真胃固定术。

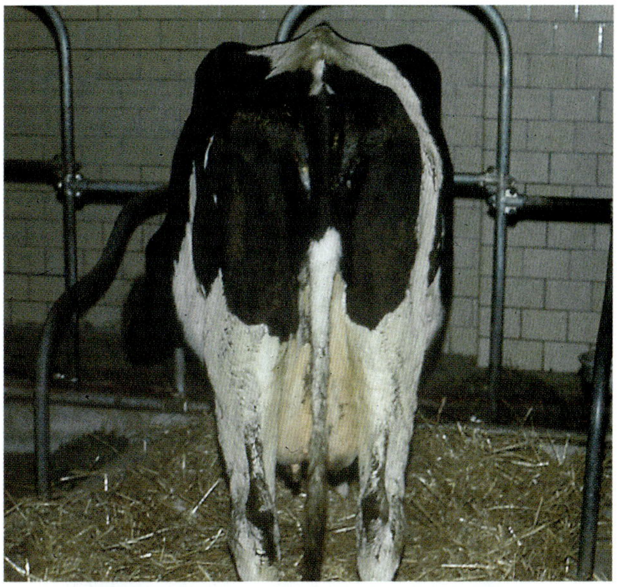

图 5-96

图5-95中病畜术后状态。病畜经外科手术和抗生素支持疗法后完全康复。

除气腹以前，气腹可能掩盖或干扰DA的诊断（图5-96）。存在穿孔时变位区也会出现局灶性腹痛。右腹正中旁剖腹术的优点在于能方便地移取和处理真胃。但是，由于真胃可能已与腹壁发生粘连，分离时可能发生真胃破裂或内容物经溃疡孔漏出而影响预后。术后应注射抗生素，并使用抗生素溶液冲洗腹腔。

预防

防止出现严重气腹的唯一措施是，在剖腹探查术做闭合腹腔缝合时先由助手在对侧推压腹壁，术者在另一侧同时进行腹壁缝合。

腹膜炎　Peritonitis

奶牛腹膜炎常见的病因包括创伤性网状腹膜炎、真胃穿孔性溃疡、不适当的真胃盲针或套索固定术、难产所致子宫撕裂。以下是若干较少见但死亡率高的其他病因。

小肠破裂

病情迅速恶化，动物常突然死亡。临床见于被母畜或其他牛踏伤的新生犊牛。成年牛分娩时小肠肠襻被胎仔带进产道受挤压而发生小肠破裂，导致腹膜炎。

子宫穿孔

新手冲洗产后的子宫时操作不慎造成子宫穿孔，出现腹膜炎或脓肿并可波及子宫。特别是在冲洗存在脓毒性子宫炎且分娩不足2周的动物时，因子宫颈和子宫体尚未上升至盆腔，更易发生子宫穿孔。

阴道穿孔

自然交配、冲洗操作等均可能导致阴道穿孔。预后决定于腹腔被污染程度。

腹腔脓肿　Abdominal Abscesses

网胃脓肿和肝脓肿作为迷走神经性消化不良的原发病已做了详细介绍。本小节讨论腹腔内的其他脓肿，如脐部脓肿和网膜囊脓肿等。穿孔性真胃溃疡是导致网膜囊脓肿或包裹性网膜脓肿的最常见病因。真胃脏面穿孔后内容物可进入网膜囊（大网膜的浅鞘和深鞘之间的空隙），引发脓肿。脓肿亦可继发于瘤胃套管针穿刺。动物无特异症状，包括进行性食欲不振，产奶量下降，腹部膨胀，发热（抗生素治疗无效）。实验室检查发现球蛋白升高、清蛋白下降、腹水中固形物>3.5 g/dL，白细胞升高。超声波检查有助于确定引流部位。根据脓肿培养物和药敏试验结果

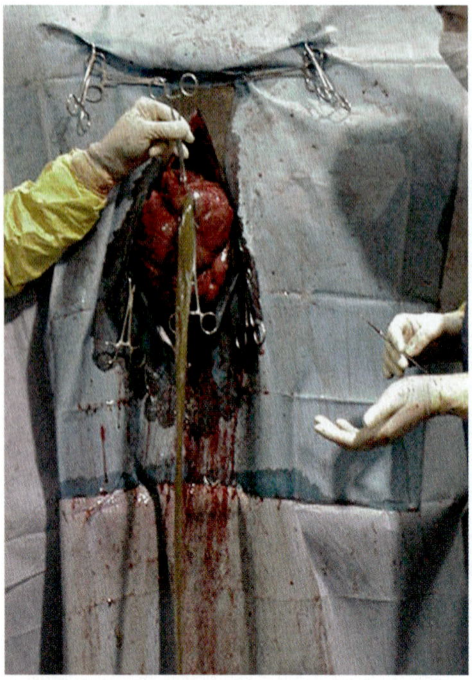

图 5-97

穿孔性真胃溃疡奶牛网膜囊炎的引流术。

A

B

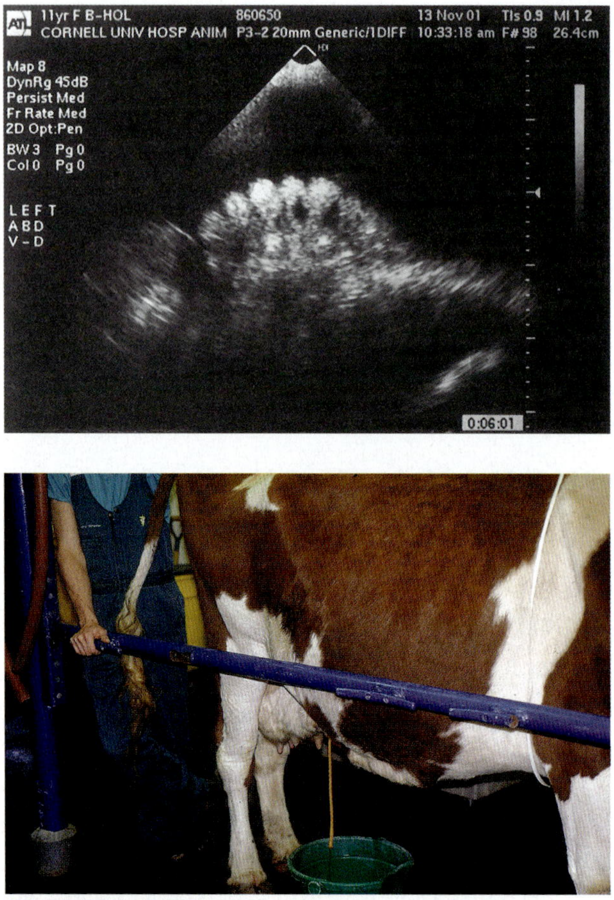

图 5-98

A，患有间皮瘤的8岁荷斯坦牛的超声检查显示有大量的腹膜腔积液。B，新生瘤的腹腔积液的引流。

制定抗生素治疗措施。病畜预后不良。

网膜囊脓肿（图5-97）的体积可以很大，进行右腹冲击触诊有时能觉察腹内浓汁的波动。浓汁的上部有气体蓄积，于右腹中部叩击时呈现低沉的鼓音。

除了淋巴肉瘤外，腹部的肿瘤是罕见的，诸如偶尔可以见到间皮瘤（图5-98，A和B），并引起严重的腹膜腔积液。

瓣胃移植 Displacement of the Omasum

在过去的几年里，我们看了几例瓣胃植入右上腹，恰恰在最好肋骨的后面和前面，这些病例首选有Chuck Guard博士引起我们的注意并通过剖腹探查术和尸体剖检确诊。奶牛常常有几天的食欲减退和产奶量降低。小的叩击区能听到移植的部位，在第13肋骨能听到高的声音。经直肠触诊到了两个病例的真胃，目前还没有确定一个适当的手术修补方法。

原发性的嗜酸性肠炎 Idiopathic Eosinophilic Enteritis

在成年牛慢性腹泻和体重下降的原发性的嗜酸性肠炎是很罕见的，但却有很好的资料证明的原因。临床症状和年龄类似于Johne's疾病。虽然Johne's疾病的临床病例的血浆白蛋白相应低，但是嗜酸性肠炎却保持在正常的范围之内。在肠道内进行小肠的活组织检查和发现嗜酸性炎症和水肿来鉴别诊断。血液嗜酸细胞计数是正常的。在几个病例尝试用皮质激素治疗1个月，出现了良好的治疗效果。

（孙斌、周海云译，苑方重、尹晓敏校）

参考文献

Abutarbush SM, Naylor JM: Obstruction of the small intestine by a trichobezoar in cattle: 15 cases (1992-2002), *J Am Vet Med Assoc* 229: 1627-1630, 2006.

Ahmed AF, Constable PD, Misk NA: Effect of orally administered cimetidine and ranitidine on abomasal luminal pH in clinically normal milk-fed calves, *Am J Vet Res* 62:1531-1538, 2001.

Ahmed AF, Constable PD, Misk NA.: Effect of orally administered Omeprazole on abomasal luminal pH in dairy calves fed milk replacer, *J Vet Med A Physiol Pathol Clin Med* 52:238-243, 2005.

Ames NK: Left displaced abomasum in dairy cows, *Agri-Practice* March:11-16, 1987.

Bertone A, Roth L, O'Krepky J: Forestomach neoplasia in cattle: a report of eight cases, *Compend Contin Educ Pract Vet* 7:585-591, 1985.

Bertone AL: Neoplasms of the bovine gastrointestinal tract, *Vet Clin*

North Am (Food Anim Pract) 6:515-524, 1990.
Blood DC, Radostits OM, Henderson JA: *Veterinary medicine*, ed 6, London, 1983, Bailliére Tindall.
Bosshart JK: Telescoped intestines in cattle, *Cornell Vet* 20:55, 1930.
Braun U.: Ultrasound as a decision-making tool in abdominal surgery in cows. *Vet Clin North Am Food Anim Pract* 21:33-53, 2005.
Braun U, Gansohr B, Fluckiger M: Radiographic findings before and after oral administration of a magnet in cows with traumatic reticuloperitonitis, *Am J Vet Res* 64:115-120, 2003.
Braun U, Iselin U, Lischer C, Fluri E: Ultrasonographic findings in five cows before and after treatment of reticular abscesses, *Vet Rec* 142:184-189, 1998.
Brenner J, Orgad U: Epidemiological investigations of an outbreak of intestinal atresia in two Israeli dairy herds, *J Vet Med Sci* 65: 141-143, 2003.
Breukink HJ: Abomasal displacement, etiology, pathogenesis, treatment and prevention, *Bov Pract* 26:148-153, 1991.
Breukink HJ: Clinical consequences of ruminal drinking in veal calves. In *Proceedings: 14th World Congress on Diseases of Cattle 1986*, pp. 1157-1162.
Bristol DG, Fubini SL: Surgery of the neonatal bovine digestive tract, *Vet Clin North Am (Food Anim Pract)* 6:473-493, 1990.
Carlson SA, Stoffregen WC, Bolin SR: Abomasitis associated with multiple antibiotic resistant Salmonella enterica serotype Typhimurium phagetype DT104, *Vet Microbiol* 85:233-240, 2002.
Cebra ML, Cebra CK, Garry FB, et al: Idiopathic eosinophilic enteritis in four cattle, *J Am Vet Med Assoc* 212:258-261, 1998.
Chapman WL, Smith JA: Abomasal adenocarcinoma in a cow, *J Am Vet Med Assoc* 181:493-494, 1982.
Constable PD, Miller GY, Hoffsis GF, et al: Risk factors for abomasal volvulus and left abomasal displacement in cattle, *Am J Vet Res* 53:1184-1192, 1992.
Constable PD, St Jean G, Hull BL, et al: Intussusception in cattle: 336 cases (1964-1993), *J Am Vet Med Assoc* 210:531-536, 1997.
Constable PD, St. Jean G, Ring DM, et al: Preoperative prognostic indicators in cattle with abomasal volvulus, *J Am Vet Med Assoc* 198:2077-2085, 1991.
Cramers T, Mikkelsen KB, Andersen P, et al: New types of foreign bodies and the effect of magnets in traumatic reticulitis in cows, *Vet Rec* 157:287-289, 2005.
Davidson HP, Rebhun WC, Habel RE: Pharyngeal trauma in cattle, *Cornell Vet* 71:15-25, 1981.
Dennison AC, Van Metre DC, Morley PS, et al: Comparison of the odds of isolation, genotypes, and in vivo production of major toxins by *Clostridium perfringens* obtained from the gastrointestinal tract of dairy cows with hemorrhagic bowel syndrome or left-displaced abomasum, *J Am Vet Med Assoc* 227:132-138, 2005.
Depez P, Hoogewijs M, Vlaminck L, et al: Incarceration of the small intestine in the epiploic foramen of three calves, *Vet Rec* 158: 869-879, 2006.
deVisser NAPC, Breukink HJ: Pensdrinkers en kleischijters, *Tijdschr Diergeneeskd* 109:800-804, 1984.
Dirksen G: Digestive system. In Rosenberger G, editor: *Clinical examination of cattle*, Berlin, 1979, Verlag Paul Parey.
Dirksen G, Doll K, Einhellig J, et al: Abomasal ulcers in calves: clinical investigations and experiences [article in German], *Tierarztl Prax* 25:318-328, 1997.
Dirksen G, Stöber M: Contribution to the functional disorders of the bovine stomach caused by the lesions of the nervus vagus-Hoflund's syndrome summary, *DTW Dtsch Tierarztl Wochenschr* 69:213-217, 1962.
Doll K, Klee W, Dirksen G: Cecal intussusception in calves [article in German], *Tierarztl Prax Ausg G Grosstiere Nutztiere* 26:247-253, 1998.
Ducharme NG: Surgery of the bovine forestomach compartments, *Vet Clin North Am (Food Anim Pract)* 6:371-397, 1990.
Ducharme NG: Surgical considerations in the treatment of traumatic reticuloperitonitis, *Compend Contin Educ Pract Vet* 5:S213-S224, 1983.
Ducharme NG, Dill SG, Rendano V: Reticulography of the cow in dorsal recumbency: an aid in the diagnosis and treatment of traumatic reticuloperitonitis, *J Am Vet Med Assoc* 182:585-588, 1983.
Ducharme NG, Smith DF, Koch DB: Small intestinal obstruction caused by a persistent round ligament of the liver in a cow, *J Am Vet Med Assoc* 180:1234-1236, 1982.
Ducharme NG, Arighti M, Horney FD, et al: Colonic atresia in cattle: a prospective of 43 cases, *Can Vet J* 29:818-824, 1988.
Dunlop RH, Hammond PB: D-Lactic acidosis of ruminants, *Ann N Y Acad Sci* 119:1109, 1965.
Duran SH: pH changes in abomasal fluid of sheep treated with intravenous and oral ranitidine. In *Proceedings: 11th Annual American College Veterinary Internal Medicine Forum 1992*, p. 960 [Abstract].
Edgson FA: Bovine lipomatosis, *Vet Rec* 64:449, 1952.
Figueiredo MD, Nydam DV, Perkins GA, et al: Prognostic value of plasma L-lactate concentration measured cow-side with a portable clinical analyzer in Holstein dairy cattle with abomasal disorders, *J Vet Intern Med* 20:1463-1470, 2006.
Fox FH: The esophagus, stomach, intestines, and peritoneum. In Amstutz HE, editor: *Bovine medicine and surgery*, ed 2, Santa Barbara, 1980, American Veterinary Publications.
Fubini SL, Ducharme, NG, editors: *Farm animal surgery*, St. Louis, 2004, Harcourt Health Sciences.
Fubini SL, Ducharme NG, Erb HN, et al: Failure of omasal transport attributable to perireticular abscess formation in cattle: 29 cases (1980–1986), *J Am Vet Med Assoc* 194:811-814, 1989.
Fubini SL, Smith DF, Tithof PK, et al: Volvulus of the distal jejunoileum in four cows, *Vet Surg* 15:410-413, 1986.
Fubini SL, Ducharme NG, Murphy JP, et al: Vagus indigestion syndrome resulting from liver abscess in dairy cows, *J Am Vet Med Assoc* 186:1297-1300, 1985.
Fubini SL, Erb HN, Rebhun WC, et al: Cecal dilatation and volvulus in dairy cows: 84 cases (1977–1983), *J Am Vet Med Assoc* 189: 96-99, 1986.
Fubini SL, Gröhn YT, Smith DF: Right displacement of the abomasum and abomasal volvulus in dairy cows: 458 cases (1980–1987), *J Am Vet Med Assoc* 198:461-464, 1991.
Fubini SL, Smith DF: Failure of omasal transport due to traumatic reticuloperitonitis and intraabdominal abscess, *Compend Contin Educ Pract Vet* 4:S492-S494, 1982.
Fubini SL, Yeager AE, Mohammed HO, et al: Accuracy of radiography of the reticulum for predicting surgical findings in adult dairy cattle with traumatic reticuloperitonitis: 123 cases (1981–1987), *J Am Vet Med Assoc* 197:1060-1064, 1990.
Garry FB, Hull BL, Rings DM, et al: Prognostic value of anion gap calculation in cattle with abomasal volvulus: 58 cases (1980–1985), *J Am Vet Med Assoc* 192:1107-1112, 1988.
Gold JR, Divers TJ, deLahunta A: Postanesthetic poliomyelopathy in a 7-day-old calf, *J Vet Intern Med* 19:775-778, 2005.
Gröhn YT, Fubini SL, Smith DF: Use of a multiple logistic regression model to determine prognosis of dairy cows with right displacement of the abomasum or abomasal volvulus, *Am J Vet Res* 51: 1895-1899, 1990.
Grymer J, Ames NK: Bovine abdominal pings: clinical examination and differential diagnosis, *Compend Contin Educ Pract Vet* 32: S311-S318, 1981.
Grymer J, Johnson R: Two cases of bovine omental bursitis, *J Am Vet Med Assoc* 181:714-715, 1982.
Guard C: Bloat or ruminal tympany. In Smith BP, editor: *Large animal internal medicine*, ed 3, St. Louis, 2002, Mosby.
Habel RE: A study of the innervation of the ruminant stomach, *Cornell Vet* 46:555-633, 1956.
Habel RE, Smith DF: Volvulus of the bovine abomasum and omasum, *J Am Vet Med Assoc* 179:447-455, 1981.
Hagan HA: Fat necrosis in cattle, *J Am Vet Med Assoc* 59:682, 1921.
Roberts SJ: Diaphragmatic hernia in a bovine, *Cornell Vet* 36:92-96, 1946.
Robertson JT: Differential diagnosis and surgical management of intestinal obstruction in cattle, *Vet Clin North Am (Large Anim Pract)* 1:377-394, 1979.
Roussel AJ, Brumbaugh GW, Waldron RC, et al: Abomasal and duodenal motility of cattle after administration of prokinetic drugs. In *Proceedings: 11th Annual American College Veterinary Internal Medicine Forum 1992*, p. 960 [Abstract].
Rutgers LJE, Van der Velden MA: Complications following use of the closed suturing technique for correction of left abomasal displacement in cows, *Vet Rec* 113:255-257, 1983.
Sattler N, Fecteau G, Helie P, et al: Etiology, forms, and prognosis of gastrointestinal dysfunction resembling vagal indigestion occurring after surgical correction of right abomasal displacement, *Can Vet J* 41:777-785, 2000.

Simpson DF, Erb HN, Smith DF: Base excess as a prognostic and diagnostic indicator in cows with abomasal volvulus in right displacement of the abomasum, *Am J Vet Res* 46:796-797, 1985.

Smith DF: Right-side torsion of the abomasum in dairy cows: classification of severity and evaluation of outcome, *J Am Vet Med Assoc* 173:108-111, 1978.

Smith DF: Surgical repair of atresia coli in a calf, *Compend Contin Educ Pract Vet* 4:S441-S445, 1982.

Smith DF: Treatment of left displacement of the abomasum. Part I, *Compend Contin Educ Pract Vet* 3:S415-S423, 1981.

Smith DF, Donawick WJ: Obstruction of the ascending colon in cattle. I. Clinical presentation and surgical management, *Vet Surg* 8: 93-97, 1979.

Smith DF, Erb HN, Kalaher KM, et al: The identification of structures and conditions responsible for right side tympanitic resonance (ping) in adult cattle, *Cornell Vet* 72:180-199, 1982.

Steen A: Field study of dairy cows with reduced appetite in early lactation: clinical examinations, blood and rumen fluid analyses, *Acta Vet Scand* 42:219-228, 2001.

Steenhaut M, DeMoor A, Verschooten F: Intestinal malformations in calves and their surgical correction, *Vet Rec* 98:131, 1976.

Sterner KE, Grymer J: Closed suturing techniques using a bar-suture for correction of left displaced abomasum—a review of 100 cases, *Bov Pract* 17:80-84, 1982.

Stöber M, Dirksen G: The differential diagnosis of abdominal findings (adspection, rectal examination and exploratory laparotomy) in cattle, *Bov Pract* 12:35-38, 1977 [This paper was originally published in German in *Berl Munch Tierzaztl Wochenschr* 89:129-133, 1976].

Stocker H, Lutz H, Kaufmann C, et al: Acid-base disorders in milk-fed calves with chronic indigestion, *Vet Rec* 145:340-346, 1999.

Stocker H, Lutz H, Rusch P: Clinical, haematological and biochemical findings in milk-fed calves with chronic indigestion, *Vet Rec* 145:307-311, 1999.

Stocker H, Rusch P: Chronic indigestion in milk-fed calves [article in German], *Schweiz Arch Tierheilkd* 141:407-411, 1999.

Svendsen P: Etiology and pathogenesis of abomasal displacement in cattle, Master's thesis, Cornell University, Ithaca, NY, 1969.

Tithof PK, Rebhun WC: Complications of blind-stitch abomasopexy—20 cases (1980–1985), *J Am Vet Med Assoc* 189:1489-1492, 1986.

Trent AM: Surgery of the bovine abomasum, *Vet Clin North Am (Food Anim Pract)* 6:399-448, 1990.

Troutt HF, Fessler JF, Page EH, et al: Diaphragmatic defects in cattle, *J Am Vet Med Assoc* 151:1421-1429, 1967.

Tulleners EP: Avulsion of the jejunum, with vaginal evisceration in a cow, *J Am Vet Med Assoc* 184:195-196, 1984.

Tulleners EP, Hamilton GF: Surgical resection of perforated abomasal ulcers in calves, *Can Vet J* 21:262-264, 1980.

Udall DH: *The practice of veterinary medicine*, Ithaca, NY, 1954, published by the author.

van Bruinessen-Kapsenberg EG, Wensing T, Breukink HI: Indigestionen der Mastkalber infolge fehlenden Schlundrinnen-reflexes, *Tierärzt Umsch* 7:515-517, 1982.

Whitlock RH: Abomasal ulcers. In Anderson NV, editor: *Veterinary gastroenterology*, Philadelphia, 1980, Lea & Febiger.

Whitlock RH, Becht JL: Probantheline bromide and cimetidine in the control of abomasal acid secretion. In *Proceedings: 16th Annual Convention American Association Bovine Practice 1983*, p. 140 [abstract].

Whitlock RH: Cecal volvulus in dairy cattle. In *Proceedings: International Congress on Diseases of Cattle* 1:60-63, 1976.

Wittek T, Constable PD: Assessment of the effects of erythromycin, neostigmine, and metoclopramide on abomasal motility and emptying rate in calves, *Am J Vet Res* 66:545-552, 2005.

Wittek T, Constable PD, Morin DE: Abomasal impaction in Holstein-Friesian cows: 80 cases (1980-2003), *J Am Vet Med Assoc* 227: 287-291, 2005.

Wittek T, Furll M, Constable PD: Prevalence of endotoxemia in healthy postparturient dairy cows and cows with abomasal volvulus or left displaced abomasum, *J Vet Intern Med* 18:574-580, 2004.

Zust J, Pestevsek U, Vengust A: Impact of lactic acid fermentation in the large intestine on acute lactic acidosis in cattle [article in German], *Dtsch Tierarztl Wochenschr* 107:359-363, 2000.

第六章
CHAPTER 6

胃肠道传染性疾病
Infectious Diseases of the Gastrointestinal Tract

David C.Van Metre,Bud C.Tennant,and Robert H.Whitlock

犊牛
CALVES

大肠杆菌 *Escherichia coli*

大肠杆菌是在温血动物胃肠道的正常栖息菌，在农场环境内普遍存在。犊牛大肠杆菌病主要表现为肠炎或败血性疾病，是新生奶用犊牛死亡的最主要的原因。管理措施不严格常导致新生犊牛接触大量大肠杆菌，从而增加感染发病的机会。奶牛场内的大肠杆菌有多种血清型。大肠杆菌根据血清学和抗原学类型进行分类。抗原的类型有菌体（O）抗原、荚膜（K）抗原、菌毛（F）抗原和鞭毛（H）抗原。过去把菌毛抗原归类为荚膜抗原，最近分类学把菌毛抗原作为F抗原，这样能减少分类学上的混乱。

败血症（败血性大肠杆菌病、大肠杆菌败血症）

病因学 大肠杆菌败血症属于管理不善性疾病。引发该病的主要风险因素是初乳被动转运失败。干乳期缩短、产前初乳泄漏，错误地认为新生牛犊与母牛接触24 h就能哺育初乳，初产母牛初乳品质低等原因，都能导致初乳中免疫球蛋白主动转运失败。此外，如果产房和保育栏卫生很差，牛犊将接触多种血清型的大肠杆菌，及可能引起大肠杆菌败血症。环境污秽，产犊处肮脏、潮湿、拥挤或超量使用，脐带未消毒都能促使本病发生。初乳收集、储存和使用的卫生是保证充分的被动转运和预防大肠杆菌病的重要因素。

入侵的许多大肠杆菌亚型都是条件性的败血性感染新生牛犊。大量观察表明多种大肠杆菌涉及本病，具体的种类因地理和环境的不同而有差异。

初乳中IgG含量少于500 mg/dL牛犊容易发生败血性大肠杆菌，含量500～1 000 mg有可能导致被动转运失败，有发病的风险。初乳充分的被动转运要求IgG含量至少达到1 000 mg/dL血清（每毫升血清含10 mg IgG）或者达到1 600 mg/dL血清更能有效预防本病。

大肠杆菌性败血症通常发生于1～14日龄。牛犊出生后接触大肠杆菌的数量越多，疾病的发生就越靠前（如在产房）。初乳主动转运很差或者失败能加速疾病的发生。致病性的大肠杆菌主要通过脐、肠、鼻和口咽黏膜入侵机体。一旦感染发生败血症，临床症状发展很快，24 h内症状就表现明显。如果初乳转运未完全失败或者牛犊接触的大肠杆菌毒力不强，则表现为持续几天的慢性症状。

患败血症的牛犊通过尿液、口腔分泌物、鼻腔分泌物排泄致病性的大肠杆菌，如果存活时间长发展为腹泻，后期的粪便中还含有大量菌。因此，因为高污染的排泄物和患败血症牛，本病能在舍养的牛犊、群养牛犊及不清洁的产房之间传播。因为患败血症的牛犊在临床症状出现以前就能排出大量细菌，污染大量群养牛栏和公用饲养设备（如食道导管），加上与感染牛及其粪便、尿液直接接触，这些因素能促进感染扩散。感染牛继续留在产犊区也能加大环境污染的程度，其他新生牛犊就有感染的危险。该问题对舍养区的牛也同样存在。因此，让所有的牛在空间上暂时隔离，与牛舍的定期消毒，对于生物安全一样重要。

临床症状 高致病性大肠杆菌导致的败血症，表现为急性症状，患犊精神沉郁、衰弱、心跳过速、脱水。牛犊在7日龄以内，甚至出生后24 h内即可发病。虽然发热通常是最早出现的症状，但是在败血症时明显临床症状出现前常无发热症状，这是由于内毒素血症及其导致外周灌流不足，常使患犊体温正常或低于正常。除此之外，在天热的日光中急性患牛表现为卧地，体温过高。脱水常见于轻度和中度病例。吸吮反射严重下降甚至消失，黏膜高度充血。可视黏膜和末梢皮肤尤其是耳廓皮肤看见出血点（图6-1）。触诊发现四肢、口、耳发凉。患牛表现为进行性虚弱、嗜睡，常常昏迷至死。腹泻是本病的常见症状，但是在急性病例可能不会出现。

感染明显局限于一定组织的病例比急性病例存活时间长。可出现眼前房积脓、眼色素层炎，房水浊斑增加（“房水闪耀”）瞳孔缩小明显。感觉过敏、震颤、角弓反张（图6-2）是脓毒性脑膜炎的症状。细菌在关节处或者骨骺处繁殖导致跛行。脐静脉炎的症状可能也会出现。慢性病例表现为虚弱，身体消瘦，因为虚弱、关节疼痛而斜卧。

因为大肠杆菌败血症和急性产肠毒素大肠杆菌（ETEC）感染均出现脱水、虚弱、卧地不起，二者在临床上很难区分。然而，败血症脱水较少，水样腹泻较轻，而且，腹泻常在病程的终末阶段发生。历史资料显示其他新生牛犊在不到2周龄时也出现过类似症状或死亡。与急性大肠杆菌败血症鉴别诊断的其他疾病包括窒息、出生时损伤、体温过低、低血糖、沙门氏菌导致的败血症、先天性的中枢神经或心血管系统障碍。支原体导致的多关节炎对大肠杆菌败血症导致的脓毒性关节炎要注意鉴别诊断，前者多发生于日龄较大的犊牛，饲喂未经过巴氏消毒的牛奶是支原体病的重要风险因素。盐中毒，低血糖症，先天性神经障碍，创伤性损伤，器质性脑综合征（如铅）也应注意与大肠杆菌败血症导致的脑膜炎鉴别诊断。近年来发现，一些畜群出现的神经系统障碍与脑膜炎难以区分，因为最终在饲喂牛乳代用品前服用了高剂量的电解质导致离子中毒。而被动转动和脑膜炎并不是其原因。

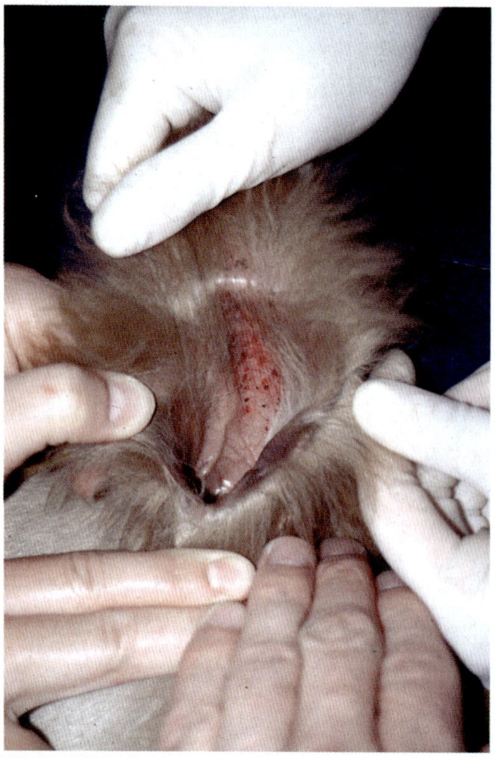

图 6-1

患有大肠杆菌败血症的5日龄娟姗牛犊，耳部出现点状出血。

图 6-2

7日龄荷斯坦牛犊感染大肠菌发生败血症和脑脊膜炎后出现弓反张，病因是被动转运失败。

辅助指标 最急性大肠杆菌败血症患犊由于脱水及内毒素中毒性休克而出现细胞压积升高。白细胞计数变化较大，但通常是降低或基本正常。细胞学检查中性粒细胞常见核左移，中毒性变化（例如，细胞浆嗜苯胺蓝性，细胞核分叶增加，出现多勒体）。血浆纤维蛋白原浓度发生变化。常见低血糖和代谢性酸中毒，但代谢性酸中毒不如产肠毒素性大肠杆菌病躺卧的患犊那么严重。实际上，卧地、腹泻、脱水的患犊不足14日龄，由酸碱比率和电解质测定不出严重代谢性酸中毒，但是病情严重的症状，经常是败血症的预兆。严重低血糖或许是表明疾病尚可治疗的唯一指标。血液培养能提供确切的诊断，但结果不及时，无助于病犊治疗。

急性、亚急性和慢性败血症患牛均出现明显的局部感染的临床症状，可用于疾病的确诊（如脑脊液穿刺液用于有脑膜炎症状的病犊，关节穿刺液证实脓毒性关节炎等）(图6-3)。慢性病例，血清免疫球蛋白浓度（血清总球蛋白浓度）正常或由于对细菌感染新合成抗体而增加。

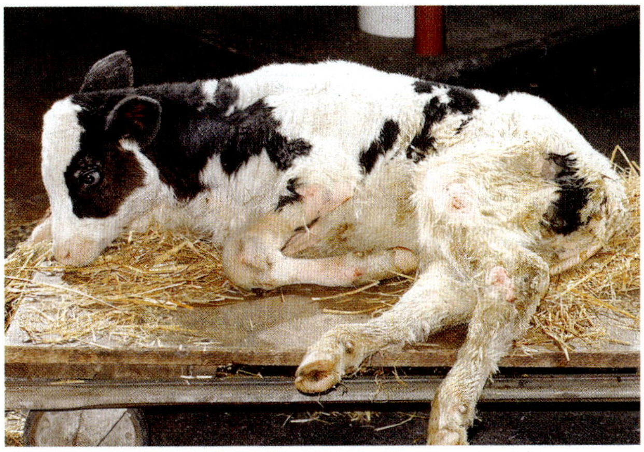

图 6-3

发生亚急性大肠杆菌败血症的1周龄犊牛，发热、腹泻、脱水和脓毒性关节炎。犊牛的免疫球蛋白水平低下。

诊断　根据临床症状作出初步诊断时，必须同时分析犊牛血清中免疫球蛋白水平。尽管不能据IgG水平正常就排除本病，但血清中IgG水平达1 600 mg/dL的犊牛不可能感染大肠杆菌败血症。实际生产中，当需要确定免疫球蛋白被动转运是否失败时，采用一定的实验方法来检测IgG水平比临床方法好，但不能快速作出诊断结果。尽管脱水会造成血液蛋白质水平假性升高，但这些仍然是有用的检测方法。血清总蛋白≥5.5 g/dL表明免疫球蛋白水平足够高。血清中 γ -谷氨酰转移酶（GGT）活性>50 IU/L是患牛被动转运充分可靠的指标，18%亚硫酸钠溶液混浊实验也是很好的检测方法。现在一些商品化的快速诊断试剂盒（例如，Midlands Bio-Products,Boone, IA）也能测定出新生犊牛的IgG水平。

虽然血液培养能够确诊，但是不能够及时提供诊断信息，对于实际生产意义不大。当许多犊牛发病时，血液培养能够对大肠杆菌性败血症和其他病原（如沙门氏菌）引起的败血症作出鉴别诊断。这种鉴别诊断有助于确定出传染源，进而作出相应的预防措施。而且血液培养中的抑菌实验对下一步的治疗具有指导意义。临床医师和生产者都应该清楚能够导致被动转运充分的犊牛严重疾病的大肠杆菌（如肠毒素大肠杆菌）和因被动转运失败导致败血症的常见共栖性条件致病菌之间的差异。知道上述差异后，生产者会将预防措施集中到接种方案上而不会集中到初乳和新生犊牛的管理上。

治疗　过急性大肠杆菌性败血症由于病菌大量繁殖和内毒素血症往往来不及治疗。病程发展很快，以致在诊断时大部分患犊已经卧地、昏迷。急性病例中休克、乳酸性酸中毒、低血糖症和多器官衰竭同时出现。

如果想试图治疗，首先应该纠正内毒素性休克、酸碱比率、电解质异常，有效的抗菌治疗及营养补充。静脉注射（IV）的平衡电解质溶液应该包含葡萄糖（2.5%～10%），碳酸氢钠(20～50 mEq/L，如果血浆碳酸氢盐浓度<10 mEq/L)以缓解低血糖症和代谢性酸中毒。葡萄糖和碳酸氢钠浓度可根据后来的血清化学检测结果进行调整。在过急性、急性病例中，由于细菌对血糖的大量消耗，维持血糖水平正常极其重要。在进行抗菌治疗时，应该用一些对革兰氏阴性菌杀菌效果好的药品，例如，头孢噻呋、磺胺增效剂或氨苄青霉素。为了达到有效的血液浓度，有必要进行非肠道给药。氨基糖甙类药物，例如，艮他霉素或阿米卡星可以单独用药，也可以与 β -内酰胺类抗生素（如头孢噻呋、青霉素、氨苄青霉素）协同用药。氨基糖甙类药物对肾脏具有潜在危害，对一些脱水并患有肾前性氮血症的病例用药要谨慎，必须权衡好杀菌和毒性作用。目前对食用牛应该注意，使用氨基糖甙类药物必须是在其他抗生素被证实无效的情况下才能使用，而且在屠宰前18个月必须停药。对于氟喹诺酮类（如恩氟沙星、达氟沙星），目前美国联邦法律不允许使用。

如果上述治疗能使病畜病症稳定，但是怀疑被动转运失败，或确定有被动转运失败，那么这时应该给病畜输2 L全血，而且要求这些供血母牛未感染牛非白血性白血病病毒（BLV）和牛病毒性腹泻病毒（BVDV-PI）。该剂量是根据每千克体重输40 mL全血换算的。商品性的牛血浆的用量可与全血用量一样。对于营养的补充，可以进行频繁给食小剂量的全奶或好的代奶用品。对于一些有价值尤其是同时患有严重肠炎的牛犊，可以考虑使用部分或完全非肠道性营养物（TPN）。在内科治疗时还应注意更换厚而干的垫料、良好的通风、良好的护理等。

对于局部感染，治疗时应根据感染的具体部位而采取相应治疗。例如，患脑(脊)膜炎的病犊表现出癫痫，这时应该进行安定治疗。脓毒性关节炎的患犊常常需要进行关节灌洗，许多病例还要求进行关节切开，以除去纤维素凝块。

出现恶病质慢性病例，常常还出现多关节炎、腹泻，预后不良。对于表现出躺卧、虚弱、脱水、消瘦的病例，其酸碱比率和电解质基本正常，因此液体疗法的价值有限。

预防：初乳和管理 虽然散发性的大肠杆菌败血症难以控制，但地方流行性的大肠杆菌败血症造成的新生犊牛大量死亡，要求对干乳期奶牛、临产奶牛和新生犊牛的管理进行彻底的评估。要求解答以下2个问题：①新生犊牛是否一出生就能饲喂足够量的高品质初乳？②临产和新生犊牛所处的环境是否存在大量的大肠杆菌？换句话说，奶牛场管理的这2方面问题必须严格评审：初乳的管理和产房及新生犊牛保育栏的管理。关于初乳的几个概念应该注意：

1.在妊娠的最后几个周，母源性的免疫球蛋白经主动转运集中到乳腺。虽然IgG_1是主要转运的免疫球蛋白，但IgG_2、IgM和 IgA也在初乳中发现。初乳所含IgG显著高于母源血清，以及母源抗体转运至初乳中，以至于母源IgG_1水平暂时降低。

2.干乳期最短40 d最长90 d能保证高品质的初乳。

3.如果干乳期奶牛分娩前漏奶，则应该收集这些好的初乳。

4.对于荷斯坦种犊牛，必须在出生后12 h内摄入100 g IgG_1以保证被动转运。初乳中免疫球蛋白含量在30～50 g IgG/L被认为是合适的。显然，如果饲喂大量被稀释初乳，则应补充免疫球蛋白团块。然而，在许多牛场，仅简单地给犊牛饲喂降解类淀粉，而犊牛在产生饱满感后不会主动摄取足够量的初乳来补充所需要的免疫球蛋白量。

5.某些遗传系的牛的初乳中免疫球蛋白水平较低。例如，肉用牛一般都高于荷斯坦奶牛。这些可能是遗传性选择作用或者是由于奶用牛产奶量大的稀释作用。

6. 初乳计（一种测定液体具体比重的比重计，间接地测定固体，作为免疫球蛋白浓度）是许多奶牛常通用的一种评估初乳质量的工具。初乳计的读数受初乳温度影响，高温将低估初乳品质，低温则与之相反。因此，应该在初乳温度处于室温（20～25℃）时读数。另外，高浓度和低浓度的免疫球蛋白初乳的比重还存在相当大的重叠。以前建议的临界值是在室温时，初乳的比重≥1.050表明免疫球蛋白水平适当。然而，许多不定因素能够影响初乳的比重（例如，蛋白浓度，泌乳次数，奶牛品种和温度等），用1.050作为临界值可能把许多品质差的初乳错误的归类为高品质初乳。

7.最近，奶牛免疫测定试剂盒（初乳IgG快速检测试剂盒，MidLands Bio-Products,Boone, IA）能够鉴别低品质初乳（IgG浓度＜50 g/L），诊断特异性能达到93%。换句话说，这种检测优于初乳计，能精确地鉴别低品质初乳。称重是另外一种选择高品质初乳的方法。在关于荷斯坦奶牛的大量研究中，初次分泌总量＜8.5 kg（18.7 lb）的初乳中IgG_1浓度显著高于分泌总量＞8.5 kg的初乳。丢弃（或者用来饲喂日龄更大一些的牛犊）分泌总量＞8.5 kg的荷斯坦初乳，改用高品质初乳饲喂牛犊。

8.初乳池中的初乳来源于许多母牛，不能够确保充足免疫球蛋白含量，因为低品质的初乳将稀释初乳，而降低免疫球蛋白的浓度，另外还可能增加鸟分枝杆菌、副结核和非白血性白血病病毒感染的机会。

9. 传统认为小母牛的初乳品质比大龄母牛的初乳品质差，然而就免疫球蛋白的浓度而言，小母牛的初乳与第二泌乳期的母牛的初乳相当。理论上，小母牛较年轻，具有的免疫“经历”也少一些，相应抗体的“带谱”（不同抗原产生的不同抗体）也比大龄母牛要少。然而，这种理论上的问题是否影响犊牛的健康还不清楚。直到发现与之相反的数据，才认为可以用同样的标准来评价小母牛的初乳。

根据目前对初乳总的研究，对新生犊牛作出以下建议：

1. 收集未患有牛慢性痢疾和牛白血病母牛的初乳，储存起来备用，要注意过程的卫生。如果初乳挤出后2 h没有被饲喂，则应该制冷后装于1～2 L消过毒的容器中，大一些的容器可能会阻碍降温过程，因此会促进细菌的繁殖。新鲜的初乳冷却可存放1周，冷冻可存放1年。如果冷冻保存，则应该在温水中缓慢解冻。如果小心操作不使抗体因过热变性，也能用微波解冻。然而，如果使用微波，在短时间里就能解冻，应定时倒出初乳，还可以用一个旋转的托盘，防止过热。初乳中免疫球蛋白的含量可用初乳计测定。含量应该至少达到60 g IgG/L。

2.新生牛犊在出生后的12 h内应该摄入4 L高品质的初乳（娟姗牛和更赛牛摄入3 L就足够），其中在出生后的1～2 h内应该饲喂2 L，剩下的2 L应该在12 h内饲喂。对于大一些的牛犊也有许多人用食道导管一次性给饲4 L初乳。

3. 及时饲喂初乳、初乳总量足够、初乳中含有足够免疫球蛋白，这些远比精确的饲喂方式（橡胶导管）更为重要。

4.被动转运的情况可以用放射免疫扩散（RID）或者间接地用血清中总蛋白水平来测定。对于2～7日龄的健康牛犊，血清中IgG含量＞1 000 mg/dL或者总蛋白＞5.2 g/dL表明被动转运充分。如果进行亚硫酸钠混浊实验，用1+终末点（18%溶液的浊度）作为被动转运充分的参数，用这种方法能准确地确定出牛犊分类的最大百分比。

5.有规律地评价所有新生牛犊被动转运的状态，有助于兽医人员客观地监测初乳的管理。农场所用的检测方法应该科学地验证过（例如，血清总蛋白、免疫测定法试剂盒、亚硫酸钠混浊实验）。

6.早产或难产的新生牛犊有许多生理问题（例如舌头肿胀）和代谢紊乱（例如缺氧），可能影响吸食初乳或从肠道吸收免疫球蛋白的能力。应该特别注意这些牛犊，以保证它们能够充分摄食初乳，接下来还建议用血清检测尽可能早地检测和纠正FPT。对于饲喂了质量不可靠的初乳的牛犊，这些牛犊在出生后12 h内未能摄入有效初乳，有特殊价值的牛犊可进行实验确定是否FPT。FPT的牛犊应该输入40 mL/kg剂量的全血或血浆，这些全血或血浆应该来自生它的母牛或者BLV和BVDV-PI阴性的母牛。

7.如果不注意挤奶卫生，初乳能够被细菌严重污染。清洁乳头和乳房、清洁设备、容器消毒、饲喂设备消毒对于防止初乳被病菌污染尤为重要，包括沙门氏菌和致病性大肠杆菌。对于初乳的细菌污染McGuirk和Collins提出一些指标：

- 总细菌：＜100 000菌落单位（CFU）/mL
- 粪便大肠杆菌类：＜10 000 CFU/mL
- 其余的革兰氏阴性：＜50 000 CFU/mL
- 链球菌（非无乳链球菌）：＜50 000 CFU/mL
- 凝固酶阴性葡萄球菌：＜50 000 CFU/mL

8.用喂食器和瓶子经食管饲喂初乳，每次使用完必须做好消毒并保持干燥，对于大龄和有病牛犊不能用这种方式饲喂初乳。

9.有些地方初乳舔加剂使用频繁。据报道，一些初乳添加剂能够补充足够的IgG浓度，但是它们不含有IgA、维生素、生长因子等一些在正常初乳中出现的物质，因此饲喂这些添加剂的牛犊的血清蛋白或免疫球蛋白的水平比不上饲喂初乳的牛犊。一些添加剂含只有很少的免疫球蛋白团块。虽然这些初乳代用品的免疫球蛋白来源于血清、牛奶、初乳、鸡蛋，这些IgG对于新生牛犊的效果并不能等于或优于正常的初乳。最近用这些初乳代用品作为一种限制传染性病原经初乳在牛群中传播的手段，例如，鸟结核分枝杆菌亚群的类结核菌、副结核性肠炎和牛白血病的病原。

除了初乳，容易造成大肠杆菌感染的产犊（分娩）牛棚管理方面必须纠正。产犊牛棚的卫生十分重要，因为免疫球蛋白被动转运水平再高，也不能完全抵挡住环境中污物中所有的病原。相反，具有良好的卫生，那些部分或完全FPT的牛犊却能够存活下来。干奶期的母牛也不应该处在污秽的环境中，皮毛和乳房不应该被粪便严重污染。产犊栏或分娩的区域应该保持清洁、消毒，不同母牛间要分隔开。

新生牛犊在出生后应该尽可能快地移开，因为当它们企图哺乳时难免接触口腔排泄物。理论上，牛犊应该从产房移入单独的牛舍，并且牛犊间彼此不得接触。由于劳动力的限制在大的奶牛场，上述建议可能难得实现。如果这样，则应紧邻产房配置一些小“安全舍”。在产房内或紧挨产房的混凝土地面上，用围栏圈一小块排水良好的地方。典型的大小为20 ft × 20 ft。还应该具有墙壁以防止与母牛或产房接触，每天还应该进行卫生打扫和消毒，放一些轻而干净垫子以利于打扫。这些安全舍应该安装一个能方便铲斗装载机进出的大门，在卫生打扫和消毒的时候就能够很快将安全舍中的垫子移走，这样就能保证卫生打扫和消毒程序严格而有规律的按预定计划完成。这些安全舍应该能够容纳产院所有的新生牛犊。在新生牛犊一旦出生，工作人员就应该马上将牛犊转移进安全舍中，而且过程中必须戴手套，鞋子也应该经过消毒池消毒，这样就能够防止脚和服装上的病菌污染牛犊，牛犊也不容易被产房的病菌所感染。当护理人员喂给新生牛犊初乳后，这些牛犊就可以转移至普通牛舍中饲养了。需要注意的是，安全舍要定期消毒，牛犊不能长时间饲养其中，否则难免积累病菌。在大型奶牛场，特别是2周龄牛犊高发病率和高死亡率的奶牛场，应该配备一个工作人员，专职进行新生牛犊转移和初乳管理，这样能有效防止该病。由于必须24 h的检测和护理，所以仅仅只有一些较大的奶牛场才能达到这些要求。

产肠毒素性大肠杆菌
Enterotoxigenic *Escherichia coli*

病因学

产肠毒素大肠杆菌（ETEC）能产生肠毒素，导致宿主分泌性腹泻。已鉴定出几种类型肠毒素，一种ETEC能够产生一种或几种肠毒素。ETEC产生的肠毒素有不耐热（LT I, LT II）和耐热（STa, STb）两种。在犊牛中，ETEC产生低分子质量的STa，导致新生犊牛腹泻症。

致病的ETEC必须黏附到宿主的肠上皮细胞才能致病。一旦黏附，细菌就开始释放肠毒素，诱导肠上皮细胞分泌富含氯离子的液体。水、钠、钾、碳酸氢盐紧随氯离子，形成大量富含电解质的液体流入肠腔。虽然一些液体被结肠重吸收，但是流出的液体远远超出重吸收的能力，于是就产生水样腹泻。

因为肠毒素不具有免疫原性，所以在犊牛中控制ETEC主要是诱导抗体抑制菌毛蛋白。I型菌毛属于蛋白质，能使致病ETEC黏附肠上皮细胞，过去归类为荚膜（K）抗原。目前，许多菌毛被归类为F抗原。遗憾的是，现在许多文献仍然用K_{99}、K_{88}，而不用F_5、F_4。犊牛的F_5（过去为K_{99}）抗原是最常见的一种抗原，可作为诊断液和制备疫苗之用而备受关注。然而，具有其他菌毛抗原或多类型的抗原（如F_{41}、F_6）以及一些未定型抗原的ETEC也能引起犊牛腹泻。由初乳经主动转运而来的特异性抗体能够抑制ETEC的菌毛抗原，能够防止新生牛犊感染F型大肠杆菌病，但不能交叉保护其他类型的大肠杆菌病（表6-1）。

表6-1 F抗原类型

新	旧	毒素
F4	K88	LTI
F5	K99	STa
F6	987P	STa
F41		SIa

正如大肠杆菌败血症一节中讨论的一样，给犊牛饲喂含高水平抗体的初乳对于预防ETEC十分重要。然而，不同的菌毛抗原（定植因子，黏附素）之间缺乏交叉保护，因此，即使饲喂具有极高水平抗体的初乳也不能防止犊牛感染其他F型ETEC。含有针对特异性F抗原抗体的初乳能够封闭其连接位点，从而防止F型大肠杆菌黏附于肠上皮细胞，因此，初乳的预防作用是肠道中IgG局部保护作用，而不是依赖于初乳吸收后血清中IgG水平。为了发挥初乳的有效性，应尽早饲喂含有对应抗体的初乳，以免在摄入初乳以前ETEC已在肠道定植。实验表明，F_5型ETEC经口攻毒3 h后给予特异性初乳，仍能有效的预防疾病发生，但实际生产中还是先饲喂特异性初乳为好。除饲喂初乳外，加强管理措施也十分重要，同前述一样，造成ETEC在干乳期奶牛、产房或新生犊牛设施中大量繁殖的环境因素会极大地增加犊牛感染的危险性。一些骨髓产品能结合毒素受体或抑制病菌繁殖，也有可能降低ETEC感染的风险。

通常1～7日龄犊牛容易受感染，大多数病例的发生在4～5日龄以内的犊牛。新生犊牛出生后48 h以内对F_5型ETEC非常易感，以后才开始具有抵抗力。若并发感染轮状病毒，可导致10日龄左右的犊牛感染ETEC腹泻。日龄更大一些的犊牛若持续接触高致病性ETEC，可能导致肠道病菌蓄积，正常或腹泻的粪便中就含有大量病菌，这就容易造成新生犊牛感染发病。

临床症状

症状轻的犊牛表现轻度腹泻，不久自行康复，严重者呈现最急性症状，特点是腹泻、脱水，紧接着发生休克，在4～12 h内死亡。

由于ETEC类型多，致病力不同，再加上被动转运影响，个别牛场呈散发或地方性流行。许多牛场呈轻度感染，很少引起兽医人员的注意。这些犊牛全身无力或水样粪便，但能持续哺乳（图6-4）。一般是任其自行恢复或进行“牛泻病”治疗（通常是口服抗生素）。往往是在出现最急性症状，自购药物无效，发病率高，新生牛犊死亡后才寻求兽医帮助。

过急性病例在发病数小时后出现脱水，虚弱甚至昏迷。这些犊牛在发病前吮乳正常，外表健康。脱水和虚弱是最明显的症状（图6-5）。可视黏膜干

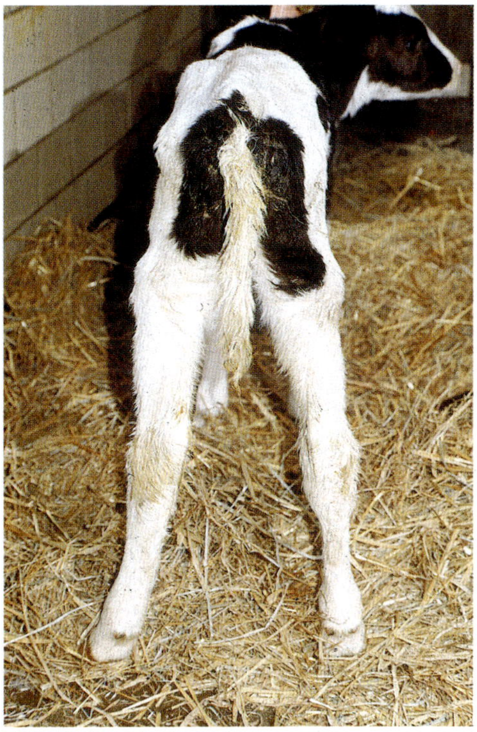

图 6-4

5日龄犊牛发生轻度ETEC腹泻，会阴、尾和飞节被水样粪便污染。此型腹泻也可由其他病原菌引起，临床症状无特异性。

图 6-5

最急性ETEC性腹泻病犊，卧地、极度脱水和代谢性酸中毒。

燥、凉、黏，吮吸反射降低或消失。

大多数急性病例表现严重腹泻（图6-6），水样粪便污染尾巴、会阴部和后肢。一些急性病例不发生腹泻，大量液体聚集在肠腔，造成腹部扩张，冲击触诊右下侧腹部能听到清楚的水样声音。疾病早期能观察到轻微的暂时性结肠疼痛。一些病例还出现低血糖或高血钾引起的心搏徐缓和心律失常，有

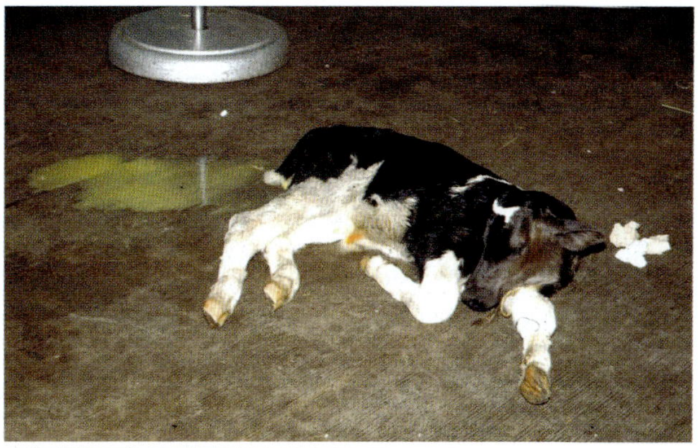

图 6-6

最急性ETEC性腹泻病犊表现大量腹泻。

些高血钾症病例出现心房跳动停滞。病牛体温正常，如果卧地不起则可能低于正常。

由于症状急剧和严重，现场很难区分大肠杆菌败血症和急性ETEC感染。急性ETEC感染的前期，肠道出现大量液体，腹部轮廓明显，配合触诊和听诊（或者腹部超声检查），这些是严重腹泻即将来临的重要预兆。此外，在用静脉输液的复苏治疗中，腹泻严重的ETEC典型病例，往往具有异常的水合作用、电解质、酸碱比率和葡萄糖状态，这些通过静脉输液得到解决，ETEC患犊的临床症状很快得到改善。相反，大肠杆菌败血症一般不出现严重腹泻，在疾病后期才出现明显腹泻。另外，与ETEC患犊不同的是，大肠杆菌败血症的患犊对输液治疗没有明显的改善效果。

最急性病例表现为明显的水样腹泻，进行性脱水，12～48 h内出现衰弱。粪便的颜色、性状变化很大，但常为大量水样腹泻，腹泻物呈现黄色、白色或绿色。这些犊牛可能表现低热或体温正常，全身状态下降，吮吸反应消失。持续分泌性腹泻导致脱水和电解质缺乏，体重明显降低特别是因吮乳减少而致摄水减少时。

ETEC单独感染一般很难突破肠壁引发炎症，很少有ETEC从肠道转移至循环系统。因此，局部感染（例如，眼前房积脓、关节炎）不是ETEC感染的特征，而是大肠杆菌败血症或其继发其他感染的指征。

临床病理学

最急性感染导致犊牛严重分泌性腹泻,出现典型的代谢性酸中毒,血浆中碳酸氢盐浓度降低，pH值下降，低血氯和低血钠。其中高血钾和低血糖是特

征性的血液指标。高血钾是由于细胞中K^+置换代谢中毒引起的细胞外液（ECF）中过多的H^+以及肾脏H^+排出减少和肾脏灌流等原因共同造成的。轻微的低血钠症和低血氯症不同时出现。脱水一般超过体重的8%，相应出现红细胞压积（PCV）和总蛋白浓度升高。白细胞计数（WBC）正常，由于血液浓缩有时导致白细胞总数增加，偶尔可见应激白细胞象。在ETEC感染病例中，白细胞减少和核左移不多见，而这些正是大肠杆菌败血症的特征。

如果饲喂间隔时间长，则常见低血糖症，但急性病例少见。典型病例的血液学指标见表6-2。由于肾脏灌流减少引起的肾前性氮血症比较常见，在使用药物治疗时应注意，以免导致肾中毒。

表6-2 7日龄犊牛ETEC过急性感染的实验室数据

检测指标	电解质/(mmol/L)	正常范围
Na^+	127	132～150
K^+	8.1	3.9～5.5
Cl^-	104	97～106
HCO^-_3	12	20～30
Tot CO_2	10	26～38
Ven pH	7.09	7.35～7.50

诊断

根据犊牛发病日龄、症状和实验室检验指标可作出初步诊断。只根据临床症状很难对最急性ETEC与大肠杆菌败血症和沙门氏菌病进行鉴别诊断。观察患犊对输液的反应可进一步鉴别ETEC感染和大肠杆菌败血症，足够的患犊血清免疫球蛋白也能确诊。

分离出具有肠黏附作用的F型抗原的大肠杆菌即可确诊。当送检的样品做分离培养时，兽医应该指出ETEC感染的可能性，还应该鉴定出大肠杆菌的F抗原类型（用免疫荧光、玻片凝集反应或多聚酶链式反应[PCR]），如果可能的话还应该鉴定肠毒素的类型（通过PCR或消化道结扎实验）。对于死亡病例，回肠内容物能够分离出ETEC；回肠段应该结扎，放于无菌容器中，于冰盒中运送至实验室。从大一些日龄的犊牛腹泻粪便中分离出ETEC能够反映出牛群中有致病菌存在。对于这些病例，空肠和回肠样品应该通过组织学方法仔细检查黏附于肠上皮细胞的ETEC。这些结果能够说明ETEC在肠道疾病的参与情况，而不是简单的肠道菌群繁殖。样品采集应该在抗体治疗前进行，对于口服类抗体应该特别注意，这是诊断ETEC潜在暴发的一个重要因素。

空肠和回肠新鲜样品的组织学诊断有助于对ETEC感染的确诊。回肠段应该切成2～3 cm长，然后再纵切，置于10%中性福尔马林溶液中，有助于黏膜快速固定。样品不要打结，这样会延长黏膜固定时间。典型的ETEC感染，能够发现许多稠密的革兰氏阴性小柱黏附在回肠的黏膜上。

由于ETEC与轮状病毒、冠状病毒以及微细隐孢球虫经常发生混合感染，因此，应该对粪便或肠内容物进行病毒和原虫检查。由于沙门氏菌也能导致类似严重腹泻、脱水、休克和酸碱平衡紊乱，因此，沙门氏菌也应列入鉴别诊断之中，但是沙门氏菌患牛出现发热、中性白细胞减少以及核左移。另外，在表现腹部高度鼓胀而没有明显腹泻的最急性病例中，应该考虑产气荚膜梭菌所引起的传染性肠毒病。梭菌性传染性肠毒病患犊表现衰弱、脱水或“急剧性”，但很少出现像ETEC感染那样严重的代谢性酸中毒。

治疗

对于新生犊牛感染，主要是输液疗法，合理的补充和维持体液组成。必须纠正代谢性酸中毒、低血糖症，改善脱水状态。出现最急性症状或卧地的犊牛应该静脉补液；能站立但明显脱水，可视黏膜干凉，吮吸反应降低或消失的犊牛病初也应该静脉输液；吮吸反应正常的犊牛可采取口服补液的方法进行治疗。

所需要的电解质浓度要根据主观的临床参数，而不是客观的实验室试验，后者充其量只是经验。但这在现场有时候是必须的。简单的补液原则如下：

卧地犊牛，脱水占体重12%～15%，补充电解质浓度为15～20 mmol/L。

衰弱犊牛，脱水8%～12%，补充浓度为10～15 mmol/L。

能走动的犊牛，脱水5%～8%，补充浓度为5～10 mmol/L。

这些经验法则不是绝对的，并且在那些只有轻量脱水的小牛肠道中，慢性的碳酸氢盐损失或*D*-乳酸的产量的增加都会形成严重的酸中毒。一个40 kg

的小牛被判定为10%脱水，需要4 L的液体来满足当前的需要。对于替换电解质的计算，假设新生儿需要50%的ECF。因此，一个40 kg的小牛被估计有40 × 0.5=20 L ECF隔室。如果这个40 kg的小牛静脉血浆碳酸氢根浓度为10 mEq/L,并且25～30 mEq/L是需要的正常水平，因此每升ECF中15～20 mEq的碳酸氢盐需要替代。综上所述，需要20 L × 15 mEq=300 mEq (20 L × 20 mEq=400 mEq)的碳酸氢盐对于补上代谢性酸中毒的碳酸氢盐的缺失。

静脉血CO_2总量也可用来替代HCO_3值，计算补碱量。

对于ETEC感染犊牛，首次补液的质料和个人临床观点很多。Dr. R. H. Whitlock首次提出了一种很有效的液体配方，该溶液是在1 L 5%葡萄糖中加入150 mmol碳酸氢钠。根据代谢性酸中毒的程度，初次补液应以1～3 L为宜。补充的葡萄糖可纠正低血糖，碳酸氢盐和葡萄糖一起能促进K^+返回细胞内，从而减轻了高血钾对心脏的毒性作用。有些报道认为高血钾不重要并建议初次补液应补充K^+，其实依据是感染患犊出现分泌性腹泻，导致脱水。细胞外液中K^+较高，但总K^+却下降，这些是事实，但在高血钾患犊初次补液时补充K^+是不明智的，因为对于出现心搏徐缓或心律不齐的患犊来说，初次补液就补充K^+，有时可能导致患犊死亡。初次补液补给1～3 L 5%葡萄糖和150 mmol／L碳酸氢钠以后，HCO^-_3和K^+水平一旦很快得到改进，即可安全地使用含钾溶液，但除慢性病例外，一般没有必要。实际生产中使用平衡电解质溶液，如林格氏液即可保持液体平衡，但需另外加入碳酸氢钠和葡萄糖，以补充分泌性腹泻和厌食造成的损失。作者初次补液使用碳酸氢盐成功的临床经验已得到Naylor及其同事研究的证实。对于出现分泌性腹泻的犊牛，这种治疗效果极好。病初躺卧的患牛初次静脉补液2～4 L以后即得到很大的改善，6 h内即可站立，6～24 h开始吃食。这种治疗效果也有力地证实了诊断的正确性，并排除了大肠杆菌败血症，因为败血症患牛很难在短时间内恢复。根据患牛的临床表现，对迅速恢复吸吮反射和食欲的犊牛，可继续或间歇静脉输液或口服补液。

对于最急性产肠毒素大肠杆菌感染，抗生素疗法还存在一定的争议，因为现在所关注的焦点主要是食用组织中抗生素残留量以及因抗生素滥用引起大肠杆菌的抗药性。然而，在最急性病例中，由于在很多临床诊断中有与败血性大肠杆菌相同的症状，因而经常使得临床医生使用抗生素进行治疗。在加拿大的一项研究中发现，小于5日龄的腹泻犊牛比较大的犊牛患菌血症的几率大很多；这也是容易患产肠毒素大肠杆菌感染的年龄段。此外，在发热和严重衰弱的病例中，兽医经常会考虑复杂症状的可能性，例如细菌性肺炎。口服抗生素治疗能够减少肠中的ETEC数量，并减少肠毒素的来源以及分泌过多。在Constable对此课题的评论中表明，他找到了能够支持阿莫西林三水合物（每12 h口服10 mg/kg）和阿莫西林三水克拉维酸钾（每12 h口服12.5 mg/kg联合药物）服用至少3 d有效治疗无差别犊牛腹泻发表的文献。长时间反复使用此类药物可能会使细菌产生抗药性，因而长期工作应该把重心放在预防上，而不是放在治疗上。

对于有严重全身性疾病（例如，在补液后仍有发热，虚弱症状）腹泻犊牛的推荐治疗方法包括头孢噻呋（每12 h肌肉注射或者皮下注射2.2 mg/kg），阿莫西林或氨苄青霉素（每12 h肌肉注射10 mg/kg）。额外的标签药物应与这些疗法相适应。全身性抗生素使用一般根据犊牛的临床反应，体温以及排泄物的性质持续给药3～5 d。大多数引起犊牛高致死率的ETEC限制了抗生素的感受性，当畜群病史或者临床数据显示是ETEC引起的高致病率和致死率时，应进行敏感性测试和检测MIC水平。

病畜的排泄物一般会比正常时的更加潮湿2～4 d。如果这段时间过后还是有腹泻症状，那么可能是其他组织发生了并发感染。急性病例的其他治疗手段有氟胺烟酸葡甲胺（每24 h静脉或皮下注射1.1 mg/kg）来应对可能发生的内毒素血症，消热以及减少充满液体的肠引起的疼痛。但是反复使用此药物可能会引起肾脏和胃肠的损伤，因为氟胺烟酸葡甲胺会影响肾脏和肠舒血管前列腺素的合成。

奶或者代奶品的停用不能超过24～36 h，在这段时间内，每天应喂服高质量的电解质数次（4～6次）。长时间不给ETEC感染的犊牛服用奶或者代奶品会导致体重下降，因为摄取的能量不足，使得犊牛有饿死的危险。很多口服电解质都会加入葡萄糖作为一种能量来源，没有一种商业口服电解质溶液能够为生活需要提供足够的能量，尤其是在冬天圈养在牛棚中的犊牛。如果只有这些电解质溶液作为唯一的供养超过1或2天的话，那么犊牛的体重就会下降，还可能会发生饿死的情况。住院治疗和注射营养物质是一个很好的选择，因为这能够为禁食的犊牛提供基本的热量需求。感染ETEC的犊牛异化代谢很显著，尽管有静脉注射脂类和氨基酸作为热量的供给，但是犊牛的体重依然还是会下降。当进行注射营养物质时，为防止高血糖应仔细检测血糖，注意无菌技术的使用，以及导尿管和液体管的维护都是很重要的。

口服电解质溶液的碱化作用十分重要，特别是最急性病例静脉输液后继续治疗或者当它们用做感染不严重的犊牛的唯一药物时。由于分泌性腹泻导致HCO_3^-不断损失，因此，必须使用含有重碳酸氢盐的电解质溶液给予治疗。每天给予4～6 L的电解质溶液，最佳的电解质溶液是每升含有70～80 mEq碱性物质（例如，重碳酸盐或者醋酸盐），葡萄糖和电解质。与水混合后接近等渗的口服电解质溶液要好于高渗的。

牛奶或牛奶制品中加入电解质可使溶液碱化，但往往干扰皱胃凝乳块的形成。因此，口服电解质溶液应至少在喂奶前30 min分别饲喂。犊牛不能有效地消化吸收蔗糖，电解质溶液中蔗糖的加入将会导致腹泻时液体和电解质的丢失。在口服电解质溶液的24～36 h后，犊牛可以摄入少量的奶或代奶品。对于最初液体复苏反应很快的犊牛可以更早地服用小剂量的奶或代奶品，犊牛应俯卧在很厚的干燥稻草或俯卧材料上，并给犊牛搭起遮挡雨雪的棚子。当能够服用牛奶之后，最好少量多次地进行饲喂。如果没有这样的条件，那么可以将奶或代奶品分成2～3次日常喂养。如果因持续性腹泻导致体液和电解质丢失的话，那么应继续口服电解质溶液。除非犊牛发生了低血糖或者酸中毒症状，那么等渗电解质溶液就是最好的，因为它比高渗溶液更能够促进正常的皱胃转运。

急性感染患牛若能活动并且存在吸吮反射，一般不要求静脉注射治疗，同时停止饲喂牛奶或奶制品，口服补充电解质葡萄糖溶液24～36 h即可。不过，不应忽视碳酸氢盐缺乏所造成的代谢性酸中毒，每天应口服补充4～6 L碱化的电解质葡萄糖溶液。若测得的碱缺乏量超过口服电解质溶液中碳酸氢盐时则应另外补充碳酸氢钠。若患牛发热或根据病史怀疑存在高毒力的产肠毒素性大肠杆菌时，则应使用抗生素。24～36 h后应饲喂牛奶或奶制品，在喂奶间隔期内应口服补充电解质溶液以补充体液消耗。

轻度感染很少需要兽医照顾。原则上可自行康复。但畜主对这种患牛常使用口服电解质溶液。对轻型感染或非特异性犊牛腹泻，农场主还广泛使用自购的药物。其治疗效果虽然缺乏科学的依据，但畜主仍坚持口服新霉素、四环素、磺胺等药物有效。药房出售的治疗牛腹泻的药物，有些含有甲氧莨菪碱、阿托品，有些能降低肠道的运动性，因而是禁忌的，过量使用时可以引起鼓气和肠梗阻。碱式水杨酸对犊牛来讲更加可口和安全。

预防

预防具有重要意义，特别是当牛场出现高发病率和高死亡率时。高毒力产肠毒素性大肠杆菌感染时发生70%～100%的发病率和死亡率并不是不常见的。这些菌株往往对多种抗生素具有抗药性。常见的情况是在感染开始畜主即使用自购的多种药物治疗患牛，等到情况恶化时还得请求兽医推荐“更好的”抗生素，而这时已有患牛死亡或者要求紧急治疗。

要解决这些问题，临床兽医不应只是简单地提供或提议使用“更好的”抗生素。应该从多个发病牛取样，送有设备的实验室鉴别产肠毒素性大肠杆菌及其抗原。如果有必要的话，将公犊牛饲养在相同的条件下，而任母犊牛的病情发展以提供简单的样本。合格的诊断实验室必须鉴定出大肠杆菌是否是ETEC，并检测抗生素敏感性。

必须加强饲养管理。要评估干乳期奶牛、产犊房、新生犊牛饲养用具的清洁及拥挤程度。要连续测定几头犊牛证明被动转移免疫球蛋白是否成功，以消除大肠杆菌败血症和饲喂低质量初乳这一大肠杆菌感染的主要原因。挤出的和从挤奶桶或瓶中的初乳在饲喂之前，应该首先通过初乳挤奶器的净化，初乳储存和饲喂工具卫生检测。读者可以在前面关于大肠杆菌性败血症章节来详细了解初乳管理。

如果从多头患牛粪便样品中检出具有F_5抗原的产肠毒素性大肠杆菌，就应采取预防措施。必须加强包括初乳饲喂在内的各种管理，以免畜主认为疫苗预防是万能的而忽略了管理。如果确定是具有F

抗原的产肠毒素性大肠杆菌感染时，即可在产前6周和3周或按厂商说明使用市售的具有F抗原的大肠杆菌菌苗来免疫干奶期母牛。同时给犊牛饲喂优质初乳即可解决问题。干奶期母牛接种后几周所生的犊牛若没有获得足够的初乳抗体，还可使用市售的抗F_5的口服单克隆抗体制剂来防治大肠杆菌感染。单抗制剂应在出生后饲喂初乳前给予。类似的干奶期母牛所生有价值的犊牛在出生后的3～5 d内应给予抗生素来预防大肠杆菌感染。抗生素的选择应依据相应菌株所做的药敏试验。

大肠杆菌很少有像F_5纤毛血清型的大肠杆菌能够抵抗新生牛犊小肠蠕动清洗的。如果机体后来被认为是一种病原体（基于从大量感染犊牛样本）而且疫苗产品没有降低该病的发病率，那么可能认为是自体疫苗。然而，只有当从感染犊牛分离鉴定出致病性ETEC和疫苗产品无法控制该病时，使用自体疫苗才是可行的。因为用革兰氏阴性机体做出的一些自体疫苗可能会还有很高的内毒素含量，生产厂商必须“清洗”准备的材料来减少内毒素含量，而且必须标明终产品中内毒素含量。尤其重要的是，杜绝使用从很少患大肠杆菌性败血症的牛上分离出的非典型大肠杆菌来制作自身疫苗。

其他大肠杆菌引起的腹泻
Other *Escherichia coli* Diarrhea

病因学

其他类型的大肠杆菌虽然没有产肠毒素性人肠杆菌那么普遍，但也是犊牛腹泻的病因之一。肠致病性大肠杆菌是指能够附着并损伤肠细胞微绒毛的那些大肠杆菌。这类大肠杆菌不产生肠毒素，但可产生不同类型的细胞毒素。它们不具有志贺氏菌样的侵袭性。这些细菌已从发生腹泻的患犊病变的盲肠、结肠和远端小肠内分离出来。肠细胞变性可以证实这些细菌产生细胞毒素。这些组织学变化可以用于区别肠附着损伤性大肠杆菌和产肠毒素性大肠杆菌，后者仅靠菌毛附着于肠细胞，但并不产生组织学损伤。病变主要局限于大肠，经常可见痢疾和腹泻。消化吸收不良、蛋白质损失是肠附着损伤性大肠杆菌病或肠致病性大肠杆菌病的主要特征。2 d至4月龄犊牛均可感染，同时可并发其他肠道病病原。

产志贺氏菌样毒素大肠杆菌是另一种类型的大肠杆菌，导致人类出血性结肠炎和溶血尿毒症综合征、这些细菌也可称之为肠出血性大肠杆菌，偶尔也可在犊牛中发现。这些细菌侵袭肠黏膜，在大肠黏膜固有层内大量繁殖，导致严重的出血性肠炎，尸体剖检及组织学检查可见到盲肠出血、溃疡。产志贺氏菌样毒素的那些大肠杆菌能导致肠毒血症及蛋白质合成障碍和损伤肠道的血管。典型的人的产志贺氏菌样毒素大肠杆菌是O157：H7，偶尔也在犊牛中发现。此菌能引起人的出血性结肠炎和溶血尿毒症综合征。有人认为牛是传播媒介，但需进一步研究证实。其他少见的大肠杆菌能产生肠毒素坏死因子(CNF)，这种潜在的细胞毒素在遗传上可能与编码菌毛和毒素蛋白的VIR质粒有关。这种质粒在腹泻患牛和败血症新生患畜体内的大肠杆菌中发现。

临床症状

同产肠毒素性大肠杆菌病一样，腹泻，脱水，精神沉郁是肠致病性大肠杆菌、肠附着损伤性大肠杆菌以及产志贺氏菌样毒素大肠杆菌患牛常见症状。出现痢疾或便血表明患牛有严重的结肠炎，可与产肠毒素性大肠杆菌所导致的分泌性腹泻相区别。由于肠道黏膜糜烂性或溃疡性损伤，上述大肠杆菌病常见发热。一些病例可见大量间歇性腹泻，另一些病例腹泻物中常见有少量血液和黏液。由于结肠炎症可见到里急后重的现象。肠附着损伤性大肠杆菌患牛粪便中失血不严重，但在产志贺氏菌样毒素大肠杆菌病的患牛，严重便血可导致贫血和低血容量性休克。由于肠附着损伤性大肠杆菌病、产志贺氏菌样毒素大肠杆菌病和沙门氏杆菌病临床表现极为相似，因此，当出现痢疾和粪便中有大量血液时必须排除沙门氏菌感染。本病主要见于4～28日龄犊牛，发病率、死亡率变化很大。

实验室指标

EPEC，AEEC和SLTEC感染患犊由于结肠的糜烂性或溃疡性病变导致消化吸收不良和蛋白质损失，所以，血清总蛋白和白蛋白水平降低，由于便血导致患犊贫血，使得总蛋白进一步下降。

虽然休克和乳酸酸中毒可导致躺卧患牛代谢性酸中毒，但能走动的患牛并未表现出明显的碱缺乏，这是由于这种腹泻不同于产肠毒素性大肠杆菌病的分泌性腹泻。白细胞总数正常或者降低，核左移。

诊断

通过粪便细菌培养，来证实大肠杆菌可以产生细胞毒素，而不产生肠毒素，或含有典型的产肠毒素性大肠杆菌菌毛抗原做出确诊。但细菌的分类或定型需送专门的诊断室进行。由于经常存在细菌、病毒和原虫的混合感染，因此，必须进行细致的粪便检查以排除轮状病毒、冠状病毒、产肠毒素性大肠杆菌、沙门氏菌、C型产气荚膜梭菌和微细隐孢球虫感染。若犊牛腹泻发生率很高，则应通过几头急性病犊粪便检查来证实肠附着损伤性大肠杆菌或产志贺氏菌样毒素大肠杆菌是否是腹泻的主要病因。

治疗

治疗方法类似于产肠毒素性大肠杆菌病，不过对于出现严重痢疾和便血的患牛应当补给2 L的全血。由于肠道微绒毛或黏膜损伤，必须采用广谱性抗菌素治疗，如庆大霉素(2.2 mg/kg，每日2次)、丁胺卡那霉素(4.4～6.6 mg/kg，每日2次)、恩诺沙星(2.2 mg/kg，每日1次)、三甲氧氨苄磺胺嘧啶(22 mg/kg，每日2次)配合应用，一般情况下预后谨慎，而且需要精心护理。一些病例结肠、盲肠或回肠远端病变严重，可导致肠道溃疡或穿孔。

由于肠道的大体或组织学病变，禁用皮质类固醇和前列腺素抑制剂，因为这些药物能抑制肠道的细胞保护机制，但一次性与休克首次治疗相结合除外。由于患犊消化吸收不良，因此，口服电解质葡萄糖溶液不如产肠毒素性大肠杆菌病例有效，然而实际生产中常常在开始治疗36～48 h内还是使用。腹泻超过48 h的犊牛应恢复饲喂牛奶或奶制品，假如这些患犊具有很高价值，也可采用全部肠外补充法。

预防

由于肠附着损伤性大肠杆菌和产志贺氏菌样毒素大肠杆菌没有F_5菌毛，因此，商品菌苗和抗F_5单抗不可能防止本病发生。这样必须加强饲养管理，改进现有管理水平。如果细菌分离证实属于上述细菌感染，也可考虑在干奶期注射2次自家菌苗。另外，应正确估测饲喂初乳和免疫球蛋白被动转移结果。

若发现有轮状病毒、冠状病毒、微细隐孢球虫或其他肠道病原混合感染，则应从管理和预防入手。上述病原经常与肠附着损伤性大肠杆菌和产志贺氏菌样毒素大肠杆菌混合感染，已越来越使人怀疑它们是肠道损伤的原发病原，而细菌感染则可能是继发的。负责牛群保健的兽医应考虑由上述细菌感染所带来的公共卫生问题。近来O157：H7菌株已经给养牛业造成很坏的影响，因为牛被认为是带菌者，感染人并导致严重的结肠炎，有时还有严重溶血尿毒症综合征。因此。必须注意环境卫生、消毒以及粪便严格处理，以避免人类感染。

轮状病毒 Rotavirus

病因学

轮状病毒感染主要局限于小肠，特征是破坏绒毛肠细胞，随后这些柱状细胞逐渐被来自肠隐窝的不成熟的立方形细胞所代替。虽然这些新生的未成熟的细胞对病毒具有抵抗力，但由于缺乏双糖酶和钠-钾ATP酶活性而影响肠道的消化和吸收功能。因此，轮状病毒性腹泻的特点是消化和吸收不良。更为严重的是，肠隐窝细胞继续正常分泌，肠绒毛的吸收功能失去平衡。这样，分泌强于吸收导致腹泻。肠道渗透压升高进一步吸水并随乳糖及其他未消化物质通过肠腔，或进入结肠发酵，产生挥发性脂肪酸，导致不同程度的水和电解质损失，严重病例因液体和碳酸氢盐丢失导致代谢性酸中毒。

饲喂初乳形成的局部免疫水平在一定程度上能决定轮状病毒感染的风险及其严重性。初乳中轮状病毒中和抗体，水平达1 024以上即可防止感染。但是如果不继续饲喂这种水平的初乳或初乳/奶合剂，几天后局部抵抗力便会消失，犊牛仍可发生感染。抗体滴度≥1：256但<1：1 024的初乳或初乳/奶合剂具有部分保护力，但也可因病毒感染量大，病毒毒力强，病毒与中和抗体血清型不相配，肠道病原的混合感染以及其他因素而发生感染。虽然初乳形成的局部免疫被认为是新生犊牛最重要的保护机制，但出生后不久饲喂高水平抗轮状病毒IgG_1初乳也可建立高水平循环抗体，体液抗体本身不能保护犊牛免受感染，但一部分IgG_1还可分泌回肠道，增强局部免疫保护作用。

临床症状

轮状病毒感染奶犊牛没有特征性临床表现，很难同产肠毒素性大肠杆菌和其他肠道病原感染相区别。另外，根据病毒感染量，病毒毒力，犊牛免疫水平，肠道或其他系统混合感染，应激因素的不同，轮状病毒感染有亚临床型、轻度感染、中度感染以及重症疾病多种表现。

精神沉郁，吸吮反应下降，腹泻，脱水是其主要临床症状，在一些病例还可见发热、流涎及躺卧。单纯轮状病毒性肠炎其粪便为黄色水样，由于混合感染常见，因此，粪便颜色、质度及组成变化很大。

精神沉郁、脱水和休克主要发生于5 d以内犊牛，很少见于2周龄以上的犊牛。躺卧犊牛可见大量的水样腹泻，右下腹部鼓胀，小肠内充满液体。

实验室指标

实验室指标无特异性，对犊牛轮状病毒性肠炎诊断意义不大。严重感染犊牛由于血液碳酸氢盐水平下降导致代谢性酸中毒，电解质和葡萄糖水平下降，并随疾病严重程度和持续时间而变化。

诊断

采集急性感染病例粪便进行病毒分离鉴定即可诊断。粪便样品应在发病和腹泻24 h内收集，立即送往有条件的实验室进行病毒粒子的电镜观察或者采用乳胶凝集实验或酶联吸附实验确定病毒抗原。还可采取其他方法（如RIA），但这些方法主要用于实验研究，而未能用于诊断。荧光抗体染色也可用于死亡病例的组织检查。由于经常存在混合感染，因此，新生犊牛急性病例粪便样品应分别检查病毒、细菌和微细隐孢球虫。粪便样品应该来自多个病例，还应评估免疫球蛋白被动转运是否充分，以便正确诊断疾病。

治疗

治疗也是非特异性的，可采用产肠毒素性大肠杆菌感染一样的疗法。但应注意以下几个区别：

1.由于存在绒毛肠细胞损伤，因此，口服补液意义不大，但这也是相对的，不可能100%的肠绒毛均受到损伤，因此，还是存在口服液体吸收的可能性。所以吸收一定比例的水、葡萄糖和电解质还是可能的，积极的口服治疗（4～6 L/d）还是治疗该疾病的重要方法。如果犊牛有低血糖，那么用等渗性电解质治疗是比较合适的，尽管没有证明，但含有谷氨酸和酸乳的电解质溶液可能加速小肠的恢复。

2.在病毒性肠炎患犊中，消化吸收不良将会影响腹泻的持续时间，以及奶或代奶品的消化能力。一旦由轮状病毒导致的腹泻症状明显，那么已经对肠道造成损伤，只有通过一定时间的支持治疗才能治愈，在支持治疗中，营养保持是很重要的部分，特别是对于那些已经腹泻3～7 d的犊牛来说。尽管奶的消化吸收不良可能部分导致病理进程，但是在病毒性肠炎的病例中，使用奶或代奶品却是非常必要的，病毒性腹泻的病例如果超过24 h不给予乳制品，将会增加恶病质的风险，以及降低牛对其他条件性治病菌的抵抗力，这些病例中可能出现拒食致死的情况，特别是在严酷的天气中（图6-7），引用Chuck Guard的话说，“如果犊牛腹泻1周，并且通过口服补充电解质，那么即使是最后死亡，犊牛也有正常的血液电解质浓度和酸碱平衡值”，畜主应知道“多进多出”的原则，即摄入的越多，那么腹泻排出的也越多，但是该过程不一定是有害的，因为一些乳中的营养成分可能被消化吸收，而这些营养对于支持组织的合成以及恢复肠道的正常功能很有必要，任何由于乳营养的消化吸收不良而导致的体液流失及酸中毒加重，均可通过积极的补充电解质来治疗。通过少量多次并加上力康特片剂治疗是较理想的方法。

3.多数恢复病牛经几天至1周后，未成熟的肠隐窝细胞可发育成熟，肠道便恢复正常功能。

图 6-7

3周龄的红白荷斯坦犊牛，并发轮状病毒和隐孢子虫感染后发生腹泻、消瘦。犊牛电解质正常，但由于消化吸收不良和恶病质导致病情恶化。这是经非肠道营养疗法治愈的第一头犊牛（1982）。

对于严重脱水、休克、丧失吸吮反射以及躺卧的患牛必须采用静脉补液疗法，静脉补液应以酸碱平衡和电解质浓度为标准。如无法测定，则应认为大多数严重感染病例都存在代谢性酸中毒、低碳酸氢盐、高血钾、低血糖。因此，产肠毒素性大肠杆菌病的液体治疗原则同样适用于轮状病毒感染。

虽然对于单纯性轮状病毒性肠炎没有必要使用抗生素，但是由于可能存在混合感染，以及存在促进细菌附着的肠细胞病变，对于严重感染患犊还是应该进行抗生素治疗。

防制

为减少新生犊牛接触轮状病毒，管理措施极为重要。不同母牛产犊间隔彻底清洗产房，犊牛出生后立即转移到经过彻底冲洗消毒并更换新址的牛舍内以及使用单独的咀式奶瓶喂养都有利于减少轮状病毒的传播。患牛粪便以及污染的设备、用具、饲养人员鞋、帽、工作服等都很危险，均可能传播轮状病毒。

对新生犊牛还是对干奶期母牛进行疫苗接种尚存争议，这是由于通过初乳获得的循环抗体不如连续饲喂含有高水平抗体的初乳或初乳/奶合剂所获得的局部免疫有效。在饲喂初乳以前进行口服致弱疫苗接种在美国已经试行，但其操作复杂且存在细菌感染的危险，为防止多数母牛初乳中常见的被动抗体灭活疫苗，口服疫苗后应经过几个小时，才能饲喂初乳。虽然这种免疫措施能激活机体抗疫苗血清型轮状病毒的细胞免疫，以及刺激机体产生分泌性IgA和IgM，但生产中应用尚有一定疑问。

由于饲喂含有1∶1 024水平以上中和抗体的初乳、初乳/奶合剂或牛奶可以通过局部免疫防止肠道感染轮状病毒，因此，在新生犊牛出生后30 d内饲喂上述物质常可保护犊牛免受感染，这也要求犊牛获得的初乳抗体与其接触的轮状病毒具有相同的血清型。同时提高管理水平，防止新生犊牛受到野毒攻击。

基于上述情况，提高初乳中轮状病毒中和抗体水平是预防肠道轮状病毒感染的理想方法，持续饲喂适量初乳可获得良好的局部免疫保护，若仅给犊牛饲喂1 d或几天初乳，不久就会丧失局部保护作用。犊牛极易感染轮状病毒。因此，饲喂初乳是一种理想的方法。贮存的初乳由多头母牛采集事实上含有高水平抗体的初乳被吸收后能产生高水平的循环抗体，分泌大量分泌性IgG1进入肠道。提高初乳抗体水平的方法通常是给干奶期母牛接种含有轮状病毒和冠状病毒的致弱苗和灭活苗。近来一般提倡使用灭活苗。灭活苗应在母牛产犊前6周和3周（或按厂商说明)免疫2次，随后在每年产犊前4周加强免疫1次。尽管目前实验室中已开发出多种含有免疫促进剂的新型疫苗，但没有一种可以买到或证明有用。没有哪种疫苗和抗体能完全抵抗病毒感染。相反，当管理能够减少新生犊牛感染的危险时，就没有必要那么关心被动免疫保护。考虑到实践的限制以及连续饲喂初乳的花费，畜主应该注意母畜的管理，保持环境卫生以及进行干奶期免疫等，控制病原的传播。在一些农场中，通过在奶或代奶品中混入初乳（10%）饲喂30 d，可以降低轮状病毒腹泻的发生率。

作为一种无囊膜病毒，轮状病毒在环境中稳定（在粪便中可存活6个月），且对一些消毒剂不敏感，畜舍和母畜要保持卫生，及时移走粪便及其他杂物，因为这些物质的存在可以降低消毒剂的效率，适当的使用漂白剂和酚类消毒剂彻底清洗固体物表面，并持续一定时间（多于10 min），之后暴露于阳光下干燥，这样可以有效地减少轮状病毒颗粒。对于污染物较多的区域，如畜舍地下方，可能需要翻开在阳光下干燥几天（视天气情况而定），以为下一次饲喂犊牛做好准备。

冠状病毒 Coronavirus

病因学

抗体监测表明，同牛的轮状病毒感染一样，与犊牛腹泻有关的冠状病毒在牛中也相当普遍，已经从患有呼吸道和消化道疾病的牛饲草中分离出冠状病毒。成年牛冬季的腹泻与冠状病毒有关，而且，从犊牛腹泻中分离到病毒感染成年牛也可以引起冬季腹泻。因此，和传统的想法不一样，该病原对年龄大的牛的感染力也较强。

尽管牛的冠状病毒不如轮状病毒感染常见，但确已在新生犊牛腹泻暴发中鉴定出这种病毒，特别是在混合感染的情况下。发病日龄要大于单一产肠毒素性大肠杆菌或轮状病毒主要感染7～10日龄犊牛，有时也可见于3周龄左右的犊牛，导致犊牛严重小肠结肠炎，特别是破坏小肠绒毛肠细胞和大肠嵴、隐窝。消化和吸收不良、肠道炎症、分泌液大量损失、渗透压升高都是犊牛冠状病毒腹泻的病理生理学基础，冠状病毒是溶细胞性的，受损的小肠绒毛肠细胞逐渐被来自隐窝的立方形细胞代替，而结肠病变区黏膜上皮坏死脱落。冠状病毒性肠炎的损伤比较严重，它不像轮状病毒感染那样，即使在无菌隔离器小心可导致犊牛死亡。因此，在自然发病情况下，冠状病毒性肠炎能导致严重的腹泻，若继发细菌或微细隐孢球虫感染，死亡率可超过50%。

临床症状

患犊表现严重的急性腹泻，脱水，食欲下降或吸吮反应降低，渐进性沉郁，肌肉无力。由于病变波及结肠，粪便中的黏液明显多于病变于小肠的产肠毒素性大肠杆菌感染和轮状病毒感染。

辅助指标

同大肠杆菌和轮状病毒感染一样，冠状病毒性小肠结肠炎也可引起不同程度的酸碱平衡异常和电解质损失，在严重感染和混合感染时，表现为代谢性酸中毒和血浆碳酸氢盐降低。血钾随疾病严重程度和腹泻时间长短而变化。腹泻后血液浓缩，红细胞压积升高，总蛋白含量升高。白细胞象变化不一，尽管病因多样，但酸碱平衡和电解质水平的检测对于疾病的治疗是十分重要的。

诊断

急性患犊的粪便是很好的检测样品。应采集犊牛发病后24 h以内的粪便样品，送实验室检查。由于目前尚无诊断试剂盒用于冠状病毒的检测，因此，只能采用电镜观察粪便样品中的病毒粒子或者运用荧光抗体技术检查小肠和大肠中的病毒抗原来诊断。冠状病毒具有溶细胞特性，能很快从组织中消失，因此，慢性病例不能用于感染的检测。冠状病毒的检测方法比轮状病毒少，很多诊断室也没有电镜，因此，难以检出冠状病毒感染。

治疗

冠状病毒感染同其他病毒感染一样，主要进行对症治疗。冠状病毒感染可导致消化和吸收不良，因此，口服补液作用不大。但口服补充电解质和能量物质对于肠道恢复期病犊来说还是有一定的治疗意义。由于严重小肠结肠炎导致腹泻可能持续1周，因此，使用抗生素治疗可以避免发生继发感染。

防制

应尽最大努力控制使犊牛感染的管理因素，这些在轮状病毒的防制中有介绍。尽管冠状病毒为有囊膜病毒，但其在环境以及对消毒剂的抵抗力相对轮状病毒较低。干奶期奶牛应该在产犊前6～3周接种灭活的轮状-冠状病毒疫苗，之后每年在产前4周免疫，由于一般认为局部抗体比体液抗体更为重要，因而饲喂含有高水平针对冠状病毒抗体的初乳非常有益，如有可能可连续饲喂30 d。近来已有特异性抗体产品可以用于新生犊牛，其中一种产品来源于高免疫状态的牛初乳，含有K-99和冠状病毒抗体，在用BCV攻毒的试验中，饲喂含有干的牛血清的产品的犊牛在吸收以及临床参数方面均比对照组的要高，该产品花费巨大，因此在使用之前应考虑治疗成本和价值。

隐孢子虫感染

Cryptosporidium Infection

病因学

微细隐孢球虫感染能导致新生犊牛腹泻，本病主要发生于5～28日龄犊牛，有时也可见于1月龄犊牛。隐孢球虫科为球虫原虫科，与住肉孢子虫科和艾美一起，同属艾美耳亚目。同其他球虫一样，隐孢球虫在其生活史中也存在无性繁殖和有性繁殖两个阶段，不同的是宿主特异性较差，隐孢球虫比艾美耳球虫小，故很难使用粪便漂浮法检查，实验室中常使用齐-尼二氏染色法检查隐孢子虫，但只有训练良好的实验人员才能达到满意的效果。直到最近，人们才对微细隐孢球虫在犊牛中的流行和致病性做出评价。

最初有关隐孢球虫的资料发表后，隐孢球虫病被认为是一种新型的散发性传染病，它很可能只侵害有免疫损伤的犊牛。然而几年以后，特别是20世纪80年代发现，隐孢球虫病已在许多农场流行，隐孢球虫已成为新生犊牛腹泻的原发病因或病因之一。

微细隐孢球虫能感染犊牛、羔羊、幼猪、人以及其他动物，如啮齿动物。隐孢子虫从动物向人群传播的危险性是存在的，因而需要进行良好的管理。基因分析人和牛的隐孢子虫发现2种截然不同的类型：1型隐孢子虫主要在人群中传播，2型隐孢子虫有较广的宿主传播范围，其中包括牛。这种区别在流行病学调查中有很重要的作用：如果从人身上分离到2型隐孢子虫，那么其来源可能是牛或其他动物，而如果是1型，则表明是人与人之间的传播。最近在北美分离到一种新型的隐孢子虫，并命名为牛隐孢子虫，目前正进行基因分析对其进行分类，其在牛腹泻中的作用还未被证实。

新生牛对该病有较高的感染性，因为牛对此病的抵抗力与年龄有关，不过在人还没有这方面的证据。如果不执行严格的卫生程序，兽医、研究者、技术人员以及其他和感染牛有接触的人员均有可能感染隐孢子虫。免疫功能正常的宿主一般发展为自限性腹泻，不过该病原可在免疫妥协的宿主中产生破坏性作用，因而可能导致持续性感染。

病原体常经粪-口途径感染犊牛，但是污染的饮用水和饲料也会促使该病的发生。虽然对不同的动物和人群的感染数量是不同的，但是在易感动物中，100个卵囊即有可能发病。因感染的牛群的每克腹泻粪便中都可能有数以百万计的传染性卵囊，因此有很多牧场都有可能暴发大规模的病情。

隐孢球虫孢子化卵囊能感染新生犊牛，在体内释放出子孢子，子孢子通过损伤肠细胞微绒毛刷状缘主要感染小肠(有些结肠)肠细胞，在细胞表面形成带虫空泡，带虫空泡破裂释放出裂殖子，感染别的肠细胞，同时导致肠细胞大量破坏。进入有性生殖阶段形成对易感宿主具有感染力的卵囊；隐孢球虫感染导致肠细胞微绒毛萎缩、融合、肠隐窝炎，从而引起来消化、吸收不良以及体液损失，导致腹泻。另外，肠道微绒毛损伤导致大肠杆菌、沙门氏菌相病毒的混合感染。因此，在犊牛地方流行性腹泻的调查过程中，很少发现隐孢球虫单独感染。由于囊合子的排出是在临床症状显示之后，并且在腹泻消失后还要持续几天，因而和轮状病毒和冠状病毒相比，粪便检测更为有利，后两者主要在疾病的早期出现并且持续较短的时间。这也再次说明了对于腹泻犊牛进行早期调查的重要性。结合犊牛肠道其他病原的存在，使得治疗更为复杂，导致症状恶化和预后不良，使死亡率增高。隐孢子虫自身在免疫妥协的犊牛以及在严酷天气和/或营养不好的宿主中也能引起严重的腹泻。

临床症状

食欲下降、腹泻、脱水是隐孢球虫感染的主要临床特征，很难与细菌、病毒感染相区别。3周龄以下牛发病率高于50%，但死亡率较低，除非发生继发感染或者治疗不及时，当隐孢球虫单独感染时，腹泻可持续7 d以上，在此期间多数患犊并未失去哺乳能力或食欲。若发生混合感染，则出现脱水、酸碱平衡失调、电解质丧失以及下痢。当出现慢性腹泻、补液疗法又失败，常可导致患犊机体消瘦，对于户外饲养的犊牛。特别是在北方冬季的气候条件下、隐孢球虫感染时极易引起犊牛营养不良，身体消瘦。因为这些犊牛正常时需要的能量物质就比饲养在适宜温度下的犊牛要多。消化、吸收不良以及体液损失更加重了它们的营养消耗。

诊断

镜检检出微细隐孢球虫卵囊即可确诊。一般情况下，急性感染患犊粪便可用于检出卵囊，而新鲜回肠、结肠组织可用于制备染色检查。齐-尼氏染色法是实验室中经常用于诊断隐孢球虫感染的方法。但当怀疑或证实隐孢球虫感染时，即需考虑混合感染，对粪便进行细菌学和病毒学检查。

治疗

主要采取支持疗法，根据脱水的严重程度，选择合适的方法进行补液，同时应注意补充全奶或高质量代奶品，在急性腹泻阶段，只口服补充电解质和葡萄糖不能超过24 h，随后每天应补饲2次全奶或代奶品，在补奶之间还应口服补充电解质和能量物质以弥补腹泻所导致的体液损失。在寒冷的冬季，户外饲养患犊应每日3次补充全奶或高质量代奶品，以维持机体需要。

尽管存在细菌性混合感染可能需要抗生素，一般没有必要使用抗生素，许多药物做过抗隐孢球虫的效力试验，但没有发现一种药物有效或经济上合算。常规的抗球虫药也是无效的，只有高剂量已具有毒性作用的拉沙里菌素例外。最近在欧洲和加拿大的研究表明，溴氯哌喹酮乳酸盐能够有效降低囊合子的排出量以及推迟犊牛腹泻的时间，但是和其他的治疗方法相似，其并不能明显地影响腹泻的发生率以及严重性。巴龙霉素、硝噻醋柳胺、阿齐红霉素和其他一些药物已经证明对隐孢子虫有一定作用，并且对艾滋病也有积极意义，这可能促进这方面的研究，这些药物可以在价值较高的犊牛身上使用。在一些国家允许使用溴氯哌喹酮（100 μg/kg）饲喂7 d以进行预防性治疗，在不久的将来，用亚单位疫苗可能会增加抗体的被动转移，这样在犊牛腹泻的治疗中会有一定的作用。

防制

由于隐孢球虫病治愈的可能性不大，因此，预防显得尤为重要，遗憾的是，一旦奶牛群发，大多数奶牛场不能有效地控制隐孢球虫病。尽管病牛是主要的传染源，但隐孢球虫也可通过饲养人员、用具以及动物移动向外传播，由于少量的囊合子即可引起疾病，因而可能会导致极高的死亡率，因此涉及到犊牛卫生的管理应极尽详细，包括母畜卫生、初乳管理、清理饲喂设备以及畜舍周围的环境卫生等等。

犊牛应单头饲养。最好是新生犊牛出生后立即转移到严格消毒的犊牛舍饲养。由于隐孢球虫对温度和化学药物具有很强的抵抗力，因此，将犊牛污染而未严格处理的环境中极易感染隐孢球虫病。由于隐孢球虫在凉爽潮湿的环境中能生存数月，因此，将犊牛舍转移到一个新的场址或移至可以清洗消毒后空置干燥一段时间再使用的水泥板上是较好的防制方法。由于隐孢子虫囊合子对大多数消毒剂有很强的抵抗力，因此畜舍以及饲喂器具需用肥皂水严格清洗，以彻底清除上面的囊合子。由于干燥和紫外线对囊合子有一定的作用，因此可以使用较多的空笼子以便使笼子有能够得到很好的消毒。一种超氧化物被证明对囊合子有很好的作用，目前已经在许多兽医院广泛应用，以彻底消除物体表面的囊合子，新一代的超氧化物对囊合子的清除有很好的作用。

犊牛应单独饲喂，清扫粪便时要防止犊牛与相邻犊牛或牛舍的粪便接触。当清理时，工作人员应从犊牛畜舍到成年畜舍、从健康牛畜舍到病牛畜舍，以防止病原的传播。

沙门氏菌病 Salmonellosis （Calves）

病因学

沙门氏菌病是引起牛散发性腹泻的一个病因早已众所周知，但它成为奶犊牛、肉犊牛和成年乳牛的地方性流行病则是集约化管理造成的。目前，沙门氏菌病已成为仅次于大肠杆菌的犊牛肠道细菌感染，并且是成年奶牛腹泻最重要的细菌性病因。沙门氏菌是革兰氏阴性兼性需氧和兼性厌氧菌，临床上它能引起从最急性败血症到隐性感染等不同程度的疾病。近来的分类法比较混乱，但是牛的沙门氏菌血清型都归属于一个属：肠炎沙门菌亚属，例如多数兽医熟知的鼠伤寒沙门菌就是肠炎沙门氏菌的亚属，不过为了方便以及避免混淆，只在本文中使用属名。抗原性分类依赖于菌体抗原(或细胞壁抗原即O抗原)、鞭毛抗原(H 抗原)和毒力抗原(Vi抗原)。现今大多按O抗原来分血清型，分别以大写字母表示(如A、D、C、D、E等)。B型沙门氏菌——通常为鼠伤寒沙门氏杆菌——是美国东北部引起犊牛和成年牛肠道沙门氏菌病的最常见的病原，但也曾诊断出过C1、C2型和E型——通常为鸭沙门氏菌。多数牛分离株为B型、C型和E型沙门氏菌，它们不具有宿主特异性或都柏林沙门氏菌(D型)，它专嗜于牛。

Loren Warnick 最近关于牛沙门氏菌的研究表明，纽约的奶牛场中约有4%的母牛和犊牛均有排出沙门氏菌的现象，另外有许多危险性的因素存在，包括：自由饲养、饮用水暴露、堆肥的地方可以采食、饲养密度、有腹泻的病牛以及抗生素的使用情况等，在其他研究中发现，一少部分的分离株对多种抗生素有抵抗力，这不禁令人担忧，这些耐药菌株包括多个血清型，如Typhimurium DT104和Newport等，主要对四环素、磺胺以及多数的 β -内酰胺类（通过CMY-2基因）有耐药性。

一些特定的血清型引起动物的临床症状有一定的特点，如B型的*S. Trphimurium*以及E型的感染，可以导致母牛和犊牛腹泻暴发以及败血症等，由于急性内毒素血症和休克，可导致母牛流产和胚胎早期死亡。另外，很少有牛呈慢性带病状态，随着牛免疫系统对病原的作用，临床症状一般在1～2个月即消失。C型沙门氏菌的感染很难确定，因为感染和临床症状可能在牛群中持续不同的时间，这就意味着牛群中可能长期有病原携带者存在，另外也可能是环境中存在沙门氏菌或啮齿类动物、鸟类或昆虫等对该病原的传播而使得病原长期存在。都柏林沙门氏菌(S型)感染时以牛群中存在大量病原携带者为特征，一旦感染，多数成年牛呈无症状感染，而犊

E.如果劳动力充足，生产者可指派其他人员专门饲喂犊牛。按时消毒，进行卫生打扫，工作人员往往因事情多，而在犊牛操作时未能保持充分而持久的公共卫生。

F.从畜群中坚定并隔离出感染BVDV的犊牛。

•感染动物的治疗。

A.补液以维持水分、酸碱平衡和血清电解质浓度。

B.避免因天气造成的应激。

C.保持充足的营养。

D.可用特异性抗体治疗。

•环境，提高卫生水平，厩舍消毒。

A.将犊牛与成牛隔离（尤其要对水的冲洗方式和产犊房的卫生进行评估，因为这些成年牛共同的污染物更容易感染犊牛）。

B.清扫产房，在产仔间隔期进行消毒，对犊牛考虑使用“安全舍”（参见大肠杆菌病章节），使用能清洗的有轮塑料箱子或手推独轮车将犊牛转移出产房。

C.不要将幼龄犊牛群养。

D.冲洗表面有机碎屑后，用其他被证实能杀灭沙门氏菌的消毒剂进行消毒。

E.沙门氏菌是条件致病菌，常常在营养状况不好或免疫力低下的畜群中大量繁殖。母牛饲养管理差、呈高流行趋势的BVDV持续感染、饲料更换、极端的温度或很差的垫料，都“无形中”造成沙门氏菌感染。

•培养农场主和工人公共卫生意识。

A.农场工人、犊牛管理人员及其家人在犊牛沙门氏菌病流行期间常常被沙门氏菌感染。

B.在接触感染犊牛时坚持穿各自的工作服和鞋，鞋、手套等物要消毒。应注意卫生。

C.如果成年奶牛有肠道疾病症状曾有过流产，则其奶不要生喝。

•应意识到愈病牛会间歇性或持续排菌一段时间，它可能对未感染动物和人造成威胁，因此必须坚持卫生、消毒和监督工作。

•如果采取上述措施后。仍存在传染，那么就应考虑对干奶期牛使用由可靠诊断实验室制备的自家菌苗当新的有效的沙门氏菌苗投入使用时，它们对于常年流行牛群可能有所帮助。

•饲喂益生元或低聚糖可能有益处。

产气荚膜梭菌—肠毒血症

Clostridium perfringens——Enterotoxemia

病因学

肠毒血症是C型产气荚膜梭菌导致的奶牛犊和肉牛犊常见致死性疾病，也报道A型、B型和D型引发肠道疾病，但很少见。尽管稍大些的犊牛（通常指3月龄以下）也能严重感染，但是以新生犊牛发病最为普遍。A型产气荚膜梭菌属于革兰氏阳性厌氧菌，是脊椎动物正常的肠道栖生菌。摄入大量的碳水化合物或蛋白质就有引起C型肠道毒素血症的风险。在这种条件下，病菌暴发性繁殖，肠道出现“超感染”，产生毒素（主要是致死性毒素），导致宿主组织发生损坏。在散发病例，很难确定感染的确切原因，但牛群中出现地方流行通常可与催肥的措施联系起来。饲喂大量牛奶或牛代奶替品，尤其是一次性大量饲喂往往能触发本病。大量饲喂谷类饲料，突然又换成高品质饲料或长期饥饿后突然大量采食都有发病风险。

C型产气荚膜梭菌主要产生 β 致死性毒素，也能产生一些 α 毒素。小剂量的 β 毒素就能引起肠上皮细胞发生坏死，因此毒素进入肠壁深层，能引起黏膜下层广泛性坏死和肠腔出血。α 毒素是一种磷脂酶，能破坏细胞膜和膜性细胞器的卵磷脂。机体吸收主要的致死性毒素和肠道其他毒素及肠道细菌进入血液循环，最终出现多系统症状。

β 毒素是能引起肠黏膜损伤和炎症的一种蛋白质。β 毒素对胰蛋白酶不稳定。因此这种致死性毒素对新生犊牛的危害更为严重，因为，新生犊牛胰液分泌的胰蛋白酶少或初乳中存在胰蛋白酶抑制物。当犊牛摄入大量牛奶或牛奶浓缩剂，犊牛分泌的胰腺酶类被稀释，不足以抑制 β 毒素的活性，另外，病菌繁殖产生大量的 β 毒素，以至超过胰蛋白酶的限制。

临床症状

肠毒血症多呈急性或最急性，表现为急性腹痛、腹部鼓胀脱水、沉郁和腹泻。最急性病例犊牛，猝死或病程发展极快，尚未见到症状犊牛已死。急性腹痛和腹部鼓胀常先于腹泻。尽管粪便松软，但不如ETEC感染或沙门氏菌病的犊牛粪便那样稀和多。一些肠毒血症犊牛粪便带有明显的血液

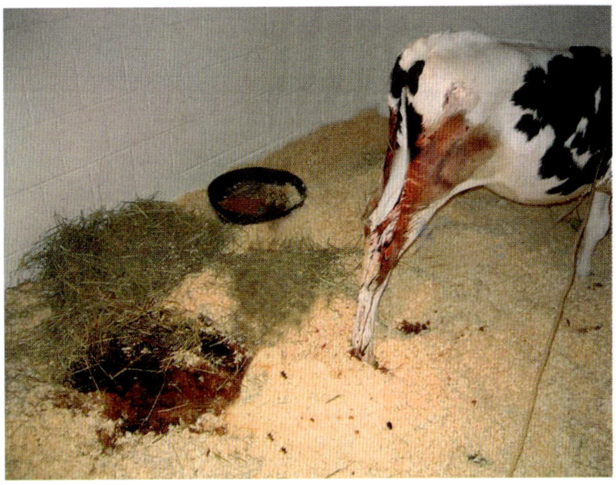

图 6-11

C型产气荚膜杆菌导致5周龄荷斯坦犊牛发生出血性肠炎。经过静脉注射抗生素（青霉素、头孢噻呋）、静脉输液、梭状芽孢杆菌抗毒素、输血、氟胺烟酸葡胺、胃保护剂和转宿治疗后康复。

和黏液（图6-11）。以腹部鼓胀和急性腹痛为特征的急性病例易与肠梗阻相混淆，只有出现腹泻才能排除肠梗阻。冲击触诊右下腹部，可感觉小肠内液体增多。如果不采取紧急治疗，那么接着便会发生进行性脱水、沉郁、腹部鼓胀和休克。在C型肠毒血症死亡病例的末期偶尔可观察到神经症状，但在B型和D型则常见到，往往感染的是生长良好、采食也很好的犊牛。

辅助指标

患肠毒血症犊牛的血液学检查对诊断帮助不大或无特异性。血液浓缩，但白细胞象和血清化学通常正常。亚急性病例，血清白蛋白因肠道丢失或一些进入腹腔而可能减少。据说高血糖和糖尿具有诊断意义。但事实上这是对羔羊*D*型产气荚膜梭杆菌，而不是对牛。在新生反刍动物中，任何应激性疾病都能引起高血糖和糖尿，这些变化并非犊牛肠毒血症所特有。

酸碱干衡和电解质方面无大的异常。患肠毒血症的犊牛与急性ETEC或沙门氏菌严重感染的犊牛不同，很少表现有严重的代谢性酸中毒。

诊断

除了物理症状外，有助于肠毒血症诊断的线索不多。对于急性病例来说，死亡的动物尸体剖检变化常具有诊断意义。然而，事实并非如此，尸体剖检主要用于排除疾病。在现场也难于获取有意义的样品及时送往诊断实验室以取得帮助。所有尸体的肠道中均有一些产气荚膜梭菌，因此，必须测定其相对数量和毒素型才能准确诊断菌型和该菌的意义。肠道酶在死后数小时内会将 α 和 β 毒素降解。A型产气荚膜梭菌可能会增殖，并在短时间内侵入组织，特别是在温暖天气更是如此。事实上，尸检中A型产气荚膜梭菌的增殖很广泛，以至于当肠道内容物进行分离培养时会出现C型产气荚膜梭菌。由C型产气荚膜梭菌引起肠毒血症的诊断需要对肠道的产气荚膜梭菌进行分离鉴定，由其基因型来判定此菌株是C型，其大体病变或者组织学病变，如果可能的话，测试能否从急性病例病畜肠道中鉴定出 β 毒素。对于少见的牛B型和D型肠毒血症的确诊，需证明 ε 毒素，此外还可以通过分离培养和基因型鉴定。尽管小鼠保护性测试也会用到，但是基因型的分析经常通过多重PCR进行。

犊牛急性肠毒血症的诊断主要依靠急性腹痛、腹部鼓胀、小肠充满液体、脱水、腹泻等临床症状和迅速进展的病程。如能获得辅助性资料则有助于排除其他疾病。通过腹部穿刺术，可排除继发于皱胃穿孔弥散性腹膜炎的进行性休克。静脉血酸碱及电解质测定加上粪便培养可排除ETEC和急性沙门氏菌病，因为肠毒血症很少有严重的代谢性酸中毒。粪便只有很快送到临近的诊断实验室，才能用于培养和测定毒素。

粪便或肠道内容物可以进行分离培养并用来测试毒素。毒素鉴定是比较困难的，因为毒素不是稳定存在的，而且有可能降解。适当的取样、保存和运送到合格的实验室是很有必要的。

治疗

支持疗法需静脉补液（如羟乙基淀粉的胶体和晶体 5～10 mL/kg），加入电解质和葡萄糖以缓解犊牛的脱水。前24～48 h的治疗应静脉给予青霉素钠(44 000 IU/kg，每6 h一次)，如果有效的话，则换用普鲁卡因青霉素(44 000 IU/kg，肌肉注射，每12 h一次)。对于休克的犊牛，可一次性给予地塞米松或者氟胺烟酸葡胺(0.5～1.1 mg/kg 静脉注射)。

临床症状的解除是渐进和缓慢的。腹部鼓胀有时需数天才消失，偶见下痢。恢复期的犊牛随腹部鼓胀和机体脱水程度的差异食欲表现不一。恢复状况好的病例可能需补液和用抗生素治疗7 d。进行性肠道溃疡进而穿孔是恢复期的犊牛偶尔见到的并发症。因此，禁忌重复使用非固醇和固醇类药物以免引起肠道更进一步的伤害。康复期犊牛可能会出现持久的肠梗阻和皱胃不能排空问题。如果静脉内补液和抗生素治疗不能解决上述问题，并且动物在饮用牛奶或电解质后，腹部变得更加鼓胀，那么胃复安(0.1～0.25 mg/kg，皮下，每8～12 h或者进行持续注射)可能对增强腹部排空和减轻腹部鼓胀有所作用。艾哈迈德等人提到对皱胃排空困难的牛使用组织胺受体拮抗剂是升高肠道pH值并减少黏膜溃疡的很好的方法（每8 h口服甲氰米安 50～100 mg/kg，甲胺呋硫 10～50 mg/kg或者静脉注射甲胺呋硫 1.5 mg/kg）。目前可以买到抗毒素，尽管在疾病早期可以使用，但这种产品的效果仍难确定。由于肠道损伤可能会需要输血或输入血浆。

防制

在胃中或者肠道中出现的大量淀粉、糖或者可溶性蛋白是肠毒血症发展过程中很关键的表现；因此在制定防制计划时必须要考虑到这些情况。净能源配给、纤维含量以及饲料长度、卧铺空间、在同一圈中动物等级地位、饲养频率、在高产组中配给变化的比例和大小，以及混合饲喂试验的评估是评价和纠正碳水化合物过剩或饲料过少问题的基本条件。牛肠毒血症的预防需要考虑到环境和管理因素，因为这涉及到大量的牛奶或代奶品的摄入问题。通过增加饲喂的频率来减少每次饲喂牛奶的数量已经取得了一些成功。牛奶或代奶品应该在体温下进行饲喂以防止肠闭塞。对于饲喂牧草的动物，应循序渐进地放牧（例如第1天放牧15 min；第2天，30 min；第3天，1 h；第4天，2 h，依此类推）。

对于已发生过散发或流行性肠毒血症的牛群可用产气荚膜梭菌类毒素进行免疫接种。如果能确定为某一特定的型，那么类毒素显然应包括该型。如果不能定型，通常应含C型和D型类毒素，因为C型是犊牛肠毒血症的最常见病原。

所有的干奶期奶牛和小母牛都应免疫2次，间隔2～4周(或按厂商说明)，每年在产犊前1个月再加强免疫1次，犊牛也应在4、8和12周龄时用同种菌苗免疫。然而在免疫后的饲喂母体初乳的牛群（在7周龄前免疫）和羊群（6周龄时免疫2次）中产气荚膜梭菌类毒素抗体浓度没有检测出变化。

A型肠毒血症和皱胃炎
Type A Enterotoxemia and Abomasitis

病因学

A型产气荚膜梭菌引起的牛肠毒血症散发病例已有报道。皱胃炎、皱胃肿胀和皱胃溃疡也与A型产气荚膜梭菌有关。然而梭型杆菌是否是引起这种病情的主因还不能确定，也可能与沙门氏菌、*C.septicum*和八叠球菌有关。

皱胃炎经常在新生及刚断奶犊牛、羊羔中散发。这种病症的特征是弥漫性出血和皱胃黏膜坏死性炎症，在严重或慢性病例中，经常涉及到皱胃壁深层。有可能出现肺气肿和皱胃壁浮肿甚至皱胃溃疡和穿孔。

关于此病有很多病因学推想，包括细菌或者真菌感染、免疫抑制和异食癖；因毛粪石或粗糙的事物引起的创伤；以及维生素或矿物质不足。在1987年，堪萨斯州立大学的研究人员在感染牛群胃内容物中检测出了产气荚膜梭菌A型和E型，然后在接下来的时间里面，通过使用牛A型产气荚膜梭菌接种实验再现了皱胃炎。这种细菌产气的能力被认为是引起胃扩张和肺气肿的主要原因。最近从中西部患有皱胃炎的肉牛的皱胃壁中分离出了S. Tphimurium DT104菌株。尽管早些病例报告的作者认为肉牛皱胃炎和皱胃溃疡与铜元素摄取不足有关，但是Roeder和他的同事认为，在铜元素摄取充足的情况下，牛群也会自发产生皱胃炎和肠道疾病，因此证明铜摄取不足并不是其病因。

临床症状

临床症状有无生气，腹部鼓胀，疝气，夜间磨牙，胃部流体鼓胀，腹泻甚至死亡。虽然对于皱胃炎的病例研究的很少，但根据可靠资料表明，该病发生的比率很高（75%～100%）。其典型症状腹部鼓胀和腹泻前的绞痛却发生较少。

治疗

由A型产气荚膜梭菌引起的牛肠毒血症治疗与C型和D型引起的治疗相似。C型和D型的抗毒素对A型病例在治疗中的功效不明。对于腹部鼓胀或皱胃炎，静脉注射液体疗法，血浆疗法，注射抗生素疗法，以及抗毒素疗法，对于肠毒血症也是很好的治疗方法。插入胃管和减压可能对某些病例有帮助；

当管子放置好后，牛体前部的高度提升对释放气体有好处。口服例如青霉素或四环素抗生素有助于减少体内气体的产生。经过腹部皮肤释放气体减少皱胃压力，在减压后进行抗生素的腔内注射。在这样的病例中，泻药的作用不是很大，含有镁的氧化物或氢氧化物的泻药更是禁忌，因为此类泻药会加剧病症早期阶段的代谢性碱中毒，例如高血镁症，或导致肠内液体过多。

病牛右侧巨大的鼓胀鸣声可能是皱胃或盲肠肠扭转的病例，如果医疗管理不能肯定是鼓胀，可以进行手术探查。相似的，左侧鼓胀鸣声可能是左侧皱胃异位，鉴于有很高的皱胃溃疡发病率与左侧皱胃异位有关，手术探查可以先行进行。对于难以治疗的皱胃鼓胀，可以进行皱胃切开术。皱胃切开术能够除去腔内的异体物质，例如毛发球，也能除去腐坏的牛奶，这些都能得到满意的治疗效果。

预防

不合格的牛奶卫生，间歇性饲喂大量牛奶，饲喂低温的牛奶或代奶品或者直接用桶饲喂犊牛，就经验来说，这些都是诱发皱胃鼓胀、溃疡和皱胃炎的因素。俄亥俄州立大学的流行病学家对牛场的皱胃炎、皱胃鼓胀以及将来对于此病预防措施进行了调查研究。报告表明增加饲喂牛奶或代奶品的次数，减少每次饲喂的数量，同时在饲喂结束之前将牛奶或代奶品保持的体温的温度下，这些措施能减少此病的发生率和严重程度。一种含有高浓度抗A型产气荚膜梭菌致病因素的 α 毒素的抗体疫苗，最近已经进入了美国市场，来预防此细菌在牛群中引起的疾病。作为牛用干疫苗，这种产品提高了初乳中抗 α 毒素的浓度，但是其减少因A型产气荚膜梭菌引起的犊牛疾病的作用还不明确。

犊牛腹泻的其他可能的传染性原因
Other Possible Infections Causes of Calf Diarrhea

表6-3列出了有过报道的其他一些犊牛腹泻的传染性原因。

饲喂代奶品引起的腹泻和消瘦
Diarrhea and Emaciation Caused by Milk Replacer Feeding

病因学

现代的代奶品在组成和配制方面与20世纪五六十

表6-3 有报道的其他引起犊牛腹泻的传染性原因（这些病原的意义未知）

病原	症状	治疗	参考文献
贾第虫属	一般无症状。高发病率，低死亡率。在2～12周龄的牛群中发生腹泻	芬苯达唑，按出生时的体重15 mg/kg 服用3 d	Claerebout E, et al: New therapeutic approaches to Cryptosporidiosis and Giardiosis. In *ACVIM Proceeding*, 2006.
弯曲杆菌属（弯曲菌、*fecalis*或者大肠杆菌）	总体上没有疾病腹泻带有血和黏液	静脉注射和口服液体，四环素或者红霉素	Morgan JH, Hall GA, Reynolds J: The association of *Campylobacter* species with calf diarrhea. In *Proceedings: 14th World Congress on Diseases Cattle*, 1986, pp. 325-330.
艰难梭菌	可能引起2周龄以下的牛群的腹泻，但是实验接种没有引起腹泻	支持	

年代生产的比较有了很大的改变，与成年奶牛的日粮一样，代奶品多基于经济的考虑来选择配料，特别是选择那些粗蛋白的部分。因为这些是最昂贵的。

牛奶蛋白是牛奶替代品中的蛋白最佳选择，并且巴氏消毒脱脂奶粉（低热量预备然后喷干）也是比较理想的。不幸的是脱脂奶粉的价钱太高，已经使它不再作为经济的奶替代品中蛋白的理想用品。大部分的牛奶替代品蛋白来自浓缩的乳清蛋白，干的乳清蛋白是奶酪制造业的副产品，并且已将酪蛋白和脂肪提出，还有喷干的血浆（常常来自于其他的品系如猪）。

其他的蛋白来源例如修饰的大豆蛋白、浓缩的大豆蛋白、分离的大豆蛋白、特制的大豆粉。这些特制的大豆蛋白必须经过加热或化学处理以制止小牛在吸收时造成过敏性胃肠炎。这些过程减小了大豆蛋白中的抗营养因子，并且制成可溶性产品。然而大豆蛋白不能作为所有的蛋白源，只占所有蛋白中的不到50%，只有这样才能作为牛奶替代品的蛋白来源。

牛奶替代品中的蛋白总含量应该不少于20%，现在大部分的推荐最低浓度为22%。牛奶中蛋白质的组成应该尽量多，并且蛋白质在进行高压处理和其他因素的影响时不能破坏其营养。

牛奶替代品中脂肪的含量是饲料厂和有影响的学家之间争论的焦点之一。进行了大量的喂养试验以证明自己公司的产品是最好的。然而在北部的环境下，在田间试验中认为20%或者高点的脂肪含量是最佳的，没有任何问题。

纤维含量不能通过单一方式进行评估。早期的牛奶替代品用的是大豆粉和其他途径的大豆产品，可以对粗纤维进行判定，因为每0.1%的粗蛋白意味着10%的植物原蛋白。包括修饰的大豆蛋白、浓缩的大豆蛋白、大豆蛋白提取物，也并没有显著地提高纤维的含量。因此粗纤维的含量作为现在牛奶替代品中蛋白含量的测定有重要意义。

然而另一个代奶品的争议的问题涉及到生理“凝结”在牛的皱胃里。常规的奶饲喂引起食道凹陷关闭反应，直接到皱胃而不是前胃。在皱胃里奶乳清凝乳酶和胃蛋白酶在钙和盐酸存在的情况下，很快被分解成酪蛋白与奶脂凝结物和一些液体成分。乳清中含有乳糖、蛋白质、免疫球蛋白和矿物质进入十二指肠进行消化，然而酪蛋白和脂肪凝结物消化很慢。很多年来一直都认为代奶品在皱胃里有“凝块”或是很次，常导致腹泻和生长缓慢。实际上，设计凝结试验检测了乳清蛋白脱脂乳在加工或是干燥的过程中已经变性，不可能造成凝结。因为大部分现用的代奶品中含有很高的乳清蛋白和豆蛋白，他们不发生凝结，并且能很好地被消化。

除了代奶品中的组成之外，兽医应该对代奶品饲喂过程中的错误比较熟悉。饲喂的代奶品的量应该足够维持乳牛的生长，同样的，饲养者因为经济的问题可能过度稀释。代奶品应该含有大约12.5%的干物质（和全奶相似），应该一天2次总量维持在至少体重的10%～12%。过冷的环境和北方冬天室内饲养需要更高的量或是一天3或4次。一些制造商推荐的可能没有足量的代奶品维持生长需求。因此推荐的总量可能是错误的。对代奶品的另一些错误是高钠含量，如果水量不足的话导致神经现象。

过去，通常新生犊牛在3～4日龄接受初乳后开始换成全脂奶粉或其他代替品。如今并不常这么做，而在有些情况下可能在2日龄开始用牛代奶替品。然而另一个饲喂上常犯的错误是农民在使用代奶品时常常不伴随犊牛日龄增长而增加饲喂量。就是说在4日龄时饲喂犊牛1杯牛奶/2 夸脱的量，而在4周龄时还是这个量。只有通过与畜主逐步探讨和兽医的仔细观察才能发现并更正犊牛的饲喂问题。

高质量的谷物发酵品掩盖了低质量的代奶品的效用，有些学者认为断奶前犊牛增加的体重的50%～70%可能获益于高质量发酵物的吸收。代奶品中的被充分宣扬的抗生素和地考喹酯的作用很难评判，因为研究的结果是相反的。

错误的饲喂代奶品可能导致牛腹泻、消瘦或二者都有。前面谈到的是代奶品的组成和饲喂中常出现的问题。代奶品相关的牛死亡真的病因学包括：

- 质量差的代奶品（例如，蛋白质含量少于22%，脂肪含量少于20%，低质量或是过度加工的蛋白）。
- 喂养时错误的稀释度。
- 饲喂的量不正确（经常是不足）。

临床症状

犊牛摄入低质代乳品，导致营养不良，表现为瘦弱，毛发暗淡并伴有部分脱毛，常常腹泻，排泄物覆盖在会阴部、尾部和后腿，机体处于饥饿状态。感染犊牛除在条件性感染（如肺炎）末期发烧外，通常体温正常或低于正常体温。病牛瘦弱，体脂少。据畜主描述犊牛通常因腹泻在3～6周的时候死亡。病牛会突然死亡，但通常处于饥饿状态，即使在死亡前1～2 d卧地不起时仍有强烈允乳欲。所有犊牛在断奶前看起来都比较瘦弱。畜主描述在第一周犊牛看起来健康状况良好，但随后恶化。在提供高质量颗粒饲料的情况下，病牛能在断奶后存活下来，恢复良好。

辅助指标

3周龄以内的犊牛濒临死亡时，应采集粪便或肠内容物送检，以排除肠道病原体和寄生虫感染。对已经卧地不起的有必要进行血液硒含量和维生素E值的检测。因长期蛋白摄入较少，或腹泻导致物质流失，总蛋白含量可能会很低。除存在应激性白细胞象外，血象正常。对被动转运状况的评估也有必要。

尸体剖解发现严重的心外膜沟、网膜以及肾外周脂肪萎缩，确定营养不良。肠道内容物呈流质状，反映在恶病质状态下的消化不良，或免疫力低下个体的肠道继发感染。可能伴发肺炎。

诊断

通常可通过临床检查，结合犊牛的详细背景资料和对代乳品质量和饲喂过程的评估，作出诊断。鉴别诊断包括腹泻的传染性病因、球虫病以及硒缺乏。小于3周龄的犊牛，要特别注意肠道细菌、病毒或是原生病原体的感染，但3周龄以后到断奶阶段的犊牛要留意球虫病和沙门氏菌病的感染。如果是传染性疾病，畜主要严格处理，因为很多犊牛都会因此受到感染。

不恰当的饲料配比是加重营养不良的偶见因素。仔细阅读代乳品供给的注意事项，和/或咨询厂家营养师，营养师会告知有必要将代乳品置于高温作用(104～106°F)，使脂肪物质彻底溶解，随后冷却至体温加以饲喂。这种情况下，脂质残留物能在调和剂容器以及在犊牛摄食容器里检测到。

对整个牛群进行检查非常重要，特别是兽医每月的例行检查。观察到整个牛群营养不良，处于饥饿状态，牛棚中特别饲喂的犊牛状态良好，建议畜主换成新的饲喂器。犊牛一直在进食直到其死亡，尽管这样，仍然感觉饥饿。尸体剖检，特定部位取样，确定脂肪浆液性萎缩，就能排除其他疾病影响。

预防

预防措施要求饲喂稀释适当、成分合适的高质量代乳品。畜主应该明白不应在代乳品上节约开支。事实上，这种情况下，投入越多损失就越小。代乳品永远无法和原奶相比，建议畜主饲喂犊牛的原奶里至少含22%粗蛋白和20%粗脂肪（干物质基础），除非伴有副结核病、沙门氏菌、支原体或是白血病。有抗生素残留的牛奶要弃掉，不能用来饲喂牛群。这会增加一些传染性疾病发生的危险性，除非先加热消毒方可使用。许多畜主应对比使用原奶和代乳品的代价，因为饲喂高质量的代乳品接近于饲喂原奶的代价，而且永远达不到最佳的饲喂效果。对废弃的牛奶进行加热消毒处理，对于大型的养殖场，很有经济价值。对废弃的牛奶进行加热消毒处理是值得考虑的，因为这样能降低出栏和存栏犊牛的奶源性传染性病原（如支原体）的传播。

发酵初乳为犊牛提供又一种很好的食物来源，但是储存和潜在传播病原成了很大的问题。

如果兽医确诊，是因为饲喂代乳品和加热处理后的原乳导致腹泻和消瘦，可以按照下面的方法处理：

1. 保证犊牛出生后12 h内吃到足量初乳，以确保得到被动转移的免疫球蛋白。

2. 在确定没有牛分枝杆菌或是副结核分枝杆菌的感染情况下，犊牛出生后前3 d应喂初乳，量为体重的10%～20%。

3. 第4天开始饲喂优质代乳品，量为体重的10%：

- 蛋白高于22%，尽可能做到大部分或全部为奶源性的；
- 脂肪含量高于20%；
- 少量粗纤维。

4. 1周以后，可以逐渐增加饲喂量，维持在体重的10%～12%。

5. 确保代乳品稀释比例合适，接近原奶所有成分。

6. 所有犊牛需要一直供给新鲜的水和优质犊牛初料。开始给少量初料，直到犊牛适应，避免变质。2周龄时应给予优质干草。

7. 定期检查代乳品的准备和高温处理过程。

优质的犊牛初料，足够的饲喂量以及很好的饲

神经症状，包括（不仅仅局限于）严重震颤、眼球震颤和卧地不起。能观察到角弓反张，很容易误诊为脑脊髓灰质软化。神经性球虫病感染死亡率高。

诊断

临床症状，再加上粪便浮选确定有大量球虫，为诊断阳性。检测到粪便卵囊，一定要做好最大量和最小量的记录。

1. 腹泻发生在急性病例中，粪便中卵囊检出量达到最大的前几天，因为在囊合子极大量脱落以前，裂殖子对结肠上皮的破坏作用能引起腹泻。换句话说，动物感染了严重的球虫病，在其粪便样品中检测不到卵囊或是说比较低。这种情况下，要通过尸检或是组织病理学辅助加以确诊。

2. 非致病性球虫也会经肠道随粪便排出，导致粪便卵囊计数上升。

3. 健康动物也会在其粪便中出现卵囊。

一般而言，粪便卵囊计数＞5 000/g，再加上临床症状，就认为感染显著。对一些犊牛进行取样诊断，因为感染严重的卵囊数目也相应较多。

要与沙门氏菌感染、牛病毒性腹泻病毒感染、线虫等内寄生虫感染和营养不良鉴别诊断区分。当对球虫病的治疗未能达到效果，需要排除上述这些病。神经性球虫病需要做更大范围的鉴别诊断，包括脑脊髓灰质软化、睡眠嗜血杆菌、脑脊膜脑脊髓炎、铅中毒和其他很多神经性疾病。脑脊液穿刺是进行鉴别诊断必需的。

因为急性、严重的球虫感染致死的犊牛，在其结肠和盲肠不一定有病理性损害。严重感染病例很可能由黏膜、血液和纤维蛋白脱落引起白喉黏膜假膜的形成。偶尔能在结肠，以及结肠盲肠黏膜发现血块，直肠也会增厚。近距离观察回肠或结肠能看到明显的裂殖体白斑。镜下可见的损伤能反映出二代裂殖子以及球虫性阶段导致结肠的二次损伤。很可能观察到炎症、上皮细胞脱落、细胞渗出以及受感染的上皮细胞形态变化，变成非柱状形态。牛艾美耳球虫裂殖体喜欢附着在绒毛端，而祖氏艾美耳球虫喜欢在肌层附近。

治疗和预防

对于犊牛球虫的治疗和预防，要使其口服抑球菌剂或给予抑球菌因子，有些时候这么做，是在有球虫病存在的情况下，所采取的预防性措施。安普罗铵、莫能菌素、拉沙洛西、地考喹酯是对牛群感染或是存在感染风险的情况下，常用的药物。这些药物按照图示的比例添加到饲料和水中使用（表6-5）。

* Corid(安普罗铵)，Merial公司，Duluth.GA.

表6-5 用于预防和治疗球虫的药物

药物	名称	用途	剂　量
氨丙啉	Corid*	预防	5 mg/kg体重，连用21 d
		治疗	10 mg/kg体重，连用5 d
莫能菌素	Rumensin+	预防	16.5～33.0 mg/t饲料，连续使用，或1.0 mg/kg体重，连用28 d
拉沙里菌素	Bovatec‡	预防	1.0 mg/kg体重，连续使用
癸喹酸酯	Deccox[a]（可用多种）	预防	0.5 mg/kg体重，连用30 d
磺胺嘧啶		治疗	首次剂量为140 mg/kg体重，以后70 mg/kg体重，连用5～7 d
磺胺甲氧喹啉	（可用多种）	治疗	首次剂量为55mg/kg体重，以后27.5 mg/kg体重，连用5～7 d

+莫能菌素钠60（莫能星钠），Elanco Animal Health,Greenfield,IN.

‡Bovatec(拉沙洛西)，Alpharma,Inc.，Fort.Lee，NJ.

a 癸氧喹酯（地考喹酯），Alpharma，Inc.

在很多犊牛饲养过程中，知道球虫感染的存在，常常连续给予离子载体抑制剂如莫能菌素和拉沙洛西。留意告诫事项、剂量以及停药次数，随时调整。地考喹酯对犊牛没有毒副作用，但是离子载体抑制剂有。尽管各种磺胺药物是在动物球虫感染时的首选，但是现在很少使用，除非有一小部分牛或是个别牛发病很厉害了，不能摄入添加在饲料和水中的能发挥治疗作用的药物。使用磺胺类药物来治疗时，最好同时使用一定剂量的安普罗铵。个别牛出现严重脱水需要支持性输液，少数情况下，如果出血严重，需要输血。里急后重情况严重，而且一直持续，要采取硬膜外麻醉，能够让犊牛和小母牛得以休息、进食和饮水。

尽管前面提到的药物在球虫感染时广泛使用，但不能认为是感染治疗的唯一方式。良好的管理就需要改善环境、粪便的堆积、地面饲喂状况、粪便污染的饲料和饮水以及高密度的饲养条件。如果犊牛在干净的环境中饲养，要每天清扫粪便，防止粪便污染牛棚、水槽、饮水和牛身。假设前提是清洁的环境，不断分批进栏饲养的犊牛又没有受到感染，球虫感染发生率会很低。但是，很多奶农宁可通过饲料里添加抗球虫药物，也不愿意去实现环境的清洁。很多抗球虫剂只在摄入饲料的同时起作用，所以如果是间歇给药，则犊牛存在感染的风险。因此，要从哺乳阶段至断奶阶段添加一定比例的抗球虫药物，而不是按照手册上的推荐说明（如30 d）。对添加抗球虫剂的诱食剂和代乳品进行记录。尽管断奶前的犊牛不一定需要这些药物，但是很可能在2～3周龄出现球虫感染的临床症状。尽管初生犊牛瘤胃发育并不完善，从第一天开始饲喂拉沙里菌素能增加体重并且在断奶前起到抗球虫感染作用。当然，如果管理条件有利于断奶前球虫病的滋生，肠道的混合感染很可能在2～4周龄犊牛身上发生，涉及微小隐孢子虫、轮状病毒、冠状病毒、大肠杆菌和沙门氏菌。混合感染会加重病理变化。

线虫 Nematodes

病因学

养殖场犊牛和小牛的肠道线虫感染也很受关注。尽管目前养殖场中犊牛和小牛的线虫感染并不常见，但是肠道大量寄生虫存在的压力，使得我们有必要去关注。当我们要给予畜主建议时，对寄生虫生活周期和发生地点的了解是必需的。对牧场小牛的寄生虫控制包括管理手段和驱虫药的使用。

皱胃线虫主要有奥氏奥斯特线虫、艾氏毛线虫和普氏血矛线虫(棕色胃蠕虫)，之所以是这些，是因为其能够在感染小牛的皱胃中低活力存在或是L4阶段发育受阻。受阻状态的幼虫长年留在瘤胃胃腺有可能遏制畜主体外寄生虫的存在。因此，北方的气候条件，幼虫需在深秋和早冬以受阻状态存在宿主体内长达数周至数月，直到冬去春来的时候发育成熟。在南方地区，幼虫需在春天时以受阻状态存在，最后在夏末或秋初成熟。奥氏奥斯特线虫低活力的生物特性是为了避免虫卵和幼虫阶段暴露，并不有助于寄生虫的存活。所以，北方避免严冬，南方避免酷热干燥的夏天。在皱胃壁，低活力的幼虫显然是不能被免疫系统清除，即使在成年牛内。受阻状态的幼虫从皱胃胃腺出现，伤害巨大，产生极其严重的皱胃病理变化，像大家熟知的Ⅱ型奥斯特塔格线虫病。L4阶段受阻幼虫大量的成熟并出现引起急性厌食、体重下降、低蛋白血症以及严重的腹泻，由部分细胞机能障碍和增生导致皱胃黏膜受损。死亡率高，尽管流行性低。结果是大量增厚引起结核状皱胃壁，病理学专家用摩洛哥的皮革来描绘整个损伤。因为Ⅱ型奥斯特塔格线虫病发生在北方的冬末和春天，南方的夏末或秋天，认为不是寄生虫引起小母牛发病。受阻幼虫对很多常见的驱肠虫剂有抵抗作用。Ⅰ型奥斯特塔格线虫病是更典型的线虫感染，因为牧场的小母牛要用超过3周的时间使大量的幼虫成熟。Ⅰ型感染发生在放牧高峰期，会导致腹泻、体重下降、低蛋白血症或是增重不良。

帕莱斯血矛线虫在牛中不常见，同时具有抵抗低活力的能力避免极端的温度损害其在宿主体外的生存。帕莱斯血矛线虫是致病性的，因为吸血结果会导致严重贫血。

艾氏毛圆线虫可能会损伤皱胃黏膜，导致低蛋白血症、消化改变、机能防御以及腹泻。筒线虫属存在皱胃和前胃，但并不是主要病原。小肠线虫包括毛圆线虫属、古柏线虫属、细颈线虫属、仰口线虫属、犊弓首蛔虫以及其他寄生虫。仰口线虫属和古柏线虫属是吸血类线虫损害肠道黏膜并产生贫血。细颈线虫属是特别坚硬的，温度抵抗型寄生虫，数量大时引起牛群腹泻。

大肠线虫包括辐射食道口线虫、绵羊夏氏线虫、褪色毛首线虫和鞭虫属引起牛结肠和盲肠并发的炎性反应。这些炎性反应伴随后来的小结节形成，出血引起的肠道炎症导致动物腹泻、体重下降以及低蛋白质血症。随后长期的病理变化以及整个或部分的免疫低下致使辐射食道口线虫坏死或钙化。这些慢性损伤在肠浆膜上特明显，相应的寄生虫标记为结节蠕虫。有时候肠套叠发生在长期的辐射食道口线虫损伤，因此专家称损伤会破坏或改变正常肠道活力。

有时认为鞭虫属会引起小母牛的严重腹泻。鞭虫属主要就是鞭虫，集中寄生在牛盲肠内。

前面提到的线虫对先前没有接触过寄生虫的年幼或成年动物均有不同程度的致病性。牧场动物，特别是那些整年在陆地上放养的，有致病的风险。放牧的第一季度动物致病的风险更高。其后，部分或整个免疫系统完善很好保护了成年动物。庆幸的，抗蠕虫剂可以消除这些寄生虫。使用合适的抗蠕虫剂，辅助牧场管理，使牛场小母牛得到很好的牧养。所有专家指出寄生虫对犊牛和小母牛有害，特别是那些牧养的。但是对于成年奶牛的除虫，存在很大的争论。天然免疫（至少奶牛和小母牛一样，吃草的时候接触到寄生虫）保护成年牛因其先前接触过寄生虫。试图证明有蠕虫和没有蠕虫的奶牛产出的奶不同，给出了混合结果，对于成年牛除虫剂使用的相对优劣性存在很大的争议。

临床症状

任何寄生虫的感染，明显的临床症状仅在群体中的某些动物身上表现出来。但是，群体中的所有动物都有潜在的感染风险。线虫轻微感染的话，只是阻碍小母牛的正常增重，不会引起临床症状。中度感染的话，群体中的一些动物表现为腹泻、体重下降、被毛紊乱、食欲下降、低蛋白质血症和贫血。重度感染出现急性症状，整群动物都被感染，表现出症状。食欲下降与体重下降一起发生，虽然说不通。每头牛感染线虫的类型决定症状的表现。例如，Ⅱ型棕色胃虫病，群体中有些动物表现为急性低蛋白质血症、严重腹泻以及食欲不振，每年的发病时间与非典型寄生虫疾病不同。如果主要是血矛线虫属、仰口线虫属或是古柏线虫属的感染，贫血是主要症状。

辅助指标

贫血主要是因为失血以及血白蛋白减少引起的低蛋白质血症，能在全血细胞计数和血清生化指标检测出异常。因为胃中酸性物质再次减少，导致胃壁细胞失活，皱胃pH值升高。胃蛋白酶不完全失活，变为一种蛋白水解酶，因为胃蛋白酶活力适合较低的pH值。当奥氏奥斯特线虫或是不等刺毛圆线虫感染造成皱胃病理变化的出现，能从血浆胃蛋白酶原水平增加上反映出来。北美兽医诊断实验室常规提供血清胃蛋白酶原分析结果用于商业上。嗜酸性粒细胞有时能有时不能在白细胞鉴别计数中表现出来，对诊断没有实质性的帮助。粪便采取和幼虫培养是确诊手段。严格上说，急性感染伴随急性腹泻导致动物体内主要电解质如：Na^+、Cl^-、HCO_3^-和K^+的流失。

诊断

确诊需要鉴别区分粪便中的蠕虫卵或是幼虫，它与线虫症状一致，并排除其他感染或是中毒症状。当腹泻是主要症状时，要排除沙门氏菌、牛病毒性腹泻病毒、球虫病和中毒引起的腹泻。

治疗和控制

牧场减少寄生虫卵及其幼虫污染，是控制牧场小母牛感染寄生虫的主要方面。对小母牛进行清除寄生虫处理，3～6周后再次处理（如果用的是伊维菌素，3～8周后再次处理）。在成年母牛排出的虫卵污染牧场以前，这样的方案能减少食源性蠕虫，第二次的处理能清除食源性的过冬虫卵污染。2次处理有助于遏制L3阶段的寄生虫，这在北方牧场的夏末秋初经常发生。L3阶段的虫卵从粪便转移到植被上，潮湿的夏天比干燥的夏天发生得早，在北方的秋天达到最大量。尽管使用驱虫剂是能达到目的的，特别是针对牧场上的主要线虫，广谱的驱虫剂更好使，能最大限度清除各种线虫。针对非泌乳阶段的奶牛使用的驱虫剂在表6-6中列出。每一种药物推荐和可选剂量都有标出。工作人员需在实践中核实。在转移到一新的牧场以前要循环除虫，如果这一牧场采用的是另一种管理手段，因为面积有限很少除虫。

尽管除虫和寄生虫控制对牧场小母牛是绝对有好处的，但是对泌乳母牛的经济效果是有争议的。对泌乳母牛进行除虫处理也许是正当的，如果是在

表6-6 批准用于非泌乳期奶牛的抗蠕虫药（资料来自于厂商标签）

药物	剂量	停药时间/d	适用范围/评价
丙硫咪唑	10 mg/kg 口服	27	胃肠线虫，包括牛胃线虫抑制L4，肺蠕虫，莫尼绦虫，成年吸虫（小片） 不适用于繁殖年龄的母牛；怀孕早期使用容易致畸
多拉克丁（针剂）	200 μg/kg 皮下注射	35	胃肠线虫，包括牛胃线虫抑制L4，肺蠕虫，蛆，吸吮虱，螨 不适用于繁殖年龄的母牛或犊牛
多拉克丁（口服）	500 μg/kg	45	胃肠线虫，包括牛胃线虫抑制L4，肺蠕虫，蛆，吸吮虱，螨 不适用于繁殖年龄的母牛或犊牛
依立诺克丁（口服）	500 μg/kg	0	胃肠线虫，包括牛胃线虫抑制L4，肺蠕虫，蛆（皮下组织），吸吮虱，螨，飞蝇 对水牛有效
芬苯达唑	5 mg/kg口服 10～15 mg/kg 口服	8～13（依产品定） 8～13（依产品定）	胃肠线虫（成虫），肺蠕虫 胃肠线虫，包括牛胃线虫抑制L4，肺蠕虫，绦虫
伊维菌素（针剂）	200 μg/kg 皮下注射	35	胃肠线虫（成虫和幼虫），包括牛胃线虫抑制L4，网尾线虫（肺蠕虫），蛆（皮下组织），吸吮虱，螨 不适用于繁殖年龄的母牛或犊牛
伊维菌素（口服）	500 μg/kg	48	胃肠线虫，包括牛胃线虫抑制L4，网尾线虫（肺蠕虫），蛆（皮下组织），吸吮虱，螨，飞蝇 不适用于繁殖年龄的母牛或犊牛
左旋咪唑	以成分而定	7	胃肠线虫（成虫），肺蠕虫 不适用于繁殖年龄的母牛
莫昔克丁（针剂）	200 μg/kg 皮下注射	21	胃肠线虫（成虫和幼虫），包括牛胃线虫抑制L4，网尾线虫（肺蠕虫），蛆（皮下组织），吸吮虱，螨 不适用于繁殖年龄的母牛或犊牛
莫昔克丁（口服）	500 μg/kg	0	胃肠线虫，包括牛胃线虫抑制L4，网尾线虫（肺蠕虫），蛆（皮下组织），吸吮虱，螨，飞蝇 不适用于犊牛
酒石酸噻烯氢嘧啶	0.44 g/100 lb口服	14	胃肠线虫（成虫）
磺唑氨酯	4.5 mg/kg 口服	7	胃肠线虫，包括牛胃线虫抑制L4，肺蠕虫，绦虫 不适用于繁殖年龄的母牛
氯舒隆	7 mg/kg	8	肝片吸虫以及晚熟的幼虫
氯舒隆及伊维菌素	1 mL/110 lb 皮下注射	49	胃肠线虫（成虫和幼虫），包括牛胃线虫抑制L4，肺蠕虫，肝片吸虫成虫，蛆（皮下组织），吸吮虱，螨 不适用于繁殖年龄的母牛或犊牛

一年中最重要的阶段牧养。除虫主要是对第一次接触除虫剂的小牛起作用，新生小牛和小母牛一样刚开始牧养，不产生抗性。牧场中新生小牛比例较大时并且每年都会占一大部分，这种情况下，对其中的泌乳奶牛进行驱虫处理是合适的。

从经济的角度来讲，对严格控制的泌乳母牛，其小母牛不采取牧养，不使用驱虫剂。泌乳奶牛除虫剂使用剂量在表6-7中列出。

吸虫 Trematodes

病因学和症状

比起奶牛，肝吸虫对肉牛危害更严重，但是有些区域存在吸虫及其中间宿主的隐患，因此牧养的小母牛和公牛有很大的风险。肝片吸虫在海湾和美国西部一定区域存在。牛和羊一样，是肝片吸虫的主要宿主，吸虫虫卵藏在粪便中。虫卵需要潮湿的环境孵化出幼虫，找到螺丝作为中间宿主。在螺丝里完成整个增殖周期，最终形成囊蚴，由宿主摄入。囊蚴侵入十二指肠，发育成未完全的吸虫，然后穿过肠道搜寻肝脏，通过穿过荚膜，在实质组织中移行，最终位于胆管。通过在肠道和肝实质中移行，产生很多病理变化，严重感染引起低蛋白质血症、贫血、食欲下降、腹膜炎以及梭菌类疾病如杆菌性血红蛋白尿（溶血梭状芽孢杆菌），或是黑病（水肿芽孢梭菌）。

大拟片吸虫，又称鹿肝片吸虫，是一种能感染牛和羊的大吸虫。在海湾、五大湖地区以及美国的西北部存在。尽管牛会受感染，但是实质组织包囊不会将虫卵释放，所以在牛宿主体内死亡。鹿是其天然宿主，形成的实质组织包囊薄，使得虫卵能够进入胆管。在羊中特别畸形，因为继续移行过程中没有包囊作用。因为在牛中的感染不明显。肝脏报废或是尸检损伤是感染大拟片吸虫的主要结果。

分支双枪吸虫在世界上很多地区，北美的一些地区（包括纽约州中部）以及加拿大都有发生。生活周期是复杂的，需要通过蜗牛和黑蚁传播至最终宿主，例如牛、羊、山羊、马、猪和人。宿主牛摄入囊状幼虫（蚁），穿透十二指肠，直接进入胆管，通常引发很难察觉的疾病。但是，严重的感染偶然会引起发炎以及胆小管和胆囊阻塞。很多病例能自我控制。

大片吸虫主要集中在热带地区，在这里不做讨论了。

同盘吸虫属，是瘤胃吸虫，在美国并不是高度致病，但在热带地区就能致病。摄入的囊状幼虫很可能包在十二指肠包囊内，移行至十二指肠壁，呆上数周，再上行至瘤胃和网胃发育成熟。急性同盘吸虫病，涉及大量不成熟的吸虫移行和侵入，在美国很少发生。

诊断

区分粪便中的吸虫虫卵确定是卫氏并殖吸虫虫卵，卫氏并殖吸虫虫卵和分支双枪吸虫虫卵很容易混淆，特别是2者都有厣的，但是卫氏并殖吸虫虫卵稍微小些，而且黄染。存在感染风险10～15 d的动物粪便样本中检出虫卵，很可能是卫氏并殖吸虫

表6-7 批准用于泌乳期奶牛的抗蠕虫药（资料来自于厂商标签）

药物	剂量	停药期/d（供肉用和奶用）	适用范围
依立诺克丁（口服）	500 μg/kg	肉:0 奶：0	胃肠线虫（成虫和幼虫），包括牛胃线虫抑制L4，肺蠕虫，肝片吸虫成虫，蛆（皮下组织），吸吮虱，螨对水牛有效
芬苯达唑	5 mg/kg 口服	肉：8～13（依产品定） 奶：0	胃肠线虫（成虫），肺蠕虫
酒石酸噻烯氢嘧啶	0.44 g/100 lb 口服	肉：14 奶：0	胃肠线虫（成虫）
莫昔克丁（口服）	500 μg/kg	肉:0 奶：0	胃肠线虫，包括牛胃线虫抑制L4，肺蠕虫、蛆（皮下组织）、吸吮虱、螨、飞蝇

虫卵。ELISA血清学实验用于诊断卫氏并殖吸虫损伤。怀疑吸虫感染时，对样本进行尸检很有用。

治疗

表6-6列出了治疗除泌乳阶段奶牛外的吸虫感染的药物。丙硫咪唑、绿舒隆以及绿舒隆-伊维菌素联合用药对成熟和未成熟卫氏并殖吸虫感染有效。丙硫咪唑对大拟片吸虫和分支双枪吸虫有效。控制手段包括避免中间宿主在牧场存在，或是用药物清除蜗牛类中间宿主。兽医在吸虫病流行区域工作，如果处理对象是牧场小母牛，需要熟悉诊断和控制的方法。

绦虫病 Cestodiasis

本氏蒙尼茨绦虫是牛的小肠绦虫，认为是不致病的。隐额螨是中间宿主，牛摄入感染性拟囊尾蚴，2月后蠕虫成熟，几个月以后自动脱出。必要时丙硫咪唑的治疗是有效的。其他绦虫像牛肉绦虫、人的牛肉绦虫、水泡绦虫（狗体内成虫）和细粒棘球绦虫不是奶牛的主要寄生虫，在这里不做讨论。

鼠隐孢子虫 *Cryptosporidium muris*

鼠隐孢子虫引起小牛和成年牛的胃隐孢子虫病。比起微小隐孢子虫，更多的是含大量囊合子的有机体，存在皱胃的消化腺中。这些有机体的作用不清楚，但是感染明显引起皱胃肥大或增厚，黏膜壁变薄。一专家通过组织病理学、粪便采样和粪便抗酸性染色法涂片鉴别这些有机体。

丘疹性口炎 Papular Stomatitis

病因学

副痘病毒不能与假牛痘病毒区分开来，很可能与接触传染的羊的深脓疮病毒有关，引起牛常见的口腔炎。疾病通过病牛和健康牛之间的接触传播，或是通过器皿传播。病毒对小牛的感染力很强，而且造成在此工作员工的皮肤损伤。这类传染病感染引起的损伤与假牛痘病毒在人身上引起的痘瘤相似。丘疹口炎病毒造成的口鼻部损伤，牛口腔损伤经常与牛病毒性腹泻病毒引起的糜烂混淆。1960年在美国第一次描述了这种情况。

症状

在口鼻部形成的丘疹是最常见的损伤，因为这是损伤最直观的外部表现（图6-13）。在喉突、舌头或是口唇的丘疹更多，但是不容易观察到（图6-14）。尽管外部黏膜会变红并隆起，但是损伤会结痂或变成黄褐色，并具有粗糙的外缘（图6-15）。口腔损伤是不透明的，因此很容易与糜烂相混淆。有些丘疹形成白色坏疽，腐离，在突起的丘疹里留下溃疡区域。丘疹性口腔炎损伤导致病牛表现轻微流涎，不愿被看护或是进食。这样的症状通常要进行口腔检查并继续诊断。很多时候，是没有症状的，而且很难诊断。

数周龄到数月龄的小牛最容易受感染，但也能在年长的牛身上发生。损伤也发生在食道和贲门窦黏膜，但是只能通过尸检观察到这些病变。像这样的轻微消化性损伤可能会与牛传染性鼻气管炎，或是牛病毒性腹泻病毒引起的损伤相混。

感染严重或是免疫缺陷使得丘疹性口炎病毒大量繁殖，产生进一步的损伤。一旦严重的损伤发

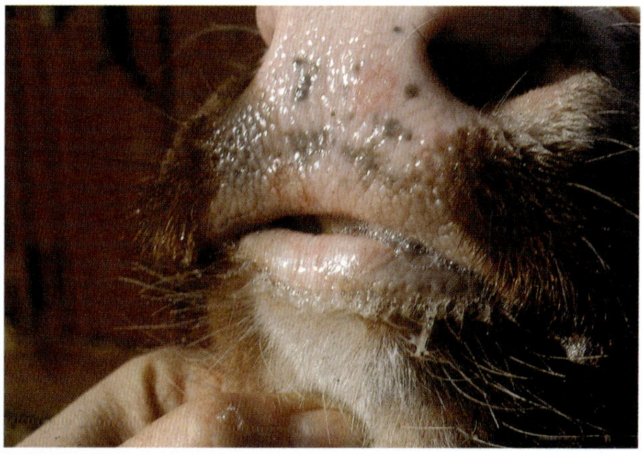

图 6-13

犊牛鼻镜及唇上丘疹性口炎的典型环形隆起病变。

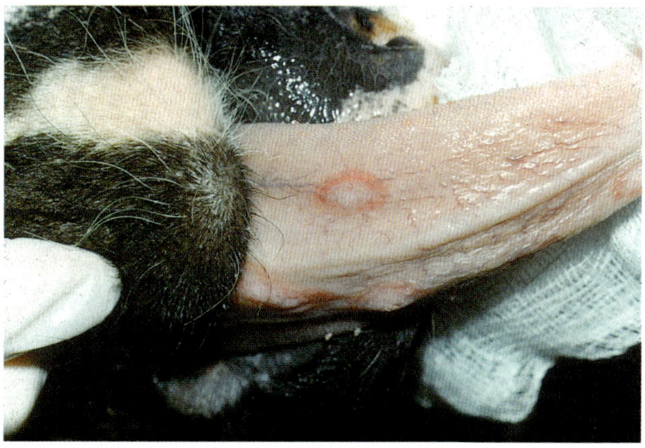

图 6-14

犊牛蛇腹侧的圆形丘疹性口炎病变。

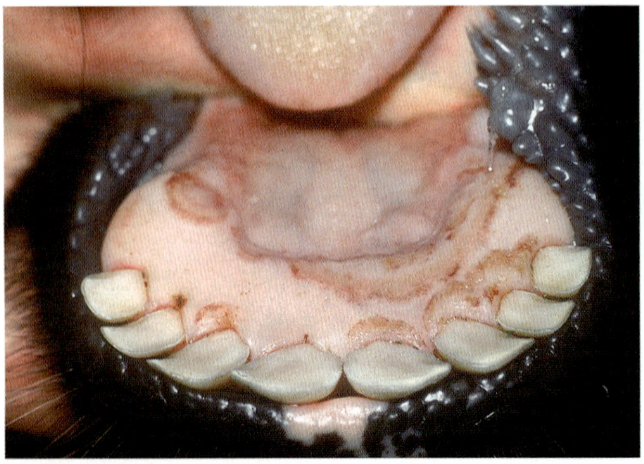

图 6-15

犊牛门齿后部和舌腹侧的丘疹性口炎病变，呈棕黄色微隆起，边缘粗糙。

生，临床上很容易怀疑是牛病毒性腹泻病毒感染。事实上，有免疫力的牛或是牛病毒性腹泻病毒持续感染的病牛,牛病毒性腹泻病毒感染同时存在，很多时候强调的是丘疹性口炎病毒损伤。同样的，牛传染性鼻气管炎病毒和长期的细菌感染，使得现有丘疹性口炎病毒感染更为严重。临床上诊断错误经常发生，但是，牛病毒性腹泻病毒持续感染的牛受到其变异病毒的重复感染，或是在其他疾病的长期共同感染，造成丘疹性口炎病毒损伤扩大。很多自发的，并不复杂的丘疹性口炎病毒损伤，在免疫活力正常的动物身上几周后能康复。严重感染需要经过活组织检查、病毒培养，与牛病毒性腹泻病毒加以鉴别区分。变性细胞胞浆内的嗜酸性包涵体明显。

尽管这种病可能是致命的，但是早先报道的损伤大和死亡率高很可能是因为与牛病毒性腹泻病毒共同作用的结果。

治疗和预防

没有特好的方法来预防这种病，除了通过隔离圈养减少传播，避免使用共用器具。

成年牛胃肠道传染病
INFECTIOUS DISEASES OF THE GASTRO INTESTINAL TRACT-ADULTS

放线杆菌病 Actinobacillosis

病因学

本病病原为利尼耶尔氏放线杆菌，为G^-菌，呈多形态的棒状，是牛口腔菌群中的一种正常共生菌。受伤的口腔黏膜或皮肤被利尼耶尔氏放线杆菌污染可发生以初期蜂窝织炎并进一步发展为典型脓性肉芽肿病为特征的软组织感染，这种脓性肉芽肿易与肿瘤或放线菌混淆。在利尼耶尔氏放线杆菌感染软组织产生的脓性或脓性肉芽肿中，有黄白色干酪样硫磺颗粒，此为本病原的累积物。

“木舌病”为牛舌的一种软组织感染，是牛利尼耶尔氏放线杆菌病的典型症状，在头、颈四周或其他部位也常见发生软组织肉芽肿。食道、前胃可发生肉芽肿，偶尔内脏其他部位也可能发生。淋巴结炎、淋巴结脓肿和由淋巴结引起的传染性肉芽肿可继发于口腔或咽的软组织感染。已证实高纤维饲料是损伤小母牛口腔黏膜并导致条件性利尼耶尔氏放线杆菌感染的病因，这是奶牛场有待解决的一个问题。在口腔、食道和前胃，病原进入黏膜伤口可发生直接感染。远离口腔的皮肤软组织伤口的感染，可能是口腔分泌液或唾液造成的。

症状

牛出现急性“木舌病”时，舌弥散性肿胀、变坚实，充满口腔。一般情况下，下颌间还同时出现波动性或坚实的肿胀（图6-16）。可看见流涎，肿胀的舌伸出口腔，因为舌的灵活性已降低，当病牛试图咀嚼时，舌可能被牙齿所伤，因此，食欲降低或无食欲。急性感染牛出现发烧，但亚急性感染或慢性病例，患牛常常不发烧。舌腹部可观察到扩张的呈舌下囊肿状的唾液腺导管。

图 6-16

伴有下颌间蜂窝织炎和流涎的急性木舌病。

慢性木舌病病变包括脓性肉芽肿块和舌的纤维化。慢性感染牛，常见体重下降和流涎。

非典型利尼耶尔氏放线杆菌病的特点是形成肉芽肿、脓性肉芽肿或淋巴结脓肿。从感染的脓肿部位可抽出浆液或黏液性无味浓汁。肉芽肿隆起，呈红色，质地肉样到坚实，内含硫磺颗粒。肉芽肿可发生在口腔、食道、前胃或其他内脏部位。另外，在鼻孔、眼睑、面部、咽部、颈、四肢和腹部也曾见到外表的肉芽肿（图6-17）。皱胃固定术的套索处或尖深伤口部位的感染也可产生肉芽肿（图6-18）。

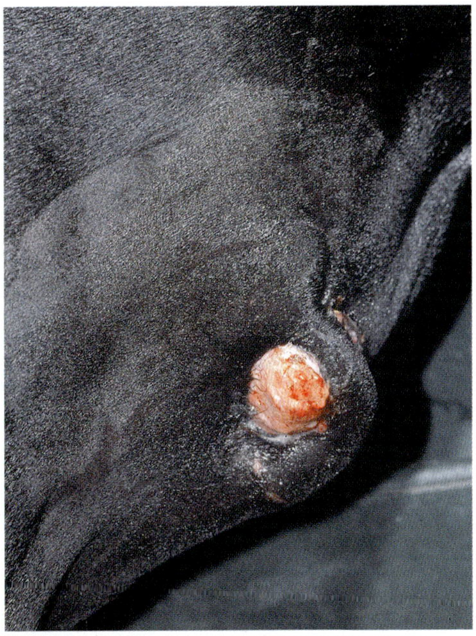

图 6-17

浓葡萄糖液注射到颈静脉外周继发的奶牛颈静脉沟非典型放线杆菌肉芽肿。

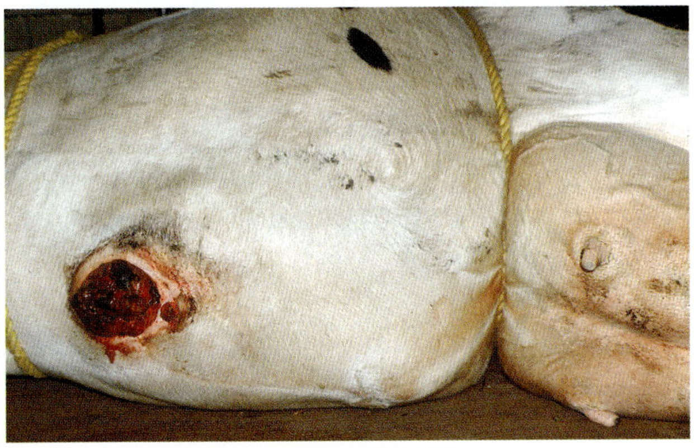

图 6-18

皱胃固定术切口处的放线杆菌肉芽肿。

诊断

切取肉芽肿或活组织检查样品供细菌分离培养和病理组织学检查，是确诊利尼耶尔氏放线杆菌病的唯一方法。临床症状和硫磺颗粒的出现对诊断有启发，但这些不是特异性的，这些团块必须与放线菌病、葡萄状菌病、肿瘤、寄生虫和异物性肉芽肿以及过度肉芽组织相区别。急性木舌病可依靠隆起的唾液性舌下囊肿的抽取物、舌本身和下颌间蜂窝织炎来诊断。抽出物可做细胞学培养检查。慢性木舌病的诊断最好依据送检活组织的分离培养和病理组织学检查报告做出。

治疗

利尼耶尔氏放线杆菌引起的木舌病和其他病变用碘化钠全身疗法有效。静脉注射用碘化钠（20%溶液）具有极强的刺激性，只能由兽医施行静脉注射。碘化钠静脉注射剂量为70 mg/kg。该剂量每隔2～3 d重复静脉注射一次，直到出现碘中毒为止。也可以口服有机碘化物，每天（1 oz/450 kg），直到出现碘中毒为止。碘中毒的症状包括浆液性的流泪、浆液性黏液性鼻涕和牛的面部颈部皮肤鳞状皮屑。对于急性木舌病病变，碘的疗效一般很好。而对亚急性病变的疗效要慢得多，对慢性病变的预后要慎重。磺胺类药物和其他抗生素如四环素和氨苄青霉素也是有效的，并且可结合碘治疗用于舌部严重的利尼耶尔氏放线杆菌感染。

治疗利尼耶尔氏放线杆菌肉芽肿可进行清除或切除（如果在该区域可施行外科手术），并联合上述的碘化钠疗法。复发或严重的病变可用碘化钠和磺胺类药联合治疗。某些利尼耶尔氏放线杆菌肉芽肿，曾用冷冻外科法和外科切除法联合治疗，对附着于小面积皮肤上的蘑菇状肉芽肿最为有效。

碘化物能有效治疗利尼耶尔氏放线杆菌感染的确切原因还不清楚。作用过程可能包括：透入肉芽组织并破坏微生物；降低肉芽肿反应；抗利尼耶尔氏放线杆菌活性和抗肉芽肿炎症反应。尽管在商业上，注射用碘化钠常标有警示，禁止用于怀孕母牛，但是，碘化物不一定会引起母牛流产。

放线菌病 Actinomycosis

本病病原是牛放线菌，为一种多形态的G^{+}菌（图6-19），是引起牛大颌病的原因，偶尔可在躯

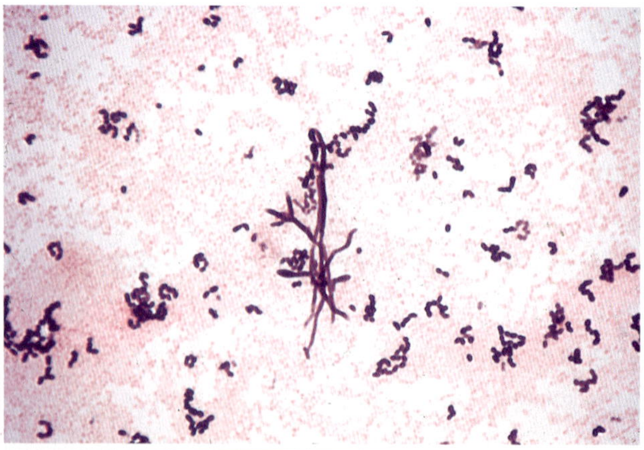

图 6-19

革兰氏染色大颌病病变部位分离物。革兰氏染色阳性的纤维分支状的物质为牛放线菌。

体其他部位引起肉芽肿性感染。在该病原的幼龄培养物中，可看到许多类白喉菌的微生物，但在老龄培养物和脓汁内硫磺样颗粒的压碎物中，可能有丝状、分支状、球状、棒状或类白喉菌的微生物。放线菌病由牛放线菌感染引起，在脓汁和感染组织中有白色或黄色干酪样硫磺颗粒，其中含有几种形式的该种细菌。在旧文献中，放线菌病这个词意指能产生硫磺颗粒的肉芽肿病，并不把利尼耶尔氏放线杆菌或葡萄球菌感染与牛放线菌感染相区别。

这种微生物不是专性厌氧菌，很难培养到能作细菌敏感性检验需要的程度，从而造成有关牛大颌病疗法方面科学资料缺乏。许多其他放线菌已经被研究，从这些研究的比较材料中可发现牛放线菌比从人体分离的如以色列放线菌对抗生素疗法具有更高的抗性。

大颌病是由牛放线菌感染上颌骨或下颌骨引起的一种牛消耗性传染病。这种微生物被认为是牛口腔和消化道内菌群中的一种常在菌。骨感染是纤维性饲料损伤口腔黏膜（这可能就是大颌病在小牛中常见的原因），并有随后的牛放线菌感染所致。这种微生物也能侵入牙槽周边或污染同饲的牛受伤的皮肤。作者曾在大颌病流行的一个60头的牛群看到有7头患大颌病。最先发病的牛有一个大的、流液的大颌病灶，并且所有的牛在由粗劣木板制成的同一饲槽中每天吃2次青贮饲料。病牛排出的微生物污染了饲槽侧板和饲槽。微生物是通过口腔还是木刺造成的口腔损伤，或是饲槽侧板木片造成的皮肤刺伤进入体内不能确定。大颌病常常是零星发病，但像上面提到的牛群，可能出现流行和地方性流行。

牛放线菌很少引起类似利尼耶尔氏放线杆菌病的软组织传染性肉芽肿。在气管、睾丸和消化道中曾发现由牛放线菌引起的肉芽肿。

临床症状

上颌骨或下颌骨的牛放线菌感染早期出现热、痛、肿，肿块由水肿及其水面的硬痛骨肿组成（图6-20）。像这样的早期感染易与外伤相混淆。然而，经过几周的时间，骨肿变得明显，软组织水肿不太明显。可能观察到流涎和采食困难，但在早期病例，很少出现食欲不振和体重下降，一旦骨部感染，则骨肿变硬并疼痛(图6-21至图6-23)。严重的病例做口腔检查时可发现长在感染骨上的牙齿变形。外表肿胀仅仅是表面现象，依靠颅骨射线照片可发现严重骨髓炎，由于骨质稀疏还出现多灶性射线可透区。在为治疗病例，骨和相连的软组织发生脓性肉芽肿，而且在穿过皮肤或进入口腔的瘘管处产生肉芽肿（图6-24）。一些严重的病牛，由于牙齿变形、咬合错位和牙齿脱落，吃料更加困难。可见病牛流涎、食欲下降、不敢咀嚼以及料从口中掉落。口腔黏膜或舌的伤口可能很明显，从瘘管中排出大量浆液或黏液性脓汁，应考虑到这种脓汁对其他母牛具有传染性。

图 6-20

下颌骨早期大颌病变，水肿的软组织覆有一个疼痛、坚实的骨样肿胀。

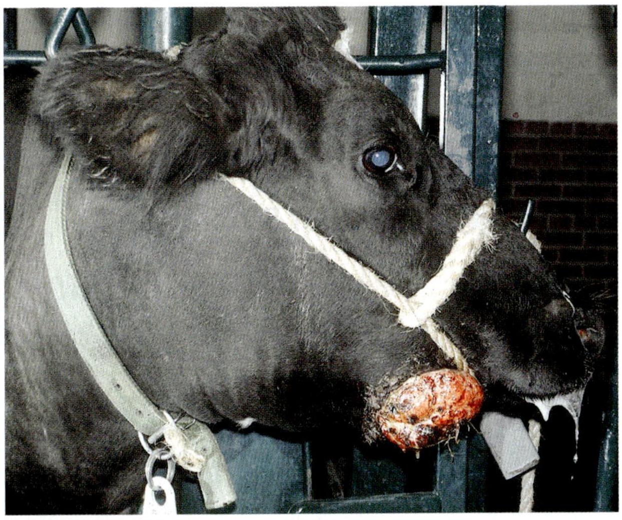

图 6-21

发生皮肤溃疡和肉芽肿增生的严重下颌骨牛放线菌病。

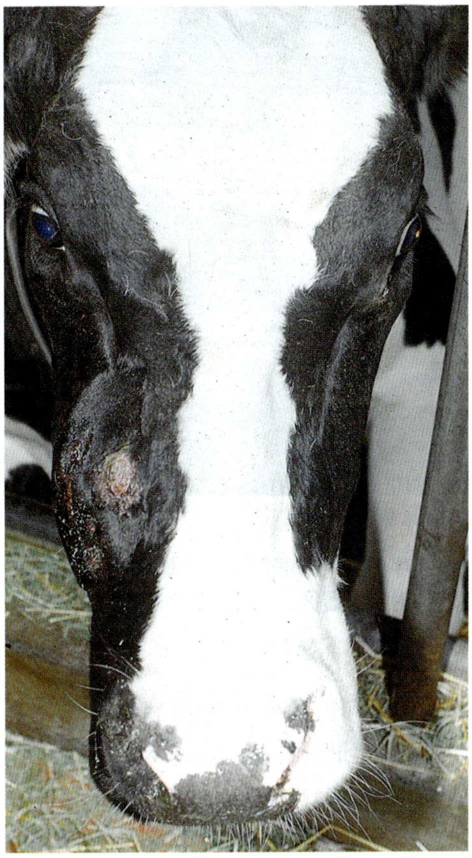

图 6-23

上颌骨放线菌病。

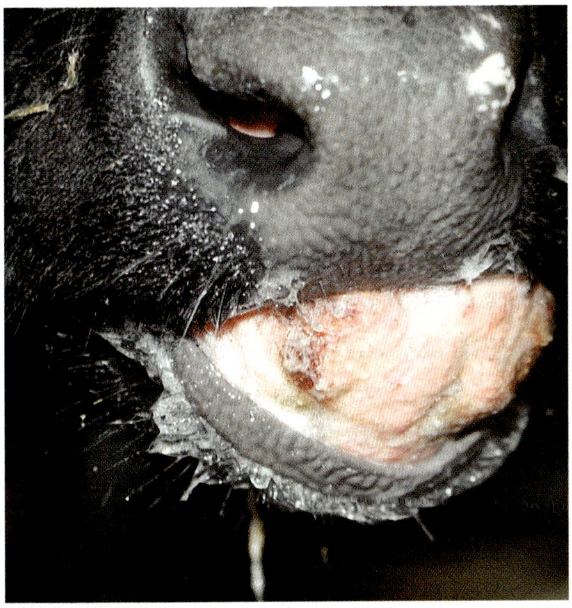

图 6-22

奶牛下颌骨联合处的放线菌病。

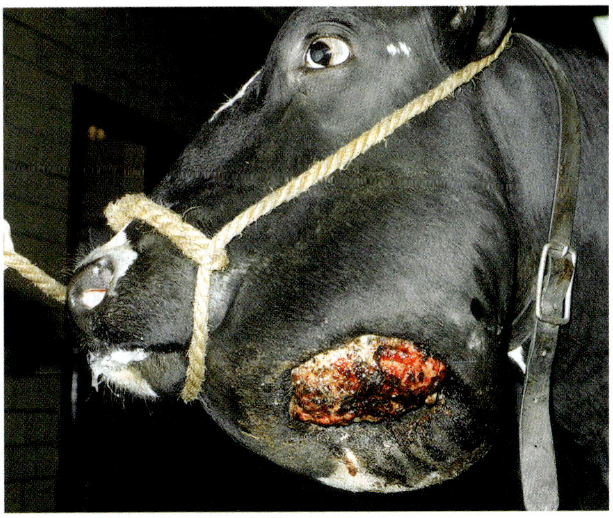

图 6-24

形成瘘管的晚期大颌病。

诊断

确诊需要取病变组织的中心部分进行活检，或取其液体抽取物以鉴定病原菌。活检组织也可以做组织学检查。射线照片可证实带有多灶性射线可透区的骨髓炎和骨膜骨质增生（图6-25）。射线照片也有助于把大颌病与骨肿瘤、牙根感染、骨折和窦炎区别开。

治疗

虽然大颌病的推荐疗法常常包括碘化钠疗法，但是这种治疗疗效不高，而应当把它作为一种辅助疗法，最好采用适当的抗生素治疗。

论述疗法时，也必须考虑到与牛放线菌所致骨髓炎的严重程度差异很大。篮球大的病变用任何疗

感染牛很少有生殖能力，常死胎、胚胎吸收、流产、免疫耐受胎儿持续性感染、先天性缺陷，如积水性无脑畸形、皮肤病症、视觉紊乱以及骨骼损伤。感染公牛变得暂时性不育。EHDV感染牛很少，但会引起与BTV感染的类似症状以及死亡后果。

更多牛临床症状会消失，但是很长时间都会携带病毒，而且有些会长时间跛行或是状态恶化。

诊断

临床症状有助于诊断，但需要与下列疾病区别：光敏症、牛病毒性腹泻病毒、恶性卡他热、传染性鼻气管炎、水疱性口炎和口蹄疫。如果疫区内有绵羊发病，临床症状会很明显。如果怀疑为BTV感染，应立即向兽医当局报告，因为鉴别诊断包括外来疾病。

从肝素抗凝血、胎儿病料、脾脏或骨髓中分离到BTV可作出诊断，这些病料不能冻结。实验研究中，接种后49 d，BTV可以从感染牛血液中分离出来。但是，感染牛维持一定水平的病毒血症，对库蠓具有长达3周的感染性。解释这些结果要特别小心，但是，BTV毒株不同，发病症状也不同。单克隆抗体、中和试验或分子探针可以进行血清型鉴定。感染牛血液维持PCR检测病毒核酸阳性很长时间（将近4个月），远远长于病毒分离时间。

在BTV和EHDV感染的动物，外膜蛋白VP_2可刺激产生中和抗体。芯髓蛋白VP_7和非结构蛋白NS_1和NS_2是群特异性抗原。过去采用的补体结合试验和血清中和抗体检测主要用来鉴定群特异性抗原。也曾采用免疫扩散试验，但目前一般采用竞争ELISA。竞争ELISA通过与单克隆抗体结合，可进行定量测定和血清型鉴定。

对子宫内感染引起的免疫耐受性持续感染动物，只能通过分离病毒来诊断，最好在吃初乳前采血，以避免母源抗体的干扰。对有免疫活性的胎儿（有或无先天性异常），可以采集初乳前血清，通过ELISA诊断子宫内感染和血清转化。对成年牛进行诊断，需要做病毒分离，或采集双份血清进行ELISA，以确定抗体滴度是否升高。

治疗

采取的所有措施都是对症疗法。患牛应尽可能避免日光照射。

控制

前已提及，控制该病是相当困难，应与兽医管理部门商讨对策。虽然稳定的阳性抗体滴度仅表明以前的感染，但检测到阳性抗体具有深远的经济学意义。如果在健康牛查到BTV抗体阳性，则出口市场、胚胎移植、向公牛场出售公牛以及向市场出售精液都将受到影响。BTV抗体阳性率在不同地区有很大差异，在美国东北部，很少有牛感染，但是在南部、高原和西部相对常见。

咽创伤 Pharyngeal Trauma

病因学

自然的或医源性咽创伤常引起病牛胃肠道和呼吸道症状。粗劣或粗糙的饲料、芒刺和金属异物有时可刺伤或划破咽部，但最常见的原因是医源性损伤。丸剂枪、膏剂枪、磁性吸铁器、Frick窥器和胃管使用不当、粗暴操作或恶意对待，常引起咽损伤。外行人操作时最常出现的错误是器械不润滑，或不能正确判断口腔深度，或在经口给药时直接拉牛的头颈。操作粗暴或虐待也是常见原因。

急性咽创伤可引起许多后遗症。小的刺伤很少引起急性症状，但最终可引起蜂窝织炎或咽脓肿。绝大多数急性咽创伤可引起局部和全身反应，局部反应包括疼痛、不愿吞咽或不能吞咽、流涎和蜂窝织炎。全身反应表明咽部迷走神经分支受到损伤。迷走神经受损会影响瘤胃运动、嗳气和吞咽，并易导致吸入性肺炎。嗳气是由喉、咽和食道前段肌肉共同参与的一种复杂的反射活动，由于控制嗳气的迷走神经受到直接伤害或炎性损伤，使得嗳气受阻可导致鼓气。

患咽创伤的牛常具有其他原发性疾病，并经口给药治疗，因此，咽创伤的早期症状可被认为是原发性疾病加重或治疗无效的结果。咽创伤在奶牛很常见，诊断时不认为是一种病因。

临床症状

对患咽创伤的牛，主诉症状为厌食以及疑似胃肠道功能紊乱，并且治疗包括经口给药无效。咽部组织直接受到创伤，会很快并发咽后蜂窝织炎。临床症状通常包括流涎、咽痛（表现为头颈伸展）、发热、呼气腐臭、会厌软组织肿胀以及局部或大范围咽痛（图6-26）。绝大多数病牛不能或不愿采食。严重病例可能出现吞咽困难，因为不能饮水而出现脱水。由于迷走神经受到不同程度的直接或间接损伤，也可能出现其他胃肠道症状，包括瘤胃鼓气、瘤胃停滞或迷走神经性消化不良。偶尔可出现食道扩张。呼吸系统并发症包括鼻液增多，并伴有吞咽困难、吸气喘鸣以及吸入性肺炎。由于空气被吸入咽后区并进入皮下，因此，有些病牛可出现皮下气肿。虽然皮下气肿有时局限于咽后区，但通常情况下，空气可窜向颈部，到达胸部或进一步后移。

咽创伤一般仅发生于群内个别牛只，许多牛发病与大群投药有关（图6-27）。

诊断

一般情况下，出现特征性的临床症状，并且通过口腔检查，触诊到咽部伤口即可作出诊断。绝大多数创伤是咽后部喉的背侧，严重的撕裂也可伤及软腭或食道前端。在某些病例，投给的药物团块或磁铁仍嵌在咽后组织中。用开口器和聚焦灯检查也可发现咽部创伤。

内窥镜检查和透视相是非常有用的辅助诊断措施，尤其是当检查口腔无结果或动物较小（如犊牛）而不能用于检查时。通过内窥镜一般能观察到咽创伤，但咽、喉和软腭的弥散性肿胀有时可影响观察。在绝大多数病例，透视是很有价值的诊断方法，因为空气的密度和咽后组织的射线可透性很容易看清，咽部异物，嵌入的药物团块或磁铁也很容易通过射线照片分辨（图6-28）。

治疗

给予广谱抗生素、止痛药和支持疗法（如静脉输液）是主要的治疗措施。尽可能避免经口给药，但对吞咽困难的病牛，有时为了节省开支，也可以轻轻地插入胃管来补充液体。大多数小的咽部伤口用抗生素治疗有效，如头孢噻呋（2.2 mg/kg,肌肉注射，每日1次）、四环素（9 mg/kg,静脉注射，每日1次）、氨苄青霉素（6.6～11.0 mg/kg,肌肉注射或皮下注射，每日2次）或其他广谱抗生素联合使用。青霉素不是首选药，因为该药不能控制所出现的混合感染。适时使用止痛药，如氟胺烟酸

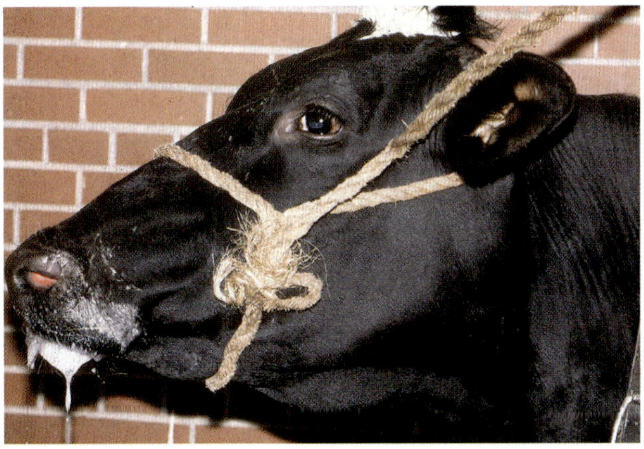

图 6-26

奶牛咽创伤，表情不安，头颈伸展，流涎，咽喉部软组织肿胀。

图 6-27

畜主大批给药造成咽创伤流行，不同程度的流涎，由于咽痛而头颈伸展，不安或沉郁，厌食，吸入性肺炎，鼓气和皮下气肿。

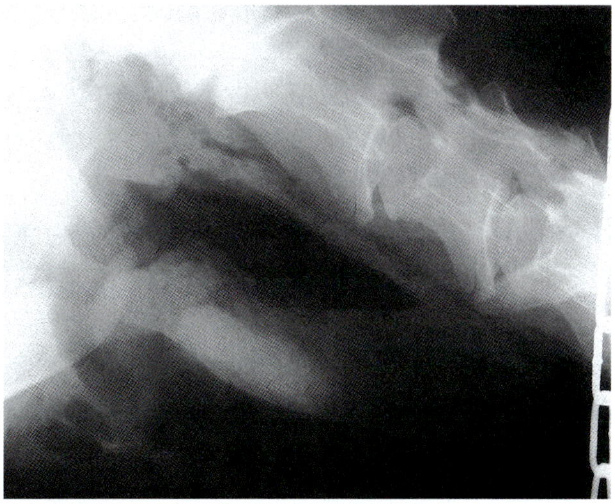

图 6-28

投药枪给药造成咽创伤、撕裂和磺胺丸剂滞留的母牛咽部射线照片，在颈椎下部可见明显的大面积射线可透区和组织气肿，在背侧空气密度区和气管之间可见嵌入的药团。

葡胺（0.5 mg/kg，每日1次），有助于减轻病牛的痛苦，消除咽痛，使病牛尽快恢复食欲。吞咽困难症状消失是很重要的预后良好的表现，因为病牛可以靠饮水来补充水分。退热是另一个预后良好的现象，但由于使用非固醇类抗炎药而造成的体温下降，往往会引起判断错误。

加强护理和提供新鲜干净的饮水及细软饲料，如浸透的苜蓿青贮饲料丸或粥，有助于病牛恢复。严重病例，有必要安插瘤胃瘘管，让饲料和液体直接进入瘤胃，建立损伤和疼痛组织的旁路途径。抗生素治疗应持续7～14 d或更长时间，这取决于治疗效果和咽部伤口的恢复情况。嵌入咽后部的异物、药物等团块或磁铁必须除去。

绝大多数病例预后良好，但对伤口很大、软腭撕伤、食道近端破裂、吸入性肺炎和迷走神经性消化不良的病牛，预后要特别注意。

预防

兽医应指导外行人如何安全地进行口腔给药。胃管、窥器、食道输送管以及巴林枪，每次使用前都要区分钝端和尖端，以免引起进一步的损伤。要根据动物选择大小合适的窥器和管子等，不要只用一个规格的。

消化器官疣 Alimentary Warts

病因学

奶牛的口腔、食道和前胃有时散发乳头状瘤和纤维乳头状瘤。口腔病变可发生在硬腭、软腭或舌。各种血清型的牛乳头状瘤病毒（BPV）可能是该病的病因。有人曾在病变组织中发现BPV2基因组，但没有发现病毒。这种病一般发生于成年牛，犊牛少见。BPV2证明与牛膀胱肿瘤有关，伴有慢性地方性血尿症。

在苏格兰，Jarrett等还发现，采食欧洲蕨的牛，在消化道前段和前胃乳头状瘤和癌的发生率很高，在这些病变中发现了标记为BPV4的乳头状瘤病毒。

临床症状

发生在口腔、食道和前胃的乳头状瘤和纤维乳头状瘤，只有影响到嗳气才引起临床症状。食道后段或贲门发生疣后，有时形成球状瓣膜而影响嗳气，从而引起慢性或复发性鼓气，出现迷走神经消化不良的症状（图6-29）。这些病变可能是癌的前兆，但除了发现采食欧洲蕨与癌有关外，其他情况还未证实。

诊断

诊断方法有望诊、内窥镜活检或组织病理学检查。要确认贲门区的病变，可能需要瘤胃切开术。

治疗

这些病变一般不需治疗，只有在对有嗳气障碍的牛，进行瘤胃切开发现疣后，才进行治疗。手术摘除是根治措施。

沙门氏菌病 Salmonellosis

病因学

关于沙门氏菌病在犊牛腹泻部分已经进行了深入的讨论。沙门氏菌属引起的小肠结肠炎的严重程度，在成年牛有很大的不同。败血性沙门氏菌病可引起流产或向奶中排菌。由于环境污染而导致乳房炎时，也能在奶中发现该菌，后一种情况，在都柏林沙门氏菌感染比较典型，其他型菌较少见。

沙门氏菌是兼性细胞内寄生的微生物，可隐藏在巨噬细胞中，随这些细胞分布侵入肠壁后，常引起菌血症。粪口感染是最常见的感染途径，但有些血清型细菌也可经其他部位黏膜侵入。奶牛摄入沙门氏菌后，可能出现临床症状，也可能不发病。致病力的决定因素有以下几个：

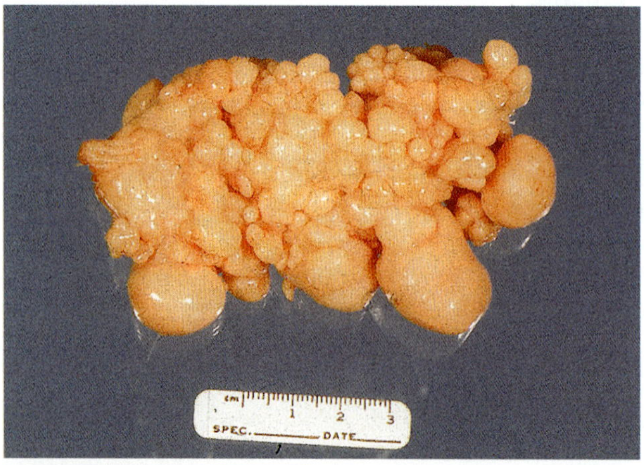

图 6-29

从2岁的慢性胃气肿牛中，由瘤胃切开术移除的纤维乳头状瘤。

1. 不同血清型的毒力；

2. 摄入的细菌量；

3. 免疫力或以前是否感染过该血清型；

4. 目前影响牛的其他应激因素。

前两个因素与沙门氏菌的血清型有关。因为目前已经发现了2 000多个血清型，因此，不难理解，在临床症状、流行情况、发病率和死亡率方面存在巨大差异。因为沙门氏菌是条件性致病菌，当管理、营养和环境因素对牛的免疫系统不利时，引发疾病。

美国东北部，在20世纪70年代前，沙门氏菌病主要是奶牛的一种散发性疾病。牛群中的零星病例可能继发于脓毒性子宫炎、脓毒性乳房炎、牛病毒性腹泻或其他围产期感染。很少传播给其他奶牛。然而，饲养规模的扩大，以及开放的饲养方式改变了该病的流行规律，目前以暴发为主，但发病率和死亡率有所不同。散养为某些疾病如沙门氏菌病提供了粪口传播的条件。应激因素包括：其他细菌或病毒的并发感染、运输、分娩、饲料改变引起的胃肠停滞或胃肠道正常菌群的破坏、冷或热、麻醉或手术。

造成牛群感染的另一个主要因素是沙门氏菌污染奶牛饲料组分。沙门氏菌常污染蛋白饲料和动物性副产品组分。饲料青贮方法不当，未能达到pH＜4.5,使得沙门氏菌存在其中。鸟类排出的沙门氏菌可污染饲草和饲槽，导致牛感染。在几个牛群暴发的E型感染，怀疑是由鸟传播，但鸟类也可通过直接或间接方式传播其他血清型的沙门氏菌。牧场中用于装粪便，运送发病或死亡动物的器具，用来装饲料，用作垫层，或被健康动物接触，很可能会传播沙门氏菌病。液体粪肥的流动，再加上饲草未经耕种，引起饲料污染。

牛群中突然发生流行并且发病率较高，应检查饲料和饮水的污染情况。慢性流行可能表示由带菌牛传播给易感牛或受应激的同舍牛，在急性发病期间，通过粪便排出大量细菌，从而使感染不断扩大。很少有这样的情况，泌乳奶牛暴发疾病，而小牛却没事，反过来也一样。

在美国东北部，B、C和E型是多数牛群流行的病原。分离到的B型菌大多数是鼠伤寒沙门氏菌，它们具有不同的毒力和抗药谱。C型菌包括 S. Litchfield 和纽伯特沙门氏菌，E型一般为鸭沙门氏菌。一般来说，B型和C型的毒力比E型的强，但由于存在的血清型很多，不能一概而论。D型菌大多数为都柏林沙门氏菌，在美国西部很常见，加利福尼亚大学的Brad Smith博士领导的研究小组对该菌进行了深入研究。

都柏林沙门氏菌在很大程度上是适应牛体的细菌，而其他型则无宿主适应性。该菌感染奶牛后，最大的危害是牛长期甚至终生带菌，有些牛持续排菌，有些间歇排菌，而另一些只是受到应激后排菌。都柏林沙门氏菌还能引起乳房炎，一般为亚临床型和持续性感染。由都柏林沙门氏菌引起的乳房炎一般认为是感染牛的粪便污染乳房，而不是由于败血症扩散到乳房造成的。犊牛感染都柏林沙门氏菌在美国西部很常见，在东部也已开始发生。受感染的犊牛排出大量细菌，经常为败血性感染，病牛出现呼吸道症状并伴有发热，因此，不熟悉该病的兽医容易引起误诊。与都柏林沙门氏菌感染牛不同，感染非宿主适应性血清型如鼠伤寒沙门氏菌的大多数牛，排菌时间不超过6个月。然而，隐性带菌者或慢性感染也偶尔发生，据报道，肠道感染流行后，会出现慢性鼠伤寒沙门氏菌性乳房炎。

沙门氏菌能附着并破坏肠细胞。致病性血清型菌株可侵入小肠远端和结肠的黏膜下层，兼性细胞内寄生的特性使其能够不受阴性牛的正常免疫机能影响。然后细菌由此侵入淋巴系统，引起菌血症。与大多数其他细胞内寄生菌一样，宿主的防御反应主要是细胞免疫。沙门氏菌引起的腹泻主要是炎症造成的，在某些血清型的感染，与肠道分泌机能也有一定关系。由于黏膜受损，消化和吸收不良引起腹泻，高致病力菌株感染后，可造成大量蛋白质流失到肠内。常见严重的结肠炎，病牛粪便中带有献血或出现痢疾。

临床症状

与犊牛沙门氏菌病一样，成年牛感染沙门氏菌后，出现严重程度差别很大的肠道疾病。E型菌感染后，一般引起轻微腹泻和脱水，发热1～7 d，临床表现与冬季痢疾相似，病牛脱水和中毒都不严重。E型菌（通常为鸭沙门氏菌）感染后，粪便出现鲜血的情况比B型和C型菌感染后出现的情况少。但是，由于并发感染，或代谢性疾病使免疫机能受到影响，或酸碱平衡及电解质平衡失调，同样是E

型菌感染，也会使病情复杂化。

患沙门氏菌的牛一般出现发热和腹泻，但有时也不出现体温升高，或在腹泻出现前24～48 h出现发热。这种先兆性发热已经在住院的医源性沙门氏菌病牛中证实。这些病牛首先出现体温升高，但无其他症状，24～48 h后出现腹泻，随后证实为B型或C型沙门氏菌感染。病牛体温升高达103.0～107.0°F（39.4～41.7℃），并且与其他临床症状如疾病严重程度没有太大的联系。然而，在牛群暴发疾病期间，病牛或外表健康牛出现体温升高，是诊断为传染性疾病，而不是饲料消化不良极重要的依据。病牛腹泻症状一致，至少在临床发病的牛都是这样，表现为粪便松软、水便、带血块的松软粪便或痢疾（图6-30）。当强毒株感染或细菌侵入肠壁引起菌血症时，腹泻的同时还出现内毒素血症和脱水。出现腹泻时常伴有厌食，病情较轻时，厌食是一时性的，伴随腹泻和内毒素血症的病牛可出现长时间厌食。感染B型和C型菌奶牛的粪便常为含有血液和黏液的恶臭水样便。任何时候只要出现带有新鲜血液和黏液的腹泻，都应考虑沙门氏菌的可能性。新来的产犊奶牛，在牛场流行该病期间非常易感，环境因素如热应激可加重临床症状，使发病率和死亡率升高。在牛场发病期间，给外表健康的奶牛测体温，可发现一些即将出现腹泻或亚临床感染的牛体温升高。新引入的牛若并发感染沙门氏菌和牛病毒性腹泻病毒，会导致很高的死亡率。作者曾见过这种急性并发感染的牛群，在7 d内130头成年牛死亡35头（图6-31）。牛群沙门氏菌病暴发死亡率将近5%～10%。

图 6-30

C型沙门氏菌引起母牛小肠结肠炎，粪便中混有新鲜血块。

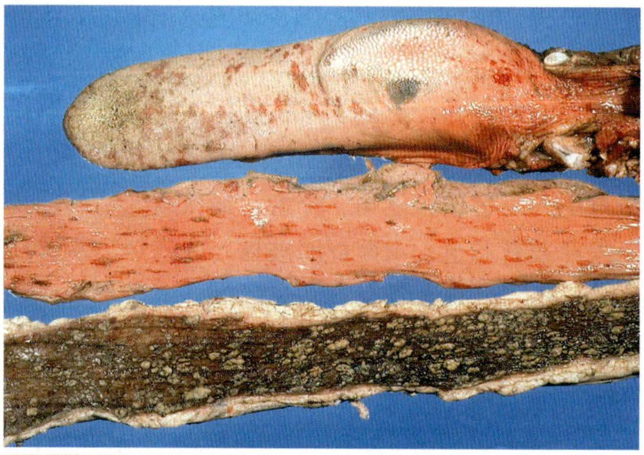

图 6-31

沙门氏菌病并发BVDV感染的母牛尸检病料，舌面（上）出现许多BVDV糜烂，食道（中）有多灶性条状BVDV糜烂，结肠（下）由于沙门氏菌病而出现严重的炎症，并有黏膜坏死（照片由Dr. John M. King提供）。

病牛流产很常见，特别是B型或C型沙门氏菌感染时，原因有以下几个：

1. 败血症使胎儿和子宫带菌，导致胎儿感染和死亡。

2. 内毒素和其他介质释放引起前列腺素的释放，导致黄体溶解。

3. 体温升高加上天热造成的应激，引起高烧或高热。

妊娠任何阶段的奶牛都可能出现流产，但与其他许多原因引起的流产相同，5～9个月的胎儿最容易流产。

感染牛的奶中可发现沙门氏菌。牛奶被B型、C型和E型菌污染，表明败血症使细菌扩散入乳腺，或粪便污染牛奶和挤奶器，或二者兼有。感染都柏林沙门氏菌的牛群，部分感染牛患有慢性乳房炎。都柏林沙门氏菌引起的乳房炎可能为亚临床型，其主要原因是外界环境污染乳房，而并非由败血症扩散引起。除都柏林沙门氏菌以外，其他沙门氏菌偶尔也可引起奶牛的慢性乳房炎。排菌的乳区和感染牛的粪便，对牛场工人和牛奶消费者是一个重要的公共卫生问题。牛奶污染对整个奶牛业是巨大的威胁，因此，有充足的理由对奶牛场暴发的腹泻进行诊断性调查。感染牛场的鲜奶必须经过巴斯德消毒才能食用。

牛场暴发沙门氏菌病后，场内工人和家属也常出现沙门氏菌性腹泻和其他病症。兽医有责任提醒农场主和工人认识沙门氏菌病对公共卫生的威胁，并指导患病工人或家庭成员到医院治疗。

辅助手段和诊断方法

血液学、酸碱以及电解质平衡分析对单个病牛或有价值的牛是一种重要的辅助诊断手段，但由于临床病情的多样化，仅靠这一点不能作出诊断。粪便培养结果是诊断的重要标准，样品应在发病早期从几头病畜中采集，并送到有资格的诊断实验室。对分离菌应分型，并测定其对抗生素的敏感性。

高毒力血清型菌株引起的成年牛最急性沙门氏菌病，白细胞象出现中性粒白细胞减少，同时伴有退行性核左移；另外，出现代谢性酸中毒，同时，Na^+、K^-、Cl^-和HCO^-_3浓度降低。严重腹泻病例，红细胞增多、血液尿素氮和肌酸酐升高。由于严重脱水，起初总蛋白可能出现升高，但很快出现正常或较低，这是由于严重的失蛋白性肠病使白蛋白值很快下降。肾前性氮血症或败血症，内毒素血症造成的急性肾病和肾衰竭会使血液尿素氮和肌酸酐升高。

某些病牛，发热出现的时间一样，中性粒细胞减少和核左移也在腹泻之前出现。这种现象已经在某些住院感染的牛中发现，但在野外暴发的病例不容易被发现，因为在野外对没有发生腹泻的牛，很少采样检查。一些患急性沙门氏菌的牛可能出现中性粒白细胞减少、白细胞数正常或中性粒细胞增多。恢复期的牛常见中性粒白细胞增多。

大多数患有严重腹泻或长时间腹泻的牛，前面已经提及，由于大量体液丢失和内毒素休克，严重的最急性沙门氏菌病可引起代谢性酸中毒，但患有非致病性腹泻的绝大多数牛不出现明显的酸中毒。

成年牛的沙门氏菌病，与其他引起发热和腹泻的疾病的鉴别诊断实际上很简单。这些疾病包括牛病毒性腹泻病毒感染、冬季痢疾、消化不良或日粮改变、乳酸酸中毒和其他各种中毒。有些血清型如E型沙门氏菌引起的较温和的发热和腹泻需要与冬季痢疾（根据季节不同）、牛病毒性腹泻病毒感染和消化不良相区别。高毒力的B型和C型菌感染引起的死亡必须与牛病毒性腹泻病毒感染、乳酸性酸中毒和其他中毒相鉴别。应该用EDTA抗凝血的白细胞层或尸检样本进行病毒分离，以排除牛病毒性腹泻病毒感染，采集多个病例的粪便或尸检样本进行培养，以确定是否为沙门氏菌感染。据报道，表现发热和腹泻的成年牛有时为弯杆菌和耶尔氏菌感染。这些细菌感染的意义和发病率还不清楚。

亚急性和慢性病例典型的大体剖检病变，为小肠远端和结肠黏膜坏死区附着有弥散性或多灶性纤维素性坏死膜，然而在最急性病例，除受侵肠段出血、水肿和肠系膜淋巴结肿大外，很少有肉眼病变。死亡越急，肉眼病变越不明显。有时在病牛胆囊内可发现纤维素管型，有些病理学家认为，这是沙门氏菌特有的病理变化。

治疗

对厌食、沉郁和明显脱水的病牛有必要施与静脉输液等支持疗法。对个别病例的酸碱平衡和电解质平衡测定后可进行精心治疗。然而，在野外暴发时很少进行这些辅助检查，一般凭经验进行输液疗法。平衡电解质溶液中乳酸林格氏液适用于大多数病牛。严重的急性腹泻并造成10%以上脱水的病例很可能发生代谢性酸中毒，应该补充碳酸氢钠。例如，一头600 kg的病牛如果发生10%脱水和轻度酸中毒（碱过量=－5.0 mmol）应该补充60 L平衡液。单独重新补水能减少乳酸，并且纠正代谢性酸中毒（严重的瘤胃酸中毒、肠产毒性大肠杆菌以及其他肠道感染引起*D*-乳酸盐过量，完全需要碳酸氢盐疗法纠正奶牛酸中毒）。如果电解质平衡疗法不能纠正代谢性酸中毒，奶牛需要碳酸氢盐治疗。假定一奶牛细胞外液为200 kg或L（0.3细胞外液×600），每升细胞外液需5.0 mmol/L的HCO^-_3。所以，补充1 000 mmol $NaHCO_3$（0.3×600×5）正好可以纠正酸中毒，另外，需要补加$NaHCO_3$，以弥补其进一步的丢失。当高毒力血清型菌暴发感染，引起不少牛发生严重脱水时，这个例子有助于兽医和场主采取相应的措施。耳后静脉插管能防止头圈对导管的损伤，颈静脉导管损伤在奶牛场经常发生。耳后静脉或是颈静脉插管，保证可以重复静脉注射氟胺烟酸葡胺。经口补充10～20加仑电解质溶液后，再以3～5 mL/kg给予高张生理盐水（正常的7.5倍），要么大量饮入补充，要么经胃管补充，是液体复苏很有效的手段。这种方法很常见，是纠正脱水省事省力的方法。用管径较小的插管补充高张生理盐水，像耳后静脉插管，会导致静脉炎以及导管失效。在沙门氏菌或其他肠道疾病暴发，大量动物需要口服补液，使用同一设备时，要对非专业人员进一步训练避免交叉感染，使用时要消毒。一般的经验法则，牛不愿意接受快速静脉滴注3～5 mL/kg规格的高张生理盐水，要暂时性给予最好的保护性预后措施，并且强制其大量饮入补充。

对轻度或中等脱水的病牛，经口补充液体和电解质有一定帮助，并且比静脉补液花费小。经口补液的效果可能受到消化不良和吸收不良的影响，但仍认为是一种有用的措施。对有饮欲的病例，可向饮水中加入特定的电解质（NaCl、KCl）以帮助其纠正电解质紊乱。

抗生素治疗还有争议，反对者警告，使用抗生素可能引起抗药菌株的出现，将来对人类和动物造成很大的危害。这种现象出现的证据较少，除非在饲料中长期添加抗生素，并且当对其他种类的动物（包括人）使用抗生素治疗时，也会有同样的危险。反对者还声称，全身使用抗生素使粪便排出沙门氏菌的时间延长，对缩短单纯肠道疾病的病程不利。但是，很难区别是消化道局部感染沙门氏菌病还是全身感染沙门氏菌病。

抗生素治疗的支持者指出，沙门氏菌病常常引起菌血症，有造成败血症使细菌扩散的危险。临床上要区别败血症和非败血症的内毒血症并不容易，除非在关节、眼睛、脑膜或肺脏出现局部感染。换句话说，临床兽医师很难准确判断真正败血症的沙门氏菌病病例。另外，由于败血症可造成所有分泌物（不仅仅是粪便）带有沙门氏菌，适当的抗生素治疗可以通过抵抗败血症而减少向环境排菌。作为兽医应考虑这些反对意见，对具有轻度到中度症状（轻微发热、腹泻和轻度脱水）而没有明显的内毒素血症或菌血症的沙门氏菌病牛，或许不应该使用抗生素。

除非这头牛很重要，而且感染严重，否则，很少全身应用抗生素。

因此，当病牛表现中度到重度的发病，出现发热、脱水、严重腹泻或痢疾时，应使用抗生素。这些病例一般出现心跳和呼吸加快，虚弱，表现内毒素或败血症症状。沙门氏菌抗菌敏感性未知，要根据细菌培养以及敏感性结果指导抗菌疗法。对没有按标签说明使用的抗生素，应考虑适当的休药期。病牛要连续使用抗生素4～7 d，直至状况改善。

非类固醇抗炎药，特别是氟胺烟酸葡胺，可用于抗内毒素，阻断炎症和休克时各种介质作用。病牛初始剂量为0.50 mg/kg体重，静脉注射，每日2次，然后逐渐减少至0.50 mg/kg体重，每日1次，或1～2 d后停止给药。如果反复静脉注射行不通，皮下注射优于肌肉注射，肌肉注射很可能导致明显肌肉坏死。过量或是重复剂量的氟胺烟酸会引起皱胃或肾脏的病理变化，肌肉注射会减少肌红蛋白的释放，增加对肾脏的不良反应。皮质激素是严禁使用的，除非是对严重晕厥状态的动物使用一次性大剂量水溶性皮质激素。氢化泼尼松琥珀酸钠适用于这种情况。

最好隔离患沙门氏菌病的牛，虽然在野外暴发时有一定困难。任何时候，应尽可能将患腹泻的牛限制饲养在一个区域，与其他牛分离开。必须教育牛场工人，让他们认识到机械传播污染的粪便和其他分泌物，可造成该病的扩散，还应认识到，沙门氏菌病是一种人畜共患病。

预防和控制

从纽约州和美国东北部其他地区暴发情况看，该病流行呈上升趋势。造成这种趋势的原因有：牛群过大，密度过高，开放式饲养造成粪便污染整个牛场。其他主要因素包括使用沙门氏菌污染的动物源性饲料成分或蛋白性饲料。饲料污染引起C型和E型沙门氏菌病暴发已有报道，鸟类作为携带者也可传播E型沙门氏菌。

牛场发生沙门氏菌病时，可以考虑采取下列措施。

1. 进行流行病学调查，以确定传染源。

- 仓库货物和饲料存储管理：检查并证明来源，以及样品的细菌培养。同一地区的其他奶牛场是否有相同的问题？谁将饲料拖到农场，在哪？饲料运输是用专用的运输工具吗（没有用来运输动物、垫层或粪便）？在农场，饲料是怎么饲喂的？运输饲料的设备还用于其他用途吗（如拖拉尸体，移动垫料）？有其他动物或鸟群接触饲料吗？
- 水源：有粪便污染吗？什么容器用来作为盛水的装置，通过谁怎么样操作的？
- 粪便处理：设备使用和目标？水流的流动类型？是否有人在处理粪便以后接触动物或是饲料？

粪便是否用作肥料传播？奶牛场人员、车辆、水、垫层、病牛和健康牛的移动要改进。

• 新牛引入：新购入的动物是否经过检疫以及细菌分离培养？牛怎样被送来？桶装奶中是否检测出有牛病毒性腹泻病毒？

• 病栏牛和孕栏牛的管理：通常，这2类牛共同饲养，共同管理，营造了新生牛感染的环境。检查每一牛群人员和设备的隔离和分配。

2. 如果可能，将病牛隔离饲养。

3. 治疗发病严重的牛只。

4. 采取措施以减少对公共卫生的危害。

未经处理的牛奶不准食用。

挤奶或清理圈舍时，工人应穿防护衣，穿戴一次性橡皮鞋、手套或面罩。工人在工地后或饭前应仔细洗手。在畜舍和休息室出入口应设立消毒池，对鞋子进行消毒，这种消毒池要保持。

5. 清扫环境，改善卫生状况。消毒房舍（另见犊牛沙门氏菌病中该部分）。消毒前高压冲洗以除去有机物是很有好处的。因为有些表面除去有机残留是不完全的，消毒剂的使用保留着有机残留的活性，对沙门氏菌有利。因为恢复期的牛在一定时间内排菌。因此，应继续努力改善卫生，尤其应保护干奶期奶牛，以及消毒产房。

6. 暴发期过后，应进行乳房炎调查，其中包括大罐奶检测。如果分离到任何沙门氏菌，均应对整个牛群采样并做分离培养，以鉴定带菌牛，并将其立即淘汰。由都柏林沙门氏菌引起的暴发感染，对所有牛只都应进行奶样培养，如果有条件，可进行血清血检查以鉴定带菌牛，并将其淘汰。

如果采取上述措施后，仍然继续流行，可以考虑使用自家菌苗。虽然自家菌苗的效果和安全性有疑问，但许多使用过的人声称，对持续流行采取其他措施无效时，新生犊牛发病、不断出现流产，或犊牛受沙门氏菌感染不断发病，使用自家菌苗可获得良好效果。一种新的含铁细胞受体（从S.Newport分离出来的蛋白疫苗）在美国批准其在奶牛场使用（SRP vaccine, Agri-Labs, St. Joseph, MO）。这让我们看到了什么产品作用于现代牛场的沙门氏菌病。J-5免疫对成年牛沙门氏菌控制效果不清楚，大量试验得到，J-5免疫使得犊牛免受感染长达100 d。但是，很难去估计在实地应用时，控制地方性沙门氏菌病的流行效果，因为要改进免疫方式，但是受牛自身免疫系统或管理手段的影响（在犊牛沙门氏菌病一章，有对于沙门氏菌病免疫的进一步讨论）。

最好的预防措施是保持自繁自养，对新购入的饲料添加剂和饲料成分，在使用之前进行培养。

肠出血综合征（空肠出血综合征）
Hemorrhagic Bowel Syndrome (Jejunal Hemorrhage Syndrome)

肠出血综合征（HBS）是一种新的急性的最终致死性的肠道疾病，在美国成年奶牛中常见。近来在加拿大的奶牛和肉牛上有HBS发生的报道。HBS又叫做空肠出血综合征、肠道出血、肠道坏死以及梭菌性肠炎。HBS以小肠突发性的、渐进性的、偶尔大量出血，以及随后结节形成产生梗阻为特点。肠道发病部位坏死，病牛并发失血、肠道梗阻以及失活的情况。这种病在泌乳早期成年奶牛中最常见，尽管在泌乳后期以及干奶期偶有发生。

病因学

HBS病因近来还不清楚，没有发现一致的发病原因。大多数的HBS病例发生在产后的头4个月。对美国奶牛场进行的大量调查，数据显示奶牛发生HBS集中在第3次哺乳期，平均持续104 d。在这个阶段，奶牛承受着生理压力，呈现产奶高峰。再加上，这个阶段的饲料成分富含能量和蛋白质，纤维成分很少。这些因素导致奶牛HBS发生的风险很高，但是是否是这些因素主导疾病的发展是不确定的。

在有些报道中描述了HBS发生的眼观和组织学特点。小肠眼观损伤是局部的或是多病灶的，主要集中在空肠，有时候涉及到十二指肠和回肠。发病部位肠壁呈紫色和红色，因为管腔内脱落或血块造成肿胀（图6-32和图6-33）。肠管口向肿胀充满液体和气体，意味着发病部位梗阻产生。损伤肠管表面纤维蛋白聚集明显，损伤部位会在死前或是死后剖检破裂。血块黏附在黏膜上，血块边上粪便移除常常导致黏膜剥离（图6-34）。损伤肠管的组织学检查，发生HBS的肠管局灶性、坏死性出血，黏膜下层水肿，黏膜溃疡，透壁出血以及损伤部位嗜中性粒细胞聚集。也会出现损伤部位黏膜腐肉形成。

一些报道说明了A型产气荚膜杆菌与HBS的关联。这些关联基于以下观察：① 病牛粪便培养物A

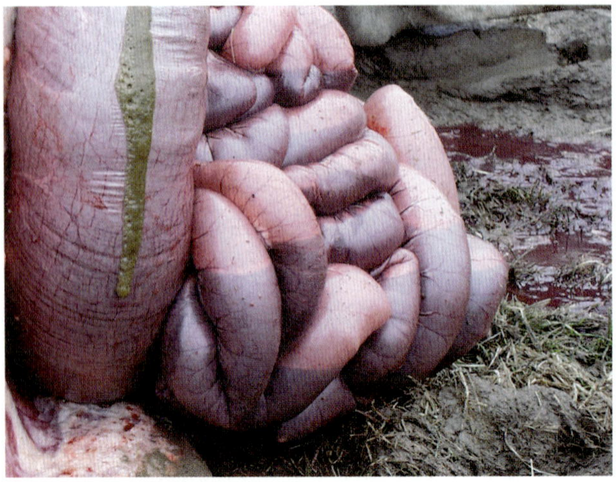

图 6-32

发生HBS的荷斯坦成牛死亡几分钟后新鲜尸检。观察到整个小肠变为紫色并充满气体。空肠因为失血造成散在的坏死。

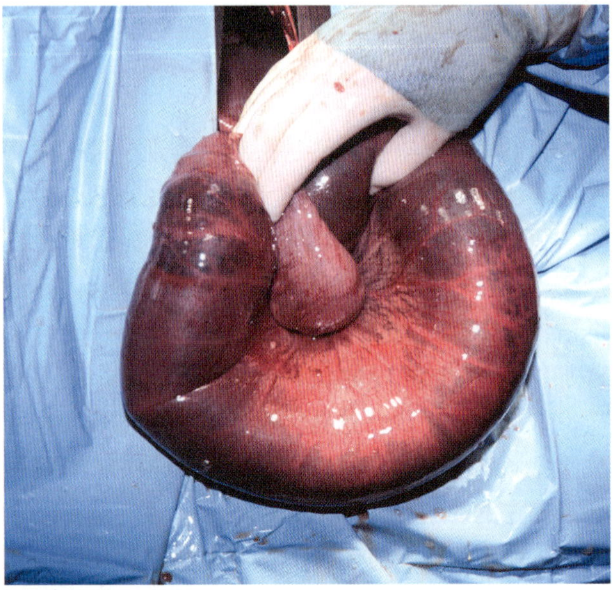

图 6-33

发生HBS的瑞士褐牛成牛的手术进行图片。与图6-29形成对比，空肠血栓长达12 in。

型产气荚膜杆菌阳性；②能从病牛空肠血块处分离出大量A型产气荚膜杆菌；③镜检发现坏死肠管部位有大量革兰氏染色阳性的细菌；④其他与肠道出血相关的肠道病原菌很少在病牛组织或肠道内容物中发现。再加上对照证明，一些牛场采取产气荚膜杆菌免疫，HBS发生下降。目前，对照研究的数据还不能用来评价这种免疫对HBS的效果。

产气荚膜杆菌是一种革兰氏染色阳性的厌氧大肠杆菌，在环境中以及在大多数哺乳动物的肠道中

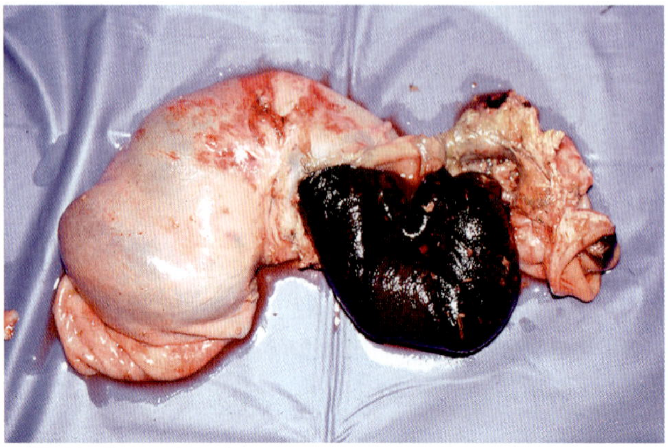

图 6-34

发生HBS的荷斯坦成牛空肠切开显示黏稠的血栓。

普遍存在。从牛肠道中分离出来的比率与饲料营养呈正相关。产气荚膜杆菌可以通过mPCR进行基因分型。A型常产生 α 毒素，尽管不同株会生成不同的毒素。α 毒素是一种钙依赖性磷酸酯，能切开真核细胞膜磷酸卵磷脂。另外，近来讨论的 β 2毒素会引起A型产气荚膜杆菌。β 2毒素是一种致死性毒素，产气荚膜杆菌含有*cpb2*基因在体外生成不同数量的 β 2毒素。

在两项研究中，从32头发生HBS牛中取28头牛，从其粪便以及肠道内容物中分离A型产气荚膜杆菌和A型 β 2毒素。这些细菌学的发现与其他的报道是一致的。在过去，兽医微生物学家认为A型产气荚膜杆菌是一种重要病菌，因为其本身属于牛肠道正常菌群的一部分。而且，动物死亡后肠道中的这种细菌繁殖非常快，造成尸体剖检后的分离物不能用于确切诊断。因为A型产气荚膜杆菌和A型 β 2毒素能从无疾病症状动物胃肠道中分离出来，如果在胃肠道内容物以及血液中能检测到毒素，确诊是A型产气荚膜杆菌和A型 β 2毒素引起的肠道疾病的可能性就能增加。在最近的研究中，在发生HBS牛分离到的A型产气荚膜杆菌和A型 β 2毒素显著高于未受感染的。再加上，毒素产物证明在HBS牛肠道中存在，但并不在未受感染的牛肠道中存在。

目前还不确定，是A型产气荚膜杆菌生成的毒素产物增多导致肠道病变的发生，还是由于其引起的次级感染或其他疾病导致的。其他原因也能引起出血，理论上，普遍存在的产气荚膜杆菌能二次繁殖，因为当肠道存在大量的可溶性蛋白或碳水化合物时细菌能成倍快速繁殖。换句话说，细菌能在血

液很好地生存繁殖。一旦细菌扩增，毒素快速释放，导致肠壁作用下降，HBS发生。HBS损伤的肠壁很可能导致随后的休克和腹膜炎，这就是有那么多牛发病的原因。

俄勒冈州州立大学的研究者关注烟曲霉菌特点，烟曲霉菌是一种能在动物饲料中存在的真菌。病牛的血液和肠道能检测到这种真菌物质，健康牛中检测不到。有2种假设能说明发生HBS牛中存在烟曲霉菌的可能性：①作为肠道损伤的主要原因；②牛免疫系统损伤的主要因素，因此促使HBS的发生。有报道称在饲料中补充Omnigen AF, Prince Agri Products, Quincy, IL，奶牛场HBS的发生能下降。对照研究表明这些物质对于预防HBS发生的效果不确定。最近证明这些物质对免疫抑制的羊群白细胞的免疫功能有提高作用。

临床症状

小肠突然并大量出血以后，牛立马变得疲惫不堪。结果是病牛很可能接近死亡或死亡。通常发现病牛呼吸脉搏加快，黏膜苍白，四肢冰冷，直肠温度低于正常，肠道血液流失以及休克的发生。这种意义上讲，病牛与产乳热的牛症状相似。与产乳热不同的是，病牛的粪便是黑的、焦煤状的，渗出血液可能含有黑红变为黑色的血块（图6-35）。小肠损伤部位血块形成，小肠梗阻，导致一些牛表现为腹部膨胀，粪便排出减少，结肠疝形成。病牛尿液中能检测到葡萄糖，意味着严重的压力反应。

当从后面观察，站立动物的腹部轮廓是圆的或是梨形的。进一步的膨胀容易在右下腹部发生，假设是因为腹腔多重血肠积累形成的。分散的低下的现状是其位于右下腹部的证明。HBS病例会进一步的腹部膨胀，区别于皱胃溃疡病例。偶尔死亡率会下降，整个胃肠道和病牛变得浮肿。依我们的经验，直肠检查不能检测出肠管膨胀，因为肠道出血部分沉到腹侧，检查者接触不到。但是，在加拿大研究中，8头牛中有6头牛可以经直肠检测出小肠膨胀。

超声波检查能看到小肠膨胀以及肠管血块形成。3.5或5.0 MHz,扇形或线形探针置于右下侧腹壁。常常能看到膨胀的肠管，偶尔可能看到明显的血块（图6-36）。

HBS要与包括肠套叠、肠扭转、肠炎以及皱胃溃疡做鉴别诊断。皱胃溃疡的牛表现为黑粪以及休克症状，但是很少出现像HBS牛的进一步腹部膨胀。肠炎的牛拉大量粪便，特别是在输液治疗后，而HBS牛很少出现这种情况。而且，一旦输液治疗补充了水、电解质和正常血钙血，肠炎的牛因为肠梗阻出现轻微的腹部膨胀。HBS与肠套叠和肠扭转做鉴别诊断需要通过腹腔探查术。

治疗

有效治疗这种疾病很难。偶有报道有效的治疗方法通过输液、缓泻药、抗炎症药物以及抗生素，但是，这种治疗成功的很少。单纯依赖药物治疗，

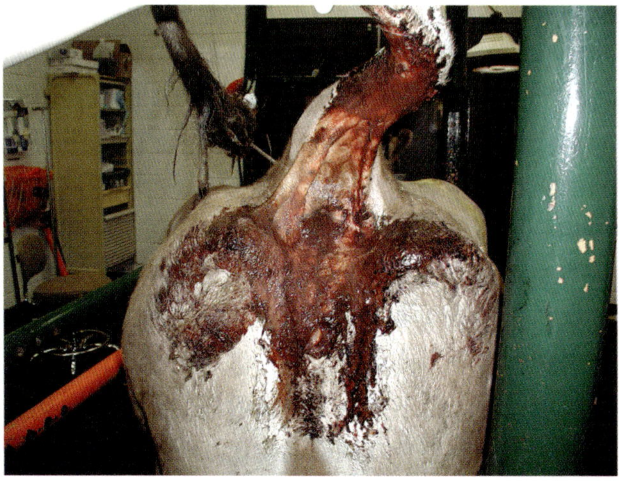

图 6-35

发生HBS的瑞士褐牛成牛会阴显示新鲜黏稠的血栓混合物。

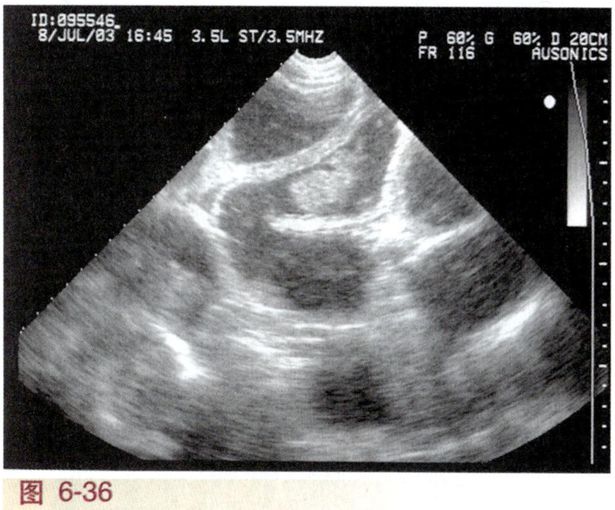

图 6-36

发生HBS牛右下1/4区域经腹超声影像，证实小肠有多处膨胀管腔以及一处小的、不粘连的、强回声的管腔血栓。

BVDV中的某些毒株，并引起致死性疾病。其特征通常为体温升高、腹泻、体重降低和消化道一处或多处黏膜损伤，趾部和皮肤损伤也可能出现，这些病例的临床病程可为急性、亚急性或慢性。然而，临床经验表明，小牛会因为NCP-BVDV感染造成黏膜损伤，但是随后存活下来产生明显的抗体。临床经验还表明致死性BVD发生很少是因为NCP-BVDV毒株引起的，由一定CP-BVDV或NCP-BVDV感染引起的，发生死亡的并不只限于持续性感染的动物。简而言之，黏膜损伤的出现并不能指示是死亡、存活或是持续感染状态。尽管持续感染的BVD症状比非持续感染的明显，但是疾病是同样存在的。

同样，人们也一直想弄清楚胎儿感染NCP-BVDV后出现不同结果的原因。在母牛产生免疫力之前，接触感染的精液可阻止胚胎定植或引起胚胎死亡，其原因还不清楚。40胎龄前的胎儿感染可能引起胎儿死亡或不孕，但也可能不引起这一结果。有些研究者指出，在这一时期胚胎容易死亡，但有些牛(或一些牛感染某些毒株)可以怀孕，尽管经口或静脉途径引起急性感染。

孕期125 d以前的胎儿感染NCP-BVDV，有造成持续性感染的危险。胎儿在90～180日龄期间感染NCP-BVDV也可能发生先天性异常，如小脑发育不全、眼病变和许多其他问题。由于持续性感染和先天性异常可能同时出现，因此，患有先天性异常的犊牛出生后可能发生持续性感染，或在吃初乳前就具有抗子宫内所感染的BVDV的抗体。怀孕180 d以后的胎儿感染NCP-BVDV或产生抗体而存活，或出现流产。血清学阴性孕牛在胎儿出现免疫适合前感染CP-BVDV，不引起持续性感染。CP-BVDV感染胎儿可引起胎儿死亡、流产或健康出生，但带有抗所感染毒株的初乳前抗体。先天性异常也可能由于子宫内感染CP-BVDV而引起。

持续性感染动物所引起的主要问题是病毒的持续扩散，因为这种牛在牧场内可作为传染源。虽然对其他非持续感染牛可进行免疫接种，但存在持续感染的牛场，对胎儿和青年犊牛具有潜在威胁。简单地说，持续性感染的动物会释放太多的病毒以至于动物有限的免疫力不能抵抗，导致非持续性的、有免疫活性的先发性感染。怀孕动物无症状的持续性感染是奶牛场和肉牛场BVD一直存在的方式。

到目前为止，持续感染已经解释了许多由BVDV引起的临床问题，但对临床病型的多样性仍不能解释。NCP-BVDV和CP-BVDV的毒株很多，某些毒株对不同的器官可能具有不同程度的亲嗜性，或许是对临床病型多样性的较好的解释。很明显，牛群以前曾自然感染或经过免疫接种并发其他疾病，BVDV感染牛的年龄以及感染BVDV毒株的不同，都对临床症状有很大影响。毫无疑问，在一个有明显BVD症状的牛群内，重复出现特异性临床症状。例如，以流产为主的牛场将一直出现流产；以犊牛先天性异常为主的牛场将不断出现这种犊牛，而母牛并不出现发热和腹泻症状；一些牛群因BVDV引起犊牛死亡率升高，而另一些牛群发生新产犊牛高热。因此，由BVDV感染引起的发病在一个群内一般不出现多种临床症状。比较典型的是出现一组特异的临床症状，但临床兽医不应低估BVDV感染引起多种临床症状的能力。将来的研究有可能区别引起特异临床症状的毒株，如引起血小板减少症、特异的先天性异常、流产或胃肠道疾病的毒株。BVDV毒株的多样性(每一株可能具有不同的致病性)需要我们集中精力去研究能够保护成牛和胎儿免受异源BVDV感染的疫苗。

临床症状

感染了BVDV的牛可能出现多种类型的临床症状。需要强调的是，大部分未感染牛或犊牛在实验中感染BVDV后，很少出现临床症状或者只有轻微的临床症状，但是可能出现血清转化和产生抗感染毒株的中和抗体。这种亚临床感染和无明显症状的感染，在野外条件下也可能发生。然而在野外条件下，必须考虑许多其他的因素，如动物的年龄，并发症或应激、相关感染、染毒量、毒株和BVDV的生物型，牛群和个体通过自然感染或免疫接种产生的免疫力以及牛群内是否存在持续感染牛。如前所述，BVDV感染引起临床发病的牛群，其临床型相对固定而不是存在多种症状。因为症状是多变的，临床兽医在考虑BVDV作为发病原因时，必须开阔思路。而且，随着更多的BVDV毒株的出现，新的症状也在不断出现，并且还会不断增加。目前，许多实验研究用毒株能引起特异的临床症状，例如，一株野外的NCP-BVDV（基因型2）在实验感染中可引起小牛的血小板减少症，但是，并不是所有的

BVDV毒株都能引起血小板减少症。

目前，对于急性感染BVDV的牛缺乏临床症状的报道进一步提出了质疑，因为支持这一理论的资料都已经很陈旧。另外，引起亚临床感染（通过血清学调查证实）的毒株，现在的流行情况可能与20～30年前相同，也可能不同。临床症状将根据野外的暴发的实际情况来进行描述。

急性症状

有免疫能力的阴性犊牛或成年牛感染某些毒株的BVDV后，可能出现发热和腹泻等典型症状。发热和沉郁一般在发生腹泻前2～7 d出现，并且常出现双相热。这种双相热的特点是：首先出现高热（40.6～42.2℃）。数日后消失，5～10 d后再次出现。在第二个热峰期或热峰期过后，出现腹泻和胃肠糜烂，也可能不表现其他症状而恢复。感染牛仅30%～50%出现口腔糜烂，因此，无口腔糜烂并不能排除BVDV感染。6～10个月大小的母牛最易暴发BVDV，但是阴性牛群在任何年龄都可能暴发BVDV。最近产犊的奶牛加入到一个存在持续感染牛的牛群后，在临床上具有很高的发病率（主要是高热）。

除发热外，最初表现的症状还有轻度到中度的沉郁、食欲下降以及生产性能下降。初发高热的牛表现呼吸急促，可能被误诊为患有病毒性肺炎。呼吸急促是病牛散发高热的一种简单的生理反应。如果发生第二次高热，临床症状加重，食欲和产奶量骤然下降；如果发展为胃肠道损伤，奶牛的食欲会完全废绝。很少有疾病能引起像发热、腹泻和胃肠道损伤的急性BVDV感染病例那样严重的厌食。

对于临床兽医来说，能看到的BVDV病变只有口腔糜烂和趾部损伤。许多急性感染的病例在这2个部位都不出现病变，因此，临床兽医要根据其他症状（如发热、腹泻等）制定一个标准来诊断疑似病例，并且要检查尽可能多的发病牛。在某些发生这种形式BVDV病变的牛群中，只有最近产犊的牛出现症状，并且只是散发而不发生流行。发病率和死亡率随典型的急性病例而不同，一般在10%～30%。偶然暴发的高死亡率的BVD仍然常见于阴性感染牛群和高度应激牛群。目前，临床上看到的口腔糜烂远没有病理教科书上描绘的或慢性的典型BVD黏膜病表现得那么明显（图6-38）。局灶性或多灶性糜烂可出现在口腔的任何部位，但在硬腭或软腭最为常见。有时口角附近的乳头出现明显的充血和糜烂。这些乳头可能变钝圆或变短，也有可能仅仅在尖部出现糜烂，变得比基部更红一些（图6-39）。门齿处的糜烂有时候很难分辨，因为这一部分在正常情况下也是粉红色。仔细检查才能将上皮脱落和糜烂与正常的粉红色黏膜区别开来（图6-40）。要仔细检查舌的背腹两侧，看是否有溃疡（图6-41）。发生口腔糜烂的病牛可出现轻度到中度的流涎，磨牙可能表示胃肠道有其他损伤引起的疼痛。BVDV急性感染的成年牛，趾部损伤不常见，但当出现时，表现在冠状带充血、渗出、糜烂，或趾间糜烂，其明显的后遗症是跛行。腹泻病牛的粪便从松软到水样不等，在严重的病例或患有血小板减少症的病牛，粪便中可出现血液或黏液。大量腹泻和直肠刺激可造成里急后重，可能跟球虫感染的症状混淆。腿部水肿和皮炎在持续性感染动物中便显得很明显。

有免疫能力的血清阴性牛，感染能引起典型急性症状的BVDV毒株后，一般出现血清转化并能存

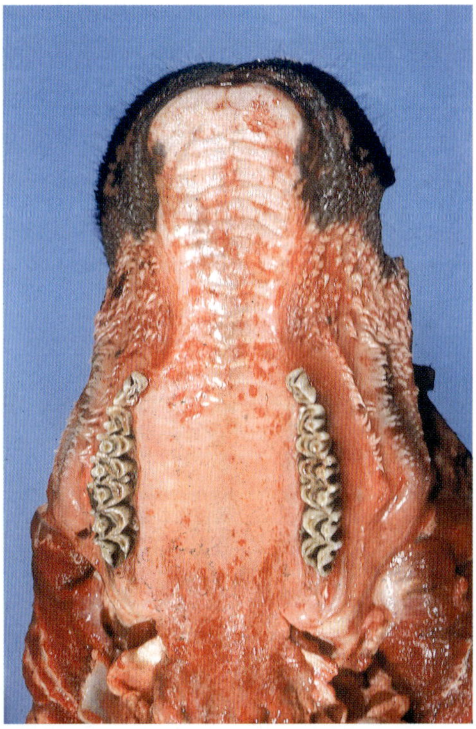

图 6-38

死于慢性BVDV感染小母牛，软腭和硬腭上有广泛的糜烂。该小母牛持续性感染BVDV，临床上阴性牛初次感染BVDV的绝大多数病例，其口腔糜烂没有那么严重或广泛（照片由Dr. John M.King提供）。

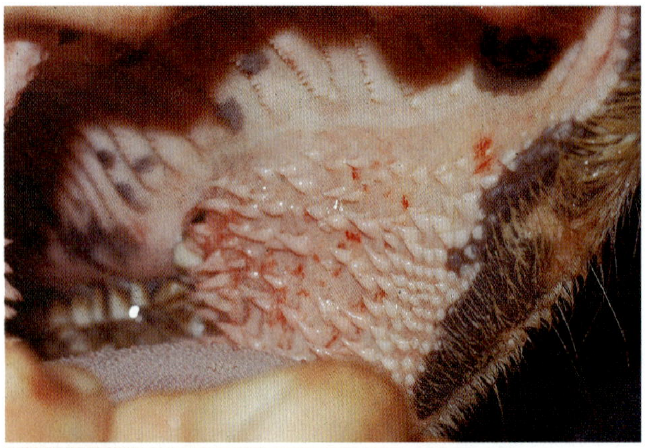

图 6-39

阴性母牛急性感染BVDV后唇连合附近的乳头充血和糜烂。中部的乳头糜烂，发炎，比未受影响的乳头更红。这些乳头可能变钝圆，也可能不变短。

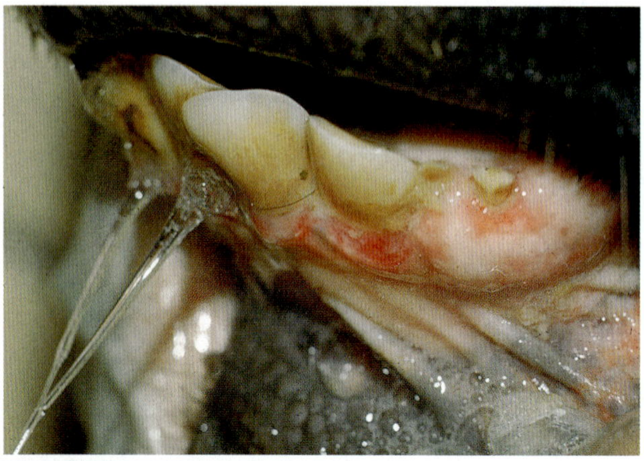

图 6-40

在暴发BVDV的牛场，一头急性感染牛门齿附近黏膜明显糜烂。

活。但是，有些血清阴性的非持续感染牛感染这些毒株后，可发生严重疾病，并有可能死亡。甚至有些NCP-BVDV毒株具有致死有免疫能力的血清阴性成年牛的毒力，1994年在安大略省（Ontario）和美国东北部的BVD流行就证明了这一事实。因此，BVDV野外毒株致死的奶牛或牛犊不一定是持续性感染者。由于BVDV引起的血小板减少症及随后出血和严重腹泻或其他原因所造成的电解质、体液和蛋白质的流失等原因，BVDV感染（不是持续性感染牛的重复感染）可直接引起牛的死亡，但是在大部分情况下，死亡是由于BVDV毒血症期间条件致病菌并发感染造成的。在BVDV感染到体液抗体产生或恢复期间，即使是有免疫能力身体健壮的牛，其细胞免疫机能也会发生明显改变。绝大多数健壮

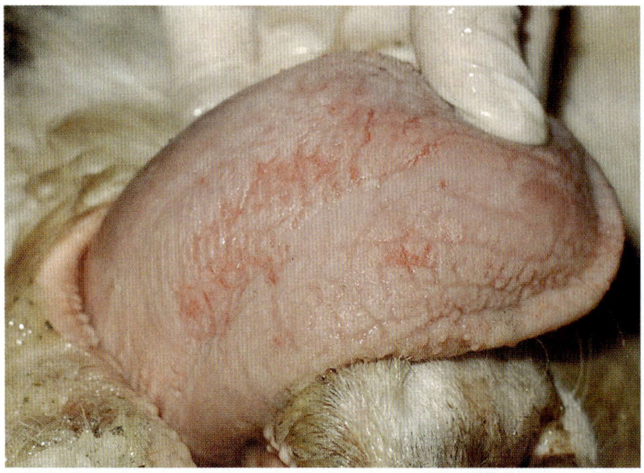

图 6-41

持续性感染小母牛重复感染后舌腹侧出现糜烂。

牛感染BVDV后可平安度过这一时期，但有个别牛在病毒血症期间可发生肺炎、乳房炎、子宫炎或其他细菌性感染。细胞免疫机能的暂时性下降可影响淋巴细胞、嗜中性白细胞和巨噬细胞，并易患菌血症，或使其对循环中微生物的清除能力下降，其临床结果是不能抵抗一般感染。实验感染BVDV的牛可能不出现（也可能出现）其他感染，而自然感染的牛易受到许多应激因素和其他感染的影响。在病毒血症和细胞免疫机能下降期间，犊牛和奶牛可能会受到IBR病毒、其他肠道病原（特别是沙门氏菌）、细菌性乳房炎、细菌性肺炎和其他感染的影响。据报道，犊牛或奶牛群并发感染BVDV和沙门氏菌可造成很高的死亡率。由于新组群或新购入的后备小母牛将新的BVDV毒株带入当地牛群，可引起严重的发病。随着BVDV感染的消失和血清中和抗体滴度的升高，动物的免疫反应能力恢复正常。因此，感染BVDV的有免疫能力的血清阴性牛，在感染消失和血清转化后不会有任何残留或永久性免疫缺陷。在病牛出现BVDV病毒血症期间，并发症可加重，并且一般的治疗方法无效。在此期间出现的并发感染如IBR或巴氏杆菌性肺炎很严重，以至于掩盖BVDV感染，因为临床症状和剖检病变显示，呼吸道病原是造成发病的原因。对这些很明显的感染用传统方法治疗无效时，应怀疑BVDV感染并进行检查。例如，在一个新引进20头后备小母牛的牛场暴发了严重的溶血性巴氏杆菌性肺炎，从感染牛的气管冲洗物和尸检标本分离到该菌，并证明对几种抗生素敏感，但用这几种抗生素治疗后没有

收到临床效果，随后在几个死亡病例发现了黏膜损伤，并且从几头病牛的血沉棕黄层分离到了NCP-BVDV。

除了细胞免疫机能改变外，急性BVDV感染还引起白细胞减少，特征是淋巴细胞减少，有时还出现中性白细胞减少。因此，不仅白细胞机能降低，其总数也出现下降。白细胞减少使条件性细菌感染的危险增加，其中BVDV引起的嗜中性白细胞减少可能是发生并发感染更重要的预兆。

BVDV还能破坏淋巴组织，如脾脏、淋巴结生发中心和集合淋巴结，能感染淋巴细胞和巨噬细胞（图6-42）。

结合前面所提到的BVDV对宿主免疫机能的所有抑制作用，有助于解释为什么许多非持续感染牛在急性BVDV感染期间会出现死亡。也许有人认为，这些牛实际上是由于BVDV急性感染期间引起暂时的免疫功能下降，从而造成巴氏杆菌、沙门氏菌或其他的继发感染而死亡，并不是死于感染本身。然而最终的结果是死亡，并且有些BVDV毒株对血清阴性有免疫能力的成年牛有致死作用或对其死亡起一定作用。

BVDV急性感染引起的血小板减少症在成年奶牛、奶犊牛和肉犊牛观察到。虽然血小板计数在100 000/μL以下是不正常的，但当血细胞计数不低于50 000/μL时，临床上很少看到出血。临床上可能造成血小板减少症牛出血的一些因素如应激、注射、外伤或蚊虫叮咬，在实验感染病例不可能出现。血小板减少症引起出血可能导致失血性贫血，应该及时输血，否则具有很高的致死性。病毒感染以及骨髓中巨核细胞的破坏是导致血小板减少症发生的原因，循环系统中血小板功能障碍能导致临床上血液凝固作用受损。伴有血小板减少症的急性BVDV野外暴发，其特征是一个或多个感染牛出现下列症状：鼻出血，腹泻带血，注射部位或蚊虫叮咬部位出血，黏膜上出现出血斑点或形成血肿（图6-43）。并不是所有的感染牛都出现出血症状，血小板减少症的严重程度也有很大差异。另外，某些同舍牛可能出现隐性感染并发生血清转化。然而，当出血伴随有其他症状如腹泻、抗生素治疗无效的发热、胃肠道溃疡和白细胞减少症时，BVDV感染的可能性就很大。血小板计数和从血液单核细胞中分离到BVDV可以确诊。通过血凝活性的测定（包括纤维蛋白降解产物的评定）可以排除出血的其他原因。

血清阴性的非持续感染犊牛急性感染BVDV可引起隐性感染和血清转化，或引起临床症状，包括不同程度的发热和腹泻。对急性感染BVDV的犊牛，最大的危险是并发感染其他肠道或呼吸道病原。在BVDV病毒血症期间，细胞免疫机能和防御技能暂时下降使病牛易发生和加重并发感染。因此，患腹泻的新生犊牛（2～3周龄以内）的急性BVDV感染可被有荚膜的大肠杆菌、沙门氏菌、轮状病毒、冠状病毒或微细隐孢子球虫感染所掩盖（图6-44）。同样，几个月龄的犊牛可患有由巴氏杆菌、昏睡嗜血杆菌或呼吸道病毒引起的明显呼吸系统疾病，这些病原可以从气管冲洗物或尸检样

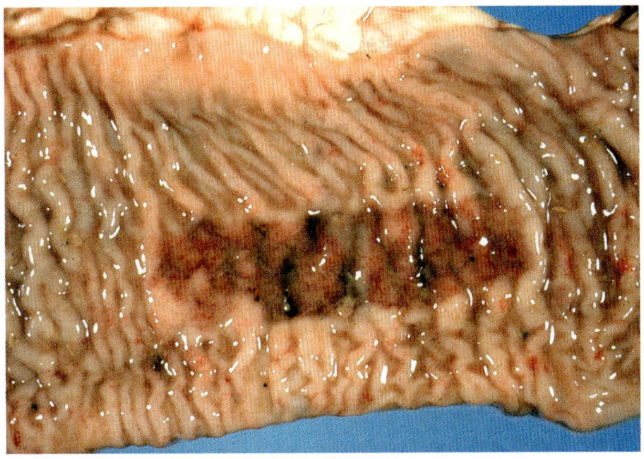

图 6-42

BVDV感染死亡牛尸体剖检可见集合淋巴结坏死（照片由Dr. John M.King提供）。

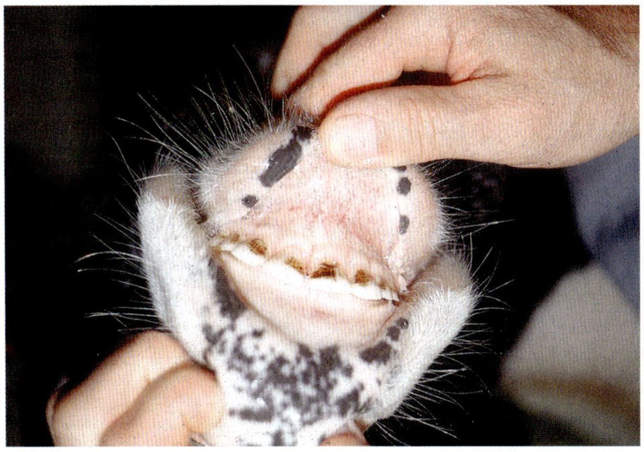

图 6-43

8月龄小母牛急性BVDV感染引起的血小板减少症，出现淤斑以及严重的肠内出血。

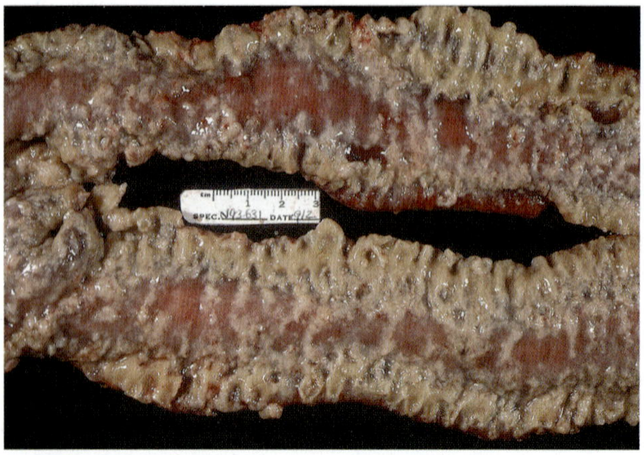

图 6-44

鼠伤寒沙门氏菌和BVDV并发感染引起的新生犊牛肠道损伤（照片由Dr. John M. King提供）。

本中分离到。在所有的上述情况下，当疾病的严重性、发病率和死亡率超过了所鉴定出的病原应引起的发病情况时，应该怀疑BVDV并发感染。血清阳性牛所生的阴性非持续性感染犊牛，可以获得抗同源毒株的被动保护3～12个月，但是这种被动保护能或不能抵抗异源毒株的感染，并且如果犊牛不能获得足够量的初乳则无保护力。另外，在某些情况下，BVDV的严重感染可突破任何被动保护，血清阴性犊牛在任何时候都处于危险之中。任何时候犊牛发生与肠道或呼吸道病原有关的高死亡率，都应该考虑BVDV感染的可能性，并且通过从血液、尸体组织样本或气管冲洗物中分离病毒来加以确诊。

持续性感染

妊娠不到125 d的胎儿感染NPC-BVDV可引起持续性感染。如果母牛有持续性感染，所生的犊牛为血清阴性并有持续感染，如果母牛是非持续感染并对BVDV具有免疫能力，其感染足够量的BVDV并经过胎盘感染胎儿后，所生的犊牛也可能是血清阴性并有持续感染；持续性感染或非持续性感染的母牛在怀孕期间感染BVDV，并通过初乳将抗体传递给犊牛，那么持续性感染的犊牛可能出现一过性血清阳转。持续性感染母牛可能产生异株BVDV的初乳抗体效价。

犊牛出生时可能正常，也能顺利成长并能作为该场的生产用牛，但这种情况可能是最危险的，因为这种持续性感染牛不容易被检出，并且一直带毒，通过分泌物向体外排毒。外表健康的持续性感染牛所生的犊牛也为持续性感染，以后这些犊牛又可成为同群牛的传染源。临床健康的持续性感染犊牛或成牛，通过自然感染或使用弱毒BVDV疫苗而接触异源CP-BVDV毒株后，可出现急性或慢性(黏膜病)BVD。事实上，导致NCP型转变为CP型的RNA是来源于动物自身的细胞。

以前认为，所有异源毒株都能引起持续性感染牛的致死性感染，因为这种牛的免疫系统不能识别这些毒株。另外还认为，要引起持续性感染牛发病，CP-BVDV毒株的感染是必需的，因为许多研究者发现，从患慢性或黏膜病的牛可同时分离到CP-BVDV和NCP-BVDV。并不是所有的异源毒株都能引起持续性感染牛发病，用某些CP-BVDV毒株实验感染持续性感染牛，不仅不能引起发病，而其可以引起抗异源CP-BVDV毒株的血清转化，而对同源NCP-BVDV毒株一直不发生血清转化。这是引起持续性感染牛产生中和抗体的原因之一，另一个原因是持续性感染犊牛通过初乳获得母源抗体。

外表健康的持续性感染牛会持续存在，并产出持续性感染犊牛，这是造成同群牛和胎儿感染的重要传染源。某些持续性感染牛出生时弱小或生后不久死亡，出生的弱犊一般在生后前几周内死于肠道或呼吸道病原感染。临床症状和剖检病变可能不表明是BVDV感染，而是死于肠炎或肺炎等其他原因，这种临床发病可使我们忽略对BVDV的检测，除非用血液或组织样品进行病毒分离。据报道，出生时弱小的持续性感染牛头骨隆突，并且不能正常生长（图6-45）。

持续性感染牛的中间临床型介于外表一直健康和出生时明显弱小或死亡二型之间。此型犊牛出生时外表正常，但在2周岁前死亡。造成这种死亡的原因有很多，反复感染或慢性感染是这些犊牛的特点，肠炎、肺炎、癣、红眼病、外寄生虫或内寄生虫可能侵害这些犊牛，并且这些病可能持续存在或者治疗无效。牛场中出现个别肺炎或/和腹泻的小母牛时，我们应该怀疑是否存在持续性感染的牛。这些犊牛与同群其他犊牛相比，生长明显缓慢和矮小（图6-46）。因为这类持续性感染犊牛中许多出现特征性的慢性细菌、寄生虫或真菌感染，其免疫系统受到了影响。最初认为，持续性感染牛除了针对其所携带的“自身”BVDV无反应外，具有完整的免疫活性，但并不是所有的病例都是如此。细胞免

图 6-45

发育不良和头骨发育异常的6周龄BVDV持续感染牛。

图 6-46

生长受阻的BVDV持续性感染的1岁龄小母牛，这头小母牛位于2只健康小母牛之间。

疫或体液免疫可能有多种表现，其他因素如子宫内感染的确切时间和感染NCP-BVDV毒株可能在相应的免疫活性中起作用，至少某些持续性感染牛的淋巴细胞和嗜中性白细胞的功能有所下降。

这类持续性感染牛除了对条件性病原的易感性明显升高之外，也可以跟其他持续性感染牛的典型黏膜疾病一样，死于CP-BVDV感染（图6-47）。实际上，“典型BVD”、“慢性BVD”或“黏膜病”病例中大部分是这类持续性感染牛（慢性病、不易长大、2岁以下）。BVD感染的症状有腹泻、体弱、脱水、黏膜损伤，有时出现腿部水肿，皮肤以及趾部病变（图6-48）。BVD感染的病程多种多样，有的病例很快就死亡，而其他一些病牛长时间体弱。对慢性生长不良的持续性感染牛应重点与牛白细胞黏附力缺乏（BLAD）和慢性内脏脓肿相鉴别，因为这些病的临床表现很相似。

先天性异常

有些BVDV感染只有当先天性异常的犊牛出生后才被发现。这里再次指出，某一牛群内发生的BVD，其病型或症状型是特异的。成年牛可为亚临床感染，但引起流产或胎儿先天性异常，如小脑发育不全、白内障视网膜和视神经变性、积水性无脑、髓鞘形成不良、短颌、不同程度的无毛区和其他先天性病变（图6-49至图6-51和图12-15）。这里需要指出，BVDV感染并不是所有白内障发生的原因，还存在其他因素能引起白内障。虽然多种先天性异常可能出现，但在某一个牛群，一般只出现一种或两种，并且在一定时间内（数周或数月）重复出现。一般情况下，连续出生的几头犊牛可出现相同的先天异常。例如，在作者调查的一个农群，短颌及白内障是先天性异常犊牛的特征，而在其他牛群，眼睛的其他病变或小脑发育不全很明显。感染的BVDV毒株可决定先天性异常出现的部位，因为

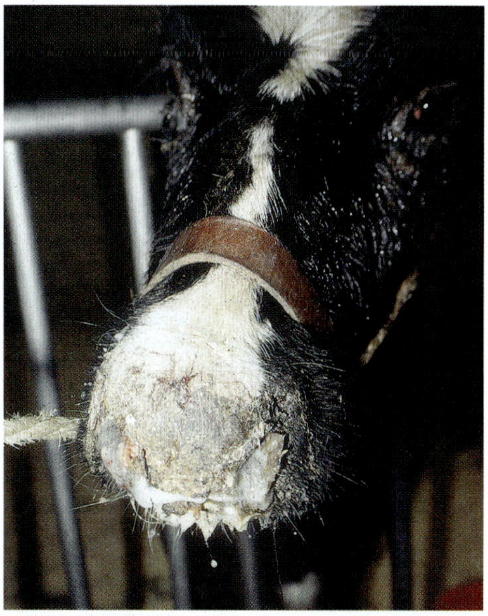

图 6-47

患有典型黏膜病的6月龄小母牛，在接触外界感染牛之后，整群小母牛都出现发热、腹泻和皮肤炎症状，但只有这只持续性感染母牛死亡。

些病牛还可出现流涎和磨牙的现象。

某些犊牛和奶牛在发热和腹泻的同时出现出血，应该怀疑BVDV急性感染引起的血小板减少症，通过病毒分离证明BVDV感染的同时，还必须进行血小板计数以确诊血小板减少症。同样发生繁殖障碍的牛群，如出现流产、胎儿木乃伊化或受胎率急剧下降，应确诊是否为BVDV感染所致。在几周或几个月内出现一头或多头犊牛先天性异常或病变，也应该考虑到BVDV感染。

实验室工作有助于诊断，但是不能作为唯一的方法。例如，BVDV急性感染的大多数犊牛和成牛，出现以淋巴细胞减少为特征的白细胞减少症，但也有许多出现嗜中性白细胞减少。无名高热伴有持续性白细胞减少症应怀疑是BVDV急性感染，但其他疾病也可出现同样现象。

毫无疑问，当急性BVDV感染并发其他病原感染，如巴氏杆菌性肺炎、沙门氏菌性小肠结肠炎或呼吸道病毒性感染（如IBR或BRSV）时是最难诊断的。这种混合感染暴发时，发病率和死亡率可能很高，并且临床症状和尸检病变不是以BVDV感染为主。BVDV感染的牛在死于并发病之前很少有时间产生BVD特征性病变，因为BVDV急性感染时出现的细胞免疫机能暂时性降低，常诱发条件性病原的感染，并改变对这些条件性病原的正常免疫反应。这些病牛在尸体剖检时可发现与IBR或BRSV感染呼吸道病变相一致的严重的支气管肺炎（巴氏杆菌），或由沙门氏菌引起严重的小肠结肠炎，BVDV引起的病变不出现，或仅在少数死亡病例出现。这种情况很容易使临床兽医和病理学家认为，这些病变都是原发病因，而不送样品进行病毒分离。

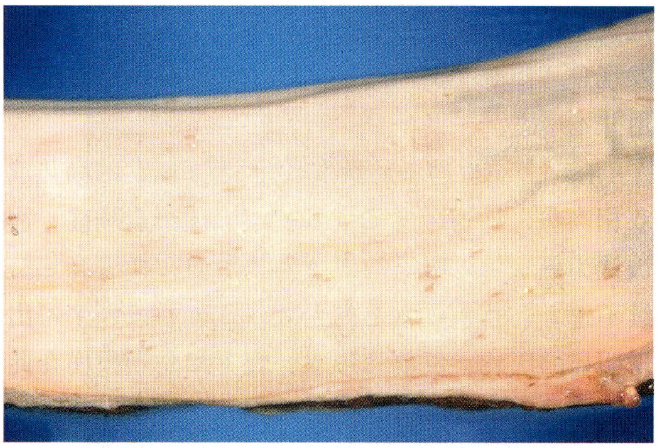

图 6-53

BVDV急性感染病牛食道黏膜出现的多灶性条状糜烂。

同样，有些持续性感染犊牛或1岁龄小牛，长期生长不良，又有用常规方法治疗无效的慢性肺炎、癣病、慢性或周期性腹泻、慢性寄生虫病、慢性红眼病或其他病变，如果病毒性病变不出现或没有看到，很容易被诊断为由明显的细菌性感染引起的疾病。再次强调，病毒分离对确诊是很重要的。

高死亡率的犊牛腹泻多是由大肠杆菌、轮状病毒、冠状病毒、隐孢球虫或沙门氏菌引起的，但是，偶尔其暴发也可能由BVDV并发感染。这种情况下应从活犊和死犊采集病料进行病毒分离。BVDV感染的鉴别诊断比较繁琐，在某种程度上要根据感染牛群出现的临床症状。以腹泻和发热为特征的急性BVDV感染必须通过粪便和血液的细菌培养与沙门氏菌病和其他肠炎相区别；引起的流产必须与其他病毒、细菌和原虫性流产相区别；当发热和腹泻伴有出血时，必须将BVDV感染与欧洲蕨中毒、弥漫性血管内凝血（DIC）或其他血凝病和某些霉菌毒素中毒相区别开。

在某些病例，必须考虑其他黏膜病如蓝舌病和水泡病（地方性或外源流入）的可能性，如果对确诊还有疑问，应与联邦兽医取得联系。

并发细菌、病毒或寄生虫感染可使BVDV感染复杂化或被掩盖。如果怀疑或已经证实有细菌感染，而许多动物经传统方法治疗后无效，应考虑BVDV感染的可能性。虚弱或生长不良的持续性感染犊牛必须与患细菌性败血症、硒缺乏和肠道病原相区别；患多种病症的慢性生长不良持续性感染犊牛或1岁龄小牛，必须与BLAD、慢性内脏脓肿、营养不良、寄生虫病和慢性肺炎患牛区别开。

因为BVDV感染后的临床症状多种多样，因此唯一的确诊方法就是进行诊断试验证明在病牛组织或血液中存在BVDV。有些活犊的气管冲洗物中含有病毒，尸体剖检时采集的组织如肠、淋巴结、脾脏和肺可含有大量病毒。通过对全血样的血沉棕黄层进行病毒分离或者通过PCR检出病毒的遗传物质。也可以利用AC-ELISA检测出成牛或6个月以上的犊牛血清中的病毒。但是我们很少用AC-ELISA去检测6个月以下的犊牛，因为此时的犊牛体内含有母源初乳抗体，他能与病毒相结合从而阻碍ELISA板上的抗体与病毒结合导致检测结果不准确。而且，AC-ELISA也不能用于检测急性BVDV感染时出现低水平的病毒血症的病例，相对于其他检测方法，AC-ELISA对这些急性病例的检测缺乏敏感性。对于体内含有BVDV初乳抗体的犊牛，首选的检测方法是进行全血PCR检测。用福尔马林或冰盐水处理（实验室诊断常用）的皮肤活组织检查（通常是耳部切痕）可用免疫组化染色、病毒分离、AC-ELISA或PCR检测。对持续性感染动物进行检测的首选方法是耳部切痕，因为在任何年龄段的动物的耳部皮肤始终都存在病毒抗原。急性感染的有免疫能力的成年牛，2周内都能检测到存在病毒血症。在极少情况下，急性感染的有免疫能力的牛病毒血症会持续30～40 d。在亚临床感染病例，病毒血症的持续时间更短。

虽然血清学检测对持续性感染牛意义不大，但如果发病后出现血清学转化，或最近发生流行后许多牛的抗体滴度高于512，则血清学方法具有一定帮助。从有临床症状和/或同舍动物体内采集双份血清（2份血清采集间隔14 d），进行1型和2型BVDV的血清学试验。很显然，免疫接种和自然感染对血清中的抗体的滴度有很大的影响。最近感染的有免疫能力的牛的抗体滴度与接种疫苗的牛的抗体滴度很难区别开来。通过抗体滴度的大小很难区别最近感染的有免疫能力的牛和接种抗体的牛。

病毒分离呈阳性并且存在低水平或不存在中和抗体暗示着BVDV急性感染（有免疫能力的牛）或持续感染（免疫耐受牛）。一般来说，有免疫能力的牛可在2～4周内发生血清转化，并且病毒分离阴性，而持续性感染动物则保持病毒血症，并且对同源毒株的抗体滴度很低或没有抗体。

持续性感染牛可以用病毒分离或全血PCR进行检测，皮肤活组织检查可用免疫组化、病毒分离、AC-ELISA或PCR检测。这些检测中，任何一个检测出阳性结果也只能代表正常牛的急性感染，而持续性感染情况需要在首次检测到阳性结果以后，3～4周内进过多次检测出病毒才能确诊。被确证为持续性感染的牛必须被淘汰或者将健康牛与其他个体隔离，因为这些持续性感染牛作为一个持续的病毒感染源会不断对其群体内其他牛造成感染威胁。另外，有免疫能力的牛（非持续感染牛）急性感染后，有时可保持病毒血症30～40 d。如果检测的动物具有很高的价值，最好将第二次检测的时间推迟6周，否则，很容易出现误诊，造成重大的经济损失。这些动物在第二次检测确诊之前都应该怀疑存在持续感染，将健康动物与其分离开。筛选牛群中持续性感染牛的方法我们在下面预防部分会进行进一步的讨论。

治疗

急性BVDV感染引起的轻微临床发病不需要特殊治疗，但应该供给新鲜的饲料和饮水，并避免外界应激、运输或免疫接种。出现特异症状如腹泻的病牛，如果持续腹泻的同时出现厌食或食欲废绝而引起脱水，可能需要经口或静脉补液。临床发病的牛（即出现发热、沉郁、腹泻和脱水）应避免外界应激，最好用抗生素进行预防性治疗，以减少条件性细菌感染（如肺炎）的可能性。犊牛急性感染BVDV后更需要补充体液和电解质。

如果临床上发现病牛由于血小板减少症引起出血，最好进行输血。血液应采自BLV阴性且无BVDV持续感染的牛，如果失血还没有造成危及生命的贫血，一般一次可采4 L全血。被血小板减少症型BVDV毒株感染的其他牛只，如果临床上未出现出血，则对其可仅作观察。这种病牛不应进行外科手术、注射或使其过分拥挤，并应控制昆虫，以防发生各种损伤而导致出血。除非血小板降至50 000/μL以下和对皮肤或组织的创伤较严重，否则临床出血很少发生。在这些牛群中，有些病例的腹泻可能呈血样，因为胃肠道的炎性损伤可刺激直肠导致出血。

尽管大多数BVDV急性感染为亚临床型，但这不代表所有的野外流行情况，一些有免疫能力的牛即可由于BVDV急性感染而发生严重疾病，因此，对症治疗是有益的。急性BVDV感染可致死有免疫能力的牛和成年牛，BVDV感染引起死亡不一定是持续性感染牛重复感染所致，特别是当BVDV急性感染有免疫能力的母牛造成一过性细胞免疫抑制时出现并发症，如血小板减少症或继发细菌或病毒感染，也可导致死亡。

对BVDV急性感染牛禁用皮质激素和非甾体抗炎药，因为这两种药可进一步加重消化道糜烂和溃疡。对有饮食欲的牛可用适当剂量的阿司匹林解热，但是，阿司匹林在某种程度上可降低胃肠道和肾脏的细胞保护性前列腺素水平。

预防

有效的控制乳牛BVDV感染需要注意下面4点：

•通过免疫接种改善牛群的免疫力。

•识别种群中的持续性感染牛并及时淘汰。

•牛群中引入新牛时注意检测其是否是持续性感染牛。

•实施生物安全措施，预防胎儿感染BVDV；换句话说，防止产生持续性感染牛。

1. 通过免疫接种改善牛群免疫力。

牛奶场BVDV免疫接种程序的目的包括：

a.预防或减少成年牛和幼畜急性病的严重程度。

b.预防或减少妊娠期母牛和奶牛胚胎感染的比率。

c.增强新生犊牛的初乳免疫保护。

有效的BVDV免疫接种的2个基本的要求：第一， 由于BVDV抗原的多样性，要生产一种疫苗使得牛群对所有可能感染的菌株都具有免疫力是很困难的。第二， 持续性感染牛不停地向外界释放大量BVDV可能导致免疫接种过的牛感染BVDV。我们要特别强调第二点的重要性。接触病毒血症病牛会影响免疫接种对牛的保护作用，所以从种群中淘汰持续性感染牛对于控制BVDV感染是很重要的一个环节。

2004年，有180多个美国农业部门（USDA）被许可使用商业BVDV疫苗。兽医需要选择使用致弱的活苗或灭活苗，这2种疫苗都有其优缺点。

弱毒活疫苗（MLV）的优点：

• 激活细胞和体液免疫；

• 免疫持续性时间长；

• 与灭活疫苗相比，能很好地保护胎儿（虽然不完全）。

BVDV弱毒活疫苗的缺点：

• 可能存在短暂的免疫抑制；

• 给妊娠母牛使用可能不安全（不是所有的产品都不安全，经过证明部分产品对妊娠母牛是安全的）；

• 犊牛的初乳抗体可能影响疫苗的免疫应答；

• 可能产生一过性卵巢感染和一过性生育能力下降（在牛即将生育前不要使用）；

• 可能引起持续性感染牛急性感染，但是这不应该影响我们使用。

灭活苗的优点：

• 无免疫抑制作用；

• 不引起胎儿和卵巢感染。

灭活苗的缺点：

• 主要是激发体液免疫反应（基本不产生细胞免疫反应）；

• 需要频繁免疫（加强免疫）；

• 免疫作用持续时间更短；

• 对胎儿的保护反复不定（与疫苗株相比，异种野毒株可能限制疫苗的作用）。

在过去，由于没有注意产品中的病毒和/或疫苗中的活病毒污染，人们一直怀疑BVDV弱毒活疫苗（MLV）会诱导临床疾病的发生（包括持续感染）。随着更加有效的试验程序以及更高的标准的试剂的应用（如用于细胞培养体系的胎牛血清），MLV活病毒污染的风险大大地降低了。为了安全的使用疫苗，我们应该要求MLV的制造厂商为他们生产的疫苗提供安全数据和质量控制规程。

每一个牛场建议使用的最佳疫苗不可能是一致的，这有可能是由于不同的开业医师对于多种疫苗有不同的经验。这种差别在专业兽医眼里很可能是因为开业医师曾经在许多牛场观察到了许多不同的BVDV毒株感染。

下面推荐的指导方针适用于兽医和其他人员：

后备母牛（与妊娠母牛和小母牛隔离）：使用MLV免疫，理论上进行1型和2型毒株免疫，一免在5～6个月大小，二免在生育前60 d。这样能使得后备母牛在妊娠前接受2次免疫剂量并且能限制由疫苗产生的一过性卵巢感染的可能存在的问题。

成年母牛：使用标签上注明了对妊娠期母牛无害的MLV，每年生育前2～4周免疫1次。已经证实MLV接种会产生免疫抑制效应，所以免疫接种应该在相对低应激和低病原体感染的时期进行。

如果使用灭活疫苗，应该按照苗生产厂商推荐的免疫间隔期进行接种。一般2次免疫的间隔在2～3周。为了使抗体水平达到最大程度，应该使用包括灭活1型和灭活2型的灭活疫苗，或者至少用一种能对2者起交叉保护的疫苗。母牛和小母牛应该在生育前进行加强免疫，在怀孕中期或泌乳中期的母牛，在其干乳期进行加强免疫。对于新购入的牛、妊娠期小母牛和免疫状态不清的母牛，灭活苗是最佳选择。

经过免疫的牛可通过初乳传递抗体给犊牛，至少可以使其抵抗同源BVDV毒株的感染。大多数情况下，这种被动保护在3～8月龄时可能消失，因此，对犊牛首次免疫接种的时间存在争议。然而，如果使用灭活疫苗，免疫母牛所生犊牛应分别在12、14和18周龄时接种，一共3次。应该按照苗生产厂商推荐的免疫间隔期进行接种，但对所有犊牛和免疫状态不清的较大牛至少免疫2次，以建立初始免疫，然后每半年加强一次。

犊牛体内的母源抗体（初乳抗体）可能阻碍改良的活疫苗的作用，所以我们建议推迟初免时间至5～6月龄。可以根据疫苗标签说明使用灭活疫苗对年轻的犊牛进行保护。

免疫程序是最常出现的错误，对以前从未获得充分初始免疫的小母牛只给予灭活苗进行加强免疫。管理不善造成的这些失误比我们想象的要普遍得多。不要认为畜主知道如何做，在出售疫苗给畜主时，一定要将使用说明讲清楚。随着用计算机记录档案的广泛应用，根据合适的免疫接种时间的资料，可以为所有的牛BVDV接种后的健康状况进行记录。

随着牛场的扩大，管理处和牛场工人之间的分歧也变大了，管理人员了解到的是疫苗标准操作程序，但是在母牛和犊牛实际免疫过程中出现的情况会大不相同。所以作为兽医必须积极地对牛场工人进行疫苗的保存、管理和应用等方面的训练。亲自监督疫苗的接种过程有利于兽医迅速地发现并改正错误的做法，因为牛场工人周转比较快，所有有必要对其进行重复训练。必要的时候，兽医必须要承担起长期培训员工的任务。

2. 识别牛群中的持续性感染牛并及时淘汰。

每一个牛场持续性感染牛的感染都有很大的差别。少数几次大流行调查数据显示，具有典型代表性的持续性感染牛的比率是牛群中总数的2%或不到2%。因为BVDV可能会垂直传播，所以封闭式牛场也可能存在持续性感染牛。

过去，采用血清筛选法对免疫过的牛群进行检测，试图鉴别出持续性感染牛（进行过BVDV疫苗免疫的牛，如果抗体滴度很低，将进行病毒分离实验确定是否是持续感染牛）。但是，事实上持续性感染牛对异源性的野毒株或疫苗毒株也会产生免疫应答，所以这种方法不太可能完全准确地分辨出持续性感染牛，现在一般不使用这种方法。

为了准确的鉴别持续性感染状态，进行的检测必须要在活体内发现病毒的存在。一开始，牛群中所有的牛，不管年龄大小或表面上是否健康，都必须进行检测。检测包括病毒分离、全血PCR、AC-ELISA、IHC、PCR或皮肤活组织的病毒分离。6月龄以下的犊牛不要用AC-ELISA进行检测，因为初乳抗体会干扰检测结果。为了将急性病毒血症的有免疫能力的牛和持续性感染牛区分开，在首次阳性检测之后的3～4周（高价值的牛可在30～40 d后）对阳性个体进行重复检测可能是很有必要的。

为了减少对数量巨大的牛群进行检测的成本，某些实验室通常只对混合样本进行检测。比如，采集大量牛的皮肤活组织一起浸泡在盐水中，然后以这些混合样本为材料进行PCR来检测BVDV的存在。也可以采集牛奶样本混合后进行PCR或病毒分离，或采集散装奶粉用来筛选大量的泌乳奶牛。目前建议国家汇集奶粉样本要代表不少于400动物，以提高检测出持续性感染牛的机会，这是地区兽医诊断实验室首选的混合样本的数量、装运的要求等等。很明显，如果在一个混合样本中检测出BVDV感染阳性，必须对样本中的个体进行随机检查，以便鉴别出病毒血症牛和持续性感染牛。

在很少情况下，感染BVDV的公牛可能只有在其精液中存在病毒，因此防止在这种少见的复杂的情况下出现误诊，血清检测和皮肤活组织检查呈阴性的牛还需要进行精液的病毒分离或PCR鉴定。

关于处死持续性感染牛的道德方面的考虑也值得一提。将已经确诊为BVDV持续性感染的牛出售是完全没有道德的，因为这样的牛会不断向外排出病毒从而感染许多其他的牛，那些没有察觉的买主将牛带入牛场，很有可能引起毁灭性的疾病。据我们所知，目前还没有研究指出持续性感染牛的尸体堆积会有病毒残留，但是有关BVDV毒株的耐受性的数据指出，环境中的BVDV长期存在的可能性不大。

一旦牛群中大多数的牛都检测过并且把持续性感染牛清除以后，检测工作的重点就应集中在新出生的犊牛和非持续性感染的母牛上。当检测完犊牛并将持续性感染牛清除以后，检测的重点应该集中在新引入的牛、展览用的牛、精液、胚胎和小母牛的饲养栏（检查3～4个）。生产者必须了解，农场内引入一个新型的BVDV毒株可能导致非持续性感染的妊娠母牛胚胎感染，所以要保证对其幼崽的检测。

3. 牛群中引入新牛时注意检测其是否是持续性感染牛。

减少引入BVDV的风险的最好的办法是避免购买未经检测的牛。毫无疑问，为了扩大农场规模而成群购入牛时，急性BVDV感染造成的巨大的危害也可能随之而来。这些购入的牛很可能就是持续性感染牛，或者，这些牛可能是急性感染牛。这2种情况都表明，农场已经引入了新的病原。另外，如果购入的母牛和/或小母牛遭受BVDV感染并在早期妊娠期间有病毒血症，他们很可能怀有持续性感染胎儿，所以，最好的保护牛群的办法是在新引进成年牛时购买那些已经检测过的牛。随后，要对购买时已经怀孕的母牛的胎儿进行检测，因为免疫过的母牛也可能产出持续性感染的犊牛。只要有可能，新引入的牛必须经过检测并且与原来的牛隔离4～6周，在这期间，新引入牛群中，任何检测为持续性感染的牛要及时淘汰，任何急性感染的牛要有充足的时间治疗恢复。在这期间，要尽量避免新引入牛和原来的牛接触，即使是围栏路线交叉。

新引入的牛必须进行BVDV病毒的检测。可以采用病毒分离、PCR、免疫组化、血清或皮肤活组织AC-ELISA等方法。当引入牛数量庞大时，可考虑采用混合样本进行检测（见上文中2）。同时，可采集新购入的牛群的样本进行其他疾病的检测（如琼纳氏病、支原体乳腺炎）。

4. 实施生物保护措施，预防胎儿感染BVDV。

胚胎感染导致持续性感染是一个关键控制点。因为持续性感染牛是威胁群体内其他个体的病毒重要来源，所有的免疫都是有限的，即使具有良好的预防接种程序，经过免疫的妊娠母牛也可能无法抵抗病毒的感染而导致病毒从胎盘传播。因此，在牛群生物保护规划中，避免妊娠母牛和小母牛遭受强毒感染对于BVDV的控制是非常关键的。

尽量避免或减少与其他牛场牛的接触，即使是围栏路线交叉。妊娠早期的牛和小母牛必须考虑其胎儿的最大易感性，这些牛必须安置在尽量远离外界的牛、新引入的牛和展览用的牛的地方。牛栏的分配和挤奶栏的顺序值得讨论，如果有必要，尽量将其调整以最大的保护这些牛群，只要有可能，尽量减少这些牛与病牛接触。

在BVDV的控制措施中，小母牛的饲养和繁殖要格外地小心仔细。复杂的牛群内的小母牛通常都在这些小母牛饲养房饲养，在这些饲养房内，可持续感染牛或急性感染牛向外发出的病毒很容易感染小母牛，从而导致妊娠母牛的胎儿感染。因此，在将小母牛转移到小母牛饲养房之前要对年轻的小母牛进行检测；如果无法实行，至少要保证在到达小母牛饲养房之后快速检测。另外，所有在饲养栏的犊牛应该考虑其持续感染的可能性并在出生后进行检测。

农场中用于展览的牛必须考虑另外一个病毒来源。理想状态下，展览用牛在展览或出售时必须经过检测确定为非持续性感染牛——这是一个保护其他牛和生产者利益的非常好的道德行为。展览牛必须经过很好的免疫以控制发展成为急性感染的可能性。因为疫苗仍然存着这样那样的缺点，不可能对种类繁多的菌株形成完全的保护，所以对于免疫过的展览或出售的牛，仍然要考虑其感染的可能性，并且在合群之前要保证4～6周的时间与牛群隔离观察。如果发生感染，怀孕母牛和小母牛可能出现病毒血症导致急性感染，它们的胎儿很有可能是持续感染者。

大多数有信誉的厂家提供的精液、胚胎和胎牛血清都有BVDV检测说明。这应该是理所当然的，一个人或公司提供的精液和/或胚胎必须提供目前对试剂的控制程序和质量监控措施的文件。最近，对控制胚胎和精液生产的操作中BVDV感染进行了考察，简言之，急性或持续性感染的公牛、胚胎供体和胚胎受体很有可能是潜在的BVDV感染源，这些个体向外界排出大量的病毒引起其他个体急性感染，所以对于在收集、运输和授精时与公牛、胚胎供体以及胚胎受体接触过的所有动物都应该进行BVDV检查。很少情况下，感染公牛只通过精液排出病毒（血液和皮肤IHC检测呈阴性），通过对精液进行PCR分析或病毒分离是最理想的方法。所有用于胚胎移植或体外授精（包括精液和卵母细胞）的动物源性试剂必须保证没有BVDV的存在。

冬季痢疾 Winter Dysentery

病因学

引起冬季痢疾的病因自该病发现以来一直都不太清楚。在北半球，该病的特征是在10月至次年的4月牛群暴发腹泻。很长时间以来空肠胎儿弯杆菌被怀疑是该病的病因，但是Koch氏的假说从未得到证实。MacPherson用感染牛的粪便滤液可引起敏感牛感染，因此认为该病与病毒有关。从感染牛的粪便和结肠上皮发现了牛日冕形病毒，实验室用引起犊牛腹泻的同样的毒株也能使成年奶牛发生冬季痢疾。在欧洲，冬季痢疾的暴发与布雷达病毒（环曲病毒属）有关。

冬季痢疾可造成很大的经济损失，主要是由于急性暴发和由此造成的影响使生产能力下降，因此有些牛在发病后的泌乳期不能恢复到以前的生产水平。死亡造成的损失很小，但确实能够发生，几乎总是发生于出现出血性腹泻的头胎小母牛。

该病具有很高的接触传染性，通过污染物（有生命的和无生命的）很容易从感染牛群传入未感染牛群。兽医、运奶车司机、输精员、销售员和参观人员经常造成该病的传播，新购入的牛和在秋冬季或早春参加展览的牛可被感染，从而引发牛群暴发。牛群发生冬季痢疾后可获得2～3年的免疫力，根据临床资料发现，绝大多数牛场每3年暴发1次。年龄不同对该病的抵抗力有所不同，但这种保护是不完全的。首次感染的牛出现临床症状比以前感染过的牛更加严重。

临床症状

发病牛群10%～30%的奶牛出现急性腹泻，在随后的7～10 d内，又有20%～70%的牛出现类似的症状。腹泻呈暴发性，粪便呈半液态，暗棕色，似豌豆汤状，有恶臭，可产生气泡。绝大多数病牛食欲降低，生产性能下降10%～50%，轻度到中度脱水。有些病牛末梢冰凉，并且瘤胃弛缓，表明有低血钙症。严重病例，特别是第一个泌乳期的牛首次发生该病时，出现出血性小肠结肠炎，粪便中带有鲜血块，有些病牛可能出现里急后重，并发生失血性贫血。部分病牛出现明显的柔和的湿咳，但肺部听诊正常。发热一般在临床症状出现前24～48 h出现。有经验的临床兽医会发现还没有发生腹泻的外表健康的同舍牛也有发热，体温在39.44～40.55℃的低温范围内。有些牛在出现腹泻的同时低度发热，体温在39.44～40.0℃。随着发病率和发病严重程度增高，生产水平下降。发病奶牛，特别是那些处于泌乳中期或晚期的奶牛，在该泌乳期内泌乳量不可能恢复到以前水平。

诊断

冬季痢疾必须与饲料性腹泻、球虫病、BVD和沙门氏菌病区别开。饲料性腹泻很少引起发热，一般与饲料改变有关。球虫病可引起小母牛和头胎母牛的腹泻、痢疾、血便和里急后重，但很少感染经产奶牛。通过粪便涂片和漂浮检查可诊断球虫病。一般情况下，BVDV感染可引起白细胞减少症和高热，病程更长，通过病毒分离和双份血清检测可加以区别。最容易与冬季痢疾混淆的是由E型或中等致病力B型或C型沙门氏杆菌引起的沙门氏菌病。这些类型的沙门氏菌病也能引起腹泻、发热（常常在腹泻前出现）、散发或许多病牛粪便带有鲜血、丝状纤维蛋白或黏液。血象检查发现嗜中性白细胞减少且出现核左移提示为急性沙门氏菌病，但这种现象并不是总能出现。排除沙门氏菌病的唯一办法就是采集几个急性病例的粪便进行培养。

利用电子显微镜检测法、ELASA或PCR等方法在粪便中检测出牛日冕形病毒是确诊的办法，急性感染死亡的病牛可采集结肠组织进行免疫组化染色进行尸检。

治疗

对大多数牛，最适用的治疗方法是支持疗法同时口服收敛剂。高产奶牛有时需静脉注射钙制剂，以对抗继发性低血钙症，或治疗由于食欲降低引起的酮病。对中度脱水的病牛需经口补给电解质溶液，所有的牛只都应提供食盐和新鲜的饮水。

严重脱水的奶牛偶尔需要静脉补液，由于失血造成贫血的头胎母牛有时需要输血。里急后重的病牛需硬膜外麻醉以缓解症状，减轻结肠和直肠的刺激。

治疗时间一般仅需1～5 d，在此期间，绝大多数病牛可恢复食欲，粪便变为正常。遗憾的是发病场内的流行要在7～14 d内才出现减少，当绝大多数病牛恢复后仍有新病例出现。目前还没有控制或防治措施。但是在引进新牛群和举行参观时，采取

统脉管炎，有可能出现临终性神经性症状。

在散发病例，传统的“头眼”型MCF最常见，其特征是持续高热（40.56～42.22℃），淋巴结病，严重的鼻腔和口腔黏膜损伤，眼损伤和明显的沉郁（图6-54）。急性黏膜损伤外观似黏膜被煮成半熟状。多数情况下，病牛的鼻镜和大面积的口腔黏膜充血，如果存活时间够长，苍白色的坏死上皮脱落，留下糜烂和溃疡。鼻镜外观干燥或“晒伤”状，随后表皮脱落。鼻黏膜脱落后可形成固膜性痂并堵塞呼吸道。流涎和大量的鼻腔分泌物是典型症状。有时，口腔和鼻腔的病变部分在后部的黏膜表面，在体格检查时的可见范围之外。

在大多数病例，脉络膜以外的全眼脉管炎可引起双侧眼炎。角膜水肿是最常见病变，由于炎症和渗出细胞沉积在角膜内皮使内皮受到破坏，从而引起角膜基质水肿。角膜水肿一般发生在病初发热后的2～5 d，主要是角膜缘水肿。之后，角膜水肿快速地扩散到角膜中心。这种向中心扩散的角膜水肿的MCF眼部症状要区别于接触传染性角膜炎（如传染性结膜炎）。角膜水肿的同时还有严重的前眼色素层炎、巩膜炎、角膜炎和视网膜炎，与在身体的其他部位一样，眼内也出现单核细胞浸润。由于中枢神经系统脉管炎，病牛出现明显沉郁，脑脊液检查可发现严重炎症，特征是蛋白质和单核细胞增多，也可能出现其他神经症状。在存活时间超过数日的病牛，冠状带和脚基部的皮肤损伤和炎症也可出现。绝大多数“头眼”型MCF病牛的临床病程为48～96 h，较轻病例可存活较长时间，据报道有少数病例幸存下来。

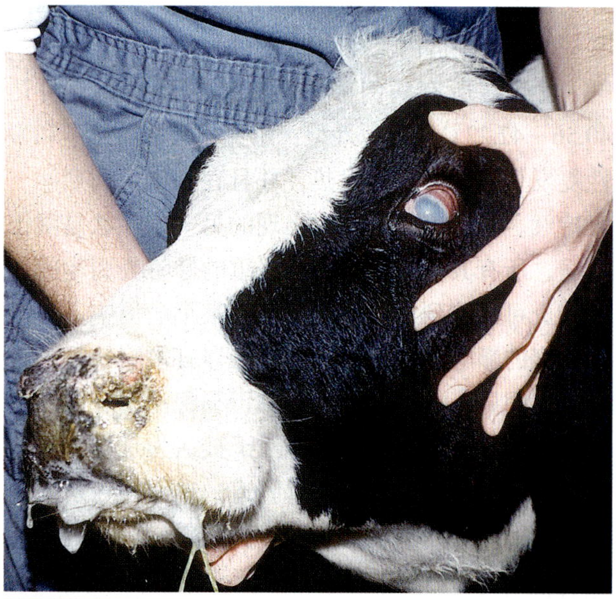

图 6-54

患有头眼型恶性卡他热的成年荷斯坦母牛。

急性MCF也可引起以腹泻为主要症状的严重小肠结肠炎。这种病例也发热，并具有某种程度的黏膜损伤、眼损伤和其他器官病变。这种“肠型”MCF也是一种相对的概念，因为除了腹泻外，病牛常有其他可见病变，然而严重腹泻是最明显的症状。因此，常与BVDV感染、牛瘟或其他肠道病混淆。

温和型MCF也曾见到过，MCF可能出现的和已出现的临床症状多种多样，这也使得有些病牛在临床上实际表现为亚临床感染、恢复和对该病具有免疫反应。虽然以前MCF被认为是一种高致病性疾病，高达50%的MCF病例可能由急性感染逐渐恢复或者转变为慢性疾病。

该病另一罕见的急性型为严重的出血性膀胱炎，表现为血尿、痛性尿淋漓和尿频。发生这一类型MCF的病牛出现高温，仅能存活1～4 d，虽然最显著的临床症状仅限于泌尿系统，但尸检后进行组织学检查可发现全身性脉管炎和淋巴细胞浸润。

慢性MCF的特征是临床病程较长，一般为数周，病牛出现高热，黏膜糜烂和溃疡，双侧性眼角色素层炎，皮肤丘疹或角化过度，淋巴结病和趾部损伤（图6-55和图6-56）。黏膜损伤往往较严重，组织脱落，并引起流涎和厌食（图6-57），某些慢性病例恢复后仅隔数周到数月又出现复发。在间隔期间病牛表现健康，但复发后体温升高和黏膜、眼及皮肤出现病变并导致衰竭。慢性MCF病牛极少完全恢复和存活。

诊断

由于MCF病牛的临床症状有很大差异，因此，需要鉴别诊断的病很多。头眼型MCF易与呼吸道和结膜感染的严重IBR混淆，因为在某些严重的IBR结膜炎病例也可出现角膜水肿。然而，IBR一般为流行性，并且在睑结膜和鼻黏膜上出现特征性黏膜斑。对绝大多数黏膜性疾病，如BVD、蓝舌病、水泡性口炎和口蹄疫，需要根据其持续时间、部位和症状的严重程度与MCF区别。出现严重腹泻但黏膜损伤轻微的病牛易与BVDV感染或牛瘟混淆。

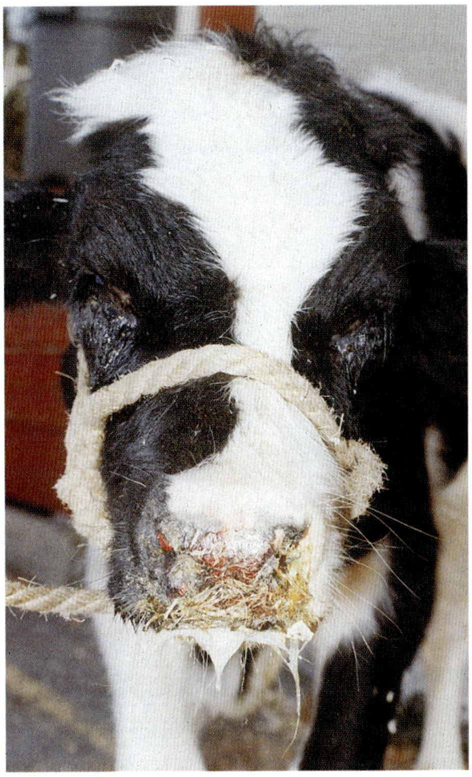

图 6-55

患慢性恶性卡他热的6月龄荷斯坦小公牛。

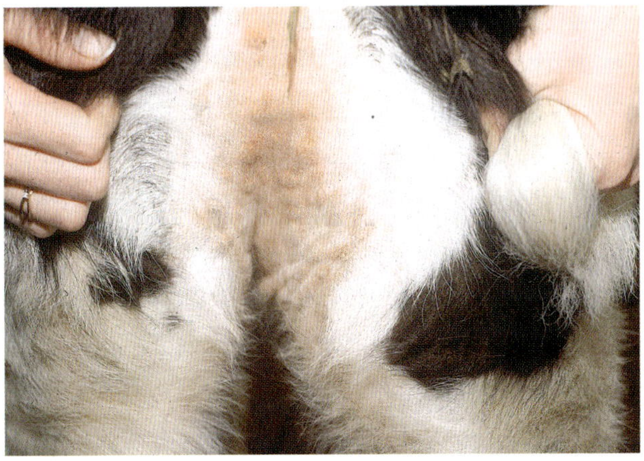

图 6-56

患慢性恶性卡他热的犊牛，在乳镜区出现丘疹性皮炎。

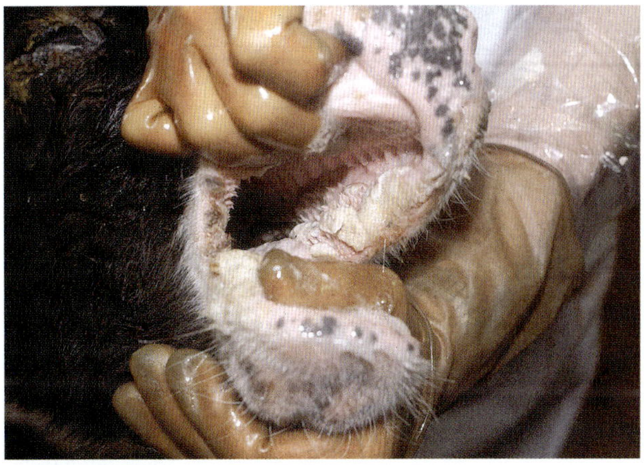

图 6-57

患慢性复发性MCF的1岁龄小母牛，出现的口腔和舌部慢性坏死病变。

以出血性膀胱炎为特征的急性MCF需要与酚噻嗪中毒、杆菌性血红蛋白尿和其他引起血尿的疾病相区别。引起鼻镜上皮脱落的急性或亚急性黏膜损伤可与光敏症混淆。

当MCF病牛出现眼睛损伤时，诊断较容易，因为其他黏膜病不引起严重的眼色素层炎和眼炎。前面提到，IBR结膜炎在严重病例可引起角膜水肿，但不出现眼内炎症。在急性或慢性BVDV感染病例不出现眼睛病变。在典型病例MCF引起的急性黏膜损伤也是一个特点，口腔黏膜弥漫性发炎，好象病牛喝过开水。鼻镜黏膜外观灼伤样、结痂或被腐蚀。遗憾的是这些典型的黏膜病变并不是在所有MCF病例都能出现，多灶性糜烂或溃疡的病牛很难与BVD和其他黏膜病区别。

在整个病程出现持续高热（40.56～42.22℃）是绝大多数急性MCF病牛的特点。然而，慢性病例也具有持续性体温升高，但升高的幅度与急性病例可能相同，也可能不同。

出现神经症状提示MCF的可能性，因为其他黏膜病极少影响到中枢神经系统。然而，绝大多数黏膜病死亡病例，高热和末期衰竭很常见，这种情况易与神经症状混淆。

脑脊液（CSF）分析对临床上诊断MCF最有帮助。不管病牛是否出现其他症状，特征性CSF单核细胞增多和蛋白浓度升高对确诊MCF很有帮助。确诊绵羊相关性MCF需要通过PCR分析全血（加入EDTA）样本中的白细胞，如果发现其中有MCF病毒基因组即可确诊。根据所用的引物，对OvHV2毒株的PCR分析是特异性的，不能检测出AHV1毒株。我们也可以利用CI-ELISA技术检测MCF抗体，但是这种检测方法在出现临床症状初期可能无法检测出阳性，CI-ELISA可以检测OvHV2和AHV1，但是无法区别角马和绵羊相关性MCF。

病例组织学检查可在许多器官发现有淋巴细胞浸润的特征性的弥漫性脉管炎，这些器官包括胃肠道、泌尿道、肝脏、肾上腺、中枢神经系统、皮肤和眼睛。坏死性脉管炎可出现在淋巴组织。

预防

预防MCF的关键是限制牛群与被感染的羊和猖羚接触。OvHV2的空气传播距离可能超过70 m，所以将牛群和羊隔离的更远一点是很好的预防办法。对于牛群和野牛群，特别是年龄较小的牛，建议与羊群距离1英里饲养。隐性带菌牛（无症状）可以通过血清的CI-ELISA分析或全血PCR分析进行鉴定。CI-ELISA检测发现在个别病例出现血清转化现象，有可能是因为血液中病毒量的不同，全血PCR分析可能出现间歇性阴性结果。由于某些世代遗传性的免疫应答延迟，急性感染病例的PCR分析可能呈阳性，而CI-ELISA分析为阴性。因此，一起使用这2种诊断方法是检测出MCF感染最理想最敏感的方法。尽管从无症状的临床感染奶牛的奶、鼻腔分泌物、眼内分泌物中能检测到OvHV2的DNA,但是病毒的DNA是伴随细胞出现的，并且对水平传播没有显著的危害。目前没有证实MCF可以从牛或野牛传播给其他动物，假如有这种情况，也是极少数的病例。

副结核病
Johne's Disease (Paratuberculosis)

病因学

副结核杆菌是引起类结核病（如大家熟悉的琼纳氏病）的病原体，这是一种抗酸菌，革兰氏阳性，细胞内寄生。这种细菌有非常强的抗性，在潮湿环境和较冷条件下可存活长达1年，高热和干燥可降低其活性。

琼纳氏病是牛的一种慢性病，特征是多数牛为亚临床感染，少数（<5%）为患慢性腹泻、慢性消瘦和在疾病终末期出现低蛋白血症的衰弱牛。围产期早期的粪口感染途径是最常见的感染途径，当犊牛吃奶或采食污染的饲料时可食入带菌的粪便。较大的犊牛感染后可出现不同情况，只有大剂量感染才能引起临床发病。青年牛或成年牛可能具有较强的抵抗力，这种抵抗力与年龄有关。但是，这种抵抗力是相对的，并不是说青年牛和成年牛就不感染，已经有青年牛和成年牛实验室感染的报道。某些因素包括并发症、遗传型、环境和其他应激因素可影响对感染的敏感性，某些品种和这些品种中的品系被认为对该病易感，但很难确认，例如，更赛种乳牛对该病的易感性似乎具有遗传性。但是在感染牛群内很难将真正的遗传易感病牛从大剂量感染的牛群中区分开来。

除粪口感染途径外，胎儿也有可能子宫内感染，感染的母体有25%的概率在其子宫内怀有具有临床症状的胎儿。

相似的，病牛奶中感染的巨噬细胞可将病菌传播给犊牛，通过牛奶排菌的奶牛所占的比例在感染各阶段都不一样，在重病例可能最常出现子宫和牛奶感染。感染公牛的精液和生殖道也可排菌，但感染的精液似乎不是传染源。敏感牛的感染发生于小肠远端和大肠，回肠是最常见的感染部位，但在某些病例回肠可能没有或很少有MAP的病变，反而空肠中段出现严重的病变。随着黏膜内的巨噬细胞吞噬MAP，该病菌在黏膜引起肉芽肿性感染并蔓延到黏膜下层，随后，MAP扩散到局部淋巴结，最终在疾病晚期形成全身性感染。然而个体感染的程度有很大差异。另外，该病的潜伏期非常长，从感染到出现临床症状一般需要2～3年，在某些病例长达10年。以下几点值得强调指出：

1.绝大多数感染牛从不出现临床症状，造成无症状感染和临床发病的因素还不清楚，但可能包括：感染的剂量、年龄、营养状况、并发症、应激因素、遗传因素。这些感染牛通过粪便排出副结核分枝杆菌，造成环境污染，从而使该病延绵不断。每一个牛群的感染率可能不同，牛群发生严重的感染的概率一般为20%～100%。虽然感染率很高，但每年牛群中成年牛的临床发病率在5%～10%。琼纳氏病可在某些牛群隐藏10年之久而不出现任何临床症状。

2.普遍认为，出现临床症状的感染牛可排出大量病菌，因此，这些牛造成的环境污染最严重。最近发现，相对于临床发病的病牛，带毒感染牛可能排出更高浓度的病菌（每克粪便含1～5 CUF）。亚临床感染的病牛是环境污染和病毒传播给同舍牛的最重要的来源。这些牛大部分不表现临床症状，没有明显的腹泻或者体重减轻，然而，其粪便中含有大量的副结核分枝杆菌，对周围的环境造成严重污染。

3.非感染牛可通过食入被粪便污染的饲料和水

被动携带和排出副结核分枝杆菌。如果牛群中存在大量排菌的病牛，以前未感染的牛食入的饲料中含有5 mL带菌粪便就有可能引起被动排菌，其粪便培养呈阳性。控制计划中对所有牛只进行粪便培养时，这些牛为假阳性，对这一点必须充分考虑。

因为绝大多数感染牛无症状，而临床发病的牛生产能力降低，在确诊之前已被淘汰，因此，很难估计副结核病的发病率。1996年，美国国家动物健康监督机构调查表示大约20%的奶牛场的牛群感染了MCF，而在牛只数量超过400头的奶牛场，其感染率达到了40%。最近，据非官方数据，在美国有超过75%的牛场感染MCF，有个别奶牛场的发病率在5%～10%，这取决于检测的方法，方法不同得到的发病率数据也不同。

在宾夕法尼亚州和美国东北部其他地区的检测证明，许多地区的发病率较高，可达7.3%。随着奶牛畜牧规模的扩大，感染的流行很大程度上是由于购买不明身体状况的牛引起的，并且牛群感染率还会不断增加。牛群中被淘汰的奶牛有10%是由于患有琼纳氏病，每头奶牛平均损失超过220美元，毫无疑问，该病在经济上对养牛业是很重要的，尤其是对奶牛业。

临床症状

虽然绝大多数感染副结核杆菌的牛不出现临床症状，但一旦出现临床症状即可确诊，并且整个牛群可能已经感染，应引起兽医和畜主的警惕。然而，如果是由于购买了出现临床症状的奶牛，对整个牛群的威胁并没有那么大。临床症状包括腹泻、渐进性消瘦和体况下降，由于低蛋白血症而出现腹下水肿，特别是在下颌区域，体温、脉搏、呼吸正常。典型的腹泻曾被称为豌豆汤样，由于呈稀的液体状，故出现气泡。然而给予轻泻食物，病牛的粪便比给予该食物的正常牛的粪便稀松。起初粪便成形但较松软，然后变成豌豆汤状，在严重病例，最后变成水样。发病早期食欲和体态正常，但由于蛋白渐进性丢失，病牛生产能力和身体状况出现恶化。患中度到严重琼纳氏病的牛还可出现皱胃变位，其确切原因还不清楚，但由于低血钙症和摄入干物质减少造成的胃肠停滞可能起作用。

中度到严重的病例体重明显下降，特征是肌肉萎缩、被毛干涩无光、生产明显下降、脱水和采食减少——特别是高能量食物（图6-58）。腹部水肿很明显，但可能出现在不同部位。下颌间隙、胸部、腹侧部、乳房和四肢下端都有可能出现（图6-59）。豌豆汤状或水样粪便可污染尾巴、会阴和后肢，尾巴也可将粪便甩到肋部和臀部而污染后躯。

患副结核病的牛虽然腹泻和体况下降，并且生产能力降低，但到疾病终末期出现明显的食欲下降之前，病牛的症状并不严重，只是偶尔出现间歇性腹泻，但并不常见。作者还曾遇到过这种情况：具有明显症状和腹泻的病牛，送到兽医院进行诊断后粪便自动转为正常，是否是由于运输有关的应激或饲料改变而造成这种暂时性好转还不清楚。

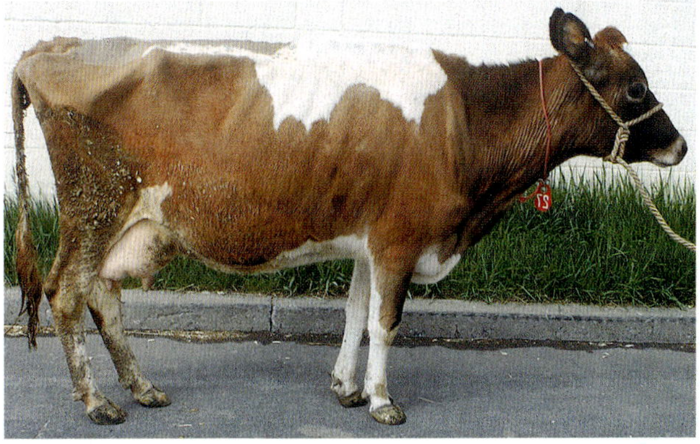

图 6-58

患有副结核病的娟姗母牛，体况不良，被毛干燥，后躯和尾巴被粪便明显污染。

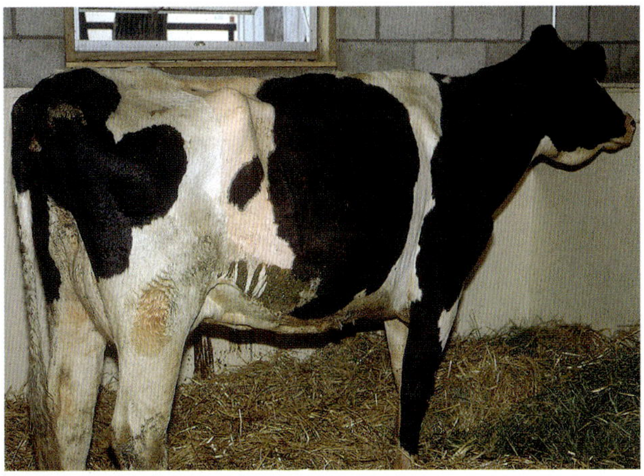

图 6-59

患有副结核病的4岁龄荷斯坦母牛，下颌水肿，体重减轻，少量腹泻，通过右侧齿面剖检和回肠淋巴结活组织检查法确诊。

临床症状只在经过长期潜伏后出现，一般出现于2～5岁的牛，但也可见于12月龄以下的小母牛和8～10岁的成年牛（图6-60）。如果某些2岁龄大小的小母牛出现腹泻等临床症状，说明是早期的大剂量感染；反之，5～7岁龄的母牛出现临床症状则说明是低剂量感染的终末期。具有临床症状的发病牛的年龄可以帮助兽医确定牛场感染的严重性。发病年龄可能受许多因素的影响，如感染剂量、感染持续时间、营养状况、遗传因素、并发症或应激以及其他因素。在第一、第二或第三个泌乳期开始后常常出现临床症状，这表明泌乳造成的应激足以使亚临床症状和低蛋白血症恶化而出现临床症状，这也可能是由于对泌乳期奶牛的食欲、生产力和身体状况比对小母牛或干乳期奶牛观察仔细的缘故。根据公牛和阉牛的发病情况，证明泌乳应激不是引发临床发作的先决条件。值得注意的是，某些患有严重琼纳氏病的公牛和阉牛在疾病的严重阶段出现皱胃变位。

许多出现琼纳氏病症状的牛，由于生产能力下降，在确诊或怀疑本病之前即被淘汰。这种情况在散养牛场尤其常见，因为每只牛的粪便情况可能不像在舍饲或单栏饲养条件下那样容易观察。临床感染或亚临床感染牛，由于乳房炎和繁殖障碍，其淘汰率要比未感染同舍牛高，另有研究报道，感染牛比未感染牛的同舍牛的淘汰率高，生产水平较低，但是乳房炎的发病率并不高。乳房炎和繁殖障碍的发病率升高可能部分是由于低蛋白血症、能量和蛋白质负平衡、应激和体况下降。

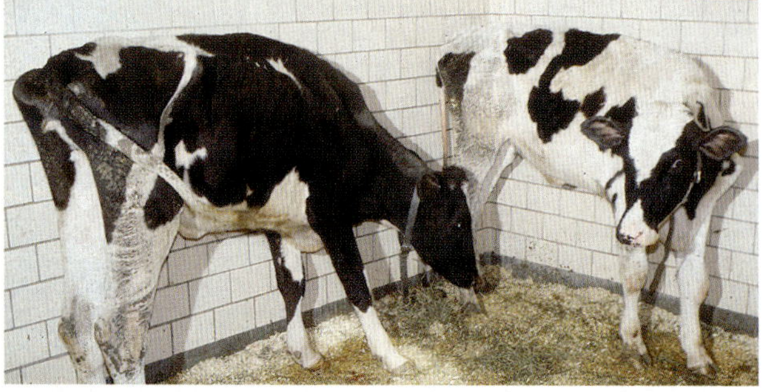

图 6-60

患有严重副结核病的2头18月龄荷斯坦小母牛，这是在一个牛场内12～24月龄小母牛群中流行该病的2个代表。

诊断

对出现严重症状的病牛很容易做出初步诊断，这些症状有腹泻、低蛋白血症、生产性能下降、体重降低和全身状况恶化。血清生化检测可发现血白蛋白减少，低蛋白质血症，偶尔出现高磷酸盐血症（7 mg/dL）。临床上副结核病必须与慢性寄生虫病、球虫病、慢性沙门氏菌病、中毒病、肾小球肾炎、淀粉样变和慢性BVDV感染相鉴别。

对于具有琼纳氏病临床症状的牛，我们应采用琼脂凝胶免疫扩散法（AGID）、ELISA或PCR法进行检查，针对具有琼纳氏病临床症状的牛进行ELISA或AGID法检查，阳性检出率高达85%以上，而应用PCR方法的阳性检出率基本可达到100%。但是，以上的几种方法都需要约1周的时间才能得出检测结果，至少也需要2～3 d。一般认为粪便培养是敏感性最强的检测方法，但是粪便检查需要更长的时间才能得出检测结果（应用固体培养基培养粪便需要12～16周，应用液体培养基需要30～42 d）。诊断琼纳氏病的金标准是回盲淋巴结培养，以及其他肠系膜淋巴结的培养，这一方法已经用在屠宰场鉴定副结核病牛，并且用来收集关于该病流行病学的资料。虽然采集回盲肠淋巴结对临床病例有很大的损伤，但对于极其贵重的奶牛或单个买回的奶牛，若怀疑其患有副淋巴结核病，用这一方法可以进行确诊，尤其是针对以前没有发生过该病的牛群。 在右侧肋腹部施行剖腹探查术，采集1.0 cm的回肠楔形样品和一个回盲淋巴结（图6-61和图6-62），所收集的回肠组织和一半淋巴结用于培养和组织病理学检查（包含石炭酸品红染色），剩余的一半淋巴结用来植被触片，以进行抗酸染色。一般情况下，根据触片染色检查的结果即可进行确诊，若不能确诊或有疑问，通过组织病理学检查通常可以作出诊断，而不需等待需时很长的微生物培养结果。

目前实验室的检测手段对于诊断具有明显临床症状的牛具有很高的特异性，但是对于隐性感染或是亚临床感染的牛则缺乏敏感性。一般认为粪便培养的特异性为100%，但是，最近的研究发现在严重污染的环境中有可能出现被动排菌的情况。如果牛群中存在大量排菌的病牛，以前未感染的牛食入污染的饲料可能引起被动排菌，其粪便培养呈阳性。

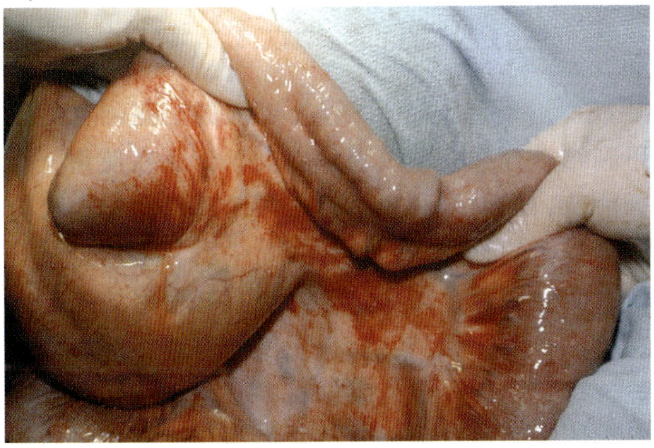

图 6-61

出现副结核病早期临床症状的母牛回肠增厚、水肿，在浆膜面可见扩张的淋巴管。手术采集回肠和盲淋巴结进行活检使该病快速诊断。

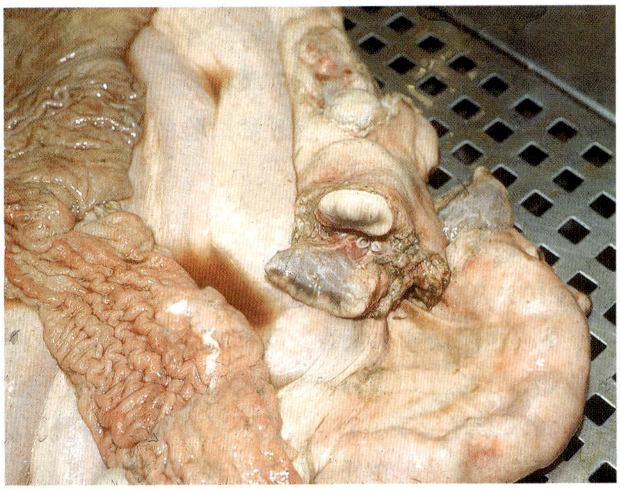

图 6-62

患严重副结核病的母牛尸检见增厚的回肠和水肿的（切开）回盲淋巴结。

如果牛群中粪便阳性率达到50%，则说明牛群中存在1头乃至更多的排菌病牛。一些USDA许可使用的ELISA检测方法是非常有效的，现在普遍都在使用。根据美国琼纳氏病研究组报告，所有的ELISA检测方法的敏感性大概是25%，粪便检查的敏感性大概是40%。潜伏期的牛，在其粪便检测出副结核分枝杆菌之前，所有的检测都呈阴性，不管这些牛是否感染副结核分枝杆菌，对牛群中年龄较大的牛的粪便进行混合样本培养检测或采用RT-PCR检测环境中的粪便样本都是很好的选择。因为ELISA检测并不是完全特异的，所有的ELISA检测的粪便样本必须要进行培养或PCR检测，ELISA阳性粪便样本通过粪便培养检测大约有1/3仍然呈阳性。有些牛场的场主决定对牛场所有成年牛的粪便进行培养检测，特别是那些知道在牛群中减少琼纳氏病传播的必要性的畜主。在一些缺乏减少琼纳氏病传播管理变化的牛场，不建议进行实验室检测。

目前，没有有效的检测方法能鉴别出所有的感染牛，一般来说，这种检测需要1年进行1次，以检出感染牛。检测呈阴性的牛并不能说明就是非感染牛，只能作为MAP感染是否显现出来的数据，此时的感染是无法检测出的。收集牛群中成年牛的粪便或环境中粪便样本进行检测是比较健全的流行病学检测方法。最近报告指出，混合粪便样本（每栏5份样本）和混合环境中的粪便样本非常适合用于检测牛群感染情况。如果这些检测呈阴性，则说明牛群中琼纳氏病的危害比较小。这2种检测方法已被纳入美国国家牛场琼纳氏病状况的计划中。

尸体剖检或在屠宰场取样进行大体和组织学检查，对确诊该病极有帮助。轻微的临床病例出现回肠水肿增厚，在浆膜面可见扩张的淋巴管，黏膜增厚，肠皱膜增高；中度到严重病例，回肠明显增厚和水肿，黏膜面可出现典型的皱褶（图6-62），回肠浆膜面淋巴管明显扩张，回盲淋巴结和其他肠系膜淋巴结肿大，切面出现水肿液；在严重病例，病变可出现在盲肠和结肠，并且从回盲向前扩散到小肠的前段。虽然从一些严重病例的其他器官如肝、子宫或胎儿也可分离到副结核分枝杆菌，但很少形成肉芽肿，形成大体病变的扩散性感染更少见。但是，通过对临床发病的病例进行MAP培养，发现肩胛骨前淋巴结、股骨前淋巴结、乳房上淋巴结和腘淋巴结都有感染病菌。在严重病例曾见到主动脉钙化。

组织病理学检查可发现肉芽肿性小肠结肠炎，黏膜下层和黏膜固有层出现巨噬细胞和上皮样细胞，抗酸染色证明，在肠内和淋巴结内有副结核分枝杆菌。但是，将这些组织进行分离培养比组织病理学检查更敏感。

治疗

虽然对一般病牛很少进行治疗，但对极其贵重的牛也可进行，应该在无菌环境中隔离病牛，并能承担巨大的花费。

氯苯吩嗪和异烟肼已被成功地用于缓解感染牛

能在混合培养物中分离培养得到。

临床症状

局部局限性的肝脓肿在临床上是亚临床性的，不会发生全身性的异常和气血不调，此种脓肿在对屠杀的牛进行的剖检中只是偶尔发现。

肝脓肿若位于腔静脉附近可能会扭曲血管壁，引起静脉炎和血栓，腔静脉中的脓毒性血栓可能会引起咳嗽呼吸综合征和/或肺出血（肺出血在第四章中有介绍）。我们通过对6 337头牛的剖检，其中发现有肝脓肿的共368头（5.8%），其中24%位于肝脏颅骨侧背面，很有可能引起腔静脉血栓。

肝脓肿可能会导致发热、厌食、体重下降、产奶量降低等症状，中性粒细胞增加和血清球蛋白及纤维蛋白原显著增加都是肝脓肿的特异性症状。发生在总胆管附近的肝脓肿可能会堵塞胆汁流动，导致临床症状和实验室症状。肝脓肿还是公认的迷走神经消化不良的产生原因。

通过超声波技术检查肝脏对于脓肿的定位，肝脓肿的预后和临床治疗都意义重大（图6-63和图6-64）。脓疮的大小从几厘米至二十几厘米不等。脓疮在三或四肋间距离处显影明显，通过穿刺检查可以确诊，而通过X线检查一般无法检查到肝脓肿（图6-65，A和C）。

治疗

肝脓肿确诊定位后，可通过抗生素治疗和/或外科引流术治疗。肝脓肿引流法的关键在于牛脓疮的大小、位置和其体质好坏，在一些脓疮比较小，脓疮表现低回声的母牛中，使用青霉素治疗也可治愈，但若治疗周期少于4周则会复发，即使使用外科引流术，肝脓肿也可能会复发。已经出现临床症状的肝脓肿治疗后的预后是比较好的，对于面积大、超声波显示强回声的脓疮的治疗也可以是有效的。导致迷走神经性消化不良的肝脓肿在进行外科引流术的预后在之前有过描述。

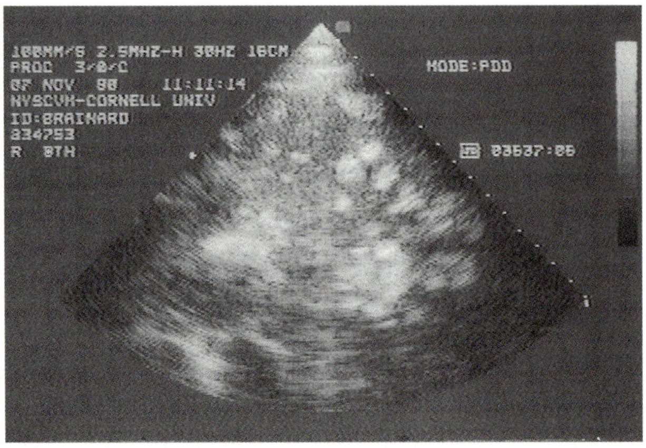

图 6-63

成年牛腹部超声波图显示肝脏为复合的强回声区，这表示肝脏中有高密度的脓性渗出物，治愈的机会很小。

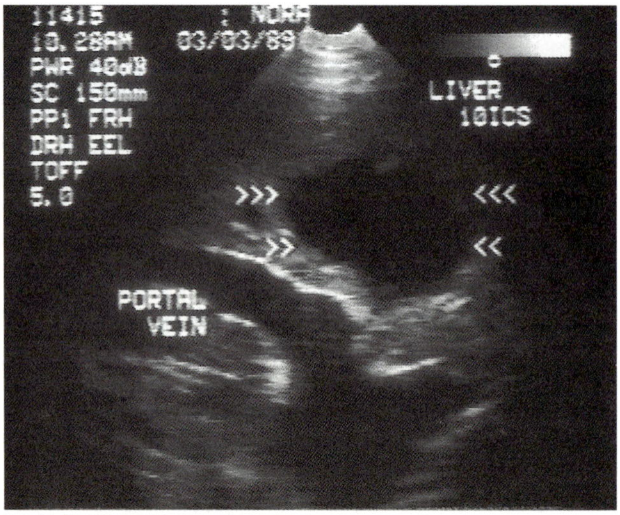

图 6-64

3岁龄荷斯坦母牛的肝脏腹侧超声波图，这头奶牛体重减轻，生产性能下降，可以看到一个大范围的低回声脓肿区，该牛在进行了1个月的青霉素全身治疗之后恢复健康。

胆管堵塞和胆管炎

Bile Duct Obstruction and Cholangitis

在产后泌乳期具有严重脂肪肝的牛多会发生肝内胆汁淤积，这在第十四章内有过描述。肝外胆汁淤积可能由以下几个原因造成：胆结石堵塞总胆管；肝脓肿导致的总胆管外部压力过大造成总胆管闭塞；胆囊或总胆管大面积粘连；总胆管门或十二指肠乳头的小部分炎症。

胆管的功能主要是分泌胆汁并输送至肠内，胆管的部分或完全阻塞容易被肠内的微生物上行性感染，胆道系统的感染又会引发胆管炎，也可能会导致胆管发生特征性的形态和功能的改变，包括炎症脓性产物的蓄积，胆汁成分的蓄积（胆汁酸、胆固醇，甚至胆结石的形成）（图6-66），这些蓄积物会进一步阻塞胆管。

肝外胆管阻塞和胆囊炎的临床症状包括绞痛、发热以及橙黄色尿液的黄疸症状（图6-67），在一

A

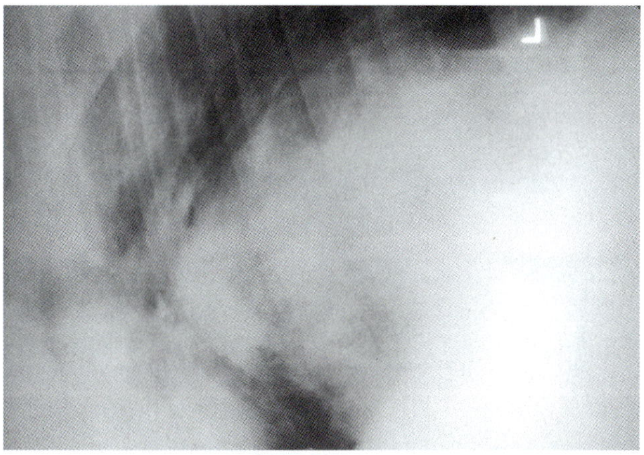

B

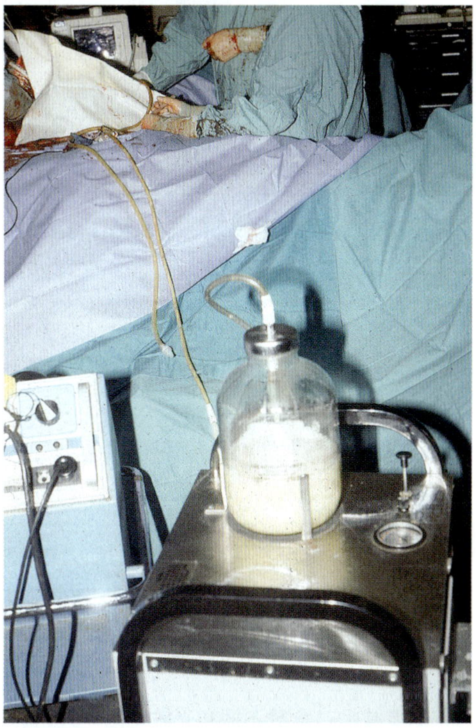

C

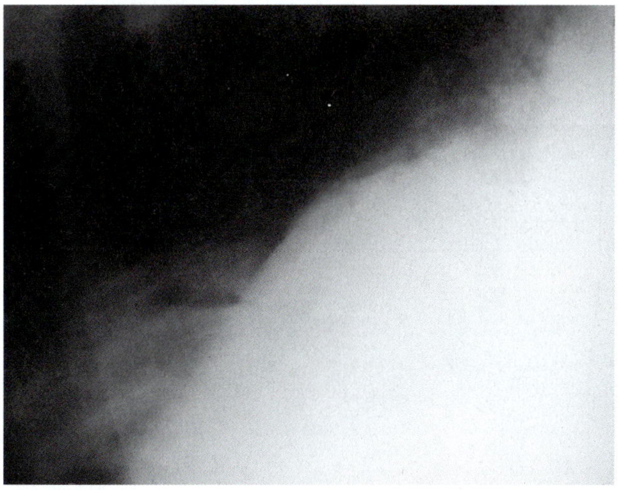

图 6-65

A，14月龄荷斯坦奶牛的胸侧X光片，能看到大片物质（肝脓肿）挤压膈肌。B，肝脓肿有所减少。C，引流术治疗后的X光片。

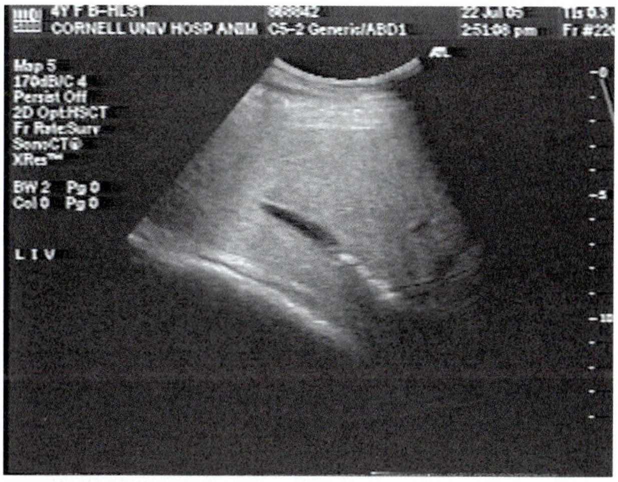

图 6-66

成年荷斯坦母牛的腹侧超声波图，这头母牛由于食欲减退和轻微的疝气被送进医院，其谷氨酸转移酶为1 500 IU/L，肝导管内发现有结石，盘尼西林、静脉输液、氟尼辛葡胺和强制进食治疗3 d后有显著疗效。

些病例中还会有以叶赤素滞留为特征的光照性皮炎的症状（图6-68）。实验室检查可见白细胞增多，胆红素增多，胆红素尿、总胆红素、血清球蛋白和纤维蛋白原增多，及SDH、AST、AP和GGT值的升高。通过超声波检查发现患有肝外胆汁淤积的奶牛多表现胆囊、胆囊壁、总胆管及其他肝内主要胆管肿胀。胆囊的肿胀并不是肝外胆汁淤积所特有的症状，几乎所有厌食的奶牛都会发生胆囊肿胀。肝外胆汁淤积的特征性症状是胆囊壁、总胆管及其他肝内主要胆管的肿胀。

Rebhun和Cable医生曾报道了一个胆结石的病例，在此病例中胆汁淤积的情况跟由于总胆管外压力过大引发的总胆管阻塞的症状相似。剖腹手术中可在胆囊处触摸到直径1～3 cm大小的结石，结石可用手挤碎，碎结石会通过肿胀的胆囊进入总胆管，接着进入十二指肠最后进入空肠。通过以上的手术可以对临床症状及肝功能检查的各项指标有所缓解，尽管这种缓解可能是暂时的。

还有一些不知病因的并发症和以上所描述的肝外胆汁淤积的情况很相似，但至今仍无明确的证据证明与肝外胆汁淤积有关，其临床症状和实验室检查的结果都很相似。当强制喂食几天，用青霉素治疗1个月以后，临床症状有很明显的改善，实验室指标都恢复正常（图6-67和图6-68）。

原发性肝肿瘤在牛中并不常见，但会引起胆管阻塞，在黄疸和光过敏的牛中尤其值得注意。对66

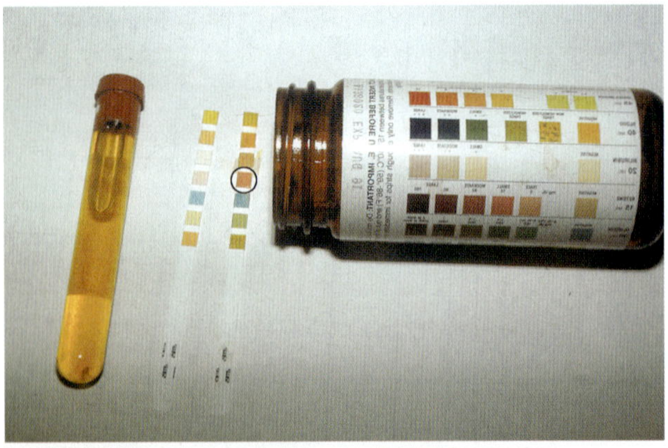

图 6-67

采集自高热、黄疸、食欲减退、消沉和肝源性光敏皮炎的成年奶牛的尿液样本，用类似图6-66的治疗方法效果良好，Multi-strip检测法检测尿液胆红素为阳性，呈橙色，圈内的方块为检测阳性，左侧是未检测带。

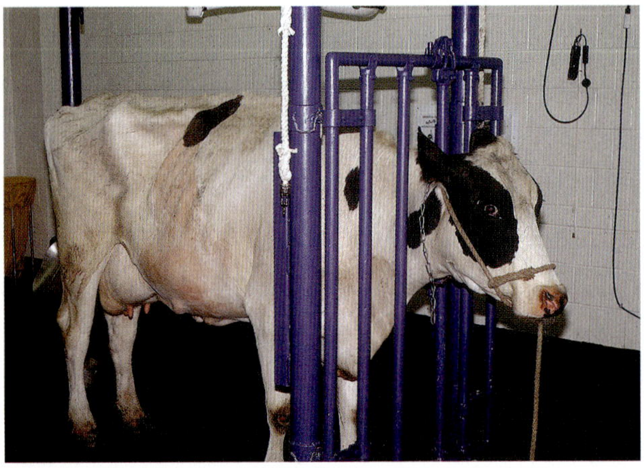

图 6-68

为图6-67中的母牛口部显著出血。

头有原发性肝肿瘤的牛进行剖检发现其中40头患有肝细胞癌，10头患有肝细胞腺癌，10头患有胆管细胞瘤。在肝的原发性肿瘤中有些种类的肿瘤很少发现，如血管瘤、血管肉瘤、纤维瘤和神经肉瘤。对24 169头牛进行剖检，其中只有22头（约0.09%）患有肝细胞原发性肿瘤；在屠宰场对130万头牛的肝脏进行检查，其中只有36头有原发性的肝肿瘤，这36头中有13头是肝细胞原发性肿瘤，还有21头是胆管瘤。

有关原发性肝肿瘤的临床症状还没进行过系统的论述。在剖检中，我们发现原发性肝肿瘤的临床症状正像之前所预料的那样，表现为肝肿块的扩大，或是向肺或脾扩散，如果肝肿瘤阻塞胆管则会继发黄疸和光过敏（图6-69，A和B）。光过敏引发的皮炎多发在乳头部或是口四周，偶尔发生全身皮炎（图6-70）。超声波检查可以对原发性肝肿瘤进行定位和预后。

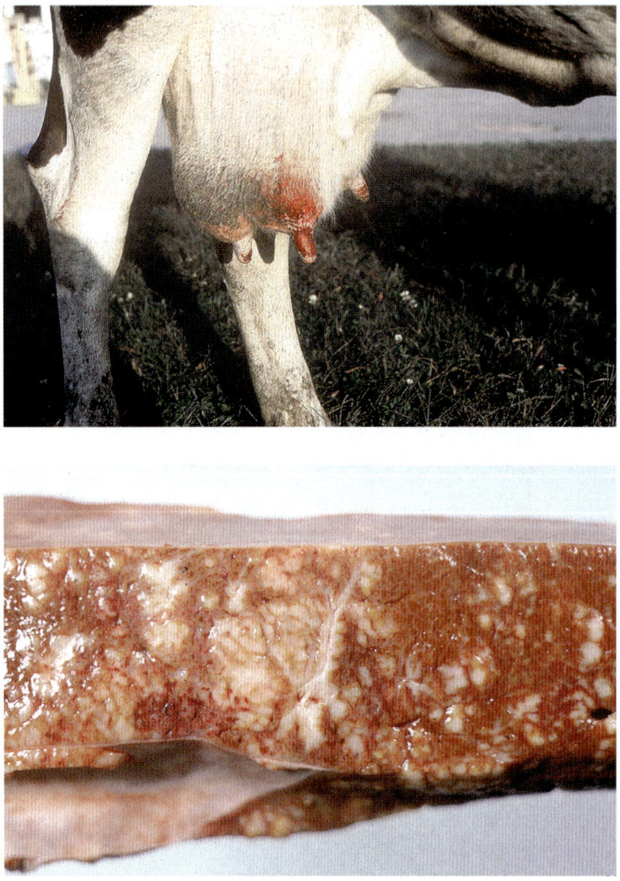

A

B

图 6-69

A，患有体重减轻、食欲不振和光敏化的8岁龄荷斯坦母牛，乳头和乳房部位症状最明显。B，患有胆管癌的母牛。

图 6-70

疑似干细胞毒素引起的肝源性光敏皮炎。

脓毒症继发肝功能失调 Hepatic Insufficiency Associated with Sepsis

肝功能衰退综合征在泌乳牛的急性脓毒性乳房炎或子宫炎中有过描述，其发病初期的临床症状多与内毒素血症相同。发病后期的临床症状包括厌食，体重减轻，产奶量降低，在个别病例中还会表现光照性皮炎。除了肝脏中血清酶活性增强之外，磺溴酞血浆清除率试验发现母牛血浆清除率显著下降，肝脏或组织检查发现肝细胞空泡化或坏死，这种肝细胞的病变是由于急性全身性感染引发的内毒素血症导致的。相似的肝损伤症状在人的继发性内毒素性休克中也有报道。有5个病例就是通过强制饲喂和一些对症治疗治愈的，其中3例通过治疗后痊愈，1例治疗无效，还有1例因继发病死亡。通过长期治疗观察，我们发现对于产后败血病治疗初期应该十分重视可能发生的肝损伤，在其他急性病的治疗过程中也应重视肝损伤的发生。若有长期抗生素治疗历史、肠和肝真菌病病史的也应十分重视（图6-71）。

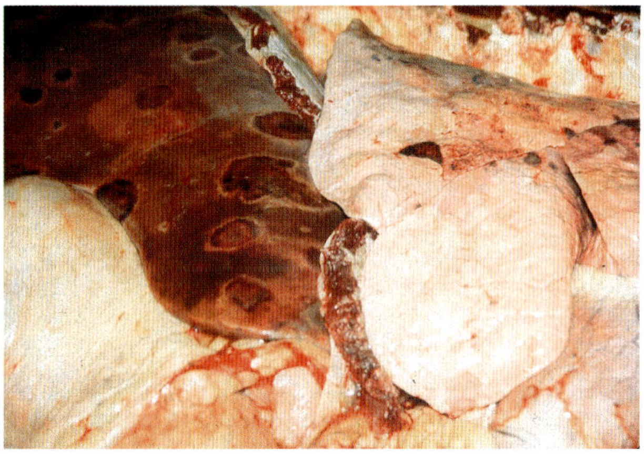

图 6-71

患有肠内（贲门窦和皱胃）和肝脏曲霉病的6岁龄荷斯坦母牛的肝脏，发展为全身性败血病，用广谱抗生素进行治疗。

（杨秀进、余琦、郭又春译，王金果、周海云、岳欣校）

参考文献

Abutarbush SM, Carmalt JL, Wilson DG, et al: Jejunal hemorrhage syndrome in 2 Canadian beef cows, *Can Vet J* 45:48-50, 2004.

Abutarbush SM, Radostits OM: Jejunal hemorrhage syndrome in dairy and beef cattle: 11 cases (2001 to 2003), *Can Vet J* 46:711-715, 2005.

Acres SD: Enterotoxigenic *Escherichia coli* infections in newborn calves: a review, *J Dairy Sci* 68:229-256, 1985.

Ahmed AF, Constable PD, Misk NA: Effect of orally administered cimetidine and ranitidine on abomasal luminal pH in clinically normal milk-fed calves, *Am J Vet Res* 62:1531-1538, 2001.

Alcaine SD, Sukhnanand SS, Warnick LD, et al: Ceftiofur-resistant Salmonella strains isolated from dairy farms represent multiple widely distributed subtypes that evolved by independent horizontal gene transfer, *Antimicrob Agents Chemother* 49:4061-4067, 2005.

Allison MJ, Robinson IM, Doughtery RW, et al: Grain overload in cattle and sheep: changes in microbial populations in the cecum and rumen, *Am J Vet Res* 39:181-185, 1975.

Al-Mashat RR, Taylor DR: Production of diarrhoea and dysentery in experimental cakes by feeding pure cultures of *Campylobacter fetus* subspecies *jejuni*,*Vet Rec* 107:459-464, 1980.

Anderson BC: Gastric cryptosporidiosis of feeder cattle beef cows and dairy cows, *Bov Pract* 23:99-101, 1988.

Ares-Mazas E, Lorenzo MJ, Casal JA, et al: Effect of a commercial disinfectant ('Virkon') on mouse experimental infection by *Cryptosporidium parvum*, *J Hosp Infect* 36:141-145, 1997.

Arthington JD, Jaynes CA, Tyler HD, et al: The use of bovine serum protein as an oral support therapy following coronavirus challenge in calves, *J Dairy Sci* 85:1249-1254, 2002.

Audet S, Crim R, Beeler J: Evaluation of vaccines, interferons, and cell substrates for pestivirus contamination, *Biologicals* 28:41-46, 2000.

Bellamy J, Acres SD: A comparison of histopathological changes in calves associated with K99- and K99+ strains of enterotoxigenic *E. coli*, *Can J Comp Med* 47:143-149, 1983.

Berchtold JF, Constable PD, Smith GW, et al: Effects of intravenous hyperosmotic sodium bicarbonate on arterial and cerebrospinal fluid acid-base status and cardiovascular function in calves with experimentally induced respiratory and strong ion acidosis, *J Vet Intern Med* 19:240-251, 2005.

Berghaus RD, McCluskey BJ, Callan RJ: Risk factors associated with hemorrhagic bowel syndrome in dairy cattle, *J Am Vet Med Assoc* 226:1700-1706, 2005.

Bertone A, Rebhun WC: Tracheal actinomycosis in a cow, *J Am Vet Med Assoc* 185:221-222, 1984.

Besser TE, Gay CC: Septicemic colibacillosis and failure of passive transfer of colostral immunoglobulin in calves, *Vet Clin North Am: Food Anim Pract* 1:445-459, 1985.

Besser TE, Gay CC, Pritchett L: Comparison of three methods of feeding colostrum to dairy calves, *J Am Vet Med Assoc* 198:419-422, 1991.

Besser TE, Lejeune JT, Rice DH, et al: Increasing prevalence of Campylobacter jejuni in feedlot cattle through the feeding period, *Appl Environ Microbiol* 71:5752-5758, 2005.

Besser TE, McGuire TC, Gay CC, et al: Transfer of functional immunoglobulin G (IgG) antibody into the gastrointestinal tract accounts for IgG clearance in calves, *J Virol* 62:2234-2237, 1988.

Bettini G, Marcato PS: Primary hepatic tumours in cattle. A classification of 66 cases, *J Comp Pathol* 107:19-34, 1992.

Bezek DM, Mechor GD: Identification and eradication of bovine viral diarrhea virus in a persistently infected dairy herd, *J Am Vet Med Assoc* 201:580-586, 1992.

Bistner SI, Rubin LF, Saunders LZ: The ocular lesions of bovine viral diarrhea-mucosal disease, *Pathol Vet* 7:275-285, 1970.

Blanchard PC: Sampling techniques for the diagnosis of digestive disease, *Vet Clin N Am Food Anim Pract* 16:23-36, 2000.

Bolin SR, Grooms DL: Origination and consequences of bovine viral diarrhea virus diversity, *Vet Clin N Am: Food Anim Pract* 20:51-68, 2004.

Bolin SR, McClurkin AW, Cutlip RC, et al: Severe clinical disease induced in cattle persistently infected with noncytopathic bovine viral diarrhea virus by superinfection with cytopathic bovine viral diarrhea virus, *Am J Vet Res* 46:573-576, 1985.

Bonneau KR, DeMaula CD, Mullens BA, et al: Duration of viraemia infectious to *Culicoides sonorensis* in bluetongue virus-infected cattle and sheep, *Vet Microbiol* 88:115-125, 2002.

Booth AJ, Naylor JM: Correction of metabolic acidosis in diarrheal calves by oral administration of electrolyte solutions with or without bicarbonate, *J Am Vet Med Assoc* 191:62-68, 1987.

Borriello SP, Carman RJ: Clostridial diseases of the gastrointestinal tract in animals. In Borriello SP, editor: *Clostridia in gastrointestinal disease,* Boca Raton, FL, 1990, CRC Press, pp. 195-221.

Borzacchiello G, Iovane G, Marcante ML, et al: Presence of bovine papillomavirus type 2 DNA and expression of the viral oncoprotein E5 in naturally occurring urinary bladder tumours in cows, *J Gen Virol* 84(Pt 11):2921-2926, 2003.

Bowne JG, Luedke AJ, Jochim MM, et al: Bluetongue disease in cattle, *J Am Vet Med Assoc* 153:662-668, 1968.

Braun U: Ultrasound as a decision-making tool in abdominal surgery in cows, *Vet Clin North Am Food Anim Pract* 21:33-35, 2005.

Braun U, Gotz M, Guscetti F: Ultrasonographic findings in a cow with extrahepatic cholestasis and cholangitis, *Schweiz Arch Tierheilkd* 136:275-279, 1994.

Braun U, Pospischil A, Pusterla N, et al: Ultrasonographic findings in cows with cholestasis, *Vet Rec* 137:537-543, 1995.

Braun U, Pusterla N, Wild K: Ultrasonographic findings in 11 cows with a hepatic abscess, *Vet Rec* 137:284-290, 1995.

Brownlie J: The pathogenesis of mucosal disease. A dual role for bovine viral diarrhea virus. In: *Proceedings 2nd University of Nebraska Mini-Symposium on Veterinary Infectious Diseases—Bovine Viral Diarrhea Virus: New Challenges for the New Decade,* Lincoln, NE, May 19, 1990.

Brownlie J, Clarke MC, Howard CJ: Experimental production of fatal mucosal disease in cattle, *Vet Rec* 114:535-536, 1984.

Bruer AN: Actinomycosis of the digestive tract in cattle, *Vet J* 3:121-122, 1955.

Bruner DW, Gillespie JH: *Hagan's infectious diseases of domestic animals,* ed 8, Ithaca, NY, 1988, Comstock Publishing Associates.

Bueschel DM, Jost BH, Billington SJ, et al: Prevalence of cpb2, encoding beta2 toxin, in *Clostridium perfringens* field isolates: correlation of genotypee with phenotype, *Vet Microbiol* 94:121-129, 2003.

Cable CS, Rebhun WC, Fortier LA: Cholelithiasis and cholecystitis in a dairy cow, *J Am Vet Med Assoc* 211:899-900, 1997.

Callan RJ: Malignant catarrhal fever: recent findings. Proceedings 19th Annual Forum, *Amer Coll Vet Int Med* 19:336-338, 2001.

Callan RJ: Unpublished data, Fort Collins, CO, 2006.

Campbell SG, Cookingham CA: The enigma of winter dysentery, *Cornell Vet* 68:423-441, 1978.

Campbell SG, Whitlock RH, Timoney JF, et al: An unusual epizootic of actinobacillosis in dairy heifers, *J Am Vet Med Assoc* 166:604-606, 1975.

Carlson SA, Stoffregen WC, Bolin SR: Abomasitis associated with multiple antibiotic resistant *Salmonella enteritica* serotype *typhimurium* phagetype DT104, *Vet Microbiol* 85:233-240, 2002.

Carter G, Chengappa M, Roberts AW: *Clostridium. Essentials of veterinary microbiology,* Media, PA, 1995, Williams and Wilkins, pp. 134-137.

Castrucci G, Frigeri F, Ferrari M, et al: The efficacy of colostrum from cows vaccinated with rotavirus in protecting calves to experimentally induced rotavirus infection, *Comp Immun Microbiol Infect Dis* 7:11-18, 1984.

Chigerwe M, Dawes ME, Tyler JW, et al: Evaluation of a cow-side immunoassay kit for assessing IgG concentration in colostrum, *J Am Vet Med Assoc* 227:129-131, 2005.

Cho KO, Halbur PG, Bruna JD, et al: Detection and isolation of coronavirus from feces of three herds of feedlot cattle during outbreaks of winter dysentery-like disease, *J Am Vet Med Assoc* 217:1191-1194, 2000.

Cho KO, Hasoksuz M, Nielsen PR, et al: Cross-protection studies between resporatory and calf diarrhea and winter dysentery coronavirus strains in calves and RT-CR and nested PCR for their detection, *Arch Virol* 146:2401-2419, 2001.

Clark MA: Bovine coronavirus, *Br Vet J* 149:51-70, 1993.

Cobbold RN, Rice DH, Davis MA, et al: Long-term persistence of multidrug-resistant Salmonella enterica serovar Newport in two dairy herds, *J Am Vet Med Assoc* 228:686-692, 2006.

Constable PD: Antimicrobial use in the treatment of calf diarrhea, *J Vet Intern Med* 18:8-17, 2004.

Corapi WC, French TW, Dubovi EJ: Severe thrombocytopenia in young calves experimentally infected with noncytopathic bovine viral diarrhea virus, *J Virol* 63:3934-3943, 1989.

Coretese V: Bovine vaccines and herd vaccination programs. In Smith BP, editor: *Large animal internal medicine,* ed 3, St. Louis, 2002, Mosby.

Coria MF, McClurkin AW: Specific immune tolerance in an apparently healthy bull persistently infected with bovine viral diarrhea virus, *J Am Vet Med Assoc* 172:449-451, 1978.

Craig TM: Treatment of external and internal parasites of cattle, *Vet Clin N Am: Food Anim Pract* 19:661-678, 2003.

Current WL: Cryptosporidiosis, *J Am Vet Med Assoc* 187:1334-1338, 1985.

Davidson HP, Rebhun WC, Habel RE: Pharyngeal trauma in cattle, *Cornell Vet* 71:15-25, 1981.

de Graaf DC, Vanopdenbosch E, Ortega-Mora LM, et al: A review of the importance of cryptosporidiosis in farm animals, *Int J Parasitol* 29:1269-1287, 1999.

de la Rosa C, Hogue DE, Thonney ML: Vaccination schedules to raise antibody concentrations against epsilon toxin of *Clostridium perfringens* in ewes and their triplet lambs, *J Anim Sci* 75:2328-2334, 1997.

Dennison AC, Van Metre DC, Callan RJ, et al: Hemorrhagic bowel syndrome in adult dairy cattle: 22 cases (1997-2000), *J Am Vet Med Assoc* 221:686-689; erratum 221:1149, 2002.

Dennison AC, Van Metre DC, Morley PS, et al: Comparison of the odds of isolation, genotypes, and in vivo production of major toxins by *Clostridium perfringens* obtained from the gastrointestinal tract of dairy cows with hemorrhagic bowel syndrome or left displaced abomasum, *J Am Vet Med Assoc* 227:132-138, 2005.

de Verdier KK: Enhancement of clinical signs in experimentally rotavirus infected calves by combined viral infections, *Vet Rec* 147:717-719, 2000.

Donis RO: Bovine viral diarrhea: the unraveling of a complex of clinical presentations, *Bov Proc* 20:16-22, 1988.

Dougherty RW, Habel RE, Bone HE: Esophageal innervation and eructation reflex in sheep, *Am J Vet Res* 19:115-118, 1958.

Dougherty RW, Hill KJ, Campeti FL, et al: Studies of the pharyngeal and laryngeal activity during eructation in ruminants, *Am J Vet Res* 23:213-219, 1962.

Drolet BS, Campbell CL, Stuart MA, et al: Vector competence of *Culicoides sonorensis* (Diptera: Ceratopogonidae) for vesicular stomatitis virus, *J Med Entomol* 42:409-418, 2005.

Dubovi EJ: Personal communication [to W.C. Rebhun], Ithaca, NY, 1993.

Elitok B, Elitok OM, Pulat H: Efficacy of azithromycin dihydrate in treatment of cryptosporidiosis in naturally infected dairy calves, *J Vet Intern Med* 19:590-593, 2005.

Embury-Hyatt CK, Wobeser G, Simko E, et al: Investigation of a syndrome of sudden death, splenomegaly, and small intestinal hemorrhage in farmed deer, *Can Vet J* 46:702-708, 2005.

Ernst JV, Benz GW: Intestinal coccidiosis in cattle, *Vet Clin North Am: Food Anim Pract* 2:283-291, 1986.

Espinasse J, Viso M, Laval A, et al: Winter dysentery: a coronavirus-like agent in the faeces of beef and dairy cattle with diarrhoea, *Vet Rec* 11:385, 1982.

Ewaschuk JB, Naylor JM, Palmer R, et al: D-lactate production and excretion in diarrheic calves, *J Vet Intern Med* 18:744-747, 2004.

Ewoldt JM, Anderson DE: Determination of the effect of single abomasal or jejunal inoculation of Clostridium perfringens type A in dairy cows, *Can Vet J* 46:821-824, 2005.

Farrell CJ, Shen DT, Wescott RB, et al: An enzyme-linked immunosorbent assay for diagnosis of *Fasciola hepatica* infection in cattle, *Am J Vet Res* 42:237-240, 1981.

Fayer R, Morgan U, Upton SJ: Epidemiology of *Cryptosporidium*: transmission, detection, and identification, *Int J Parasitol* 30:1305-1322, 2000.

Fayer R, Santin M, Xiao L: *Cryptosporidium bovis* n. sp. (Apicomplexa: Cryptosporidiiae) in cattle (*Bos taurus*), *J Parasitol* 91:624-629, 2005.

Firehammer BD, Myers LL: *Campylobacter featus* subspecies *jejuni*: its possible significance in enteric disease of calves and lambs, *Am J Vet Res* 42:918-922, 1981.

Fleenor WA, Stott GH: Hydrometer test for estimation of immunoglobulin concentration in bovine colostrum, *J Dairy Sci* 63:973-977, 1980.

Fossler CP, Wells SJ, Kaneene JB, et al: Herd-level factors associated with isolation of Salmonella in a multi-state study of conventional and organic dairy farms I. Salmonella shedding in cows, *Prev Vet Med* 70:257-277, 2005.

Fowler ME: Recent calf milk replacer research update. In *Proceedings: American Association Bovine Practitioners Convention*, vol 2, 1992, pp. 168-175.

Fubini SL, Ducharme NG, Murphy JP, et al: Vagus indigestion syndrome resulting from a liver abscess in dairy cows, *J Am Vet Med Assoc* 186:1297-1300, 1985.

Garmory HS, Chanter N, French NP, et al: Occurrence of *Clostridium perfringens* beta2-toxin amongst animals, determined by using genotyping and subtyping PCR assays, *Epidemiol Infect* 124:61-67, 2000.

Georgi JR: *Parasitology for veterinarians*, ed 4, Philadelphia, 1985, WB Saunders, pp. 62-72.

Gibbs EPJ: Bluetongue—an analysis of current problems, with particular reference to importation of ruminants to the United States, *J Am Vet Med Assoc* 182:1190-1194, 1983.

Gibbs EPJ. Bluetongue disease, *Agri-Practice* 4:31-38, 1983.

Gibbs HC, Herd RP: Nematodiasis in cattle: importance, species involved immunity, and resistance, *Vet Clin North Am: Food Anim Pract* 2:211-224, 1986.

Gibert M, Jolivet-Reynaud C, Popoff M: Beta$_2$ toxin, a novel toxin produced by *Clostridium perfringens*, *Gene* 203:65-73, 1997.

Giles N, Hopper SA, Wray C: Persistence of salmonella typhimurium in a large dairy herd, *Epidemiol Infect* 103:235-242, 1989.

Gillespie JH, Bartholomew PT, Thomson RG, et al: The isolation of non-cytopathic virus diarrhea from two aborted fetuses, *Cornell Vet* 57:564-571, 1967.

Givens MD, Waldrop JG: Bovine viral diarrhea virus in embryo and semen production systems, *Vet Clin N Am: Food Anim Pract* 20:21-38, 2004.

Godden S, Frank R, Ames T: Survey of Minnesota veterinarians on the occurrence of and potential risk factors for jejunal hemorrhage syndrome in adult dairy cows, *Bov Pract* 35:97-103, 2001.

Goldman L, Ausiello D: Campylobacter enteritis. In Wyngaarden JB, Smith LH Jr, editors: *Cecil textbook of medicine*, ed 22, Philadelphia, 2004, WB Saunders.

Goodger WJ, Thurmond M, Nehay J, et al: Economic impact of an epizootic of bovine vesicular stomatitis in California, *J Am Vet Med Assoc* 186:370-373, 1985.

Grahn TC, Fahning ML, Zemjanis R: Nature of early reproductive failure caused by bovine viral diarrhea virus, *J Am Vet Med Assoc* 185:429-432, 1984.

Griesemer RA, Cole CR: Bovine papular stomatitis, *J Am Vet Med Assoc* 137:404-410, 1960.

Grooms D, Baker JC, Ames TR: Diseases caused by bovine virus diarrhea virus. In Smith BP, editor: *Large animal internal medicine*, ed 3, St. Louis, 2002, Mosby, pp. 707-714.

Grooms DL: Reproductive consequences of infection with bovine viral diarrhea virus, *Vet Clin N Am: Food Anim Pract* 20:5-19, 2004.

Grooms DL, Brock KV, Ward LA: Detection of bovine viral diarrhea virus in the ovaries of cattle acutely infected with bovine viral diarrhea virus, *J Vet Diagn Invest* 10:125-129, 1998.

Haggard DL: Bovine enteric colibacillosis, *Vet Clin North Am: Food Anim Pract* 1:495-508, 1985.

Haines DM, Chelck BJ, Naylor JM: Immunoglobulin concentrations in commercially available colostrum supplements for calves, *Can Vet J* 31:36-37, 1990.

Hamdy FM, Dardiri AH, Mebus C, et al: Etiology of malignant catarrhal fever outbreak in Minnesota. In *Proceedings: 82nd US Animal Health Association*, 1978, p. 248.

Hammerberg B: Pathophysiology of nematodiasis in cattle, *Vet Clin North Am: Food Anim Pract* 2:225-234, 1986.

Hand MS, Hunt E, Phillips RW: Milk replacers for the neonatal calf, *Vet Clin North Am: Food Anim Pract* 1:589-609, 1985.

Hansen DE, Thurmond MC, Thorburn M: Factors associated with the spread of clinical vesicular stomatitis in California dairy cattle, *Am J Vet Res* 46:789-795, 1985.

Hasoksuz M, Hoet AE, Loersch SC, et al: Detection of respiratory and enteric shedding of bovine coronaviruses in cattle in an Ohio feedlot, *J Vet Diagn Invest* 14:308-313, 2002.

Hebeller HF, Linton AH, Osborne AD: Atypical actinobacillosis in a dairy herd, *Vet Rec* 73:517-521, 1961.

Hendrick SH, Kelton DF, Leslie KE, et al: Efficacy of monensin sodium for the reduction of fecal shedding of *Mycobacterium avium* subsp. *paratuberculosis* in infected dairy cattle, *Prev Vet Med* 75:206-220, 2006.

Herd RP, Heider LE: Control of internal parasites in dairy replacement heifers by two treatments in the spring, *J Am Vet Med Assoc* 177:51-54, 1980.

Herd RP, Heider LE: Control of nematodes in dairy heifers by prophylactic treatments with albendazole in the spring, *J Am Vet Med Assoc* 186:1071-1074, 1985.

Heuschele WP: Malignant catarrhal fever. In Committee on Foreign Animal Diseases, editors: *Foreign animal diseases*, Richmond, VA, 1992, United States Animal Health Association.

Holland RE: Some infectious causes of diarrhea in young farm animals, *Clin Microbiol Rev* 3:345-375, 1990.

Holloway NM, Tyler JW, Lakritz J, et al: Serum immunoglobulin G concentrations in calves fed fresh colostrum or a colostrum supplement, *J Vet Intern Med* 16:187-191, 2002.

Holmberg SD, Osterholm MT, Senger KA, et al: Drug-resistant Salmonella from animals fed antimicrobials, *N Engl J Med* 311:617-622, 1984.

Hornick RB: Salmonella infections other than typhoid lever. In Wyngaarden JB, Smith LH Jr, editors: *Cecil's textbook of medicine*, ed 18, Philadelphia, 1988, WB Saunders.

Howard TH, Bean B, Hillman R, et al: Surveillance for persistent bovine viral diarrhea virus infection in four artificial insemination centers, *J Am Vet Med Assoc* 196:1951-1955, 1990.

Jamaluddin AA, Carpenter TE, Hird DW, et al: Economics of feeding pasteurized colostrum and pasteurized waste milk to dairy calves, *J Am Vet Med Assoc* 209:751-756, 1996.

Jarrett WFH, Campo MS, Blaxter ML, et al: Alimentary fibropapilloma in cattle. A spontaneous tumor, nonpermissive for papillomavirus replication, *J Nat Cancer Inst* 73:499-504, 1984.

Jarrett WFH, et al: Papilloma viruses in benign and malignant tumors of cattle, *Cold Spring Harbor Conference on Cell Proliferation*, 1980, pp. 215-222.

Jeong WI, Do SH, Sohn MH, et al: Hepatocellular carcinoma with metastasis to the spleen in a Holstein cow, *Vet Pathol* 42:230-232, 2005.

Kahrs R: Effect of bovine viral diarrhea on the developing fetus, *J Am Vet Med Assoc* 163:877-878, 1973.

Kahrs R, Atkinson G, Baker JA, et al: Serological studies on the incidence of bovine virus diarrhea, infectious bovine rhinotracheitis, bovine myxovirus, parainfluenza-3, and Leptospira pomona in New York State, *Cornell Vet* 54:360-369, 1964.

Kahrs RF: Rotavirus associated with neonatal diarrhea, In Kahrs RF, editor: *Viral diseases of cattle*, ed 2, Ames, IA, 2001, Iowa State University Press, pp. 239-246.

Kahrs RF: *Viral diseases of cattle*, ed 1, Ames, IA, 1981, Iowa State University Press.

Kahrs RF, Scott FW, de Lahunte A: Congenital cerebella hypoplasia and ocular defects in calves following bovine viral diarrhea-mucosal disease infection in pregnant cattle, *J Am Vet Med Assoc* 156:1443-1450, 1970.

Katayama SI, Matsushita O, Minami J, et al: Comparison of the alpha-toxin genes of *Clostridium perfringens* type A and C strains: evidence for extragenic regulation of transcription, *Infect Immun* 61:457-463, 1993.

Kelling CL, Steffen DJ, Cooper VL, et al: Effect of infection with bovine viral diarrhea virus alone, bovine rotavirus alone, or concurrent infection with both on enteric disease in gnotobiotic calves, *Am J Vet Res* 63:1179-1186, 2002.

Kelling CW: Evolution of bovine viral diarrhea virus vaccines, *Vet Clin N Am: Food Anim Pract* 20:115-129, 2004.

Kendrick JW, Franti CE: Bovine viral diarrhea: decay of colostrum-conferred antibody in the calf, *Am J Vet Res* 35:589-591, 1974.

Kenney DG, Weldon AD, Rebhun WC: Oropharyngeal abscessation in two cows secondary to administration of an oral calcium preparation, *Cornell Vet* 83:61-65, 1993.

Ketelsen AT, Johnson DW, Muscoplat CC: Depression of bovine monocyte chemotactic responses by bovine viral diarrhea virus, *Infect Immun* 25:565-568, 1979.

Kimball A, Twiehaus MJ, Frank ER: *Actinomyces bovis* isolated from six cases of bovine orchids: a preliminary report, *Am J Vet Res* 15:551-553, 1954.

Sinks GD, Quigley JD III, Reinemeyer CR: Effects of lasalocid on coccidial infection and growth in young dairy calves, *J Am Vet Med Assoc* 200:1947-1951, 1992.

Smith BP: Personal communication, 2006.

Smith BP: Salmonellosis in ruminants. In *Large animal internal medicine*, ed 3, St. Louis, 2002, Mosby, pp. 775-779.

Smith BP: Understanding the role of endotoxins in gram-negative septicemia, *Vet Med* 81:1148-1161, 1986.

Smith BP, Dilling GW, Roden LD, et al: Aromatic-dependent *Salmonella dublin* as a parenteral modified live vaccine for calves, *Am J Vet Res* 45:2231-2235, 1984.

Smith BP, Oliver DG, Singh P, et al: Detection of *Salmonella dublin* mammary gland infection in carrier cows using an ELISA for antibody in milk or serum, *Am J Vet Res* 50:1352-1360, 1989.

Smith BP, Reina-Guerra M, Hoiseth SK, et al: Aromatic-dependent *Salmonella typhimurium* as modified live vaccines for calves, *Am J Vet Res* 45:59-66, 1984.

Smith HW: A laboratory consideration of the treatment of *Actinobacillus lignieresii* infection, *Vet Rec* 63:674-675, 1951.

Smith RH, Wynn CF: Effects of feeding soya products to preruminant calves, *Proc Nutr Soc (London)* 30:75A, 1971.

Smithlie LK, Modderman E: BVD virus in commercial fetal calf serum and normal and aborted fetuses, In *Proceedings: 18th Annual Meeting American Association Veterinary Laboratory Diagnosis*, 1975, pp. 113-119.

Snodgrass DR, Fahey KJ, Wells PW, et al: Passive immunity in calf rotavirus infections: maternal vaccination increases and prolongs immunoglobulin G_1 antibody secretion in milk, *Infect Immun* 28:344-349, 1980.

Snodgrass DR, Stewart J, Taylor J, et al: Diarrhea in dairy calves reduced by feeding colostrum from cows vaccinated with rotavirus, *Res Vet Sci* 32:70-73, 1982.

Snodgrass DR, Terzolo HR, Sherwood D, et al: Aetiology of diarrhea in young calves, *Vet Rec* 119:31-34, 1986.

Snyder DE, Floyd JG, DiPietro JA: Use of anthelmintics and anticoccidial compounds in cattle, *Compend Contin Educ Pract Vet* 13:1847-1860, 1991.

Sockett DC, Brower AI, Porter RE, et al: Hemorrhagic bowel syndrome in dairy cattle: preliminary results from a case control study. In *Proceedings, 47th Annual Conference, American Association of Veterinary Laboratory Diagnosticians*, Greensboro, NC, 2004, p. 37.

Songer JG: Clostridial diseases of small ruminants, *Vet Res* 29:219-232, 1998.

Songer JG: Clostridial enteric diseases of domestic animals, *Clin Microbiol Rev* 9:216-234, 1996.

Songer JG: *Clostridium perfringens* type A infection in cattle. In *Proceedings, 32nd Annual Convention, American Association of Bovine Practitioners*, 1999, pp. 40-44.

Speer CA, Scott MC, Bannantine JP, et al: A novel enzyme-linked immunosorbent assay for diagnosis of *Mycobactyerium avium* subsp. *paratuberculosis* infections (Johne's disease) in cattle, *Clin Vaccine Immunol* 13:535-540, 2006.

Spier SJ, Smith BP, Cullor JS, et al: Persistent experimental *Salmonella dublin* intramammary infection in dairy cows, *J Vet Intern Med* 5:341-350, 1991.

Stockdale PH, Niilo L: Production of bovine coccidiosis with *Eimeria zuernii*, *Can Vet J* 17:35-37, 1976.

Stott JL: Bluetongue and epizootic hemorrhagic disease. In Committee on Foreign Animal Diseases, editors: *Foreign animal diseases*, Richmond, VA, 1992, United States Animal Health Association.

Sulaiman IM, Xiao L, Yang C, et al: Differentiating human from animal isolates of *Cryptosporidium parvum*, *Emerg Inf Dis* 4:681-685, 1998.

Swarbrick O: Atypical actinobacillosis in three cows, *Br Vet J* 123:70-75, 1967.

Sweeney RW, Divers TJ, Whitlock RH, et al: Hepatic failure in dairy cattle following mastitis or metritis, *J Vet Intern Med* 2:80-84, 1988.

Sweeney RW, Uzonna J, Whitlock RH, et al: Tissue predilection sites and effect of dose on *Mycobacterium avium* subs. *paratuberculosis* organism recovery in a short-term bovine experimental oral infection model, *Res Vet Sci* 80:253-259, 2006.

Sweeney RW, Whitlock RH, McAdams S, et al: Londitudinal study of ELISA seroreactivity to *Mycobacterium avium* subsp. *paratuberculosis* in infected cattle and culture-negative herd mates, *J Vet Diagn Invest* 18:2-6, 2006.

Takahashi E, et al: Epizootic diarrhoea of adult cattle associated with a corona-like agent, *Vet Microbiol* 5:151-154, 1980.

Tennant B, Ward DE, Braun RK, et al: Clinical management and control of neonatal enteric infections of calves, *J Am Vet Med Assoc* 173:654-660, 1978.

Terzolo HR, Lawson GHK, Angus KW, et al: Enteric campylobacter infection in gnotobiotic calves and lambs, *Res Vet Sci* 43:72-77, 1987.

Timoney JF, Gillespie JH, Scott FW, et al: *Hagan and Bruner's microbiology and infectious diseases of domestic animals*, ed 8, New York, 1988, Cornell University Press.

Tompkins T: Milk replacer options, *Large Anim Vet* January:24-29, 1993.

Tompkins T, Drackley JK: Clotting factor in bovine preruminant nutrition. In *Proceedings: XVII World Buiatrics Congress*, vol 2, 1992, pp. 176-181.

Tompkins T, Jaster EH: Preruminant calf nutrition, *Vet Clin North Am: Food Anim Pract* 7:557-576, 1991.

Torres-Medina A, Schlafer DH, Mebus CA: Rotaviral and coronaviral diarrhea, *Vet Clin North Am: Food Anim Pract* 1:471-493, 1985.

Trainin Z, et al: Oral immunization of young calves against enteropathogenic *E. coli*. In *Proceedings: XI International Congress on Diseases of Cattle*, 1980, p. 1313.

Traven M, Naslund K, Linde N, et al: Experimental reproduction of winter dysentery in lactating cows using BCV—comparison with BCV infection in milk-fed calves, *Vet Microbiol* 81:127-151, 2001.

Troxel TR, Gadberry MS, Wallace WT, et al: Clostridial antibody response from injection-site lesions in beef cattle, long-term antibody response to single or multiple doses, and response in newborn beef calves, *J Anim Sci* 79:2558-2564, 2001.

Tsunemitsu H, Smith DR, Saif LJ: Experimental inoculation of adult dairy cows with bovine coronavirus and detection of coronavirus by RT-PCR, *Arch Virol* 144:167-175, 1999.

Tyler JW, Hancock DD, Wilson L, et al: Effect of passive transfer status and vaccination with Escherichia coli (J5) on mortality in commingled dairy calves, *J Vet Intern Med* 13:36-39, 1999.

Tyler JW, Parish SM, Besser TE, et al: Detection of low serum immunoglobulin concentrations in clinically ill calves, *J Vet Intern Med* 12:40-43, 1999.

Tyler JW, Steevens BJ, Hostetler DE, et al: Colostral IgG concentrations in Holstein and Guernsey cows, *Am J Vet Res* 60:1136-1139, 1999.

Udall DH: *The practice of veterinary medicine*, ed 6, Ithaca, NY, 1954, published by the author, p. 624.

Underdahl NR, Grace OD, Hoerlein AB: Cultivation in tissue culture of a cytopathogenic agent from bovine mucosal disease, *Proc Soc Exp Biol Med* 94:795-797, 1957.

Uzal FA, Blanchard P, Songer G, et al: Studies on the so-called "clostridial enteritis" of cattle (abstract). In *Proceedings, 43rd Annual Meeting, American Association of Veterinary Laboratory Diagnosticians*, Birmingham, AL, 2000, p. 15.

Van Campen H: personal communication, 2006, Fort Collins, CO.

van Schaik G, Stehman SM, Jacobson RH, et al: Cow-level evaluation of a kinetics ELISA with multiple cutoff values to detect fecal shedding of *Mycobacterium avium* subspecies *paratuberculosis* in New York State dairy cows, *Prev Vet Med* 73:221-236, 2005.

Vance HN: A survey of the alimentary tract of cattle for *Clostridium perfringens*, *Can J Comp Med Vet Sci* 31:260-264, 1967.

Voges J, Horner GW, Rowe S, et al: Persistent bovine pestivirus infection localized in the testes of an immunocompetent, non-viraemic bull, *Vet Microbiol* 61:165-175, 1998.

Walz PH, Bell TG, Steficek BA, et al: Experimental model of type II bovine viral diarrhea virus-induced thrombocytopenia in neonatal calves, *J Vet Diagn Invest* 11:505-514, 1999.

Walz PH, Steficek BA, Baker JC, et al: Effect of experimentally induced type II bovine viral diarrhea virus infection on platelet function in calves, *Am J Vet Res* 60:1396-1401, 1999.

Wang YQ, Puntenney SB, Forsberg NE: Identification of the mechanisms by which OmniGen-AF, a nutritional supplement, augments immune function in ruminant livestock. In *Proceedings, Western Section, American Association of Animal Science*, 2004, p. 55.

Ward GM, Roberts SJ, McEntee K, et al: A study of experimentally induced bovine viral diarrhea-mucosal disease in pregnant cows and their progeny, *Cornell Vet* 59:525-539, 1969.

Warnick LD, Kanistanon K, McDonough PL, et al: Effect of previous antimicrobial treatment on fecal shedding of *Salmonella enterica* subsp. *Enterica* serogroup B in New York dairy herds with recent clinical salmonellosis, *Prev Vet Med* 56:285-297, 2003.

Washburn KE, Step DL, Kirkpatrick JF, et al: Bluetongue and persistent bovine viral diarrhea virus infection causing generalized edema in an adult bull, *J Vet Intern Med* 14:468-469, 2000.

Watts TC, Olsoh SM, Rhodes CS: Treatment of bovine actinomycosis with isoniazid, *Can Vet J* 14:223-224, 1973.

Weaver DM, Tyler JW, Barrington GM, et al: Passive transfer of colostral immunoglobulins in calves, *J Vet Intern Med* 14:569-577, 2000.

Weaver LD: Malignant catarrhal fever in two California dairy herds, *Bov Pract* 14:121-127, 1979.

Weldon AD, Moise NS, Rebhun WC: Hyperkalemic atrial standstill in neonatal calf diarrhea, *J Vet Intern Med* 6: 294-297, 1992.

White DM, Wilson WC, Blair CD, et al: Studies on overwintering of bluetongue viruses in insects, *J Gen Virol* 2:453-462, 2005.

Whitmore HL, Zemjanis R, Olson J: Effect of bovine viral diarrhea virus on conception in cattle, *J Am Vet Med Assoc* 178:1065-1067, 1981.

Williams JC, Corwin RM, Craig TM, et al: Control strategies for nematodiasis in cattle, *Vet Clin North Am: Food Anim Pract* 2:247-260, 1986.

Williams JC, Knox JW, Marbury KS, et al: *Osterlagia ostertagi*: a continuing problem of recognition and control, *Anim Nutr Health* March:42-45, 1985.

第七章
CHAPTER 7

皮肤病
Skin Diseases

Danny W.Scott

传染病
INFECTIOUS DISEASES

乳头状瘤［纤维乳头状瘤（疣）］
Papillomatosis（Fibropapillomas，"Warts"）

病因学

乳头状瘤是奶牛肿瘤疾病中最常见的肿瘤，但多数为良性且发展受到自身机体的限制。6~24月龄的动物对本病最易感，病愈的个体可获得一定的免疫力。 纤维乳头瘤被认为是由牛乳头状瘤病毒（BPV） Ⅰ型到Ⅵ型引起的。这些病毒具有一些相同的抗原成分但是不具有免疫学交叉反应性。BPV Ⅰ型，特别是Ⅱ型可引起幼牛的头部、颈部、躯干及四肢出现典型的乳头状瘤（图7-1）。所谓典型的疣是指有真正病理组织学意义上的纤维乳头瘤。这些疣通常是呈菜花状且粗糙、表面有结痂，疣的颜色从白到灰。有些疣外观扁平、灰色、有较宽的基部与皮肤相连；而另一些则基部有蒂。这些病毒感染上皮的基底部细胞，当这些细胞最终生长到表面时，病毒数量增多，导致用具及周围环境污染，颈枷、食槽、毛刷、笼头、栏以及与背部有摩擦的物品都会沾染病毒，因此，疣多是地方性流行而不是散发的。由锐利的物体如钉子、有刺的金属线、插销的末端等造成的小创伤而引起的擦伤，会诱发病毒接种于皮肤，并使小牛群发病率增加。此病的地方性流行与牛去角（图7-2）、打耳号及使用未消毒的刺花纹工具或阉割器械等也有关系，尤其是当外行人员进行上述操作时。昆虫也曾被怀疑与散播或病毒接种有关，但至今仍很难证实。

身体上有多个大的疣且未痊愈的牛会同时并发细胞介导的免疫缺陷（图7-3）或其他免疫缺陷例如牛病毒性腹泻病毒（BVDV）持续感染或牛白血球吸附缺陷（BLAD）。由BPV-Ⅰ引起的生殖器的疣多见于青年公牛的阴茎，偶见于小母牛的阴道。

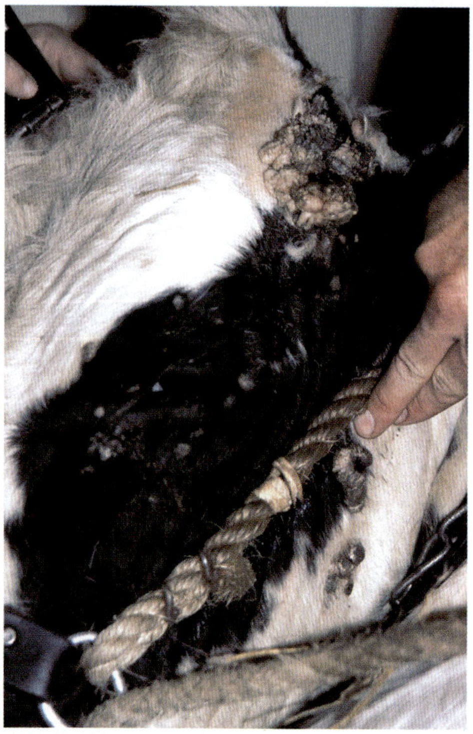

图 7-1

在眼睑、咬肌部有多个小的纤维乳头瘤，在去角部位有一个大的纤维乳头瘤。

会持续感染数年的非典型的疣通常伴随BPV-Ⅲ感染。未成熟与成熟的动物均可感染，且疣病变呈多样性：凹的、平的、环状的、手指状的或叶状的突出物，这些都是伴有上皮增生但缺少皮肤纤维的乳头状瘤。这些病变不同于典型的BPV-Ⅰ或BPV-Ⅱ疣而仅是散在于正常的皮肤毛发间。

侵害食管、前胃、口腔等处的消化道疣被认为与BPV-Ⅳ有关。虽然患有消化系统疣的牛无明显症状，但偶尔会影响有效的嗳气从而引起与迷走神经

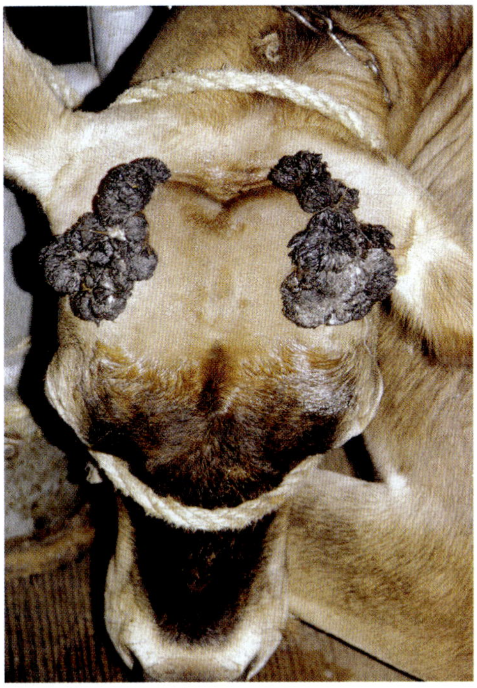

图 7-2

因外行施行去角术引起流行性发病，其代表为娟姗牛牛角两侧出现大的纤维乳头瘤。

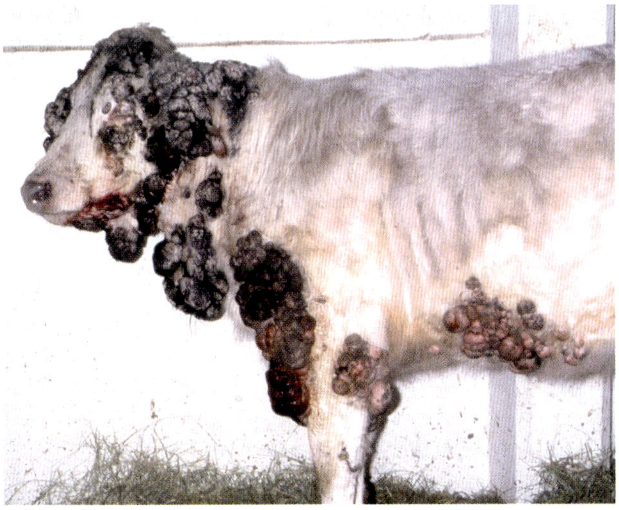

图 7-3

一头超过6月龄的小母牛身上未能退去的大而多样化的疣。

性消化不良有关的症状。BPV-Ⅳ引起的消化道损伤恶变为癌是有可能的，尤其是当致癌物质如欧洲蕨等在日粮中占很大比重时更危险。

在放牧时，吃蕨菜类植物的牛群会感染BPV-Ⅳ，BPV-Ⅰ及BPV-Ⅱ从而引发膀胱瘤。这种被称为“地方性血尿”的疾病对病牛有致命性危害。

BPV-Ⅴ能引起的米粒状纤维乳头瘤，这种瘤很可能是美国奶牛乳头疣中最常见的一种（这种病毒在第八章详细阐述）。挤奶工具和易使乳头皲裂或引起小的乳头擦伤的器械可传播此病。同样地，BPV-Ⅵ也被证明能引起乳房皮肤的叶状乳头瘤损伤。

症状

皮肤型纤维乳头瘤具有明显的症状，但扁平、宽基部灰色的疣有时会被误诊为有痂的癣损伤。损伤往往在多个部位，主要出现在面、颈、肩和躯干等部位。多数患畜损伤局限于共同的解剖学部位有助于确诊其感染原因。譬如打耳号及去角的创伤等处的损伤就特别容易确诊。在温暖气候中，大的菜花样疣会存在蝇蛆病和出血问题。对于身体大多数部位有多量大的疣的牛，出血会危及生命。

青年牛的阴茎疣影响其繁殖，并能通过自然交配传染给母牛或通过未消毒的人造阴道传染给其他的公牛。畜主常报告患病公牛采精或交配后阴茎或鞘出血。患有阴道纤维乳头瘤的小母牛通常不会被发现，除非疣长的特别大。

消化道疣很少能在临床上观察到，除非进行口腔检查、食管内窥镜检查或瘤胃切开术。这些病变通常能在尸体剖检时发现。

在有蕨类植物的草场放牧的牛感染后出现“地方性血尿”导致明显的血尿、排尿困难或痛性尿淋漓。

虽然在单个牛见到的乳头病变可能是BPV-Ⅱ所致的纤维乳头瘤或BPV-Ⅴ所致的米粒样损伤或BPV-Ⅵ所致的乳头状瘤，但它们在牛群中通常成为地方性流行。这些疣可能影响有效挤奶或受挤奶刺激，但一般不引起大的问题，除非病变处于乳头末端。患有乳头末端疣的牛会影响有效挤奶并可能继发乳房炎。

诊断

在大多数病例仅临床症状便足以诊断，非典型损伤还需要活体组织检查和病理组织学研究。疣外科切口的切面外观也具有诊断意义，因为切面上纤维化的真皮上面有明显的表皮增生。

治疗

因为皮肤疣是受自身机体限制的，通常在1~12个月内自愈，所以通常无需治疗。另外，各种治疗、注射疫苗和民间疗法的疗效得到认可，但未到12个月的期限，畜主就会要求治疗，尤其是幼年展览牛发病时。因为畜主认为令他们的牛治愈的是这此产品的作用，而不是这些自愈。遗憾的是，这些产品还有许多不足之处：

1.疫苗通常用于治疗而不是预防。

2.用于商品疫苗的病毒株可能和那些在特定解剖学部位引起皮肤疣的病毒株不是同源的。

3.当疫苗用于治疗时，无法证明接种疫苗比动物自愈更对病情有作用。

对于集合在公牛群中或处于疣高发群中的公牛犊，作为减少阴茎疣发生率的预防手段，接种疫苗可能会有效。

在夏季当小母牛将要在牛展上展览时，畜主通常要求进行所谓的“紧急治疗”。这是因为法规不允许有疣的动物参展，以防接触传染。兽医被迫做一些工作来使疣快速消退，但这是不可能的。

许多治疗方法，如外科摘除或挤破单个疣等已经被用于治疗，其目的是为了激发对最终治疗好疣起重要作用的细胞介导免疫。另外，用于皮内或皮下注射的自家苗、左咪唑和另外一些产品都曾试用过，这些方法是否成功还不清楚。对特定的肿瘤施行冷手术不仅可用于杀死肿瘤而且可以激发细胞介导免疫，从而抑制该动物的其他肿瘤。作者发现这种方法对于严重的流行的疣很有用。每头被感染的小母牛在去角时受伤的皮肤两侧都有疣，这种传染往往是由外行人去角引起的。

预防是最好的治疗手段，包括识别可能的污染物，移走或正确处理被污染的或锋利的器械。另外，外科器械、刺纹器具及去角器具在使用间隔应灭菌处理或用杀病毒液消毒。

公牛的阴茎纤维乳头瘤需要在精准的外科切割后再对疣基部进行冷手术。双重的冷冻−解冻−冷冻方法效果最佳。尽管肿瘤基部应至少冷冻至−30℃，但是在这些组织中应用温差电偶来指示温度是困难的，因此必须依靠观察冰球来主观判定是否达到冷冻要求。有蒂的阴茎疣比那些宽的基部的疣容易治疗得多且复发的也少。阴道纤维乳头瘤很少需要治疗。当需要治疗时，基部的切除术或冷手术可能会成功。阴道疣有很多的血管蒂，在切除中有时必须结扎以防严重出血。

扁平的或米粒状乳头疣很少切除，但是当纤维乳头瘤或乳头状瘤生长于乳头或乳头末端，对挤奶有机械性妨碍时，则需要剪刀切除至于皮肤平齐。

个别有大量长期存在疣的牛可能有细胞介导免疫缺陷，这可能与遗传因素或持续的牛病毒性腹泻病毒（BVDV）感染或牛白血球黏附力缺陷（BLAD）等有关。当与BVDV或BLAD的持续感染无关时，这个问题在肉牛（特别是海福特牛）中比奶牛多见。

皮肤真菌病（癣）Dermatophytosis（“Ringworm”）

病因学

皮肤真菌病或癣在奶犊牛中极常见，也可见于成年母牛。疣状毛癣菌（*Trichophyton verrucosum*）是最常见的病原体，其次是须发毛癣菌（*Trichophyton mentagrophytes*）。2月龄以上至1岁犊牛最易感染。这种情况与这一年龄段的奶犊牛非单个饲养而是群饲相符。致病微生物抵抗力强，在牛移走后数月里仍可在无生命物体、褥子和泥土中存活。在发过病的牛群中，犊牛密集或群集会导致发病增多（特别是在冬季）。在有过癣菌病的牧场，通常能发现癣在小母牛中每年都流行，反之，未出现过临床癣菌病的牛群好像一直没有此病，除非因引进了感染了癣的动物。成年牛也可能严重感染。这种暴发通常在冬季并且经常出现于新产犊牛和泌乳牛群。虽然在小牛阶段患过癣的成牛年被认为具有“终身免疫力”，但是在成年牛群中有癣暴发，这对自然患病后能获得长期的免疫提出了重大的质疑。

皮肤真菌（Dermatophytes）因其毒素和抗原类物质感染皮肤角质层导致渗出、结痂、脱毛。真菌本身并不侵入组织，并且实际上在不引起宿主炎性反应的情况下能很好地存活。损伤多呈卵圆形或圆形，并且通常是多病灶性的。在多数情况下潜伏期为1~4周，损伤可持续1~3 个月。污染物对皮肤的机械刺激能加速接触感染。颈枷、颈带、笼头、旧式桶形挤奶器的挤奶带、刷子、斜槽和其他设施可能会使皮肤真菌在牛群中传播。患有慢性病、不健壮的牛与同群的其他牛比较起来，扩散或发展都较快，这可能表明细胞或体液因素对癣的恶化起作用。比如持续感染BVDV的牛与感染BLAD的牛就经常患严重的癣病。而健康的同群牛或不感染或仅有小损伤。有典型癣病变的成年小母牛当遭受到急性严重感染如肺炎或腹膜炎时，可发展成为弥漫性病变。外源性皮质类固醇会使现有的癣病恶化。

缺少光照也曾被怀疑为一个诱因，因为在室内饲养的动物发病率较高。这种理论致使好多兽医把维生素A、维生素D作为治疗用药。然而，夏季在犊牛和成年奶牛中也有癣病发生，好像降低了光照在预防或治疗中的重要性。

症状

犊牛身上直径1.0~5.0 cm的圆形或卵圆形区域结痂和脱毛是癣的典型症状。早期损伤的皮肤可能因痂下有浆液渗出或继发脓皮病而显得隆起（图7-4）。在犊牛眼周、耳朵、鼻镜、颈部躯干等部位最易感染，但病变可出现于全身各处（图7-5和图7-6）。头和颈部损伤最常见，因为锁、颈枷、颈带被污染并有助于传播疾病。用于小母牛牛群摩擦的柱子或梁可感染小母牛的躯干部。乳镜是另一个通常易被感染且具有一个或多个病灶的部位。

成年牛的病变可出现在全身各处，但通常出现于躯干部和颈部，在牛群中有少量的奶牛出现典型的面部病变。除了卵圆形和圆形病灶外，大的癣损伤灶也偶见于成年牛。

成年牛癣病暴发过程中，患有全身疾病的牛的癣损伤可能表现及恶化。用皮质类固醇治疗酮病牛也会表现出癣恶化。成年牛的癣也会出现于乳房、肋腹部皮肤或后肢，从而增加了人畜共患的危险，因为上述部位是挤奶员与动物接触的部位。挤奶员或病牛管理员感染癣是经常发生的。癣是养牛业中最常见的一种人畜共患病。

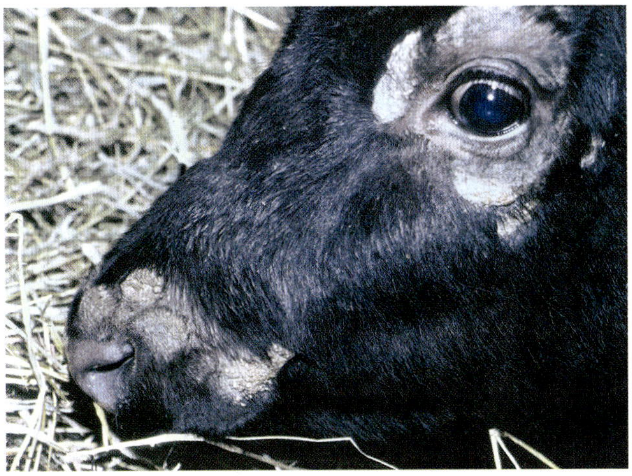

图 7-4

荷斯坦犊牛面部及眼周区域有隆起结痂的癣。

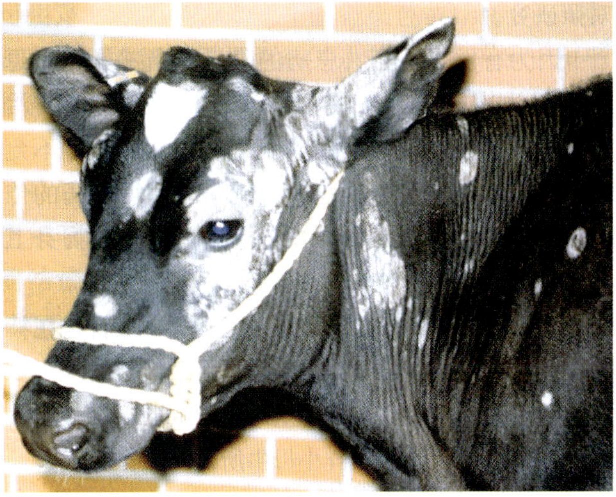

图 7-5

荷斯坦小母牛头、颈及肩部有多个癣灶，表现为干燥、结痂、脱毛。

图 7-6

发生流行性癣病的1~2岁的荷斯坦牛（照片由Dr. Pam Powors提供）。

诊断

将病灶周围的毛在选择性培养基如皮肤真菌鉴别培养基上培养，病变刮取物作氢氧化钾标本或皮肤活组织检查等可用于确诊，但临床症状通常就足以诊断。早期病变外观隆起可能与疣或其他损伤相似，但仔细检查就可以鉴别它们。

治疗

尽管上百种药物被用于治疗牛的癣菌病，但几乎都未显示出有效果。大多数牛癣具有自身限制性，这使得很难评价治疗对自愈究竟有多少促进作用。要想证实一种药物对治疗癣是否有效，必须有

第二部分 • 系统疾病

表7-1 各种细菌、真菌、病毒及原虫造成的皮肤损伤

疾病	表现
细菌引起的皮肤病	
脓疮	任何年龄动物；身体任何地方；游走的、皮下的、经常疼痛；尤其是隐秘杆菌属所引起脓疮
放线杆菌病（舌如木）	成年动物；单一或多个小瘤和脓肿；尤其易出现在面部、头部、颈部；尤见于放线杆菌属所引起的疾病
放射菌病（大颌病）	成年动物；质硬，不时疼痛，非游走性隆起、脓疮，易发于上下颌骨，常见于牛放线菌和衣氏放线菌
细菌性假足分枝杆菌病（葡萄状菌病）	成年动物；乳房上单一或多个结痂的小瘤或溃疡；例如绿脓杆菌
蜂窝织炎	成年动物；明显的隆起和疼痛，渗出物，易发于股部，（金黄色葡萄球菌或化脓隐秘杆菌）或面部、颈部、胸部（坏死梭杆菌，类杆菌属，败血性巴斯德氏菌）
梭状芽孢杆菌性蜂窝织炎	任何年龄；急性发病、快速死亡、局限性、疼痛、点蚀、深处膨胀发展成坏死和腐肉、有捻发音，尤其在腿（鸣疽梭状芽孢杆菌；“黑腿”）或头、颈、肩、腹、腹股沟及其下对接的尾部（败血梭状芽孢杆菌,污泥梭菌,产气荚膜梭状芽孢杆菌,恶性水肿）
棒状杆菌假结核病肉芽肿	成年动物；单一或多个皮下脓肿和溃疡小瘤；可出现在机体任何部位（尤其在头、颈、肩、胁腹、股）
马皮疽	成年动物；质硬，扩大的无痛性皮下小结，可触到淋巴系统；可发生在机体任何部位（尤其头、颈、肩、股）如塞内加尔分枝杆菌
脓包性皮炎	成年动物；脓包、腐蚀和结痂出现在牛羊的乳房、乳头、腹部、股中间、阴门、会阴、尾；非瘙痒性的、非疼痛；如金黄色酿脓葡萄球菌
坏死杆菌病	成年动物；病灶潮湿、溃疡、恶臭味，可发生于机体任何部位（尤其是腋窝，腹股沟，乳房，指（趾）间）；如坏死厌氧丝杆菌
结节性乳头炎	成年动物；疼痛性丘疹、小半鞘翅、小瘤、溃疡，发生在集体的乳头和乳房；如分枝杆菌，戈登(氏)分枝杆菌
条件性分枝杆菌肉芽肿	成年动物；单个或多个小瘤，常呈链状扩增，可触及淋巴系统；易发于小腿底部；如堪萨斯分枝杆菌
葡萄球菌属的毛囊炎和疔疮	成年动物；成团的丘疹和脱毛症；可发生于机体任何部位（尤其在臀部、尾、会阴、远侧小腿、颈、面部），为非瘙痒性；如金黄色酿脓葡萄球菌，偶见于猪葡萄球菌
溃疡性淋巴管炎	成年动物；由质地坚硬的小瘤发展到游走性的，常扩大，可触及淋巴系统，常发生在一侧小腿的远端，肩、颈、胁腹；如化脓隐秘杆菌,假结核病，金黄色酿脓葡萄球菌
真菌引起的疾病	
暗色丝孢霉病	多发的溃疡灶，渗出性小瘤于臀部、股（*Dreschlera rostrata*）或耳廓、尾、阴部和股（*D.spicifera*）

续表

表7-1 各种细菌、真菌、病毒及原虫造成的皮肤损伤

疾　病	表　现
马拉色菌属外耳炎	耵聍性到化脓性外耳炎；大部分是由夏季的马拉色菌属细菌及冬季的球形马拉色菌所引起;会引起乳房皮炎
病毒性皮炎	
牛痘（痘苗病毒亚组）	典型的出诊病变；又厚又红的结痂；常限制出现在乳头和乳房，偶见于大腿中部、会阴、阴部和阴囊
假牛痘（副痘病毒）	水肿，疼痛，橘黄色丘疹，暗红色结痂（通常是“环”状或“马蹄”状）常见于乳头和乳房，偶见于大腿中部、会阴和阴囊
牛流行性口腔炎（副痘病毒）	典型的出诊病变，常发于口、鼻孔、唇部，尤其是在腓，偶见在胁腹、腹部、后足、阴囊、包皮和乳头
牛放线菌皮肤病（羊痘病毒）	急性发病，有最初的丘疹和小瘤到坏死，脱落，溃疡，伤疤；常发于尾、头、颈、腿、包皮、乳房和阴囊
牛传染性鼻气管炎（牛疱疹病毒属Ⅰ）	红斑、脓包、坏死和溃疡，常发于口鼻之间的部位及阴门，很少发生于会阴和阴囊
疱疹乳头炎（牛疱疹病毒属Ⅱ）	急性肿胀，乳头触痛，乳房皮肤出现小囊泡，腐肉，溃疡及结痂
假皱皮病（牛疱疹病毒属Ⅲ）	与真皱皮病外观及分布相似，但是病变程度较轻
乳房疱疹小脓包皮炎（牛疱疹病毒属Ⅳ）	小水疱，脓包，常发于乳房的侧面和腹面
恶性疱疹热（狷羚疱疹病毒Ⅰ，羚羊中的一种；羊疱疹病毒II，绵羊）	红斑、脱皮、坏死、溃疡、结痂；常发于口部及面部，偶见于乳房、乳头、阴门和阴囊；变异的冠状垫炎(马)
伪狂犬病（猪疱疹病毒属Ⅰ）	严重的，局限性的，单一的瘙痒症状，常发于头、颈、喉、胁腹部和会阴部
牛病毒性腹泻（瘟病毒）	口唇糜烂、坏死，偶见于阴门、蹄冠、指（趾）间；少见在会阴、大腿中部、和颈部的结痂、鳞屑、脱毛等症状
口蹄疫（口蹄疫病毒群）	小囊泡、大水疱、疼痛性糜烂、溃疡，常发于口腔内、口鼻之间的部位、鼻孔、蹄冠、指（趾）间、乳房和乳头
疱疹性口炎（水泡性病毒属）	小囊泡、水疱、疼痛性糜烂、溃疡，常发于口腔内、口鼻之间的部位、蹄；偶见于包皮、乳房和乳头
牛疫（麻疹病毒属）	红斑、丘疹、渗出、结痂、脱毛；常发于会阴、胁腹、大腿中部、颈、阴囊、乳头和乳房
蓝舌病（环状病毒属）	水肿、干燥、开裂、脱屑；常发于鼻口部、唇；疮和结痂可见于乳头和乳房
原虫引起的皮肤症状	
肉孢子虫病	不同程度的耳廓和腿末梢脱毛症；尾甩动功能失常
原虫性全身皮肤慢性衰弱症	温的、疼痛性的隆起，发于腿末梢；皮肤变厚，苔藓化，脱毛，可能出现开裂、渗出、鳞屑、结痂

肿瘤性疾病
NEOPLASTIC DISEASES

淋巴肉瘤（淋巴瘤）
Lymphosarcoma(Lymphoma)

病因学

淋巴肉瘤可呈现典型的“皮肤型”肉瘤，这种患牛通常对牛白血病病毒（BLV）抗体为血清学阴性，而对于伴发淋巴结病和其他器官淋巴肉瘤的散发性皮肤肿瘤呈BLV阳性。

皮肤型淋巴肉瘤通常见于6~24月龄牛，并且是渐进性疾病，会导致多灶性皮肤肿瘤。皮肤损伤可能伴有淋巴结病。皮肤型淋巴肉瘤在各个品种牛均有发现，但最常见于荷斯坦牛。这可能只反映出荷斯坦牛在美国的数量较多。有无遗传性诱因及是否与BLV有关均未确定。在成年牛中，由淋巴肉瘤引起的皮肤肿瘤与特定靶器官，如皱胃、心脏、子宫、眼球后区域、淋巴结的肿瘤比起来，比较少见，但在有些病牛也能达到一定的比率。

症状

患皮肤型淋巴肉瘤的青年牛在颈和躯干部可发生弥散的小结状肿瘤（直径1.0~10.0 cm）。然而，脱发、结痂、角化过度和溃疡同时发展，肿瘤会多到足以消灭其之间的所有皮肤（图7-9）。肿瘤可能出现于身体各处皮肤，且外周淋巴结通常肿大。开始时小母牛或青年母牛似乎表现健康，然而6~12个月后，因为肿瘤的骚扰和内脏肿瘤的生长，患病动物变得不适。在温热季节，苍蝇和其他昆虫的刺激很强，会致使已经脱毛肿大的小结状肿瘤出血（图7-10）。大多数病例是BLV阴性。

患淋巴肉瘤的成年牛会有单个或多个皮肤肿瘤，并且有典型的淋巴结肿大和靶器官损伤。这种类型的皮肤肿瘤较大，常呈板状，可见于颈、胸、躯干部或眼睑等处。物理检查可确定其他部位的淋巴肉瘤。

细针吸取物或皮肤活组织检查是淋巴肉瘤确诊的最好方法。虽然皮肤型的明显病例不需要诊断，但病变较少的早期病例则需要与别的病例如荨麻疹鉴别诊断。

图 7-9

18月龄荷斯坦小母牛的皮肤型淋巴肉瘤。

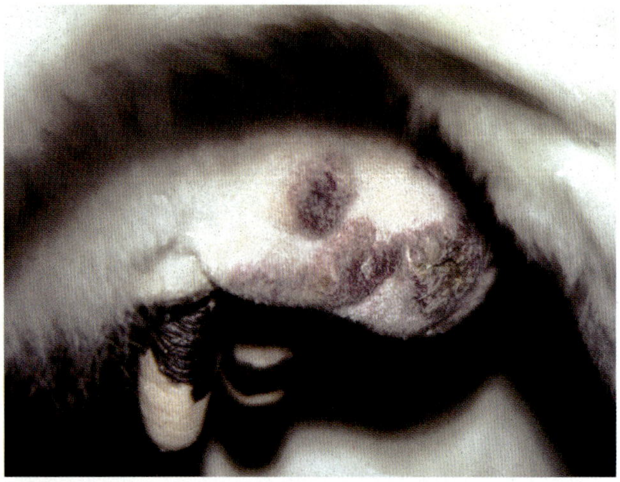

图 7-10

一头4岁的感染皮肤型淋巴肉瘤的荷斯坦乳牛的乳房。

治疗

尽管皮质类固醇可以使肿瘤变小或得到短期缓解，但它并不能用于淋巴肉瘤的治疗，因为肿瘤不能完全被控制住并且动物将因治疗而受长期危害或发生药物并发症。

血管瘤病 Angiomatosis

血管瘤病尽管不常见，但却是患畜主人关注的一个病，因为皮肤肿块易碎，引起反复出血，与较小的肿瘤（直径1.0~2.5 cm）比较，出血是相当严重的症状。另据报道，患牛平均要到5岁半才成熟。

这些柔软的粉红或红色肿块存在于肩峰、背和腰部的背侧。它们为单个或多个，通常质地很脆，可通过外科摘除治疗。作者曾见到一头患有此病的荷斯坦病牛，12个月后自愈，但是一般还是摘除比较好，以免在夏季因昆虫刺激而致多次出血。

脂肪瘤（脂肪过多症）

Lipomatosis（Infiltrative Lipama）

脂肪瘤是奶牛中一种罕见的疾病，其表现为面部或后肢强大肌肉处有增大的团块（图7-11）。这些团块可能达到足以影响正常活动，如咀嚼，呼吸。触及有波动感、柔软。试图穿刺出液体但未果。细针吸取物或组织检查能提供诊断。无治疗方法，因为脂肪团块浸润肌肉不能外科摘除。

鳞状细胞癌

Squamous Cell Carcinomas

鳞状细胞癌是奶牛最常见的恶性皮肤肿瘤。黏膜与皮肤连接处的皮肤如牛的眼睑和外阴，这些部位缺乏色素，是最易感的部位。几乎所有纯白色的母牛或黏膜皮肤无色素沉着的母牛都可能被感染。作者发现荷斯坦牛患鳞状细胞癌的最多，但这可能是由于与其他品种牛相比数量最多的缘故。爱尔夏乳牛、更赛牛和短角奶牛也患此病，与色素分布有关。总的来说，奶牛患鳞状细胞癌的比率小于肉牛，因为以下2个主要原因：

1. 在美国奶牛不如肉牛接受的阳光照射多。

2. 很少有奶牛达到或超过此病多发年龄（7~9岁）便因其他原因被淘汰。

太阳光照、年龄、遗传和BPV感染都是在牛群中引发鳞状细胞癌的因素。

鳞状细胞癌除发生于黏膜与皮肤连接处外，偶尔还可由遭受慢性刺激的皮肤创伤经组织化而发生。在乳房或耳尖有鳞状细胞的老龄牛也曾发现过。

症状

在色素缺乏区域出现粉红色、圆石块状、凸起的或成为溃疡的团块，这些临床症状是鳞状细胞癌的特殊病症（图7-12）。通常，在粉红的、多血管肿瘤表面覆盖有一层白色或黄色“糖霜混合物”样坏死物，并能闻到厌氧的或坏死的气味。大量脓性排出物极易引来蝇和蛆。确诊应进行活组织检查，此方法优于细胞学检查。

治疗

治疗要么容易，要么困难，因为要考虑到肿瘤大小，解剖学定位及有没有向局部淋巴结的明显转移等。

小的鳞状细胞癌用很多有效的治疗方法，如冷冻手术、射线热疗、放射、免疫疗法或锐利的外科手术。每个肿瘤都应从解剖学定位、组织损伤（在组织器官功能不受影响的前提下）的程度（如眼睑）以及治疗费用等方面正确地评估。治疗在第十三章眼病中详述。一般冷冻手术、射线热疗或放射疗法是治疗小肿瘤最好的方法，并且可以保留重要组织的正常结构。免疫疗法，特别是在肿瘤内注

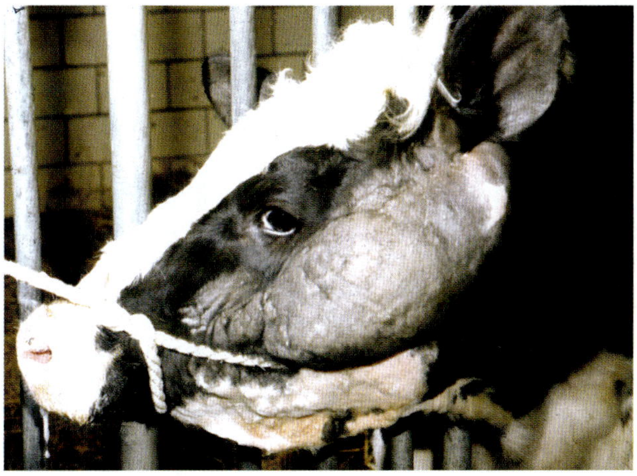

图 7-11

一例1~2岁荷斯坦小母牛面部肌肉的脂肪瘤病。

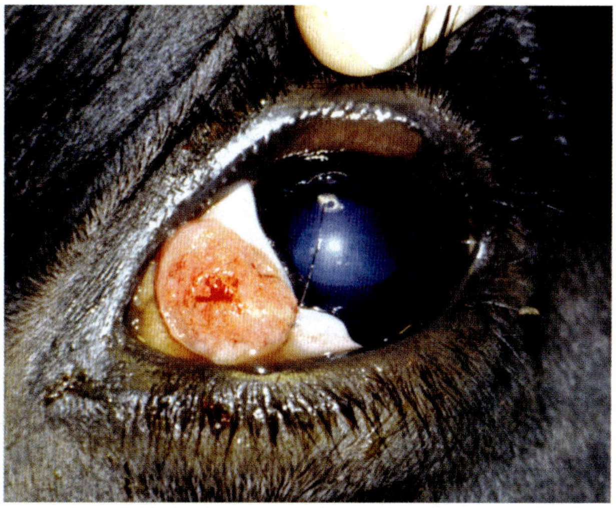

图 7-12

一头荷斯坦母牛眼睑的鳞状细胞癌。

射卡介苗（BCG）制剂，可能在将来动物体检时呈结核阳性影响结核病诊断，但对较大肿瘤的治疗可能有利。局部淋巴结若明显肿大或坚实应触诊并做组织检查，因为这可能预示癌症转移。据报道，大约10%的鳞状细胞癌有转移，但在临床上明显地被忽略。大的肿瘤比早期的或小的肿瘤易发生转移。

其他皮肤新生肿瘤和非新生肿瘤的生长
Other Cutaneous Neoplasms and Nonneoplastic Growths

许多皮肤新生的和非新生肿瘤的生长。这些不常见的病症见表7-2。

表7-2 各种各样新生的和非新生的肿瘤的生长

基底细胞瘤	成年的到年老的动物易感；单个坚实的小结到质感波动的小结；常表现为脱毛和溃疡；可发于机体任何部位；良性
毛发上皮瘤	成年的到年老的动物易感；单个坚实的小结到质感波动的小结；常表现为脱毛和溃疡；可发于机体任何部位；良性
皮脂腺腺瘤	成年的到年老的动物易感；孤立小结；可发于机体任何部位（尤其是眼睑）；良性
皮脂腺癌	成年的到年老的动物易感；孤立小结；可发于机体任何部位（尤其是鄂）；恶性
皮上层（顶质分泌）腺瘤	成年的到年老的动物易感；孤立小结；发于尾部；良性
纤维瘤	成年的到年老的动物易感；孤立的质感坚实到软的真皮及皮下小结；可发于机体任何部位（尤其是头、颈、肩）；良性
纤维肉瘤	成年的到年老的动物易感；孤立的质感坚实到软的真皮的及皮下小结；可发于机体任何部位（尤其是头、颈）；恶性
血管瘤	成年的到年老的动物易感；孤立皮肤小结从质地坚实发展到柔软，从红到蓝再到黑；可发于机体任何部位（尤其是头部和腿部）；良性；多数病变的发生是先天性的或是动物不到一岁的时候；可能伴有广泛的内在损伤
血管肉瘤	成年的到年老的动物易感；孤立小结；表现为坏死，溃疡和出血；可发于机体任何部位（尤其是腿部）；恶性
血管外皮细胞癌	成年的到年老的动物；孤立小结；可发于机体任何部位（尤其是腭）；恶性
淋巴管瘤	从出生开始或是不到1岁的动物；孤立质软的小结；可发于机体任何部位（尤其是腿部和胸部）；良性
黏液瘤	从出生到年老的动物均可患此病；孤立质软的小结；可发于机体任何部位（尤其是腿部和耳廓）；良性
黏液肉瘤	成年的到年老的动物；孤立小结；可发于机体任何部位；恶性
神经纤维（神经鞘瘤）	从出生到成年动物均可患此病；通常表现为多个质地坚实的丘疹和小结；单侧的或是双侧的；可发于机体任何部位（尤其是口、面部、眼睑、颈部和胸部）；良性
脂肪瘤	成年的到年老的动物；孤立皮下小结；可发于机体任何部位（尤其是躯干）；良性
肥大细胞瘤	成年的到年老的动物；表现为从孤立的丘疹和小结发展到多个，常可见脱毛，红斑，溃疡；可发于机体任何部位；多数病变在牛刚出生的时候就可以表现出来；60%具有广泛病变的动物有转移灶
黑素细胞瘤	所有年龄动物均易感（在小于18月龄的牛病例中此病例＞50%）；大约80%病变为良性（黑素细胞瘤），以及20%为恶性（恶性黑色素瘤）；表现为皮肤及皮下孤立小结，灰色到黑色，质地由坚实到软，可发于机体任何部位（尤其是腿部）
皮样囊肿	先天性的；孤立小结；好发于颈背侧正中线，眼睑和眼周区域；良性
鳃裂囊肿	先天性的；孤立的；质地从坚实到软的隆起在颈的腹侧面；良性
皮角症	成年到老年动物；角化过度，常基于鳞状(上皮)细胞癌或绒毛状瘤

变应性或免疫介导性疾病
ALLERGIC OR IMMUNE-MEDIATED DISEASES

荨麻疹、血管（神经）性水肿和过敏反应
Urticaria, Angioedema, and Anaphylaxis

病因学

荨麻疹、血管性水肿和过敏反应是超敏反应或变应性反应最明显的临床表现。荨麻疹表现为因皮肤水肿而引起的皮肤疹块或黏膜肿胀（图7-13）。血管性水肿表现为涉及皮下组织的较大肿胀或水肿斑块。过敏反应是这些超敏反应中具有致命性危害的，并且它发病迅速，因平滑肌收缩和血管改变而引起严重的呼吸和心血管症状。过敏反应通常危及生命，除非及时治疗，并且又没有荨麻疹及血管性水肿的并发。对于犊牛和成年牛，过多的药物、饲料和其他刺激都可能引起过敏反应。确切的免疫学现象或过敏反应的类型（Ⅰ~Ⅳ型）有时很难确定，但Ⅰ型和Ⅲ型过敏反应多见。Ⅰ型过敏反应是由IgE介导的，而Ⅲ型则与免疫复合物有关。Ⅰ型过敏反应致使肥大细胞和嗜碱性细胞脱颗粒，并随之释放组胺、SRS-A、前列腺素和其他介质。反刍动物Ⅰ型过敏反应是引起大多数荨麻疹、血管性水肿和过敏反应的原因。Ⅲ型过敏反应可能包括一些药物性原因，但这个结论带有很大的推测性。

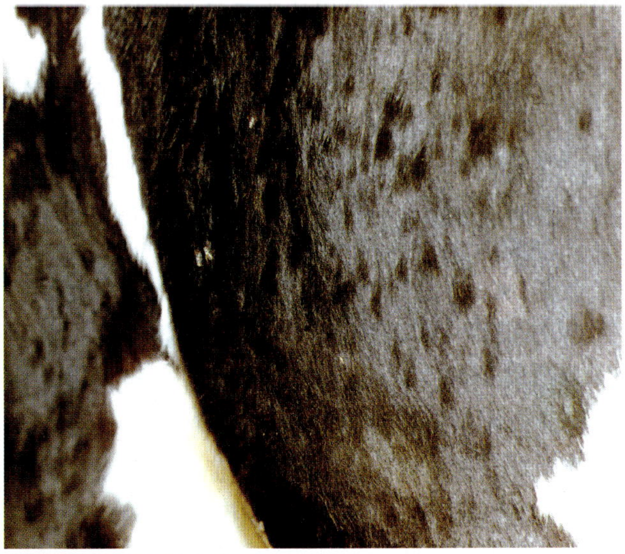

图 7-13

成年荷斯坦母牛胸部和胁腹部出现荨麻疹，疼痛性的皮肤水肿区域表现被毛突起。肌肉注射氨苄青霉素后20 min内出现这些变化。

对于奶牛，大多数荨麻疹、血管性水肿和过敏反应是由于注射如抗生素、疫苗、全血和静脉内液体等多种物质所引起的。昆虫叮咬偶尔会引起荨麻疹和血管性水肿，但很少引发过敏反应。奶变态反应是引发荨麻疹、血管性水肿和过敏反应的另一个原因，在不同病畜表现不一，有轻有重。在干奶期或因要展览或出售而有意或无意延迟挤奶的牛（任何品种但多见于海峡两岛品种），可能见到奶变态反应。α-酪蛋白可能是引发这些牛Ⅰ型过敏反应的奶蛋白。

事实上任何一种抗生素都可能引发散发的过敏反应。青霉素、四环素、氨苄青霉素、各种磺胺制剂和链霉素都曾引起过敏反应。当应用普鲁卡因青霉素时，区别普鲁卡因反应和真正的青霉素过敏反应很重要。许多畜主和兽医把较常见的普鲁卡因反应当成青霉素过敏，这是错误的。对普鲁卡因过敏的牛，给以青霉素可能仍是安全的。

疫苗是过敏反应的一个重要原因。尽管血清源产品应用的不是很普遍，但在市场上仍有许多“抗血清”药物出售，这些药物很容易引发速发性或迟发性过敏反应。多价疫苗的应用在奶牛业中看好，一次接种包含有4种病毒抗原及钩端螺旋体病的5种血清型和媒介物也是常有的。针对这种多价苗的反应，要确定是什么抗原引起的很困难。布氏杆菌19号苗偶尔引起速发性或迟发性过敏反应。19号苗接种后24 h内有一种少见的与喉有关的反应，引起严重的喉部水肿。尽管一些疫苗比另外一些苗更易引起过敏感应，但是任何疫苗都可能引起偶尔的过敏反应。各种有微量细菌原性内毒素的革兰氏阳性菌苗，通过遗传敏感性，特别是荷斯坦牛，能引起类似过敏的反应。这个理论可以解释为什么在一些牛群中有反应而在另外一些牛群中则没有反应。

当静脉注射全血时，可引起皮肤过敏反应，这可能是因为血型不同或给药给得太快，静脉内液体特别是配方液体偶尔可以引起荨麻疹和血管性水肿。这可能是由于污染物和未彻底从大液罐中冲刷掉的清洗用的化学物质或内毒素等引起的。

在原病变处皮下被杀死的皮蝇蚴会引起超敏反应与过敏反应相似的毒素反应。饲料也会引起个别

能产生肝细胞毒性霉菌毒素，因而也引起光致敏。

肝脏的弥散性感染或肿瘤也可能诱发肝源性光敏作用，但这类情况在奶牛中少见。肝吸虫，引起肝褐色脓肿，造成胆汁回流受阻或细菌毒血症继发的坏死性肝炎。这些都导致肝源性光致敏作用。这种肝褐色脂肪沉积造成的光敏作用在奶牛中少见。

牛红细胞生成卟啉病（牛先天性卟啉病），也称为“红牙齿”，是很多品种牛的一种遗传缺陷，当牛买卖或送往公牛圈时应考虑到这种病。荷斯坦牛的这种病已引起了人们极大的关注，在爱尔夏牛和短角牛也曾见到过。这种缺陷与血红蛋白的卟啉病结构有关。患牛缺乏卟啉合成辅酶Ⅲ——一种血红蛋白正常形成必需的酶。因此，尿卟啉和粪卟啉蓄积并沉积于骨、牙齿、皮肤、尿和其他组织中。这些卟啉代谢产物在皮肤蓄积引起光致敏。患畜因一系列红细胞问题如寿命缩短、在骨髓中成熟延迟和溶血等而呈现贫血。

牛原卟啉症具有常染色体隐性遗传特性，与亚铁血红素合成酶（亚铁螯合酶）在体内含量减少有关。原卟啉在血液和组织积聚导致其含量增加。原卟啉症的临床表现不同于红细胞生成性卟啉病，表现为贫血及牙齿和尿液的脱色。

除了上面提到的原发和继发性光致敏原因外，偶尔也观察到未受原发或继发因素影响的单个牛的光致敏病例。通常这些牛曾在三叶草或苜蓿草场上放牧过，但真正的原因却不清楚，并且肝功能也正常（图7-18）。

症状

光致敏的症状包括水肿、红斑、水疱、渗出液、皮肤坏死。这些随后很快出现结痂，溃疡和皮革样坏死区的腐离。损伤通常局限于身体无色区域，并且接受多量阳光和紫外线照射的部位较严重。患牛因光致敏作用导致的疼痛而感到不适，并且瘙痒是明显的症状。

患有严重肝脏疾病和肝源性光致敏的牛表现黄疸，但这既无特异性又不是特殊病症。患有严重肝病的牛通常厌食、奶量下降、体重减轻。

红细胞生成性卟啉病患牛表现出光致敏反应，红或棕色尿，棕红或粉红色牙齿，贫血，发育障碍或生长缓慢。用伍德氏灯对牙齿和尿进行紫外线检查可见明显的橘黄或红色荧光。

诊断

临床症状通常足以诊断光致敏，但要确定其原因可能很难。对所有表现出光致敏的动物应做肝功能的特殊的血清生化检查如GGT，AST，AP，SDH和胆汁酸，除非能迅速判定其为原发性的光致敏或卟啉症。在所有怀疑是原发性光致敏的病例，肝胆疾病和卟啉症应排除在外，原发的病因也应找到。对于肝源性光致敏，应寻找肝细胞毒性植物并确定是否在草场或饲草中；肝活组织检查对肝胆疾病定型有所帮助。

对奶牛进行舍饲不仅可以减少原发性光致敏发生率和减轻临床症状，而且可以避免许多肝源性致病因素。然而，在许多农场仍然有农场池塘（蓝-绿藻）和草场，并且草料仍可能被潜在的病原介质污染。

在红细胞生成性卟啉牛的血液和尿液中，尿卟啉Ⅰ和粪卟啉Ⅰ水平升高幅度很大。

治疗

对原发性光致敏的治疗包括转移动物以避开光照和从周围环境中移出病原性植物或化学物质。如果在光致敏皮肤区域继发细菌性皮炎则需要对全身应用抗生素治疗。腐离中皮肤需要清创并注意防蝇蛆病。如果不出现严重皮肤缺失，预后良好。

对肝源性光致敏治疗要求特异性和支持疗法治

图 7-18

小母牛不明原因的光敏作用。此牛曾放牧过，是牛群中唯一发病的牛，舍饲后痊愈，随后成为高产母牛。

疗肝胆疾病并且使患畜避开阳光。如果大量动物因毒素或毒性植物而患病，则确定并避开致病因子对减少以后发病是有必要的。肝源性光致敏病畜因为多数有严重的肝或肝胆疾病预后不良。对患有牛红细胞生成卟啉症的家畜除了使其避开光照外别无他法。病畜应淘汰。

表7-3 先天性的和后天性皮肤病

病　　症	遗传特性和症状
致死性稀毛症	荷兰的荷斯坦乳牛；常染色体隐性遗传；被毛稀疏，仅在鼻镜、眼睑、耳廓、尾和系部
亚稀毛症	爱尔夏乳牛；常染色体隐性遗传；稀疏、粗硬的毛发
非致死性稀毛症	荷兰的荷斯坦乳牛，娟姗乳牛，更赛乳牛；常染色体隐性遗传；仅腿、尾、眼睑和耳廓有毛发
稀毛症和切齿缺失	常染色体显性遗传；面部和颈部毛发稀少；缺失4~6个切齿
条纹状稀毛症	荷兰的荷斯坦乳牛；与性别有关，雌性动物易发病；尾部区域长的毛发呈垂直条纹状
迟发性稀毛症	弗里斯乳牛；雌性动物表现隐性遗传，且与性别有关；面部，颈部及腿部；6周龄到6月龄表现出毛发稀少
遗传性表皮发育不良（小牛综合征）	荷兰的荷斯坦乳牛；常染色体隐性遗传；缺少角，蹄狭小；全身被毛稀疏且有鳞屑、结痂形成的斑块，皮肤增厚起皱；病症出现1~2月龄的动物；耳廓内侧尖部；腕部、后踝溃疡、结痂、窒息
色彩相关的滤泡发育不良	黑白相间或褐（鹿皮）白色相间的荷斯坦乳牛；出生正常，但是随着成长黑色区域或是褐色区域会出现稀毛和脱皮
鱼鳞病	野外的荷斯坦牛和娟姗乳牛；常染色体隐性遗传；全身过度角化，被毛稀少，症状开始于刚出生和出生后几周内。弗里斯牛和瑞士褐牛症状严重：常染色体隐性遗传；全身性脱毛，过度角化，皮肤增厚，皲裂，症状始于出生；眼睑外翻和唇外翻；刚出生死亡或出生后几周内死亡
皮肤脆裂症（埃勒斯-当洛综合征）	荷斯坦乳牛；常染色体隐性遗传；皮肤松垂、脆弱、伸展过度
大疱性表皮松解症（上皮增殖不全）	荷斯坦乳牛，娟姗乳牛，爱尔夏乳牛；常染色体隐性遗传；小囊泡、大水疱，溃疡见于口腔内、腿末梢、压迫止血点、耳廓；症状始于出生或出生后几周内
遗传性锌缺乏症（遗传性角化不全，致死性A46）	荷斯坦乳牛；常染色体隐性遗传；红斑、鳞屑、脱毛，见于面部、腿末端、皮肤黏膜区域，症状始于出生后4~8周；黑色毛发的部位常退色，尤其是眼周围（“眼镜”）
淋巴水肿	爱尔夏乳牛，常染色体隐性遗传；后肢水肿，有时前肢、尾、包皮、耳廓、面部也出现水肿

容貌上的缺陷。

症状

临床上，当放牧的牛在草场上乱跑时，即成年牛皮蝇活动引起的。为了躲避成年牛皮蝇，有些牛甚至因受惊而吼叫。还有一明显的症状是在患牛背部出现“牛皮瘤”。一个牛可能有一处隆起或多至上百处。若见到通气孔，更加证实了诊断的准确性。

治疗

治疗应从控制蝇着手，以减少有利于蝇繁殖的环境因素。草场上的小母牛应用驱蝇药如粉袋治疗以减少蝇的刺激。对乳用小母牛应用全身性杀虫剂进行常规治疗。1年内最适宜的治疗时间因气候和纬度不同而异，但这些可以从地区性代理机构获得咨询。例如，在美国东北部，对皮蝇的早期幼虫的治疗可在10月15日至11月15日进行，这段时间内因霜冻蝇停止活动但幼虫也未达到较大的体积。成年的正在泌乳的奶牛应不予治疗，因为它们因年龄高，本身免疫力强，而且很少被感染并且避免使挤出的乳汁中有药物残留。小母牛可在秋季常规疫苗接种过程中给予治疗。几个月内将产犊的小母牛不应治疗。

因为化学制剂不断更新改良，建议用药应根据目前有哪些可以用于奶牛的药物而定。经常注意标签，喷浇药如蝇毒、氨磺磷，如能按时停药，目前已批准用于小母牛。伊维菌素产品对控制皮蝇幼虫很有效，而且有喷浇剂和针剂的使用方式，但是不能用于正在泌乳的奶牛。

治疗后，在1龄幼虫寄居处偶尔可见局部反应。如果治疗晚于适宜时间，幼虫较大，则这种情况发生的可能性更大。对黑纹皮蝇幼虫的副作用包括食管炎症、流涎、鼓气等梗阻症状并且不能进食。对牛皮蝇幼虫的副反应包括因为迷乱移行或胸腰段脊髓硬膜外周的单纯性炎症而引起的暂时性或永久性麻痹。关于麻痹的报道引起广泛争议，有关引起麻痹症状的真正病理机制尚无资料可参考。很多这类反应可能是因为药物毒性所致而不是因宿主-寄生虫反应引起。在1龄幼虫末期应用杀幼虫型杀虫剂可引起对垂死幼虫的反应，表现为背线附近极度肿胀。当牛皮瘤内幼虫因挤碎或因畜主想将幼虫从气孔中排出而使其致死时，发生了相同的反应，这些反应可能是因为幼虫毒素和蛋白酶引起，或由寄生虫在宿主体内移行引发的细胞和体液免疫应答而致的免疫介导反应引起的。偶尔在挤压牛皮瘤内的幼虫后，出现牛死亡或因毒血症而引起过敏反应。没有资料特别的解释这些反应究竟是过敏反应还是因死亡幼虫释放的毒素引起。不管哪一种情况，一旦背部出现皮下损伤，应告知畜主不要破坏皮蝇的自然生活周期。

尽管针对皮蝇的疫苗接种已经试用过，但目前仍无商品疫苗出售。

虱侵袭 Louse Infestation

病因学

牛的虱侵袭很少认为对增重或生产有很大影响，但作者的经验并非如此。吮吸虱，如牛血虱（*Haematopinus eurysternus*）、水牛盲虱（*Solenopotes capilatus*）、犊长颚虱（*Linognathus vituli*）和叮咬虱如牛毛虱（*Bovicola bovis*），在北部地区冬季可以达到很高的虱侵袭率。在冬季，动物长的被毛、较冷的皮肤、合适的环境温度和舍饲有助于虱的传播。虱具有宿主特异性，整个生活周期都在宿主身上完成，而且不同的虱在宿主身上有自己喜好的“定居点”。阳光和热对虱的繁殖和存活有很大影响。因此，短被毛，接受阳光照射，夏季高的温度能自然减少虱的数量。牛对虱侵袭的抵抗力随年龄增大而增强的现象不明显。叮咬虱以皮肤碎屑为食，喜好背部和肋腹部。吸吮虱则喜好头、颈、肩、腋窝、背部。然而，当虱数量特别多时，可在身体各处见到。跟大多数寄生虫一样，虱对营养不良，有别的疾病、拥挤和别的应激的动物危害最大。

症状

牛虱提供的主要症状是瘙痒、不安和过度舔咬（图7-22）。轻度侵袭不产生可被畜主发现的临床症状，但是大量虱侵袭则肯定影响犊牛生长和奶牛的产量。受虱严重侵袭的牛出现不适或因寄生虫骚扰而长时间摩擦无生命物体和舔咬自己。较差饲养条件下的犊牛或动物的严重感染可能引起失血性贫血。虱侵袭经常通过寄生虫学的“弱姊妹”（“weak sister”）原则判断。也就是说，事实上，全群有问题时，只有一头或少数动物因严重感染而出现明显症状。在冬季，长被毛和低温有助于虱侵袭，症状明显。

有虱侵袭的犊牛和母牛，因为瘙痒而用舌头舔后留下的痕迹很典型，像是用湿画笔刷过一样（图7-23）。舔的痕迹出现于体侧、胁腹、背部、后肢和所能舔到的部位（如果没有限制）（图7-24）。用颈枷套住的牛则非常不安，因为颈枷限制了它们的舔和擦的活动，它们便把颈枷弄得咯咯响，在枷内猛烈地前后或上下摩擦，造成颈和肩部脱毛。专家认为颈枷的咯咯声是上枷的牛严重虱侵袭的一个主要症状。常见自伤性脱毛，表皮脱落以及大面积出现鳞屑。因虱侵袭而长期舔毛的犊牛身上常可见到毛球。

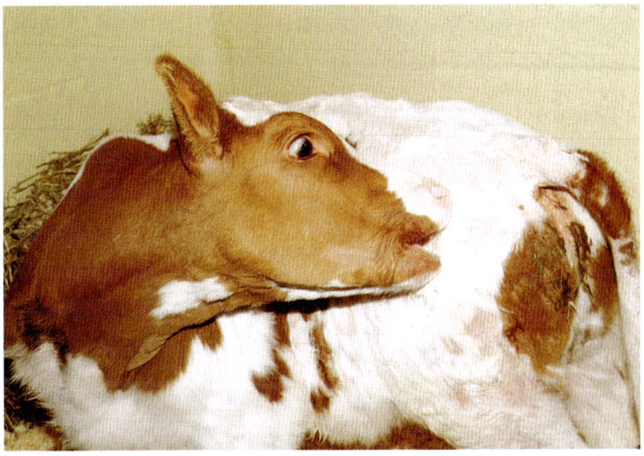

图 7-24

犊牛因虱侵袭而严重瘙痒表现。

诊断

通过观察临床症状和物理性检查发现虱来进行诊断。通常用笔式灯照，仔细剥离被毛便足以确定。受舔和摩擦而受侵扰最多的部位是观察最好的部位。颈、背部和臀部等部位往往有足够数量的虱，可做早期诊断。另外，剪毛有助于诊断。作者发现在医院里剪毛始终是很好的找到虱的方法，在现场当牛准备腹部手术剪毛时也能找到虱。虱通常呈棕色小点，不能轻易洗掉。在一些严重受侵袭的牛，剪毛后进行胁腹手术时，可以发现成百上千的虱。

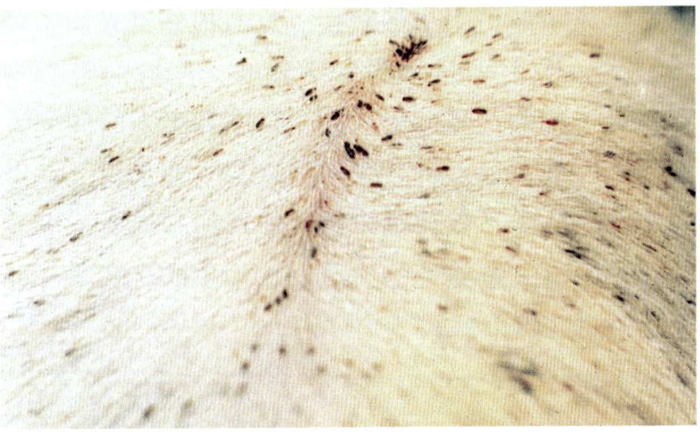

图 7-22

严重虱侵袭的荷斯坦犊牛，此牛体温低，使虱离开皮肤表面而在毛内，症状比正常时更明显。

图 7-23

受虱侵袭的荷斯坦牛背部、胸和胁腹部的舔痕。

当牛死亡或因休克而体温低时，虱离开皮肤，大量出现于被毛外端。这种抛弃宿主的现象与“老鼠离开下沉的船”相似。

治疗

很少进行单独治疗，因为单个或少数牛的严重感染预示着全群问题。当发现有大量虱时，应对全群进行治疗并对环境进行处理。只能使用批准可以用于奶牛的药物进行治疗。几种除虫菊酯或二氯苯醚菊酯制剂和蝇毒类药物可以用于奶牛和犊牛。这些药物可以用做喷雾或粉剂。所以褥草应清走并对牲口棚喷雾，对所有的动物进行突击治疗。2~4周内重复一次或按照药物生产者的说明操作。有多年问题的牛群应在秋季——在虱数量高峰到来之前进行治疗。舍饲的牛应尽可能剪毛以防止过长的毛促进虱数量增多。

蝇 Flies

蝇的控制对奶牛的舒适和生产能力有重要作用。大量的蝇不仅骚扰奶牛和工作人员，而且可作为传染性角膜结膜炎、乳房炎（乳头末端损伤引起）的环境因素，及嗜皮菌、乳头状瘤和其他传染病的媒介。蚊、库蠓、虻、角蝇、黑蝇、厩蝇和其他蝇都不仅能引起牛皮肤损伤而且能骚扰和叮咬牛引起疼痛。黑花蝇能在伤口产卵引起继发蛆感染。丽蝇能在动物尸体或植物物质上产卵并在世界的某些区域引起蝇蛆病。美洲锥蝇这种真正的螺旋虫，以活体肌肉为食，需要经常警戒以防这种寄生虫再从墨西哥回到美国。家蝇是一种可机械传播病原但不叮咬的污秽蝇。蚊子、黑蝇、虻、库蠓当周围有水能提供繁殖场所时可大量繁殖。厩蝇、角蝇和家蝇排卵于粪中，所以较差的管理或脏的环境有利于这种害虫的大量繁殖。所有这些寄生虫的数量在夏季达到高峰。

每个农场都在某种程度上有蝇的问题，但通常因防止蝇繁殖的劳动力和管理措施有限而使蝇的控制受挫。然而这里的简短介绍不能忽视对蝇——刺激牛的一个因素的认知。蝇对奶牛的舒适程度和生产能力有巨大的负面影响。

症状

大量的蝇和其他的昆虫侵袭牛在临床上的表现包括：不安、敏感、摄食少、生产能力下降、疼痛性皮肤丘疹、疹块和结痂。只需要到牛的生活环境中就能够评价和体会到这个问题。在炎热的夏季，因为正被大量叮咬的奶牛不安和敏感，不可能对它进行全面的物理检查。

可通过观察牛和周围环境来进行诊断。

治疗

搞好蝇繁殖场所的管理是预防和控制大量蝇繁殖首要考虑的问题。放干沼泽地或池塘淤积的水可以减少蚊子、虻和库蠓。黑蝇通常需要流动水或快流的溪水作为繁殖场所。厩蝇和家蝇的数量可以通过将粪便从舍厩、运动场、集结地或饲喂区清扫走而大量减少。动物尸体、胎盘和外科切除的组织应处理掉而不是留待丽蝇来滋生，并且伤口应每日护理以防止侵扰和继发蛆病。

大多数畜主应用杀虫剂和杀幼虫剂来减少蝇的数量。用作房屋喷雾剂和用作牛的杀虫剂应是经允许专门用于奶牛和为奶牛设的。有些房屋喷雾剂要求在牲口棚内没有牛时使用。如果仅用于房屋的喷雾剂直接喷到牛身上有可能发生化学中毒。舍厩应在蝇高峰期前而不是在高峰期时喷雾。

牛用的自动释放性药包应仅包含那些允许用于泌乳牛的药物。蝇的药饵应放在那些不能被牛吃到的地方。饲料添加剂加杀虫剂如司替罗林，通过杀死粪便中的幼虫来减少污秽蝇的数量。奶牛用的药要经过许可。

浸有杀虫剂的耳号，可用于小母牛和干奶期牛，作为预防秋家蝇（*Musca autumnlias*）——牛传染性角膜炎重要媒介物的一种手段。同样这些耳号也有助于控制角蝇。因此，可以减少因这些害虫引起的“蝇担忧”和骚扰。饲料添加司替罗林也可作为一种杀幼虫剂来减少这些蝇繁殖，因为这些蝇是在粪便中繁殖的。

蜱传播的疾病　Tick-Borne Diseases

在世界上一些养牛地区蜱是一种疾病的重要媒介，也可引起寄生虫性骚扰、皮革损伤带来巨大经济损失。牛很少是将要讨论到的一些蜱的唯一宿主，每一种蜱在生活史、宿主范围和吸血时间等方面都不一样，很多种软蜱和硬蜱寄生在牛身上。这些蜱的生活史不做详细讨论，但可在其他文章中看到。蜱的宿主特异性不如虱。作为牛的疾病媒介的一些蜱将在传染病章节中讨论。

症状

咬伤、疼痛、难以愈合或继发感染是蜱侵袭牛后的重大问题。当肉用牛被大量蜱侵袭时，皮革的损伤是一个值得关注的经济问题。与其他的外寄生虫侵袭一样，疼痛性蜱侵袭的症状是敏感、不安、摄食少和增重降低。

除了这些局限性症状外，蜱还能传播传染病。许多牛病如无浆体病就很容易由蜱传播。另外，因为蜱并无很高的宿主特异性，所以牛的蜱携带多种传染病而对人类健康造成威胁。

诊断

在牛身上找出蜱或确定是由蜱传播的疾病便足以诊断。

治疗

因为治疗需要大量劳力，所以治疗是困难的并昂贵的。另外，有些蜱的生活阶段不在牛身上，化学性药浴、喷雾、浇淋和点涂的药物及伊维菌素类药物易被用于控制蜱。蜱已经对许多杀螨剂产生了耐药性，一些新的产品会陆续登场。在过去，药浴被认为是最好的方式，但新型化学产品和给药系统（缓释点涂药品）可减少治疗所需劳力。显然在放牧和草场饲养的牛中受蜱侵袭的可能性比舍饲的奶牛大。然而在美国的许多地区，奶牛也易受蜱侵袭进而受蜱传播疾病的威胁。杀螨的产品应该被允许用于奶牛。

瘤牛和瘤牛杂交牛表现出了对蜱的遗传性抵抗力。这一事实可使有大量蜱存在地区的肉牛养殖业培育出有利于抵抗蜱的牛品种。

兽疥癣 Mange

足螨病

病因学　足螨病是奶牛中能引起临床症状的最常见的兽疥癣。牛足螨主要以表皮碎屑为食且寄生性强。这种螨的生活史为2~3周并在宿主身上完成。至于牛足螨离开宿主后能存活的时间一直都有争议，但如果采取了合适的治疗，这个问题是没有什么意义的。

临床症状明显为足螨感染的奶牛会感到不适、瘙痒、易怒并进而影响到摄食和奶产量。犊牛很少出现临床感染，在被感染牛群中，足螨病多发生在成年乳牛。虽可观察到散发的病例，但通常是牛群的10%~20%出现轻度病变。临床病变的百分比越高对牛群奶产量的影响越大。

足螨病多见于冬季。这反映了螨的生物学活动,环境因素,及喜好长被毛，而且冬季舍饲提高了牛的密度，足螨易传播。在温暖的季节这种病可自然减退，在这段时间，残留的螨集中在系部和指部皮肤。

症状　中度至重度患畜表现出瘙痒、不安、踩踏、强烈的摇尾、靠着物体摩擦尾部和会阴部。伴有脱毛和结痂的皮肤损伤出现于坐骨窝、尾根、会阴、乳房后部、股内侧或阴囊等部（图7-25）。患部皮肤的丘疹和红斑较突出，特别是当牛靠着固体物质摩过以后。轻度至中度患畜在尾根部或尾根与坐骨结节之间有很厚痂，通常是在产科常规直肠检查时发现。同样的损伤在指部皮肤也可见，但在奶牛中不如上述那些损伤常见。

诊断　临床症状具有重要的诊断意义但确诊需刮去皮肤才能鉴定出牛足螨。特别应与虱、疥螨和痒螨等进行鉴别。

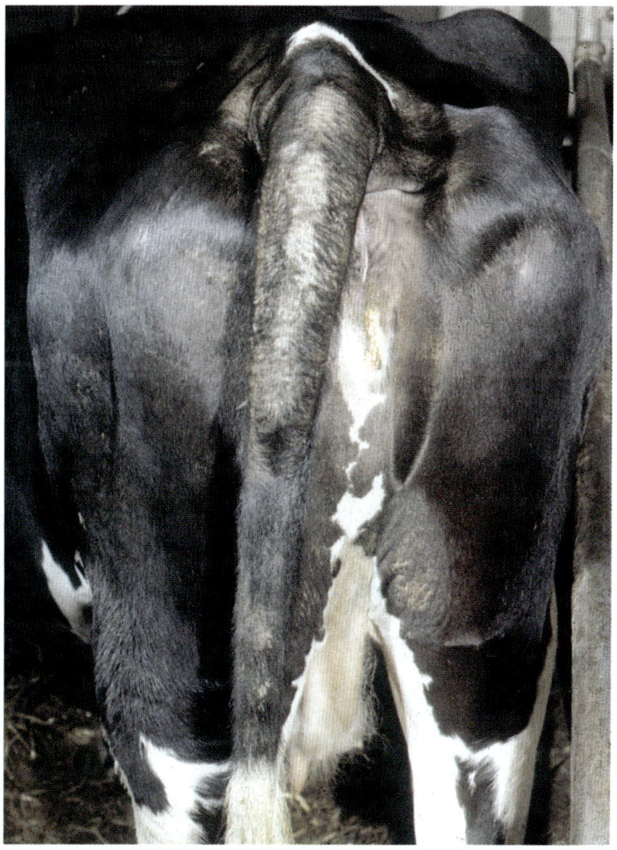

图 7-25

尾根、尾、会阴部、股内侧和乳房等处有足螨病病灶。

治疗　与其他外寄生虫一样，有许多杀虫剂可以用于杀灭牛足螨，但很少用于奶牛。用做喷雾0.03%的蝇毒磷，可用于奶牛，若间隔2周时间第二次给药治疗效果更好。据报道，2%石灰硫磺合剂每周1次经过4次治疗也有效。治疗时不仅是对有明显临床症状的牛，而应对整个牛群进行治疗。虽然在治疗前用梳子除去厚痂增加了控制畜群的劳动力，但有助于治疗。在治疗的同时，应配合彻底更换褥草和杀灭周围环境中的足螨，以达到最好的治疗效果。

脂螨病

蠕形螨被认为是牛的毛囊和皮脂腺的正常寄生物，很少引起临床症状。牛蠕形螨具有宿主专一性并且其生活史在宿主身上完成。犊牛的蠕形螨侵袭通常认为是在刚出生内几天与母畜接触所致。乳用牛出生后很少接触母畜，这可减少传播。其他传播形式都不常见。因为许多有蠕形螨的牛都无明显症状，所以那些表现出症状的牛可能有遗传或免疫学缺陷，以致宿主–寄生虫关系发生改变。

症状　颈部、肩峰、肩部、胁腹部可以触到结节和丘疹是其特征表现。病灶的数目和大小各异，但大多数直径在0.5~1.0 cm，并且有正常毛发覆盖（图7-26）。瘙痒和其他的临床症状不明显。结痂、毛囊炎、渗出或溃疡可能是进一步的损伤，偶尔可观察到。牛蠕螨和一种不典型的螨寄生在眼睑周围和皮肤。在牛群中，蠕螨现已发现主要寄生在眼睑周围。

诊断　可以通过深部皮肤刮取物或含有螨虫的病灶外渗出物进行显微镜检查找出蠕形螨，因为毛囊为蠕形螨的寄生处。其他原因引起毛囊炎如真菌、葡萄球菌、嗜皮菌也应考虑。隐性的病例也可能表现得像蚊虫叮咬一样。

治疗　通常不需要治疗。好在允许用于泌乳牛的杀虫剂有限，因为临床上要控制蠕螨病是极其困难的，在奶牛就更是如此。单个因蠕形螨引起明显皮肤病的牛应估计是免疫损伤还是遗传缺陷。

疥螨病

病因学　疥螨病是奶牛一种需要通报的疾病，传播到奶牛群后，会引起明显的临床症状和奶量下降。疥螨潜伏于皮肤浅层，以体液和碎屑为食，雌性螨繁殖会恶化病情。一个生活周期约2周并在宿主身上完成。牛通过与感染牛接触或与用于清洗病牛的用品接触而受感染。疥螨离开宿主后仅能存活几天并对干燥敏感。

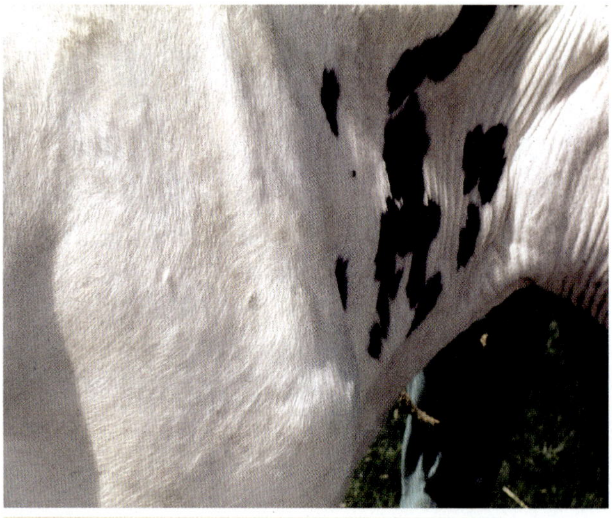

图 7-26

荷斯坦牛的蠕形螨病。肩部和胸部有轻微突起的毛发丛。

虽然疥螨可侵袭相似的多种动物，但是寄生虫学家们仍在争论，是一种疥螨适应于不同宿主，还是每种宿主都有单独的疥螨。然而，镜检时，牛的疥螨与其他家畜的疥螨很相似，处理有疥螨的牛的人也可能会有暂时的轻度疥螨感染。

症状　疥螨的特点是明显瘙痒，各处均可出现病灶，但在尾、颈、胸、肩、臀部和股部内侧多见。在被感染的皮肤区域可见丘疹、结痂、脱毛、擦伤和皮肤增厚。瘙痒导致咬、舔和过度与无生命物体摩擦。自身所致的裂伤和皮肤擦伤很常见，因为牛偶尔会在尖锐物体上摩擦或持久地摩擦直到出现擦伤。近期，专家诊断出了散养牛群中的疥螨病，被感染的牛摩擦得特别厉害以致分隔门都坏了。

严重瘙痒明显导致生产力下降，表现为病牛摄食少，不显示发情，体重下降和产奶量急剧下降。未治疗的动物可能变得衰弱，也可能因继发感染和全身衰弱而死。

诊断　临床症状和深刮皮肤检查螨虫、卵和粪便碎屑，可以提供诊断。疥虫不易找到，但大量持久刮取可以诊断出阳性。

治疗　这是一个应通报的疾病，应告知兽医。对于泌乳牛，用2%石灰硫磺加热到35~40.50℃用作药浴或喷洒。无需停药期，但需要在10~14 d内要重复给药一次。依立诺克丁用药浴已经批准，且有效，可以用于牛干奶期。多拉克汀虽经批准使用且有效但不能用于超过20月龄的奶牛。

痒螨病

病因学　痒螨病是另一种需要通报的奶牛病，这种病也奇痒，在这点上与疥螨相似。痒螨寄生于皮肤表面，以血清和淋巴液为食，从卵到产卵雌虫这一完整生活史需2~3周。痒螨离开宿主后生存力比疥螨强，在一定条件下可在外界环境中存活1个月甚至更久。痒螨在冬季离开宿主生活较好而在干燥夏季生活较差。与疥螨相似，可以直接或通过污染的普通摩擦柱子、环境中接触物而间接传播。

症状　严重瘙痒，伴有普遍的皮肤损伤如丘疹、结痂、擦伤和脱毛是主要症状。病灶可出现在全身，但典型的部位是肩峰和尾根，接下来是背部和体侧。皮肤增厚，随时间推移而出现褶皱。瘙痒极其严重以至于病牛只有痒的感觉。因此，增重和奶产量明显下降。未进行处理的病牛变得虚弱、消瘦、常有继发感染，可能死亡。

诊断　临床症状和刮取皮肤以鉴别出致病的螨虫可以提供诊断依据。

治疗　这是一个应通报的疾病，应告知兽医。对于泌乳牛，用2%石灰硫磺加热到（35.0~40.5℃）用作药浴或喷洒。莫昔克丁用药浴已经批准，且有效，可以用于牛干奶期。多拉克汀虽经批准使用且有效但不能用于超过20月龄的奶牛。

冠丝虫病　Stephanofilariasis

病因学

在美国泰尔斯冠丝虫是引起牛腹中线部丝虫性皮炎的常见病原。成虫寄生于真皮，微丝蚴通过角蝇（*Haematobia irritans*）传播。微丝蚴在蝇体内经过2~3周发育成感染性幼虫，然后当蝇叮牛时侵入牛的皮肤。

症状

腹中线部皮炎一开始有浆液渗出、结痂、丘疹。慢性的可引起脱毛、皮肤增厚和角化过度。病变部位通常位于胸和脐之间，严重的可向前、后侧延伸。偶尔在乳房可见到病灶。病牛因瘙痒常想卧地摩擦其腹部。母牛可能会跪着将其胸部和腹部前后摩擦以减轻皮炎而致的痒感。

诊断

临床症状加上皮肤或组织检查可确诊。对活组织检查的材料进行组织学观察可发现在毛囊内有成虫的片断。在真皮中可发现微丝蚴和嗜酸性白细胞。

治疗

治疗冠丝蚴虫病的方法尚未批准用于泌乳牛。对非泌乳牛，局部使用阿凡曼菌素但是对任何用于此病治疗的药物都要有适当的停药期。

丽蝇蛆病
Fly-Strike from Maggots （*Calliphorine myiasis*）（Blowflies）

病因学

许多种丽蝇能引起家畜的蝇蛆病。几种蓝丽蝇（calliphords）和黑花蝇（*Phormia regina*）是北美主要的丽蝇。这些蝇在春季、初夏和秋季数目达到高峰，成年蝇为了寻在食物和产卵地点可飞行数英里的路程。尸体、腐肉、植物性物质和坏死的伤口很吸引成年蝇。在美国，黑花蝇是引起牛伤口处蝇蛆病的主要丽蝇，但世界其他地区则有不同的丽蝇占主导。

雌丽蝇常在动物的去角处、阉割处和外伤处产卵。偶尔蝇蛆病可发生在胎盘、新生犊牛的脐、难产所至坏死或撕裂的外阴部。伴有腹泻的躺卧的犊牛在因腹泻后被污染的肛门、会阴和尾不易发蝇蛆病。患“红眼”病继发角膜穿孔、眼凹陷的犊牛或牛的病变眼眶可招致蝇蛆病（图7-27）。

温暖季节，丽蝇的卵孵化为蛆病需1~3 d，如果环境温度潮湿，卵不到12 h便能孵化。有蛆存在和伤口散发的气味会招来更多的丽蝇。

继发于蝇蛆病的毒血症似乎较多见于青年犊牛，但也可见于成年牛。尽管许多蛆感染的动物有原发病，但蛆也似乎能引起厌食、沉郁和虚弱。这种毒血症或蛆对宿主精神的抑制作用的生理机理尚不明确。真正的螺旋虫——美洲锥蝇，最近从美国范围内被暂时扑灭，但有再次从其他地方传入美国的危险。真正的螺旋虫能穿透并吃掉伤口处的活肉

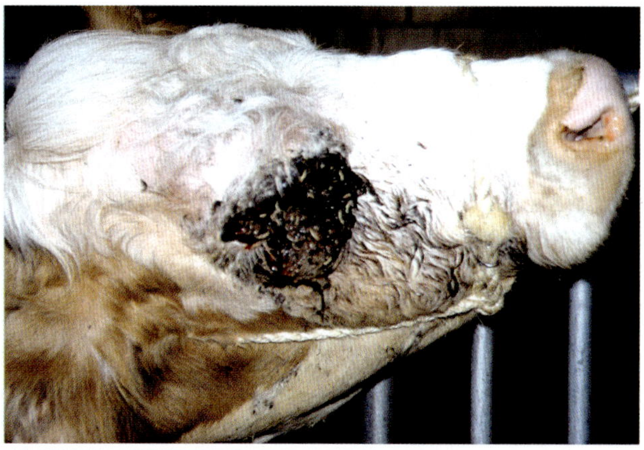

图 7-27

一头被忽视的患眼眶鳞状细胞癌的母牛，其眼眶周围可见到蛆。

组织。丽蝇蛆能产生蛋白酶消化和野花宿主组织（通常为坏死组织）但不以活组织为食。如果在活肌肉中发现蛆，则应通过实验室检查确定蛆的种类来排除真正的螺旋虫。

症状

眼症状和气味都很明显。有令人不愉快的坏死气味，并有因蛆在伤口内活动而致的不安。伤口继发细菌感染会产生难闻的气味，并且实际上可能会更进一步吸引丽蝇。有时，要估计原发病的病变和因蛆而致的病情程度很难。新生犊牛易致死于原发病（腹泻、白肌病、败血症），因为这些病常使犊牛变得很虚弱，而蛆则是增加了一个额外的毒性成分。

治疗

伤口处应剪毛，清洗，最好清创，杀死蛆。对于有毛组织上的伤口剪毛很重要，因为这样可以显著减少以后的蝇蛆病；湿而缠结的毛能为蝇蛆病创造理想的环境。伤口可用热水和松节油（1体积松节油：32体积水）冲洗或用消毒液喷洒以杀死蛆。0.25%的蝇毒磷可局部喷洒于蛆上，但用于犊牛不应过量以防中毒。非泌乳动物和犊牛应用局部杀虫剂如0.25%蝇毒磷，3%蝇毒磷软膏，或用林丹涂布伤口以防蝇蛆病。这些药物也可以用作预防新鲜伤口的蝇蛆病。

对于泌乳牛治疗应仔细选择杀虫剂，只有那些允许的药品才可用。蝇毒磷是最安全的药物。蛆的预防比治疗容易得多。因此，在蝇流行季节，蝇的控制与勤清洗和保护好伤口一样重要。在蝇流行季节，用于伤口的含有蝇驱除剂或杀虫剂的涂膏应定期使用。药膏应涂于伤口周围一圈而不是涂于开放组织，以减少化学吸收和中毒的隐患，特别是犊牛更应如此。

各种寄生虫引起的皮肤病

Miscellaneous Parasitic Causes of Dermatologic Disease

美国和其他一些国家，一些寄生虫是造成牛皮肤病变的偶见因素（表7-4）。

皮肤病的物理、化学和营养方面原因

Miscellaneous Physical, Chemical, and Nutritional Causes of Dermatologic Disease

许多物理损伤，化学性中毒和涉及矿物质及维生素的营养不平衡能直接或间接引起皮肤损伤。由于舍饲和日粮的控制，多数这些原因在奶牛中很少见，仍

表7-4　各种由寄生虫引起的皮肤病症

疾　病	症　状
疮螨	轻度的成片脱毛，几乎没有鳞屑，也不瘙痒，好发背部；如疮螨属
盘尾丝虫病	不明显的皮下小结于胸、臀部、后膝关节（牛盘尾丝虫）；肩部、臀部（颈韧带的喉瘤盘尾丝虫）；乳房、阴囊
副丝虫病	有血样渗出物的小瘤；好发于颈部、肩部、躯干；春季和夏季流行；如牛副丝虫
皮肤不育大孢子菌病	瘙痒、丘疹、皮炎；好发于腹侧面腹部、喉、股中部和侧面、乳房和乳头；如类圆小杆线虫
小杆线虫的外耳炎	两侧，疼痛，化脓性耳炎；如牛小杆线虫
瑞立绦虫外耳炎	两侧化脓，疼痛性外耳炎；如瑞立绦虫属

表7-5 物理的和化学的原因引发的皮肤病

疾　病	症　状
捕蝇蕈属植物中毒	吃蘑菇（白毒伞）引发中毒；丘疹、小囊泡、尾根部、会阴部坏死的病灶
砷中毒	毛发干燥，表情呆滞；从脱毛到秃顶，剥脱性皮炎
氯化萘中毒	进行性脱皮，过度角化症，皮增厚，开裂，从肩隆和颈部开始秃顶
皮炎，发热和出血综合征	瘙痒，皮炎；好发于头、颈、尾根、会阴、乳房
异物原因	丘疹、小瘤、脓肿；尤其好发在股、臀部、鼻镜、胸腹部
多毛的巢菜属植物中毒	瘙痒的丘疹、小半鞘翅、渗出物、结痂、秃顶；发起于尾根部、乳房、颈，然后发展到面部、躯干、四肢
血肿	急性发起，有波动感，位于皮下；好发于后膝关节、坐骨结节、髋骨结节、会阴、腹侧的腹部、喉侧面、肩峰
璃眼蜱中毒（流行性粟粒疹热）	红斑、水肿、渗出、恶臭味；好发于耳廓、颈、腋窝、胁腹部、腹股沟；损伤疼痛、毛发无光泽易脱落、溃疡
擦烂	程度不同的红斑、水肿、渗出；好发于乳房侧面和股中部的接合处
碘中毒	脱皮、有/无脱毛症，好发于背部、颈部、头部、肩
汞中毒	进行性的，全身的脱毛症
含羞草素中毒	长被毛逐渐的缺失如尾以及不同程度的蹄发育不良
燕麦稻草中毒	丘疹、小半鞘翅、开裂；好发于乳房、后肢及臀部、唇、鼻镜及阴部
多溴化联苯中毒	脓肿、血肿出现在背部、腹部和后足；秃顶和苔藓样硬化出现于喉、颈、肩；蹄发育不良
硒中毒	长被毛逐渐缺失；冠状垫炎(马)；蹄发育不良
蛇咬伤	逐渐水肿、疼痛、变色并带有不同程度的组织坏死和腐肉形成；好发于鼻、头、四肢
葡萄状穗霉中毒	坏死性溃疡；出现部位：口腔、唇、鼻孔
皮下气肿	质软、有波动感、爆裂声、皮下隆起；好发于颈和躯干
吸血蝙蝠咬伤	出血量大，结痂的溃疡灶；好发于背部和四肢

表7-6 各种营养性因素导致的皮肤病

疾　病	症　状
钴缺乏	毛发粗糙、脆、褪色
铜缺乏	毛发粗糙、脆、褪色并伴有不同程度过度舔毛动作；眼周围毛发褪色及缺失（很像“眼镜”）
皮肤营养病（高脂代乳品导致的皮肤病）	鼻镜、眼周、耳廓基部、四肢的脱毛及鳞屑
碘缺乏	新生牛犊全身脱毛，皮肤增厚，黏液性水肿
核黄素缺乏	全身毛发粗糙、脆、褪色
硒缺乏	臀部和尾根部皮炎
维生素A缺乏	毛发粗糙、脆、褪色、全身性脂溢性皮炎
维生素C敏感性皮炎	犊牛脱皮、脱毛、红斑、淤血点和淤血斑，开始时出现在头部或四肢
锌敏感性皮炎	脱皮、红斑，然后发展到结痂、脱毛；好发于面部、耳廓、黏膜交接处、压点、四肢远端、胁腹部、尾；瘙痒症状或强烈或没有

将一些重要的中毒症和缺乏症列于表7-5和表7-6。这些病的非皮肤病症由于超出本章讨论范围，这里只列出皮肤相关的特征。一些能够引起光致敏作用和坏疽的植物和毒素已在其他章节中介绍过了。

（苏晓鸥译，师福山校）

参考文献

Andre-Fontaine G, Bouisset S, Ganiere JP, et al: Photosensibilisation leptospirosique: mythe ou réalité, *Point Vét* 20:247, 1988.

Andrews AH, Blowey RW, Boyd H, et al: *Bovine medicine. Diseases and husbandry of cattle,* ed 2, Oxford, England, 2004, Blackwell Sciences.

Barth D, Hair JA, Kunkle BN, et al: Efficacy of eprinomectin against mange mites in cattle, *Am J Vet Res* 58:1257, 1997.

Duarte ER, Batista RD, Hahn RC, et al: Factors associated with the prevalence of Malassezia species in the external ears of cattle from the State of Minas Gerais, Brazil, *Med Mycol* 41:137, 2003.

Gourreau JM, Scott DW, Cesarini JP: Les tumeurs mélaniques cutanés des bovines, *Point Vét* 26:785, 1995.

Griffiths IB, Done SH: Citrinin as a possible cause of the pruritus, pyrexia, haemorrhage syndrome in cattle, *Vet Rec* 129:113, 1991.

Harper P, Cook RW, Gill PA, et al: Vetch toxicosis in cattle grazing Vicia villosa ssp dasycarpa and V. benghalensis, *Aust Vet J* 70:140, 1993.

House JC, George LW, Oslund KL, et al: Primary photosensitization related to the ingestion of alfalfa silage by cattle, *J Am Vet Med Assoc* 209:1604, 1996.

Howard JL, Smith RA: *Current veterinary therapy. Food animal practice,* ed 4, Philadelphia, 1999, WB Saunders.

Jubb TF, Vassallo RI, Wroth RH: Suppurative otitis in cattle associated with ear mites (Raillietia auris), *Aust Vet J* 70:354, 1993.

Jubb TF, Malmo J, Morton JM, et al: Inherited epidermal dysplasia in Holstein-Friesian calves, *Aust Vet J* 67:16, 1990.

Kahrs RF: *Viral diseases of cattle,* ed 2, Ames, IA, 2001, Iowa State University Press.

Lonneux JF, Nguyen TQ, Delhez M, et al: Efficacy of pour-on and injectable formulations of moxidectin and ivermectin in cattle naturally infected with Psoroptes ovis, *Vet Parasitol* 69:319, 1997.

Machen M, Montgomery T, Holland R, et al: Bovine hereditary zinc deficiency: lethal trait A46, *J Vet Diagn Invest* 8:219, 1996.

Milne MH, Barrett DC, Mellor DJ, et al: Clinical recognition and treatment of bovine cutaneous actinobacillosis, *Vet Rec* 148:273, 2001.

O'Toole D, Fox JD: Chronic hyperplastic and neoplastic lesions (Marjolin's ulcer) in hot-brand sites in adult beef cattle, *J Vet Diagn Invest* 15:64, 2003.

Panciera RJ, McKenzie DM, Ewing PJ, et al: Bovine hyperkeratosis: historical review and report of an outbreak, *Compend Cont Educ* 15:1287, 1993.

Radostits OM, Gay CC, Blood DC, et al: *Veterinary medicine. A textbook of the diseases of cattle, sheep, pigs, goats and horses,* ed 10, Philadelphia, 2007, WB Saunders.

Rooney KA, Illyes EF, Sunderland SJ, et al: Efficacy of a pour-on formulation of doramectin against lice, mites, and grubs of cattle, *Am J Vet Res* 60:402, 1999.

Scott DW: *Large animal dermatology,* Philadelphia, 1988, WB Saunders.

Scott DW, Anderson WI: Bovine cutaneous neoplasms: literature review and retrospective analysis of 62 cases (1978 to 1990), *Compend Cont Educ* 14:1405, 1992.

Scott DW, Gourreau JM: Alopecia areata (pelade) chez les bovines, *Point Vét* 22:671, 1990.

Scott DW, Gourreau JM: Fibromes, fibrosarcomes et mastocytomes cutanés chez les bovines, *Point Vét* 24:539, 1992.

Scott DW, Gourreau JM: La dermatite à Pelodera strongyloides et l'otite externe à Rhabditis bovis chez les bovines, *Méd Vét Québec* 23:112, 1993.

Scott DW, Gourreau JM: La folliculite et la furonculose staphylococciques des bovines, *Point Vét* 23:79, 1991.

Scott DW, Gourreau JM: Les tumeurs des vaisseaux sanguins cutanés chez les bovines, *Point Vét* 28:941, 1996.

Scruggs DW, Blue JK: Toxic hepatopathy and photosensitization in cattle fed moldy alfalfa hay, *J Am Vet Med Assoc* 204:264, 1994.

Thorel MF, Morand M, Fontaine JJ, et al: Bovine nodular thelitis: a clinicopathological study of 20 cases, *Vet Dermatol* 1:165, 1990.

Wu W, Cook ME, Chu FS, et al: Case study of bovine dermatitis caused by oat straw infected with Fusarium sporotrichoides, *Vet Rec* 140:399, 1997.

Yeruham I, Perl S, Orgad U: Congenital skin neoplasia in cattle, *Vet Dermatol* 10:149, 1999.

Yeruham I, Friedman S, Perl S, et al: A herd level analysis of a Corynebacterium pseudotuberculosis outbreak in a dairy cattle herd, *Vet Dermatol* 15:315, 2004.

Yeruham I, Perl S: Melanocytoma and myxoma—tumours of the limbs in cattle, *Berl Munch Tierärztl Wschr* 115:425, 2002.

Yeruham I, Yadin H, Haymovich M, et al: Adverse reaction to FMD vaccine, *Vet Dermatol* 12:197, 2001.

第二章 CHAPTER 8

乳头和乳房疾病
Diseases of the Teats and Udder

Lisle W. George, Thomas J. Divers, Norm Ducharme, and Frank L. Welcome

奶牛的乳房由4个独立的腺体组成，其悬置主要靠中央悬韧带和外侧韧带。中央悬韧带成对，较外侧韧带更有弹性。中央悬韧带的头侧弹性较强，尾侧胶原成分较多，起始于骨盆腹侧腱。外侧韧带是复合的，起始于骨盆腹侧腱，不规则的腱膜向头侧延伸，并在不同的层次插入乳腺组织中。中央悬韧带和外侧韧带对乳房固定附着在腹壁上起着必要的支撑作用。阴部外动脉是乳房的主要供血管；动脉穿过腹股沟管与静脉和淋巴管伴行。在尾侧，阴内动脉在坐骨弓处形成会阴动脉分支，经尾部到达阴门，并沿会阴到达乳房基部。尾部腹壁浅静脉（腹壁皮下静脉或乳静脉）是乳房主要的回流静脉。腹皮下静脉在穿过腹壁入胸内静脉处形成“乳井”，最终经锁骨下静脉汇入前腔静脉。淋巴流向乳房背后侧的腹股沟（乳房的，乳房上的）淋巴结，沿着乳房区的背侧在末尾可以触摸到这些淋巴结，再沿乳腺上部深触到的是外侧韧带。虽然股骨前的（髂骨下）淋巴位于外侧腹斜肌腱膜，距背侧膝盖15 cm，但并不是乳房真正的回流淋巴，它们在奶牛常规体格检查时就可触摸到。由于它们和乳腺上的淋巴结邻近而且汇合到回肠淋巴结，因此，许多患乳房炎的奶牛会有明显的股骨前淋巴结病变，它们可以很容易地触诊到。

乳房
UDDER

过早发育 Premature Development

犊牛和小母牛的乳房过早的对称发育与囊性卵巢分泌的雌性激素的慢性刺激，以及饲料中含过量的雌激素、霉菌毒素、玉米赤霉烯酮有关。有时，乳房发育伴有外阴肿胀。饲料中含有雌激素是造成牛群中小母牛乳房发育的主要原因，防治就需要除去饲料中雌激素。偶尔可见个别小母牛乳房自发性的发育，并且没有明显的内分泌或中毒诱因。牛群中小母牛乳腺不对称性增大，可能是由于乳房炎造成的。

支架结构损伤或功能丧失
Breakdown or Loss of Support Apparatus

乳房支架结构的损伤可发生在内侧或外侧的任何部位。中央悬韧带的损伤将导致左右侧乳房间的中央纵沟消失和乳头突向两侧。外侧韧带的损伤将使乳房下垂到跗关节以下。偶尔奶牛前部乳房失去支撑，这样乳房前区就会露出可触及的腹壁，手可插到覆盖在乳腺组织表面的皮肤和腹壁之间。同样，乳房后区附着腱膜的损伤使得后部乳房下垂，从而无法清晰地分辨乳房附着的区域，乳镜区的皮肤明显拉长。此时，乳房后区不再显露出盾形的曲线而仅仅是简单地下垂。

乳房支撑组织的所有这些缺陷均易诱发乳房水肿、乳头和乳房损伤以及乳房炎。水肿由于乳房自然下垂、静脉和淋巴回流受阻以及外伤而恶化。乳头和乳房的损伤在支撑结构损伤引起乳房下垂（图8-1）的乳牛中常见，这些损伤可因奶牛躺下乳房蹭地板、蹄或悬蹄直接损伤或被临近的奶牛踩伤而发生。乳头和乳房被环境污染、乳头受损影响乳的排出以及乳房持续水肿造成乳汁不能完全排出等均可诱发乳房炎。有些奶牛，特别是中央悬韧带严重受损的牛，由于乳头明显地偏移可能无法使4个乳头同时安在一台挤奶机挤奶。因挤奶困难常导致乳腺炎或遭淘汰。另外，在挑选纯种牛时，若出现这些不良的乳房性状，就会影响其分类等级。

乳房损伤的病因很复杂，有遗传的、营养的和管理的因素。虽然在产多胎的奶牛和泌乳期平均产

常还会观察到包裹脓汁的一层厚厚的被膜。

治疗

采取保守疗法，脓肿通常可以在2～8周内最终自然破溃后引流。这已被认为是治疗乳房脓肿的标准疗法，因为整个乳房血液供应量大，开业医师都害怕在乳房部位做任何切割。同时保守疗法可能还是最安全的。保守疗法的唯一缺陷是，忽视了与其他组织中脓肿形成一样，慢性抗原的刺激可能会引起肾小球肾炎、淀粉样变性或菌血症，菌血症可引发心内膜炎或其他感染性疾病。

因此，开业医师可能会应畜主要求对有价值的或展示牛被迫做早期引流。上面已说过，引流之前应先做超声波和穿刺检查。

自然或外科引流后，应用稀释的消毒剂或盐水每天冲洗脓肿腔。要保持引流口开放，以免过早闭合再形成脓肿。通常不需要用抗生素。

乳静脉血栓性静脉炎和脓肿形成 乳房静脉进行穿刺偶尔会继发血栓性静脉炎（图8-5）。与颈静脉和尾静脉相比，由于乳房静脉直径和可及性更容易操作，因而从该处静脉注射（IV）药剂看起来更具吸引力。 然而，由于乳房血栓性静脉炎会影响乳房对称性和将来产奶量，因此，对于展览牛和有价值的奶牛禁忌乳房静脉注射。使用乳房静脉注射要慎重考虑，甚至对黄牛来说也是如此。当奶牛反抗该操作时，造成血管损伤和血管周围渗漏，从而形成血肿；血肿继发或针头污染导致静脉炎可能会继发为脓肿。所有血栓性静脉炎都有栓塞转移的风险，可能会造成心内膜炎和肾炎。如果在尝试静脉穿刺后立即着手治疗，可用消炎和抗菌疗法。然而，兽医只有在脓肿早已形成之后才会注意到，此时应该用外科引流术，然后用抗菌疗法。由于局部有大血管，用柳叶刀切除肿瘤而又要避免显著出血具有很大挑战性，理想操作是在超声波引导下进行。由细菌如普通的厌氧化脓菌等因素引起，可用β-内酰胺类抗生素进行治疗。对于有治疗价值的奶牛，可根据适当的额外药物治疗方针，可用利福平进行治疗。

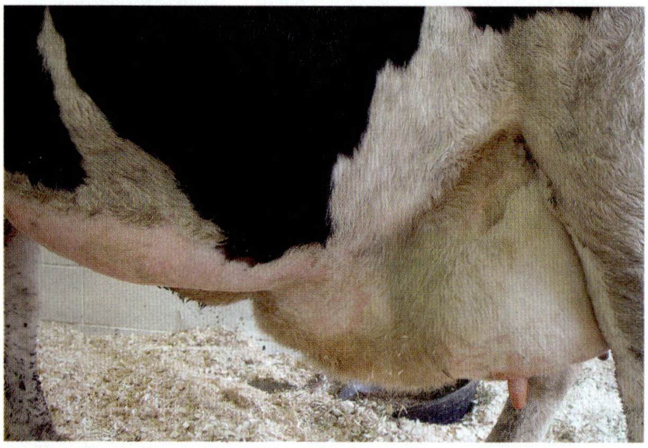

图 8-5

成熟荷斯坦牛反复注射催产素排乳后继发乳房血栓性静脉炎。图示前半侧乳区水肿。

乳房裂性皮炎 Udder Cleft Dermatitis

病因学

乳房裂性皮炎是有恶臭的湿性皮炎区，由于围产期乳房充血和水肿有关的皮肤压迫性坏死引起。乳房裂性皮炎一般位于皮肤皱褶处：大腿内侧与外侧乳房背附着缘之间的皮肤，腹中线与前乳房的中央悬韧带的交界处，乳房前区的中央悬韧带静点或4个乳区的中央悬韧带的静点。

伴有水肿的压迫性坏死因肢体与乳房之间的摩擦而加重。擦破的皮肤渗出组织液，掺和着无处不在的被毛，引起湿性皮炎。最终，条件性厌氧菌如坏死梭菌、化脓性放线菌浸入痂壳坏死的皮肤下繁殖。微生物造成的臭味，使每次接近乳房的挤奶工感到苦恼，因此，称为“乳房腐烂”。有些病例由兽疥螨和马拉色菌造成。

症状

从腹股沟部或乳房的腹中部的湿性皮炎区散发出如同脓毒性子宫炎或胎衣不下时出现的恶臭。皮肤坏死或轻或重。严重时，大片皮肤(10～30 cm)剥离。出现被毛缠结、结痂和皮肤坏死(图8-6，A和B)。在温暖的气候会招引蝇蛆。一些产头胎母牛，腹股沟感染严重的可能会导致跛行。

诊断

根据最近产犊母牛的临床症状即可做出诊断。

治疗

虽然治疗乳房裂性皮炎的原则直接简便，但治愈却很费时间，因此大型奶牛场都不治疗该病。

奶牛场要求治疗该病，可局部选用有效的商业

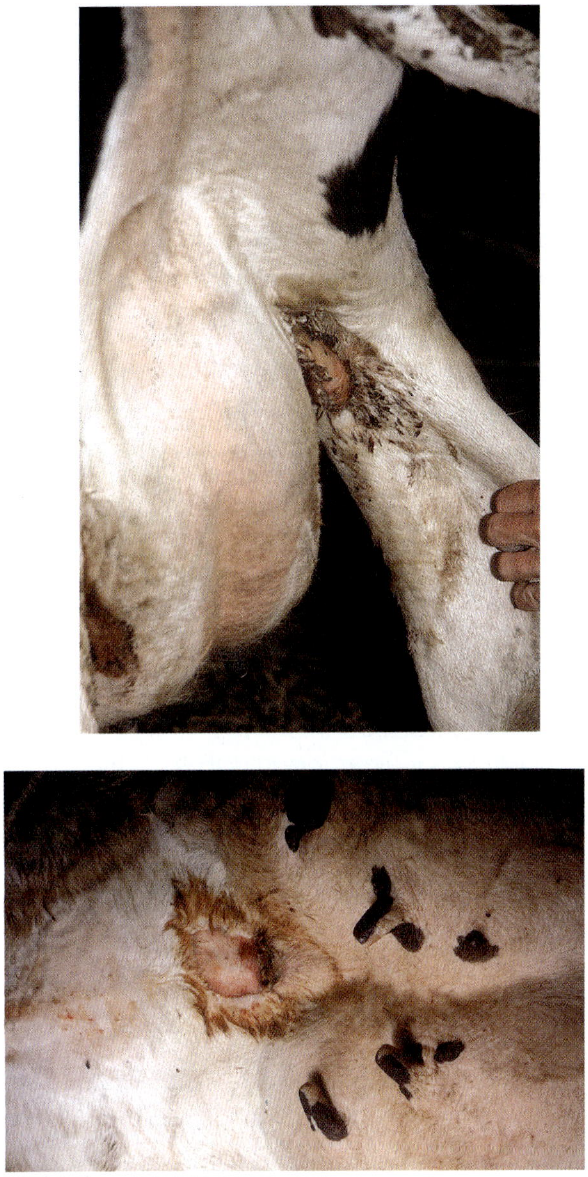
B

图 8-6

A,两侧均病变的初产奶牛的右侧腹股沟区的坏死性乳房疮。B,前半侧坏死性乳房疮，奶牛按准备皱胃固定术背侧斜躺。

性的创伤喷雾剂(Granule Aerosol Spray, Pfizer Inc., Exton, PA)，该喷雾剂含有蓖麻油、秘鲁香脂和胰岛素；兽医已运用该喷雾剂成功治疗乳房裂性皮炎。该喷雾剂在市场上有售，还能有效治疗卧床不起引起的褥疮。还可以用其他复方制剂来治疗乳房裂性皮炎，但根据美国食品与药品管理局（FDA）当前复方药物法规，这些复方药剂不推荐在肉用动物上使用。由乳房裂性皮炎继发乳房水肿要用利尿药（利尿灵，1 mg/kg）以减少水肿和乳房皮肤厌氧环境。利尿药是促钾和钙排泄药，因此在用利尿药治疗产后奶牛时要监测钙的水平，如果奶牛表现虚弱、无精神和四肢发凉，要静脉注射葡萄糖酸钙和口服100 g氯化钾。

乳房裂性皮炎治疗预后很好，未治疗的则需数月才会愈合。如果腹股沟损伤造成严重跛行，外科清创术可加快愈合。

乳房皮炎 Udder Dermatitis

病因学

乳房的皮炎可能与许多化学的、物理的和微生物的因素有关。

化学的因素有：垫草中碳粉、尿中的氨，以及蹄浴用的化学药品如硫酸铜或甲醛等的刺激。

导致乳房皮肤发炎的物理因素有：晒伤、冻伤和躺卧导致的压迫性坏死。如果乳头和乳区的皮肤无色素和暴露在阳光下，光致敏作用可能导致该部位损伤。

葡萄球菌和链球菌偶尔引起弥漫性粟粒性毛囊炎或称为“乳房脓疱病”脓疱性皮炎。偶尔，刚果嗜皮菌可能侵犯乳房，但此种状况仅见于最严重的全身性感染。当癣在成年牛中流行时疣状毛癣菌可能侵犯乳房皮肤。乳房皮肤的病毒性病变常与疱疹性乳头炎(见乳头皮肤感染)、牛病毒性腹泻病毒(BVDV)、牛蓝舌病毒感染以及恶性卡他热(MCF)等有关。

症状

症状因损伤病因不同而异。化学和物理原因导致的乳头皮炎其特征是皮肤极度发红、肿胀和疼痛，化学试剂刺激严重时还可出现水疱。乳头和乳房的皮肤均可累及，可出现浆液渗出和被毛轻度缠结。

奶牛乳头皮肤被阳光灼伤的症状与其他动物很相似，同时还能在其他部位表现出来。灼伤的皮肤发热、疼痛和可能起小囊泡或大水疱，灼伤多发于乳头–乳房交界处的无毛部。牛群中多头奶牛可同时出现症状，因皮肤灼伤疼痛而拒绝挤奶。若牛喜好侧卧，可能只在乳房的一侧出现症状。发生在严冬的冻伤，最常见于开放式栏圈中的临产牛，这种牛因乳房水肿影响了乳房的血液循环。乳头和乳房皮肤的病变部位变凉、变色、肿胀、变硬后完全冻僵。冻伤必须注意和疱疹性乳头炎区分。

乳房皮炎的其他物理性因素包括光致敏，由于皮肤其他无色素区也出现症状，同时已知该牛曾暴露于阳光下，因此，这种损伤容易辨认。

压迫性坏死和褥疮最常发生于乳房严重下垂的长期卧躺的牛，但也可发生于其他的躺卧时间较长或因跛行躺卧较多的牛。由上述原因引起的褥疮常位于飞节内侧与乳房接触的部位。损伤初期发红，渗出浆液，然后脱落，在乳房上留下火山口样的坏死性病灶。

微生物性皮炎的症状因感染的病原不同而异。葡萄球菌性皮炎引发弥散性毛囊炎，被毛与干的或湿的渗出物纠缠形成隆起的小毛簇。严重时可能出现小脓疮。通常一群牛中只有一头或数头牛感染发病，但偶尔也曾见过群发的皮炎。刚果嗜皮菌可引起较大范围的融合性毛囊炎区，并有干痂或湿痂与被毛缠结在一起。剥去皮炎处的毛丛或痂块，在痂下或邻近皮肤下可见到脓性物质。乳房皮肤感染嗜皮菌病的奶牛常常还有其他明显的嗜皮菌病变。

乳房的疣状毛癣菌性病变为直径1.0～10.0 cm的圆形或斑块状秃斑。多数病损如同其他部位的钱癣一样有痂，但某些发生于乳房少毛区的急性损伤实际上可能表现为湿润的脱毛区。检查时通常可以在奶牛的其他部位确定钱癣的感染。疱疹性乳头炎病变同时出现在乳房和乳头的皮肤。在早期病例见到大小不一的疱疹有助于诊断。

疱疹性乳头炎(牛疱疹病毒Ⅱ型[BHV2])最常发生于初产母牛，常常不止一头牛被感染。从牛呼吸道分离的其他疱疹病毒属如BHV4和DN599等可能引起乳房脓疱性皮炎。在泌乳牛的乳房上可见到直径1.0~10.0 mm的多个小疱或脓疱，农场工人也发生了该病变。

治疗

治疗化学因素引起的皮炎只需用温水轻轻洗净乳房，并从奶牛周围环境中除去有害化学物即可。个别奶牛可能对化学药品敏感，而牛群中的多数奶牛接触同样的化学药物并未受害。温水洗净乳房去除残留化学药物后可使用芦荟或羊毛脂制品。

治疗因物理因素引起的皮炎，最好的方法是采取防护设备以防止牛继续暴露于特殊的物理因素下以及采取对症疗法。晒伤的奶牛必须留在舍内，在放牧时需要遮阳。冷疗后敷用芦荟或羊毛脂软膏有益于防止因干燥而引起的皮肤开裂和脱落。乳房托带有助于预防晒伤。预防冻伤的最好方法是治疗乳房的严重水肿和将临产牛饲养在铺垫良好的牛舍中。开放式栏圈中的临产牛在严寒时乳房最易冻伤，因为开放式栏圈中的卧床通常不够暖和。一旦发生冻伤，损伤组织立即进行清创术和防止进一步的损伤是唯一潜在有效的疗法。

治疗压迫性坏死和褥疮的方法是为奶牛提供足够松软的垫草，因为这种牛躺卧的时间比正常牛多，同时要减轻乳房水肿。严重下垂的乳房患褥疮的危险性较大。治疗褥疮需轻轻洗净和清创后使用Granulex喷雾剂。治愈褥疮可能需数周或数月。

治疗光致敏性皮炎必须避免进一步日照，洗净病灶组织，清除坏死的皮肤和确定光致敏的原因。

依据不同的病原来治疗微生物引起的乳房皮炎。治疗葡萄球菌性毛囊炎时剪去乳房上的毛，用聚维酮碘洗涤液清洗，清水冲洗，干燥。每日清洗和冲洗1或2次。一般不必使用抗生素。应当去除污秽环境中的污染源。

治疗刚果嗜皮菌感染，应先剪去乳房上的毛后用聚维酮碘洗涤液清洗，除去痂壳，清水冲洗再干燥。对严重的或全身性的嗜皮菌病，使用青霉素(22 000 IU／kg体重，每日1或2次)肌肉注射5～7 d，配合局部治疗。

治疗钱癣时，先剪去乳房上的毛(特别是很长或很脏的毛)，然后对损伤的局部使用漂白剂和水等量稀释（50:50）、咪康唑(Miconazole)或克霉唑软膏，每日1或2次。挤奶时注意防止抗真菌药残留在牛奶。

疱疹性乳头炎和其他病毒性皮炎引起的乳房损伤尚无特殊疗法。

水肿 Edema

病因学

乳房水肿是生理性的或病理性的。生理性的乳房水肿始于产犊前几周，在初产母牛尤其突出。乳房水肿的病因仍有许多问题有待解决。首先，遗传因素确实存在，种公牛站时常按子代母牛发生乳房水肿的概率对公牛进行生产分级。另外，应该对个别有严重的或病理性乳房水肿的母牛进行检查，以排除可以引起腹下或乳房水肿的原发病。一些应考虑的因素包括心脏的情况、后腔静脉血栓形成、乳房静脉血栓形成和由若干疾病引起的低蛋白血症。在诊断这样的病畜时，全身检查和血清化学检验是比较有效的方法。

一些业主和兽医把产后子宫炎和持续存在的生理性或病理性乳房水肿联系在一起，但这种关系的病理生理学原理仍不清楚。

在一个牛群中有许多牛有严重的生理性乳房水肿或病理性水肿时，应当考虑群体的因素。尽管早就有人提出对干奶期和早期泌乳的母牛饲喂超量的谷物是造成地方性乳房水肿的一个原因，但是饲喂实验并未证实这一理论，同样，高蛋白食物也与此无关。最近，日粮中超量的钾、钠离子又被认为是群发乳房水肿的罪魁祸首。当饲料配方的主要成分为高质量的半干青贮苜蓿时，可能会造成钾离子总量摄取过高。由于从田里收获的饲料是经过反复施肥的，所以，由含钾量高而导致的问题不断增加。有篇研究报告推荐每头小母牛每天钾的摄取量不要超过227 g 。同样，考虑到基本日粮、饮水、矿物添加剂或增减自由采食食盐中的钠的总摄入量也可能会过量。

母牛若有低蛋白血症，特别是白蛋白低时，也会导致乳房水肿。为确定这种可能性并确定其病因，需要进行代谢情况的检查。

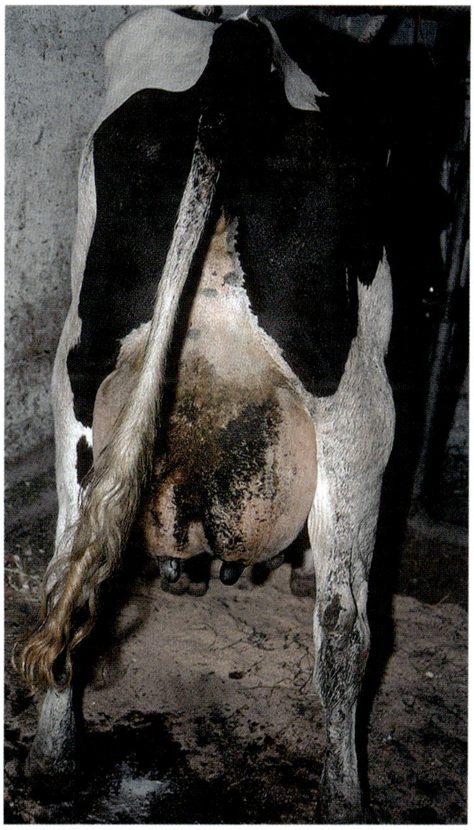

图 8-7

初产奶牛因严重乳房水肿而导致后肢出现明显的压迫性外展。

症状

生理性乳房水肿可能从乳房后部、前部、左半部、右半部开始，或在四部分对称出现。乳房的后部和底部更为突出(图8-7)。有中度到严重乳房水肿的母牛通常有从前部乳房向胸部延伸的不同程度的腹侧水肿。

乳房水肿的压痕和相关的腹侧水肿有时柔软而有波动，有时坚实并带有压痕。生理性水肿到母牛产犊时达到高峰，然后经过2～4周开始消退。

病理性水肿比生理性水肿持续时间长，在母牛产后可能会持续数月甚至长达整个泌乳期。乳房支撑结构垮塌的牛容易发生病理性乳房水肿，反之，病理性乳房水肿也可导致乳房支撑结构垮塌。因此，严重的乳房水肿有时会影响乳牛的寿命和品质的等级。

明显的乳房水肿会干扰挤奶的挤净，因为它使母牛感到不适，而挤奶更会加剧这种不适。另外，乳腺间质水肿可能造成压力差，影响乳的生成及放乳。因此，慢性或病理性乳房水肿对母牛的泌乳潜力有负面影响，即母牛不能达到它们的计划产量。乳房严重水肿的奶牛，由于疼痛以及影响机械力或压力干扰挤净乳汁，还会导致挤奶后漏奶。这种变化会增加乳房炎的发生率。

有乳房水肿的奶牛举止不像有病，但当它们运动时肿大的乳房会摆动或当它们走动时后肢运动会不断刺激肿大的乳房而感到不适或疼痛。另外，休息时，奶牛总是侧卧并展开后肢以减轻身体对乳房的压力。

诊断

在全面检查、触诊以及对乳汁评估的基础上，排除乳房炎和其他情况如乳房血肿或脓肿之后做出诊断。应该有按压留痕的水肿，特别是在乳房底部。严重情况下，整个乳房都有按压留痕的水肿，并且经常伴随出现腹侧水肿。

治疗

产前或产后的母牛，如果乳房水肿非常严重，可能会导致乳房支撑结构破坏时，需要进行治疗。

另外，产前母牛的乳房水肿严重到有一个或几个乳头漏奶时，也要进行治疗。

治疗乳房水肿的原则是利尿。产前治疗包括给速尿(0.5～1.0 mg / kg体重)作为初次量，以后速尿可以减量，每日1或2次，用2～4 d。要限制盐的摄取量。对于乳房水肿严重并漏奶的临产母牛可以提前挤奶；但这一定要由有提前挤奶经验的畜主做出个人决定。显然如果进行提前挤奶，接下来初生的犊牛就需要吃别的母牛的初乳。尽管提前挤奶是有争议的，有些畜主强调通过这种技术可以保持展览牛的乳房结构。乳房悬带如果合适是很有用的。

关于速尿有一句忠告：泌尿损失的钙足以提高产前母牛低血钙症的危险性。这一点在多次用过此药的多胎产母牛，应该预见到。

分娩和产后的母牛需要治疗乳房水肿时可以口服速尿或是地塞米松–利尿合剂。

个别牛可能对一种药的反应好于另一种，但这是不能预测的。在一些牛群速尿的效果好，而在其他的牛群地塞米松–利尿合剂更好一些。在用地塞米松–利尿合剂前，兽医应该首先排除使用皮质类固醇药的禁忌症。乳房悬带和盐的限制无论实际与否都应该考虑到。护理包括乳房按摩、频繁挤奶和适度的运动，这些都是很有效的，但避免强体力活动，并应该排除或治愈子宫炎。

在患有地方流行性乳房水肿的牛群中，通过对阴阳离子平衡的估价来做营养方面的诊断是绝对必要的。应当测定病牛和健康牛的总钾、钠含量和血清化学状况。在营养评价中应包括水和能否随意采食食盐或食盐矿物盐合剂。

乳腺出血 Hemorrhage into a Gland

病因学

乳房严重水肿或乳房下垂，在后肢运动和躺卧时姿势异常导致乳房外伤的牛，分娩时常发生一个或几个乳腺出血。从出血的乳腺中产的奶带血，可能呈粉红色、红色或棕红色并带有凝血块。一般说来，这种情况在挤4～8次奶后便消失，并不是大问题。但应该对奶中带血的牛进行严密的乳房炎监测，因为血为细菌繁殖提供了很好的培养基。

与上述通常无害的分娩中乳腺出血相反，有时在泌乳期奶牛见到一个或几个乳区的严重出血。其原因尚未明确但经常怀疑是非特异的创伤。已经证实，有些并非全部乳腺出血的牛伴有血小板减少，但确认有此症时也不知道它是原因还是结果。

症状

主症：已产奶一段时间的母牛一个或几个乳区持续产带血的奶。挤掉产带血奶区的奶不能解决问题，由于不断出血，经过几次挤奶可能会流失大量的血液。牛奶通常是红色而不是粉色，并且有肉眼可见的血凝块，有时会因此而造成挤奶困难。进行性贫血不断发展，可能会反映到黏膜苍白、心率、呼吸频率或病牛的状态等方面。

诊断

根据症状足以做出诊断，但是同时应该进行实验室检测来确定血小板数量。凝血情况可能提示有特异性的出血疾病，但经常不可靠。很少能找到乳房内出血的真正原因。乳房内出血可能会增加患乳房炎的几率。

治疗

由于存在医源性并发症的可能性，所以很难做出合适的治疗方案。显而易见的解决办法是停止对出血乳区挤奶，以阻止进一步的血液损失并且使乳房内压力增强阻止进一步出血。然而这个方法可能会促使在乳腺管、乳池和乳头池形成严重的凝血块，使得将来不能再挤奶。另外，每日1或2次挤奶的方法通常会导致血凝块挤出后流失更多的血液，并且可能会导致渗漏的血管不断出血。一般来说，治疗乳房内出血最佳的一种方法是减少挤奶次数（通常每日1次）。以这种方法挤出血凝块后不会破坏以后的挤奶潜力。如果这种方法使用数天后还是不能解决问题，为了保全母牛性命就需要权衡停止挤奶和乳池严重凝血的利害而做出一个抉择。

应该排除血小板减少症和其他血凝障碍性疾病。当有血小板减少症或严重贫血（PCV<10%）时，应立即一次性输4～6 L全血（最好来自BLV、BVDV、蓝舌病毒和Johne’s疾病阴性的供血牛）。如果母牛贫血非常严重，不管什么原因都应立即输血。

乳腺肿瘤
MAMMARY TUMORS

除纤维乳头瘤（疣）外，奶牛的乳房肿瘤是极少见的，淋巴肉瘤是最常见的。很少奶牛活到很高的年龄，即便如此它们中间乳房肿瘤的发病率也是很低的。在较老的奶牛中（≥15岁）曾看到鳞状细胞癌和乳腺肿瘤。纤维乳头瘤（疣）在乳头皮肤上常见，但也可出现在乳房皮肤上。曾报道了许多其他散发的肿瘤，包括纤维瘤、纤维肉瘤和乳头状腺瘤。

淋巴肉瘤 Lymphosarcoma

淋巴肉瘤是奶牛乳腺及其相关淋巴结最常见的肿瘤。现已发现淋巴肉瘤在乳腺的局部弥散浸润（图8–8，A和B）。然而淋巴肉瘤很少只浸润乳腺，通常情况是其他靶器官或淋巴结有肿块而乳腺没有。受到影响的乳腺可能仅表现为水肿而不是变得坚实，并且泌乳表现正常。乳房弥散性淋巴细胞浸润的外观可能与低蛋白血症牛乳房轻微弥散性水肿类似。乳房淋巴结（腹股沟浅淋巴结）由于淋巴肉瘤或慢性炎症，可能会肿大，体检时应进行常规触诊。

在作者门诊中见到两例小母牛早期乳腺肿瘤。在乳房发育前，手术切除了肿瘤块。在两头1岁小母牛的乳房发现的早期肿瘤是与乳头相连的纤维瘤。

症状

感染的牛会有不同临床上表现：局灶性、弥散性以及扩展到整个乳房。一些鳞状细胞癌表现为粉红色、溃疡性、恶臭的坏死性肿瘤。畜主可以见到乳头瘤或上皮瘤的前兆。纤维乳头瘤或疣很明显但常被忽略。

乳腺的早期肿瘤会导致未发育的乳房明显增大，并可能与乳腺炎相混淆。

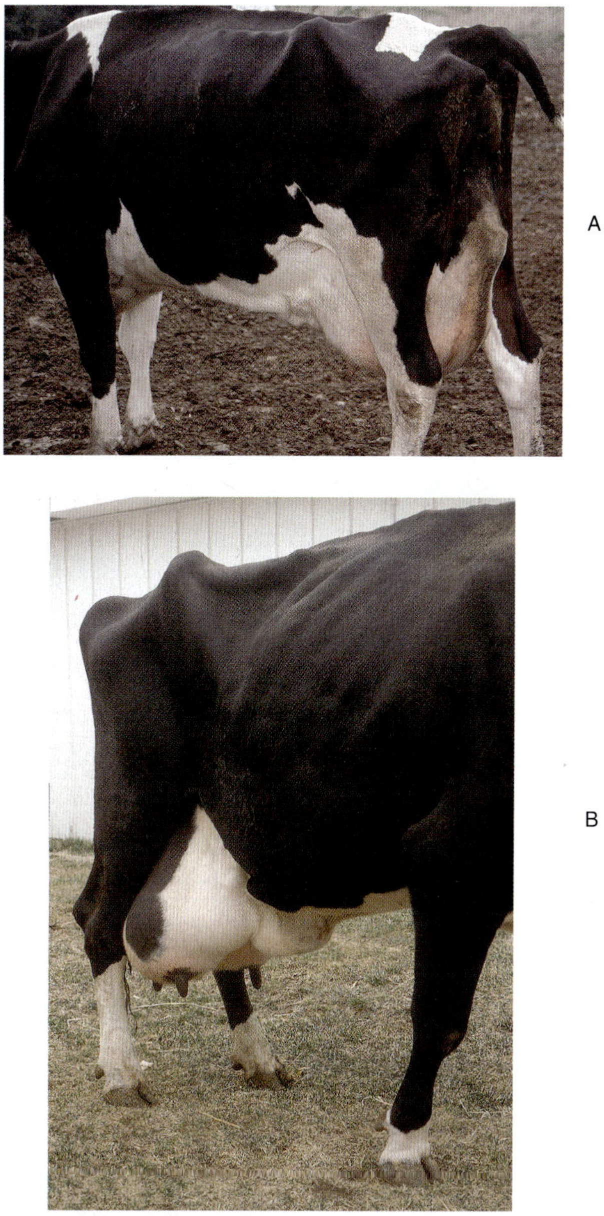

图 8-8

A，患淋巴肉瘤的成年荷斯坦牛。右乳淋巴结明显肿大，在右后乳区背侧呈坚实的肿胀。也会造成弥散性浸润乳腺和心肌瘤形成。

B，14岁荷斯坦牛患乳腺癌。乳腺有弥散性瘤形成（照片由R.H. Whitlock提供）。

诊断

对可疑肿块进行活检或抽检是基本的检测方法。如果怀疑疣弥散性淋巴肉瘤可以进行乳腺活检。市售活检针对乳腺活检非常适合，而且操作过程很安全。

治疗

乳腺的早期肿瘤可以切除，但必须注意手术后泌乳产量的预后。从Dr. Rebhun对两例早期乳腺肿瘤的观察和两例1岁母牛乳头皮肤纤维瘤的报道来看，长期的随访表明，术后所有的乳腺在初产后都有功能。鳞状细胞癌要根据其严重性来治疗。早期病例冷冻外科手术足以治疗，对于严重病例来说就需要做乳房切除。淋巴肉瘤目前尚无有效的治疗方法。

乳房切断术 Udder Amputation

一侧乳房切除术或根治性乳房切除术很少执行。有价值或宠物奶牛进行该手术后可能会形成瘤、慢性不愈的乳房炎和/或支撑结构障碍，造成乳房下垂和永久性外伤（图8-9）。个别奶牛进行乳房切断术，其身体状态要好。由于乳腺血管较多，因而进行手术时会显著出血。有败血性乳房炎或身体状况较差时，不能进行该手术，直到身体状况有明显改善。

奶牛必须背侧斜躺和全身麻醉。皮肤切成梭型以便将来缝合，使其有足够的皮肤，在最小的张力下闭合。皮肤切开后，首先直接朝着阴部动脉和静脉已结扎的腹股沟切开。重复上述操作进行对侧手术。用弯的Mayo剪刀，从头开始松弛两边侧椎板筋膜一直延伸到尾部左右侧会阴动脉和静脉为止，并将其结扎。结扎尾部腹壁浅静脉使全身失血减到最小。然后迅速横断侧椎板和沿着背面切开乳腺直到完全切除。

闭合之前，为了控制术后血清肿程度，在腹侧腹部筋膜和腹中线两边皮下组织之间放置两个2.5 cm的Penrose引流装置。切Stab口作为引流口，然后用单层间断缝合切口以免引流装置意外移除。

闭合时缝3层。皮下组织用2号可吸收缝线（如铬肠线或polyglactin 910）进行单层连续缝合2层。缝合间隔2或3 cm，皮下缝合时要穿透腹部筋膜以减少死腔。皮肤用不能吸收缝线（如尼龙线）进行向前交错缝合，并在切口处缝合一个支架以较少其张力。

乳头疾病
TEAT DISEASE

奶牛的乳头由皮肤、内纤维层、基层和黏膜构成。基层富含血管并有肌层，其静脉在乳头与乳房连接处流入大的皮下静脉丛。内纤维层是在基层和黏膜之间的一层薄膜（图8-10）。

乳头管是从乳头窦或乳池中排出奶汁的通道，并由乳头括约肌围绕。乳头管和括约肌是防御乳房炎机制的有效构成，它们也是乳头最易受损的部分。

乳头管在健康状态下有两种作用：一是作为防止漏奶的阻塞阀；二是防止乳腺上行感染的特殊结构。由于特化的复层扁平上皮纵向排列，乳头管有角质层形成的纵纹。角质层的作用是与细菌结合，

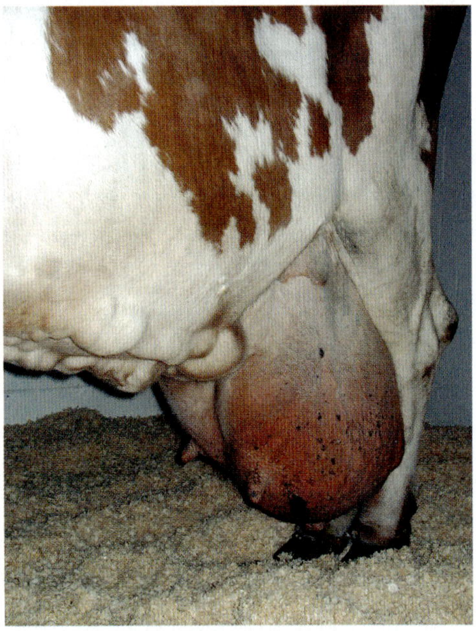

图 8-9

红白花荷斯坦牛患有严重乳房下垂成功进行乳房切除术。

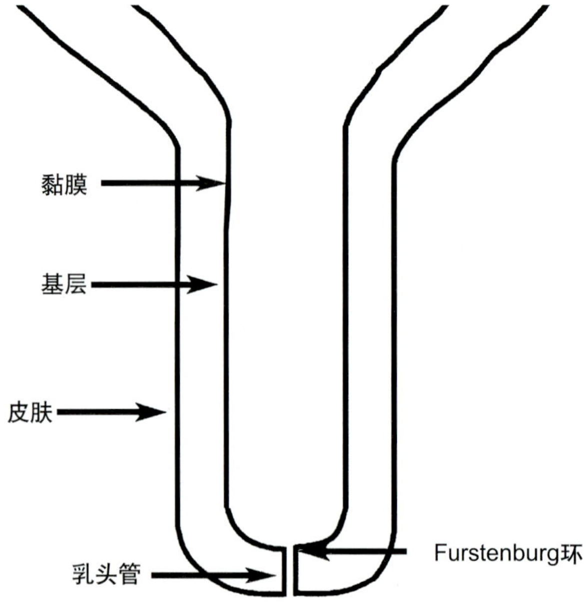

图 8-10

牛乳头简图，示本章所有基本解剖学术语。

通过脱落形成生理塞，阻止细菌入侵，并且可能含有抗微生物的物质。

先天性异常 Congenital Anomalies

病因学和症状

额外的乳头是奶牛最普遍的先天异常。没有对母牛这一性状进行遗传选择，是因为这个情况没有报告给提供人工授精服务的种畜场，并且也由于这类问题很好解决。额外乳头在某些品种的牛中尤其普通，特别是更赛牛。通常可见到1～4个额外乳头，但也可见更多的。一般的，额外乳头是长在后区乳头的后面或是在前后乳头之间。这些“多余的”乳头需要治疗，以防有功能的乳腺发育后，由于它们不能有效地泌乳而容易受到感染，而这又为群内其他母牛提供了慢性感染源。

那种与4个主要乳头之一连接的额外乳头叫做有蹼乳头或“连体乳头”。它们可能表现为独立的乳头或是一个主乳头壁上的突起区域（图8-11，A、B、C和D）。尽管这些乳头常常有自己单独的乳腺，但它们可能与主乳头的乳头或乳池相通（图8-12）。以上这些相连的乳头都需要进行特殊治疗，并将额外乳头细心鉴别出来，以免影响腺体将来的泌乳产量。

A

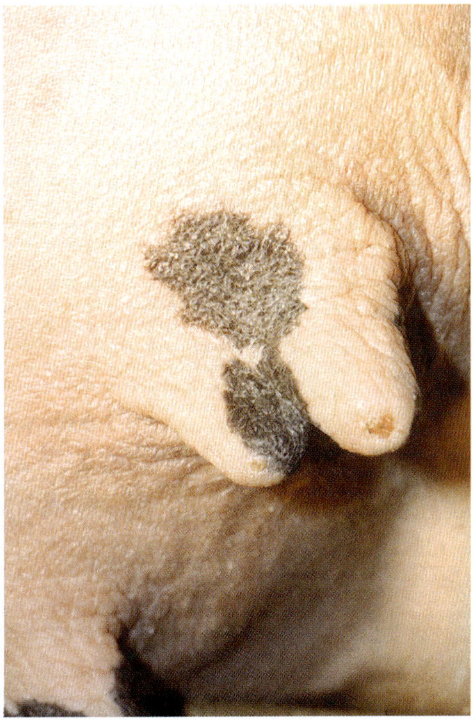

B

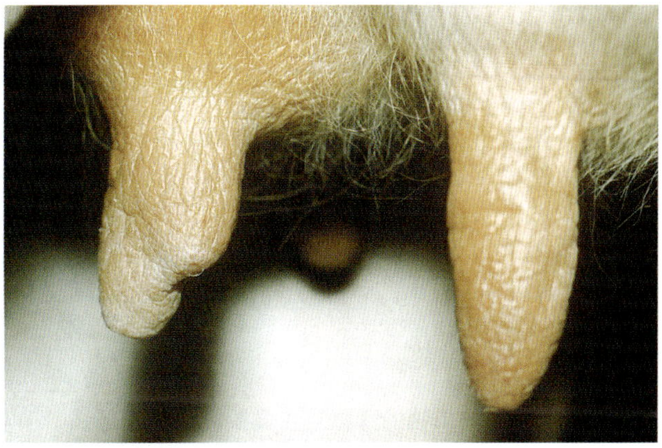

C

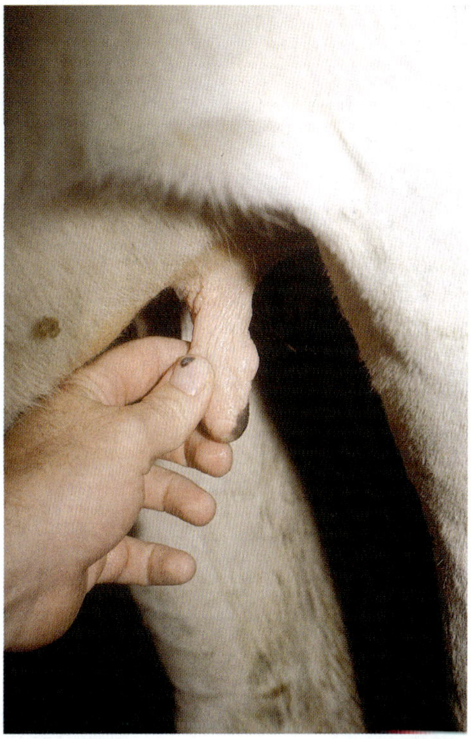

D

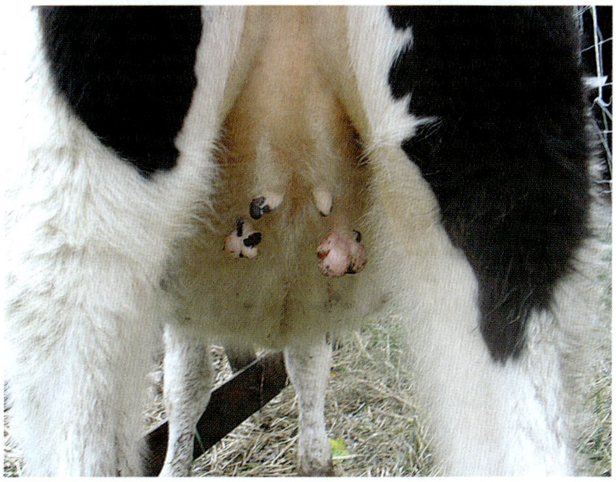

图 8-11

A,有蹼乳头可呈独特外观。B，乳头近端增大。C，只有正常大小的乳头上出现小的组织肿块。D，肿块成串。

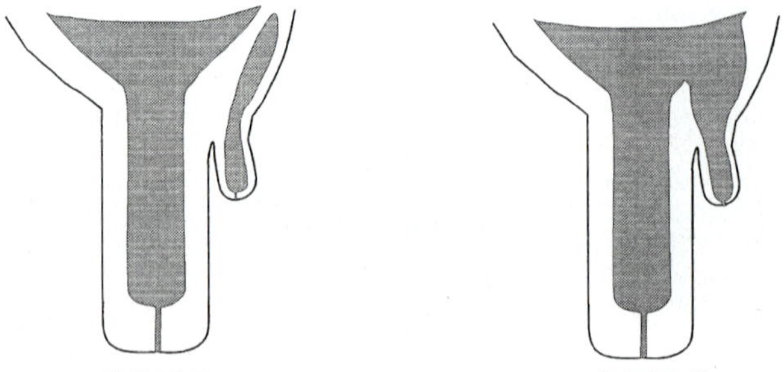

图 8-12

相连的乳头可与单独的腺体或主乳头的腺体相连。

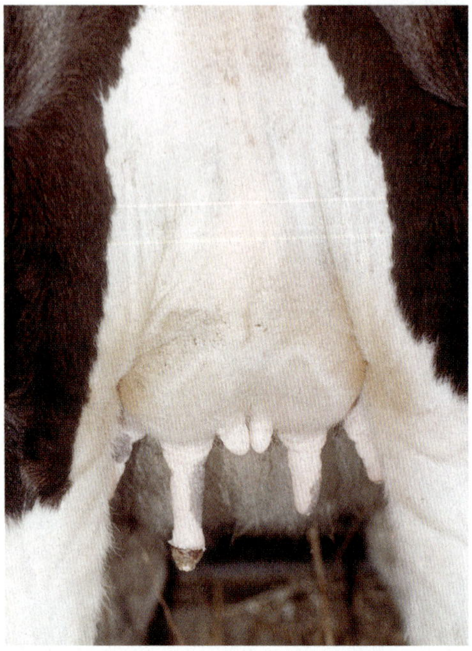

图 8-13

小母牛左后乳头上的角质胼胝。

现已在小母牛乳头发现角化胼胝或角质瘤。这些结构紧密地贴在乳头末端，逐渐长大，它们的重量会使乳头过度紧张并且拉长（图8-13）。

另外，还有两例小母牛乳头邻近皮肤发生幼稚的肿瘤，并且发现是纤维瘤和纤维肉瘤。

诊断

对于额外乳头、联体乳头和角化胼胝的诊断只需视诊。与主乳头相连的额外乳头需要认真的研究和治疗，但如果是在幼犊就确诊的，治疗方法是相同的。与乳头有关的肿瘤需要活检来确诊。

治疗

对于小母牛应该在生后前8个月进行额外乳头的定期检查，多数兽医是在给4～8月龄犊牛注射布氏杆菌病疫苗时进行检查。在把小母牛保定之后，抓住额外乳头。用剪子在额外乳头的皮肤与乳房皮肤的交汇点剪掉额外乳头。切除后对伤口进行适当的消毒，一般不进行缝合，除非需要立刻整形。在切除额外乳头时一定要十分小心，以免把正常乳头去掉。

如果不知道哪一个是真正乳头时，应该让小母牛生长几个月然后重新检查。非常重要的一点是要督促畜主在母牛小的时候检查是否有额外乳头，这样切除手术对犊牛和兽医双方都更轻松些。切除一个已经待产的2岁母牛的额外乳头对所有参与者来说都是困难和不愉快的事。

对于和主乳头连接的额外乳头(有蹼乳头)需要修复手术而不仅仅是切除。而修复的要求是乳头长得足够大以便于操作和缝合。多数医师喜欢在动物8月龄左右实施此类手术。由于术后乳腺感染是最主要的问题，所以，术前消毒是非常重要的。母牛在8～12 h禁食后，用甲苯噻嗪(10 mg／45 kg体重，静脉注射)进行麻醉，仰卧姿势保定，把邻近多余乳头的乳房上的毛剪掉。常规准备后，盖上手术单，用手术刀或手术剪切除额外乳头。切口要与大乳头的皮肤对齐，但要留出足够的皮肤覆盖伤口（图8–14）。切除后残存的黏膜要用容易吸收的缝线，如3-0或4-0肠线缝合。皮肤和基层合成一层用间断垂直褥式缝合，或者各自分层缝合。许多缝合材料适于基层和皮肤的缝合，但是能吸收的缝线如3-0或

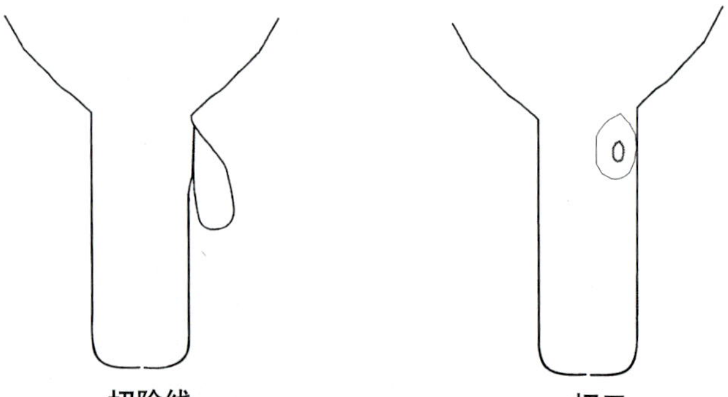

图 8-14

相连额外乳头切除线的示意图（左）和所做切线的轮廓（右）。切线的内环表示黏膜，外环表示皮肤。

4-0 Vicryl (Ethicon, Johnson 和 Johnson, Somerville, NJ)最常用，这是由于它们不用拆线及相关的保定。在术前和术后2～3 d应该使用抗生素，比如肌肉注射青霉素（220 000 IU/ kg）。

当切除手术是在早期进行，额外乳头是否有独立的乳腺都没有关系。如果手术晚于第一次泌乳，那么手术修复时就要把独立乳腺的乳池连接到主乳头上。

角化胼胝或角质瘤可以通过手术的方法从乳头末端分离开，但还有更简单的治疗方法。这就是把一个轻便的乳头绷带用黏胶带安在乳头上，这样可以使角化组织变湿润，经过几天的浸泡，角化组织自己从乳头上渐渐分离开。氯化钠溶液、羊毛脂、芦荟合剂和鱼石脂软膏都可用于软化角化胼胝并使之脱落。

目前已有成功切除乳头肿瘤的报道，并且对以后的生产并未受影响。然而，谨慎的预后更恰当些。

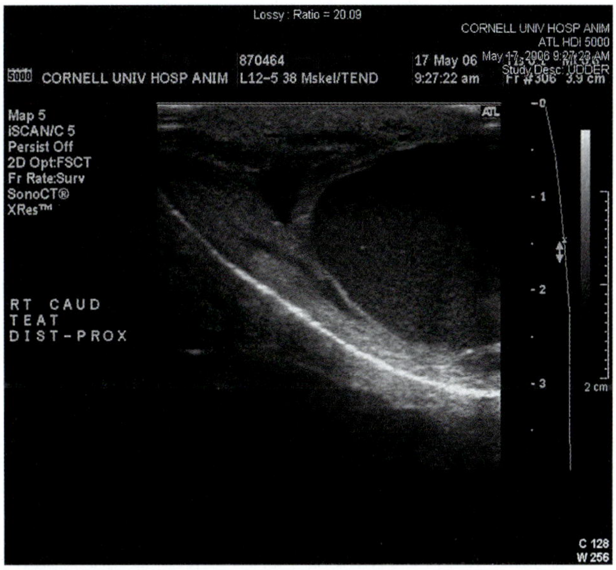

图 8-15

线性12.5 MHz探针探测远端乳头的声像图（左边是远端）。在乳头池远端有一个3 mm环带组织闭塞焦点。Furstenberg 玫瑰环和乳头管（乳头顶部薄的强回声线）都正常（照片由康奈尔大学Dr. Amy Yeager提供）。

乳头末端损伤 Teat-End Injuries

病因学

乳头末端是奶牛乳头最常发生损伤的部位，并且也是畜主找兽医诊治乳头的常见原因。乳头末端的损伤可能会影响到括约肌和乳头管，或者两者都受影响。损伤可能是由牛自己同侧后肢的趾或悬蹄造成，或者是由于邻近牛踢到乳头造成的。这种损伤最易发生在乳房易摆动或是乳房支持结构功能丧失的牛身上。急性损伤会引起末端乳头基层和括约肌炎症、出血和水肿。然后是乳头末端软组织肿胀，机械地干扰奶从乳头管正常下泄。另外，乳头管上皮和角质层可能会开裂、压碎、撕裂，部分翻入乳头池，或部分由乳头末端翻出。偶尔，局部纤维性乳头损伤会导致末端膜性梗阻（图8-15）。可能会出现明显的乳头远端皮肤撕裂，但通常不会有此现象。如果有，撕裂一般在乳头末端。当乳头在坚硬的地板上擦伤或创伤时，偶尔也会继发乳头末端套状撕脱性损伤。反复或慢性乳头末端受损可导致受伤组织纤维化，并在黏膜或乳头管的损伤部位形成肉芽组织，进而影响排乳。亚临床乳头末端损伤与挤奶器功能的缺陷有关，如挤奶压力增加或过度挤奶等。

除创伤性损伤外，乳头末端溃疡也可能是个体或一定范围内群体奶牛的普遍问题。火山口样溃疡内充满干的渗出物和痂，使得挤奶非常困难并容易诱发乳房炎。许多因素都可以导致乳头末端损伤，如乳头药浴、过高的挤奶压力和机械擦伤等，但确切造成损伤的原因却难以确定。

症状

远端乳头有痛感的软组织肿胀是急性乳头末端损伤的主要症状。皮肤可能会出血或青肿（图8-16）。母牛对乳头末端被触动非常反感并拒绝挤

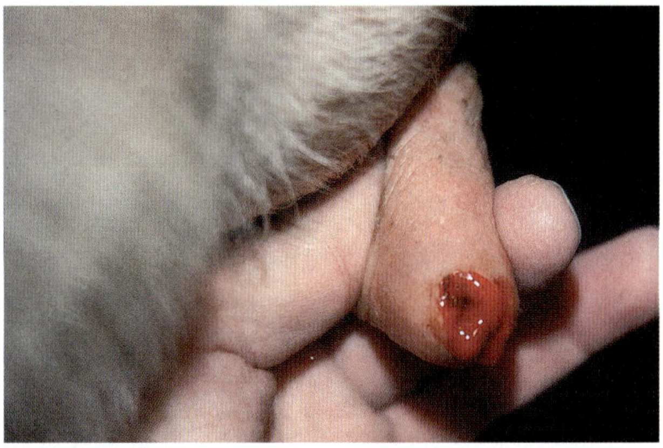

图 8-16

急性乳头末端损伤，示弥散性肿胀和血凝块由乳头管挤出。

奶。由于挤奶的机械干扰和疼痛引起的不愿下奶的共同作用导致病乳区的挤奶不完全。乳房炎是乳头末端损伤并且挤奶不完全的母牛会经常发生严重的后遗症。所以，如果母牛乳头管的生理防御机制受损时，容易诱发乳房炎。

慢性乳头末端损伤通常会有急性损伤史和随后的持续挤奶困难。乳头末端触诊可检查到括约肌的纤维化或是在乳头管的背侧和乳头池的最腹侧括约肌有肉芽组织。疼痛在慢性乳头末端损伤不如在急性损伤那么明显。

治疗

急性乳头末端损伤的治疗应该针对损伤本身和可能造成进一步损伤的管理因素，如过于拥挤、缺少垫草和挤奶器的问题等。

由于挤奶工负责治疗方案的实施，所以，方案的制订对挤奶工来说必须是可接受的和合理的，并且挤奶工也必须承担因操作造成急性乳头损伤导致母牛疼痛的后果。一个人除非有挤过奶的经历，否则也不会确切地知道被拒绝触摸受伤乳头的牛踢后仍保持耐心是多么困难的一件事。畜主要求要同情病畜，同时也要同情负责给它挤奶的工人。任何一个治疗方案都必须包括对病畜的保定、减少疼痛和防止乳房炎的建议。

急性乳头末端损伤的最好治疗是对症抗炎治疗和减少乳头末端的进一步损伤。每一处损伤要分别诊断。如果奶只是挤出减少而不是受阻碍，挤奶工有时会在两次挤奶之间使用各种型号的扩张器来扩展括约肌，然后进行机械挤奶。如果挤奶非常困难，最好避免进一步的机械挤奶，在其他乳区机械挤奶的同时使用乳头导管，每天2次有效挤奶。当使用乳头导管时，挤奶工必须非常小心避免乳头感染外源性的微生物。因此，必须轻轻擦洗乳头末端，用酒精消毒后，再插入灭菌的导管。通常使用一次性的塑料套管。在奶挤净之后，乳头末端要像通常那样进行药浴，并在10 min后重复1次。或者，一些实际操作者建议使用留置式塑料导管，这种导管在两次挤奶之间可用盖封口。已有几种产品可供选择。另外，除了方便挤奶之外，这种留置式导管还可以起到扩张器的作用，减少乳头管粘连或纤维化的可能。带有颜色的扩张器由于可能导致乳头管的化学损伤而不受欢迎。但仍有许多畜主使用这种扩张器(图8-17)。蜡制和硅树脂导管由于能明显较少医源性乳房炎而具有商业价值。虽然蜡制导管是首选，但数天后就会被分解掉。之后推荐使用硅橡胶导管，它们具有同样的功效和抗菌特性。在美国两种导管都可很方便买到。两种导管都能将奶从乳腺导出，以及从乳房内注入抗生素，蜡制导管（图8-18）固定在乳头，然后用糖霜和绷带绑在乳头上2～3 d内不要挤奶。

对这种病，护理是非常有益的，然而在现代化畜牧场通常不会使用。在一杯浓硫酸镁的温溶液中浸泡受伤的乳头（每日2次，每次5 min）可以减缓水肿和炎症。最重要的是要避免乳头末端进一步的损伤和减少发生乳房炎的危险性。因此，只要可能，至少在几天时间内应避免机械挤奶。

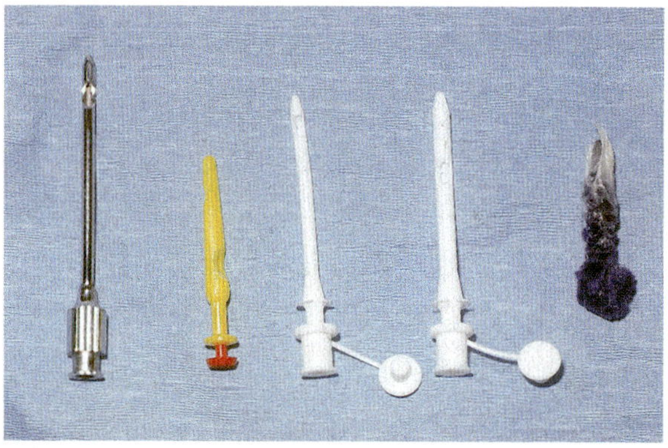

图 8-17

乳头插管和扩张器。

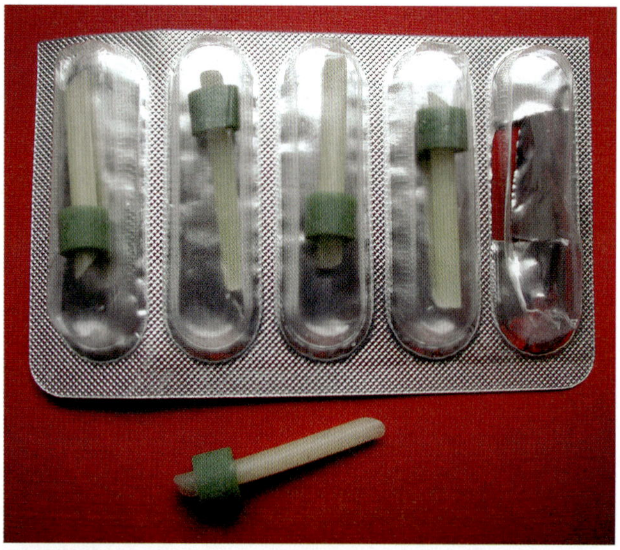

图 8-18

NIT天然乳头嵌入物。

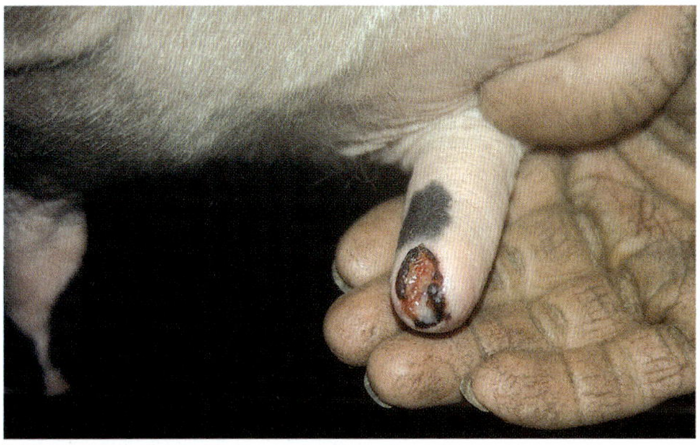

图 8-19

慢性乳头末端损伤，溃疡的底部有肉芽组织，边缘结痂。这种创伤不断结痂，妨碍挤奶，是乳头末端急性损伤极常见的后遗症。

相关的问题还有乳头末端痂皮、坏死、溃疡(图8-19)和乳房炎。所有这些都会造成病畜持续疼痛，并且由于结痂或渗出物堆积而机械性地影响奶的挤出。轻轻地放在稀释的聚烯吡酮碘溶液（Purdue Pharma, Cranbury, NJ）中浸泡，然后除去痂皮或渗出物对于有效挤奶是非常必要的。乳头损伤容易造成奶牛的乳房炎，特别是革兰阳性菌感染。

在急性乳头末端损伤3～7 d后可望逐步恢复正常挤奶。对持续影响挤奶的亚急性或慢性损伤必须进行外科手术。由于对已受伤害的括约肌和乳头管的任何锐性损伤，只会造成更严重的急性炎症、出血以及随后的纤维化。所以，在急性乳头末端损伤时应避免外科手术。如果水肿已经解决，但挤奶仍受阻时，应通过检查来确定受伤部位、纤维化或肉芽组织阻塞。肉芽组织通常在乳头管的最背侧或乳头池的最腹侧部。括约肌的纤维化也很常见。在此情况下需要对乳头末端进行器械处置或外科手术。可以用蜡制导管以减少束紧。

在外科手术前，乳区应该充满奶汁。有经验的畜主在兽医诊治前不会挤去受损乳区的乳汁。但是他们如果忘掉而挤去了乳汁，那么应给母牛静脉注射20U的催产素使乳区鼓胀。如果乳区没有充足的乳汁，就不可能确切估计有多少阻塞物已被去除。

外科矫治乳头末端的梗阻时，乳头要清洗干净，并用酒精消毒(表框8-1)。术前要对母牛进行保定或给予镇静剂。用切牛乳头的柳叶刀或手术刀(最好选用有钝头的单刃小刀)通过夹角为90°的4个切口切掉阻塞物（图8-20，A和B）。切口要深入上面

表框 8-1　乳头外科手术准备或治疗

乳区的灌注或导管的放置

用温和的肥皂液或消毒剂清洗并完全洗净乳头和乳房的基部

干燥

用酒精仔细地擦拭乳头末端

用消毒器械治疗或插管

用酒精仔细地擦拭乳头末端

用畜主所用的药浴液进行药浴

通过乳头管进行外科手术操作

保定和/或给牛镇静剂

用肥皂液或消毒剂清洗并完全洗净乳头和乳房基部

干燥或用酒精擦拭待干燥

如果预料手术时间长则需要对乳头基部进行环形封闭

用酒精仔细擦拭乳头末端

用无菌或低温消毒／灭菌的工具完成操作过程

酒精擦拭和乳头药浴(畜主频繁挤乳区除外)

外科切除或修复全层撕裂或瘘

决定姿势(站立、斜台、仰卧)、保定的方法和所需的镇静剂

消毒技术包括剪掉乳房的毛、外科准备、乳头基部的环形封闭和手术单

无菌器械

术前、术后的抗生素

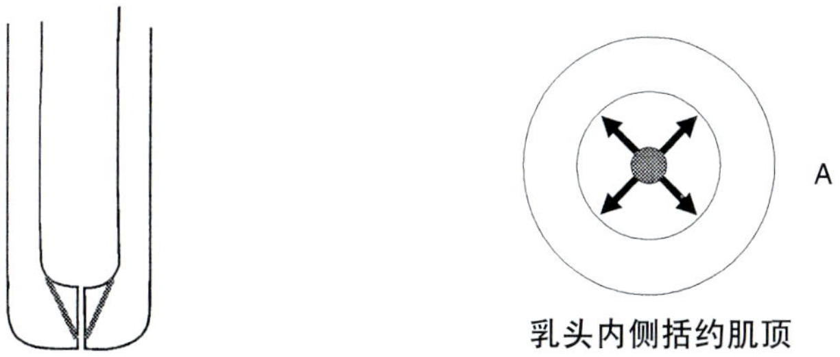

B

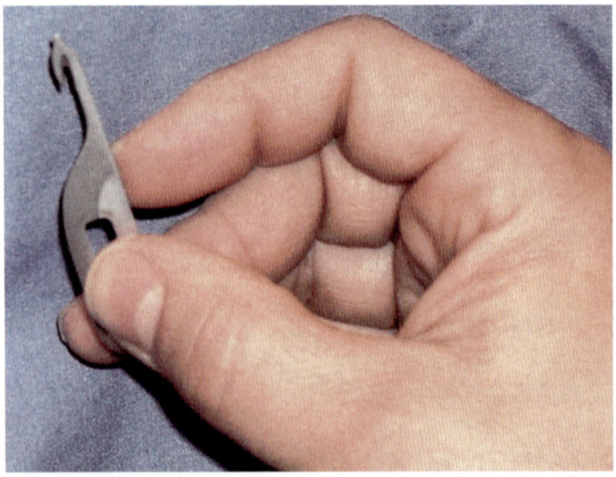

图 8-20

A，减缓括约肌纤维化需做乳头刀切口的示意图。B，首选细长刀做径切口治疗乳头管纤维化。注意切口边缘做出锐角以便控制深处的切口。另外，如果操作者拉远侧时弯曲他/她的手腕，那么只有乳头管近端一半被切开。

（背侧）括约肌但要逐渐变窄，以防切到远侧括约肌或乳头末端。作者喜欢用Larsen刀，因为它能很好地控制切口的深度以及很容易就能使切口逐渐变细。这可使括约肌松弛，经常也是唯一需要的治疗方法。有些兽医使用蜡制导管以减少术后出血，以便缓解可能会妨碍挤奶的术后炎症和水肿。

一种Moore氏乳头扩张器也已用于括约肌纤维化的治疗。这种器械在常规消毒后插入乳头并慢慢推进以便在非外科手术情况下扩展括约肌。

在乳头管内的成块的肉芽组织会阻塞乳头管和乳池之间的通道。它们通常由Furstenberg损伤引起。这些成块或生长的肉芽组织一般是借Hug 氏乳头肿瘤切取器进行切除。这种工具可以打开并抓住较多组织，并通过切取器的利刃将其切掉。这是一种广泛应用的乳头治疗器，但是在切除肉芽或纤维组织时应该谨慎以防切掉过多的健康组织。盲目地使用切取器会引起并行的黏膜损伤而导致复发。既能精确地切除损伤组织又能保持邻近健康组织原状，切口就需要窄（见乳头池阻塞）。用纤维光学显微镜结合电外科可以最低限度较少侵害，虽然从长远来看能改善结果，但仪器很贵。该仪器可以从Karl Storz公司（Charlton, MA）买到。

挤压造成的乳头末端损伤偶尔可观察到乳头管黏膜脱出的例子。这种组织应该切得与乳头末端平齐，然后用乳头导管轻轻探入以便使翻入乳头管的组织复位。

在治疗乳头末端纤维化时，大部分兽医开始都是过分谨慎和保守的。知道“切除多少”是很必要的，这既可以达到短期效果，又可避免由于后来病症复发而导致重新手术。如果对此有怀疑的话，最好保守一些，因为手术是可以重复的。大多数有经验的兽医不仅要达到减弱手工挤奶阻力的目的，而且要看到术后马上有轻微的滴奶。手术器械造成的扩张解除后，由于括约肌弹性的恢复，滴奶现象就会消失。

对特定乳头的反复自源性乳头末端损伤需要确定其原因。如果发现内侧悬蹄是致病原因（根据试验结果，即涂在内侧悬蹄的染料在母牛躺卧之后涂到了存在问题的乳头上)，切掉悬蹄可以防止将来进一步伤害。乳房严重下垂致使乳头末端反复损伤的母牛通常要淘汰。

乳头末端坏死或溃疡是非常难控制的，因为痂皮物质在火山口样溃疡内的堆积会经常干扰挤奶。所以，轻轻浸湿痂皮并将它去除对于挤奶是非常必要的。用甘油或羊毛脂柔和地浸湿乳头使痂皮软化对病畜是有益的。有人主张，如果持续刺激或过度挤奶对括约肌或背侧乳头管造成了损伤，就需要外科手术。当牛群中不止一头牛出现乳头末端坏死时，就需要仔细检查挤奶器和挤奶方式以排除过高的真空压力以及乳头药浴液、垫草中的物理或化学性刺激物(图8-21)。

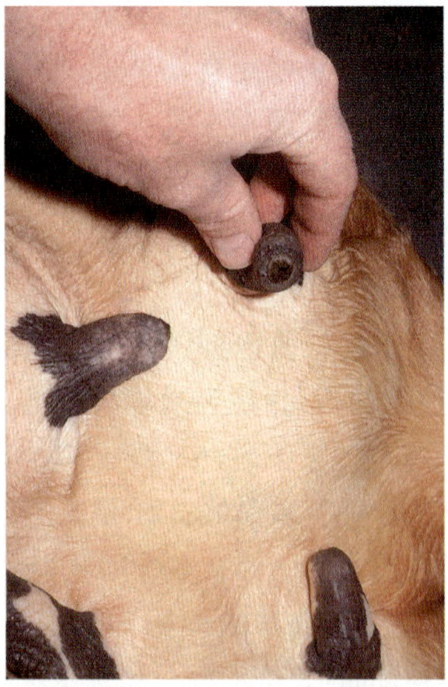

图 8-21

真空压力过高或过度挤奶造成乳头末端慢性增生性病变。病灶呈圆形，过度角化或增生，常见于病牛的多个乳区。牛群内常多头母牛有此问题。

获得性乳头池阻塞
Acquired Teat-Cistern Obstructions

病因学

导致乳汁流出障碍的乳头池病变可能是局部的也可能是弥散的。多数乳头池阻塞是由早期乳头创伤而导致的肉芽组织增生、黏膜损伤或纤维化造成的。个别病例也许没有早期急性损伤史。乳池的局部和慢性病变可引起阀门效应干扰机械挤乳过程中乳汁向乳头管的有效输送。超声波检查，可以看到在腺体和乳池之间的联合处有阻塞物（图8-22和图8-23）。这种阻塞物会减慢乳池再盈，从而导致无法机械性挤奶。除了固定的病变，叫做“奶石”或“漂浮物”在挤奶时也会引起问题，因为它们会被引入乳头并机械性地干扰挤奶。这些“漂浮物”可能是完全游离或是通过蒂附着在黏膜上的。在乳头外部创伤之后也可能继发黏膜脱落。脱落的黏膜会塌落在对侧的乳头壁上，在挤奶过程中引起阀门效应。前期创伤引起的黏膜下层出血或水肿中被认为是黏膜脱落的原因，只有在黏膜下的液体消散使得脱落的黏膜可以在乳头池内移动，才会出现阻塞的问题。

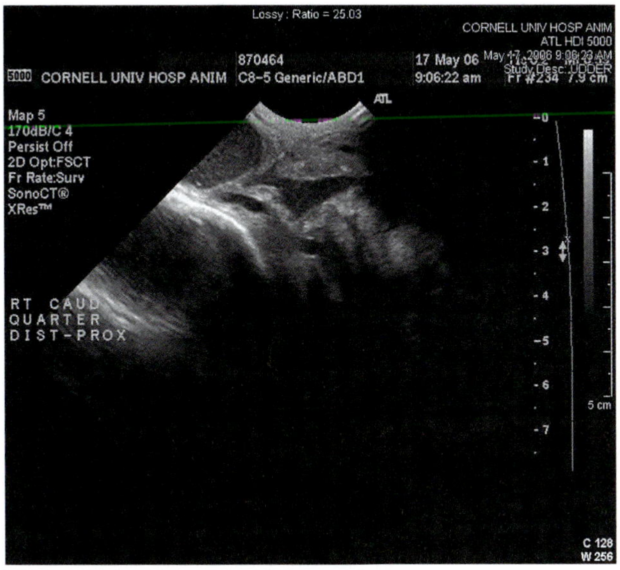

图 8-22

用凸面8.5 MHz探针探测乳头和乳腺池连接处声像图（左侧是远端）。在这张图中，由于乳头壁很厚而且不规则，腔从2 cm突然变窄到3 mm。同样，在乳头池腔内有一个3 mm组织阻塞（照片由康奈尔大学Dr. Amy Yeager提供）。

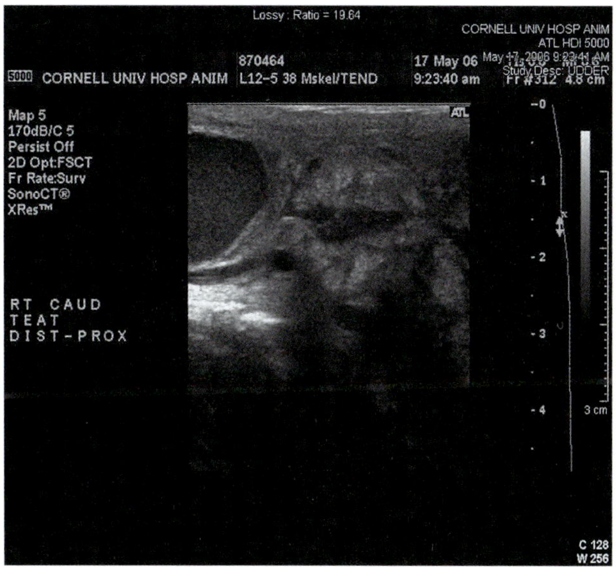

图 8-23

用12.5 MHz线形探针探测乳头和乳腺池连接处的声像图（左侧是远端）。高分辨率图像表示在壁的非常窄的静脉窦区域有一个7 mm厚、不规则、高回声瘢痕组织。同样，在乳头池腔有一个3 mm组织阻塞（照片由康奈尔大学Dr. Amy Yeager提供）。

充塞部分或全部乳头池的“铅笔样”阻塞通常是由于腔壁和黏膜损伤造成粘连，阻塞部分或全部乳头池造成的。病变可能是黏膜粘连，或者多数是肉芽组织桥连在对侧腔壁的黏膜组织上。“铅笔样”阻塞可随弥散性乳头损伤而发生，这种损伤同时还造成基质严重水肿、出血和整个乳头肿胀。触诊“铅笔样”阻塞，在阻塞的乳头池中可发现有纵向的坚实团块。大多数严重损伤会有乳腺池纤维化现象（图8-24，A和B）。

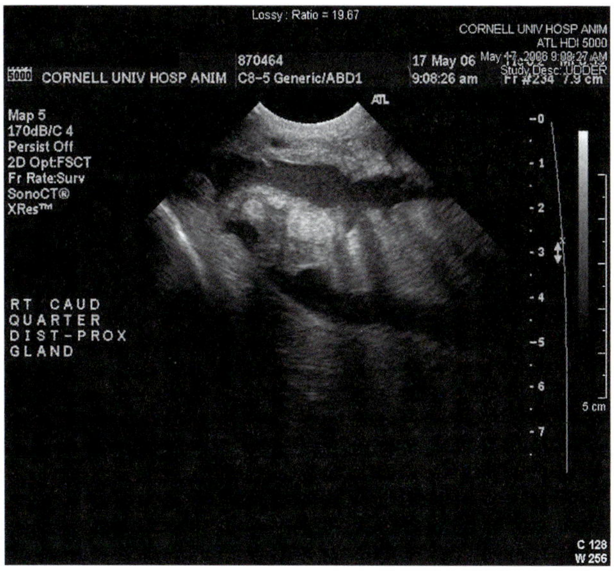

A

括约肌缓慢扩张来清除。通常需要5～8 min。在乳头管扩张前，要对乳区手工挤奶直到漂浮物进入乳头池并留在此处。一旦括约肌扩张大到足以使蚊式止血钳或鳄牙钳进入，就可以通过乳头管夹住并去除漂浮物。许多时候，当括约肌充分扩张时，漂浮物可以“挤出”而无需任何工具在乳头池内操作。兽医在给予远侧乳头池一定挤奶压力的同时用止血钳扩张乳头管使得喷出的奶汁能带出漂浮物。如果漂浮物在乳头管，还可选用两个光滑的注射器慢慢的滚动将其从乳头挤出。不管用哪种方法，去除后，乳头要每天冰敷至少3次，每次20 min和根据可疑的创伤进行适当的抗炎治疗。去除后，乳区应用抗菌素进行预防治疗或认真观察乳房炎的症状。乳头管和括约肌在被扩张后24～48 h可以恢复正常功能。

黏膜脱落或撕裂干扰挤奶时最好用乳区停乳或乳头切开的方法治疗。非开放性乳头内操作会增加乳头池的黏膜损伤或导致黏膜脱落区形成肉芽组织。乳头切开的手术可以使黏膜得到修复并且可以把它缝回到脱离区域下面的基层上。如果采用开放性的手术，乳头切开后要清除黏膜下的组织使黏膜回到原始的位置。脱落的黏膜缝合到邻近的健康黏膜上，用4-0号单丝可吸收缝线进行单层连续缝合。

与近期乳头损伤相关的弥散性肿胀应该进行药物治疗。基层组织严重水肿、出血和炎症可导致乳头池因肿胀而封闭，它可能与黏膜损伤有关也可能无关。要禁止外科手术或器械操作以防黏膜被进一步损伤。应立即用硫酸镁浸渍剂，局部用二甲亚砜、羊毛脂或芦荟软膏保护乳头。如果不锈钢乳头导管可以容易地穿过乳头池到达乳池，那么可以用它每天2次排奶，如果导管不能顺利通过，乳区需要停乳或者考虑切开手术或移植。

乳头池的弥散型“铅笔样”阻塞最好通过开放性外科手术和植入聚硅酮或聚乙烯管治疗，除非畜主选择使乳区停乳的方法。用锋利的器械在封闭乳头池内操作或手术是禁止的，它只会使已存在的损伤更加恶化。自从开放式乳头外科手术广泛应用后，对弥散性乳头池阻塞有了较深的了解。能够看到肉眼病变和乳头池内的阻塞使人们受到极大的教育并且激发兽医们设计出新的外科手术技术。尽管弥散性乳头池阻塞（“铅笔样”阻塞）的预后要谨慎，但用特殊外科手术方法(有或没有植入)已有许多成功病例的记录。一个曾由Donawick报道过的植入手术，被Ducharme改进后使用。这项技术采用手术切开乳头来确定肉眼病变，按需要进行外科处理，在闭合乳头之前植入一个硅橡胶管。手术时量取一段内径为7 mm、外径为10 mm的无菌医用硅橡胶管并放入乳头池中。管的远端紧靠乳头池的远端，在管的近端做窗孔并与乳池连接部齐平（图8-28）。用非吸收聚丙烯2-0缝线把管固定在乳头基层上。在安置固定的缝线时，把管固定好，并注意不要将插管弄歪或错位。其做法就是，乳头插管从乳头管插入到乳池，然后用固定缝线同向固定。在进行乳头缝合后进行机械挤奶。如果不成功，母牛可以临时用乳头导管挤奶或用灭菌盐水把游离物从植入物中冲出来。有时，由于乳头厚度或直径增加，母牛需要大口径的套圈才能进行有效的挤奶。

除非插管从乳头池中松开或脱落，否则应永久放置在乳头池中。并发症有：乳房炎的可能性增加，正常泌乳的持续期缩短，与需要切开而未植入的乳头相比不正常泌乳次数多。然而，尽管有并发症的风险，这项技术对患有弥散性乳头池阻塞的母牛来说，也是当前最有希望保持乳头功能的方法。在没有这项技术之前，大多数弥散性乳头池阻塞都会导致永久性的停乳或是病乳区没有希望预后。通过谨慎的病例挑选，50%或更多的弥散性乳头池阻塞可以通过植入的方法治疗。植入技术对混有乳头池阻塞或纤维化的弥散性乳头池阻塞没有帮助。另外，如果乳头损伤已并发乳房炎，那么植入技术是不能使用的。

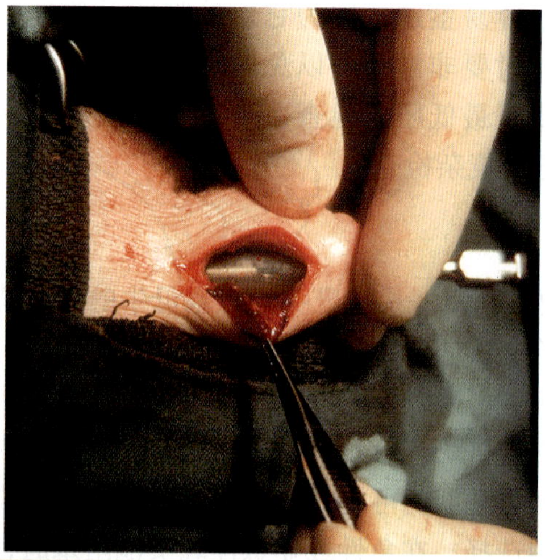

图 8-28

无菌硅橡胶插管正在植入患“铅笔样”阻塞的乳头内(照片由Dr. Normand Ducharme提供)。

瘘 Fistulas

病因学

乳头瘘可以是先天性的，或是获得性的，即继发于伤及乳头池的全层乳头损伤。先天性乳头瘘是一个简单的有蹼的或联体乳头的变体，并且常在泌乳开始时才被发现（图8-29）。先天性乳头瘘可以和大乳头的乳头池相通，但通常表现为从单独的乳腺排乳。

获得性乳头瘘可能发生在意外的全层撕裂或外科乳头切开之后。受损黏膜层不能闭合被认为是在乳头损伤外科修复过程中导致大多数瘘的原因。

从瘘中漏乳会诱发乳腺感染，甚至当瘘为独立的乳腺时，也能防止感染，因为主乳区也是暴露在由瘘流出的带有乳房炎感染源的乳汁之中。获得性瘘的漏奶可使乳房失衡并使展览牛的外观难看。根据瘘在乳头的位置不同，有可能或不能有效地进行挤奶。

症状

先天性乳头瘘通常在犊牛时期不易被发现，但怀孕的母牛或产后会变得明显，这时可以看到乳汁从乳头壁上漏出。在瘘的周围有小面积隆起的皮肤，但这种隆起要比在有蹼乳头上观察的小。很多乳头瘘都有乳头损伤或乳头池的外科穿透史。然后从疤痕或切口处漏奶。获得性乳头瘘的周围有明显的疤痕组织，瘘的直径也通常比先天性瘘大。

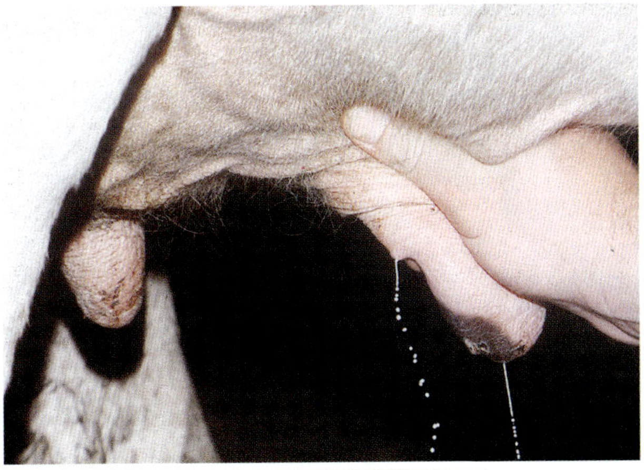

图 8-29

泌乳开始时才有明显的先天性乳头瘘。挤奶时引起乳汁由瘘和乳头逸出。

诊断

根据临床症状即可诊断。诊断先天性病变可向瘘中注射染料，然后对主乳头挤奶或利用造影射线照相来确定是1个还是2个乳腺。新配制的美蓝液（10～30 mL）可以用做注射的染料注入瘘内。对主乳头进行挤奶，这样可以区分瘘(或有蹼乳头)具有自己的乳腺(挤出不带染料的奶)或是与主乳头有共同的乳腺(挤出带染料的奶)。

治疗

瘘的手术修复与有蹼或联体乳头的方法相同。当修复犊牛的有蹼乳头时，弄清附属乳腺是没有实际意义也是没有必要的，因为完全闭合会保证附属乳腺在压力下最终萎缩。附着在附属乳腺上而不是主乳头的乳腺上的先天性瘘直到开始泌乳才会发现，对它们有两种治疗方法：

1. 如同在犊牛一样实行外科修复(图8-14)。这种方法不考虑附属乳腺，依靠压力使附属乳腺萎缩。这种技术最好是在干奶期进行，这样在下次泌乳前有4周的时间进行愈合，同时此方法在附属乳腺萎缩后，也会造成乳房的不平衡。这可能使病乳区有些松弛。

2. 实行外科切开修复。切除两腺体之间的通用的壁，再用4-0可吸收的缝线缝合每个有损伤的腺体黏膜。这允许主乳头的乳头池和瘘的乳池相互沟通。只有在产仔后和泌乳早期发现瘘后推荐使用该技术。这个方法的优点是保存了来自附属乳腺的产奶(在一些牛身上附属乳腺可以与“主要”乳腺一样大)并且保护了乳区的外表。缺点是乳头池的沟通和为保持沟通而进行的黏膜缝合手术需要高超的技术。

瘘的修复技术已被广泛认可，它包括围绕瘘的椭圆形切口，坏死或纤维组织谨慎的清创术(对获得性瘘)，黏膜层的分离，黏膜缺损的确实闭合和常规乳头闭合。乳头导管用于指导精确的切开和瘘的分离（图8-30，A、B、C、D）。具有严重的瘢痕纤维化的获得性乳头瘘是非常难治的，因为组织的顺应性和愈合受到负面影响。这对于在乳头池远侧及乳头括约肌附近的瘘尤其成问题。椭圆形切口的大小要足以除去瘘和相关的纤维组织，但又不能大得影响到顺利的闭合手术。以前的教科书指出乳头瘘的最佳修复时间是在停乳期，这样可以有几周进行组织修复而不必考虑切口受到内部奶汁的压力和外部挤奶的压力。较近的报道似乎并不关注这一优势。作者依然喜欢在乳房完全松弛离母牛分娩有3～4周的干奶期进行手术。

黏膜的闭合最好用细的可吸收的缝合材料(3-0或4-0)进行连续缝合，但外科医生多根据喜好选用缝合材料及对基层和皮肤的闭合方式。一般基层是用3-0多聚甘氨酸910或其他可吸收材料进行间断缝合，而利用2-0或3-0不吸收缝线，如聚丙烯或丝线对皮肤进行间断缝合。有些外科医生把基层和皮肤作为一层用2-0或3-0不吸收缝线做间断的垂直褥式缝合。为了获得比较一致的闭合压力，缝针的密度要大于其他部位的皮肤缝合。虽然靠手功不成功，有些外科医生用组织黏合剂进行瘘的闭合及乳头全层撕裂的治疗。皮肤U形钉或Miche创口夹也有人用，主要作为皮肤的修复。如果在泌乳期进行瘘的修复，利用置留乳头导管是明智的选择，它可以保持通畅，防止切口受到内部压力，直到伤口完全愈合；但是，这必须要认真权衡与引进乳房病原菌之间的利弊。如果使用置留乳头导管，需每天更换，或可选用硅树脂（SIMPL）或蜡制(NIT)导管代替。这两种商用插管在美国都可买到。这项技术已显示出对泌乳母牛的效果。

裂伤 Lacerations

病因学

由病畜后蹄或内侧悬蹄造成的创伤、由相邻母牛造成的创伤或者是由畜栏的金属丝或其他尖利物造成的撕裂都可以导致乳头裂伤。裂伤可能只涉及

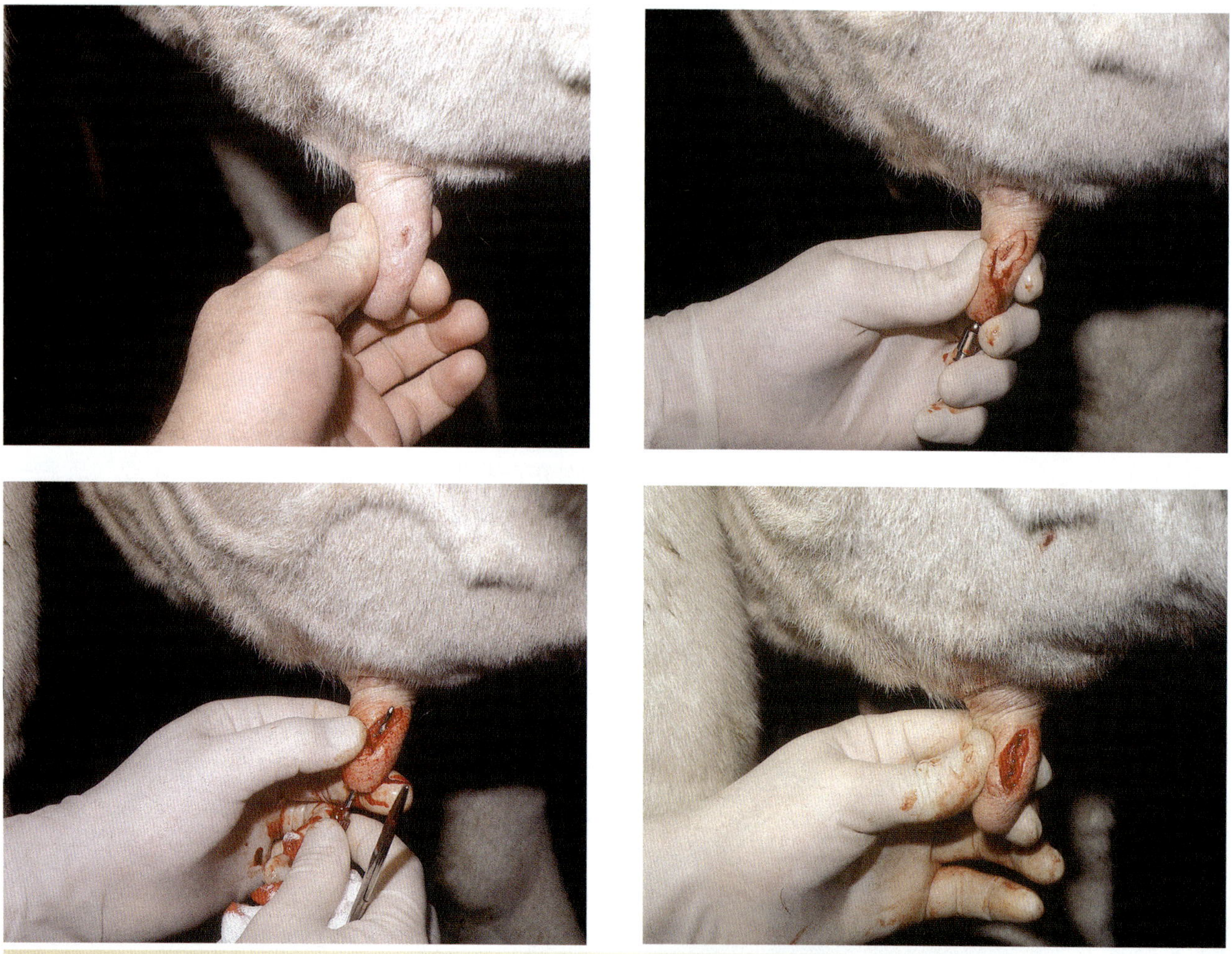

图 8-30

干奶期奶牛获得性瘘的外观和后来的手术修复。A，周围为纤维性瘢痕组织的瘘。B，椭圆形皮肤切口。C，在椭圆形皮片和瘘管切除后乳头导管由黏膜缺损部伸出。D，用可吸收缝线连续缝合黏膜。

皮肤、基层或黏膜撕裂到达乳头池。所有的裂伤都是很成问题的，因为影响乳头杯的放置、干扰挤奶、并且引起病畜的疼痛。继黏膜损伤撕裂和脱落之后，可以导致局部或弥散性乳头池阻塞。全层撕裂是急症，需要修复所有的层次以防造成乳房炎和瘘。

脱套损伤是剥去环绕乳头远侧一圈皮肤（图8-31）。乳头瓣是由乳头皮肤的不完全脱离造成的。尽管皮肤瓣可以由任何乳头的水平撕裂所致，但乳头瓣这一名词通常是指深达皮肤、基层和部分括约肌的创伤（图8-32）。乳头管经常被横切，但是裂伤近侧剩下的一部分乳头管和括约肌足以保持括约肌的紧张力，阻挡进一步的损伤。

裂伤可以是纵向的、横向的或环状的。裂伤的深度及受伤开始经历的时间对于考虑外科修复方案有重要的决定意义。损伤时间越短，外科手术成功的可能性越大，并且伤口或乳区感染的可能性越小。

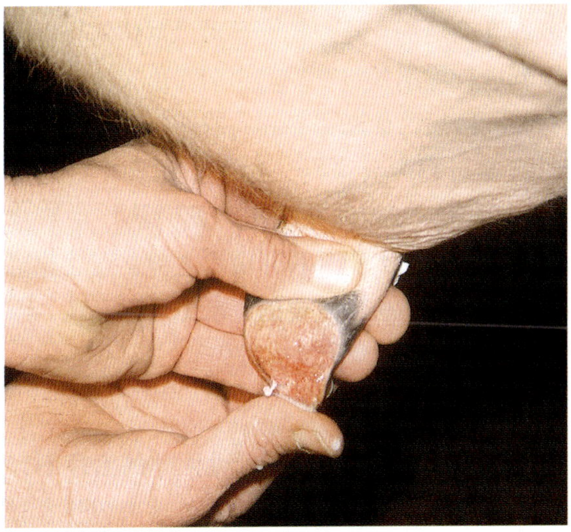

图 8-31

脱套损伤。

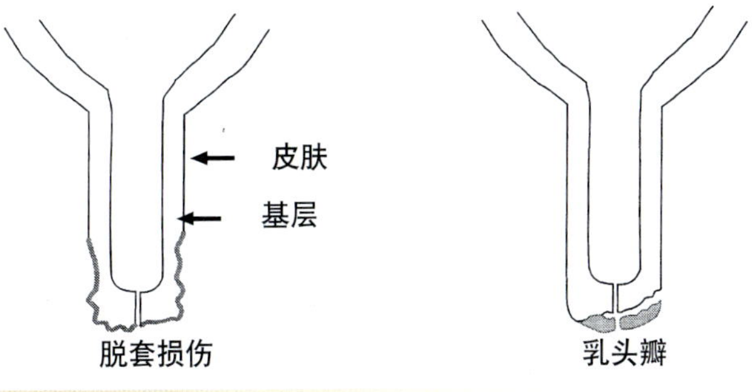

图 8-32

脱套和乳头撕裂瓣示意图。

症状

大多数乳头撕裂病例的症状都很明显。受伤的乳头肿胀、出血、并且母牛拒绝任何对乳头的触摸。不论深度如何，乳头裂伤都可造成足够的肿胀，从而进行干扰乳头杯的放置、造成挤奶的疼痛、导致不完全挤奶以及易感染乳房炎。全层撕裂漏奶非常明显，但有时裂口可被纤维蛋白和血凝块堵住掩盖了损伤的程度。乳头瓣经常出现乳头池外侧漏奶（图8-33，A）。实际上，远侧乳头组织瓣肿胀严重，提示撕裂在括约肌上方。幸运的是，对伤口仔细检查会发现在肿胀瓣的上方（背侧）乳房有功能正常的乳头管和括约肌。

诊断

根据临床症状和伤口的认真清创可以诊断出内部创面的具体深度。为了清创和检查伤口，母牛需要保定或给予镇定剂。

治疗

畜主忽视许多表层乳头裂伤，但当裂伤浸润乳头池或造成挤奶的机械干扰时，才会求助兽医。与身体任何部位的撕裂一样，乳头裂伤最好尽可能在刚受伤之后进行处理。对于只涉及皮肤和基层的乳头撕裂的修复可以用缝线、创口夹或氰丙烯产品。在修复之前（表8-1），伤口必须认真清洗，并用15号刀片轻轻地清创。一般来说，垂直的裂伤比水平的或环形的裂伤愈合得好。横切乳头管形成的瓣要剪掉，因为这是不可能修复的（图8-33，B和C）。

深达乳头池全层撕裂的缝合与前述乳头瘘的修复相同。涉及乳头池创伤的外科修复原则都是一样的，但用俄亥俄州立大学的大动物外科教授Bruce Hull的话来说就是：“这种伤口是沾满粪水的蹄踢出来的，而不是无菌的刀片划的”。这句话说明了全层撕裂修复的艰难。小的细节会造成很大的差异。小心的清创、消毒技术、认真的缝合和黏膜层的完全闭合都是非常重要的（见瘘的闭合或thelotomy）。手术后应用留置导管有助于减少伤口内部的压力，并且导管口要开着以便几天之内连续排奶。全身抗生素要用3～5 d，并且修复后乳区要灌注抗生素。

A

B

C

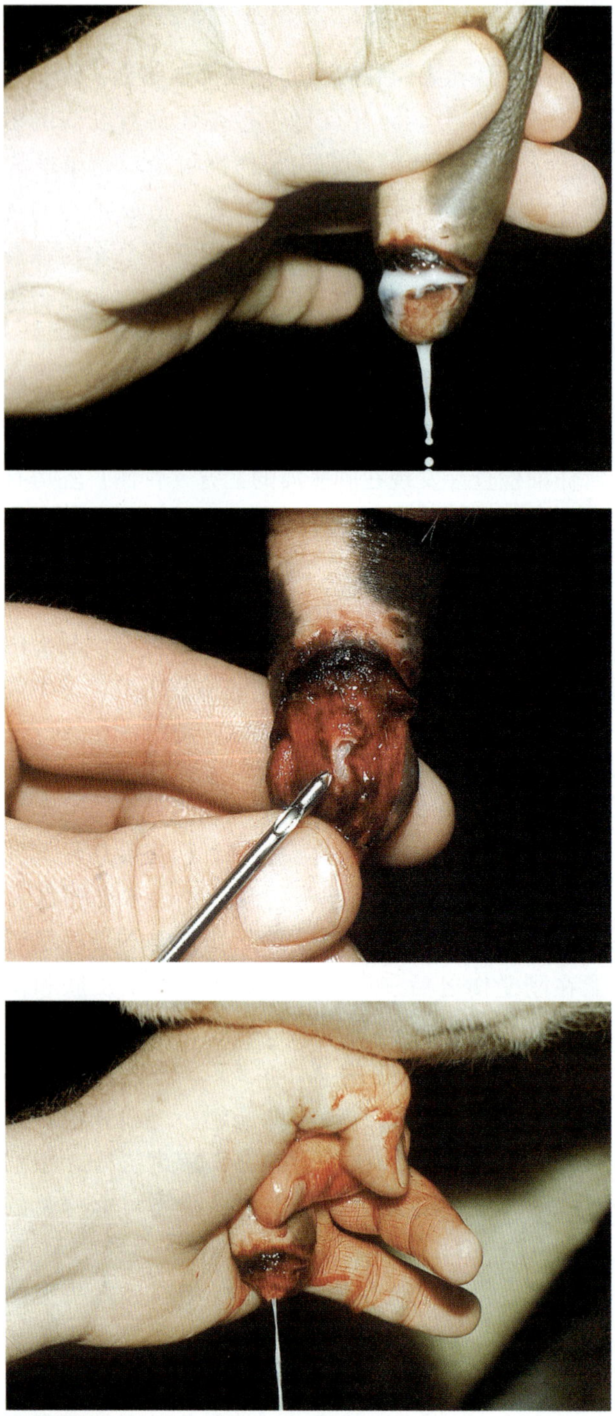

图 8-33

乳头撕裂瓣。A，挤奶时引起乳头池漏奶。B，翻转撕裂瓣可证实瓣的近侧有残留的乳头管和括约肌。C，切除撕裂瓣乳头机能恢复。

盲乳区和膜性阻塞

Blind Quarters and Membranous Obstructions

病因学

盲乳区是指分娩之后乳区表现为充满乳汁，但又不能从中获得乳汁。阻碍乳汁从乳池流出的先天性或获得性病变可造成盲乳区。完全的乳头池阻塞可以是先天的、第一次泌乳前获得的或是由干奶期的弥散性乳头池阻塞或“铅笔样”阻塞造成的。

乳池和连接管的变性是新产犊母牛常见的病变，这种牛乳区大小正常，但只有少量乳汁或无乳。这种损伤往往归咎于从前的创伤或乳房内感染，这种感染可以追溯到还没有完全断奶的小母牛。盲乳区通常不发生乳房炎。

症状

从刚生产母牛的乳区不能获得预期数量的牛奶是此病的主要症状。乳头通常感觉松弛、肉样，但不是正常情况下充满奶汁时应有的胀满。当存在先天性或获得性乳头池阻塞时，触诊乳头可触到的纤维化由背侧向乳池延伸，这提示乳区存在弥散性阻塞。

诊断

用一根7.5～10.0 cm的乳头导管对乳头池和乳池进行细致的探查，可以发现位于乳池基部的膜性或纤维性阻塞。这项技术还可以对任何一种乳头池阻塞进行检测并且可以得到奶汁用来检验。如果在探测乳区后，诊断仍存在问题或打算进行手术治疗，推荐用超声波诊断。如果损伤是在最近发生的，而用超声波无法检测出，此时治疗是不合适的。在尝试任何大胆外科开窗术之前，建立腺组织存在度和生产率是很重要的，以免为时已晚，而变得毫无价值。

治疗

对乳池基部的纤维性或膜性阻塞的治疗不容易获得成功。有人利用乳头刀和通过乳头切开术对膜实施穿孔，但大多数手术不成功。乳头阻塞的治疗方法与治疗弥散性乳头池阻塞的方法相同。临时的或长期的乳头植入，对有正常乳腺和乳池的小母牛与母牛都能获得最好的成功率。在使用植入技术时，这种乳头池阻塞的成功率达50%或更高。

乳头末端狭窄或闭锁，在乳头管可见的情况下可通过缓慢扩张乳头管治疗，或在乳头管不能分辨时，可在乳头末端明显的凹处穿刺进行治疗，通常是用一个14号的针头直接在乳头明显有凹处刺入乳头腔内（凹陷处相当于乳头管所在的位置）。在针刺之后，可用柳叶刀进一步切开闭锁。

乳头漏奶 Leaking Teats

病因学及症状

许多母牛在正常的挤奶时间之前由于乳房内部压力有漏奶现象，这是正常的或生理性的现象。然而，经常漏奶、在非挤奶时间漏奶或影响产乳潜能的漏奶则是不正常的。

一般地说，先前受过伤的乳头漏奶比较常见。损伤破坏了括约肌正常的紧张性、乳头末端纤维化，或者组织损失都会导致漏奶。

诊断

诊断只需了解乳头的病史，并对其进行检查。可以对乳头进行探测以估计乳头管的直径，但基本没有这种必要。

治疗

已有报道，用结核菌素注射器在括约肌的4个等距点注射复方碘溶液，对漏奶的治愈率接近50%。

皮肤病变 Skin Lesions

病毒性原因

牛乳头瘤病毒

病因学。牛乳头瘤病毒(BPV)可引起乳头瘤(BPV-6)或纤维乳头瘤(BPV-1和BPV-5)。奶牛最常见的病变是由BPV-5引起的扁平“米粒样”纤维乳头瘤。乳头或乳房上的复叶状疣通常是由DNA型的BPV-1或BPV-6病毒引起的，并表现有较多的上皮性突起。当后者发生在乳头末端时，可以造成很大问题。疣是传染性的，主要通过带有病毒的挤奶器和手感染擦伤皮肤的方式传播。运用现代化灵敏、分子技术检测，更多证据显示BPV的 DNA可以在正常健康牛的皮肤检测到。病毒的和宿主特异性的因素何时和怎么在个体奶牛中发展为乳头状瘤；或者怎样和为什么BPV2能导致膀胱壁瘤，这些目前都还不清楚。

症状。扁平或“米粒样”纤维乳头瘤一般是多发的，可以侵害一个或几个乳头，并有在牛群蔓延的趋势(图8-34)。它们不会造成太大的问题，除非乳头末端被侵害。呈现典型上皮突起的乳头状瘤或纤维乳头瘤的疣生长旺盛，临床意义较大。这些疣可能很大，以致在放置乳头杯时产生一些机械性干扰，再长大点可能会被扯裂，造成奶牛疼痛和出血。如果长在乳头末端，有时会干扰有效挤奶，并由于环境的污染总会诱发乳房炎。有此病流行的牛群会受到很大损失，因为阻止传播的方法有限。在奶牛中乳头疣十分普遍。

诊断。如果症状不是特殊病症，切取组织活检可以确诊。一些专门实验室甚至可以通过分子技术确定BPV的亚型。

治疗和预防。通常情况下扁平“米粒样”病变（BPV-5）不需治疗，除非它们在乳头末端干扰挤奶。切除复叶状BPV-1和BPV-6疣是十分必要的，特别是当病变仅仅在乳头末端。每当大量奶牛受到侵袭，可以用冷冻法即从液氮中取出钢条冻结疣而治愈。用10%水杨酸和无花果乳胶每5 d擦洗1次也是有效的。

当一个牛群面临着由BPV引起的地方性流行时，杀病毒乳头药浴也许可行。洗必泰就是一种，并且Udder-Gold (美国育种服务部, W. R. Grace 和Co., DeForest, WI)也被认为有抗病毒作用。对感染母牛持续挤奶想法很好，但在开放式畜舍是很困难的。减少乳头皮肤创伤也会降低发病，这要通过在保证垫草、改善挤奶技术和应用无刺激的乳头药浴等方面来实现。

由于目前比较关心朊病在奶牛之间传播，因而不推荐使用自身疫苗。

尽管有人认为疣在3～6个月内会自行消失，但乳头疣并非总是如此，它们可能会存在数年。

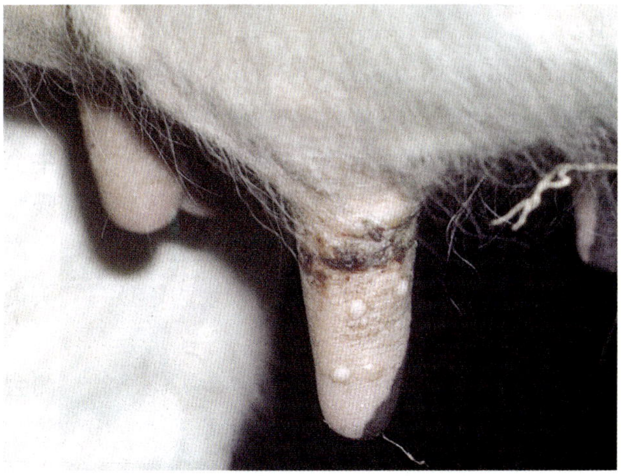

图 8-34

乳头皮肤的扁平“米粒样”纤维乳头瘤。乳头近端皮肤的擦伤与此无关。

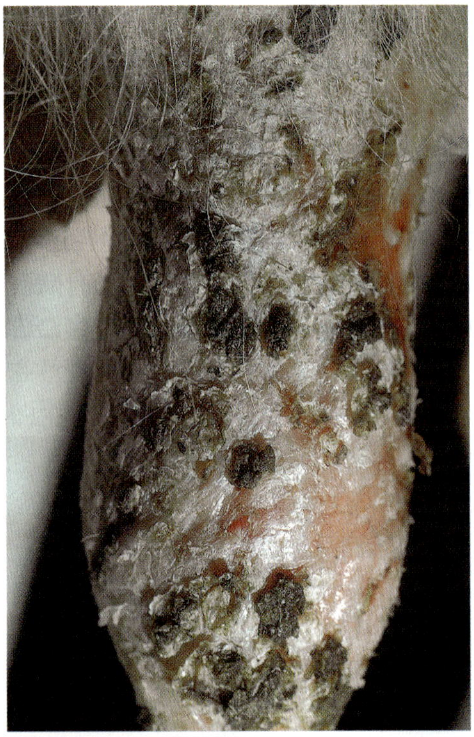

图 8-38

伪牛痘慢性损伤。

*sonorensis*已确定VSV印第安纳株的传播途径。该病毒还从其他种类的昆虫包括黑蝇和白蛉分离得到。VSV病毒会感染马、猪和牛，并且在人群中引起类似感冒的疾病。临床症状非常像口蹄疫，所以，在诊断疾病时必须十分小心，并要报告管理机构，以便有相应的标本来确诊和排除外来疾病。

症状。在奶牛中，这种病呈零星发病或多例暴发。从最近北美暴发该病的血清学研究表明，大多数感染牛都呈亚临床症状。口腔病变包括水疱和组织脱落，与乳头的水疱一致。偶尔牛也出现蹄叉和冠带的病变。由于挤奶造成疼痛，母牛拒绝挤奶，常继发乳房炎。挤奶器具也可能传染此病。临床上观察到流涎、厌食和咂嘴等现象。

诊断。当奶牛的症状与VSV感染症状相符时，应报告给管理机构以协助样本的运输和检疫。取样部位包括水疱表皮、水疱液、损伤部拭子和血清。通过病毒分离、ELISA、多聚酶链式反应测病毒RNA可以确诊。虽然排除其他外来水疱病很重要，但典型做法是执行官方的管理调节指导。

治疗。治疗方法是支持性的，应该提醒与动物和诊断材料打交道的人注意这种疾病有人畜共患的可能性。

其他病毒感染 口蹄疫和牛瘟病毒可以导致牛群乳头损伤暴发，尽管它们在美国很少发生或根本不存在。如果有理由怀疑此病，应考虑到请兽医管理机构进行会诊。

牛病毒性腹泻病毒（BVDV）偶尔可以造成乳头损伤，表现为过度角化、皲裂和糜烂性皮炎。

有些牛群有地方性甚至流行病能感染乳头、乳房和/或腿，却找不到病因（图8-39）。

恶性卡他热（MCF）可以引起任何组织的血管炎，有些患有恶性卡他热的牛在乳房的皮肤上会出现许多丘疹，但很少在乳头发生。

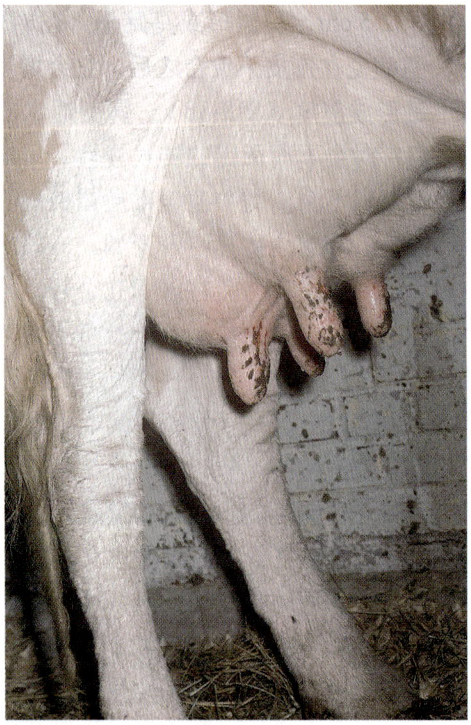

图 8-39

成年奶牛乳头损伤和四肢皮炎。病因未找到。

细菌性原因

葡萄球菌（乳房脓疱病） 在患有乳房脓疱病的牛群中，乳房上的许多小脓疱和丘疹有时会侵入乳头背侧或整个乳头。这种病已在乳房皮炎的发病原因中讨论过，确诊要通过病原培养和排除其他病因。在这些牛群中，洗必泰和Udder-Gold是有效的药浴液，要对乳房剪毛并用抗菌药轻轻地清洗。要找到脏的环境和垫草并清理掉。

化学和物理原因

病因学　在寒冷季节和相对湿度较低的天气，药浴洗乳房都可能造成乳头皮炎。乳头药浴液内缺少甘油或润肤剂可能会导致问题。乳头药浴液冻溶后会分层。化学物质如灭蝇喷雾剂、垫草中的石灰或石灰石和挤奶器具的消毒剂等都是其他潜在的乳头受刺激的化学因素。

物理损伤是由晒伤、冻伤、创伤、过度产前水肿和蝇类叮咬等造成的。晒伤和光过敏往往对暴露在阳光下颜色较浅的牛以及有乳房水肿或乳房下垂的牛较为严重。同样地，冻伤也容易发生在有严重产前乳房水肿的牛身上，特别是初产母牛。当温度降至−17.78℃或更低时，由于严重水肿造成乳头血液循环障碍而诱发乳头冻伤。寒冷也会造成冻伤。毫无疑问，这个问题通常局限于开放式厩舍或露天放养的牛。创伤前面已经介绍过（乳头障碍）。光致敏很少见，但确实可以发生在无色素的乳头和乳房皮肤上。对奶牛必须考虑原发和继发的光致敏，并且卟啉症是可以引起光致敏的重要遗传病。在现代的管理体系内，确实会有一些动物没有机会充分暴露在阳光下而未表现出光致敏症的情况。据报道，在用皮质类固醇引产后乳房及乳头的皮肤发生光致敏。经常使用自动化挤奶器会造成乳头括约肌肥大。

症状　与乳头皮肤化学损伤有关的症状是红斑、起水疱或皮肤皲裂，并伴有疼痛。并且由疼痛导致恶性循环：牛反抗、踢挤奶器和工人、不完全挤奶、漏奶和最后使环境性乳房炎的发生率增高。晒伤的表现如同人的一样，一般是无色素的皮肤发红，乳头严重损伤时出现水疱。紫外线照射皮肤在2～3 d后会出现皲裂。冻伤开始表现为在一个或几个乳头出现极为苍白的冷的肿胀。当这些皮肤开始脱落，乳头更加肿胀、发红或发紫，并伴有疼痛；皮肤变得干硬。严重冻伤的乳头，整个乳头都变得干黑、没有柔韧性，最终脱落。小块冻疮的皮肤脱落后形成溃疡表面。冻伤的症状必须与疱疹性乳头炎的症状区别开，因为乳头和乳房上的黑色脱落的痂皮在这两种病都有可能出现。

蝇类(*Stomoxys calcitrans*)的叮咬可以导致损伤并增加患葡萄球菌性乳房炎的发生率，特别是小母牛更是如此。因此，在高发乳房炎的初产母牛群中，应更加关注蝇类的控制。

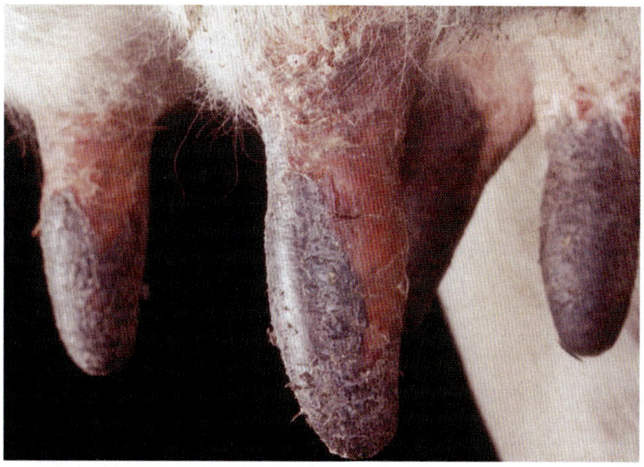

图 8-40

乳头和乳房无色素皮肤光敏作用。

光致敏会导致暴露在阳光下的无色素皮肤发生红斑、坏死以及脱落（图8-40）。通常情况下，损伤发生在乳头和乳房的侧面更加严重。有色素皮肤未发生损伤会有助于诊断。除了乳头和乳房的皮肤脱落外，其他部位皮肤也经常会发生脱落。患先天性卟啉症的牛会有“红牙”，并且尿在紫外光下有荧光。由于肝病而出现继发性光敏作用的奶牛可能患有黄疸。吃过光致敏植物但没有肝病的牛除皮肤坏死外表现健康。

治疗　治疗方法因情况不同而变化。如果使用了化学刺激物，应停止。评估所有乳头药浴液的成分，排出任何凝固物或对皮肤不能起保护作用的药浴液。对损伤的牛对症治疗，羊毛脂或芦荟软膏涂抹患处，以及晒伤牛置于荫蔽处饲养。

对于冻伤可以用温水浸湿患部及周围以软化皮肤。通常在诊断时损伤已经造成。因此，最好的治疗方法是将牛放在温暖的环境中，并用羊毛脂软膏保护损伤部皮肤。除非皮下发生感染或发黑的皮革样皮肤影响机械挤奶，否则应让皮革样的皮肤自然分离。

过度的蝇咬或产犊小母牛中发生地方性乳房炎而追溯有蝇类叮咬史时，应用除虫菊酯杀虫剂、蝇诱饵器和蝇纸等来控制蝇类。很少有在粪肥、烂泥堆积的环境和管理条件下，能对蝇类机械控制的例子。

治疗光致敏的患畜应避免日晒并找出光致敏的原因。原发性光致敏的牛应避免接触致病的化学物质或毒素，同时避免日晒。同时也要考虑毒素或个体疾病所致肝脏病变引起继发性光致敏，而且还要考虑并排除卟啉症。

乳房炎
MASTITIS

乳房炎是一个十分复杂的问题，为了叙述方便，将其分为两种情况：一种情况是由接触传染性病原微生物引起，它定植于乳腺，可通过挤奶工或挤奶机传播；另一种情况是由环境性病原体引起，它通常不会造成乳腺的感染，但当乳牛的环境、乳头、乳房或挤乳器被病原污染时，它才会进入乳头池引起乳腺感染。

通常接触传染性病原体包括无乳链球菌(*Streptococcus agalactiae*)、停乳链球菌（*Streptococcus dysgalactiae*）、金黄色葡萄球菌（*Staphytococcus aureus*）和支原体（*Mycoplasma* sp.）。环境性病原体包括大肠杆菌（*Escherichia coli*）、肺炎克雷伯菌（*Klebsiella pneumoniae*）、产气肠杆菌(*Enterobacter acrogens*)、沙雷氏菌(*Serratia* sp.)、变形杆菌(*Proteus* sp.)、假单胞菌(*Pseudomonas* sp.)以及其他革兰氏阴性菌：凝固酶阴性葡萄球菌(*Coagulasenegative staphylococi*)、环境链球菌(*Environmental*)、酵母菌或真菌、原囊藻属(*Prototheca*)、化脓性放线菌(*Actinomyces pyogenes*)及牛棒状杆菌(*Corynebacterium bovis*)。

从治疗学方面看，了解病原体的主要感染部位对治疗是很有帮助的。因为确定了病原体的感染部位可以帮助我们在治疗期间采用正确乳房内治疗，以及决定是否需要进行全身的抗生素治疗。

1. 奶和内皮细胞（无乳链球菌、凝固酶阴性葡萄球菌和停乳链球菌）。

2. 乳腺深层组织（金黄色葡萄球菌、乳房链球菌和化脓性放线菌）。

3. 同时感染乳房和其他器官（大肠杆菌类）。

接触传染性病原体在挤奶过程中传播，污染挤奶机和挤奶工的手。无乳链球菌是这一类细菌的典型代表，因为这种细菌是高度接触性传染的专性乳腺寄生菌。虽然无乳链球菌不像金黄色葡萄球菌那样侵入乳腺组织并引起纤维化和脓肿，却可以定植于上皮表面，引发亚临床乳腺炎或间发性乳腺炎。停乳链球菌不具有无乳链球菌那样的触染性，但在畜群中的传播方式却与前者相同。金黄色葡萄球菌可能是最具触染性的病原体，因为它能导致深层乳腺的慢性感染而且非常难治。在泌乳期的最初2个月，大多数触染性病原体可引起新的感染。触染性病原体能引发亚临床乳房炎，导致产乳量下降。亚临床乳房炎导致的经济损失的估算时常被兽医学出版物引用或提到。虽然确切的经济数据有争议，但任何与奶牛业有关的人都知道慢性亚临床性乳房炎带来的经济损失是巨大的。这些损失包括潜在的生产性能下降、医药及弃乳的损失以及因体细胞数或细菌平板计数高而造成的牛奶品质的降低。据统计，当体细胞数每增加一倍超过5 000个细胞/mL时，该奶牛每天的产奶量会下降0.5 kg。挤奶前乳房的准备和挤乳过程中适当的卫生、挤奶后乳头药浴、隔离感染的乳牛以及干奶期牛的治疗等是控制触染性病原菌的关键。

支原体引起的乳腺炎除去自愈的病例几乎都无法治疗。因此，按前述程序减少新的感染就变得更加重要了，而隔离及淘汰被感染病畜也是必不可少的。

环境性病原体最佳的控制措施包括清洁牛床、牛舍，避免潮湿环境（包括泥泞和粪便堆积），适当的乳房准备，只挤干燥乳房，蝇类的控制，尽量减少乳头末端的损伤，以及履行正确的挤奶程序。乳头药浴及干燥奶牛治疗对此类病原效果不佳。凝固酶阴性葡萄球菌似乎介于单纯环境性病原和触染性病原之间。虽然它们不是乳腺的正常寄生菌，却通常定植于乳头皮肤、乳头末端、乳头创口及挤奶工的手上。因此，它可以通过机械传播而扩散，并给乳头末端有创伤的牛构成巨大的危险。它还可通过蝇类叮咬而感染乳头末端，因而成为出产母牛乳腺炎的主要原因。目前，革兰氏阳性菌进入母牛乳房的机制尚未研究清楚。目前有一种推测，他们是通过乳头末端进入乳房的，而且还发现在患有乳房炎的母牛乳房和泌乳中的革兰氏阳性菌均属于同一菌系。在一些奶牛群体中发病率甚至超过30%。在生育前的10～14 d对奶牛用适当的抗生素如吡利霉素进行乳房内输液可以降低感染率。侵袭乳腺的环境病原体可导致最急性或急性临床型乳腺炎。其中一些病原体也可以造成乳腺的慢性感染。环境性病原体必须存在于牛的生活环境中，并有机会侵袭乳房，而且需要战胜乳房和乳头的正常防御机制才能造成感染。

干燥季节是环境病原体如乳房链球菌和大肠杆

菌乳房内感染的多发期。在干燥季节，许多奶牛的乳腺中都存在着多种病原体，如乳房链球菌、大肠杆菌和凝固酶阳性葡萄球菌。这些病原体在同一乳腺中并不互相排斥，而且还相互协作。这与棒状杆菌有很大不同，因为棒状杆菌一般是独立存在于某个环境中。在该多发期，从泌乳期末到产小牛那天，感染主要细菌病原体的比率可由3.8%增至15.6%。如果在这个时期不同时采用干奶牛治疗和乳头封闭剂治疗的话，乳房感染率会高达20%。

传染性病原 Contagious Causes

无乳链球菌

病因学　作为专性乳腺寄生菌，无乳链球菌是牛群中乳腺的高度传染性病原菌。不规范的挤奶程序可以促进病原的扩散，反之，卫生规范的程序可以控制传染。无乳链球菌引起的乳腺炎大多为亚临床感染，偶尔有急性暴发。因此，由无乳链球菌引起的损失主要是奶产量的下降和体细胞奶带来的损失。此种病原不引起明显的脓肿或纤维化，但可以导致乳腺的慢性感染，从而长期的减少产奶量。犊牛饲喂含有无乳链球菌的乳汁，并在同栏饲养到产犊时的无乳链球菌性乳腺炎的发病率会很高，这可能与犊牛的吸吮有关。

奶牛群中无乳链球菌性乳腺炎的轻度或中等范围性的流行可以使乳汁中的体细胞明显增多，并迅速影响大桶乳的体细胞水平。因此，当大桶乳中的体细胞数突然出现不明原因的激增时应怀疑是无乳链球菌的问题。

症状及诊断　奶牛患无乳链球菌性乳腺炎时，很少出现全身症状，但在感染初期可能发热，发热也可能间歇出现。奶盘试验或加州乳房炎试验（California mastitis test,CMT）过程中，在乳中见到异常现象后可以怀疑感染的发生。因为奶盘试验（凝块流动）或CMT中的验证是非特异性的，所以，还要通过细菌学培养来最后确诊。培养技术中的CAMP试验可以明确无乳链球菌的存在，因为在葡萄球菌β毒素存在时，兰斯菲尔德B型链球菌可以增强葡萄球菌的溶血能力。

治疗　尽管青霉素、邻氯青霉素、红霉素、头孢菌素类等公认的首选药都可以很成功地治疗无乳链球菌引起的乳腺炎，但“什么时间用什么去治疗”仍有争议。

干奶牛治疗采用10万IU的青霉素G或邻氯霉素可以治愈90%以上或更多的感染乳区。因此，干奶牛治疗是控制无乳链球菌的主要环节。但此疗法不能立刻解决已出现的由泌乳期感染牛引起的大桶乳中体细胞数过高的问题，因而常受到乳品加工厂的警告。

当细菌学培养确认问题奶牛群中发生无乳链球菌感染时，必须考虑加强管理和进行抗生素治疗。下面列出的是在处理牛群中无乳链球菌问题中的一些基本的指导方针。

1. 必须施行可以消除触染性病原体扩散的挤奶程序。如使用消毒液反复冲洗和浸洗挤奶机械手，挤奶后浸洗乳头，正确使用挤奶设备，不公用清洗乳房和擦干乳房的布等。

2. 干奶牛治疗是治疗感染的必要手段，同时也可以减少干奶期出现新的乳腺感染。无乳链球菌的感染往往是在干奶早期发生的。

3. 在泌乳的早期和中期对乳牛进行乳房内和全身的青霉素G注射治疗，治疗后的奶牛，奶产量增加带来效益比用药和废弃牛奶都合算。

尽管一些研究提出无需对泌乳晚期的奶牛进行治疗，因为治疗没有经济效益，但是不治疗的这些牛却成为了感染源。因此，除非挤奶程序被切实改正，否则新的感染或重复感染都可能发生，因为还有一些感染的乳区没有得到治疗。这样，是治疗所有的感染乳牛（闪电战技术）还是只治疗泌乳早、中期的感染乳牛还存在着争议。

泌乳牛的治疗必须依据单个乳区或者所有奶牛乳汁的混合样本的细菌学培养结果。体细胞计数或间接法体细胞计数均不能作为确诊和随后所采用疗法的很好依据。原因是许多由各种传染性病原体引起慢性感染的牛和患各种乳腺炎已痊愈的牛之间体细胞数值有许多重叠。因此，并不是所有体细胞数升高的乳牛都被感染。相反，某些有临床症状的感染牛，体细胞数可能还很低。

估计牛群中无乳链球菌的蔓延程度时，明确区分“新”、“旧”乳腺内感染格外重要。感染持续存在说明治疗可能无效，而新的乳腺内感染的发生则说明控制措施不当。新的乳腺内感染则显示需要加强挤奶的卫生管理、乳头药浴和干奶牛治疗。

停乳链球菌

病因学　虽然停乳链球菌不如无乳链球菌传染

性强，但出现明显临床症状（如异常乳、乳区肿胀）的时间却比无乳链球菌早。乳头末端的创伤、挤奶不卫生均会促进病原在畜群中扩散。

症状和诊断　本病无特异性症状。如果在最初挤出的乳汁中发现块状、片状凝块或CMT试验阳性则可怀疑为亚临床病例。临床病例常见轻度发烧，乳区肿胀，发热，捏粉样，并伴有异常分泌。确诊需要作细菌培养。

治疗　与无乳链球菌一样，停乳链球菌对青霉素、邻氯青霉素及头孢霉素很敏感。前面列出的治疗无乳链球菌引起的乳房炎的原则同样适用于控制停乳链球菌引发的乳房炎。应该特别注意减少挤奶及管理过程中对乳头末端的损伤。

金黄色葡萄球菌

病因学　一旦金黄色葡萄球菌在牛群中定居下来就很难或几乎不可能根除。引起慢性感染，对抗生素产生耐药性，并且难以诊断是该菌的典型特征。金黄色葡萄球菌不是专性乳腺寄生菌，也可以定植于乳头、乳房不健康皮肤、扁桃体、阴道以及躯体其他部位。而主要的感染源来自感染乳区的分泌物，并可经挤奶工的手或挤奶设备传播。

犊牛因饲喂乳房炎病牛乳汁后感染金黄色葡萄球菌。3个月以上的小母牛的感染是由蝇类叮咬刺激乳头末端和蝇类媒介传播金黄色葡萄球菌引起的。蝇类叮咬和肮脏的环境可以促进金黄色葡萄球菌性乳房炎在产犊小母牛中大量发生，并将大大降低产奶量。

感染金黄色葡萄球菌的乳牛通常表现为亚临床症状，但是急性或复发性暴发比传染性链球菌引起的多见。由金黄色葡萄球菌引起的多为慢性病例，且极少能自愈。除了产量降低外，病变乳区还会纤维化和形成微小脓肿，造成永久性实质损伤。

众所周知，金黄色葡萄球菌容易对抗生素产生耐药性。如果用青霉素、头孢菌素杀菌不彻底，将会使普通型变为L-型，会在药物治疗后由静止期开始继续生长。L-型是缺失细胞壁的变种，不能在普通培养基上生长。在抗生素治疗前，对引起乳房炎的各种病原体进行单独培养，大部分病原体的敏感性都很高，但金黄色葡萄球菌的敏感性甚至还不到75%。因此，阴性培养结果将会误导随后的临床治疗时抗生素的使用。随后感染复发常被错误地认为是新的感染。金黄色葡萄球菌暴露于内酰亚胺后，会有L-型细菌的生成。巨噬细胞并不能提供有效的防卫。冻、融奶样可以提高细菌培养的检出率，因为此技术可使巨噬细胞内病原释出。

症状　亚临床感染的症状可能是轻微而不具有特异性，如奶盘试验可见异常乳（乳凝块、片状沉淀、水样），CMT阳性。然而金黄色葡萄球菌引起的急性和最急性乳房炎并不少见。因临床型乳腺感染常间歇性急性发作，通常只有畜主能注意到。在急性发作或感染初期，病畜表现发热、患部乳区肿胀、疼痛、微热，并出现轻度厌食。分泌的乳汁呈奶油状或含脓，或稀的乳汁中散布着凝块、絮状沉淀或浓稠的奶油。分泌物的性状不能作为区分乳腺内特异性病原体的依据。

最急性的病例常见于最近产犊的母牛或感染初期的乳牛。最急性感染表现为高热（40.56～41.67℃），精神沉郁，食欲不振，乳区发炎、肿胀、坚实、疼痛。病牛因乳腺发炎疼痛避免摩擦乳房而出现跛行。最急性金黄色葡萄球菌乳腺炎最严重的病例就是坏疽性乳腺炎，坏疽变化常出现在产后牛。虽然肠杆菌和厌氧菌等其他微生物也可引致坏疽性乳腺炎，但金黄色葡萄球菌仍是最常引起乳牛坏疽性乳腺炎的细菌。坏疽发展时，毒血症症状加重，极度肿大坚实的乳区在几小时内由粉红变为红色，由红色变为紫色，再由紫色变为蓝色。病牛心跳极快，发热逐渐减轻。深度的毒血症，病牛精神沉郁，食欲废绝。发病乳区紫色褪去，变冷，有可能出现束内气肿。乳房的坏疽区皮肤与周边正常皮肤之间常可见明显的分界线（图8-41，A和B）。随后皮肤坏死脱落（图8-41，C）。分泌物为血染的浆液时表明出现了循环障碍。金黄色葡萄球菌的α-毒素具有促进皮肤坏死和血管收缩的作用，一般认为这是坏疽感染时大量组织损伤的原因。其他毒素和杀白细胞素也可以促成坏疽的发生。刚产犊小母牛防御机能不全，更易出现暴发性感染。

患金黄色葡萄球菌性乳腺炎的产犊小母牛，感染乳区的分泌物中常有米粒样凝块或脓。该乳区坚实，水肿，发热，但由于围产期水肿，所以难以通过视诊或触诊识别出感染。

慢性金黄色葡萄球菌性乳腺炎会导致可以触知的纤维化。虽然根据异常乳或急性发作，可以怀疑

A

B

C

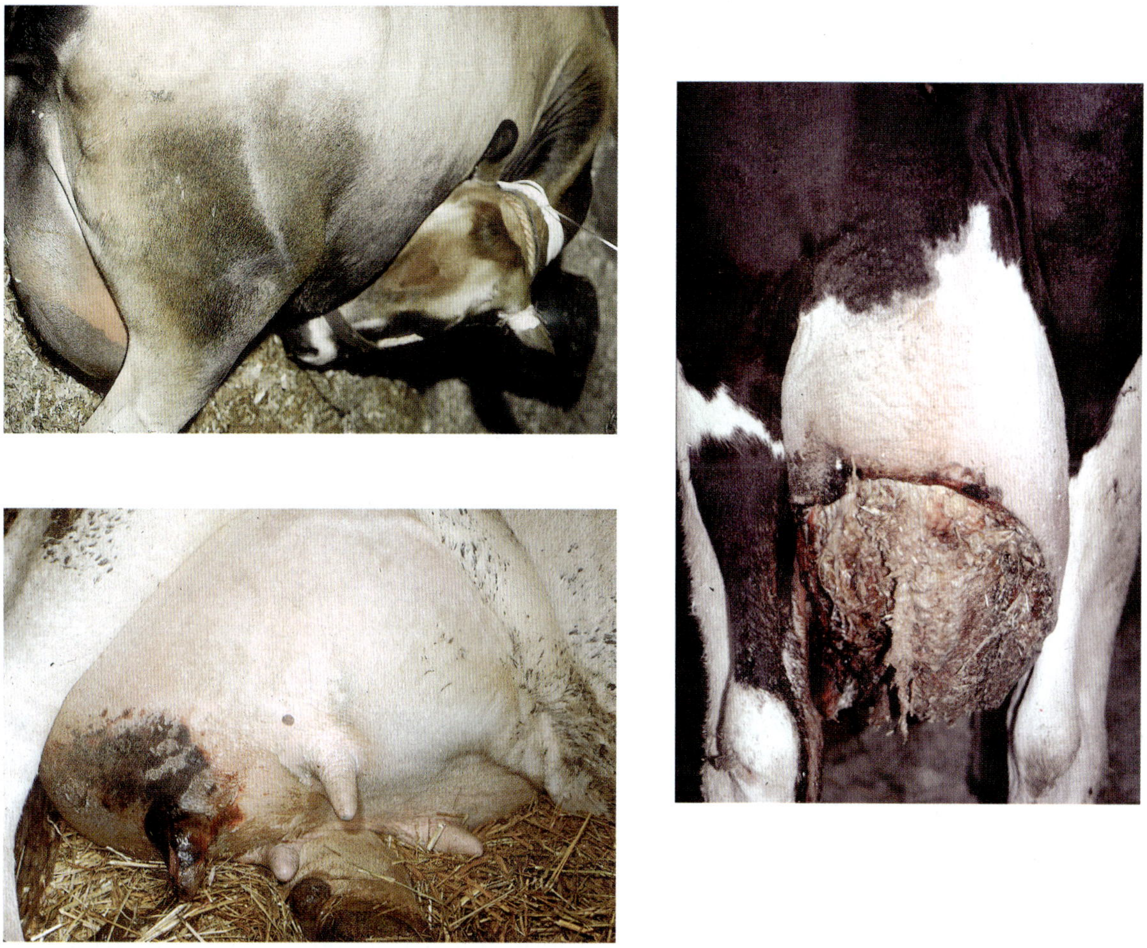

图 8-41

A，一头感染了金黄色葡萄球菌性乳腺炎的娟姗奶牛，可以看到该奶牛的右后乳区发生了坏疽性病变；奶牛的乳房明显变色。B，一头在感染急性坏疽性乳腺炎后存活下来的奶牛，可以看到健康组织和坏死组织间存在着明显的界限。C，一头感染金黄色葡萄球菌性乳腺炎的刚产犊奶牛，同样可发现它的右后乳区发生坏疽性病变。

许多乳牛有慢性金黄色葡萄球菌感染，但有些牛是亚临床的，不易被发现。触诊乳腺实质和管道的纤维化有助于诊断，并可明确估量其对生产能力永久性破坏的程度。慢性亚临床性感染的乳牛是金黄色葡萄球菌的主要宿主，同时也是同群未感染乳牛的主要传染源。

诊断　乳盘试验发现先挤出的有奶油样或脓样乳汁（分泌物）、有周期性乳腺炎发作病史的乳牛，可以初步诊断为金黄色葡萄球菌性乳腺炎，但确诊仍需培养出凝固酶阳性的微生物。大约有75%的金黄色葡萄球菌感染是通过一个乳区的样品培养确认的。取样2或3次，分离培养后的检出率分别提高至94%和98%。

大桶奶体细胞数和标准平板计数不是金黄色葡萄球菌感染牛群的敏感指标。当大桶奶体细胞数和标准平板计数明显升高时牛群中可能已有高达50%的乳牛感染了金黄色葡萄球菌，这与感染无乳链球菌的牛群明显不同，感染无乳链球菌后，牛群中只要有几头大量排菌的感染乳牛就可以使大桶奶的体细胞数和标准平板计数升高。因此，体细胞数和CMT的结果在金黄色葡萄球菌乳腺炎诊断中不如单个乳区的细菌培养可靠。然而当单个乳区样品的体细胞曲线高过4.5时，它仍是判断传染性乳腺炎微生物，如金黄色葡萄球菌的最好证据。

治疗　金黄色葡萄球菌性乳腺炎的治疗包括突发急性乳腺炎的泌乳期治疗和干奶牛治疗两种。泌乳期急性发作的治疗要求降低排菌数和大桶乳的体细胞数。然而，泌乳期治疗的真正治愈率可能不到40%。造成这种情况的原因包括：药物选择的错误，用药量和时间的不足，耐药株的出现等等。乳腺内环境也会降低药力（包括pH值、葡萄球菌的生物膜产物、炎性细胞碎片、高体细胞数等），从而使药物无法作用于病原体（金黄色葡萄球菌存在于细胞、脓肿和纤维病变中）。药物的作用与感染持续的时间也有一定的关系。对于新近的感染（2周以内），其细菌学治愈率高达70%。青年牛（<48月龄）的治愈率（81%）高于96月龄以上奶牛的治愈率（55%）。在泌乳早期感染比在泌乳其他时期感染的治疗效果好。单个感染乳区的治愈率是多个感染乳区治愈率的2倍。前部感染乳区的治愈率高于后部感染乳区的治愈率，同时治愈率也会随着体细胞数的增加和感染时间的延长而逐渐降低。最有效的治疗是进行持续性疗法，然而由于经济利益制约，限制了延长使用抗菌药物。

对于发生坏疽的病例应当用抗生素（如大剂量的头孢噻呋、四环素）输液和氟胺烟酸进行全身治疗。如果乳头变成紫色，那么要用去睾器切除它，或者直接切除，有利于坏疽区域的排出。

在治疗临床金黄色葡萄球菌性无坏疽的乳腺炎时，同时进行全身治疗和局部用药，连续5d会有不错的效果。很多研究指出目前全身治疗使用的是青霉素，而结果表明，在全身和局部联合治疗的过程中，选择适当的抗生素（依据细菌培养和药敏试验的结果）才会有更多的治愈机会。众所周知，金黄色葡萄球菌对青霉素有抗药性，但研究表明，在美国最近几年流行的金黄色葡萄球菌性乳腺炎病例中，抗青霉素的菌株正在逐渐减少。同样，联合应用头孢噻呋和吡利霉素比单独在乳腺内用药或全身用药有更高的治愈率。在治疗临床病例的过程中，单独采用局部治疗通常会失败，但却可以缓解症状，在畜主看来似乎是痊愈。使用乳房内药物时加大剂量会有很高的治愈率，但是却延长了休药期。成功的治疗不仅依赖于抗生素的正确选择，还依赖于乳房炎感染的时间和程度，以及奶牛机体自身的免疫力。

需要对乳区做金黄色葡萄球菌细菌学培养及药敏试验，选做局部应用的抗生素应至少使用4次，每次间隔12 h，或根据医嘱使用。邻氯青霉素和批准使用的头孢霉素是最常用于泌乳期乳腺炎突发时的局部治疗药物。吡利霉素已被批准在乳牛革兰氏阳性菌引发的乳腺炎中使用。挤奶工应细心处置感染乳牛的乳头以减少细菌的扩散。治疗中的感染乳牛应最后挤奶，或至少强制反冲或在消毒液中药浴乳头杯和挤奶机的机械手。消毒碘液浓度应为200 mg/L。架子和机械手在感染牛挤奶前后应药浴消毒。乳头也应在挤奶前后进行药浴。因为感染牛的乳汁不进大乳桶，所以奶中因以上程序而带有的额外碘不足为虑。如果根据并发症或子宫排出物等认为产犊乳牛可能发生乳腺炎的话，同样的方法也可作为产犊牛和小母牛的预防措施。

有报道说，干奶牛治疗金黄色葡萄球菌感染比泌乳期治疗有效得多。治愈率估计不一，有些专家认为，有80%～85%金黄色葡萄球菌感染的乳区是使用苄星邻氯青霉素或其他抗生素在干奶期治愈的。这样高的成功率似乎很难让人相信，因为在讨论泌乳期疗法时已提到潜在的失败原因是很多的。药物较少稀释，在乳房内持续时间长，在干奶牛治疗期间细菌形成生物膜和转化为L-型的机会很少，这些都有利于达到干奶牛疗法的高治愈效果。仍然令人疑虑的是如何确定真正的“治愈”。因为有L-型菌存在，间歇性排菌或细胞内存在少量微生物都有可能使治疗后的细菌培养显示阴性。假如干奶牛疗法能成功地治疗金黄色葡萄球菌感染，所有的乳区都应该用针对牛群优势金黄色葡萄球菌菌株敏感的抗生素处方在干奶期乳头封闭加以治疗。干奶牛疗法也可以减少干奶早期金黄色葡萄球菌和无乳链球菌对干奶牛乳区的腺内感染。这样，干奶牛疗法可以减少存在的乳腺内感染和控制新的腺内感染的发生。当金黄色葡萄球菌在产犊小母牛中广泛蔓延时，干奶牛疗法也可用于产前小母牛。在发生慢性金黄色葡萄球菌乳腺炎的牛群中，已提倡和使用自身菌苗和商业菌苗。商品苗中有可能含有，也可能不含与本场相同的致病菌株。此外，用苗场也可能不止一种菌株。自身菌苗对于减少新的感染颇有帮助，但不能清除现有的感染。干奶期的全身免疫比泌乳期的免疫效果更显著，并且主要诱导免疫球蛋白IgG，帮助中和毒素，还可以增进调理素的作用，局部免疫（乳腺淋巴结的免疫）增加发生迟发型过敏反应的危险，但能生成更多的IgA、IgM，增进细胞介导的防御功能。近期工作表明初产母牛免疫后可大大减少金黄色葡萄球菌的感染。在解决金黄色葡萄球菌感染的牛群的问题时，菌苗可以列入控制方案，但永远不能代替挤奶管理的改进。希望今后会有更好的疫苗来预防金黄色葡萄球菌。

乳区停奶和淘汰病牛是治疗和控制金黄色葡萄球菌性乳腺炎的最后方法。有价值而被保留下来的不能治愈的种乳牛可以永远停奶或切除受影响的乳区。为了保障奶品质量和减少新的乳腺内感染，淘汰慢性感染的乳牛可能是必要的。兽医工作者和畜主在治疗局部流行和普遍流行该病的单个奶牛时，应该知道感染时间和治愈可能性间存在有负相关，以免得到不切实际的治愈率。

将来，很有希望采用无抗生素的金黄色葡萄球菌的治疗方法。随着农业的发展，金黄色葡萄球菌的无抗生素治疗已经一定程度上弥补了传统疗法中的功能上的局限性。细菌素是通过分子生物学技术生产出来的天然的细菌蛋白，它能杀死一些细菌，如今在市场上可以买到用于治疗葡萄球菌性和链球菌性乳腺炎和用做乳头药浴。溶葡萄球菌素最初是从溶血性葡萄球菌分离出来，经重组技术复制后，已试用于临床。乳酸链球菌肽是最早从乳酸乳球菌分离出的另一种细菌肽，已用同样的重组技术复制，并很快可以在市场上买到。免疫调度因子包括各种白细胞介素也实验性地显示有非抗生素型抗金黄色葡萄球菌的作用。将细胞因子和抗生素联合起来进行治疗可以提高某些特定抗生素的功能。其他一些免疫调变剂如 β-1，3葡聚糖既无增效功能，在临床小试验中也无作用。将来，随着转基因技术的发展，我们可以在转基因牛的乳腺中转入可以表达抗菌素的基因。这样一来，可以有效地提高奶牛对乳房炎的抵抗力。

犊牛不能用未经巴氏清毒的奶饲喂。小母牛应饲养在清洁干燥和灭蝇的环境中，减少金黄色葡萄球菌在乳头管内的定植，防止发育过程中乳腺的感染。

支原体性乳腺炎

病因学　牛支原体（*Mycoplasma bovis*）是最常见的引起奶牛支原体性乳腺炎的病原，但是在美国的各个州已从奶中分离出多达11种其他的种。加利福尼亚支原体（*Mycoplasma californicum*）是加州常见的种类，并在纽约州及其他州分离出来。支原体导致牛群的急性乳房炎，并随后演化为慢性乳腺炎。急性发作后可能出现慢性乳腺炎，间断性急性暴发，或需细菌学证实的亚临床感染。病牛的乳腺炎常见于两个或更多的乳区，也可能只发生于一个乳区。

很多证据表明牛群中支原体乳房炎的暴发呈水平传播，无症状牛是主要的传染源。而无症状牛乳房内的病原体很可能是从体内的其他器官转移过来的，这与之前的观点（认为牛支原体性乳房炎同金黄色葡萄球菌、无乳链球菌性触染性乳房炎一样，是纯粹的触染性疾病，主要在挤奶过程中传播）相冲突。

牛支原体可见于黏膜表面、呼吸道及泌尿生殖道的分泌物中。病原可能是通过从感染牛群购入动物传入或通过机械性传播到乳房及挤奶设备后自然出现。许多畜群都有不同的支原体种群分布，如牛支原体、殊异支原体、牛鼻炎支原体、牛生殖器支原体、加拿大支原体、微碱支原体和加利福尼亚支原体等。这些种类的支原体通常在犊牛和小母牛中分布最多。此类牛群可能有呼吸道疾病、内耳炎、关节炎或生殖器官的显性或隐性疾病，并可从成年乳牛以及青年牛的呼吸道及生殖道分泌物培养分离出支原体。因此，虽然购入感染的奶牛可以引入支原体性乳房炎，但也许更严重的是通过无临床症状感染牛的鼻、泌尿生殖道或关节的分泌物将病原体偶然污染传播到乳房。当一只乳牛感染后，这种疾病就像传染性乳腺炎一样传播。刚产犊的乳牛危险性高于泌乳中期的乳牛。湿冷季节由于微生物在环境中存活时间长，更增加了感染的机会。

症状　病牛常表现为一个或多个乳区的急性乳腺炎。波及的乳区发热、肿胀、触诊硬实。泌出的乳外观不一。早期乳汁为水样，并有“沙粒样”絮状物，但在很多病例中并不多见。经过几天，乳汁可变为淡棕黄色浆液样物质、凝块、絮状物或脓。虽然急性支原体乳腺炎伴有发热（39.44～40.83℃），但病牛可能不出现症状。也许与发热有关，有些急性病牛有轻微的拒食现象。急性支原体性乳腺炎可使乳产量急剧下降，但亚临床型可能下降不明显。

急性病例会涉及多个乳区，会在短时期内有些牛出现关节肿痛的现象，兽医就应该怀疑可能是支原体性乳房炎。慢性支原体性乳腺炎主要为亚临床感染，症状不明显。可能出现间歇性急性发作，但不如急性型明显，特别是病原初次侵入牛群时。通常，在做出支原体乳腺炎的诊断时，畜群中至少有10%的奶牛已经感染。

另有畜主抱怨，发生过支原体性乳腺炎的牛会发现关节炎、跛行、繁殖障碍、内耳炎、犊牛肺炎及成牛的呼吸道疾病。这些疾病不一定与支原体有关。存在这些健康问题常常表明管理的不足和牛舍内牛的过分拥挤。而一些对支原体乳腺炎进行了几年检测的牛群证实呼吸道病及关节炎的增加和支原体有关。有时在牛群中没有引入外来乳牛的时候，也会出现牛支原体性乳腺炎偶尔暴发的情况，这证明了一些牛可能长期携带支原体病原而不表现任何症状。引入种乳牛，脱离农场饲养或商业上的买卖被认为是引起奶牛场暴发支原体性乳腺炎的重要因素。

诊断　确诊支原体性乳腺炎需要从乳汁中分离到微生物。支原体在用于鉴别细菌性病原体的普通培养基上不能生长。因此，当发生明显的乳腺炎，细菌培养阴性，且抗生素治疗无效时应怀疑为支原体感染。支原体需在特殊培养基如Hayflick氏培养基并在37.0℃和10%CO_2的条件下进行培养。支原体大量存在于奶中，因此对大桶乳的细菌培养是鉴定乳牛早期感染的一个敏感的方法。支原体经培养后，还要求在有条件的实验室进行间接免疫过氧化物酶的化验和荧光抗体试验进行种的确定。支原体在牛奶冻结后也能生长。

特定种的鉴别可以帮助流行病学调查，阐明与支原体性乳腺炎有关的诱因。另外，一种腐生微生物，莱氏无胆甾原体（*Acholeplasma laidlawii*）常常污染大桶乳，不应认为是乳腺炎的病原。

治疗　已经证实抗生素治疗支原体性乳腺炎无效。大环内酯类及四环素类抗生素能治疗其他器官的支原体感染，但对支原体乳腺炎无疗效。在欧洲氟喹诺酮类是被允许用于治疗乳房炎，并作为首选药物。而在北美使用氟喹诺酮类药物是法律所不允许。

由于缺乏有效的治疗方案，所以所有感染了牛支原体的牛应当淘汰掉。畜主很容易淘汰长期存在临床乳腺炎及无乳的牛，却很难下决心淘汰那些表面上恢复而又产奶的牛。由于支原体常呈地方流行性，因此，立即淘汰10%或更多乳牛是必须的，但这种做法很少能被畜主接受。另外，从收集奶样到培养后明确诊断的迟滞期里还会有新的感染产生。因此，当后来培养诊断出更多的阳性乳牛时，畜主就会失去信心，因为最初诊断出的阳性牛已“全部”被淘汰。如果只有少数乳牛被确定感染，畜主会同意淘汰。在加州和其他州，当大量的乳牛被感染时，畜主们不希望，同时也负担不起淘汰所有感染奶牛时，已采用将感染牛与未感染牛分开饲养的办法。

控制　支原体控制的目标就是鉴定发现感染牛，并将感染牛同未感染的牛群分离开来。一旦证实牛群中有支原体，所有乳牛的乳区奶样都应送去做培养，所有乳牛乳头在挤奶后应用1%的碘液药浴。挤另一头牛时，机械手和乳杯应用30～75 mg/L的碘液冲洗，并用同样溶液进行消毒或反冲。对整个挤奶程序应做仔细的评估考核。

培养结果出来后，要将感染牛同无感染牛群分离开来。然后每个月都要对剩下的奶牛的牛奶进行细菌培养，如果发现新的感染牛应立即隔离并淘汰。如果细菌培养为阴性，那么每月要对牛奶过滤器进行细菌培养，如果再次分离到支原体，乳汁培养和病牛淘汰程序又将启动。理论上讲，所有感染的乳都不能用来饲喂犊牛，但一些大的养殖场采用巴氏消毒法将感染奶进行处理取得了不错的效果。由于不同种类的支原体有不同的耐热性，因此，饲喂给犊牛的奶在巴氏消毒前一定要周期性地严格检查巴氏消毒的设备。用巴氏消毒法处理感染牛奶，然后采用特殊支原体培养的方法进行鉴定培养，已成为了大型奶牛场使用巴氏消毒法消毒弃奶预防奶牛乳房炎的重要组成部分。

急性感染牛可以恢复，并开始产奶，但有些感染牛会发展为慢性乳腺炎或者跛行。有时支原体还可能长期存在于无症状牛体内和已恢复奶牛的牛乳中。各支原体间无交叉免疫反应。另外，对单一病原体的主动免疫力也很短。有报道说，牛支原体性乳腺炎康复的奶牛所有的乳区可抵抗再感染55 d，感染过乳区180 d内可抵抗再感染，但是感染乳牛在恢复后的一年全部乳区对再感染都易感。

目前针对奶牛支原体性乳房炎有一种疫苗也得到了生产许可，并在按规定生产。然而，该产品的效力还未确定。是否很好地控制了感染的发生决定了该疫苗能否被继续使用。由于支原体各菌株和种类都有不同的抗原性，因此在预防乳腺炎、关节炎和呼吸系统疾病中遇到的各种支原体之间都无交叉保护。

环境性病原

Environmental Cause of Mastitis

乳房链球菌和其他链球菌（非无乳症型）

病因学　乳房链球菌在农场中无处不在，这是由于含有该菌的牛的排泄物、唾液和鼻涕污染造成的。这些菌存在于牛的瘤胃、口腔、阴道、外生殖器官、乳头和乳房的皮肤上。挤奶前简单地清洁和准备乳房，就像能诱发其他环境性病原菌性乳房炎一样，能诱发乳房链球菌性乳房炎。乳房链球菌是最常见的能引发奶牛乳房炎的环境性链球菌。大多数感染发生于泌乳早期或干奶晚期，尽管无法实施干奶牛疗法，感染也可发生在干奶早期。乳头损伤和乳头皮肤皲裂都能使乳房链球菌在皮肤定植，增加感染机会。该病冬季多发，多胎年老的奶牛多发，而第一次或第二次泌乳的奶牛少发。

症状及诊断　发病乳区的急性乳腺炎伴有肿胀、水肿及坚实是乳房链球菌乳腺炎的非特异性症状。发热、身体不适及不同程度厌食可能与乳腺炎伴发。乳汁中出现凝块和絮片，并比正常时更为稀薄，但泌乳特点不具特异性，因此眼观无法作出诊断（图8-42）。由于缺乏特异性的临床特征，只有通过细菌培养才可以区别乳房链球菌和其他环境链球菌。亚临床病例比临床型病例较多见，特别在泌乳晚期能引起大桶乳中体细胞数增高，细菌数增多。

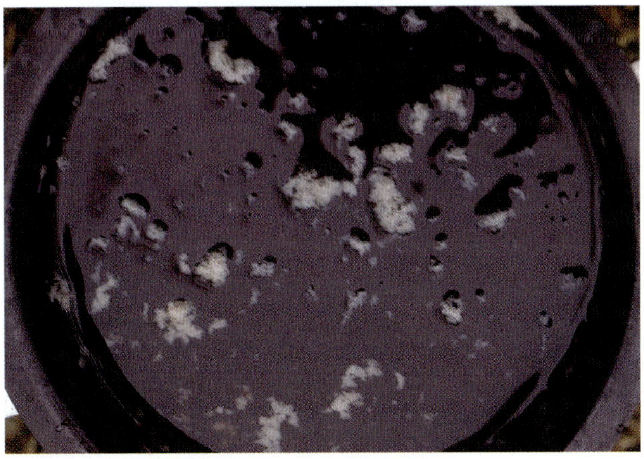

图 8-42

盘中盛放的是乳房炎奶牛的乳汁，可以看到有很多乳凝块。几乎所有的病原微生物都可以引起相似的外观变化。因此很难通过乳的外观来判断感染了何种病原体。

治疗　青霉素、邻氯青霉素、氨比西林和头孢菌素是抗乳房链球菌的有效药物。红霉素和吡利霉素虽然经常使用，但它们体外敏感性很低。据报道，四环素也可以有效治疗乳房链球菌，但对其他环境链球菌无效。泌乳期的临床病例比干奶期更难治愈。例如，延长头孢噻呋的用药时间（由2 d延长至5或8 d）会提高细菌的治愈率。一些环境链球菌（非无乳症型）有很强的抗药性，需做药敏试验，以确定最佳治疗药物。采用抗生素对乳房链球菌性乳腺炎持续治疗时，会出现抗药性的乳房链球菌，而很少会出现新的细菌感染。因此这就要求在乳腺炎暴发的一开始就做包括敏感性试验在内的细菌检测。当乳头或乳头末端受损而遭受这些细菌寄生时，容易发生反复感染。在严重病例下，采取红霉素或青霉素全身用药结合乳房局部治疗，连续3～5 d，会有一定的帮助。如果发现牛群中有乳房链球菌和其他环境链球菌引起的乳房炎时，应对奶牛的居住环境进行评估，如果环境受到严重污染，尽管环境不够清洁也会造成感染，但是定期清洁或换沙子是可以避免的。由于感染多发于干燥季节，因此应该十分注意保持干奶牛的居住环境的清洁。奶牛在干奶期特别容易受到感染，因此对这个时期环境的卫生要特别重视。由于不恰当的程序会损伤乳头增加感染几率，因此要严格检查挤奶程序。治疗环境性乳房炎应当采用常规干奶牛抗生素治疗，而且对于长期存在问题的牛群，在泌乳前进行治疗会减少感染率。常规的乳头药浴也应当被用来治疗，但对于环境性链球菌感染，干奶牛治疗比乳头药浴更重要。

凝固酶阴性葡萄球菌

病因学　凝固酶性阴性葡萄球菌是乳牛皮肤包括乳头及乳头管外口部皮肤的常在菌。刺激和损伤乳头皮肤的因素能促进他们在乳头处增殖。如果挤奶程序不恰当，卫生条件差，乳头皮肤遭受刺激，挤奶后乳头不药浴会造成乳汁严重污染。这些病原菌主要存在于一胎小母牛的乳中，老年牛也会被感染，但感染率很低。目前干奶牛和泌乳期治疗可以用于解决乳房感染的问题。

一些微生物（*Stapgylococcus xylosis,Staphy lococcus warneri,S.simulans*）能引起亚临床性乳腺炎，导致产奶量下降，感染乳区乳汁体细胞数增加。但体细胞数增加对大桶奶体细胞数的影响不如无乳链球菌感染严重。在大桶奶中体细胞数明显升高前，很可能有50%的牛已经感染。大量乳牛感染可导致奶产量的巨大损失。凝固酶阴性葡萄球菌引起的乳房炎很常见，有人报道，这是许多牛群最常见的乳房内感染。这种感染可发生于泌乳早期、晚期和干奶期（如果没进行干奶治疗的话）。已经证实，犊牛在3～9月龄时，可因吃病牛牛奶、蝇类刺激和乳头末端损伤而发生葡萄球菌感染。

症状　除了潜在的奶产量下降，CMT诊断阳性，体细胞数升高，凝固酶阴性葡萄球菌性乳房炎无特异性症状。小母牛产犊时即有乳腺炎应怀疑是有凝固酶阴性葡萄球菌或金黄色葡萄球菌引起的葡萄球菌性感染。

诊断　需对每头奶牛的每个乳区做细菌培养，以确定菌种治疗方案，防止更多的乳腺内感染。单个乳牛的体细胞数（或线性值）、大桶奶体细胞数、细菌培养或细菌计数可为初步诊断提供帮助，但不能作为检测、治疗和控制的依据。

治疗和控制　改善挤奶卫生，修理挤奶机，以及挤奶后乳头碘液药浴干奶牛治疗对控制凝固酶性葡萄球菌乳腺炎非常有效。明显地引起乳头刺激的因素应予以消除。未擦干挤奶和不仔细的挤奶前乳房准备均会使大桶乳中的细胞数增高，也易引起凝固酶阴性葡萄球菌乳腺炎在牛群中蔓延。

泌乳早期，假如不治疗而致奶损失超过药费时，可施行抗生素疗法。当牛群内有高比率乳腺内感染发生时，应实施干奶牛疗法。抗生素治疗应当参考药敏试验结果，优先选用抗β-内酰胺酶阳性菌的药物。有报道说乳头碘液药浴比其他化学药物更好，反冲机械手可减少细菌扩散。犊牛不应当用乳腺炎的奶饲喂，特别是在公用犊牛舍中的犊牛。即将分娩的母牛应饲养在干燥洁净的环境中，产前蝇类控制可减少葡萄球菌感染的发生。如果刚分娩小母牛中发现凝固酶阴性葡萄球菌感染，应立即在症状明显前用头孢菌素或吡利霉素连续用药1～2周。

化脓性放线菌

病因学　化脓性放线菌引起“干奶牛”或“夏季”乳腺炎。感染常引起乳腺严重化脓或脓肿的形成。绝大多数（并非全部）感染发生在干奶期，并会因干奶牛处于不卫生的环境而感染加重。由于化脓性放线菌是乳牛皮肤常见菌，一般从牛的脓肿、创伤和各种组织均可分离出此菌。在夏季病原通过蝇类携带，并随蝇类叮咬乳头端而散播，但在某些病例全年都可发生。乳头损伤也会诱发化脓性放线菌和其他革兰氏阳性菌的感染。大多数发病在乳房干奶2周或2周以后。流行时干奶牛发病率可达25%。

小母犊乳腺的化脓性放线菌感染在英格兰和美国温暖地带已有报道。放牧的犊牛在夏季的几个月，发病年龄为5～22月龄。依日后生产能力而定的破坏程度，没有报道。控制蝇类可以减轻此病的蔓延。

症状　急性感染通常乳区肿胀，并造成一个或多个乳区疼痛、硬实和炎症。同时伴随有发热与厌食。如果仔细观察，感染乳区可见不太严重但逐渐加重的乳腺炎症。因此，所谓“急性病例”，实际上由于诊断前没有见到先兆或早期乳腺炎症。真正的急性感染的乳牛表现为发热，乳区坚实，发炎，泌出的乳汁水样并有块状及米粒状凝块。亚急性和慢性乳腺炎乳牛并没有全身症状，但乳房极度坚

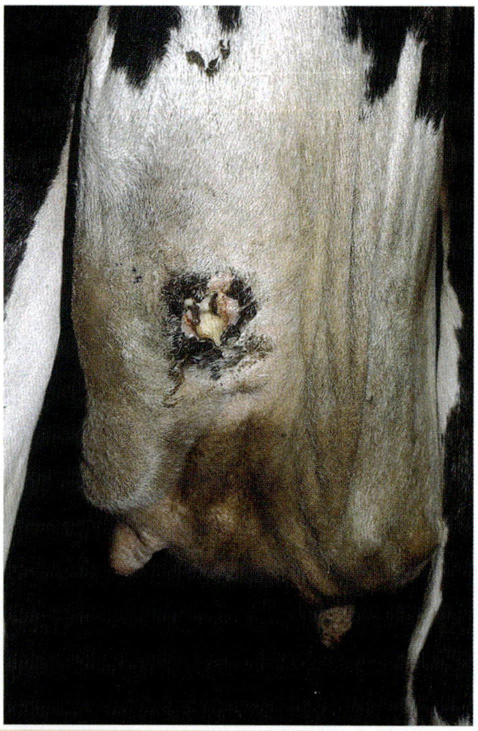

图 8-43

一头感染化脓性放线菌性乳腺炎的干奶牛，可以看到奶牛的左后乳区硬实、肿胀，脓肿破溃。

硬、肿大及大部分乳汁中有牙膏样或浓稠脓汁。发病乳区的乳汁变稠难以挤出。脓肿可出现于慢性病例及乳腺的任何区域，脓肿最终经乳房皮肤破溃（图8-43），具有化脓性放线菌所特有的排出物及气味。大多数慢性病乳腺被感染毁坏。干奶牛急性发病会因发热及毒血症而流产。有时在一些慢性或再感染的病例中，化脓性放线菌会与大肠杆菌类或其他原发性乳腺炎伴发。目前，关于该菌的致病机理有一个假说，首先脉管损伤，组织梗塞，随后细菌通过乳头或从身体其他部位的坏死灶转移至坏死或免疫力低的乳房组织内。

诊断　通过发病乳区乳汁的培养加以确诊。

治疗　尽管预后是安全的，但是在脓肿形成前尽早发现此病有利于该病的治疗。在对乳房使用抗菌剂之前，必须将感染乳区的乳汁挤干净。

全身性治疗时，用青霉素22 000 IU/kg 肌肉注射，每日2次，至少用药1周。另外，批准用于泌乳期的青霉素可以用于灌注乳区每日1或2次。大多数牛需要7～14 d的抗生素治疗。治疗无效的乳牛的感染乳区形成脓肿，并停止泌乳。治疗过程中，发病乳区逐渐恢复柔软是最好的期望。其他乳房改善的

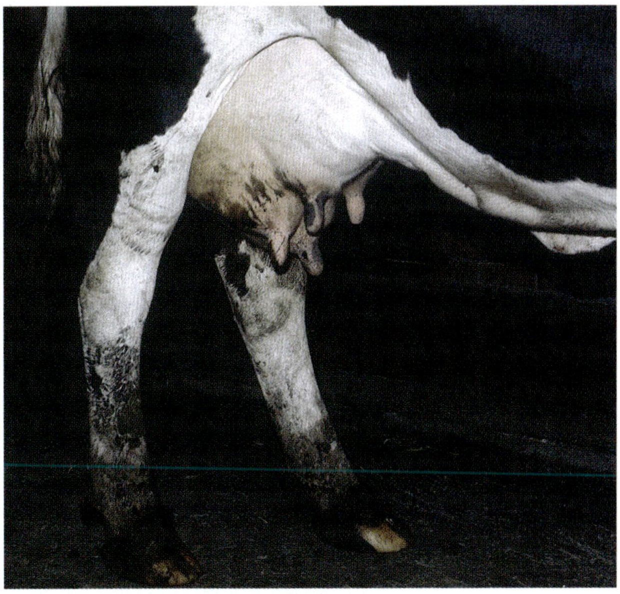

图 8-44

一头感染化脓性放线菌性乳腺炎的干奶牛，可以看到奶牛的后两个乳区都受到了感染。而且从乳房和后腿上已干燥的污泥可以推断该奶牛被饲养在一个比较肮脏的环境。

表现是肿胀乳区的缩小和液态乳汁的分泌。预防化脓性放线菌乳腺炎的措施包括：为干奶牛和小母牛提供干净清洁的环境，仔细观察乳牛乳房是否有明显肿胀或不对称，蝇类控制，干奶牛治疗时的认真无菌操作。虽然干奶牛治疗的确可以减少化脓性放线菌的感染，但粗心的给药常可将这种病菌带入乳头乳池。尽管很多措施用于预防化脓性放线菌，但是干奶牛还是很容易受到该菌的感染（图 8-44）。由于该菌的治愈率很低，因此很多医生经常采用干燥感染乳区或用碘、氯己定或甲醛等配成的溶液进行消毒。在一些病例中，干燥和消毒乳区并没有什么效果，感染乳区还是会形成脓肿等病理变化。

肠杆菌性乳腺炎

病因学　能发酵乳糖的革兰氏阴性杆菌如埃希氏大肠杆菌（*E.coli*）、克雷伯氏杆菌（*Klebsiella* sp.）肠杆菌（*Enterobacter* sp.）都是肠杆菌性乳腺炎的致病微生物。由于乳牛的死亡率与感染密切相关，加之农场主们因此病求助于兽医比其他乳腺炎多，兽医们对肠杆菌性乳腺炎都十分熟悉。关于适当的疗法、药物残留和停药时间等问题也是肠杆菌性乳腺炎的讨论热点。除非需要特别指出，埃希氏大肠杆菌、克雷伯氏杆菌及肠杆菌被当作肠杆菌一起讨论。

肠杆菌性乳腺炎是环境因素导致的乳腺炎的典型例子。管理的问题使肠杆菌群扩大，增加了发病机会。牛舍内很深的淤泥使乳房感染肠杆菌类病原体的可能性增加。夏季的湿热使肠杆菌类大量、持久的存在于环境中，因此，夏季常有肠杆菌性乳腺炎在牛群中蔓延。然而，由于开放式牛舍的广泛应用，以及潮湿的牛舍环境均有利于肠杆菌性乳腺炎的发生，因而该病季节不明显。胎膜接触乳头末端也增加肠杆菌的感染。

锯屑垫料，特别是湿锯屑藏有大量肠杆菌。克雷伯氏杆菌性乳腺炎的流行与使用湿锯屑有关。当这种锯屑作为垫料放入几天后，看起来很干净，每克锯屑含肠杆菌已达10^7，有资料显示即使垫料中含肠杆菌10^6个/g时就会发病。烘干锯屑会好一些，但却难以做到。稻草垫料似乎比锯屑垫料有效，而且用一些无机材料如沙子和粉碎的石灰石做垫料也会减少感染大肠杆菌的几率。从健康和舒适度考虑，沙子可被看成是在开放式牛舍内比较合适的垫料。

当然如果日常护理做得不好，任何垫料的使用都是有副作用的，因为任何垫料都会蓄积细菌。沙子垫料和锯末垫料相比更不易被奶牛踢出圈舍。然而，如果不能每日清除牛床的粪便，肠杆菌数会增加很快。大型开放式牛舍循环使用沙子垫料，已成了一个吸引人的经济的选择。正确地处理循环使用的沙子可减少致病风险较高的革兰氏阴性菌在牛床的存留，即便有环境链球菌的存在。垫料中加入熟石灰有助于抗菌，但很费劳力，而且如果浓度过大会对皮肤有刺激。

产后初期乳牛易患肠杆菌性乳腺炎，低体细胞数牛群的乳牛在泌乳期的最初30d内临床乳腺炎最多。乳房水肿、奶未挤尽、间隔漏奶是促成产犊乳牛肠杆菌性乳腺炎的重要因素。漏奶可使乳腺炎的环境菌进入乳池及乳腺。并发代谢性疾病，如产后缺钙使牛躺卧，也造成牛的乳房更多地暴露于环境肠杆菌中。产后并发症，如脂肪肝病、胎衣不下可降低中性粒细胞功能，由此改变了乳腺的防御机能。在产后初期牛中性粒细胞对感染的应答较泌乳中期牛慢。

干奶牛暴露于大量环境肠杆菌时也会感染，但不明显，直到临产期才表现出来。奶牛在干奶期比泌乳期更容易受到肠杆菌的感染而造成乳房内感染。干奶牛在刚干奶和临产前最易感染，在此期间奶牛乳房内的乳铁蛋白浓度水平最低。当一个牛群的触染性乳腺炎被很好地控制后，肠杆菌性乳腺炎常常会发生。造成这种现象的原因目前还不清楚。然而，一些牛群由于管理不当，造成乳房内感染率增加，由此可能导致大量奶牛体细胞数升高。乳腺内高浓度的中性粒细胞和高体细胞数说明它们正迅速吞噬进入乳区的肠杆菌，阻止乳腺炎的发生。挤奶程序不当和乳头损伤是造成肠杆菌乳房炎的重要因素。在一些触染性乳房炎少发的牛群中，肠杆菌却是造成乳房炎的最常见病原菌，而且在亚临床病例的奶中最容易分离到肠杆菌。因此，由于急性和最急性肠杆菌性乳房炎难以治愈，生产者和兽医学者应当格外注意。

挤奶前乳房卫生清理不当是一个明显的问题。同样，挤奶前不擦干乳头、乳房或用污染的水冲洗消毒乳房都会引起肠杆菌性乳房炎的发生。机械挤奶或挤奶程序中的问题，如真空设备的波动、发出声响或脱落，可使部分乳滴逆流进入乳头末端和乳头管中。而这些乳滴可能已为环境病原所污染。大桶乳的高肠杆菌数说明挤奶前准备过于简单，环境太脏或者两者兼有，但与肠杆菌乳腺炎的发生没有相关性。

由于表面摩擦、皮肤擦伤、挤奶时负压过大、过度挤奶、外伤、感染及刺激造成的乳头末端损伤都可造成环境微生物的定植。这些伤害又造成疼痛，挤奶不尽，而且往往在挤奶间隔漏奶，由此诱发肠杆菌性乳腺炎。

肠杆菌类微生物由乳头管进入乳区，并且战胜局部的抵抗机制，就会在细菌入侵后的16 h内迅速增殖。细菌被吞噬，在巨噬细胞内被杀死。然而在细菌的溶解过程中，会释放出一种内毒素，能引起一系列的炎性反应，从而导致局部和全身的肠杆菌性乳腺炎的症状。内毒素诱导的介质级联反应很复杂，包括环氧合酶和脂肪氧化酶两个途径。炎性介质如组织胺、血清素和类花生酸类物质在此过程中被激活或释放。前列腺素，如$PGF_{2\alpha}$、PGE_2和血栓烷B_2在肠杆菌性乳腺炎牛中已被证实。研究发现，有足量维生素E和硒的牛群其肠杆菌性急性乳腺炎的发生减少，从而证明了在急性肠杆菌乳腺炎过程中可能有氧自由基的生成。内毒素会导致瘤胃阻塞、肠梗阻和肠对钙的吸收障碍。此外，食欲不振也会减少泌乳期钙的吸收（此时乳中已有大量钙的流失）。

低血钾是奶牛在肠杆菌性乳房严重表现虚弱的一个主要原因。当钾消耗和从肠道吸收量减少，以及出现肠梗阻代谢性碱中毒时，就会导致电解质紊乱。当病原菌数量达到最多和炎性介质级联反应成熟时，肠杆菌性乳房炎的临床症状就会显现出来。

由于内毒素的释放而产生的大量中性粒细胞具有很好杀菌力，这也许可以解释为什么某些临床症状明显的急性感染乳区细菌培养阴性。未及时取奶或先行治疗更易造成培养阴性。冷冻奶样会使原本应被吞噬细胞杀死的细菌释放出来，从而会增加细菌培养的敏感性。奶牛可以在10 d内自发地清除乳房内的大肠杆菌感染。然而仍有一些转化为慢性感染。在肠杆菌性乳房炎中，疾病是否会加重甚至导致死亡主要取决于宿主，而非病原本身。导致预后不良的革兰氏阴性菌株并不属于大肠杆菌属的毒力强的菌株，如肠毒性大肠杆菌或肠致病性大肠杆菌。 毫无疑问，接种物和牧场的环境污染程度应当

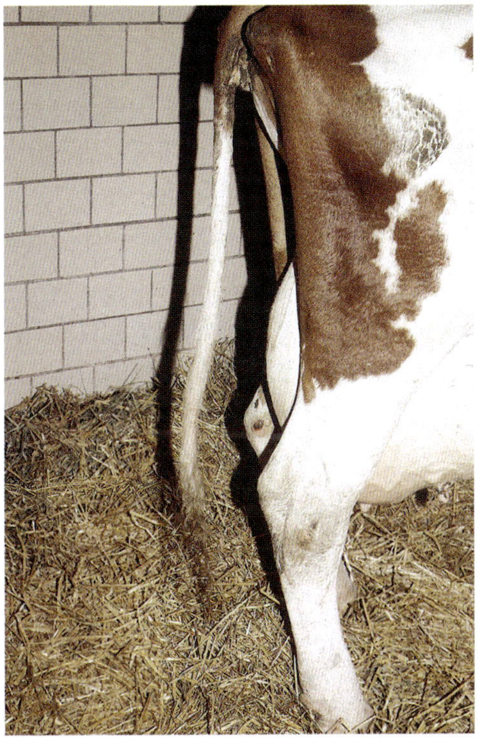

图 8-45

一头患慢性肠杆菌性乳腺炎的红白相间的荷斯坦奶牛，奶牛的右后乳区有坚硬如石的肿块。死后剖检发现乳腺组织有梗死灶。

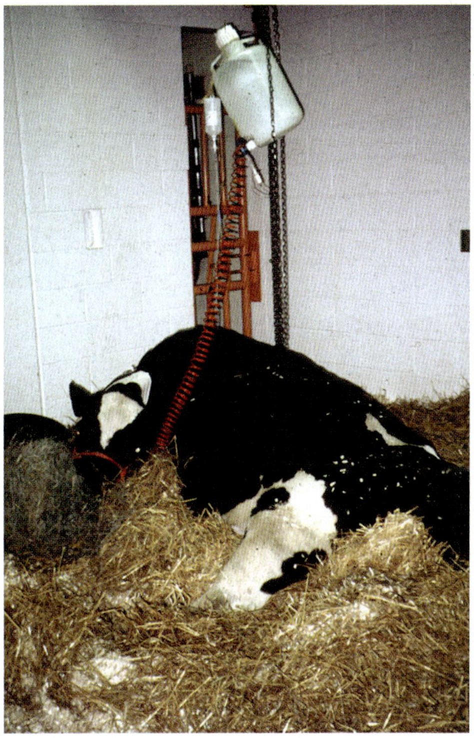

图 8-46

感染克雷伯氏杆菌乳腺炎的奶牛出现严重的毒血症。病牛卧地、严重脱水和出现酸血症。

很好地进行控制，但是，过渡期牛的代谢和免疫水平也是影响奶牛肠杆菌乳腺炎流行的一个重要因素。

曾一度认为慢性感染很稀少，但现在已证实至少有10%的感染乳区可转为慢性。慢性感染可导致无乳或像其他原因的急性乳腺炎一样，呈间断性发作的亚临床感染。不幸的是对于长期遭受感染的牛来说，自愈是很困难的。研究表明，许多死于慢性肠杆菌乳房炎的牛可能是由于脂多糖（内毒素）及其影响，也可能是由于深度的乳腺感染。研究也忽视了慢性活动性感染或感染乳腺的梗死（图8-45）。这类乳牛不会自然康复，也不会有无菌的乳区。40%感染急性肠杆菌乳房炎的乳牛会出现菌血症，有时还会出现与疾病有关的眼色素层炎、关节炎、脑（脊）膜炎、腱鞘炎等。

临床症状　奶牛肠杆菌性乳腺炎的典型症状是急性或最急性乳区炎症并伴随有全身症状。发病乳区温热、肿大。坚实的程度不一，一些牛只表现为捏粉样或乳区水肿；另一些牛却很坚实。有些牛最急性炎症可能只引起乳区极轻的肿胀，新近产犊牛明显的围产期乳房水肿可能掩盖这种炎症。不论肿胀的程度如何，急性肠杆菌性乳腺炎乳区的乳汁较正常乳区稀薄。典型病例的乳汁被有经验的临床医生描述为“浆液样”或“水样”，取黑色衬底的奶盘先挤取少量未发病乳区的正常奶，而后再将发病乳区取的奶挤在正常奶上便可清楚区分出水样乳。在一些肠杆菌乳腺炎的发病乳区还可以检查到乳房皮下和内部有气肿。

除感染乳区的局部症状外，乳牛还有全身疾病（图8-46）。畜主最早发现的是食欲不振，精神抑郁。急性病例，乳牛发热在40~41.67℃。卧地的低钙血围产期牛体温可能较低而不是发热。内毒素、低血钙和介质级联反应会引起一系列的额外症状，如食欲不振、发烧、瘤胃阻塞、心跳过速、呼吸急促、腹泻、虚弱和脱水。有些病牛出现战栗、被毛逆立，这些都是与发热及内毒素血症有关的早期非特异性症状。肠杆菌性乳腺炎还可引起一系列的眼部疾病，如巩膜充血、瞳孔缩小、眼前房积脓和眼前房出血等。病牛会因电解质紊乱、低血钙和内毒素血症等一系列问题变得极度虚弱，喜卧地。卧地容易使预后恶化，并且会妨碍乳房炎的检测。因此对于所有喜卧地的奶牛，尤其是那些处于临产期和泌乳早期的牛，一定要进行严格的检查，以防止肠杆菌性乳腺炎的发生。

全身性并发症包括继发于躺卧症的肌肉与骨骼损伤，蹄叶炎，代谢失调如低血钙症、低血钾症，伴有乳酸中毒的休克，多种器官衰竭如急性肾衰、肝衰竭。弥散性血管内凝血和血小板减少症偶尔可以见到。与肠杆菌性乳腺炎有关的白细胞减少和中性粒细胞减少使乳牛易于感染其他疾病，如子宫炎、肺炎或其他乳区感染。曾有用大剂量的地塞米松进行治疗的病牛发生了致死性细菌或真菌性败血症。过度使用非甾体抗炎药以及瘤胃菌群失调时会造成皱胃溃疡的出现。

极少数情况下，最急性肠杆菌性乳腺炎乳牛在摄食大量易发酵的食物如高湿的玉米后发生乳酸性消化不良。在那些病例中，由内毒素血症引起的瘤胃停滞造成了谷物的局部发酵。

各种肠杆菌乳腺炎牛内毒素症状的严重程度是有很大差异的。在所有肠杆菌中，克雷伯氏菌可以导致最明显、持久的内毒素血症。许多被克雷氏伯菌感染而患急性肠杆菌性乳腺炎的奶牛，不论如何进行治疗，都会出现食欲废绝，精神沉郁，虚弱长达7 d的症状。

诊断　对于最急性和急性肠杆菌性乳腺炎，局部和全身性症状的综合判断具有较高的诊断价值。肠杆菌性乳腺炎最有诊断价值的症状包括浆液样分泌物，乳区肿胀坚硬，呼吸急促，心跳过快，发烧，虚弱及战栗。虽然这些症状并不能绝对确诊，但当病牛是来自潮湿、肮脏的环境或者刚分娩过的、总体细胞数低的牛群时，这些症状甚至更有诊断价值。

不能过分强调用黑衬底奶盘仔细检查奶汁的结果。奶盘子应当在反射光下进行观察，这样才能够看到在肠杆菌乳腺炎早期就可能发生的微细变化。

在欧洲人们通过检测牛奶pH值的升高来判断是否发生肠杆菌性乳腺炎，但这种检测方法在美国很少用。全血细胞计数可以帮助诊断此病，因为急性感染和内毒素血症时常导致白细胞减少，中性粒细胞减少以及杆状核中性粒细胞出现的退行性核左移现象。

最后确诊需做牛乳的细菌培养。在接种牛乳到培养基前，冻融乳汁有助于增加培养的分析敏感性，但同时也会杀死一些敏感菌。鲜乳培养呈阴性，可能是由于致病微生物被乳腺内吞噬细胞吞噬而造成的。冻融乳汁时可以破坏这些吞噬细胞，从而释放出可供培养的微生物。

治疗　目前，因为一些人在对抗生素休药期方面一无所知的情况下就超标使用药物，再加上对照的治疗学试验相对缺乏，所以对于肠杆菌性乳腺炎的治疗存在很大的争议。有关该病的许多实验研究强调，感染的自愈是因为炎性中性粒细胞进入乳腺的结果，而大多数临床症状则是由内毒素和其他炎症介质作用于乳牛的结果。尽管这些研究认为可以不必用抗生素进行治疗，但这与肠杆菌性乳腺炎的高死亡率相抵触。在临床上不可能区分持续感染与持续内毒素血症引起的这两类症状，再者持续存在内毒素血症症状也意味着持续存在着感染。即使了解了这些研究，当临床医生面对一个因贵重的乳牛发生严重肠杆菌性乳腺炎而陷入极度苦恼的畜主时，也不得不采用抗生素治疗。尽管很多研究证明抗生素治疗对肠杆菌性乳腺炎无效，但少数研究表明用头孢噻呋等抗生素治疗一些严重肠杆菌性乳腺炎的病例具有很好的效果。反复证明自然发生肠杆菌性乳腺炎的乳牛会出现一定比率的菌血症，这些发现从而有力地证明了全身性抗生素给药的必要性。尽管抗生素治疗方法仍存在争论，但临床兽医应该了解这种方法的得与失，并应该了解每种抗生素药理学和可能的疗效与危险（参看药理学讨论）。目前用于泌乳牛的抗生素列在表8-1中。尽管存在这些已知问题，但至少应该考虑使用抗生素作为肠杆菌性乳腺炎的辅助治疗，以确保完全消除感染和避免慢性感染，而且在一些严重的病例中应当使用抗生素。

有关引起乳腺炎的革兰氏阴性菌的抗生素敏感性的研究报告和综述积累的数据结合最近的培养和抗生素敏感性研究结果可以指出以下几点：

1. 在体外，庆大霉素、丁胺卡那霉素、第3代头孢菌素、替卡西林-克拉维酸能抗多数肠杆菌。

2. 多粘菌素B和头孢菌素在体外能抗60%～80%的肠杆菌。

3. 四环素、 氨苄青霉素、新霉素、卡那霉素在体外能抗40%～80%。

当乳腺发炎或血清漏至乳腺其中时，会使乳的

pH值升高到接近生理水平，从而会妨碍碱性物质在乳腺的弥散和发挥作用。炎症、细胞碎片和药物在乳区内扩散能力下降会降低抗生素的疗效，特别是乳房内注射抗生素时。因此，无论抗生素的敏感性如何，用药前都要对每种药物的药理学作用作出评估。总之，鉴于全身给药时弱酸的良好效果，因此认为弱酸性药物是临床乳腺炎治疗乳房内给药的最好选择。全身给药时，大环内酯抗生素和强力磺胺类药对健康牛群能建立高的奶血浆比，因为这些药物呈弱碱性。四环素在全身给药时维持合适的奶血浆比。青霉素和氨苄青霉素是弱酸性，肠道外给药时在健康母牛的牛奶中保持较少的比例。头孢噻呋和氨基糖甙类在全身给药时在患乳腺炎的病畜乳中分布最少。

大肠杆菌性乳腺炎的实验性研究易与自然感染性大肠杆菌性乳腺炎治疗相互混淆。一篇田间研究表明，在治疗肠杆菌性乳房炎时庆大霉素的全身给药没有明显的疗效。在报道治疗乳房炎的成功病例中牛全身用庆大霉素（细菌对此药敏感）的效果并不比全身用红霉素或根本不用药的对照组好。尽管致病微生物对红霉素可能会产生抗药性。在这项研究中不管全身选用哪种抗生素，全部乳区都使用头孢菌素治疗。这与另外有关头孢噻呋对严重的肠杆菌性乳腺炎有很好的治疗效果的研究不同。每一位兽医都有根据自己经验来治疗肠杆菌性乳腺炎的方法，这并不为奇。在被批准的药物中合理选择药物以及尽力防止药物残留（特别是在超标使用某种药物时）已经变得越来越重要。

在治疗肠杆菌性乳房炎时，许多兽医利用土霉素全身给药。尽管微生物对土霉素的敏感性可能只有中等程度，但这种药物在乳房分布是很好的而且有一定的抗炎作用。对脱水奶牛服用土霉素会有肾毒的影响。由于不同地域的细菌群不同，每个牧场肠杆菌的耐药特性各不相同和许多其他原因，所以推荐一种统一的治疗方法是行不通的。当面临急性杆菌性乳房炎时，应该对每个牧场分离到的细菌进行培养和药敏试验，以便更好地决定适当的抗生素治疗方法。

新的抗生素比如氟苯尼考和氟喹诺酮类的诺氟沙星都是试验中的药物，无论在全身或乳房内给药治疗牛乳房炎时已表现出很好的分布状况。氟苯尼考是氯霉素的衍生物，与再生障碍性贫血无关。尽管，氟喹诺酮能很好地抑制大肠杆菌，但美国食品与药物管理局已经禁止对产奶动物使用此类药物。某一研究证明，对肠杆菌性乳腺炎的奶牛进行乳房内氟苯尼考治疗并不比邻氯青霉素治疗效果好。但是该研究并没有指出氟苯尼考全身给药对内毒血症奶牛存活率的影响。达到泌乳年龄的奶牛氟苯尼考也是禁止使用的。很明显，剂量、媒介物、炎症损伤或乳小管阻塞的程度，以及乳汁的性质都可以改变药物的分布情况（图8-47）。经过测试之后，新配方会不断在市场出现，并且有希望对已批准药物的药物动力学和药效做出进一步的评价。尽管大部分的牧场都潜伏着大量的肠杆菌，但是每个牧场应对先前肠杆菌性乳房炎病例的细菌培养和药敏实验结果进行存档，以便为以后的病例选择治疗方案提供有用的背景资料。

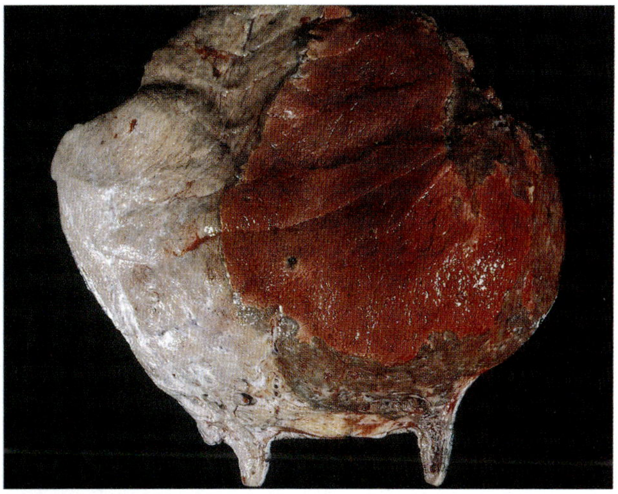

图 8-47

致死性慢性肠杆菌性乳腺炎的尸检所见，是感染乳腺内的大面积梗死。安乐死前静脉内注入美蓝。可见在此类病例中无论静脉还是局部用药都不能控制被分隔的感染。

在决定使用抗生素治疗前，要对每头患有肠杆菌性乳腺炎的奶牛单独的进行目前和未来价值的评估，评估要包括生产价值和生殖价值。应排除感情问题，及时淘汰一些发病奶牛以避免使治疗过于昂贵而失去了原本的治疗价值。应避免由于过度使用抗生素而导致其在肉和奶中残留的延长，除非此牛在牧场无论死活都极有价值而不必屠宰肉用。如果奶牛处于生命危险期，认为需要超标使用药物剂量才能保全奶牛的生命时，畜主和兽医要负责保证有足够的休药时间。由于惧怕药物残留，一般不用抗

表8-1 用于泌乳期和非泌乳期奶牛的药物

有效成分	奶汁存留时间*/h	肉中存留时间*/d
泌乳奶牛		
可用于注射的药物		
羟氨苄青霉素	96	25
氨苄青霉素	48	6
头孢噻呋钠		
EXCEDE	无	13
EXCENEL	无	3
NAXCEL	无	4
乙琥红霉素	72	2～14
普鲁卡因青霉素G	48	4～10
磺胺地托辛	60	5
可用于乳房内的药物		
羟氨苄青霉素	60	12
头孢噻呋盐酸盐	72	2
头孢匹林（钠盐）	96	4
邻氯青霉素（钠盐）	48	10
红霉素	36	14
海地西林（钾盐）	72	10
新生霉素	72	15
青霉素（普鲁卡因）	60～84	4～15
吡利霉素	36	9
水杨酸	48	无
非泌乳奶牛		
可用于乳房内的药物		
头孢噻呋	如果产前30 d或更多天治疗时无	16
头孢匹林（苄星青霉素G）	产后72	42
邻氯青霉素（苄星青霉素G）	无	28～30
硫酸双氢链霉素和青霉素（普鲁卡因）	产后96	60
红霉素	产后36	10
新生霉素	产后72	30
青霉素G（普鲁卡因）	产后24～96	14～60

*依据不同剂型。任何与说明书的偏差来自于药物超标使用。牛奶应进行抗生素残留物的常规检测。

生素治疗或者折中地降低强度，减少剂量或缩短疗程的办法进行治疗。所有这些因素不但限制了治疗的有效性而且增加了慢性感染或产生抗药微生物的可能性。尽管肠杆菌性乳腺炎的很多病例都会对奶牛的生命造成威胁，但相比其他革兰氏阳性菌感染，它对乳腺组织的破坏程度较轻，而且如果奶牛存活下来的话，感染症状会很快消除（使用或不使用抗生素），产奶量也会在下个泌乳期几乎恢复至最大值。

采取一些支持性的措施对于成功治疗肠杆菌性乳房炎的病例十分重要。无论支持或反对抗生素治疗，支持疗法都必不可少。经常挤奶可以去除微生物、内毒素和炎性介质，同时还有中性粒细胞和吞噬细胞，他们的产物会进一步促进炎症反应。之前很多人主张每1～2 h挤1次奶，但是现在该观点已经因效果不好被驳倒了，现在的观点认为对于急性病例不超过4～6 h挤1次奶即可。过于频繁地挤奶可能使乳头括约肌开放，从而导致其他微生物的进入。挤乳法也适用于慢性病例。可以全身使用催产素（20 IU）促进排乳，并有利于乳区中蓄积的内毒素的排出。此外对于感染过的病牛还可以与1头或多头犊牛关在一起，在单圈内方便犊牛多次地吸吮奶牛的乳区。

应使用非类固醇类抗炎药以尽力阻断前列腺素介导的脂多糖内毒素血症的炎症。在这些常用药物中氟胺烟酸葡胺是最有效的一种，可以首先每12 h静脉注射0.5 mg/kg 2或3次，然后减少为每8～12 h 0.25 mg/kg。阿司匹林虽然在奶牛泌乳期不被允许使用，但可以作为替代药品每12 h 64.8 mg/kg。必须认识到非类固醇类药物预防性方面的作用效果很好。然而很明显，这些药物的应用永远不是预防性的，因为临床症状只出现在内毒素血症发生以后。尽管如此，在疾病的早期的常用药物中，非胆固醇类药物是最有效的。因为非胆固醇类药物可能对胃肠道和肾有潜在的毒害作用，如果过量、长期甚至对脱水严重的奶牛使用这些药物（特别是氟胺烟酸葡胺）时，皱胃溃疡是最常见的胃肠道并发症。使用非类固醇类抗炎药治疗的牛可能发生肾乳头坏死和肾梗死，并且病畜的脱水会增加肾病变的危险。因此，当使用非类固醇类抗炎药时，应给予静脉注射或口服液体以纠正已有的脱水症状。

皮质类固醇类药物的应用是很有争议的。有些临床医生使用乳腺内皮质类固醇比如地塞米松10～20 mg做一次性治疗，另一些临床医生用10～40 mg地塞米松用作全身给药。尽管皮质类固醇能缓和炎症的连锁反应，但它们有造成慢性感染和降低防御功能的可能性。皮质类固醇不能做维持治疗的药物，有些大夫建议用“休克”剂量如100～200 mg地塞米松，但是对牛来说是很危险的。对未怀孕的患肠杆菌性乳腺炎的母牛来说，低剂量、一次性治疗是可以接受的，但用大剂量或连续治疗则是被禁止的。

无论何时观察到脱水或当食欲或水的消耗由于疾病而严重降低时都需要输液。平衡的电解质溶液比如乳酸林格氏液通常是最佳选择，但是显示出休克症状的严重患病母牛还需要补充碳酸氢盐。尽管代谢碱中毒是造成隔离饲养奶牛酸碱紊乱的最常见疾病，极急性和急性肠杆菌性乳房炎是成年牛中少数与代谢性酸中毒有关的疾病。如果病畜表现十分衰弱，就应检测并用酸碱和电解质值来指导进一步的输液和补充电解质。一些临床医生目前使用高渗盐水（静脉注射1～3 L）作为治疗脱水和内毒素的病牛的方法。但是在输入如此高渗的溶液之后，应当千万记住接下来要静脉注射或由口补充大量的液体。

应对所有患肠杆菌性乳腺炎的经产母牛补钙，因为可能存在临床或亚临床低血钙症。在患肠杆菌性乳房炎的牛中，对于能够站立的奶牛，通过皮下注射或稀释成1～3 L溶液静脉注射会比较安全。对于只能躺卧的母牛需要谨慎、缓慢的静脉注射补钙。

抗组胺药物治疗方法也存在争议。许多研究者指出没有应用抗组胺药物的真正依据，但某些实验研究证实在肠杆菌性乳腺炎奶牛牛奶中组胺的量增加。这些研究证明抗组胺药在治疗牛肠杆菌性乳腺炎中有一定的价值。氧自由基在一定程度上可以和抗氧化剂药物，如二甲基亚砜（DMSO）产生拮抗作用，由于没有被食品和药物管理局批准用于牛，而且其效力也未经证明，因此此类药物不推荐使用。实际上，DMSO的使用是不合法的，而且不应

表8-2　超标药物

药　物	剂　量
超标乳房内用药*	
庆大霉素	300～500 mg溶于250 mL灭菌生理盐水
丁胺卡那霉素	400～600 mg溶于250 mL灭菌生理盐水
多粘霉素B	50万U溶于60 mL灭菌生理盐水
替卡西林	1 000 mg在100 mL灭菌水或其他可用稀释剂中稀释
替卡西林-棒酸	1 000 mg在100 mL灭菌水或其他可用稀释剂中稀释
超标全身用药	
氨苄青霉素	12～22 mg/kg,每日2次
土霉素	7.5～12 mg/kg,每日2次
庆大霉素	6.6 mg/kg ,每日1次
丁胺卡那霉素	20 mg/kg,每日1次
头孢噻呋	3～4 mg/kg,每日2次

*认可的药物在乳房内超剂量使用时，结果会和标签的说明有所偏差。

表框 8-2 牛的肠杆菌性乳房炎的治疗（抗生素的使用必须是其他治疗方法的辅助措施）

有轻度全身症状的肠杆菌性乳房炎治疗

A．经常挤去乳区的奶汁±挤奶前使用催产素
B．皮下注射补钙
C．在每天最后一次挤奶后给予乳房内治疗，4 h内或到早晨第一次挤奶前停止（头孢噻呋、氨基糖苷类、多粘菌素B）
D．如果在24 h内见效，继续A和C 或每日2次给一些乳房内用药，共进行6～8次治疗。（根据每次频繁挤奶所得到的奶汁多少而决定是频繁挤奶还是每天治疗乳区2次。如果每次挤奶都能得到乳汁，那么继续每日4次挤奶并在夜间进行乳房内治疗是有益的。由于无乳而得到很少或得不到奶汁时，则可在正常挤奶时间挤奶后每日2次进行治疗）

有中度全身症状的肠杆菌性乳房炎

A．经常挤去乳区的奶汁±挤奶前使用催产素
B．氟尼辛0.3 mg/kg，每日3次
C．皮下注射补钙
D．评估和纠正水的缺失
E．与上面相同给予乳房内治疗
F．全身使用抗生素：全身用药应与乳房内用药一样，或对全身用药有辅助作用
G．如果24 h内有效，继续进行乳房内挤奶并全身使用抗生素3 d以上

有严重全身症状和内毒血症的肠杆菌性乳房炎

A．注射催产素后对乳区进行频繁挤奶
B．氟尼辛1.0 mg/kg,每日1次
C．如果母牛可以站立，则皮下注射补钙；如果母牛躺卧，则静脉缓慢注射补钙
D．以20～40 L等渗盐水，或2～3 L高渗生理盐水静脉输液来调整血液中酸碱和电解质平衡加以治疗
E．如前所述给予乳房内抗生素
F．如前所述给予全身抗生素
G．考虑使用辅助药物如抗组胺药，乳房内注射皮质激素或肌肉注射地塞米松30 mg，每日1次；怀孕后期不能使用
H．继续补足所需液体，并考虑通过胃管每日喂食2次

有轻微全身症状的慢性或间歇性肠杆菌性乳房炎

A．在完成细菌培养或抗生素药敏试验后，挤奶后至少进行8次连续乳区治疗，或在干奶期针对干奶母牛选择适当的药物配方进行治疗

当用于奶牛。其他的护理方法包括在乳房罩的帮助下用冰或雪包裹乳区。值得注意的是在泌乳晚期进行重组牛生长激素给药对患有乳房炎奶牛有很好的效果。与缓和的疾病相比，患急性肠杆菌性乳腺炎奶牛的产量增加的不很显著，但是乳汁成分恢复得跟缓和的病例一样快。

对于持久厌食的乳牛应静脉或口服补液，灌服转瘤胃微生物，饲喂水浸苜蓿粒料、过瘤胃脂肪和促生物剂以重建瘤胃机能。

对于患肠杆菌性乳腺炎的奶牛推荐单一的治疗方案是不可能的，经济因素、每头牛患病的严重程度、现有的可用药物以及兽医过去的经验将很大程度地决定每头病畜的治疗方法。在表8-1、表8-2和表框 8-2中提供了指导方案。在每个病例都要完成细菌培养和抗生素药敏试验。

预防　除了已讨论过的减少新的肠杆菌感染危险的那些完善的管理，卫生、干净的环境外，目前尚无特殊的预防方法。然而，将来使用大肠杆菌J-5疫苗预防以减少发病是令人振奋的。现在大肠杆菌J-5株，这种类似于其他肠杆菌类微生物，并具有核心抗原的R变异株，已经在实验中证明对治疗奶牛严重的杆菌性乳房炎有很好的效果。简言之，大肠杆菌J-5已用于奶牛的免疫，结果在同一群中免疫组比对照组的肠杆菌性乳房炎的发生率减少。大肠杆菌J-5在管理完善牛群中已显现出经济效益。J-5疫苗已经得到批准用于妊娠7和8个月的奶牛，并于产后2周进行第3次应用。菌苗决不能成为管理不善或环境脏乱的借口，因为没有一种疫苗可以抵抗大规模的环境污染或不卫生的挤奶程序。

其他革兰氏阴性菌

病因学　假单胞杆菌和沙雷氏菌属偶尔会导致奶牛的乳房炎。传染可以是流行的，散发的或在牛群内地方性流行。假单胞杆菌性乳房炎的流行与冲

洗软管和挤奶房的供水设施的污染有关。水槽、软管特别是连接装置都是假单胞杆菌隐藏的可疑之处。抗生素或亚致死浓度的消毒剂可以使假单胞杆菌繁殖或产生具有糖质外衣或黏液的耐药菌株。被污染的乳房浸洗瓶、插管或注射器是假单胞杆菌的其他常见来源。肮脏的环境以及缺乏乳房消毒也可能导致假单胞杆菌性乳房炎。

尽管存在因管理和挤奶方法不善而造成假单胞杆菌乳房炎零星发病的可能性，但此病在牛群中的流行通常有一个来源——乳头浸洗时传染。

沙雷氏菌是一种环境条件致病菌，可以在洗必泰二葡萄糖酸盐和季铵盐产品中存活，但在已介绍过浓度的碘溶液和氯己啶中不能存活。被污染的灌注器械和乳房内灌注是沙雷氏菌感染的途径之一。

症状　假单胞杆菌引起急性、坏死性和内毒性的乳房炎。发病的乳区非常坚硬、肿胀和发热。分泌的乳汁呈血清样或带血，常含有凝块。首次感染后，乳区会变得坚硬和无乳，或会有些改善但是仍有临床症状，分泌的乳汁含有凝块或脓。间歇性暴发的慢性乳房炎和亚临床性感染都有可能。当牛群发病时体细胞数升高。

液化沙雷氏菌或黏质沙雷杆菌能引起慢性亚临床或没有特异症状的临床乳房炎。分泌物逐渐严重时往往带有凝块。高体细胞计数和几头牛新的乳房内感染是唯一症状。一旦沙雷杆菌在乳腺中繁殖有可能出现持续感染。

诊断　由于症状没有特异性，两种微生物需要培养。一旦在牛群中发现此类微生物，环境样品和挤奶器械（乳头药浴杯、冲洗软管）也应进行细菌培养。

治疗　由于假单胞菌导致乳腺内组织坏死，对抗菌剂有强的抵抗力，细菌感染有败血症的趋势，抗菌剂难以进入乳房等因素，所以此病很少能治疗痊愈。慢性感染临床症状上会有所缓解，但通常会在以后的生活中排出假单胞菌。治疗有价值奶牛的假单胞菌乳房炎时，要根据细菌培养和药敏试验的结果，因为假单胞菌产生抗生素耐药性。对假单胞菌感染的乳区消毒是不可能的，即使使用大剂量的抗菌剂。当感染的奶牛出现明显的慢性乳腺炎和无乳症状时，病牛就应淘汰。

根据细菌培养和药敏试验结果来治疗黏质沙雷氏菌是很有效的。因为由黏质沙雷氏菌导致的乳腺炎常呈慢性感染，所以，治疗必须应有一定的强度，并要持续几天才能达到最好的效果。有些牛会自行消除感染。治疗后细菌培养阳性的奶牛应进行适当的干奶治疗。在地方流行区治疗时需要确定传染来源。应该进行流行病学调查和对可能污染物取样培养。

酵母菌性乳房炎

病因学　酵母菌性乳房炎通常是由念珠菌引起的，多为医源性感染，这些念珠菌是通过污染的灌注导管、注射器或多次剂量的乳房灌注液进入乳房的。因此，酵母菌性乳房炎几乎常常是继发于需要畜主参与治疗的急性细菌性乳房炎。持续的乳腺肿胀或分泌物异常，最后迫使畜主去寻找

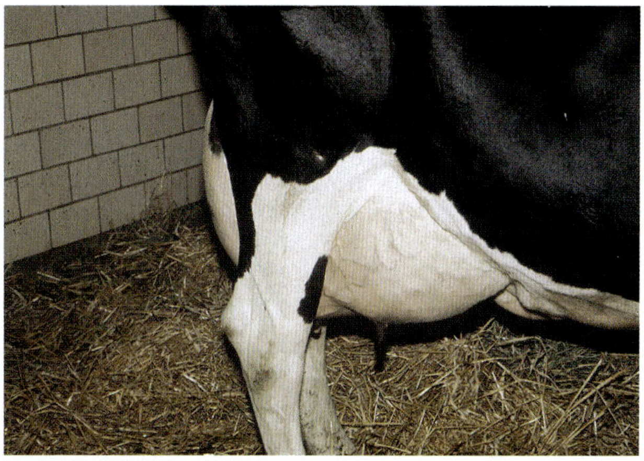

图 8-48

酵母菌性乳房炎奶牛的4个乳区均发生肿胀。

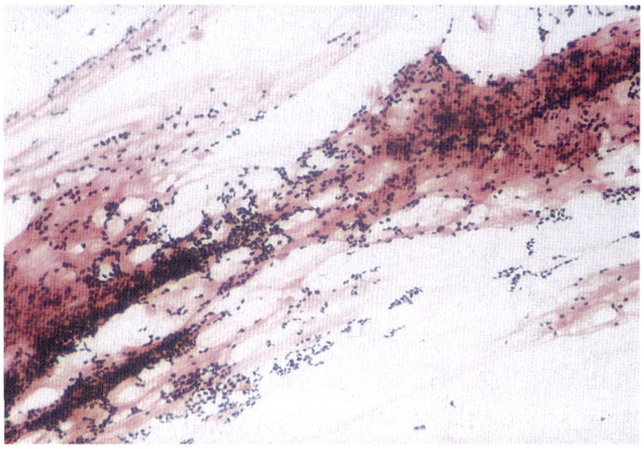

图 8-49

图8-48中奶牛乳培养物的革兰氏染色。

兽医的帮助。

在抗生素存在的情况下酵母菌也能生长良好。因此，畜主连续使用抗生素或联合抗生素来治疗这种“耐药的”感染只会有利于酵母菌感染。皮质类激素会使此病进一步恶化。酵母菌生长在黏膜层并引发这些区域的炎症。

症状　酵母菌乳房炎的典型症状是乳区弥散性肿胀，病牛可能有发热（39.44～41.11°C）但不会出现严重的精神不振或内毒素中毒症状。高热的牛会有精神不振和食欲减少，但大多数感染牛还很警觉，有食欲。畜主总报告病牛有慢性乳房炎史（1~3周），发病期间对任何治疗都不见效。

感染乳区的肿胀程度不一，但非常明显（图8-48）。水肿和中度炎症导致了面团样质地。由于乳腺实质未受感染，所以乳区很少会感觉“硬”。分泌物的性状不一，从几乎是正常奶到轻微水样带有凝块或凝片。感染乳腺的分泌物其外观每天都会发生变化。

诊断　慢性病史，感染乳腺的外观和感染母牛良好的全身状况都有助于诊断。乳区直接采样的乳汁或乳汁培养物抹片或培养后观察可以确诊（图8-49）。

治疗　如果停止所有抗生素治疗并且每日4次以上对感染乳区挤奶，则大多数患酵母菌性乳房炎的母牛都可以自愈。感染消除通常需要2～6周。尽管存在自愈的可能，畜主还是要保证不受使用其他抗生素的诱惑。多种抗真菌或抗酵母菌制剂已用于酵母菌乳房炎的治疗。咪康唑、制霉菌素和乙醚碘都曾用于治疗，但很难评判每种方法的疗效，因为此病有很高的自愈率。

当诊断出酵母菌性乳房炎后，预防措施要落到实处。尽管大多数病例是散发的，但仍会见到由于多剂量乳房炎灌注液污染而导致的地方性流行。无论何时在乳腺内治疗出现医源性污问题时，教育好畜主是非常重要的。

其他真菌

曲霉和其他条件致病菌进入乳房的机制与念珠菌相同。在美国已经证实发癣菌与致死性乳房炎有联系。努卡菌属是一种抗酸菌，也罕见地从牛身上分离到。有关其自愈、治疗和预后都不明确。真菌培养是确诊的主要方法。治疗必须使用咪康唑、克霉唑、酮康唑或其他抗真菌药物，但缺少治疗的资料，且有的用于牛是非法。如果奶牛乳区发硬且持续发热，又不想淘汰时应切除乳腺。

已有报道称新型隐球菌会导致乳房炎，如果消费污染的生牛奶则会危害公众健康。

原囊菌

病原学　由原囊菌感染也可引起牛乳房炎。佐夫原囊菌最常见，但威克哈姆原囊菌（*P. wickerhamii*）和*P. trispora*也在感染牛乳腺中分离到。原囊菌在环境中分布广泛，可在泥土、粪便、水中和不流动的池塘水中及其他地方发现。大多数报道原囊菌乳房炎发生在热带和亚热带。它们常作为环境性病原在牛群中传播，并从没有发生过临床性原囊菌乳房炎的牧场环境中分离到。因此，管理、挤奶过程或污染的乳房内灌注都可以造成原囊菌性乳房炎。原囊菌是食入后完整无损通过消化道污染环境的，甚至在病牛离开污染环境之后仍能由病牛粪便继续传播。免疫受损人感染原囊菌已有报道，并引起一定程度的公共卫生关注。因此有潜在原囊菌感染的生牛奶不应直接饮用。

症状　感染牛泌乳呈水样且乳房肿硬，一般无全身症状。感染乳区的乳汁大幅度减少，抗菌疗法无效，体细胞增多，另外也有隐性感染的情况存在。

诊断　确诊需要通过显微镜鉴定和微生物培养。感染乳腺的组织活检和组织病理学表明病原侵入细胞和腺实质。因此，与酵母菌仅侵害黏膜相反，原囊菌感染是组织侵袭性的，很难恢复。当原囊菌表现为圆形或椭圆形（直径2~15 μm），通过有丝分裂形成内孢子，并且没有出芽的结构和假菌丝体时，此种微生物是可以确诊的。

治疗　治疗一般无效，或仅能暂时提高奶产量。

感染原囊菌的牛应淘汰，预防性措施包括改善管理并检查挤奶程序，用水、食槽。建起围墙把牛和藻类分布较多的泥坑、池塘和冲洗沟隔开。该菌通过环境传播，因而确定传染源及根除病原很困难。

牛棒状杆菌

有关此菌的了解不多，但偶尔可从个别乳区和大桶奶样品种培养出来。已经证明这种微生物可定植在乳头皮肤和乳头管内。乳腺炎和腺体的真正感染并不多见，但体细胞数可能轻微升高。牛乳培养分离出牛棒状杆菌主要说明乳头药浴程序或药浴液不合要求。有效的乳头药浴结合干奶牛治疗应能纠正这一问题。

A型产气荚膜梭菌

A型产气荚膜梭菌是引起初产小母牛坏疽性乳房炎的一种罕见病原。小母牛发病严重表现败血症，乳房颜色改变，且乳房有气体产生而有捻发音。需要注意的是乳房内产生气体并不是A型产气荚膜梭菌的特异性病症，因为其他坏疽性乳腺炎的病原菌如，金黄色葡萄球菌、假单胞杆菌、棒状杆菌和绿脓杆菌均可产生气体。另外，一些牛大肠杆菌性乳房炎也可产生气体，目前还不清楚是由于厌氧菌的二次感染还是由于感染区非常频繁地挤奶而导致空气大量进入所致。

诊断　初产小母牛患有急性坏疽性乳房炎且乳区有大量捻发音可初步怀疑，奶样革兰氏染色可发现大量革兰氏阳性菌。厌氧培养后见到该病原菌即可确诊。

治疗　治疗可分3个步骤：全身和乳房内给予大剂量的青霉素，休克疗法（补液、氟胺烟酸），切除坏死组织或引流。采取积极的治疗措施预后一般良好，但以后的产奶量不容乐观。

需要公共卫生关注的原因(表8-3)
CAUSES REQUIRING PUBLIC HEALTH CONCERN (TABLE 8-3)

检查与监测乳房健康
Detection and Monitoring for Udder Health

完整的乳腺炎检测需要现场检查和实验室检查相结合。尽管并非所有的牛群都需要现有的所有试验，但兽医还应该熟悉这些试验，辅助于乳房的物理检查，会检测出亚临床乳房炎。

现场检查

乳盘或杯子　黑衬乳盘是发现前段乳汁异常的宝贵工具。虽然凝块和絮状物可在其他表面发现，但仅有一点浆液样和水样变化的乳汁最好用黑衬乳盘观察。在大的挤奶间可把黑色地板瓷砖放于乳房下，通过对前段乳汁的肉眼观察粗略评价乳腺炎的发病状况。此技术存在的问题是前段乳汁落在地板上时会溅起，很难做到像轻轻挤入奶盘那样让乳汁集中起来，而且溅出的乳汁容易散播传染性病原。

加州乳腺炎试验　这是粗略测量乳中DNA数量的间接方法，DNA的聚集量和乳中白细胞数直接相关。CMT的试剂使细胞破裂释放出DNA凝聚。凝胶的量可用于估计乳样中白细胞数。实验结果可主观地读为阴性、微量、+1、+2、+3。这些值与表8-4所列的体细胞数可以统一起来。CMT主要用于亚临床乳腺炎的检查，对急性临床乳腺炎没有意义。

新近产犊牛及泌乳末期、干奶之前的乳牛CMT值偏高。那些因疾病而奶产量锐减的乳牛CMT值也升高。例如，处于产奶高峰期的乳牛发生急性创伤性腹膜炎则可使奶产量骤然下降。虽然这些乳牛没有乳房炎，乳房触诊正常，乳盘试验正常，但CMT却为阳性。这是因为奶量减少不能稀释体细胞所致。

由于对检测结果的解释是主观的，不同检测者之间的差异很大，与CMT值数相联系的体细胞数量估计也有显著的不同。因此表8-4中所列的是一些报告CMT估值与对应的体细胞数的综合数值，大量证据证明奶产量减少与CMT计分值直接相关。这些因素可以帮助说服畜主使用有助于乳腺炎检查的方法。当CMT值为微量时，乳区减产为5%或更多，CMT值为+3时，减产为25%~50%。

pH试纸　这种检查在欧洲使用十分广泛，可查出乳腺炎乳区奶pH值呈碱性。正常奶pH值为6.5~6.7，发生乳腺炎时乳汁pH值常接近血浆pH值7.4。

乳房触诊　也许是一门被人遗忘的技术，乳房触诊曾经是乳腺炎控制程序的核心。对于慢性传染性金黄色葡萄球菌的亚临床感染的纤维化乳区，触诊很有帮助。触诊可以排出全身性疾病急性停乳而出现CMT阳性时对乳腺炎的怀疑。触诊到肿胀的乳腺及观察到血清样乳房炎乳汁均预示奶牛需要一段时间的治疗。触诊对检查急性乳腺炎消退后腺体梗死、化脓、慢性感染的变化很有帮助。

体细胞计数

体细胞计数是广泛用于表示个体和某一群体感染程度的指标，由于自动细胞计数器能迅速检测大量奶样，使体细胞数的检测变得简单易行。监测单个乳区或几个乳区的混合奶样可以提供治疗或是淘汰的有用信息。畜主和兽医通过经常对大桶奶体细胞数进行监测以掌握全群奶牛乳腺炎的控制水平。

乳腺炎乳汁中性粒细胞可升高至体细胞数的95%，另外还有单核细胞和脱落的腺泡上皮细胞。当体细胞数达到5万时，奶产量的下降开始引发经济损失，并当体细胞数从5万~40万每增加1倍，损失都会随着增加。因此，到400万以上时，产量仍继续下降但不如400万以下时剧烈。如果大桶奶样体细胞数达到或超过50万时，说明牛群中有超过一半的牛被感染。

由于无乳链球菌会产生大量中性粒细胞，所以，即使只有几头牛发生急性无乳链球菌性乳房炎也能使大桶乳体细胞总数明显增高。也许更危险的是，当大桶乳体细胞数达到示警水平（50万）时，就可能有50%或更多的乳牛在这之前已被传染上了金黄色葡萄球菌。

如CMT中讨论的，体细胞数在泌乳期最初2周和最后2周都会有升高，在泌乳高峰较低。疾病导致的奶产量骤然下降（如减少约9 kg），也可能使细胞非特异性集中而导致体细胞数升高。下午挤奶体细胞数会比较高，这可能是因为挤奶间歇短造成脱落上皮细胞没有充分被稀释的缘故。因此，增加挤奶频率（每日3或4次）会提高体细胞数，但同时也可以减少新的乳腺内感染的发生。因此，在管理良好的奶牛场，通过缩短挤奶间隔减少乳腺炎的发生来弥补其引起的体细胞升高的不足。其他因素如季节、年龄、不同阶段泌乳牛的相对数量也可以影响大桶奶和个体乳牛奶中的体细胞数。有关年龄对体细胞数的影响一直有争论。一些专家认为体细胞随年龄而增加，另一些则认为体细胞数反映了老龄奶牛感染的可能性和以前感染的结果。老龄奶牛一连2个月体细胞数超过60万（小母牛>40万）则可能已经发生感染。

由于导致体细胞数变动的因素很多，一个线性评分方法已经设计出来，并被许多乳牛群改良合作机构和乳腺炎控制服务站应用。线性数据与实际体细胞数的关系已在表8-4种列出。线性数值<4则说明可能感染率低于10%，而线性数据>5则说明感染传染性乳腺炎病原的可能性超过90%。然而，两者相互关系的精确性不如与环境病原的关系。线性数值可以求平均数，并以当时的平均值和去年的记录值载于乳牛群改良（DHI）记录中。细菌培养和线性数值两项指标，在选择感染治疗、干奶疗法和淘汰时很有帮助。第一次泌乳的小母牛如果线性值达到3或3以上时，其奶产量会平均损失90 kg。经产乳牛在一个泌乳期中如果泌乳期线性值达到3就会平均减产180 kg。牛群的控制目标是线性值小于4，线性值>5时应研究其原因。

所有乳牛的个体体细胞数比大桶乳汁体细胞数更有价值，这是因为治疗中的乳牛乳汁不进大桶，因此，即使大桶体细胞数正常，也会有许多乳牛患有临床乳腺炎。结合大桶乳体细胞数、大桶乳细菌培养和细菌平板计数可以得到更多的信息，特别是会暴露出挤奶和保存上的一些问题。但在存在乳腺炎的牛群，个体牛的情况是不可缺少的。

大桶奶样中控制目标是体细胞数<30万，管理良好的乳牛场其体细胞数应不超过20万，技术熟练，卫生和传染性乳腺炎控制良好的牛场，其大桶乳体细胞数不超过10万，这样的体细胞水平是所有力求达到优质牛奶的牛场追求的目标。低体细胞数牛奶用于生产味美质优的乳酪。

最近洲际牛奶贸易全国会议把“A”级巴氏法消毒牛奶的大桶体细胞数的允许指标从以前的体细胞数100万个/mL降到75万个/mL。乳牛场体细胞数监测至少每6个月检查4个大桶。若有3/5的奶样品体细胞数超过其限值，则将暂停其生产许可权。个别州对2/4的乳样体细胞数超过75万的企业处以重罚。将来的趋势是可能继续降低体细胞数的允许值。

细菌培养

大桶乳细菌培养可用来显示某些特殊的传染性乳腺炎的微生物如无乳链球菌和支原体与挤奶的卫生状况。肮脏的环境、不充分的挤前准备、湿乳房挤奶和其他挤奶程序的问题可能会使肠杆菌等环境菌在培养基上的菌落数明显升高。其他导致大桶奶样菌数升高的问题包括因混合和冷藏问题导致的冷却不当，以及设备和管道的消毒不够等问题。如果挤的奶样用于检测牛群中乳房炎的情况，那么挤出的奶样应先在奶桶中放置1~2 h。

许多不同种类的培养方法被推荐用于大桶细菌培养，其中可能最重要的是：标准平板计数（SPC）、实验室巴氏灭菌计数（LPC）、支原体培养、肠杆菌计数和其他传染性乳腺炎的细菌培养。取样之前应先搅拌混匀，然后用灭菌的滴管取样，而不是从排出阀放出，因为那里有大量环境菌的存在。

公共卫生要求对大桶乳进行特殊培养。大桶奶会被动物传染性病原如沙门氏菌，单核细胞增生性李斯特氏菌污染，这些菌会在畜群中反复引起其他的健康问题（表8-3）。

表8-3 需要公共卫生关注的乳腺炎的病原

病原	乳房感染途径	症状	诊断	治疗与防治
都柏林沙门氏菌[a]（*Salmonella Dublin*）	很可能是带菌牛环境污染，可能是败血症散播至乳房的结果	通常为亚临床或慢性感染（≥6个月）。体细胞数可能增多。类固醇可导致急性发作	ELISA试验检测带菌牛血清或乳中的抗体乳汁及粪便培养	无治疗方法。应检出并淘汰带菌牛，以免污染乳汁，禁止饮用生乳
单核细胞增生性李斯特氏菌(*Listeria Monocytogenes*)	通常由败血症散播至乳房，可能是食入细菌的牛粪便污染了环境	神经症状，流产，亚临床症状	仅出现神经性诊断症状，培养	禁饮生乳，不论奶如何利用，均应巴氏消毒
流产布鲁氏菌(*Brucella abortus*)	败血症散播至乳房	流产	血清学检查，培养	禁饮生乳，定期防疫
产肠毒素性葡萄球菌[b](*Staphylococcus* spp. producing enterotoxin)	触染或环境污染	亚临床症状±急性暴发 体细胞数增多	培养大桶乳	应避免不适当的冷藏及长期贮藏，巴氏消毒必不可少，勿饮生乳
星状诺卡氏菌[c,d]（*Nocardia asteroides*）	乳腺内用药，多剂量瓶、注射器、导管污染，环境污染	新近产犊母牛发生急性乳腺炎，发热及乳区硬实。泌乳后期牛发生轻型或亚临床乳腺炎，这些牛下次产犊后可发展为严重的急性乳腺炎，或为慢性亚临床症状，或间歇性急性发作。大多数病牛发生纤维化，有的牛的感染乳区还可进一步引起脓性肉芽肿反应，可导致瘘管和脓肿破溃	培养	治疗很少成功，淘汰病牛，勿饮生乳
新型隐球菌[e]	乳腺内制品污染	急性乳腺炎，乳房淋巴结肿大。乳汁浓稠灰白色	培养，涂片染色，乳房组织活检	淘汰病牛，勿饮生乳

a *Spier SJ, et al: Persistent experimental* Salmonella dublin *intramammary infection in dairy cows*, J Vet Intern Med *5:341–350, 1991.*

b *Cullor JS, Tyler JW, Smith BP: Disorders of the mammary gland. In Smith BP, editor:* Large animal internal medicine, *St. Louis, 1990, CV Mosby.*

c *Sears PM: Nocardial mastitis in cattle: diagnosis, treatment, and prevention*, Compend Contin Educ Pract Vet *8:F41–F46, 1986.*

d *Linquist WE: Nocardial mastitis—a case report, unpublished observations, Ithaca, NY, 1979.*

e *Blood DC, Radostits OM*: Veterinary medicine. A textbook of the diseases of cattle, sheep, pigs, goats and horses, *ed 7, Philadelphia, 1989, Baillière Tindall [with contributions by JH Arundel and CC Gay].*

大桶乳的细菌培养可以确认高数量的特殊的传染性微生物如无乳链球菌，但要知道牛群的具体问题还需做个单个奶牛乳汁的细菌培养。对于支原体和金黄色葡萄球菌，由于牛群内少量牛间断性排菌，重复培养是可以检出的。

表8-4 线性值与实际体细胞数的关系

CMT值	体细胞数（近似值）
阴性	0～200 000
微量	150 000～500 000
+1	400 000～1 000 000
+2	800 000～5 000 000
+3	＞5 000 000
线性值	**体细胞数中值**
0	12 500
1	25 000
2	50 000
3	100 000
4	200 000
5	400 000
6	800 000
7	1 600 000
8	3 200 000
9	6 400 000

除了无乳病链球菌乳房炎以外，标准平板计数是挤奶和管理问题的指标，另外SPC不能反映肠杆菌性乳腺炎的问题，因为病牛乳时常被弃去，或者是因全身疾病引起了无乳。因此，肠杆菌数高常说明卫生方面差以及挤奶技术或设备问题。大肠杆菌计数应<50 CFU/mL，品质优良乳汁的菌落数应少于1 000个/mL，而超过10万的奶加工厂拒收。管理良好的牛群，平板计数应<5 000，而菌数为1万或更多时，则牛群的挤奶和乳腺健康需要彻底评估。

巴氏灭菌计数可以是LPC或奶品站进行的巴氏法灭菌后计数，是很有意义的信息。灭菌后计数用于检测挤奶设备等的卫生情况。LPC可以用来监测大桶奶样的耐热细菌。巴氏灭菌后检测到的细菌一般是源于污染的乳房部皮肤、挤奶设备包括挤奶管道等。设备上的油膜是耐巴氏消毒细菌很好的潜伏地。LPC大于200 CFU/mL通常因为设备清洁存在问题。培养前计数（PIC）就是在培养前把大桶乳存放于55℃，18h，这种方法可以显示畜场的卫生状况。如果PIC是SPC的3倍，同时体细胞数<25万，这就表明挤奶和贮存时的卫生有问题。

对个体乳牛（混合各乳区）或奶区奶样检测，给了解牛群乳腺炎提供了最好的材料，同时也是监测新的乳腺内感染的最直接的方法。现在对牛奶挤前取样还是挤后取样尚有争议。最近，纽约州乳腺炎控制计划推荐挤后取样，因为这种的奶样污染较少。挤前取样，乳头应予以清洗、擦干。乳头末端在取样前后都应仔细用酒精棉擦拭。收集管应消过毒，保持水平，盖子向下，以减少来自乳头末端的及乳房表面脱落物质的污染。取后，将样品乳汁置于4~5℃保存直至开始培养。培养后一般采用菌落计数膜法检测细菌。

管理良好，无传染性微生物并且大桶乳和个体牛体细胞数都很好的牛群可以不必像正面临病原体和新的乳腺内感染牛群那样频繁和大量地进行细菌培养。无论什么时候，鉴定出触染性微生物或发现了体细胞数升高，每头乳牛都应做细菌培养以确定病原，寻求可能的成功的泌乳期或干奶期治疗，并帮助做出淘汰的决定。

兽医工作人员应鼓励畜主争取乳腺炎控制计划的服务，并帮助畜主分析结果、制订方案、改善每个牛群的乳房健康。

乳房炎的预防和控制

Prevention and Control of Mastitis

挤奶卫生

挤奶前卫生包括用干净未受污染的水（加或不加消毒剂）清洗乳头。但应避免乳房过湿，因为水流可将乳房表面的细菌带到乳头，在挤奶过程中污染乳汁，造成新的感染或增加了生奶被环境细菌污染的风险，应做到一牛一巾并带乳胶手套，在挤奶期间应清洗手，尤其是被牛奶污染后，洗液内可加25~75 mg/L的碘。拥有自动喷洒和清洗的大型牛场应在挤奶前让乳房皮肤和乳头干燥10~15 min。在任何情况下都不应对湿的乳头挤奶。环境中的细菌悬浮在水滴中，增加了个体牛感染的危险性。一般的洗手液、海绵及破布应避免使用，以免引起细菌污染。共用毛巾是常见的导致牛与牛之间触染性乳房炎的原因，包括金黄色葡萄球菌和无乳链球菌。在清洗前或清洗过程中应将乳头内乳汁挤净，这样可以带走乳头末端和乳头管中的细菌，还可监测有无异常乳。

挤奶前用乳头浸洗液对乳头进行浸洗消毒是整个北美牧场比较常用的方法，该方法对于降低大肠杆菌和乳房链球菌感染很有效。如果应用恰当可以避免环境中细菌对乳头的污染，但对于已经感染乳房炎的牛则没有必要。在清洗乳房后用1%的碘附药浴对第一次或第二次泌乳的牛尤为有用，乳头药浴持续20~30 s，然后在挤奶前一牛一巾擦掉。适当的药浴时间和浴后仔细擦净是防止碘污染牛奶的必要手段。

反冲乳头杯和机械手对于最大限度地减少触染性细菌和支原体在牛群中的扩散很有效果。通常使用30~40 mg/L碘附和一些磷酸组成的酸性碘附。碘浓度大于50 mg/L时，会对挤奶工的眼睛产生刺激。消毒液反冲对杀灭葡萄球菌和支原体很有效。碱性水和硬水可降低碘液的消毒效果。反冲增加了挤奶时间，因此，有些农场不再进行这一工序。然而，反冲对减少触染性病原的扩散效果在不同牧场各不相同，另外，该技术的高昂成本也限制了其的广泛使用。

挤奶后乳头药浴很受重视，并已证明是减少新的触染性微生物乳腺内感染的重要辅助手段，在一定程度上也可以减少环境菌的污染。乳头药浴对于预防感染有一定作用，但对于已经存在的感染则无效。药浴和喷药都有应用，喷药连续使用不会污染，但必须与乳头接触。药浴能够与乳头很好接触，但必须频繁更换药液以避免环境菌感染。碘附是碘与其他复杂的物质形成的复合体，但并不含碘分子，使用药液时从复合物释放出其活性成分碘分子。碘附浓度在1% 或 0.5%时对于防止触染性病原的感染很有效果。浓度降低可能也有效，且对组织的损伤小。但活性会很快因组织破碎屑而丧失。乳头药浴其他的药物包括季铵盐、洗必泰、次氯酸钠、亚氯酸、过氧化氢、二氧化氯等，这些都被美国FDA允许使用。国际乳房炎理事会（NMC）列出了一些评价挤奶前和挤奶后乳头清洗的指导原则，尽管NMC并不赞同任何特定乳头浸润产品，但却对一些具体的产品进行了评价且刊登在了同行审议的科学期刊上。一些杀菌剂的棉签内藏有病原菌或对乳头有刺激，导致奶牛的抵抗力降低，因此乳头清洗器具每天清洗和消毒很重要。

市场上还有由乳胶和丙烯酸酯制成的物理屏障性药液出售，用于防治新的乳腺内感染。这种药液是为获得较长时间防止环境病原入侵而设计的。如果使用这种药液，在下次挤奶前一定要仔细除去乳胶，以防污染挤奶设备、生产线和机械手。乳头药浴液的储藏要注意防冻、防高温。受冻后，溶质分层，导致溶液失效或对乳头产生刺激。

乳中碘液浓度关系到公共卫生。只要正确使用碘液进行乳房清洗、反冲、药浴、乳中碘的残留不会高于500 μg/L。

选择用哪种乳头药浴药品要根据对每个牛群的病原菌、环境、挤奶程序、卫生条件以及正在流行的乳腺炎的类型有透彻的了解，且如果效果很好一般不必再改变。正确使用乳头药浴可使触染性病原引起新的乳腺内感染减少50%以上。当环境病原成为主要问题时，可以考虑用屏障性药浴液并进行挤奶前药浴。如果环境温度极低或有寒风而导致冻疮生成时应停止使用水性药液。如果牛群中已经有触染性病原存在如无乳链球菌、金黄色葡萄球菌或支原体性乳房炎，挤奶后不进行乳头药浴会增加感染其他病原的可能性。这种情况下，尽快擦干是避免乳头末端损伤的最好方法。如果乳头皮肤或乳头末端受到刺激，应仔细评估药浴药物的成分或换用其他药液。为防止乳头皮肤过度干燥，许多药浴液中加有甘油、羊毛脂、聚丙烯乙二醇等润滑剂。然而这些会降低乳头药浴液的杀菌活性。挤奶后应给牛喂食，使其保持站立姿势，这样可保证乳头干燥，乳头管完全闭合，以防止挤奶后立即发生环境污染。

挤奶程序和设备

最近的一项关于挤奶程序对奶产量和乳房健康的影响的调查表明足够的刺激和间隔十分重要。研究表明挤前刺激如挤头几把奶，清洗擦拭乳头可以促进催产素的释放。进而在较短时间达到排乳高峰。牛奶在乳房中以两种不同的部分存在，池乳存在于腺体和乳池内，大约占全部的20%，且可以即时释放。腺泡乳大约占80%，且需要催产素的作用才能即时释放。

对乳头进行10～20 s有力的刺激可以促进垂体释放催产素。从开始刺激到乳产生的这段时间称为排乳反射。最佳的排乳反射受很多因素的影响，包括胎次、泌乳期、犊牛的存在以及其他可能引起牛反应的因素。从每个乳区挤去头三把奶不仅可以提供一个很好的机会眼观评估每个乳区的乳汁，同时也提供了排乳前的必要刺激。一般认为，60～90 s是最佳的排乳反射。适当的排乳反射是通过组织其他挤奶前的程序而设立的，包括挤头几把奶、干燥乳头等。

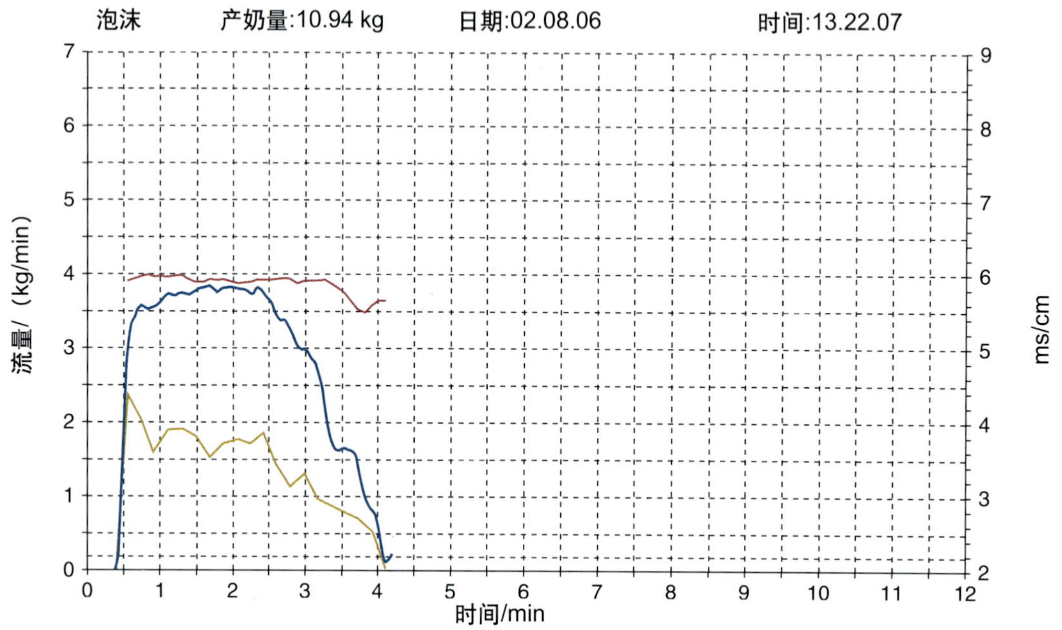

图 8-50

乳流量图由LactoCorer生成（WMP AG,Wegenstrasse 6,CH-9436，Balgch市，瑞士，网址：www.lactocorder.ch.）。由图可见一条乳流量曲线。乳流量在15～30 s内达到高峰并且持续一段时间。乳汁在4 min内可全部流完。

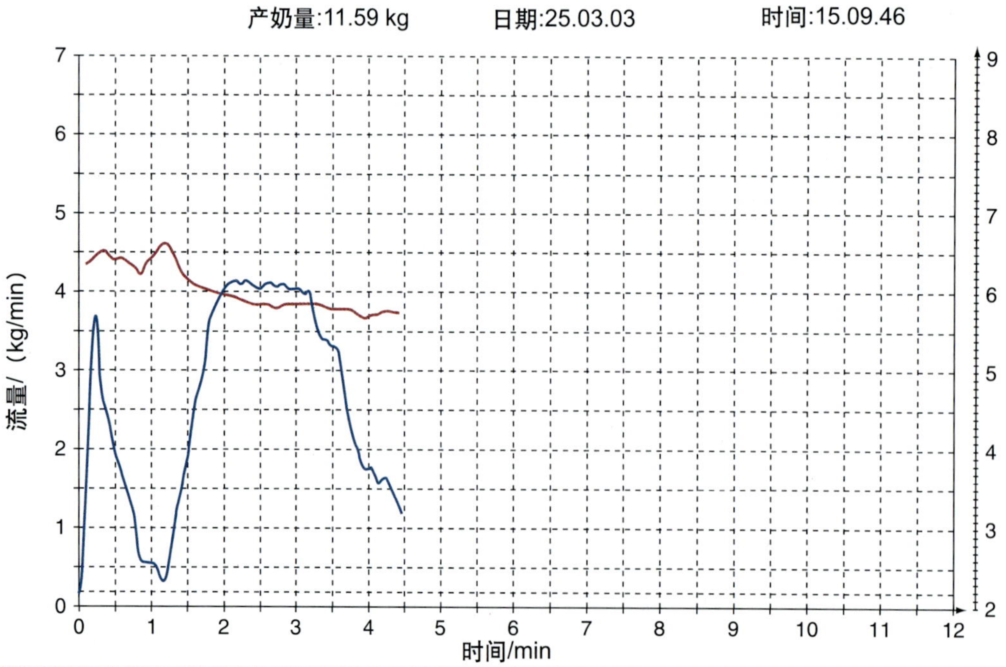

图 8-51

这幅图显示了两个高峰的奶流量。这种情况是挤奶前刺激不充分，排乳反应时间不充分或者是两种原因都有的结果。两个高峰奶流量导致了挤奶时机器作用时间的延长，进而会导致过度挤奶造成乳头末端的损伤，引起乳头末端角质化，增加了感染乳房炎的风险。

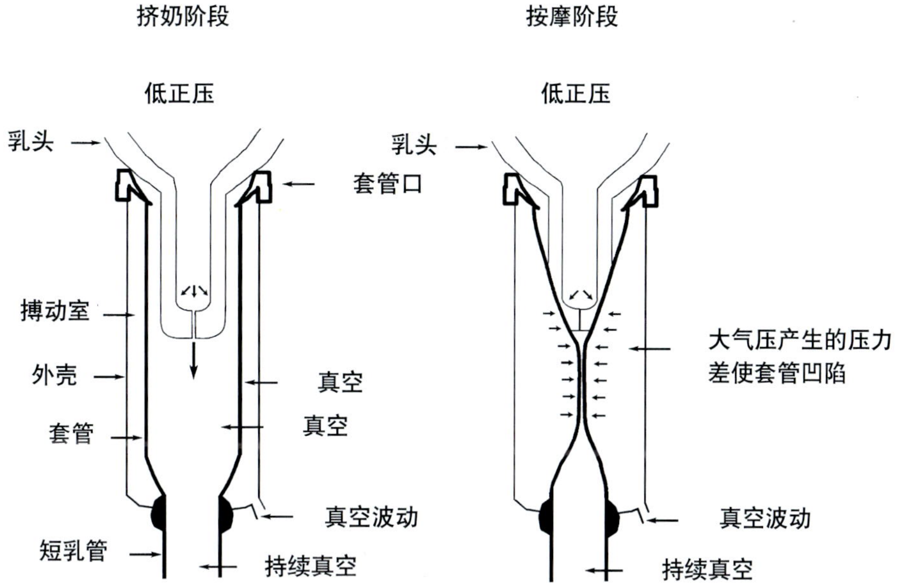

图 8-52
双室乳头杯挤奶机的挤奶和按摩阶段的示意图。

奶流动力学是重要的，而且会影响乳头末端角质化的发展，因此，当乳头末端受到严重损伤时会引起新的感染。一个正常准备的牛的奶流特征包括先快速增长至最大的流速，然后保持相对均一的最大流速一直到该奶牛的乳汁完全排出。乳头的刺激水平和排乳反射极大影响着乳开始流动的增加程度和最大流动速度。奶流动的减弱不受挤奶程序的影响，主要取决于奶牛的个体差异。

乳流动速率可通过观察牛奶从奶牛的乳房到挤奶设备的流动来简单评估。连接好挤奶设备后所获得的第一批奶叫做池奶。如果提供适当的刺激和排乳反射，乳流动会一直保持持续的状态直到乳汁流完为止。如果催乳的刺激不够或排乳反射太短，会使乳流动明显下降或者在获得池乳后泌乳停止（经常1 min或以上）随后腺泡乳开始分泌。使用监测乳液的仪器LactoCorder（WMB AG,Balgach,瑞士）可以精确监测单个奶牛的乳汁流动情况。下面的乳流动图就是LactoCorder生成的。这些图具有诊断价值，而且可以作为训练挤奶工的教具（图8-50和图8-51）。

在牛场评估乳腺炎和乳的质量问题时，必须对挤奶机械和设备有一个基本的了解。机器功能不适当可造成触染性病原的传播、乳头末端损伤或乳头末端奶倒流，因而诱发乳腺炎。下面是3篇关于挤奶机情况的简要概括。虽然有差异，但其主要的原理和技术十分相似。挤奶系统和机械功能不当和保养不善会导致乳头末端损伤、触染性微生物扩散和奶品质下降。卫生状况较差的设备可以导致大桶奶以及巴氏消毒后细菌数升高。

图8-52是双室乳头杯挤奶和按摩阶段的示意图。大多数现今的套管口为一窄孔，恰好容纳整个乳头，可以减少套管从乳头上滑落、吸入气体或套上乳头的部位过高等情况。这些问题在宽孔套管比较常见。管套内侧处在来自机械手短奶管的持续真空状态下。在吸奶阶段套管外侧与外壳之间也造成真空。这部分空间也称为搏动室。挤奶阶段套管保持其正常形状，主要由于乳头壁被套管内压力差拉伸，导致乳头管迅速打开，乳汁进入套管。这一压力差是由于乳头池内高压和乳头端外真空而产生的。另外在挤奶阶段，乳头末端和乳头皮肤处于充血状态。这样为了缓解充血状态和刺激乳头的血液循环，由搏动器自然地引入一个按摩阶段。这种间歇和按摩比持续真空吸奶可以增加平均奶流量。搏动器是在套管内保持真空的情况下，通过将搏动室与大气连通，引入大气压而实现按摩的。这使得套管压在乳头周围，对乳头壁及乳头末端产生按摩效果。随着挤奶的进行，乳池变空，乳池和乳头内压渐少。因此，奶流减少，挤奶后段效率下降。因为真空式乳头较深的进入套管，导致乳汁从乳池向乳头池的流动受阻，挤奶终了时奶流量减少。过度或

过长挤乳造成乳头末端损伤是由于按摩不能达到减缓充血、减少乳头末端和乳头壁外伤的作用。其结果是乳头的过度充血。以下几点是关于与乳腺炎和乳头损伤同样重要的乳头真空问题：

1. 真空波动——周期性的真空波动可发生在机械手和套管内，并与不恰当的波动期或乳头杯内不慎进入空气有关（套管发出呱呱的声音）。按摩阶段真空程度的下降导致乳头末端损伤及随之而来的乳头末端自然抵御病原的机能下降。不规则的真空波动可导致套管滑脱或脱落。这些问题可使乳汁反流、乳滴喷在乳头末端，导致病原进入或穿过乳头管。

2. 经验法则：

a．低奶管真空管压不得超过13.5 in汞柱，高奶管不得超过15 in汞柱。无系统下须超过15 in汞柱。

b. 用于产生真空而排出空气的体积表示真空度，以ft^3/min（CFM）表示。通用的流水线系统推荐为35 CFM的气流储备，每一挤奶单位额外添加1个CFM。这在不同的挤奶系统可稍有不同。

c．搏动器管大小：

- 6个单位以内：1～2 in；
- 7～15个单位以内：2～3 in。

线向泵倾斜使高处流向低处不留死角。

d．真空度

- 高管14～15 in汞柱；
- 低管和桶12.5～13.5 in汞柱。

e. 奶线

- 每10 ft倾斜1～2 in；
- 乳汁入口处在线的上1/3处；
- 回路无死角；
- 1 in=2单位倾斜；2 in= 4 单位倾斜；3 in= 5～6单位倾斜；3 in=7～9单位倾斜。

f．挤奶机软管，内径应为9/16 in或5/8 in不要太长（最长为7 ft）。

g. 移开吸头前，乳头的真空应被解除，这是在挤奶过程避免乳滴喷射乳头末端和暴露或感染病原菌的非常重要的一点。

搏动率通常为45～60次/min，而多数约为60次/min。高速搏动可加快奶流，但一定要注意给休息阶段保留足够的时间。搏动速度过低会使乳头疼痛，增加乳头末端的损伤（过度角化症）及挤奶慢。

搏动比是指搏动器形成真空使线路通畅的时间总和与套管外进气压紧管套的时间总和的比。各种不同型单位的搏动比可由(50:50挤奶/按摩次数)～(70:30)，通常为60:40或65:35。70:30这一比率曾用于快速挤奶，但要求优异的机械性能和良好的维修保养，以免没有足够的按摩时间。由于0.3 s是按摩所必需的最短时间，因此，搏动60次/min且搏动比为70:30时，就不会发生任何差错。乳头末端损伤或慢性损伤是由按摩时间不合适造成的。搏动比为60:40或70:30，挤奶率的差别不大。虽然60:40给挤奶系统造成小的不完善或不足，但仍给按摩留有足够的时间。

应避免过度的机械挤奶，因为可能引起乳头壁及乳头末端的机械性损伤诱发乳腺炎。套管应按生产厂家的建议定期更换。目前研究表明：铸造型套管每挤800头牛一换；天然橡胶每挤500头牛一换。

有裂口的或破损的套管难以清洗和消毒，它们成了病原体的仓库，且在挤奶过程中不能正常起作用。当套管受到磨损或过度使用时，它们的性能将会改变。平均挤奶时间增加，套管频繁性的滑落，乳头和奶牛状态恶化，挤奶时乳区奶的残留量增加。这些乳头条件和套管发生的变化将会导致新感染的增加。对于挤奶系统常规分析和故障分析最好的途径是特别的继续教育和经常的进行乳腺炎控制的专业咨询。

乳头封闭剂

乳头封闭剂（即亚硝酸铋）作为干奶牛治疗的一个组成部分，也可作为干奶初期抗生素乳房输液的一个备选方案，它的使用已经越来越广泛。目前有证据证明，在干奶时联合使用乳头封闭剂和乳房内抗生素输液有很好的疗效，特别是对于那些在先前的泌乳期患过晚期乳腺炎的乳牛。此外，试验证明，与阴性对照相比，在干奶时使用乳头封闭剂可以有效地减少随后泌乳期内新感染的流行。这给那些为了避免残留而坚持不使用抗生素治疗的生产者带来希望。

乳房的自然防御机制

物理机制 乳头管是最重要的阻止病原体侵入的物理性屏障。乳头管内的角蛋白不仅可以作为阻挡细菌的物理性屏障，还可以通过抗菌性的脂类和蛋白质组成的化学防护抑制细菌。附着在乳头管内角蛋白上的细菌可被括约肌收缩封闭在局部或在挤奶时随角质层脱落被挤出。角质层脱落，像括约肌闭锁不全一样，能诱发乳腺炎。由于挤奶造成乳头管张开达2 h，因此，挤后保持其站立姿势饲喂，以减少环境性乳腺炎机会。

为防止乳头管在干奶期治疗时过度开张，开展了对干奶牛部分插入灌药导管好处的研究。结果表明此法可以大大减少干奶期新的乳腺内感染。

如同在葡萄球菌乳腺炎中讨论过的一样，肮脏的环境、蝇类叮咬、被吃过乳腺炎奶的犊牛吸吮都可以造成细菌的寄生。乳头管感染会造成泌乳期前或开始泌乳的乳牛发生明显的葡萄球菌性乳腺炎。

在干奶早期乳头管未形成很厚的角质栓时，极易发生新的乳腺内感染，但在干奶期中期则很难发生。

细胞防御机制　巨噬细胞、中性粒细胞及脱落的腺泡上皮细胞组成了乳汁体细胞的主要部分。淋巴细胞只是这些细胞的一小部分。乳腺无炎症时巨噬细胞占多数，而乳腺炎症时中性粒细胞占绝大多数（90%以上）。发生感染后，中性粒细胞优先游走至乳头的远端，而且游走时穿过实质组织而不是经过乳池。中性粒细胞与乳头管的角蛋白防御机制相结合，将细菌黏附、在感染乳腺组织前吞噬和杀灭。由于中性粒细胞在乳汁中比在血液中易受破坏，所以，感染时需要大量的中性粒细胞。有人认为乳汁中中性粒细胞的这种吞噬性能改变是因为缺少调理素、缺少能量及受酪蛋白和乳脂的干扰。为了刺激乳腺以及后来乳头末端内中性粒细胞的数量增加，有人进行了乳腺内放置不同类型留置装置的试验。试验中用的乳腺内装置是一些样式不同的光滑的或编织的塑料和聚乙烯小链，以及小玻璃珠串。其目的在于产生足够的中性粒细胞或体细胞阻止细菌在牛奶中定植。这也是减少肠杆菌性乳腺炎及防止体细胞数升高引起亚临床乳腺炎的另一种方法。关于此装置在防止新的乳腺内感染所起的作用和成功，一直存在争议，但以色列的一篇大面积田间研究表明使用磨光的装置可以减少临床乳腺炎，并增加产奶。另一些研究表明其功效不很明显，而且对产量有轻微的负面影响。乳腺内装置的研究将会继续进行。虽然此装置可导致体细胞数很高，但中性粒细胞常靠近乳头末端，预挤奶可以将大量细胞带走。

细胞性防御机制在泌乳不同阶段不全一致。体细胞数在干奶期无感染时急剧升高，并在围产期由于稀释作用急剧下降。在无感染的干奶乳区，巨噬细胞最多依次是淋巴细胞和中性粒细胞。在干奶期乳汁及初乳中，在IgA浓度升高的同时，淋巴细胞也比正常乳中的多。

分泌性抗体　从血清进入牛奶的IgG是乳汁中的主要抗体，而IgA和IgM可能是在局部合成，穿过乳腺上皮转移至乳汁中。在产前3周免疫球蛋白有选择地进入乳房，使初乳中含有大量免疫球蛋白。虽然初乳中含有高浓度的抗体，但在围产期乳房对感染仍然易感。抗体可以帮助调理素来抵御乳房的病原菌。各种病原引起的亚临床乳腺炎似乎不能产生足够的免疫反应以排除感染。全身性或局部免疫接种已在金黄色葡萄球菌病中试用多年，并获得不同效果（见葡萄球菌性乳腺炎）。

一些成功的研究和田间试验支持使用J-5 *E.coli* 菌苗，这一分子工程苗可以刺激产生抗脂多糖（LPS）内毒素的抗体，从而抵御肠杆菌性乳腺炎。对于那些对触染性病原体控制良好的牛群，肠杆菌便成为急性乳腺炎的主要致病菌。在加州对大量乳牛接种疫苗的对比研究表明免疫可使肠杆菌性乳腺炎大大减少。

乳铁蛋白和其他可溶性因素　乳铁蛋白是一种乳清蛋白，在有碳酸氢盐的条件下可与铁结合，从而使生长需铁的细菌特别是肠杆菌和多数葡萄球菌不能获得足够的铁，而链球菌则需求很低。乳铁蛋白在充分退化的干奶牛乳腺里显著增多，这有助于此时期内防御乳腺内感染新的肠杆菌。退化乳腺内柠檬酸盐含量很低，而碳酸氢盐增加。当临近分娩时，由于初乳分泌到乳房，乳铁蛋白减少，而与之竞争的柠檬酸盐增加，因此，在这个时期，细菌生长获得了更多的铁。

溶菌酶和乳酸过氧化物酶也是乳腺防御机制的可溶性物质成分。乳汁中含溶菌酶少的乳牛较含正常量溶菌酶的乳牛易发乳腺炎。过氧化物酶由乳腺上皮细胞产生，在有H_2O_2的条件下，能把硫氰酸盐氧化为亚硫氰酸盐。氧化反应释放了自由基诱导破坏了细菌细胞膜，通过破坏细胞膜杀死一些细菌。

乳腺治疗的药理学

Pharmacology of Mammary Gland Therapy

全身或乳腺内用药都很难使乳汁内抗生素达到有效浓度。下面将对乳腺炎的抗生素疗法的要点进行简要的提示。

抗生素全身给药必须达到乳房，并在乳汁、许多病原菌和乳腺实质中达到有效的抑制浓度。合适的全身抗生素治疗必须达到有效剂量、频率及足够长的给药时间，才能成功地消灭细菌。不幸的是，由于药物花费、乳汁损失以及害怕拖长药物在组织及乳汁中的残留，往往使兽医让步，放弃使用他认为好的治疗方法。乳腺内抗生素必须完全扩散到乳腺，必须在有乳汁和炎症碎片中的条件下起作用。临床治愈并不总表示细菌学治愈。特别是金黄色葡萄球菌等的微生物，可以寄生在细胞内，或在抗生素治疗的L-型菌，虽然在标准培养基上没有检出，但它们都仍存留在乳中，慢性感染乳腺。全身用药时，抗生素由血液向乳汁的有效转移受3个因素的影响：

1. 脂溶性：脂溶性越好越易穿过生物膜。
2. 电离度：低电离度药物易进入乳汁。
3. 蛋白结合性：蛋白结合差的易进入乳汁。

另外，药物浓度作为促进药物进入各种组织分泌物中的力量，随药物总剂量、给药频率及该部位吸收率而变化。高剂量或给药频率越高，促进药物进入身体各部的浓度梯度越大。显然不能建立有效的药物浓度梯度是乳牛全身性抗微生物治疗中最易出现的问题之一。正如临床医生所熟悉的，抗生素剂量、给药频率、用药持续时间都常常被削减。

乳汁pH值约为6.5, 而血浆pH值为7.4。因此，全身使用弱碱性药如红霉素和其他大环内酯类药物常常可在乳汁内得到满意的浓度水平。然而，当发生乳腺炎时，乳汁的pH值升高，可能接近血浆pH值，造成到达乳腺的红霉素浓度降低。同样，青霉素和氨苄青霉素是弱酸，全身用药在正常时就不易进入乳汁。全身使用青霉素后，在血清中的浓度可比在正常乳中高37倍，而只比乳腺炎乳中高15倍，这是乳腺炎使乳汁pH值升高的结果。氨苄青霉素全身使用后，在血清中的浓度比正常乳中的高8倍，比乳腺炎乳中的高6倍。乳腺炎乳中头孢噻呋含量大约为0.28 μg/mL,而血清中为1.0 μg/mL。因此，使用高剂量和无毒的药物可提高此药物在乳腺炎乳中的浓度。四环素为酸碱兼性药物，可同等分布在正常乳和乳腺炎乳中。

碱性药物和酸性药物的电离化可导致离子屏障并增加乳汁的抗菌能力。注射位置不同可影响药物的吸收和分布。生病的牛和脱水的牛不会按正常比率吸收非静脉方式的给药，由于药物的循环和排泄减少，可延长药物在组织及乳汁中的存留时间。

对于伴有严重水肿和肿胀的急性或最急性乳腺炎，经常挤出乳汁是一种治疗方法，而且可以大大地促进全身性使用的抗生素如庆大霉素、替卡西林及多粘霉素B的通过。这一点尤为重要，因为许多药如、氨基糖甙类的全身用药，在乳房的分布就很少。

以下关于抗生素全身用药的讨论仅作为药物分布的参考信息，而非特别推荐。由于有关抗生素在乳牛中使用的规定常有变化，这些药物作为按标签或超标签用药，在将来可能买到，也可能买不到。不管哪种情况，兽医的责任是要了解哪些药可用，为了奶和肉的利用 ，它们的休药期多长。

大环内酯类、氟本尼考、氧四环素、某些氟喹诺酮和利福平在全身用药后都会在乳房有较高的分布。甲氧氨苄嘧啶在乳腺中有较高的分布，但很快被瘤胃微生物灭活即使是给成年牛静脉注射。磺胺类、青霉素G、氨苄青霉素、替卡西林和几种头孢菌素在全身使用后在乳腺内有中等量或有限的分布。而全身使用头孢噻呋、氨基糖甙类、 大观霉素及多粘菌素B后在乳腺中仅有少量分布。虽然在使用β-内酰胺类时，为达到较高的浓度梯度而大幅度增加用量不用担心毒副作用，但这种做法在氨基糖甙类则十分危险，会有肾毒性的可能性。

乳腺内疗法（局部治疗）也应考虑药物的药理学特点。如同全身用药一样，乳腺内注入抗生素也会造成药物进入血浆，这与药物的pK_a值，乳汁pH值，乳区的炎症程度及其他一些因素有关。乳腺炎药剂加入油佐剂会减缓药物分布及由乳房的扩散。这在干奶牛制剂特别有效，如使用单硬脂酸铝或苄星青霉素可以延缓抗生素由乳腺吸收进入血管。

在采用乳腺内疗法时，炎症碎片和药物分布对抗生素的活性影响也需要考虑。对于某些乳牛，特别是乳房较大者提高用药剂量十分必要。商业上证实双倍或三倍用药剂量对乳房较大牛乳腺炎的初步治疗是有效的，但会延长奶的停药期。奶中的抗生素也影响中性粒细胞的活性，很多药物会使中性粒细胞的活性逐渐减小，而恩氟沙星会增加中性粒细胞的活性。

准许用于泌乳牛及干奶牛的药物数量有限（表8-1）。这些也会在使用中改变或被更好的产品所替代。乳腺内药物的有效使用需要深入了解每一牛群乳腺炎状态的各种背景材料。阶段性评估治疗效果要结合全面的细菌培养和考察乳腺炎的控制效果。如同全身给药一样，乳腺内使用抗生素也与该药物乳腺内分布水平有关。乳腺内用药红霉素、大环内酯类（大观霉素除外）、吡利霉素、氨比西林、海他西林、羟氨苄青霉素、新生霉素、利福平和氟喹诺酮有较好分布；青霉素G、邻氯青霉素、头孢菌素、头孢噻呋和土霉素有中等分布；而氨基糖甙类和多粘菌素B则分布最差，这可能与奶中pH值有关。

经治疗后临床症状改善，此时仍需继续进行治疗而不是停止治疗。细菌学治愈率比“临床”治愈率低（牛及乳区的状况改善，但仍可从乳腺和乳区中分离出细菌，并可突然暴发），部分原因就是过早地停止治疗。有一些证据说明，应用乳腺炎体外敏感药物和体外耐药药物时各自的治愈率没有不同，这就是大多数自愈现象的根据。治疗时使用的药物尽管在体外耐药，可在药物赋形剂作用下体内敏感，产生了好的作用。

但一个有效的医生—顾客—病畜的关系建立后，兽医应对食品生产动物所用的药负责。对于批准的和超标使用的药物，虽有立法和管理机关的指导准则，但最终的决定仍由兽医做出。近来，美国兽医协会建议使用10点质量保证纲要以帮助维持肉、奶的安全利用。兽医必须了解对批准使用药物以及超标签使用药物的限制。现在已有许多检查乳汁中抗生素残留的方法。新的检验方法又大大提高了检测药物残留的敏感度。检验极微量的抗生素对于理性的人来说没有意义，但对于极端分子如极端动物权益保护者和乳、肉品质挑剔者例外。

也许更令人震惊的是许多新的检测乳中抗生素的方法能产生很多假阳性。肠杆菌性乳腺炎（未治疗）造成的血清或血浆渗入炎症乳区似乎与抗生素残留试验假阳性有关。因此，未采用抗生素治疗的乳腺炎乳牛产生的假阳性试验结果会迫使乳汁丢弃导致严重的经济损失和信誉的丧失。使用这些试验，如乳磷酸酶试验，Delvo-sp（德尔沃试剂盒）、快速β-内酰胺监测，存在一些固有的问题，就是在用于食用乳大桶混合前的检验时被验证是有效的。在某些情况下，这些相同的检测方法经常被用于个体牛奶的测定。目前研究表明尽管它们具也有很高的敏感性和特异性，但在检测抗生素治疗乳腺炎奶牛奶样时，阳性结果不是很明显。

杂散电压

只有10 V电压差的杂散电压可以导致放乳量小和乳腺炎。一般认为，乳腺炎和杂散电压之间是因奶牛不适才关联起来，因忧虑而放乳量小，而后不完全出乳。乳牛对不断出现的电流反应明显，而电压是进行衡量的指标。

人为造成杂散电压然后观察乳牛产量和食欲的实验获得的结果，大多数平台上的乳牛都能受到水杯或挤奶机与平台之间的电压差。杂散电压有很多原因，如挤奶器接线短路，地面电源线感应产生，远端高强度电源直流电压泄露。遭受杂散电压作用的奶牛不愿进入挤奶间、踢挤奶台或食欲下降和饮水减少。对奶牛存在的杂散电压进行校正是否经济还存在争议，然而，虽然没有研究证明暴露于低水平杂散电压的牛产量下降的问题，但是很多其他的研究却证明，对杂散电压进行校正后乳牛的产乳量会有一个很大的提升。

研究表明将乳牛较长时间暴露于1.8 V的电压下，没有发现不良影响。

造成乳腺炎明显的管理不足及其他生产的薄弱环节不能忽视，不能当成发病农场中的低水平杂散电压问题。当牛群存在乳腺炎问题时，除非乳牛的行为表现出不适应杂散电压，否则低水平杂散电压没有其他管理问题那么重要。

乳变态反应

乳变态反应是乳牛被自身乳房产生的酪蛋白致敏而发生的速发型超敏反应。乳变态反应在干奶后几小时发生。虽然此病在各主要品种的乳牛可见，但以娟姗牛和更赛牛发病最高。各种原因引起的乳汁潴留激发速发型超敏反应，介质释放导致不同程度的荨麻疹和呼吸困难出现。当肺及喉部的水肿导致呼吸困难时，这种超敏反应能危及生命。除典型的皮肤疹块外，在眼睑、唇、外阴的黏膜、皮肤结合处常有水肿。其他激发因素包括推迟挤奶或为产出、销售或摄影使牛乳房膨大。真正的生理学致病机制尚未清楚，因为这些乳牛似乎可以忍受干奶后常规12 h间隔挤奶而不问题。一头乳牛只发生一次或反复发生，因此，干奶是不可能的。有人怀疑这是遗传机制造成的。

治疗包括立即挤出乳汁、使用非甾体抗炎药、抗组胺药、肾上腺素。皮质类固醇只能用于未孕乳牛，因此，任何怀孕的乳牛，常规干奶时不能使用皮质类固醇进行治疗。

乳头切除

当乳头成为严重感染的乳腺有效引流的障碍，并危及乳牛生命时需要进行乳头切除典型的病例是严重的中毒性或坏死性乳腺炎，导致乳汁变成浓稠的凝块或牙膏样分泌物，不能有效地从乳头挤出。坏疽性乳腺炎也应施行乳头切除术。梭状芽孢杆菌引起的乳腺炎也需进行乳头切除。乳头反复受伤并导致继发性乳腺炎的病例为了挽救乳牛的生命也应采用乳头切除术。

是否实施乳头切除术应依据病牛的潜在价值决定。如果乳区必须有更好的引流通道，以及因乳汁的品质导致不能完全挤出时，可以采用乳头切除术。只有当这一乳区将来会绝产或该患病乳区危及生命时才考虑乳头切除术。

切除术应先在乳头根部用无血去势钳夹住，乳头麻醉后施行（坏疽性的乳头除外）。不应损伤近侧乳房，因为该部位内存在在大量静脉丛。乳头被夹住后，用粗齿剪刀从去势器下方切去乳头。有人建议在去势钳放开前进行切除。如果乳区和乳头已坏疽，切除前不需要钳紧和麻醉。

破坏乳区（化学破坏）或乳房切除
KILLING A QUARTER (CHEMICAL DESTRUCTION) OR MASTECTOMY

一个乳区如果不断地出现异常乳，经常暴发临床型乳腺炎需要治疗，或有慢性活动性坏死性炎症，可考虑实施化学破坏。

化学破坏一个乳区显然需要保留乳头来使用化学物质。因此，乳头切除术与此法不能联合使用。化学破坏适用于不危及生命但需要治疗以减轻病畜病情的慢性疾病，或通过接触能散播传染的慢性病。而乳头切除术则用于危及生命的乳腺急、慢性炎症。化学破坏不能应用于最急性或急性乳腺炎，因为它会加重原发性炎症引起的病毒血症及疾病。化学破坏可用多种制剂。各种制剂均应足量注入乳区以便进入整个腺体，可能需要相当大体积的化学药品或化学药品稀释剂。注入的药液应留在乳房内，而且如果可能，将不再挤出。所有的药液将在24～48 h内产生炎症、肿胀、水肿、不适感。除非患牛有全身症状（厌食、发热），否则不应挤出药液。若患牛发生全身性病症，则可在注射24～48 h后挤出药液。起初的急性炎症后乳腺逐渐萎缩，说明腺体的破坏成功。现在使用的化学药剂有：

1. 100 mL 10%的福尔马林，加无菌生理盐水稀释至500 mL，30 mL利多卡因，重力灌注至不能注入为止。
2. 50～100 mL 3%硝酸银溶液。
3. 20 mL 5%硫酸铜溶液。
4. 吖啶黄（1 g/500 mL）的无菌水溶液，重力灌注250 mL。
5. 洗必泰60 mL。洗必泰不会转移到其他没有处理的乳区去；然而，该消毒剂需要在注射乳区里持续作用长达42 d。洗必泰在破坏腺体方面不是很有效，可能需要注射多倍的剂量才有效。
6. 5%聚维酮碘120 mL已用于慢性金黄色葡萄球菌感染的停乳期。在某一研究中，它是比洗必泰注射更好的办法。

乳房内给药任何上述化学物都不符合现有的《食物和药物行为准则》，它是关于食品生产动物的药物使用准则。关于这些化合物的全身吸收还不清楚，而且其中几种化合物属于致癌物质。对于不致癌的化学物，它们的有效持续时间尚不清楚。因此，不推荐对食用动物使用任何干燥剂。

在一些慢性乳腺炎的病例中，乳房切除术被应用于其中。手术需要有经验的兽医来完成。

异常的乳汁气味
ABNORMAL MILK FLAVOR

虽然并非“病牛牛奶”，但腐败的气味仍会给消费者留下很坏的印象。酸败的牛乳皂样，发苦。在巴氏灭菌以前，脂肪酶会使乳汁中的脂肪不断转化为游离脂肪酸。正常情况下，完整的蛋白膜包着乳汁中的脂肪分子，防止被酶转化。所有干扰或破坏蛋白膜加速乳脂分解的因素，应予以避免。宾州大学S.E.Barnard教授说，消费者买的普通牛奶高达70%有酸败现象。他列举了下列造成牛奶酸败的潜在原因：

1. 牛饲料中缺乏足够的蛋白质。
2. 产奶牛挤奶超过305 d。
3. 挤奶管道漏气。
4. 管道内和收集器内产生气泡或充溢。
5. 收集后生奶保存48 h以上。
6. 部分或不能每隔1天从农场收集奶。
7. 不能每个生产日将生奶贮存桶倒空和清洗。
8. 牛奶暴露于铜或氧化金属。
9. 被氯消毒剂和酸污染。
10. 牛奶暴露于荧光灯。
11. 泌乳奶牛摄食洋葱、堆心菊属和小葵花属。
12. 过度搅动大桶乳。
13. 维生素E摄入不足，摄食过量的植物油、大豆和棉籽。
14. 饮用高铁或高铜的水。
15. 食用过香的食物，如油腻食物。
16. 食用低绿色饲料和低乳脂食物。

乳脂的酸败可以导致50%的零售乳产生异味。酸败是由脂肪酸（来自于甘油酸酯的骨架）的水解产生的。脂肪酸的释放产生一种“替代酸”或者产生一种酸败味。酸败可以用酸度值（ADV）来检测出来，它是通过测定短链脂肪酸来完成检测的。该检测方法适用于个体农场乳品，而不适用于大桶乳和混合乳的测定。ADV<0.8表示该乳没有酸败。酸败乳的ADV≥0.8。

（叶思丹、牟爱生译，马欣、孙斌校）

参考文献

Anderson KL, Smith AR, Gustafsson BK, et al: Diagnosis and treatment of acute mastitis in a large dairy herd, *J Am Vet Med Assoc* 181:690-693, 1982.

Anderson KL, Walker RL: Sources of *Prototheca* spp in a dairy herd environment, *J Am Vet Med Assoc* 193:553-556, 1988.

Arighi M, Ducharme NG, Honey FD, et al: Invasive teat surgery in dairy cattle. Part II. Long-term follow-up and complications, *Can Vet J* 28:763-737, 1987.

Barkema HW, Schukken YH, Zadoks RN: Invited review: the role of cow, pathogen, and treatment regimen in the therapeutic success of bovine *Staphylococcus aureus* mastitis, *J Dairy Sci* 89:1877-1895, 2006.

Bayoumi FA, Farver TB, Bushnell B, et al: Enzootic mycoplasmal mastitis in a large dairy during an eight-year period, *J Am Vet Med Assoc* 192:905-909, 1988.

Berry EA, Johnston WT, Hillerton JE: Prophylactic effects of two selective dry cow strategies accounting for interdependence of Quarter, *J Dairy Sci* 86:3812-3919, 2003.

Bleul UT, Schwantag SC, Bachofner C, et al: Milk flow and udder health in cows after treatment of covered teat injuries via theloresectoscopy: 52 cases (2000-2002), *J Am Vet Med Assoc* 226:1119-1123, 2005.

Bloomquist C, Davidson JN: Zearalenone toxicosis in prepubertal dairy heifers, *J Am Vet Med Assoc* 180:164-165, 1982.

Bowman GL, Hueston WD, Boner GJ, et al: *Serratia liquefaciens* mastitis in a dairy herd, *J Am Vet Med Assoc* 189:913-915, 1986.

Brka M, Reinsch N, Kalm E: Frequency and heritability of supernumerary teats in German Simmental and German Brown Swiss cows, *J Dairy Sci* 85:1881-1886, 2002.

Burvenich C, Van Merris V, Mehrzad J, et al: Severity of *E.coli* mastitis is mainly determined by cow factors, *Vet Res* 34, 521-564, 2003.

Bushnell RB: *Mycoplasma* mastitis, *Vet Clin North Am (Large Anim Pract)* 6:301-312, 1984.

Bushnell RB: The importance of hygienic procedures in controlling mastitis, *Vet Clin North Am (Large Anim Pract)* 6:361-370, 1984.

Butler JA, Sickles SA, Johanns CJ, et al: Pasteurization of discard Mycoplasma mastitis milk used to feed calves: thermal effects on various Mycoplasma, *J Dairy Sci* 83:2285-2288, 2000.

Chester ST, Moseley WM: Extended ceftiofur therapy for treatment of experimentally-induced *Streptococcus uberis* mastitis in lactating dairy cattle, *J Dairy Sci* 87:3322-3329, 2004.

Constable PD, Morin DE: Treatment of clinical mastitis using antimicrobial susceptibility profiles for treatment decisions, *Vet Clin North Am Food Anim Pract* 19:139-155, 2003.

Couture Y, Mulon PY: Procedures and surgeries of the teat, *Vet Clin North Am Food Anim Pract* 21:173-204, 2005.

Cullor JS: The *Escherichia coli* J5 vaccine: investigating a new tool to combat coliform mastitis, *Vet Med* August:836-844, 1991.

Deluyker HA, VanOye SN, Boucher JF: Factors affecting cure and somatic cell count after pirlimycin treatment of subclinical mastitis in lactating cows, *J Dairy Sci* 88:604-614, 2005.

Denamiel G, Llorente P, Carabella M, et al: Anti-microbial susceptibility of *Streptococcus* spp. isolated from bovine mastitis in Argentina, *J Vet Med B Infect Dis Vet Public Health* 52:125-128, 2005.

Ducharme NG, Horney FD, Baird JD, et al: Invasive teat surgery in dairy cattle. Part I. Surgical procedures and classification of lesions, *Can Vet J* 28:757-762, 1987.

Erskine RJ, Bartlett PC, Johnson GL 2nd, et al: Intramuscular administration of ceftiofur sodium versus intramammary infusion of penicillin/novobiocin for treatment of *Streptococcus agalactiae* mastitis in dairy cows, *J Am Vet Med Assoc* 205:258-260, 1996.

Erskine RJ, Bartlett PC, VanLente JL, et al: Efficacy of systemic ceftiofur as a therapy for severe clinical mastitis in dairy cattle, *J Dairy Sci* 85:2571-2575, 2002.

Erskine RJ, Eberhart RJ, Hutchinson LJ, et al: Incidence and types of clinical mastitis in dairy herds with high and low somatic cell counts, *J Am Vet Med Assoc* 192:761-765, 1988.

Erskine RJ, Tyler JW, Riddell MG Jr, et al: Theory, use, and realities of efficacy and food safety of antimicrobial treatment of acute coliform mastitis, *J Am Vet Med Assoc* 198:980-984, 1991.

Erskine RJ, Unflat JG, Eberhart RJ, et al: *Pseudomonas* mastitis: difficulties in detection and elimination from contaminated wash-water systems, *J Am Vet Med Assoc* 191:811-815, 1987.

Erskine RJ, Wilson RC, Tyler JW, et al: Ceftiofur distribution in serum and milk from clinically normal cows and cows with experimental *Escherichia coli*-induced mastitis, *Am J Vet Res* 56:481-485, 1995.

Foret CJ, Corbellini C, Young S, et al: Efficacy of two iodine teat dips based on reduction of naturally occurring new intramammary infections, *J Dairy Sci* 88:426-432, 2005.

Fox LK, Kirk JH, Britten A: Mycoplasma mastitis: a review of transmis-

sion and control, *J Vet Med B Infect Dis Vet Public Health* 52:153-160, 2005.
Galton DM, Petersson LG, Erb HN: Milk iodine residues in herds practicing iodophor premilking teat disinfection, *J Dairy Sci* 69:267-271, 1986.
Galton DM, Peterson LG, Merrill WG: Evaluation of udder preparations on intramammary infections, *J Dairy Sci* 71:1417-1421, 1988.
Gibbons-Burgener S, Kaneene JB, Lloyd JW, et al: Reliability of three bulk tank antimicrobial residue detection assays used to test individual milk samples from cows with mild clinical mastitis, *Am J Vet Res* 62:1716-1720, 2001.
Godden S, Rapnicki P, Stewart S, et al: Effectiveness of an internal teat seal in the prevention of new intramammary infections during the dry and early-lactation periods in dairy cows when used with a dry cow intramammary antibiotic, *J Dairy Sci* 86:3899-3911, 2003.
Goff JP: Major advances in our understanding of nutritional influences on bovine health, *J Dairy Sci* 89:1292-1301, 2006.
González RN, Cullor JS, Jasper DE, et al: Prevention of clinical coliform mastitis in dairy cows by a mutant *Escherichia coli* vaccine, *Can J Vet Res* 53:301-305, 1989.
González RN, Sears PM, Merrill RA, et al: Mastitis due to *Mycoplasma* in the state of New York during the period 1972–1990, *Cornell Vet* 82:29-40, 1992.
Green MJ, Green LE, Bradley AJ, et al: Prevalence and associations between bacterial isolates from dry mammary glands of dairy cows, *Vet Rec* 156:71-77, 2005.
Grohn YT, Gonzalez RN, Wilson DJ, et al: Effect of pathogen-specific clinical mastitis on herd life in two New York State Dairy herds, *Prev Vet Med* 71:105-125, 2005.
Hallberg JW, Wachowski M, Moseley WM, et al: Efficacy of intramammary infusion of ceftiofur hydrochloride at drying off for treatment and prevention of bovine mastitis during the nonlactating period, *Vet Ther* 7:35-42, 2006.
Hemmatzadeh F, Fatemi A, Amini F: Therapeutic effects of fig tree latex on bovine papillomatosis, *J Vet Med B Infect Dis Vet Public Health* 50:473-476, 2003.
Hill AW, Shears AL, Hibbitt KG: The pathogenesis of experimental *Escherichia coli* mastitis in newly calved dairy cows, *Res Vet Sci* 26:97-101, 1979.
Hillerton JE, Berry EA: The management and treatment of environmental streptococcal mastitis, *Vet Clin North Am Food Anim Pract* 19:157-169, 2003.
Hillerton JE, Bramley AJ, Staker RT, et al: Patterns of intramammary infection and clinical mastitis over a 5 year period in a closely monitored herd applying mastitic control measures, *J Dairy Res* 62:39-50, 1995.
Hillerton JE, Kliem KE: Effective treatment of *Streptococcus uberis* clinical mastitis to minimize the use of antibiotics, *J Dairy Sci* 85:1009-1014, 2002.
Hoe FG, Ruegg PL: Relationship between antimicrobial susceptibility of clinical mastitis pathogens and treatment outcome in cows, *J Am Vet Med Assoc* 227:1461-1468, 2005.
Hoeben D, Burvenich C, Heyneman R: Influence of antimicrobial agents on bactericidal activity of bovine milk polymorphonuclear leukocytes, *Vet Immunol Immunopathol* 56:271-282, 1997.
Hogan J, Smith KL: Coliform mastitis, *Vet Res* 34:507-519, 2003.
Hortet P, Seegers H: Calculated milk production loss associated with elevated somatic cell counts in dairy cows: review and critical discussion, *Vet Res* 29:497-510, 1998.
Janett F, Stauber N, Schraner E, et al: Bovine herpes mammillitis: clinical symptoms and serologic course, *Schweiz Arch Tierheilkd* 142:375-380, 2000.
Jarp J, Bugge HP, Larsen S: Clinical trial of three therapeutic regimens for bovine mastitis, *Vet Rec* 124:630-634, 1989.
Jones GF, Ward GE: Evaluation of systemic administration of gentamicin for treatment of coliform mastitis in cows, *J Am Vet Med Assoc* 197:731-735, 1990.
Jones TO: Correct use of intramammary treatments at drying off, *Vet Rec* 154:799, 2004.
Kang JH, Jin JH, Kondo F: False-positive outcome and drug residue in milk samples over withdrawal times, *J Dairy Sci* 88:908-913, 2005.
Knight AP: *Plants affecting the mammary gland. A guide to plant poisoning in North America,* Ithaca, NY, 2004, Teton NewMedia, IVIS.
Kristula MA, Rogers W, Hogan JS, et al: Comparison of bacteria populations in clean and recycled sand used for bedding in dairy facilities, *J Dairy Sci* 88:4317-4325, 2005.
LeBlanc SJ, Lissemore KD, Kelton DF, et al: Major advances in disease prevention in dairy cattle, *J Dairy Sci* 89:1267-1271, 2006.
Leininger DJ, Roberson JR, Elvinger F, et al: Evaluation of frequent milkout for treatment of cows with experimentally induced *Escherichia coli* mastitis, *J Am Vet Med Assoc* 222:63-66, 2003.
Letchworth GJ, Carmichael LE: Local tissue temperature: a critical factor in the pathogenesis of bovid herpesvirus 2, *Infect Immun* 43:1072-1079, 1984.
Makovec JA, Ruegg PL: Characteristics of milk samples submitted for microbiological examination in Wisconsin from 1994 to 2001, *J Dairy Sci* 86:3466-3472, 2003.
McDermott MP, Erb HN, Natzke RP: Predictability by somatic cell counts related to prevalence of intramammary infection within herds, *J Dairy Sci* 65:1535-1539, 1982.
McDonald JS, Anderson AJ: Experimental intramammary infection of the dairy cow with *Escherichia coli* during the nonlactating period, *Am J Vet Res* 42:229-331, 1981.
McDougall S: Efficacy of two antibiotic treatments in curing clinical and subclinical mastitis in lactating dairy cows, *N Z Vet J* 46:226-232, 1998.
McDougall S: Intramammary treatment of clinical mastitis of dairy cows with a combination of lincomycin and neomycin, or penicillin and dihydrostreptomycin, *N A Vet J* 51:111-116, 2003.
McLennan MW, Kelly WR, O'Boyle D: Pseudomonas mastitis in a dairy herd, *Aust Vet J* 75:790-792, 1997.
Middleton JR, Hebert VR, Fox LK, et al: Elimination kinetics of chlorhexidine in milk following intramammary infusion to stop lactation in mastitic mammary gland quarters of cows, *J Am Vet Med Assoc* 222:1746-1749, 2003.
Middleton JR, Timms LL, Bader GR, et al: Effect of prepartum intramammary treatment with pirlimycin hydrochloride on prevalence of early first-lactation mastitis in dairy heifers, *J Am Vet Med Assoc* 227:1969-1974, 2005.
Milne MH, Biggs AM, Barrett DC, et al: Treatment of persistent intramammary infections with *Streptococcus uberis* in dairy cows, *Vet Rec* 157:245-250, 2005.
Morin DE, Shanks RD, McCoy GC: Comparison of antibiotic administration in conjunction with supportive measures versus supportive measures alone for treatment of dairy cows with clinical mastitis, *J Am Vet Med Assoc* 213:676-684, 1998.
Nickerson SC: Immune mechanisms of the bovine udder: an overview, *J Am Vet Med Assoc* 187:41-45, 1985.
Nickerson SC: Resistance mechanisms of the bovine udder: new implications for mastitis control at the teat end, *J Am Vet Med Assoc* 191:1484-1488, 1987.
Nickerson SC, Owens WE: *Staphylococcus aureus* mastitis: reasons for treatment failures and therapeutic approaches for control, *Agri-Practice* 14:18-23, 1993.
Nickerson SC, Pankey JW: Cytologic observations of the bovine teat end, *Am J Vet Res* 44:1433-1441, 1983.
Ogawa T, Tomita Y, Okada M, et al: Broad-spectrum detection of papillomaviruses in bovine teat papillomas and healthy teat skin, *J Gen Virol* 85:2191-2197, 2004.
Oliver SP, Almeida RA, Gillespie BE, et al: Efficacy of extended pirlimycin therapy for treatment of experimentally induced *Streptococcus uberis* intramammary infections in lactating dairy cows, *Vet Ther* 4:299-308, 2003.
Oliver SP, Almeida RA, Gillespie BE, et al: Efficacy of extended ceftiofur intramammary therapy for treatment of subclinical mastitis in lactating dairy cows, *J Dairy Sci* 87:2393-2400.
Oliver SP, Gillespie BE, Ivey SJ, et al: Influence of prepartum pirlimycin hydrochloride or penicillin-novobiocin therapy on mastitis in heifers during early lactation, *J Dairy Sci* 87:1727-1731, 2004.
Oliver SP, Matthews KR: Analytical review of new teat dip efficacy claims, *Bov Proc* 26:79-83, 1994.
Owens WE: Evaluation of antibiotics for induction of L-forms from *Staphylococcus aureus* strains isolated from bovine mastitis, *J Clin Microbiol* 26:2187-2190, 1988.
Owens WE, Ray CH, Watts JL, et al: Comparison of success of antibiotic therapy during lactation and results of antimicrobial susceptibility tests for bovine mastitis, *J Dairy Sci* 80:313-317, 1997.

Owens WE, Watts JL, Boddie RL, et al: Antibiotic treatment of mastitis: comparison of intramammary and intramammary plus intramuscular therapies, *J Dairy Sci* 71:3143-3147, 1988.

Parkinson TJ, Vermunt JJ, Merrall M: Comparative efficacy of three dry-cow antibiotic formulations in spring-calving New Zealand dairy cows, *N Z Vet J* 48:129-135, 2000.

Polk C: Cows, ground surface potentials and earth resistance, *Bioelectromagnetics* 22:7-18:2001.

Povey RC, Osborne A: Mammary gland neoplasia in the cow, *Pathol Vet* 6:502-512, 1969.

Power E: Gangrenous mastitis in dairy herds, *Vet Rec* 153:791-792, 2003.

Querengasser J, Geishauser K, Querengasser K, et al: Comparative evaluation of SIMPL silicone implants and NIT natural teat inserts to keep the teat canal patent after surgery, *J Dairy Sci* 85:1732-1737, 2002.

Reed DE, Langpap MS, Anson MS: Characterization of herpesviruses isolated from lactating dairy cows with mammary pustular dermatitis, *Am J Vet Res* 38:1631-1634, 1977.

Roberson JR, Warnick LD, Moore G: Mild to moderate clinical mastitis: efficacy of intramammary amoxicillin, frequent milk-out, a combined intramammary amoxicillin, and frequent milk-out treatment versus no treatment, *J Dairy Sci* 87:583-392, 2004.

Robert A, Seegers H, Bareille N: Incidence of intramammary infections during the dry period without or with antibiotic treatment in dairy cows—a quantitative analysis of published data, *Vet Res* 37:25-48, 2006.

Ruegg PL: Investigation of mastitis problems on farms, *Vet Clin North Am Food Anim Pract* 19:47-74, 2003.

Sargeant JM, Scott HM, Leslie KE, et al: Clinical mastitis in dairy cattle in Ontario: frequency of occurrence and bacteriological isolates, *Can Vet J* 39:33-38, 1998.

Sears PM, Fettinger M, Marsh-Salin J: Isolation of L-form variants after antibiotic treatment in *Staphylococcus aureus* bovine mastitis, *J Am Vet Med Assoc* 191:681-684, 1987.

Sears PM, González RN, Wilson DJ, et al: Procedures for mastitis diagnosis and control, *Vet Clin North Am (Food Anim Pract)* 9:445-468, 1993.

Sears PM, Smith BS, English PB, et al: Shedding pattern of *Staphylococcus aureus* from bovine intramammary infections, *J Dairy Sci* 73:2785-2789, 1990.

Serieys F, Raquet Y, Goby L, et al: Comparative efficacy of local and systemic antibiotic treatment in lactating cows with clinical mastitis, *J Dairy Sci* 88:93-99, 2005.

Shim EH, Shanks RD, Morin DE, et al: Milk loss and treatment costs associated with two treatment protocols for clinical mastitis in dairy cows, *J Dairy Sci* 87:2702-2708, 2004.

Smith GW, Gehring R, Craigmill AL, et al: Extralabel intramammary use of drugs in dairy cattle, *J Am Vet Med Assoc* 226:1994-1996, 2005.

Smith GW, Lyman RL, Anderson KL: Efficacy of vaccination and antimicrobial treatment to eliminate chronic intramammary *Staphylococcus aureus* infections in dairy cattle, *J Am Vet Med Assoc* 228:422-425, 2006.

Sol J, Sampimon OC, Snoep JJ, et al: Factors associated with bacteriological cure during lactation after therapy for subclinical mastitis caused by *Staphylococcus aureus*, *J Dairy Sci* 80:2803-2808, 1997.

Taponen S, Simojoki H, Haveri M, et al: Clinical characteristics and persistence of bovine mastitis caused by different species of coagulase-negative staphylococci identified with API or AFLP, *Vet Microbiol* 115:199-207, 2006.

Thornsberry C, Marler JK, Watts JL, et al: Activity of pirlimycin against pathogens from cows with mastitis and recommendations for disk diffusion tests, *Antimicrob Agents Chemother* 37:1122-1126, 1993.

Tyler JW, Wilson RC, Dowling P: Treatment of subclinical mastitis, *Vet Clin North Am (Food Anim Pract)* 8:17-28, 1992.

Waage S, Mork T, Roros A, et al: Bacteria associated with clinical mastitis in dairy heifers, *J Dairy Sci* 82:712-719, 1999.

Waage S, Odegaard SA, Lund A, et al: Case-control study of risk factors for clinical mastitis in postpartum dairy heifers, *J Dairy Sci* 84:392-399, 2001.

Warnick LD, Nydam D, Maciel A, et al: Udder cleft dermatitis and sarcoptic mange in a dairy herd, *J Am Vet Med Assoc* 221:273-276, 2002.

Wenz JR, Barrington GM, Garry FB, et al: Bacteremia associated with naturally occurring acute coliform mastitis in dairy cows, *J Am Vet Med Assoc* 219:976-981, 2001.

Wenz JR, Garry FB, Lombard JE, et al: Short communication: efficacy of paternal ceftiofur for treatment of systemically mild clinical mastitis in dairy cattle, *J Dairy Sci* 88:3496-3499, 2005.

Wilson DJ, Gonzalez RN, Case KL, et al: Comparison of seven antibiotic treatments with no treatment for bacteriological efficacy against bovine mastitis pathogens, *J Dairy Sci* 82:1664-1670, 1999.

Wilson DJ, Kirk JH, Walker RD, et al: *Serratia marcescens* mastitis in a dairy herd, *J Am Vet Med Assoc* 196:1102-1105, 1990.

Woolford MW, Williamson JH, Day AM, et al: The prophylactic effect of a teat sealer on bovine mastitis during the dry period and the following lactation, *N Z Vet J* 46:12-19, 1998.

Wraight MD: A comparative efficacy trial between cefuroxime and cloxacillin as intramammary treatments for clinical mastitis in lactating cows on commercial dairy farms, *N Z Vet J* 51:26-32, 2003.

Wraight MD: A comparative field trial of cephalonium and cloxacillin for dry cow therapy for mastitis in Australian dairy cows, *Aust Vet J* 83:103-104, 2005.

Yamagata M, Goodger WJ, Weaver L, et al: The economic benefit of treating subclinical *Streptococcus agalactiae* mastitis in lactating cows, *J Am Vet Med Assoc* 191:1556-1561, 1987.

Younis A, Krifucks O, Fleminger G, et al: *Staphylococcus aures* leucocidin, a virulence factor in bovine mastitis, *J Dairy Res* 72:188-194, 2005.

Zadoks RN, Allore HG, Barkema HW, et al: Cow and quarter level risk factors for Streptococcus uberis and Staphylococcus aureus mastitis, *J Dairy Sci* 84:2649-2663, 2001.

Zdanowicz M, Shelford JA, Tucker CB, et al: Bacterial populations on teat ends of dairy cows housed in free stalls and bedded with either sand or sawdust, *J Dairy Sci* 87:1694-1701, 2004.

Ziv G: Treatment of peracute and acute mastitis, *Vet Clin North Am (Food Anim Pract)* 8:1-15, 1992.

第九章
CHAPTER **9**

生殖系统疾病
Reproductive Diseases

Robert Hillman and Robert O. Gilbert

普通教科书的仅仅一章的介绍无法涵盖动物生殖学的全部内容。因此，本书并不想探讨产科学和生殖学的全部内容。本章的重点将直接针对导致出现临床症状和需要治疗的生殖道疾病。对于不孕不育、内分泌学、难产和流产的进一步的深入探讨应该参考标准的动物生殖学教科书。

子宫疾病
DISEASES OF THE UTERUS

子宫积水 Hydrops

病因学

子宫积水或水肿作为一种散发性疾病通常发生在妊娠后3个月。羊膜积水是由于胎儿畸形阻碍了胎儿对羊水的吞咽或者妨碍了羊水在肠道内输送，这种情况大约占了子宫积水病例的10%。尿囊积水是更为常见的情况而且经常伴随有胚胎畸形，其特点是胚胎块和外膜胎盘数量的减少（在子宫内膜和尿囊绒毛膜之间的多重区域，以微型的胚胎块的形式出现）。因此尿囊积水通常被认为是母体胚胎异常，但通常认为羊膜积水是胎儿的问题造成的。尿囊积水会很快引起（几天或几周）腹部膨胀，从后面观察病牛其腹部呈圆形。因此，羊膜积水通常导致腹部缓慢的膨大，最终呈梨形。双生或多胎儿更容易形成尿囊积水。而胎儿畸形常造成羊膜积水。通过体外繁殖技术妊娠，例如克隆和转基胎儿更容易发生胎盘畸形从而加大了患有尿囊积水的风险。营养缺乏也有可能引起尿囊积水。胎儿积水可能归咎于脑脊液（脑积水）或是腹水（通常在爱尔夏牛）的积累。这些牛如果被活着分娩出来，则可以存活，但是不能用于繁殖。

症状

积水的主要外部症状是在妊娠后3个月腹部进行性膨胀，进一步恶化将导致食欲减退和运动及站立的困难（图9-1）。在妊娠中间3个月胎儿异常引起的羊膜积水很少引起腹部膨胀，这比在怀孕最后4~6周出现子宫积水引起腹部膨胀的情况要少得多。膨胀的子宫占据了腹部的太多空间以致压缩内脏使患牛食欲下降。食量的下降和子宫积液的增加使母牛机体虚弱。进食量减少和胎儿营养需要会引起继发酮病以及其他代谢疾病，尤其是当尿囊积水母牛怀有双胞胎时。直肠检查可用来区分羊膜积水和尿囊积水。在羊膜积水的情况

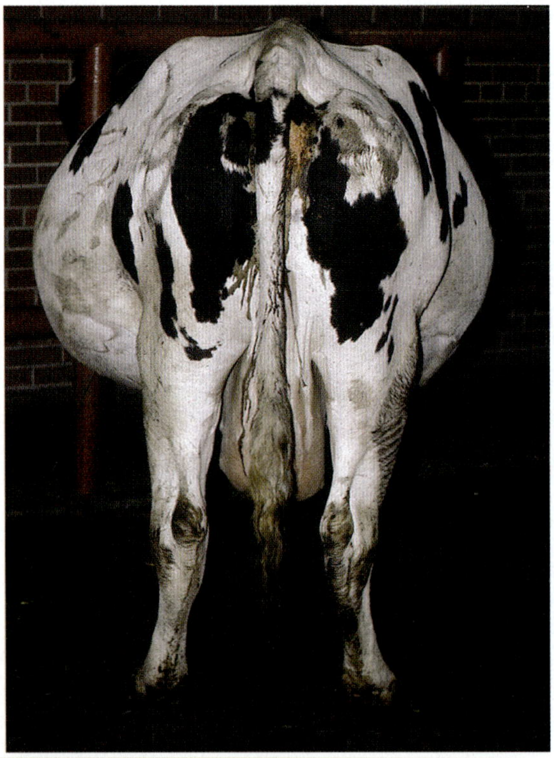

图 9-1
怀孕8个月的荷斯坦母牛尿囊积水。

下，可触诊到胎儿和胎盘，但不易被触诊到子宫角。在尿囊积水中，扩张的子宫角充满了腹部而很难触诊到胎儿和胎盘块，因为子宫被内部的积水伸展拉紧。直检或腹超声检查是很有效的诊断方法。如果没有现场诊断，腹部巨大的重量会导致母牛在挣扎着站立时或滑倒时发生肌肉骨骼系统并发症，例如肌肉拉伤、髋损伤、髋关节脱位和股骨骨折等（由尿囊水肿积聚的液体有200 L或400 lb之多）。耻骨前腱的撕裂和腹壁疝也可能发生。因为尿囊积水容易引起迅速的水肿，在这种情况下比缓慢的羊膜积水病例更容易出现肌肉与骨骼的损伤。

如果患有积水的孕畜分娩或者自然流产便可根据液体性质区分羊膜积水和尿囊积水，前者的液体浓厚黏稠，后者的液体是大量的水样漏出液。

患积水的孕畜体温正常，但由于腹部严重膨胀可出现进行性心动过速，焦躁，食欲减退和脱水。胎儿水肿可能导致难产。

治疗

根据有可能立即发生或者滞后发生的并发症，作出适当的治疗决策。尿囊积水通常预后不良。母体胎盘畸形可能造成胎衣不下和子宫炎这样的严重问题，并且以后无法再配种。如果不进行治疗任其发展，大多数尿囊积水的患畜会发展为卧倒不起，心血管性虚脱和肌无力。羊膜积水较少直接引起胎衣不下和子宫炎等严重的并发症，但是一旦发生这些并发症会使胎儿死亡。也许对于患积水的病畜最重要的是考虑其全身状况。因为此时大多数病牛处于能量负平衡状态，分娩后4~6周内，乳房松弛，产奶也可能不产至少达不到生产性泌乳的水平。因此，除了特别有价值的母牛或者在分娩前2周以内的牛以外都应考虑淘汰。卧倒不能站立及有严重骨骼肌肉损伤的牛应予以淘汰。

对于治疗有多种方案可供选择。如果子宫没有被伸展超过生理极限，那么引产是比较合适的方法，不幸的是这种情况很少。如果选择手术，需要先通过弗利氏导尿管释放子宫内液体30 min至2 h，同时迅速通过静脉给液。这样可以防止由于腹部减压造成的静脉内液流入内脏器官而引发的休克。尽管一些学者认为积水病畜不会出现明显的脱水症状，我们的经验倾向于支持罗伯特（Roberts）的观点，即病畜通常出现脱水。经剖腹产的积水病牛发生脱水会进一步导致静脉压力改变，继而出现内脏淤血，发生休克的危险增大。

雷布汉博士（Dr. Rebhun）的做法是通过肌肉注射前列腺素（$PGF_{2\alpha}$）30~40 mg和20 mg的地塞米松进行引产。也可通过在子宫外口和子宫颈管手工敷用人造前列腺素E来使子宫颈松弛。人用的妇科前列腺素E非常贵，但我已经在一些病牛中成功使用米索前列醇（1 000 μg与无菌妇科凝胶混合每天使用3次）作为子宫颈松弛的辅助用药。孕妇慎用此法！大多数接受此混合用药的孕牛会在24~48 h内分娩，需要严格监护。对于表现任何程度脱水或食欲下降的孕牛均应进行静脉输液治疗高张生理盐水十分有效。当孕牛表现出酮病或低血钙症时应补给葡萄糖或钙。受治疗牛应安置在铺垫好的产房内并严密监视以便助产。胎儿一生下来就立即挤奶，即使乳房中奶很少。大多数出生的胎儿和犊牛都不正常，体型小或者没有生命力。如果牛犊比母牛更有价值并且超声检查显示牛犊有生命迹象，则采用地塞米松并在24 h后进行剖腹产，提高牛犊的存活几率。明显比较健康的牛犊应由其他母牛为其提供初乳，因为母畜不能产生正常的初乳。接近分娩的母牛预后较好。应注意子宫炎和胎衣不下的出现，并用抗生素预防。临床医生应当预期母牛在分娩后将可能有很严重的子宫迟缓，并且经历拖延更久的子宫复旧。尽管胎儿肾脏异常更可能与尿囊积液有关，雷布汉博士（Dr. Rebhun）曾治疗过一只羊膜积水并产出多囊肾胎儿的母牛。分娩后存活并且没有发生子宫炎的尿囊积水患畜不应再次配种。如果是由于胎儿水肿造成难产，通过排出过多积液利于分娩进行。

由于胎衣不下、子宫炎、不育症及存活胎儿预后不良这些顽固性并发症的出现，对于患有尿囊积水母牛的淘汰可能是更为经济的选择。羊膜积水的病畜存活及生育的可能性更大，但不应再与同一头公畜交配。

耻骨前腱断裂及腹下疝

Rupture of the Prepubic Tendon and Ventral Hernia

病因学

耻骨前腱断裂和腹下疝通常在妊娠的最后一个

月发生。造成该病的原因包括妊娠子宫重量大和分娩前腹下的水肿。其他原因还有母牛怀有双胞胎、多胞胎以及患有子宫积水。虽然该病多见于腹下垂的经产母牛，但初产母牛也可发生。直接创伤(尤其是来自有角动物的攻击)、异物打击或者滑倒在有危险的地面上均是造成该病的直接或诱发性因素。使子宫重量增加的因素仍是该病的主要原因。有血肿形成及明显肿胀的腹侧壁疝在妊娠时很少发生。

临床症状及诊断

耻骨前腱断裂使乳房前部两侧或全部的界限消失并使乳房下垂，与下垂的腹壁连成一片(图9-2)。因为腹内极度疼痛，病牛呈锯木架姿势并且不愿卧下(图9-3)。卧下时努力采取侧卧的方式来避免压迫下腹。病牛腹部膨胀通常很明显。畜主通常在耻骨前腱断裂前就会观察到明显的或非典型的腹部广泛扩张，而且母牛与母马一样，耻骨前腱断裂可能出现在两侧腹部严重膨胀及腹下出现大块的水肿之后。这些特征是严重的症状，被称为“耻骨前腱断裂的前兆”。

腹下疝与耻骨前腱断裂的发病原因相同，但是可能只表现一侧腹部下垂并伴有乳房前部与患侧腹部的关系异常。据报道，牛腹下疝更常发生在右侧，但两侧均可发病。

当前兆转变为疝时两种病均会出现急性疼痛。典型症状为心动过速，呼吸急促，焦虑，不愿走动和卧下，以及典型的锯木架姿势。通常耻骨前腱断裂比腹下疝疼痛更加明显，但也有例外。

从理论上讲，直肠检查可用来区分耻骨前腱断裂和腹下疝。当耻骨前腱断裂时，骨盆前侧边缘可能略向上倾斜，手会因耻骨前腱前缘的断裂而可以在骨盆下握成杯状。而当腹下疝发生时，不一定能触诊到疝，但由于耻骨前腱与骨盆边缘相连，因此可以在后腹部触诊到耻骨前腱。

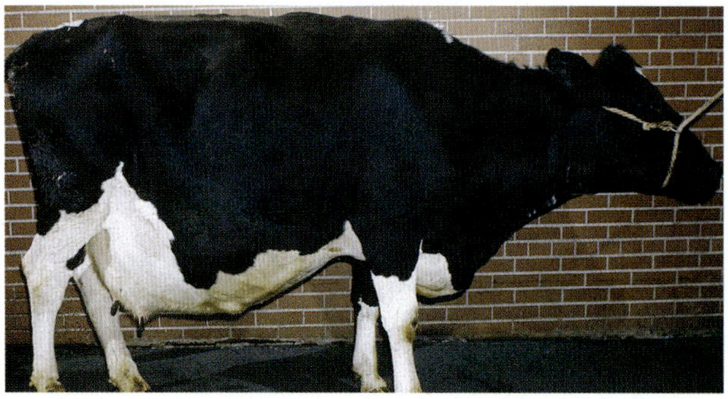

图 9-2

6岁的荷斯坦母牛耻骨前腱断裂。

图 9-3

已证实怀双胞胎的初怀小母牛耻骨前腱断裂。小母牛呈锯木架姿势并且由于严重的腹痛而不愿卧下。

因为疼痛和不能产生正常腹压，可能导致难产。因此，两种情况下均需要对母牛进行助产。而且怀有双胞胎或者子宫积水的母牛症状会比较明显，使发生难产的几率加大。患耻骨前腱断裂的病牛应该被淘汰或安乐死，因为此病能导致剧烈的疼痛。患有腹下疝的并且疼痛不明显的病牛可以保留用来泌乳而不能用来繁殖。对于出现“断裂前兆”或者怀疑有积水的母牛，应立即引产或进行选择性剖腹产，以防腹壁疝或耻骨前腱断裂的发生。处于两种中任一种情况的病牛，并且卧倒不起无法站立或已经继发肌肉骨骼并发症，应当处以安乐死。

在对这些病牛进行引产时，要一直进行监护。插入鼻呼吸管或者口腔呼吸管以降低腹压防止腹壁疝恶化，而且仍可以通过牵引术接生胎儿。

仅根据临床症状就能对耻骨前腱断裂和腹下疝进行特异性诊断，但应注意区分大的血肿，乳房前部或背部脓肿及严重的产前腹下水肿、炎性腹下水肿、乳房静脉血栓继发的水肿等。乳房与腹下部的解剖学关系通常足以区分上述情况。超生诊断提供了更为明确的诊断信息。大的乳房血肿往往导致贫血，而脓肿则可引起发热。当诊断结果可疑时超声扫描技术会提供有效的帮助。

子宫扭转 Uterine Torsion

病因学

从事牛病的兽医对奶牛因子宫扭转引起的难产非常熟悉。尽管在具体病例中很难查明引起子宫扭转的真正原因，但分娩时间延长，突然跌倒或滑倒，腹部的悬垂，剧烈的胎动，子宫肌肉松弛可能是造成该病的原因。单子宫角受孕(孕体无法占据两侧子宫角)尤其是单子宫角的双胎受孕可能导致子宫不稳定及诱发子宫扭转。子宫扭转在Bos indicus的种族不常见，那里的牛与Bos taurus奶牛相比子宫韧带阔与子宫角的连接长度更大。许多临产的子宫扭转发生于分娩第一阶段的后期或第二阶段的前期。其他子宫扭转是子宫发生45°或者大于45°的部分扭转，这种状态可能会持续数周或数月而不表现症状，直到发生进一步的扭转而影响胎儿和子宫血液供应。

另外，对于以上临产的情况，子宫扭转可能在分娩前一两个月内出现临床症状。这些牛的子宫扭转超过180°，并且出现类似肠梗阻的症状。罗伯特(Roberts)报道说奶牛早至妊娠70 d时就观察到了子宫扭转。大多数在妊娠中期3个月发生子宫扭转的病牛以急腹症或腹痛为特征。

临床症状及诊断

尽管子宫扭转造成的急腹症并不常见，但是当母牛表现有急腹症并且已经妊娠4个多月时，进行鉴别诊断时应当考虑子宫扭转。这些牛的早期症状与那些更常见的临产时子宫扭转的病牛相似，包括:不安，踏地，焦虑，心动过速，食欲减退和摇尾。病牛有时不愿卧下、频繁起卧或急躁。随着病情的发展，可能会出现食欲废绝、进行性心动过速、真性急腹症以及踢腹等表现。因为在妊娠中期牛的这种症状很少被怀疑为子宫扭转，因此，如果当作肠道疾病并对症治疗的话就会延误诊断。直肠检查可确定是顺时针还是逆时针扭转。大多数妊娠中期子宫扭转程度>180°，因此，顺时针扭转(向右扭转)表现为右子宫阔韧带被拉到扭转了的子宫的下方，而左子宫阔韧带被拉至生殖道的顶部上方；逆时针扭转(向左扭转)的情况正好相反。胎儿的成活力依据触诊及超声检查来确定。逆时针扭转略为常见，因为子宫朝向未受孕的子宫角一侧扭转。

治疗

与治疗临产期子宫扭转(例如手工扭转矫正，机械扭转矫正，肋腹放硬板并滚动肋腹放硬板并滚动)不同，发生于妊娠中期的子宫扭转最好在剖腹手术后进行手工矫正。滚动母牛或者使用肋腹侧方硬板的方法往往行不通。因为缺少胎儿的重量，并且冒着造成出血或产生漏出液及腹膜渗出液的风险，会对已经损伤的子宫造成进一步损伤。以前曾在一些早期病例使用滚动的方法，结果失败后进行剖腹，发现腹腔内有严重的血性渗出物并且有明显的出血。而当诊断较早并且采用剖腹术矫正治疗，在妊娠中期发生子宫扭转的母牛产出活的小牛的几率将大大增加。被忽视了的病例、严重子宫扭转的病例或者有明显的血管损伤的病例可能在矫正后出现胎儿死亡或最终流产。延误了的病例可能会发生子宫坏死并死于败血症。

子宫破裂 Uterine Rupture

病因学

子宫破裂是牛难产的不良结果。尽管在非助产分娩后很少见到子宫破裂，但在强行牵引、子宫扭转、分割胎儿或者分娩气肿胎儿时却可出现。医源性子宫破裂也可能是由于兽医在长时间努力解决难产的过程中因为筋疲力尽而出现的操作失误。长时间的难产、胎儿气肿以及在牵引过程中润滑不充分会使胎儿与产道间阻力增大，容易引起子宫破裂。子宫与骨盆边缘腹压增大也可能导致压迫性坏死或者自发性子宫破裂。

临床症状

兽医在治疗难产时，应该在母牛产出犊牛后立即用手通过阴道检查子宫颈和子宫。除非损伤是发生在兽医无法触及的子宫角远端，否则此时是可以被诊断出子宫全层撕裂的。

如果子宫破裂开始时没有检查出来或者没有请兽医治疗难产，那么临床症状就会在产后1~5 d内表现出来。主要症状有精神沉郁、食欲不振、发烧、心动过速、瘤胃停滞和由于腹膜炎而出现的腹部保护反应。因为大面积腹膜污染，有些病牛迅速发展为败血性休克。这种情况尤其容易发生在难产时间长、胎衣不下、胎儿气肿引起细菌进入子宫并迅速扩散到腹腔时。胎膜可能会通过撕裂的子宫进入腹腔而导致致死性的腹膜炎。严重子宫破裂以及因难产而出现里急后重的病牛其肠道可能经生殖道脱出并可由外阴处见到。由于难产未治疗而发生的子宫破裂偶尔会引起犊牛或胎儿经子宫进入腹腔。由于纤维蛋白粘连迅速在腹腔内散布，减少了子宫修复的机会，所以，明显的腹膜炎症状使得预后不良。当怀疑子宫破裂时应做相应会阴和外阴的处理，然后用手进行阴道检查。母牛产后48 h之内手可以很容易地进入到子宫内，但如果母牛产后超过48 h则手便很难通过子宫颈。使用内窥镜可能会有帮助，但是触诊到破裂口仍是确诊的最好方法。大多数子宫破裂发生在子宫背侧和子宫颈正上方。产后立即检查出子宫破裂时，应该与畜主共同商讨治疗方案。对于价值一般的牛来说淘汰是最好的选择。当破裂发生于子宫背侧并且开口较小时可尝试保守疗法。保守疗法使用全身性广谱抗生素，并反复使用催产素治疗。因为难产引起大量细菌污染子宫和腹腔，所以，保守治疗效果不好。当母牛分娩出活的犊牛后在子宫背侧裂口较小，胎衣没有污染腹腔的情况下，预后较好。

当病牛价值很高时，那么采取激进的疗法包括子宫撕裂修补术可能是必要的。

治疗

特效疗法包括外科修复撕裂、强化抗生素疗法治疗或预防腹膜炎，以及根据具体病例采取不同的支持疗法。外科修复通过产道进行，通常是在看不到的情况下，所以非常困难，很少成功。即使在手术中进行硬膜外麻醉，并使用超长器械，这一手术还是非常困难。只有当子宫破裂立即被发现，并且子宫颈口开张得足以允许两只手同时操作时，这一手术才有可能进行。

剖腹产后进行外科修复是较好的选择，但是也有困难，因为撕裂的位置经常位于背侧并且靠近子宫颈，因而一旦子宫复旧开始，很难从胁腹部够到撕裂部位并进行有效缝合。这类修复手术要尽可能在腰旁窝靠后部作切口以便于观察和修复破裂。让助手伸入一只手臂到生殖腔中使产道正对术者会有利于手术的进行。对于诸如胎儿或胎膜游离于腹腔中的少见病例也有必要进行胁腹处的剖腹手术。

最近我们尝试了将奶牛子宫通过产道尾部翻转脱出后进行子宫破裂修复手术。该手术需要使用药物松弛子宫以便人工使其脱出。当兽医将戴手套的手臂伸入子宫颈并握住子宫时，助手通过静脉注射缓慢注入1∶1 000的肾上腺素10 mL。当子宫松弛时将其拉出阴道并进行修复。然后像修复自然脱出的子宫一样将子宫送回正常位置。尽管肾上腺素能使子宫松弛，但拉出子宫可能仍很困难。另外，静脉注射肾上腺素会对心血管系统构成威胁，与其他修补方法相比，这可能是两害相较取其轻的方法。

手术前要用杀菌性抗生素，如果修复成功，手术后至少还要用2周。用生理盐水和抗生素或稀释的聚维酮碘进行腹膜内冲洗，当手术修复在胁腹部进行时，冲洗更为方便。继续进行支持疗法，例如静脉补液和NSAIDs，对于出现早期休克的牛可给予短效的皮质激素。注意子宫破裂的牛预后不良。

子宫脱出 Uterine Prolapse

病因学

对于从事牛病的兽医来说子宫脱出是一种常见病。对于奶牛，该病被认为是非遗传性的并且很少在再次分娩中复发。尽管对于单个病例来说确切的病因难以确定，但可能的诱因包括难产，里急后重和低血钙。初产奶牛可能会发生，经产奶牛危险性更大。当分娩奶牛在普通的牲口棚中分娩时，空间的限制、缺乏经验以及由于后躯位置低于前躯而受重力影响，都有可能促发子宫脱出。通常由多产奶牛的低血钙造成的子宫迟缓也是子宫脱出的常见原因。

子宫脱出通常在产后数小时内发生，而且几乎均在24 h之内。有许多兽医师给出奶牛在分娩后几天发生子宫脱出的病例，但非常少见。

临床症状和诊断

子宫脱出的临床症状非常明显，足以确诊(图9-4)。偶尔有新手或那些个别没见过该病例的人会将子宫脱出与阴道脱出相混淆，但子宫完全脱出时不易与其他病混淆。子宫内膜上明显的胎盘块使子宫很难与其他器官混淆。然而病牛可能显得很健康，初产奶牛就常见此情况。子宫脱出的经产母牛通常表现不同程度的低血钙症，如虚弱、沉郁、体温低、焦躁、挣扎、虚脱和昏迷。大多数病例表现出里急后重。注意区分休克与低血钙的症状，因为一部分子宫脱出的病牛可能因为内出血或外出血，脱出器官破裂及肠管嵌顿在脱出的子宫中而继发低血容量性休克。这类病牛有可视黏膜极为苍白，心率快和虚脱的严重症状。除了奶牛分娩了没有被发现的情况外，大多数奶牛不会因子宫脱出而死亡。已经脱出的子宫经常被垫料、粪便、污物或胎衣严重污染。胎盘块或子宫内膜暴露的伤口常发生出血。如果病牛能够站立和行走，那么，大块的脱出子宫就会悬吊于踝关节附近，并且可能因其反复碰撞后躯而被拉长、损伤或撕裂。

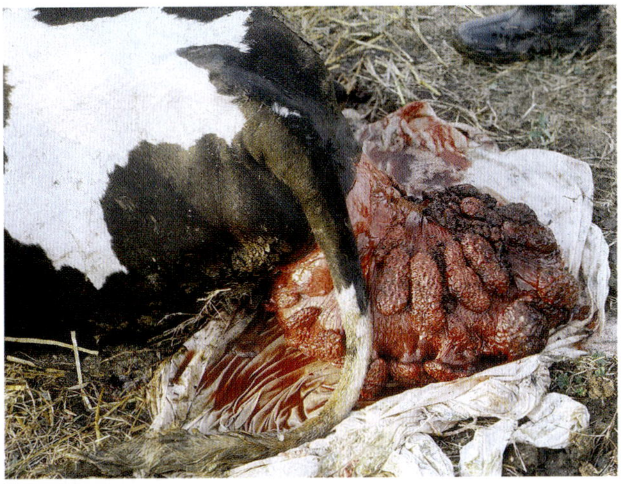

图 9-4

子宫脱出。

治疗

子宫脱出病例的确是奶牛急诊病例之一，畜主尽快发现病情并请兽医治疗会大大改善预后。发现子宫脱出后，兽医应告知畜主使牛保持安静，清洗暴露的子宫并保持其湿润。用毛巾或床单蘸1%温热的碘溶液清洗效果更好。如果有条件，畜主可以按要求将子宫抬高到坐骨水平或更高些，以减轻血管损伤和防止继发水肿，同时也减少了子宫受损伤的危险。兽医在对病牛进行具体的处理前应先整体观察，对病牛的情况做整体估计，包括判断母牛的姿势、机体的总体状态以及环境。特别要注意以下几点:

1. 在现有的环境下是否便于改变母牛的姿势，以便于子宫复位?

2. 母牛是否有低血钙症?对低血钙的治疗是否马上就见效，还是可以等到子宫复位后再治疗低血钙症?用钙制剂治疗母牛是否可以提高母牛站立的可能性?有些兽医喜欢在母牛站立时进行子宫复位的操作，其他兽医则倾向于在母牛卧倒时进行。使用钙制剂进行治疗会增加子宫紧张度，从而使子宫复位更加困难；如果母牛可以经受得住，最好是复位之后再使用钙制剂治疗。

3. 病牛是否发生了休克，如果是，应当告知畜主结果预后不良，以免兽医在治疗母牛过程中或治疗之后因母牛的死亡而受到责备。

4. 母牛的站立点是否合适，或者应当将母牛转移至更便于其站立的位置。

短短几分钟的整体情况的评估，了解动物病史并迅速进行全身检查可以大大改善治疗结果。

对于何时使用钙制剂，实施复位手术是在病牛卧倒时还是在站立时，什么时候进行药物治疗以及如何护理等具体的治疗方法，根据不同兽医个人主观意见的不同有很大差别。然而对于基本的问题大多数兽医看法一致:

1. 在进行复位时进行硬膜外麻醉以减轻里急后重并避免与母牛较劲。

2. 母牛的位置要固定以便于兽医操作。母牛可能已经可以站立，或兽医可以通过治疗低血钙使其站立一段时间，以便在母牛站立条件下实施复位操作。对于卧倒于平整地面的牛应将其后腿拉至体后使其胸骨着地侧卧，并使动物后腿拉至尾部使其膝盖骨着地，这样便于矫正(图9-5)。但如果牛挣扎站立，这种姿势可能会造成髋部损伤。这种方法使得

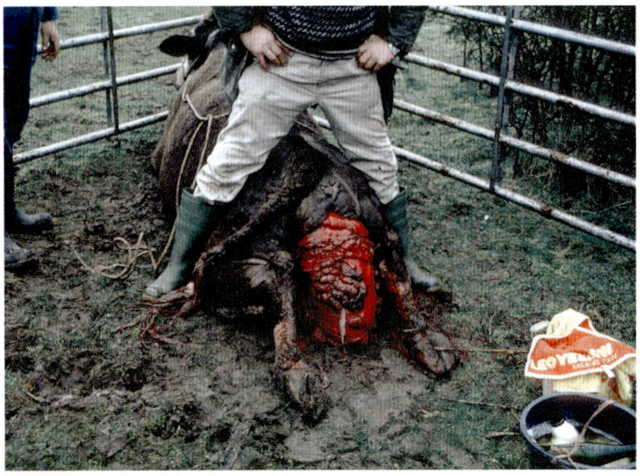

图 9-5

子宫脱出的成年母牛保持胸骨卧倒姿势进行子宫复位(照片由Dr.Nigel Cook提供)。

骨盆向前倾斜从而从机械角度获得重力上的优势。如果母牛是在不平整的地面上，那么可以使其前躯顺坡向下而很容易获得明显的重力优势。如果缺少劳动力或者外界条件不便于获得重力优势，使用髋部悬吊的方法将母牛后躯提起也可促进子宫复位。牵拉脱出子宫造成子宫额外张力可能会导致子宫动脉的破裂。

3. 应将子宫至少提升至坐骨水平以减轻脉管系统的损伤和水肿。当母牛站立时可由1或2名助手用毛巾、床单或子宫专用托盘将子宫托起。而当母牛卧倒时，助手应坐在母牛的骶区，面向后将子宫提至自己的膝盖处或者用毛巾将子宫悬吊起来。

4. 轻柔地将子宫表面的碎片、污物和胎盘小心地全部除掉。通常情况下胎盘块水肿使子叶和肉阜很容易分开。可以将稀释的消毒液加入用于清洗的水中以防止子宫受到进一步污染。清洗过程中，轻轻地按压和按摩子宫有利于促进子宫恢复张力并缓解水肿。

5. 比较有争议的做法是在子宫复位前注射催产素或麦角新碱。有些兽医在子宫复位之前注射这些提高子宫张力的药物，特别是在子宫完全松弛、水肿，以及在复位过程中很有可能发生医源性穿孔的条件下。其他兽医(可能是大多数)喜欢在复位之后使用提高子宫张力的药物，因为担心收缩的子宫会产生更大的阻力而难以复位。

6.固定好母牛的位置并且冲洗子宫后，以缓慢按摩和轻推的方式从离外阴最近的子宫颈末端开始回送脱出的子宫。使用软肥皂水或产科专用润滑剂至关重要，这有利于复位操作。如果有条件，丙三醇是效果很好的润滑剂，因为它还有吸水的作用可以减少子宫渗出液。术者一定要注意不要将手指穿透脆弱的子宫内膜或子宫壁；最好将手指并拢成杯状。如果发生医源性子宫破裂，需要进行内翻缝合。如果子宫脱出后发生子宫破裂并导致严重的腹腔感染，要如实同畜主商量淘汰母牛的问题。单个的肉阜通过外阴时要轻，并且在严重的里急后重的情况下可能有必要停一下。缓慢、逐渐地进行操作直到只剩下一部分孕侧子宫角暴露在外。这时可辨认出子宫角顶端，用手和胳膊将子宫角和子宫体充分外翻并完全推入腹中。外翻后，轻轻摇动子宫确定子宫角完全外翻，以使再次脱出的机会减至最小。有些兽医使用瓶子作为“手臂的延伸”以辅助子宫角的完全复原。受孕侧与非受孕侧子宫角的完全外翻非常重要，以防止硬膜外麻醉过后里急后重导致再次脱出。

7. 全身应用催产素或麦角新碱，并进一步触诊子宫以确定其反应如张力是否增强等。可以使用子宫内抗生素治疗，并且应该用全身抗生素如青霉素或头孢噻呋治疗3~4 d以防止子宫炎的发生。不要让病牛以后躯向下的姿势俯卧或在沟槽内俯卧。在子宫复位前患低血钙而没有治疗的母牛此时应给予适量的钙。

在子宫复位手术后进行外阴处固定缝合的方法也存在争议。外阴缝合对于预防子宫的脱出无效，并且在个别情况下可能会掩盖子宫滞留于阴道内的情况。因为通常子宫脱出的诱因为子宫迟缓，因此将子宫完全恢复至正常位置并加强子宫张力的治疗足以防止子宫脱出的再次发生。

预后

单纯的子宫脱出预后很好，而且在通过日常检测和治疗子宫炎大多数恢复得快的牛会再次繁殖。并且，发生过子宫脱出的奶牛在以后分娩中发生子宫脱出的几率并不高。更有75%或更多曾子宫脱出的奶牛可恢复到正常。

恢复不好的牛，少部分在1~3 d内会再次脱出，有些根本无法复位，有些因在子宫脱出后发生子宫内肠嵌顿或出血而死亡，有些会因子宫撕裂而发展成严重的腹膜炎，有些脱出的子宫发生不可修复的损伤。当休克症状明显时，应该告诉畜主无论在复位手术过程中还是之后，母牛均有可能死亡。子宫再次脱出是个非常坏的信号，首次治疗后反复发作的母牛很少会转为正常。比较明智的做法是在修复手术3 d后对所有患有子宫脱出的母牛进行复诊判断牛的全身状况，并对子宫炎或子宫损伤病牛提出具体治疗建议。同时应当与畜主商讨进一步使用抗生素或其他方法治疗的可能性。

胎衣不下
Retained Fetal Membranes

病因学

胎衣不下或胎衣滞留是奶牛的一种常见疾病。胎衣应在正常分娩后8 h内排出，因此胎衣在体内滞留超过8~12 h则是不正常的。在怀孕后期发生感染性流产或散发性流产常导致胎衣不下。与正常分娩相比较，积水、子宫扭转、双胞胎和难产均可增加胎衣不下的发病率。热应激和围产期低血钙症容易造成胎衣不下。使用药物学方法如类固醇激素进行引产也会导致胎衣不下。其他原因还有营养学因素，如干奶期母牛营养过剩、硒和胡萝卜素的缺乏、维生素A水平低下如发生在表皮角化病以及溴化联苯中毒时与胎衣不下、子宫炎和流产有关。在缺硒地区，硒缺乏的牛胎衣不下、子宫炎、卵巢囊肿的发病率可能升高。维生素E可提高中性粒细胞的功能，可能也与本病有关。饲喂从缺硒地区引进的饲料时应测定硒水平并按需要补硒。维生素E和硒与胎衣不下的关系，可能是由于单纯的缺乏，或是影响了中性粒细胞的功能。

分娩后发生胎衣不下的奶牛以后再次发生的风险更大。流行病学研究或许提供了更为重要的信息:发生过胎衣不下的奶牛，其代谢性疾病、乳腺炎、子宫炎和继发流产的发病率更高。尽管许多发生胎衣不下的牛由于子宫暂时性的正常而不出现任何症状，但毫无疑问的是胎衣不下会继发其他疾病。已经得到证明，胎衣不下会引起围产期的牛中性粒细胞功能障碍，由此可以一定程度地解释发生胎衣不下的牛对子宫及其他部位感染抵抗力降低这一现象。除了影响到中性粒细胞功能外，母牛发生胎衣不下而继发急性子宫炎可能引发中性粒细胞急性地聚集到受感染的子宫而造成外周血液中性粒细胞缺乏，这已经通过观察一些脓毒性子宫炎的病牛白细胞退行性核左移而得到证实。尽管大多数胎衣不下的牛并不发生脓毒性子宫炎或慢性子宫内膜炎，但仍应该抓紧治疗胎衣不下，主要是因为哪些牛会继发严重的临床后遗症是很难预料的。

最近的研究巩固了这一假设:干奶期后期发生的中性粒细胞功能障碍会诱发胎衣不下。减少的中性粒细胞向胎盘组织迁移可以在奶牛分娩前2周检测出，然后发展为胎衣不下。中性粒细胞的其他功能，例如氧化功能（中性粒细胞吞噬细菌时的现象)在患有胎衣不下的牛也会受损。有记录表明，患有低血钙症的牛也有中性粒细胞功能障碍。许多胎衣不下的致病因素确实与中性粒细胞功能障碍有关，包括维生素和矿物质的缺乏，热应激及外源性类固醇的使用。中性粒细胞功能低下对奶牛的影响可能持续到产后期并且很有可能诱发由胎衣不下导致的大多数并发症。

临床症状及诊断

当胎衣突出于外阴或悬挂在外阴与乳镜、乳房后部或踝关节之间时，临床症状很明显图(9-6)。当胎衣滞留在子宫中或进入子宫颈或阴道时，临床症状不明显，需要进行阴道检查才能查出。其他的临床症状完全取决于继发病的发展。子宫炎是最常见的继发病，子宫炎和子宫内膜炎的临床症状与在子宫炎一章的讨论相同。当有子宫炎时继发的代谢性疾病可能与胎衣不下直接相关，或者子宫炎不明显时，两者只是并存。如前所述，乳腺炎、代谢疾病、尿路上行性感染、皱胃移位这些疾病，与中性粒细胞功能障碍而并发的子宫炎或者其他感染，导致的胎衣不下有关。

由于突出的胎衣不断刺激生殖道后段，一些牛会出现里急后重。最终滞留的胎衣散发出恶臭，特别是在发生子宫炎时。可能最初正是这些症状促使畜主找兽医或自己对病畜进行治疗。

如果为接受治疗，大多数滞留的胎衣会在产后

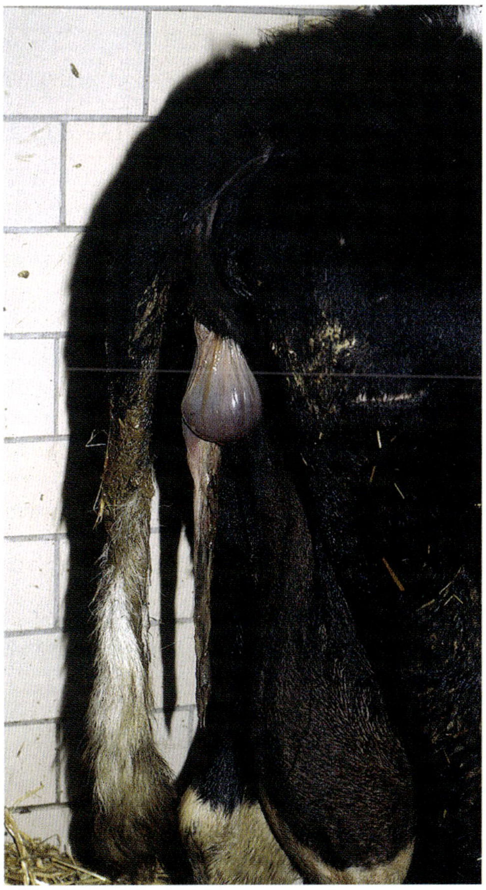

图 9-6

胎衣不下。

的第3~12天分离排除。不幸的是，一些胎衣不下的母牛由于子宫颈闭锁或抗生素的治疗，完全滞留在子宫内的胎衣可能在子宫中滞留更长时间，或到产后第一次发情后才能排出。这些牛的病情可能因为继发子宫炎和恶臭液体的滞留而加重，但最初由于分泌物很少而不容易被察觉。

关于奶牛胎衣不下的临床意义的讨论非常激烈。因为仅有一小部分胎衣不下的奶牛会发病，而且大量研究表明大多数奶牛随后的生产过程中，可以自然排出滞留胎衣并不影响以后的繁殖，那么为什么兽医还要考虑治疗胎衣不下呢?一篇常被引用的1932年的参考文献具体描述了44头未经治疗的胎衣不下的牛与44头未患胎衣不下的同群牛后来生育情况的比较，结果显示两者并无差异。很多其他的研究表明，人工去除滞留胎衣不但没有必要反而可能会有害。单单对于排出滞留不下的胎衣来说，尽管可以承认这些研究数据，但这些研究忽略了胎衣不下的牛全身健康状况。例如，在帕尔默(Palmer)1932年发表的文章中，患有胎衣不下的奶牛仅有31.8%在产后7周食欲正常，而只有29.5%的牛产奶量较好。这些数据似乎支持奶牛畜主的观点，即忽视对奶牛胎衣不下会导致灾难性后果。对于肥胖的奶牛这一点更为确切。食欲下降导致的代谢疾病或皱胃变位，对于许多由胎衣不下而引起中度或严重子宫炎的奶牛来说，无疑是个严峻的问题。即使经过一定的时间，胎衣不下可以完全自愈，但相关或继发疾病发生的可能性依然存在，而对现代化高产奶牛畜主来说，对于胎衣不下的“不作为”通常是一场潜在的经济赌博。

治疗

在罗伯特(Roberts)的教科书中，详细总结了纽约州立兽医学院流动诊所经过几十年对上千头胎衣不下奶牛进行治疗的经历。这些总结数据显示少进行激进性和操作性的治疗，配合以子宫内或全身抗生素治疗(根据病牛个体的需要和子宫炎的严重程度来确定)能大大地减少胎衣不下病牛的死亡率。治好了胎衣不下并且发情周期正常的牛，在90 d开始配种时，应该具有和无病的同群牛相似的生育率。但像当今通常做法在50~60 d开始配种则需要对牛群进行辅助治疗。

对于胎衣不下进行治疗的方案基于预防或治疗子宫炎或其他并发症的需要。一些兽医和畜主采取“等待和观望”的态度尽可能避免使用抗生素类药物。另一些畜主其牛群子宫炎、酮病或胎衣不下继发皱胃变位等的发病率高，则倾向于采用治疗和预防的措施。有难产、双生、引产、肥胖、脂肪肝或胎衣不下记录的奶牛发生子宫炎的几率更高，适合预防疗法。相对于重点治疗已经发生胎衣不下的奶牛来说，对后代牛加强饲养管理将更大程度提高利润。

治疗方法包括:

1.不采取任何措施。当出现胎衣不下的牛无临床症状时可使用这种方法。胎衣排出后，配种前的常规产科检查可判断是否需要进行激素或抗生素的治疗。

2.使用全身抗生素进行预防。通常选择头孢噻呋(2.2 mg/kg，每日1次)来减少对牛奶品质的影响。一旦胎衣不下被确诊为病理性的(12~24 h)，则应该立即进行治疗，每天给药一次，连续3~7 d或直到胎衣排出。由于产后早期的奶常要被废弃，所以产后立即使用全身性抗生素治疗对经济影响小，但继续进行长期治疗，会由于药物的开销和奶的损失而对经济产生重大影响。对于患子宫炎危险性较高的奶牛来说，例如胎衣不下的肥胖奶牛或怀疑有脂肪肝的奶牛，应当在产后期立即使用抗生素和催产素进行预防性治疗。尽管催产素不能促进胎衣的排出(的确，胎衣不下的奶牛子宫健康状况提高与牛群未感染有关)，子宫的排空是治疗的理想结果。

3.子宫内使用抗生素预防。通常使用四环素、头孢塞呋或青霉素，每日1次或2 d1次，一直到胎衣排出为止。在具体病例中，并没有发现这种额外用药和治疗方法改善了奶牛随后的生产。由于四环素会抑制体内金属蛋白酶，该酶对胎盘排出有重要作用，因此可能会延长胎盘的排出时间。刚生产不久的牛(<1周)禁用导管灌输，尤其是当非专业人员来放置导管，由于生殖道太窄无法撤回时，造成阴道穹隆和子宫体穿孔是极为常见的后遗症。

4.将方法2和方法3结合使用。

5.手工取出滞留胎衣。这种方法不再受提倡。手工去除仍紧贴于母体肉阜的滞留胎衣会造成更大的伤害，而且对子宫内膜的进一步损伤或刺激可导致子宫严重感染或创伤。如果在最小张力的条件下不易去除胎衣，那么就要放弃其他手工去除的方法。有些畜主会坚持要求手工去除胎衣，在这种情况下兽医一定要强调在大多数病例中这种操作并不明智，至少这样操作会在当前状况下造成更大的伤害。

6.胎衣不下继发子宫炎的治疗。因为所有的治疗方案取决于子宫炎的治疗，所以参见子宫炎治疗一节。

7.胎盘滞留的激素治疗。催产素、前列腺素及雌激素被用于预防胎衣滞留或加快胎衣的排出，有各种不同的用药剂量和用药时间。然而几乎没有任何证据表明这种疗法有效。在我们的动物医院，催产素(每2~4 h肌肉注射5 U)用于治疗子宫炎或胎衣不下在5 d之内的病例，以此减少子宫内脓毒液体的量。

8.应将突出于阴门外的胎衣置于干净的塑料袋里(直肠套袖)，因此不会由胎衣造成乳房的大范围污染。尽管很多兽医不喜欢处理突出的胎衣，他们认为相连的胎衣由于重力作用会迅速脱离，但没有相关证据证明该理论。的确，剖腹手术后余下的不完整的胎衣通常在几天内自然排出。

急性产褥期子宫炎
Acute Puerperal Metritis

病因学

产后奶牛子宫炎极为常见，最好是用生物学钟形曲线来描绘其疾病谱。子宫炎和子宫外膜炎最严重的后果是子宫壁全层感染继发浆液渗出，进而导致腹膜和骨盆的并发症。子宫外膜炎很少见，有致命的危险，多数继发于严重的难产。脓毒性子宫炎(急性产褥期、产后子宫炎或毒性子宫炎)表明有产褥期子宫内膜及更深层的子宫严重的感染，引发全身毒血症状。脓毒性子宫炎通常发生在产后1~10 d。子宫炎是用于产后子宫内膜感染，或子宫内膜以及更深层感染的通用术语，这种感染可能会也有可能不会引起败血症症状，但很有可能对将来的繁殖有影响。造成繁殖失败的感染因素，例如布氏杆病、钩端螺旋体病、毛滴虫病、弯杆菌病以及也有可能造成不同程度的子宫炎。但这里仅限于讨论产后子宫炎。

产后前2周发生子宫细菌感染极为常见。在产后早期阶段，93%的牛发生子宫细菌感染，但大多数感染似乎被自发地清除了，因为到40~60 d时感染率下降至9%。难产、胎衣不下、产房不干净、脂肪肝、子宫迟缓、医源性的引导污染都增加了子宫炎的发生。

产后早期(10 d内)子宫炎中最常见的细菌为:化脓性放线菌、坏死梭杆菌、拟杆菌以及其他厌氧菌常与化脓性放线菌形成混合感染，而且这些厌氧菌与化脓性放线菌有协同作用，使得多数细菌的致病性增强。在产后早期还有些其他感染，如大肠杆菌、溶血性链球菌、假单胞菌、变形杆菌和梭状芽孢杆菌。产后早期大肠杆菌感染可能会诱发化脓杆菌感染及随后泌乳期临床或亚临床子宫内膜炎。产后早期久脱不愈并引起慢性子宫内膜炎的感染。产后3周持续的化脓杆菌感染以排出白色或黄白色脓液为特征。尽管轻微的感染通常可以自发解决，持续性或严重的感染会导致子宫内膜病变并可能导致不孕。在很多病例中轻微的持续性子宫内膜炎症没有大量的子宫分泌物， 对今后的生育有严重的损害作用，这种炎症被称为亚临床性子宫内膜炎，在北美奶牛很常见。子宫复位、自身免疫系统及产后正常的生殖周期有助于去除感染。

机械性的影响，例如子宫积水或双生时子宫严重扩张；由于难产而引起的产道物理性损伤；代谢性疾病如低血钙症也容易引起感染。产房的重复使用而使分娩环境较脏，在排水沟或无顶圈舍中分娩，以及在持续的圈养期间分娩都会加大环境的污染并造成奶牛子宫炎的流行。通过场地观察我们了解到：在极冷或极热时，以及在北方气候条件下采取常规舍饲最后几个月期间，牛子宫炎的发病率会升高。尽管很难给出科学的解释，但饲养管理的影响是很明显的，因为一些牛很少发生临床子宫炎而另一些牛群则远高于正常发病率。

产后子宫炎的后果不仅限于造成繁殖问题。目前有很多牛兽医师认为，出现临床症状的子宫炎是引起很多群体中母牛真胃变位最常见的诱因。发生感染的母牛还易引发乳腺炎、临床或亚临床的子宫内膜炎。

从事牛病的兽医师应当熟悉正常子宫复原和恶露的变化。产后正常的排出物是黏液和血液的混合物，黏液越多越好。内含的血液常使排出物呈红色、橙色或“番茄汤色”。排出物的黏稠度和气味是判断奶牛出现子宫炎及严重程度的重要线索。如果产后早期(10 d内)子宫排出物中含有大量的黏液，说明子宫复原正常，即使有子宫内膜炎也非常轻微。

虽然正常奶牛在产后48 h内产生的恶露量最大(几升)，但随后的恶露量变化很大，从不足100 mL(初产牛)到1L或更多(经产牛)，有一部分可能被子宫吸收了。恶露由黏液、脱落的母体胎盘组织和血液组成。通常在产后3 d开始排出恶露，一直持续到产后的第10天。产后的第9~10天时，随着母体胎盘的坏死脱落是子宫内膜表面血管裸露，棕黄色到红色的子宫排出物中粉红色、褐色或红色的血液成分增加。这种含有血性黏液的子宫排出物可能在产后15~18 d时仍可见。健康母牛通常在产后15 d左右第一次发情，第二次在32~33 d，以后的发情为正常的21 d一个周期。多数产后第一次发情的母牛在行为上没有明显的发情表现。

患子宫炎或子宫复原延缓的母牛，前列腺素$PGF_{2\alpha}$及其代谢产物在产后1~3周维持高水平，甚至持续更长时间。与前列腺素$PGF_{2\alpha}$水平上升有关，孕酮保持在最低水平直到前列腺素水平下降。在产后的1周使用外源性前列腺素$PGF_{2\alpha}$不能从临床上提高子宫活力和健康状况。

产后早期子宫的肌肉紧张性较好，通过直肠检查，可能触诊到由于子宫肌收缩而形成的纵嵴。经产母牛由于子宫太大而不易收缩，10~14 d前很难触诊到宫缩，或触诊到整个子宫。一些初产奶牛在产后10~14 d之内，充分复原而可以通过直肠检查触诊到整个子宫。然而，产后14 d内直肠检查并不是检查子宫复原异常的最好方法，兽医应该进行阴道检查和利用阴道窥镜进行辅助检查。发情开始时，大多数母牛子宫大小出现明显变化，这时按摩子宫和子宫颈，会流出清亮或略混浊的黏液。虽然直到产后的35~40 d子宫角比正常状态可能更厚、更柔软，但绝大多数可检测到的子宫复位在产后25~30 d完成。初产、无子宫炎、未发生难产、没有胎衣不下、无代谢病的奶牛子宫复原的过程较快。正常情况下，产后2 d进行阴道检查时，一只手不能通过子宫颈，到4 d时，只有2个手指可以通过。子宫颈的复原可由于难产、子宫外伤和胎衣不下的发生而延缓。

奶牛子宫外膜炎是子宫炎最严重的表现。感染扩散至子宫壁全层并导致浆膜炎、渗出和纤维性粘连。基本上这样不同的症状均是难产的继发症状，因为子宫和生殖道后段的机械性损伤或外伤，促进子宫腔内的细菌由子宫黏膜层向更深层转移。严重的子宫扭转以及接生犊牛的助产操作时，造成的血管损伤也会诱发子宫浆膜炎。真性子宫外膜炎会造成腹膜炎，因为这种感染不仅限于腹膜后的组织。广泛的腹膜渗出液、纤维素沉积、与其他内脏的粘连，以及局部腐败性渗出液在子宫外膜炎的病例中十分常见。

临床症状和诊断

牛脓毒性或中毒性子宫炎在产后10 d之内——通常头7 d之内发病。毒血症的症状，如发热(103.0~106.5°F或39.5~41.39°C)、心动过速、食欲不振、产奶量下降、瘤胃停滞、脱水和腹泻十分常见。很多患有急性产褥期子宫炎的奶牛没有发热的症状。极严重的感染会导致由毒血症、机体衰弱和代谢紊乱继发的卧地不起，并可能导致病牛死亡。阴门处可见到稀薄、恶臭的子宫分泌物，尾部可能会受到排出物的感染，也可能需要通过阴道检查以检测到排出物。子宫排出物的颜色不同，有棕色、淡黄色、灰色或橘红色，但通常呈液态，黏液很少，脓性，气味极为恶臭，即使戴着产科套袖也能渗入衣服、毛发和手臂。尽管多数患脓毒性子宫炎的母牛有过难产、双生或胎衣不下的病史，但并不都是这样。因为是在产后早期发病，所以子宫感染以及因此而引起的食欲下降和胃肠迟缓，容易引起低血钙症和酮病等代谢病。使用通用术语“毒血症”是因为(依赖于确切的混合感染的病原微生物)内毒素、外毒素和其他介质可能与全身症状的病理生理有关。

直肠检查通常可以发现子宫积液，子宫迟缓伴随子宫膨胀。也可能发现子宫积气，并导致子宫角充满气体和液体使其与其他器官如膨胀的盲肠相混淆。虽然不应该强制性地使子宫收缩，但是轻轻地按摩子宫体、子宫颈和阴道前端很快可使恶臭的子宫内容物从阴门流出。一定要在清洗会阴部后进行阴道检查来确诊，因为这样可以对坏死性阴道炎、子宫颈炎做出鉴别诊断，也能检查出胎衣不下和其他病理变化。超声扫描诊断法对确定子宫大小、子宫壁厚度和是否有胎衣及子宫内积气有很大帮助。患有脓毒性子宫炎的奶牛，由于毒血症引发胃肠停滞和继发代谢病，从而增大了发生皱胃变位的危险。应该进行全面检查以排除并发的皱胃变位，以及其他疾病如脓毒性乳腺炎。

通常临床症状足以确诊脓毒性子宫炎。其他辅助数据如白细胞血象退行性左移和纤维蛋白增加说明存在暴发性感染。血液中的中性粒细胞在子宫内急性聚集会降低机体对其他感染，尤其是乳腺炎的细胞防御能力。轻度的代谢性碱中毒常发生在胃肠停滞之后，鉴别诊断要考虑脓毒性乳腺炎，其他原因导致的腹膜炎和急性肾盂肾炎。子宫分泌物的培养虽然从来不是被禁忌的方法，但确实很少使用于奶牛。一般认为其中有化脓性放线菌，厌氧菌如坏死梭杆菌和拟杆菌等以及其他微生物。难产和胎衣不下之后常出现大肠杆菌类感染，并可能导致额外的内毒素产生。在某些脓毒性子宫炎病牛中也曾分离到梭状芽孢杆菌，在少数继发于脓毒性子宫炎的破伤风病例的子宫菌丛中也分离到破伤风梭菌。如果选择进行细菌培养，需氧菌和厌氧菌检测都要做。

由于产后子宫内膜炎-子宫炎的严重程度相差很大，一些产后早期(14 d内)的牛既没有发生毒血症，也并非完全健康。这些中间状态的牛食欲减退、精神沉郁，并常发生代谢性疾病，如酮病和低血钙症。这些牛可能发热也可能不发热，如果发热，也较轻(103.5~104.5°F或39.7~40.28°C)。如果直肠检查发现子宫复原得不好出现子宫迟缓，并含有过量恶臭液体，那么这些病牛应当按照产褥期子宫炎来处理。这些病牛由于纤维摄入减少和间断性或持续性的胃肠机能障碍也有发生皱胃变位的危险。

在产后，以腹膜炎的症状为主，且这些症状在1~5 d后变得明显。出现发热、心动过速、胃肠迟缓、沉郁、食欲不振和脱水的症状。病牛可能呈弓形姿势，卧地不起，不愿移动或起立，保持护腹状态，呼气时呻吟。一些病牛出现里急后重。直肠检查显示深度子宫内膜炎的症状——纤维性粘连和所有骨盆脏器发炎很明显以至于直肠无法移动，并且检查者的手臂限制在固定位置。如果可以触诊到子宫体，那么可能触诊到大范围纤维素沉积造成的捻发音和粘连、脓肿。直肠检查结果与其他症状相结合通常足以确诊。如果可以触诊到特征性的骨盆周围炎症，那么最好不要继续进行直肠检查以避免撕裂子宫恶化病情，而导致病牛剧烈疼痛或增加里急后重的危险。

当病牛的情况需要与阴道穿孔、大范围骨盆血肿及难产继发炎症引起的腹膜后炎症进行鉴别诊断时，其他辅助的数据也很有效。通过腹腔穿刺表明，在腹膜炎病例中，子宫外膜炎的病牛蛋白和白细胞计数会增加，而腹膜后炎症蛋白水平则正常或适度增高。当发生过急性或急性子宫外膜炎时全细胞计数通常显示核左移。而在亚急性或慢性病例中则可能出现嗜中性粒细胞增多。在一些严重的病例中，会由于通过子宫和腹腔失去大量蛋白而导致血清白蛋白减少(图9-7)。阴道检查可能可以排除单纯阴道感染的可能性，实施阴道检查应当非常轻柔，并进行硬膜外麻醉以避免严重的里急后重，这是由于直肠内空气流动会造成对直肠持续性刺激。

子宫外膜炎的预后极差，大多数的牛在确诊后1~7 d内死亡。如果母牛值得进行强化治疗，那么应该马上使用全身广谱抗生素治疗。静脉输液治疗十分必要，因为广泛的腹膜炎通常造成食欲废绝。最常用的全身治疗的抗生素为青霉素、四环素和头孢噻呋。多数病例禁忌采用局部或子宫内治疗，因为子宫壁的广泛损伤大大增加了发生子宫壁穿孔的危险。前列腺素可用于促进子宫内容物的排出，但是由于子宫与邻近的脏器和腹膜壁层粘连，会影响药效。在里急后重的情况下采用硬膜外麻醉可能是有必要的。在治疗初期几天内使用非类固醇类抗炎药物有助于中和内毒素，并可在一定程度上起到止痛

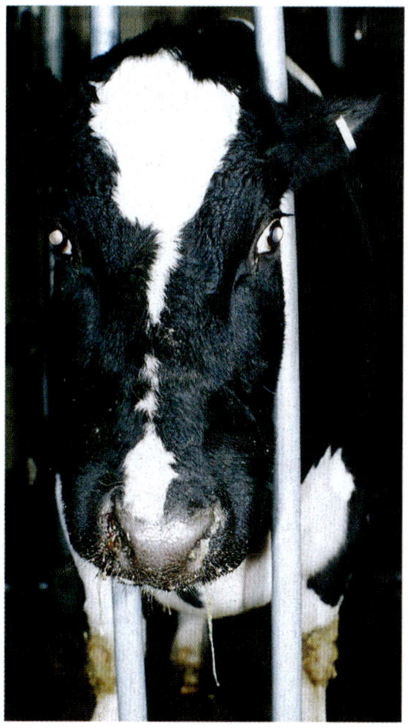

图 9-7

继发于子宫外膜炎的低蛋白血症造成的严重面部水肿。

作用。一定要限制这些药物的剂量和用药时间，以最大限度减少对皱胃和肾脏的毒性。

存活的奶牛缓慢而持续好转，表现为体温、心率和食欲逐渐恢复正常。需要长期(3~4周)的抗生素治疗，并且在3~4周内避免触诊生殖道，以免影响恢复。恢复期奶牛尾端生殖道与骨盆总有广泛粘连。因此，最好停止交配。应该每隔14 d使用一次前列腺素以促进子宫排空。但子宫排空明显受到粘连的妨碍。每月要进行一次直肠检查以确定病情。尽管病牛存在广泛的粘连，但是恢复期的许多奶牛的粘连最终在5~6个月的时间内被吸收，并且母牛有可能怀孕。这些牛常常只有一侧生殖器官有功能，即一个子宫角、输卵管或卵巢(或所有这些器官)继续受到粘连的限制。因此这样的奶牛只有健康的或没有粘连的卵巢排卵时才可能怀孕。在对奶牛进行再次配种前，仔细的检查生殖道后段以及骨盆腔是否有纤维粘连是非常关键的。一些有永久性粘连的母牛也有可能受孕并可以妊娠足月，但应该对其进行剖腹产而不要尝试自然生产或辅助阴道分娩。

经过初期强化治疗而没有好转的牛可能在产后头几天死于弥漫性腹膜炎，或变成长久不愈的慢性腹膜炎，出现长期低烧、厌食症、腹部膨胀及由于白蛋白的消耗或渗入腹腔而导致的蛋白血症。

临床子宫内膜炎
Clinical Endometritis

很多兽医专业文献中都苦于缺少一个关于牛子宫内膜炎的普遍接受的准确定义和一致的诊断标准。以明显的黏性脓性阴道分泌物超过40%来衡量，哺乳期奶牛子宫内膜炎的发病率为7.5%~8.9%。很难解释这些数据，因为奶牛产后子宫暂时性炎症反应的发生率很高。

对于北美牧场的大多奶牛，通过直肠检查来诊断子宫内膜炎(偶然观察到阴道分泌物，如果有充足的量)可能是治疗的基础。重复观察这种不敏感非特异性的诊断方法，正逐渐被废弃。在157头仅通过直肠检查疑似有子宫内膜炎的奶牛中，22%细菌培养呈阳性；但在59头通过阴道镜检查有子宫内膜炎的奶牛中，59%为子宫细菌培养阳性。通过阴道镜检查确定的子宫颈分泌物的特点，与全部细菌培养阳性率和化脓杆菌的回收率均有很强的相关性。

尽管子宫内膜的活组织检查和组织病理学检查可能是诊断子宫内膜炎的理想方法，但检查过程有损害性、花费高且消耗时间。而且，该过程本身可能会推迟受孕。

LeBlanc等人于2002年发表的一篇文章很大程度消除了诊断的混淆，并且为奶牛临床子宫内膜炎的诊断提供了有利基础。根据造成妊娠时间增加的原因，他们使用“生存分析”推导出一种子宫内膜炎的定义 (尽管这种方法忽略了“子宫内膜炎”为病理学定义的术语这一事实——即子宫内膜的炎症，但它提供了具有临床价值的一系列标准) 。LeBlanc等人检查了27个牛群中1 865头产后20~33 d的奶牛。这组研究推断临床症状的对生殖的影响依赖于他们观察的时间。在他们的研究中，子宫脓性分泌物的出现，或子宫颈直径在产后20 d时>7.5 cm，及产后26 d有脓性分泌物，这些现象在临床上定义为与子宫内膜炎有关。使用这个定义，患病率为17%。阴道镜检查是重要的检查方法；实施阴道镜检查的失败会导致无法鉴定出临床上与子宫内膜炎相关的44%的病例。然而，如果阴道镜检查不可行，子宫角直径>8 cm是个可以接受的替代条件。患有子宫内膜炎的奶牛在指定时间内怀孕的可能性<27%，并且比未患子宫内膜炎的奶牛被淘汰的可能性大1.7倍。以“120~150 d妊娠”作为主要标准，这些诊断标准有将近90%的特异性，并且有20%的敏感性(反映了造成繁殖障碍的许多其他原因)。

临床性的子宫内膜炎在成熟奶牛更为普遍。在哺乳期第三阶段或更高阶段的奶牛发病率为21%，而第二阶段为13%，第一阶段为12%。检查时，患有子宫内膜炎的奶牛无法触诊到卵巢结构的可能性更大。胎衣不下、双生或毒性产褥期子宫炎会增加发生临床性子宫内膜炎的风险。分娩季节与该病的发病率无关。

总之，对于患有子宫内膜炎的奶牛来说，妊娠时间的平均值比正常奶牛长32 d。初次受精短暂延迟(3 d)，第一次配种风险显著降低(30%)。

对于治疗方案的评价，受到缺乏对于临床性子宫内膜炎定义的广泛接受，以及没有对繁殖结果进行关注这些因素的限制。因此几十年来对于牛子宫内膜炎的治疗主要为子宫内治疗。虽然这样，并没有有力的证据显示这种治疗模式对于感染的病牛将来繁殖性能有益。面对对于食用动物产品医学药剂的公众忧虑的增加，很难证明抗菌剂疗法效力可疑。有趣的是，对于子宫内治疗理论的怀疑在1956年首次被罗伯特(Roberts)提出。对于子宫内疗法的主要替代疗法为全身使用前列腺素$F_{2\alpha}$，不幸的是，支持这一方法的证据也不完全有说服力。

然而最近出现新的研究成果，并积累一些积极的证据。第一代头孢菌素——头孢吡硫的使用，专门为子宫内用药配方，对于那些患有临床子宫内膜炎及有子宫疾病危险的奶牛，可以有效改善其生殖性能。与这一研究相结合，他们对临床上严重的子宫内膜炎有了新的定义。LeBlanc等人调查了用头孢吡硫或前列腺素的治疗，发现就生殖性能而言这两种治疗方法都要优于不进行治疗。LeBlanc等人发现在产后4周前进行治疗没有好处。用头孢吡硫治疗的牛妊娠期比对照组明显缩短。有趣的是，他们发现前列腺素治疗的有害作用是无法触诊到黄体。

由于各国间缺乏有力的实验数据和多样有效的药品，使得我们没有信心提高针对临床子宫内膜炎的单一疗法。所有的子宫内浸剂，除头孢吡硫外，似乎都是禁忌的。由于当前对食用牛使用抗菌剂的敏感性考虑，在赞同头孢吡硫应用于所有病例前，还要经过更多的试验。尽管支持前列腺素$PGF_{2\alpha}$的证据很无力，但这种产品在各国市场上不贵，并且无毒害。在生殖管理程序中很有用，可能它的益处并不仅限于在子宫内膜炎治疗中的应用。

亚临床子宫内膜炎
Subclinical Endometritis

亚临床子宫内膜炎可以被定义为由细胞学检查，在阴道内无脓性分泌物时发生在子宫内膜的炎症。该病只有发生在正常子宫复位完成期如产后5周才有重要意义。在没有临床子宫内膜炎症状的动物，通过检查样本白细胞的比例检测到亚临床子宫内膜炎，样本的收集是用少量无菌生理盐水(20 mL)冲洗子宫内膜腔，或使用细胞刷。虽然对于亚临床子宫内膜炎的研究还处于初期阶段，但产后约40 d以后中性粒细胞比例大于5%是一定程度的炎症，这种情况与感染奶牛生殖性能的下降有很大相关性。令人担忧的是，在美国不同地区的一些研究显示，高达50%奶牛有这样的情况。

在单个牛使用子宫内膜细胞检测法是不经济可行的，需要致力于预防该疾病，这种疾病与分娩前2周干物质摄取不足，能量负平衡以及免疫功能下降有关。

使用子宫内灌注头孢吡硫或前列腺素$PGF_{2\alpha}$，对促进第一次输精的受孕，缩短空怀期有效。

治疗方法

查阅有关治疗子宫内膜炎、子宫炎的文献时，很容易发现大多数方法缺乏科学依据。这种科学资料匮乏的现象似乎与临床牛兽医成功经验相矛盾。是我们对于自己治疗子宫内膜炎过于有信心吗?实际上，大多数成功治愈的病例中，自愈是主要的。那么，兽医应如何明智地判断哪头牛需要治疗?如果需要治疗，又使用何种药物呢?兽医愿意承担工作疏忽的风险吗?子宫内膜炎的疏于治疗的一些后果，例如发情周期紊乱、不孕、早期胚胎死亡及流产，是众所周知的。因此，我们应在何时和怎样处理呢?当患有子宫炎的牛伴有全身症状时，会容易作出决定。如果没有全身症状，如果牛发情活动正常，吞噬细胞功能正常且营养充足，那么子宫内膜炎就会自愈。

也许，最好的治疗手段取决于准确的诊断。复原延迟时间短，子宫内液或分泌物少，并且发情活动正常的牛有可能自愈。然而，由于子宫炎导致全身症状，并伴随有大量子宫积液或分泌物，卵巢不活动、囊肿，或不发情的奶牛可能不正常，要考虑进行治疗。大多数关于子宫炎治疗的研究没有详细说明子宫炎的严重性，以及没有指明是在产后的什么时候作出诊断，以及是否有对照组，因此这些研究受到一些批评。

子宫内治疗

尽管子宫内抗生素疗法在牛子宫炎的治疗上已经使用了几十年，但这种疗法现已很大范围内受到冷淡。子宫内抗生素容易从子宫被吸收，使血液和牛奶中达到一定浓度，这引起人们对于奶中抗生素残留和牛奶被废弃的担忧，造成巨大的经济损失。抗生素更容易从健康的发情期和复原后的子宫中吸收。某些抗生素能干扰吞噬细胞的功能；可能被细菌产生的β-内酰胺破坏而失活；可能刺激子宫内膜；或在子宫内相对缺氧的条件下不能很好地发挥作用。也许子宫内使用抗生素的最大障碍在于大量的子宫液会抑制或使小剂量局部使用的抗生素失活。许多在严重子宫炎病例使用子宫内治疗，就如同“大海中一滴水”一般，不见疗效。头孢吡硫——第一代头孢菌素，在一些国家已经开始应用专门为子宫内用药而设计的组成成分（Metricure，InterVet）。在美国没有子宫内治疗药剂。在一些试验中发现，子宫内用药对于临床和亚临床的子宫内膜炎均有效。目前没有关于在急性产褥期子宫炎治疗中使用该药的报道。

尽管上述子宫内疗法存在科学上的缺陷，但常作为治疗方案的一个组成部分，并且可能存在一定疗效。为什么这种疗法似乎有作用呢？即使子宫内疗法存在药代学和药理学上的缺陷，但抗生素可以杀死部分细菌。而且很多所参考的“药理学”是从其他动物资料数据推断出来的，而不是以牛为实验动物的科研资料中得来的。产后早期在子宫内使用土霉素（5.5 mg/kg）治疗，可在子宫腔、子宫阜及子宫内膜等部位建立很高药物浓度至少维持24 h。另一项研究表明，每天使用3 g土霉素子宫内治疗连续3 d，比连用3 d前列腺素$PGF_{2\alpha}$或不进行治疗更能成功清除由化脓放线菌造成的子宫炎。然而，这项研究所使用的牛的数量较少。最近的研究表明，在产后24 h内给予0.5 g头孢吡硫（该药在欧洲使用），提高了有胎衣不下或产死犊的奶牛的生殖性能。与之相似一项最近研究表明：使用头孢吡硫（1 g）子宫内治疗胎衣不下或双生的奶牛有良好的效果。

如上所述，产后早期的子宫（尤其是受感染时）并不能像已经复原的、未受感染的子宫那样有效地吸收药物，使其进入深层子宫壁或全身血液循环。这可能对产后早期使用子宫内抗生素治疗的奶牛有利，因为大部分药物会留在子宫腔和子宫内膜表面。青霉素已被应用于子宫内治疗。1 000万U普鲁卡因青霉素或1 000万U青霉素钠，均可在子宫腔和子宫内膜维持24 h有效药物浓度。

总之，关于使用子宫内抗生素疗法治疗子宫内膜炎，没有几种药得到过全面认可。病牛感染程度难以估计，而报道的治疗剂量和治疗时间相差很大，并且有很多药理学的依据可以说明子宫内治疗可能无效。根据考察文献和常识，子宫内治疗有以下几点不利之处。

1. 在严重子宫内膜炎或有大量子宫积液的病例中，因为药物被稀释了，单纯子宫内疗法是不可治愈的。

2. 药物的作用可能被化脓性碎片，能产生β-内酰胺酶的微生物，或缺氧环境等其他因素所降低。

3. 子宫内使用抗生素可导致血液和牛奶残留的抗生素达到可检测水平而造成奶的废弃。虽然没有复原的感染子宫吸收能力低，但已经证明，对胎衣不下的奶牛在产后初期使用5 g土霉素子宫内治疗，使牛奶中药物残留时间多2 d；在另一些病例中，最后一次治疗后奶中药残多达4 d。

虽然有这些缺陷，兽医仍可在一定条件下选择性的使用子宫内疗法。根据上述讨论，合理的使用子宫内疗法要考虑以下几种情况：

1. 使用抗生素之后，奶必须要废弃掉并且对奶中药物残留量进行单独检测，因为有关于超标使用的规定。

2. 应每天重复治疗。

3. 治疗的用药剂量要合适，并且要考虑到子宫的容积及子宫内积液和脓液。为了提高效果在使用抗生素进行子宫内治疗前，需要进行子宫灌洗来去除子宫内大量脓性物质。

4. 如果对每头患畜通过细菌培养来鉴定确切的病原，那么子宫内治疗就可能更成功些。

5. 我认为，子宫炎的子宫内疗法对产后初期感染较有效（通常与全身抗生素结合使用），这类感染带有稀薄的脓汁；同时对于只有少量残余脓汁的产后晚期化脓放线菌感染也是很有效。但对于产后10~30 d，发生化脓性放线菌感染且积有大量黏稠脓汁奶牛（>200 mL），子宫内疗法就不那么有效了。

6. 一些抗生素，如未稀释的四环素，对子宫膜有刺激性。呋喃西林也有刺激性，且目前已禁用。消毒剂如卢戈尔氏（Lugol）碘液（1%~2%）和洗必泰（chlorhexidine）也有刺激性，可引起子宫内膜的化学性坏死和子宫内膜脱落。然而，将四环素粉末制成明胶丸，或对产后早期子宫炎病例进行直接灌注，这样便可安全使用该药。另外，卢戈尔氏（Lugol）碘液和土霉素已被许多兽医成功地选择性用于一些慢性子宫内膜炎病例，这些病例符合以下标准：子宫已完全复原或基本复原，子宫张力低，子宫脓性分泌物很少，隔2~3周直肠检查触诊到卵巢活性低或卵巢囊肿，而且多次见到异常分泌物。在这些所选的病例中，合理地使用刺激性药物可能会引起子宫的内源性前列腺素的释放，使病牛恢复生殖周期，并因此能促进自然免疫机制及恢复发情。

全身性抗生素治疗

在过去的10年里，全身性抗生素在治疗奶牛子宫炎方面应用十分广泛。这种疗法适用于引发全身症状的奶牛子宫炎，并经常被使用。然而，全身性治疗——在患有子宫内膜炎和胎衣不下但没有发热及全身症状的奶牛治疗中，无疑被过度使用了。这种过度使用造成畜主巨大的经济损失，因为抗生素的开销以及废弃牛奶减少了收入，尽管头孢噻呋的使用不会导致牛奶废弃。没有其他方法治疗经验的兽医，不会根据严重程度、持续时间或相关的全身症状来鉴别和区分子宫炎，可能会过于仓促地选择全身性抗生素疗法。

产后不久的奶牛，当子宫炎引起全身性症状时，就应当使用全身性抗生素。大多数产后不久的奶牛（<10 d）多发生混合感染（化脓放线菌、厌氧菌、大肠杆菌或其他细菌感染），而慢性子宫内膜炎可能主要是由化脓放线菌感染引起，了解这些情况有助于对于抗生素的选择。例如，青霉素对化脓性放线菌和大多数条件致病性厌氧菌如坏死梭杆菌和拟杆菌有效。然而他不可能杀死并发感染的大肠杆菌。普鲁卡因青霉素（22 000 U/kg，每日1次）在子宫可维持有效浓度。头孢噻呋对于抑制大肠杆菌可能更加有效，但其对于子宫内化脓杆菌、厌氧菌的平均抑制浓度（MIC）低于土霉素。头孢噻呋衍生物已被证明在健康产后奶牛的子宫组织和子宫液中的浓度，都超过了对于以下细菌的平均抑制浓度（MIC），包括大肠杆菌、坏死厌氧丝杆菌、拟杆菌和化脓杆菌。目前在我们的动物医院头孢噻呋作为治疗子宫炎的惯用抗生素使用最为广泛。有价值的奶牛有时用高于标准剂量的头孢噻呋治疗，2.2 mg/kg，每日1次。土霉素（11 mg/kg，每日2次），可能仅在子宫组织中形成5 μg/kg的浓度——该浓度低于杀死化脓性放线菌所需浓度。然而全身性使用土霉素，每日1次，在治疗脓毒性子宫炎方面却取得了广泛的成功，这样的事实很有趣，甚至有点不可思议。这样的矛盾可以部分地用剂量来解释，因为许多兽医使用13.2~15.4 mg/kg剂量的土霉素，这种剂量对肾脏有害。另一种理论是，土霉素以某种方式限制或减少了除化脓性放线菌以外的其他有机体数量，这些有机体产生内、外毒素并导致主要的全身症状。全身联合应用磺胺药物（磺胺地索辛）和土霉素已被许多兽医成功地用于全身性治疗产后早期疾病引发的子宫炎。不幸的是，有关氨苄霉素和磺胺类药物这类抗生素对于子宫炎全身治疗的科学数据很少。

激素治疗

雌激素化合物曾被全身性使用来治疗牛子宫炎和子宫内膜炎——通常是亚急性和慢性病例。但目前雌激素疗法已很少使用。一些兽医认为雌激素类药能提高子宫对自身分泌的催产素或外源性催产素的敏感性，因此可以促进子宫收缩和内容物排出。也有人认为这种疗法可能使子宫内在的抵抗力加倍，这种激素在发情期自然产生，并受前面提到的黄体激素的影响而减少。然而，双盲法试验-预期的临床试验已经有力证明产后奶牛雌二醇疗法对改善健康，增大存活率及随后的生殖成功没有作用。由于市场上雌激素类化合物的减少和食品中的雌激素对公众健康造成威胁，目前雌激素很少使用。

商品化前列腺素$PGF_{2\alpha}$和前列腺素类似物在治疗奶牛子宫炎和子宫内膜炎方面取得了重大进展。前列腺素的使用已广泛取代了抗生素疗法，同时也取代了治疗没有全身性症状的子宫内膜炎时使用的子宫内抗生素，为一些患全身疾病引发严重子宫炎的病例提供了有效的辅助疗法。前列腺素$PGF_{2\alpha}$和前列腺素类似物，如氯前列醇、芬前列林和前列烯促进黄体溶解，这一点被广泛认同。因此，有功能性黄体的患有子宫内膜炎的病牛使用这些药可能会重新发情。重新发情刺激子宫收缩，使子宫液排出增加，并引起内源性雌激素水平增加而孕酮水平下降。所有的这些结果都是令人期望的。但有关这些药品对于没有功能性黄体的奶牛的作用，包括产后前2周患产褥期子宫炎的奶牛，却知之甚少。有研究提出：前列腺素$PGF_{2\alpha}$和其他类似物促使子宫收缩，影响子宫排出内容物，并能提高吞噬细胞的活性。然而，到目前为止，后两种机制在奶牛还没有得到证明。更让人疑惑的是，如前面所述，产后不久患子宫炎的奶牛在没给予外源性前列腺素的情况下其前列腺素水平仍较正常高。尽管这些药物的确切作用机理仅得到部分解释，前列腺素$PGF_{2\alpha}$和其类似物已经取代了子宫内疗法用于治疗奶牛多数亚急性和慢性子宫内膜炎（在产后3周以后）。

急性产褥期子宫炎治疗

该病的治疗既需要针对全身性症状，也需要控制子宫局部感染。全身性抗生素应该每日1或2次给予奶牛。静脉注射土霉素（13.2~15.4 mg/kg），每日1或2次（要注意四环素的高剂量使用或用于脱水的奶牛会造成肾损伤）。肌肉注射普鲁卡因青霉素G（22 000 U/kg），每日1或2次；头孢噻呋（2.2 mg/kg），每日1次；氨苄青霉素（11.0~22.0 mg/kg），每日1或2次；以及磺胺地索辛都可用于全身治疗。目前大多数兽医使用的是头孢噻呋。其他的支持疗法包括口服或静脉注射葡萄糖、钙以及非类固醇类抗炎药物（NSAIDs）。由于大多数脓毒性子宫炎发生于产后10 d内，所以常并发或继发低血钙症和酮病。完全绝食的奶牛可以给予静脉补液，而瘤胃功能正常的奶牛，可以通过投胃管注入含能量物质的液体及苜蓿膳食，这样更加经济。非类固醇类消炎药，如氟胺烟酸葡胺（0.25 mg/kg，每日3次；0.5 mg/kg，每日2次；或 1.0 mg/kg 每日1次），被许多兽医用于消炎、抗内毒素和退热。尽管在我们的动物医院该药以0.25 mg/kg每日3次的剂量被普遍使用，雷布汉博士（Rebhun）倾向于只对极严重的病例使用氟胺烟酸，因为这些药物会人工降低体温，从而会干扰对抗生素治疗感染效果的有效监测。另外，这些药物增加了患皱胃溃疡的可能性。局部用药治疗子宫感染也很重要。只要有可能，就应该进行阴道检查，在适当的清洗子宫和会阴处排出物后小心地实施检查。一些兽医采用子宫内导管和生理盐水或稀释的聚维酮碘（Purdue Pharma，Cranbury，NJ）灌洗，在我们的动物医院这种方法很常用。如果采用这种方法，操作必须要轻柔，使灌洗液靠重力灌入，以免伤害已受损的子宫壁而造成穿孔。子宫内灌洗法很少用于一些临床症状明显恶化的奶牛。这是个比较主观的观点，是由于子宫受到了刺激，并且发炎的组织对内、外毒素吸收量增加。硬膜外麻醉（利多卡因）有利于减轻病牛在灌洗期间或灌洗后的不适，并可能防止过程中和过程后子宫反复收缩。对于产后超过3 d的胎衣不下（RFM），并且较容易移除滞留胎衣的母牛，应该移除滞留的胎衣，以降低其妨碍子宫内容物排出的“堵塞”作用。通过物理学的压迫来移除滞留胎衣的方法在我们的动物医院已不再使用。如果临床医生选择进行子宫内抗生素治疗，那么同样的抗生素也应当用于全身治疗。子宫内治疗可以在子宫内灌洗期间每日给予1次，直到取得明显疗效。土霉素粉末或溶液可用于子宫内治疗，粉剂57~113 g，或溶液4~6 g。同样也可以使用青霉素（1 000万IU青霉素钠溶于250 mL生理盐水中），头孢噻呋或氨卡青霉素。多黏菌素（160 IU）已应用于一些价值较高的牛来结合内毒素，但要提供牛奶（至少5 d）和肉产品停药时间的规则。应当避免使用刺激性化学溶液（高浓度的碘，洗必泰）。由于脓毒性子宫内膜炎的病牛子宫中存在大量液体，会使子宫内抗生素被明显稀释，作用降低，所以要每天重复治疗。当脓毒性子宫内膜炎伴发子宫迟缓时，对母牛静脉注射钙溶液和催产素（每2~4 h10 U），持续到产后5 d，可作为辅助性疗法，但这是经验性的，而不是科学的，除非确诊患有低血钙症。前列腺素$PGF_{2\alpha}$及其类似物被用于改善子宫张力，但在奶牛产后早期的效果尚有争议。最好是到产后至少8 d后再使用此类药。

体温、心率和食欲恢复正常，脱水得到纠正是治疗取得成功的标志。全身和局部治疗至少应该继续进行3 d，而且还要监测病牛的代谢性疾病和皱胃变位的情况。对于肉产品和牛奶的停药时间，应当根据单个牛的牛奶的检测或尿液检测结果建立。根据药物的剂量、全身症状的严重程度和给药途径，不同个体药物代谢有很大区别，因此畜主应当注意非注射用抗生素也会导致违反规定的药物残留。

在产后早期患严重子宫炎的奶牛，这类炎症不是“毒性的”而只是轻度到中度的，那么可能需要也可能不需要全身性抗生素治疗。然而，通常进行如前面所述的强化局部疗法和支持疗法会对这些牛有益。另外，对这些牛应该在产后8 h额外使用双倍剂量的$PGF_{2\alpha}$，并在产后8 d使用该药，如果触诊到功能性黄体那么应重复使用该药。

未出现全身性症状，但由于患子宫内膜炎而排出大量脓性分泌物的奶牛，一般已进入泌乳期10 d以上。化脓性放线菌是其主要病原体，全身性使用前列腺素$PGF_{2\alpha}$及其类似物治疗，可以采用局部抗生素治疗，也可不用。当触诊到功能性黄体时，应当重复使用该治疗方法至少一次。尽管如果发情正常，一些病牛在没有得到治疗的条件下也可能自愈，但通常很难预料哪头牛能够自愈。持续性子宫内膜炎的潜在后果以及畜主的担忧，使得兽医不会善意地忽略对子宫内膜炎的治疗，却可能由于治疗而犯错。只要了解了上面提到的限制条件，可以考虑用子宫内抗生素治疗。对于那些亚急性或慢性子宫内膜炎的病例，最好是在大部分或所有子宫液都排出后，再使用子宫内疗法。连续几天使用子宫内疗法来增强子宫的灭菌可能将是比较明智的做法。

最难以做出治疗决定的是最后一类子宫炎——慢性、周期性轻度子宫内膜炎以及排出少量脓性分泌物的子宫内膜炎。这类病牛发情周期可能正常也可能不正常，有必要反复进行直肠检查以确定发情周期是否正常。如前所述，慢性子宫内膜炎可能是卵巢静止、无效排卵或卵巢囊肿的病因或结果。直肠检查有利于诊断可检测的子宫积液、子宫壁增厚、持续性子宫张力不足或持续性子宫张力提高。在这类奶牛，可以观察到从生殖道排出或经按摩后排出脓块或脓汁与正常黏液的混合物。必须用阴道镜检查以排除子宫颈炎和阴道炎。理论上来说，在治疗前应当进行子宫内容物培养。通常认为化脓性放线菌为病原体，但并非适用于所有的病牛。通过使用羊角形子宫留置导管或弗利氏（Foley）导管，可以很好地每天或连续几天进行子宫内抗生素的治疗。卵巢囊肿应当用促性腺激素释放激素(GnRH)或绒毛膜促性腺激素治疗，而对于有功能性黄体的奶牛可使用前列腺素治疗，以促进其恢复发情。不幸的是，这些病牛经常形成子宫轻度感染和卵巢功能障碍的恶性循环，这极令人沮丧。当感染持续不愈时，使用前列腺素常导致形成不排卵的卵泡，继而形成囊肿。对于这种病例，在强化性抗生素治疗后，采用子宫活组织检查来判断预后，还可进行子宫内容物培养。

临床和亚临床子宫内膜炎的治疗

大多数作者在这一点上达成一致：使用前列腺素$PGF_{2\alpha}$及其类似物，可以改善患临床或亚临床子宫内膜炎的奶牛以后的繁殖力，无论是通过缓解炎症或其他机制达到这样的效果。专门为子宫内用药设计的药物成分——头孢吡硫浸剂，一直效果很好。没有其他子宫内使用的药物得到有效的证据支持。全身性使用抗生素已被验证为子宫内膜炎的一种治疗方法。

子宫脓肿和粘连
Uterine Abscesses and Adhesions

病因学

子宫脓肿和粘连可能由分娩时子宫壁的自发损伤，小的子宫穿孔，子宫内膜感染后通过子宫壁或输卵管扩散引起。这些原因造成局灶性或扩散性炎症和感染。病理学表现为轻度子宫破裂或子宫外膜炎，并且感染的奶牛通常无症状。感染母牛常有难产的病史，但不总是这样。主要的医源性因素是冲洗管对子宫体造成损伤。试图对产后不到14 d的母牛进行子宫内灌洗是造成子宫颈远端、子宫体背侧冲洗管损伤的主要原因。由于非专业人员没有考虑到正在复原中的子宫重量会妨碍子宫颈和子宫体适当的回缩，而进行不安全的子宫内灌洗，所以经常造成这种损伤。这样的损伤造成子宫壁部分或全层撕裂引起细菌侵入，导致脓肿和粘连，特别是产后有子宫内膜炎存在时。冲洗管造成的损伤也可能发生在一般的涉及子宫的繁殖过程中，例如包括人工授精或胚胎移植。

临床症状和诊断

患该病的奶牛通常没有全身症状，病情要到配种前进行例行直肠检查时才能发现。典型的病例有难产、子宫内膜炎或胎盘滞留的病史，并接受过相关治疗，但也不一定都是这样。通过触诊可以发现，子宫壁脓肿坚实，呈圆形或卵圆形块状，紧贴子宫体或子宫角。脓肿大小为鸡蛋到篮球大小不等，并且在与子宫相连处可能有纤维素性或纤维性网状粘连，也有可能没有粘连。这种脓肿需要与子宫肿瘤、血肿或囊肿进行鉴别诊断。单纯的触诊可能很难鉴定，超声扫描或内容物抽吸可以提供明确的诊断依据。畜主会发现有些患有子宫壁脓肿的牛，间歇或持续性由阴门排除脓性物质，是因为脓肿部分通过相连的通道与子宫腔相通的缘故。而另一些感染的牛则没有脓性分泌物。血液学检查的意义不大，因为牛患病时白细胞象和血象一般表现正常，只有当子宫壁脓肿很大和呈慢性经过时血清球蛋白才会升高。在这些脓肿中经常可以分离出化脓性放线菌。

子宫粘连通常是散发于那些没有全身症状的奶牛，但这些奶牛很可能有分娩时或分娩后发生产后子宫疾病的病史。应当询问畜主，病牛是否有冲洗管造成的损伤，或是否进行过阴道内治疗。网状粘连可能波及部分或全部生殖道，子宫不能完全回缩，因为粘连将子宫固定在骨盆前部、骨盆边缘或耻骨后缘。一些粘连可能质脆、很薄或是纤维素性的，因此可以人工将其弄断。然而，最好使其保持原状以免撕裂输卵管或子宫角。有广泛性子宫粘连的奶牛可能患隐性子宫内膜炎，因为子宫依附于其他器官影响其有效排出内容物。是否可以发现患牛的病情，取决于卵巢受牵连的程度以及子宫内膜的健康程度。通过直肠触诊通常足以确诊，但直肠超声检查会更有帮助。

治疗

子宫脓肿的保守疗法包括全身性抗生素治疗。青霉素（22 000 U/kg，每日1次）或头孢噻呋（2.2 mg/kg，每日1次）进行2~4周治疗。这种疗法可作为一种添加疗法：静脉注射20%碘化钠溶液（每次30 g/450 kg），再口服有机碘化物（1 oz），每日1次，直到出现碘中毒现象。然而保守疗法并不怎么成功。价值较高的牛患有子宫脓肿的通常需要进行外科引流，或切除术，即通过后肋腹部或腹股沟切口切除感染一侧子宫角。当牵连到子宫体时，通常尝试外科引流与全面提到的药物治疗相结合。患牛只有一侧子宫角的子宫壁发生脓肿时可以考虑切除被感染的子宫角、脓肿及卵巢。这种手术相当困难，因为难以充分暴露出脓肿，并且如果并发子宫粘连那么更难将脓肿牵引至肋腹侧切口。子宫脓肿排入子宫腔并自然消散的情况极少。反复注射前列腺素和抗生素的方法可以治疗继发子宫内膜炎。

子宫粘连最好采用保守疗法。我的经验是：若能给予充足的时间使粘连自发消散，那么其中许多牛最后都能怀孕。因为需要4~6个月的时间停止一切性活动，所以只有那些很有价值的并足以允许延长其泌乳期的牛才可以这样做。患有子宫和生殖道粘连的牛应每个月进行一次触诊，以监控其病情发展，触诊由同一人员轻柔的检查。并发子宫内膜炎的牛可间歇性注射前列腺素（$PGF_{2\alpha}$ 或类似物）以促进脓性物质排出——特别是经触诊判定有功能性黄体存在时。禁忌使用子宫内疗法，因为可能导致子宫的进一步损伤。可以像前面描述的那样，使用全身抗生素和碘化物疗法治疗子宫脓肿，但还是给予时间更为重要。在过去的20年里，我平均每年都要处理2~3例患有广泛子宫粘连的病牛。给予充分的时间休养后，有50%~60%的病牛后来受孕并成功妊娠。有趣的是，怀胎子宫缓慢而稳定地伸展，随着时间的消逝通常到下一次分娩时大部分粘连均已消散。有的病牛由于严重的炎症及粘连，使得一侧卵巢、输卵管及子宫角功能永久性被破坏，从而成为“单侧生殖牛”。可以在触诊后通过使用前列腺素调整有功能一侧的卵巢排卵，从而为这些牛的配种，也可以通过阴道切开术或剖腹术切除感染的卵巢。那些两侧卵巢或输卵管发生粘连以及患有顽固性子宫内膜炎的病牛预后不良。

子宫积脓 Pyometra

病因学

子宫积脓的定义是子宫内蓄积脓汁并伴有持续黄体和不发情。子宫内膜促黄体溶解因子或内源性前列腺素的原因，导致表面上没能促使黄体溶解，使得患子宫积脓的牛假孕，并停止发情周期。可导致子宫内膜炎的因素也可导致子宫积脓。据罗伯特（Roberts）报道，持续性黄体是在分娩后最初几次排卵中的一次形成的。这一观点意味着子宫积脓的奶牛不像通常情况下患子宫内膜炎并且子宫内也有相似液体的病牛那样，子宫积脓的奶牛无法排出子宫内物质。子宫积脓也可能发生在怀孕后因感染引起胎儿死亡之后。化脓性放线菌常为主要的病原微生物，但也应考虑毛滴虫感染，特别是在一个畜舍或一头公牛生产群中有多于一例的病例发生时。配种前后的例行直肠检查有利于尽早检查出子宫积脓并有助于将其与怀孕区分开。

临床症状和诊断

该病的临床症状仅限于不发情、持续性黄体和子宫积液。大多数病例均会间歇或频繁有脓性黏液分泌物从生殖道排出，并且被畜主注意到。对无发情表现和未配种的牛来说，配种前检查会简化诊断。而没有做配种前例行检查的，或配种后发生子宫积脓的奶牛，就不易确诊。在后两种条件下，必须区分怀孕和子宫积脓。因为子宫积脓时液体量由几盎司到几加仑不等，而怀孕时子宫中有一定量的液体并取决于配种后天数，两者可能相关也可能不相关。要区分这些情况比想象的要难。对子宫积脓的病牛进行触诊可以发现子宫壁变厚、子宫迟缓或子宫壁变薄。通常还会发现有黏稠的脓汁以及检测不到胎膜。然而，有些病例子宫扩张得厉害并有很多脓汁存在，以至于检查的人误以为是“膜滑动”。子宫积脓持续90 d以上者子叶消失并且子宫动脉不增大，这与怀孕不一样。如果已经配了种，不容易进行鉴定，就应该在30 d内请兽医再检查一次，以估计正常妊娠的发展情况或者，进行超声检查作鉴别诊断。

治疗

目前前列腺素$PGF_{2\alpha}$、氯前列醇和其他类似物是最理想的疗法。大多数子宫积脓均可通过一次或几次前列腺素类药物的治疗顺利排出。间隔14 d后可重复使用该药物治疗。前列腺素$PGF_{2\alpha}$（35 mg）或氯前列醇（500 μg）即可得到良好效果。尽管对于一些牛来说即使重复注射也无法治愈，但这种治疗方法对于大多数产木乃伊胎的病例也有效。有时一些木乃伊胎或胎儿溶解的难产病例对外源性激素不敏感。在这种条件下，要去除滞留的胎儿组织，可以通过后肋腹部或腹股沟部切口实施子宫切开术，但是这种手术具有技术难度（图9-8，A和B）。

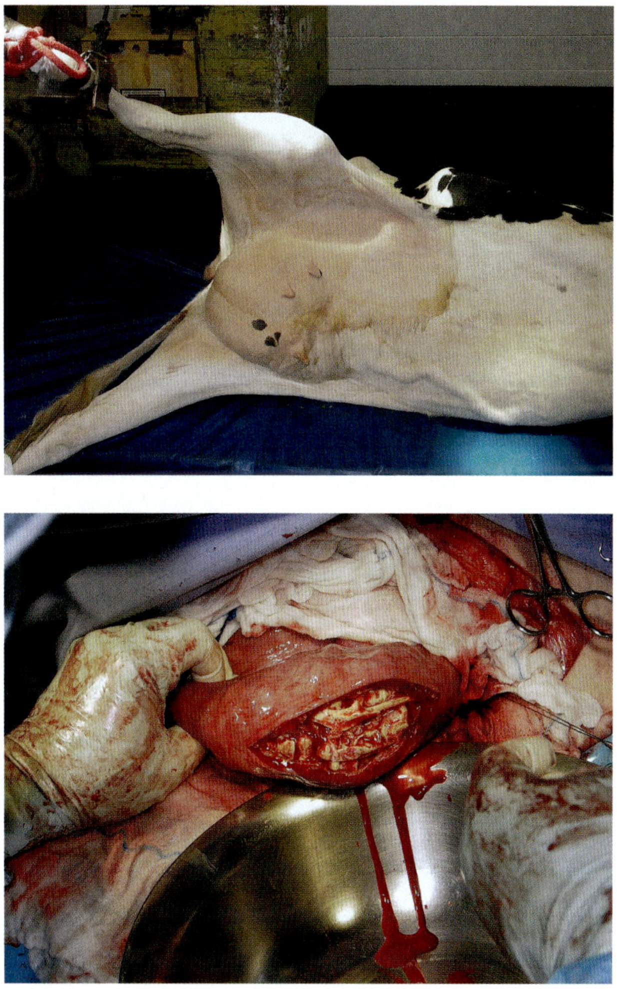

A

B

图 9-8

A，进行子宫切开术以移除子宫内滞留胎儿时的母牛绑定。B，手术方法移除滞留胎儿骨骼。

子宫积脓持续时间的长短相反地会影响以后的繁殖。子宫积脓超过2个月或大量积脓的病牛以后繁殖的可能性很小。接受治疗的病例中有一小部分也见到复发子宫积脓、卵巢囊肿以及粘连。通过直肠触诊进行早期检查以及及时治疗可以改善预后。

子宫肿瘤 Uterine Tumors

病因学

奶牛子宫最常见的肿瘤是淋巴肉瘤。腺瘤、平滑肌瘤、纤维肌瘤、纤维瘤和其他肿瘤的报道很少。

临床症状和诊断

患子宫淋巴肉瘤的母牛除了生殖道有病变以外，在淋巴结或其他的靶器官中也存在可检查到的肿瘤。在母牛出现全身症状前，或多灶性淋巴肉瘤的并发疾病发病时，通过例行的对生殖器的直肠检查可以发现子宫的肿瘤（见第十五章，淋巴肉瘤一节）。淋巴肉瘤在生殖道内可有如下几种表现形式：局灶性、多病灶性或弥散性肿瘤浸润。虽然子宫是生殖道中最常见的受侵害的部位，然而卵巢、输卵管、子宫颈和后段生殖道也可能受侵害。子宫淋巴肉瘤的典型形态为生长于子宫壁上的多个坚实的脐性瘤块，感觉起来像母体残留的肉阜（图9-9）。其他的母牛，在子宫角、子宫体或两者同时有弥散性坚实增厚的瘤块。有时只能触诊到单个表面光滑或粗糙的子宫壁肿瘤。对于这些牛，全面的身体检查通常可检查出其他形式的淋巴肉瘤。

患有非淋巴肉瘤的子宫肿瘤的母牛通常无症状表现，都是在配种前检查时偶然发现。一些病牛是

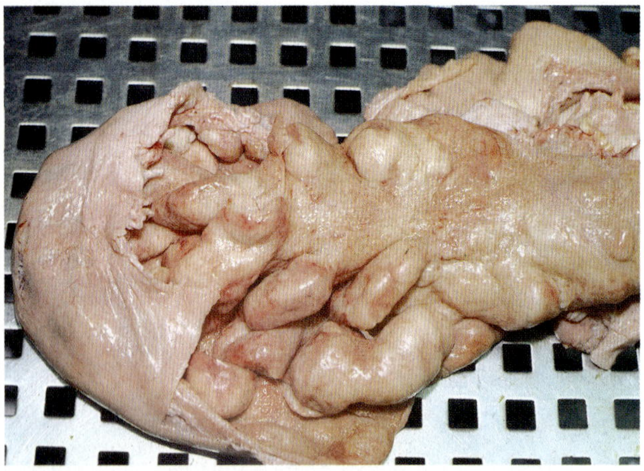

图 9-9

子宫淋巴肉瘤。

因为反复发情而不能受孕才进行检查。发生子宫腺癌后，向肺部转移并继发呼吸道症状的病例已有报道，并且比原发性肿瘤临床表现明显。腺癌一般坚硬、表面粗糙，并且只侵害一侧子宫角。平滑肌肉瘤圆而坚实，有明显的界限。其他的肿瘤外观、形状和质地不一。是否有转移的危险取决于肿瘤的类型。超声波和活组织检查有助于诊断。

治疗

患有子宫淋巴肉瘤的牛通常在6个月内死于多发性疾病。怀孕母牛患该病如果在预产期前几周或数月内分娩，则产下体型小的或无生命力的小牛。怀孕期少于6个月生出的犊牛很少能够存活。因此，一般对该病不予治疗。

单侧子宫角有其他类型的肿瘤，如果检查及时，而牛本身的价值又值得进行手术治疗，那么可以通过后肋腹部切口进行部分子宫切除术对病牛进行治疗。

输卵管疾病

DISEASES OF THE UTERINE TUBES OR OVIDUCTS

病因学 Etiology

输卵管构成了子宫和卵巢之间重要的解剖学连接通路。先天性或获得性输卵管异常会直接影响卵子或精子的输送，并取决于其涉及的解剖学位置。输卵管被分为几个部分：漏斗部，有输卵管伞以帮助收集卵子；颈部，此处输卵管壁长而细；峡部，此处壁厚而弯曲，并终止于子宫输卵管接合处。输卵管内层被黏膜覆盖，有活动的纤毛可以将内容物移向子宫，并有分泌功能，受激素调节并影响输卵管平滑肌的活动及血液供应。

输卵管疾病比人们想象的更为常见，而且可能是许多不孕症的原因，这些不孕症有以下特征：重复配种不孕，却没有其他明显症状或生殖道的触诊异常。触诊可检查到明显的输卵管粘连或增生，但对于输卵管脆弱、有严重的粘连、损伤或炎症的病例，不适合使用触诊检查。针对被屠杀奶牛的研究显示10%或更多的奶牛在一侧或双侧输卵管有病变。

存在输卵管先天异常，但没有获得性病变常见。在产后期间发生生殖道感染、持续性子宫内膜炎、子宫外膜炎及其他感染可能会波及输卵管（输卵管炎）。同样，不显著但损伤性的输卵管炎可能由以下因素造成：胎儿三毛滴虫、胎儿弯曲杆菌变种、脲原体、支原体及其他感染生殖道后段的有机体，这些会在本章其他地方讨论。

输卵管的创伤可能会伴随严重的难产，在实施手工移除黄体以促进奶牛进入发情期后，更为常见。卵巢囊肿手工破裂疗法有造成输卵管损伤的风险。

临床症状和诊断

Clinical Signs and Diagnosis

如果生殖道的其他部分没有明显的感染和损伤，输卵管疾病的临床症状通常仅限于不孕。基本通过触诊来诊断，但其他辅助技术如超声扫描、腹腔镜检查、剖腹手术、染色研究或套管插入术也很大程度上协助诊断。

触诊易诊断出粘连或输卵管增生，但很难诊断出轻微的病变。触诊时最好将手指伸进卵巢囊，如果手指在卵巢囊内伸开，则输卵管恰好位于指尖。正常的输卵管无法被触诊到，而肿胀或小肿瘤等病理变化则可触诊到。

治疗 Treatment

如果没有发生感染那么治疗的价值不大，当并发子宫内膜炎或其他生殖道感染时可用抗生素、前列腺素及其他特效方法治疗。如果有粘连发生则需要给予时间停止其配种进行休养，需要的时间依具体病例不同而有差异。通常需要1~6个月。如果只有一侧输卵管受损，那么当对侧卵巢排卵时也可给母牛配种，只要对侧的输卵管功能正常。

子宫颈疾病
DISEASES OF THE CERVIX

病因学 Etiology

子宫颈异常可能是先天性也可能是获得性的。子宫颈先天性缺陷和异常可能表现为子宫颈单独的病变，或多发性生殖道先天异常的组成部分。部分发育不全、双子宫颈外口、子宫颈短或弯曲以及其他的异常都有记载，可能影响繁殖，并且可能为遗传性的。除了不孕以外，很少导致其他临床症状。

子宫颈的后天感染或创伤可能导致明显的临床症状，包括排出脓性分泌物、严重的里急后重，或只造成不孕。子宫颈损伤通常由难产引起并立即出现临床症状，如出血、子宫颈感染的迟发症状、子宫颈脓肿或瘢痕的纤维化，这些都影响将来的繁殖（图9-10）。宫颈炎也可继发于慢性子宫内膜炎或阴道炎。由阴道或外阴损伤造成的阴道吸气或尿潴留从而引起的慢性阴道炎，容易诱发宫颈炎。这种情况尤其容易感染子宫颈外口。触诊老龄奶牛或有严重难产病史的奶牛的子宫颈外口，也容易诱发子宫颈外口感染。授精管的使用不当，尤其是目前通常使用的授精管，会戳破或损伤子宫颈，引发慢性感染或脓肿。大多数子宫颈慢性感染是由化脓性放线菌引起的，有时也有混合感染。

图 9-10

每次难产后前3次发情子宫颈复发出血，出血的确切部位看不见并且出血已经消失。

临床症状和诊断
Clinical Signs and Diagnosis

通过常规的直肠检查可以查出或怀疑子宫颈异常，但最好是通过阴道窥镜进行确诊。当怀疑子宫颈有肿块、脓肿或损伤时，目前可使用超声波进行辅助诊断。当畜主发现母牛经常分泌脓性黏液、屡配不孕，或授精管很难通过时才请兽医诊治。因为子宫颈感染远不如子宫内膜炎或阴道炎常见，因此常被漏诊，只有在使用触诊或阴道窥镜检查时才可发现。

使用阴道窥镜检查时常会发现患牛子宫水肿、呈暗红色，肿胀的子宫颈外部有脓性分泌物排出。因为子宫颈感染很容易伴发子宫内膜炎或阴道炎，所以在治疗时也要直接针对原发的子宫或阴道感染。这一点很重要，因为单独的子宫颈感染极少发生，而且单独的子宫颈损伤很少造成不孕。

子宫颈脓肿最常在难产、授精枪或授精管造成损伤之后发生。这种损伤通常可以通过直肠检查触诊到，并且可以经超声扫描确诊。

子宫颈狭窄可能是先天的或获得性的。难产造成的损伤，或者慢性子宫内膜炎或宫颈炎继发的纤维变性是后天性子宫颈狭窄的常见原因。但出现受孕失败，或授精枪及授精管无法插入子宫颈时应当注意是否有子宫狭窄。

治疗 Treatment

当宫颈炎是由阴道炎或子宫内膜炎引发时，治疗要同时针对原发感染和子宫颈感染。对于慢性子宫内膜炎的治疗已经论述过，其方法包括使用前列腺素$PGF_{2\alpha}$ 或其类似物以溶解黄体促进子宫排空，并与抗生素治疗相结合。当发生慢性感染时做细菌培养及抗生素敏感性试验，可以为治疗提供有利依据。阴道炎的局部治疗包括生殖道后段的灌洗，并辅以合适的抗生素治疗。对原发性子宫炎的特异性治疗，是使用防腐消毒药擦拭受感染的子宫颈口（特别是受感染处为子宫颈外口并且易于触及时），这些消毒药有碘酒、碘酒和甘油混合物、1%吖啶黄及其他药物。可用子宫镊拉回子宫颈以便进行局部治疗，该处理方法须在2周内重复几次。继发于子宫内膜炎或阴道炎的宫颈炎通常在原发疾病治愈后消退。如果奶牛子宫颈持续用力，可能需要频繁使用针头或硬膜外导管注射利多卡因来“打破”这一应变循环。

通过停止动物性活动和全身性使用碘制剂来治疗子宫颈脓肿。如果脓肿破溃流入子宫颈腔中，那么可以做细菌培养以选择合适的全身性抗生素来治疗。全身性碘制剂疗法包括20%碘化钠（30 g/450 kg 静脉注射），每72 h进行1或2次，或者每天口服1 oz有机碘化物直至出现碘中毒。浓重直径5 cm时预后良好。更大的脓肿可能需要特殊的外科方法排出脓液，并进行长时间的抗生素治疗，这种情况预后不好。雷布汉博士（Rebhun）描述，在同一畜群遇到了两例患有子宫颈前端脓肿的病牛，其发病可能与启用新训练的授精员有关。经过2个月的休养和碘制剂治疗，其脓肿退化为可触诊到的很小的纤维组织块，并且这2头牛后来都成功受孕，其中1头随后流产了1头3月龄的胎牛。有人可能认为停止性活动使其自愈和碘制剂治疗同样重要，然而治疗至少可以使畜主认识到在授精过程中动作轻柔的必要性。

获得性子宫颈狭窄会影响有效授精。因为许多授精员仅仅把精液滴在子宫颈外而非输入到子宫体中，唯一的抱怨可能是要反复授精。相反，少数子宫狭窄的牛会不发情，虽然它们没有并发子宫积脓，但有持久性黄体存在。触诊子宫颈可能提示有子宫颈狭窄，但通常不能下结论，因为正常子宫颈触诊的大小和形态各不相同。坎贝尔氏（Chamber's）或沃尔夫夫氏（Woelffer's）导管对于探测子宫颈腔及“打开”狭窄的子宫颈是非常有用的。对于非常困难的病例，操作过程中采用硬膜外麻醉可能会减轻动物的不适。略弯曲和硬金属质地坎贝尔氏或沃尔夫夫氏导管，可在小心缓慢的操作下逐渐通过子宫颈的狭窄区。通过狭窄区后，注入生理盐水或抗生素生理盐水，然后抽出导管。可用前列腺素诱导母畜发情周期，并在观察到发情后配种。令人惊喜的是，这种技术在大多数病例中都非常成功，并且对下一个泌乳期不一定会产生不良影响。如果是严重瘢痕化的子宫狭窄或者同时发生子宫狭窄和宫颈炎，则预后不良。

阴道、前庭和外阴疾病

VAGINAL, VESTIBULAR, AND VULVAR DISEASES

分娩创伤 Parturient Injuries

病因学

阴道和生殖道后段在分娩时可能遭受多重创伤。这种创伤在初产母牛更为常见，但在经产母牛难产时也会发生。难产时经常发生撕裂、血肿、压迫性坏死及其他损伤。初产母牛在没有明显难产症状条件下也可能遭受这种创伤。一旦难产造成出血或阴道周围脂肪脱出，那么可能立即会表现出明显的阴道创伤。阴道-外阴正常解剖结构的扭转也可能表现为外阴或会阴的外部撕裂。阴道创伤所致的迟发性疾病如坏死性阴道炎，在初产青年母牛最为常见，并可能在产后或难产后2~10 d出现症状。骨盆入口处的阴道周围血肿通常是亚临床性的，但在进行产后30 d内的例行产后触诊时，会发现在骨盆入口处有多个可触诊到的硬块，从而可以诊断出该病。广泛的阴道周围出血可能导致大的血肿，充满腹膜后隙及会阴部，造成失血性贫血并挤压直肠和阴道，但这种情况极少发生。阴道周围脓肿是阴道创伤造成的另一种迟发性疾病。

根据阴道、前庭和外阴之间的整体关系，可以将这几种疾病放在一起来讨论。例如，本来形态正常的外阴-前庭发生扭曲和撕裂，可能导致它们解剖学位置的异常，从而导致阴道吸气和继发阴道炎。

临床症状和诊断

出血、阴道外周脂肪脱出或撕裂这些急性临床症状，可能需要特殊治疗或只需要记录以便监测愈合情况。生殖道后段产伤的亚急性后果，如坏死性阴道-外阴炎，导致压痛和里急后重的临床症状，并伴有坏死性恶臭味。要轻柔地检查阴道以便与子宫炎相区分，并确定创伤的程度。会阴撕裂可能会马上表现出症状，也可能要经过配种前例行检查才能发现。阴道周围血肿和脓肿通常要到配种前例行检查才能诊断出。血肿是坚实的，表面光滑或粗糙，通常有游离性并且有多个。脓肿多为波动性的、圆形、表面紧张。阴道周围出血引起的盆腔弥散性血肿很少见，可以与子宫外膜炎相比较，因为直肠也被紧紧地压迫并被限制在固定位置。整个骨盆入口坚实的肿胀使直肠检查无法进行。这类牛可能出现明显的贫血，可以根据贫血而不发热这一特征与子宫外膜炎相区分。

分娩创伤引起的迟发性或慢性疾病包括阴道吸气、慢性阴道炎、外阴倾斜（呈水平位而不是垂直位）、阴道狭窄、阴道黏膜粘连和阴道积尿。以上这些情况，在有刺激、炎症和条件致病菌感染时，都可能发展成为慢性阴道炎。从而有可能影响繁殖。

治疗

当出血严重或持续不断以及撕裂程度可能对将来的繁殖造成影响时，应该立即注意生殖道后段是否发生急性创伤。分娩后立即发生严重的阴道出血时，需对母牛隔离并结扎出血血管。采取的方法取决于出血点的解剖学位置以及是否能看见或够得着。用缝线、工具或牵开器牵开外阴以观察出血部位。用可吸收的缝线结扎或用止血钳夹住，在多数情况下足以止血，止血钳应在24~48 h内取出。当出血与阴道炎或外阴黏膜撕裂有关时，可以使用可吸收的缝合材料进行止血和修复。阴道周围脂肪脱出可能需要治疗，也可能不需要。当发生大的撕裂时需要清除脱出的脂肪并缝合撕裂的黏膜。对于较小的脱出，可能使用保守疗法就足以治疗，可以使用全身性抗生素也可以不用。经过保守疗法后，可能会产生脂肪坏死和瘢痕，通过直肠检查可以发现，这种脂肪坏死触诊与阴道周围血肿类似。

难产过程中出现的会阴和外阴撕裂可立即修复，但产前水肿、炎症和污染经常使伤口不能立即被修复，而使推迟一些的修复成功率更大。

亚急性病例，如坏死性外阴-阴道炎，通常需在产后第一周内治疗。此时可见阴道分泌物并有恶臭味，还可能伴发里急后重、骨盆触痛以及软组织肿胀。这种难闻的气味可能会使畜主怀疑母牛有子宫炎或胎衣不下。治疗时应先仔细清洗会阴和外阴，然后轻轻用手或窥镜进行阴道检查。局部黏膜压迫性坏死很明显，并且很有可能感染化脓性放线菌、厌氧菌和大肠杆菌。应该用柔和的消毒剂小心地冲洗阴道，然后再用油性防腐剂或抗生素软膏涂抹以利用其抗菌和润滑作用来防止阴道或外阴部黏膜间的相互粘连。如果发生黏膜间纤维蛋白粘连，则需要小心的将其分开。如果有子宫炎发生也需要进行治疗。当有坏死性阴道炎而且并发阴道周围盆腔炎或发热时，使用全身性抗生素治疗可能有效，如青霉素或头孢噻呋。硬膜外麻醉和非固醇类激素治疗常常极大程度地改善病牛的食欲和行为。

阴道周围血肿通常是在产后30 d之内进行常规全身检查或生殖检查时偶然发现的。这种情况在初产母牛最常见，不需要特异性治疗，通常在产后40~60 d恢复。发生阴道周围大量血肿或盆腔血肿导致骨盆广泛肿胀和失血性贫血的病例，需要通过输血来挽救其生命，并且可能因为骨盆内弥散性粘连而对将来的繁殖存在潜在的威胁，不过这种病例很少。如此大量的血肿最终也可能导致盆腔脓肿形成，其预后不良。阴道周围或盆腔脓肿是以下疾病的迟发性症状：阴道损伤、撕裂或坏死。病牛可能无症状或者有伴有分泌物的慢性阴道炎。常规直肠检查发现可疑时，可用超声扫描术或通过阴道抽取内容物检查以确诊。与阴道壁相连的脓肿可以通过外科方法将其排入阴道内。在没有多发性脓肿或多腔性脓肿存在时，这个方法通常很有效。在排脓后，使用全身性抗生素（最好根据细菌培养）或碘制剂治疗可加速病情好转。当触诊或超声波检查不能确定脓肿明显附着于阴道壁时，治疗变得非常复杂，并且成功率低。因为这样的脓肿通常发生在腹膜后，母牛不表现腹膜炎的症状，但从解剖学角度来说排脓操作很困难。有时通过外阴和肛门侧面或采用剖腹术进行排脓。常有并发症且易复发。然而保守疗法成功率低，但可尝试长期全身性抗生素治疗、碘制剂治疗或两者同时进行。

分娩创伤造成的其他迟发性后果，例如“外阴倾斜”、阴道积尿和慢性阴道炎，将会在有关阴道炎的治疗的部分讨论。

其他阴道损伤 Other Vaginal Injuries

病因学

虽然分娩创伤是引起阴道损伤的最直接原因，但是少数情况下，阴道裂伤和刺激是由自然分娩、授精管或棒的戳伤和虐待引起的。体形小的母牛和成年的公牛交配时，有时候会导致阴道颈的穿孔或撕裂。当经验不足或操作粗放的授精员操作授精工具繁殖小牛时有可能造成阴道颈的穿孔。遗憾的是必须考虑虐待作为病因的情况——尤其是在同样条件下有多头牛发生阴道创伤的情况。

临床症状和诊断

虽然根据穿孔的部位和严重程度的不同，穿孔处后期可能发展为盆腔脓肿、腹腔脓肿或腹膜炎，但由于授精工具造成的穿孔很小一般都会被完全忽略掉。自然分娩造成的阴道颈全层撕裂伤会呈现典型的腹膜炎症状，表现为食欲减退，心动过速和弓背，不愿活动和发热。还有可能出现里急后重。直检可以探查到为盆腔压痛和不同程度的纤黏蛋白粘连。虐待造成的阴道撕裂伤会表现为相似的症状。阴道窥镜进行检查已确定阴道创伤的位置和程度。腹膜后部的或局灶性的感染会导致阴道周围粘连，脓肿或里急后重。腹膜腔的污染会导致明显的腹膜炎症状以及后腹部或生殖道的粘连。

治疗

治疗的方法包括停止交配行为30~60 d，还要有全身抗生素治疗来控制腹膜炎或腹膜感染。抗生素治疗可能需要持续1~2周，而且在急性病程中，应该使用镇痛剂。除非确诊阴道周围脓肿，并需要引流，通常不需要局部治疗。

阴道炎 Vaginitis

病因学

阴道炎大多表现为急性或慢性症状。就如之前讨论的，分娩损伤是造成急性、坏死性和慢性阴道炎的主要原因，阴道炎可能是原发的，也可能是继发于慢性子宫内膜炎和宫颈炎。阴道炎的标志是排出混浊的或黏着性的分泌物，但是这些症状不能成为区别宫颈炎或子宫内膜炎的特异性症状。坏死性的阴道炎会产生臭的气味，而且一般伴有分泌物，从而使诊断更加容易。

难产和生殖道后段正常解剖结构的改变可以导致阴道炎。阴道吸气、会阴裂伤和尿液潴留处都是诱发阴道炎的原发病因。正常会阴结构的改变会使阴道污染更易发。这在外阴倾斜和阴道周围裂伤处很明显。慢性“吸气”会使空气阻塞在阴道内，从而导致炎症，使有机物感染的机会加大。这通常是由于阴道内的正常菌群或粪便内或皮肤上的微生物出现在阴道内而引起条件性感染。尿潴留或阴道积尿可能是发生于分娩创伤、分娩损伤引起的部分膀胱瘫痪，或由于子宫和子宫颈负重过大而导致的慢性子宫颈紧张。潴留在阴道颈中的尿液可能浸泡或深入子宫颈，而引发子宫颈炎和子宫内膜炎。尿液对组织很刺激，而且可造成继发感染。尿液对精子有毒性，因为这种毒性作用，或因为尿液对子宫内膜的刺激影响受精卵的着床而造成不孕。在慢性卵巢囊肿中，观察到的盆腔远端松弛会使引导积尿的病情恶化。

另外， 物理检查和特殊的感染性疾病都会引发阴道炎。这些病原微生物包括支原体、脲原体、昏睡嗜血杆菌和传染性牛支气管炎病毒（图9-11）等。这些有机微生物可以导致奶牛发生地方性或流行性的阴道炎，我们将会分开讨论。最近，报道了一场由于*Porphyromonas levii*引发的外阴阴道炎，但是我并没有关于这个疾病的第一手资料。

临床症状和诊断

没有后生殖道的解剖学结构扭转的母牛发生亚急性的或慢性的阴道炎一般都继发于死产或分娩后的感染的创伤。子宫内膜炎或宫颈炎的并发是很普遍的。混浊的黏液脓性的或排脓可能就是唯一的症状了，偶尔会伴发里急后重。里急后重和严重的感染在急性阴道损伤和坏死性阴道炎中更加常见。直肠触诊和阴道镜检查一般用于诊断。当使用触诊和阴道镜检查不能确定子宫的病理状况时， 超声波检查和子宫的活组织检查可用于对子宫状况进一步诊断。当时用阴道内窥镜检查时，可以观察到阴道黏膜红肿，伴有脓性分泌物。

外阴倾斜并发阴道炎的奶牛倾向于发生生殖道后段的间歇性感染，这时外阴倾斜可能是原发病灶。同样外阴畸形、瘢痕组织是阴唇分开或导致引导机器的其他情况容易引发继发性阴道炎。直肠检查可以确诊阴道积气时，此时对阴道颈施加压力可以排出气体，使生殖道复位。

由尿潴留继发的阴道炎很常见，通常发生在生殖道解剖结构的破坏和分娩而造成的生殖道损伤之后。阴道炎也可以发生在造成机械性或神经性膀胱排尿受阻的分娩创伤之后。可以观察到长期慢性或间断性的脓性分泌物，直肠触诊可以通过对阴道后部施加压力促使膀胱排出混浊的或澄清的尿液，手在直肠中对阴道向后施压、向后掏粪或进行生殖道复位操作时也可达到同样的效果。当诊断阴道积气或阴道积尿时，直肠触诊可以排除卵巢囊肿作为病因的一个并发因素。

治疗

没有解剖结构破坏的亚急性或慢性阴道炎时采用的局部治疗法包括：使用稀释的消毒液灌注阴道，和治疗病发的子宫炎或宫颈炎。局部抗生素浸泡加上清水冲洗阴道和子宫对慢性阴道炎病例有用。当明确是某一种致病微生物感染后，结合药敏试验，使用抗生素治疗的效果是最好的。阴道炎可能先于或继发于子宫内膜炎和宫颈炎，在慢性病例中很难确定原发病灶。因此我们推荐治疗整个生殖道。治疗每日重复或根据已达到最好的效果及原则确定治疗次数。

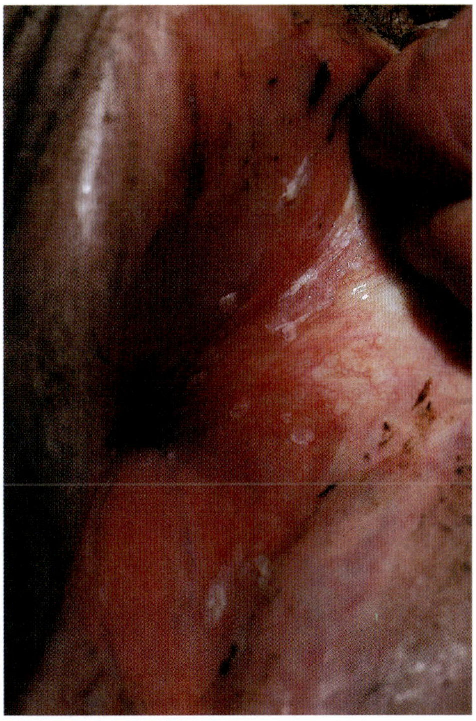

图 9-11

牛疱疹病毒引起的牛外阴红斑。

治疗伴有会阴裂伤、外阴倾斜或其他的会阴解剖学异常的阴道炎都需要同时治疗阴道炎，并校正作为原发病因的解剖结构异常。对于外阴倾斜、阴道积气和简单的会阴异常来说，外阴裂（Caslik’s procedure）的背侧闭合术是一种可以阻止阴道进一步污染和积气的方法。这个操作过程需要硬膜外麻醉，在外阴裂整个背侧部皮肤黏膜连接处仔细的去掉大约2.0 mm的皮肤，然后仔细的缝合关闭背侧会阴裂。根据会阴裂的长度，通常留下腹侧区3.0~5.0 cm开放的范围。在进行矫正手术的同时还要伴有针对阴道炎的消毒水和抗生素的治疗，针对子宫内膜炎同样。在对生殖道解剖结构校正后，阴道炎可能自发痊愈，这可能是由于有效的发情周期活动相关的自身防御机制及校正后阻止了生殖道后段的外来污染有关。

我们可以采取手术的方法和保守的方法治疗阴道积尿。综合考虑奶牛外阴的疾病严重程度，奶牛泌乳阶段，和人工授精失败的次数，我们才能决定是要采取前两种治疗方法中的哪一种。在配种前确诊的阴道积尿一般是由于来自子宫或子宫颈对阴道和尿道的牵引。如果发生子宫内膜炎，应该使用前列腺素促进子宫收缩或其他治疗方法进行矫正，子宫会慢慢恢复。如果阴道积尿情况继续恶化，就要根据情况进行特殊治疗。当确诊有卵巢囊肿时治疗相同，全段的生殖道和盆腔韧带疏松而脆弱，首先应该治疗囊肿，然后重新检查阴道积尿的情况。

阴道积尿的保守治疗包括通过直肠对阴道的腹侧和后侧施压排出蓄积的尿液，然后再进行授精。授精使用一个双鞘技术。其他的兽医推荐另一种方法，在分娩后24 h后再排一次积尿，然后使用抗生素灌注。很多患有轻微到中度的阴道积尿都可以通过这种方法顺利的繁殖，当然不排除其中有2或3例的重复配种也是很正常的。

手术矫正阴道积尿的方法只适用于两种情况，一种就是当这头奶牛十分珍贵，另一种就是在保守治疗不能保证奶牛顺利怀孕的情况。使用尿道扩张术治疗阴道积尿的牛。病牛需要进行镇定，并进行硬膜外麻醉。从位于尿道开口后部的阴道黏膜的横褶处向阴道方向作切口，构成一个1或2层的黏膜通道。然后再在距离阴唇2.0~2.5 cm处的黏膜上作一个U形切口。我们然后破坏黏膜下层背侧和腹侧，以此来缓解黏膜的紧张，然后我们把放置在膀胱内的气囊导尿管安置在这个位置，用于排空膀胱内的尿液 。然后使用连续伦伯特缝合来关闭背侧和腹侧的切口。这个方法源于一种由Brown和他的同事针对母马使用的外科技术。手术可以成功地通过腹侧的单层脱垂组织来完成。暴露的黏膜下层可以在没有任何并发症的情况下被肉芽组织和上皮修复。单层手术可以最大的保证生殖道的原有空间，最小的可能在下次生产小牛的时候再次发生损伤。在术前和术后，有计划地使用抗生素和非甾体抗炎病。因为有些牛在术后不能自主地排尿，所以最好在术后48~72 h内，在牛的膀胱内安置气囊导尿管。在术后持续抗生素治疗是一种明智的选择，而且最好在导尿管暴露在外的末端安装Heimlich盖，以此来防止由下端向上发生的尿道感染。备选的手术方案包括有在生殖前庭和阴道的连接处进行荷包缝合，注意不要穿透尿道，在尿道内插入导尿管，以保证术区干净。收缩荷包缝合的开口只留下2~3 cm的空腔，这个手术操作简单快速，到今天它在一部分奶牛群中有很高的治愈率。

预防措施

预防阴道、子宫颈和外阴的损伤比治疗重要。当在奶牛场观察到大量的生殖道后段疾病时，兽医应该考虑是否有必要改变现行的管理方法，尤其是注意发生 在头胎生产的个人农场。现代化的农场管理方法通常雇佣人协助奶牛生产，以减少难产的发生。在这些情况下难产的发生是可以理解的，不管初衷好坏与否，助产人可能在分娩前就催促奶牛生产，从而导致了生殖道发生损伤的可能 。润滑不足、粗鲁的操作和不耐心的阴道扩张都会导致疾病的发生。给体形较小的小母牛选择不恰当的种公畜也会导致问题发生，就像在干燥环境中的过渡调湿处理和由于糟糕的奶牛运输管理方法将导致的临产期代谢疾病流行率的提高。

阴道脱垂 Vaginal Prolapse

病因学

奶牛场，阴道脱垂主要发生在干奶期的奶牛，那些过度使用的和因分娩使解剖结构创伤的奶牛并发盆腔和会阴的松弛的干奶期奶牛。在妊娠后期雌激素水平的提高会导致生殖道后部的松弛。当奶牛躺下时就可以看到症状，尤其是当奶牛躺下时后躯比前躯低，症状更加明显，比如说圈养的奶牛躺在了排水沟上。显然，腹腔内的器官会向后推挤子宫颈和阴道。阴唇松弛、畸形和肥胖都会导致阴道脱垂的发生。

当在妊娠初期的奶牛身上观察到阴道脱垂时，我们怀疑这是由于较高的雌激素造成的。卵巢囊肿和饲粮中较高的雌激素量都会造成阴道脱垂病的发生。玉米赤霉烯酮、真菌毒素会导致阴道脱垂，当饲喂发霉的玉米或其他被真菌毒素污染的日粮时，也会发生其他疾病，例如阴户湿肿、卵巢囊肿、乳房过早发育。只有很少情况下，奶牛在难产后，由于严重的肌肉损伤拉伸，损害到盆腔神经，最后发展为反复性、顽固性的阴道脱垂。这种特别的阴道脱垂对愈后奶牛的产奶量和未来的繁育力有着严重的影响。

临床症状和诊断

诊断主要根据临床症状，例如圆形的粉色或红色的脱垂在外阴外的黏膜（图9-12）。通常情况下是腹侧的阴道脱出，而且一般的脱垂都是从阴道腹侧后段开始的， 在外生殖道和阴道连接处翻转，而子宫颈和阴道侧壁脱出只有在比较严重的病例中才会观察到。在很多干奶期的奶牛身上，症状都是温和的，只有在奶牛躺下的时候才可以观察到，而在奶牛站起来的时候症状就会消失。如果奶牛接近分娩，而且症状比较温和，通常会被忽略掉。对于距临产几周到几个月的病牛需要治疗，以免形成一个从阴道脱垂到阴道刺激、暴露性损伤、阴道炎和里急后重的恶性循环。在这种牛，阴道黏膜发干和牛尾摩擦会刺激脱出的阴道黏膜。暴露在外的黏膜可能会发生水肿、炎症、浅层坏死，如果在奶牛躺下休息时阴道黏膜持续暴露，就会在黏膜面出现类似于白喉性膜症状。里急后重和阴道炎会使奶牛感觉不安，影响食欲。在一些严重的病例中，子宫颈和阴道会大量暴露在外，宫颈炎和流产都有可能发生。阴道水肿、前庭腺囊肿和肿瘤都有可能误诊为阴道脱垂。

未怀孕的奶牛都应该进行卵巢囊肿的检查，当在畜群中有群发阴道脱垂症状的时候，我们就应该特别注意，例如玉米赤霉烯酮的这些真菌毒素的感染。奶牛在因产“大牛犊”而难产后，会持续性反复性发生阴道脱垂，在物理检查时，会发现有会阴、外阴、盆腔韧带和坐骨区域的松弛。这些牛还有可能发生后生殖道、会阴和膀胱区部分神经传导障碍。由于在超速排卵的奶牛体内的雌激素会保持很高的水平，这时这类奶牛也很易发生阴道脱垂。

治疗

在干奶期奶牛身上发生的慢性的阴道脱垂并不需要任何的治疗。在这些奶牛的后躯较软或卧于粪沟上时，应把这些牛从圈栏中转移出来，放置在一个垫草干爽的畜栏、产房或草场就可以对疾病的治愈有很大帮助。

患有轻度到中度的阴道脱垂，而且距离分娩还有几周或几个月时，我们可以通过之前提到的改变管理方法的手段或通过围在脖子和胸部周围的绳子肚带固定的绷带或铝材料进行治疗。过去还曾经用到过阴道栓剂的方法，但是现在已很少见了。中度到重度的阴道脱垂发生在严重尚未临近分娩干奶期奶牛，最好的管理方法就是通过Caslick's手术关闭阴裂上部的皮肤 。

在硬膜外麻醉的情况下可以轻松地进行此手术，而且此种手术应用于阴道吸风引起的阴道炎中的情况我们已经进行了介绍。在这种治疗中，只是用了很薄的一层黏膜，因此切口部位可以在生小牛之前进行，以避免外阴撕裂的发生。

还有其他很多的手术方法。那些建立在关闭阴唇基础上的手术是没有实践性的，因为这些操作并不能阻止脱垂的发生。这些手术不适用于最温和病例的情况。

重症阴道脱垂，尤其是那些发生在产后时，一般需要采取更加有效的治疗方法。Buhner's方法包括一个包埋缝合术用来收缩生殖前庭区域。在这种方法中，切口部位比下侧阴唇交界处低，高于背侧交界处（靠近肛门但是不再肛门括约肌上）。应用Buhner针（顶端有孔的12 ft长针），在外阴两侧重复穿缝。使用荷包缝合收紧。很好的缝合线一直排列到阴道头部到达阴道生殖前庭交界处，这里就是发生阴道脱垂的起始处。正确的操作，这种缝合术可以阻止阴道脱垂复发。如果在临近分娩的奶牛上进行此种操作，缝合是收紧的尺度约为3或4个手指可以进入阴道为宜。然后我们结扎缝线，缝线的一端要留得足够长以便我们在奶牛分娩的紧急关头剪断缝线。产后对奶牛进行治疗时，缝合要更加紧，而且在生殖前庭后部的阴道处产生纤维化之前都不要拆除缝线，因为这样可以减低复发率。

Minchev' s的方法通过在阴道颈到臀区的深层缝合，并用吻合扣或其他装置固定在臀部上。

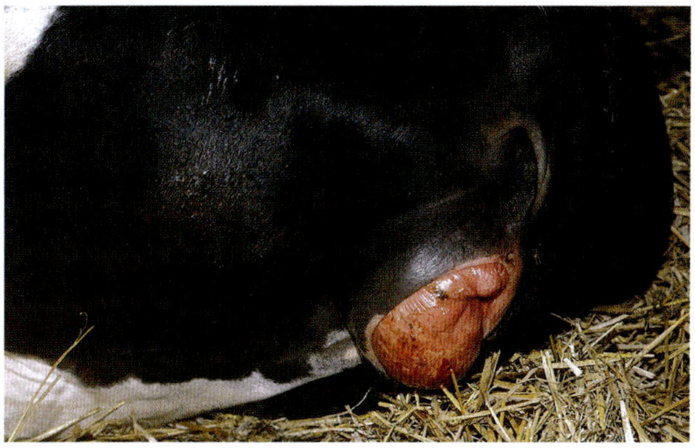

图 9-12

干乳期奶牛阴道脱垂。

这种操作偶尔也会引起脓肿的形成和坐骨神经的损害；所以我们并不推荐。类似的激进的治疗方法，例如cervopexy方法极少在奶牛中使用。紧缩术操作会切除大量的阴道黏膜组织，这种方法只考虑在极端的重症病例中使用，根据奶牛外阴状况确定手术操作。

早期治疗是防治奶牛阴道脱垂症较成功的方法，同时也是防止情况进一步恶化如阴道损伤和里急后重的有效方法。在发生严重的阴道黏膜损伤、水肿、坏死、黏膜白喉症状前，简单的技术往往是有效。

所有之前叙述的手术操作都需要硬膜外麻醉，仔细地清洗暴露的黏膜区域，然后复位和手术修复。膀胱很少发生脱垂。排尿的冲动会减少脱垂的体积，允许替代。

抗生素和支持疗法通常不需要，除了在被忽视的牛身上。那些由于黏膜暴露性损伤和阴道炎导致的里急后重的病例一般需要持续进行硬膜外麻醉达1 d的时间或更长，直到阴道的刺激减弱为止。

继发卵巢囊肿的非怀孕的阴道脱垂的奶牛并应治疗。

阴道和外阴肿瘤
Vaginal and Vulvar Tumors

病因学

纤维乳头状瘤是青年奶牛和小母牛外阴和阴道最常发生的肿瘤（图9-13）。这些肿瘤是由于牛乳头瘤病毒属引起的，而且也常发生在青年公牛的阴茎上（图9-14，A和B ）。性交传染发生在自然交配过程中。发生在外阴和阴道的纤维乳头状瘤比我们看到的要更加普遍，因为只有那些大的突出阴道的疣和出血我们才能观察到。那些良性的通常会自发地痊愈，但是当这些肿瘤长到足够大并突出阴门外的时候，需要我们进行必要的治疗，否则会引起出血和里急后重。

在成年牛，会发生多种类型的肿瘤。外阴的鳞状上皮癌发生于老年的奶牛（图9-15），可见阴道皮肤着色变浅，除非早点诊断，恶性的肿瘤会通过局部浸润和转移两种方式扩散。淋巴肉瘤可以发生在阴道内，尤其是当弥漫性的生殖道肿瘤发生的时候。其他的肿瘤就很少发生。

症状和诊断

外阴内不明原因出血，阴道有分泌物排出、里急后重或明显的突出于外阴的团块都是诊断阴道和外阴肿瘤的主要症状。通过窥镜进行阴道检查来决定损伤的程度，还可以通过活组织检查和切除活组织检查。除非纤维乳头状瘤影响了出产小母牛的正常生理机能或已经大到突出外阴，否则可以不用治疗。

鳞状上皮癌会导致外阴上产生隆起性或溃疡样的（或两者间有）粉红色的鹅卵石样的组织增生。这种肿瘤普遍会在奶牛没有色素沉着的外阴和更多的暴露在日光下的外阴区域发生。这种损伤有可能是局灶性的或多病灶性的，并且造成感染组织更多进行性糜烂。被忽略的病例往往有特征性的坏死气味，脓性的或结痂性的分泌物，并且有可能会侵犯深层组织结构或转移到其他内脏器官。

其他肿瘤很少发生，活组织检查可以作为诊断肿瘤类型的依据，并为预后治疗提供帮助。虽然在生殖道可以发生淋巴肉瘤，而发生在其他器官的肿瘤对临床症状的解释更加有力，也因此淋巴肉瘤的发生一般都是无意间发现的，没有任何的临床症状。

治疗

切除大的纤维乳头状瘤和那些在阴道和阴茎上突出可见的肿瘤是有一定必要的。在手术切除肿瘤块之后，我们就要使用冷冻手术摧毁肿瘤的根基，以此来防治肿瘤复发。 阴道的纤维乳头状瘤偶尔会含有很硬的血管根部，如果只是简单的切除肿瘤就会引起广泛的出血。在这种病例中很难彻底地止血，而外科医生应该可以预见并阻止这种状况的发生。患有阴茎疣的公牛会把疾病传染给很多的小母牛。疣疫苗针对纤维乳头状瘤的预防效果值得讨论，而且疣疫苗并不能作为一个很好的治疗方法。

当鳞状上皮癌的早期诊断，针对外阴的鳞状上皮癌的方法大多很成功。通过冷冻手术、射频热

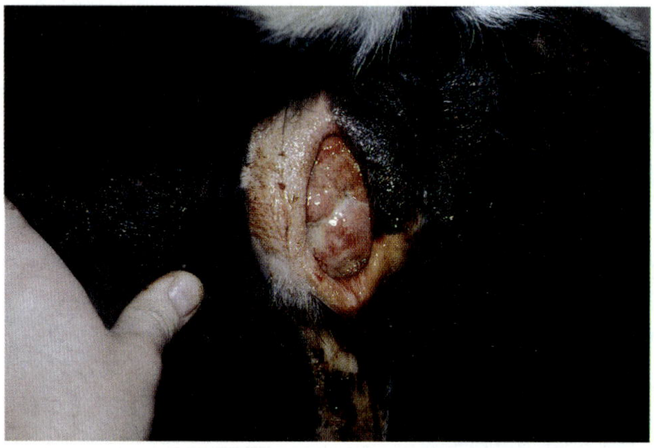

图 9-13

配种的荷斯坦奶牛的巨大的纤维素性乳头状瘤突出外阴。

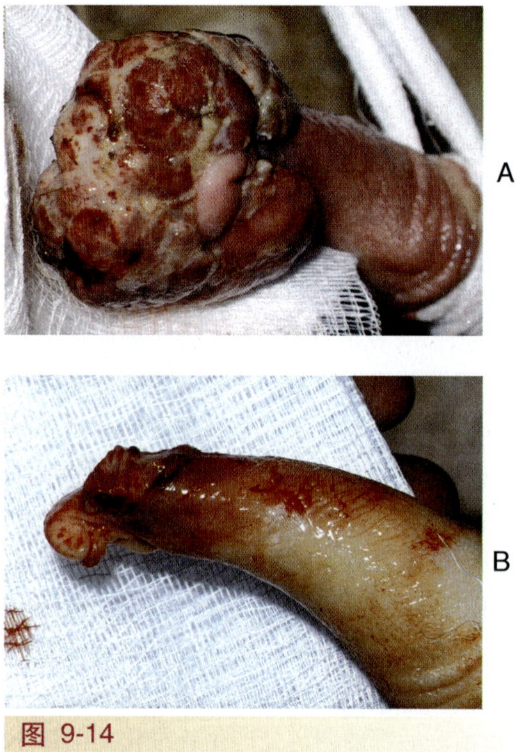

图 9-14

A，一头2岁大的荷斯坦公牛的阴茎上有纤维乳头状瘤。B，A中所示的同一头牛的肿瘤经处理后，在进行冷冻手术切除肿瘤根部之前。

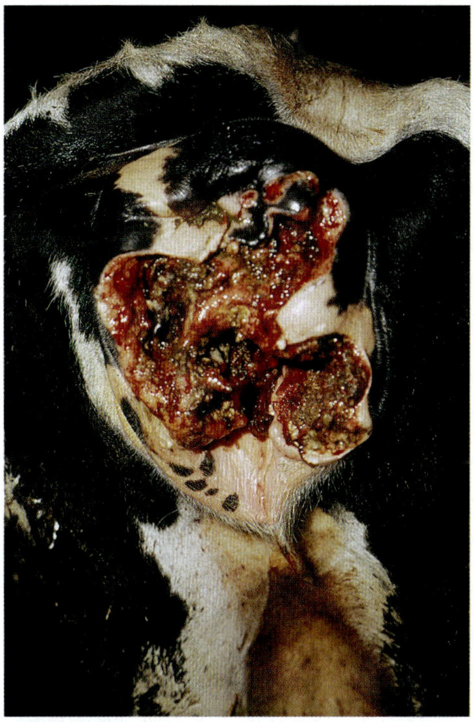

图 9-15

一个发生在12岁的荷斯坦奶牛外阴的鳞状上皮癌。

疗法等方法治疗感染的区域。射频热疗法主要针对体积小的表层损伤，而冷冻手术则可以治愈早期的鳞状上皮癌。应避免连续注射卡介苗治疗本病，因为这种注射有可能是奶牛对结核杆菌敏感试验呈阳性，而呈现假阳性的结果 。使用化疗如氯氨铂、5-氟尿嘧啶和在马上应用的局部咪喹莫特治疗都很有治疗前景，但是考虑到现在没有足够的临床应用经验，在奶牛上还没有明确的法律规定。那些重病的病例，例如那些已经感染到盆腔区域和局部淋巴结的病例的治愈希望很小。

前庭腺囊肿
Cystic Bartholin's Glands

当感染的奶牛躺下，粉红色的或红色的囊肿结构会突出阴门裂，此时畜主偶尔会发现前庭腺囊肿的病例（图9-16）。 这有可能会与温和的阴道脱垂相混淆。在生殖前庭的两侧黏膜壁上各有一个腺体，而腺体囊肿则表现为阴道的空间的阻塞。多数情况下只有单侧发病，表现为散发——可能在奶牛临床实践中一年可以看到一例。有些牛由于发病较轻，没有从阴门突出而被忽视。通常当囊肿发展到5.0 cm以上才会被观察到。囊肿质地柔软、平滑，而且可以感觉到波动感。长期暴露在外的黏膜会改变其外观，当囊肿反复脱垂和复位使生殖道很容易感染。

治疗方法包括使用手术刀切除囊肿，通常会排出一股浓稠的有轻微混浊的黏性液体。偶尔的情况下，此病会和卵巢囊肿并存，但是通常认为两种病之间没有任何的关系。当然也可以简单地认为卵巢囊肿会引起生殖道后部疏松，并引起囊肿前庭腺体更加容易向外脱出。

阴道炎的传染性病因
Infectious Causes of Vaginitis

牛传染性鼻气管炎（IBR）/传染性脓疱性外阴阴道炎（IPV）

牛疱疹病毒2型会引起传染性脓疱性外阴道炎。这种形式的牛传染性鼻气管炎表明作为一种典型的糜烂、损伤、溃疡和阴道与外阴炎症的黏膜。肿胀和分泌物同时出现在外阴，而且感染动物感到不安。虽然和发生在呼吸道和结膜处的牛传染性鼻气管炎不同，传染性脓疱性外阴道炎偶尔可以观察到。通过患有此病的公牛的阴茎或包皮上的损伤在性交的过程中传播此病，或通过感染的精液也会传播此病。因为有其他形式的本病，不管是局灶性的症状到尾部生殖道都同样存在血液性传播。因此，伴随着这些损伤一般还有全身症状包括发烧、沉郁和厌食等。那些泌乳奶牛或有不同程度应急因素下的奶牛都有可能会比其他小母牛表现出更多的整体症状。感染IBR的

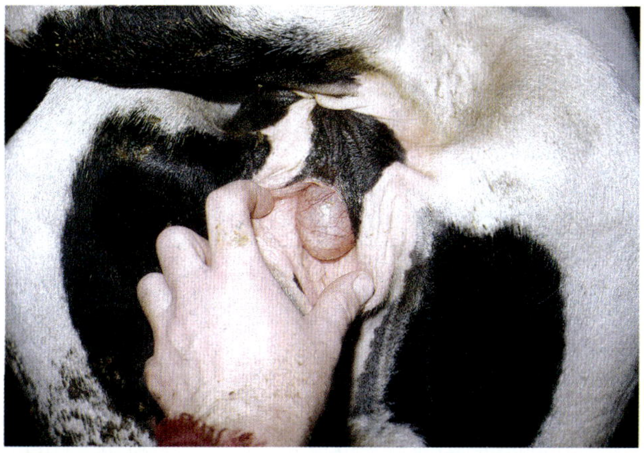

图 9-16

在成熟和荷斯坦奶牛的外因的囊状Bartholin's腺。

唯一的症状就是一连串的呼吸系统症状。流产可能成为病毒血症的一个后遗症，而且在整体症状严重的病例上更加明显。IPV导致流产可能不像IBR的其他类型那样常见，但是都有可能成为症状之一。流产可能发生在妊娠的任何一个阶段，但是更容易发生在妊娠的后期。

诊断　急性病例中的临床症状是特异性病症，包括有发生在阴道和外阴黏膜面上的白色疹块、糜烂和溃疡。诊断方法包括使用荧光免疫测试的涂片或病毒培养。如果损伤持续7~10 d，病毒就可能不再出现在损伤中，血清学诊断可以确诊 。根据报道，在IPV感染母牛和公牛后中和抗体产生的非常缓慢。因此，如果通过血清学检查没有得出明确的诊断结果，即使在急性期过后也要做FA和病毒分离来确诊。流产可能发生在恢复期或IPV 或IBR的其他类型临床症状出现后的几周内。 因此，后来发生流产的母牛通常血清学呈阳性，并且进行双份样本测定时，滴度可能不上升。动物一旦感染都有可能复发。

治疗和预防　并不存在特殊的治疗方法。预防的方法包括使用来自IBR检测阴性的公牛的精液，并保证有足够的针对IBR的免疫力（见第四章）。在母源抗体减少后应该及时地免疫幼畜；2个免疫程序可以建立很好的免疫效果，即间隔2~4周接种2次灭活疫苗可以建立良好的初级免疫力，以后，每隔6~12个月就加强一次免疫直到奶牛死亡或淘汰。

颗粒性外阴炎综合征

一种在重要性及病因学方面很有争议的疾病，当奶牛表现为阴道炎的症状时，诊断为颗粒性外阴炎，包括混浊的或脓性黏液性的分泌物，表现为慢性的或间断性的；不育或反复配种，表现为地方性的或流行性的疾病；典型性的外阴损伤会表现为黏膜面上出现瘤状物，颗粒性或淋巴滤泡样的外阴病变——尤其是阴蒂附近。我们并不清楚是在所有情况下，或说只在生殖道致病微生物繁殖的过程中，才会出现之前提到的特异性的、半特异性的或只是简单的淋巴样组织增生反应损伤。这种损伤一般出现在初产小母牛或年轻的奶牛身上，但是我们可以在所有年龄段观察到这种损伤。当然在无任何已知的产科疾病的奶牛身上，有时候也会见到轻度的损伤。中度到严重的损伤病变并伴有阴道和外阴的分泌物异常的疾病会引起畜群繁殖和生产出现问题，一般提示有接触性传染病的发生。

推测有很多原因会导致本病的发生，但是一般认为支原(质)体，差异脲原体和昏睡嗜血杆菌是主要的致病菌，我们将在此进行讨论。但是我们可能从健康的和生病的生殖道分离到这些微生物，这就使我们不能明确的划分疾病的定义。

差异脲原体　一直认为差异脲原体会引起颗粒性外阴炎和近尾部的生殖道感染。这种微生物主要存在于阴道和外阴，但是在人工授精的时候可以进入到子宫中。虽然差异脲原体通常并不引起子宫内膜炎和输卵管炎。实验感染怀孕母牛已经成功造成奶牛流产。认为自然的感染子宫的情况时很明显的，如果在人工授精时出现，有可能会使胚胎在植入时造成不良环境，或毒害胚胎本身。在这种疾病暴发的范围内，经常可以观察到胚胎的早期死亡。实验感染阴道会引起红色或褐色的颗粒性的外阴炎性损伤，而且在严重的病例中，会有严重的脓性的分泌物，外阴肿胀，黏膜面上出现直径大概几毫米的含有脓汁的小泡。这些病变易与IBR-IPV的病变相混淆，但是，IPV有糜烂和溃疡的倾向。

差异脲原体一般会作为共生体（或病原体）存在于公牛的尿道和包皮中，公牛通过交配或通过新鲜或冷冻的精液就会把微生物传染给母牛。差异脲原体会在公牛的附睾腺中繁殖，当实验性感染时。通过尿道感染精液的比例比通过公牛的性腺感染的机会要大得多。

田野感染差异脲原体可能是散发的，而且在畜群内的很多奶牛间发生大面积流行或局部流行都可能不被发现。在外阴、尾部和会阴周围的混浊的或脓性的分泌物是唯一可见的症状。很多感染的奶牛在产后早期都没有出现子宫内膜炎，而且在产后早期检查时可能表现“干净”。在奶牛泌乳的任何阶段都会出现分泌物。但是，分泌物经常出现在那些计划进行配种和那些已经恢复配种的奶牛身上 。有些奶牛可能在配种几天后才会出现明显的分泌物流出。检查感染的奶牛经常可以见到颗粒性外阴炎的典型症状，或者不典型的更多化脓性的局灶性的外阴损伤。在那些感染的畜群中会出现如下状况，规律的或没有规律的反复配种（建议在胚胎死亡早期），或经常在怀孕早期流产并伴有外阴分泌物的临床症状。畜群内的散发病例一般并不认为是有生殖问题，这些病例一般是慢性的子宫内膜炎或慢性的阴道炎，可排除其他可能。拥挤肮脏的环境和其他的应激因素都会导致畜群发生感染，而在某些被调查的奶牛群中已经确定有并发的硒缺乏现象的发生。我们并不知道微生物是如何扩散的 。通过拥挤和尾部的扩散还只是理论上的，在奶牛的发情行为中可以通过呼吸道的分泌物传播微生物 。犬舔食感染奶牛的分泌物可能成为一种传染方式，但是看起来在大多数的奶牛场是不会发生类似情况的。一旦差异脲原体感染发生，就会持续很长一段时间，而且明显地不会引起任何的免疫应答反应。

通过在多头有本病临床症状的奶牛身上分离到差异脲原体作为阳性诊断的依据。理论上的症状包括有分泌物、颗粒性的外阴炎损伤和生殖障碍。孤立地分离出病原菌不足以说明任何问题，因为这种病原菌经常是公牛和母牛的生殖道的正常共栖菌之一。治疗和控制措施包括 ：

1. 加强管理以减少拥挤、清洁肮脏的器具和改善卫生状况。

2. 如果最近在畜群内实行自然繁殖的话，立即停止。 因为大多数的人工授精都会在精液中加入针对差异脲原体的抗体。

3. 人工授精时，采用“双鞘”技术以避免在阴道内的微生物污染子宫。

4. 考虑针对特殊的动物进行系统的抗生素治疗 。

5. 评价畜群内的并发症和营养状况。当疾病发生在硒缺乏地区时，评价畜群的饲料和血中的硒含量水平。

支原体　虽然支原体与差异脲原体相比针对颗粒性的外阴炎的致病性要小一些，但是我们从患病的奶牛身上分离到了这种病原菌，而且支原体可以感染奶牛的生殖道造成奶牛不孕。和差异脲原体一样，我们也可以从整段生殖道健康的奶牛中分离到本菌。因此，对于病因和症状的关系、试验感染的数据和单株分离菌株的重要性都受到质疑。

牛生殖器支原体可以在很多牛的阴道或子宫颈中分离培养出来。这些牛中的一部分都有生殖障碍的病史或有颗粒性阴道炎的损伤。生殖道后段感染的频率比子宫感染的频率要高很多，而且其中一些牛生殖器支原体菌株明显比其他一些要有更强的致病性。一些研究发现和感染公牛交配的初产小母牛明显表现为化脓性感染，通过活组织检查确定由子宫内膜炎的发生。牛生殖器支原体（至少是一些菌株）的确可以感染公牛的包皮、尿道和附睾腺。也因此，含有庆大霉素、泰乐菌素、林可霉素和壮观霉素的抗生素混合剂通常加入到精液中，在人工授精中使用。自然配种的感染公牛是主要的传染源。

牛生殖器支原体并不经常感染公牛和母牛的生殖道，但是在实验感染过程中，会出现严重的子宫、输卵管和阴道病症。

根据现在已知的数据，我们更容易从牛的生殖道后段分离到牛生殖器支原体毒株。这种微生物持续存在于生殖道后段，但是和差异脲原体相似，人工授精过程会感染子宫，并导致短暂的子宫内膜炎，干扰胚胎着床，或杀死胚胎。我们应该寻找一种病原菌， 它只在出现了很多牛都表现有明显的分泌物和生殖障碍的症状，而且可以分离到一种微生物。控制措施和差异脲原体的方法类似，同样也包括在公牛的精液中加入抗生素，以便在人工授精过程中使用。另外，使用四环素对感染奶牛进行全身治疗也很有效。

嗜组织菌（睡眠嗜血杆菌）　在没有或有生殖道感染症状的奶牛的子宫颈阴道区域曾分离到大量的嗜组织菌。与支原体和差异脲原体相似，分离出单株病原菌并没有很重要性的临床诊断意义。革兰氏染色可见多形性的球杆菌我们已经在第四章和第十二章中进行了讨论。它会引起奶牛多系统的疾病。神经系统的疾病包括在生长发育期奶牛身上形成血栓性脑膜脑炎，在成年奶牛身上造成髓膜炎。本菌还可以引起多关节炎、肺炎、心肌炎、上呼吸道感染、败血症和生殖道疾病。虽然微生物学家认为由于种属间对器官营养和致病性的差异的存在，他们并不同意这种说法，但是在田野间的暴发证明菌株变异性是确实存在的。一些菌株只会造成神经系统疾病并不引起生殖道疾病，反过来也一样。病理生理学和感染途径有时候是很难确定的，但是呼吸道有可能是感染的主要途径。不管感染部位在哪儿， 随后都会发生败血症。因为根据从生殖道分离到嗜组织菌的频率有些理论指出，这里有可能是病原菌入侵原发地。 从健康的多产的奶牛生殖道中分离出的病原微生物，让我们产生了对病原菌治病力大小的质疑，但是这有可能只因为不同菌株致病力不同。

Klavano致力研究与由于嗜组织菌菌株引起的

奶牛不孕的自然暴发，然后进行试验室感染，从而确定这株嗜组织菌可以感染动物并造成动物产生急性的脓性的分泌物的阴道炎，并且持续2个月都可以分离到该种微生物。因此，确定嗜组织菌的确可以称为引起阴道炎的诱因。

嗜组织菌同样可以引起子宫感染 。这种感染可能来自后段生殖道感染的上行感染或者是败血症的结果。在某些研究和实验室感染中，同样把流产和胚胎早期死亡的原因和嗜组织菌联系在一起。

另外，根据从奶牛后段生殖道分离到嗜组织菌的频率，我们还经常从公牛的精液和授精使用的套管中分离到该菌。生殖道或副性腺的感染都有可能，但是我们经常从没有显微镜下检查和组织学损伤的公牛身上分离到该种微生物。感染公牛的精液质量会下降，有可能通过自然繁殖或精液传播疾病。我们经常使用抗生素处理过的精液，因此减少传播疾病的可能，我们在前边已经讨论过了。

对由嗜组织菌引起的不孕的诊断主要是建立在对多只动物、流产胚胎或其他样本的微生物的分离。治疗原则或说明一般都模糊不清，但是一般推荐在局部子宫内或阴道内使用四环素进行治疗。

虽然这种免疫预防效果证明对控制生殖道感染的防控效果很小，最好的预防方法就是用嗜组织菌进行免疫接种。需要根据使用说明，对动物在2~4周的时间内完成2次免疫，然后根据危险程度，每年或半年给予加强免疫1次。我们对针对微生物的免疫力知之甚少，但是一般认为免疫还是有其效果的——但是不包括全身感染的情况。在未来也许针对微生物的免疫能产生很明显的效果，如果明确的嗜组织菌的毒株能够被分离到。现在已经有很多制造商希望通过这方面的尝试来规范菌苗从不同系统中分离到的菌落。

其他不孕的原因
OTHER CAUSES OF INFERTILITY

弯曲菌病（弧菌病）

Campylobacteriosis (Vibriosis)

C. fetus var *venerealis*是引起弯曲菌病的病原——一般称为奶牛弧菌病。在使用商品化的精液进行人工授精的奶牛场中很少发生本病，这种病还是在肉牛场中广泛发生，而且如果购买了感染的公牛或小母牛的话，还是会把这种病带进奶牛场中的。胎儿弯杆菌（*C. fetus* var *venerealis*）是一种奶牛生殖道内公牛的包皮内的专性寄生菌。在阴道发生感染后，细菌迅速地引起子宫内膜炎并持续几周到几个月不等的时间。同样有可能引起输卵管炎的发生。在本病发生后引起的最重要的结果是怀孕早期胚胎死亡、胎儿死亡和不孕。在感染后免疫力建立缓慢，在两次或多次重复配种后，即使在奶牛的生殖道后段内仍有微生物的存在，多数的奶牛也可以怀孕。根据报道，年轻的公牛很难感染弧菌病，但是作为机械的带菌者还是有可能在自然交配过程中感染小母牛和其他奶牛的。年长的公牛（>5岁）更容易发生慢性的感染，在包皮中藏纳微生物，并污染精液。

疾病的诊断需要通过对感染母牛的阴道黏膜或分泌物、流产胎儿（肺脏和胃内容物）和公牛的包皮抽取物分离培养到病原才能确诊。可以使用无菌的授精管通过内窥镜进入阴道颈的黏膜处或冷冻精液塑料细管采集样本。在收集病料前应该预先联系诊断实验室，从而做好准备以采取最佳的方式操作、运输材料和对材料的保温处理。我们同样使用吸水绵收集阴道黏液通过凝集试验来评估抗体水平。当进行那些凝集试验时，采集样本的奶牛应该作为疑似病患进行隔离至少30 d，样本采集时应注意避免采集那些正在发情期或刚产下牛犊的奶牛，因为在这段时期，大量的黏液分泌会稀释抗体浓度，影响诊断效果。我们应该采集足够多的样本量。微生物培养只作为早期诊断的一种方法，抗体凝集试验在后期感染或恢复期的动物身上更具有应用价值。

疾病的预防方法包括只应用商业上从人工授精公司购买的用抗生素处理过的精液，同时避免自然交配。疫苗接种作为一种有效的预防和治疗手段同样重要，因为它可以刺激机体产生IgG，从而消除母牛子宫和公牛阴茎的感染。我们应该根据使用说明上标明的进行免疫接种，每年加强免疫一次。我们必须强调如果持续进行自然交配，没有感染的免疫过的公牛虽然自身已经免疫，但仍可以机械传播该种疾病。

滴虫病 Trichomoniasis

病原学

胎儿滴虫，一种原虫，是引起滴虫病的病原——一种公牛母牛繁殖的性病。虽然畜群使用来自产品化的人工授精精液产品作为主要的精液来源并没有很大的感染风险，那些使用自厂收集和冷冻的精液输精或自然配种的畜群则存在很大的感染风险。这种病在肉牛场中相对更容易预防，但是应该值得我们注意的是奶牛仍是易感动物。

带毒者和感染的公牛是滴虫病的传染源。年龄高的公牛更易慢性感染胎儿滴虫，因为这种滴虫可以在阴茎包皮和阴茎头的上皮组织和上皮隐窝内存在。随着公牛年龄的增长，隐窝数量增多，因此年龄大的公牛更加易感。虽然年轻的公牛相对不易感，它们也会感染，而且它们可能成为慢性带毒者。

感染公牛没有任何的外部感染症状，而且在和少数的母牛繁殖时表现为很强的感染力，因为它带有很多的胎儿滴虫。在繁殖季节进行频繁的交配，可以稀释或减少公牛在每次交配过程中携带的微生物的数量，因此在一定程度上减少了感染率。奶牛场中使用时间超过1年的感染公牛在繁殖过程中的感染力会大大增加 。即使是那些没有感染的公牛或那些产生了免疫力或针对滴虫的抵抗力的少数公牛都可以作为一个机械带毒者感染那些没有感染的牛。

感染胎儿滴虫的牛通常会在几个月后自然痊愈。现在对于这种自身限制感染的免疫机制还不是很清楚，但是一些牛还是表现为持续的感染或带毒。感染过的牛，感染后恢复，怀孕，并产下小牛，但是随后再次发生感染相对比较容易，这可能和免疫反应有一定关系。感染牛会产生不孕症，认为这是出现胚胎早期死亡的主要原因。这些胚胎死亡和子宫、输卵管炎症有关 。感染的牛表现为两种情况，不是成为反复育种者，就是出现反复的时间间隔不规律的发情期，这些都是早期胚胎死亡的症状。大多数感染的奶牛都可以在感染后的3~4个月内自然恢复，受孕并顺利妊娠。只有少数比例的感染牛会出现子宫积脓或流产现象。如果在一个使用公牛进行繁殖的奶牛场发生大量的奶牛子宫积脓现象，这就明确的提示在这里可能发生了滴虫病。流产通常发生在妊娠期的前5个月，在90 d以前流产的病例很少。流产发生时，胚胎可能发生了自溶或浸软。

通过向易感奶牛的生殖道内接种微生物，在奶牛的阴道、子宫颈、子宫内膜和小管内建立感染。有些牛表现可能在配种后几日内有交配后的分泌物、外阴阴道炎和宫颈炎。但是，大多数的牛都会有极少量的分泌物。由于阴道抗体的作用，阴道的感染通常都会在1~2 个月内恢复 ，但是，在免疫力或抵抗力建立起来之后，子宫感染通常会持续3~4个月。

临床症状和诊断

症状主要以不孕症为主，其他症状很少。因此，通过对繁殖纪录的详细检查对疾病的确定有很大帮助。配种后的分泌物、子宫积脓和流产是些有用的症状，但是和有规律或无规律的反复的配种相比就不寻常了。

诊断需要明确分离鉴定出胎儿滴虫毒株，一般建议通过公牛的包皮抹片或抽吸物的方式对公牛进行取样。方法如下，就是把干燥的吸量管插入到公牛的包皮穹隆中，同时涂抹，并抽吸所有地可以得到的包皮垢。由于微生物生活在黏膜隐窝内，操作过程就必须要剧烈些，会引起温和的刺激或流血都是可以理解的。在移量管的外边可以套一层干燥的吸管，而包皮在操作前则应该要刮干净包皮毛。奶牛则通过收集阴道颈黏膜进行取样，除非是近期才发生的感染，否则通过这种技术很难收集到微生物。子宫积脓的病例中通过从子宫中抽吸脓汁可以检测到微生物，同时流产胎儿的皱胃内的液体同样有作为分离样本的价值。对公牛进行取样检测认为是主要的监测方法，在感染畜群内作为主要方法。

现场样本则需要被放置在无菌的生理盐水或乳酸林格溶液中，并快速地运输到合格诊断实验室进行诊断。或者更好的情况，我们可以把采集到的样本快速地接种到合适的分离培养基上。Diamond的培养基是一种用于分离胎儿滴虫的时间试验。有些专家并不推荐使用在现场接种Diamond培养基。现在普遍流行的做法是在一个由罗口盖的小管内装有Diamond培养基或in-pouch TF培养基容器中在现场完成接种，从而减少运输过程中可能造成的分离到的微生物的损失。在这个实验中，in-pouch TF培养基可以更加快速地检测胎儿滴虫，而且在更少量的接种量的情况下优先检出。

治疗和预防

消除感染和带毒动物，同时防止引进该种疾病是针对疾病的防控的主要措施。在奶牛畜群内，这个步骤可以简化成停止一切自然交配，处理掉所有的公牛，使用可信的商业产品化精液。如果必须保留检测呈阳性的公牛， 我们必须针对这些公牛进行治疗和培养。现行的治疗方法包括在连续3个24 h内注射3针剂量为15~30 g的异丙硝唑。由于咪唑环含有异丙硝唑可能会被包皮内的其他菌群（细球菌属微生物）灭活，所以在进行异丙硝唑的治疗前几天，应该是使用全身的抗生素治疗。一针长效的四环素或每天注射青霉素持续2~3 d都可以达到上文提到的目的。异丙硝唑酸性很强而且会刺激组织，所以注射部位经常出现脓肿。其他的异丙硝唑包括甲硝唑和地美硝唑都同样应用于临床，但是和异丙硝唑相比含有不良的副作用（静脉注射的甲硝唑，而地美硝唑适口性不好而且会使消化道功能短时丧失）。临床操作者应该熟悉应用含有吡咯环结构的抗生素的使用方法的法律规定。例如，最近美国的食品和药品检查机构就禁止了在用于生产食物的动物身上使用取代吡咯环的药（甲硝唑、地美硝唑和异丙硝唑）。

可能需要对感染奶牛进行隔离，停止几个月的繁殖行为，或重复循环使用前列腺素或类似的药物来巩固消灭生殖道内疾病的效果。现在在全球针对胎儿滴虫的疫苗十分有限；在美国唯一可以见到一种疫苗是全细胞产品，针对公牛的保护力并不明确 。

新孢子虫 *Neospora* sp.

我们已经肯定犬新孢子虫（*Neospora caninum*）是引起奶牛流产的一个病因。和其他通过肉食动物传播的原虫病相似，我们建议食肉动物，尤其那些家养食肉动物可能是终末宿主，他们的粪便中会携带有具有感染力的虫卵。已经明确地证明在美国和其他国家新孢子虫曾经引起奶牛的流产。 流产可能发生在妊娠期的第3~9 个月期间，而大多数的流产都发生在第4~6个月期间。通过胎盘感染，胎儿的中枢神经系统是主要感染靶器官，继而发生原虫性脑脊髓炎。另外，除了发生流产外，产下的小牛可能体质很弱或者表现为明显的神经系统缺陷。其中有些牛可能已经由于新孢子虫发生过一次流产了。由感染牛产下的牛犊表现出神经损伤，先天感染新孢子虫的犊牛可同时表现局部麻痹症状。在农场研究表明犊牛体内母源抗体产生前有内源性垂直感染造成的慢性感染损伤的几率高达95%，但是大多数先天感染的犊牛都可以恢复正常。

尽管感染被引入到畜群内，垂直感染是主要的感染形式。通过实验方法验证这种存在于牛之间的垂直感染已经很深入了。 据报道，在胎儿或犊牛身上发生了非化脓性心肌炎和先天性局灶性的坏死性脑脊髓炎。

新孢子虫寄生虫已经从流产胎儿中分离出来了。另外，其他的工作者发现在一个奶牛群中发现了在原虫性流产发生的同时还有感染哈蒙德虫属，怀疑与大型凶猛的猫科动物有关。

在大多数感染的畜群中，原虫性流产大多发生在高密度圈养的畜群中，流产症状可能是散发的、地方性或流行性的，而且流行规模有很大变化。

临床症状只能观察到奶牛流产和产下由于先天性中枢神经感染患有神经症状的犊牛。感染奶牛无症状。诊断主要建立在对胎儿或出生犊牛的组织的免疫组织化学染色和血清的酶联免疫吸附试验。最近针对组织样本的免疫组织化学，操作步骤是使用针对新孢子虫的抗血清或牛新孢子虫（BPA1）毒株在石蜡包被的组织块上进行的免疫过氧化物酶试验。所有器官的组织都应该进行检测，但是脑和心脏是最可能出现损伤的组织器官。酶联免疫吸附试验作为推荐筛选试验奶牛，和喝初乳前就表现症状的小牛或可能患有先天感染的小牛。血清学可能是一个有效的筛选步骤，用来检测的类似新孢子虫的微生物出现或疑似的奶牛。如果所有的检测动物都呈阴性，这种疾病就有可能并不存在在这个牧场，免疫组织化学染色也不会有任何结果。牛的酶联免疫吸附试验对评估畜群状态很有用。诊断实验室对流产胎儿的研究会通过对胎儿组织器官的免疫组织化学染色进行，但是临床操作者在把组织送往相关实验室之前应该询问一下该实验室是否具备该项操作的设备要求。在全球的很多地方最近有一种新的疫苗产品的出现。 虽然此产品在降低流产发生率上很有效，但是并不能消灭这种疾病。

牛流行病性流产
Epizootic Bovine Abortion

病因学

牛流行性流产是一种病因不明的疾病，主要发生在sierra内华达山脉的山麓地区，包括内华达州、奥勒冈州、加利福尼亚和北美国新墨西哥州地区。虽然明确的致病菌并不清楚，这种疾病只发生在生长皮革钝缘蜱的区域，因此认为这种疾病是蜱媒病。奶牛和鹿是蜱的终末宿主。长久以来认为衣原体是本病的病原，但是这种假设看来是错误的。螺旋菌和近期的一个新的delta也被认为是引起这种疾病的致病微生物。

在接触过蜱后的3个月内发生流产，而且好象和季节性放牧相关。针对疾病抵抗力的产生对疾病的预防和控制都有很重要的作用。感染的奶牛和小母牛初次暴露在有蜱繁殖的地区感染的风险很大 。流产一般发生在妊娠后3个月。在最初的暴露后，奶牛会产生抵抗力，因此经常在奶牛进入第一次繁殖前先进入有蜱繁殖的地区，希望借此使奶牛产生免疫力。免疫力持续的时间我们并不知道，但是据观察大概持续1~2个季节。

临床症状和诊断

感染的奶牛只表现一种症状就是流产或产弱仔，而且诊断需要实验室针对流产胎儿或小牛进行适当的组织病理学试验来确诊。大体病变包括有淋巴结病、脾肿大和肝肿大。在一些胎儿会出现腹水。组织病理学诊断可见在很多组织内有大量的淋巴细胞浸润。这种病理性浸润的发生表示有慢性炎性反应的发生，可能有增殖性元素的存在。淋巴网状组织和其他器官都可能发生，而胸腺的损伤是很严重的。在易感动物身上通过接种流产胚胎的胸腺组织成功造病。

我们现在采取的控制手段只有避免在流行地区放牧，或通过在配种前提前几个月暴露在蜱繁殖地区，没有别的方法，我们还在等待进一步的致病菌分离，希望可以确定明确的病原体。

过期妊娠　Prolonged Gestation

病因学

奶牛的过期妊娠一般是由于胎儿异常引起的，我们需要把它和死胎或木乃伊胎区分开，因为感染奶牛只表现出预产期却无分娩。胎儿的肾上腺素分泌异常是引起过期妊娠的主要原因，因为分娩的开始是由胎儿的肾上腺皮质激素的释放引起的。患有腺垂体和脑下垂体异常，克隆、体外授精或胚胎移植作为引起“新生犊牛过大”的症状的原因，都会引起过期妊娠。还有可能是由于这些胎儿同时腺垂体和垂体异常，或由于肾上腺分泌不足。这种疾病曾经在荷斯坦奶牛和爱尔夏奶牛身上报道过，而且我曾经在瑞士褐牛身上观察到这种症状；我们认为这代表一种阴性品质。患有该种过期妊娠的牛一般表现正常，但是并没有表现出预产期前期的乳房水肿或盆腔松弛的现象。妊娠期可能会延长1~3个月或更长。奶牛触诊可以感觉到一个巨大的胎儿；我们在确诊疾病前，一定应该先排除配种日期或记录登记错误的问题。患有肾上腺分泌不足的胚胎可能生长正常，但是体积过大（在荷斯坦奶牛和瑞士褐牛可能有150~200 lb），通常只有通过剖腹产的方法才能顺利生产。除非胚胎死在子宫中，在真正的过期妊娠的奶牛身上很少发生自然分娩。如果采用引产，就要考虑难产发生的可能。如果胎儿还活着，也将由于肾上腺分泌不足在出生前或分娩过程中或出生后48 h内死亡。

另一种过期妊娠的发生则是由于胎儿异常，包括颅骨和脑的异常。小牛是体积很小的而不是很大的，脑袋呈独眼状畸形，同时患有腺垂体发育不全或脑垂体异常。我们怀疑更赛牛、爱尔夏牛和瑞士红白奶牛身上的这种隐性性状会引起这种疾病。罗伯特同时观察到另一个颅骨和脑异常的病例——脑疝，称为过期妊娠的主要原因。肾上腺、垂体和脑下垂体的异常都有可能，而且犊牛过大时需要进行剖腹产。

患有过期妊娠的奶牛的预后一般需要谨慎对待，原因如下：

①病牛通常并没有做好产奶的准备。

②病牛通常会难产或需要进行剖腹产。

③遗传因素可能为本病的病因之一。

奶牛的繁殖监测
REPRODUCTIVE MONITORING OF DAIRY CATTLE

虽然这个章节不能或者说不能尽力做到覆盖奶牛繁殖的所有话题，我仍会根据我的经验作一个简短的总结、回顾和摘要。牛临床操作者需要深入研究阅读标准的动物生殖学和繁殖课本。

繁殖计划将一直继续，并将根据畜群管理方式、畜主的喜好、兽医的意见、可获得的劳动力状况和药物操作规范的改变而随时修订。兽医作为他们所受教育和经验的影响，会以此为基础来为他们的客户制定意见或繁殖监测程序。如果兽医理想地认为他们的客户会一直接受程序化的管理程序，那就太不现实了。事实上，当繁殖检测程序作为医生和客户共同的协议时，兽医大多会牺牲自己的信条，以此来满足客户的要求。这种协议一般会使客户的意见降低到最小，考虑到在每个农场上经时间验证的有效的做法，并且允许兽医通过使用新的或正确的方法来改进不成功的部分。因此，每个程序都应该是根据每个农场量身定做的。每个月的畜群检查也许适合一个只有40头牛的畜群，但明显的不能应用于一个有400头或更多头数的畜群。同样关于开放饲养奶牛监管的决定也会随之改变。有些畜群会全程评估奶牛产后，而其他的则只会监测产后30 d或更多和那些表现出产后疾病的动物。理想化的是监测所有奶牛在产后30~40 d内是否有出现发热症状；但是投入到发情期检测的努力和精力是很难得到的，很多更大的畜群现在更加喜欢使用随即生殖道检查计划表，通过对所有奶牛在第一次繁殖前的一定天数进行检查。不管选择哪个程序，都必须保证在兽医和客户之间存在一个规律及时的相互交流的关系，能使双方专注在畜群繁殖操作上。

产后奶牛应该进行有规律的检查，通过常规的直肠检查来监测进展，可以随时检测出产后异常，例如子宫内膜炎、宫颈炎、阴道炎和卵巢囊肿等疾病。在某些畜群，所有的产后的奶牛都在检查清单上，而在其他的畜群则只包括产后2周或更长时间后才进行触诊。针对产后2周的奶牛进行直肠触诊时的作用是很有限的，因为在一定程度上子宫恢复得并不好。但是通过估计子宫的气味，肌肉紧张和肌肉收缩程度和触诊明显的异常仍旧是很有诊断意义。另外，反复的针对子宫颈和阴道后部的向下向后的压力有助于分泌物排出外阴，这就有助于我们评估引导内分泌物， 而平常是有可能会被忽略的。阴道检查和内窥镜检查指出奶牛产后14 d以前易患有子宫内膜炎、胎衣不下、坏死性阴道炎和其他生殖道后段疾病。

动情周期　Estrus Cycle

牛经常在产下小牛后13~15 d第1次排卵。这次排卵并不表现出明显的发情症状，但是可以检测到卵泡，子宫气味增重，黏膜分泌物增多。黏膜分泌物也许混合有脓性物质、血性恶露或是很清亮。第2次排卵在产后的30~35 d内完成。这次排卵与第1次相比多呈现出发情症状，但是仍有50%的牛可能被忽视。在第2次排卵之后，假设奶牛将有间隔时间为20~23 d的规律性的发情期。一小部分的牛将会有规律但间隔时间略短的发情周期或间隔时间稍长的发情周期（平均发情周期为20~21 d）。

兽医监测的繁殖程序就是尽量决定奶牛的发情周期是否正常，并正确地估计发情日期（根据直肠检查的结果）。病史包括观察到的发情、生殖道分泌物、产后疾病的治疗和较早前的通过检查繁殖前奶牛的触诊结果是很重要的。兽医在能准确地预期发情周期阶段、发情日期和日常检查中的发现前，一定已经触诊过了上千头奶牛。子宫气味、子宫紧张度、子宫颈、输卵管、生殖道分泌物和卵巢的结构是我们在日常针对没有怀孕的奶牛的直肠触诊的主要检查项目。

牛在大多数发情周期中可出现2个或更多的卵泡波，产生5~10个卵泡，这是牛发情期中卵泡发育的一个特点。在这些卵泡中，通常有一个发育为优势卵泡，而其在卵泡波开始的1~2 d内就发育得比其他卵泡要大，其他卵泡闭锁。牛一般在其发情周期中有2个卵泡波——分别开始于第0天（排卵）和第10天左右。由第一波产生的优势卵泡在5~ 6 d内增大，随后静止5~6 d，最后退化。由第二波产生的优势卵泡最后发育成熟排卵。在排卵后的4~5 d触诊时才能感觉到卵泡，这是因为第一波优势卵泡的退化和第二波优势卵泡的产生发生了重叠。卵泡通常只有直径12 ~16 mm大小。没有排卵的优势卵泡可以达到同样大小。所以卵泡的出现不应该被错误地解释为这头牛接近发情期了。一些研究表明，很多牛有3个卵泡波，而有些甚至有4波。

有3个卵泡波的奶牛分别开始于发情周期的第0天、第9天和第16天。有3个卵泡波的奶牛倾向于有更长的黄体期和更长的发情期大概22~24 d。

最后一个卵泡波的优势卵泡将成熟并排卵。子宫内膜中前列腺素$F_{2\alpha}$浓度的增加将使黄体溶解，前列腺素$F_{2\alpha}$则是经过子宫卵巢静脉到卵巢动脉最后到达黄体。黄体的退化会引起黄体激素水平，在下丘脑释放促性腺激素释放激素后，引起由脑垂体前叶分泌黄体化激素。同时，促黄体素分泌达峰值时，雌二醇分泌水平增加，这会引起发情行为。促黄体素和卵泡刺激激素联合作用于优势卵泡，使其在排卵前期成熟。促黄体素作用于卵泡内膜细胞，增加雄性激素的合成，最后作用于粒膜细胞层提高雌二醇的分泌量。

在排卵前的促黄体素的峰值对卵泡有复杂的作用，而现在我们了解的却很少，但是作用于卵泡的闭锁、排卵和黄体生成。 雌二醇的峰值则和卵泡成熟时表现得发情期的生理和发情行为有关。子宫气味的增加、清亮的黏膜分泌物、生殖道的充血和触诊可以摸到直径12~18 cm的卵泡都是牛“标准发情症状”。发情期的奶牛应该只有很小的难以察觉到的退化的黄体。

发情和发情监测 Estrus and Heat Detection

动情期一般持续10~18 h，但是有证据表明现代化的高产奶牛的动情期明显要短——大概8 h。排卵一般发生在动情期结束后的12 h后，或在动情期开始后的24~30 h内 。发情鉴定一般来说都是繁殖程序的主要内容，绝对不容忽视。观察到的发情时间不超过10 h，在一些牛身上这个时间可能更短，因为生理发情时间往往比肉眼可以观察到的发情时间要长。不管是根据书上写的内容、发情检测工具和帮助和兽医的指导，很多工人还是进行着简陋的发情鉴定操作。一份20世纪80年代的研究表明在美国的一个奶牛场，接近50%的发情周期都没有被发现；当代的生物学和高产量奶牛管理表明更少的动情期被检测到。畜主明确表明没有发情的牛在接受了直肠检查后，只能勉强承认这头牛正在发情。所有在奶牛场学习和工作的兽医对这一切都太了解了。当劳动力不足的今天，工作在农场的劳动力工人没有及时地控制奶牛和鉴定发情都是可以理解的。一些奶牛场的工人和畜主观察的不仔细、不耐心或每天只观察奶牛5~10 min。兽医应该理解畜主的困难，但是绝对不能纵容这些坏的习惯，让所有的牛都处于“沉默发情”状态。应该鼓励畜主每天多次观察奶牛状况。应该奖励那些发现奶牛发情的工人，这可以成为一种激励政策，使工人更加关心奶牛发情状况。那些拒绝接近奶牛或那些每天只观察奶牛很短时间的工人，就成为了不利因素 。开放式放牧对产奶量没有影响，但是却会成为影响发情鉴定的其他原因。由于动情期总是发生在固定的12~18 h内，而且多数发生在夜间而不易被察觉。畜主应该察看尾部和会阴附近清亮的黏膜分泌物，这一般表明接近或正值动情期；动情后期的流血也可以通过同样的方式观察到。疑似处于或接近发情期的奶牛，应该针对他们重点研究之前的发情纪录，进行前列腺治疗或直检预测发情日期，或者请专门负责人工授精的工人进行直肠检查。检查时可能发现子宫气味增加或有清亮的分泌物。发情奶牛会出现很多行为或体征，包括允许其他奶牛爬跨，产奶量下降，活动增加或频频进行爬跨，猛地向前冲或体测有让其他母牛爬跨后留下的蹄印等行为或生理特征都是母牛发情的表现。器械的辅助检测器包括黏在尾部的发情期检测试纸条、使用黄体激素水平、计步器、各种类型的公牛受激辐射可调电子放大器， 用于检测阴道黏膜电阻的仪器（在发情期内由于氯化物增多，会引起电阻降低或导电率增高），一个具体的高度可见性的发情预期表格和可以观察到的动物试情法。在使用电视监测器检测奶牛发情和肉眼观察相比，其更有发展前景。在产后的前3个发情期，接近20%、40%和64%的可以通过肉眼观察到发情，相比电视摄像头的记录则接近50%、94%、100%。

并不是所有的失败的动情期检测都是由于工人的失误，但是高产量的奶牛必须靠减少干奶期来维持高产奶量。干物质的大量摄入会刺激肝血量增加，肝体积增大，并导致类固醇激素的代谢水平增加。那些循环系统中黄体激素下较低的牛会降低动情期表现，并导致人识别失败。

授精时间 Time of Insemination

一旦鉴定发情，下一个问题就是何时进行配种。牛一般在动情期开始后的24~30 h内开始排卵，或在发情结束后的12 h后排卵。对最适宜的授精时间的确定仍存在很多争论。有些农场一般在早上观察到发情后，下午进行配种，下午观察到发情则在第二天早上进行配种。其他农场则发情当天进行配种。如果都在下午进行配种，早上发情的牛在下午配种，下午发情的牛则在第二天配种。虽然推荐方法很多，但是明显的如果在排卵之前进行授精，则怀孕的几率明显提高。而且人工授精应该在发情开始后的12~20 h内完成。

对反复发情的奶牛或持续发情的牛，工人应该更加关注其排卵时间与人工授精的频率，这种关注应持续或延长2个工作日。针对之前已经至少配种2次的反复配种奶牛在再次配种前注射100 μg的促性腺激素释放激素可能有一定的好处，但是这种方法并不适用于初次配种的小母牛。那些有排卵推迟的牛在接受了促性腺激素释放激素的治疗后会在下一次反复配种时起到一定的作用。多次排卵的牛有可能在不同的时期排出这些卵泡，只要这些卵泡在动情期开始后的30 h内排出就在正常范围内。罗伯特报道说55%~60% 的排卵和后期的怀孕发生在右侧的卵巢和子宫角。

有一小部分的怀孕奶牛会在怀孕后持续发情。虽然在怀孕初期这种现象很普通，但是少数的奶牛在整个妊娠阶段会出现有规律间隔时间的发情。

排卵后，在促黄体生成素峰的作用下，卵泡膜和颗粒层细胞开始分泌促黄体生成激素形成黄体。排卵后的卵巢和子宫通常会在第一个周期的前几天表现出可触诊的特征性变化。早期的红体是易碎的，可发捻发音或呈海绵状，通常比成熟的黄体体积要小。而且，子宫表现出水肿变厚，其张力日渐减少，变软。这些变化有时候在某些牛身上出现的时间比其他牛要早，持续的子宫紧张并伴有小的黄体的生成，这有可能会使我们觉得在发情前和发情后的触诊感觉发生混乱——特别是发情前后的48 h。一般其他决定性因素例如优势卵泡排卵前一个小的坚固的退化的黄体，有清亮的黏膜分泌物或动情后期的流血有助于准确地判断发情周期阶段。但是这并不容易。发情后期的出血通常发生在发情后的1~3 d内，而且可知在2 d前曾经发情。虽然这说明排卵已经发生了，但是这个流血的症状对奶牛妊娠没有任何的帮助，不管相反的意见如何。

排卵后不久进行直肠检查会发现子宫水肿和张力下降长达7 d之久，然后产生成熟的黄体，并且子宫恢复到发情周期中期“正常”的紧张度。在下次发情来临前，子宫紧张度又上升，并且青年奶牛比老年奶牛更明显。正如前面提到的，通常在整个发情期都可以触诊到优势卵泡，因此，在预测发情阶段和发情时间时必须把触诊时的子宫紧张度、黄体大小、质地、形状和其他因素都考虑进去。在例行检查中用手向后用力推挤子宫颈和阴道，排出其中的分泌物是很有必要的，因为当分泌物为透明的黏液时就是发情的前兆。分泌物混浊或有脓时说明有炎症，这对于老年牛特别重要，因为老年牛的子宫紧张程度会误导对发情的判断。

繁殖目标和程序
Reproductive Goals and Programs

每个农场一定都有一个生产繁殖目标。标准包括发情鉴定效率，第一次配种的平均日龄、平均空怀期、每胎的配种次数和自愿等待期（voluntary waiting period，VWP）。每个农场都会有主要的、次要的等不同的目标。目前，使用牛生长激素（BST）对一些时间考验的繁殖惯例有很大的影响。在使用牛生长激素之前，对于完成305 d产奶量的奶牛来说，理想的产牛的间隔时间为12~13个月，在两胎之间有足够长的干奶期。从经济学角度考虑，可以规范很多关于合理的产牛间隔的理论，但是，与48个月3个泌乳期相比，小型到中型数量的牛场会从48个月中4个泌乳期赚取更多的利润。大型的农场每年大概有40%的淘汰率，同时使用牛生长激素并不会像小型农场一样那么关心奶牛的寿命长短。因此它们可以接受更长的产牛间隔大概15~18个月——尤其是如果奶牛在最后可以作为可获利的产品被淘汰时。

大多数的农场使用牛生长激素为了使牛下次配种提前，都建立了激素使用程序。虽然还存在争议，很多兽医的意见是使用牛生长激素的牛干乳期不能达到150~180 d的奶牛将很难配种。很多农场在进行人工授精之前会有50~60 d的空置时间。把这个时间压缩到45 d或更少的农场必须考虑要进行多次授精受孕的几率，因为大多数奶牛都还没有恢复正常，或还有疾病发生例如在第一次配种时发生轻微的子宫内膜炎。不管目标如何，反正计划都要强调常规诊断和治疗可能对以后受孕产生不良影响的产后疾病。常规的生殖检查，对奶牛疾病的治疗和使用前列腺素促进发情周期，帮助子宫排空和恢复都是很必要的。

前列腺素和类前列腺素药物是用奶牛生产行业

中最普遍的治疗药物。而且除了治疗子宫内膜炎和子宫积脓外，这些药物可以通过溶解黄体促进奶牛发情。很多的管理措施已经进行而且将持续进行，即发挥前列腺素治疗的全部功效来达到提高生产效率的目的。驻场兽医应该随时根据情况给予意见，并且评估依靠前列腺素生产繁殖的程序。处于或超过空怀奶牛最好通过直肠检查来评估健康状况，排除明显的疾病例如子宫内膜炎、卵巢囊肿、卵巢功能不良，并确定黄体生成和子宫状态良好可以接受前列腺素的治疗。综合考虑个体差异，牛的身体状况，最近的疾病、应激或跛行，因为这些因素都可能会使前列腺素的使用效果大打折扣。我们设计的程序是不管直检状况，直接使用前列腺素治疗那些超过空置期还没有怀孕的奶牛。这些程序都有明显的缺陷，忽略了兽医的建议，而且经常使用不完善的管理方法，发情鉴定不准确，没有足够的工人关注繁殖健康。程序指出要进行配种的奶牛应该每10 d、14 d或7 d（周一早间程序）注射前列腺素。大型的畜群需要强制进行该计划，但是严谨一点来说，我们应该认识到没有配合直肠触诊，那么对这些程序的经济的评价并不包括由于卵巢囊肿疾病，不发情奶牛和生殖道后段感染而导致的空怀期延长的个别奶牛的状况。而且，前列腺素诱导的发情只是对有足够的发情症状发生时，对奶牛怀孕起到的一个辅助作用。发情鉴定不准确的管理者经常会错过发情——不管这个自然发情或是前列腺素诱导的发情。同步配种，例如在注射前列腺素80 h后在成年牛场中的效果就不高了。在动情周期的恰当阶段使用前列腺素$F_{2\alpha}$或类似药物治疗可以在注射后保持发情2~5 d。但是，事实上，一些奶牛并不表现这个时间段。这种不同也许是由于卵泡波发展的不同，而不是简单的由于生成黄体的时间不同。最近研究说明在发情周期的第10天治疗奶牛可以产生一个从治疗到发情的更长的时间。研究表明优势卵泡最后变为排卵卵泡是保证在前列腺素$F_{2\alpha}$治疗后产生动情期间隔。

使用前列腺素诱导产生发情的最大优势是，它迫使畜主更加关注预期的发情。制造的动情期还带来了更深远的影响，提高了子宫的防御机制，我们在之前的子宫内膜炎章节已经讨论过了。针对配种的策略包括在同步授精或授精之后反复地使用前列腺素治疗观察动情期的方法，已经被其他完善的定向的配种步骤所取代，例如Ovsynch和Ovsynch/Presynch程序。修改过的定向繁殖系统包括针对脆弱的奶牛使用促性腺激素释放激素14 d后，使用前列腺素，7 d后第二次注射前列腺素。在观察到动情期后或在前列腺素$F_{2\alpha}$注射后的72 ~80 h内进行配种。

Ovsynch是一个同步排卵程序，它允许在没有观察到发情症状的同时进行授精。这个技术包括在动情期的任何一个阶段随即使用促性腺激素释放激素，7 d后再使用前列腺素。前列腺素$F_{2\alpha}$注射48 h后，加强注射促性腺激素释放激素，然后在16~20 h后进行人工授精。很多研究表明，在进行Ovsynch程序之前先注射1或2次前列腺素$F_{2\alpha}$对促进奶牛的怀孕有积极促进作用。第二次同步进行的前列腺素治疗应该在Ovsynch程序开始前的12 d完成。最佳的人工授精时间是在Ovsynch程序中最后一次前列腺激素注射后，促性腺激素释放激素注射后的72 h。

Ovsynch程序的最大的卖点就是不再强调发情鉴定的重要性，但是我们应该冷静地认识到大多数的研究只包括5~8 周的妊娠率数据，很少超过该程序的35%~40%（当然这会被100%的配种率抵消）。而且，临床经验告诉我们很多农场只达到了中等的数量。这些事实还需要和客户进行深入的讨论，关于激素使用增长的经济方面的讨论。在这些程序中，我们必须保证有可靠的数据记录、时间、精液处置和人工授精技术。

虽然促性腺激素释放激素和人绒毛促性腺激素也在实验和临床病例中作为一次性使用的治疗方法来提高早期泌乳奶牛的卵巢功能（通常在产后14 d左右），这些试验的研究结果却有很大改变。在美国最近才能合法地得到阴道内缓释的药剂装置，这在国外已经广泛使用很多年了。此时，我们还不知道这些药物装置结合之前提到的Ovsynch程序会不会给奶牛妊娠率带来很多好处。

导致繁殖力下降的疾病
CONDITIONS THAT RESULT IN REDUCED FERTILITY

前一章我们已经讨论了生殖监测，并简要回顾了奶牛动情期的操作。一个全面讨论奶牛不孕或繁殖力下降的章节还没有在本书中讨论，但是一些主要的引起畜群繁殖力降低的现象还需要我们在此讨论。读者也会直接看到我们针对特殊的感染条件和感染疾病对生殖系统的影响的讨论。

卵巢囊肿 Cystic Ovaries

卵巢囊肿是引起奶牛不孕的最主要原因。经典的卵巢囊肿的定义为卵巢上卵泡状结构，直径超过25 mm，存在时间在10 d以上或更长，同时卵巢上没有正常黄体结构。这个定义并不适用于现在农场中确诊的卵巢囊肿病例。在过去10年里，很多兽医越来越清楚地了解到一部分卵巢囊肿的病例的卵泡状结构直径<25 mm，乏情症状比慕雄狂更加普遍。在某些牛身上，黄体和囊肿可能同时存在。同时，超声研究表明很多囊肿是动态的，一个新的囊肿的发生同时替代退缩的囊肿，和20年前相比，在高产畜群常规的直肠检查往往检查出更多的直径<25 mm的囊肿，而且畜主经常抱怨说更多的病牛表现为乏情而不是慕雄狂症状。患有卵巢囊肿的奶牛表现出慕雄狂或“天天发情”会对动物本身和群内其他母畜造成危险。虽然这些母牛模仿“公牛”的行为可以帮助鉴定发情，它们同样会对自己和其他母畜造成伤害，而且它们花费了大量的精力和时间追逐牧场上其他的母牛。慢性的卵巢囊肿会导致雌激素引起的包括构造和行为方面的身体改变。慢性（数月）的卵巢囊肿的牛会表现出盆腔韧带松弛，外阴和会阴肿胀，尾根高抬，“不育的肿块”，厚颈和阉牛的外观。

病理性卵巢囊肿可能是卵泡性的或黄体性的，而且可以出现在单侧和双侧的卵巢上。卵泡囊肿的壁薄，内含有液体的结构会导致血浆中黄体激素水平升高。两种类型都代表同一种疾病，可能持续被其他的囊肿取代，并不表现明显的卵巢周期，并使卵泡变为黄体。卵泡囊肿比较普遍，发生在产后早期或其后的任何时间。在临床实践中，区分这两种类型并没有什么实际意义。卵泡囊肿和黄体囊肿相比，黄体囊肿更接近于正常结构并不改变发情周期或妊娠。黄体囊肿中有液体腔，通常为7~10 mm大小，被正常的黄体组织包裹着，并不是病理组织。本章将不进行深入的讨论。

只是通过直肠检查并不能准确地诊断出卵巢囊肿。除了触诊者的自信和经验外，事实证明，直肠触诊并不是区分卵泡囊肿和黄体囊肿的好方法。超声检测法和血清黄体激素水平更加准确，当然并不包括那些直肠触诊时可以摸到的非常大的囊肿。确诊黄体囊肿的准确性要比确诊卵泡囊肿难些。但是，触诊者的经验是正确诊断这两种囊肿的重要因素。由于黄体酮激素试验的结果变化很大，和很多牛奶黄体酮试验的敏感性不同，普遍认为超声检测法是临床上区分黄体囊肿和卵泡囊肿的最准确的方法。

有很多因素都会引起卵巢囊肿，很难确定哪种引起的频率大些。但是我们还是主要考虑几个因素。主要包括营养因素和激素水平的影响，但是这些发病原因的分析还只是停留在理论上。饲喂含有大量雌激素的日粮或药物可能导致卵巢囊肿。需要考虑包括LH的释放和雌激素水平的相互作用和功能，但是患有卵巢囊肿的奶牛，在释放促性腺激素释放激素刺激下垂体的促黄体生成素的水平正常。应激会使动物的肾上腺皮质激素升高，这可能会导致卵巢囊肿，因为促肾上腺皮质激素会阻断排卵前的促黄体生成素的作用。如果这个理论成立，我们就可以解释在泌乳早期的囊肿，但是就不能解释奶牛在泌乳中期或停乳期形成囊肿的原因。在高产奶牛中发生的卵巢囊肿疾病可能和血中胰岛素不足有关。偶尔在畜群内会发生卵巢囊肿发生率上升，这可能是由于饮食中的硒缺乏，或含有过量的高可溶蛋白。由于高产奶量带来的更深远的问题被认为是引起卵巢囊肿发生率增加的一个原因，但是流行病学调查否定了它作为主要病因的这种说法。健康的子宫内膜和卵巢功能间的关系在临床上很重要，而且有证据表明子宫内膜炎会导致卵巢囊肿。临床上经常可以看到进入泌乳期90 d的奶牛由于患有卵巢囊肿和轻微的子宫内膜炎而发生不孕。遗传因素也是我们需要考虑的因素之一，某些特定的奶牛家族有着恶劣的卵巢囊肿高发病率的名声。最近选择奶牛或父系奶牛品系即使已知的是卵巢囊肿的低发病率，也可能会通过繁殖使这种疾病增加。囊肿多发生在经产的奶牛身上，但是在初次分娩的小母牛中并不少。干奶期过度使役的奶牛在下个泌乳期更容易发生卵巢囊肿。

我们可以说卵巢囊肿发生的原因包括环境因素和遗传因素。子宫健康不良、营养状况或矿物质摄入不平衡、慢性的生殖道感染、应激、激素作用和其他因素都可能导致本病发生。

治疗卵巢囊肿的方法在很多病例中进行了说

明。泌乳早期囊肿（产后30 d）可能自然恢复，但是我们并不能预测哪头牛不会自发康复。因此，治疗程序完全是根据诊断结果决定的。虽然很多卵泡囊肿是有波动感的，可以在直肠检查中手动破坏，手动破坏仍是被禁止的，因为这种操作的成功率是很有限的（估计是1/3或更少），而直接或间接地对子宫和输卵管的损伤是一个潜在的危险。在手动破坏囊肿的过程中有可能会出现纤维化、粘连和出血等特殊的症状。

针对卵巢囊肿的治疗方法包括使用促性腺激素释放激素、人绒膜促性腺释放激素和前列腺素$F_{2\alpha}$。GnRH是一种十肽菌素，当注射入牛时，会引起LH由垂体前叶释放。虽然在美国使用的标准计量是100 μg（Cystorelin GEVA实验室，Overland Park ,KS），计量效果关系似乎在这种药物上成立，而在欧洲的剂量要>100 μg。虽然100 μg是常规推荐剂量。但是考虑到卵巢囊肿复发的花费，一般都会加大剂量。接近2/3或3/4的卵巢囊肿病例，在治疗后100 μg GnRH注射或会在18~23 d起到动情期。为了使治疗的奶牛快速恢复发情，最好在之后的9~12 d进行直肠检查，如果形成了明显的黄体，需要注射前列腺素$F_{2\alpha}$来减缓发情。现在可以获得其他GnRH的类似物，而且将来可能更多。更加有效的替代产品包括根据生产说明表明的使用九肽。对接受GnRH治疗的患有卵巢囊肿的母牛进行人工授精，即使已经看到了动情期的症状，由于之前很少受孕成功而气馁。在临床操作中，使用Ovsynch 操作程序是最方便的治疗奶牛卵巢囊肿的方法。因为有证据表明有一些卵巢囊肿的奶牛并不会产生排卵LH刺激指导黄体激素分泌，包括孕酮以CIDR的方式给药，会产生良好的效果。

人绒膜促性腺激素是另外一种可靠的治疗卵巢囊肿的方法，可以和LH的治疗同时使用，通过静脉和肌肉注射给药。通常肌肉注射10 000 IU或5 000~10 000 IU静脉注射。治疗可以和GnRH同时进行，但是使用人绒膜促性腺激素会产生一些副作用。首先，hCG比GnRH更贵。其次，由于产品含有异源性蛋白（来自其他种类），反复注射可能导致过敏或排斥反应，当对奶牛反复注射hCG时会产生针对异源物质的抗体。第三，最近这种药品已经被列为国家控制药品。但是hCG作为一次性治疗或替代产品治疗GnRH难以治愈的奶牛囊肿疾病。

前列腺素$F_{2\alpha}$作为治疗黄体囊肿的唯一药物，在囊肿中的黄体化的组织，即使比一般的黄体小，都会和前列腺素$F_{2\alpha}$反应，引起发情。明显的使用前列腺素$F_{2\alpha}$治疗是建立在这是黄体囊肿的基础上的。临床上只是通过触诊很难区分卵泡囊肿和黄体囊肿，所以在确诊黄体囊肿时就需要使用超声诊断法或检测孕酮激素水平。这些辅助的器械增加了治疗的成本，而这些通常因此被忽略。测定牛奶中孕激素试验在这些方面可能有用，因为乳中的孕激素水平低的囊肿的奶牛使用GnRH治疗，而乳中的孕激素水平高的囊肿奶牛使用前列腺素$F_{2\alpha}$治疗，这种方法比单一使用GnRH治疗的效果要好。其他的作者建议使用GnRH和$PGF_{2\alpha}$协同治疗来避免其他费用的支出。这种方法也许不全面，但是可以达到和黄体激素治疗同样的治疗效果。使用$PGF_{2\alpha}$治疗黄体囊肿达到的特别的效果，可以快速恢复奶牛的发情。因此，一些额外的费用（例如牛奶黄体激素试验）是值得的。另外，根据某些卵巢囊肿的特殊治疗，并发生殖道异常疾病例如子宫内膜炎都应该同时治疗。当大范围内发生了卵巢囊肿时，就要评估畜群内的营养和管理状况。

我们已经遇到很成功的案例，在牛分娩后接近2周时使用GnRH进行预防性治疗，但并不稳定；这项技术还需要进一步实验。临床中淘汰患有卵巢囊肿的奶牛的案例还很少——通常认为这个牛有理想的生产力或遗传特性。

卵巢肿瘤 Ovarian Tumors

我们已经知道了有很多的卵巢肿瘤的类型，但是发病率都很低。偶尔会在单侧或双侧卵巢上发现囊状的或质地坚硬的小叶状的团块的粒层细胞瘤。有些患有粒层细胞瘤的奶牛会表现出明显的慕雄狂和明显的雌激素水平升高。虽然在临床上很少诊断到粒层细胞瘤，但是这种肿瘤在屠宰场调查时很普遍，表明有些本病被误诊为不可治愈性的卵巢囊肿。只有很少的淋巴肉瘤会影响奶牛的卵巢，而损伤很有代表性，通常可在解剖学的很多组织上见到多处淋巴肉瘤。

营养问题 Nutritional Causes

营养不良和身体状况差对受孕有着严重的负面

影响。临床观察和很多科研文献都提出，身体状况不良和能量平衡不足会导致受孕失败。产下弱犊牛的母牛有可能是因为在干奶期内管理不足，需要一个更长的产后休情期导致的。另外，那些在产后健康状况下降的牛有更多繁殖方面的问题。在泌乳早期的能量负平衡会降低黄体功能，降低孕激素水平和低下的繁殖力，由于在排卵前40~70 d的代谢降低将导致黄体产生的孕激素出现一个滞后阶段。因此，不管特殊的病生理学，那些在泌乳的前5~8 周没有理想的身体状况的奶牛会使其繁殖力降低。虽然在可以预期的泌乳早期出现能量负平衡，因为生产高峰意味着干物质摄入高峰的到来，那些遭受严重能量损失的牛繁殖力会改变，而代谢疾病则包括不孕。患有严重能量不平衡的奶牛并不发情，而且卵巢上有永久黄体，不活跃的卵巢，或有发情周期但是并不发情。在那些表现发情的奶牛身上反复配种授精是很普遍的。虽然有些研究并不支持在未经产的能量负平衡小母牛中存在类似的问题 ，我发现根据临床经验者很难令人相信，身体状况不良经常和卵巢不活跃同时存在，而小母牛的生长一直保持着能量负平衡。

患有能量极端不平衡的奶牛一般不能进行正常的发情周期，怀孕率下降，并承受早期胚胎死亡的风险。这些牛在恢复能量正平衡之前都不能进行配种。能量负平衡会增加下丘脑对雌二醇的敏感性，导致发生GnRH的负反馈的发生和促性腺激素的释放。患病动物的优势卵泡在达到排卵大小前就退化了，或雌激素造成的结果（这和小母牛的青春期前的内分泌很相似）。

饮食蛋白是另一个营养因素对受孕有很大影响。蛋白质不足将明显降低怀孕率，太多的蛋白则导致在牛尿氮水平的增加。由于日粮中蛋白过多导致尿素和氨水的生成增多，将会影响机体精子或早期胚胎，但是具体的不孕机制还不是很清楚。多项研究日粮中过量蛋白的水平的结果不一致，结果根据日粮中含有蛋白成分的不同而有不同解释。实验研究和临床工作支持这个理论，认为过量的瘤胃可降解蛋白对生殖有害。导致血清中尿素氮的水平>20 mg/dL的日粮会导致不孕。这项研究在临床中已经得到了高反复配种事实证明，早期胚胎死亡和卵巢囊肿都会发生在饲喂瘤胃可降解蛋白的畜群中。推荐35%的蛋白经过瘤胃并被消化，而多出的部分不仅对生殖有害而且是很浪费钱的。另外，固定的来自棉籽的补充蛋白可能含有过量的棉酚，它会对奶牛的生殖和健康造成不良影响。

在硒缺乏的地区，在奶牛日粮中的低浓度的硒将会给奶牛繁殖造成负面影响。另外，为了增加RFM的发生率，硒缺乏的畜群更容易患有子宫内膜炎、卵巢囊肿、不发情和死胎。为了纠正血硒缺乏而给畜群补硒则将在60 d内改善畜群缺硒状况。硒补充剂的最好的办法就是按照一定比例添加矿物质，而不是通过缓释的丸剂或注射。确定硒缺乏的畜群应该定期通过分析在不同泌乳阶段的奶牛和小母牛的血液样本中的硒水平，进行评估。工作在硒缺乏地区的工人确定畜群硒缺乏，并且通过日粮中添加硒补充剂，但是并没有观察到逻辑中应该达到的效果，此时就应该限制饲喂给畜群硒补充剂。至少可以说在硒缺乏地区生长的畜群会通过某种未知的方式排出过量的硒到环境中的假设是不太合理。

热应激 Heat Stress

环境高温和高湿会对奶牛造成热应激，尤其是当管理不足，圈舍通风不良会加重这个问题。处于热应激的奶牛会分泌更高水平的孕酮，在一定程度上干扰了1 h引发的动情期。改变卵巢组织生成类固醇的功能，并对卵泡的生成造成负面影响，这可能是我们观察到的奶牛热应激阶段繁殖能力下降现象背后的生理学原因。我们可能观察到休情期和动情期行为减少的现象。甲状腺素和碘甲腺氨酸钠水平降低会影响发情行为从而帮助牛适应，但是这也会减少日粮的摄入。日粮摄入的减少会导致繁殖力下降和能量不平衡的发生。结合高温高湿的影响会导致奶牛发生热应激。发生严重热应激的奶牛的怀孕率会急剧下降，而有些奶牛场在此时对糟糕的发情鉴定和受孕率感到沮丧，而在高温高湿天气中会停止授精配种。发生热应激的同时还会有畸形胚胎数目和未受孕的卵子的数目增多 。怀孕失败，胚胎早期死亡和流产都可以在发生热应激的畜群内观察到。最近妊娠的奶牛可能由于RFM而早产，而那些有代谢疾病的奶牛可能由于日粮摄入的减少而更加严重。奶牛变得不喜欢活动，不愿意靠近饲料池，或表现出热的行为，喜欢聚集在通风良好的区域或围绕在饮水槽附近。严重的热应激会引起牛开口呼吸，所有的牛会表现出呼吸急促。热射病有可能是后遗症。

管理者必须预先考虑到热应激的发生的可能性，尤其是在温暖的月份的天气里。通过恰当的牲口棚的建造结构保证足够的通风，包括热的潮湿的空气通过屋顶流通的地方，使用更加强力的风扇，洒水降温装置，开放的或部分屏障的栅栏和其他能够改善奶牛在热天舒适度的操作。干物质摄入量的降低和通过喘息电解质的流失，流汗和唾液都会造成瘤胃的pH值的降低。例如碳酸氢盐的缓冲液应该及时补充，而在饮食中加入钾则有可能会增加食欲提高瘤胃的pH值。那些没有退干净冬天厚重皮毛的奶牛，应该进行剪毛以避免热应激。

冷应激 Cold Stress

冷应激则发生在那些开放式饲养的奶牛场中的奶牛，在严寒天气中必须要增加能量摄入来保证体温。事实上，甲状腺激素可以提高干物质的摄入。但是，不管病生理学如何，生殖力降低了。奶牛不得不互相干扰，体重减轻，而在更多能量转变为热量的同时产量下降，不愿意移动到冰冷的地板上和坚硬不规则的地板上，被毛粗糙和身体状况下降都可以在很多发生冷应激的动物身上观察到。发情鉴定和怀孕都很困难。当畜群正经历冷应激引起的不孕疾病、代谢疾病或生产损失时，就要制定一个更高能量比例的日粮。

光滑地面 Slippery Surfaces

光滑地面可能存在地面没有沟槽纹路的开放式牛舍中，在极度寒冷的时候会形成结冰的表面，清洁状况不好的牛舍，泥泞的区域和冻冰的运动场。跌倒在光滑地面上的牛不得不和别的牛挤在一起，因此发情症状减少或是发情行为的证据减少。

跛行或其他应激因素 Lameness and Other Stresses

因其散发不孕症的一个普遍的原因，跛行也是引起奶牛畜群繁殖力下降的偶然性原因。跛行的牛不喜欢运动或和其他牛接触。明显的结果就是用于吃饲料的时间减少了，去食槽的运动减少了，接着体重和生产性能下降了，而且不表现发情。严重的跛行加上体重下降会引起能量负平衡，进而引起休情期。必须给予跛行的牛特殊的照顾。必须最先考虑到治疗，然后该牛应该被放置在良好垫草的畜栏中。如果条件不允许，病牛有可能会遭受更多的肌肉和骨骼的损伤，被畜群内的其他母畜踩踏，在不孕的基础上继发其他疾病。处于能量负平衡的跛行的牛一般不会怀孕，最好在纠正了跛行和能量负平衡之后再进行配种授精。即使跛行的牛开始发情，它们对疼痛或伤害的害怕没有反应，因此它们不愿站起来，也因此不能爬跨。由蹄叶炎引起的畜群内的跛行流行，烂蹄、多毛的踵疣或趾间纤维性乳头状瘤，之前提到的这些因素对畜群的繁殖力产生恶劣的影响。

非特异性的应激联合感染、代谢因素、肌肉和骨骼因素、环境因素和营养因素都会对生育力产生不良的影响。我们并不能定量地科学地解释“应激”，但是兽医一致认可这个简单地对该病的定义。大多数的解释理论是肾上腺皮质激素水平升高。在一项研究中，在动情前期给予小母牛外源性的ACTH，结果导致黄体素生成峰值延迟，动情期开始延迟，并减少了动情行为。孕酮和皮脂醇在动物接受ACTH治疗时会增高。就单一孕酮可以阻止动情期，或和其他激素联合作用可以引起该种疾病。无论如何，动情期会缩短或消失，影响繁殖力。认识和了解这种疾病能引起奶牛应激，对奶牛繁殖力的恢复有很大帮助。

精液品质和分娩 Semen Quality and Delivery

不管授精程序是由经验丰富的人工授精种公牛站的专业人员，还是农场的工人进行，很多奶牛场都有自己的精液储存罐来存储购买的商品精液。错误的精液处置方法会对受孕率影响深远，而且这一影响繁殖力的因素常常被忽视。保存完好的储精罐必须严格保证精液质量。液氮罐中保存温度必须保持在－196.0℃，即使短时暴露在高温中的影响都是毁灭性的。高于－130.0℃就可以导致重结晶，这使水分子形成冰晶相互粘连，当形成大的冰晶时就会对分子结构造成影响。每管精液对温度的变化比老式的精液安瓿更容易在温度变化时对精子产生破坏。因为容积的改变，重结晶的改变可能是累积性的。必须严密监测储精罐，如果需要反复向罐中加入液氮可能意味着密封不严，并造成可怕的后果。如果不能保证真空，那么液氮将在24 h内全部消失。

美国育种服务机构已经制造了一个监测装置，是一个由色彩指示器的安瓿检测装置，可以显示储精罐温度的不恰当增长。这个装置可以从维斯康新州麦迪逊美国微管公司（Minitube Of America Inc，Madison,WI）买到。

操作人工授精的技术工人是需要关注的另一个原因——尤其是当农场使用经验不足的新手作为进行人工授精的工人时。子宫体是人工授精的最好部位，而操作人工授精的员工应该在经过训练后准确地把精液送到这个位置。每个授精操作人员的技术有很大的差别，怀孕率的下降和新的人工授精人员有很大关系。当畜主察觉了授精操作人员的错误时，在畜群繁殖程序中的兽医通常被放置在争论的中心。更难处理的情况是，无论如何，当畜主或他的家人在1~2 d的短程培训后成为授精员时，此时兽医的批评意见往往不被操作者接受。授精操作新手还会在操作时引起子宫颈或子宫的损伤、脓肿和生殖道穿孔，甚至直肠裂伤。我曾经和很多的畜主和农场工人工作过，也很幸运地和很多授精操作好手一起工作过，其中不乏有人创造过多年来少有的高怀孕率。当然不幸的是，我也在很多农场工作过，原因不管是经济因素还是对职业人工授精操作人员的个人歧视，不管受孕率多低，那里的主人都坚持自己进行人工授精。在这种情况下，由于反复配种和很低的怀孕率会引起巨大经济损失。

妊娠诊断
PREGNANCY DIAGNOSIS

对奶牛场兽医来说，进行准确安全的早期妊娠诊断是一项必备的技能。经济学观点考虑，越早诊断出奶牛妊娠，更快地安排未观察到发情的空怀奶牛进行下一次配种。兽医应该很熟悉和了解所有检测情况中的限制条件。很多操作者都选择在30 d后诊断妊娠，但是有些兽医觉得40 d或更长时间更加有把握。初产小奶牛和年轻的母畜可以早在28 d时进行诊断，过去推荐在第60天进行诊断的方法已不再采用，因为如果这么长时间过去了诊断证明奶牛处于空怀期，会引起很大的经济损失。

在胚胎早期妊娠诊断的触诊过程中，最担心的就是触诊时会造成胚胎死亡（28~40 d）。当然在有经验技术的老手操作时不用担心这些。而且，畜主应该意识到，在90 d妊娠以前不管是否经过直肠触诊，都会有20% ~25% 的妊娠在第28天时会发生自发的胚胎或胎儿死亡。因此，当之前诊断妊娠的奶牛重新发情时，畜主经常会责怪兽医“把小牛从母牛肚子中敲掉”，但假设检查的兽医是一个接受良好训练有经验的妊娠诊断好手，这种事情也会发生。

有5种技术用于早期诊断妊娠。第1种是触诊子宫中液体的波动感，第2种是羊膜囊，第3种是包括滑动绒毛尿囊膜，第4种是直肠超声检查，第5种是妊娠激素化验，虽然还处于研究阶段，但是比其他方法都能更早的诊断出早期妊娠。滑动胎膜的最佳操作时间是35~90 d。滑动膜时应该轻，以避免伤害到胎儿或膜。这种技术在区分妊娠和其他子宫积液的问题例如子宫积脓和子宫积黏液上很有帮助。在诊断公牛配种畜群或不做配种前检查的畜群的妊娠诊断很有帮助，它可以帮助排除早期子宫的病理状态。与其他技术相比，检查者用手滑动胎膜时更易导致胎儿死亡。

通过羊膜囊触诊诊断妊娠可以用于诊断妊娠30 d的牛，但是一定要轻轻地操作，避免伤害胎儿，导致胎儿死亡或结肠闭锁。和滑动胎膜一样，触诊羊膜泡是很有价值的，当进行配种前检查时不能排除病理性的子宫膨胀。

第1种方法触诊子宫察看液体的膨胀和流动性是我所喜欢的方法。妊娠的子宫角变为“活的”液体膨胀起来，这已在配种最早28 d时诊断出来。没有怀孕的子宫角通常并不膨胀直到接近40 d或更长时，此后随着液体膨胀和胎盘的出现有很大的变化。子宫的回缩用到的3种技术，使子宫角滑至触诊手的大拇指、二拇指和中指之间，轻轻地触诊每个子宫角。不对膨胀的液体施加直接的压力，而膜并不滑。羊膜泡区域一般是透明的但触诊没有特殊的感觉。这个方法对那些进行过配种前检查的牛比较适用，在确定配种前子宫正常，没有任何的病理性液体储存、子宫积脓或子宫积黏液。

不管使用何种妊娠早期诊断技术，我们必须牵拉子宫角以方便检查双侧子宫角。除了评价子宫角的状态，还要检查妊娠的子宫颈是否紧张、坚实和狭窄，并且在子宫角同侧的卵巢上可以触诊到黄体。妊娠早期（40 d前）诊断的好处有更易牵拉和触诊的子宫，诊断明显处于空怀期的奶牛，然后是治疗和下一阶段发情时密切关注。通过早期诊断空怀期奶牛获得经济效益，并诊断妊娠异常。

早期妊娠诊断的安全问题（28~42 d）最近成为研究重点。结果显示在接近42 d时对胚胎触诊造成的损伤的可能性是很小的。以后，触诊和流产之间并不存在必然联系。理论上说在胎盘附着的时间段（在45 d完成）根据检查者42 d时的妊娠诊断技术的差别与早期流产有关。由于我的经验理论，这个研究有些特别的意义，奶牛在妊娠40~42 d时，子宫的紧张度增加，子宫角的回旋难以解开和触诊。这种紧张度的增加和生理上的改变在很多牛21 d时发生了（或者牛的常规发情间隔）。

妊娠异常通常表现为在妊娠的子宫角内液体比预期和正常配种奶牛的特殊日龄的变化幅度小。当在40~50 d进行妊娠诊断时，比正常妊娠液体量少，通常意味着胚胎的死亡，但是并没有发生子宫内容物的排出或吸收。根据在子宫角内减少的液体，任何怀疑有妊娠异常的牛都应该在之后的1~2周重新检查，除非奶牛在这之前重新发情。有些牛的子宫紧张度下降，或感觉妊娠子宫角水肿，这就更使我们怀疑胚胎死亡已经发生。因为经过一定时间，液体中已经发生了一些生物学变化，因此需要慎重对待，经过1~2周复查后再进行前列腺素$F_{2\alpha}$治疗，是一个更加保险的措施。实验诱导的胚胎或胎儿死亡说明在胎儿死后，会发生子宫恢复，死亡胚胎或胎儿的排出或吸收的情况。

妊娠奶牛周期性表现出发情症状的情况并不少。这种现象在妊娠的前半段时间尤其频繁，但是有些奶牛在妊娠的整个过程中都表现出周期性发情行为。很多牛在触诊的第21天、42天和63天及以后的时间内，触诊感觉子宫紧张度增加,即使此时牛正处于正常的妊娠；因此，一些周期性发情的证据往往只是临床症状观察得来的。

确诊妊娠的牛随后出现脓性的或血性的分泌物或表现出动情期症状应该进行直肠检查；最好使用超声工具检查。今天超声检查已经广泛地应用于很多的牛兽医中，在这种工具的辅助下可以使妊娠诊断提前到20 d，尽早地监测到处于空怀期奶牛进行重新配种。有很多使用此种技术的器械应用于临床，并适用于问题妊娠牛，疑似怀有异常胎儿的奶牛和需要对妊娠和子宫内液体积聚进行鉴别诊断的牛。当遇到个体珍贵的奶牛的妊娠问题时，可使用超声检查、子宫培养和子宫或组织检查。超声检查也会被用于某些情况下的胎儿性别鉴定，一般在妊娠的第8~9周进行。畜主会相信妊娠，遗传学上有优势的奶牛可能在合同卖掉小牛前，在经济上定出胚胎性别的价格。

罗伯特曾经有一个关于妊娠诊断、变量和正常胚胎发育的经典的论述，在此推荐所有对牛生殖感兴趣的兽医。

包皮和阴茎损伤
PREPUTIAL AND PENILE INJURY

阴茎血肿　Penile Hematoma

大多数的牛场从业者都很少或接触不到公牛，但是很少的从业者在他们研究的领域内“饲养公牛”或研究公牛，关注公牛的生殖道损伤。虽然和肉牛相比发病率很少，但阴茎血肿和包皮裂伤在奶牛场中发生。在奶牛场中用于自然交配的公牛或年轻的种公畜中的公牛可能会发生阴茎血肿。临床症状表现为，在阴囊前端发生典型的肿胀（图9-17）。血肿发生在阴茎的后部，并且引起白膜撕裂。大的（>15 cm）或新的(3 d内）血肿要通过手术治疗，或通过医疗方法，例如水疗法治疗血肿和每天注射青霉素。不管如何治疗，都应该停止交配至少2个月。中度的包皮脱出可能和阴茎血肿一起发生，应该使用增加皮肤水分的抗生素药膏进行预防性治疗。阴茎水肿的预后良好。

包皮脱垂　Prolapse of Prepuce

在奶牛场的公牛中虽然很少发生，包皮损伤后发生包皮脱垂还是存在。治疗方法包括使用水疗法、抗生素药膏和包皮的吊带来减少水肿的形成。如果损伤很严重或是慢性的，首选方法则是手术治疗（包皮成形术）。如果发生了粘连，阴茎不能伸展，则预后不良。

毛环　Hair Rings

年轻的公牛有时候会摩擦阴茎上的腺体，在阴茎上的毛堆积形成一个环，引起疼痛和不育。通过观察牛阴茎上环进行诊断。可以使用内窥镜进行辅助治疗（图9-18）。子宫穿刺试探针可以用于切断和去处毛环（图9-19）。

精囊炎
VESICULITIS/SEMINAL VESICULITIS/VESICULAR ADENITIS

病因学 Etiology

精囊腺的炎症即精囊炎，我们将在此讨论，因为这种疾病有时会引起全身症状，导致和其他起源的腹膜炎相混淆。单说这种疾病对精液质量的不良影响，就把它列为一种在人工授精产业中有重要经济意义的疾病。

单独饲养的奶牛一般患有精囊炎的几率比集体饲养的公牛要小。任何年龄的公牛都可以发生本病，而且表明集体饲养的年轻公牛的感染率增高，可能是由于反复地同性间爬跨行为污染了阴茎和包皮，使感染率上升。在美国最常发生的精囊炎细菌感染是化脓性的。临床上可见上行性的、下行性的和全身的*A.pypgenes*精囊炎。当布鲁氏杆菌病流行时配合自然交配，使布鲁氏杆菌成为最主要的病原。其他细菌例如*H.somni*和分枝杆菌都能引起本病的散发，但是都没有*A.pypgenes*普遍。

支原体和脲原体的微生物现在是引起公牛精囊炎的普遍原因。这些微生物不是被单独分离出来的就是和其他有机物混合感染，同时包括细菌。*M. bovigenitalium*在实验室和临床中证明可以引起精囊炎。在实验接种*M. bovis*后，同样可以引起本病发生。我们并不知道*M. bovigenitalium*引起的精囊炎，感染源是来自包皮引起的上行性的感染，还是来自全身感染的微生物。

*U.diversum*就像我们在阴道炎那节讨论的一样可以在牛中引起生殖失败，可以从牛的正常生殖道后段中分离出来。这种微生物同样可以从公牛的包皮中分离出来，认为是一种上行性感染源引起的阴囊炎。

临床症状和诊断
Clinical Signs and Diagnosis

所有患有精囊炎的公牛大多数并不表现出外部感染症状。在潜在的病例中，精液质量异常和

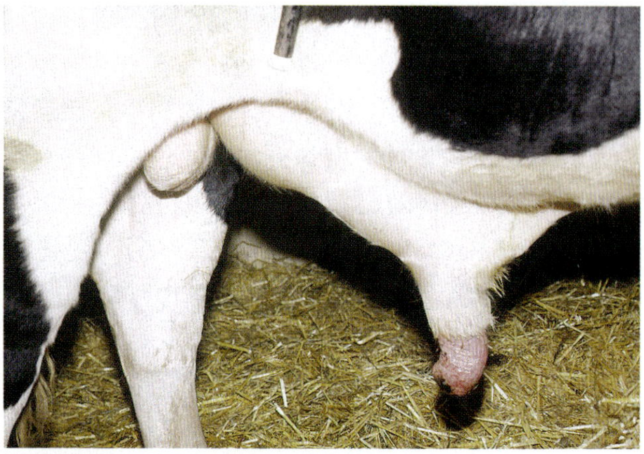

图 9-17

3岁的荷斯坦奶牛的海绵状血肿（肿大部位在阴囊前方）。

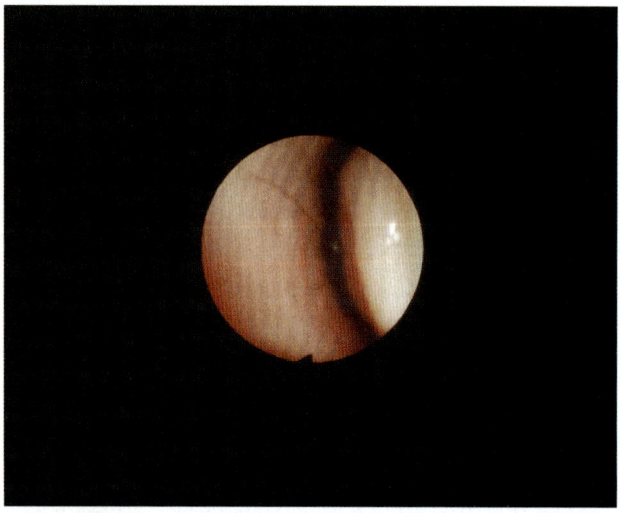

图 9-18

使用内窥镜检查时发现在阴茎周围形成毛环。

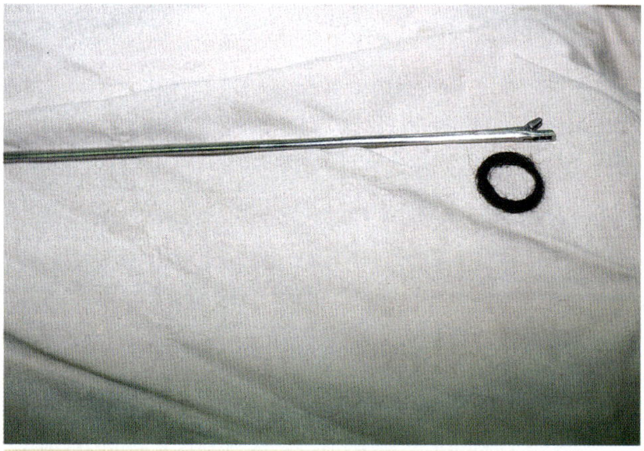

图 9-19

通过尿道活检的方法移除公牛阴茎上的毛环。

不孕率升高时为可见的感染症状。精液异常的范围包括可见精液的混浊、结块、黏滞度增加、黏稠、移动性降低、果糖含量降低和其他细菌感染引起的异常导致的精液的移动性下降，例如支原体和脲原体感染。

物理形状的改变意味着潜在的感染表现为，在直肠检查中精囊腺触感异常。腺体坚实、肿胀或在某种程度上形成结节，或大体观察可见到不规则的外形，脓肿、纤维化和粘连这些症状都可以在*A.pyogenes*感染或混合感染时见到。触诊并不能诊断所有的病例，但是损伤可能是单侧的或双侧的。超声波检查法可以作为直肠检查法的一个重要的补充方法。

严重感染的公牛会表现出全身症状，和由金属刺伤的疾病，穿孔性皱胃溃疡和其他疾病。这种牛可能有弓背的站姿，排便、排尿或直肠检查时表现疼痛，不愿爬跨或交配。有可能会出现发烧。对这些公牛直肠检查可能会发现精囊腺异常。

诊断需要结合物理检查，直肠检查、超声检查、精液评价和尿道液体培养来避免包皮感染。不推荐只对精液进行培养，因为样本有可能被污染。

治疗 Treatment

根据严重程度和病因学进行治疗。在年轻公牛中的轻微的病例有时会自然康复。对细菌感染可以采取特殊的抗生素治疗，包括长效的全身抗生素治疗（2周以上）。治疗*Mycoplasma* sp.和*U. diversum*感染通常依靠经验，包括使用四环素和大环内酯类的治疗。有*A.pyogene*慢性感染的治疗采用长效青霉素（22 000 U/kg IM,每日2次）和口服利福平(2~5 mg/kg口服，每周2次）。不幸的是，在很多慢性病例中，医疗效果不好，考虑手术快速切除。长久以来应用手术摘除感染的精囊腺，手术通过坐骨直肠窝切除，此法只应用于保守治疗失败的病例和有经济价值的公牛身上。布鲁斯医生介绍过一种替代疗法，在直肠腹侧面打开手术通路，可以使外科医生更好的看到病变腺体。

所有病例的预后都应该谨慎。

（王洋、岳欣译，张晓立、李泽盛校）

参考文献

Abbitt B, Ball L, Kitto GP, et al: Effect of three methods of palpation for pregnancy diagnosis per rectum on embryonic and fetal attrition in cows, *J Am Vet Med Assoc* 173:973-977, 1978.

Abbitt B, Craig TM, Jones LP, et al: Protozoal abortion in a herd of cattle concurrently infected with *Hammondia-pardalis, J Am Vet Med Assoc* 203:444-448, 1993.

Allrich RD: Estrous behavior and detection in cattle, *Vet Clin North Am (Food Anim Pract)* 9:249-262, 1993.

Anderson ML, Blanchard PC, Barr BC, et al: *Neospora*-like protozoan infection as a major cause of abortion in California dairy cattle, *J Am Vet Med Assoc* 198:241-244, 1991.

Antony A, Williamson NB: Recent advances in understanding the epidemiology of Neospora caninum in cattle, *N Z Vet J* 49:42-47, 2001.

Ball HJ, McCaughey WJ: Distribution of mycoplasmas within the urogenital tract of the cow, *Vet Rec* 104:482-483, 1979.

Ball L, Dargatz DA, Cheney JM, et al: Control of venereal disease in infected herds, *Vet Clin North Am (Food Anim. Pract)* 3:561-574, 1987.

Barr BC, Anderson ML: Infectious diseases causing bovine abortion and fetal loss, *Vet Clin North Am (Food Anim Practice)* 9:343-388, 1993.

Barr BC, Conrad PA, Breitmeyer R, et al: Congenital *Neospora* infection in calves born from cows that had previously aborted *Neospora*-infected fetuses: four cases 1990–1992, *J Am Vet Med Assoc* 202:113-117, 1993.

Barth AD: Factors affecting fertility with artificial insemination, *Vet Clin North Am (Food Anim Pract)* 9:275-290, 1993.

BonDurant RH: Diagnosis, treatment, and control of bovine trichomoniasis, *Compend Contin Educ Pract Vet* 7:S179-S184, 1985.

Borchardt KA, Norman BB, Thomas MW, et al: Evaluation of a new culture method for diagnosing *Trichomonas foetus* infection, *Vet Med* February:104-112, 1992.

Bosu WTK, Peter AT: Evidence for a role of intrauterine infections in the pathogenesis of cystic ovaries in postpartum dairy cows, *Theriogenology* 28:725-736, 1987.

Bretzlaff KN: Rationale for treatment of endometritis in the dairy cow, *Vet Clin North Am (Food Anim Pract)* 3:593-607, 1987.

Bretzlaff KN, Ott RS, Kortiz GD, et al: Distribution of oxytetracycline in genital tract tissues of postpartum cows given the drug by intravenous and intrauterine routes, *Am J Vet Res* 44:764-769, 1983.

Brown MP, Colahan PT, Hawkins DM: Urethral extension for treatment of urine pooling in mares, *J Am Vet Med Assoc* 173:1005-1007, 1978.

Butler WR, Smith RD: Interrelationships between energy balance and postpartum reproductive function in dairy cattle, *J Dairy Sci* 72:767-783, 1989.

Callahan CJ, Horstman LA: Treatment of postpartum metritis in dairy cows caused by *Actinomyces pyogenes, Bov Pract* 27:162-165, 1993.

Chenault JR, McAllister JF, Chester ST Jr, et al: Efficacy of ceftiofur hydrochloride sterile suspension administered parenterally for the treatment of acute postpartum metritis in dairy cows, *J Am Vet Med Assoc* 224:1634-1639, 2004.

Curtis CR, Erb HN, Sniffen CJ, et al: Path analysis of dry period nutrition, postpartum metabolic and reproductive disorders, and mastitis in Holstein cows, *J Dairy Sci* 68:2347-2360, 1985.

Datgatz DA, Mortimer RG, Cheney JM: Bovine trichomoniasis, *Bov Clin* Fall:3-5, 1985.

Day N: The diagnosis, differentiation, and pathogenesis of cystic ovarian disease, *Vet Med* July:753-760, 1991.

Day N: The treatment and prevention of cystic ovarian disease, *Vet Med* July:761-766, 1991.

Dinsmore RP, White ME, English PB: An evaluation of simultaneous GnRH and cloprostenol treatment of dairy cattle with cystic ovaries, *Can Vet J* 31:280-284, 1990.

Dinsmore RP, et al: Oxytetracycline residues in milk intrauterine infusion of dairy cows, *Bov Proc* 26:186-187, 1994.

Doig PA, Ruhnke HL, Palmer NC: Experimental bovine genital ureaplasmosis: I. granular vulvitis following vulvar inoculation, *Can J Comp Med* 44:252-258, 1980.

Doig PA, Ruhnke HL, Palmer NC: Experimental bovine genital ureaplasmosis: II. granular vulvitis, endometritis, and salpingitis following uterine inoculation, *Can J Comp Med* 44:259-266, 1980.

Dubey JP, Lindsay DS, Anderson ML, et al: Induced transplacental transmission of *Neospora caninum* in cattle, *J Am Vet Med Assoc* 201:709-713, 1992.

Elad D, Friedgut O, Alpert N, et al: Bovine necrotic vulvovaginitis associated with Porphyromonas levii, *Emerg Infect Dis* 10:505-507, 2004.

Ellington JE, Schlafer DH: Uterine tube disease it cattle, *J Am Vet Med Assoc* 202:450-454, 1993.

Elliott L, McMahon KJ, Gier HT, et al: Uterus of the cow after parturition: bacterial content, *Am J Vet Res* 29:77-81, 1968.

Elmore RG: Focus on bovine reproductive disorders: managing cases of placental hydrops, *Vet Med* January:73-77, 1992.

Erb HN: High milk production as a cause of cystic ovaries in dairy cows: evidence to the contrary, *Compend Contin Educ Pract Vet* 6: S215-S216, 1984.

Erb HN, Martin SW, Ison N, et al: Interrelationships between production and reproductive diseases in Holstein cows. Path analysis, *J Dairy Sci* 64:282-289, 1981.

Erb RE, Hinze PE, Gildow EM, et al: Retained fetal membranes: the effect of prolificacy of dairy cattle, *J Am Vet Med Assoc* 133:489, 1958.

Farin PW, Estill CT: Infertility due to abnormalities of the ovaries in cattle, *Vet Clin North Am (Food Anim Pract)* 9:291-308, 1993.

Farin PW, Youngquist RS, Parfet JR, et al: Diagnosis of luteal and follicular ovarian cysts by palpation per rectum and linear-array ultrasonography in dairy cows, *J Am Vet Med Assoc* 200:1085-1089, 1992.

Farin PW, Youngquist RS, Parfet JR, et al: Diagnosis of luteal and follicular ovarian cysts in dairy cows by sector scan ultrasonography, *Theriogenology* 34:633-642, 1990.

Ferguson J: The effects of protein level and type on reproduction in the dairy cow. In *Proceedings: Annual Meeting Society of Theriogenologists*, 1986, pp. 164-185.

Fortune JE, Quirk SM: Regulation of steroidogenesis in bovine preovulatory follicles, *J Anim Sci* 66:1-4, 1988.

Frazer GS: A rational basis for therapy in the sick postpartum cow, *Vet Clin North Am (Food Anim Pract)* 21:523-568, 2005.

Garverick HA, Smith MF: Female reproductive physiology and endocrinology of cattle, *Vet Clin North Am (Food Anim Pract)* 9:223-247, 1993.

Gearhart MA, Curtis CR, Erb HN, et al: Relationship of changes in condition score to cow health in Holsteins, *J Dairy Sci* 73:3132-3140, 1990.

Gilbert RO, Grohn YT, Guard CL, et al: Impaired post partum neutrophil function in cows which retain fetal membranes, *Res Vet Sci* 55:15-19, 1993.

Gilbert RO, Oettle EE: An outbreak of granulomatous vulvitis in feedlot heifers, *J S Afr Vet Assoc* 61:41-43, 1990.

Gilbert RO, Shin ST, Guard CL, et al: Prevalence of endometritis and its effects on reproductive performance of dairy cows, *Theriogenology* 64:1879-1888, 2005.

Gilbert RO, Schwark WS: Pharmacologic considerations in the management of peripartum conditions in the cow, *Vet Clin North Am (Food Anim Pract)* 8:29-56, 1992.

Gilbert RO, Wilson DG, Levine SA, et al: Surgical management of urovagina and associated infertility in a cow, *J Am Vet Med Assoc* 194:931-932, 1989.

Ginther OJ, Kastelic JP, Knopf L: Composition and characteristics of follicular waves during the bovine estrous cycle, *Anim Reprod Sci* 20:187-200, 1989.

Gröhn YT, Erb HN, McCulloch CE, et al: Epidemiology of reproductive disorders in dairy cattle associations among host characteristics disease and production, *Prev Vet Med* 8:25-40, 1990.

Grooms DL: Reproductive consequences of infection with bovine viral diarrhea virus, *Vet Clin North Am Food Anim Pract* 20:5-19, 2004.

Guitian J, Thurmond MC, Hietala SK: Infertility and abortion among first-lactation dairy cows seropositive or seronegative for Leptospira interrogans serovar hardjo, *J Am Vet Med Assoc* 215:515-518, 1999.

Gustafsson BK: Therapeutic strategies involving antimicrobial treatment of the uterus in large animals, *J Am Vet Med Assoc* 185:1194-1198, 1984.

Habel RE: Prevention of vaginal prolapse in the cow, *J Am Vet Med Assoc* 130:344, 1957.

Haddad JP, Dohoo IR, Van Leewen JA: A review of Neopsora caninum in dairy and beef cattle—a Canadian perspective, *Can Vet J* 46:2302-2343, 2005.

Hall CA, Reichel MP, Ellis JT: Neospora abortions in dairy cattle: diagnosis, mode of transmission and control, *Vet Parasitol* 128:231-241, 2005.

Hammon DS, Evjen IM, Dhiman TR, et al: Neutrophil function and energy status in Holstein cows with uterine health disorders, *Vet Immunol Immunopathol* 15(113):21-29, 2006.

Hjerpe CA: Bovine vaccines and herd vaccination programs, *Vet Clin North Am Food Anim Pract* 6:171-260, 1990.

Hoeben D, Mijten P, de Kruif A: Factors influencing complications during caesarean section on the standing cow, *Vet Q* 19:88-92, 1997.

Jubb KVF, Kennedy PC, Palmer N: *Pathology of domestic animals*, ed 4, vol 2, New York, 1993, Academic Press, Inc.

Kassam A, BonDurant RH, Basu S, et al: Clinical and endocrine responses to embryonic and fetal death induced by manual rupture of the amniotic vesicle during early pregnancy in cows, *J Am Vet Med Assoc* 191:417-420, 1987.

Kastelic JP: Understanding ovarian follicular development in cattle, *Vet Med* January:61-71, 1994.

Kastelic JP, Knopf L, Ginther OJ: Effect of day of prostaglandin f-2-alpha treatment on selection and development of the ovulatory follicle in heifers, *Anim Reprod Sci* 23:169-180, 1990.

Kennedy PC: Epizootic bovine abortion. In Kirkbride CA, editor: *Laboratory diagnosis of livestock abortion*, ed 3, Ames, IA, 1990, Iowa State University Press.

Kesler DJ, Garverick HA: Ovarian cysts in dairy cattle: a review, *J Anim Sci* 55:1147-1159, 1982.

Kimura K, Goff JP, Kehrli ME Jr, et al: Decreased neutrophil function as a cause of retained placenta in dairy cattle, *J Dairy Sci* 85:544-550, 2002.

King GJ, Hurnik JF, Robertson HA: Ovarian function and estrus in dairy cows during early lactation, *J Anim Sci* 42:688-692, 1976.

Kirkbride CA: *Mycoplasma, ureaplasma* and *Acholeplas* infections of bovine genitalia, *Vet Clin North Am (Food Anim Pract)* 3:575-591, 1987.

Klavano GG: Observations of *Haemophilus somnus* infection as an agent producing reproductive diseases: infertility and abortion. In *Proceedings: Annual Meeting Society of Theriogenologists*, 1980, pp. 139-149.

Konigsson K, Gustafsson H, Gunnarsson A, et al: Clinical and bacteriological aspects on the use of oxytetracycline and flunixin in primiparous cows with induced retained placenta and postpartal endometritis, *Reprod Domest Anim* 36:247-256, 2001.

LaFaunce NA, McEntee K: Experimental *Mycoplasma bovis* seminal vesiculitis in the bull, *Cornell Vet* 72:150-167, 1982

LeBlanc SJ, Duffield TF, Leslie KE, et al: The effect of treatment of clinical endometritis on reproductive performance in dairy cows. *J Dairy Sci* 85:2237-2249, 2002.

Lee CN, Maurice E, Ax RL, et al: Efficacy of gonadotropin-releasing hormone administered at the time of artificial insemination of heifers and postpartum and repeat breeder dairy cows, *Am J Vet Res* 44:2160-2166, 1983.

Lein DH: The current role of ureaplasma, mycoplasma, and *Haemophilus somnus* in bovine reproductive disorders. In *Proceedings: 11th Technical Conference on Artificial Insemination and Reproduction*, 1986, pp. 27-32.

Lindell JO, Kindahl H, Jansson L, et al: Postpartum release of prostaglandin$_2$ and uterine involution in the cow, *Theriogenology* 17:237-245, 1982.

Lucy MC: Reproductive loss in high-producing dairy cattle: where will it end? *J Dairy Sci*.84:1277-1293, 2001.

Magdub A, Johnson HD, Belyea RL: Effect of environmental heat and dietary fiber on thyroid physiology of lactating cows, *J Dairy Sci* 65:2323-2331, 1982.

Miller HV, et al: Endometritis of dairy cattle: diagnosis, treatment and fertility, *Bov Pract* 15:13-23, 1989.

Miller RB, Lein DH, McEntee KE, et al: *Haemophilus somnus* infection of the reproductive tract of cattle: a review, *J Am Vet Med Assoc* 182:1390-1391, 1983.

Morrow DA: *Current therapy in theriogenology*, ed 2, Philadelphia, 1986, WB Saunders.

Murray RD, Allison JD, Gard RP: Bovine endometritis: comparative efficacy of alfaprostol and intrauterine therapies, and other factors influencing clinical success, *Vet Rec* 127:86-90, 1990.

Newman KD, Anderson DE: Ceasarean section in cows, *Vet Clin North Am Food Anim Pract* 21:73-100, 2005.

Olson JD, Ball L, Mortimer RG: Therapy of postpartum uterine infections, *Bov Proc*17:85-88, 1985.

Palmer CC: Clinical studies on retained placenta in the cow, *J Am Vet Med Assoc* 80:59-68, 1932.

Parish SM, Maag-Miller, Besser TE, et al: Myelitis associated with protozoal infection in newborn calves, *J Am Vet Med Assoc* 191:1599-1600, 1987.

Parsonson LM, Hall CE, Settergren I: A method for the collection of bovine seminal vesicle secretions for microbiologic examination, *J Am Vet Med Assoc* 158:175-177, 1971.

Peter AT, Bosu WTK: Relationship of uterine infections and folliculogenesis in dairy cows during early puerperium, *Theriogenology* 30:1045-1052, 1988.

Pursley JR, Mee MO, Wiltbank MC: Synchronization of ovulation in dairy cows using PGF2 and GnRH, *Theriogenology* 44:915-923, 1995.

Randel RD: Nutrition and postpartum rebreeding in cattle, *J Anim Sci* 68:853-862, 1990.

Refsal KR, Jarrin-Maldonado JH, Nachreiner RF: Endocrine profiles in cows with ovarian cysts experimentally induced by treatment with exogenous estradiol or adrenocorticotropic hormone, *Theriogenology* 28:871-889, 1987.

Rhoads ML, Rhoads RP, Gilbert RO, et al: Detrimental effects of high plasma urea nitrogen levels on viability of embryos from lactating dairy cows, *Anim Reprod Sci* 91:1-10 2006.

Risco CA, Donovan GA, Hernandez J: Clinical mastitis associated with abortion in dairy cows, *J Dairy Sci* 82:1684-1689, 1999.

Risco CA, Hernandez J: Comparison of ceftiofur hydrochloride and estradiol cypionate for metritis prevention and reproductive performance in dairy cows affected with retained fetal membranes, *Theriogenology* 60:47-58, 2003.

Risco CA, Reynolds JP: Uterine prolapse in dairy cattle, *Compend Contin Educ Pract Vet* 10:1135-1143, 1988.

Roberts SJ: *Veterinary obstetrics and genital diseases (theriogenology)*, ed 3, Woodstock, VT, 1986, published by the author.

Ruegg PL, Marteniuk JV, Kaneene JB: Reproductive difficulties in cattle with antibody titers to *Haemophilus-somnus*, *J Am Vet Med Assoc* 193:941-942, 1988.

St. Jean G, Hull BL, Robertson JT, et al: Urethral extension for correction of urovagina in cattle: a review of 14 cases, *Vet Surg* 17:258-262, 1988.

Saint-Jean G, Rings DM, Hoffsis GF, et al: Adenocarcinoma of the uterus with pulmonary metastasis in two cows, *Compend Contin Educ Pract Vet* 10:864-867, 1988.

Samuelson JD, Winter AJ: Bovine vibriosis: the nature of the carrier state in the bull, *J Infect Dis* 16:581-592, 1966.

Schonfelder A, Sobiraj A: Etiology of torsio uteri in bovines: a review [article in German], *Schweiz Arch Tierheilkd* 147:397-402, 2005.

Scott HM, Schouten MJ, Gaiser JC, et al: Effect of intrauterine administration of ceftiofur on fertility and risk of culling in postparturient cows with retained fetal membranes, twins, or both, *J Am Vet Med Assoc* 226:2044-2052, 2005.

Sheldon IM, Bushnell M, Montgomery J, et al: Minimum inhibitory concentrations of some antimicrobial drugs against bacteria causing uterine infections in cattle, *Vet Rec* 155:383-387, 2004.

Sheldon IM, Lewis GS, LeBlanc S, et al: Defining postpartum uterine disease in cattle, *Theriogenology* 65:1516-1530, 2006.

Sirois J, Fortune JE: Ovarian follicular dynamics during the estrous cycle in heifers monitored by real-time ultrasonography, *Biol Reprod* 39:308-317, 1988.

Sprecher DJ, Nebel RJ, Whittier WD: Predictive value of palpation per rectum vs milk and serum progesterone levels for the diagnosis of bovine follicular and luteal cysts, *Theriogenology* 30:701-710, 1988.

Sprecher DJ, Strelow LW, Nebel RL: The response of cows with cystic ovarian degeneration to luteotropic or luteolytic therapy as assigned by latex agglutination milk progesterone assay, *Theriogenology* 34:1149-1158, 1990.

Stoebel DP, Moberg GP: Effect of adrenocorticotropin and cortisol on luteinizing hormone surge and estrous behavior of cows, *J Dairy Sci* 65:1016-1024, 1982.

Théon AP, Pascoe JR, Carlson GP, et al: Intratumoral chemotherapy with cisplatin in oily emulsion in horses, *J Am Vet Med Assoc* 202:261-267, 1993.

Thurmond MC, Picanso JP: Fetal loss associated with palpation per rectum to diagnose pregnancy in cows, *J Am Vet Med Assoc* 203:432-435, 1993.

Trimberger GW: Breeding efficiency in dairy cattle from artificial insemination at various intervals before and after ovulation, *Nebraska Agricultural Experimental Station Research Bulletin* 153, 1948.

Vaillancourt D, Bierschwal CJ, Ogwu D, et al: Correlation between pregnancy diagnosis by membrane slip and embryonic mortality, *J Am Vet Med Assoc* 175:466-468, 1979.

Villa-Godoy A, Hughes TL, Emery RS, et al: Association between energy balance and luteal function in lactating dairy cows, *J Dairy Sci* 71:1063-1072, 1988.

Weaver LD: Effects of nutrition on reproduction in dairy cows, *Vet Clin North Am Food Anim Pract* 3:513-532, 1987.

Wehrend A, Reinle T, Herfen K, et al: Fetotomy in cattle with special reference to postoperative complications—an evaluation of 131 cases [article in German], *Dtsch Tierarztl Wochenschr* 109:56-61, 2002.

Weiss B, Hogan J, Smith L: Vitamin E and selenium: key nutrients for health, *Hoard's Dairyman* April 10:288-289, 1994.

West JW, Mullinix BG, Sandifer TG: Changing dietary electrolyte balance for dairy cows in cool and hot environments, *J Dairy Sci* 74:1662-1674, 1991.

White ME, Erb H: Treatment of ovarian cysts in dairy cattle—a decision analysis, *Cornell Vet* 70:247-257, 1980.

Wiltbank MC, Gumen A, Sartori R: Physiological classification of anovulatory conditions in cattle, *Theriogenology* 57:21-52, 2002.

Wolfe DF, Baird AN: Female urogenital surgery in cattle, *Vet Clin North Am (Food Anim Pract)* 9:369-388, 1993.

Younquist RS, Braun WF Jr: Abnormalities of the tubular genital organs, *Vet Clin North Am (Food Anim Pract)* 9:309-322, 1993.

第十章
CHAPTER 10

泌尿道疾病
Urinary Tract Diseases

Thomas J. Divers

尿组成异常与疾病
ABNORMAL URINARY CONSTITUENTS AND CONDITIONS

奶牛泌尿道疾病相对于消化、呼吸、肌肉、骨骼及其他系统的疾病来说比较少见，正是由于这种原因以及肾脏疾病的症状可能不明显，常常忽略泌尿道疾病作为动物疾病的病因。确诊泌尿道疾病需要进行尿液异常组成成分分析、尿液分析以及血清化学分析，另外，超声波检查肾脏和/或膀胱镜检查膀胱在一些情况下可能更为有效。用2.5~5 mHz的探针在腰椎旁的凹陷处对肾脏经皮检查在成年奶牛和犊牛中可以达到很好的效果，而且在直肠检查时用传统的5 mHz或10 mHz生殖探针可以获得左侧肾脏、输尿管和膀胱的非常好的影像。地理因素的差异也可能影响牛泌尿道疾病发生的相对频率。大多数的兽医通过尿液外观、基于多试剂试纸诊断的尿液异常组分分析以及物理检查所见的症状作为泌尿道疾病的指标。诊断由泌尿系统引起的症状不明显的疾病时需要更多的辅助措施，包括全尿分析、血清电解质和化学成分分析以及全血细胞计数等，幸运的是，物理检查时需常规性收集尿液进行尿酮分析，这就为进行其他常规检查提供了样品。采用多试剂试纸检测异常尿液组成是非特异性的，但对进行其他辅助性试验有指导作用，尽管常规性收集的尿液足够作培养用，但是在一些罕见的情况下还是需要用导尿管收集尿样。牛由于存在尿道憩室而使得导尿管插入比较困难，其方法见图10-1。

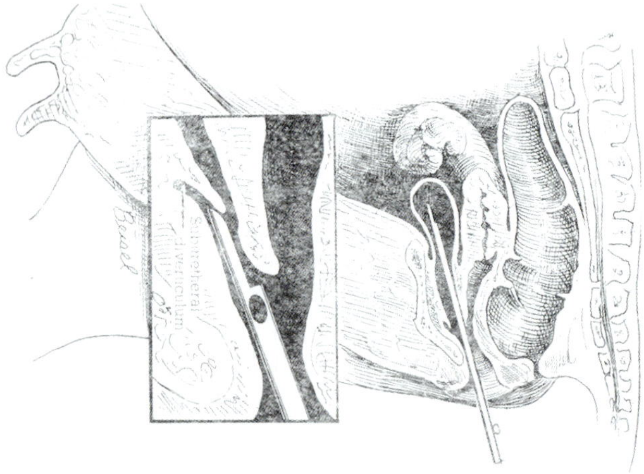

图 10-1

牛的泌尿系统及正确的导尿管插入法图。尿道憩室导致导尿管插入困难。

蛋白尿 Proteinuria

由于多试剂试纸检测出的蛋白尿阳性值是相对的而不是绝对的，因而在对阳性值的意义做出评估之前，需要进行磺基水杨酸试验（SSA）或尿蛋白/肌酐比率分析。例如，反刍动物的高碱性尿可引起多试剂试纸（四溴酚蓝）呈假阳性蛋白反应，另外，同时测量出尿蛋白和尿肌酐并计算出尿蛋白/肌酐比率会有更高的特异性。

摄入足量或过量初乳的<2日龄的反刍动物，其尿蛋白阳性可能是正常情况，但之后这种生理情况应很快恢复正常，其尿液应呈蛋白阴性。肾小球或肾小管的任何损伤均可引起轻度或中度蛋白尿，如继发于严重脱水和肾灌流量降低的肾梗塞可引起中度蛋白尿，而肾小球肾炎、肾小管性肾病、淀粉样变性、肾盂肾炎及其他严重肾脏疾病能导致更为明显的蛋白尿，并最终引发低白蛋白血症。肾后泌尿道的非特异性炎症或刺激如膀胱炎、尿结石、创伤或肿瘤等也可引起蛋白尿，此外，正常牛尿液中混有阴道分泌物、包皮分泌物、子宫分泌物或粪便时也可能产生假阳性蛋白尿。

糖尿 Glycosuria

外源性葡萄糖，如静脉注射葡萄糖溶液、外源性可的松及应激性糖尿均可使多试剂试纸呈阳性反应；尿液中存在的还原性物质如青霉素、四环素、其他抗生素以及阿司匹林等也可产生假阳性反应，因此，除了采用监测静脉营养方法外，该指标对奶牛几乎无用。

酮尿 Ketonuria

多试剂试纸中的酮片段可以与尿液中的乙酰乙酸反应，而与尿中的丙酮无反应。如果将降低检测水平5 mol/L作为阳性反应时，尿液试纸检测对酮病大约有90%的敏感性以及75%~85%的特异性。如果一种尿中酮体检查剂能在5~10 s内显示结果，那么它对于诊断酮尿中的丙酮和乙酰乙酸就有很高的敏感性和特异性，另外，区别原发性和继发性酮尿时还需要进行全面体格检查、既往病史调查以及进行化学试验。

血尿 Hematuria

肉眼可见的血尿一般很明显，而隐性或需显微镜检查的血尿需要通过多试剂试纸上的邻甲苯胺（orthotoluidine）试验带阳性反应来检测。邻甲苯胺不能区分血尿、血红蛋白尿或肌红蛋白尿，而这3种必须考虑在内，除非尿液颜色、血红细胞（RBC）沉积或全尿分析能表明其确切的血尿成分。

显微镜下可见的血尿可源于肾脏（梗死、肾小管肾病、肾盂肾炎或其他病因）、输尿管（结石、肿瘤、肾盂肾炎）、膀胱（膀胱炎、结石）、尿道或阴道中的血液污染的尿液。肉眼可见的血尿常与奶牛的肾盂肾炎、尿道结石、尿石病或膀胱炎有关。

感染恶性卡他热的牛，常常由于肾血管炎或出血性膀胱炎而导致血尿。

血红蛋白尿 Hemoglobinuria

肉眼可见的血红蛋白尿呈红色，眼观直观明显，这是由于发生血管内溶血并随后超过血红蛋白的肾阈值而使尿液呈红色。此外，犊牛水中毒、静脉注射低渗溶液、洋葱和麦角中毒、溶血梭菌引起的杆菌性血红蛋白尿、犊牛钩端螺旋体病、巴贝斯虫病以及产后血红蛋白尿等病，在其急性溶血期均可引起明显的血红蛋白尿，这些病的早期或晚期可能呈隐性或显微镜镜检的血红蛋白尿，而且与多试剂试纸中的血液成分（邻甲苯胺）反应时呈阳性。许多植物和重金属中毒也可引起血红蛋白尿。

肌红蛋白尿 Myoglobinuria

一些严重的肌病如卧地不起奶牛的运动性肌病、咖啡因植物中毒、大量肌群维生素E或硒缺乏导致的弥散营养性疾病等，肌红蛋白尿呈棕色或棕红色眼观直观明显。通常这些病例呈隐性过程，在多试剂试纸中呈邻甲苯胺和蛋白阳性反应。

胆红素和尿胆素原 Bilirubin and Urobilinogen

牛的胆红素在一些罕见的由胆结石、溃疡或瘤形成引起的阻塞性黄疸病例中可能会升高。而尿胆素原在牛还没有任何诊断价值。

比重 Specific Gravity

当怀疑肾病或如果血清化学检验确证是氮质血症时，有必要进行尿比重的测定。脱水的牛如果尿比重在1.006~1.014之间则表明为等渗尿，这是因为正常肾功能对尿的浓缩，单侧肾缺血通常不会引起等渗尿。急性肾功能衰竭病牛尿比重一般不在等渗尿的范围内，但是即使在脱水的情况下尿比重也不会>1.022。

白细胞 White Blood Cells

显微镜检查尿液中有白细胞存在只能表明泌尿道有炎症或变性，最常见的原因包括肾脏炎症或变性、输尿管感染或阻塞和膀胱炎。任意采取的产后奶牛的正常恶露或子宫/阴道分泌物一般都有污染，如果牛的尿样每高倍视野有1~5个白细胞应视为正常。由肾病或肾炎引起的肾小管变性必须与远端泌尿道感染或炎症区分开来。肉眼可见的脓尿在牛肾盂肾炎或膀胱炎等病中最为常见，肉眼可见或显微镜检查有脓尿的应进行细菌培养，理论上应通过无菌膀胱导管插入法获得尿样。

管型 Casts

透明管型通常由蛋白质组成，在严重肾病时最为常见，颗粒状管型则通常源于受损的肾小管上皮。

肾脏疾病 RENAL DISEASES

栓塞性肾炎 Embolic Nephritis

栓塞性肾炎常发生于患败血症的犊牛或母牛，

偶尔可见于心内膜炎病例(图10-2)，病畜还可能出现发热、败血症的其他症状以及特异器官功能障碍（乳腺炎、关节感染），尿液多试剂试纸检测尿液可呈血液和蛋白质阳性，而显微镜检查尿液可发现白细胞和红细胞数目增多，并在一些病例还可见到细菌。肾炎并不是该病最明显的症状，而只是败血症的另一症状，治疗必须针对原发疾病。

肾脏缺血 Renal Ischemia

一种常见而又难以检测到的问题是，脱水的牛由于肾脏灌流量降低并随之使肾小管滤过率降低而导致肾脏缺血，当脓毒病和脱水并发时肾衰竭更常见。缺血性肾衰竭的另一个原因可能是严重的瘤胃鼓胀。由于胃肠道阻塞或腹泻而导致严重脱水的病牛经常发展成肾梗死，并导致尿液中出现红细胞、白细胞和蛋白质。

从病牛的尿液中发现这些异常成分时应当引起注意，防止发生肾衰竭，并告知临床兽医需采用补液措施及避免使用肾毒性药物。发生肾衰竭时尿液比重<1.022，因而必须测定尿液比重以排除肾衰竭，尤其是病牛的血清化学检测表明存在氮血症时，此外还要进行实验室检测，包括电解质尤其是钠的分级排泄检测，以区分肾前和肾性氮质血症。正常奶牛由于食物、泌乳阶段和妊娠状态的不同，尿中钠的分级排泄也有很大的不同，但是妊娠及产后奶牛尿中钠的分级排泄值很少超过1%，而正常奶牛在泌乳早期及高峰期偶尔可能会达到2%~3%，初生犊牛尿中钠的分级排泄值一般都<1%。只有当脱水、氮血症的奶牛具有浓缩尿的能力时，才能恰当地诊断为肾前氮血症。与其他动物一样，当肾脏灌流量降低时，肾前列腺素的水平对肾脏有细胞保护作用，因此应降低前列腺素抑制剂如非固醇抗炎药物（NSAIDs）的使用剂量，或者对于严重脱水的病牛停止使用，以免进一步缺血损伤导致梗死或乳头坏死。如果已经发生脓毒病，使用NSAIDs对肾脏的害处要远大于其益处，例如在一些奶牛可能会引起严重的革兰氏阴性菌感染而导致的乳房炎或严重的子宫炎。

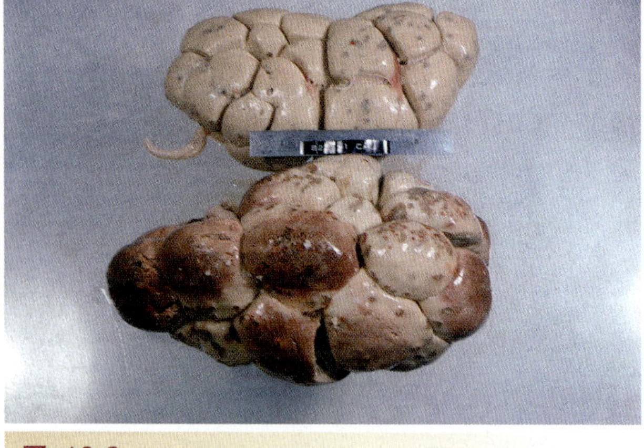

图 10-2

死于败血症的一头5岁荷斯坦奶牛肾脏。可以看到大面积的梗死。

治疗应针对原发病，对病牛采取静脉补液以改善肾的灌流，增加尿量，并纠正已存在的肾前氮血症。如有可能，避免使用肾毒性药物如氨基糖苷类药物、土霉素以及NSAIDs等，如果必须使用有潜在肾毒性的药物，应考虑重复检测血清肌酸酐水平，进行系列尿分析，检测各种成分的分级排泄率，以监测肾功能。

中毒性肾病 Toxic Nephrosis

毒素、药物对肾小管的损伤、与血浓缩有关的生理现象、内毒素血症以及局部缺血性变化均可引起肾小管变性、炎症，并有时可引起间质性肾炎。一般两侧肾病变程度相同。

病因学

抗生素诸如氨基糖苷类药物、四环素和磺胺类药物是已知的肾毒性药物；新霉素、庆大霉素、丁胺卡那霉素和其他氨基糖苷类药物能引起牛和其他动物肾小管的损伤，四环素和可注射用的四环素辅剂可引起肾小管肾病，丙二醇和聚乙烯吡咯烷酮等制剂用于许多盐酸土霉素制剂中，这些辅剂可引起血液动力学介导的肾灌流量降低，并因而加重抗生素本身的肾脏毒性作用，磺胺制剂具有损伤肾小管的能力，并能在肾小管中沉积。需要强调的是引发大多数抗生素肾毒性的因素有以下两种：

1. 超剂量用药。

2. 剂量合适，但用于脱水、血容量减少和肾灌流量降低的犊牛或成年牛，因而增加了对肾脏损伤的可能性。

过量使用钙盐偶尔也可引起肾小管肾炎，有时怀疑躺卧的牛有低血钙症时常使用过量的钙溶液进行治疗。

与脓毒症、胃肠道疾病、肾灌流降低和肾小球滤过率（GFR）降低等有关的轻度肾缺血，其生理性发展也可引起肾病。肾脏缺血的早期症状有肾梗死和乳头坏死，在脱水牛这些问题更为普遍，但如果对奶牛的原发病或脱水进行治疗，这种情况相对为良性过程。当发生严重的肾缺血时，肾灌流量的广泛性降低可进一步导致器质性肾小管间质坏死，在这种情况下有可能发生急性肾衰竭，并且即使病畜严重脱水，也可出现氮质血症和等渗尿症。

给牛食用过量的NSAIDs也可能导致肾灌流量降低，一些药物如保泰松和氟胺烟酸葡胺是包括肾脏在内的许多组织前列腺合成的强力抑制剂。肾前列腺素具有细胞保护作用，这是因为它在低血压或脱水时有助于保持肾小血管的灌流，当NSAIDs降低肾前列腺的产生时将失去这种保护能力，因此肾脏对缺血性损伤更为敏感。尽管使用NSAIDs常常可引起肾乳头坏死，但也可发生较小（梗死）或较大（肾小管肾病）的肾器官疾病，另外，对脱水病畜使用NSAIDs可增加其肾毒性的可能性。急性胃肠道疾病引起的血白蛋白减少可加剧药物毒性，因为给予的NSAIDs多数发生非蛋白结合并增加其药理性作用，因此，除非配合液体疗法以恢复肾灌流，在对脱水病畜进行治疗时应降低此类药物的使用剂量或完全不用。

其他肾毒素包括：重金属（铅、汞、砷）和植物毒（草酸盐、栎树及藜草），此类毒素曾在美国发生过。中毒可能发生于一群动物中的几只，因而增加了怀疑中毒病因的可能性。栎树中毒常见于牧场的小母牛，这与其秋天摄入的橡子和春天摄入的橡芽有关。

临床症状

患有中毒性肾病的牛一般无特异性症状，其症状包括精神沉郁、轻度至完全食欲缺乏和脱水，而且病牛可能躺卧休息。与药物相关的肾病通常其他系统的损伤更为明显，如脓毒性乳腺炎、脓毒性子宫炎、皱胃功能紊乱、腹泻、肺炎等等，因此，同时存在的疾病或原发性疾病可能掩盖肾病的存在。一些患有肾病的犊牛和成年牛可能会出现多尿症，但是并不一定，如果出现多尿则有助于诊断，因为可见明显脱水的动物频频排出肉眼可见的稀释的尿液。直肠检查可能提示左侧肾脏增大。

摄入重金属所致的肾病可能表现出神经症状（铅、砷）和胃肠道症状（铅、砷、汞），此类症状可提示动物中毒；对于植物毒素来说，如果没有使用抗生素或NSAIDs的病史，且没有明显的传染病症状时可怀疑植物毒素中毒，但对于许多植物中毒来说，必须通过临床病理学和剖检来协助诊断。

临床病理学与诊断

诊断主要结合临床病理学资料和病史，肾衰竭时，尽管动物严重脱水，但尿液比重在等渗尿范围内（<1.022）；急性肾病病畜，通过对其尿液分析，可确证存在的红细胞、白细胞、颗粒管型和蛋白尿；氮质血症时以血清尿素氮和肌酸酐升高为特征。通过病史调查可以提示一些特异性病因（如病前使用氨基糖苷类抗生素、NSAIDs）或仅仅是怀疑某种病因（如沙门氏菌病引起的病畜严重脱水），血清化学检测通常可以确证低氯血症，低血氯血症可能比肠梗阻、低血钾症、低血钠症、低血钙症、高血磷症和高血镁症更为严重。

肾脏活组织检查是最确切的诊断方法，在直肠检查时，将左肾推到腰椎旁的凹陷内，然后对左肾进行经皮活组织检查，或者用超声波对右肾进行活组织检查，此种方法需用到Tru-Cut活检探针（Baxter Health Care, Deerfield, Il）。由于牛的某些肾脏疾病与出血性素质有关，因而在进行活组织检查前可能需进行血凝性状分析。

如果有条件，超声波检查肾脏是一种有效的辅助手段。

治疗

治疗措施必须尽量恢复肾脏功能，并对引起肾病的原发疾病进行治疗；停止使用肾毒性药物，并在治疗过程中避免使用有潜在肾毒性的药物。

积极的液体疗法以保证充足的肾灌流并完成利尿是治疗的主要目标，根据每个病畜的具体情况，静脉输注用于平衡电解质或酸碱异常的溶液，由于通常会出现低血氯症、低血钾症和低血钠症，因此常在溶液中添加20~40 mmol/L KCl的生理盐水。除非动物无尿，否则应针对脱水静脉输注大量溶液，以补充体液的流失，促进利尿。如果成年动物输注20~40 L后仍无尿或少尿，应一次或间隔15~30 min多次静脉注射速尿以努力促进利尿，大量的溶液配合速尿治疗仍无尿的动物则预后不良。通过直肠触诊或用超声波反复检查膀胱的尿液生成及蓄积可能是一种有效的监测方法。对于由严重的低蛋白血症引起水肿的病畜，尽管使用大量的液体疗法仍然少尿或者表现出下垂性水肿的病畜可能需另外检测升高的中心静脉压。患有氮质血症、等渗尿症及脱水10%的体重500 kg的奶牛需补充50 L的液体，而这仅仅是消除其已存在的脱水状态，因此在治疗的前24 h内，该动物可能需80~100 L的液体以使其充分利尿。

对于低钙病畜，应谨慎地静脉注射钙或皮下注射葡萄糖酸钙，在基础溶液中可能需要加入少量的葡萄糖，如果需要，每20 L 生理盐水（KCl）溶液中加入1 L 50%的葡萄糖溶液。

尽管由肾病导致肾衰竭的成年奶牛极少发生高血钾症，但事实上，发生急性腹泻和代谢性酸中毒的犊牛可能有高血钾症，因此，最初的液体治疗应根据病畜酸–碱和电解质状况配方。酸中毒、高血钾症的病畜应静脉输注盐水、葡萄糖（半浓度的生理盐水和等量2.5%的葡萄糖溶液混合）及补充$NaHCO_3$，患有沙门氏菌病和继发肾小管肾病的病畜（犊牛或奶牛）可能发生酸中毒，如果用平衡晶体疗法不能纠正酸中毒，则需要用碳酸氢盐治疗，少尿或无尿的病畜也需输注20 L 10%的葡萄糖并加上速尿以引起渗透性利尿。若其他治疗措施皆无效，使用液体利尿及速尿后症状也无改观，可能必须给予多巴胺(3~5 μg/(kg·min))和/或多巴胺丁胺(2~5 μg/(kg·min))5%的葡萄糖溶液。其他可能的治疗措施包括使用甘露醇、去甲肾上腺素、抗利尿激素和氨茶碱。

利尿作用一旦建立，补液疗法应调整至保持利尿和协助肾脏排泄废物，每天检测血清尿素氮和肌酸酐水平，并确定病情发展趋势。多数情况下，治疗的时间从几天到2周不等，且正常肾功能恢复之前，预后须谨慎。氮质血症持续时间越长，病畜越有可能发展为慢性肾衰竭。开始时，临床兽医必须期望肾病是急性和可逆性的，并据此设计治疗方案，因为此时不可能知道肾脏损害的准确程度。治疗效果和肾活组织检查结果是判定预后的最好方法。

如果必须使用有潜在肾毒性的药物以治疗原发病，则必须降低使用剂量并检测血液药物水平以便继续使用。

肾盂肾炎 Pyelonephritis

由细菌感染引起的传染性肾炎是一种从下泌尿道上行的感染性疾病，肾盂肾炎是最常诊断出来的奶牛肾脏疾病，实际生产中报道的发生率似乎远远高于肾脏其他疾病，如肾病和肾小球肾炎，这可能是真实情况，也可能仅仅只是怀疑而已，因为诊断肾盂肾炎相对来说比较简单，而诊断肾脏其他疾病则需要更多辅助性实验室数据。

病因学

牛细菌性肾盂肾炎源于泌尿道大肠杆菌和肾棒状杆菌的上行性感染（图10-3），至少3种血清型的肾棒状杆菌作为正常菌群存在于母畜生殖道后部及公畜包皮内，与大多数革兰氏阳性菌不同，肾棒状杆菌具有鞭毛，这能促进其在泌尿道黏膜的附着及繁殖。对下段泌尿道黏膜的某些物理或化学性损伤，如难产、膀胱麻痹及尿道管插入不当等，由于肾棒状杆菌从输尿管到膀胱和肾脏的上行性感染而使奶牛发生肾盂肾炎。当肾棒状杆菌感染肾脏时可产生体液抗体，而如果感染只限于膀胱时，则不产生体液抗体。由于用于测定牛尿酮的常规导管插入法已被取消，因而使得肾棒状杆菌引起的肾盂肾炎大大减少，但由革兰氏阴性菌引起的肾盂肾炎则比较常见。大肠杆菌引起肾盂肾炎的发病机理与肾棒状杆菌所致肾盂肾炎机理相似，也是由于生殖道后部损伤后，下段泌尿道上行性感染的结果。

临床症状

急性原发性肾盂肾炎能使奶牛体温升高到39.72~40.83℃，奶牛表现厌食及产奶量急剧下降。一些急性肾盂肾炎的奶牛有腹痛的症状，表现为踢腹部、不安及踏步；腹痛症状一般与肾脏及输尿管的炎症和疼痛有关，但血凝块阻塞肾脏（输尿管）或膀胱（尿道）时，尿液排出不畅也可导致腹痛（图10-4）。如果病畜有肾盂肾炎前驱损伤的膀胱炎，也可发现病畜表现诸如摇尾等兴奋症状。肾棒状杆菌感染的某些病畜还可表现出痛性尿淋漓、多尿、弓背、肉眼可见的血尿（图10-4和图10-5）、血凝块、纤维素或脓尿等症状。另外注意急性肾盂肾炎引起的腹痛与产后奶牛的急性腹痛的差别，因

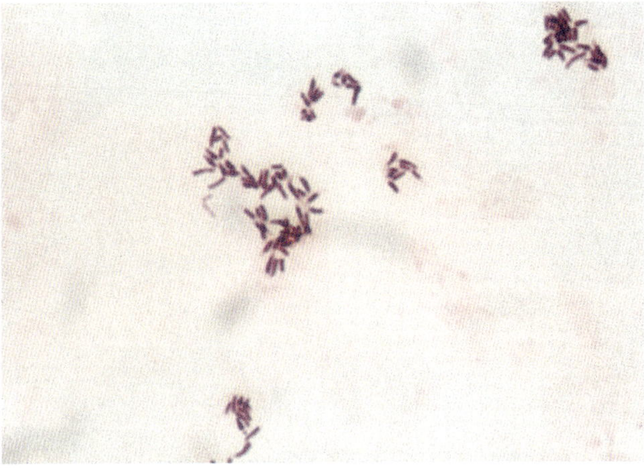

图 10-3
肾棒状杆菌性肾盂肾炎牛尿液的革兰氏染色。

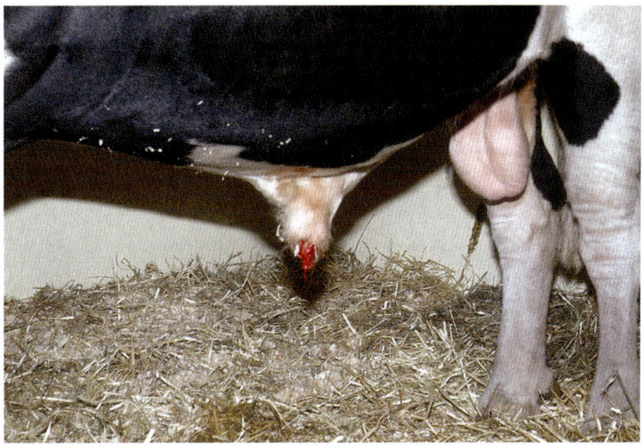

图 10-5
患肾棒状杆菌性肾盂肾炎的公牛表现出血尿和脓尿。

而在对有腹痛症状的奶牛进行物理检查时，直肠触诊左侧肾脏和输尿管是必不可少的检查项目。

慢性肾盂肾炎表现为体重下降、被毛粗乱、厌食、生产能力下降、腹泻、多尿、贫血、痛性尿淋漓和肉眼可见的尿液异常等。一些慢性肾盂肾炎的病牛由于肾脏疼痛可表现出明显的脊柱下弯和四肢伸直等症状。

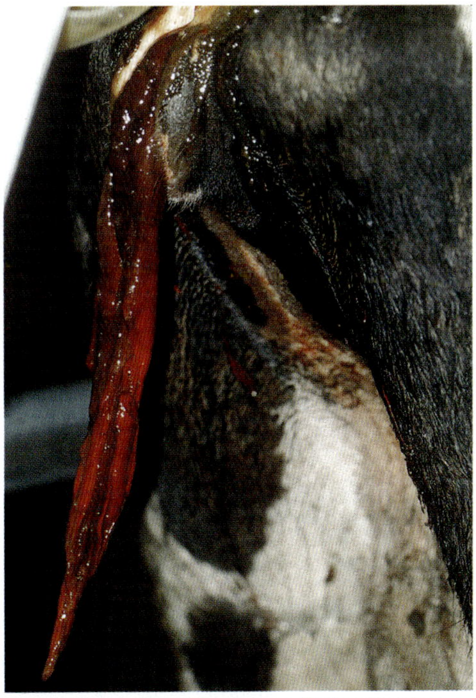

图 10-4
患急性肾盂肾炎的3岁荷斯坦牛从外阴突出的大血凝块。所示血凝块为阻塞尿道、引起动物腹痛的大血凝块的一部分。

隐性或亚临床性肾盂肾炎病畜可能存在多种病症，尤其是在泌乳的前几个月。牛并发皱胃变位、子宫炎、乳房炎或难产也可能导致肾盂肾炎，但容易被其他系统更明显的症状所掩盖，只有通过尿液常规检查及随后的尿液分析才能确证此类病症，在这种情况下，肾盂肾炎的特异性症状很少，除非通过直肠检查发现左肾肿胀、疼痛及有不明显的分页时才可怀疑肾盂肾炎。

诊断

诊断肾盂肾炎应采用综合性诊断方法，包括临床症状、直肠触诊、阴道触诊和尿液分析等。急性肾盂肾炎一般有发热症状，而慢性肾盂肾炎可能无此症状；尿液分析异常，如红细胞、白细胞、蛋白质和细菌等均存在于膀胱炎和肾盂肾炎的尿液中，而膀胱炎通常不引起全身性病变，通过阴道或直肠触诊也无输卵管增大（肾盂肾炎时一侧或两侧输卵管增大）。阴道触诊对于诊断很有必要，因为它可用于检测直肠触诊不明显的一侧或两侧输卵管增大。

直肠触诊可以发现左肾或两侧肾脏感染时左肾增大，此时肾脏正常的叶状结构消失，触之呈糨糊状，且可以感觉到明显的动脉脉搏。除非右肾感染为极慢性过程且重度增大，否则直肠触诊无助于诊断右肾感染。超声波检查是另一种有用的辅助性诊断措施，且能提供有价值的预后信息。

对于有价值的牛或诊断不能确定时，可进行实验室检验。大多数肾盂肾炎的患畜均有低白蛋白血症，且慢性肾盂肾炎病畜更为严重；肾盂肾炎时蛋白尿非常明显，多数病畜均有此症状。慢性感染时血清球蛋白值可能较高（>5.0 g/mL），一般来说肾脏感染必须达到10~14 d才能评价球蛋白值，且成年奶牛的球蛋白值高于慢性感染的犊牛。对于急性病例，排出的尿液中有明显的纤维素、血凝块及脓汁时，肉眼检查有诊断意义，某些患有急性肾盂肾炎的奶牛肾脏严重出血，阻塞输尿管或尿道，并因此导致间歇性或连续性泌尿阻滞，有时可见到大量血凝块充满于膀胱和尿道中。牛尿液异常不太明显时，多试剂试纸可呈血液和蛋白阳性反应，尿液分析可确证红细胞、白细胞、蛋白质和细菌的存在。在常规的体检中用多试剂试纸进行常规的尿液普查，对检测肾盂肾炎及其他泌尿道疾病来说是一种很好的方法。

尿液培养是最重要的实验室诊断手段，因为它可以确定病原微生物，而且更为重要的是可以确定病原微生物对抗生素的敏感性。畜主先前使用的抗生素可能影响体外培养时微生物的生长，因而在进行尿液培养前24~48 h应停止使用抗生素。用于体外培养的尿液应通过导管插入法取得或取排泄中间的尿液，以避免尿液被污染，且要进行菌落计数，菌落计数（插入导管尿液>10^3个/mL或排泄中间的尿液>10^4个/mL）对于诊断传染性微生物十分必要。

氮质血症是有关预后的一项指标，并可以表明肾前性病症，如脱水、双侧肾盂肾炎继发肾衰或肾后泌尿阻滞。通过体检或直肠检查，可以发现肾后阻滞通常比较明显；如果动物严重脱水但仍能浓缩尿液至比重>1.022时，应怀疑肾前氮质血症，肾前氮质血症也应对口服或静脉补液有反应。大多数患有肾盂肾炎并有氮质血症的牛都有双侧肾病和肾衰（图10-6），这些病畜通常为慢性感染，并且球蛋白含量升高，血白蛋白减少，不能浓缩尿及可能有电解质异常如低血氯症、低血钠症、低血钾症及低血钙症等，因此患有双侧肾盂肾炎和氮质血症的牛预后需谨慎。

体检可能怀疑病畜贫血，全血细胞计数（CBC）可以进行确诊；贫血可能源自急性病例的单纯失血，也可能是慢性病例由于泌尿道失血和肾实质损伤后继发的红细胞生成减少。

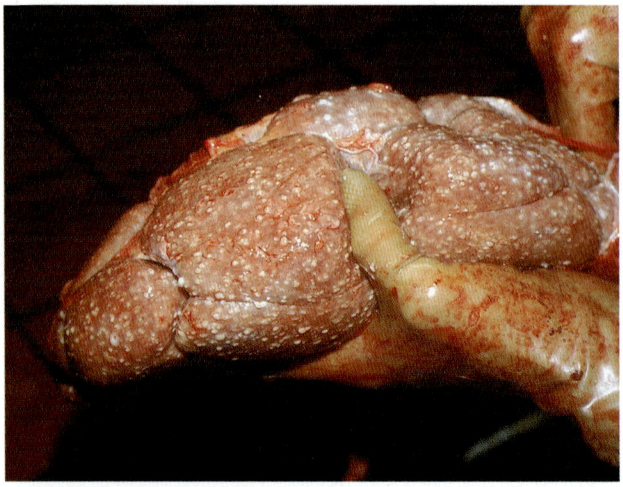

图 10-6

死于严重肾棒状杆菌性肾盂肾炎的荷斯坦奶牛肾的尸检变化。两侧肾外观相似（照片由Dr.John M.King提供）。

治疗

确定病原微生物及其对抗微生物药的敏感性是治疗该病的主要实用手段。确定病原微生物及其药敏后，应选择使用在尿液中浓度高、无肾脏毒性及允许用于牛的药物，这些原则需根据病畜的具体情况而定，例如，通过药敏试验发现氨基糖苷类药物最有效，但这些药物有潜在的肾脏毒性。青霉素从泌尿道排泄，尿液中的药物浓度与血浆中的药物浓度成比例，因而在体外对青霉素不敏感的某些大肠杆菌可能在体内对青霉素治疗有效。作者诊所的具体做法是：由导尿管收集到做培养用的尿液后，应首先采用青霉素的标准治疗方法（22 000 IU/kg，肌肉注射，每12 h1次）进行治疗，直至72~96 h后得到培养及药敏试验结果，再采用相应的药物。若确定为肾棒状杆菌，持续使用青霉素3周进行治疗，因为该细菌对青霉素一律敏感；若确定为大肠杆菌，如果客观数据（系列尿分析、体温）和主观数据（食欲、体况）逐渐恢复正常，则持续使用青霉素，若连续使用青霉素治疗大肠杆菌性肾炎超过72~96 h，临床症状仍无改善，则必须根据药敏试验选择其他药物。

同其他泌尿道感染一样，对牛肾盂肾炎的推荐治疗方法持续期长——至少3周，短期抗微生物药治疗无效。

除非存在功能性或器质性泌尿生殖道异常，患急性肾盂肾炎的母牛用抗微生物药长时间治疗后，预后良好。由于泌尿道感染易复发，继发于膀胱麻痹或难产后直肠阴道瘘的肾盂肾炎预后不良。

由于肾脓肿或肾实质的全部缺失，慢性肾盂肾炎预后需谨慎（图10-7），患慢性肾盂肾炎的母牛还有发展成氮质血症和肾衰竭的巨大危险性。

外科手术切除极度肿大及感染的肾脏偶尔用于治疗单侧慢性肾盂肾炎（图10-8），通常可以经直肠触诊到异常的肾脏，甚至包括右肾。触诊肾脏像足球或篮球大小的团块，并有慢性肾盂肾炎、脓肿、肾盂积水等等。

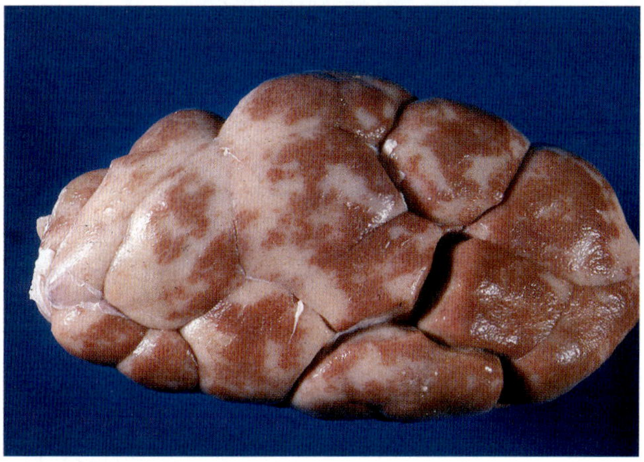

图 10-7

双侧慢性肾盂肾炎的尸检样本，图示肾皮质的灰白色、纤维化慢性感染区（照片由Dr.John M.King提供）。

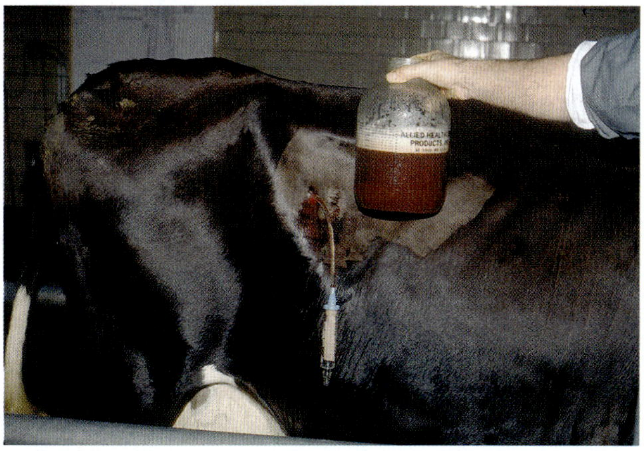

图 10-8

由慢性肾盂肾炎引起肾破裂而进行的肾摘除，红色的液体是尿液和血液以及从腹膜后收集到的碎片。

肾小球肾炎 Glomerulonephritis

牛肾小球肾炎在临床上少见，该病可导致进行性肾脏衰竭、严重蛋白尿、低蛋白血症、体重下降及腹部水肿等。

病因学

肾小球肾炎被认为是由沉着于肾小球的抗原-抗体复合物或感染动物产生的侵害肾小球基底膜的特异性抗体所致，两种因素对肾小球的损伤均可干扰其正常的滤过功能，导致从肾脏丢失蛋白，并随后逐渐发展成肾衰竭。母牛肾小球肾炎通常与体腔、乳房、子宫感染有关，并被认为是由于循环的抗原-抗体复合物所致；被分割开的感染，如脓肿不断促使机体产生抗某种被保护的抗原的抗体，导致产生大量抗体，从而诱发肾小球肾炎。

作者曾见到一奶牛家族中的3头同胞牛（2头母牛1头公牛）患有肾小球肾炎和肾病综合征，并随后死亡，这些牛在18~30月龄时仍显示健康，但随后逐渐表现出肾炎症状，并在几个月内死亡（图10-9）。这种家族性疾病极有可能是一种遗传性基因异常，由抗基底膜抗体导致的肾小球损伤，遗憾的是，3头牛中只有1头送诊，后来进行了剖检。我们也确诊过一些5~8周龄的小母牛由于患有肾小球肾炎而导致的肾衰竭，这些小母牛呈急性腹泻及蛋白尿导致的水肿，最终引起低蛋白血症（图10-10和图10-11），且有严重的高血压，这些小母牛来自两个毫无联系的农场，且在出生后第一天即用了常规抗血清，但引起肾小球肾炎的原因仍未确定。

临床症状

患有肾小球肾炎牛的典型症状包括体重下降、食欲及生产力降低、被毛粗乱和腹侧水肿、某些病畜腹泻等。由于这些症状是非特异性的，病畜可能同时存在慢性感染，临床上可能掩盖肾脏疾病。

直肠触诊到肿大的左肾可能是能检查到的唯一特异性身体异常，实验室中采用多试剂试纸可能检测到蛋白尿阳性反应，并能通过磺基水杨酸蛋白分析或测定尿蛋白/尿肌酸酐大于3而确诊。

图 10-9

2岁荷斯坦牛因严重低蛋白血症和低白蛋白血症所致下颌间水肿。该牛患有肾小球肾炎（可能为遗传性）。

图 10-10

6周龄的犊牛因肾小球肾炎所致的严重水肿。该牛有明显的低蛋白血症和高血压。

诊断

由于本病的临床症状类似于淀粉样变性，确诊必须采用肾脏活组织检查，如果存在肾病综合征（腹侧水肿、低白蛋白血症、蛋白尿），本病可能已在晚期，并有肾衰竭症状。腹侧水肿、左肾肿大（不能触到右肾）（图10-12）、除蛋白尿外无尿液组成异常、氮质血症并发等渗尿时，可暂时诊断为肾小球肾炎或淀粉样变性，肾脏活组织检查可进一步确诊。超声波检查一般无助于诊断，但可用于肾活组织检查。在疾病早期，实验室检验数据如血清尿素氮、肌酸酐和电解质水平等出现轻度异常，而肾衰竭时显著异常。所有病例均有以低白蛋白血症

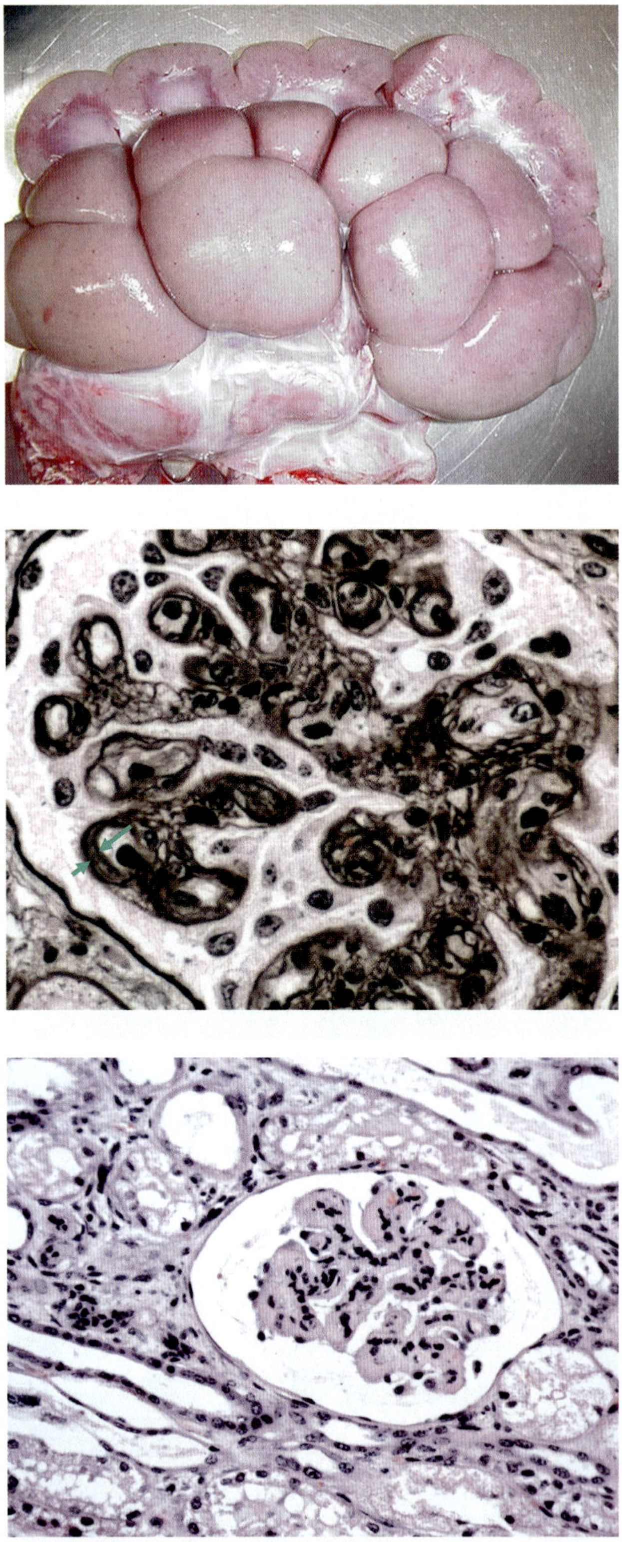

图 10-11

A，取自图10-10中牛的肾脏进行显微镜检查。B，嗜酸性物质和增生的肾小球系膜细胞导致肾小球袢扩张。C，肾小球基底膜弥散性增厚。

为特征的低蛋白血症，慢性病例可能发展为贫血。腹泻尽管在淀粉样变性时比较典型，但如果低蛋白

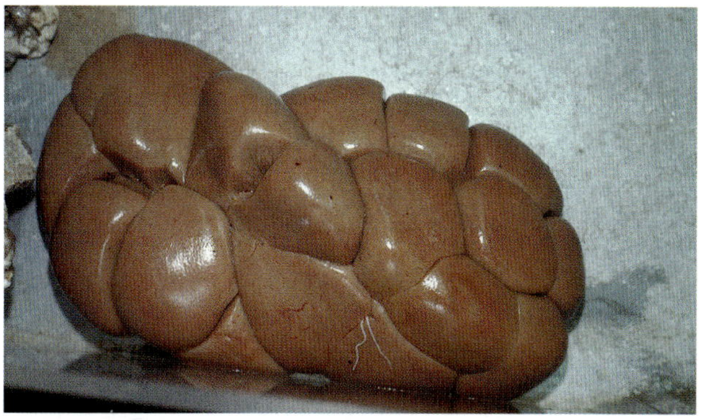

图 10-12

母牛肾小球肾炎的大体样本，该牛后肢患有慢性蜂窝织炎，两侧肾脏增大，外观相似。

血症非常严重而导致肠壁水肿时，某些肾小球肾炎病畜也可能有腹泻症状。

遗憾的是，待有精确诊断结果时，牛肾小球肾炎通常已发展成为肾衰竭，因而就限制了采取的治疗措施。

治疗

早期或急性病例可采取支持疗法以防肾衰竭，并对引起肾小球肾炎的原发性感染如乳房炎、脓肿进行特异性治疗。一旦发展为肾衰竭，则治疗无望。

淀粉样变性 Amyloidosis

淀粉样变性是一种不常见的全身性疾病，特征是肾脏、肠道、肾上腺、脾脏和其他组织出现淀粉样物质的细胞外沉积。由于牛肾脏似乎是淀粉样物质沉积的主要器官，所以淀粉样变性牛可发展成蛋白尿和肾病综合征，且以4岁及以上的牛更常见。

病因学

临床上有原发性和继发性淀粉样变性两种形式，原发性淀粉样变性可能是免疫介导的或代谢蓄积性疾病，而继发性淀粉性变性与各器官的慢性感染有关。报道的两组病例中大约有一半具有慢性感染的过程，并可解释为发展成淀粉样变性的主要因素，目前推断慢性感染是继发性淀粉样变性和肾小球肾炎的诱因。另外，创伤性网胃腹膜炎、慢性肺炎、乳房炎、子宫炎、脓肿等均与淀粉样变性有关。

图 10-13

8岁的荷斯坦奶牛因淀粉样变性导致的腹泻、蛋白尿、低白蛋白血症、氮质血症和水肿。肾脏由于淀粉样物质沉积而比正常的大3~4倍。

临床症状

牛淀粉样变性的早期症状主要表现为体重下降、生产能力下降、腹泻和腹侧水肿（图10-13），随着疾病的发展，肾病综合征更为明显，表现为明显的腹侧水肿、低白蛋白血症和蛋白尿。早期食欲尚可或正常，但随着白蛋白减少进一步恶化及氮质血症的形成，食欲往往下降。直肠触诊可检测到坚实增大的左肾，多试剂试纸检测可确证明显的蛋白尿。

通常有腹泻症状且可能较为严重，一般认为腹泻源于肠道淀粉样物质的沉积，此病变肉眼不能发现而需用显微镜进行检查。由于蛋白从肠道的丢失，腹泻可能加重低白蛋白血症。除腹泻症状外，由于相对缺乏临床症状，在鉴别诊断中需要考虑由琼内氏病（Johne’s disease）或其他原发性消化道疾病引起的体重下降。虽然淀粉样变性以腹泻为特征，但需要强调的是，由于低白蛋白血症也能继发肠道和肠系膜水肿，慢性肾衰竭或蛋白尿的其他病因也可能与腹泻有关。

诊断

诊断淀粉样变性需要进行肾脏活组织检查或剖检，以与肾小球肾炎进行鉴别。除由低白蛋白血症所致低蛋白血症、蛋白尿、腹泻、直肠触诊到增大的左肾、体重下降、慢性肾病等其他非特异性症状外，实验室检验无助于诊断。氮质血症的程度、电解质水平及尿液比重等随肾病的病程和严重程度而变化，患淀粉样变性的牛最终会产生氮质血症、蛋白尿和等渗尿。

低血钙症是典型的，并与低白蛋白血症和钙的结合原理有关，剖检时病变肾脏增大，呈灰白色且质地坚实。

活组织检查或大体尸检所取的肾组织可进行特殊染色，以显示沉积的淀粉样物质。卢戈耳氏碘液（Lugol' s iodine）已用于大体肾组织染色，以检测淀粉样物质的存在与否（图10-14），碘染淀粉样物质呈红褐色，用硫酸进一步染色则呈蓝色；光学显微镜可用于检查刚果红染色的淀粉样物质，而电子显微镜用来确定特征性原纤维。

治疗

无实用的治疗方法，该病对牛是致死性的，随着尿中与白蛋白分子量相近的抗凝血酶Ⅲ的丢失，病牛可能出现过度凝血，并导致形成急性肾血管血栓而引起急性死亡（图10-15）。

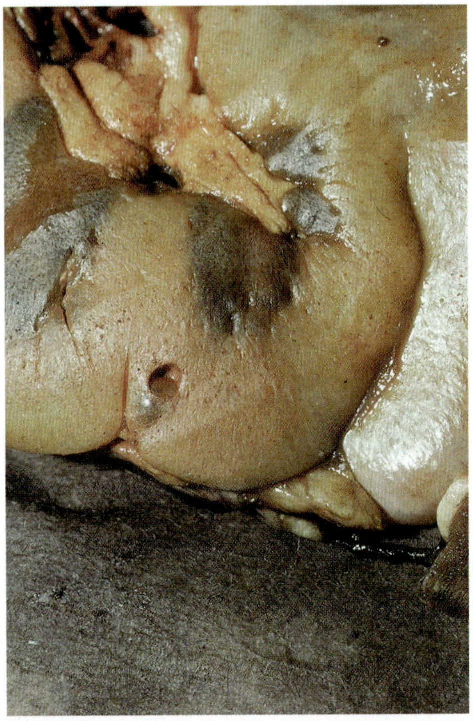

图 10-14

死于淀粉样变性牛的肾脏。肾脏增大，呈褐色，质地坚实。切口表面有卢戈耳氏碘液，由于着色于淀粉成分而使肾小球中呈棕色斑点。

肾脏肿瘤 Renal Tumors

尽管原发性肾腺瘤、腺癌和肾母细胞瘤在牛已有报道，但这些肿瘤极为少见，无需讨论。在牛肾脏中最常见的肿瘤为淋巴肉瘤（图10-16），牛的肾脏是易发生多中心淋巴肉瘤的众多器官之一，淋巴瘤侵袭牛左侧肾脏时可使其严重畸形，直肠触诊可明显感觉到。

输尿管疾病

输尿管的特异性疾病很少见，影响输尿管的大多数疾病均源自于肾脏或膀胱。

输尿管炎症常见于肾盂肾炎，偶尔可见到牛输尿管结石，无论是输尿管炎症还是结石均可导致剧烈腹痛，表现为急性腹痛症状，此时要与源于消化道的

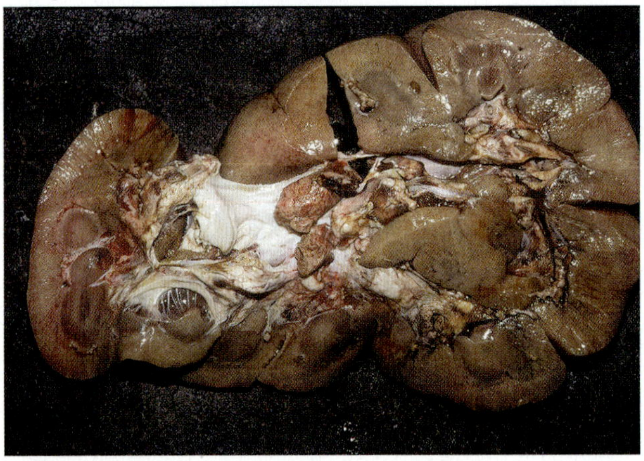

图 10-15

肾脏淀粉样变性牛的肾血管中的大血栓。

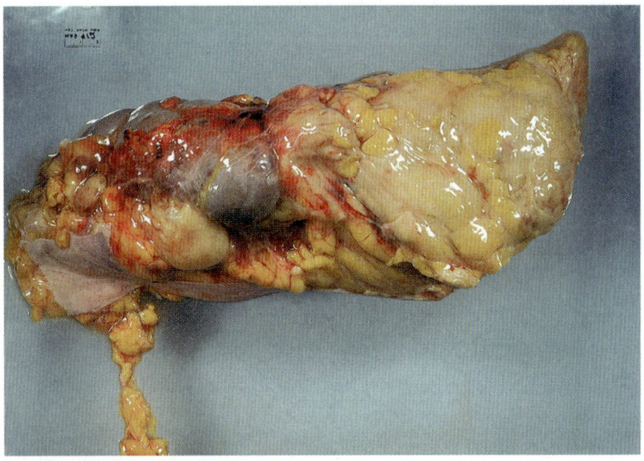

图 10-16

肾脏淋巴瘤表现为肾脏增大、形态异常、失去了正常的裂片。

急性腹痛加以区别（图10-17）。如果出现肾脏/输尿管结石，多为双侧性的，且伴有慢性感染并可导致间歇性梗阻，超声波检查可以确诊（图10-18）。抗生素和补液治疗一般可以改善症状（结石可能移回到肾盂，暂时缓解梗阻），也有报道称一头犊牛发生先天性输尿管移位。内窥镜检查和放射线照片对此病例一般没有诊断意义，但通过手术可以确诊，且摘除受累侧的肾脏后犊牛可以恢复正常。

淋巴肉瘤可侵害成年母牛的输尿管，并表现为淋巴肉瘤成熟形式，而且在作者的实践中淋巴肉瘤是输尿管最常见的肿瘤。

由于输尿管穿过骨盆缘，通过阴道触诊输尿管最为合适，在耻骨上轻轻滚动输尿管可以触诊到它。

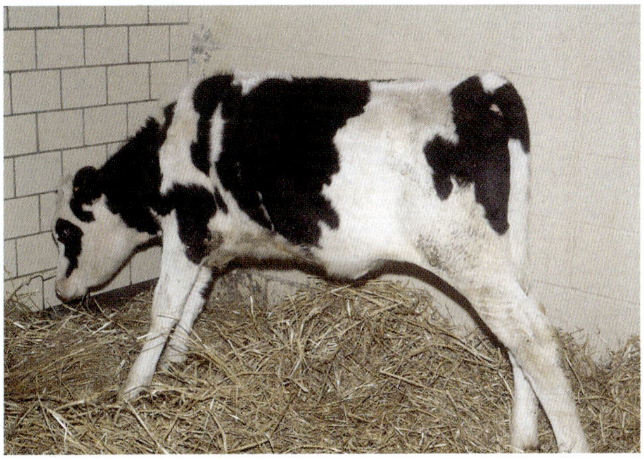

图 10-17

一犊牛由于输尿管阻塞表现出来的疝痛症状（四肢伸展）。

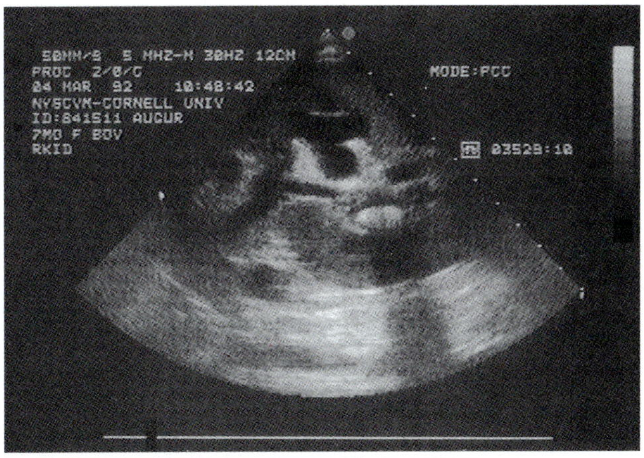

图 10-18

图10-17中的犊牛肾脏的超声波图片显示一大的肾结石，从尿液培养出来的肾棒状杆菌可能是结石的成因。

膀胱疾病包括炎症、神经性和肿瘤性疾病以及膀胱结石等。

膀胱炎　Cystitis

病因学

膀胱炎症和感染继发于膀胱麻痹，并发于从尿道上行污染的难产及膀胱结石的慢性刺激等。难产是奶牛膀胱炎的一个主要病因，因为难产可能损伤分布到膀胱的荐神经，从而降低膀胱张力，干扰膀胱排空，并且因尿液滞留或直接通过尿道感染而使膀胱感染。

犊牛膀胱炎通常与脐尿管或脐残余有关，此残余部分成一感染灶或因纤维性粘连的牵引而妨碍膀胱的完全排空。

症状

牛膀胱炎的常见症状包括少尿、痛性尿淋漓、摇尾、后肢踩踏和易惊等，膀胱炎经常并发尿道炎，并可能与上述部分症状有关。患有膀胱炎的母牛偶或踢腹部，但该症状不像患肾盂肾炎的病牛那么常见；如果荐神经损伤引起膀胱相对迟缓并随之尿液滴落，可观察到由尿液滴落引起的会阴损伤；如果有过多的结晶尿或尿石，外阴被毛可见沙粒样颗粒（图10-19，A和B）；另外，犊牛脐带感染经常可引起轻度或隐性膀胱炎，仔细观察脐尿管或脐动脉残余物感染的犊牛，可发现有多尿症状，但痛性尿淋漓并不常见。镜检尿液可发现脓尿和细菌，但全身症状一般轻微或由于存在脐带感染而不明显；由脐尿管残余物感染和膀胱炎引起的肾盂肾炎在犊牛极其少见。

在有难产或其他神经性疾病时，荐神经受损的病例，直肠触诊可以摸到膨大的迟缓的膀胱，无神经分支损伤的原发上行感染性膀胱炎，触诊膀胱呈坚实、厚壁结构，大小如棒球或垒球，如存在膀胱结石，触诊也可诊断出。阴道触诊输尿管正常。

尿液呈肉眼可见的血尿或脓尿（图10-20），多试剂试纸检测呈血液和蛋白阳性，尿液pH值依尿液中存在的微生物和家畜日粮而变化。发热并不常见，且是鉴别膀胱炎和急性肾盂肾炎的一个指标，病牛并不表现疾病状态，但感染的刺激作用可引起病畜明显不适，并影响食欲和生产量。

A

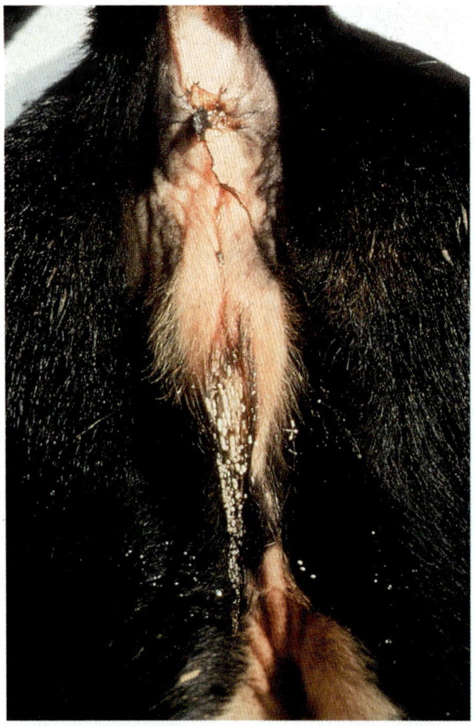

B

图 10-19

A，患慢性肾棒状杆菌性膀胱炎的犊牛外阴被毛附着的结晶。B，从犊牛外阴被毛取下的沙粒样结晶和尿粪样沉着物。

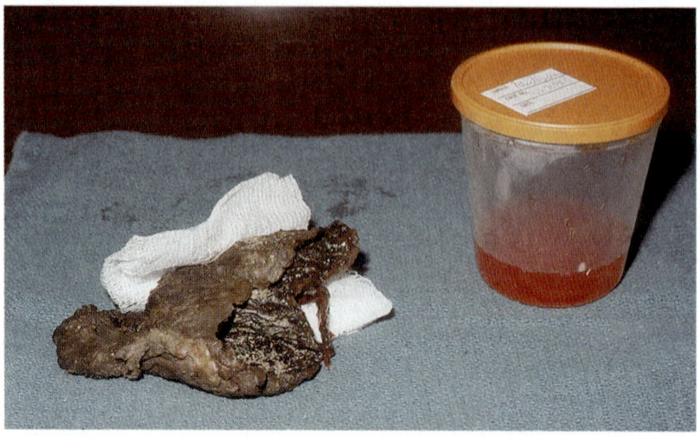

图 10-20

慢性膀胱炎母牛的大纤维素管型和血尿、脓尿尿液。该纤维素管型是从尿道沉积部位取出的。

图 10-21

一头6月龄的瑞士褐牛尾根举起，排出脓尿，这是由慢性脐尿管脓肿致使膀胱黏附于腹壁所致。尿液分析正常，手术去除脓肿和粘连及部分膀胱可使症状减轻。

诊断

临床症状不明显且输尿管正常、尿液组成异常等均有助于诊断膀胱炎，超声波检查膀胱（通过直肠）和肾脏可以证实膀胱疾病，从而排除肾盂肾炎。尿中细菌的体外培养和药敏试验有助于确定病原菌并指导治疗用药，膀胱内窥镜检查可用于确定膀胱炎引起黏膜损伤的严重性。

对于犊牛膀胱炎和复发性膀胱炎，腹部超声波检查脐尿管脓肿或黏附于膀胱的脐残余是必需的，有时患有复发性膀胱炎的犊牛虽然脐和脐尿管的感染症状消失，但由于腹壁和膀胱间有纤维性粘连而导致排尿不完全且反复感染。

治疗

细菌性膀胱炎可根据尿液体外培养和药敏试验结果采用抗生素治疗，且治疗至少应持续7 d，如有可能，应选择在尿中有良好抑菌浓度的抗生素，在等待尿液培养结果的同时，可选择青霉素（22 000 U/kg）和氨苄青霉素（11 mg/kg）进行初步治疗。当膀胱麻痹或迟缓并发膀胱炎时，可临时放置一Foley导尿管以促进膀胱排空，减少膀胱中炎性沉积物，膀胱麻痹可影响预后，且在停用抗生素以后易使疾病复发或再次感染。应供给适当的盐和水以补充水的消耗，并且除了使用抗生素外，含强阴离子盐的日粮可用于酸化尿液和促进利尿。

细菌性膀胱炎并发膀胱结石时，需要消除结石，此问题将在尿石病部分中讨论。

继发于脐带或脐尿管粘连和感染的犊牛膀胱炎，需要从腹中线进行手术，以游离膀胱，切除脓毒性病变或粘连（图10-21）。

膀胱麻痹（神经原性损伤、膀胱迟缓）Bladder Paralysis (Neurogenic Injury, Bladder Atony)

分别讨论膀胱麻痹和膀胱炎比较困难，因为膀胱排空不充分可促进上行性感染而诱发膀胱炎。

病因学

导致膀胱机能障碍的荐神经损伤是由难产并发骨盆内神经损伤，或由爬跨活动在脊柱水平对荐骨和尾根的挤压损伤所致，偶尔也可见到由于畜栏或隔墙设置不当而对荐骨造成的直接损伤，无论在哪种情况下，除非已经发生膀胱炎，或对生殖道进行常规性检查时触到增大的膀胱，否则膀胱机能障碍不易诊断。如果怀疑在难产或尾根荐骨挤压后已处于急性期，应采取对症治疗措施以减轻急性炎症；在一些情况下慢性感染也可引起膀胱麻痹。

症状和诊断

膀胱机能障碍主要症状是点滴状排尿，病畜虽然努力排尿但只排出少量尿液。由爬跨造成尾根损伤的牛可见排尿灼痛，尿液一般正常，除非继发膀胱炎；难产后常见膀胱炎，这是由于尿道损伤、创伤和阴道炎所致；结晶尿可在外阴腹侧被毛上形成沙粒样结石。

直肠触诊可确证膀胱增大，患畜有排尿反射但膀胱不能排空，由于尿液滞留在阴道而不易受孕，化学性或细菌性阴道炎是母牛膀胱麻痹的常见生殖系统并发症。

治疗

对于急性病例，可留置Foley导尿管并配合预防性青霉素治疗，以防止尿液滞留和膀胱炎。全身性使用NSAIDs、地塞米松（10~20 mg，每日1次，连用3 d）或硬膜外注射地塞米松以降低荐神经周围的水肿和炎症。

对于慢性病例也可采用上述方法治疗，但成功的可能性较小，使用抗炎药可能不是正确的选择。

有膀胱炎时应根据上面所述治疗膀胱炎，由于膀胱炎的复发并最终可导致肾盂肾炎，该病预后不良。

与恶性卡他热有关的出血性膀胱炎 Hemorrhagic Cystitis Associated with Malignant Catarrhal Fever

病因学

恶性卡他热（MCF）除了急性头型、眼型、慢性型、肠型、轻型外，还可见到作为MCF较为少见型的出血性膀胱炎，该病被认为是较为常见型的变种，且是由MCF的致病性疱疹病毒感染所致。和奶牛MCF的大多数报道病例一样，该病为散发，而且患病牛在该病发生前几个月的某段时间曾经临近绵羊舍饲或放牧过。

症状

该病的主要症状包括高热（41.11~42.22℃）、精神沉郁、血尿、痛性尿淋漓、频繁试图排尿等，患畜迅速发展为严重精神沉郁和食欲不振，并在24~72 h内死亡。MCF的其他肉眼可见的症状（口腔糜烂、淋巴结病和眼损伤）可能不明显。

诊断

尸检可见严重出血性膀胱炎、膀胱壁增厚、黏膜糜烂。根据所有主要器官（肾脏、脑、淋巴结）的血管炎性损伤，并排除出血性膀胱炎的其他病因后，可作出回溯性诊断。

预防

由于该病对奶牛是致死性的，因而最好的预防措施是尽量避免使奶牛接触到羊群，尽管其他带毒者也可导致奶牛感染，但大多数的病畜是由于奶牛与环境中的羊群接触所致。

地方性血尿 Enzootic Hematuria

病因学

已有报道称，牛在欧洲蕨草场长时间放牧后，可发生伴发膀胱黏膜组织化生的进行性非传染性膀胱炎，未接触欧洲蕨甚至其他任何草场的牛也有散发的病例报道，尽管已经确定了欧洲蕨中的几种毒性因子，但其确切原因仍不清楚。该病可能有多种形式的肿瘤，包括上皮和间质性肿瘤，一些病例可能发生转移。

症状

患畜表现严重血尿、痛性尿淋漓和贫血；无发热症状则表示为非传染性病因。大多数病例通过直肠检查可触到膀胱壁内的多个团块，早期的血尿症可能是由于泌尿道显微镜下可见的损伤，或与慢性欧洲蕨中毒的各类血细胞减少有关。

诊断

放牧后多头动物发病且症状相似则可提示诊断，对于个别病例，尸检发现贫血、膀胱肿块和血尿且排出传染性疾病后，则可作出诊断。

预防

将牛从草场上移走是最好的预防措施，但严重发病的牛可能不能好转。幸运的是，由于草场利用减少，奶牛的“草场疾病”如地方性血尿近来已少见。

膀胱破裂 Bladder Rupture

病因学

牛膀胱破裂少见，但也有报道在分娩后发生小母牛脐尿管粘连或腹部手术后发生牵引性粘连时，可发生膀胱破裂。奶牛的尿石病不常见，因而就降低了发生尿阻塞并继发膀胱破裂的可能性；牛患有严重急性肾盂肾炎时，大血块阻塞尿道也可继发膀胱破裂。尽管在后备奶牛中少见，但奶犊牛和去势公牛可发生尿石病，这将在下面讨论。

症状

腹部膨胀、精神沉郁、食欲下降、腹部冲击触诊时有波动感为牛膀胱破裂的典型症状，查阅病史可知以前有泌尿异常（频尿、里急后重、腹痛）的症状、犊牛期脐病及以前做过脐或腹部病变手术的病史等。直肠检查触摸不到膀胱。

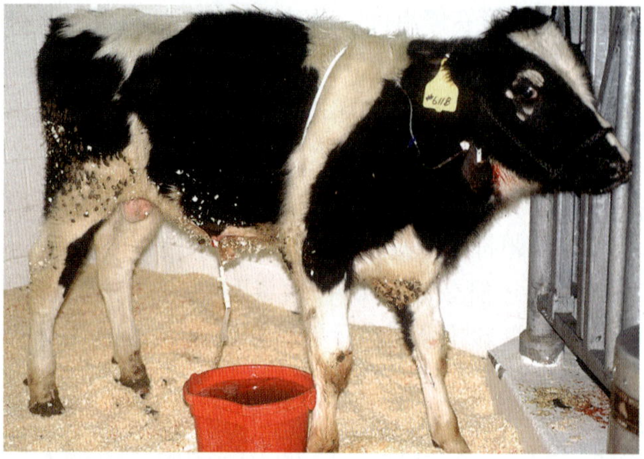

图 10-22

一去势公牛由于尿道结石而导致膀胱破裂，图示用导管排出其腹腔液体。

诊断

液体性腹部膨胀及触诊不到膀胱时，可怀疑膀胱破裂，但是由于该病比较少见，必须采用实验室检查来诊断。

腹腔穿刺可得到大量液体，并对其进行细胞学、蛋白含量和肌酸酐水平分析，比较血清肌酸酐含量与腹腔液体肌酸酐含量可对膀胱破裂做出阳性诊断，这是因为腹腔穿刺液肌酸酐含量明显高于血清中的含量；血清电解质分析可显示低血钠症、低血氯症及变化不一的钾离子值。大多数种属动物的尿道周围腹膜炎可引起血清高血钾症，但已报道的牛（去势公牛）无此现象。

治疗

治疗措施包括屠宰母牛或手术修复膀胱缺损，如果进行手术修复，术前静脉补液（主要是PBS）及通过腹腔引流管或Foley导管从腹腔慢慢排出尿液会对病畜有利（图10-22），且术前和术后应使用抗生素。因为腹中线后部是接近膀胱的最佳手术部位，成年牛不是理想的手术对象，因为其乳房遮盖了合适的手术通路。

膀胱外翻和脱出 Eversion and Prolapse of the Urinary Bladder

有报道称，奶牛发生与分娩或分娩后不久有关的里急后重后，可发生膀胱外翻。分娩后膀胱可从尿道口发生外翻，而膀胱脱出往往发生在阴道底撕裂以后，脱出的膀胱通常充满尿液，而外翻的膀胱明显没有尿液，这两种病症均少见。膀胱外翻或脱出在外观上与阴道脱出和子宫脱垂相似，但通过清洗器官和阴道检查很容易加以区分，阴道脱出很少涉及到膀胱。

这些病例预后需谨慎，由于组织的快速充血及随后的水肿，奶牛狭窄的尿道使膀胱外翻复位困难，有报道一病例通过尿道背侧切口可帮助膀胱复位。如果外翻的膀胱已经坏死，即使复位成功也可导致动物死亡。

同样，膀胱脱出需要排空尿液，通过撕裂的阴道底复位并修复阴道损伤。腹膜炎、膀胱坏死及影响尿液排出的粘连是可能发生的并发症。

膀胱肿瘤 Bladder Neoplasms

大多数膀胱瘤源于地方性血尿，包括血管瘤、血管肉瘤、平滑肌肉瘤、纤维肉瘤、鳞状细胞癌、移行细胞癌及乳头状瘤。美国东北部地区地方性血尿的经验有限，该地区成年母牛膀胱最常见的肿瘤为淋巴肉瘤。根据淋巴肉瘤的发病率和该肿瘤侵害任何组织的可能性，以及大多数病变主要侵害远端泌尿道（膀胱、尿道、输尿管）的特征即可证明是淋巴肉瘤。另外，可使用内窥镜进行活组织检查。

尿石病 Urolithiasis

尿石病是育肥牛或放牧牛泌尿道最重要的疾病，但该病在奶牛少见，除非涉及到肉犊牛和去势公牛。在美国东北部的现代管理系统中，奶犊牛、公牛、奶牛极少发生尿石病，但由于其他地区的奶牛可能发生该病，因而下面就此做一基本的讨论。

病原学

引起牛尿石病的原因有多种，其中包括：

1. 高精料日粮被认为可提高尿黏蛋白，并导致尿液溶质的“凝固”，这些日粮是育肥肉牛尿石病的主要病因。

2. 高磷日粮或日粮中钙、磷比例失衡，这通常与高精料日粮有关。

3. 牧草中含有大量二氧化硅或草酸盐。

4. 维生素A缺乏或雌激素过多，两种因素都使黏膜鳞状化生，产生固状核，使尿道狭窄及上皮细胞过度脱落；雌激素过多可源于牧草、饲料。

5. 维生素D过高症——可能是由于尿液钙浓度增高所致。

6. 水摄入量减少。严寒可使水冻结，引起尿液溶质严重浓缩而促使结石形成，在冬天即使水未冻结，但由于水温低，动物也不愿意摄入常量的水。

7. 雄性动物早期去势可降低远端泌尿道直径，这是去势肉犊公牛和较小反刍动物尿石病的诱因之一。

分析引起尿石病的大多数病因可以明显发现，奶牛、犊牛和公牛较肉牛、绵羊和山羊发生尿石病的危险性小，奶犊牛或公牛可能散发尿石病。如果发生流行性尿石病，兽医必须调查所有可能的病因以尽快加以纠正。

症状

公牛尿道阻塞最常发生在尿道远端的乙状区，肾脏、输尿管和膀胱也可能发生结石，但临床上尿道阻塞最为常见。泌尿阻塞的症状包括踩踏、里急后重、接近阻塞部位的乳镜区内尿道搏动、以踢腹为特征的腹痛、包皮被毛上有沙粒样结石或结晶、食欲不振等，如果尿液能够排出，则呈血红色。直肠检查可以发现极度鼓胀的膀胱及有搏动的骨盆尿道。

如果尿道长期阻塞而导致膀胱破裂时，症状则明显不同，腹痛消失但精神沉郁，里急后重停止，随后腹部鼓胀（这已在“膀胱破裂”部分作了详细阐述）。

雄性动物尿道破裂可使尿液在皮下沉积，沿包皮及下腹部皮肤形成被称作“水腹”的指压留痕的弥散性水肿(图10-23)，这是一种严重的并发病，常能引起受影响组织的化学性坏死并最终脱落。

诊断

诊断主要根据临床症状，直肠检查或腹部超声波检查对检查完整的膀胱是必须的，对于犊牛以及较小的反刍动物，手术前进行放射线摄影可能有助于评价泌尿道结石的数量、位置和大小。

治疗

由于存在乙状弯曲，导管插入法通常不可行，

图 10-23

患有尿石病的荷斯坦去势小公牛的“水样腹”或尿道破裂。包皮被毛上形成链状沙粒样结晶。

因此需要通过尿道造口术进行治疗，而这可能会影响将来的配种。完全的尿道造口并切除阴茎也许能挽救生命，但会使种畜失去价值，对于有遗传价值的公牛应努力采用耻骨后尿道造口术、插管术、使用平滑肌松弛药及静脉注射生理盐水补液等措施，但预后须谨慎。氨丙嗪已用作育肥牛平滑肌的松弛药，但有关治疗未去势公牛的数据很少。

对于因地理状况或因素使牛仅仅形成单个结石的地区，资料研究或超声波检查确定病变部位，以及采用特殊手术除去结石等在理论上均是可能的。

预防

在所有情况下，均应采取消除病因或将动物从致病草场移走、撤换不适饲料等措施，以防止病牛进一步增多；为动物提供一个非冻结的自由饮水源很重要，另外在日粮中加入4%~5%的NaCl以促进动物饮水，降低尿液溶质的沉积或蓄积，这在严寒季节尤其有益。

犊牛开放性脐尿管 Patent Urachus in Calves

犊牛的持续开放性脐尿管较马驹的少见，但会导致类似的败血症，临床症状包括尿液从脐部滴落或在脐部的一小脐尿管开口周围持续湿润。除非脐尿管在动物出生后24 h内闭合，否则应手术摘除以避免发生败血症，如果经济原因不允许手术，则应采用广谱抗生素进行全身治疗以及用硝酸银或卢戈耳氏碘溶液烧烙脐尿管。

脐感染 Umbilical Infections

脐感染、疝气和胎儿血管感染是犊牛常见的疾病，某些脐部病变如开放性脐尿管在动物出生时就是明显的，而其他一些病症，如小型疝气和脓肿，在1~6周畜主是不易发现的。

脐部感染可导致众多的腹内病变以及体壁外的蜂窝织炎或脓肿。新生犊牛脐部感染可引起肿痛和触诊到增大的脐管，脐尿管或脐管的上行性细菌性感染可能引起败血症，通过该途径的感染可引起急性败血症或慢性败血症并继发关节病、脑膜炎、眼葡萄膜炎等等。在有些情况下，由于感染较轻，犊牛在几月龄后才表现临床症状，这些迟发的症状包括脐尿管残余感染和膀胱机能障碍或复发性泌尿道感染。

慢性脐静脉感染可引起肝脏脓肿，而脐动脉感染可引起涉及膀胱的慢性感染。对于可能继发于脐部感染的病理学种类，需要对每头犊牛的个体病症进行具体分析（表10-1）。

症状和诊断

对于新生犊牛急性脐部感染，通过触诊和外观变化可以诊断，感染犊牛发热，脐部有蜂窝织炎并可触到脐管增大。

可能存在败血症症状，如脓毒性关节炎、眼葡萄膜炎、脑膜炎或腹膜炎等，这些疾病可使预后恶化。

局限于脐部的亚急性感染可产生脓性物质，将脐外部的结痂去掉后，可从脐管或脐尿管中排出这种脓性物质。

腹内脐血管残余或脐尿管的隐性感染较难诊断，患病犊牛几周龄后才表现发热或精神沉郁症状，根据存在的病理学特征，其他症状还可能有腹膜炎、脓毒性关节炎或泌尿道感染。腹部望诊可能表现正常，但深部触诊可以检查到腹内增厚的脐残余。

超声扫描感染的部位和病变程度对诊断很有帮助。

体壁外的脐部脓肿比较明显，且一般比疝气大（图10-24），病变部位疼痛、微热，且能继续增大。诊断应基于触诊、超声波检查和病变部位内能否抽出液体。

表10-1 脐感染的治疗*

临床症状	治 疗
新生犊牛，除可能发热并有触诊到的蜂窝织炎或脉管增厚外，健康	1.剥掉脐上结疤，使其引流 2.广谱抗生素治疗，以拮抗可能的脓性放线菌或混合感染 a.青霉素22 000 IU/kg，每日1或2次 b.头孢噻呋2.2 mg/kg,每日2次 c.磺胺-甲氧苄胺嘧啶22 mg/kg，每日1次（7 d）
新生犊牛发热，有可触诊到的脐部病变及败血症症状	1.评价免疫球蛋白的被动转移 2.剥掉脐部结痂，培养分泌物 3.对有价值的犊牛进行血液培养 4.连续使用广谱抗生素治疗革兰氏阴性菌感染 a.青霉素和庆大霉素，分别为22 000 IU/kg，每日1次，2.2 mg/kg，每日2次 b. 磺胺-甲氧苄胺嘧啶22 mg/kg，每日2次 c. 头孢噻呋2.2 mg/kg,每日2次 5.采用冲洗法等治疗局部感染，如脓毒性关节炎 6.一旦犊牛稳定（1~3 d），手术去除脐带
2周龄以上的犊牛有发热和泌尿道感染症状	1.尿液培养和药敏试验 2.超声扫描检查脐 3.手术去除脐和脐尿管或脐动脉感染区 4.全身使用适宜的抗生素7~14 d。常见细菌为化脓性放线菌和革兰氏阴性菌
2周龄以上犊牛有发热和一个或多个关节脓毒性关节炎，脐可能表现正常或增厚，通过腹部可以触到脐血管残余	1. 血液培养和感染关节液 2.去除脐和感染的残余部分，可能并发肝脓肿，或需要切除多处粘连 3.冲洗感染关节 4. 全身使用适宜的抗生素7~21 d，总是存在化脓性放线菌，但可能含有厌氧菌或革兰氏阴性菌
外观健康的1~8月龄犊牛在其体壁外有脐脓肿	1.抽吸囊液以确证有脓汁 2.自然引流脓液，每天冲洗 3.如果考虑可能存在腹内损伤，在消除体壁外脓肿后用超声波检查

*特殊的治疗方法必须针对病畜个体存在的病理学。

脐疝 Umbilical Hernias

病因学和症状

犊牛无并发症的脐疝直径为1~10 cm，质地柔软，能回复，且无痛感（图10-25），在脐疝中可以触诊到网膜和皱胃。小型脐疝（直径<4 cm）到动物3~4月龄时可自行闭合，如果持续存在，则像较大的脐疝那样需要治疗。一些脐疝被认为是继发于脐残余感染，在这些脐疝中可触诊到脐结构的索状残余物，大多数脐疝的病因不明，虽然遗传性肯定是一种原因，但除非母犊牛有极大的脐疝，一般不会因为该病将其淘汰。大多数公牛站不接受有脐疝的公犊牛（或脐疝已被修复的公牛），以免该性状遗留下来。

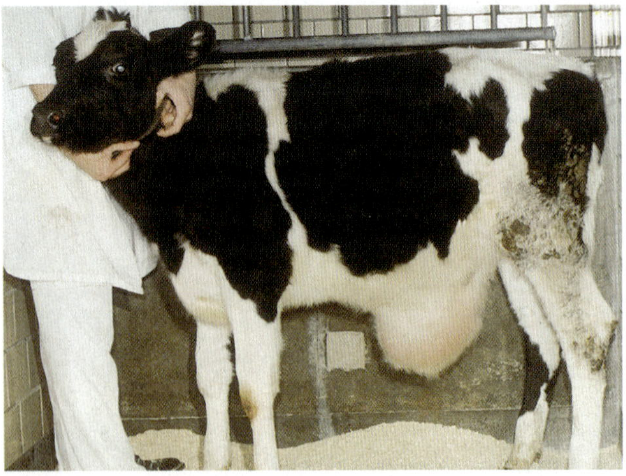

图 10-24

荷斯坦小母牛大的脐脓肿。

图 10-25

荷斯坦母犊牛可回复的大脐疝。

治疗

对于直径<3指宽的脐疝，用手将脐疝缩小，然后用弹性黏附带沿腹中线安全地捆扎起来，此为一成功的治疗方法。带子留置几周，使腹壁缺损闭合，对于健康、快速生长的犊牛，带子应每隔1~2周调整一下以避免过紧。一些畜主报告使用手工方法使小的脐疝进行了成功的治疗，但这些病例可能是自行痊愈，对于较大的脐疝，如物理治疗方法失败时，手术是唯一的治疗方法。

无并发症的脐疝的手术是在犊牛用甲苯噻嗪（静脉注射达0.22 mg/kg）镇静和局部麻醉情况下完成的，打开疝囊，检查可疑的残余物，褥式缝合腹壁。外科手术要求正确无误的缝合方式，但作者诊所在治疗大的脐疝时却喜爱采用远—近—近—远缝合方式。

脐疝并发腹内粘连或脐残余感染时手术困难，这需要做大切口，术者需要有丰富的腹部解剖学知识和高超的外科技术。对于这些病畜要考虑安排外科专家进行手术。

（师福山译，苏晓鸥、谭荣荣校）

参考文献

Bertone AL, Smith DF: Ruptured bladder in a yearling heifer, *J Am Vet Med Assoc* 184:981-982, 1984.

Braun U, Nuss K, Wapf P, et al: Clinical and ultrasonographic findings in five cows with a ruptured urachal remnant, *Vet Rec* 159(23):780-782, 2006.

Carrier J, Stewart S, Godden S, et al: Evaluation and use of three cow-side tests for detection of subclinical ketosis in early postpartum cows, *J Dairy Sci* 87:3725-3735, 2004.

Chandler KJ, O'Brien K, Huxley JN, et al: Hydronephrosis and renal failure in two Friesian cows, *Vet Rec* 146:646-648, 2000.

Divers TJ: Diagnosis and therapy of renal disease in dairy cattle. In *Proceedings: Annual Convention American Association of Bovine Practitioners*, 15:74-78, 1983.

Divers TJ: Assessment of the urinary system in physical examination, *Vet Clin North Am* 8:373-382, 1992.

Divers TJ, Crowell WA, Duncan JR, et al: Acute renal disorders in cattle: a retrospective study of 22 cases, *J Am Vet Med Assoc* 181:694-699, 1982.

Divers TJ, Reef VB, Roby KA: Nephrolithiasis resulting in intermittent ureteral obstruction in a cow, *Cornell Vet* 79:143-149, 1989.

Donecker JM, Bellamy JE: C. Blood chemical abnormalities in cattle with ruptured bladders and ruptured ureters, *Can Vet J* 23:355-357, 1982.

Ducharme NG, Stein ES III: Eversion of the urinary bladder in a cow, *J Am Vet Med Assoc* 179:996-998, 1981.

Flock M: Ultrasonic diagnosis of inflammation of the umbilical cord structures, persistent urachus and umbilical hernia in calves [article in German], *Berl Munch Tierarztl Wochenschr* 116:2-11, 2003.

Flock M: Sonographic application in the diagnosis of pyelonephritis in cattle, *Vet Radiol Ultrasound* 48(1):74-77, 2007.

Franz S, Winter P, Baumgartner W: Cystoscopy in cattle a valuable additional tool for clinical examination, *Acta Vet Hung* 52:423-438, 2004.

Hammer EJ, Divers TJ, Tulleners EP: Nephrectomy for treatment of ectopic ureter in a Holstein calf, *Bov Pract* 34:101-103, 2000.

Johnson R, Jamison K: Amyloidosis in six dairy cows, *J Am Vet Med Assoc* 185:1538-1543, 1984.

Morse EV: *A study of Corynebacterium renale and penicillin therapy in the treatment of specific pyelonephritis of cattle*, MS Thesis, Ithaca, NY, 1948, Cornell University.

Mueller PO, Hay WP, Allen D, et al: Removal of an actopic left kidney through a ventral midline celiotomy in a calf, *J Am Vet Med Assoc* 214:532-534, 496, 1999.

Rebhun WC, Dill SG, Perdrizet JA, et al: Pyelonephritis in cattle: 15 cases (1982-1986), *J Am Vet Med Assoc* 194:953-955, 1989.

Trent AM, Smith DF: Pollakiuria due to urachal abscesses in two heifers, *J Am Vet Med Assoc* 184:984-986, 1984.

Tulleners EP, Deem DA, Donawick WJ, et al: Indications for unilateral bovine nephrectomy: a report of four cases, *J Am Vet Med Assoc* 179:696-700, 1981.

Vaala WE, Ehnen SJ, Divers TJ: Acute renal failure associated with administration of excessive amounts of tetracycline in a cow, *J Am Vet Med Assoc* 191:1601-1603, 1987.

Wiseman A, Spencer A, Petrie L: The nephrotic syndrome in a heifer due to glomerulonephritis, *Res Vet Sci* 28:325-329, 1980.

Yamada M, Kotani Y, Nakamura K, et al: Immunohistochemical distribution of amyloid deposits in 25 cows diagnosed with systemic AA amyloidosis, *J Vet Med Sci* 68:725-729, 2006.

Yeruham I, Elad D, Avidar Y, et al: A herd level analysis of urinary tract infection in dairy cattle. *Vet J*, 171:172-176, 2006.

第十一章
CHAPTER 11

肌肉骨骼疾病
Musculoskeletal Disorders

Charles Guard

跛行的损伤与修复
DIGITAL LAMENESS——LESIONS AND TREATMENTS

这部分主要内容是蹄病的治疗，对于蹄部修整具有重要作用。修蹄所采用的方法是荷兰兽医Toussaint Raven提出并改进的，在他编著的《牛蹄部的护理和损伤修复》一书中有详细的描述。从冠状带开始沿着蹄的背侧到蹄尖，长度修剪到75 mm或者3 in（修剪的长度可以根据体重而定，体重超过750 kg的每超过75 kg长度增加3 mm，或者体重超过1 600 lb的每超过150 lb长度增加1/8）。修剪之后，蹄底部成楔形，蹄尖处的蹄壁最厚，向踵部逐渐变薄。第一次修剪时蹄尖底部的厚度约5 mm或者占整个蹄尖的1/4。这样蹄尖底部保持足够的厚度（5 mm）可以避免损伤。修整踵部的凸起部分是为了让两趾负重平衡。通常在蹄底的1/3和1/2之间处，从踵部与蹄底连接处到轴壁和白线明显的地方，沿着两趾的轴侧，将蹄底修成凹面。

跛行的一般治疗原则是首先消除疼痛，然后解决可能潜在的问题。去除由蹄底的板层或真皮层增生的角质层。应该削薄真皮暴露部位周围的蹄壁或蹄底，以使新生的角质层更有韧性。绷带虽然不能促进损伤愈合但是可以用来止血或保持伤口无菌，不管最初的目的是什么，几天之后都要拆掉绷带，使损伤暴露。蹄底木块是处理疼痛情况必须工具，应该按常规方法使用（图11-1）。非类固醇类抗炎症药物（NSAIDs）像氟胺烟酸和酮洛芬（尽管在美国后者还没有被允许用于奶牛）可以考虑用于减轻一些严重蹄病时的疼痛和蹄部外科手术之后。大部分兽医工作者对提倡这些药物的使用做得还不够。

治疗跛行的基本工具包括左、右蹄的修蹄刀和小蹄钳。其他应用广泛的工具有长把的蹄钳和带

图 11-1

聚氨酯蹄部木块胶黏剂，两种类型胶黏剂和一个吹干蹄表面的加热喷枪。

电石齿轮的电削蹄机。现在已经有各种预防跛行的器材可用于农场了，但是仍然有一些农场没有使用任何器材。职业兽医应该鼓励每个客户都有一个安全有效的场地或设备用于治疗跛行，因为每个牛群中都会有跛行的奶牛，而大部分职业兽医，都不会亲自去给所有的问题奶牛修蹄，至少在美国是这样的。由于跛行常发生于后蹄，因此对于小群来说可以用简易的器材抬起后蹄做简单的检查。就像图11-2中A至C所示。

单纯性蹄壁过度生长
Simple Overgrowth

尽管过度生长本身并不引起疼痛，但它是蹄部角质化损伤的因素之一，并且经常伴随疼痛损伤的发生。兽医处理这种情况的跛行应该将蹄修整正常，兽医也应该了解需要修蹄牛群的蹄过度生长的大体情况。

过度磨损，蹄底变薄
Overwear，Thin Soles

随着隔离式奶牛场越来越大，奶牛来回挤奶室

A

B

C

图 11-2

A至C，简易的设备就可以保定进行后肢检查。

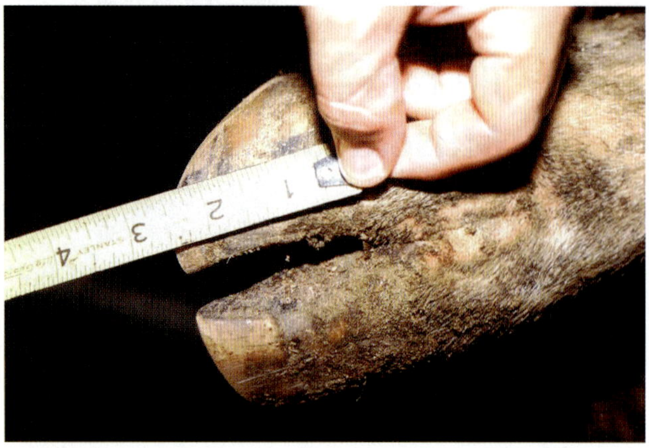

图 11-3

由于用沙子铺地以及陡坡的踊道造成严重磨损，脚趾长度为2.5 in，修整后的正常长度为3 in。

要走很长距离，在一些中等大小的奶牛场使用沙滤床，蹄部的磨损比生长速度快（图11-3）。可能没有其他蹄病，但直接擦伤或者白线部位真皮暴露也会引起奶牛的痛苦。个别奶牛需要垫以木块保护过度磨损的蹄底，并促进再生。一些专业修蹄人员建议在蹄底包一层蹄部保护胶黏剂，增加厚度，减少角质层的磨损。作为一个群体问题，环境的改善很重要，比如在散养牛场的隔离栏或者出入牛栏的踊道铺上橡胶。

白线脓肿 White Line Abscess

白线脓肿最易发生在白线1/3处的后蹄外侧。这种损伤的出现可以根据手指压在患蹄蹄踵壶腹部的反应来判断。如果脓肿发生在蹄尖附近，需要用检蹄器确定位置，前肢常发生在内侧的后1/4。通常在削除薄的角质层之后白线脓肿就明显可见了，而且在白线的位置有一部分是黑色的（图11-4）。有时候白线开裂，粪尿浸入到裂缝里，必须先清洗干净后再确定脓肿的位置。解除脓肿内部的压力能立刻减轻疼痛，在踵部附近的脓肿需要打开蹄底，使角质层横向分离，然后引流。奶牛的冠状带发生脓肿比马少见。治疗时去除分离的角质并修整，直到发炎的真皮不受压迫后允许行走。在健蹄垫以木块有利大面积脓肿和蹄尖脓肿的恢复（图11-5和图11-6），不提倡包扎，大部分奶牛都能恢复，且不需要复查。4周左右就可以拆掉木块。有时候白线脓肿会侵染趾垫的软组织甚至感染远端趾间关节，这些情况下需要进行手术。

蹄底溃疡 Sole Ulcer

蹄底溃疡在四蹄皆可发生，但是后蹄的外侧趾和前蹄的内侧趾比较常见，对称性溃疡都发生在后蹄或者都发生在前蹄。蹄骨的屈肌结节表面的真皮是形成溃疡的典型位置（图11-7）。蹄尖溃疡在圈

图 11-4

蹄外侧的踵部附近的白线脓肿。踵部进一步修整以后，转移了脚趾的负重点。

养的奶牛中比较罕见，但在南方牧养的奶牛中常见。如果过度修整脚趾或磨损比生长速度快，圈养的奶牛也可发生。第三个形成溃疡的位置是踵部和蹄底连接处。可能继发于严重的趾间皮炎，或者原因不明，就像后蹄内侧常见的溃疡。蹄底和下层真皮的损伤，不同于修蹄时完全削除部分广泛性坏死蹄底后见到的真皮的轻微出血。蹄底溃疡的是指坏死延伸到了真皮下层包括蹄部其他组织。

治疗蹄底溃疡首先要消除感染部位的负重。根据损伤部位和严重程度，可通过正确修蹄和削除患

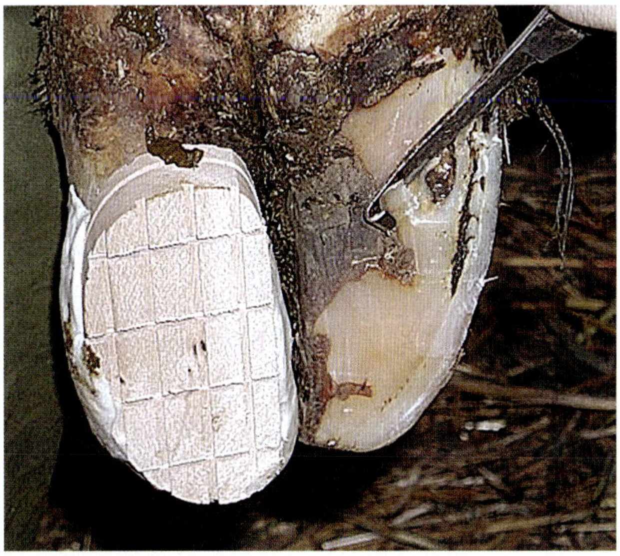

图 11-5

白线脓肿发生在外侧。

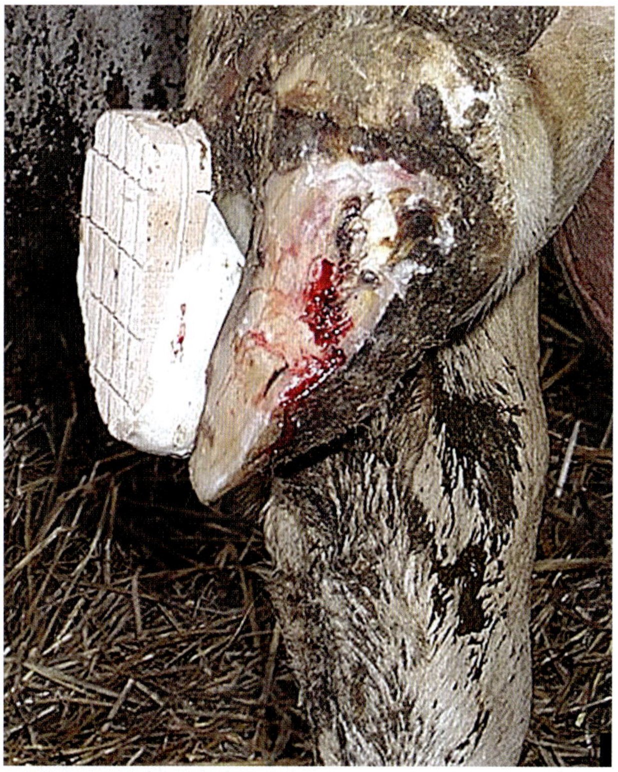

图 11-6

图11-5中的奶牛进一步修蹄后。没有使用绷带。

蹄踵部过厚角质层来消除感染部位的负重，通常在健蹄垫以木块。如果溃疡发生在典型部位或者在踵部，而且健蹄的踵部足够厚，可以采用“无跟”修

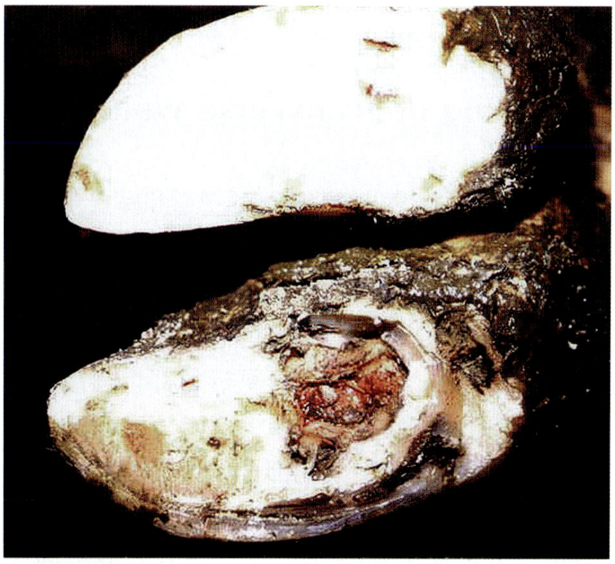

图 11-7

蹄底溃疡发生的典型位置是后肢外侧蹄屈肌结节表面。

蹄法。日本修蹄专家H.Manabe对此方法有过描述，从脚趾的后半部分开始削除全部的蹄壁和蹄底，只留很薄的一层保护蹄底。当奶牛站立的时候，地面和感染部位之间应该留有足够的余地，这种方法可以不需要垫木块，但是要求健蹄的踵部足够厚。不提倡包扎，如果真皮未受损，脚趾后部的肿胀包括冠状带的突起几天以后就会消退。4周左右以后复查，检查蹄底木块的完整性，修整原来受损部位连接处的蹄底角质层。蹄底溃疡完全治愈大约需要2个月，泌乳期容易复发。复杂的蹄底溃疡需要进行外科手术，这在后面会谈到。

趾溃疡，趾坏死　Toe Ulcer，Toe Necrosis

本病主要由过度磨损或蹄尖的过度修剪引起。蹄底面较薄的蹄尖部走在石头上或不平的地面上容易受伤。如果引起蹄尖的血肿，可能会造成趾端软组织的无血管性坏死（图11-8）。如果损伤是开放式的，各种细菌可能会侵入并引起骨髓炎或蹄骨的病理性骨折（图11-9）。蹄底垫以木块的保守疗法和清洗蹄尖常常引起慢性传染病和轻度疼痛。我们目前处理这个问题的方法是在健蹄垫以木块，切除患蹄的远侧部。产科线或蹄钳都可以用来截掉患蹄的病变部分直到全部露出健康组织（图11-10）。用洒有抗生素粉末的绷带包扎止血，几天后拆掉绷带。不需要使用全身性抗生素，1个月左右新生的健康组织就能长满患部。预后良好。

套环或横断壁的分离
Thimbling or Transverse Wall Separation

本病由冠状带损伤造成生长中断和蹄壁角质小管阻断引起。当蹄长到断点离冠状带大约5 cm时才变得明显。通常8个脚趾都会出现，但是因为其中一个疼痛才会被发现。蹄囊的远侧部沿着整个蹄的轴侧、背侧、远轴部，从更近的部位分离。蹄底有规律的长出新生健康蹄壁，退掉老化蹄壁。当远侧部相对于蹄的其他部分发生移动时挤压蹄尖的真皮就会产生疼痛。通过修蹄尽可能将蹄尖修短，比其他部位的蹄底薄，以减轻蹄尖的负重。当新生蹄壁持续形成套环，疼痛会从一个脚趾转移到其他脚趾。套环脱落或被修整后就可以逐渐痊愈了。

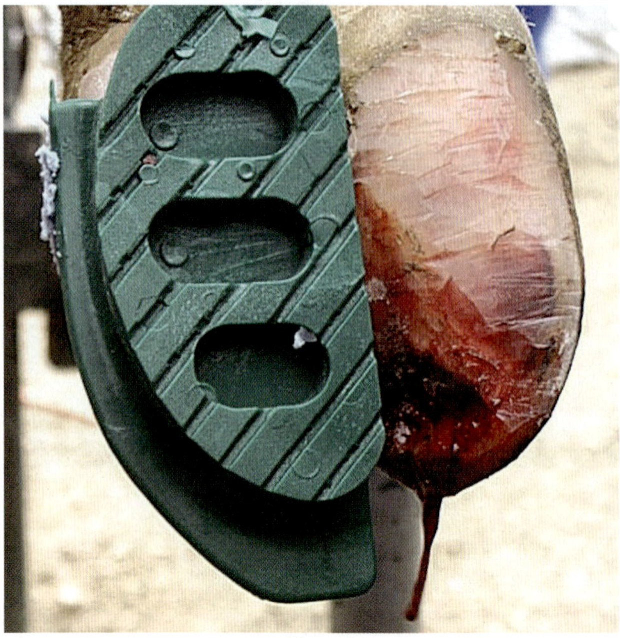

图 11-8

乌拉圭一只牧养的小母牛趾溃疡。

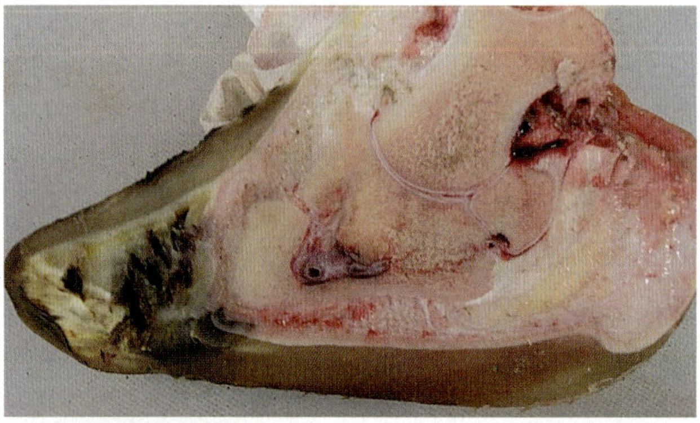

图 11-9

一只截掉脚趾的矢状切面图显示蹄末端的一般变化和伴随慢性趾坏死的蹄变形。

垂直壁裂或蹄裂病
Vertical Wall Cracks or Sand Cracks

裂缝从冠状带远侧延伸到蹄壁背侧和外侧的在一般牛比奶牛常见，但是很少发生（图11-11）。处理之前弄清楚蹄裂是否是造成跛行的原因很重要。如果裂缝引起疼痛，首先要清除创口杂物。可能会露出真皮或肉芽组织，所以修蹄时要注意不要损伤蹄壁。肉芽组织一定要清除，然后止血，保护复原的真皮不再受损。标准程序是用丙烯酸树脂固定蹄壁的连接部分，健蹄垫以木块。

奶牛轴壁的垂直蹄裂虽然没有溃疡和白线脓肿

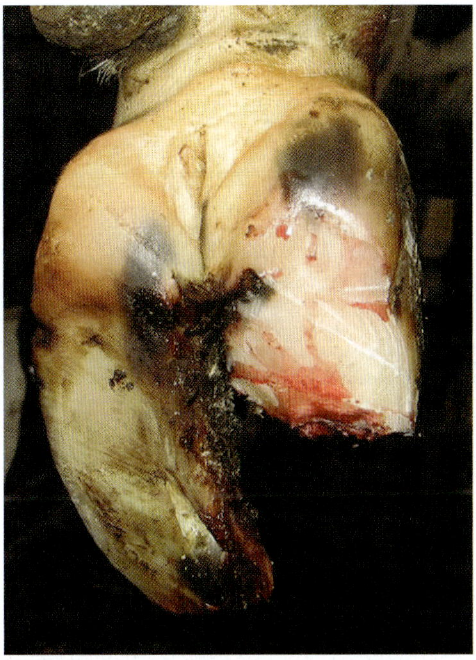

图 11-10

趾端坏死的局部截趾。脚趾和所有内部组织全部切除直到露出健康组织。

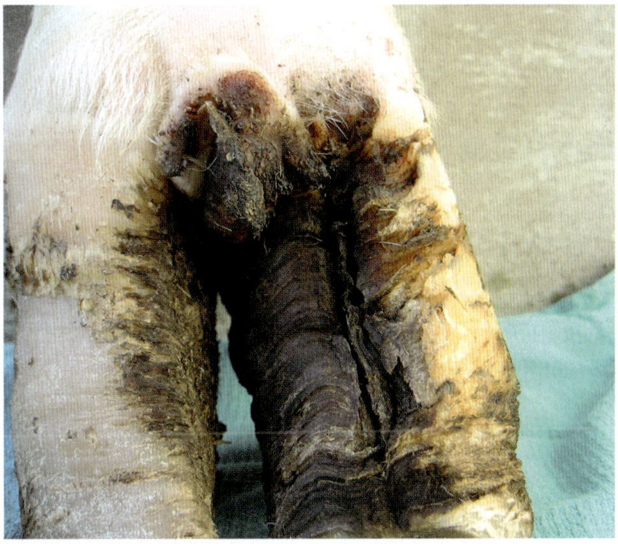

图 11-11

成年母牛的垂直蹄壁开裂。

更常见，但也常发生。而且治疗的方法与一般的奶牛蹄病相似（图11-12），只是不常用丙烯酸树脂。治疗轴壁开裂最好的方法是分离显露并修整趾间隙的感染组织。切除分离的角质和肉芽组织后，用带有四环素等抗生素的绷带包扎，绷带可以抑制肉芽组织的生成。健蹄垫以木块。处理后要多次检查，1周左右可痊愈。

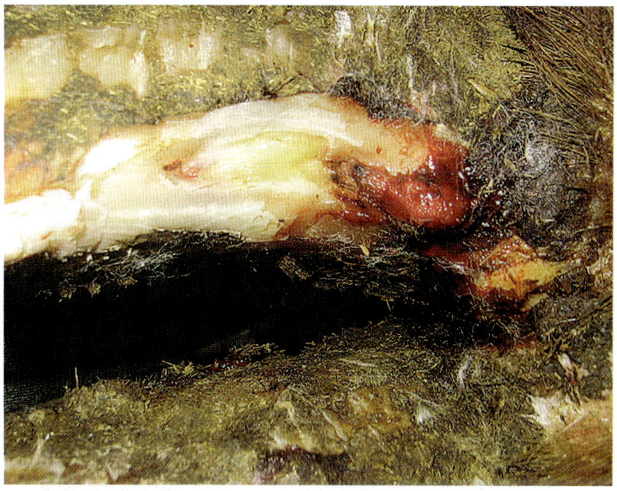

图 11-12

1岁小母牛的轴壁开裂。

螺旋状趾，开蹄——遗传性损伤 Corkscrew Claw, Splayed Toes—Inherited Defects

虽然螺旋状趾具有遗传性，但直到奶牛3岁多以后才表现的比较明显。后肢的外侧趾、前肢的内侧趾或者四肢都可能发生。整个蹄的外形、蹄壳和骨之间的软骨组织、蹄壳都异常。从蹄外观看绕轴线旋转与蹄的关节相交。远轴壁弯曲生长一直到正常脚趾的位置。轴壁变成背侧，蹄尖从地面开始弯曲（图11-13）。这种结构只是引起跛行的次要因素，重要的是对常规修蹄而不露出真皮的技术有一定要求。应该将蹄尖修整的比正常情况稍微长一点。切除过度生长的远轴蹄壁能恢复蹄底和踵部在一个平面负重。修剪到蹄尖附近一定要小心，因为蹄尖到踵部约1/4距离处的真皮不规则地与外表面相接。因此蹄尖部的蹄底应该留大约1 cm厚。加深蹄底中轴边界的凹陷能延长到下次需要修蹄的时间。

八字脚最初发现于肉牛，是趾间纤维瘤的诱因，这里就不作进一步的介绍了。

创伤性蹄裂 Traumatic Exungulation

奶牛踩在粪尿槽或陷进缝隙中时容易引起趾部感染，拔出时常会造成蹄裂。如果真皮没有严重受损，且得到了及时处理，就可以长出新的健康蹄膜。对外露组织进行清洗和消毒，并用带有抗菌药的绷带包扎。健蹄垫以木块，全身性使用抗生素7~10 d。恢复的时间依赖于软组织的损伤程度。如果真皮或深层组织受到严重损伤，要进行切断手术甚至宰杀。

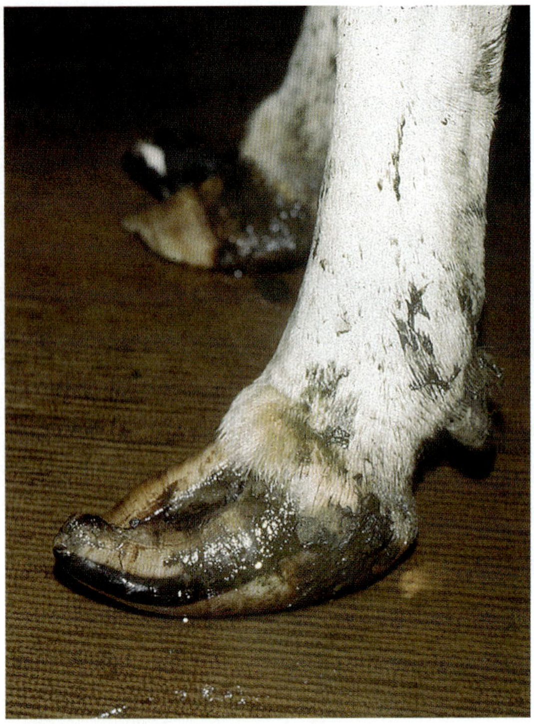

图 11-13

荷斯坦母牛的螺旋状趾。

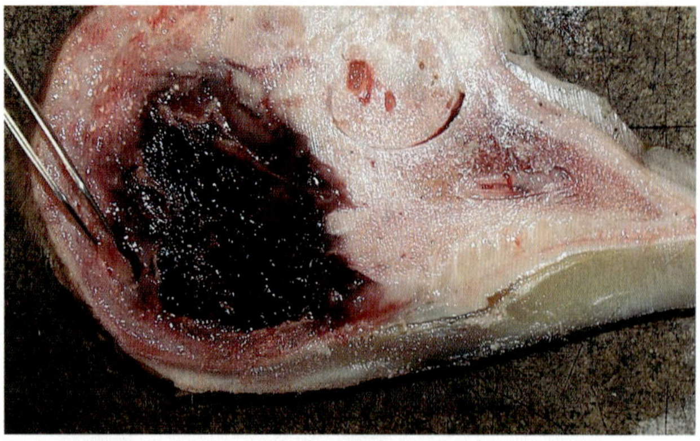

图 11-14

蹄骨的屈肌突起骨折以及踵部的局部血肿。

蹄骨骨折
Fracture of the Third Phalanx (P3)

任何年龄和体型大小的奶牛均可发病。在作者的诊所，主要是乳用品种公牛，但是其他人则报道青年牛和青年母牛发病较多。蹄壁过度干燥使蹄在正常负重或受到创伤时的缓冲作用下降是引起蹄骨骨折的病因。如果受损的蹄部陷进缝隙里就会更加严重甚至造成骨断裂（图11-14）。当牛群中存在氟中毒时蹄骨骨折的发生率会提高。钝性损伤或者爬跨奶牛后坠地都也是引起蹄骨骨折的可疑病因。

表现严重跛行，患肢免负体重。细致的局部检查常可发现患趾温热，趾部屈曲，压诊及叩诊患病动物有疼痛反应。如果单趾患病，强迫其运动时，奶牛总是试图以健趾着地。曾有报道两前肢内侧蹄骨骨折，病牛站立时两前肢交叉，试图以健康的外侧趾负重。这种病牛还可能拒绝起立而以腕部支撑体重，这与两前肢患蹄叶炎的症状相似。

对患蹄清理和修整，通过检查排除其他引起跛行的原因，而后拍射线照片予以确诊。考虑蹄骨骨折时，在没有明显的蹄损伤的情况下，要把蹄骨折与急性蹄叶炎进行鉴别诊断。射线照片至少应该从两个方位拍。此外，拍侧位片时将胶片置于趾间，以便于只获取患趾的影像。

健蹄垫以木块，让患蹄休息是最佳的治疗方法。病牛应该安置在一个舒适的牛栏里，在痊愈所需的4~8周内，视需要更换木块。根据动物大小（例如成年动物与1周岁小母牛相比）及个体对治疗的反应不同，准确的恢复时间难以预言。除非存在营养缺乏或者氟中毒，一般来说治疗效果是好的。乳用种公牛还需要几周额外的休息时间才能采精或配种，以免在爬跨母牛或采精时再度受伤。

趾间纤维瘤 Interdigital Fibroma

趾间皮肤增生是一种能引起两趾开叉并伴随趾间韧带松弛的遗传病。也继发于奶牛的慢性趾间皮炎。只有当纤维瘤大到一定程度，行走时蹄底与地面接触挤压到纤维瘤才会引起疼痛。但纤维瘤有导致腐蹄病的危险，也是地方性患病牛群中发生皮炎的部位。对于大部分奶牛来说，纤维瘤常继发于趾间皮炎，它反映了平时卫生管理及浴蹄情况，所以不应该作为一个具体的问题来处理（图11-15）。畜主给了兽医很大的压力，不提倡将修蹄切除纤维瘤作为常规处理方法的。重要的是要找到根本原因。

如果纤维瘤引起严重疼痛就应该进行外科手术切除。对于进行外科手术是否需要麻醉有所争论。锐性剥离纤维瘤周围要进行外科手术位置的皮肤。同时除去趾间脂肪和突出的纤维瘤对于快速恢复很重要。外科手术切除脂肪时要小心不要损伤远端趾关节和十字韧带。为防止脚趾开裂，绷带包扎前，可以在伤口上撒些抗生素，不需要使用其他敷料或垫料。几天以后肉芽组织长满伤口上就可以拆掉绷带了。可使用一些全身性抗生素。

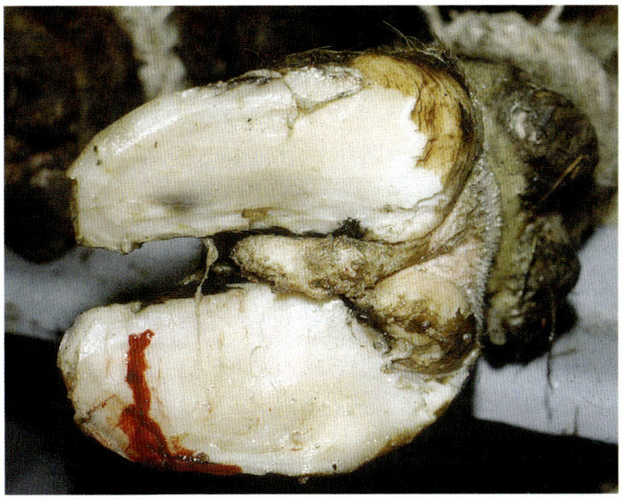

图 11-15

一头成年公牛的趾间纤维瘤。

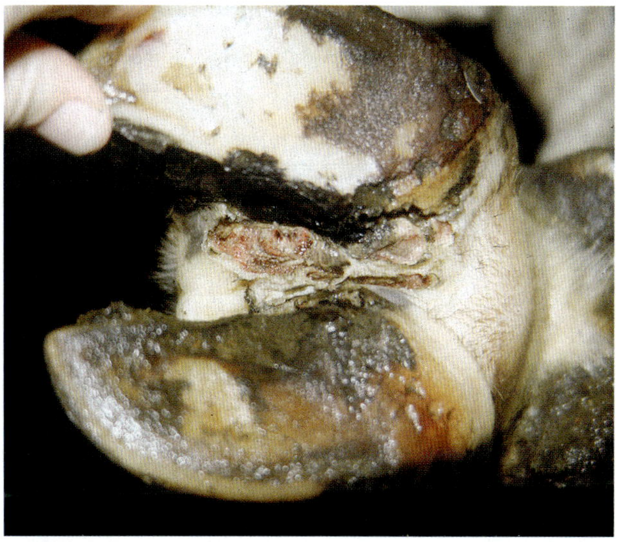

图 11-16

患腐蹄病的奶牛趾间软组织坏死。

腐蹄病或趾间蜂窝织炎
Foot Rot or Interdigital Phlegmon

识别这种病很简单。本病是由坏死梭杆菌和产黑色素拟杆菌混合感染引起的，另外还有一种比较重要的细菌是普里沃菌。蹄部出现对称的肿胀一两天之后奶牛就会表现跛行，强迫患肢负重，疼痛就会加剧。后肢易患病，深层组织发生坏死引起趾间皮肤开裂（图11-16）。通常是没有渗出物的干性坏死，但是坏死厌氧杆菌的有毒菌株能使组织发生液化，使腐蹄病有股呛人的异味。矫正修蹄后可在趾间局部用些抗菌药，不用绷带包扎，这样趾间组织才会暴露在空气中。应用全身性抗生素是治疗一个很重要的环节。对于大部分的腐蹄病病例来说，很多抗生素都是有效的，选择哪种抗生素并不重要。比如在美国，头孢菌素可用于腐蹄病而且不会导致奶的药物残留。也有很多具有多重耐药性的坏死梭杆菌引起腐蹄病的例子。使用泰勒菌素的推荐治疗剂量的治疗效果由实验误差决定。通常选择的抗生素的治疗失败是由于牛群产生了耐药性。确诊腐蹄病很重要，因为很多病例都是由畜主或雇工诊断和治疗的。如果原发病是蹄底溃疡，变换抗生素会有助于治疗。

趾间皮炎，踵部角质腐烂和开裂
Interdigital Dermatitis, Heel Horn Erosion, and Heel Cracks

节瘤拟杆菌引起慢性趾间皮炎多发生于生活在潮湿环境里的奶牛。根据趾间皮肤的无痛腐烂或溃疡判断临床症状不明显的病牛是否感染（图11-17和图11-18）。蹄部常常湿润，并分泌具有特异气味的白色渗出物，这与腐蹄病不同。感染产生轻度刺激，引起深层皮肤增生，加快了邻近中轴蹄壁的生长速度。皮肤增生可能引起前面提到的趾间纤维瘤或轴壁的过度角质化，使轴壁向趾间隙生长或在接近蹄底处异常增厚。矫正修蹄应除去所有过度生长的角质层，打开趾间隙，这样才更便于奶牛自己清洗以及损伤暴露于空气中。如果感染延伸到了踵部，由于节瘤拟杆菌产生的蛋白酶能消化蹄组织角蛋白，可能会不同程度的腐蚀踵部的角质层，或者引起踵部与蹄底连接处横向断裂。

当踵部断裂和踵部壶腹部的皮肤过度增生时，趾间皮炎引起的跛行会增加蹄踵负重的压力，从蹄底到踵部组织的中断也能使断裂处下层敏感组织受到挤压。奶牛跛行并非总是很严重，但是可能在站立时踵部悬于粪池上方或者远离畜栏的缘石。通常两肢对称发生趾间皮炎。踵部与蹄底结合处断裂很少会伤及真皮。处理踵部断裂要去除角质层表面的皮瓣，打开封闭的部位暴露于空气中。蹄裂很少出现真皮暴露的情况，所以局部使用消毒剂像碘酒或铜、锌溶液都能有效的杀死节瘤拟杆菌。

蹄炎，莫尔泰拉罗病，踵瘤
Digital Dermatitis, Mortellaro, or Heel Wart

本病曾被称为多毛踵瘤、草莓蹄、疣状皮炎、

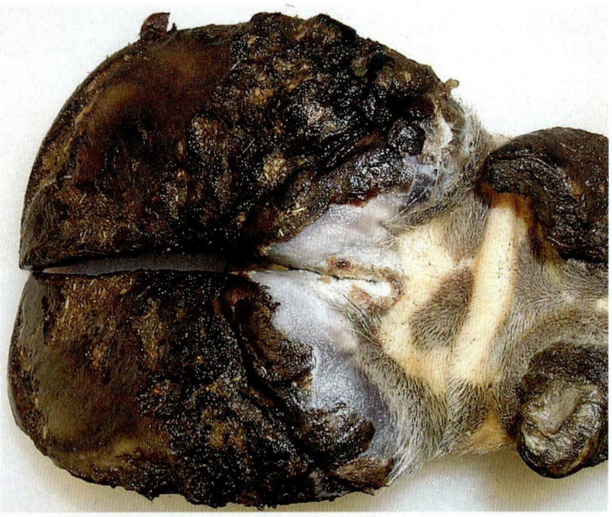

图 11-17

腐蚀的蹄踵表面凹凸不平，趾间的裂缝处由于慢性趾间皮炎而轻微增生。

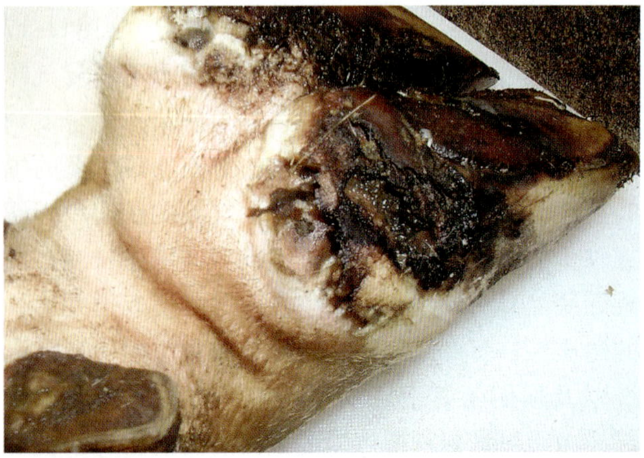

图 11-18

典型的角质腐烂的蹄踵有圆齿状的板层。

蹄瘤、趾间乳头状瘤，可能最正确的说法应该是趾间皮炎（或丘疹趾间皮炎）。自1994年以来，这个病已经发展到在欧洲大部分国家流行，蔓延整个美国。最早在1974年报道了这个病，可为什么在过去的几年会突然在奶牛中暴发流行呢？现在的研究者仍然试着寻找原因，有人认为密螺旋体属的几个螺旋菌种可能与该病有关。银染的组织学样本表明大量的螺旋菌存在于真皮的表皮生发层。

脚底的交叉型趾缝部位的局部发红，可作为辨别趾间皮炎的初期病变——草莓状趾间皮炎。损伤最显著的特点是奶牛表现出疼痛的程度（图11-19）。损伤部位周围的体毛竖立、无光泽，与渗出物形成边缘。随着损伤的发展，真皮局灶性过度增生，表皮形成锥形突起，更像潮湿、灰白的毛织物。下一个阶段也就是多毛疣阶段，变黑蛋白的乳头状突起从表面向里深入10~15 mm。典型的损伤可以感染四肢，但是后肢常见。感染皮肤的部位和范围是不确定的，包括趾间皮肤，趾缝的前端和内缘，以及没有伤及冠状带的各种损伤。很多奶牛同时感染节瘤拟杆菌，将导致在中轴位置周围的半球形踵部角质受到明显的侵蚀（图11-20）。蹄负重点的改变使蹄由于过度磨损而严重畸形，形成短的圆形脚趾和踵部过度增厚。如果不考虑病原学，趾间纤维瘤都是由地方性趾间皮炎引起的。在我们的试验中，牛群中出现趾间皮炎一年左右以后，虽然在常规修蹄的过程中也会发现于老牛的蹄部损伤，但大部分跛行病例发生于头胎的动物（图11-21）。

我们推荐典型的治疗奶牛跛行方法是用棉花沾取10%的土霉素注射液5~15 cc缠住受损的脆弱部位。也有人直接撒上抗生素，再用有或者没有棉花衬垫的绷带包扎。2~5 d后我们检查了部分奶牛，惊讶地发现损伤已经恢复，疼痛完全消失。因为这种方法快速，我们很少用绷带，所以棉花几天后就会脱落。同一头奶牛甚至在同一部位复发是很常见的，但在地方性流行的牛群中有些奶牛却从来没有发病。不管怎样，地方性流行的牛群中的所有奶牛都会产生至少两种密螺旋体的抗体。自身苗或商品性疫苗都不能有效的抑制损伤发展。外观上可见的相关皮肤病症是腹侧正中线与前乳相连的乳沟皮炎。组织学上很难将这种损伤与趾间皮炎相区分，

图 11-19

趾间皮炎感染了系部跖面的奶牛典型表现。

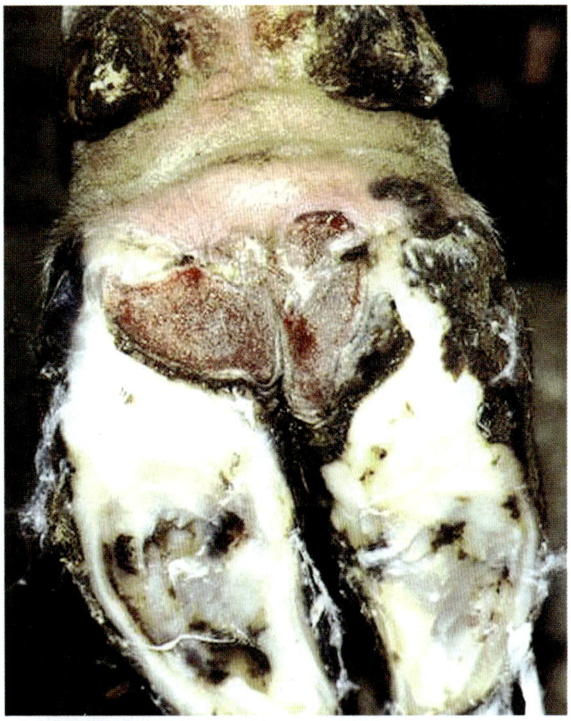

图 11-20

踵部皮肤角质结合处的趾间皮炎侵蚀了踵部角质并蔓延到了太阳神经丛。

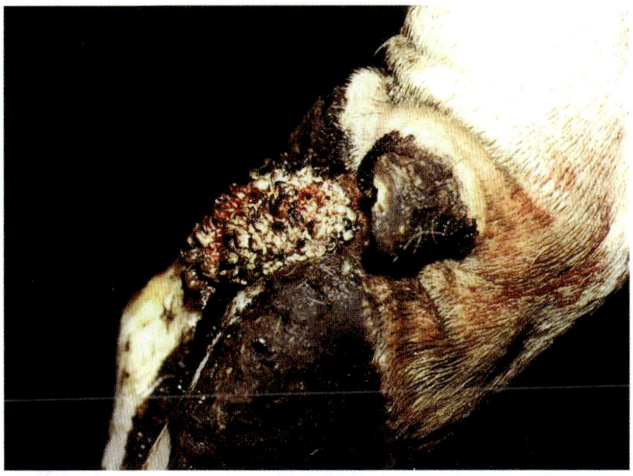

图 11-21

趾间皮炎引起的慢性增生性病变。

包括真皮表面始终存在的螺旋体。

脚趾的深层脓毒血症
Deep Sepsis of the Digit

腐蹄病没有治疗或者治疗不及时，与蹄底溃疡、白线脓肿并发，将会延伸到关节，刺伤也能引起重要的负重部位坏死或感染。这些疾病都引起严重疼痛，且不能通过使用蹄底木块或止痛药而得到减轻。利用探针检查瘘管或将注射器的针头（14或16号）插入关节或腱鞘等特殊的方法对于诊断该病有一定帮助（图11-22），一般不需要射线照片。奶牛深受深层脓毒血症的痛苦折磨，所以在确诊是此病的时候应立刻做出决定是要实施安乐死、宰杀还是进行外科手术。但是太多病例没有得到治疗或者仅使用全身性抗生素以期望奶牛能自行恢复（图11-23）。我们应采用更人道的方法对待这些患病奶牛。

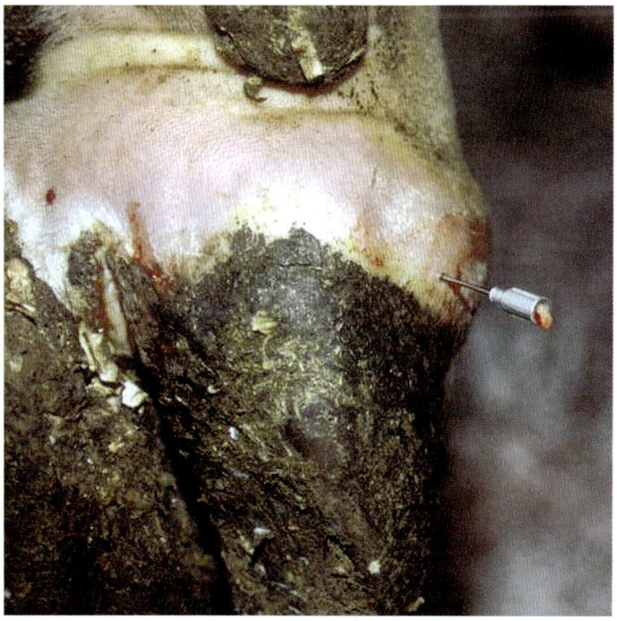

图 11-22

远端趾关节中有脓汁。当关节发生脓毒性病变，关节囊肿胀膨大接近于冠状带。

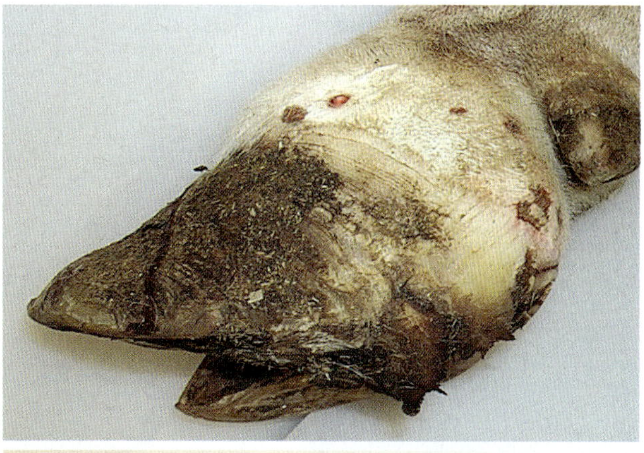

图 11-23

脚趾慢性深层脓毒血症。患趾斜向上，有几个瘘管。深层的腱鞘损坏或附着在蹄骨上，所以蹄尖可以向上。屠宰场的样本显示没有尝试有效的治疗方法。

蹄部手术 Surgery of the Digit

在跖部或掌部静脉注射利多卡因很容易麻醉。用蝶式导管输入不含肾上腺素的利多卡因20~30 mL（19号，15~25 cm）（图11-24），在两脚趾的任何易于注射的静脉进行注射，几分钟后都可引起完全麻醉。如果没有找到静脉，可以在要进行手术的部位上方进行局部注射。在远肢进行任何外科手术前都要清洗和消毒，但是一般不剃毛因为蹄部的毛短而稀疏。常常在此部位进行手术，尽管不是无菌的可以认为是清洁操作。手术的目的是为了清除坏死组织，引流脓汁和渗出物。如果治疗过程中需要使用蹄底木块，一定要在手术前用，因为使用黏合剂要求蹄部干燥。注射利多卡因后蹄部垫以木块或清洗局部以确保充分麻醉止血带远端所有组织。

截趾术 Digit Amputation

在接近趾间关节处或上方切断任何一个脚趾对奶牛来说都是常见的手术。做好术前准备后，在趾缝做一个皮肤切口，然后从切口开始于接近趾缝2 cm左右处，在小腿的内侧或外侧甚至包括副趾或悬蹄的末梢向上悬吊。所有的软组织都可以沿着皮肤切口切开。产科线从趾间截除第一趾的末端（图11-25）。如果截过了，截到了部分第二趾骨，也就一起截掉。如果第一趾的关节面是完整的，则用刀弄粗糙。另外可用锐器使远趾端关节端脱离而截除脚趾（图11-26）。有些兽医会结扎一个或两个动脉，也有的只是简单地用止血绷带。应该仔细检查切除部分的表面是否有脓毒血症或坏死，如果损伤组织延伸到了切除部位却没有清创，结果将不太乐观。确定感染组织清除后，在伤口表面撒些抗生素或用带抗生素的敷料，然后用绷带包扎止血。如果不需要保持切口附近的脓毒血症部位引流，1周左右就可以拆掉或更换绷带。如果肌腱被切除了，2~3 d后就要拆掉绷带。依据奶牛手术后生活的环境，要么第一次切除后不包扎，要么轻轻包扎以减轻接触外物带来的疼痛。然后连续5 d使用全身性抗

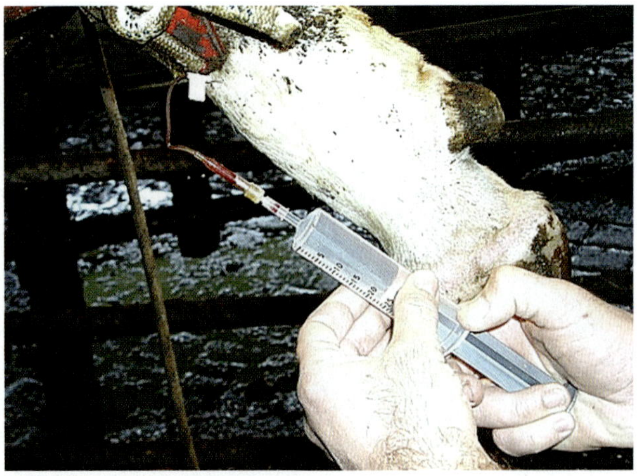

图 11-24

在总趾背静脉注射利多卡因进行局部麻醉。用蝶形导管比单独用针头或注射器易于注射。

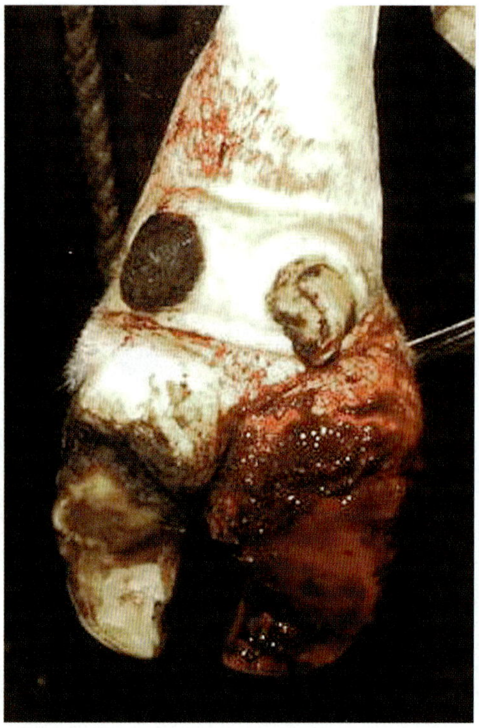

图 11-25

手术线锯截除脚趾。

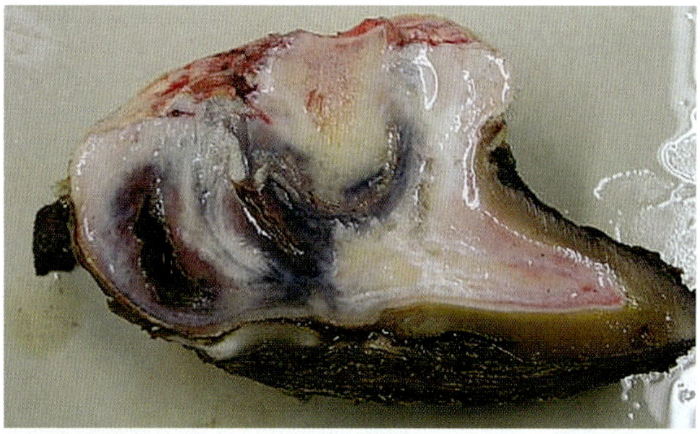

图 11-26

关节断离术截趾以及截断患脓毒血症的第二趾、蹄、足舟骨、深层腱鞘的矢形切面图。

生素。

屈肌腱切除术
Flexor Tendon Resection

截趾手术之后，如果脓毒血症已经明显延伸到了深层肌腱，就要切除。开始只是在感染接近副趾的肌腱分支上方，做一个与肌腱平行的3 cm切口。在深浅屈肌腱的腱鞘之间有一层坚韧的筋膜。事实上，浅屈肌腱包绕深屈肌腱的形成管状。锐器沿着皮肤切开浅屈肌腱就会暴露深屈肌腱。用器械像拔牙器抓紧深屈肌腱，或者弯曲的止血钳往外挑（图11-27）。深屈肌腱可能与周围组织在末端粘连，就需要用锐器剥离。有的时候肌腱可以简单地从切口拖出来。然后在最接近暴露的部分处横断深层屈肌腱，外科引流管穿过最初的切口，在远端切口引流。然后打结或者在每个末端用线缝合。近端切口用一号或二号缝合线缝合。全身性抗生素连给5 d，2周后拆掉引流管。

关节脓肿　Retroarticular Abscess

踵部附近的白线脓肿、外物穿刺、深屈肌腱撕裂或蹄骨弯曲都会引起严重的跛行并伴有单蹄踵部广泛的疼痛性肿胀（图11-28）。麻醉之后准备外科手术，在踵部突起处做切口。纵向切口一直切到蹄底（修整踵部的蹄底，足够薄以便于用普通的手术器械就可以做切口），或者在角质化的踵部做横向切口。检查空腔后决定下一步操作。如果脓肿或血肿不严重，没有发现舟状的囊腔或深屈肌腱，则预后良好且很快就会消退。清创后用碘酒消毒空腔，插入引流管后缝合末端，在创口上撒些抗生素然后缝合切口，健蹄垫以木块。如果造成深层屈肌腱的机械性损伤或者蹄骨折，就可能有波及舟骨和滑液囊的危险。如果没有脓毒血症，结果会是令人满意的。奶牛可能需要1个月才能拆掉蹄底木块，但是不需要继续治疗。

远端趾关节的脓毒血症
Septic Distal Interphalangeal Joint

当远端趾关节发生脓毒血症时，关节腔变大，关节囊肿胀。疼痛时可以看到远轴蹄冠的末端冠状带肿胀。可以用针穿过冠状带刺进关节囊检验关节囊内的物质。在脓毒血症病例中，如果踵部或深屈肌腱没有肿胀，做一个简单的关节开窗术就能使关节愈合有一个满意的治疗效果。脓毒血症常常继发于腐蹄病或复杂的蹄底溃疡。不管哪种情况，麻醉和清洗蹄底以后，如果没有损伤，用一个7~12 mm（3/8~1/2 in）的钻孔器向关节内钻孔。从蹄底溃疡的典型位置开始，钻孔器直接以矢状面从冠状带背侧面的趾钻出（图11-29）。这样就能使关节充分引

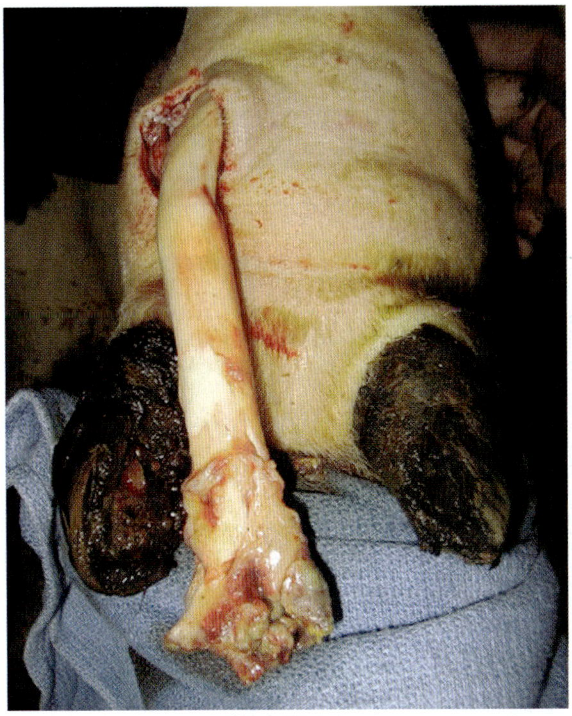

图 11-27

在相应副趾上方做切口远端切除有严重炎症的深屈肌腱。在切除肌腱的左侧外科引流，缝合近端切口。

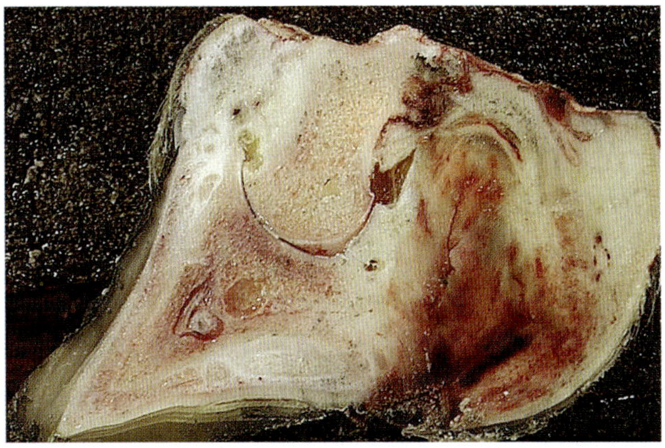

图 11-28

截趾的关节脓肿。外科清创和引流都可代替截趾。

图 11-29

用钻头在远端趾关节实施开窗术引流以促进关节愈合。

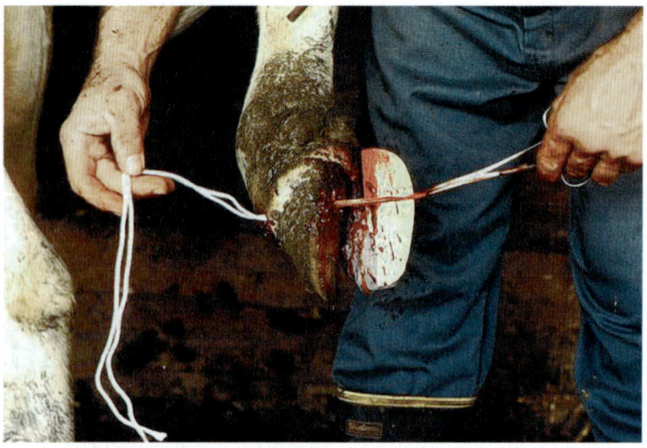

图 11-30

尼龙线穿过钻孔以持续引流。2周后除去引流线。

流。引流管或尼龙线穿过钻孔在踵部的远轴端打结（图11-30）。健蹄垫以木块，连续5 d使用全身性抗生素。2周后拆掉引流管。关节完全恢复需要几个月，但是通常奶牛在1个月后就可以不用蹄底木块了。

广泛性的趾深层脓毒血症
Extensive Deep Sepsis of the Digit

截肢术是一种可行的治疗广泛性的趾深层脓毒血症方法。截肢术已经被用于田间操作且收到理想效果。我们将上面描述过的在踵部做横向切口（图11-31）与在远端趾关节钻孔、切除足舟骨和深屈肌腱相结合，解决一些深层脓毒血症的广泛性问题。手术之前使用蹄底木块，这种方法用于关节脓肿但是涉及的深层切除只是到足舟骨附近。如果深屈肌腱未受损这样做会横断深屈肌腱。通过同一个皮肤切口，做一个深层切口切掉足舟骨的末梢附着物，切除一块楔形组织。有些病例，足舟骨和它的附着物已经坏死消失了，或者很容易通过这个切口除去而暴露远端趾关节（图11-32）。如果侧副韧带受到损伤并且难以切除，就在足舟骨的中心钻一个5 mm（1/4 in）大的孔。在洞里插入一个厚的金属竿或螺丝起子把骨折成两段。可以抓紧每一段并扭曲来断裂残留的附着物。进行此操作有一个有效又廉价的工具就是牙齿状的拔出器。如果屈肌腱坏死或者腐烂，就应该像上面描述的那样切除。用一个7~12 mm（3/8~1/2 in）的钻孔器穿过切口在远端趾关节钻孔。因为要在冠状带伸出，所以必然会扩张远端趾关节。外科引流管应该穿过关节，在轴侧打个结（图11-33）。如果切除了肌腱，也应该在这里引流。如果瘘管没有与踵部的横向切口相连，也应该进行外科引流。做好引流后，在踵部的切口洒些抗生素，带有少许皮肤缝合切口。全身性抗生素连给5 d，2周后拆掉所有引流导管。我们不建议像有的人那样将两脚趾用线绑到一起。如果关节没有移位，那么远端趾关节将会愈合得很快。如果把两趾绑在一起，每走一步就会引起远端趾关节的移动，1个月以后需要更换木块。

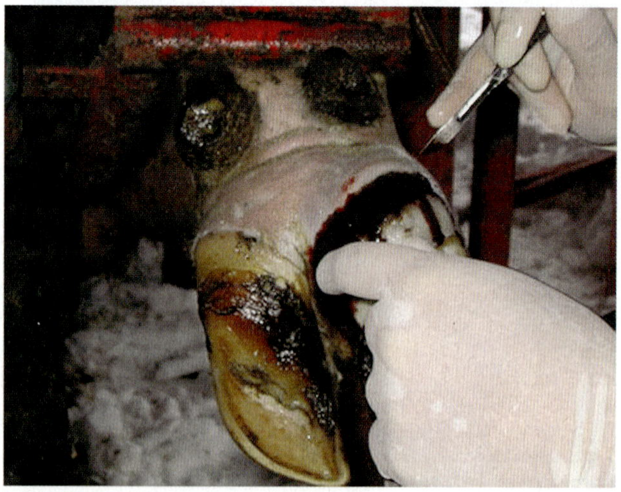

图 11-31

踵部的壶腹部的原始横向切口为了检查趾的深层脓毒血症。

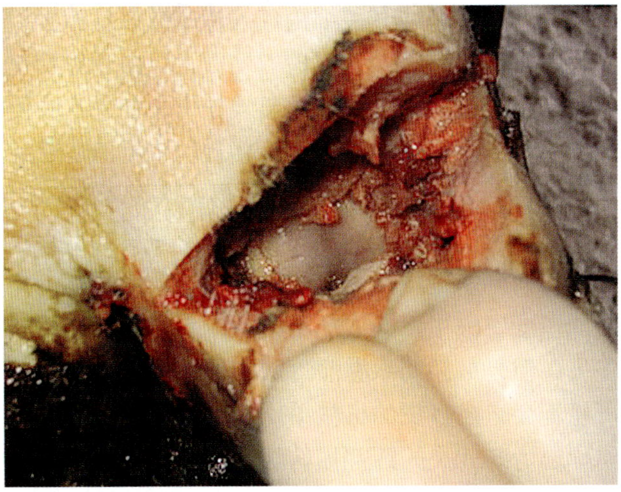

图 11-32

除去足舟骨以后暴露远端趾关节。

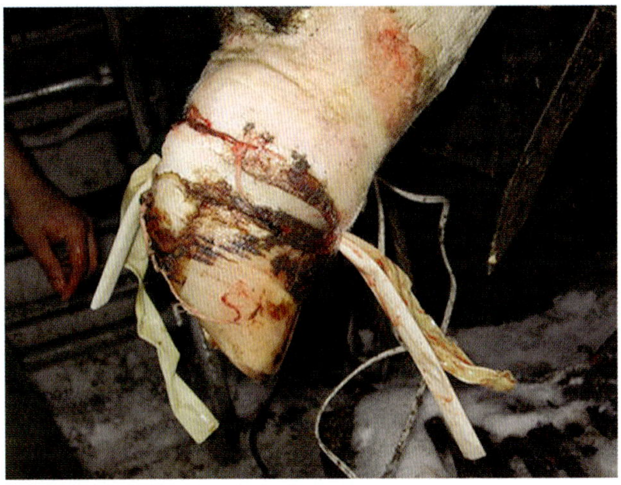

图 11-33

通过图11-31中的切口钻孔后，引流管穿过远端趾关节引流。2周后除掉引流管。

牛蹄的功能解剖学：引起跛行的原因
FUNCTIONAL ANATOMY OF CATTLE DIGITS: WHAT GOES WRONG THAT RESULTS IN LAMENESS

生物学介绍
Introduction to Biomechanics

奶牛的蹄部结构在负重或正常的运动过程中也会发生可预见性的疾病。骨、肌腱、韧带、真皮、蹄都有可能出现问题。很好地了解奶牛蹄部各部分的生物学关系有助于合理治疗和适当的预防检修。通过检查发现蹄部问题与潮湿的环境、传染性、接触的地面有关。行走的距离以及行走地面的特点也会引起蹄部问题。这部分将会叙述外在因素与蹄部生理和病理的相互作用。

我们目前看到的所有奶牛的蹄都是不断生长、磨损、定期修整的结果。蹄的生长速度是不变的但是也易于受到轻微影响。营养因素能影响蹄的生长率。蹄在饥饿时不如喂饱时生长速度快。因为奶牛一般不会处于饥饿状态，所以影响不大。在泌乳周期或妊娠期有轻微的变化，并与季节有关。季节影响很难解释，因为奶牛有季节性的腓部。我们在康奈尔大学研究的泌乳中期的奶牛，生长速度受畜栏内地面的影响，在水泥地面比橡胶地面生长得快。这说明当生活环境中的牛站立或行走时易对牛造成损伤的地面对蹄的磨损严重。正常的生长速度是每个月长6 mm蹄壁，环境的影响少于10%。行走地面的磨损性和行走的距离而不同，磨损速度不同。数据不能有效对比在相同的地面上行走干燥和潮湿的情况下磨损率。

为什么我们对于蹄病更重视后蹄而不是前蹄呢？为什么疾病总是更多的发生于后蹄呢？奶牛的后蹄对比前蹄有三点不同。奶牛的后蹄要承担过多的重量。野生型奶牛的乳房比现代奶牛在生产小牛时的乳房还大。因为遗传学家挑选的目的是产更多的奶，我们忽视了他们不能同时改变骨骼肌系统，以调整后蹄承受的过多重量。第二，前蹄通过弹性成分与身体相连，而后蹄是骨骼直接与身体相连。在运动过程中产生的震荡力必须通过趾垫和飞节及后膝关节的弯曲来缓冲。第三，后蹄总是接触有菌又潮湿的粪尿。蹄部附近的皮肤由于潮湿更易受细菌感染，蹄壳被水泡的变更软。内侧相对于外侧更易感染。圈养的荷斯坦奶牛蹄外侧比内侧生长速度快10%，磨损速度快8%，因此外侧蹄就会渐进性比内侧生长快，甚至在胎儿时就快。外侧比内侧负重多，更多负重就会加大机械损伤的可能。当负重过多或感觉不舒服时，奶牛就会以外八字姿势来帮助平衡负重，外八字姿势或者“奶牛飞节”可作为个别奶牛需要修蹄的标志或评定大群需要修蹄的评估标准。

正常情况下，蹄骨支架支撑体重，使负担平均分配到8个脚趾。蹄是这个支架的重点。蹄的负担被与跛行有关的几个重要结构支撑。蹄壁的真皮有薄片紧贴蹄的外侧和前侧，与蹄壁的薄片层犬牙交错。这样比马减少了负重相同时的接触面积。因此牛蹄骨的薄片部分，尽管非常重要，但是没有马负重时重要。蹄也通过悬于骨的尾部，协调向轴的趾间十字韧带和远轴真皮的韧带负重。蹄的屈肌腱张力以垂直结构加强固定骨架，牵拉蹄远侧端内侧，将重力向转移到前蹄。蹄和太阳神经丛的真皮之间是排列复杂的脂肪沉着体，能缓冲重量并分散到蹄底。脂肪垫在踵部最厚，在运动过程中起到有利的缓冲作用。

每个修过蹄的人都知道，蹄不同部位的角质层是不同的。蹄壁的角质层最硬最厚。它有由冠状带真皮的乳头发展而来的并列的高密度角质小管。而蹄底的角质层小管很少，这使得它更加灵活。踵部的角质有低密度的角质小管，它易于弯曲。唯一非管状角质的部位被称为"帽角"，它存在于板层的顶端，位于蹄底与蹄壁的结合处，在蹄底白线处可见。板层受影响时帽角特别脆弱。机械损伤后，会使蹄底和蹄壁分离，从白线脱落，造成外物侵入。所有的蹄部角质组织都能吸收水，吸的水越多，角质越软越易受影响。受持续水合作用影响最明显的部位是蹄底。蹄底鳞片脱落，形成凹面变薄，蹄部大部分时候干燥就会使蹄底一直很厚。蹄底干燥以及在平地行走骨折时细胞的轻微收缩会造成这种情况。在干燥的环境中，蹄底通过真皮保湿，从而保持蹄底一定的厚度。相反，自由圈养的奶牛，泥浆使蹄底总是潮湿，蹄底没有鳞片脱落，就必须磨损或修整。

当发生蹄叶炎时，血管紊乱影响板层和非板层的真皮。水肿以及所引起的肿胀降低了真皮正常的氧循环。就会发生一些缺氧障碍。水肿和缺氧会造成的生物学特性改变，从而导致畸变的真皮机械特性因伸张轻度变小而改变。结果是蹄骨在蹄壳内移动而超出正常界限。蹄骨的过度移位会造成两种损伤，如果蹄移近蹄底，更多的压力会造成蹄底缺氧性损伤；移近中部，会造成后蹄出血。如果严重还会造成蹄底的真皮坏死和蹄底溃疡。圈养的奶牛，溃疡大部分发生在蹄骨的尾部接近屈肌粗隆处，因为那里膜下脂肪垫较薄。大群散养的奶牛则更多的发生在蹄骨的远侧部。蹄骨相对于板层真皮的不正常移位会引起血管断裂而造成出血。如果是轻微的出血，随后会在蹄底的蹄壁和白线连接处看到一条红线。如果出血范围大，会引起血肿进而发展为无菌脓肿，甚至白线开裂细菌进入造成败血性脓肿。奶牛必须赶紧转移，在粗糙的地面上，由于对蹄壁的侧力可能会造成更严重的白线损伤。如果水肿使组织结构的完整性受损，在转移过程中可能造成蹄部变形，从而引起蹄壁与真皮分离或撕裂真皮。

记录我们可看到的真皮损伤以及在最初由于真皮损伤而要求过度负重造成的蹄叶炎很重要。没有人知道瘤胃酸中毒造成的渗透性改变和水肿会持续多久。但是如果奶牛在瘤胃酸中毒期间没有站立，可能不会造成真皮的机械损伤。大多数病例中，我们称之为蹄叶炎的蹄部损伤是真皮损伤后站立或行走的结果。每走一步都会引起蹄壳内蹄骨的正常移动，移动引起真皮周期性的血流通过。当奶牛站立没有改变负重，真皮内的这种血流的周期性变化可能被中断，所以站立可能比行走对已经受损的真皮造成更多的损伤。很少奶牛在躺着时会加重蹄叶炎。因此近几年强调通过管理和提供舒适的休息地面，最大限度的保证奶牛生活环境的舒适可有效地预防蹄叶炎。

蹄部尤其是与地面接触部位畸形易于造成机械损伤。角质过度生长通常发生在靠近踵部的蹄中轴边缘。节瘤拟杆菌引起的慢性皮炎刺激，已经证实过会引起踵部和趾间的皮肤过度生长，可能也会加快蹄底的角质生长速度。巧合的是踵部过度生长的位置也是蹄底溃疡常发部位。在负重时，深入到角质的真皮组织会以与蹄在蹄内移位时相似的方式被压缩。

当压力聚集在蹄壁和真皮之间而没有释放到外表时，白线轻微损伤会引起并发症。脓肿的内部压力足以向任何阻力小的方向渗入。最近的是冠状带，蹄底的横轴，踵部末梢。这些脓肿严重破坏蹄部机械稳定性，并造成更多的角质需要削除。

蹄槽附近结构坏死的扩大引起蹄底溃疡并发症。舟骨滑液囊、深层曲肌腱、蹄槽都有细菌感染坏死组织后发生败血病的危险。至于这些相连的组织在细菌入侵之前已经发生坏死，还是蹄底溃疡后发生细菌感染并入侵到这些健康组织，目前尚不清楚。

畸形蹄可能具有遗传性像螺旋蹄或继发于慢性或间歇性蹄叶炎。发生蹄叶炎时由于真皮代替了蹄壁致使蹄壁背侧凹陷。蹄壁与真皮或者真皮与蹄骨连接变弱，以及机械压迫蹄尖造成蹄尖上翘。这样的蹄在修整时一定要小心，因为荷兰规则已经不管用，除非蹄壁背侧变直，整个白线部分增厚，造成外侧脚趾张开。尽管蹄叶炎引起的螺旋蹄与遗传性螺旋蹄不同，但也会看到蹄壁在长轴方向弯曲。这些畸形蹄对于奶牛来说至少在行走和站立时是不舒服的。此外，它们更易于加重由于不正常的真皮负重造成的跛行，因此修蹄对于恢复患蹄的正常负重很重要。

跛行的危险因素
Risk Factors for Lameness

就世界范围来说，跛行已经成为成年奶牛疾病中日益严重的问题。畜主和他们的指导者寻找跛行潜在原因是出于经济利益的目的。跛行的原因可分为伤害角质受损的蹄部皮肤或深层组织的传染源，代谢或循环紊乱造成的内伤，外伤性损伤。所有跛行病例的奶牛都会有一定的疼痛表现。这部分将会讨论少数文献提到的环境危险因素造成跛行的群体问题，并补充了25年来对美洲、欧洲和大洋洲，个别和群体问题的进行试验得到的资料。

引起跛行的环境危险因素
Environmental Risk Factors for Infectious Causes of Lameness

1. 腐蹄病是由坏死梭杆菌和黑色素拟杆菌的特殊致病菌株感染趾间皮肤引起的。这些细菌在潮湿的粪便或泥浆中可长时间存在。虽然不是必须的致病菌株，但正常情况下也存在于奶牛的瘤胃和结肠中。未受损的干燥皮肤对于这些菌株有一定的抵抗力。在泥地行走使粗糙的沙子或小碎石夹在趾缝，造成趾间皮肤损伤容易导致腐蹄病。传统的控制方法是用栅栏使奶牛远离河岸和潮湿的地区。近来，格洛斯特的Roger Blowey博士描述了英国使用的一种新的奶牛通路。挖一条宽4 in深12 in的深沟。8 ft深的沙砾或碎石铺在沟里，用纤维织物覆盖，然后再用树皮条填满。这样通路表面保持干燥，行走站得住脚，奶牛活动自由。

圈养奶牛的趾间皮肤浸软后总是湿润，所以易患腐蹄病。粪尿影响传染性和趾间皮肤的完整性，因此，圈养奶牛的腐蹄病的严重性依赖于粪尿的清除情况。用抗生素浴足是预防新的腐蹄病的常规方法。

2. 趾间皮炎是由节瘤拟杆菌引起趾间皮肤的一种慢性表皮性传染病。它是圈养奶牛中比较常见的发病率较高的可见损伤，无论奶牛是自由圈养还是束缚圈养。石板地面比泥土地面造成趾间皮炎引起跛行的发病率低可作为一个参考指标。大部分明显感染的奶牛并不表现疼痛和跛行。浸渍粪尿易诱发感染和加重病情。大部分趾间皮炎引起的跛行继发于皮肤（可能是蹄底）过度生长或由能断开踵部β-折叠角蛋白的细菌胰肽酶引起的踵部角质开裂。主要的环境危险因素是皮肤接触的粪尿以及粪尿层和皮肤之间的厌氧条件，因此控制环境对于腐蹄病很重要。

3. 蹄炎是一种主要感染6月龄以后奶牛的悬蹄远侧附近皮肤的传染病。病原还没有证实，但是抗菌药治疗的效果与在感染组织中发现螺旋菌的一致性都支持细菌病原学。由于与趾间皮炎的环境危险因素相同，这两种病通常协同发生。节瘤拟杆菌感染可能促进蹄炎发生。干燥的条件像干燥的地面或牧草，似乎能抑制传染的散播但是不能改变患蹄的严重程度。可用四环素、林可霉素等抗菌药足浴或喷雾等控制。还有一些其他的抗菌性溶液包括福尔马林都成功地用于足浴控制蹄炎。

蹄角质疾病的环境危险因素
Environmental Risk Factors for Claw Horn Diseases

预防蹄炎的大部分注意力都集中于奶牛的营养管理以降低瘤胃酸中毒的发生。对于大部分已发现的亚急性瘤胃酸中毒相关的损伤：蹄底和白线出血，白线脓肿和蹄底溃疡，瘤胃酸中毒可能是必要因素但不是唯一的条件。环境条件和奶牛的行为可以改变瘤胃酸中毒引起板层和蹄真皮损伤最终的表现。亚急性瘤胃酸中毒多见于北美洲泌乳期的奶牛。尽管泌乳期奶牛经常发生，在跛行病例中也可发生甚至有些牛群更严重。试验数据显示高浓度精料影响瘤胃反刍。另外，还有几个数据是改变饲料后的结果。Manson和Leaver、Livesey 和Fleming，以及Peterse等人的报道讲述了改变饲料的试验牛群中，高浓度精料组和低浓度精料组相对于草料组的奶牛蹄叶炎的发生率。饲喂适中浓度精料组的奶牛尽管努力使瘤胃酸中毒的发生降到最低，但还是感染蹄叶炎。作者又对自由圈养奶牛使用橡胶地面和混凝土地面进行了对比试验。这个试验的缺陷是将奶牛分在两个圈中，但两个组没有配对。虽然如此，生活在混凝土地面比橡胶地面的奶牛跛行发生率高。很多人认为在混凝土地面上站立对于跛行损伤的发展很重要。按压蹄的一定部位有利于观察到出血或坏死造成的衍生血管的损伤。奶牛常会形成畸形蹄。当畸形蹄在不舒适的表面支持体重时，局部的压力会严重损伤内部结构。基于以上结果，我们建议圈舍地面不用混凝土，常规修蹄可以防止发生更严重的跛行。有趣的是在加料的小路、贮藏室附近、通往挤奶室的甬道以及大部分近来完成的甬路用橡胶垫铺盖的越来越多。目前还没有数据显示这些改变对于跛行的影响，但是奶牛的行为的非量化观察结果暗示我们的方向是对的。

1984年，在爱尔兰的冬天，石板地圈养的12 010头公牛的跛行发生率为4.75%，稻草地面圈养2 882头牛的发病率为2.43%，前者是后者的2倍。同样的交叉调查荷兰2.5~12月龄奶牛，发现石板地面比稻草地面圈养的小母牛蹄底出血的病例多。检查了117个牧场的小母牛。稻草地面小母牛的蹄底出血发病率为5%，而石板地面为45%。2年里，Christer Bergsten博士对比了Skara和 Sweden附近11个发生慢性蹄叶炎的牛群和11个对照牛群。圈舍为混凝土地面或橡胶垫地面与蹄底出血之间的关系。橡胶垫地面的圈舍很少发生蹄底出血病例。束缚圈养的奶牛，垫草的使用没有发现对预防蹄底出血有影响，尽管在所有圈养形式中都鲜有描述。在对比了两个畜主和设计均相同，由于粪尿清除系统的要求不同而管理不同圈舍中这个问题后，唯一一次公开暗示环境对自由圈养牛群跛行的影响。跛行高发病率的牛群很少用垫草，牛群中站在甬路上和一半身子站在畜栏里的动物比例越高跛行发病率越高。针对牛群的这个问题多使用垫草有利于改善跛行问题。

因此奶牛的生活环境可能通过两个途径影响跛行的发展，第一种是生活环境影响摄食行为，第二种是生活环境造成站立尤其是在混凝土地面上站立的时间过长。一个牛群的摄食和休息行为是同步的。观察在一次试验中奶牛的行为结果显示不管饮食途径如何，一次吃饱还是一次吃半饱，大部分进食都是发生在暂时的群体中。当饮食途径受限，子代的奶牛有效饮食的时间就会减少，通常消化不良。与蹄叶炎相反，除了饲养密度过大，热应激也可能会影响摄食行为。当环境和奶牛身体温度合适时，大半饲料被消耗的热应激易引起消化不良。这两个方面是环境对摄食行为的主要影响，最后结果可由在跛行发展过程中伴发的瘤胃酸中毒来调节。

奶牛场的环境设计、密度过大以及管理都严重影响奶牛在混凝土地面上站立的时间。行为的同步性使大部分奶牛在相同时间休息。密集的隔离畜栏有利于避免子代的动物接近护栏。当护栏有效时，它意味着可以同时饮食或产乳，因此可完全避免胆小的奶牛躺着。通过对一群已知优胜结构的奶牛的长时间观察结果显示子代的动物，通常是小母牛，可能在别的牛在饮食的时间里仍待在畜栏里。所有这些理由都是推测的，但是不考虑当它离开时的结果是这些牛会消化不良。子代的奶牛更有可能一起站在甬道，并且把头伸到畜栏里或者一半身子在畜栏里。对于这种行为的解释是这样可以降低更多显性奶牛的危险性。圈养的第一胎泌乳期与老奶牛分开会降低牛群中这些相互作用对小奶牛的负面影响。

站在隔离畜栏会受隔离畜栏本身设计的严重影响。在过去的20年，更多的注意力集中在提高自由畜栏各分区的设计，休息的舒适和总的尺寸。在过去的10年强调畜栏的设计，奶牛的舒适是重点。奶牛的舒适很大部分是为适应躺卧时间延长以减轻跛行的需要。隔离畜栏设计目的是给每头奶牛提供一定空间。奶牛可以自由地进出，而且可以躺卧和站立不受约束，理想的状态是每天大约14 h的时间躺在畜栏里。因为机械协助负重对于蹄叶炎严重损伤的发展很重要，畜栏明显通风不足警报会响。在隔离畜栏里有过不愉快经历的奶牛，即使下次一切都合适也不愿意再用隔离畜栏。这些奶牛一半身子在畜栏里一半在畜栏外面常常会增加后蹄的负重，而且是以不自然的角度。畜栏里垫以躺卧的稻草对于使用和舒适都很重要。在很多有床垫设计但缺少足够的稻草的畜栏里，踝关节损伤是一种普通的症状。通常的混凝土或者坚硬的橡皮垫地面的畜栏垫以稻草，是对舒适、可使用、减轻踝关节损伤的最低限度要求。另外一个重要的试验是对比了43头小母牛从妊娠晚期到泌乳早期在两个不同设计的隔离畜栏的情况。一个是荷兰舒适型，侧面开口并铺有橡胶垫；另一个是牛顿黎格型，装有防侧出的防护装置，混凝土地面没有铺橡胶垫。在荷兰舒适型畜栏里，躺着的时间长了，站立时一半身子在畜栏内时间减少了。牛顿黎格型畜栏蹄底出血病例增多，发生6个急性跛行病例，而荷兰舒适型畜栏只有一头小母牛发生跛行。

对于自由圈养的小母牛，管理不当使奶牛被迫站立的时间延长会加重蹄叶炎。不管挤奶频率如何，挤奶室的大小应该限制留治期为每天3 h。其他的管理像畜栏内垫以稻草或兽医的工作应该有组织的进行，以限制可能的躺卧时间。

在南美的很多小母牛，蹄叶炎的发生有显著的季节性。夏末到初秋是白线脓肿和蹄底溃疡发生的高峰期。我们认为有两个主要的环境因素。一个因素是热应激会使奶牛重新分配饮食，早餐成主餐。消化不良提高了瘤胃酸中毒的发生率。另外一个很重要的因素是延长了站立时间，不知道是否与瘤胃的pH值升高有关。奶牛拥挤在饮水器的周围。它们站在畜栏里，经常集中在一起，然后会煽动空气流动。有时候，当厩螫蝇飞来飞去时，它们就紧密地围着围栏的一侧站在一起。为避免被叮咬，奶牛都往热应激最大的牛群的中间挤。奶牛站在畜栏可能是因为它们感觉站着比躺着凉快。无论是什么原因，消化不良和过度站立会导致跛行奶牛数量大大增加。夏天通风和给奶牛降温可能会有效降低季节性跛行的问题。

各种环境因素 Miscellaneous Environmental Considerations

如果地面不平或有小石头突出会引起跛行。大部分自由圈养奶牛的蹄柔软湿润，更易引起蹄底表面的损伤。有沟槽的地面和石条地面表面有很大空隙，当奶牛的蹄陷到沟隙或洞里时就会损伤。畜栏地面上小石头可能是沙滤床掉下来的，完全暴露的石头最大的超过5 mm或0.25 in大。

当奶牛被安置于新的混凝土地面畜栏里时，很多小母牛已经严重跛行。对于大部分奶牛来说，这些问题都是由于蹄部过度负重造成真皮暴露引起的。先是由于混凝土石块拖拽或钢刀修蹄造成表面过度磨损，对于这个问题的预防已经给畜主介绍过。

结论 Conclusions

环境因素对奶牛跛行的发生有很重要作用。蹄和脚趾皮肤长期接触粪尿，易使造成皮肤损伤和蹄发生跛行的传染源侵入感染。平时要加强管理，保持蹄部和皮肤的清洁干燥。适当地使用抗生素溶液浴足会降低传染性跛行的发生。瘤胃酸中毒和在混凝土地面站立时间过长易发生蹄叶炎。给牛群中的所有奶牛提供易于消化的饲料策略将有助于减少消化不良。畜栏设备的设计会严重影响站立时间。舒适的畜栏和预防热应激将很好地限制蹄叶炎引起的跛行的进一步发展。

上肢的跛行——散发病
LAMENESS ABOVE THE DIGIT—SPORADIC DISEASES

大部分上肢跛行由创伤引起，虽然奶牛很少发生退行性关节炎。所有病例的结果都取决于损伤的严重程度、受伤的具体结构、农场工作人员护理丧失能力或躺卧休息奶牛的热情。大多上肢受伤病例的结局都是安乐死或被宰杀。这对于可能没有复原奶牛的早期诊断和预后有重要意义。大部分奶牛的价值都不及尝试外科矫治主肌腱或韧带损伤的费用，一般多数方法都是不成功的。一个好的医院环境必须具备舒适的卧具、充足的饮食和饮水。类固醇类抗炎药物如地塞米松或非类固醇类抗炎药如氟胺烟酸或酮洛芬的应用是保守疗法很重要的部分。

另外一种上肢跛行是由肌肉和肌腱或关节感染引起的。脓毒性关节炎或肌腱炎可能由创伤引起，但是更多见于新生儿缺乏初乳喂养，被动免疫失败。支原体引起的关节炎和肌腱炎是比较罕见的情况。

膝关节损伤 Stifle Injuries

膝关节损伤多发生于成年的奶牛和公牛。爬跨造成的损伤、跌倒、不平地面上滑倒、不能站立奶牛的劳累性活动是引起奶牛膝关节损伤最为多见的原因。在老龄牛和公牛，变性关节病也可导致膝关节损伤。虽然报道过牛膝关节的多种特异性损伤，这里只对3种最常发生的损伤进行讨论。

前十字韧带损伤

前十字韧带损伤的典型症状为急性膝跛行、膝关节呈弯曲状态、患肢以蹄尖着地。关节可能明显肿胀，胫骨嵴也比正常时突出。强迫患肢负重或强迫动物运动，触诊膝关节可感到关节内有骨与骨的

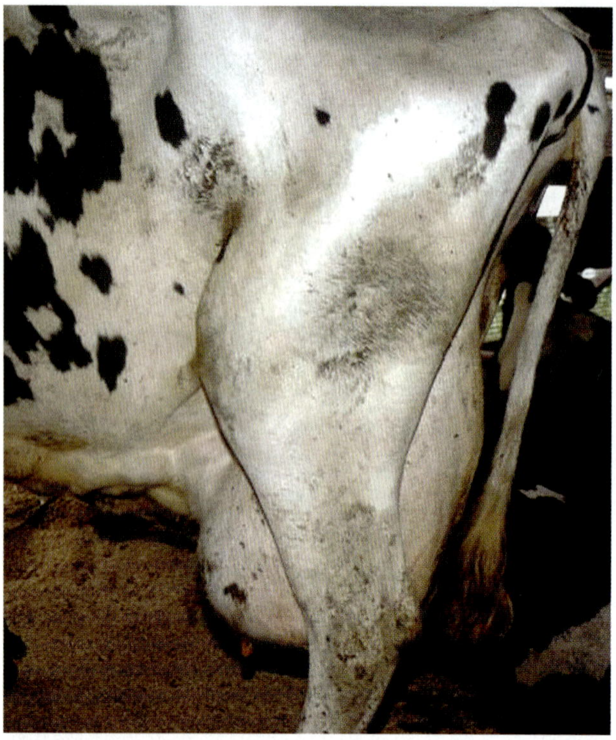

图 11-34

前十字韧带损伤奶牛的局部肿胀以及胫骨旋转。

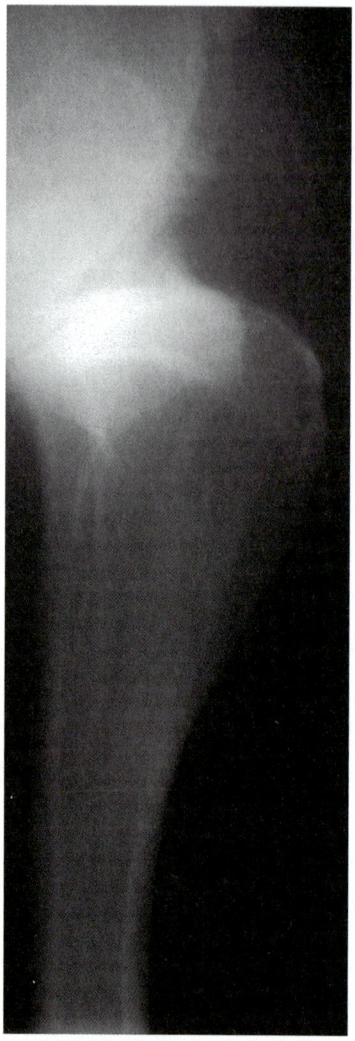

图 11-35

前十字韧带损伤慢性病例奶牛膝关节的射线照片。股骨踝显得更靠近胫骨棘的后端，前关节腔比正常时宽。该关节有退行性病变。

接触并可听到咔嗒声。疼痛程度不一，但常为中度至特别疼痛，病牛不愿以患肢负重。长期感染的牛要忍受疼痛可能会严重跛行，但是会成为牛群中有利可图的部分（图11-34）。如果动物以患肢负重，站在病牛后方，以膝部顶住病牛的跟结节，在胫骨近端牵拉以使之复位，可出现“拉抽屉”现象。在体型大或不负重的动物，这种试验可能对诊断没有帮助。侧位的射线照片有助于诊断，因为股骨踝更靠向胫骨棘的后端，前关节腔也比正常时宽（图11-35）。

如果只是中度跛行，可采取保守疗法治疗前十字韧带损伤。保守疗法包括在隔离式牛栏内休息、健足、给予抗炎性药物。如果病牛能维持体重和生产，如此治疗便足够了。如果保守治疗后仍跛行严重，剧烈的疼痛导致体重下降，食欲减退以及生产量下降，不得不考虑屠宰时，唯一的方法是实施手术治疗，以减少关节内的异常活动。手术过程包括使前十字韧带复位或将关节周围的筋膜拉近、重叠以固定关节，但是成功的机会不大。

前十字韧带损伤的预后应谨慎，因为除非病牛十分有价值，否则在大多数牛群，任何个体都不会受到特殊管理。此外，其他肌肉骨骼损伤的危险性增加了，尤其是对侧的后肢。我们曾经见过多例前十字韧带损伤的奶牛，在最初发病后的1~2年中，对侧后肢发生同样的病或膝关节受到其他损伤。这可能提示本病与变性关节病有关诱因或某些牛有遗传方面的问题。

内侧韧带断裂

内侧韧带的断裂或剧伸引起肢体外展和以内侧趾负重。据报道，此病在青年母牛比成年牛多发。病牛呈中度至重度跛行，常以蹄尖点地，患肢伸向正常垂直负重位置的前方或后方。当蹄部的压力加在侧副韧带时，触诊关节内侧可确定局部敏感性。

射线照片对诊断通常没有帮助。

保守疗法包括隔离式牛舍内休息、健足、给予抗炎性药物，通常在几周之内就可以改善病情。如果无效，唯一的治疗办法就是筋膜固定。对于有价值的奶牛可单独护理，预后良好，但那些必须与其他牛同群饲养的牛预后不良，因为持续性疼痛也会引发其他损伤。

半月板损伤

创伤及变性性关节炎的恶化可导致半月板的损伤或撕裂。表现无特异性症状的中度膝跛行，蹄尖着地，膝关节弯曲，不愿完全负重。弯曲关节时可引起疼痛，但无十字韧带断裂是可听到明显的“咔嗒”声。在某些急性病例，触诊可感知捻发音，关节可能有渗出。滑液分析结果提示出血、创伤或变性性关节病而不是败血病。治疗包括以上提到的保守疗法以及治疗减轻疼痛失败后采取的手术方法。本病预后不良，因为已经发生变性性关节炎或变性性关节炎将会继发于半月板的损伤或撕裂。

髋关节损伤 Hip Injuries

主要的髋关节损伤包括髋股的脱臼、股骨头或股骨颈骨折、股骨骺撕脱、波及髋臼的骨盆骨折以及股骨头韧带（圆韧带）断裂。在青年和成年母牛，创伤、发情期的保定、跌倒、不良地面上滑倒、因打滑或闭孔神经麻痹后后肢劈叉、摔倒后挣扎、肌病或神经疾病都可导致上述疾病的发生（图11-36）。在犊牛，难产时的过度牵引也可造成其中一些病的发生。由于炎症或变性性关节炎（髋关节炎）导致的髋跛行也可表现相似的症状，但不如上述损伤发病急。

上述髋关节损伤导致严重跛行或不能站立。如果动物能够站立，患肢膝关节常向外方突出。动物不愿负重，运动是患肢有外旋动作，步幅缩短，蹄尖拖地而行。可根据病史及病牛的姿势进行初步诊断。如果管理人员曾见到奶牛滑倒、后肢劈叉或者卧地时患肢过度伸展，可对诊断提供帮助。在犊牛，有强有力的牵引以解除难产的病史应怀疑髋关节或股神经受损。如果病牛可以站立，应注意大转子和骨盆（坐骨结节）是否对称。如果髋关节发生上方脱位，患肢可能变短，触诊大转子的位置比正常靠前（离坐骨结节更远），患肢外旋；动物尽量不以患肢负重。下方脱位时，大转子难以摸到，股

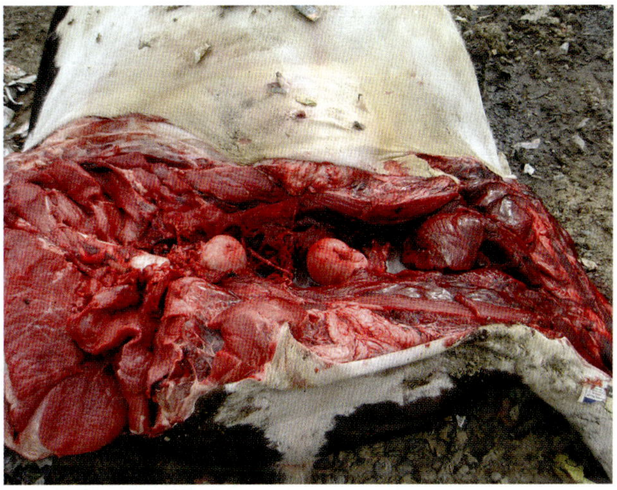

图 11-36

小母牛腹部两侧的髋关节脱臼。在发情期被同伴所伤。

骨头有时嵌入闭孔内。无论是上方还是下方脱位，活动患肢时都可感知大转子的活动性增大。当股骨颈骨折、股骨骺分离、圆韧带断裂、髋臼骨折时，活动患肢可感到摩擦并有捻发音，同时能触摸到大转子。不管是哪种损伤，弯曲、伸展或旋转患肢时都能引起疼痛。对于不能站立的动物，触诊和活动患肢是诊断的关键。如果用髋悬带或其他器具协助动物站立，患肢常表现伸展、外旋、不负重。当检查者触诊髋关节或直肠检查时，可令助手弯曲和活动患肢，以检查髋臼骨折、股骨头下方脱位于闭孔内、其他部位的骨盆骨骨折。股骨头、股骨颈骨折出现的捻发音。

多数严重的髋关节损伤和髋股脱位病例预后不良。因此，如果奶牛有明显的髋股脱位或该部位骨折而不能站立，应该建议屠宰。对于有价值的犊牛或母牛，需要做进一步的诊断，骨盆和髋关节的射线照片可帮助做出预后和提供手术与非手术治疗的选择，尤其是动物能站立并以3条健肢负重时。

体型大的青年母牛和成年母牛，股骨头和股骨颈骨折、髋臼骨折、圆韧带断裂、股骨骺分离的预后由谨慎至不良。一侧患病的某些犊牛，可试用矫形手术，但预后应谨慎。使用髓内针使分离的股骨骺复位，在某些犊牛和青年牛获得了成功。

根据最近的报道，犊牛和成年母牛的髋股脱位预后良好，但需要手术开放整复（图11-37）。能用健康的对侧后肢起卧的犊牛和成年奶牛预后良好。体重大或两侧髋关节患病而不能站立的动物不适合

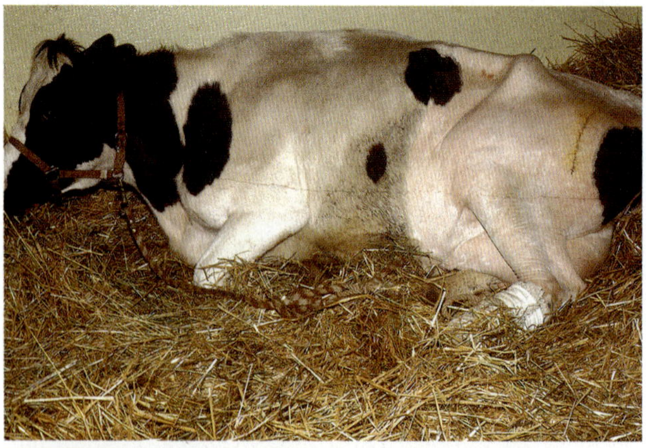

图 11-37

手术整复髋股脱位的3岁的奶牛。被整复的腿上紧紧地绑着夹板，迫使另一侧卧地。隔离在干净并铺有稻草的牛舍里。

手术治疗。

骨折 Fractures

虽然骨折较少发生，但一旦发生需马上处理并需要矫形学方面的知识和经验。牛病兽医很少有处理骨折的经验，不是这方面的专家，但他们可以处理牧场常见的骨折，尤其是四肢下部的骨折。由于经济原因，某些成年牛或犊牛可能并不适合采用内固定或外固定的方法治疗，但上述方法是治疗上肢骨像胫骨、肱骨、股骨、桡骨和尺骨骨折最好的办法。限于这部分的内容，不对骨折做详尽讨论，建议读者参考几篇很好的关于牛骨折的文献。

根据患肢不负重，发生脱位以及患肢脱位处出现摩擦音诊断闭合性骨折。开放性骨折，骨头明显可见。对于复杂性骨折或脱位，需要拍射线照片以确定预后，并且对最初的治疗决定以及以后的鉴定也有帮助。

最常见的牛肢骨折是自由圈养1岁小母牛的掌骨骨折。可能是奶牛在起身时前肢伸到了畜栏的隔离栏外面，隔离栏在掌骨骨折下方成为支点。经常波及远侧桡骨片。在检查的时候，很少感觉到骨折，但是活动肢体有严重的疼痛。用镇静药镇静后，患肢在上面侧卧，以便于远侧肢调整姿势和伸展。从蹄到桡骨远端上方大约10 cm使用石膏绷带。4~6周内拆掉石膏绷带，且预后良好。

新生犊牛偶尔见到掌骨或跖骨末端骨折，是由于难产时过度牵引所致。通常是产科绳被错误地系于掌部，致使扭力及张力过大。这些骨折可能与骨折部远端的血管受到压迫有关，这是由于产科绳的“止血带作用”引起骨折或锋利的骨片割裂供应蹄部的血管。如果骨折部位的远端组织冰凉，预后严重。犊牛的预后比成年牛好。未受污染的闭合性骨折比开放性骨折预后要好。掌骨和跖骨骨折的标准治疗方法是采用全肢或半肢石膏绷带，这要根据骨折的解剖位置、动物大小等而定。及时治疗的非污染性骨折预后良好。

腕关节或跗关节以上的骨折（或包括这些关节）需要谨慎的评价和制订治疗方案。如果动物的价值超过治疗费用，应进行治疗。如果畜主担心经济损失，又希望进行某些尝试性的治疗，兽医师就必须做出最佳判断。对许多犊牛和小母牛肱骨骨折的治疗只是将病牛安置到隔离式牛栏中休息便得以痊愈。股骨、胫骨和桡-尺骨的骨折，不做内固定或外固定，不易愈合。跗骨和腕骨的骨折、脱位以及桡-尺骨远端骨折，打全肢石膏绷带是最合适的。胫骨和股骨的骨折在诊疗现场难以处理，最好使用改良的托马斯夹板或内固定。

必须使畜主意识到问题的严重性以及治疗费用的昂贵。因此，只有价值很高或有潜在性价值的牯牛和母牛，肢体上部骨折才予以治疗。如果要治疗，兽医师应根据动物大小和骨折情况亲自打绷带、夹板或石膏。绷带、夹板和石膏要超过骨折部位。这样，才可安全运输不会造成进一步的损伤。如果长骨或椎骨骨折在生长期牛群中频频发生，就是代谢病的信号，应马上进行营养咨询，以评价饲料中钙、磷及维生素D的含量。

腓肠肌或腓肠肌腱断裂 Rupture of the Gastrocnemius Muscle or Tendon

奶牛的腓肠肌和腓肠肌腱对其正常站立和负重是十分重要的。此肌腱断裂后患肢不能负重，预后多数不良。低血钙症的牛在光滑地面上不断挣扎欲起有引起腓肠肌断裂的危险。如果年轻的动物被陷于泥沼、粪池或有神经疾患使其不能挣扎欲起时，偶可发生此病。前肢负重牵拉时意外受伤也会引起腓肠肌断裂。然而，患低血钙症的成年牛是典型病例。

畜主反应患病成年牛不能站立。通常为一肢发病，但也曾发生罕见的两肢发病。腓肠肌断裂的

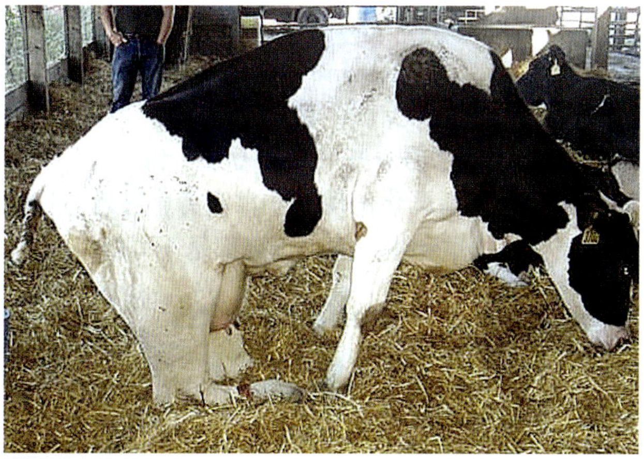

图 11-38

右侧腓肠肌断裂。

典型表现为“兔腿”——患肢跗关节着地，胫骨与跖骨呈90°角（图11-38）。因为许多腓肠肌断裂的重型奶牛欲起时甚至达不到半起的程度，所以，诊断者在刺激躺卧牛使其站立起身时应该从后面观察病牛。由于断裂的组织周围有血肿形成，断裂的腓肠肌局部表现肿胀，触诊坚实，跗关节上面的腱松弛。在较少情况下，腓肠肌腱已经完全断裂，此时肌肉并不发生肿胀。

虽然大多数病例为完全断裂，部分断裂也可发生，表现为患肢严重跛行，跗关节稍低，断裂的腓肠肌紧张，坚实和肿胀。动物可轻微负重，但病牛多采用膝关节伸展、球关节屈曲的前伸姿势使患肢休息。

成年牛腓肠肌或其肌腱完全断裂时治疗无望。三肢可站立的犊牛或年轻动物可安置到铺好垫草的的隔离式牛栏里饲养数月，尽管如此，这些动物的预后并不好。

第三腓骨肌断裂 Rupture of the Peroneus Tertius

第三腓骨肌断裂导致跗关节不能屈曲，因此，当膝关节弯曲时，跗关节不能主动屈曲。有低血钙症或无低血钙症的牛在光滑地面上努力挣扎欲起、试图起立或爬跨其他牛时突然后滑，都是第三腓骨肌断裂的原因。

当膝关节弯曲时跗关节却呈伸展状态，所以患肢不能正常运步。蹄尖拖地前进，系部和球节背侧可发生擦伤。腓肠肌及其肌腱显得松弛。人为弯曲膝关节，跗关节却可以完全伸展（图11-39）。虽然

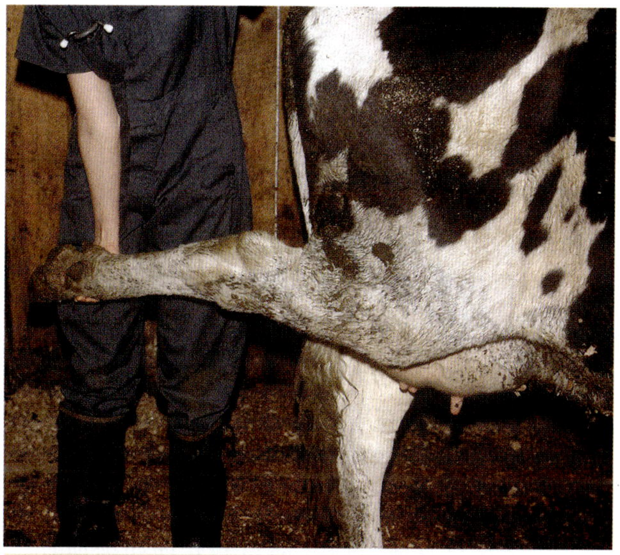

图 11-39

新近产犊的荷斯坦母牛第三腓骨肌断裂。

本病预后应谨慎，某些病牛被安置到地面良好的隔离式牛栏仍可以恢复。

屈肌腱裂伤 Flexor Tendon Lacerations

后肢深、浅屈肌腱的裂伤最常见的是锐性创伤，由拖拉机上安装的刮粪器的刮片在开放式圈舍中作业所致。另外，护理员用锐器清洁圈舍惊吓到奶牛，奶牛就会踢到或碰到铲子或其他工具的尖锐一端。在混乱的情况下奶牛会乱作一团，在逃跑的过程中割破屈肌腱。

只发生浅屈肌腱的裂伤时，患肢完全负重；如果浅屈肌腱完全横断，趾部表现为稍屈曲。这样的病例，应该仔细检查创口，排除深屈肌腱受伤的情况，并用比治疗浅屈肌腱损伤更有力的措施，对患肢进行支持，以免损伤加重。深、浅屈肌腱均发生裂伤时患肢不能负重，球节的跗侧着地，蹄尖向背侧翘起。

如果只是浅屈肌腱发生裂伤，应清洗伤口，打支持绷带，防止肉芽组织过度增生。创口应每隔3~7 d换药，连续使用抗生素10~14 d。

如果浅屈肌腱断裂而深屈肌腱部分裂伤，应考虑使用夹板或石膏绷带，因为继续牵拉已遭到损伤的深屈肌腱可使其完全断裂。如果深、浅屈肌腱均已断裂，在剪毛、清创后可打石膏绷带或夹板绷带。在犊牛和青年母牛，夹板的效果更好；而在成年牛，则需要用石膏绷带支持负重。在打夹板前，

A

B

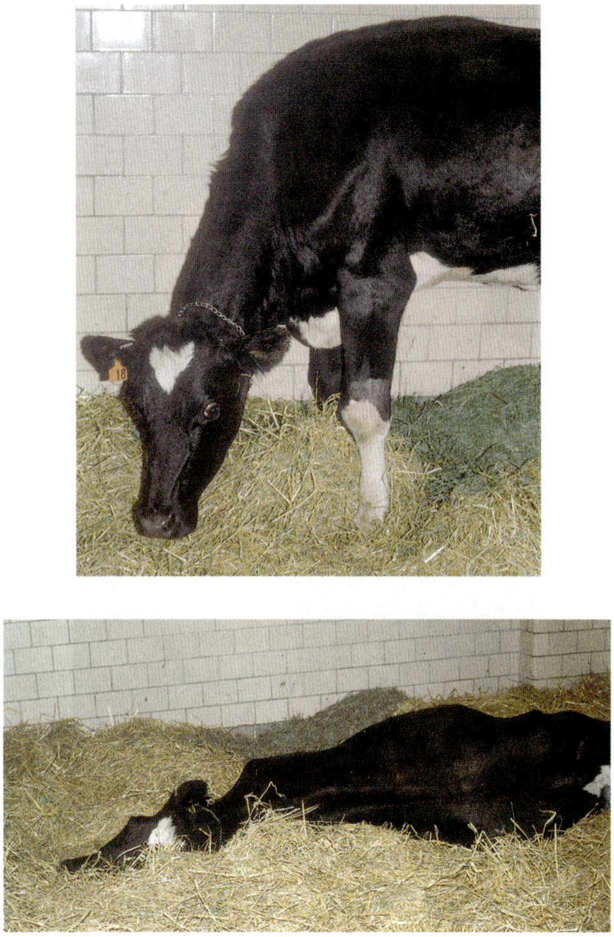

图 11-42

头胎母牛左腕关节脓毒性关节炎。A，站立；B，躺卧时采取侧卧姿势，这样，异常疼痛的关节便无需屈曲。

脓毒性关节炎的原发病。关节的急性感染比关节内已有黏稠的脓汁的慢性感染预后良好。在急性感染时，关节灌洗是治疗的关键。患病关节的手术准备，用两根14号针头和用乳酸林格氏液或生理盐水做彻底灌洗（图11-44）；每个关节用1～2 L药液。灌洗方法是：首先用14号消毒针头做关节穿刺，注入灌洗液使关节囊膨胀，于关节的另一侧刺入另一个14号针头，加大压力注入乳酸林格氏液，将病原微生物、纤维素、白细胞及炎症介质等从关节内冲洗出去。最大限度地通过针头导出关节内的液体后敷以灭菌的轻型绷带。全身应用抗生素比关节内注入或加到灌洗液中更为有效，应尽早应用。抗生素的选择以最初的细菌学检查（革兰氏染色）及后来的细菌培养结果为基础。另外，也可以不用进行细菌培养，而根据经验选用广谱抗生素，如二苯哌或

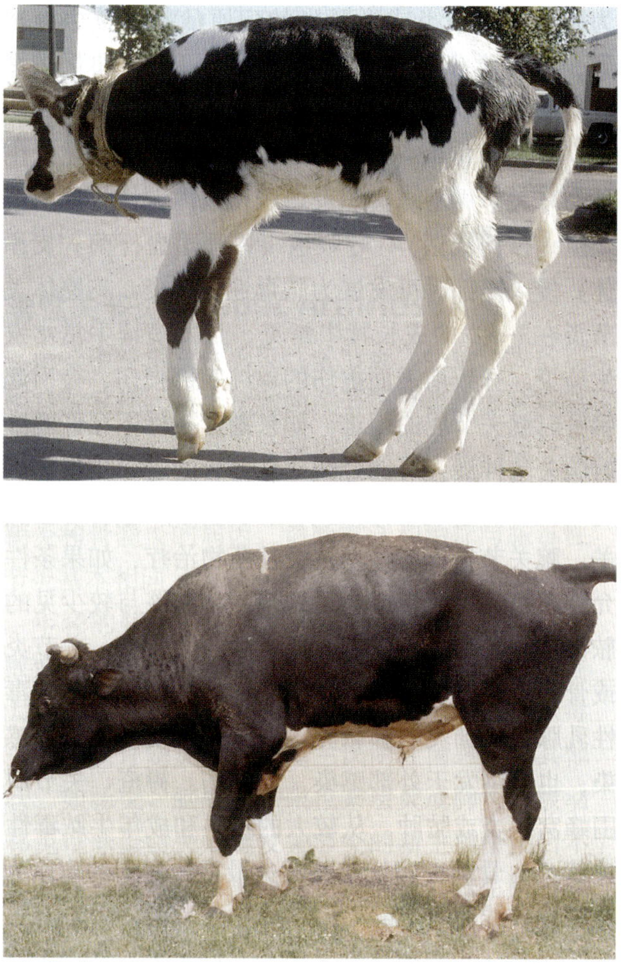

A

B

图 11-43

多关节炎引起步态僵硬，背弓起，由于长期躺卧导致屈肌腱挛缩。A，犊牛；B，荷斯坦公牛。

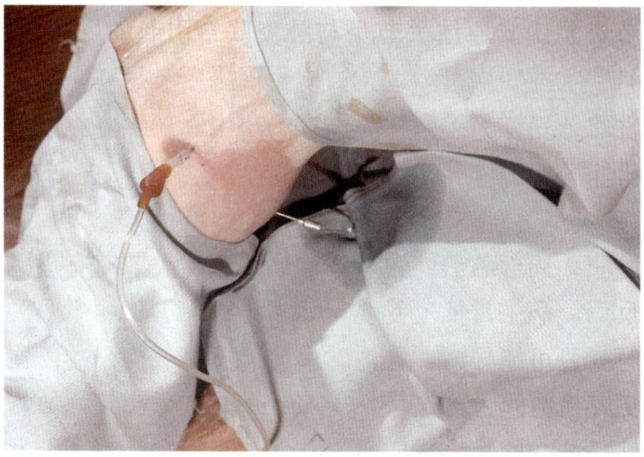

图 11-44

牛跗关节化脓的关节灌洗。

头孢噻呋等。

关节灌洗每日进行1次或视需要1~3 d灌洗1次，

原则是将所有关节内的炎症产物及组织碎片冲洗干净。跛行程度及关节膨胀程度可作为是否灌洗的指标。大多数病例在1~2周时间内需要灌洗3~7次。全身应用抗生素至少2周，同时将动物安置在干燥的铺好垫草的牛栏里。

还有一种关节灌洗方法是外科医生在临床上常用的。切开患病关节，用盐溶液冲洗，然后外科引流以排尽关节内炎性产物。切开关节后可以冲洗也可以不冲洗。在确保关节引流管的进出口足够大以后，通过一个Buhner针简单地插入外科导管，采用这种方法，我们已经成功地治疗了成年牛的脓毒性跗关节炎。

必须治疗原发病。对败血症犊牛，要评价免疫球蛋白转移和脐的情况。为了防止进一步向关节播散，可能需要输全血或血浆和将脐切除。外源性创伤和其他部位的脓毒病灶，如果认为是脓毒性关节炎的原发病，也必须进行治疗。

慢性脓毒性关节炎的预后应谨慎，因为无菌性关节强直是唯一较好的结局。可能需要反复进行灌洗或施行关节切开引流以排除黏稠的脓性关节液。在犊牛，慢性感染通常由化脓性放线杆菌引起，需要切开关节排除浓稠的脓汁。关节切开后，进行关节的开放性灌洗，配合全身应用抗生素和物理疗法，以防止肌腱挛缩。物理疗法可能只是简单的按摩或在最严重的病例用夹板或石膏绷带提供支持或制动。犊牛单一关节慢性关节化脓比成年动物有更大的恢复希望，因为在治疗和恢复期他们比较容易三肢负重。对支原体引起的关节炎的治疗仅是凭经验，因为几乎没有牛支原体引起的关节炎治疗疗效颇佳的文献可供参考。对于高氟地区的奶牛来说，使用抗生素和物理疗法都是首要选择。在美国，新的大环内酯类药物对于非泌乳犊牛来说可能是最好的药物。目前还没有有效的抗体可用于泌乳的成年奶牛。

预后应该是谨慎的，但急性感染好于慢性感染，单一关节感染优于多关节感染，原发病因可以去除或经培养已做出病原鉴定时，预后要好些。

骨髓炎和死骨片
Osteomyelitis and Bone Sequestra

这两种情况经常引起病骨区慢性或复发性排脓（图11-45）。在某些病例，坏死或骨感染部位的软组织肿胀先于脓汁排出及瘘管形成。应用抗生素可改善病情，但停药后又可复发。病牛可能轻度跛行，触诊病骨区表现挣扎。大多数病变发生于掌部和跖部。

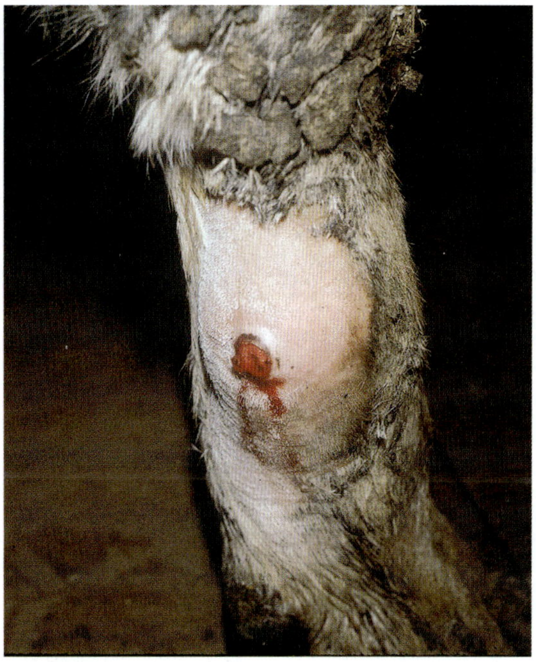

图 11-45

一跛行青年母牛掌部的骨髓炎。在3个月中，曾一再发生肿胀、跛行和病灶排出渗出物。

局部的射线照片可证实诊断。死骨形成必须和骨髓炎相区别，因为前者需要手术去除而后者只需要药物治疗。利用射线照片和骨切除死骨片并不难。死骨片周围的骨质疏松，切除死骨片之前必须除去。除了射线照片，还应进行脓性排出物的细菌培养及药敏试验。虽然化脓性放线杆菌是最常见的病原，也曾分离到其他需用广谱抗生素治疗的微生物。骨髓炎通常需要长期的抗生素治疗（4～6周）。因此，动物的价值必须允许如此大的治疗费用。

痉挛性轻瘫，痉挛性综合征
Spastic Paresis, Spastic Syndrome

痉挛性轻瘫是一种罕见的进行性肌肉疾病，表现为继腓肠肌痉挛性收缩之后的后肢过度强直。一后肢或两后肢同时发病，病牛的跗关节高度伸展，后肢特别直。在荷斯坦犊牛，痉挛性轻瘫曾被称为Elso后裔，因为它们的系谱可以追溯到一头称为Elso的公牛。犊牛通常在2～10月龄出现症状。

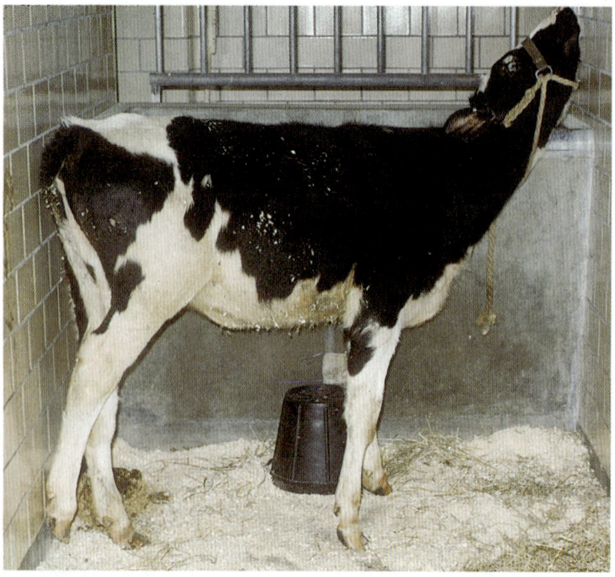

图 11-46

荷斯坦奶牛痉挛性轻瘫。奶牛颈部上扬，右后肢痉挛性向后伸出。

患病犊牛的后肢异常伸直，患肢常伸于后方并只用蹄尖着地（图11-46）。在发病早期，动物站立时，腓肠肌痉挛结束后患肢能够松弛或间歇性松弛。犊牛后肢过度伸展时颈部和头部也可能上扬。由于此病呈渐进性发展，如果两后肢均发病，由于腓肠肌痛性痉挛，犊牛疼痛异常，最终引起体重下降，多卧少站。强迫站立时患肢僵直地伸于体后，因难以运步，表现步态强拘。休息时患肢屈曲可能比较容易。于站立时触摸患肢的腓肠肌紧张、痉挛。许多肉牛及奶牛品种可能患此病，在奶牛中，荷斯坦牛和更赛牛最常发病。

成年动物的痉挛性综合征与痉挛性轻瘫不同，被称为痛性痉挛，倾向于后天获得。被拴住的公牛和被隔离在牛栏里的成年奶牛最易患病。最初症状于2～6岁出现。荷斯坦牛和更赛乳牛发病率最高。最初，病牛在试图站起时表现痛性痉挛，而后患肢向后伸出，试图缓解腓肠肌的痉挛性收缩。在拴系的动物，这使其后肢离开所站立的位置或将后蹄拖于排粪沟中。病牛低腰，头颈部扬起。数分钟之内肌肉松弛，站立姿势趋于正常。病情进一步发展，病牛试图站起时痉挛更为严重，站起后患肢后伸并颤抖。站立时也可出现间歇性痛性痉挛，腿伸向后方并出现抖动或后踏。如果将患病严重的乳牛拴系数日没有运动，可发生严重的肌肉痛性痉挛，以致动物不能站立。

通过临床症状和触诊患病的腓肠肌可作出诊断。

在欧洲，对患病犊牛的治疗较为普遍，饲养犊牛的目的只为生产牛肉。实施腓肠肌腱或腓肠肌腱与部分浅屈肌腱的切腱术可使部分但非所有的病例得到改善。切除分布在腓肠肌的胫神经分支手术已经成功。在美国，认为本病既然有遗传的可能，所以就治疗来说，至少对奶牛进行治疗是不明智的，故建议屠宰。

对成年奶牛及公牛的痉挛轻瘫不予治疗，除非为了使病牛舒适些，给予肌松剂或镇静剂。遗憾的是，本病是种公牛的常见病，患病动物的精液却常被大量用于人工授精，使得本病在患病牛群种传播。同样令人遗憾的是，某些有价值的奶牛在展出前进行治疗来掩盖此病的症状。

腱挛缩 Contracted Tendons

犊牛或青年牛的屈腱挛缩可为先天性或获得性。先天性屈腱挛缩常发生于犊牛的前肢。如若没有先天性缺损，对有价值的犊牛应进行治疗。排除关节弯曲这一潜在性原因是重要的。

患病犊牛突球，以蹄尖负重，在严重病例，站立时以球节背侧支地负重（图11-47）。严重的病例腕关节也轻度屈曲。出生时存在上述症状即可作出诊断。年轻的犊牛长期躺卧时可发生获得性屈腱挛

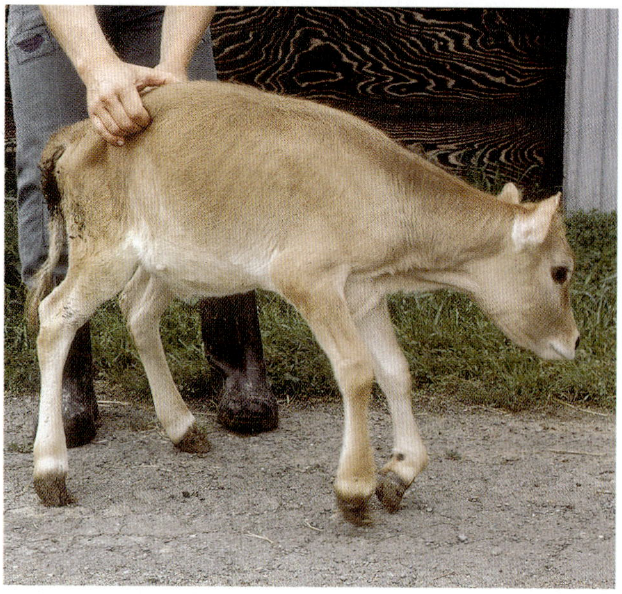

图 11-47

娟姗犊牛的先天性腱挛缩。

缩，躺卧的原因包括败血症、白肌病、多关节炎、蹄叶炎、营养不良及神经疾患。在生长期小母牛和公牛，虽然多关节炎或其他疾病偶为致病原因，但蹄叶炎是导致前肢屈腱挛缩最为常见的诱因。

最单纯的先天性挛缩，只需要物理疗法予以治疗。即经常轻轻牵引患肢，使屈腱伸展并鼓励牛负重锻炼。严重的先天性病例，可能需要打夹板绷带或手术横断浅屈腱、深屈腱或两条屈腱，然后用石膏绷带固定。对那些物理疗法效果不佳但可以用蹄尖负重的患病犊牛可选用夹板绷带。犊牛镇静，将聚氯乙烯板打于缠裹了棉花的患肢之上，防止进一步发生突球。每周更换一次夹板，重新装置夹板前，人为牵引屈腱，使其达到一定程度的伸展。每天令犊牛站立数次并训练运步。对于有价值的犊牛，上述保守疗法失败后，可采用手术方法切断浅屈腱、深屈腱或将二者均切断。这种手术最好由有治疗马屈腱挛缩经验的外科兽医师来做。术后应装置夹板数周直至断腱愈合。需将深浅两条屈腱同时切断的病例预后不良。用于马驹腱挛缩的大剂量的土霉素，对于牛无效，而且大剂量给药有造成牛急性肾功能衰竭的危险。

对于犊牛或生长期动物继发于其他疾病的屈腱挛缩，应采用物理疗法并正确地治疗原发病。动物因发病躺卧时间越长，对物理疗法治疗屈腱挛缩的反应也越差。

其他的肌肉与骨骼疾病
OTHER MUSCULOSKELETAL PROBLEMS

尾骨腹侧骨折
Ventral Fracture of the Coccyx

尾根压伤是荐椎和前部尾椎压缩性骨折和脱位的通称（图11-48）。此病在奶牛经常发生，多由发情时爬跨引起。脊神经也常受到损伤，导致大多数病例尾部轻瘫或麻痹。一些中度严重病例，尾部麻痹、膀胱充盈、排尿断断续续；奶牛能正常控制患肢。在更为严重的病例，荐神经可能受到损伤，引起坐骨神经麻痹，两后肢突球。

通过检查可以作出诊断。荐椎和前部尾椎的正常排列受到破坏，尾根部可能存在因其他奶牛爬跨所致的擦伤。活动尾和尾根可引起奶牛疼痛。在慢

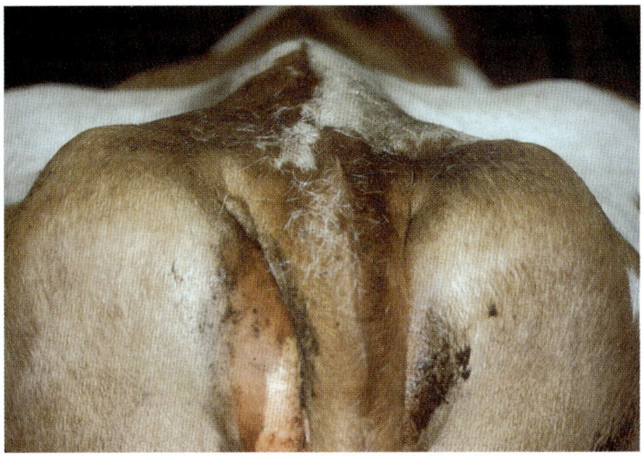

图 11-48

更赛奶牛的第四荐椎骨折引起尾根下陷，尾巴摆动功能降低。可通过外科手术修复骨折，奶牛尾部外形恢复正常，尾巴功能提高。

性病例，尾根部的肌肉和尾肌明显萎缩。尾根部受伤引起尾麻痹的主要并发症是会阴部及尾受到粪尿污染。患病奶牛不能抬起尾部排粪排尿，粪尿就会污染阴门、会阴、尾部。在某些病例中，这种情况增加了阴道污染的机会，由于经生殖道上行感染而影响受孕。严重的荐部骨折可损伤阴部神经，致使生殖道后段失去知觉。

保守疗法不可能改变临床症状，但受伤严重、明显引起坐骨神经损伤的病例，在急性期应给予消炎药物治疗，以减轻坐骨神经周围的炎症和水肿。治疗骨盆脱位后，对于正常犊牛来说，骨盆的通道可能太窄；如果奶牛怀孕了，就要计划进行手术分娩。

荐髂关节脱位 Sacroiliac Luxation

虽然发病相当少，但荐髂关节脱位可在产前1周的围产期发生。与分娩有关的雌激素高峰，引起韧带组织生理性松弛是荐髂关节脱位和半脱位的明显诱因。

临床检查可见明显的症状，因为髋结节高于脊柱的水平面，并且当奶牛走动时前后移动，这是因为后肢和骨盆的活动此时与脊柱无关（图11-49）。半脱位时髋结节比脊柱略高，荐骨和髂骨之间的活动性小，但活动时疼痛。某些完全脱位的牛疼痛剧烈，拒绝运动和采食，而其他的牛似乎疼痛较轻，运动时步态强拘，但能继续采食。如果脱位发生在产前，分娩时需要助产，或由于骨盆入口发生背、

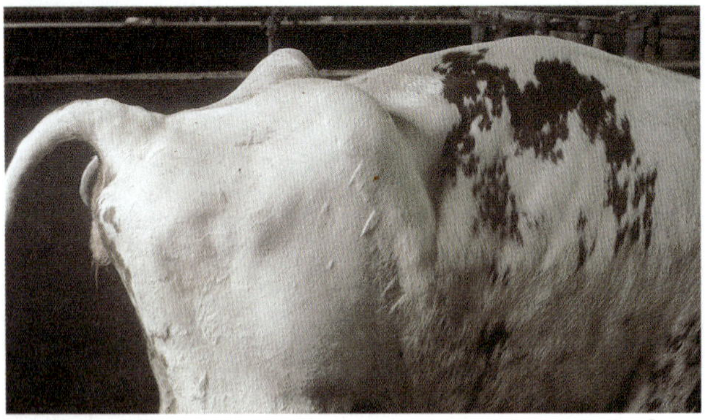

图 11-49

一头爱尔夏牛发生荐髂关节脱位。髋结节向背侧突出，比脊柱高得多。

腹方位缩小，需要实施剖腹产术。

所有荐髂关节全脱位的病例预后不良，半脱位预后良好，因为关节会形成瘢痕。有明显的剧烈疼痛的病牛应屠宰。而那些能继续采食、产奶和走动的病牛可完成泌乳期。未见可使奶牛恢复的报道，因为这种情况很罕见。全脱位的奶牛不可以参加配种，因为难产是不可避免的。

背部损伤 Back Injuries

大多数牛背部损伤是由于意外的卧于或陷于隔栏下多次挣扎欲起造成的。如果牛栏设计不合理，牛在开放式牛栏可能被限制在隔离栏之下。患跛行或代谢性疾病的成年牛也可能不被注意而发生错位。其他原因包括被体型大的奶牛爬跨或被其他牛爬跨时摔倒。

背部受伤的奶牛通常有能力站立但是不愿站立。因此，检查时在奶牛躺卧时进行。背部受伤的牛的典型姿势是站立时弓背，两后肢较正常时后踏（图11-50）。如果在背部发现多处擦伤或血肿可作出诊断。病牛步态僵硬，拖地而行，起卧时姿势笨拙。体温正常，但由于疼痛，呼吸和心跳加快。食欲可能正常或稍差。触诊背部或椎骨的棘突有疼痛反应。如果饲养员曾看到病牛受伤，病史本身便可提示诊断。

根据病牛的特殊姿势，观察、触诊及调查病史等诊断。其他引起弓背的原因，例如局限性腹膜炎，可由检查体胃肠道功能是否正常、食欲尚好或正常及体温是否正常予以排除。痉挛综合征可引起两后肢后踏，但其腰部凹陷而不是弓起。蹄叶炎病牛的后肢前踏并对检蹄器敏感而且蹄温升高。

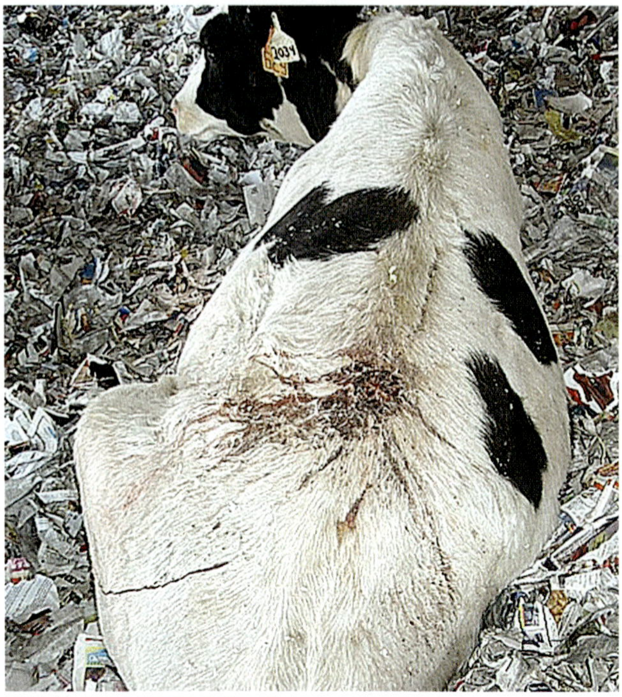

图 11-50

背部受伤的奶牛被拴在牛栏里，几天不能站立但最后复原。

治疗背部损伤的病牛应令其休息并给予止痛剂。将动作笨拙的牛移入隔离式牛栏，直至康复。与其他牛隔离可避免因爬跨造成进一步损伤。地塞米松或非类固醇消炎药对病牛很有帮助，应根据病情应用3 d到2周。步态变得正常以及弓背减轻说明病情已得到改善。

镇静奶牛——肌病 Downer Cows —Myopathy

挣扎、努力站起时动作不协调，被困于淤泥、粪便、铁丝或其他设施时奋力挣脱，以及在有冰或湿滑的水泥地面上多次挣扎欲起都是造成劳累性肌病的原因。肌肉多次过劳可导致肌肉微观或大体的损伤，细胞破裂、水肿、出血，释放出乳酸，最后可引起坏死或纤维化。根据病牛的姿势、体重及所处环境不同，可损伤不同的肌群，但是后肢的肌群最常受到损伤。如果发生闭孔神经麻痹，病牛两后肢劈叉或在光滑地面上两肢叉开，内收肌群可能受伤。“爬行奶牛”的股四头肌可能受损，因为这样的病牛在两肢后伸的状态下向前爬行或挣扎欲起。如果病牛不断挣扎，但由于太弱而起立失败，则可伤及腓肠肌或股后侧的半腱肌和半膜肌。在大多数情况下，原发病（如低血钙症、继发于难产或损伤的神经障碍、低血钾症）引起躺卧，而后这些病牛由于分离挣扎或被留在光滑地面上而继发肌病。

腔隙综合征是另外一种继发的并发症，原发病为代谢病、神经疾病或肌肉骨骼的疾病，这些疾病均可引起病牛长时间躺卧。腔隙综合征引起躺卧的侧肢局部缺血——通常为躺卧奶牛的后肢。局部缺血导致膝关节以下肿胀并由于筋膜内的肌束和神经水肿及压迫性坏死而伴发神经肌肉损伤。此外，坐骨神经可在股骨近端后侧发生损伤，而腓神经在膝关节下方的腓骨近端可受到直接压迫。这些问题在第十二章神经疾病中予以讨论。在腔隙综合征或压迫性肌病——神经疾病的躺卧病牛，腓神经在压迫的膝关节与跗关节之间受损伤。

劳累性肌病或腔隙综合征的临床特征是病牛不能站立，或患肢不能正常负重的肢体机能障碍。症状包括肢体肿胀、肌肉肿胀、肢僵直、不能站立、伴有突球的肢屈曲及其他。很显然，因受损的肌群以及骨骼、神经所收损伤的不同，病牛的姿势和症状也不尽相同。急性肌病的肌肉肿胀可表现为硬肿，但在大多数病例，肌肉相对来说比较软，缺乏张力，故在物理检查时见到肌肉肿胀、不对称以及动物站立、躺卧和欲起时的典型症状即可做出判断。也可以用试剂条检查病牛的尿液，做简单的辅助性实验以证实诊断。在最严重的肌病，可有明显的、肉眼可见的肌红蛋白尿，尿液呈棕色或深红色，混浊。不太严重的病例，尿液可呈清亮的棕色或清亮的淡黄色，但用多种试剂条实验时，对血红蛋白和蛋白试剂条呈现强阳性反应。因为检验血红蛋白的邻甲苯胺试剂条和肌红蛋白也发生反应，所以，该试剂条在现场检验肌红蛋白很有用。对有价值的牛或有疑问的病例，应分析血清中的肌酸激酶（CK）和天门冬氨酸转移酶（AST），有助于判断预后。大多数躺卧牛的CK和AST值都有某种程度的升高，所以，轻度升高不能作为诊断严重肌病的依据。CK的相对值和AST升高水平可作为诊断或预后的依据。肌肉发生损伤后，CK很快达到峰值，但它在血清中的半衰期很短（4～8 h），而AST达到峰值要慢得多，可在数天内保持高值或稳定于某一水平。了解这一点非常重要，因为假如肌肉的损伤发生于躺卧早期，好在病牛仅躺卧了24～48 h测定CK，而躺卧了1周的病牛则应测定AST。CK值>5 000～10 000 IU/L，表明发生了典型的急性劳累性肌病，如果大的肌群发生严重的肌肉损伤，CK通常超过20 000 IU/L。严重的肌病可使AST升高到3 000或更高，达到峰值后这一数值可保持数天。一般来说，CK值超过100 000 IU/L或AST超过10 000 IU/L表明预后不良。这些奶牛由于肌细胞破裂，在急性期可出现血清钾升高并有发生肌红蛋白性肾病的危险。由于大量的乳酸从肌细胞释出，病牛可发生代谢性酸中毒。患严重劳累性肌病的病牛（如陷于泥沼中），许多的肌群受到损伤，继乳酸、钾及许多来自受损肌肉的其他产物释出之后，可出现休克状态及神经症状。

诊断为肌病之后，兽医必须判定原发病是否已被治疗，或尚需进一步治疗，确定动物是否能够耐受目前肌病。在许多病例，原发病已得到纠正（例如低血钙症），而只有肌病是躺卧的原因。在其他病例如化脓性乳房炎或闭孔神经麻痹，原发病还存在，又发生继发性肌病，使得预后更坏。明显的肌红蛋白尿提示发生肌红蛋白性肾病的可能，并发展为肾衰竭，预后不良。如果肌病得以确诊，临床判断治愈的可能性。那些精神状态好、机敏、试图站立并削除了致使病牛躺卧的原发病的病例，最有希望治愈。如认为可以治疗，应遵循以下治疗原则：

1. 加强护理：保证病牛躺卧的地面良好，表面不滑。这可能是有粪堆积的不洁的隔离式牛栏，铺好垫草的隔离式牛栏或室外的土地。奶牛起身时可能伸展身体，因此在牛栏四周应铺稻草，以防止躺下时头碰到墙。在躺卧处饮、喂病牛，避免像大型牛场的竞争一样，同栏的其他奶牛会争抢病牛的食物。对于发生产犊麻痹，有外展倾向的后肢应拴系起来以防劈叉。每日应给躺卧的奶牛翻身数次，以减少发生腔隙综合征的可能性。

2. 给予镇静剂：劳累性肌病非常疼痛，应给予氟胺盐酸、酮洛芬或地塞米松等镇静剂。

3. 液体治疗：如果肌红蛋白尿症状明显并可能或已有肾脏损伤，应给予体液治疗。除非实验室提供的数据表明高血钾症及代谢性酸中毒需要给予特殊的液体和电解质，否则液体治疗应给平衡电解质溶液。

4. 维生素E和硒：大多数成年奶牛的血硒浓度不低，但从临床经验来看，给予治疗量的维生素E和硒无害并可保证肌肉修复所需的营养物质。经验疗法之所以有用，是因为实验室测定硒或谷胱甘肽过氧化物酶要费很长时间，所以，最好提前给予这些营养物质，而不必等待实验室硒含量是否正常的报告。

5. 人工或机械帮助病牛站立：对这种支持性护理的争议最大，每个人的临床经验也不一样。最简单的方法是在病牛试图站起时，人为提起牛尾帮助站立。其他器械性方法包括使用髋悬带、牛助行器、充气橡皮囊或其他吊带。所有机械性助立方法使用时必须谨慎，以免对动物造成损伤而不是对它们有益。如果护理条件好，最好不要急于使用机械装置，但处于不利环境中的病牛，应该在躺卧后48 h内给予机械助立，以确定它们能够站起时是否可以负重。帮助躺卧牛站起也使得兽医师能对病牛做比较彻底的检查，包括简单的直肠检查，评价四肢负重的能力。这对于做出预后很有帮助。

物理疗法治疗患肌病奶牛的最新的可行工具是漂浮槽。这种装置具有可用性，可以加热大量水到36℃或95℉。用水帮助奶牛站立的治疗价值大于诊断价值。在水槽中24～36 h之后，将奶牛放到良好地面比如深沙，这样能让牛恢复直立的能力和控制站立姿势。虽然不容易办到，但最好能尽快装满水槽，最大限度地降低牛的恐惧。大部分水槽有着很大的排水管口，因此可以很快排尽水。在环境温度很低的情况下使用，可以间歇地给水加热或直接加入热水。在环境温度很高的情况下使用，应该放在阴凉处，以免奶牛体温过热。在临床上，有些奶牛经过三四个疗程后虽还是不能站立，但是最后复原了。在水槽中能站直的奶牛比那些经常改变负重姿势的奶牛，一般预后良好（图11-51，A和B）。

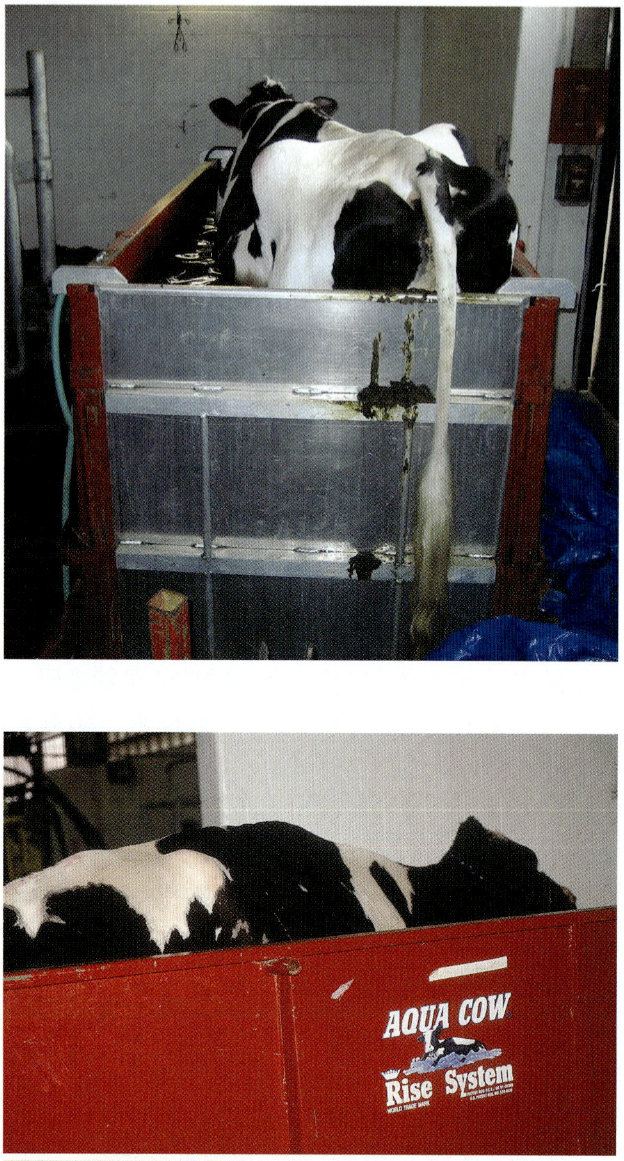

图 11-51

因为不能站立的两头奶牛被放在漂浮槽里的姿势。A，因为代谢病而躺卧的奶牛，放到水槽里后站直，然后复原了。B，奶牛不能站直，改善环境治疗了3 d之后，剖检以后发现骨盆骨折。

虽然许多临床工作者反对，但是我们还是喜欢使用有好衬垫的髋悬带作为机械性助立工具（图11-52），因为它相对来说比较便宜，在室内（借助横梁）或室外（用水压机提升），需用的人手也少。最好选择那些愿意并试图站起、助立后能够自己站立的病牛作为使用机械助立的对象。这些牛通常只需在1～5 d内，每天助立2次，以后就能自己站起。有些横卧的奶牛第一次站起后惊恐、害怕，拒绝负重。因此，对最初的助立不要期望过高，而应只看做锻炼。病牛本身的价值和能够提供的人工护理，决定了躺卧病牛的护理期限。至于一头母牛躺卧多长时间后可做出无望的预后，并没有绝对的标准。但是，躺卧时间越多，预后也就越差，这是因为肌肉、骨骼和神经就更可能受到损伤。临床症状细微的改善，如在起立时能逐日使患肢更多负重等，是做出预后和决定是否延长治疗时间的关键。如果使用髋悬带或其他类型的悬带，应用好的衬垫并在动物站起后1～5 min内除去悬带，以减少髋结节部皮肤发生压迫性坏死的可能性。如果助立后1～5 min内动物还不能自己站立，应于快速挤奶后让其重新躺下休息。任何时候都不能让髋悬带在原位留置10 min以上，并且衬垫要厚。某些发生轻度至中等

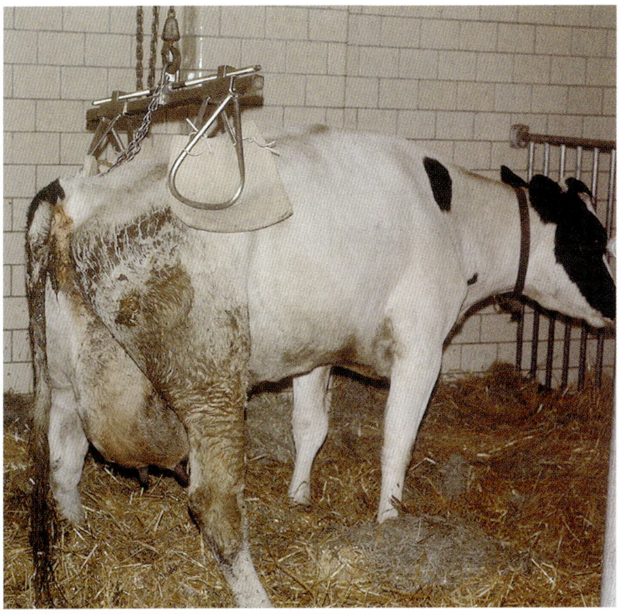

图 11-52

用髋悬带吊起患劳累性肌病奶牛的后躯。

程度肌病的牛，在适当护理和治疗后可能获救。患严重肌病或肌病并不严重但护理、治疗不当的牛预后不良。

白肌病 White Muscle Disease

在缺硒地区，奶犊牛经常发生以岑克尔氏变性为特征的营养性肌变性。本病发生于生长期动物，虽然<6月龄的犊牛最常发病，但大至2岁的牛也可发病。在美国所有的商品化饲料都规定了硒的允许含量。按自己的配方或按习惯制造维生素混合物喂养的牛群可能会超过规定的水平（这必须符合规定，因为配方依赖于允许的浓度而不是每天消耗多少毫克的硒）。因为硒用法的规定的广泛应用，白肌病的临床病例在来自农场没有饲喂商品化饲料的奶牛中最常见。

缺硒、维生素E或两者都缺乏可能诱发本病。硒是构成某些酶前体，这些酶，如谷胱甘肽过氧化物酶，可以防止组织氧化。维生素E也可保护组织免受饲料中不饱和脂类进行正常氧化造成的过氧化物的损伤。据认为，饲料中含硒量（以饲料干物质计）至少应为0.1～0.3 mg/kg。饲料长时间贮存、发酵及其他因素都可影响维生素E的含量，致使饲喂时饲料内的水平比刚收获时低得多。对其他动物的研究表明，饲料中某些矿物质可能和硒相互作用，增加或减少硒的生物学利用率，但这一工作还未在牛开展。

白肌病可侵害任何横纹肌，包括咽喉部肌肉、舌肌、呼吸肌、心肌、颈部肌肉或四肢肌群。在新生犊牛，舌肌可能是唯一受到侵害的组织，动物不能吸乳。触摸时感到舌稍软，犊牛有食欲，但将手指伸入其口内检查其吸乳反射时舌下垂。在一个群中，有数头犊牛可发生吸入性肺炎，如果咽、喉及肋间肌、膈肌等呼吸肌受到侵害时，可表现明显的呼吸困难。

在发病早期，可见到步态强拘的典型症状，尤其是从隔离牛栏转移到宽敞的地方后活动多的犊牛。后肢、前肢或四肢可表现明显的高跷步态。这一症状需与蹄叶炎、多关节炎及破伤风进行鉴别。弥漫性肌变性可导致动物衰弱，这在幼犊可见到（图11-53）。如果辅助病犊站起，在试图负重的数秒钟内犊牛的肌肉发生震颤。而后在很短的时间内，由于颈部肌肉无力，使头垂下。如果让病牛站立时间稍长，可表现四肢瘫软或明显的呼吸困难。严重的弥漫性肌肉变性可使犊牛全身瘫软，乍看似乎发生了瘫痪。最严重的病例精神沉郁，呼吸困难，继大量乳酸从受损肌群释出而发生代谢性酸中毒，可出现精神症状。在这些发病严重的动物，通

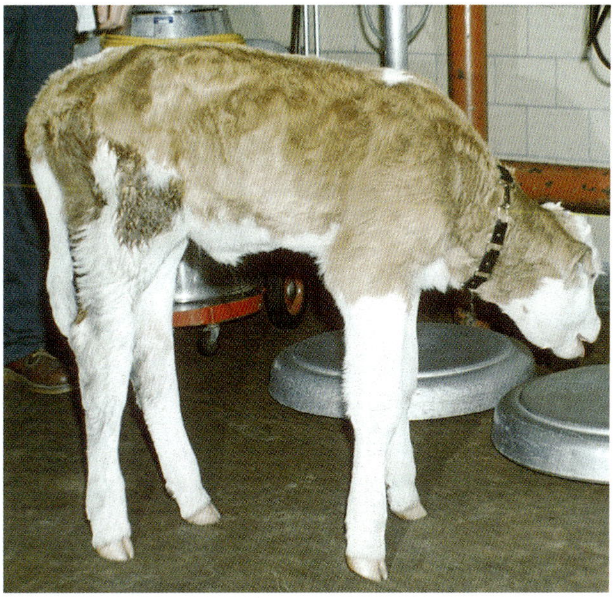

图 11-53

发生弥漫性白肌病的1岁犊牛。被扶助站起后，仅能站立数秒钟便瘫倒。由于颈部肌群软弱，该犊牛抬不起头来。由于呼吸受损，表现明显的张口呼吸。

常存在肉眼可见的肌红蛋白尿。

如果心肌受损，可表现心率失常、心脏杂音、与肺水肿有关的呼吸困难或无前驱症状的突然死亡。运动可使患病动物的症状加重。而且运动或驱赶表面上正常的动物可促其出现症状。

在大的肌群发生局部性岑克尔氏变性的急性病例，触诊时肌肉坚实、肿胀。然而，大多数病例，尤其是发生严重弥漫性岑克尔氏变性的动物，触诊患病肌肉时却是柔软的。已经躺卧数天的慢性病例可表现肌肉萎缩和纤维化。

依据临床症状，尤其是并非一头牛患病，而且尿中出现肌红蛋白，可以做出临床诊断。在弥漫性肌变性或年龄较大的犊牛患病时，比较常见肉眼可见的肌红蛋白尿。当尿液检验证实血液（Hb，RBC,肌红蛋白）和蛋白质为阳性反应时，应怀疑存在非典型的肌红蛋白尿。实验室检测CK和AST值明显升高可帮助确定诊断。除非肌肉被不断破坏，否则因为CK的半衰期短，这种酶可很快升高，但在2～4 d内下降。AST在1～2 d内缓慢升高，而后达到一定高度，维持约1周。因此，病史与这些数据相结合有助于对病情的分析。CK的值可高于1 000 IU/L而且常超过10 000 IU/L。AST的值常超过500 IU/L。在大龄动物，这些值往往高得多，因为它们比年幼的牛手损伤肌群（例如可能只是心肌或吞咽肌肉受到损伤）更大，能更多地释放这些酶。最后确诊依赖于实验室对全血含硒量（加肝素样品）和谷胱甘肽过氧化物酶（加EDTA样品）的测定。硒在红细胞内被结合在谷胱甘肽过氧化物酶，该酶能加速细胞对过氧化物的分解。由于红细胞在生成过程中，硒必须结合进红细胞内的谷胱甘肽过氧化物酶中，所以，需要4～6周的时间才能检测到谷胱甘肽过氧化物酶升高。因此，最近补硒的患病犊牛尽管其血硒值的测定意义不大，测定谷胱甘肽过氧化物酶的值还是有价值的。未经治疗的奶牛通常测定其全血含硒量。虽然各实验室测定的正常范围可能稍有不同，下面是硒和谷胱甘肽过氧化物酶的范围。

	全血硒（μg/dL）	谷胱甘肽过氧化物酶（U/g Hb）
正常	＞12.0	＞30
临界值	8.0～12.0	20～30
缺乏	＜8.0	＜20

白肌病是一种“硒应答”性疾病。所以不论其确切病因如何（缺硒、维生素E，或硒与其他矿物质结合），治疗和预防本病需通过注射或饲料内添加硒制剂。

给病犊注射硒和维生素E时应按药品制造商推荐的剂量，一般间隔3 d注射1次，共注射3或4次。

注射硒-维生素E制剂过多会很危险，因为硒维生素E制剂会引起硒中毒甚至导致病畜死亡。所以，用市售的硒-维生素E制剂治疗时，应严格地按说明规定的剂量使用。

（王桂花译，乔俊文校）

参考文献

Adams SB: The role of external fixation and emergency fracture management in bovine orthopedics, *Vet Clin North Am (Food Anim Pract)* 1:109-129, 1985.

Anderson DE, St-Jean G, Morin DE, et al: Traumatic flexor tendon injuries in 27 cattle, *Vet Surg* 25:320-326, 1996.

Bentley VA, Edwards RB III, Santschi EM, et al: Repair of femoral capital physeal fractures with 7.0 mm cannulated screws in cattle: 20 cases (1988-2002), *J Am Vet Med Assoc* 227:964-969, 2005.

Berg JN, Loan RW: Fusobacterium necrophorum and Bacteroids melaninogenicus as etiological agents in foot rot in cattle, *Am J Vet Res* 36:115, 1975.

Bergsten C: Haemorrhages of the sole horn of dairy cows as a retrospective indicator of laminitis: an epidemiological study, *Acta Vet Scand* 35:55-66, 1994.

Bicalho RC, Cheong SH, Warnick LD, et al: The effect of digit amputation or arthrodesis on surgery culling and milk production in Holstein dairy cows, *J Dairy Sci* 89:2596-2602, 2006.

Blood DC: Arthrogryposis and hydrancephaly, *Aust Vet J* 32:125-131, 1956.

Bouckaert JH, DeMoor A: Treatment of spastic paralysis in cattle: improved denervation technique of the gastrocnemius muscle and postoperative course, *Vet Rec* 79:226, 1966.

Colam-Ainsworth P, Lunn GA, Thomas RC, et al: Behaviour of cows in cubicles and its possible relationship with laminitis in replacement dairy heifers, *Vet Rec* 125:573-575, 1989.

Cox VS: Understanding the downer cow syndrome, *Compend Contin Educ Pract Vet* 3:S472-S478, 1981.

Cox VS, McGrath CJ, Jorgensen SE: The role of pressure damage in pathogenesis of the downer cow syndrome, *Am J Vet Res* 43:26-31, 1982.

Crawford WH: Intra-articular replacement of bovine cranial cruciate ligaments with an autogenous fascial graft, *Vet Surg* 19:380-388, 1990.

Dermirkan I, Walker RL, Murray RD, et al: Serological evidence of spirochaetal infections associated with digital dermatitis in dairy cattle, *Vet J* 157:69-77, 1999.

Desrochers A, Anderson DE, St.-Jean G: Lameness examination in cattle, *Vet Clin North Am (Food Anim Pract)* 17:39-51, 2001.

Ewoldt JM, Hull BL, Ayars WH: Repair of femoral capital physeal fractures in 12 cattle, *Vet Surg* 32:30-36, 2003.

Ferguson JG: Management and repair of bovine fractures, *Compend Contin Educ Pract Vet* 4:S128-S136, 1982.

Ferguson JG: Principles of application of internal fixation in cattle, *Vet Clin North Am (Food Anim Pract)* 1:139-152, 1985.

Ferguson JG: Special considerations in bovine orthopedics and lameness, *Vet Clin North Am (Food Anim Pract)* 1:131-138, 1985.

Firth EC, Kersjes AW, Kik KJ, et al: Haematogenous osteomyelitis in cattle, *Vet Rec* 120:148-152, 1987.

Francoz D, Desrochers A, Fecteau G, et al: Synovial fluid changes in induced infectious arthritis in calves, *J Vet Intern Med* 19:336-343, 2005.

Frankena K, van Keulen KAS, Noordhuizen JP, et al: A cross-sectional study in prevalence and risk indicators of digital haemorrhages in female dairy calves, *Prev Vet Med* 14:1-12, 1992.

Gangl M, Grukle S, Serteyn D, et al: Retrospective study of 99 cases of bone fractures in cattle treated by external coaptation or confinement, *Vet Rec* 158:264-268, 2006.

Garrett EF, Nordlund KV, Goodger WJ, et al: A cross-sectional field study investigating the effect of periparturient dietary management on ruminal pH in early lactation dairy cows, *J Dairy Sci* 80(suppl 1):169, 1997 (abstract).

Greenough PR, MacCallum FJ, Weaver AD: *Lameness in cattle*, ed 3, St. Louis, 1997, WB Saunders.

Grubelnik M, Kofler J, Martinek B, et al: Ultrasonographic examination of the hip joint region and bony pelvis in cattle, *Berl Munch Tierarztl Wochenschr* 115:209-220, 2002.

Gütze R: Spastic paresis of the hindquarters of calves and young cattle, *Dtsch Tierärztl Wochenschr* 40:197, 1932.

Hull BL, Koenig GJ, Monke DR: Treatment of slipped capital femoral epiphysis in cattle: 11 cases (1974-1988), *J Am Vet Med Assoc* 197:1509-1512, 1990.

Hum S, Kessell A, Djordjevic S, et al: Mastitis, polyarthritis and abortion caused by Mycoplasma species bovine group 7 in dairy cattle, *Aust Vet J* 78:744-750, 2000.

Leonard FC, O'Connell J, O'Farrell K: Effect of different housing conditions on behaviour and foot lesions in Friesian heifers, *Vet Rec* 134:490-494, 1994.

Livesey CT, Fleming FL: Nutritional influences on laminitis, sole ulcer and bruised sole in Friesian cows, *Vet Rec* 14:510-512, 1984.

Logue DN, Offer JE, McGovern RE: The housing effects of first calving Holstein Friesian heifers separately or with the adult herd on claw conformation and lesion development. In Lischer CJ, Ossent P, editors: 10th International Symposium on Lameness in Ruminants, Lucerne, September 1998, pp. 60-62, Department of Veterinary Surgery, University of Zurich.

Maas JP: Diagnosis and management of selenium-responsive diseases in cattle, *Compend Contin Educ Pract Vet* 5:S393-S399, 1983.

Madison JB, Tulleners EP, Ducharme NG, et al: Idiopathic gonitis in heifers: 34 cases (1976-1986), *J Am Vet Med Assoc* 194:273-277, 1989.

Manson FJ, Leaver JD: The influence of concentrate amount on locomotion and clinical lameness in dairy cattle, *Anim Prod* 47:185-190, 1988.

Martens A, Steenhaut M, Gasthuys F, et al: Conservative and surgical treatment of tibial fractures in cattle, *Vet Rec* 143:12-16, 1998.

Maton A: The influence of the housing system on claw disorders with dairy cows. In Wierenga HK, Peterse DJ, editors: *Cattle housing systems, lameness, and behaviour: Proceedings of Commission of European Communities*, Brussels, June 1986, Dordrecht, 1987, Martinus Nijhoff Publishers, pp. 151-158.

McDuffee LA, Ducharme NG, Ward JL: Repair of sacral fracture in two dairy cattle, *J Am Vet Med Assoc* 202:1126-1128, 1993.

Metz JHM, Wierenga HK, Behavioural criteria for the design of housing systems for cattle. In Wierenga HK, Peterse DJ, editors: *Cattle housing systems, lameness, and behaviour: Proceedings of Commission of European Communities*, Brussels, June 1986, Dordrecht, 1987, Martinus Nijhoff Publishers, pp. 14-25.

Murphy PA, Hannan J, Monaghan M: A survey of lameness in beef cattle housed on slats and on straw. In Wierenga HK, Peterse DJ, editors: *Cattle housing systems, lameness, and behaviour: Proceedings of Commission of European Communities*, Brussels, June 1986, Dordrecht, 1987, Martinus Nijhoff Publishers, pp. 67-72.

Nelson DR: Surgery of the stifle joint in cattle, *Compend Contin Educ Pract Vet* 5:S300-S306, 1983.

Nelson DR, Kneller SK: Treatment of proximal hind-limb lameness in cattle, *Vet Clin North Am (Food Anim Pract)* 1:153-173, 1985.

Nuss K, Weaver MP: Resection of the distal interphalangeal joint in cattle: an alternative to amputation, *Vet Rec* 128: 540-543, 1991.

Pejsa TG, St. Jean G, Hoffsis GF, et al: Digit amputation in cattle: 85 cases (1971-1990), *J Am Vet Med Assoc* 202:981-984, 1993.

Peterse DJ, Korver S, Oldenbroek JK, et al: Relationship between levels of concentrate feeding and incidence of sole ulcers in dairy cattle, *Vet Rec* 115:629-630, 1984.

Potter MJ, Broom DM: The behaviour and welfare of cows in relation to cubicle house design. In Wierenga HK, Peterse DJ, editors: *Cattle housing systems, lameness, and behaviour: Proceedings of Commission of European Communities*, Brussels, June 1986, Dordrecht, 1987, Martinus Nijhoff Publishers, pp. 129-147.

Rajkondawar PG, Liu M, Dyer RM, et al: Comparison of models to identify lame cows based on gait and lesion scores, and limb movement variables, *J Dairy Sci* 89:4267-4275, 2006.

Read DH, Walker RL, Castro AE, et al: An invasive spirochete associated with interdigital papillomatosis of dairy cattle, *Vet Rec* 130:59-60, 1992.

Rebhun WC, Payne RM, King JM, et al: Interdigital papillomatosis in dairy cattle, *J Am Vet Med Assoc* 177:437-440, 1980.

Rebhun WC, de Lahunta A, Baum KH, et al: Compressive neoplasms affecting the bovine spinal cord, *Compend Contin Educ Pract Vet* 6: S396-S400, 1984.

Reiland S, Stromberg P, Olsson SE, et al: Osteochondrosis in growing bulls, *Acta Radiol* 358:179-196, 1978.

Scholz RW, Hutchinson LJ: Distribution of glutathione peroxidase activity and selenium in the blood of dairy cows, *Am J Vet Res* 40:245-249, 1979.

Studder E, Nelson JR: Nutrition related degenerative joint disease in young bulls, *Vet Med* 66:1007-1010, 1971.

Thyssen I: Foot and leg disorders in dairy cattle in different housing systems. In Wierenga HK, Peterse DJ, editors: *Cattle housing systems, lameness, and behaviour: Proceedings of Commission of European Communities*, Brussels, June 1986, Dordrecht, 1987, Martinus Nijhoff Publishers, pp. 166-178.

Toussaint-Raven E: *Cattle footcare and claw trimming*, Ipswich, UK, 1989, Farming Press.

Toussaint-Raven E: The principles of claw trimming, *Vet Clin North Am (Food Anim Pract)* 1:93-107, 1985.

Trent AM, Plumb D: Treatment of infectious arthritis and osteomyelitis, *Vet Clin North Am (Food Anim Pract)* 7:747-778, 1991.

Trott DJ, Moeller MR, Zuerner RL, et al: Characterization of Treponema phagedenis-like spirochetes isolated from papillomatous digital dermatitis lesions in dairy cattle, *J Clin Microbiol* 41:2522-2529, 2003.

Tulleners E, Divers TJ, Evans L: Bilateral bicipital bursitis in a cow, *J Am Vet Med Assoc* 186:604, 1985.

Tulleners EP: Metacarpal and metatarsal fractures in dairy cattle: 33 cases (1979–1985), *J Am Vet Med Assoc* 189:463-468, 1986.

Tulleners EP, Nunamaker DM, Richardson DW: Coxofemoral luxation in cattle: 22 cases (1980–1985), *J Am Vet Med Assoc* 191:569-574, 1987.

van Amstel SR, Shearer JK: Review of Pododermatitis circumscripta (ulceration of the sole) in dairy cows, *J Vet Intern Med* 20:805-811, 2006.

Van Pelt RXVW: Idiopathic septic arthritis in dairy cattle, *J Am Vet Med Assoc* 161:278-284, 1972.

Van Vleet JF: Amounts of eight combined elements required to induce selenium-vitamin E deficiency and protection by supplements of selenium and vitamin E, *Am J Vet Res* 43:1049-1055, 1982.

Verschooten F, Vermeiren D, Devriese L: Bone infection in the bovine appendicular skeleton: a clinical, radiographic, and experimental study, *Vet Radiol Ultrasound* 41:250-260, 2000.

Walker RL, Read DH, Loretz KJ, et al: Spirochetes isolated from dairy cattle with papillomatous digital dermatitis and interdigital dermatitis, *Vet Microbiol* 47:343-355, 1995.

White SL, Rowland GN, Whitlock RH: Radiographic, macroscopic, and microscopic changes in growth plates of calves raised on hard flooring, *Am J Vet Res* 45:633-639, 1984.

第十二章
CHAPTER 12

牛神经系统疾病
Neurologic Diseases

Alexander de Lahunta and Thomas J.Divers

牛神经系统检查
BOVINE NEUROLOGIC EXAMINATION

神经系统检查包括：感觉中枢，步态，姿态反应，脊髓反射和颅神经检查。这5部分的检查顺序和程度取决于临床兽医的选择和病畜的状态及大小。

感觉中枢　Sensorium

疾病没有确诊前首先应观察病畜。颅内上行网状激活系统（ARAS）障碍的病例（病情渐重病畜）临床表现为：抑郁，昏睡，迟钝，半昏迷（昏呆）和昏迷。由于前脑机能紊乱，特别是影响大脑边缘系统，而导致的行为异常主要表现为前冲运动，转圈，头部下垂，激动，过度舔食，充气，狂躁。

步态　Gait

若病畜可以行走，观察其步态应在密闭环境中进行，并有人牵引。病畜绕圈行走时兽医最好从侧面观察病畜。各个解剖点损伤将会将在本章中按照解剖部位在开始时逐个介绍。对于较严重的病例，可以对其异常步态进行录影，以便帮助反复研究和进行慢动作研究。对于侧卧病畜，应吊起动物，并检查哪个肢体受影响和有几条腿仍可受意识支配，及病腿局部麻痹程度。注意，由于侧卧大动物的肌肉会产生挤压作用，这样可能会影响诊断准确性。

姿态反应　Postural Reactions

对于雄性犊牛及幼畜，可以通过抬起病畜对侧肢体，并推动其待测肢体而检验病畜每条腿的单脚跳跃能力。若病畜出现支持体重困难，但仍然试图站立这类症状，则说明病畜患有神经肌肉类疾病。脑干或脊髓技能紊乱将干扰下行的上部运动神经元（UMN）和脊髓小脑总体感觉经络(GP)，这类损伤将导致病畜跳跃反射延迟或消失（尽管关于神经病学的检查已经有报道，但没有实验证明有意识的本体感受具有特异性，我们也应该改变这种误解）。

脊髓反射——肌肉紧张程度及大小
Spinal Reflexes—Muscle Tone and Size

在站立的动物中，人们最容易观察到去神经萎缩症状。实际上，对于侧卧病畜唯一有价值的检查方法是进行脊髓反射，即使脊髓反射会因为病畜侧卧后肌肉挤压而受到影响。兽医可以检查病畜四肢肌肉的紧张程度，但对于成年动物则很难发现张力减退现象。这里唯一可信赖的腱反射为膝跳反射（股神经：L4，L5脊柱片段和神经），观察每条腿的屈膝反射可用于检查脊髓膨大部及其外周神经的完整性。

病畜的伤害感受和可随意运动的程度可以反应病畜的脊髓反射状态。对于站立或侧卧的动物可通过检查其尾部和肛门部肌肉紧张程度和肌肉反射来检查病畜的脊髓反射。严重的外周神经或脊髓疾病中，伤害感受的测定具有重要的预示作用。对于侧卧病畜不应使用镊子等器具而应使用电（短促）刺激进行伤害性刺激检查，因为电刺激不是一类疼痛刺激，而疼痛刺激是一种非感觉模型。疼痛是病畜对于有害刺激的自觉性反应并且在个体间存在较大差异。

即使有人认为可以分辨“表面或深部疼痛”的差别，而且这种做法非常流行。但这是一种错误的做法，因为，这种做法对于定位损伤是没有任何实际意义的。

脑神经 Cranial Nerves

大多数动物中，特别是幼年雄性，进行保定检查前应率先进行这部分实验：

使用手检查动物的威胁反射（眼睛—II—中央视觉通路—VII）

检查两侧瞳孔和瞳孔的光反射对称性（眼睛—II—嘴部脑干—III—睫毛神经节—虹膜）

检查斜视（III, IV和 VI—前庭）

检查静止时震动性眼球震颤－跳动性眼球震颤（前庭VIII），震动性眼球震颤－眼球震颤（原发性）

检查眼睑裂痕大小(VII, III, 交感神经),两耳位置，运动(VII)

上述所有的实验可在保定检查前进行。

从一侧到另一侧移动头部，以观察正常的眼球震颤（前庭VIII—脑干—III, VI）

在一个方向固定头部，使颈伸长，观察其位置性眼球震颤(前庭—VIII)

检测眼睑反射水平(V—脑干—VII)，口唇紧张(VII),和用手指刺激鼻部黏膜的反应(V—脑干—前脑)。触诊检查咬肌大小，上下额紧张度和运动（运动V），及舌长度和大小(XII)。吞咽能力的检查是唯一的检查IX和X吞咽支功能的可行方法。

大脑
BRAIN

脑功能障碍的临床症状
Clinical Signs of Brain Dysfunction

前脑病症包括所有形式的癫痫和行为异常，其范围囊括从较轻微症状即病畜在动物群体中关系异常和病畜习性异常，前冲动作，转圈，头部下垂，到极度攻击性及狂躁。动物大脑皮层异常包括从抑郁逐步发展为嗜睡，迟钝，半昏迷，昏迷。这些症状（迟钝发展为昏迷）的严重程度很大程度反应间脑（如脑垂体脓肿）中ARAS的机能紊乱。大脑机能障碍会引起具有正常瞳孔光反射的失明，但眼球、视神经、交叉神经损伤则会引起异常瞳孔光反射的失明。

前脑的神经学检查中损伤有3个特征，所有的3个特征都可能是对侧的或单侧的前脑损伤。①正常步态时姿势反应迟钝：动物体型过大，不能单脚行走，即表现为病畜在光滑的路面上四肢向一侧滑动或者观察到在粗糙路面上病畜蹄部拖地或拖拉；②丧失威吓反射；③表皮或鼻黏膜痛觉消退。

中枢神经缺失可帮助定位脑干损伤：II，间脑；III，IV，中脑；V，桥连接部位；及VI-XII，髓质。

步态异常的发生涉及UMN和GP途径的间脑尾部损伤。由于是单侧损伤，所以这种异常往往与损伤是同侧的。

前庭系统症状（平衡丧失，头部倾斜和异常眼震）发生于桥连接部位，髓质，小脑损伤所造成的，脑干ARAS损伤会导致抑郁，嗜睡，迟钝。严重的中脑或脑桥损伤会引起半昏迷或昏迷。

小脑损伤往往导致步态异常，即疾病初期，病畜四肢前伸缓慢，随后出现向错误方向突然屈膝的过激反应。病畜平衡失调往往伴随这种异常步态和异常眼震，并且当不对称损伤时会出现头部倾斜。严重的小脑前部损伤可能引起角弓反射。

脑畸形 Malformation of the Brain

小脑发育不良/萎缩

小脑发育不良在美国东北部最常见。小脑畸形病是牛毒性腹泻病毒（BVDV）在妊娠100～200 d子宫内感染胎儿的结果。感染14 d后出现炎症高峰，分娩后炎症消退。可观察到病畜具有缩小的畸形小脑。出生时出现的畸形小脑说明病毒感染时胎儿已经出现小脑实质的分化，而疾病主要是由于外胚层的胚胎前体细胞被破坏而引起的发育不良（图12-1）。

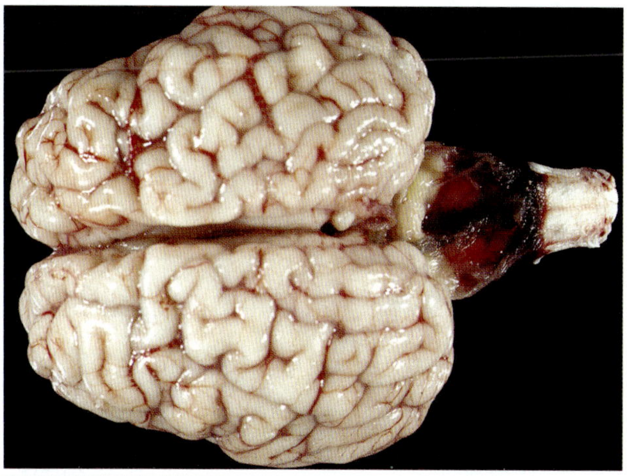

图 12-1

3月龄发育不良的大脑及萎缩小脑，该病由子宫内BVD感染引起。惊奇的是该犊牛仍可站立。

多数的被感染犊牛小脑发育不良，只存在小部分的残余小脑叶片。该病临床症状不同，一些犊牛不能站立，并且试图站立时经常撞击周围，间歇性出现角弓反射和有时出现异常的眼球震颤。另外一些犊牛可站立并行走但出现双腿分开，脚步蹒跚，过度向两侧摇摆和丧失平衡（图12-2）。

图 12-2

小脑萎缩及发育不全的3月龄犊牛（图12-1）仍可站立；但注意其双腿分开及低头。

一些犊牛视网膜和视神经被感染导致失明。这些犊牛的视神经和交叉神经束比正常神经小一半以上。病畜有时也出现白内障，偶然出现大脑空洞（孔洞脑），但不表现出可见的临床症状。

对这些犊牛进行尸体剖检是非常重要的，因为根据这些临床症状很难与遗传而引起的小脑畸形相区别。最近，在安格斯牛和苏格兰高原犊牛中发现病牛对称性的小脑体积缩小，但无论肉眼观察还是显微镜下均无损伤迹象。而且，这类病畜大脑髓质前部的腹侧面没有斜方体，但存在一异常的软组织带，其横跨于第四脑室延伸到小脑底部下方，这种结构可能是异常的斜方体。病畜耳窝神经核错位，以上这些病变显然不能通过子宫内病毒感染而解释，并且病牛第四脑室出现明显萎缩。

先天性小脑机能障碍

少数情况下，作者发现荷斯坦奶牛出生后不能站立，试图站立时出现角弓反射和肌肉拉伸僵直，若辅助其站立，病畜出现自主行走困难和过激反应。这类犊牛出现平衡障碍和眼球异常震颤但意识清醒，反应过激但视力良好。其小脑有解剖学病变，尸体剖检时损伤肉眼不可见，显微镜观察发现神经系统大范围损伤。该病推断为遗传性小脑功能性障碍，但有待今后证实。

积水性畸形

此类疾病大多数为大脑异常疾病，新生皮质退化为薄而透明的神经胶质组织薄膜，导致大脑实质的完全损害。侧脑室外侧包含有大量脑脊髓液（CSF），并占据脑实质组织退化后的空间，这类积水是一类补偿性的脑积水，其经常占据海马区、嗅球区、脚部和基底神经节。犊牛的CSF循环正常，故颅骨形状正常。这类损伤主要由于妊娠后大约125 d动物感染阿卡班病毒和蓝舌病毒，也有报道牛病毒性腹泻病毒（BVDV）也为此病的病原菌，但这类病例未在美国东北部发现，在美国东北部BVDV经常引起小脑损伤。Aino及Chuzan 病毒也与此病有关。该病可能是原始生殖细胞有丝分裂被破坏的结果，也可能是动脉环分支的动脉炎所造成的，动脉环具有向发育中大脑缓和供血的作用。如果损伤仅限于大脑积水性畸形，临床症状为前脑的症状和可行走动物反应迟钝，失明。

先天性闭塞性脑积水（高血压）

据报道大多数品系的牛均患有这类遗传病，包括：海福特牛、夏洛来牛、德克斯特牛、爱尔夏牛和荷斯坦乳牛。阻塞性脑积水常常伴有其他大脑畸形，这将影响其特征性临床症状。阻塞的普遍原因为中脑导管病变，随后可能与上丘脑样的一种单个结构的出现有关。牛中脑畸形的原因尚不明，但啮齿类实验动物中发现该病是可遗传的。该病临床症状有前脑性障碍，若颅内压显著升高病畜将出现脑干和小脑病变的症状。

脑膜脑膨出

这类畸形常发生在颅骨中线处，裂口主要由于颅裂和颅骨一分为二而造成的。颅外积聚大量的脑脊髓液CSF并形成一种皮肤覆盖的柔软的具有波动性的结构（图12-3）。虽然这类畸形很有可能仅仅是脑膜膨出，但通过显微镜观察若发现包含有CSF的组织则证明膨出组织为很薄的大脑实质层和皮肤下的脑膜，因此这类疾病称为脑膜脑膨出。

图 12-3

新生犊牛，头部巨大液性膨出（脑膜脑膨出）。

脂性脑膜膨出

这类疾病可发生于颅裂颅骨或分裂的脊柱中线处，膨出物为脂肪填充的脑膜，及与其相连的大脑镰或锥管中硬脊膜表面。由于这类畸形没有神经管畸形，所以没有神经性症状出现。其原因不明。

综合性神经系统畸形

该病是犊牛唯一的一类骨和神经管的多病灶性畸形，被命名为Arnold-Chiari畸形，这可能由于此类畸形和人类的畸形具有相似性，因此得名。虽然两者有一些相似处，但由于牛出现的机能紊乱，与人类疾病存在明显区别，故使用这种名称并不十分准确。这类病畜天生侧卧并且不能协调其四肢及躯干功能而站立。病畜经常出现角弓反射和眼球异常震颤。这类疾病表现为脊柱断裂而脊髓膨出，尾部畸形，尾部和肛门肌肉紧张和反射消失。尸体剖检发现，脊髓膨出组织为sacrocaudal神经，此神经连接暴露的锥管中脊髓片段并延续至脊柱断裂处皮肤覆盖的突起部位，这些神经的神经节也包裹于膨出皮肤内。Sacrocaudal段中脊髓发育不良。在头部，小脑扁平，并被拉伸成圆锥形，同髓质移位至寰椎及颅内第二神经轴的孔内，与其相关的脑神经从各自的空隙穿出并被拉伸至颅腔内。两侧枕叶异常延伸至原为小脑的颅窝后部，这些正常枕部碎片的异常伸展从腹部穿过到达骨幕，从而形成了这些伸展的侧沟。该病不形成正常枕叶的脑疝。本类畸形的报道从18世纪早期偶尔出现。

局部双脸畸形/双头畸形

本病偶尔出现，即有些牛出生后出现局部脸部重叠（双面畸形）。这些畸形常常有不同程度分化的两个分离的鼻区；因此具有4个鼻孔，2个下颚，3个眼窝，其中中间眼窝增大而适应分开的或者融合的眼球。病畜颅骨宽大但有2个正常的耳朵和1个正常的环枕关节。这类病畜具有4个大脑半球（每个半球对应一个从可发育成嗅觉神经的胚胎期嗅觉基板发育形成的鼻孔），每个大脑半球具有正常的嗅球，嗅球存在于与各自鼻腔相关的筛板内。病畜具有4个筛骨，2个间脑（每个由眼睛、两对视觉神经、两个视神经交叉组成），脑干往往在中脑的某个位置形成单独的结构，桥连接区，髓质，小脑也为单独结构。这类病畜往往出生后可存活，但出现侧卧且不能站立。

前脑发育不良——终脑发育不良

患有此类畸形的新生犊牛出生后可存活但不能站立。其平坦的颅骨介于两个正常的眼窝和眼球之间，尾部眼眶正中的皮肤缺损，缺损处有时出现轻微的出血，出血处可能包含有CSF。缺损处周围的皮肤组织于脑干前部与畸形间脑的尾部相连。病畜无大脑半球，而仅仅有畸形的小脑和脑干，无可观察到的有节细胞核和中脑小阜，小脑伸长。病畜除无嗅觉神经外，残存的脑神经为延伸到双眼的视觉神经。在人类，这类缺损称作无脑畸形，但这种名称是不确切的，因为病畜仍存在小脑和脑干。现没有合适的名词来命名这类畸形，所以作者命名这类畸形为前脑发育不良和终脑发育不良。导致牛此类疾病的病因不明，但作者认为该病因为叶酸缺乏。在人类病因为极高热。

先天性颤动 Congenital Tremors

低髓鞘形成

中枢神经系统（CNS）髓鞘的发育异常是由于遗传因素导致少突胶质细胞的功能障碍或由于子宫内胎儿被BVDV等病毒感染而影响了髓鞘发育所引起的。经报道，遗传性的低髓鞘形成出现于娟姗种乳牛。犊牛出生时经常侧卧，任何肌肉活动都会引起全身弥散型的震颤，犊牛越兴奋越努力试图行走震颤越严重，当犊牛全身松弛时震颤消失。这类病牛经常出现过分机警，反应过激但视力良好。偶尔子宫内被BVDV感染的病牛几周后情况好转，这说明它们可以自身发育中枢神经系统髓鞘。

轴索变性症

最近，作者研究了一批患病的荷斯坦牛，发现新生病畜可以站立并行走，但躯干和四肢出现剧烈颤抖。尸体剖检可观察到病畜无髓鞘，脊髓弥散性出现轴索变性。

脑炎
INFLAMMATION OF THE BRAIN

脑膜炎 Meninigitis

病因学

新生犊牛革兰氏阴性菌性败血症是奶牛脑膜炎最常见的病因。未获得足够量初乳的犊牛，没有适当量的免疫球蛋白来抵挡条件微生物的侵害。败血症可能源于脐部感染或更常见的经口食入病原微生物。革兰氏阴性菌如大肠杆菌、克雷伯氏菌和沙门氏菌，其中大肠杆菌是感染新生犊牛的主要病原微生物。对于摄入母乳不足的新生犊牛，链球菌也会引起脑膜炎、眼内炎、腹膜炎的菌性败血症。虽然任何一种条件或环境微生物可感染没有被动获得适量免疫球蛋白的犊牛，但只有高致病性微生物才可以引起获得足量免疫球蛋白的犊牛发生脑膜炎。

虽然脑膜炎在管理良好的牧场是一种散发性疾病，但在管理差的牧场可能导致地方性流行。特定品系的病原性革兰氏阴性菌和少量的常见革兰氏阳性菌会导致大量犊牛发生脑膜炎并发展为败血症。畜主叙述病死的犊牛具有相似的症状。一种罕见的大肠杆菌被认为是引起肉用型犊牛发生地方性流行脑膜炎的病原微生物。发病犊牛的年龄为2～5个月。该年龄段的这种具有免疫能力的犊牛发生大规模暴发大肠杆菌脑膜炎作者还是第一次见到。

急性细菌新脑膜炎在成年奶牛不常见，大多数病例为散发。确诊的成年奶牛的散发脑膜炎病例是由于乳腺、子宫的急性感染或慢性创伤性网胃腹膜炎脓肿引起败血症进而发展而成。在作者行医地区，大肠杆菌性乳房炎是引起成年牛细菌性脑膜炎的最主要因素。霉菌性脑炎是霉菌性乳房炎和霉菌性瘤胃炎继发栓塞性败血症的后遗症。在成年乳牛，慢性垂体脓肿和慢性额窦炎的直接蔓延也可导致脑膜炎。当成年牛群发生多头急性脑膜炎时，应怀疑睡眠嗜血菌感染。必须强调的是，成年乳牛中，睡眠嗜血杆菌引起的是脑膜炎而不是栓塞性脑膜脑炎（TME）。少数情况下，6～24月龄的小母牛可见栓塞性脑膜脑炎。

症状

新生犊牛的脑膜炎症状明显，具有典型的高热、嗜睡、间歇性癫痫、低头和失明，或在重度败血症时出现低血性休克和虚脱。当脑膜炎先于其他主要器官的感染时，出现高热、抑郁、低头或“头痛”、癫痫和皮层性失明，这些症状有助于诊断（图12-4）。病畜表现为步态僵直，头部强直，鼻镜伸展。疼痛是主要病症，病畜表现出“头痛”、眼睑半闭、头颈伸展。然而当脑膜炎与其他器官感染，如眼色素层炎、脓性关节炎和脐静脉炎并发时，可能很难区分脑膜炎的特异性症状。败血症可导致犊牛迅速衰竭而休克，这掩盖了脑膜炎的临床症状。有些患脑膜炎的犊牛有角弓反张现象——可能由于大脑炎症和水肿压迫小脑和脑干尾部的结果（图12-5）。感染刍牛一般为2～14日龄，平均为6日龄。成年牛的脑膜通常表现为高热和严重的精神抑郁，常出现步态僵硬和“头痛”现象眺望星空状或用口套攻击周围事物（图12-6），但癫痫症状较犊牛少见。视觉皮层炎症可能导致失明，但瞳孔功

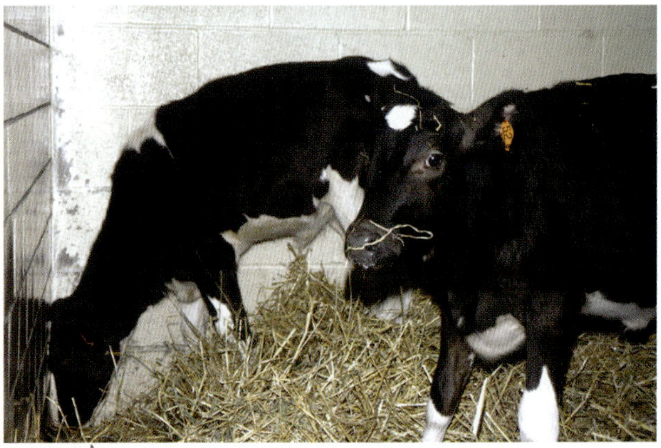

图 12-4

2头患脑膜炎的犊牛。左边一头头部抵墙，右边一头对周围环境反应力降低，嘴含甘草但不咀嚼。两头牛均已失明。

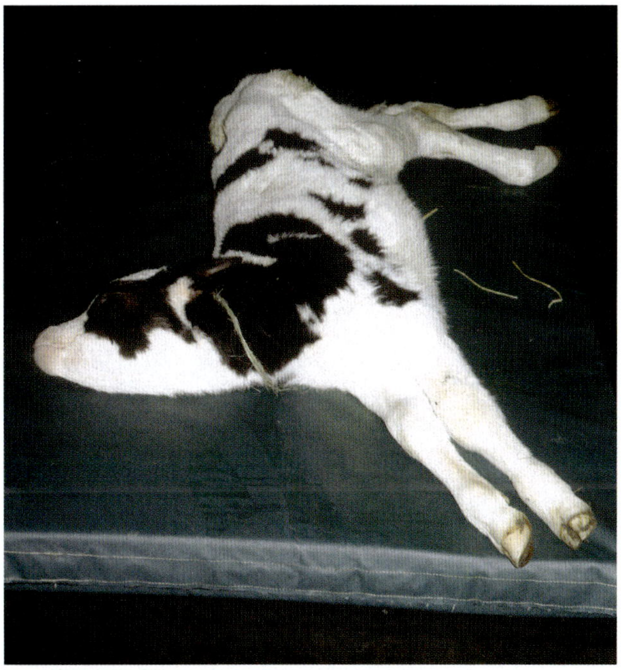

图 12-5

患细菌性脑膜炎10日龄荷斯坦犊牛严重的角弓反射。脑脊液正常。

图 12-6

成牛表现为抑郁并有严重的眺望星空状。该牛颅骨骨折、细菌性鼻窦炎、脑膜炎。

能正常。

睡眠嗜血杆菌引起的脑膜炎通常是急性的，病牛在数小时内呈现高度抑郁。一般出现高热，且温度高达106.0° F/41.11℃。抑郁持续12～24 h，出现食欲不振和嗜睡。病畜不能站立（图12-7），严重抑郁，以致无法确定是否还具有视力，有些病牛可偶尔出现癫痫。除非对睡眠嗜血杆菌进行特异性治疗，否则病牛在24～48 h内死亡。若不做出适当诊断和采取预防措施，发生睡眠嗜血杆菌脑膜炎感染的牛群将在数月内出现多头病牛。少数情况，睡眠嗜血杆菌感染生长期小母牛会出现血栓性脑膜炎（TME）并伴有视神经损伤（图12-8）。

图 12-7

睡眠嗜血杆菌感染的13月龄红白花荷斯坦牛。该病牛经氨苄西林和支持疗法治疗，1个月后痊愈。如此良好的治疗结果在这类严重感染病例中并不常见。

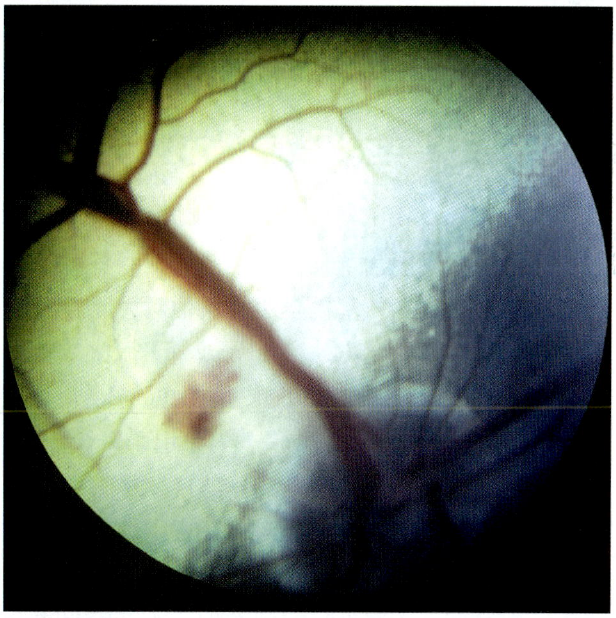

图 12-8

血栓性脑膜脑炎引发的局灶性脉络膜、视网膜炎、视盘的背侧出血。在病牛的脑脊液中分离到昏睡嗜血杆菌。

诊断

临床症状结合脑脊髓液（CSF）分析可确诊本病。CSF检测蛋白含量（正常值≤40 mg/dL）、白细胞（WBC）（正常值≤6有核细胞数/μL），急性病例中WBC多数为嗜中性白细胞。亚急性病例中主要为巨噬细胞。目测发现流动性正常，但颜色明显改变（红变橘红）。病畜出现神经症状、脐静脉炎、眼色素层炎、脓性关节炎的新生犊牛应怀疑有脑膜炎。

CSF和血液的细菌培养可以确定存在的病原微生物。应测定新生犊牛的血清蛋白和免疫球蛋白的水平来评估免疫球蛋白的被动转移及犊牛的管理程序是否适当。

患有脑膜炎的成年继发于体内其他部位的急性、慢性感染，诊断将比较困难。这些牛发病已有一段时间，脑膜炎的症状易被误认为是对发病治疗无效的全身性发展的表现。抑郁、头颈伸直、低头、失明但瞳孔对光反应完好和癫痫等症状可能同时存在于个别病牛。综上所述，诊断应主要测定CSF，结果主要为蛋白和WBC（主要是嗜中性白细胞）值增加。

治疗

犊牛和成牛脑膜炎的治疗主要是应用广谱抗菌药。尽管正常情况下血-脑屏障妨碍大多数抗生素在CSF中建立有效水平，但该屏障在脑膜炎病症时因炎症而受到损害。因此，大多数抗生素能以比健康状态下更高的水平进入CSF中。应选择针对可能感染的病原微生物抗生素。例如，新生犊牛，预期的病原微生物可能为革兰氏阴性菌如大肠杆菌，合适的抗生素应包括氨基糖苷类或其他对大肠杆菌有效的抗生素（头孢噻呋2～4 mg/kg，每日2次或阿米卡星20 mg/kg，每日1次加氨苄西林10 mg/kg，每日2次或二苯哌己酮20 mg/kg）。若使用阿米卡星，应适当进行补液并且采取适当的休药期。尽管北美不允许使用恩诺沙星，但其是对革兰氏阴性菌脑膜炎效果很好的抗菌药。在成年，脑炎很可能是其他原发病（乳房炎、子宫炎）的继发症，所以应采用全身性抗生素。如果没有前期治疗，病畜一般愈后不良。对于一些较晚采取合适的抗生素治疗的病畜可能将存活几天，但不会恢复正常的精神活动并在尸体剖检时大脑出现坏死灶。

使用单次剂量的皮质激素进行支持疗法（糖皮质激素5～10 mg或甘露醇0.5 mg/kg缓慢静脉注射）可能会帮助降低生命威胁性的炎症危险和脑水肿并发的脑膜髓炎。一些兽医使用非固醇类抗炎药（NSAIDs）代替皮质激素。尽管使用了抗菌药，但如果炎症不能被有效控制，犊牛很有可能会死亡。脑膜炎病畜发病前期可使用5～10 mg安定控制癫痫。

预防

给新生犊牛喂养好初乳以获得适当的被动免疫球蛋白是最重要的预防措施。脐部消毒，提供清洁、干燥环境有利于减少脐部感染、败血症、脑膜炎的发生。当脑膜炎或睡眠嗜血杆菌引起的血栓性脑膜炎发生时应接种抗该菌的疫苗。

脑脓肿和垂体脓肿
Brain Abscesses and Pituitary Abscesses

病因学

脑脓肿和脊髓脓肿相似，通常是由远部感染区域或败血症时细菌栓子扩散引起的。犊牛脑肿胀通常是由脐部脓肿和中耳炎继发所引起。然而成年牛病因主要与慢性感染有关，如金属器具引起的脓肿、慢性骨骼肌脓肿或瘤胃炎。此外，慢性额窦炎的直接扩散或公牛鼻环部的细菌散播是成年牛发生脑脓肿的潜在病因。虽然该病与鼻窦炎的关系显而易见，但具有鼻环的母牛或公牛具有脑或垂体脓肿高发性的事实到很有新意。解释这种现象的理论为集中在围绕垂体区域的奇怪的网络循环及海绵窦的功能暂时消失。化脓性隐秘杆菌是牛脑脓肿的主要致病菌。

症状

该病症状依脑脓肿的神经解剖部位不同而改变。最初的症状表现为轻度抑郁、咽下困难、轻度偏僻和偏盲症，病症较细微，畜主常常忽略该病。当脓肿扩大时，表现为不同程度的视力障碍、轻瘫、共济失调、高度抑郁和明显的中枢神经症状。可能观察到低头。2～8月龄犊牛易感，因此犊牛已经经历了新生犊牛脑膜炎的典型易感年龄。若脓肿扩大得异常严重，将影响眼眶区域的静脉血回流，从而导致眼球突出（图12-9）。任何成年牛都可能感染。脑脓肿犊牛表现抑郁并出现观星姿态。心搏徐缓并伴有抑郁和观星姿态为垂体脓肿的表征（Fox FH, personal communication, 1985, Ithaca, NY），但其他症状如失明、咽下困难。中枢神经系统病症也可出现。有关垂体脓肿的一篇综述发现，除其他的神经症状外近50%的牛有心搏徐缓。心搏徐缓可能由于脑垂体下部病变和厌食所引起。

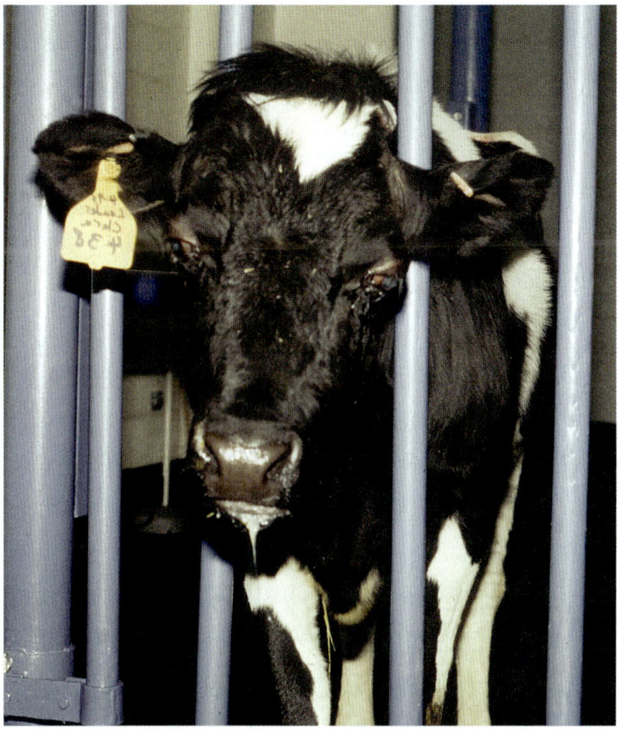

图 12-9

患脑脓肿小母牛出现眼球突出、结膜肿胀、流涎、抑郁。脑脊液正常。

脓肿局限在一侧大脑半球通常导致对侧眼失明（偏盲）但瞳孔机能正常，这是因为视辐射线或大脑皮层的损伤（图12-10和图12-11）同侧，对侧的异常步态也可如期发生，表现为病畜正常行走时小心抬脚或绕圈行走和在粗糙路面行走时四肢乱打。大脑脓肿较严重的病畜可出现前冲现象。若脓肿直接或间接感染脑干，则特异性中枢神经系统机能障碍会导致严重抑郁并继发厌食。

随着脓肿的扩大，神经症状会加剧。消炎或用抗生素治疗可能稳定或暂时改善患畜的状况，但停药后又复发。最终运动受影响，由于脑干尾部萎缩，患畜斜卧并发展为四肢轻瘫或共济失调。有时，垂体脓肿出现破裂，炎症会蔓延至脑膜并影响大量中枢神经系统。

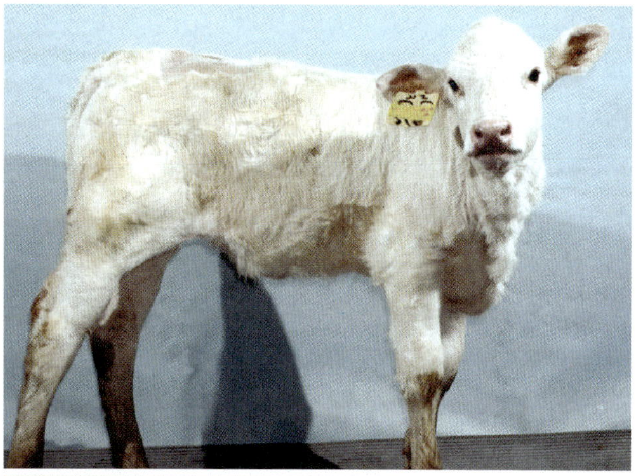

图 12-10

脑脓肿犊牛，高度抑郁，对周围环境无反应，头呈“眺望星空状”，右眼偏盲，右肢瘫痪。剖检诊断为左侧脑脓肿。

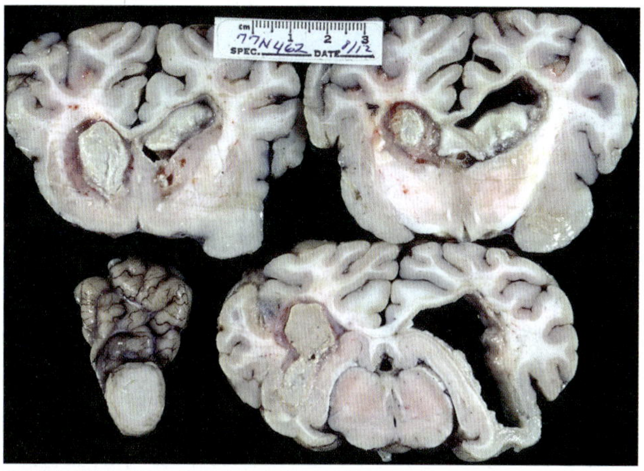

图 12-11

病牛脑切面。左侧照片展示为脑部左侧。

诊断

脑和垂体脓肿在患畜生前诊断很困难。神经症状可能对诊断有很大帮助——特别是青年牛，其炎症的损伤比颅内损伤更常见。血清蛋白值测定脑脓肿，患病成年牛测定值升高，但存在个体差异。

脑脊髓液检测可能对诊断有帮助，但多数没有。病畜早期病例的脑脊液正常，但蛋白质和白细胞增生会引起的脓肿病例的脑脊液出现异常。多数情况，但不是所有的增生的白细胞都为单核细胞，这是因为慢性感染可导致巨噬细胞增生。脓肿的腐蚀作用会引起软脑膜炎，导致CSF中嗜中性粒细胞增多。

对大规模、较严重的脑脓肿的颅骨X光诊断，会偶尔发现与气-液界面相一致的液体带。CT和核磁共振诊断是最准确的，但费用较高并需要麻醉。

治疗

除长期抗生素治疗和可能的积液引流外别无它法，且预后不良。对脑脓肿病畜实施外科手术的方法的可行性也不能确定，虽然这种方法可能对其他动物具有偶尔可行性。用抗生素和消炎药进行对症治疗可能会轻微改善动物的神经症状，但持续时间较短，且死亡是不可避免的。

李斯特氏菌病 Listeriosis

病因学

单核细胞增生性李斯特氏菌，是一种革兰氏阳性菌，广泛存在于土壤、植物和人及动物的粪便中，是引起成牛脑炎的主要致病菌。虽然这种兼性细胞内寄生菌能偶尔引起犊牛的败血症和成牛乳牛的流产，但其最为人们熟知的还是脑干的神经性感染，在成年牛或其他反刍动物统称李斯特氏菌病和“转圈病”。检查这类病畜应使用手套，因为人类也对该病原菌易感。

4 b型单核细胞增生性李斯特氏菌是引发牛脑膜炎最常见的血清型。该菌存在于切细的饲草，如青贮饲料和半干的青饲料中，因为这些饲草中存在土壤和植物。若青贮饲料制作适当，发酵可使青贮料的pH值降到5.0以下，这样可以杀死或阻止该菌的增值。而不适宜的青贮制作，饲草过于干燥、青贮窖内发酵不足会影响青贮料中的pH值降低到5.0以下，从而使该菌增殖。玉米青贮饲料是最主要的微生物来源饲草。

口腔黏膜、鼻腔黏膜或结膜损伤后引起感染，细菌经过第五对颅神经的感觉分支逆行至脑干。在牛，还可能像啮齿动物和人类一样抑郁，细菌通过胃肠道经血源性而扩散到脑干。但与从第5对颅神经感觉神经分支逆行比较，此途径的可能性较小。

细菌一旦进入脑干，就会在脑桥和延髓增殖，并可扩散至各处。三叉神经及其周围的颅神经会因神经炎、脑炎和脑膜炎而受损伤。李斯特氏菌病的典型组织学变化是继发于伴有大量中性粒细胞的局部灶性坏死和出现血管周围伴有单核细胞血管套的微小脓肿。

幸运的是，给整个牛群相同的饲料，该病感染仍呈零星散发，一群牛中只有一头发病。也可见到在数月内有2～6头牛发病的地方性流行，但牛的发病比羊少得多。绵羊通常呈现高发病率。犊牛很少感染，＜18～24月龄的犊牛较少发生该病。这很可能与犊牛很少接触包含有单核细胞增生性李斯特氏菌的饲料接触相一致，但青牛动物也可通过越多的牙齿萌出和黏膜损伤而感染该病。

症状

病牛可能出现发热，特别是在发病的最初几天，温度不太高（39.4～40.5℃）但没有发热不能排除为李斯特氏菌病。

抑郁并伴有不同的颅神经症状构成牛李斯特氏菌病的主要临床症状。由于频繁出现该症状，过去该病被称作转圈病。对于这种病症的解剖学解释还不清楚。一种解释是由于前庭细胞核不对称而导致平衡丧失和向一侧转圈。然而转圈前冲步态说明如黑质或下行的网状结构的椎体束外系统也与该病有关。虽然前冲步态是典型的前脑症状，但该区域在李斯特氏菌病中很少被感染。病畜可持续转圈直至疲乏倒地，甚至冲向硬物试图休息。支柱保定的病牛经常冲击支柱试图转圈（图12-12）。

图 12-12

李斯特氏菌病牛不停地向左侧转圈，直至将鼻镜固定在水管和厩舍墙壁之间才停止。

感染本病的多数病牛除抑郁外，还出现厌食，也可能是不能采食，这可能是由于第5、第7、第9、第10、第12对颅神经损伤。不能采食时也不能饮水，但并不是在所有病例中出现。可能个别或几条颅神经受损伤，因此每一头病畜的症状可能都有所不同（图12-13）。

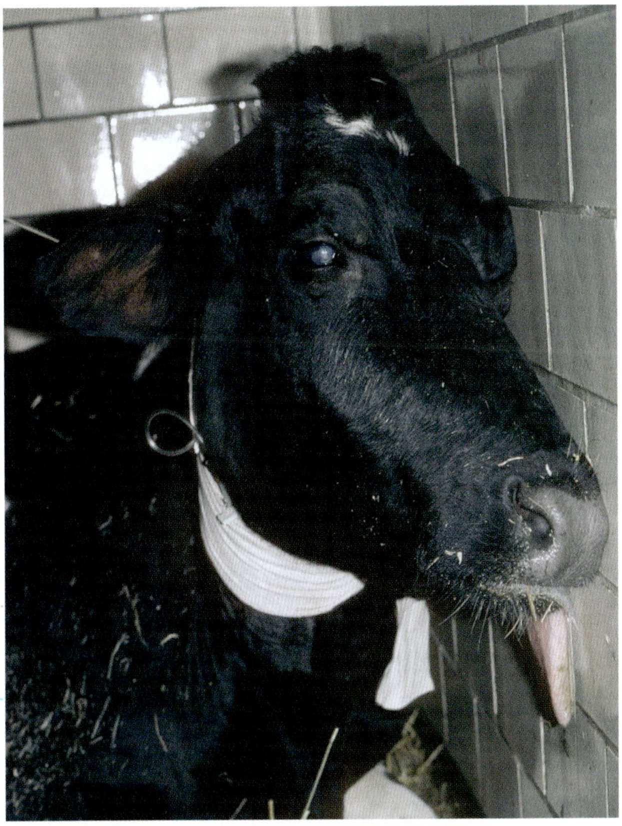

图 12-13

李斯特氏菌病牛。左侧第7、第8对及第5、第9、第10、第12对颅神经左侧均受损。该病牛右耳下垂。

图 12-14

李斯特氏菌病牛抑郁和不能闭合（第5对颅神经）和吞咽困难（第9对和第10对颅神经）。舌神经张度正常。

脑干疾病的一般症状是抑郁，李斯特氏菌病牛的抑郁也可因脱水和酸碱平衡的破坏而加重。

第5对颅神经运动核或下颚神经的损伤可导致咀嚼肌虚弱。严重时，导致额下垂（图12-14）。当病症较轻时，人为地打开口腔可以估计病牛的虚弱程度。虽然这种损伤可能是单侧的，但当双侧受损时症状更明显，可导致患畜采食和咀嚼困难。

第6对颅神经的损伤不常见，但当发生时可引起病牛特殊的内侧斜眼。

面神经核或面神经颅内部分的单侧损伤而引起的面神经麻痹是李斯特氏菌病的典型症状，表现为耳耷、上睑下垂、唇松弛（图12-15）。早期病例或面神经麻痹的康复病例，面神经偶尔对刺激产生应激，表现为眼睑或唇部对伤害性刺激产生痉挛。尽管第7对颅神经的单侧损伤是牛李斯特氏菌病脑膜炎的典型症状，但损伤可能是细微的、不完全的或

图 12-15

李斯特氏菌病牛。第7对颅神经一侧麻痹的典型症状，病牛耳下垂、上眼睑下垂，口唇迟缓。

双侧的。因此神经检查时应小心谨慎。暴露性角膜炎是该病的重要眼并发症，是由面神经机能障碍使泪液分泌受阻致角膜干燥或损伤引起的，另外，副交感神经的面神经核损伤会引起泪液分泌减少。暴露性角膜炎如不迅速治疗可迅速发展导致深部的角膜溃疡、眼色素层炎和眼内炎。有些人认为，内源性眼色素层炎并发眼前房积脓或眼内炎是可能发生的并发症，但依作者的经验，暴露性角膜炎和眼外源性感染是李斯特氏菌病牛常见的并发症（图12-16）。

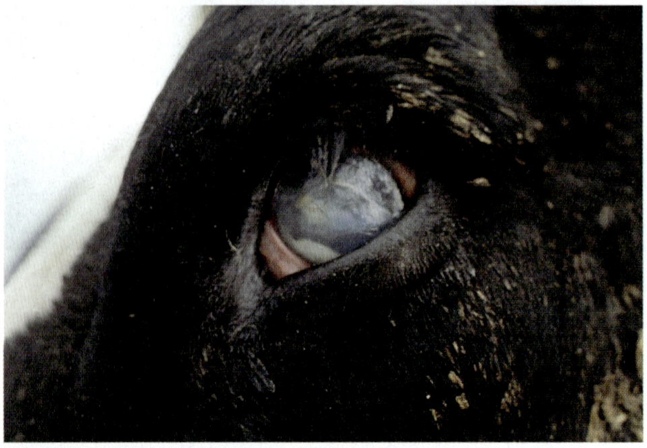

图 12-16

李斯特氏菌病牛，暴露性角膜炎、眼前房积脓及眼色素层炎。

前庭神经核的损伤会影响中央前庭控制，头部倾斜、转圈和前庭性共济失调。病畜也可表现出异常姿势和躯干共济失调。当上述症状出现时，病畜侧视躯干并且躯干向患侧区成一个凹面。当看到眼球震颤时，如中央前庭损伤可见到一样的，快速相表现不一。临近的一侧性病变侵害上运动神经元（UMN）和脊髓小脑总体感觉经络（GP）可引起同侧的局部麻痹和共济失调。该区域两侧受损伤时出现痉挛性轻瘫，总体感受经络（GP）严重损伤可导致病畜侧卧。

第9和第10对颅神经疑核损伤时可导致吞咽困难和流涎。在李斯特氏菌的早期症状偶尔可见呕吐现象或胃鼓气（图12-17），这可能是延髓内副交感迷走神经受炎性刺激所致。

舌突出或舌功能减弱与舌下神经核与第12对颅内神经的脊髓内部分的损伤有关。若第12对颅内神经损伤伴发第5对颅内神经损伤，则舌突出加重，

图 12-17

患有李斯特氏菌病的成年荷斯坦牛，急性胃鼓气、呕吐及抑郁。该病牛经治疗后痊愈。

并出现额下垂。

李斯特氏菌病也出现小脑症状，但不常见。该病的前脑损伤不常见，因此一般不出现失明。脊髓病变也很少见。

诊断

厌食、抑郁和发热是与单核细胞增生性李斯特氏菌引起的脑膜脑炎时颅内神经症状并发。实际上，“厌食”是病畜不能采食和吞咽食物和饮水的结果，这点非常重要。当怀疑是李斯特氏菌病时，必须仔细检查神经系统，以确定脑干疾病和特异性颅内神经损伤。某些病例，只有进行仔细的临床检查才可诊断该病。

此外，脑脊髓穿刺液检查（CSF）对本病有重要的辅助诊断价值。病畜的脑脊髓液中有核细胞增多和较高水平的蛋白含量。一项研究中，57头被感染牛中44头CSF中白细胞数量增多。此外，至少50%的有核细胞为单核细胞，巨噬细胞数量略多于淋巴细胞。除非患畜躺卧或高度抑制，脑脊液穿刺一般在腰荐部进行，视检穿刺液一般澄清。

全细胞计数可见白细胞和单核轻度增多，这点对该病的诊断具有提示作用，但不能确诊。不幸的

是，感染李斯特氏菌病牛不经常出现外周单核细胞增多，而这在其他动物感染此菌是很典型的现象，因此该菌被命名为单核细胞增生性李斯特氏菌。

当流涎症状明显时，酸碱度和电解质水平的测定有助于诊断和随后的治疗，因为患畜大量丧失唾液。而牛唾液中富含高浓度的缓冲系统，病畜可出现代谢性酸中毒和低碳酸氢盐，并伴发抑郁和虚弱。

泌乳牛因食欲不振但继续泌乳（量下降）而发生酮血症。

本病需要与许多病鉴别诊断，从公共卫生和法学上讲其中最重要的是狂犬病。内耳和中耳感染可引起第7和第8对颅神经损伤症状。感染狂犬病病畜较感染李斯特氏菌病病畜表现更机敏，更强的采食和饮水能力。一般来说，中耳感染常常发生于周岁以上的犊牛，因此，1岁内犊牛很少发生李斯特氏菌病。

通常脑脊髓灰质软化（PEM），铅中毒和其他大脑皮层疾病可与李斯特氏菌病区分，除非病畜侧卧或昏迷时，这样会限制对神经系统和病畜反应力的检查。脑脊髓灰质软化引起深度抑郁、双侧皮质性失明但瞳孔技能完好；可能引起犊牛背内侧斜视（成牛不常见）；病程后期出现角弓反射。同样的，铅中毒表现为双侧皮质性的失明、抑郁、癫痫和怒吼，但不见李斯特氏菌病的颅神经症状。此外，李斯特氏菌病并不导致失明，除非面神经麻痹引起的严重暴露性溃疡导致同侧的眼色素层炎或眼内炎。李斯特氏菌病的面部麻痹会引起病畜对威胁反应迟缓，也会导致眼睑反射缺失。李斯特氏菌病很少导致失明。

血栓栓塞性脑膜脑炎（TME）或昏睡嗜睡杆菌引起的单纯性脑炎，在青年牛能引起急性大脑疾病的症状。虽然TME主要发生在肉牛，但偶尔也可在乳用小母牛中见到。症状因脓毒性血栓的病灶性质决定，包括可能出现大脑和颅神经损伤症状和抑郁。在急性病例中可能出现高热和由于网络视网膜出血和形成血栓导致的失明。脑脊髓液穿刺可以区分昏睡嗜血杆菌和李斯特氏菌病，因为虽然在两种疾病中均有蛋白水平的增高现象，但昏睡嗜血杆菌感染时有核细胞明显增多，且主要是嗜中性粒白细胞。视检穿刺液明显出现色素变化。

神经性酮病偶尔也可与李斯特氏菌病相混淆。因为患畜不停地冲击颈枷，类似在某些李斯特氏菌病患畜见到的前冲行为。但缺乏颅神经症状，有早期泌乳史，尿酮呈阳性，正常的脑脊髓液均可排除李斯特氏菌病。

轻微或较温和性李斯特氏菌病可能和创伤性网胃腹膜炎等胃肠道紊乱相混淆，这种情况通常因病畜表现没有或轻微的神经症状但不能进食和饮水而发生。严重的脱水和水摄入量缺乏可使瘤胃中的内容物变得坚实和干燥。深压腹下作用于瘤胃，导致剧烈疼痛易被误诊为腹膜炎。此外，李斯特氏菌病偶尔可在其他颅神经症状出现前首先出现呕吐。呕吐常常与高酸性食物、消化不良、食入金属物的刺激和其他肠胃功能紊乱有关。因此，必须仔细检查神经系统和考虑做脑脊液穿刺。

大脑和脑干的占位性病变（如淋巴肉瘤）或寄生虫移行很少与李斯特氏菌病相混淆。

较为麻烦的是：当吞咽困难或其他颅神经症状出现时，狂犬病和李斯特氏菌病很难区分。因为狂犬病可引起各种神经症状，在地方性流行区必须注意鉴别。一般来说，狂犬病患畜脑脊液中的有核细胞和蛋白质较李斯特氏菌病少，此外，李斯特氏菌病畜的单核细胞比例高于嗜中性白细胞，但在狂犬病患畜，这种现象不典型。当这些数值可能重叠时，对待狂犬病地方性流行区域的病畜应格外小心。

治疗

治疗该病通常用青霉素或四环素等抗生素疗法，也有报道用其他在体外有效的抗生素。使用抗生素治疗时，存在两种主要问题，需要使用比正常用于其他敏感菌大的剂量。

1. 单核细胞增生性李斯特氏杆菌是兼性细胞内寄生菌，可在巨噬细胞内生存并逃避药物的杀伤。

2. 血-脑屏障虽然在炎症时可受损伤，但仍然在某种程度上阻止抗生素穿透入脑。

因此，一般作者使用青霉素44 000 U/kg，每日2次，肌注或皮下注射。通常用药7 d后改为每日1次或22 000 U/kg，每日2次，肌注或皮下注射。

静脉注射青霉素10^7 U/kg，每日3次或10 mg/kg土霉素，每日3次，可能会使药物在脑脊液中存在较高浓度，但这种治疗措施较昂贵。一些临床兽医愿意用盐酸土霉素10 mg/kg，每日2次，静脉注射或皮下注射。剂量减少依据患畜症状的改善程度，如恢复饮食和饮水。虽然每个病畜依据症状严重程度和其他因素不同治疗的持续时间也不同，但治疗至少持续1周，直至采食状况、精神状态和其他因素见到明显好转。大多数患畜需要治疗7～21 d。过早地减少剂量或停止治疗都可能引起该病复发。李斯特氏菌病康复病畜，其面神经症状可能会持续较长一段时间，神经症状与其最初出现相反的顺序消失。有些动物7～9 d时临床症状未见好转。

水和电解质状况对失去饮水能力的李斯特氏菌病畜的健康很重要。对不能饮水但不流涎的病畜可通过胃管给水和平衡的电解质。这样可以改善病畜的脱水，软化瘤胃坚实的内容物和增加瘤胃蠕动。流涎患畜应监视缓冲液损失并补充碳酸氢盐和水。可通过静脉注射——较昂贵或口服足量水避免脱水。流涎患畜需要每天补液直至流涎停止。严重代谢性酸中毒导致的抑郁和虚弱易与李斯特氏菌病病情加重或对李斯特氏菌病治疗无效相混淆。根据唾液的损失程度，每日需补充120～480 g的碳酸氢钠。面神经麻痹的患畜需要使用局部药膏经常治疗受影响的眼睛以预防角膜炎和角膜溃疡。

认真护理，包括有铺垫畜舍，对病牛的存活很重要。在能行走的李斯特氏菌病畜，采用抗生素疗法、补液疗法、支持疗法预后良好。侧卧和不能行走的病畜预后不良。

单核细胞增生性李斯特氏菌也能感染人类，引起脑膜脑炎，尤其易发生于幼儿、老人及免疫系统损伤的人。因此，公共卫生很重要。李斯特氏菌病牛乳中可含菌，因此，兽医要告诫畜主或饲养员避免引用生乳。病牛乳应该废弃，经过巴氏消毒的牛奶中也含有该病菌。患神经性李斯特氏菌病的怀孕母牛可出现流产。流产通常是由李斯特氏菌败血性散播侵害子宫引起的，因此，处理胎儿和胎盘时应十分小心。

狂犬病 Rabies

病因学

狂犬病毒通过感染媒介，如狐狸、浣熊、北美臭鼬、蝙蝠、吸血蝙蝠的咬伤而传染给牛和其他温血动物。猫和犬通常接种疫苗抵抗病毒，但未接种的猫和犬也能给牛和人及其他动物造成威胁。狂犬病毒是弹性病毒科狂犬病毒属的成员，且能导致感染动物的死亡。其中包括人类称作“恐水症”的可怕感染。故其与公共健康和法医学的联系显而易见。

狂犬病虽然在自然情况下可发生空气传播，但此情况通常出现在洞穴中的蝙蝠，实验室环境内人和动物可经气雾感染发病。摄入感染组织偶尔导致食肉动物感染，但这种嗜神经病毒主要是通过感染动物撕咬传播，感染动物是将富含病毒的唾液接种到非感染动物的组织中而引起感染。

病毒在咬伤部位进行复制，然后通过外周神经的轴突，经脊髓神经节、脊髓最终到达大脑。随后病毒通过感染动物颅神经到达分泌腺而进入唾液和鼻分泌物中。因此，病毒在唾液和鼻分泌物中的浓缩——使这种体液成为动物或人的可怕的感染源。

该病潜伏期长短不一，多数专家认为1周为最低期限，也可变动：1～3周、10～60 d、3周至3个月。所有专家都同意少数病例潜伏期可达6个月。咬伤部位离脑部位越近如脸和颈部，潜伏期越短。

临床症状

在牛和其他动物，狂犬病的临床症状呈现多种多样，包括脊髓症状、大脑症状、颅神经症状。明显的跛行、泌尿生殖道症状、胃肠道症状和它们的综合症状。

由于狂犬病的临床症状变化多样，所以在该病的地方流行区兽医应该特别注意出现明显神经症状的牛。当谈到牛狂犬病症状时，有几点很重要。

1. 病症是渐进性的；这就意味着，比如，食欲明显下降，第1天出现神经症状，第3天会变得更明显。多数病牛4～5 d病倒。

2. 死亡通常在出现症状10 d内发生，平均为5 d。

3. 在地方流行区域，兽医应该对每头出现神经系统症状的虚弱病牛进行鉴别诊断。

病牛开始的临床症状取决于被咬的区域和病毒第一次进入神经系统的区域。脊髓症状较常见。包括轻微的后肢跛行，或后肢交替负重进而发展为以后两个球节着地。随后出现共济失调或虚弱，进而发展为病牛需帮助才能站立或后肢完全瘫痪（图12-18）。某些病例，病牛四肢出现痉挛性无意识的弯曲。除这些腰部和荐部症状外，还会出现便秘、里急后重、箝顿包茎（雄性）、因为膀胱痉挛出现尿淋漓、腿和肛门弛缓。因此，脊髓或脊神经机能障

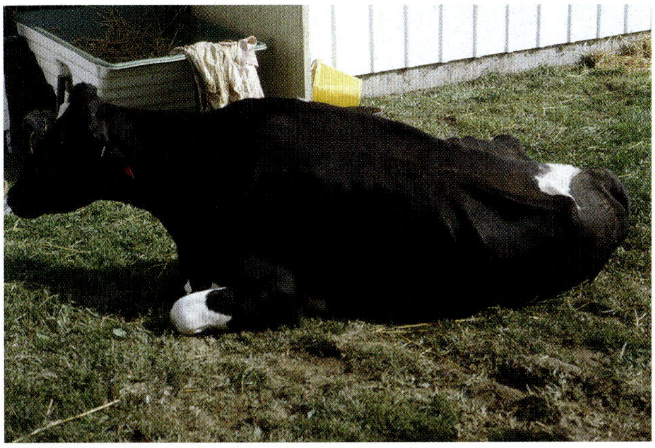

图 12-18

该4岁荷斯坦牛第一次表现异常为进屋后后肢弯曲。2 h内侧卧，不能进食并开始嘶叫。脑脊液检测淋巴细胞增多。狂犬病阳性。

碍进行性加重的症状应引起对狂犬病的注意。若头部被咬，颅神经症状会首先出现。

大脑症状包括进行性抑郁（哑型）或攻击（狂躁型）两种症状。兽医都能对新出现的攻击症状做出快速诊断，但应该排除神经性酮病和低血镁症。狂犬病牛其他脑部亢进还表现为性机能亢进（如频繁交配爬跨）、局部或全身瘙痒导致自残、癫痫、眼和耳警觉，尽管出现麻痹和共济失调、低头、吼叫和角弓反射。偶尔出现失明但不常见。

有些狂犬病牛出现吞咽困难、流涎及舌功能减弱。同时还可见由于咽部麻痹导致的不能饮水。吼叫是一种特殊的低声调和嘶哑声。死前发展为水泡音嘶叫。这种声音与咽部机能有关的喉麻痹有关。

病牛可能有上述全部症状，也可能一种症状也没有，这些是过去报道和观察到的症状，但没有一种是狂犬病特有的。

狂犬病的鉴别诊断很困难，但需考虑几种常见的疾病。在脊髓麻痹症状为主时，发情活动造成的荐部损伤、锥管淋巴肿瘤、脓肿应注意与狂犬病的鉴别区分。如上文讨论，牛个性变得狂躁或有攻击性行为应与神经性酮病、低镁血症和既没有神经性酮病和狂犬病而是牛最近被转移到新的畜舍而表现出简单的“狂躁行为”相区分。通过大脑症状，鉴别狂犬病是很难的，因为狂犬病可能出现的大脑症状是没有限制的。以作者的经验，吞咽困难，或有或无舌神经麻痹，但没有面神经和前庭神经核症状的非典型性李斯特氏菌病很易与狂犬病相混淆。而狂犬病发展为昏迷时，需与多数脑炎和中毒性中枢神经疾病相区分。

诊断

狂犬病病牛的脑脊液可能正常，仅有些蛋白值升高，或有核细胞和蛋白值均升高。在狂犬病畜的脑脊液中的有核细胞多为淋巴细胞。对于兽医无其他的生前检测用于诊断。可疑病畜的大脑必须送往国家健康部门许可的实验室进行狂犬病的检测。最近，荧光抗体（FA）染色脑切片技术提供了一种最快，最准确的诊断方法。FA技术已经取代了组织学检查尼氏小体和小鼠接种试验。另外，采用针对特定抗原表位的单克隆抗体的FA检测试验可辨别狂犬病的传染源（如浣熊、狐狸、蝙蝠）而有助于流行病学研究。

狂犬病无法治疗，所以当牛被未知的攻击性动物咬伤后应进行彻底清洗、消毒，这点同人被未知的狂犬病宿主动物咬伤后进行的清创处理相一致。

当怀疑奶牛或犊牛患狂犬病时，操作者或兽医进行检查和治疗时应戴上手套，并采用最少限度的人员对奶牛进行治疗，废弃牛奶。若病牛被确诊为狂犬病时，应咨询公共卫生当局有关狂犬病预防性治疗意见，以正确处理任何和病畜接触的操作人员和确切接触过病毒的人员。

接种牛狂犬病疫苗已被用于许多狂犬病地方流行区域，并有效地减小了公众和个人由于和家畜工作时和狂犬病毒接触产生的忧虑情绪。疫苗接种也降低了人类感染狂犬病的机会，大大降低了使用昂贵的球蛋白和人类二价苗的预防和治疗费用。整个牛群（小规模）的疫苗花费比一个人的治疗花费便宜许多。兽医应注意使用获批准的牛疫苗，因为一些弱毒疫苗不适用于食草动物。目前至少有两种疫苗可用于牛（RM Imrab3, Rhone Merieux Inc., Athens,GA和Rabguard TC, SmithKline Beecham Animal Health, West Chester, PA）。首次免疫于3月龄，每年重复免疫。

伪狂犬病（Aujeszky's 病，剧痒症）

Pseudorabies (Aujeszky's Disease, Mad Itch)

病原学

猪的疱疹病毒是伪狂犬的病原。在猪，该病通常表现为温和型。在牛是高度致死的疾病并能引起类似狂犬病的症状——所以得名伪狂犬病。该病在奶牛较少发生，因为猪和奶牛很少同舍饲养。然而随着农业的不短发展，奶牛和猪同舍饲养的现象也有可能存在，因此，该病毒有可能从猪传播到奶牛。

病毒由感染猪的鼻分泌物和咽部分泌物排出，牛可能通过接触污染的草料或伤口（因为皮内或皮下感染是可能的）或鼻对鼻接触而感染。感染的褐鼠也可能将伪狂犬病毒从一个牧场携带至另一个牧场。感染后，潜伏期为2～7 d。

症状

该病可表现为局部或全身的剧烈瘙痒，舔食，蹭并出现局部残缺。因此，在牛得名“剧痒症”。而也能出现许多其他的神经症状——类似狂犬病——常常出现高热。最急性病例会突然死亡或有原发性的脑症状，如流涎、咽/喉机能障碍、呼吸困难、鼓气、共济失调、轻瘫、眼球震颤、抑郁或兴奋及癫痫。病程为2～3 d，尽管有报道少数病牛耐过，但大多数奶牛死亡。鉴别诊断包括伪狂犬病和其他神经性疾病，其中是否与猪接近的发展史是鉴别的关键。

诊断

血清学方法、从CNS中（尤其是局部瘙痒损伤的脊髓段）或从局部损伤部位提取的水肿液分离病毒和免疫荧光抗体检测都是可行的。检测的方法将会得到进一步改善。若诊断可疑时，应进一步采集样本送地区诊断实验室进行诊断。还需排除狂犬病。本病无治疗方法。感染伪狂犬病牛的CSF值尚无报道的资料。

牛疱疹病毒性脑炎
Bovine Herpesvirus Encephalitis

病原学

牛疱疹病毒（BHV）1型和5型均能引起牛脑炎。会引起牛流产、传染性牛鼻气管炎、脓疱性外阴道炎的1型牛疱疹病毒只能散发性地引起牛脑炎。相反的，牛疱疹病毒5型具有显著的神经营养作用，在某些地区，特别是在南美，牛疱疹病毒5型是牛脑膜炎的主要致病菌。牛疱疹病毒5型脑炎可在牧场牛群散发或产生群体性暴发，特别是青年期的小母牛，但该病在北美的发病率比在南美低很多。牛疱疹病毒5型脑膜脑炎是由于早期接触病毒或随后由于应激/肾上腺皮质醇的再激活而引起的。典型的临床症状一般发生于开始与病毒接触或产生病毒的再活化后大约1周出现。被感染的病畜出现三叉神经节炎，三叉神经区是牛的持续感染区。

临床症状和诊断

特别在1型牛疱疹病毒病例，呼吸系统临床症状和神经性症状并发，出现前脑症状为主并经常伴有高热。大多数感染动物仍然有视力，这点可以帮助区分该病和大多数由于代谢和中毒性疾病而损害大脑皮层的传染性脑炎。作者（TJD）对一例牛疱疹病毒脑炎的犊牛（图12-19）进行了CSF分析，发现脑脊液淋巴细胞增多。若感染牛疱疹病毒的牛仍存活，则牛将在7～10 d内出现血清转变。因非化脓性脑炎致死的病例可通过免疫组织化学的方法确定是否为牛疱疹病毒感染，并可通过基因组分析或PCR区分牛疱疹病毒的两个亚型。该病中枢神经系统损伤为影响灰质和白质的弥散性非化脓性脑脊膜脑脊髓炎。

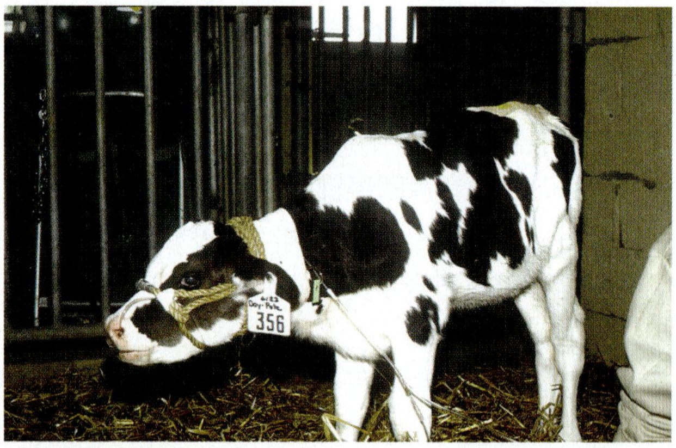

图 12-19

2月龄犊牛出现急性发热，抑郁，随后出现癫痫和呼吸性窘迫。脑脊液检测淋巴细胞增多。剖检大脑观察到BHV1型病毒包涵体。

治疗和预防

该病采用支持疗法，包括在需要时控制癫痫发作，及使用非甾体抗炎药（NSAIDs）。皮质激素的使用还有争议。虽然应用疫苗完全抵御两种亚型的牛疱疹病毒是不现实的，但修饰的鼻内牛疱疹病毒活疫苗对抵御两种亚型的病毒均具有很好的效果。

恶性卡他热 Malignant Catarrhal Fever

恶性卡他热由伽马疱疹病毒引起，偶尔导致牛致死性脑脊膜脑脊髓炎。在北美和欧洲引起牛恶性卡他热的病毒均与羊有关（羊疱疹病毒2型），但部分牛恶性卡他热病例，牛未与羊发生直接接触。该病会导致血管炎和一些器官淋巴组织增生，也包括中枢神经系统。作者最近发现了和羊接触的猪也可发病。

临床症状

该病临床症状最常见于1～2岁犊牛，大多数为散发，但也出现大规模暴发。该病最主要有两种临床表现型：脑眼型和肠型。脑眼型病畜出现高热、角膜混浊、流涕、淋巴结肿大和弥散性神经症状。和牛传染性气管（IBR）炎角膜炎相似，角膜损伤通常为从边缘向中心蔓延，这种表现型的治愈率很低。肠型的主要临床症状为发热和腹泻。该表现型一般为群体暴发，相比于脑眼型，肠型可治愈。作者仅仅收集了少数恶性卡他热脑眼型病例的CSF，其中具有显著的单核脑脊液淋巴细胞增多，但很难确定单核细胞的确切类型。

诊断和治疗

该病的诊断主要依靠特征描述、临床症状、和羊的接触史（可能远距离接触）并排除其他可能产生相似临床症状的疾病（如IBR）如血尿症、淋巴结病而确诊。该病CSF中出现异常的单核细胞。还可通过全血PCR进行临死诊断（样品加入乙二胺四乙酸[EDTA]抗凝）。尸体剖检时可用组织PCR进行诊断。该病主要为免疫介导的血管炎继发实质性变性。疾病主要采用对症治疗。

栓塞性脑膜脑炎 Thrombotic Meningoencephalitis

栓塞性脑膜脑炎的致病菌为昏睡嗜组织杆菌，而不是之前认为的昏睡嗜血杆菌。这种小型球杆菌一般攻击血管内皮组织，导致脓毒性血管炎而形成栓塞，局部缺血和出血性栓塞的形成而引起的实质性损伤是继发于中枢神经系统中的血管病变。同样，相似的血管病变也可发生于肺脏、心脏、骨骼肌和关节。病畜急性死亡，但不出现神经性症状。临床上，病畜出现发热。相比牧场和奶牛场，该病发生在饲育场更为常见。在纽约州，肺脏症状和损伤是该病最常见表现。对于TME的诊断和治疗参阅467页。

牛海绵状脑病 Bovine Spongiform Encephalopathy

尽管此书并不包括所有的外来疾病，但海绵状脑病需要作一简要的介绍，因为该病对美国已构成威胁，在美国至少已经出现过一例，并引起了公共卫生的关注。应注意BSE的简称与散发性奶牛脑炎（SBE或Buss disease）相区分，在美国散发性奶牛脑炎主要是青牛肉牛的衣原体感染，而BSE不是一种炎性疾病而是有一种不常见的病原体而引起的。

病因学

人们认为BSE是绵羊痒病在牛发病的一种形式。羊痒病是发生在绵羊和山羊的一类疾病，该病被认为是传染性海绵状脑病的一种。这类疾病包括BSE、鹿慢性消耗性疾病、水貂脑病、人克雅氏病。BSE于1986年在英国第一次出现，病牛饲喂了用死后羊痒病感染的病羊生产的浓缩饲料。大多数研究人员认为该病的传染源是一类变异的宿主蛋白——朊蛋白。

一种该病的发病学说认为BSE最早可能是由于使用羊痒病病羊的肉和骨粉作为犊牛日粮和成牛浓缩饲料引起的。另一种学说认为BSE的传播和加重是由于饲喂了被感染牛的组织。公共卫生主要关注的是人克雅氏病。库鲁病的感染原和在羊痒病和牛海绵状脑病发现的朊蛋白样感染原具有特征相似性，因为牛被认为是因摄食后获得该感染原，所以人们对肉制品的消费大大提高了警惕性。美国认为美国的羊痒病和鹿慢性消耗性疾病分别是在羊和鹿的地方流行性疾病，所以牛BSE对于美国的威胁也是存在的。然而目前不采用大量的绵羊产品作为牛饲料和不同的炼油程序使美国发生BSE的可能性很小，此外，BSE的传播具有种间屏障，虽然这不是完全不可传播的。该病也认为具有遗传因素。有关研究具有牛抵抗性的实验也在不断进行中。

此外关于该病的水平传播，可能是通过饲喂牛污染的组织而感染的。BSE可能也可垂直传播，该病在英国暴发时，感染BSE的病牛幼仔患病的可能性是未感染牛的3倍。在英国禁止饲喂反刍动物肉和骨粉后，BSE的发病率出现显著下降。相反，同一时间，在欧洲其他国家和欧洲以外的国家该病发病率却出现上升趋势。

症状

BSE在3～6岁或更大的奶牛发病。该病一般2个月内病情进展缓慢。特征性临床症状为兴奋过度、恐慌、攻击、伸展过度和感觉过敏。患牛表现耳和脸部颤搐、反复蹬踢、进行性的共济失调、跌绊、跌倒甚至躺卧，只有少数病牛表现出异常性攻击（疯牛）。体重减轻是该病的显著特征。

诊断

该病损伤包括神经网络中的神经细胞体和突起部出现空泡样变，并继发有轻度的神经胶质增生，但无炎症反应。该病血清中无抗体产生，CSF检测正常。

免疫学检测可以检查脑干组织中的朊病毒。近年来，美国仅仅证实了几只被感染的病牛，这要求相关部门进行大量监督工作。

变性：代谢性和中毒性脑病
DEGENERATIONS：METABOLIC AND TOXIC BRAIN DISEASES

脑脊髓灰质软化
Polioencephalomalacia

栓塞性脑膜脑炎表现为大脑皮层灰质的进行性损伤和大脑皮层坏死，很多因素可引起该病，包括硫胺素缺乏、硫磺中毒、铅中毒、由于水盐平衡失调引起的渗透压改变和缺氧。尽管这样，大多数临床兽医认为PEM和硫胺素缺乏相同，这样将影响随后的诊断。

病因学

脑灰质软化（PEM）或脑皮质坏死是发生于犊牛或成牛的一种硫胺素应答性疾病。在犊牛中，通常呈现散发，但在群养的周岁小母牛和成年牛中发病率可达10%～25%，待育肥肉犊牛或周岁肉牛也表现为群发。在奶犊牛中，PEM最常散发的年龄为2～8月龄。小于3月龄的犊牛很少发生PEM。成牛奶牛很少感染。

有关PEM的病因，许多人对以下几方面进行研究，即硫胺素代谢、瘤胃内硫胺素酶的活性、不同饲料对生成和分解硫胺素的瘤胃内微生物影响、能改变反刍动物硫胺素水平的化学药物。硫胺素含量必须保持适当的水平才能合成二磷酸硫胺素辅酶，这是活性硫胺素，它有助于形成红细胞的丙酮酸转酮醇酶和α-酮戊二酸脱氢酶。转酮醇酶在牛脑部对葡萄糖代谢的磷酸戊糖途径很重要。硫胺素也对三羧酸循环中葡萄糖生成ATP作用的协同因子。当硫胺素的含量不足时，大脑机能会受到严重影响。在中枢神经系统，神经元的特异性集团比其他组织（如大脑皮质、横向膝状神经核、下丘脑）对于这种需氧的代谢作用更易感。在急性病例的临床症状比尸体剖检时出现的组织损伤分布表现出更为弥散的神经机能障碍，这点对于鉴别很重要。该病是一类可以阻断神经机能的代谢紊乱性疾病，在此之前会引起局部缺血性退化或坏死，这些可以通过光学显微镜进行观察。临床治疗的目标是在神经性退化成为永久性病变区尽早改变这种状况。

在瘤胃微生物作用下机体内产生硫胺素，然而，引起硫胺素缺乏或硫胺素生成的因素很多。高谷物/低纤维饲料是导致PEM暴发的主要原因之一。这种饲料会影响瘤胃内的厌氧菌和其他微生物产生硫胺素酶2型。同样，富含有活性硫胺素酶的饲料，如蕨类植物根茎和木贼类植物也能通过硫胺素酶1型改变硫胺素水平。硫胺素酶2型在诱发PEM中起最重要的作用。通过临床经验，杀虫剂中的左旋咪唑、噻苯咪唑和镇静剂中的乙酰丙嗪也与PEM有关。虽然饲喂安普罗铵，一种硫胺素的类似物与PEM有关，但在实验环境中，需要饲喂极高含量的安普罗铵才可能诱发该病。

在散发性PEM，通常不能确定确切的病因，牛群暴发时需要仔细分析各种可能的因素，尤其是精饲料与粗细料的比例。

临床症状

脑灰质软化主要症状是大脑皮质症状。在犊牛和成牛均出现抑郁和厌食，但上述症状持续很短时间，然后便出现脑皮质疾病比较明显的症状。因为视皮质对正在发生的病变反应敏锐，首先出现失明症状但具有完整的瞳孔功能。某些侧卧病畜继发出现丧失对光的瞳孔反射，可能由于动眼神经被挤压所致。病畜也可见低头和磨牙，或出现“头痛”型牛典型的伸头和伸颈。若病畜能行走，则出现缓慢而且脚拖地而行的姿态。在某些山羊，患畜出现嘶叫现象，但在患有PEM的犊牛和成牛则不出现。在犊牛和周岁牛，由于第4对颅神经的压迫性损伤常见到背内侧斜视，但成年牛很少见到。肌肉震颤和流涎也常发生。

若疾病发展至躺卧，常见角弓反射，出现眼球震颤、癫痫和昏迷（图12-20）。若不治疗，随着大脑皮层的坏死程度，病畜在24～96 h死亡，除背内侧斜视外，其他的颅神经症状很少出现（图12-21）。尽管有报道视神经乳头水肿，但作者从未在感染PEM的犊牛或成乳牛中看到过。因此，作者认为失明完全是由皮质损伤造成的（图12-22）。由于皮质性失明或脑水肿，病牛出现眺望星空状（图12-23）。

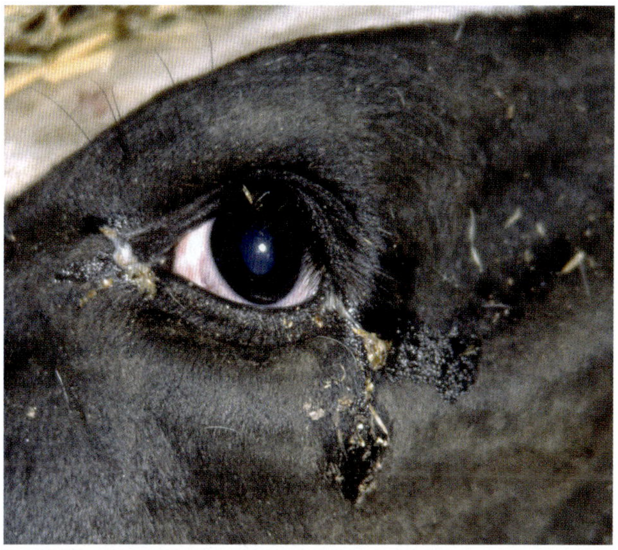
图 12-21
患PEM荷斯坦周岁犊牛发生背内侧斜视，斜视为双侧的。

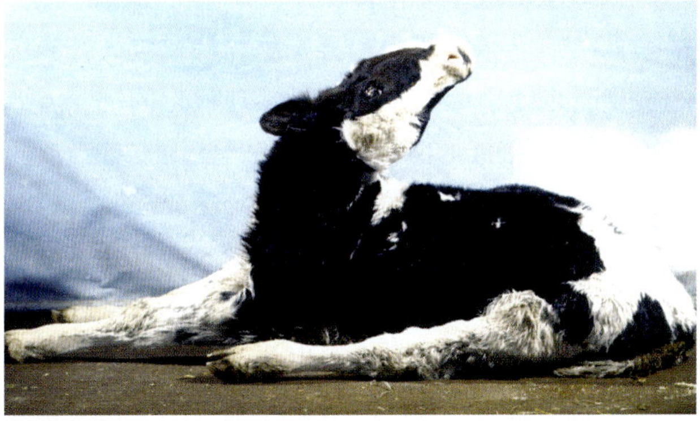
图 12-20
PEM病犊牛明显的角弓反张。

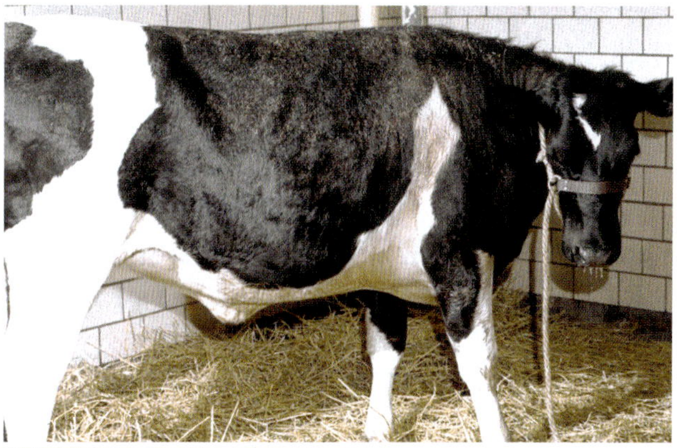
图 12-22
2岁荷斯坦牛因PEM而失明（但瞳孔对光反射正常）和沉郁。

主要的鉴别诊断是区别铅中毒、脑膜炎、脑炎、狂犬病、食盐中毒、神经性酮病（在成年泌乳牛）、肝脑病、D型肠毒血症（仅在犊牛发生）。

诊断

在急性病例、临床症状和CSF穿刺液通常有助于诊断。CSF液通常透明，无有核细胞增加，蛋白质水平可能正常或稍微增加。在慢性病例，感染3 d以上的病畜，CSF出现蛋白增加，有核细胞轻微至中度增加——特别是巨噬细胞——由于进行性的大脑层坏死。因此CSF检查可帮助排除狂犬病外的脑膜炎和脑炎。若根据病史不能完全判定铅中毒，应进行血液和组织中铅含量检测。此外，铅中毒病畜

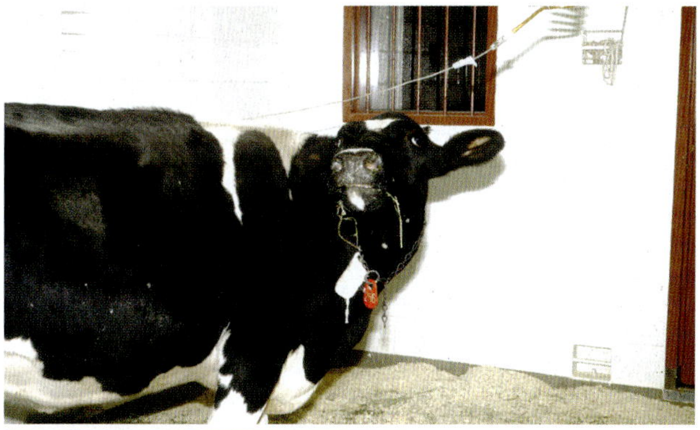
图 12-23
患急性硫胺素性PEM荷斯坦奶牛出现大脑皮质性失明和眺望星空状。静脉注射硫胺素晶体液72 h内病牛痊愈。

出现癫痫症状比PEM病畜频繁。通过测定血中氨的含量可以排除门体循环障碍。泌乳牛可通过尿和血酮的测定排除神经性酮病。若认为是食盐中毒/缺水，应作血清和CSF中钠含量比较。

虽然已经有很多特定的实验室可检测PEM，但他们仍然受困于临床兽医不能正确诊断该病，花费多，可提供服务的实验室少。这些实验室检测包括红细胞转移酮醇酶水平（PEM病例可能较低）、血液丙酮酸盐、血液乳酸盐、丙酮酸盐激酶及粪便和瘤胃中的硫胺素（PEM病例可能较高）。在牛群暴发PEM时，兽医可考虑到较近的实验室咨询检查项目、实用价值、所需时间和实验花费。

基于实际考虑，对于死亡牛或治疗无效的牛，尸体剖检可见大脑肿胀和水肿，呈淡黄色。若脑水肿扩大，小脑蚓部从枕骨大空（小脑锥度）疝出。紫外光照射大脑皮层会出现荧光，这是由于受损的皮质线粒体出现病变。显微镜检查可见细胞色素性水肿、大脑皮层或部分脑干出现足部缺血性变性或完全坏死，这些病症取决于疾病的严重程度和持续时间。通常使用特异性疗法治疗临床确诊的PEM。在很多病例，这些显微镜下观察的损伤很难与铅中毒和硫磺中毒所引起的损伤相区分。

治疗

PEM的特异性治疗首次使用10～20 mg/kg，的盐酸硫胺素做静脉注射，然后用10 mg/kg，每日2次重复肌肉注射，根据症状轻重和治疗的效果连用3～10 d。对于一些价值较高的牛可用甘露醇，但其效果尚未证明。给药采用20%溶液20～30 min缓慢静脉注射，剂量为0.5～2.0 g/kg。间隔3～4 h重复给药1或2次。一般不采用皮质激素。

在急性病例，用上述方法治疗数小时内逐渐出现病症好转。亚急性病例，在24～96 h内出现转机，失明通常最后消失。作者曾见到一例青年牛治疗到9 d才恢复视力。尽管其他神经症状全部接触，失明也可能是永久性的。

预防

所有PEM患牛的日粮都应进行评估。特别是当牛群中有多头成牛或犊牛发病时。当饲喂的日粮是谷物或大部分是谷物时，在日粮中增加长茎干草5～10 lb/ (头·d)能防止PEM的发生。根据病原学，其他可能的营养因素也有必要注意。在饲料中添加5～10 mg/kg硫胺素可以阻止疾病的发生。在犊牛群体暴发时给未发病的患畜肌肉注射盐酸硫胺（10 mg/kg）,每周重复使用可起到一定预防作用。

硫磺中毒 Sulfur Toxicity

日常饮食和饮水中富含硫酸盐类会引起与PEM相似的疾病。硫磺会代谢成具有毒性的二价硫离子。硫磺、硫酸盐、甚至二价硫离子（如饼干中的防腐剂）均存在于饲料、饮水、和矿物。该病的临床症状与由于硫胺素缺乏引起的PEM相似，患畜的瘤胃所产气体中可以检测出较高含量的硫化氢气体。该病治疗同PEM。该病的治疗效果一般不明显，应注意寻找可能的硫磺来源以阻止其他牛感染该病。

铅中毒 Lead Poisoning

牛意外或蓄意采食含铅的物质会导致铅中毒。牛采食时缺乏辨别能力和喜好舔异物或食入有异味的食物时也能引起铅中毒。虽然现代化的饲养方式减少了奶牛铅中毒的机会，但在一些地方，当放牧或一些其他的饲养技术，允许牛游荡或逃脱围栏时增加了食入富含铅的化学药品和物质的机会。废机油、一些屋顶材料、含铅和铝的涂料、砷铅酸喷雾、铅球、油毡、焊料、废电池及挡雨的含铅材料牛都可能接触到。某些区域的环境可能存在工业前产品或铅肥料的污染。

所有动物对铅易感，但吃奶犊牛比饲喂甘草和谷物的犊牛更敏感，牛铅中毒的剂量变动很大，一次大剂量（1 g/kg体重）可诱发急性死亡。而每天给予铅2～3 mg/kg，需1个月以上才能出现临床症状。其他因素，如年龄、饲料、瘤胃pH值、接触前或现在饲料中的铅水平及其他影响铅含量的因素，都可能影响引起临床症状的铅量。最简单的概括是剂量增加潜伏期缩短，症状加剧，死亡率增加。

症状

牛铅中毒主要表现为神经症状，但也可出现胃肠道症状。饲草中铅含量较低时，早期症状出现流涎（多涎）、磨牙（夜磨牙症）、肌肉震颤、舌翻滚和感觉过敏。病程进一步发展或动物摄入铅含量较高时出现典型的大脑皮层症状，如失明（但瞳孔机能正常）、前冲行为、癫痫、体位异常、面部痉挛、低头、嘶叫、因磨牙造成口腔泡沫状流涎或攻击性行为（图12-24）。急性死亡病例也可能不出现先兆症状。一般认为铅影响中枢神经系统细胞功能，但确切的细胞病生理机制并不清楚。

图 12-24

16月龄铅中毒小母牛，出现侧卧、失明、嘶吼和前冲现象。

胃肠道症状包括瘤胃停滞（迟缓）、鼓气、腹泻及便秘。由于肠中毒物刺激，急腹症性腹痛也可出现，这可能是由于毒物刺激肠道引起的。轻度到中等程度中毒可同时出现大脑皮质和胃肠道症状。患畜表现抑郁、失明、有时盲目走动、低头和瘤胃停滞。该病的早期临床症状与PEM相似。对患畜进行临床检查，偶尔可辨出废机油和其他化学物的气味，这有利于诊断。

在一些慢性铅中毒，病畜常出现正常红细胞性贫血、正常色性贫血、点粒细胞和网状细胞增多、血尿氮素（BUM）轻度升高现象。有些铅中毒病畜可检测出少量肌酸酐，但在牛铅中毒病中并不常见。

诊断

临床症状结合对病牛畜舍和放牧场所的检查是该病的重要诊断方式。实验室确诊通常必不可少。铅中毒的诊断必须包括血液和组织中铅含量。虽然参考值多种多样，但大多数实验室用血液中铅含量（肝素处理样品）0.05～0.25 mg/L作为参考值，超过0.30 mg/L就是异常值。肾脏和肝脏通过带湿计算法检查铅含量超过10 mg/L被认为是铅中毒。在轻微或慢性病例，血液中的铅含量升高不明显。

尽管用血液和组织中铅含量来诊断牛的铅中毒，但其他的特异性检测方法在一些实验室也有采用。这些方法是测试铅对卟啉和血红素代谢的影响，尤其是铅对δ-氨基-γ-戊酮酸脱水酶的移植作用，该酶是血红素合成必不可少的。若血液中δ-氨基-γ-戊酮酸脱水酶含量低而尿液中此酶含量高可确诊为铅中毒。这些变化在症状之前出现，因此，可提供早期诊断。这些数据也为监测治疗后组织内残留铅含量提供了比血液中铅分析更敏感的方法。但目前，此方法并没有广泛应用。

在急性病例，脑脊液分析一般为正常的蛋白值和有核细胞数量。有明显脑神经症状的亚急性病例，因大脑皮质坏死导致蛋白及细胞数稍微增多。

尸体剖检无实际意义，除非瘤胃中可发现油、润滑油及如涂料等的可见材料。亚急性病例可能有广泛的脑皮层坏死，如肉眼可见的皮质肿胀、水肿和变黄。显微镜检查可见大脑皮层出现变形性坏死斑，这些坏死斑与疾病的严重程度和损伤的时间有关。在病初的72 h，这些损伤包括细胞毒素性坏死、神经细胞胞体缺血性坏死。在较长时间的损伤病例中，出现更广泛的坏死和巨噬细胞聚集。这些损伤与硫胺素缺乏引起的症状相似，包括在肾进曲小管上皮细胞内形成嗜酸性核内包涵体。

奶牛铅中毒的主要鉴别诊断是要同由于硫胺素缺乏引起的PEM、盐中毒、肝性脑病、维生素A缺乏、狂犬病和如昏睡嗜血杆菌等其他原因引起的脑炎或脑膜脑炎相区别。总体上讲，畸形铅中毒较硫胺素缺乏性的PEM较多出现癫痫、吼叫和应激性过敏（面部震搐、感觉过敏）。两种疾病都能引起皮质性失明（但瞳孔机能正常）、沉郁、低头、磨牙及其他症状。背内侧斜视在PEM病畜更常见。临床症状的区别在单个病例比较困难，但在群内暴发时则比较明显。此外，在PEM病畜，瘤胃功能可能正常，而铅中毒时，瘤胃往往出现停滞。

脑膜炎和脑膜脑炎的特点是有炎性CSF、高热及其他炎性症状。狂犬病最难区分，但狂犬病导致的失明不如铅中毒普遍。

治疗

除非病史证实铅的来源，否则首先应防止再接触。即更换可疑饲草，放牧的牛要进行舍饲及采取其他措施。当病史证实唯一的患牛仅仅是“走失或在机械工厂发现”时，这通常便于分辨接触源的问题。困难的是群体暴发而又不知道接触途径。这就需要做许多鉴定工作，如检测饲料、水和厩舍，可疑饲料要送到毒物实验室做进一步检测。

特异性治疗给予Na_2，Ca-EDTA进行全身治疗，但不能口服。建议用62～110 mg/kg体重静脉注射，每日1或2次。一些临床医生建议给予一半剂量每日2次。也可进行皮下注射。静脉注射时，Na_2，Ca-EDTA应慢慢注入，若快速注射，会发生不良反应（心跳加速、呼吸加速、震颤、毛直立）。Na_2，Ca-EDTA的作用机理是能与骨组织中的铅发生螯合作用，而使其溶解并随尿液排除。但它不能与软组织中的铅螯合，可依据软组织铅含量和骨组织中铅含量减少保持平衡的原理进行继续治疗。因此，使用Na_2，Ca-EDTA治疗是间歇性的。一种较好的治疗方法是以62.0 mg/kg体重的Na_2，Ca-EDTA静脉注射，每日2次，治疗4 d，间隔4 d再治疗4 d。总而言之，治疗牛铅中毒的方法是60～110 mg/kg Na_2,Ca-EDTA做静脉注射，每日2次。精确的天数并不是很重要，但3～5 d似乎很合适。3～5 d后再重复治疗，这样软组织中积聚的铅可进入骨中，然后再注射，使Na_2，Ca-EDTA螯合骨中的铅。

也应给药硫胺素，剂量2 mg/kg或更多。硫胺素虽然不能防止或清除铅在组织中集聚，但能缓解铅中毒牛的临床症状。事实上，单纯用Na_2，Ca-EDTA治疗，会加剧临床症状，用硫胺素或硫胺素－Na_2，Ca-EDTA合并治疗可以缓解症状。硫胺素作用的确切机理尚不清楚。然而，因为PEM的大脑皮层坏死与铅中毒相似，曾认为是铅在某种程度上干扰硫胺素水平或代谢，事实上有些大脑皮层的病变是硫胺素相对缺乏的结果。对于细胞毒性水肿治疗可使用如治疗PEM的方法静脉注射甘露醇。

当新摄入已知的含铅物时，需做瘤胃切开术清除瘤胃内的异物，冲洗瘤胃，并赋予支持疗法。对于可从粪便排除的不溶性硫化铅可用硫酸镁轻泄，使之从粪便中排除。

有轻微神经症状和胃肠道症状的病牛预后良好。出现癫痫、角弓反射、失明、痴呆的患畜预后不良。抗惊厥药对成年牛作用不大，但安定（5～10 mg，静脉注射）已用于犊牛的治疗。

盐中毒 Salt Intoxication

病因学

盐中毒（脱水）或高血钠症偶尔可引起犊牛和成牛神经症状。该病主要由于饲喂了过量氯化钠引起，但偶尔也由于大量静脉注射时，配药稀释比例错误引起。错误稀释电解质溶液或犊牛的哺乳替代物可导致高血钠症，因为犊牛喜欢食用富含高氯化钠的溶液。对于饲喂哺乳替代物的犊牛，未提供足量水是引起犊牛盐中毒的主要原因。

成牛盐中毒主要由于自然灾难或干旱导致牛脱水所引起。作者曾发现过一例后备乳牛盐中毒的暴发，其主要原因是天气寒冷导致所有水资源和通往外界的道路结冰而不能使用；为使道路上冰融化，人们大量喷洒食盐，牛饮用了大量富含高浓度盐的水而发病。引用大量高盐水也可引起肉牛患病。作者曾发现过一例后备小母牛因食入含有大量氯化钠的乳清而发病的病例。只要提供足够的新鲜饮水，大量食入盐类并不会导致疾病，但饮水中含有较高浓度的食盐（>0.25%）会降低产奶量。

虽然在血清和脑脊液中，钠盐和氯化物均显著提高，但我们应主要关注钠盐，因为钠盐可抑制大脑神经元的糖酵解过程。在高血钠一段时间后，病畜大量饮水，此时应留意出现大脑变性性症状。低渗血清急性作用可引起细胞毒性大脑水肿，这种情况一般发生于牛饮水管冻结而长期断水后突然供水。

临床症状

犊牛主要出现抑郁、腹泻和虚弱，疾病病程进一步发展可能出现癫痫。血清和脑脊液中钠盐含量>160 mEq/L，并且该病神经症状与血清中钠盐含量成正比。腹泻和肠道病原体加剧犊牛脱水作用，脱水使电解质平衡更加恶化。该病可自发地出现癫痫或继发于静脉补液（缓解脱水）。在高血钠病牛，迅速静脉注射等渗液或饮入大量水会导致大脑细胞外液渗透压降低比细胞内渗透压迅速，其结果是脑细胞摄入大量水分，继发水肿和癫痫等神经症状。

缺水的成年牛常表现出胃肠道疾病，如厌食症、腹泻和呕吐。病牛普遍出现多尿症。神经症状首先反应前脑损伤，包括：抑郁、失明、癫痫。较严重的损伤将涉及脑干和小脑，引起小脑共济失调和UMP/UP运动神经元异常。

辅助手段与诊断

该病的最终诊断必须是实验室对表现出特异性症状的病畜血清和脑脊液中钠含量测定，大多数病例不能在牧场确诊该病，因为在牧场缺乏实验室数据。被感染的犊牛或奶牛需要大量诊断工作。盐中毒犊牛患有严重的氮质血症。

当成年奶牛和小母牛患高血钠症时，需要对其饲料和饮水中盐含量进行分析。当犊牛被感染时，需要调查病牛的饲喂记录、哺乳替代品或口服电解质的稀释率和淡水利用率。

在犊牛，该病的鉴别诊断包括犊牛酸碱比率失调并伴随有传染性胃肠炎、脑膜炎、PEM。在成年牛，包括PEM、铅中毒和狂犬病。

治疗

该病的治疗应是缓慢的，逐渐降低血清和脑脊液中渗透压的过程。这意味着成年牛应有规律的补充小剂量淡水。病畜无限制饮水会导致脑水肿，原因是上述的细胞外液渗透压较细胞内渗透压下降剧烈。此外，快速恢复到正常渗透压会导致髓鞘破坏。若病畜的水和作用状态正常，可以使用如呋塞米的利尿剂（0.50 mg/kg）。

患病犊牛应缓慢静脉滴注低浓度葡萄糖溶液和一半浓度的生理盐水，直到血钠恢复正常。一些临床兽医使用逐渐缩小高张生理盐水的方法治疗血钠过高的新生动物，并取得了成功。血钠的完全正常值应为<2 mEq/h。严重脱水病畜治疗较复杂，因为患畜需要进行强烈的补液治疗，但如果输液迅速会导致出现神经性并发症。大多数氮质血症的病畜均康复，犊牛钠含量达到201 mEq/L会完全康复。支持性补充硫胺素将会对病牛有益。若病畜钠盐含量正常但表现未出现好转，给药甘露醇（0.5 mg/kg）。

神经性酮病 Nervous Ketosis

病因学

神经性酮病是大脑的一种代谢性酮病，可发生于泌乳牛的前8周。酮病的病理生理学将在第十四章代谢病中讨论。酮中毒和低血糖协同引起该病的继发有消耗性和神经性的临床症状。严重的酮病，相应的能量不平衡导致严重的酮血。神经性酮病所引起的神经症状原因不详，可能是由于低血糖及对大脑有害的乙酰乙酸和通过瘤胃内乙酰乙酸分解成异丙基乙醇引起。一定程度的肝性脑病可能与这些牛的神经症状有关，但作者尚未肯定或否定这种理论。

症状

神经性酮病牛可出现从躺卧到攻击行为不一的症状。许多病牛行为痴呆，不断舔食自己身体的一处或多处，或舔食其他无生命物，某些奶牛咬饮水器或试图拱下水杯（图12-25）。被拴住的奶牛不断冲撞颈枷或畜舍的系栏。未拴住的奶牛可能表现为

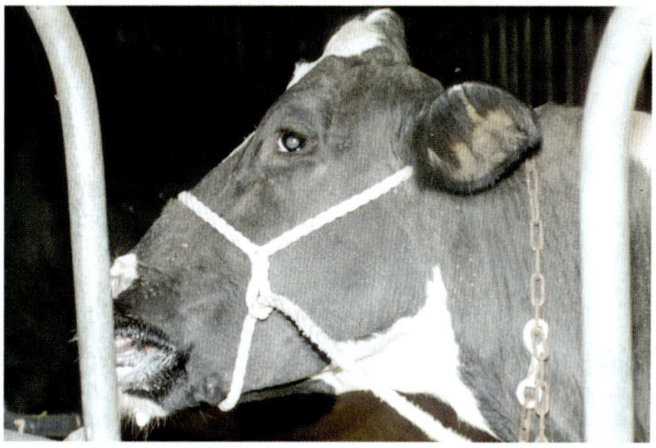
A

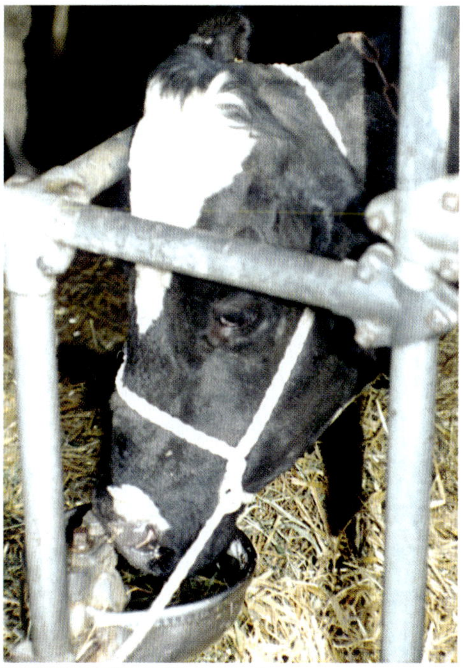
B

图 12-25

A和B，神经性酮病牛，痴呆、反复舔食体侧和栏杆、饮水器。

四处游荡，共济失调，失明和低头，有时可见感觉过敏。严重病例随低血糖加重可出现侧卧，一旦卧下，病牛类似于患低血钙或低血镁病畜。躺卧牛不断舔食及不进食的症状可有助于神经性酮病的诊断（图12-26）。肥胖的奶牛在产犊后数天内可能发生严重酮病并出现神经性酮病症状，因此，若出现躺卧，这些乳牛常被认为低血钙或低血镁，但可能有神经酮病或合并代谢问题。在普通圈舍中，患严重酮病的牛放出活动，走短距离后因低血糖常导致停止活动至虚脱。

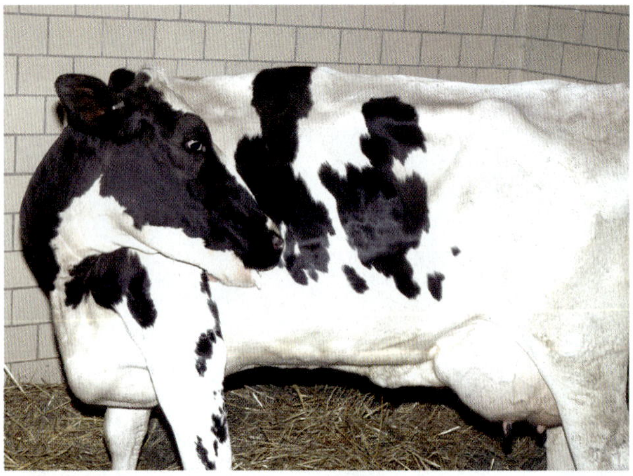

图 12-26

神经性酮病牛舔食一侧躯体。

表现兴奋或攻击行为的病牛对饲养者、兽医、牛群都有危险。低血糖的病牛敏感易怒，这与人的情况一样，在应激时病情加重。因此，临床兽医可能会发现病牛出现非自主的行为，包括攻击、狂奔、吼叫、怒视，通常这些症状在试图捕捉或保定病牛时出现。

在神经性酮病患牛偶尔看到失明，多数患牛治疗后视力恢复，许多作者描述这种失明为“一过性”或“暂时性的”,而在某些病畜失明是持续和永久性的，尽管经治疗其他所有症状已消失。Fox首先观察到双侧失明，这是一种有完整瞳孔功能的皮质性失明，且大多数源于视皮质的永久性损伤。视皮质对代谢失衡如低血糖敏感，因而很可能成为失明的原因。患畜的视网膜和视神经外观正常。

诊断

该病的诊断根据出现古怪神经症状的牛进行尿酮检测。酮血和酮尿通常是该病显著特征，试纸片检测酮尿立刻变为紫红色。然而，并非所有患畜均表现尿酮强阳性，这可能是因为食欲废绝的牛咀嚼盐块或大量饮水稀释所致，因此，患畜尿酮的程度存在一定程度变化。鉴定血、尿、乳酮的试纸也不同，许多实验仅检测乙酰乙酸盐而不检测丙酮或β-羟基丁酸。

不断舔食、咀嚼、咬物等症状也可做出类似诊断。许多特异症状促使临床兽医考虑广泛的鉴别诊断，当躺卧、感觉过敏、强直出现时，应考虑其他代谢病（低血钙、低血镁）；攻击行为出现时应考虑狂犬病；失明出现时应考虑PEM、铅中毒及其他病；斜靠颈枷栏或前冲行为出现时应考虑李斯特氏菌病。尽管有如此多的鉴别诊断，但泌乳早期、尿酮及乳酮的阳性（通常为强阳性）和神经症状能大体上做出准确诊断。

偶有其他神经疾病如李斯特氏菌病的奶牛，尤其伴有咽下困难时，由于继续泌乳，病牛常继发酮症。然而，在这些病例，神经症状通常先于酮血症数天发生。

对伴发神经性酮病的肥胖的围产期奶牛要做进一步检测，包括酸碱电解质平衡、血清钙、血清镁含量、血清生化测试，以评估肝脏机能。

治疗

静脉注射葡萄糖（50%葡萄糖300～500 mL）是治疗神经性酮病的起始疗法。对攻击性或痴呆病畜，在静脉注射葡萄糖前，应先静脉注射或肌肉注射甲苯噻嗪（20 mg）使其镇静，而病畜应在6～12 h后重复注射葡萄糖。若有可能，在起始给予高浓度葡萄糖以后，在24 h内慢慢给予5%葡萄糖20 L效果较好，若无此条件，则应间隔12 h做3次葡萄糖治疗。只注射一次并不能纠正代谢失衡。除葡萄糖外，低剂量的皮质类固醇也用于酮病的治疗。先用地塞米松10～20 mg，再以10 mg剂量治疗3～4 d。使用地塞米松治疗时必须确认病畜没有对此药的禁忌症。

其他支持疗法仍存在争议，并差异很大。许多临床学家用丙二醇、甘油6～8 oz，每日2次，作为补充能量来源。用适量的这些药品治疗很重要，但有可能减少瘤胃蠕动和造成腹泻，因此，他们最好用于有很好的瘤胃蠕动能力的患畜。在一些农场，使用丙二醇作为酮症的治疗药物，在另一些农场，农场主因利益减少而拒绝用该产品。

对精神亢奋的患畜，起始治疗用具有镇静作用的水合氯醛（以明胶胶囊30 g口服）很有帮助。该药可促使瘤胃内淀粉代谢和通过某些未知途径促进葡萄糖生成。

围产期患畜预后状况可能不理想，这些患畜通常需要其他多种治疗。除围产期病牛外，神经酮病患畜，经适时治疗预后良好。除在某些病畜可看到极少的永久性失明外，大多数病畜的神经症状在数小时内完全消失，仅在维持疗法被忽视时才复发。

维生素A缺乏症 Vitamin A Deficiency

病因学和症状

维生素A绝对或相对缺乏可导致育成牛的许多异常。青年奶牛实验性维生素A缺乏时，可见到生长缓慢、失明、食欲不振、癫痫和其他神经症状、皮炎、腹泻、干眼症和肺炎，成年牛可见失明和胃肠、神经、繁殖障碍。

大多数自然暴发的维生素A缺乏发生在育成牛和肥育肉牛。但许多实验研究是在乳用动物完成的。因为在乳用动物很少自然发生，下面只简要讨论该病并主要用于PEM和铅中毒的鉴别诊断。

该病的临床症状是:①脑膜增厚和蛛网膜绒毛改变而影响脑脊液吸收继发的颅内压升高。②骨吸收的异常导致骨异常生长，压迫视神经。脑膜的纤维素化及颅窝尾部、枕骨大孔狭窄导致小脑尾部红色疝出。

CSF压力增高是造成育成牛和成年牛大部分神经症状的原因。CSF吸收力降低，随之硬脑膜增厚及蛛网膜绒毛改变。自然暴发和实验性的神经症状主要包括失明、抽搐、转圈、定向力障碍、角弓反射、沉郁及头位升高。在成年牛失明为典型症状，主要是因为CSF压力增高造成进行性的视神经乳头水肿。视神经乳头水肿想必很严重才会导致失明，因为许多缺乏牛尽管有轻微或中毒视神经乳头水肿，但仍有视力。在育成牛，视神经乳头水肿和失明是由于CSF压力升高和视神经管内纤维化共同作用压迫视神经所致。重症病例，该病引起瞳孔扩散并伴有瞳孔趋光反射障碍。这类瞳孔异常有助于鉴别该类失明和发生在PEM中，瞳孔机能正常的失明。夜盲症也与维生素A缺乏有关，尽管夜盲为早期症状之一，但在目前的农场条件下很难评价。维生素A是暗适应时感光器活动所需要的视紫质再生不可缺少的。视杆细胞感光器可能比高锥细胞感光器受损更重，因此造成夜盲症。

由陈年的饲草组成的饲料、未补充维生素A的所有谷物性饲料、饲料中维生素A被热破坏饲料中缺乏绿色饲料，都能导致维生素A缺乏症的自然暴发。同时，在干旱条件下放牧牲畜或放牧时只饲喂粗纤维饲料，也能导致维生素A缺乏。

诊断

维生素A缺乏症的动物可见视神经乳头水肿并发现视网膜水肿和出血（图12-27）。群体中出现视乳头水肿，并表现为瞳孔光反射异常的失明和其他神经症状，是维生素A缺乏症的特征性变化。尽管也有报道在铅中毒及PEM病例有视神经乳头水肿，但在这两种病例中极少发生。因此，尤其是多头牲畜发生视神经乳头水肿时，应诊断为维生素A缺乏症。

应测定病畜日粮和血中维生素A或胡萝卜素的含量。维生素A正常值范围是25～60 μg/μL。当血清中维生素A水平在20 μg/μL以下时，临床症状的严重程度与维生素A含量成反比。

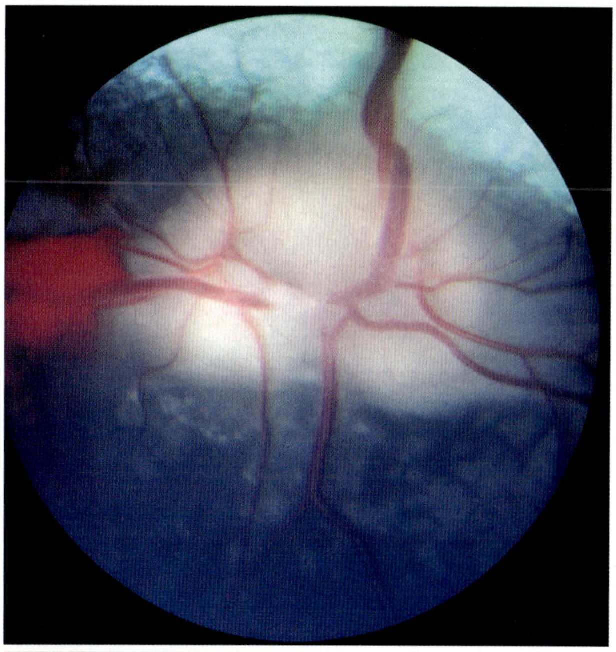

图 12-27

维生素A缺乏小母牛，其视神经乳头水肿，视乳头周围视网膜水肿和出血。

育成牛进行性病例的组织病理学变化为视神经变性，这是视神经管内硬脑膜纤维化、腮腺唾液管的鳞状变化发生及其许多变化造成的。

治疗

维生素A缺乏症，通常可通过饲喂绿色饲草或日粮中补充维生素A来预防。但当发病时，群内所有动物应注射维生素A（440 IU/kg体重），亦可重复注射并在饲料中立即供应足够量的维生素A，40 IU/（kg·d）。

肝性脑病 Hepatic Encephalopathy

肝性脑病（HE）是一类代谢失调性疾病，是由于弥散性肝功能异常导致血氨过高和循环性毒性因子干扰神经功能引起的。在犊牛，肝性脑病因肝内门-体静脉分流（PSS）引起，在年龄较大的犊牛，肝性脑病经常继发于弥散性肝病，这类肝病是牛食用了大量产生双苄基异喹啉类生物碱的植物，主要包括猪屎豆属植物和美狗舌草所引起的。长期食用这类生物碱会导致肝变性并继发肝性脑病。大多数的临床症状起始于前脑，并出现行为异常和癫痫发作。患PSS的犊牛在前几周表现正常，瘤胃功能正常；随后血胺含量增加导致大脑和脊髓疾病出现消长变化（图12-28）。该病诊断可通过检测血清中特定物质的变化，这类物质变化可反应肝功能异常，如血氨过高。PSS的诊断可通过超声和X射线造影照相技术，犊牛可采用手术矫正，但这类手术较困难，即使仅仅是一个肝外分流术。若进行手术，则医学管理应包括静脉注射硫胺素和液体及口服醋制剂以降低瘤胃内pH值。若病畜可进食，应继续饲喂低蛋白饲料，因为取消所有的饲料会增加瘤胃内pH值和血液中胺含量。吡咯双烷类毒性可通过肝脏活体解剖诊断，其主要表现为肝脏纤维化、巨红细胞血症和胆管增生。星形胶质细胞增生和改变及髓鞘扩大的中枢神经损伤是可逆的。吡咯双烷类毒性致命，但可通过去除牧场中包含有吡咯双烷类的植物预防该病。

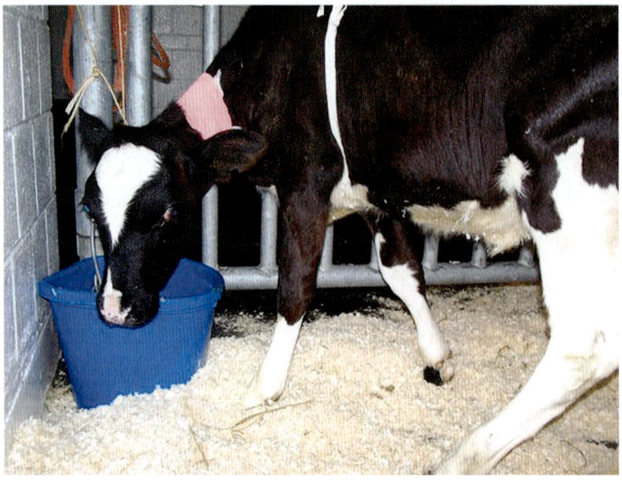

图 12-28

3月龄犊牛门体分流，出现间歇性抑郁、摔倒、步态摇摆。

神经性球虫病 Nervous Coccidiosis

肠内感染球虫的病例较少出现在美国东北部，但在西北部和加拿大西部较普遍。牛球虫病在本书第六章详细描述。该病神经症状主要出现在饲育场肉牛严重感染后，并一般在寒冷冬季。该病神经症状的病理生理学尚不清楚，但可能是由于神经中毒，因为该病无大脑损伤。神经症状包括：局部或弥散性癫痫发作、震颤、侧卧并角弓反射和异常眼震。该病有较高的致死率。

毒素 Toxins

牛患有细菌毒素中毒病例在美国东北部较少。其中毒素由真菌产生，并污染了大量牛食用的牧草。产生这些震颤源的神经毒素及其他混在毒素的真菌列表在本书第十六章，这些毒素均能引起牛神经症状。

创伤
INJURY

由外因导致的颅内创伤并不常见。新生犊牛较易出现，因为该年龄犊牛颅骨发育不完全，大脑抵抗力较弱。多数该类创伤由于犊牛摔倒并且头部剧烈撞击混凝土地面所导致。大脑从出血部膨出及水肿导致形成脑疝。

脑瘤
NEOPLASIA

牛出现脑瘤病例较少，这与牛较短的寿命有关。其中，颅内淋巴肉瘤较常见（图12-29）。牛颅内淋巴瘤并不是由于牛白血病所引起。也有报道过牛神经胶质瘤病例。作者的一个同事（TD）曾经发现过两例成神经管细胞瘤病例（大约2月龄），该病

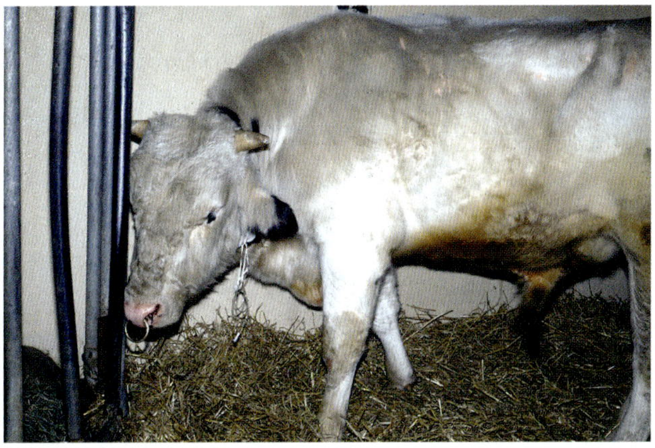

图 12-29

荷斯坦公牛大脑左半球出现淋巴肉瘤聚集，表现为抑郁和向左侧做转圈运动趋势，失明但瞳孔光反射正常。

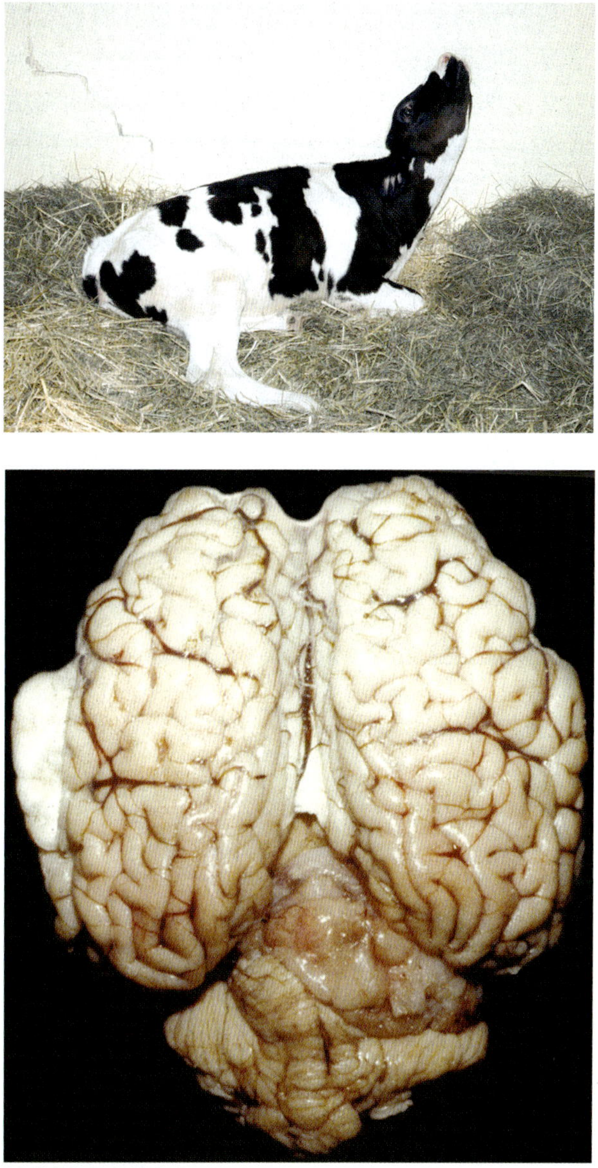

A

B

图 12-30

A，成神经管细胞瘤引起2月龄犊牛严重角弓反射，这说明了脑干和小脑损伤，该病与其他小脑机能不全疾病表现为相似的临床症状。B，肉眼可见的成神经管细胞瘤。

导致病牛角弓反射（图12-30）（表12-1）。

脊髓

SPINAL CORD

临床症状 Clinical Signs

根据临床症状，脊髓可损伤区域分为4部分：C1～C5，C6～T2，T3～L3和L4～Cd。灰质膨大部（C6～T2，L4～S2）的损伤会引起低级运动神经元（LMN）麻痹而导致的步态改变，并出现音调降低、脊髓反射降低和去神经萎缩的临床症状。病畜姿势和步态会反应其支持体重的困难程度，并且如果病畜可以走动，病畜会时常出现短步，并伴有颤抖。若排除灰质膨大部损伤，而是连接灰质的白质部损伤时会引起影响UMN和GP系统的步态异常。脑干尾部的细胞核UMN束数量减少会导致肌肉协调功能的下降和膨大部中生成四肢运动的中央信号发生器的功能下降。这些途径的干扰会导致UMN局部麻痹，此时提供感觉信息的GP途径会代偿性增加，而产生平稳且协调的四肢运动，若GP途径被干扰则会引起GP性共济失调。步态异常的产生是由于这两种脊柱中彼此相邻的系统功能同时下降的结果。临床兽医的目标是识别该病临床症状并且定位脊髓相关区域。

骶骨尾部脊索损伤会引起尾部和肝门部肌肉协调，反射和伤害感受功能下降。S1和S2是坐骨神经中胫神经的主要组成成分，它们功能的下降会导致跗骨的过于松弛，“踝关节下垂”和独一无二的球节背部皱曲，同时可能出现无节制的尿淋漓、直肠嵌入和肾周围充气。L4～L6段损伤将出现不同程度的后肢支持体重困难，可行走病畜出现短步，当重量加在四肢时将会导致病畜出现瘫倒的趋势。L6段是坐骨神经的腓侧部分的主要组成成分，其功能的缺失将导致动物用趾部背侧站立。根据损伤程度的不同，病畜将会出现不同程度的协调功能、脊髓反射和伤害感受的丧失。

T3～L3段的损伤，病初会导致下肢伸长迟缓，病程发展后期出现蹄部落地不准确，躯干和四肢摇摆，当拉伸四肢时出现过分内收或外展，蹄部乱打或者落地时用蹄部背侧着地。严重损伤会导致骨盆的肢体全部麻痹。近尾部的胸椎和腰椎前部的损伤会使侧卧病畜像狗一样使用前肢和前部躯体肌肉（“犬坐”姿势）支撑身体。所有情况中，病畜下肢配合及脊髓反射将出现异常，表现为机能亢进。严重的横贯性损伤会导致病畜全瘫和从尾部到损伤处所有组织的痛觉丧失。

C6～T2段损伤会导致像T3～L3段损伤相同的骨盆部症状及LMN性瘫痪，表现为上肢支持体重困难和行走时的短步。为增强下肢活动，上肢肌肉协调和脊髓反射消失。

C1～C5段损伤将会导致所有四肢出现如上述下肢T3～L3段损伤的症状。前肢出现较长的步幅，具体表现为病畜四肢像被拉伸一样错步行走，有时被说成是漂浮行走。

畸形
MALFORMATION

脊髓畸形常见于犊牛，主要发生于脊柱胸腰段和脊柱荐尾段。大多数情况下，这类脊髓发育不良的病例，其腰荐突起部的灰质正常，神经元无衰

表12-1 一些罕见的脑部疾病及其症状

疾 病	病因学	临床症状	鉴别诊断	诊 断	治 疗
牛癔病或“Bonkers”	无水氨	间歇性狂躁，漫无目的地游荡，怒吼，癫痫发作，躺卧，有攻击性	狂犬病 铅中毒	有饲喂高品质无水氨饲料史	停止饲喂氨化饲料：未知毒力因子——可能是一种类咪唑的毒剂
散发性牛脑脊髓炎（Buss病）	副黏病毒感染的衣原体	发热，沉郁，呼吸系统症状，共济失调，身体虚弱，大多数成年牛呈亚急性至慢性经过	恶性卡他热	罕见，非化脓性脑脊髓炎，组织培养，血清学	土霉素
低镁血症	镁缺乏	震颤，癫痫样活动，躺卧	毒力 维生素A缺乏 狂犬病	血清和脑脊液中镁含量低，尿中缺镁	在大多数病例中，镁和钙含量都低
低血糖症	低血糖；牛犊常见，也偶见于患严重脓毒症或酮病的母牛	主要是精神沉郁、身体虚弱，少见癫痫	新陈代谢性疾病	发病史，2 h内检测样品含极低血糖	最初输入50%葡萄糖，之后连续输入葡萄糖
神经性球虫病	大量球虫感染——常并发于恶劣天气	惊厥，躺卧，感觉过敏，腹泻，高死亡率	毒力	通常多发于肉犊牛	检验血清中所含电解质，如有必要，加Mg、Ca、葡萄糖治疗
			PEM	不失明，通常认为与粪便中大量的球虫有关，但未确定是否存在直接关联	抗球虫药和支持疗法

续表

疾 病	病因学	临床症状	鉴别诊断	诊 断	治 疗
新孢子虫病	犬新孢子虫	早期胚胎感染大部分可导致流产，但也有少数临床感染的犊牛能正常出生。多数妊娠30周以上的感染犊牛产后正常。两者可能都有脑部和脊髓症状	小脑发育不全，其他先天性异常	尸体剖检和组织病理学	尚无有效治疗方法
肉孢子虫感染	食入被肉孢子虫（来源于动物粪便）污染的饲料	发育不良，发热，“鼠尾”，身体虚弱，胃肠道症状，根据中枢神经系统损伤部位和严重程度可出现不同神经症状	许多	血清学或组织病理学	防止饲料被粪便污染
双苄基异喹啉类生物碱中毒	肝性脑病	沉郁，按压头部，攻击，癫痫，里急后重，少见黄疸	脑病	血清肝酶值和血氨浓度均增高	支持疗法——通常死亡率较高
			狂犬病	全部检测手段和显微病理学	
				多头奶牛并发感染	
门体循环分流；静脉导管未闭合	肝性脑病	2～3月龄犊牛生长发育不良，出现间歇性神经症状，如共济失调，虚弱，沉郁，磨牙，同时也要注意里急后重	脑炎	少发 血氨浓度升高 肝酶正常	如有经济价值则用手术修复
肠原性毒血症	D型产气荚膜梭状芽孢杆菌的促凝血毒素	急性死亡或惊厥，狂躁，生长和饲养状况好的犊牛可发生昏迷	脑脊髓灰质软化 铅中毒 狂犬病	尸体剖检时取新鲜肠段进行组织培养或毒素测定	免疫预防
牧草中毒	麦角，毛花雀稗（雀稗麦角）	大多数震颤，伸展过度，共济失调，行为改变	其他毒素（如有机磷酸盐） 低血镁症	有病史，检出植物霉菌	赶离可疑牧场，兴奋病畜用安定镇静

续表

疾　病	病因学	临床症状	鉴别诊断	诊　断	治　疗
小脑发育不全	妊娠中期牛病毒性腹泻（BVDV）感染胎儿	犊牛强壮，但共济失调，头部震颤，站立时劈叉，伸展过度	先天性小脑疾病	尸体剖检时可见小脑显著变小	无有效治疗方法
		可能有眼睛或视力症状，如白内障、视网膜瘢痕、视神经损伤、眼小畸形	创伤	取初乳分离BVDV，并进行血清学检验。若分离到病毒则表示犊牛持续感染；若未分离出病毒但抗体呈阳性，则表示犊牛在免疫系统建立后受到感染产生了抗体	
小脑营养衰竭	荷斯坦奶牛遗传性疾病	急性小脑发病症状出现于3～8月龄犊牛。头部震颤，劈叉，伸展过度，共济失调（图12-31）	脑脓肿 PEM	急性小脑发病症状呈进行性 尸体剖检时小脑大小无明显变化，但组织病理学检查发现蒲肯野氏细胞明显减少	无
蓝-绿藻中毒病	蓝-绿藻污染池塘（微囊藻素毒素）	多头奶牛肌肉震颤，共济失调，对外界刺激反应超常，血痢，大量流涎	其他毒素	采集池塘中的蓝-绿藻进行培养	支持疗法 活性炭吸附 往池塘中撒浓度为0.000 1%的硫酸铜
脑积水	先天性意外伤害	新生犊牛颅骨显著异常或神经严重缺失		用初乳前的血液进行病毒分离，并做血清学检查（BVDV、蓝舌病、阿卡班病）	无
积水性无脑	子宫病毒性损伤			用初乳前的血液进行病毒分离，并做血清学检查（BVDV、蓝舌病、阿卡班病）	无
脑膨出	毒素侵袭子宫				
低髓鞘形成	娟姗奶牛遗传性疾病	新生犊牛头部和身体震颤，当试图运动时症状加剧；痉挛步态——可能是小脑症状	遗传性轴索水肿（海福特食用牛） BVDV感染	用初乳前的血液进行病毒分离，并测定浓度	无

竭，通常可随意运动。然而，长束（UMP-GP）和腹灰柱之间的相互作用可能不足以使患病犊牛站立。患病犊牛站立时，多表现出某种四肢运动，仅有少数可独立行走。这些躺卧犊牛脊髓发育不良的特征（屈肌以使四肢前行或适应有害刺激）几乎也同时发生于两后肢。这种同时发生的随意运动通常称为“bunny hopping”。在一般情况下，如果不发生发育不全，则这种伤害感受性是正常的。不管脊髓发育不良的性质如何，大多数病例的临床症状非常一致。所有病例的临床症状一般在出生时出现，不呈进行性恶化。

严重的脊髓发育不良发展成腰荐突起部障碍时，将引起后肢畸形。关节和肌肉的发育依赖于神经支配的肌肉。如果神经支配的肌肉发育受阻，则肌肉不发育，关节的发育和位置也不正常，不能移动。这种关节的固定通常称为“收缩或关节弯曲”。

临床发现，脊髓发育不全的犊牛存在脊柱畸形，如脊柱后凸、脊柱侧凸、脊柱裂、一块或更多椎骨的缺失或弯曲、尾部尾椎的缩短和/或弯曲。脊髓和脊柱同时畸形也很普遍，因为体节的生骨节和神经管的发育是密切相关的，二者都受邻近脊索产生的生长因子影响。

虽然大多数脊髓发育不全可影响T3到脊髓尾段，但他们的神经症状通常是相同的。如一节或多节发育不全、脊髓空洞症（常形成众多无特异的灰质或白质的空洞）、灰质形成异常（背侧或腹侧灰柱分化不明显）、脊髓纵裂（所有脊髓副本只在一个膜鞘内）、脊髓纵裂（脊髓副本的每段脊髓在其自身的膜鞘中，而两段脊髓常被骨分离）。后两者可都发生于同一犊牛脊髓的不同发育水平。从我们的经验看来，脊髓纵裂是最普遍的脊髓发育不全。

部分发育不全病例不常见。曾有一头西门塔尔犊牛躺卧时后肢显著强直，头部、颈部和前肢神经机能正常。后肢保持强直，但任何刺激均可引起前、后肢同时快速屈曲。尾部到腰中部缺乏伤害感受性。当病变发生在尾部时，蹄与地面的任何接触都可引起髋部和四肢发生屈曲运动。镊子刺激尾部、肛门或后肢可引起相同反应。颅部腰区低于摸不到椎棘的部位。

尸体剖检发现T13～L3段无脊髓（节段发育不全），T13～L3段上无椎弓。所有后肢的“hopping movements”表示腰荐膨大部的随意运动，可划分为脊髓反射步态。该病例表明了上运动神经元在运动神经元活性抑制中的重要作用，特别是伸肌运动神经元对抗屈肌的作用。

四肢的交替运动依赖于膨大部的连接中间神经元亚型。脊髓发育不全病例中普遍缺失交替运动。连接中间神经元发育的不足或异常可能是这些罕见临床症状的基础。

与上述情况相反，在2岁荷斯坦公牛中也发现了带有脊髓纵裂和腰荐部大瘘管形成的严重脊髓发育不全病例，但他们仅有非常轻微的共济失调步态，四肢交替运动不缺失。类似的观察影响临床医师的判断。

炎症
INFLAMMATION

脊髓炎是一种原发损害，在奶牛不常见。偶尔可见脊椎硬膜外脓肿侵入脑脊膜引起化脓性软脑膜炎和脊髓炎病例。子宫内感染新孢子虫犬齿肌（*Neospora caninum*）的新生犊牛出生时就有弥散性脊髓炎。

脓肿 Abscesses

病因学

硬膜外脓肿多见于犊牛，成年牛也偶可发生。这些脓肿可能来源于椎骨的骨髓炎区或邻近的硬膜外腔。脐带感染继发急性或慢性败血症的犊牛容易发生脊椎脓肿，同时也可能患有多关节炎、脑膜炎、眼色素层炎、肺炎或其他部位的感染。肺炎和感冒易诱使菌血症菌体集中于椎管，因为在这些与感冒相关的血管中存在明显的血压变化和血液的双向流动。患脊椎脓肿的成年牛一般都有来自急性或慢性感染区（如肺脓肿）菌体的败血性扩散。在脊椎脓肿部位最常分离到的细菌是化脓性放线菌，也曾分离到革兰氏阴性菌，如巴斯德氏菌、坏死梭形杆菌、链球菌和流产布氏杆菌19号菌株。虽然细菌大多通过栓子（内源性）扩散至椎骨或硬膜外腔，但我们也曾见到有几头奶牛因外伤将外生源性脓肿扩散至腰荐区，继发大的皮下脓肿。尾部接点易发生马尾神经炎和脓肿，梭状芽孢杆菌常是其传染源。这种情况从本书第一版后就变得更加常见，因为乳牛尾部接点普遍都是这样。

症状

奶牛患硬膜外脓肿的早期症状是发热、疼痛、步态强直。发热温度可能不高，也不是所有病牛都会出现，但出现该症状时有助于诊断。当波及颈椎时，患畜出现“风向标”颈，颈部不运动或弯曲，并尽力保持头和颈的伸张（图12-32）。如果脓肿发生在颈椎尾部或胸椎颅部，则患畜拒绝低头和地面采食。当波及胸椎或腰椎时，患畜呈弓背姿势。如果同时患有多关节炎或长期躺卧，则弓背姿势更加明显，屈肌腱收缩。当触诊病变椎骨时，可引起病畜疼痛反应。当椎骨脓肿和硬膜外脓肿发展到压迫脊髓时，可见到与脊髓病相一致的神经症状。感染有时会侵入到脑脊膜和脊髓中，引起局部脑脊膜炎和脊髓炎。严重的胸腰椎损伤可引起后肢麻痹和“犬坐”（图12-33），颈侧胸椎脓肿可导致四肢麻痹。腰荐部（犊牛最普遍发生的部位）或荐部脓肿可引起排尿、排便困难，尾部麻痹和两侧坐骨神经机能障碍。因此，神经检查是判断损伤的神经解剖位点的基础。过急性的脊髓症状伴随有感染椎体的折断。病情进一步快速恶化则可导致尾部接点下的马尾神经炎。最初可引起尾部、肛门和膀胱的功能减退，但随后就可迅速导致后肢下位运动神经元麻痹，患畜躺卧，臀部隆起。

放射照相术是确诊脊椎脓肿的最好方法（图12-34）。由于个体大小差异，犊牛比成年牛更适用于放射照相研究。CSF可能正常或蛋白质含量有轻微升高，只有当脓肿扩散到蛛网膜外腔时，才导致白细胞数量（中性粒细胞和巨噬细胞）和蛋白质含量

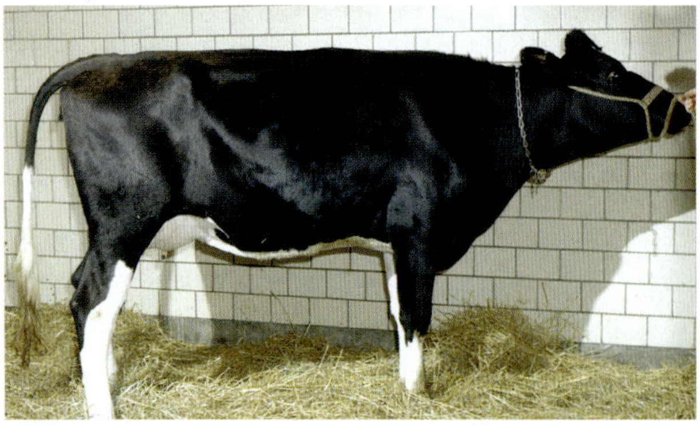

图 12-32

椎体C4段颈椎脓肿。患畜神情焦虑，颈僵直，呈“风向标”状。

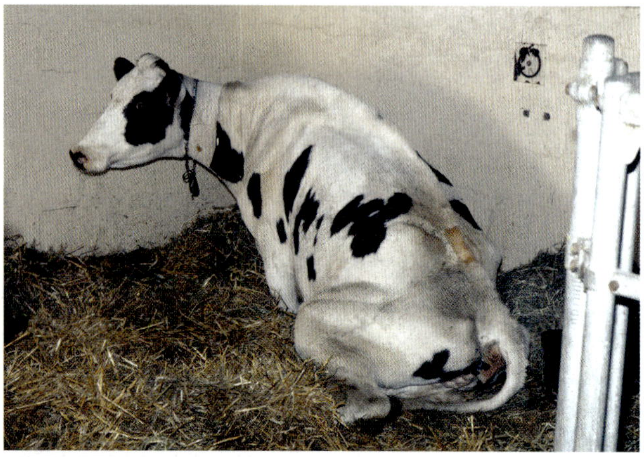

图 12-33

成年荷斯坦牛T12段椎体脓肿，引起后肢严重麻痹，呈犬坐姿势。

增加。有报道称，5例椎体脓肿患畜中仅有一例CSF值异常，而另有一篇报道称，6/6椎体或脊柱脓肿病例有核细胞（巨噬细胞和中性粒细胞）计数和蛋白质含量显著提高。

硬膜外和椎体脓肿必须同先天性脊椎畸形、脊柱变性性疾病、白肌病、脊髓创伤、肿瘤和椎骨骨折相区分。如有必要，放射照相、CSF分析、血清肌酸酐激酶的生化测试、AST/GOT试剂盒和血液硒值都可用于辅助性诊断。成年牛脓肿病例

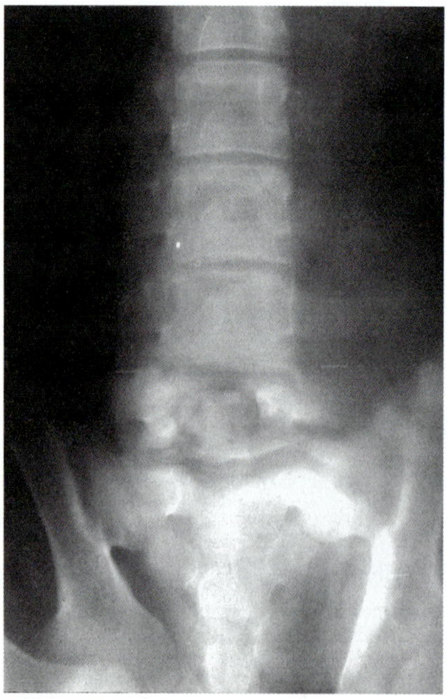

图 12-34

对犊牛6段椎体脓肿的放射照相。犊牛无尾音，尿淋漓，后肢麻痹。

常有血清球蛋白含量升高，犊牛则不出现这种情况，这可帮助进行诊断。少数情况下，当脓肿造成病变椎体出现可检查的隆起时，直肠检查可确定损伤部位。如神经检查提示有腰荐部损伤时，这种方法很有帮助。

临床症状结合放射照相研究和CSF分析是最可靠的诊断方法。

治疗

只有从可疑原发性病灶、血液培养基或其他继发感染部位获取病原体进行培养我们才能了解其性质。最常分离到的是化脓性放线菌。合适的抗生素和镇痛药可用于治疗脊椎脓肿，可用青霉素、四环素和头孢菌素。选用四环素（11 mg/kg，每日2次）较好，因为该抗生素有很好的骨组织穿透力。脓肿的治疗需要很长一段时间（至少2～4周），可能的话还应根据培养情况直接治疗。标准剂量的镇痛药，如弗尼辛或其他非类固醇类的抗炎药可以促进患畜的活动和食欲。最近，颈段脊椎脓肿的外科刮除术已取得成功。临床症状的改善表现为发热消退、食欲增加、活动范围增大（颈段损伤）或弓背姿势减轻（胸腰段损伤）。

预后不良，但无败血症、严重脊髓症状或其他感染部位的患畜恢复几率最大。急性损伤比慢性损伤预后更好。

压迫性赘生物
COMPRESSIVE NEOPLASMS

病因学 Etiology

赘生物引起的脊髓硬膜外压迫可造成一处或多处的脊髓损伤，导致后肢麻痹或四肢麻痹。最常见的赘生物是淋巴肉瘤，神经鞘赘生物也偶尔可导致类似的脊髓压迫。淋巴肉瘤常同腰荐尾部脊髓和脊髓神经一样，可位于任何部位的椎管硬膜外腔。患畜的其他靶器官有时也可见到脊髓压迫性淋巴肉瘤。

临床症状 Clinical Signs

脊髓硬膜外肿瘤压迫的主要临床症状是，患畜呈进行性脊髓症状，如聪明、机警、敏感和采食。随时间变化，可能为急性、亚急性（5～14 d）或慢性（2周以上），患畜从轻微的麻痹和共济失调直至躺卧，呈进行性经过。症状通常为双侧对称性。神经检查通常可检出一处或多处神经解剖部位（见开始的脊髓症状描述）。T3～L3段的损伤由于白质压迫可引起后肢痉挛性麻痹和共济失调（图12-35）。这些患畜往往不出现腰部和荐部远端发生损伤时见到的依靠前肢负重的“犬坐”姿势。后肢的反射和紧张度正常或增强。

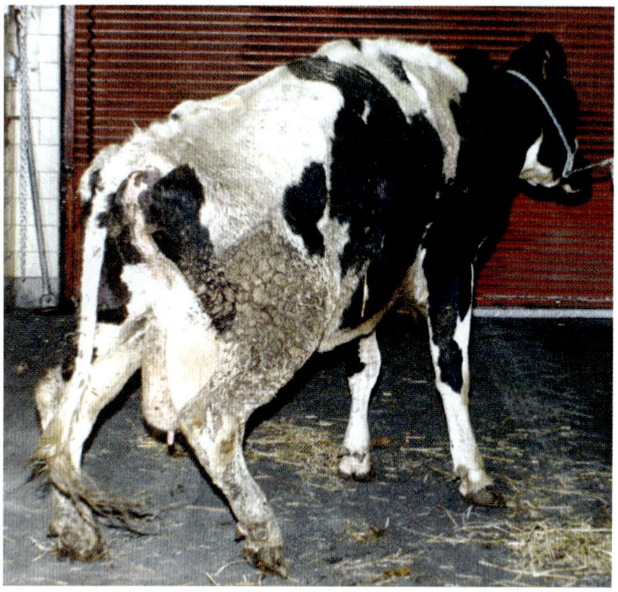

图 12-35

淋巴肉瘤压迫胸腰段脊髓，患病奶牛后肢共济失调，虚弱。

C6～T2段的病变可导致前肢出现大范围麻痹，紧张度和反射消失，而后肢反射正常或增强。最近，我们在一头患亚急性或慢性鼓气、双侧前肢虚弱和肌肉进行性萎缩的荷斯坦奶牛上发现，臂神经丛、心脏和其他脊神经有大量多发性神经纤维瘤。胸廓入口处的大面积损伤可影响嗳气功能。C1～C5段病变则引起四肢痉挛性麻痹和共济失调。少数情况下，淋巴肉瘤可能扩散至蛛网膜下腔。

如前所述，病史表明临床症状出现的时间不一。畜主常见到奶牛进行性虚弱或起身困难，需要有人帮助才能起身。随后在数天或数周内发生明显的共济失调和麻痹（图12-36和图12-37）。畜主或兽医用皮质类固醇治疗可暂时缓解症状，但效用持续时间很短，停用皮质类固醇后几天内又出现明显的瘫痪。有患脊髓压迫性赘生物急性病史的患畜，必须与公牛爬跨损伤、代谢性疾病如低血钙症、皮蝇

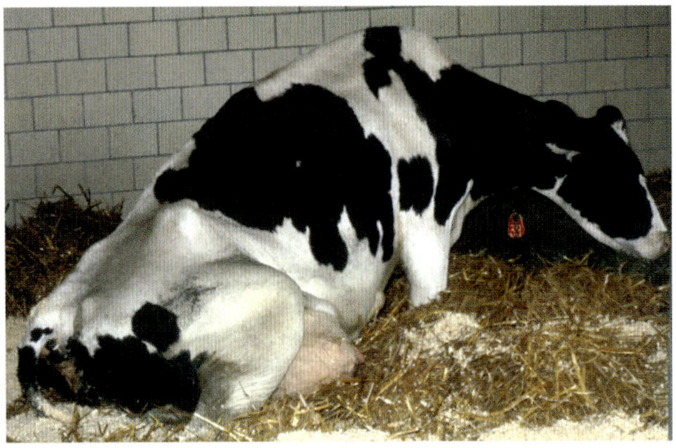

图 12-36

患病奶牛腰荐部硬膜外区继发压迫性淋巴肉瘤，后肢瘫痪，前肢仍能站立。

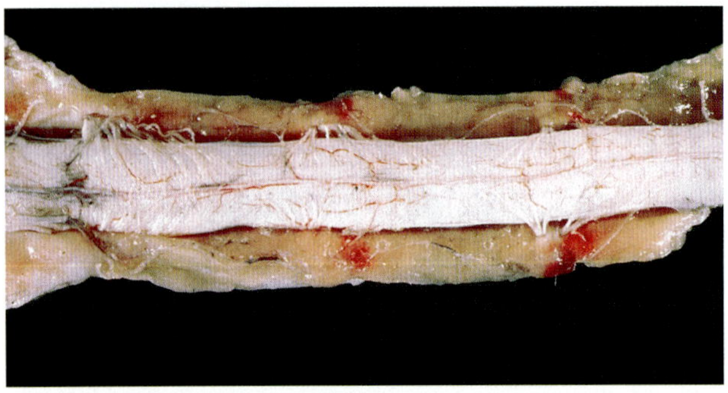

图 12-37

图12-36中的患病奶牛其颅侧腰段脊髓可见淋巴肉瘤侵入脊髓髓膜。

幼虫移行和斜槽损伤相区分。有亚急性或慢性病史的患畜，必须与脊椎脓肿或硬膜外脓肿、尾部损伤或硬膜外注射导致的上行性脑膜炎、狂犬病、肌肉骨骼损伤和其他疾病相区分。

诊断 Diagnosis

对患畜必须进行彻底的物理检查以排除其他原因造成的麻痹，并找出赘生物的其他证据。推拿四肢和关节可排除肌肉骨骼引起的瘫痪或躺卧。也须排除外周神经损伤。直肠检查外周和腹部淋巴结可探知是否为淋巴肉瘤性肿大。如果心脏有淋巴肉瘤或神经纤维瘤损伤，则有时可出现心律失常。心肌、心外膜或心包淋巴肉瘤也可导致心音低沉。黑粪预示着皱胃可能浸润，并继发溃疡。子宫触诊可显示淋巴肉瘤样肿块，而单侧或双侧的眼球凸出表示可能发生眼球后赘生物浸润。

患硬膜外赘生物的患畜通常有精神和食欲，因此，我们可排除许多有厌食症状的疾病。如果物理检查时无其他靶器官浸润，则辅助性数据可能有助于诊断。可做CSF穿刺。在一项报道中，对14例患脊髓压迫性赘生物患畜中的10头做了CSF穿刺。5/10蛋白质含量升高（>40 mg/dL），而仅有1/10有核细胞增加。在另一项关于牛淋巴肉瘤的研究中，患畜CSF穿刺3/4不正常。因此，与硬膜外脓肿一样，CSF穿刺并非特异性诊断方法，但它可排除一些疾病。我们曾试图对患有硬膜外淋巴肉瘤的疑似病例进行腰荐部CSF穿刺，但只听到针进入腰荐部蛛网膜下腔时特异的“噗”声，而没有得到任何液体。这时候，我们只能将脊柱针接到注射器上吸取赘生物细胞，再做显微玻片涂片染色，确诊淋巴肉瘤。

与硬膜外或脊椎脓肿患畜的血清球蛋白值升高相反，患肿瘤的患畜血清球蛋白值通常是正常的。同样，患肿瘤的患畜也没有发热和外周血中性白细胞增多症状。通过对主要器官机能和血镁、血钙、血钾值的血清学检查可以排除代谢病。

直肠检查有助于排除荐部或尾部的新近损伤，并可通过检查生殖道确定奶牛是否正在发情或已过发情——这可排除因发情或爬跨而导致的急性后肢麻痹的患畜。回肠淋巴结应仔细检查，因为如果淋巴瘤发生在尾部脊髓，回肠淋巴结通常会增大。

全血细胞计数不能用作淋巴肉瘤的确诊，但如果淋巴细胞增多，则它也可增加淋巴肉瘤的可疑指数。同样，牛白血病病毒的血清抗体水平也不能作为确诊的方法（因为许多患畜抗体虽然呈阳性，但并不出现临床肿瘤），但阳性结果可提高可疑指数。除患幼稚型淋巴肉瘤的那头5月龄犊牛以外，对大多数引起硬膜外压迫的淋巴肉瘤患畜进行检测时，牛白血病病毒都呈阳性。患幼稚型、胸腺型或皮肤型淋巴肉瘤的犊牛在牛白血病病毒抗体检测中常呈阴性。

治疗 Treatmeat

无有效治疗方法，尸体剖检常可见椎管硬膜外区有许多病灶。用地塞米松或其他皮质激素治疗患畜，只能暂时地改善其症状，存活期短。这种治疗方法仅适用于未妊娠的患畜，或畜主有短期目的，如做极有价值的胚胎移植。我们可用过异氟泼尼龙治疗妊娠末期的患畜，以延长临床症状出现时间，使犊牛顺利分娩。但是，这种分娩的犊牛可能感染牛白血病病毒。左旋天冬酰胺也曾成功用于短期治疗，但成本较高。

损伤
INJURY

脊髓损伤可以是因外部的创伤或内部的压迫性损害造成的，如刚提到过的肿瘤或脓肿可引起脊髓压迫症。

创伤性损伤——椎骨骨折
Traumatic (External) Injury—Vertebral Fractures

病因学

创伤是造成成年牛椎骨骨折的最常见原因。当犊牛和成年牛发生椎骨骨折或一群犊牛中发生多起长骨和椎骨骨折时，我们应考虑营养因素。不管是被爬跨和爬跨奶牛之间的巨大体重差异，还是被爬跨奶牛在光滑地面上滑倒造成的爬跨创伤，都可能造成胸腰部椎骨骨折。自动斜槽引起创伤的奶牛，或拴在斜槽或立柱上时滑倒的奶牛可能造成颈椎骨折。当奶牛滑倒时，如果头被拴在斜槽或立柱上，后者发生的可能性更大。当被困于系栏或开放式牛舍的分隔栏下时，奶牛可因过度挣扎导致胸腰段椎骨骨折。如果强制表现出早期症状的成年公牛进行爬跨，则最终很可能造成椎体骨折。

荐椎和尾椎的椎骨骨折或移位，通常是因奶牛在发情期或卵巢囊肿时被爬跨所致。难产也可能引起荐椎和尾椎的损伤或骨折。被困于分隔栏下自身引起的损伤也可能造成荐椎、尾椎的伤害。保定尾部时过度用力、粗暴或虐待性操作常可致使尾椎骨折。难产时过度牵引，特别是旋转牵引则可造成犊牛胸腰段椎骨骨折。

患代谢性骨病如饲料中维生素D或钙缺乏的犊牛或小母牛也可造成椎骨压迫性骨折。由于营养因素，通常在一群奶牛中不止一头在数周或数月内就会发生长骨骨折或椎骨骨折。饲喂含钙量极低如劣质或经年的干草、苏丹草，或高磷低钙饲料的犊牛或小母牛常继发甲状旁腺功能亢进症（图12-38）。如前所述，如果病骨严重骨折，则患椎体脓肿的奶牛可出现急性脊椎症状。

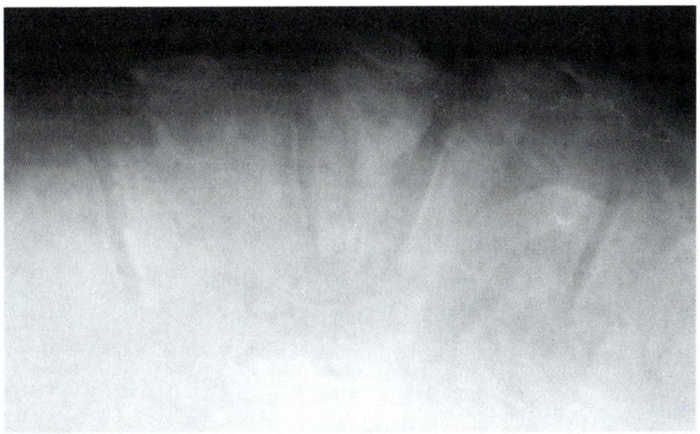

图 12-38

饲喂缺钙饲料的8月龄荷斯坦牛L1段易发生压迫性骨折。患病超过4周的该群内其他几头犊牛易患长骨或椎骨骨折。

临床症状

如果患畜不过度挣扎或剧烈运动（如骨折未移位变成骨折移位），临床症状只在发病初期突然出现，且进行性不明显。临床症状可提示骨折点，进行神经解剖学诊断（见脊髓症状段介绍）。颈椎骨折的奶牛出现侧卧、忧虑症状，自身不能正确胸卧。根据视诊和触诊椎棘的背腹位和侧偏位，可做出骨折部位的可疑性诊断。这种方法对犊牛和小母牛很有效，但对肌肉或脂肪较厚的成年奶牛则很困难。在重病患畜中，神经检查时很容易确定骨折部位尾侧的伤害感受性和躯体皮肤反应性降低。胸腰段脊髓损伤严重的奶牛很少出现Schiff-Sherrington氏综合征，即前肢伸张、张力过强并伴有截瘫，后肢张力减退。

尾椎骨折的牛在骨折部位通常有明显的凸起，当触诊病区或移动尾巴时有极度疼痛。如果损伤是由爬跨引起的，则可以见到粉碎的尾根。患病牛尾部活动力降低，会阴感觉不同程度的麻痹。荐椎骨折时，可出现坐骨神经功能损伤，膀胱迟缓，尾巴麻痹，肛门、会阴、外阴痛觉减退或缺失，肾周充气造影显示肛门迟缓（图12-39和图12-40）。

急性发病初期和非进行性经过有助于骨折同脊柱脓肿和赘生物进行区分，后两者从麻痹发展到瘫痪，呈进行性经过。

大多数椎骨骨折有明显的疼痛，患骨折的患畜食欲不振，心率和呼吸频率加快。椎骨或脊柱脓肿患畜也表现出疼痛，但患压迫性赘生物的患畜通常无此症状。

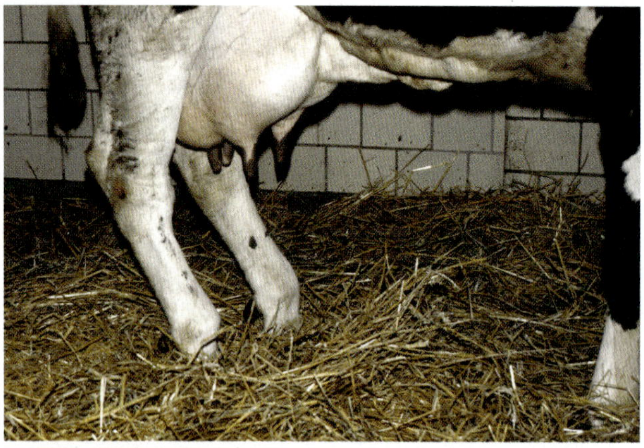

图 12-39

荐尾损伤并发尾根粉碎，胫神经脊根损伤造成双侧性跗关节过度屈曲，球节背侧屈曲，后肢无力。发生损伤时该母牛正在发情。

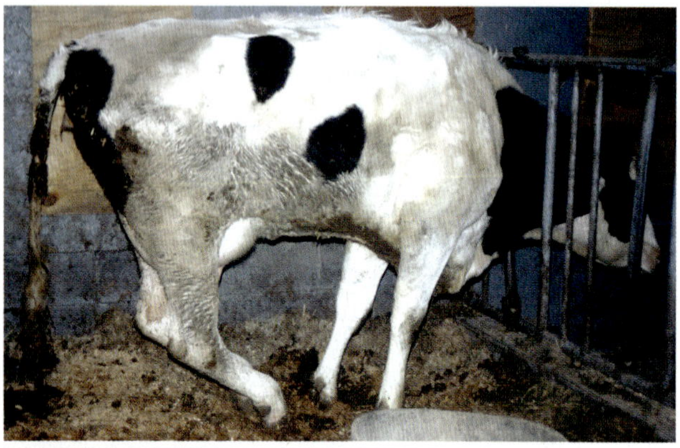

图 12-40

1个月前曾用力拉出一头巨大犊牛的头胎荷斯坦小母牛，其荐尾段脊髓损伤并发局部坐骨神经（胫侧）麻痹。初期患病牛后肢不能站立。现在在人工协助下，患病牛能支持体重，也可见尾巴和膀胱麻痹。荐尾椎从腰荐结合部尾端向背侧隆起。

诊断

病史、神经检查和放射照相是椎骨骨折重要的诊断方法。CSF一般正常，但在严重的移位性骨折引起出血的脊髓损伤中，CSF呈黄色，红细胞数量和蛋白质含量增加。若有条件，可用放射照相术诊断。成年牛进行放射照相时需借助特殊仪器，但犊牛和育成牛进行放射照相很容易。育成牛需考虑营养因素，尤其要注意骨密度。

治疗

对症治疗，注射皮质激素（0.10 mg/kg体重）和支持疗法。大剂量皮质激素的应用已不再有效，且不能用于妊娠母牛或存在高危感染的奶牛。非移位性颈椎骨折可用颈支具。所有椎骨骨折的患畜均预后不良，但育成牛的非移位性骨折恢复几率较大。经济价值极高的犊牛可考虑用外科手术矫形。患粉碎性尾根并发荐椎和尾椎损伤或移位的患畜也可用手术修复。若矫形修复及时，神经损伤可以很小，外形改善较大。

无论涉及多少头奶牛都必须及时判定和校正饮食不足。

脊椎畸形 Vertebral Malformation

无脊髓畸形的脊椎畸形病例不常见。犊牛在生长时通常胸椎患病，并缓慢压迫脊髓，在畸形位点继发进行性脊柱后凸。几月龄后发生T3～L3段进行性症状。视诊、触诊脊柱后凸和放射照相可用于诊断。目前尚未尝试手术修复（图12-41）。

变性

DEGENERATION

瑞士褐牛变性性脑脊髓病（摇摆综合征）

Degenerative Myeloencephalopathy of Brown Swiss Cattle (Weaver Syndrome)

病因学

瑞士褐牛的变性性脑脊髓病是一种遗传性紊乱，能引起进行性神经症状，由于一些患畜常出现

图 12-41

患脊椎畸形的8月龄荷斯坦小母牛驼背，可见背线局部弓起。尽管脊椎畸形与生俱来，但患病牛直到满6月龄发生驼背后才可见明显的共济失调和麻痹。

来回摇摆的步态，因此被称作“摇摆综合征”。

症状

5～8月龄时病症明显，在18～36月龄时症状不断加重，直至病畜无法站立。T3～L3段脊髓损害的初期症状表现为UMN/GP症状，即痉挛性下肢麻痹和共济失调。当变性进行时，前肢也患同样疾病，若患畜快速转弯或试图奔跑，则患畜很容易跌倒。脑部无症状。

诊断

无相关不适的进行性神经症状可排除创伤或椎骨骨折。脊椎或脊柱脓肿同样也可引起疼痛、发热，也可能导致血象的慢性炎症，如中性白细胞增多、单核细胞增多或球蛋白含量升高。相反，患摇摆综合征的患畜没有血象或球蛋白值异常。此外，患摇摆综合征的患畜CSF正常，而脊柱脓肿的CSF则可能正常也可能不正常。来自于瘤形成如淋巴肉瘤的脊髓压迫性赘生物也可作为摇摆综合征的鉴别诊断，但通常赘生物很快引起患畜躺卧，而患摇摆综合征的患畜则发展较慢。

确诊的唯一手段是排除其他疾病和组织病理学诊断。患摇摆综合征的患畜，其脊髓组织病理显示轴索初期变性，继发脱髓鞘。胸椎段损伤较严重。

摇摆综合征被认为是隐性性状遗传，公牛可能带有这种症状。

运动神经元病 Motor Neuron Disease

瑞士褐牛的先天性运动神经元病是常染色体隐性基因遗传性疾病。患畜出生时或出生后的几周内神经肌肉发生进行性障碍。当患畜走动时，步态很短，而且很快疲劳和虚脱。尸体剖检可见，脊髓腹侧灰柱包含神经细胞体不同阶段的变性或神经元缺失处的神经胶质创伤。患畜髓内轴索和外周神经各部发生继发性变性。北美和欧洲公牛均被认为是携带者。

迟发型有机磷酸盐中毒 Delayed Organophosphate Toxicity

易接触各种有机磷酸盐的奶牛脊髓可能有弥散性轴索退化和迟缓进行性UMN/GP步态异常。痉挛性麻痹和共济失调从后肢发展到前肢。三甲苯磷是有机磷酸盐的形式之一，它是机械润滑油的组分。在消耗期和神经症状之间通常要延迟几周。毒力影响神经元维持轴索的能力，可导致轴索萎缩。尸体剖检时，脊索中可见到这种情况。

麻醉后脊髓灰质软化 Postanesthetic Poliomyelomalacia

外科麻醉以排出皱胃内容物的犊牛很少见脊髓局部缺血性病症。手术后犊牛的后肢不能站立，可见有一种带有伤害感受性缺失的下位运动神经元症状混合物，并伴随不对称的UMN/GP症状。2周后神经症状无变化。尸体剖检可见，在腰荐部有不对称的严重局部缺血性变性，集中于腹侧灰柱，并不同程度地向背侧灰柱和白质延伸。这种损伤与前面描述的在不同手术操作下麻醉的马相似，需要背卧一段时期。有假设认为，在对器官部位进行手术时,有些器官可通过分布血液至脊髓局部缺血区，压迫血液供给腰椎动脉。

功能紊乱 FUNCTIONAL DISORDERS

痉挛性麻痹 Spastic Paresis

脊椎的痉挛性麻痹呈进行性紊乱，引起后肢伸张过度，并继发严重的腓肠肌痉挛。患病奶牛的一条或两条后肢笔直，跗关节过度伸张。荷斯坦犊牛的痉挛性麻痹也称为“Elso跟”，因为这种情况曾在奶牛身上出现，其家族资料可回溯至欧洲的一头称作“Elso”的公牛。

犊牛通常在2～10月龄时出现症状。患病犊牛后肢笔直，步态僵硬。当强制站立时，患肢通常举起，只用蹄尖接触地面（图12-42）。其四肢前行困难，步态笨拙，僵硬。在犊牛起身后的早期可发生腓肠肌痉挛，之后四肢松弛或间歇松弛。当四肢伸展过度时，犊牛也可能昂起头和颈背。由于该病的进行性特性，若两后肢因腓肠肌痉挛过度延迟，则犊牛会感到非常不适，出现“绞痛”症状。此时犊牛更愿意躺下，而不愿站立，体重最终将减轻。当犊牛躺下时，患肢才易弯曲。触诊站立犊牛的腓肠肌可发现患肢收缩肌紧张。许多牛肉厂和奶场均发生过这种情况，但荷斯坦和更赛品种

椎骨损伤引起的脊根或脊神经损伤可导致四肢尤其是后肢外周神经机能障碍。因此，在查找损伤的神经解剖位点时，最好考虑外周神经的整个脉络和来源。

前肢
THORACIC LIMB

肩胛上神经
Suprascapular Nerve Injury

病因学

肩胛上神经是支配冈上肌和冈下肌的运动神经。由于它的位置和来源（C6～C7），肩胛上神经易被斜槽或其他物体损伤。在牛急速奔跑并突然停下时，由于压力都集中于后颈区或肩区，易导致分布于该处的肩胛上神经损伤。在后颈部不慎注射刺激性物质，或皮下注射继发蜂窝织炎，也都可能使该神经发炎。使役的公牛其颈圈或颈枷的牵拽有时可引发本病。

症状

当奶牛患侧负重时，可因肩胛上神经麻痹出现患肢外展，而当患肢前行时，则出现环形步，步幅缩短。负重时，患畜患肢肩关节凸出，在冈上肌和冈下肌发生神经原性萎缩导致持久性神经损伤时，该症状更加明显。驮马患该病时称为“马肩肌萎缩”。当颈圈过紧，压迫肩胛部的肩胛上神经时，患畜发生此病（马肩肌萎缩是马颈圈的一项标记）。

重症病例中，患畜负重时肩部冈上肌的外旋功能丧失，可引起肘部外旋。急性病例中，患肢明显不愿负重，这须同桡神经麻痹、肩胛肱骨骨折和二头肌黏液囊炎相区分。

治疗

肩胛上神经损伤须对症治疗。如有可能，急性病例可用水疗法治疗。也可用消炎药如地塞米松（10～40 mg肌肉注射）和适量的NSAIDs（参见后面的腓神经章节）。因斜槽损伤引起的肩胛上神经损伤，若及时治疗，可得到很好的治疗效果。与患马肩肌萎缩的马一样，慢性或被忽视的患病牛也有明显的肌肉萎缩和肩胛过度松弛症状。

桡神经损伤
Radial Nerve Injury

病因学

桡神经全部或部分损伤可由直接创伤、肱骨骨折或斜槽损伤引起，但多数继发于躺卧在倾斜手术台上手术或修蹄过程中，后者可直接压迫桡神经。由于该神经从肱骨远端肘关节近端外侧经过，还可能导致与桡神经有关的腔隙综合征。

症状

与肱三头肌的神经分布相邻的桡神经，其损伤症状为整个前肢伸肌功能缺失。由于肘部不能伸展而负重，瘫痪的明显症状表现为四肢塌陷。此外，腕部、球节和指部不能伸展，以致前肢和指部不能前行（图12-43）。指部因拖地走，可导致指背面磨损，患肢可能远离地面。肘部可能“耷拉”或比对侧正常肢的部位更低，但没有臂神经丛麻痹时那么明显或严重。可能出现指背侧和掌部的痛觉消失。伴随桡神经的局部损伤，患畜由于重心的部分缺

图 12-43

周岁荷斯坦公牛保定后发生桡神经麻痹。

失，行走时会“跛行”——短步，有时蹄部因球节和指部局部不能伸展而拖行。肘关节的局部损伤可能与负重能力有关。肘部不下垂，但不易伸展的腕部、球节和指部可引起指部拖行。这可能是支配肱三头肌的远侧神经（桡神经分布于肱肌的侧面）受伤害的反映。

大多数桡神经损伤病例治疗有效或能自发好转，如及时治疗效果更佳。

治疗

当发生急性桡神经麻痹的母牛手术后恢复或从倾斜台下来时，母牛应用健足站立并走动几步。许多轻症病例能在数分钟内恢复功能。如果5 min后瘫痪仍然存在，最好加大治疗力度，而不是忽略损伤。若使用皮质类固醇时无禁忌（如妊娠），可用地塞米松（20～50 mg静脉注射或肌肉注射）和非类固醇抗炎药（每日2次口服阿司匹林240～480格令）或弗尼辛葡胺（每24 h 0.5～1.1 mg/kg）。当并发肌病或腔隙综合征时，应用水管浇水疗法非常有效。如果有些患病成年母牛站立和/或起身非常困难，则可以把它们置于漂浮池中，以使神经有机会恢复到更好功能。通常漂浮池对肌病更有用，但对救治患神经麻痹而不能站立的母牛同样有效。如果患有严重桡神经麻痹的母牛不能将四肢置于池中合适的地方，则说明漂浮池建的不好。经过这些初步治疗后，可给予消炎药2～3 d，然后停止给药或逐渐减量。大多数情况下，患畜如在发病初期得到迅速治疗，则预后良好。而长时间躺卧或拴系的患畜则预后恶化。肱骨骨折引起桡神经麻痹的患畜其神经功能的恢复预后不良。

被忽视的病例或慢性病例，除用水疗法和给予非类固醇抗炎药使痛觉消失外，无特殊治疗方法。有些重症病例可在3～6个月内自愈。慢性病例中，育成牛或轻型牛预后较好。经产母牛或成年公牛因对侧前肢应激和继发性损伤导致预后不良。

预防

预防桡神经麻痹需要用足够的垫子垫于躺卧牛的肩部和肘部。最好在倾斜台加上特别的垫子。如果台面上未加特别的垫子，则应在每头患畜的肩部加垫，以保护下侧从肩胛远端到腕部的区域。母牛和公牛至少应分别垫上8 cm和12 cm厚。同样，侧卧进行外科手术的牛应将下侧前肢放在厚垫子上，并往前拉。

臂神经丛 Brachial Plexus

病因学

臂神经丛的损伤在奶牛很少发生，但与腋窝的严重撕裂、难产时前肢的过度牵引和前肢的严重外展有关。

症状

臂神经丛损伤的症状是，前肢完全不能前行和支持体重。患肢指背侧和球节拖地，并出现严重的跛行。肘部“耷拉”在胸骨下，患畜后肢比正常时更靠前，对侧前肢向前伸以支撑体重。严重的损伤与患肢远端至肘部的伤害感受性过度缺失有关。

臂神经丛损伤预后须谨慎，取决于损伤程度和原因。

治疗

臂神经丛损伤的药物治疗与前述桡神经损伤相同。如果发生腋窝损伤，应按症状进行治疗。预后须谨慎，本病须与肘突和肱骨骨折鉴别。

后肢 PELVIC LIMB

股神经麻痹 Femoral Paralysis

病因学

单侧或双侧股神经麻痹大多发生于难产的犊牛，尤其是因髋部伸展过度和股神经（自髂腰肌出现，进入股四头肌临近部位）撕裂引起强制牵引的患畜。尸体剖检一头出生时患股神经麻痹的3月龄海福特牛发现，L4和L5脊神经根被从脊髓切断。股四头肌的牵引创伤导致后肢无法支撑体重。当检查小腿内侧时发现，严重的损伤可引起隐神经自主带痛觉缺失。伤害感受性的缺失提示恢复预后不良。当成年牛后肢收缩至尾部时，其股神经的损伤或麻痹在牛挣扎起身时非常普遍。站立在光滑地面并患代谢性疾病如低血钙症或被拴住的牛常竭力、反复挣扎，直至造成股神经或股四头肌的损伤和股神经的腔隙性损伤。通常成年牛股神经损伤是双侧性的。患低血钙症的“爬行”母牛最易发生股神经损伤。一些开放式牛栏的光滑混凝土地面也可能造成股神经损伤。患病母牛伏卧，腹部、乳房、后膝背侧着地。患畜有时难以收回后肢，可能造成股神经损伤。

症状

股神经分布运动神经至股四头肌，以伸展膝关节，一部分至髂腰肌以屈曲髋关节。股神经还分出隐神经，控制从股中部至跗关节肢内侧区的皮肤感觉。股神经麻痹的主要临床症状是患肢不能负重。伸肌和支撑器的功能缺失可引起膝关节和膝关节远端所有关节的屈曲（图12-44）。但是，膝关节远端的肌肉功能不丧失。因完全麻痹，患畜试图负重时常突然倒地。步幅缩短，呈“跛行”步态。股四头肌震颤明显。双侧部分麻痹时，患病母牛挣扎起身，后肢所有关节屈曲，脚趾背面负重，呈“下蹲”姿势。前肢置于正常位置以承受大部分重量。

对犊牛股神经麻痹的研究十分广泛。犊牛双侧完全麻痹可导致躺卧，而单侧麻痹时预后仍须谨慎。10 d内出现波及股四头肌的神经肌肉性萎缩，数周后显著恶化。由于髌骨可自由移动，因肌肉萎缩引起的患肢功能障碍可能误诊为髌骨脱位。

治疗

发现股神经麻痹后应立即进行药物治疗。可用地塞米松和非类固醇抗炎药（参见桡神经损伤的治疗）。患病牛应移至铺垫好的厩舍或可健足的区域。应避免光滑地面，以免病情加重或使患病牛进一步遭受肌肉骨骼损伤。将母牛的后肢置于合适位置并翻身对病情有帮助。热敷和按摩股四头肌对治疗也很有帮助。从经验上说，推荐用适量的维生素E和硒进行治疗。应帮助患畜起身。母牛只需用手举尾或用医疗器械如垫好的髋部吊带协助。当使用器械时，不能再次损伤股四头肌。若病牛只是一侧麻痹，则预后较好。若出现双侧股神经麻痹，则预后谨慎或不良。但有些患病母牛经过2～3周协助起身的恢复期后可慢慢恢复。患病牛后肢可逐渐恢复直至完全站立，患肢不再有屈曲、下蹲和震颤姿势。

镇痛疗法依需要而定。皮质类固醇治疗通常只用1次，但在重症病例可用3～4 d。

因用力牵引导致股神经麻痹的犊牛预后不良。成年牛采用对症治疗，给予推荐剂量的维生素E/硒。给犊牛提供好的铺垫和地面对避免褥疮发生非常重要。如果出现肌肉松弛和髌骨松弛，则预后不良。

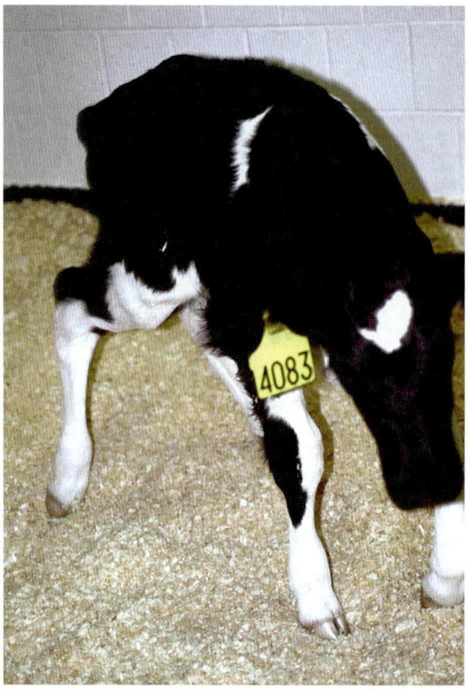

图 12-44

犊牛右侧后肢股神经麻痹，这是因犊牛通过骨盆时发生难产和“hip lock”引起的。

坐骨神经麻痹
Sciatic Nerve Paralysis

病因学

坐骨神经及其分支的损伤是最常见的影响奶牛患肢功能的外周神经损伤。当出现典型临床症状时，应神经解剖学诊断各种来源的坐骨神经，它们来自于脊髓L6、S1、S2段和它们的神经根、神经前支和它们在大腿末端的分布、膝关节远端穿过腓侧（L6、S1）和胫侧（S1、S2）的神经分支。

坐骨神经的损伤大多数是在臀部或离神经过近的大转子和坐骨结节之间的髋关节附近注射刺激性药物时引起的医源性损伤。对于成年牛来说，这些注射的刺激性药物或损伤很少引起坐骨神经功能的完全或永久性缺失，但犊牛则不然。犊牛非常容易因在臀部或大腿末端区注射造成坐骨神经损伤。由于犊牛的臀部和股后侧肌肉较少，除注射刺激性药物引起损伤外，针刺也可引起神经的直接损伤。

涉及髂骨或股骨骨折的骨盆骨折也可能致坐骨神经严重损伤。若难产时间长，荐骨腹侧面L6脊神经前支的受压可造成腓神经机能障碍。

症状

坐骨神经完全麻痹可致髋关节和跗关节轻度下降或“下垂”，球节凸出（图12-45）。患畜可屈曲髋关节前进并负重，但四肢前进时指部可能拖地，患畜常以指背侧和球节站立，跗关节过度屈曲或“下垂”。除内侧面外，患肢膝关节远端痛觉消失。当坐骨神经不完全或部分麻痹时，母牛能负重但球节凸出（背侧皱曲），与未患病后肢相比，跗关节轻度下降。患肢臀部隆起或有血迹，提示为注射引起的医源性损伤，应该及时发现（图12-46）。坐骨神经损伤必须同胫神经损伤、腓神经损伤、腓肠肌腱和腓肠肌的断裂、与椎骨和脊椎病有关的荐神经根损伤和荐神经损伤相区别。

治疗

急性坐骨神经损伤可对症治疗。大多数外周坐骨神经的损伤只是部分损伤，而不是完全损伤。必须告诫畜主要避免给成年奶牛臀部注射。奶牛和肉牛不同，肉牛有更厚的臀部肌肉，臀部注射更安全，更容易，但禁止在肉牛的腘绳肌腱处注射，以免屠宰时肉品质降低。另一方面，奶牛臀部凹陷，很少有肌肉保护坐骨神经分支。若臀部注射造成脓肿，需要做引流以减轻对坐骨神经分支的压力。针

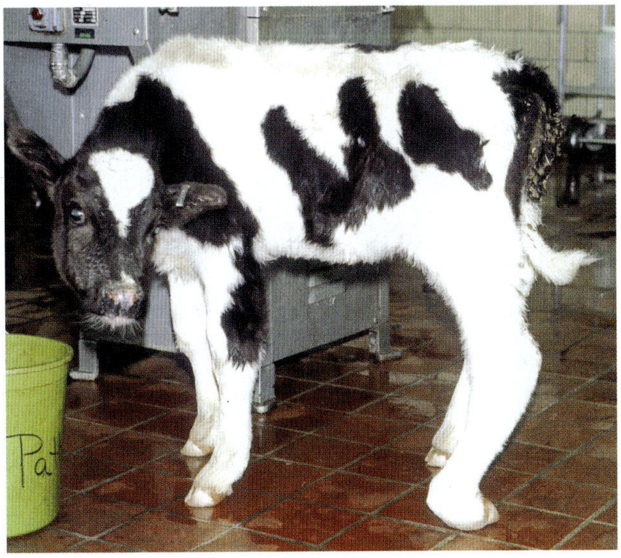

图 12-45

犊牛肌注刺激性药物后继发坐骨神经完全麻痹。

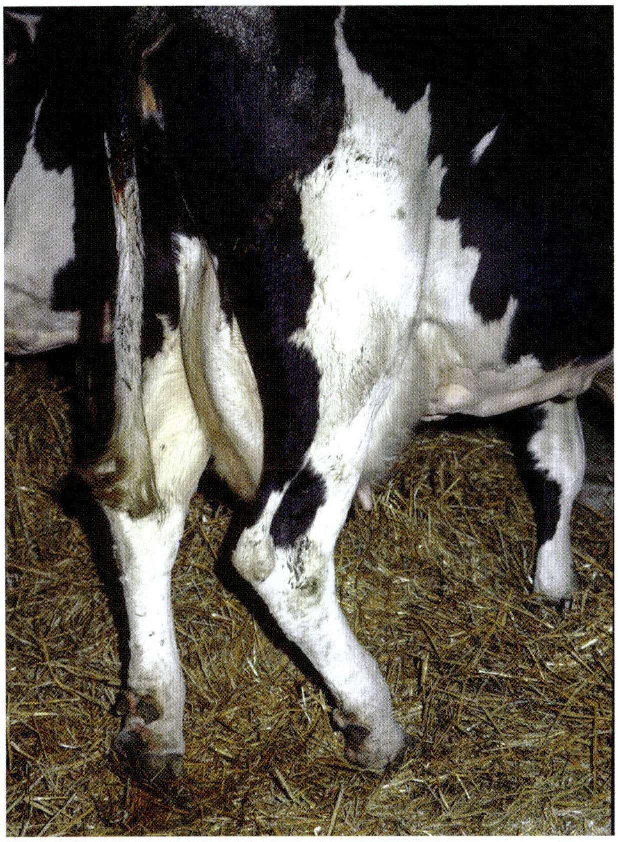

图 12-46

反复在臀部进行肌注的成年荷斯坦奶牛易发生局部坐骨神经损伤。图示跗关节下垂和球节凸出。

刺的直接损伤或刺激性药物的间接损伤可能导致邻近的神经分支损伤。

对犊牛进行臀部注射可造成医疗事故，甚至在股后侧肌肉的正确位置注射有时也会造成坐骨神经或胫神经的损伤。

急性损伤可用消炎药和水疗法对症治疗。若发生球节凸出并以球节背侧着地行走时，应对患肢下部进行支持包扎或使用带槽管状夹板。患肢应避免再次注射，并将患畜置于良好的环境中以减少并发症的发生。

胫神经损伤 Tibial Nerve Injury

病因学

因在股后侧肌肉下部注射刺激性药物或大剂量药物可能引起奶牛和犊牛的胫神经损伤。犊牛比成年牛更易发生。该区域的脓肿、血肿和血清肿也能压迫胫神经。“镇静”母牛可发生涉及该神经和相关肌肉的腔隙综合征。致胫神经S1和S2前支损伤的荐椎骨折也可引起胫神经麻痹。

症状

胫神经分布运动神经到腓肠肌、腘肌、浅指屈肌和深指屈肌。因此，胫神经麻痹或部分损伤可影响这些肌肉的功能，引起球节凸出和跗关节伸展减少，屈曲增加（图12-47）。跗部不出现像坐骨神经麻痹时那样的“下垂”或降低现象，但通常球节凸出很难判断。看不到母牛用指背侧支撑站立现象，行走时也无腓神经麻痹或坐骨神经完全麻痹时的指部拖地症状。患肢能全部负重，但休息时可能减负体重。

由于胫神经支配跖部和指部的感觉传导，该部位皮肤的痛觉可能消失。

胫神经损伤或麻痹必须同坐骨神经部分损伤、腓肠肌腱的断裂和/或浅指屈肌腱或肌肉的断裂、腓神经麻痹相区分。

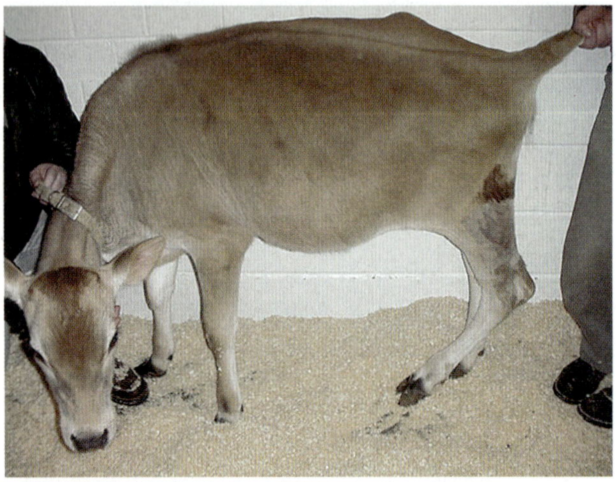

图 12-47

因后肢注射脓肿发生的小母牛胫神经麻痹，是局部坐骨神经损伤的一部分。

治疗

胫神经麻痹的治疗为对症治疗，与坐骨神经损伤类似。有些病例的胫神经损伤可能是坐骨神经部分损伤的表现。若在股下部出现脓肿、血肿或血清肿，则也应进行相应治疗。

腓神经损伤 Peroneal Nerve Injury

病因学

“镇静”牛（包括泌乳热病牛）普遍易发生腓神经损伤，因为该神经的浅表位点穿过腓肠肌和腓骨头外侧头的外侧面，进入外侧腿部肌肉。后肢正常位置的持久躺卧，可造成该部位腓神经的压迫性损伤。由于病牛长久躺卧使同侧患肢的膝关节远端外侧面被摩擦或发生褥疮性溃疡导致的腓神经损伤，其解剖位点通常很明显。即使在坚硬地面躺卧时间较短或母牛膝关节区躺在混凝土平台边缘时，也可能导致腓神经损伤。

症状

腓神经支配跗部屈肌和指部伸肌的运动功能。因此，腓神经的麻痹可导致跗关节的伸直或过度伸展，患肢以球节和指背侧着地而负重（图12-48）。跗关节不能正常屈曲，四肢靠跗关节伸展和膝关节前行。由于腓神经感觉功能的缺失，跖部球节和指部背侧可能出现痛觉消失。

治疗

应将躺卧牛安置在有厚铺垫的良好环境中，以

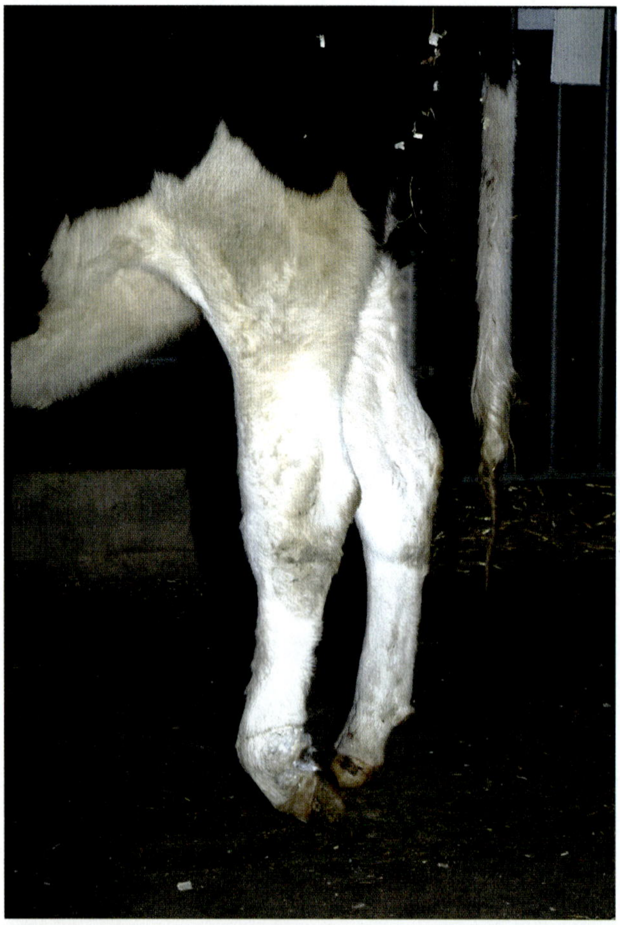

图 12-48

因外伤引起小母牛的腓神经麻痹。

减少对腓神经的直接压迫或发生侵害腓神经的腔隙综合征。这些护理操作对疾病的预防和治疗很有用。此外，应每隔1 h让躺卧牛翻身1次，以减少卧侧肢肌肉和神经的压迫性损伤。物理治疗包括热敷、按摩和用力推拿患肢，对患腓神经麻痹的牛可能有帮助。

全身治疗可用皮质类固醇（10～30 mg地塞米松）和非类固醇抗炎药（口服阿司匹林240～480格令，每日2次）或弗尼辛葡胺（泌乳母牛每24 h 0.5～1.1 mg/kg）——特别是在急性病例，应用这些药物应无禁忌症。

若患畜能以健肢支持体重或能短时间站立，则可人工举尾以帮助患畜起身，促进患肢血液循环。

急性单侧病例得到迅速诊断时，预后良好。因此畜主的经验非常重要。每头牛都应单独管理，圈养在铺垫好的厩舍或表面有土或沙子的厩舍，仔细护理。持续躺卧或双侧腓神经麻痹的患畜预后须谨慎，因为患畜极易发生其他肌肉骨骼损伤。如果病牛跌倒或竭力挣扎起身，则也可能发生髋关节脱位、股骨头或颈的骨折、劳累性肌病。

闭孔神经损伤（产犊瘫痪）

Obturator Nerve Injury (Calving Paralysis)

病因学

闭孔神经的经典描述是产犊后引起单侧或双侧后肢不能内收，这种情况或许可以用闭孔神经机能障碍来解释。对犊牛和母牛的实验研究表明，与产犊瘫痪有关的前期临床症状可能涉及闭孔神经和坐骨神经的L6腰神经根。研究发现，切断双侧闭孔神经不会引起持久性躺卧和全部内收肌衰竭，但可导致患畜在光滑地面滑倒和伸展。当闭孔神经沿髂骨体内侧通过时，难产可能压迫闭孔神经，尤其在头胎产犊或胎儿过大情况时更易发生。闭孔神经支配后肢几个外展肌的运动功能，而第六腰神经则分布坐骨神经分支到半腱肌和半膜肌，也分布到腓神经。

牛在光滑地面或冰上劈叉，后肢内收肌撕裂时，可能出现类似于产犊瘫痪的症状。

症状

若地面状况良好，患单侧或双侧闭孔神经损伤的病牛就能起身和负重。当站立时，患病牛可见外展趋势，这种趋势在光滑地面上时更加明显。

真正的产犊瘫痪是由于坐骨神经的第6腰脊神经组分和闭孔神经同时损伤引起，症状可能为单侧或双侧。单侧症状包括患病后肢不能内收，球节凸出，以球节和指背侧着地站立。后两种症状与坐骨神经损伤密切相关，尤其当涉及腓神经纤维时。随患病牛的体重灵活性不同，单侧患病牛可在人工帮助下起身和负重。而双侧坐骨神经和闭孔神经损伤的牛则不能起身，常呈蛙式腹部着地，后肢屈曲而外展。在重症病例，后肢劈叉并向外展，与身体长轴垂直。

内收肌肌病常伴随四肢产犊瘫痪，病情复杂。产犊瘫痪的牛也极易发生髋关节脱位、股骨头或颈骨折、股骨体骨折等髋部和股部并发症。

因产犊瘫痪而导致的躺卧应与患单纯内收肌肌病、骨盆骨折、股骨骨折、髋关节脱位、代谢性紊乱和严重的败血症/内毒素血症相区分。体重小、腹腔脏器体积较小、整体灵活的单侧病例预后良好。

治疗

如立即治疗难产发生时的产犊瘫痪，则效果很好。否则，肌肉的损伤可能使本已很严重的神经疾病复杂化。发病初期遵医嘱注射地塞米松（20～40 mg）和非类固醇抗炎药（参见之前关于腓神经的讨论）。根据奶牛的大小，可在跖部相距24～30 in（60.96～76.20 cm）处拴住后肢。做脚绊时，用软绳连到跖部的尼龙或绳套上。脚绊安置应注意防止外伤或阻碍跖部的血液循环。患病母牛应安置在地面较好的厩舍，如铺好垫、土基、垫料或牧场上快速搭建的围场，以防止过度运动。

当牛试图起身时，应该确定患病牛是否能通过人为的提尾来帮助而起身。如果患畜能够站立，哪怕是很短的时间，也可以对该母牛挤奶。站立时也可促进后肢的血液循环。应做直肠检查以排除骨盆骨折或骨盆联合分离。

任何有关的代谢性或传染性疾病都应进行治疗，并用非类固醇抗炎药止痛，连续治疗数天，之后用地塞米松治疗1～2 d。

对人工帮助仍不能起身的患畜应每天用吊带、行走器或髋部吊带等机械力帮助站立。厚垫的髋部吊带可帮助患畜处于站立姿势，当患畜站立时可评价其支撑体重的能力。若患畜能负重，可以立即移除吊带，只要母牛感到舒适，可以让其站立。由于患畜在使用人工吊带或其他器具时会感到害怕或拒绝使用，应间隔8～12 h后再继续适用2或3次。

应经常让躺卧牛变换体位，并保持较好的褥垫条件。根据生产商建议，其他对症治疗还包括肌肉注射维生素E或硒。内收肌损伤常表现为股内侧和后乳房附属部之间肌肉的明显隆起（图12-49）。髋部和股部可能有并发症，腓肠肌损伤也可能同时发生（图12-50）。被忽视的病例或以前有过严重内收肌病的患畜预后不良。

患畜能够重新起身至少需要10～14 d或更长的时间，此后才能安全使用挤奶设备。脚绊的拆除和患畜允许活动的时间依个体而定。

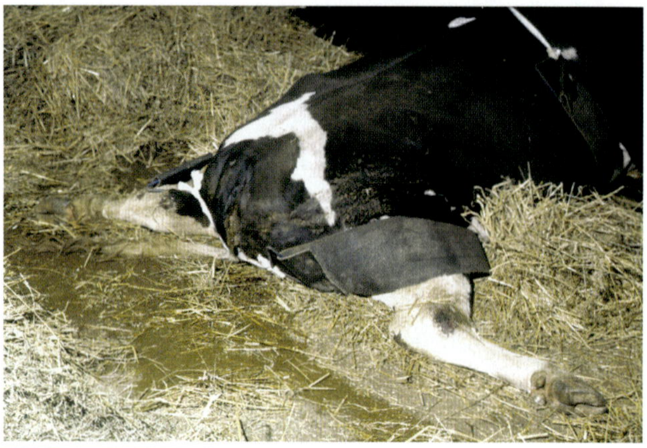

图 12-50

产犊瘫痪的严重并发症。尽管已发生产犊瘫痪，但该牛仍被允许饲养在光滑地面上。可见双侧股骨颈骨折和大范围的内收肌肌病。

颅神经（第7神经和第8神经）
CRANIAL NERVES (NERVES VII AND VIII)

中耳/内耳炎 Otitis Media/Interna

病因学

1～6月龄的奶犊牛中耳感染很普遍。外耳炎可由外源性感染导致发生，但多数情况下是因咽部上行导致的内源性感染引起。污秽环境、粪便污染和通群牛舔舐耳朵引起的外源性感染可导致有恶臭的化脓性耳炎。而呈极慢性经过的内源性感染则很少出现外耳炎症状。支原体是引起内源性中耳/内耳炎的最急性原因。该病原体普遍存在于上呼吸道，因此能引起上行性感染。患支原体乳腺炎的病牛患中耳/内耳炎的几率高。偶尔也可从急性中耳/内耳炎病例中分离到溶血性巴氏杆菌和昏睡嗜血杆菌。在慢性病例中，支原体常与化脓性放线菌或假结核棒状杆菌共同存在或被其取代。外源性感染通常为混合感染，并最终以化脓性放线菌占优势。

图 12-49

产犊瘫痪母牛左侧内收肌肌病导致乳房和大腿中部之间肿胀。患畜不能站立，靠髋部吊带支持站立。

症状

急性中耳/内耳炎出现一侧或双侧第7、第8颅神经机能障碍急性症状。如果临床症状是单侧性的，则综合征易于诊断，通常可见头部向患侧倾斜，同侧耳耷拉，眼睑反射降低，口唇迟缓（图12-51）。可能发生低热（103.0～105.0°F/39.44～40.56℃），但犊牛精神状态好，不出现脑干疾病症状。在有些病例中，也可出现吞咽困难和精神沉郁症状。吞咽困难大概与炎症从鼓疱边界蔓延到鼓疱附近的第9和第10颅神经有关（图12-52，A和B）。伴随着头部倾斜症状，病牛患侧将轻微失去平衡，出现转圈现象，但患畜依旧很强壮，跳跃正常。若出现眼球震颤，其快相常不在病变一侧。因无头部倾斜症状，急性双侧性中耳/内耳炎很难诊断。当发生双侧前庭损伤，特别是在犊牛双眼被遮蔽时，可见宽头向两侧偏移（图12-53）。严重的双侧性损伤也可能出现耳聋。步态笨拙，头部降低。可能出现双侧面神经部分或完全麻痹，只有做细致的临床检查时才能发现。中耳/内耳炎常伴随有肺炎

图 12-51

3月龄荷斯坦犊牛中耳/内耳感染引起面神经麻痹和耳下垂。

和久咳。

慢性或被忽视病例可能有明显的头部倾斜、其他前庭症状、面神经完全麻痹和暴露性角膜炎。这些患畜在鼓膜破裂时可发生化脓性外耳炎。外源性感染发病时，可在患侧见到化脓性外耳炎，但内源性感染通常无此症状。

诊断

大多数病例可通过临床症状和农场病史来诊断。鼓疱的颅部斜肌或背腹侧放射照相可帮助诊断，但很少需要用到。如果应用，则放射照相和CT通常可见鼓疱充满液体，骨骼破裂（图12-52，B）。除颅内发生炎症外，多数慢性病例的CSF分析是正常的。

治疗

需严格治疗，防止感染蔓延至颅腔，引发脑膜炎和脑脓肿。确诊急性耳炎后，常用相应的抗生素治疗。由于支原体是急性内源性感染的常见病原微生物，每天静脉注射或肌肉注射四环素（11～17.6 mg/kg）1或2次对发病初期的治疗很有效。但是，绝大多数支原体对四环素和其他奶牛抗生素耐药。几乎所有菌株对恩氟沙星仍然敏感，但该药物在美国未批准用于患病奶牛治疗。大多数条件性多杀性巴氏杆菌和化脓性放线菌对四环素、头孢菌素甚至是青霉素（22 000 U/kg，每日2次）敏

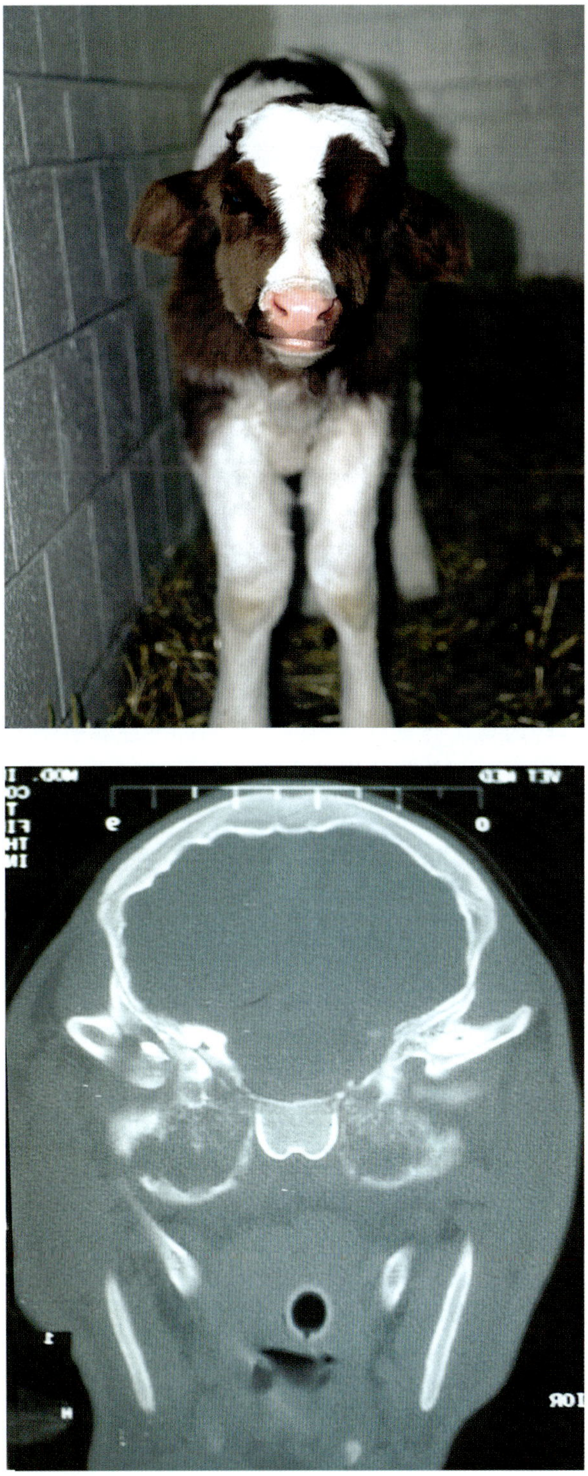

A

B

图 12-52

A，一头红白相间的荷斯坦犊牛发生双侧性脓性内耳/中耳炎。该患病牛吞咽困难，沉郁。B，犊牛CT图显示，围绕水疱和水疱分泌物的骨区扩大。抗生素对该患病犊牛无效，可外科引流。

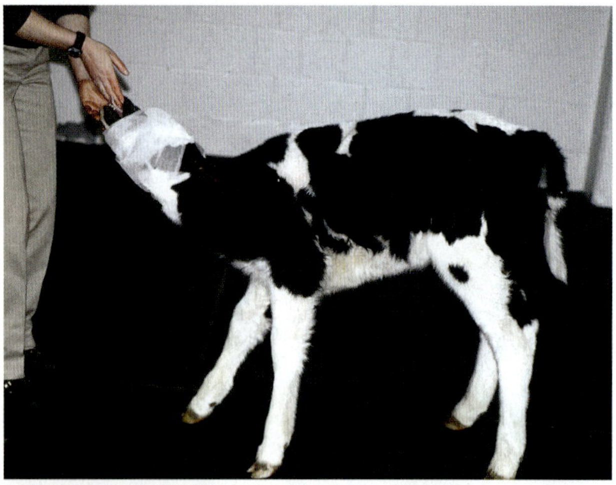

图 12-53

给犊牛戴上眼罩时，将加剧患病牛头部的异常姿势。

感。急性感染5～7 d内出现治疗效果。尽管犊牛对这些药物比马更有耐药性，当面部神经麻痹明显，也应在同侧角膜使用抗生素或保护性眼膏，以防发生暴露性角膜炎。

慢性或被忽略的病例需要进行长期治疗，同时要考虑化脓性放线菌感染的可能性。因此，可考虑长期用青霉素、头孢菌素或青霉素联合利福平。用抗生素无效的病例需要进行外科引流。急性病例预后良好，慢性病例预后不良。

面神经损伤 Facial Nerve Injures

病原学

面神经的外周损伤通常是由笼头或颈圈过紧压迫面神经分支引起。牛侧卧式挣扎或用带环的笼头紧紧保定在倾斜台上时，也可能造成面神经麻痹症状。茎乳孔区的大面积损伤如脓肿、肉芽肿或少见的肿瘤，都可能损伤面神经。

当受到惊吓或神经过敏时，拴在立柱上的牛通常猛烈回拉以挣脱前面的立柱。这样会导致母牛眼角陷入沿着颧弓的眶缘。如果这种状态持续一段时间，那么当母牛试图移动回位或向前移动或倾斜头部以脱离“立柱麻痹”时，耳睑神经就会发生双侧挫伤。双侧耳睑神经损伤的导致结果就是眼睑反射消失，严重时也会出现双耳下垂。

症状

外伤性面神经损伤的最明显症状是上睑下垂、眼睑反射消失和同侧口唇迟缓。较深层的损伤或大面积损伤可造成自茎乳孔出现的神经损伤，也可导致耳下垂。慢性病例出现暴露性角膜炎，急性病例前期也可出现。

面神经的一条分支——耳睑神经控制眼轮匝肌和耳部肌肉的运动功能。该眼睑分支比耳支更容易受到立柱的损伤，但二者可能一样。诊断的关键在于两侧上睑下垂、裂开，眼睑反射的消失（图12-54），可能存在双耳下垂。以两侧中心性角膜溃疡为特点的暴露性角膜炎在亚急性或慢性病例中明显。仔细检查头部可能会发现沿着颧弓末端到眼眶处有明显的隆突，有助于诊断。与颞下颌关节运动有关的疼痛可能导致病牛轻度厌食，主诉母牛看起来“无精打采”，两侧可能撕裂。立柱麻痹必须与两侧中耳感染和脑干疾病相区分。缺乏前庭症状，其步态和力量正常，食欲一般正常可帮助排除其他疾病。在险陡滑道行走的患畜有时也会发生相同症状，但这并不常见，因为脱离正道的圈套位置立刻就能发现，不像困于立柱的母牛，数小时都未能发现圈套。

治疗

外伤性损害可在局部和全身用抗炎药对症治疗。局部应用热敷有助于减轻损伤处软组织的水肿。可用润滑剂或广谱抗生素软膏预防暴露性角膜炎，直至神经功能恢复。单纯损伤预后良好，而其

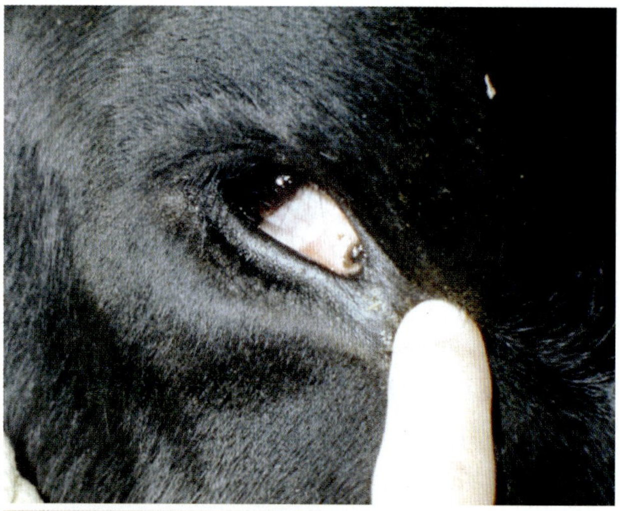

图 12-54

患颈枷麻痹的荷斯坦母牛眼睑受刺激时不能闭合眼睑，呈双侧性。

他原因如肿瘤形成则预后不良。

因立柱引起的耳睑神经损伤可用热敷和局部抗炎药治疗。角膜需要用眼润滑剂或广谱抗生素眼膏保护，每日3或4次。如果对地塞米松无禁忌，成年牛肌肉注射地塞米松20～30 mg，可迅速解决该问题。

颅部第9、第10神经　Granial Nerves IX, X

咽后脓肿或蜂窝织炎可能涉及颅部第9神经和第10神经的咽支，可造成不同程度的吞咽困难。造成这种感染的原因之一是继发过度使用穿刺枪以致创伤，治疗方法就是解决吞咽困难。

交感神经　Sympathetic Nerves

虽然不是颅神经，但在颅神经检查时也能查出头部交感神经的功能。当药物注射或采集血样针刺颈外静脉时，在交感神经干颈背部的节前交感神经轴突容易受到损伤。交感神经干分布在颈动脉鞘，颈动脉鞘与迷走神经（迷走交感神经干）和颈总动脉有关。虽然该鞘在胸乳突肌深处，与颈外静脉分离，但也偶尔会在静脉穿刺时受到损伤。这种独特的麻痹称为Horner综合征。最明显的临床症状是同侧上睑下垂，仅在麻痹侧有干鼻。麻痹侧瞳孔轻度缩小，第三眼睑轻微提高。脸部皮肤微微发热。这是因为表皮血管舒张，引起鼻黏膜充血和鼻腔通风减少。在寒冬季节，细心观察者会发现患畜鼻孔呼吸时雾气变得更少。如果仅仅是因为针刺位点局部出血，则通常这种交感神经麻痹数天后可自愈。注射某些药物和钙溶液进入血管周围结缔组织不注意时，将引发波及颈动脉鞘的炎症，引起交感神经麻痹，这时则很难治疗和痊愈。

神经肌肉接点
NEUROMUSCULAR JUNCTION

肉毒杆菌中毒　Botulism

病因学

牛的肉毒杆菌中毒症状通常是由于食入肉毒梭状芽孢杆菌的不同菌株产生毒素后引起。该菌是革兰氏阳性专性厌氧芽孢杆菌，根据产生的外毒素的抗原性变异分型。引起肉毒杆菌临床疾病的这些神经毒素是神经肌肉接点释放的乙酰胆碱和其他胆碱能神经末梢非常有效的阻滞剂。目前已发现至少8种毒型：A、B、Ca、Cb、D、E、F和G型。C型肉毒杆菌毒素在土壤、腐烂植物和蔬菜中广泛存在。一般而言，B型是美国东部肉毒杆菌中毒的最普遍原因，而A型在洛矶山西部更普遍。C型和D型可在动物和鸟类的肠道中发现。因此，饲料或饮水被腐肉或死畜污染后，奶牛食入这种饲料或饮水就会增加患肉毒杆菌中毒的危险。同样，磷缺乏能造成奶牛的异食癖，以致奶牛把腐烂尸体当作适口的食物。在南非奶牛中，这种情况已导致肉毒杆菌中毒，该病被称为“肉毒病”。除C型和D型外，其他通常是土壤和水中的腐生菌，能在不流动的水中增殖或在蔬菜中减少。

最常见的侵入途径是摄入形成的毒素继而被肠道吸收，但偶尔也能碰到中毒感染性肉毒杆菌中毒和伤口性肉毒杆菌中毒病例。中毒感染性肉毒杆菌中毒是指肉毒杆菌的芽孢菌在患畜胃肠道厌氧区或坏死区的赘生性生长，继而造成毒素吸收。伤口性肉毒杆菌中毒类似于破伤风，是指坏死的伤口提供厌氧环境使肉毒杆菌芽孢赘生性生长，继而毒素被吸收到患畜血液中。但是，导致奶牛暴发本病的主要原因是摄入了被肉毒杆菌污染的饲料如青贮饲料和啤酒糟，尤其是摄入肉毒杆菌。不正确地制作青贮饲料，比如pH值从未低于4.5，将大大增加活肉毒杆菌及其毒素的危险性。奶牛比马对肉毒杆菌毒素更不易感。

临床症状

临床症状在摄入毒素1～7 d后出现，主要表现为食欲不振和虚弱。仍能站立的患畜可能震颤、绊跌，或因颈部肌肉虚弱而低头。流涎、咽麻痹和舌无力是患畜采食和饮水能力丧失或降低的重要症状。患畜不断地咀嚼同样的食物而不吞咽。若患畜有采食和饮水的能力，即使一时减少采食量，也能有较好的存活机会。躺卧时头常掖在肋部，鼻镜着地（图12-55）。虽然奶牛比马的舌头保护得更好，但重症病例的舌头可能从口腔伸出，并普遍流涎。

瘤胃收缩减弱或停止，粪便从过于干燥（水摄入少，低血钙症）到腹泻（可能与食物中含毒素有关）。有报道称，患畜通常心率正常或升高，尽管Fox认为心动过缓是典型的症状（Fox FH，Personal Communication，1985，Ithaca，NY）。

由于膀胱迟缓膨胀，可看到患畜尿淋漓和尿道

图 12-55

一头肉毒杆菌中毒但无明显虚弱症状的成年母牛。它是经饲喂未完全发酵的新青贮饲料患病的几头母牛之一。该患病母牛斜卧近30 d，但用支持疗法后痊愈。

肌张力消失。尾巴张力也消失。在有些患畜中可见上睑下垂，瞳孔放大，对直射光的瞳孔反射比正常慢。

病情的严重程度与摄入的毒素量成正比。但是，毒素的量临床上不可能计算。躺卧和不能起身的患畜一般预后不良。严重患畜1～3 d内死亡。显示中毒症状但仍可以从躺卧中起身、能采食和饮水的患畜有较好的存活机会。

诊断

除临床症状外，瘤胃内容物、粪便、可疑的饲草或饮水中毒素的鉴定是可能诊断肉毒杆菌中毒的唯一方法。但是，引起动物中毒的毒素剂量通常很小，可能很难检测到。小鼠接种饲料或肠内容物的浸出液是标准的实验室试验。易感小鼠和抗毒素被动免疫的小鼠常用这种方法。但是很少有实验室能做这个试验，如果需要确诊，主治兽医应与诊断实验室联系。尸体剖检无可诊断性损伤。

治疗和预防

大多是支持疗法，因为除非发生自然退化，否则已固定于神经肌肉受体上的毒素是不可逆结合的。同破伤风一样，患畜需要用抗毒素即刻治疗，以中和尚未与受体结合的循环毒素。肉毒杆菌的多价抗毒素已有应用，偶尔也用于肉毒杆菌中毒患畜的治疗。但多价抗毒素不易获得，价格昂贵，且不能保证效力，因为患畜肉毒杆菌毒素的确切类型如B、C、D等不清楚。若根据地域可以确定毒型（美国东部为B型）并能应用，则可用抗毒素作为初步治疗。

若摄入的饲草中含有可疑毒素，应采用口服泻药来防止毒素进一步吸收。通过胃管投喂液体石蜡和高剂量盐类泻药可能有帮助。应避免使用镁盐，以防进一步使神经肌肉功能减弱。同样，应避免使用抗生素如普鲁卡因青霉素、四环素和氨基糖苷类药物。胆碱能药物临床上也很少应用，可使患畜兴奋，继而导致呼吸衰竭。应停喂含毒素的可疑饲料或饮水。

怀疑有伤口源性肉毒杆菌中毒或毒素感染性肉毒杆菌中毒的病例可采用结晶青霉素、伤口引流、伤口通风和支持疗法。

脱水患畜或那些不能采食和饮水的患畜应通过胃管给水、苜蓿粒粥或健康牛的瘤胃液。

当知道肉毒杆菌中毒的毒型时，就可以应用类毒素。间隔2周重复给药2或3次。建议每年加强免疫。在一次B型肉毒杆菌暴发中，原因就是在牛完全免疫后，污染的饲草仍用于喂牛而不是销毁。建议不用患畜或康复牛的粪便给花园和农田施肥，因为土壤中至少8周内仍含有饲草谷物。

尽管患畜表面上已康复，患畜仍需注射类毒素疫苗，因为致病的毒素剂量非常小，以致可能诱导抗肉毒杆菌的体液性抗体产物持续生成。

重症肌无力 Myasthenia Gravis

奶牛重症肌无力很少见，目前没有关于获得性免疫介导的重症肌无力的描述。先天性重症肌无力常发生在婆罗门奶牛上，因基因缺失导致肌细胞膜上不能形成功能性乙酰胆碱受体。这是一种常染色体隐性遗传病症。难以站立的患畜更喜欢胸卧，行走步幅很短，很快就疲劳、震颤、塌陷。静脉注射胆碱酯酶抑制剂腾喜龙（二甲基乙基-铵）后，立刻显示短暂的病情改善。这种机能障碍是永久性的。

肌肉疾病 MUSCLE DISORDERS

肌强直 Myotonia

巴西的一种水牛品种曾发生过先天性遗传性肌

强直，与19世纪末发生在山羊上的病类似。这是一种肌细胞膜病症，偶尔发生肌肉细胞持续收缩而没有松弛。主要感染四肢的伸肌。突然兴奋可引起肌强直发作。患畜四肢突然发生伸肌僵直，并常倒向患侧。如果让患畜独自待着，它们将放松几分钟，站立和行走时四肢僵直缓和，之后如果不进一步发作则短期内恢复正常。诊断依据肌电图扫描结果。在山羊，已有关于肌细胞膜上氯化物途径缺乏的描述。而牛则没有。

代谢性疾病 Metabolic Disorders

患低血钾症、低血钙症和/或低血镁症的奶牛可急性发生弥散性神经肌肉症状。

因过度使用盐皮质激素药物治疗酮病或乳腺炎常可导致低血钾症，患畜严重局部麻痹和躺卧。低血钙症临床上可见严重的神经肌肉麻痹症状。有时患畜死亡。患畜血浆钾水平一般低于2.2 mg/dL，躺卧。对较大奶牛的治疗一般无效，因为生病时会继发肌肉损伤。最好的治疗方法是通过瘘管给予氯化钾（1/2～1 lb）。奶牛也有散发性低血镁症病例，究其发病原因知之甚少。临床症状通常为兴奋性过度以致躺卧，第三眼睑频闪和癫痫样发作。血浆镁通常低于0.4 mg/dL，CSF水平同样很低，尿中无可测定的镁。血浆钙也适量减少。静脉注射镁/钙制剂治疗。产后低血钙症（产乳热）在第十五章有讨论。肌病和肌炎在第十一章和第十四章有描述。

弥散性中枢神经系统疾病 DIFFUSE CENTRAL NERVOUS SYSTEM DISORDERS

破伤风 Tetanus

病因学

破伤风痉挛毒素是破伤风梭菌的一种强外毒素，可引起人和动物的破伤风。该菌是非严格厌氧菌，革兰氏阳性，能形成芽孢，在土壤和某些动物的肠道中广泛存在。在有些地区，污染的土壤和含破伤风梭菌的胃肠道菌丛比其他微生物更加流行。破伤风梭菌更喜欢潜伏在含家畜粪便的土壤中。破伤风梭菌的赘生性生长最终将形成芽孢。芽孢在土壤中可存活数年，不易被消亡。除破伤风痉挛毒素外，破伤风梭菌还可产生另外两种外毒素：破伤风菌溶血素和外周活性非致痉挛毒素。其中，破伤风菌溶血素似乎可促成破伤风梭菌在活体内的致病性：可导致赘生物生长部位的局部组织坏死，从而降低组织的氧张力。

一旦进入组织，当存在组织坏死、相对或绝对厌氧环境和利于其他微生物生长的条件时，破伤风梭菌的芽孢就转变为生长型细菌。冲洗下来的破伤风梭菌的芽孢置入健康含氧组织中可能永不生长。因此，刺伤、有大量坏死组织的深部创伤、伤口的严重化脓以及多种致邻近组织损伤的外毒素和内毒素的混合感染都有破伤风杆菌生长的危险。

与破伤风有关的最常见的感染是新生犊牛的脐带感染、去角伤、阉割伤、橡皮带去势伤、鼻环伤、橡皮带断尾、蹄部脓肿、耳号伤、窦慢性感染和身体任何部位的深度坏死伤口、难产继发的外阴或阴道的坏死斑和新近产犊母牛的严重子宫炎。其他部位的感染也能见到，而在有些病例常找不到感染的部位。Fox建议这种病例应考虑在育成牛乳牙脱落部位感染的可能性（1970年与Fox FH在康奈尔大学时的个人交流）。然而，大量破伤风梭菌在前胃的过度生长也偶可导致破伤风，从而解释无明显伤口或感染部位的散发性病例。虽然很难证实，但该理论很有吸引力。

一旦破伤风梭菌在感染部位生长，便产生破伤风痉挛毒素，到达局部脉管和神经末梢。毒素结合神经肌肉接点的 α 运动神经元轴突，逆行通过轴突直到到达脊髓腹角的神经细胞体。此时，毒素进入腹侧灰柱内的突触前抑制神经元（Renshaw细胞），抑制这些神经元的功能。毒素抑制Renshaw细胞释放甘氨酸，限制运动神经元正常放电的持续时间和强度。在脑干，抑制性中间神经元释放γ氨基丁酸受到阻滞，因此α运动神经元的破伤风痉挛毒素“抑制该抑制作用”可导致肌肉持续收缩，引起僵直性痉挛。从定义上讲，破伤风的临床症状是抗重力伸肌不间歇性持续收缩，间歇性抽搐。大多数临床医生知道破伤风梭菌毒素引起的时期性破伤风。

临床症状

临床症状轻微或严重，病情迅速发展时预后须谨慎。奶牛破伤风的典型症状是步态僵硬，但多数舍饲牛从不见走动。僵硬症状开始时只表现为一肢跛行——尤其是当患肢有感染来源时（如跖部脓肿），但这种情况很少见。由于四肢主要肌肉的抽搐和伸肌强直，患畜呈现典型的锯木架姿势。患病牛的典型症状是鼓气和忧虑，特征性表现为耳朵靠后、眼睛睁大、头部伸直和鼻孔开张（图12-56和图12-57）。鼓气可能是因为嗳气功能障碍，而嗳气主要靠喉、咽、食管近侧的横纹肌互相协同作用来完成——所有肌肉都可被毒素侵袭。尾根举起远离会阴部，在对患畜测量体温时这种反应很明显。尾巴放下时依然高举，而不是下降至肛门，提示临床医生患畜可能患破伤风疾病。当咬肌受影响时则引起“牙关紧闭”。试图打开口腔时，颌骨非常僵硬，且会使患畜感到不安。

因努力咀嚼可导致抽搐，患畜通常不能采食。患畜常常失去饮水能力，从而造成进行性脱水。大多数患病牛瞬膜脱出。瞬膜的被动脱出是由于眼收缩肌强直。因视觉、听觉、触觉刺激引起的强直能使瞬膜脱出和其他临床症状加重。破伤风后期的患畜其临床症状典型，但症状轻微的病例则需仔细观察。在许多情况下，兽医可能对破伤风患畜做出错误诊断，通常易把胃肠道鼓气误诊为创伤性网状腹膜炎或消化不良。由于并非所有患畜都出现上述所有的典型症状，因此，有两种物理检查法可帮助医生判断轻症的破伤风病例：

1. 如动物为舍饲如用立柱、系栏拴住，则解开动物并让其运动以观察步态。

2. 观察动物的面部，若有必要可尝试打开口腔。

这两个程序听起来很简单，但操作起来很困难，尤其是拴在立柱上的牛。

患畜可能有多种预后，取决于临床症状的严重程度和感染部位治疗的可能性。重症患畜或症状发展迅速的患畜可能不能起身，常因其不断试图起身导致呼吸肌抽搐而死于呼吸衰竭。一般认为患破伤风的躺卧病牛比躺卧病马更安全，因为牛常胸部躺卧，而马则单侧躺卧。患畜一旦侧躺则可能“自毁”，因为患病初期试图举起颈部和屈曲四肢时会引起抽搐，形成“侧卧—伸肌强直—疼痛—惊慌—挣扎”的恶性循环。

大多数死于破伤风的患畜都是因为劳累和呼吸衰竭。鼓气同吸入性肺炎一样也能导致死亡。肌肉

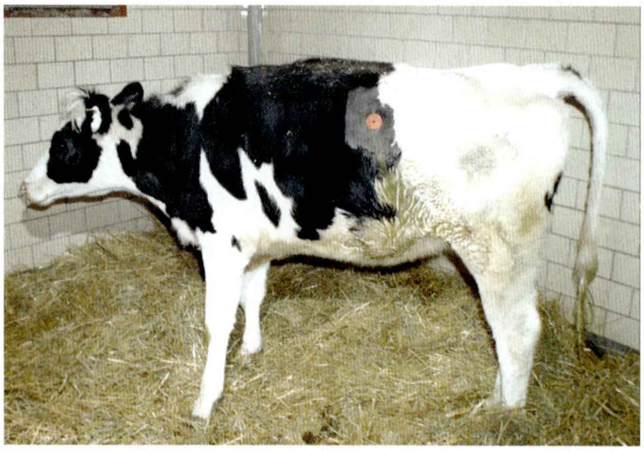

图 12-56

破伤风患牛神情焦虑，耳贴向后侧，尾根举起，锯木架姿势。由于慢性鼓气，暂时留置瘤胃套管针。治疗牛破伤风用瘤胃瘘管术比插入套管针更有效。

图 12-57

破伤风患畜瞬膜被动脱出，神情焦虑，耳向后贴。

与骨骼的损伤如股骨骨折和髋关节脱位是引起破伤风患畜死亡的另一种常见原因。饲养在光滑地面上的患畜也易发生肌肉和骨骼损伤或起身困难，导致呼吸衰竭。

诊断

通常根据患畜的临床症状进行诊断。患畜死亡后这些症状消失，因此，要证实生前是否患破伤

风，应排除其他疾病，找到破伤风梭菌的生长位点，并通过革兰氏染色或培养来检测该菌。同样，若在破伤风症状的患畜身上找到感染部位，则应用显微镜检或培养该部位的脓液或坏死组织，以证实破伤风梭菌。但对于有明显临床症状的患畜，即使未能找到破伤风梭菌，也绝不能排除破伤风。

治疗

任何动物的破伤风都是一种难以诊断的疾病，因为临床医生尚无法提供准确的破伤风患畜预后。可能有多种并发症。应同情患畜，因为该病可引起剧烈疼痛，临床治疗破伤风经验丰富的医生带给患畜更多的是痛苦而不是治疗。

首先，应找出致破伤风的感染源。若伤口或感染部位容易确定，应对患部进行清洗、清创、引流，然后给患畜镇静并止痛。伤口应尽可能暴露在空气中，以减少厌氧环境，防止更多赘生物的生长和毒素的产生。应至少注射破伤风抗毒素1次，感染部位不明显的患畜可间隔12 h重复注射3或4次。破伤风抗毒素显然不能中和已经与受体结合的毒素，但能与循环中的毒素或尚未固定的毒素结合。根据经验，抗毒素治疗剂量为1 500～300 000 U。我们通常用15 000 U的抗毒素1或2次做先期治疗。

青霉素可用于杀死伤口处的赘生性破伤风梭菌，通常用普鲁卡因青霉素22 000～33 000 U/kg每日2次。对于犊牛或极有价值的母牛，通过静脉导管注射相同剂量的结晶青霉素，可减轻患畜的不适，但每日应注射4次。

应尽量减轻破伤风发作时的强直、兴奋和疼痛症状。因此，应在患畜的外耳外部塞入棉花以减小声音刺激，患畜应养在光线较暗的厩舍中，并尽可能保持安静。所有的治疗都应由一名细心的操作者实施，厩舍地面和垫草应能防滑。镇静药对大多数病例很有效。为此，可用乙酰丙嗪，剂量视患病个体而定。多数成年病畜需20～40 mg乙酰丙嗪，每日2～4次。可以通过留置导管静脉注射，也可肌肉注射。镇静药可帮助动物平静，且该剂量可使多数母牛从胸部躺卧姿势起身。母牛可用挤奶机挤奶，或用人工方法挤奶。镇静药可按医嘱选择使用。

破伤风患畜有鼓气时应插上瘤胃瘘管（瘤胃切开术）排出多余的气体。由于胃管插入和其他治疗措施都能引起患畜惊慌，因此最好用镇痛药给患畜服镇静剂。之后在左侧肷窝标准的外科手术准备后局部麻醉，造一个直径2.5～5.0 cm的瘤胃瘘管。瘘管可使气体自由排出，直至患畜恢复嗳气功能。当患畜不能采食或饮水时，可经此口向患畜瘤胃放入水和苜蓿颗粒料。这样，瘘管可以免去每天本来要进行的2次或2次以上的应激性操作。

大多数破伤风患畜自诊断之后的14 d内应视为危险状态。轻症病例1周内可以痊愈，但这种情况并不常见。尽管经过治疗处理，患畜病情仍将进一步恶化，躺卧或不能起身或发生其他并发症，通常死亡。在病初治疗后24～48 h内病情稳定的患畜有治愈的可能。做出初步诊断后5～10 d，许多病情稳定的患畜却发生不可预见的并发症导致死亡。重新获得饮水能力是患处病情好转的一项重要征兆，原先不能饮水的牛通常在治疗3～5 d后出现饮欲。因此需要预期并避免各种可能的并发症。侧卧患病牛通常自毁。从临床实践看来，机械性支撑如吊带对侧卧患畜已无多大价值，因为已经严重强直的患畜可能再次兴奋。能存活14 d的患畜一般能完全恢复。

预防

虽然牛对破伤风较马属动物和其他家畜更不易感，但也不能忽视某些不利因素如不洁的外科手术、忽视的伤口和橡皮带捆绑。有感染危险或在破伤风高发的某些地区的奶牛可用易获得且价廉的破伤风类毒素免疫接种，第1年2次，此后每年1次。与肉毒杆菌中毒一样，引起破伤风临床症状的毒素量，可能够或可能不够在患畜体内产生体液抗体。因此，应给破伤风患畜免疫接种2次，间隔2～4周，使动物得到进一步的保护。

先天性抽搐 Congenital Tetany

新生的无角海福特奶牛可发生先天性遗传性抽搐，该病曾被描述为先天性肌阵挛和遗传性轴索水肿。这些术语都是不正确的。表现的临床症状就是抽搐，一种抗引力肌的持续收缩，间隔很短。中枢神经系统显微镜下无可见损伤，因此该病不存在轴索水肿。患病犊牛的基因发生异常，这些基因与神经细胞膜上甘氨酸受体的正常发育有关。因此，抑制性中间神经元释放甘氨酸以及Renhaw细胞不能结合到伸肌的α运动神经元上，导致了抑制收缩作用的缺乏。颅运动神经元没有受到感染。犊牛出生时躺卧，不能起身。刺激犊牛（如轻拍口套）能使抽搐加重。轻度松弛的间歇期不足以使犊牛站立。该病与人类的遗传性甘氨酸受体缺失类似，可引起与惊恐综合征或震惊综合征有关的片刻性抽搐。

（黄瑛 任伟译，林敬筠、涂健校）

参考文献

Bratton GR, Zmudzki J, Bell MC, et al: Thiamin (vitamin B_1) effects of lead intoxication and deposition of lead in tissue: therapeutic potential, *Toxicol Appl Pharmacol* 59:164-172, 1981.

Braun U, Feige K, Schweizer G, et al: Clinical findings and treatment of 30 cattle with botulism, *Vet Rec* 156:438-441, 2005.

Cascio KE, Belknap EB, Schultheiss PC, et al: Encephalitis induced by bovine herpesvirus 5 and protection by prior vaccination or infection with bovine herpesvirus 1, *J Vet Diagn Invest* 11:134-139, 1999.

Constable PD: Ruminant neurologic diseases, *Vet Clin N Am Food Anim Pract* 20:185-434, 2004.

Coppock RW, Wagner WC, Reynolds JD, et al: Evaluation of edetate and thiamine treatment of experimentally induced environmental lead poisoning in cattle, *Am J Vet Res* 52:1860-1865, 1991.

Cox VS: Understanding the downer cow syndrome, *Compend Contin Educ Pract Vet* 3:S472-S478, 1981.

Cox VS, Breazile JE: Experimental bovine obdurator paralysis, *Vet Rec* 93:109-110, 1973.

Cox VS, Breazile JE, Hoover TR: Surgical and anatomic study of calving paralysis, *Am J Vet Res* 36:427-430, 1975.

Davis TE, Krook L, Warner RG: Bone resorption in hypovitaminosis A, *Cornell Vet* 60:90-119, 1970.

de Lahunta A: *Veterinary neuroanatomy and clinical neurology*, ed 2, Philadelphia, 1983, WB Saunders.

DeMeerschman F, Focant C, Detry J, et al: Clinical, pathological and diagnostic aspects of congenital neosporosis in a series of naturally infected calves, *Vet Rec* 157:115-118, 2005.

Divers TJ, Bartholomew RC, Messick JB, et al: Clostridium botulinum type B toxicosis in a herd of cattle and a group of mules, *J Am Vet Med Assoc* 188:382-386, 1986.

Divers TJ, Blackmon DM, Martin CL, et al: Blindness and convulsions associated with vitamin A deficiency in feedlot steers, *J Am Vet Med Assoc* 189:1579-1582, 1986.

Divers T, Sweeney R, Rebhun WC, et al: Cerebrospinal fluid evaluation in cattle: a retrospective study. In *Proceedings: Societé Francaise de Buiatrie*, 1992, pp. 207-214.

Figueiredo MD, Perkins GA, Opsina PA: Case report: discospondylitis in two first calf heifers, *Bovine Pract* 38(1):31-35, 2004.

Hemboldt CF, Jungherr EL, Eaton HD: The pathology of experimental hypovitaminosis A in young dairy animals, *Am J Vet Res* 14:343-354, 1953.

Johns JT, LaBore D, Evans JK: Ammoniated forages and bovine hysteria, *J Am Vet Med Assoc* 185:215, 1984.

Kaneps AJ, Blythe LL: Diagnosis and treatment of brachial plexus trauma resulting from dystocia in a calf, *Compend Contin Educ Pract Vet* 8:S4–S6, 1986.

Kelch WJ, Kerr LA, Pringle JK, et al: Fatal Clostridium botulinum toxicosis in eleven Holstein cattle fed round bale barley haylage, *J Vet Diagn Invest* 12:453-455, 2000.

Konold T, Gone B, Ryder S, et al: Clinical findings in 78 suspected cases of bovine spongiform encephalopathy in Great Britain, *Vet Rec* 155:659-666, 2004.

Leipold HW, Blaugh B, Huston K, et al: Weaver syndrome in Brown Swiss cattle: clinical signs and pathology, *Vet Med Small Anim Clin* 68:645-647, 1973.

McDuffee LA, Ducharme NG, Ward JL: Repair of sacral fracture in two dairy cattle, *J Am Vet Med Assoc* 202:1126-1128, 1993.

Morgan JH: Infectious keratoconjunctivitis in cattle associated with Listeria monocytogenes, *Vet Rec* 100:113-114, 1977.

Oyster R, Leipold HW, Troyer D, et al: Clinical studies of bovine progressive degenerative myeloencephalopathy of Brown Swiss cattle, *Prog Vet Neurol* 2:159-164, 1991.

Parish SM, Maag-Miller L, Besser TE, et al: Myelitis associated with protozoal infection in newborn calves, *J Am Vet Med Assoc* 191:1599-1600, 1987.

Paulsen DB, Noordsy JL, Leipold HW: Femoral nerve paralysis in cattle, *Bov Pract* 2:14-26, 1981.

Pearson EG, Kallfelz FA: A case of presumptive salt poisoning (water deprivation) in veal calves, *Cornell Vet* 72:142-149, 1982.

Perdrizet JA, Cummings JF, deLahunta A: Presumptive organophosphate-induced delayed neurotoxicity in a paralyzed bull, *Cornell Vet* 75:401-410, 1985.

Perdrizet JA, Dinsmore P: Pituitary abscess syndrome, *Compend Contin Educ Pract Vet* 8:S311-S318, 1986.

Pringle JK, Berthiaume LMM: Hypernatremia in calves, *J Vet Intern Med* 2:66-70, 1988.

Raisbeck MF: Is polioencephalomalacia associated with high sulfate diets? *J Am Vet Med Assoc* 180:1303-1305, 1982.

Rebhun WC, deLahunta A: Diagnosis and treatment of bovine listeriosis, *J Am Vet Med Assoc* 180:395-398, 1982.

Rebhun WC, et al: Compressive neoplasms affecting the bovine spinal cord, *Compend Contin Educ Pract Vet* 6:S396-S400, 1984.

Reimer JM, Donawick WJ, Reef VB, et al: Diagnosis and surgical correction of patent ductus venosus in a calf, *J Am Vet Med Assoc* 193:1539-1541, 1988.

Saunders LZ, Sweet JD, Martin SM, et al: Hereditary congenital ataxia in Jersey calves, *Cornell Vet* 42:559-611, 1952.

Schuijt G: Iatrogenic fractures of ribs and vertebrae during delivery in perinatally dying calves: 235 cases (1978-1988), *J Am Vet Med Assoc* 197:1196-1202, 1990.

Schweizer G, Ehrensperger F, Torgerson PR, et al: Clinical findings and treatment of 94 cattle presumptively diagnosed with listeriosis, *Vet Rec* 158(17):588-592, 2006.

Sherman DM, Ames TR: Vertebral body abscesses in cattle: a review of five cases, *J Am Vet Med Assoc* 188:608, 1986.

Smith JS, Mayhew IG: Horner's syndrome in large animals, *Cornell Vet* 67:529-542, 1977.

Stuart LD, Leipold HW: Pathologic findings in bovine progressive degenerative myeloencephalopathy ("weaver") of Brown Swiss cattle, *Vet Pathol* 22:13-23, 1985.

Tryphonas L, Hamilton GF, Rhodes CS: Perinatal femoral nerve degeneration and neurogenic atrophy of quadriceps femoris muscle in calves, *J Am Vet Med Assoc* 164:801-807, 1974.

Van Biervliet J, Perkins GA, Woodie B, et al: Clinical signs, computed tomographic imaging, and management of chronic otitis media/interna in dairy calves, *J Vet Intern Med* 18:907-910, 2004.

Vaughan LC: Peripheral nerve injuries: an experimental study in cattle, *Vet Rec* 76:1293-1301, 1964.

Wallis AS: Some observations on the epidemiology of tetanus in cattle, *Vet Rec* 75:188-191, 1963.

White ME, Whitlock RH, deLahunta A: A cerebellar abiotrophy of calves, *Cornell Vet* 65:476-491, 1975.

Wiedmann M, Bruce JL, Knorr R, et al: Ribotype diversity of Listeria monocytogenes strains associated with outbreaks of listeriosis in ruminants, *J Clin Microbiol* 34:1086-1990, 1996.

第十三章
CHAPTER 13

眼疾
Ocular Diseases

Ronald Riis

眼眶疾病
DISEASES OF THE ORBIT

炎症性眼眶疾病
Inflammatory Orbital Diseases

眼眶蜂窝织炎

病原学 眼眶或眼结膜被刺伤或撕裂，让机会性病原细菌侵入眼眶软组织，是眼眶蜂窝织炎最常见的病因。眼睑被尖锐物体或颈枷锁钩住，导致睑结膜或眼睑刺伤。来源于口腔内的植物纤维的移行，也可导致眼眶蜂窝织炎。从眼内炎发展至全眼球炎的严重眼部感染，也可导致眼眶软组织的感染。眼眶蜂窝织炎或外源性物质所致的慢性炎症可致眼眶或眼球后的脓肿形成。

症状 急性眼眶蜂窝织炎的病牛，在眼眶、眼睑、瞬膜部位发生温度升高、疼痛、肿胀眼睑膜水肿，并有一定程度的眼球突出。病牛通常表现为发热，眼球突出，眼睑不能保护中央部位角膜，病牛可发生暴露性角膜炎（图13-1）。

慢性眼眶蜂窝织炎或眼眶脓肿眼球突出不太明显，但有疼痛感，局部软组织肿胀。机体发热属于不规则发热。

诊断 急性眼炎的症状伴随发热，提示急性蜂窝织炎。找到眼睑或结膜上的伤口有助于本病的确诊。超声检查可以排除眼眶部位的肿瘤或异物。组织抽出物中有大量的嗜中性粒细胞。可进行全血细胞计数，但结果有时是正常的，有时呈现嗜中性粒细胞轻度增多。

慢性眼眶蜂窝织炎或脓肿，必须与眼眶肿瘤和慢性额窦炎进行鉴别诊断（参阅下面讨论）。对于疑难病例，必须进行窦部叩诊、眼眶部位超声检查和射线照片的全身检查。对于病程超过2周的病例，血清球蛋白浓度>5.7 g/dL时，提示是慢性炎症或脓肿形成。

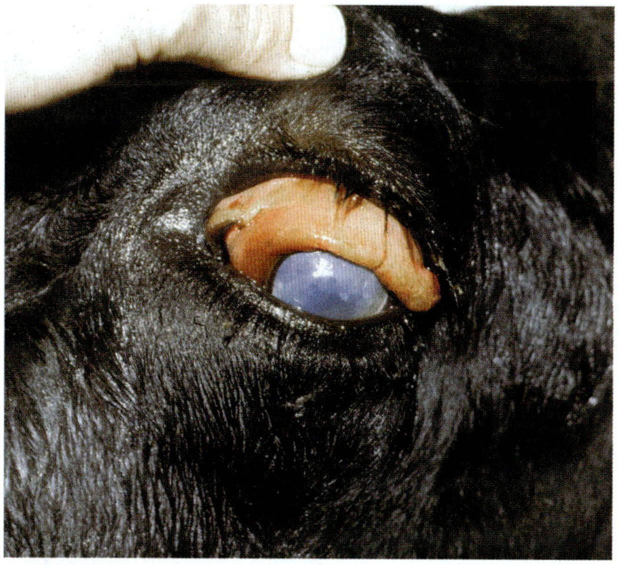

图 13-1

睑结膜撕裂后发生眼眶蜂窝织炎。病牛眼眶、眼睑肿胀，结膜水肿，并患有暴露性结膜炎。

治疗 发生急性眼眶蜂窝织炎时，要使用全身性的广谱抗生素来控制。化脓性致病菌可能是该病的致病菌，因此，青霉素可能有效，但是使用氨苄青霉素效果可能会更好。非类固醇的抗炎因子（NSAIDs），如阿司匹林（口服240～480 g，每日2次）产生止痛和轻度抗炎的作用。热敷眼眶有助于减轻眼眶和眼睑的肿胀，因此可以减轻眼球突出的症状。若有人力的话，每日可热敷2或3次，每次热敷5 min。在角膜局部使用抗生素软膏或润滑剂，以预防暴露性角膜炎。角膜尚未形成溃疡时，可使用无菌的眼部润滑剂或乳房炎软膏来预防。若角膜已发生溃疡时，应该在眼睛局部每日多次使用广谱抗生素软膏控制感染，并使用1%阿托品软膏使睫状肌

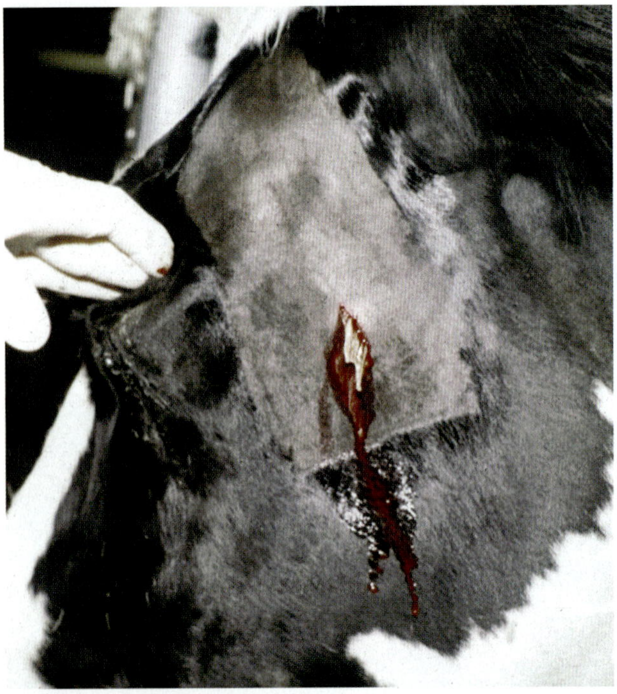

图 13-2

对眼球后的慢性眼眶脓肿做引流。

松弛。

经治疗和护理，急性眼眶蜂窝织炎预后良好。使用上述治疗方法，大多数病例在5～7 d内即可恢复。

慢性眼眶蜂窝织炎或形成的脓肿，需要对病变部位进行定位，以便进行外科引流。在做引流前，用针吸或超声导向针吸部位确定感染部位。了解头部和眼眶的解剖构造，有助于在用柳叶刀切开眼眶脓肿时，不伤及其重要结构部位（图13-2）。大部分脓肿含有化脓性放线菌。因此，在手术引流引起伤害时，应全身性应用青霉素（22 000 U/kg，每日1次）1～2周。每天应对脓腔轻轻冲洗1或2次，如果眼球突出严重，有可能发生暴露性结膜炎，则应进行热敷。若是眼眶脓肿或慢性蜂窝织炎复发，则要进行更细致的诊断，包括超声扫描、射线相片分析、细菌培养药敏试验，以确诊是否存在异物、耐药细菌。

眼眶邻近组织的炎症

病因学 慢性额窦炎能导致奶牛额窦炎骨性扩张，并发轻度至中度的同侧眼球突出。慢性窦炎通常起因于先前（数月至数年前）的断角或呼吸道上行性感染。断角后常见化脓性放线菌或混合感染。呼吸道上行性感染时，常见的是巴氏杆菌。

上颌骨和头颅骨其他部分的牛放线杆菌散发感染，有时能引起骨性扩张至眼眶，眼球突出。

上额窦炎严重时扩展至眼眶下部，引起明显的眼部疾病和眼球突出。牙根感染是成年奶牛上颌窦炎最常见的病因。

在额窦、上颌窦或起呼吸作用的咽所形成的肿瘤，可使受侵的组织结构扩张，以至于眼眶受损，同侧眼球突出、眼眶肿胀。所见到的肿瘤有癌、纤维肉瘤和腺癌。

症状 慢性窦炎的主要症状有：同侧额窦或上颌窦骨扩张引起轻度至明显的一侧眼球突出、精神沉郁、眼有轻度排泄物、发热（见第四章）。发热可为短暂或间歇热，这取决于额上窦-鼻的脓性物质排出情况。脓性物质不能排出时，窦的骨扩张和发热更持久。脓性物质可经窦开口排入鼻腔，一侧鼻有脓性排出物。引起慢性感染使窦周围的骨组织极度变软，使头颅外形发生改变。饲养人员可能报告奶牛的头颅在有些日子肿胀，在另一些日子表现正常。

骨肿胀明显时，通常可见病牛眼球突出、眼睑肿胀和球结膜水肿。眼分泌物起初为浆液性，随着时间推移变成黏液脓性。感染牛表现出“头痛”症状，伸头，眼睑半闭。受侵窦的叩诊音比正常的低沉。

波及眼眶的牛放线菌病变为明显的骨肿胀，最终肿胀破溃，形成窦道。

窦或颅骨肿瘤损伤眼眶部位时，引起病牛眼球突出，眼有分泌物，同侧鼻有排出物，呼出气恶臭。与发生感染相比，发生肿瘤时，发热少见，但吸气困难常见。尤其是奶牛，通常还可见到眶后淋巴肉瘤。

诊断 体检很容易对本病做出诊断。但是对特殊病例的确诊，则需要射线照片、超声检查、抽出物细胞学检查、细菌培养或活组织检查。

射线照片有助于确诊窦炎。对抽出物做细胞学检查和细菌培养可以筛选出敏感的抗生素。怀疑有肿瘤时必须做活组织检查。射线照片有助于检查患慢性上颌窦炎病牛的颊部牙根异常情况。

治疗

额窦炎。为了充分引流和灌洗成年奶牛慢性额窦炎，要在头颅上至少二处施行圆锯术开口。开口的直径应为1.75～2.5 cm。圆锯位置应在角区角的前面（角的前面），从眼眶窝后缘划横断线，距头颅中线3.75～4.50 cm处(图4-10和图4-11，A和B)。有些参考文献提出在眼眶后背侧做第三开口。不过，依据作者的经验，这有可能伤及眼眶。犊牛和青年奶牛额窦较小，唯有角区较大。给<15～18月龄的青年奶牛做额窦开口，有可能损伤头盖。

应对额窦的脓性物质进行细菌培养，筛选出敏感抗生素以便全身应用。成年牛和公牛的最常见分离菌是化脓性放线菌和巴氏杆菌。在极端慢性病例，额窦中充满的是脓性肉芽肿组织块，而不是液体脓汁。这些病牛的预后不良，其额窦冲洗不了，常常发展成致命的脑膜炎。应每日灌注额窦，洗出分泌物，使圆锯术开口开放。冲洗液可用生理盐水、稀释的碘液和其他一些非刺激性灌洗液。为了缓解头痛所引起的痛苦，需要使用止痛药，如阿司匹林(成年奶牛每日口服2次，每次240～480 g)。

治愈本病通常需要2周局部治疗、全身性使用抗生素和止痛药。

上颌窦炎。上颌窦炎的治疗要在原发性窦炎、颊部牙根感染、窦囊肿和肿瘤做出鉴别诊断之后进行。引起奶牛窦炎的坏牙齿眼观异常、折断、松动或掉落。应该拔去病牙，并在窦上用圆锯开口，使灌洗液能进入鼻腔或口腔(这取决于病因)。上颌窦的迷路样结构少于额窦，所以，可用直径1.0～2.0 cm的圆锯开一个口，或者用斯坦曼氏导钉(Steinmann pin)开一个口，将一个聚乙烯或塑料管置入上颌窦之中，以便每日冲洗。要对上颌窦中脓性物质进行细菌培养，以筛选出敏感的全身用抗生素进行治疗。使用止痛药可以缓解吃料时的疼痛，从而增加食欲。

对于大多数牛来说，目前窦肿瘤无法治疗。

放线菌病(大颌病)[Actmomycosis (Lumpy jaw)]最好的治疗方法是使用碘化钠和长期使用抗生素青霉素（20 000 U/kg，每日2次）治疗本病。有机碘已经普遍应用于实践当中，但疗效不显著。

肿瘤性疾病 Neoplastic Disease

奶牛最常见的眼眶肿瘤是淋巴肉瘤。肿瘤可发生于单侧眼眶或双侧眼眶，引起进行性眼球突出，并发生暴露性角膜炎(图13-3)。在正常情况下，一些娟姗乳牛、爱尔夏乳牛和荷斯坦乳牛的双侧眼球相对较突出，成为“突眼”，致使普通饲养管理人员很难在早期发现眼球突出的病牛。因而在饲养管理人员报告时，眼眶淋巴肉瘤所引起的眼球突出已经严重，角膜暴露性伤害也很明显。其病史提示发生眼眶蜂窝织炎的可能性大于肿瘤。但是，全面物理学检查查出肿瘤的其他侵害区和机体无发热可以做出正确诊断。事实上，有时在病理性眼球突出出现之前，眼球后淋巴组织肿块已明显存在，并在不断增大。一旦眼球突出严重到眼睑不能完全覆盖中央角膜时，病牛的临床症状就很明显。此时中央角膜的暴露性损伤、干燥，加上严重的睑痉挛、眼结膜水肿和眼睑肿胀，使眼睛外观明显变坏(图13-4)。这样，眼中度眼球突出，但没有角膜病变，在48 h之内变得眼球突出严重，角膜完全干燥，眼睛失明。

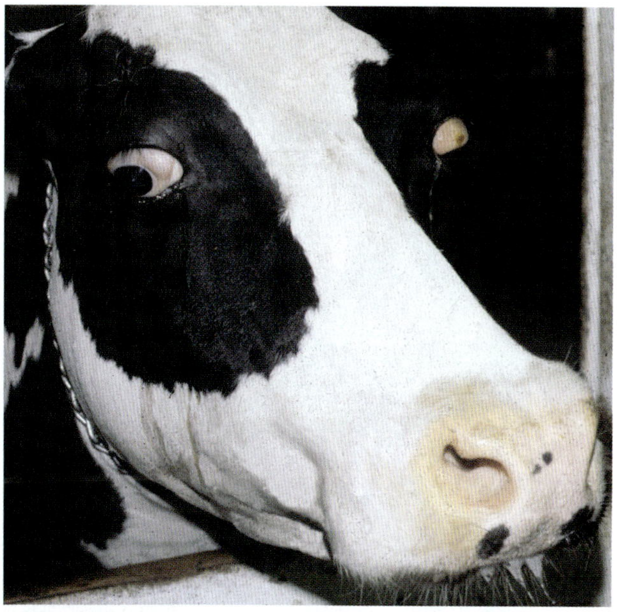

图 13-3

奶牛发生广泛性淋巴肉瘤，眼球后肿瘤所引起的双侧眼球病理性突出，球结膜水肿。

诊断依赖于发现病牛患淋巴肉瘤的其他指征。同时可发现病牛淋巴结肿大，排出黑粪，心脏异常，子宫内有肿块，或表现出神经症状。在一些病牛眼球后出现肿块是发生本病的信号，而其他一些病变可能检查不出来。在这种情况之下，全血细胞计数和牛白血病病毒琼扩试验、酶联免疫吸附试验可用于辅助性诊断。患临床型淋巴肉瘤的大多数牛为牛白血病病毒阳性。试验的结果有助于本病的诊断，但不是最后结论，因为在大多数白血病病毒阳性牛从不出现肿瘤。该病不同于眼眶脓肿，当病

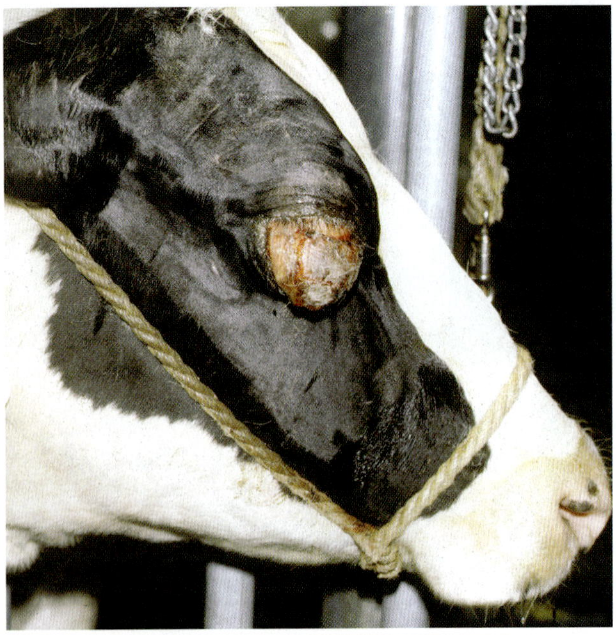

图 13-4

眼球后淋巴肉瘤引起病牛眼球突出、球结膜水肿和严重的暴露性角膜病变。

牛发生淋巴肉瘤时，血清球蛋白和炎性指征通常正常。从眼球后区抽出一些物质对一些病牛是有帮助的。在一些可疑病例，为了缓解奶牛痛苦和从眼眶采取肿瘤材料做细胞学或组织病理学检查，必须将突出的眼球摘除。在大多数感染牛，沿着眶骨，在眶锥内能触摸到淋巴肿瘤。眼球通常不会出现肿瘤，但是在少数病例累及结膜、角膜、眼睑或巩膜。

在确诊的病例，唯有极其贵重奶牛才适于治疗。这些贵重奶牛中，有的处于妊娠最后3个月，有的不久要用于胚胎移植。摘除眼球是减轻奶牛疼痛、减少发生全眼炎和眼眶蜂窝织炎可能性的治疗法。由于淋巴肉瘤扩散，病牛被确诊患有眼眶淋巴肉瘤后3～6个月内通常死亡。因此，对本病没有必要做进一步治疗。妊娠奶牛被确诊患有眼眶淋巴肉瘤后很少能活过妊娠2～3个月。纵然能活到分娩时，所产出的犊牛小且不能存活。由于病牛处于消耗状态，对被确诊患有淋巴肉瘤的奶牛进行胚胎移植也常常失败。

鳞状细胞癌时常先发生于眼睑、结膜或角膜，后发生于眼眶部位。眼眶鳞状细胞癌先侵害眼眶局部，后发生转移，病牛的预后是死亡。在年龄较大(超过8岁)的奶牛也曾发现呼吸道上皮源的癌。这些肿瘤在数月至数年内缓慢生长，引起进行性单侧眼球突出、呼吸道摩擦音，使同侧鼻道气流减少，发生同侧霍纳氏综合征(Hornep’s syndrome) (图4-5和图4-6)。尽管病牛肿瘤在缓慢生长，预后不良，但1～3年之内病牛仍具有生产能力。

病牛患有严重眼肿瘤或眼眶肿瘤时，眼被破坏、流脓、被肿瘤遮掩、骨组织也受到损伤，或并发淋巴结肿大，或极度瘦弱，送屠宰场也是被废弃。

神经性疾病　Neurologic Diseases

霍纳氏综合征是奶牛最常见的眼眶神经性疾病。本病的特征是上睑下垂，瞳孔轻度缩小，鼻镜、鼻孔干燥，同侧脸部温热。牛霍纳氏综合征最常见是由颈部迷走交感神经干受到损伤引起。颈动脉血肿、颈部蜂窝织炎或颈静脉穿刺创伤直接损伤均可引起此神经干的损伤(图13-5)。本病很少是由其他病因所引起。不过，此综合征也可见于患头颅肿瘤(鳞状细胞癌、癌、腺癌)的病牛。这些肿瘤侵入眼眶，引起上呼吸道呼吸困难，单侧或双侧鼻孔气流减少，以及霍纳氏综合征。

局部或全身性使用抗炎药物和对颈部损伤施行对症疗法，预后良好，可恢复功能。但肿瘤疾病预后不良。

眼球疾病
DISEASES OF THE GLOBE

眼球的发育性疾病
Developmental Diseases of the Globe

病因学和症状

眼球的畸形发育引起水眼或小眼(图13-6)。无眼畸形是整个眼组织缺失，此名称多数情况下不宜使用。在一些怀疑为无眼畸形的病例，常常能发现眼组织存在的组织学证据。此时应使用小眼畸形一词为宜。犊牛的先天性小眼畸形或为单侧，或为双侧。曾有人提出物理因素、中毒因素和传染因素引起散发性小眼畸形，但很少被证实。在妊娠中3月期间，奶牛子宫感染牛病毒性腹泻病毒（BVDV）时，偶尔引起犊牛小眼畸形。

在奶牛，小眼畸形通常是由遗传因素引起的。更赛牛和荷斯坦犊牛的小眼畸形与心脏畸形和尾畸

图 13-5

奶牛右颈静脉区的血管周反应所引起的右侧霍纳氏综合征。同时上睑下垂，鼻镜干燥。

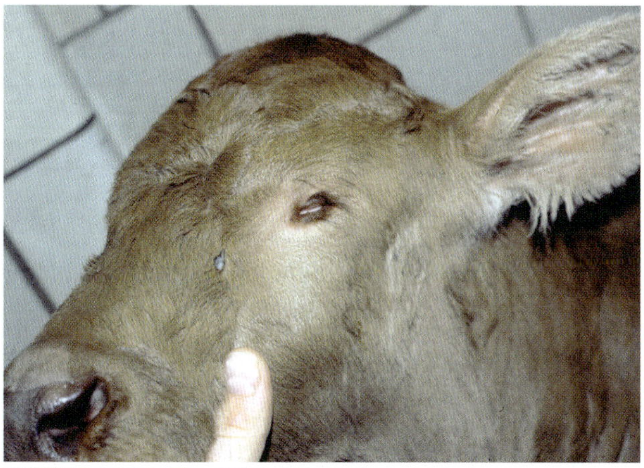

图 13-6

更赛犊牛小眼畸形。此犊牛先天性无尾巴，室中隔缺损。

形相关。通常情况下，这些犊牛有室中隔缺陷、歪尾、单侧或双侧小眼。在一些有小眼畸形和/或室中隔缺陷的更赛牛和荷斯坦乳牛除歪尾外，还见到尾的缺陷。尾缺陷包括无尾、短尾、荐骨缺失以及尾骨缺失、肛门闭锁和椎骨缺失（图13-6）。更赛牛的这些畸形被认为是起因于隐性性状。但在荷斯坦乳牛，其遗传方式尚不清楚。

引起子宫内胎儿青光眼的前裂畸形或多种先天畸形可引起先天性水眼。作者曾见过数头犊牛患有前裂畸形。在其眼发育期间，晶状体基板未与外胚层表面分离。随后流入的组织中胚层波，形成角膜基质、内皮、后弹性膜和虹膜包围晶状体。所致的前室缺失引起先天性青光眼和水眼。到目前为止，所有病例均为单侧眼畸形。在出生时，发病眼水眼明显，角膜水肿，中央区稠密混浊（角膜内的晶状体），无可识别的前室(图13-7和图13-8)。

会聚斜眼，或有或无相关性相对眼球突出，被描述为娟姗乳牛和短角牛的遗传特征。有时在爱尔夏乳牛、荷斯坦乳牛和瑞士褐牛也可见到这种畸形(图13-9)。许多奶牛品种双侧眼球相对较突出（“bug-eyed cows”），这很可能是一种遗传特性。这些奶牛眼球相对突出并不是病态，也没有发生暴露性角膜炎，因为眼睑能充分覆盖角膜。但是，由于眼球暴露，接触到灰尘、空气或碎屑，一些奶牛球结膜和外周角膜上发生色素沉着。

先天性眼球震颤已见于多种奶牛品种，特别是荷斯坦乳牛。眼球震颤为快速、持续的水平摆动。奶牛终生都眼球震颤，但这并不明显地影响视力。关于它的遗传率和遗传方式目前还不清楚。这种遗传性状，也常见于纯种更赛牛。

治疗

患单侧先天性水眼的犊牛，由于眼外形怪异，很快会遭到暴露性伤害，所以，要施行眼球摘除术。对这些病例施行眼球摘除术已相当成功。其发病率极低否定了遗传病因。小眼畸形通常不治疗。如果没有其他畸形，畜主会继续饲养单眼小眼畸形的犊牛。一些小眼畸形牛可能患慢性结膜炎。如果此炎症长期存在并且很严重，则可摘除眼球，使眼睛停止慢性分泌，避免苍蝇刺激，从而使病牛舒适。

后天性疾病 Acquired Diseases

外源性或内源性病因引起的眼内严重的炎症可继发后天性水眼。传染性牛角膜结膜炎(IBK)、创伤和眼色素层炎，是虹膜前粘连、晶状体脱位和粘连

图 13-7

前裂畸形的犊牛右眼为先天性水眼和青光眼。

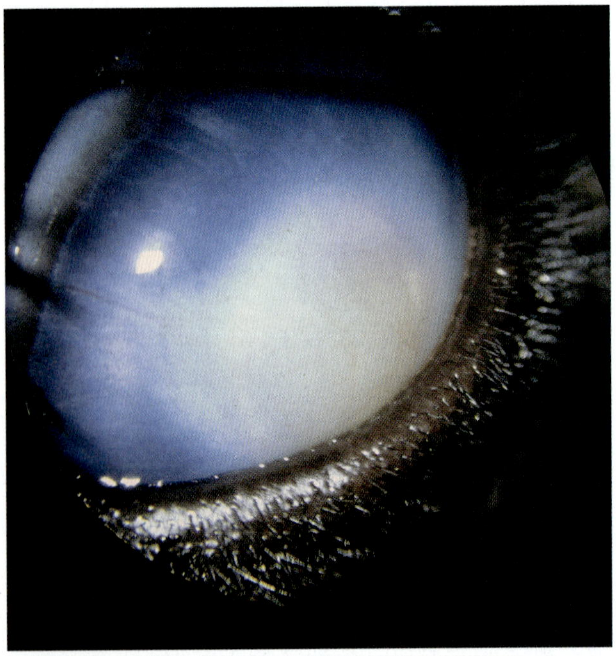

图 13-8

犊牛前裂畸形。图中可见角膜内晶状体极度混浊，角膜水肿。

的常见起因。晶状体粘连，妨碍眼房水流出，从而引起青光眼。脓毒性眼色素层炎或眼穿孔所继发的

图 13-9

荷斯坦乳牛严重的会聚型斜眼畸形，先天性眼球突出。由于长期暴露在外，球结膜色素沉着(照片由Dr.Kit Blackmore提供)。

内眼炎和全眼炎也可以引起水眼。如果水眼严重，引起了暴露性角膜炎，则应该摘除感染眼球，以防止眼穿孔或全眼炎的发生。成年奶牛水眼严重，眼球摘除后，变得舒适，并于几天内恢复产奶高峰(图13-10)。因此，不要将后天性水眼病误诊为眼球后肿瘤。

有时眼内肿瘤或眼色素层肉芽肿感染可继发水眼。鳞状细胞癌是侵入眼球的最常见肿瘤。当诊断出眼球存在肉芽肿感染时，应进行结核病诊断。

眼穿孔、慢性眼色素层炎和严重的红眼并发症如角膜穿孔和虹膜脱落可继发眼球痨 (phthisis bulbi)(眼球皱缩)。在发生痨病眼球没有受到其他感染，没有引起机体痛苦时，可以不予理睬。不过，如慢性结膜炎、分泌物所引起的面部皮炎和苍蝇叮咬，如果影响奶牛奶产量，则应摘除眼球。

眼睑疾病
DISEASES OF THE EYELIDS

先天性疾病 Congenital Diseases

据报道，有13头瑞士褐犊牛和1头荷斯坦乳犊牛鼻泪管有辅助的和多余的开口。除了有正常的上睑缘孔、下睑缘孔之外，这些犊牛还有其他无色素、无毛的孔，此孔距内眦数厘米远。此病变很可能是

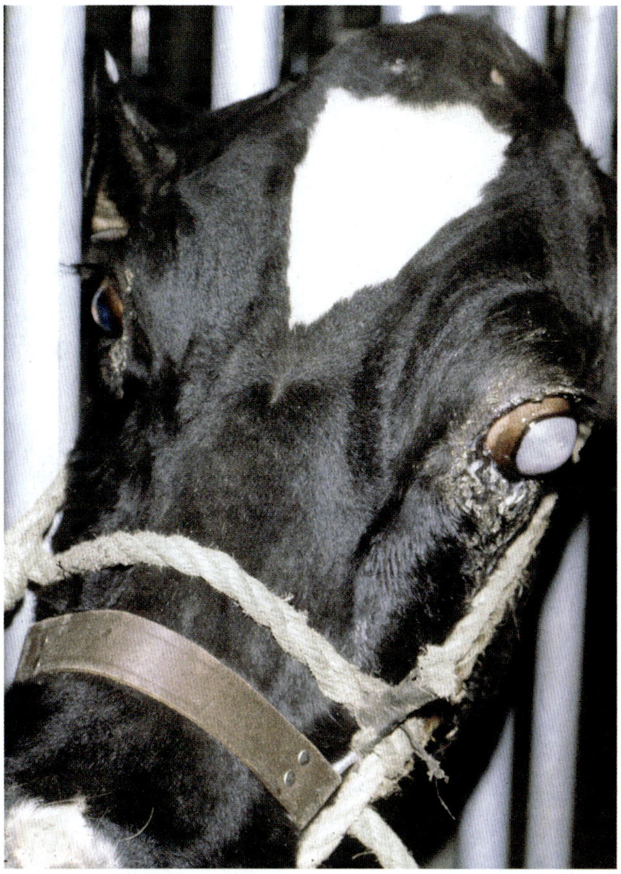

图 13-10

荷斯坦乳牛患严重红眼病后发生后天性水眼。将这只眼球摘除后，消除了机体的疼痛和肿大眼球的刺激，很快提高了奶牛食欲和产奶量。

遗传所致，但并未证实。

神经性疾病 Neurologic Diseases

引起上睑下垂和暴露性角膜炎的单侧面神经麻痹常见于患中耳炎、内耳炎的犊牛和患李氏杆菌病(listeriosis)的成年牛。创伤也可引起面神经损伤，引起各种年龄牛只的神经麻痹性角膜炎。牛双侧眼睑麻痹的最常见原因是“颈枷创伤”。在颈枷内牛回缩时，牛枷套在牛耳和眼眶之间颞嵴上。其结局是创伤性双侧睑神经麻痹。

神经麻痹性角膜炎的症状有流泪、睑下垂、无睑反应和进行性角膜暴露性损伤。处理时，一方面治疗原发病，另一方面施行睑缝术或频繁使用抗生素软膏，以保护角膜。与其他种动物相比，牛很少因颜面神经麻痹而发展致角膜溃疡。治疗颈枷麻痹则需要热敷，使用全身性抗炎药物，及用广谱抗生素软膏保护角膜。

患破伤风病牛瞬膜闪光或突出，这是瞬膜的被动性而不是主动性移动。眼缩肌强直，把眼球拉至眼眶后缘，从而使瞬膜被动性脱出。

炎症性疾病 Inflammatory Diseases

病因学和症状

饲养管理人员击打奶牛头部，或者其他牛顶撞奶牛头部，均可引起奶牛眼睑创伤，奶牛撞在饲料槽、颈枷和通道上，也可引起奶牛眼睑创伤。类似原因所引起的被忽视的撕裂或刺伤可引起眼睑感染。奶牛眼睑皮肤丰富且富有弹性，出血或发炎可引起眼睑严重肿胀。由于眼睑富有弹性，所以，兽医在做外科手术或整形手术时可以利用眼睑弹性组织。

创伤或撕裂的临床表观很明显。在伤口被忽视或感染时，也可能发生眼睑蜂窝织炎和继发性眼眶蜂窝织炎。大多数创伤存在时眼睑肿胀和眼分泌物增多。

眼睑炎症的次常见原因有放线菌肉芽肿，发生于眼睑先前损伤部位和蠕形螨侵袭部位。

过敏反应常引起眼睑肿胀和结膜水肿(球结膜水肿)。伴随这些症状的常有(并不总是有)其他系统症状，如荨麻疹、皮肤疹块、面部肿胀和其他的黏膜皮肤接合处肿胀。使用抗生素、静脉输液、输血和使用生物制品医治过程中，均可继发过敏反应。类似反应可见于动物对饲料、植物和牛奶过敏等情况(见第七章)。

治疗

多数情况下采用保守疗法即可，如冷敷、热敷、清创、排脓，使用全身性和局部性抗生素治疗，局部应用抗生素软膏保护角膜。除非软组织肿胀严重，否则应避免使用非甾体抗炎药物和皮质激素药物。妊娠奶牛禁用皮质激素药物。眼睑的撕裂可用双层技术缝合:眼睑基质使用可吸收缝线(2-0)，皮肤使用不吸收缝线(2-0或3-0)。没有必要缝合结膜。术后使用局部性和全身性抗生素5～7 d，以防止感染和伤口裂开。

应摘除放线菌肉芽肿，并用20%碘化钠治疗(30 g/1 000 lb体重，静脉注射)，随后给病牛每天口服一次有机碘粉末30 g，疗程为14 d。

治疗过敏反应，要消除病因，使用抗组胺药物、抗炎药物或肾上腺素(见第七章)。

肿瘤性疾病 Neoplastic Diseases

病因学和症状

纤维乳头瘤或疣是犊牛和青年牛最常见的眼睑肿瘤。在大多数情况下，这些肿瘤为隆起的结实团块，外面有灰色痂覆盖(图7-1)。

淋巴肉瘤偶见浸润眼睑，引起眼睑弥漫性肿胀，结膜水肿。

鳞状细胞癌是侵害成年牛眼睑和瞬膜(第三眼睑)的最常见肿瘤。白脸肉牛和荷斯坦乳牛，多半是白色，睑缘或瞬膜没有色素，易发生本病。作者接触的主要是奶牛，其中患鳞状细胞癌(“眼癌”)的主要是荷斯坦乳牛。眼癌多见于中年(5～10 岁)奶牛，呈粉红色，外观隆起呈鹅卵石样，有时发生溃疡。在眼睑真正鳞状细胞癌发生之前，眼睑或眼睑缘上常出现先兆性病变，即上皮瘤或疣样生长物。

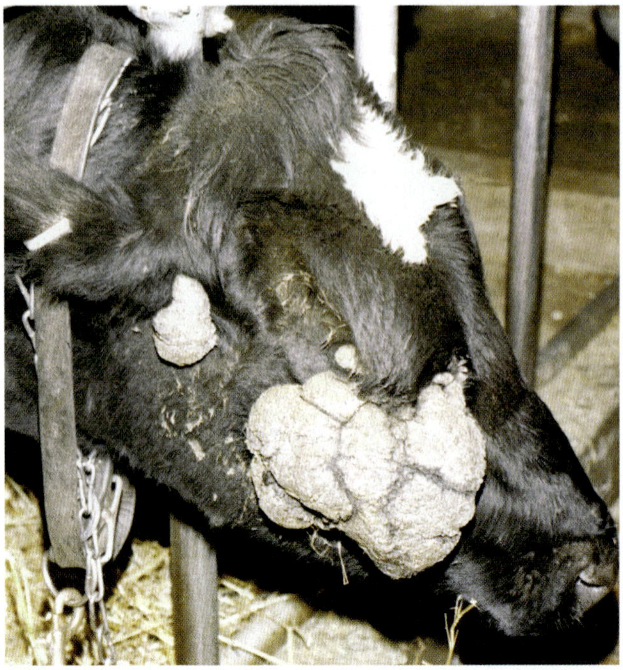

图 13-11

荷斯坦青年乳牛上眼睑上长出的大而不典型的纤维乳头瘤。

治疗

正常情况下，在4～6个月内，纤维乳头瘤是自限性的，并不需要治疗。顽固性或大的纤维乳头瘤(图13-11)则可妨碍眼睑功能，或引起角膜损伤，所以，需要冷冻或锐器切除等外科处理。

在某些被忽视的病例，鳞状细胞癌往往侵入机体局部，发生转移。对这种肿瘤需要大胆地进行治疗，以防止恶化，否则患病奶牛会死亡。治疗眼睑早期小的鳞状细胞癌的手术方法很多。对于发生大的眼睑病变的病牛，可采取摘除术、根除剜出术或淘汰病牛。发现早期肿瘤，其直径<2.0 cm时，可以采取冷冻手术、射频高热术、放射线疗法(如果有的话)、外科切除术和免疫治疗。眼睑上肿瘤直径>5.0 cm时，很难治疗成功，因为除去此肿瘤组织，可导致眼暴露性损伤(图13-12)。这些大的肿瘤也极容易侵入邻近附件组织、眼眶韧带、眶骨膜和颅骨。内眦处肿瘤极端危险，因为沿内眶韧带前进2.0 cm便进入眼眶骨。

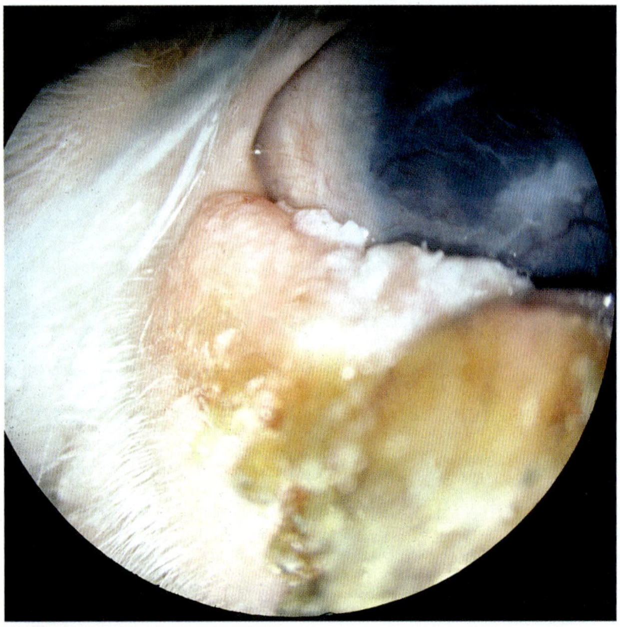

图 13-12

下眼睑的鳞状细胞癌。此肿瘤隆起，粉红色，发生溃疡。其表面有白色坏死性排出物。肿瘤刺激角膜引起了慢性浅表层角膜炎。

治疗方法可选用:

1. 手术切除。肿瘤直径<1.0～2.0 cm，肿瘤边缘与正常组织易区分，整块切除或楔形切除肿瘤后眼睑边缘可完全修复，最好施行手术切除术。

在第三眼睑或瞬膜发生鳞状细胞癌时，也可施行手术切除术，这时最好的治疗办法是手术切除整个第三眼睑(图13-13)。病牛用甲苯噻嗪镇静后，阻滞耳睑神经。在眼和结膜上涂些表面麻醉药

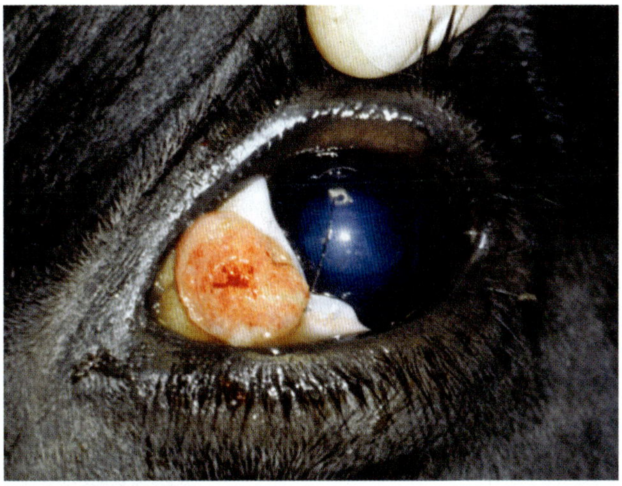

图 13-13

荷斯坦乳牛瞬膜鳞状细胞癌。

(0.5%10～15 mL 2%利多卡因，再用重型有齿剪切除整个瞬膜。将瞬膜及其软骨全部切除很重要，以免内眦区软骨尖锐残留物慢性刺激，组织化生，重新发生鳞状细胞癌。术后局部用抗生素治疗眼睛7 d。全身用青霉素治疗3 d，剂量为22 000 U/kg体重，每日1次，肌肉注射。

2. 冷冻疗法。或许冷冻疗法是治疗小到中等大小肿瘤的最好方法。此时，冷冻面积可按肿瘤大小调整，睑缘的美容效果好，防止了去掉睑缘后暴露性角膜炎的发生。给予奶牛镇静剂，保定好奶牛，用局部麻醉药封闭肿瘤部位。用凡士林保护肿瘤周围健康组织，并在角膜上带上泡沫聚苯乙烯楔形物，在睑缘区冷冻时能起到隐形眼镜和保护作用。可采用自由喷射或使用探针、杯子的方法冷冻肿瘤，直至正常皮肤邻近的肿瘤外周温度达－40℃为止。让肿瘤冻后融化，再冻。快速冷冻后缓慢融化，再进行快速冷冻。使用这种方式可使冷冻破坏肿瘤效果最佳。冷冻后7～14 d，冷冻组织开始脱落，渐渐被肉芽组织取代，最后伤口上长出上皮。大多数情况下，被冷冻组织脱去了色素，再生出的毛发为白色。应给此眼使用局部保护性软膏。作者本人做此类手术仅见到过一例并发症，即一头奶牛睑缘上没有清除掉的大痂引起了结膜溃疡。

3. 射频高热。这是治疗小肿瘤或可以切小的基部小的肿瘤的另一个好方法。高热仅进入组织内5～1.0 cm处，所以，用此技术治疗大肿瘤效果并非最佳。治疗中等大小肿瘤可多次使用。据报道，在肉牛的治愈率不低。关于此设备的使用请看说明书。

4. 辐射。鳞状细胞癌对射线敏感。对于厚度＜2 mm的非常小的肿瘤，可用锶90装置释放的7 500～10 000 radβ-射线进行治疗。但此射线不能穿透较厚的肿瘤。有人将更强辐射如氡核成功地应用于治疗鳞状细胞癌。但是有关辐射的法律限制了它在临床中的应用。

5. 免疫治疗。为了治疗眼鳞状细胞癌，人们尝试了许多免疫治疗方法，如注射用肿瘤组织制作的自家苗和注射卡介苗(BCG)。有人报道其疗效尚可，但此疗法存在许多缺点。在奶牛其主要缺点为注射卡介苗(BCG)(分支杆菌细胞壁的制品)后，奶牛在将来的结核菌素试验中呈阳性反应。最近，有报道说，在肿瘤周围注射白介素-2（1 000 000 U），10 d后69%病牛的肿瘤消退，瞬膜及其边缘的肿瘤最敏感。

6. 摘除。在犊牛或奶牛施行眼球摘除术时采用横跨眼睑的方法。将奶牛用狭栏或颈枷保定，静脉注射甲苯噻嗪(20～40 mg)镇静，然后再做眼眶常规手术准备。面部剪毛，做手术准备。用2%的利多卡因在距眼睑缘的3.75～5.00 cm做周围浸润麻醉。用8.75 cm长的18号针头将35 mL 2%的利多卡因注入眼球后锥体。再次对眼眶区做手术准备，用有窗手术巾盖上。用创巾钳将手术巾固定在缰绳上。在盖手术巾之前最好将病牛同侧耳朵向后粘住。切开距眼睑缘1.5 cm的外周皮肤，但不要切开睑结膜。用剪刀将切口延伸至结膜。将睑缘夹在一起或缝在一起。切断眼眶侧韧带，继续切割结膜下眼球。在将眼球向鼻侧牵引时切断所有肌肉、眼神经和眼球后脂肪。将整个第三眼睑和泪腺切除，做好止血，用2号肠线皮下连续缝合眼眶，用非吸收缝线间断缝合皮肤。通常情况下，在手术前后共5 d给病牛全身应用抗生素。不过，眼球感染时用药时间稍长。除非眼眶组织被感染或污染，否则不做引流。

7. 切除内容物。在病变累及至眼球后的组织时，外科上才推荐使用眼眶组织全部切除的方法。眼部闭合类似于摘除术。

结膜疾病
DISEASES OF THE CONJUNCTIVA

发育性疾病 Developmental Diseases

结膜皮样囊肿由于其上生长的毛发刺激角膜，所以，要用手术方法切除。将受侵的结膜和睑做全层楔形切除，再做双层修复手术，其疗效甚佳。

炎症性疾病 Inflammatory Diseases

病因学和症状

牛传染性角膜结膜炎(IBK，又称“红眼病”)是牛角膜和结膜最重要的细菌病。它是由牛摩拉克氏菌(*Morarelln bovis*)所引起的。有关此菌和IBK将在角膜节中讨论。

巴氏杆菌和其他细菌偶尔也可引起牛的黏液脓性角膜炎。犊牛患严重巴氏杆菌肺炎或败血症的同时，发生巴氏杆菌角膜炎。这些细菌是定居牛上呼吸道的正常菌，所以，也可以感染角膜。从患角膜炎和传染性结膜炎的病牛已分离到奈瑟氏菌(*Neisseria* spp.)。牛的类似传染性角膜结膜炎疾病呈现不典型(冬季)地方性流行，有人认为它应归咎于上述细菌。但是，大量证据支持牛摩拉克氏菌最有可能是致病菌。犊牛呼吸道感染昏睡嗜组织杆菌(*Histophilus somni*)时，发生结膜炎、鼻炎、喉炎和肺炎。患细菌性角膜炎的牛，眼有浆液性或黏液脓性排出物，结膜充血，病牛并无眼痛感觉。

在牛群流行结膜炎期间，已从牛眼中分离到支原体(Mycoplasma)和脲原体(Ureaplasma)，感染牛并不发病，但是其中10%～50%的牛单侧眼或双侧眼有排出物，结膜充血，眼排出物开始为浆液性，1～4 d后转为黏液脓性。这并未引起角膜炎。

牛传染性鼻气管炎(IBU)病毒为感染牛的Ⅰ型疱疹病毒。它可以引起非免疫牛的严重的地方性结膜炎。结膜炎可能是在病牛可见的唯一病变;也可能同时有典型的呼吸型IBR。此病已见于青年母牛和成年牛。典型的病变包括结膜严重充血，眼分泌物浓稠，在48～72 h后从浆液性转为黏液脓性。在睑结膜上有多灶性白斑(图13-14)。病变可能为单侧或双侧，侵及群内10%～70%的牛。结膜上出现的白斑病变是牛传染性鼻气管炎的特征性病变。感染的成年牛高热(105.0～108.0℉ /40.56～42.22℃)，精神沉郁，奶产量下降。不管是否并发呼吸型IBR，患IBK的泌乳牛都会发病。患结膜型IBK的青年母牛可能发热、有轻度全身症状，但其病情很少有成年泌乳牛那么严重。尚不知此差异的原因。但可能与泌乳应激有关。

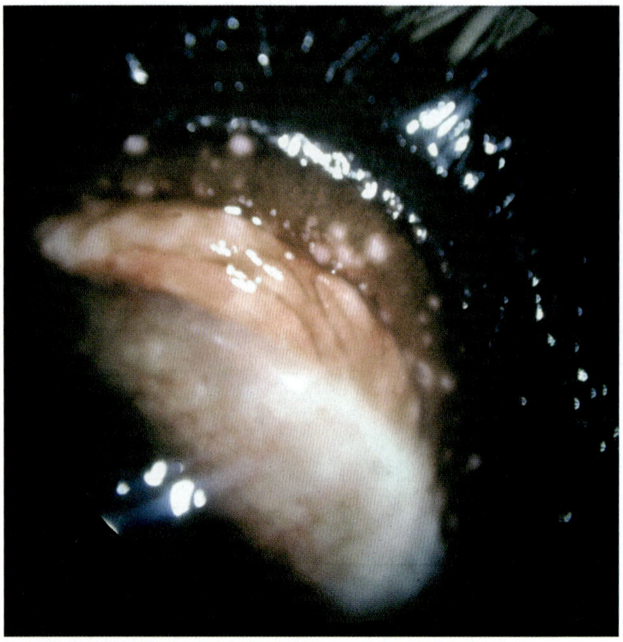

图 13-14

病牛睑结膜上有多灶性白斑。这是由牛传染性鼻气管炎病毒所引起的急性结膜炎所致。

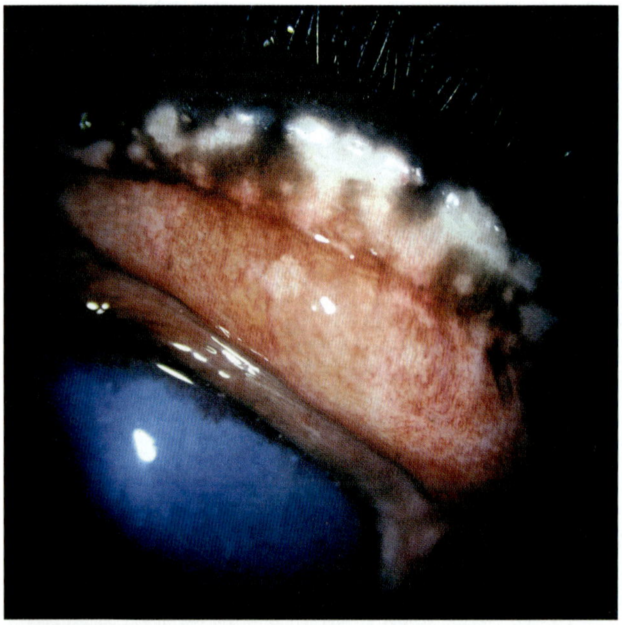

图 13-15

奶牛感染后7～10 d所发生的牛传染性鼻气管炎性结膜炎。白斑已融合形成无色素坏死区，结膜水肿严重，并发角膜水肿。

发病后5～9 d，结膜白斑开始融合、脱落、结膜水肿；同时，一些严重发病牛的角膜边缘水肿(图13-15)。角膜水肿是外周性的，角膜中央清亮。有时在极端严重病例，整个角膜混浊，水肿严重，并在外周有血管形成。这样的角膜混浊易与红眼病(牛传染性角膜结膜炎，IBK)相混，但是在IBR结膜炎没有角膜溃疡形成。IBR结膜炎早期特征性病变持续仅几天时间。在发病7～9 d后通常从发病眼分离不到病毒。白斑在细胞学上产生单核细胞（表13-2）。

牛的其他病毒病也可以引起实验性结膜炎，但没有一种有临床重要性。

异物可引起一眼或双眼持续性结膜炎。当动物用敞篷卡车装运时，或当动物被关在风起尘扬的地方，或侧卧时，易发生异物性结膜炎。引起发病的异物一般是来源于植物。病牛的临床症状有长期流泪、睑痉挛、结膜充血和球结膜水肿。未经治疗或护理的病例可能发生角膜溃疡。引起结膜炎的异物可夹于睑结膜水肿褶之中，或夹于穹窿之中，或夹于瞬膜之后。在美国一些地区曾流行过寄生虫性结膜炎，它是由寄生于眼部的斯氏吸吮线虫(*Thelazia skrjabini*)和大口吸吮线虫(*Thelazia gulosa*)所引起的。

诊断

除牛传染性鼻气管炎(IBR)结膜炎外，依据临床表现很难确诊牛结膜炎的病因。当牛群中犊牛和成年牛均流行结膜炎时，对结膜上流出物进行细菌分离培养，对结膜刮取物进行细胞学检查，是非常有用的诊断方法。当然，应该将这些病料送到熟悉牛传染病的诊断室。通过细胞学检查和细菌培养，可以确定病原细菌以及支原体和脲原体。

在急性病例，可用结膜的厚涂片做荧光抗体试验诊断牛传染性鼻气管炎，也可以分离病毒。或者用急性病例和康复病例(14 d)的血清做血清学试验进行诊断。

治疗

病毒性结膜炎，包括牛传染性鼻气管炎的结膜炎，不用治疗即可康复。护理病牛，如清洗病牛眼和睑上的排出物，有助于病牛康复。不过，由于病牛太多，所需人力太大，实际上很少进行这种护理。结膜炎型牛传染性鼻气管炎在临床上经过14～20 d即可康复。严重病例则需要护理及使用广谱抗生素进行局部治疗，以防止继发细菌感染。此病禁止使用皮质激素药物。

细菌性结膜炎应该使用许可用于牛的适宜广谱抗生素眼药膏来治疗。也可选用含有头孢菌素、红霉素或氨苄青霉素的乳房炎软膏。此软膏并不刺激牛眼睛。奶牛场主人使用1/8 oz眼药膏软管时，易浪费大量软膏。部分软膏使用之后，不留下开盖的软膏，因为，在棚圈中有真菌病原，易污染软膏。若用抗生素治疗后，个别病牛的细菌性结膜炎长期不愈，则需对病牛眼部进行全面检查，以排除异物的存在。

支原体或脲原体可引起牛群不明显的结膜炎流行。开始少数奶牛眼部有黏液脓性排出物，随后7～10 d有几头新发病例出现。在典型病例暴发时，饲养管理人员会报告，结膜炎在30%～50%的牛中慢慢传播。大多数病例无需治疗即康复。但是，清洗眼部排出物，结合使用四环素眼药膏进行局部治疗，可加速病牛康复。

肿瘤性疾病 Neoplastic Diseases

牛眼结膜最常见的肿瘤是鳞状细胞癌。此肿瘤可发生在球结膜、睑结膜或覆盖瞬膜的结膜上。在眼睑肿瘤一节已讨论了对它的治疗。

眼结膜很少发生淋巴肉瘤。不过发生时，牛的一眼或双眼的结膜有坚实的弥漫性肿胀。

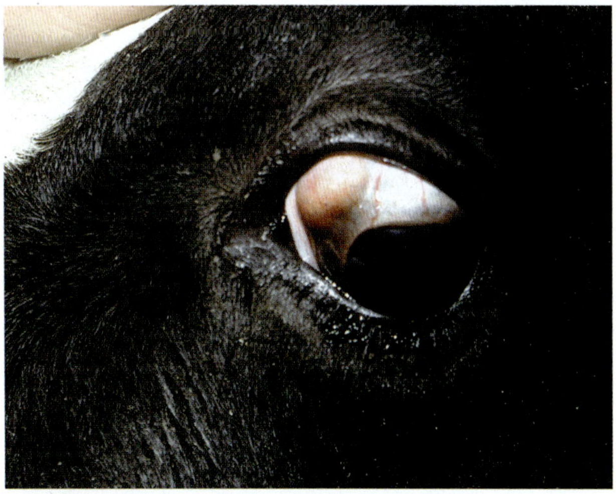

图 13-16

双眼都有结膜下脂肪的荷斯坦乳牛。

球结膜的脂肪浸润易与肿瘤相混。球结膜覆盖下的结膜下脂肪增多时呈质软的团块状，位于眼睑和角膜之间(图13-16)。对此不必进行治疗，牛也不会出现眼受到刺激的症状。

结膜和全身状况 Conjunctiva and the Systemic State

睑结膜和覆盖在第三眼睑上的结膜正常情况下呈粉红色，无炎症。球结膜薄并因其下的巩膜而呈白色。作为牛体可视黏膜之一，在做身体检查时，结膜可以反映机体不同的全身状况。球结膜水肿或结膜水肿最常见于过敏反应、荨麻疹或低蛋白血症。结膜极度苍白表明贫血。贫血和加上低白蛋白血症可导致结膜极度苍白和球结膜水肿。结膜和结膜下巩膜黄染表明黄疸。结膜出血最常见于难产后产出的新生犊牛。直接损伤眼球可引起新生犊牛结膜下出血。由于头在阴道中停留或向阴道外突出时间太长引起严重被动充血也可导致新生犊牛结膜下出血。败血症是新生犊牛结膜出血的最常见原因。它与血小板减少症或其他血凝病有关(图13-17)。在年龄稍大的牛，创伤、败血症、血小板减少症如牛病毒性腹泻病毒(BVDV)、欧洲蕨中毒、弥散性血管内凝血和其他血凝病均可引起结膜出血。

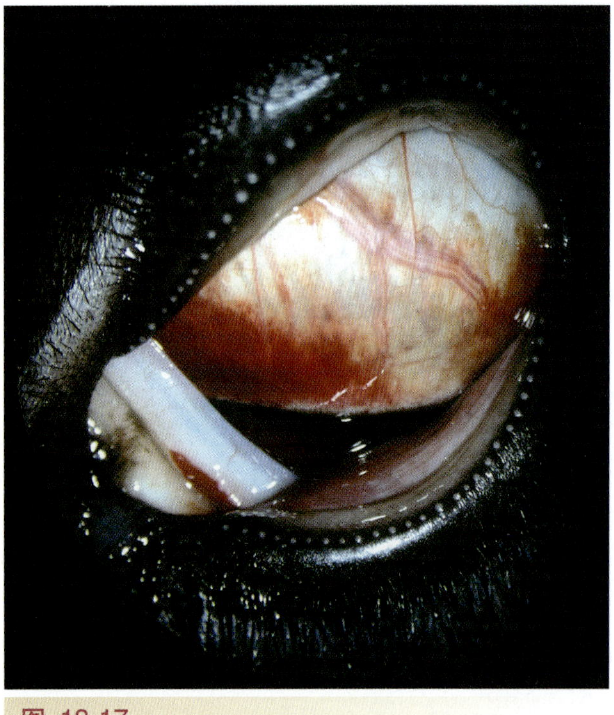

图 13-17

荷斯坦乳牛血小板减少引起的结膜出血。

角膜疾病 DISEASES OF THE CORNEA

发育性疾病 Developmental Diseases

角膜皮样囊肿在牛很少发生。所见到的牛角膜皮样囊肿通常为一侧性，发生于眼缘区，扩展至角膜上不同地方(图13-18)。为了防止皮样囊肿长出的毛发不断刺激角膜和结膜，必须施行角膜切除术切除皮样囊肿。在犊牛，为了将皮样囊肿全部切除，施行的角膜切除较深，所以，在一些病牛角膜切除后角膜上留有疤痕。

荷斯坦乳牛由于隐性性状而双眼发生先天性角膜混浊已有报道。其基本病变是内皮营养不良，随后发生角膜水肿，从而导致非疼痛性乳白色角膜白斑(图13-19)。由于角膜水肿严重而致失明，但这些牛其他部分眼观正常，甚至有一些被留做产奶用。显然病牛不应繁殖。现在也无治疗方法。

前裂畸形导致严重角膜混浊，妨碍兽医做眼内检查。不过，继发青光眼和水眼有助于确定基本病变。此问题在眼球节中有较深入讨论。

中毒性损伤 Toxic Injury

角膜的中毒性损伤常起因于外源性化学物质意外地接触到角膜。洗必泰对牛、人的角膜上皮和基质毒性较大。必须小心使用消毒剂洗必泰、肥皂和乳头浸泡液，以避免损伤眼角膜。否则会引起永久性角膜混浊。杀虫剂和其他的化学药品，包括有机磷类驱虫药，对眼角膜上皮也有毒性。使用时，不应该在牛眼周围喷洒。大多数化学毒物会引起上皮广泛急性脱落。

无水氨是一种常用肥料和青贮饲料添加剂。它对人和动物的眼和呼吸道危害极大。牛可能接触到从破损管或罐漏出的无水氨。无水氨极易吸水，由组织吸水后致使组织干燥，故牛接触后会发生最急性呼吸困难和角膜混浊。上皮坏死和基质损伤能引起严重的、有时是永久性的角膜混浊。

吩噻嗪中毒是牛内源性角膜中毒的一个典型例子。这在今天不那么常见。其原因是吩噻嗪使用减少了。不过，现在还可遇到此类中毒。观察牛眼表现即可作出诊断。过高水平的吩噻嗪代谢物，如吩噻嗪亚砜在血流和眼房水中流动。正常情况下，这些代谢物在肝中脱毒。眼房水中有吩噻嗪代谢产

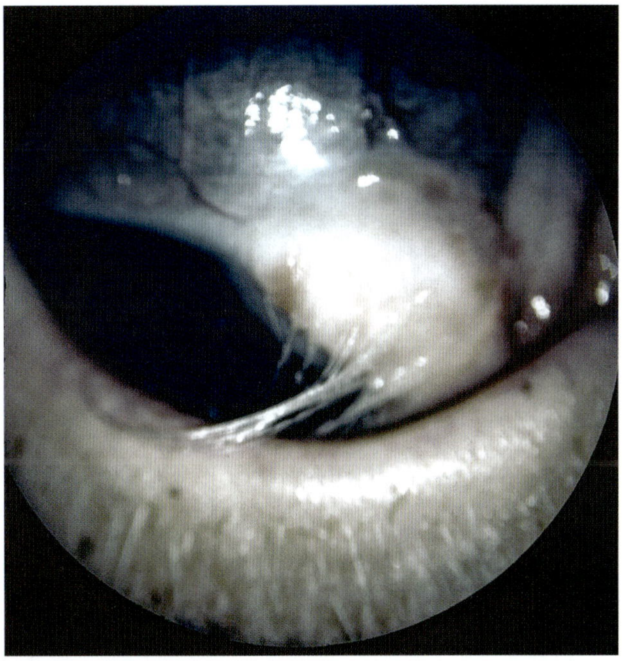

图 13-18

犊牛角膜巩膜皮样囊肿。皮样囊肿上有时有色素。本病例无色素，但长出毛发刺激眼睛。

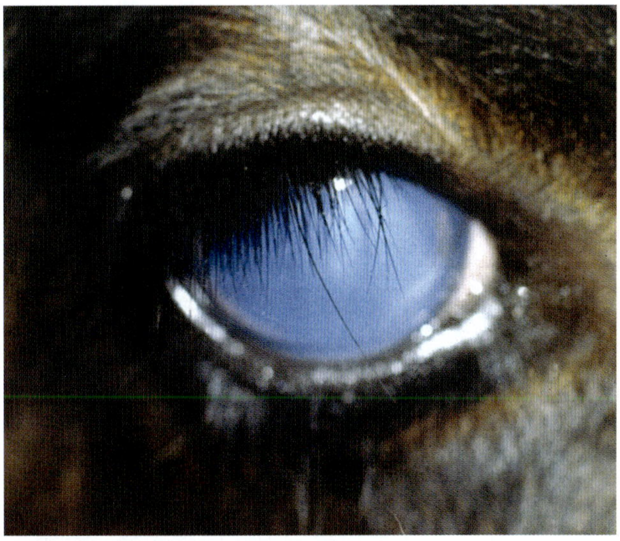

图 13-19

荷斯坦犊牛双眼先天性内皮营养不良。

物，经阳光照射(紫外线辐射)之后，在眼房水中发生光化学反应，释放出能量和热，从而损伤角膜内皮。角膜内皮受损后，内皮Na^+-K^+ATP酶泵亦受损，从而水的吸入增加。临床症状通常包括双眼角膜下2/3角膜水肿。上部角膜由于受到上眼睑的保护而未受到影响(图13-20)。

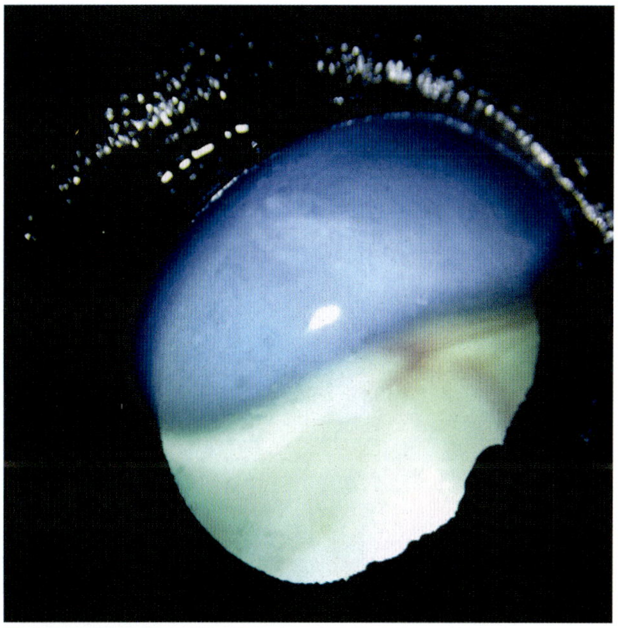

图 13-20

吩噻嗪中毒后下1/2角膜发生水肿。这是此处角膜内皮受到光化学损伤所致。

炎症和创伤性疾病 Inflammatory and Traumatic Disorders

牛传染性角膜结膜炎以外的其他疾病

病因学 饲料、结膜内存在异物、保定设备如颈枷、隔离栏以及牛尾摆动均可引起角膜创伤，如擦伤、撕裂或溃疡。除非角膜伤口严重，否则易被忽视，从而发生继发感染。引起结膜创伤的异物携带的细菌和来自结膜菌丛的机会性细菌可促进角膜伤口的感染。

强风所刮起的饲料和垫草落入眼内，或者植物性物质的意外创伤，可使异物侵入不同深度的角膜(图13-21)。

继发于眼眶、眼球疾病或眼睑神经疾病的暴露性角膜炎，可引起角膜干燥、角膜溃疡。若角膜泪膜不再保护上皮，则角膜迅速干燥，中央角膜上皮和其下面的基质随之发生坏死。结果是角膜发生很深的溃疡，难以愈合，若是不处理，可能发生穿孔。

有人报道，患神经型李氏杆菌病的牛发生角膜基质内脓肿。不过，依据作者本人经验，发生于这些牛的最常见眼部病变是暴露性角膜炎继发单侧面神经麻痹。

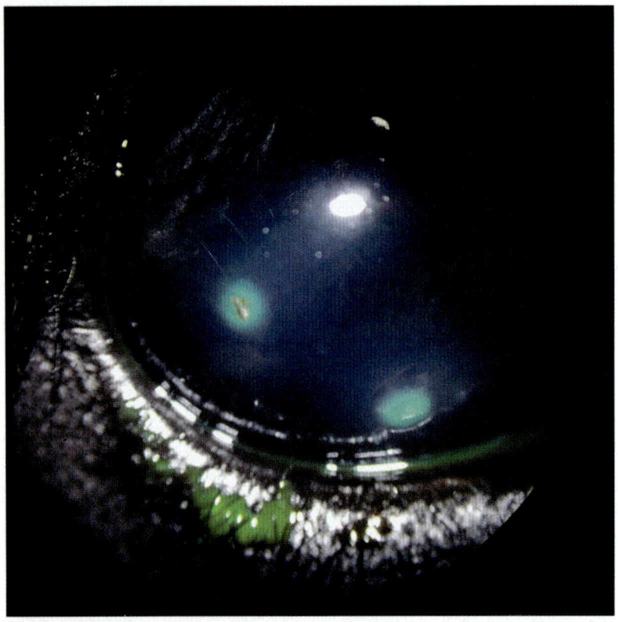

图 13-21

荷斯坦乳牛角膜内存在的植物性异物。涂上荧光素染料是为了突出眼的病变。

以角膜弥散性水肿、角膜周围血管进入为特征的深层间质性角膜炎，偶见于发生眼色素层炎的病牛。这些病牛的眼色素层炎与败血症、内毒血症、恶性卡他热或其他的全身性疾病有关。结膜型牛传染性鼻气管炎也可引起非溃疡性基质角膜炎。

症状和诊断 角膜溃疡或角膜内存在异物时，牛眼流泪、睑痉挛和羞明。由于眼睑过劳，严重的牛睑痉挛很快引起睑肿胀。睑痉挛也引起结膜充血和眼疼痛。在检查眼角膜时，角膜溃疡或与其有关的角膜混浊很明显。不过，最好的诊断方法是用荧光素染料(美国纽约Ayerst实验室生产的Fluor-I条)染出上皮缺陷。上皮缺陷被染成绿色，在紫外光下特别明显。紫外光有助于检查小病变。由于反射性疼痛和睫状肌痉挛，角膜溃疡的瞳孔缩小。牛眼疼痛，用2%利多卡因封闭耳睑神经，阻滞第7对脑神经对强有力的眼轮匝肌的运动指令，从而方便了牛眼检查。这样，睑痉挛不再妨碍牛眼检查。另外，将牛头向下转有助于角膜检查。

面神经麻痹引起的角膜溃疡往往在角膜中央或稍下部。此时，缺乏眼睑反应为诊断暴露性角膜炎提供了重要线索(见第十二章)。

感染性角膜发生溃疡时，病牛角膜边缘坏死、融合，角膜水肿和周围血管形成更明显，眼有黏液脓性排出物，眼瞳孔缩小更加严重，细菌所产生的毒素通过水溶性角膜基质被吸收，作用于虹膜引起继发性眼色素层炎。此时，感染性角膜溃疡可导致眼前房积脓或纤维素。一般说来，当角膜创伤并发感染时，眼睛疼痛症状如羞明、流泪、睑痉挛更加明显。

通过聚集的光线可检查出大多数角膜异物。为了检查出很小的异物，有时需要用放大镜。角膜内有异物时，眼就有疼痛症状，结膜充血，眼睑肿胀。眼排出物开始为浆液性，随着感染变为慢性或继发感染，后转为黏液脓性。如疑有异物，翻起第三眼睑，眼睑下的结膜即可完全看清楚了。

间质性角膜炎为非溃疡性。在其发生时，角膜水肿，周围血管从眼缘进入。进入的血管或浅(分支状)或深(直刷状)，这取决于间质性角膜炎的严重程度。随着间质性角膜炎的严重程度不同，角膜水肿情况也有类似的改变。间质性角膜炎不是一个具体的病。它通常是牛眼色素层炎的一种表现。因而间质性角膜炎伴有睑痉挛、流泪、羞明、睫状肌和结膜充血、瞳孔缩小、眼前房中细胞蛋白质蓄积。应该找到引起眼色素层炎的原发性全身疾病。尽管支原体或衣原体常常引起绵羊和山羊的角膜结膜炎，但作者本人发现支原体或衣原体不是奶牛基质角膜炎的病因。

治疗 在发生急性角膜擦伤、溃疡或非穿孔性撕裂，且没有发生感染时，最好在局部使用广谱抗生素软膏，以预防细菌感染。禁用皮质类固醇药物，因为它们损伤眼抗感染的固有能力。球结膜下给予抗生素，可作为眼局部抗生素治疗方法的补充。若不可能用常规方法保定牛做局部治疗，也可仅在球结膜下给予抗生素。兽医应该清楚，结膜下给予抗生素在给药后12 h内被吸收入眼内，不是沉积型残留给药方式。由于眼睑吸收药物无助于眼疾，所以，要通过球结膜注射给药，而不要经眼睑注射给药。仅在药物注射部位泄漏至角膜上时，眼睑注射给药才可能有助于治疗。

条件允许的话，应尽量多次在局部应用抗生素治疗。病牛眼极度疼痛时，需要局部应用1%阿托品眼药膏(每日1～4 次)，缓解睫状肌痉挛，使瞳孔放大。这样使病牛安适，容易进行治疗。

角膜溃疡或伤口发生感染，则需要更积极的抗生素治疗。眼非常疼痛，同时有明显的深层溃疡，或者溃疡有坏死性边缘，此时可认为存在感染。最好从溃疡边缘取刮取物做革兰氏染色和细菌分离，以确定病原菌。不过临床上很少这样做。在贵重动物要这样做，以便筛选出敏感抗生素用于治疗。同样，在牛由于保定困难，所做治疗常常有折扣。应坚持治疗贵重犊牛或母牛的病眼，选用适宜抗生素可加速清除感染。治疗的主要方法是局部使用抗生素和结膜下使用抗生素。球结膜下注射青霉素(150 000～300 000 U)后，在角膜和眼前部抗生素水平高，但是存在时间短。必要时每天做重复注射。应尽量多地在局部应用抗生素(选用抗生素时最好依据溃疡部位涂片革兰氏染色结果)。在全身应用抗生素通常无助于治疗。在泌乳奶牛，应考虑抗生素残留和休药期问题。

再在局部应用1%阿托品缓解睫状肌痉挛。可局部应用(软膏长1.25 cm)，每日1～4 次;也可以结膜下给药(0.05～0.2 mg)，每日1次。为了防止继发性皮炎，应清除眼睑和面部排出物。

为了防止异物进一步刺伤角膜，应将角膜异物轻轻地移去。移去大多数异物的最容易方法是用生理盐水灌洗。麻醉耳睑神经，眼部应用局部麻醉药(0.5%丙对卡因或利多卡因)。然后，用20 mL注射器和20号针头射出的盐水直接冲洗角膜异物。大多数异物，甚至植入基质的异物，用上述冲洗方法可洗去。如果冲洗不解决问题，则给予病牛镇静剂，再进一步麻醉眼睛，行外科手术处理。移去异物后，给眼局部应用或结膜下应用抗生素，预防感染，直至病变部位上皮形成为止。

基质角膜炎下面常发生眼色素层炎。下面将讨论眼色素层炎的治疗。不过，牛传染性鼻气管炎结膜炎所继发的基质角膜炎是个例外，此类角膜炎在结膜炎发生后2～4周自然消退。

面神经损伤所致的暴露性角膜炎若是没有发生溃疡或溃疡很轻微，则应在局部应用眼润滑剂和抗生素，以防止感染。若是角膜中央区发生暴露性伤害和溃疡，则应该用盐水轻轻冲洗干燥的角膜中央区，冲洗掉干燥痂皮、毛发、坏死性角膜组织或其他异物。应在眼局部多次使用抗生素，每天用1%阿托品1～4次，使动物安适。

通过褥式缝合术将上、下颞侧1/3眼睑缝合在一起，这种部分眼睑暂时缝合术要穿过部分眼睑。千万不要让缝线穿过眼睑至睑结膜，以免刺激角膜。是否做睑缝合术，要依据神经损伤的预期愈合时间而定。例如，犊牛急性中耳、内耳炎可引起面神经麻痹；如果进行及时治疗，可在数天内改善面神经功能。而在患李氏杆菌病的病牛，发生严重面神经麻痹，其治愈时间较长。这样前者对睑缝合术需要的程度就比后者小。尽管，因面神经麻痹而导致的角膜溃疡，这种角膜溃疡，牛的易感性不如马，与创伤性或感染性溃疡相比，暴露性角膜炎痊愈较慢，通常需要数周，而治疗不当可导致角膜穿孔。

牛传染性角膜结膜炎

病因学　牛传染性角膜结膜炎(IBK)(又称“红眼病”)是牛最常见的、损失最大的眼病。由于管理因素，本病给肉牛、奶牛造成巨大损失。它是由于牛摩拉克氏菌(*Moraxello bovis*)所致。牛摩拉克氏菌是革兰氏阴性菌。其致病型有毒力，溶血，菌落粗糙。非致病型不溶血，菌落平滑，没有毒力。从康复成年牛和犊牛的结膜可分离到非致病型牛摩拉克氏菌。

致病型牛摩拉克氏菌的致病力与其特性有关。牛摩拉克氏菌致病株有菌毛，它有助于该菌黏附于角膜上皮。菌毛由名叫菌毛素(pilin)的蛋白亚单位组成。牛摩拉克氏菌可产生a型或b型菌毛素。b型菌毛素与致病力有关。

除了菌毛外，致病型牛摩拉克氏菌产生溶血素，它在该菌对抗牛嗜中性白细胞的细胞毒性中起了一定作用。牛摩拉克氏菌产生的其他毒素看来是蛋白酶，不过大多权威人士认为胶原酶并不属此蛋白酶之列。牛摩拉克氏菌在角膜感染中起作用，但目前并不知道破坏角膜基质的具体化学介质。据报道，有一种皮肤坏死性外毒素可能在角膜“融合”中起到一定作用。亦有证据表明，趋化因子吸引嗜中性粒细胞和其他炎性防御，可能在破坏角膜中起到一定作用。嗜中性粒细胞能释放胶原酶，牛摩拉克氏菌感染眼睛，引起嗜中性粒细胞大量浸润，实际上有助于破坏角膜基质。

强毒株牛摩拉克氏菌感染后，机体产生局部免疫力和体液免疫力，但保护力和免疫期尚不清楚。一般说来，康复犊牛不会复发本病，除非遭受免抑制，患牛白细胞黏附力缺乏或持续感染牛病毒性腹泻(BVD)病毒。任何年龄犊牛和奶牛均可发生牛传染性角膜结膜炎，但本病最常见于夏季圈饲在室外的犊牛和青年母牛(6～24月龄)。据报道，犊牛饲养在有积雪的野外环境中，在欧洲暴发过该病。阳光中紫外线可损伤牛角膜上皮细胞，或者激活康复牛眼结膜菌群中的非溶血性牛摩拉克氏菌，引起感染。脸蝇(*Muscn autumnolis*)是传播牛摩拉克氏菌的主要机械媒介。这些面蝇将强毒株牛摩拉克氏菌从感染犊牛眼鼻分泌物携带至未感染犊牛眼中。草长势高的草场，易于该病的传播。大多数康复犊牛以后不再发生牛传染性角膜结膜炎。这表明在这些犊牛存在着相当持久的免疫力。不过，要在实验中重复这些很困难。

在冬季，阳光不足，面蝇数量少，但有时也发生红眼病，这难以解释。并且，在冬季暴发中年龄较大的牛或成牛也常发病。从一些冬季流行红眼病的病牛眼中可分离到奈瑟氏菌(*Neisseno* sp.)，但是牛嗜血杆菌是本病最可能的致病菌，其病变同夏季发生的已证明为牛摩拉克氏菌感染的病牛一致。并发病毒性结膜炎或病毒性上呼吸道感染，能使牛摩拉克氏菌非致病株转化为致病株，从而引起红眼病暴发。在持续感染牛病毒性腹泻病毒(BVDV)的一些犊牛，以及在急性感染BVDV且合并感染牛摩拉克氏菌的青年母牛，作者曾见到治疗无反应的严重的红眼病。发生BVDV急性感染时，病牛在短时间内对牛传染性角膜结膜炎无免疫反应。仅在产生抗BVDV抗体后才能恢复其细胞免疫功能。但是，持续感染BVDV的病牛长期患有严重红眼病，对眼的损伤是严重的。牛摩拉克氏菌和牛传染性鼻气管炎（IBR）二重感染时，导致眼病完全恶化。

症状和诊断 初期结膜炎的症状有结膜发红，眼分泌物为浆液至黏液脓性。多头动物发病。病变见于单侧或两侧眼睛。在感染最初的1～3 d，角膜中央或其稍下部发生环形角膜溃疡(图13-22)。由于眼睛疼痛，病牛睑痉挛、羞明、流泪，所以，此时病牛症状很明显。病牛脸上有泪痕。严重睑痉挛引起睑肿胀。病牛感染眼的眼睑半闭。聚焦光检查易见到中央角膜溃疡；起初溃疡呈环形和火山口样外观，同时可见角膜水肿、角膜缘深部血管形成和瞳孔缩小。

出现上述典型早期症状之后病眼开始恶化，其结局不一，这取决于管理和治疗情况。大多数病牛

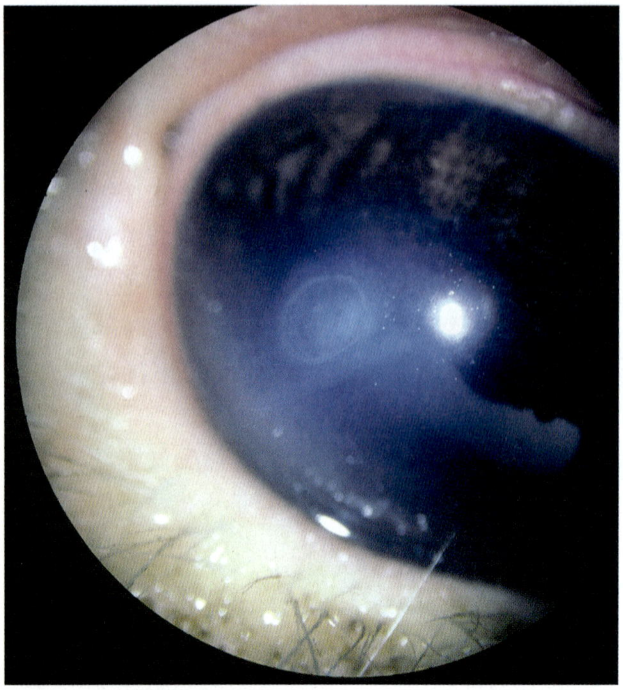

图 13-22

患IBK犊牛角膜中央的早期溃疡。

角膜中央发生环形溃疡，再发展成不整环形的深火山口样溃疡，其边缘发生融合、坏死(图13-23)。溃疡的中心由于接近角膜后弹性膜而呈光亮或黑色(图13-24)。从外周角膜至溃疡灶，角膜水肿愈加严重。角膜深层血管形成，从角膜缘向溃疡边缘分布。这些血管是为伤口愈合提供代谢和细胞成分所必需的。此时，病牛疼痛严重，食欲、奶产量均下降。经治疗或不经治疗，眼深部溃疡开始愈合时，随着角膜形成的血管延伸至溃疡床，深火山口样溃疡内充满肉芽组织。这些血管形成肉芽组织的毛细血管，而角膜基质形成肉芽组织的成纤维细胞。病眼的临床外观各有不同。远看主要呈三种颜色:蓝色(水肿)、红色(血管肉芽组织)和黄色(坏死，基质脓肿)。

表层溃疡在愈合时仅发生上皮形成，而深层溃疡愈合时，先长肉芽组织，后形成上皮。上皮形成后，眼痛消退。随着角膜基质的重建和愈合，角膜中央肉芽组织从红色发展成粉红色，最终变成白色。角膜水肿消退从外周开始慢慢发展至中央。角膜深部直血管退缩，仅留下表层分支血管。角膜完全重建需要数周至数月时间。大多数康复牛角膜中央有角膜翳、角膜斑或角膜白斑，但其视力下降不大。这说明牛角膜愈合能力很强。

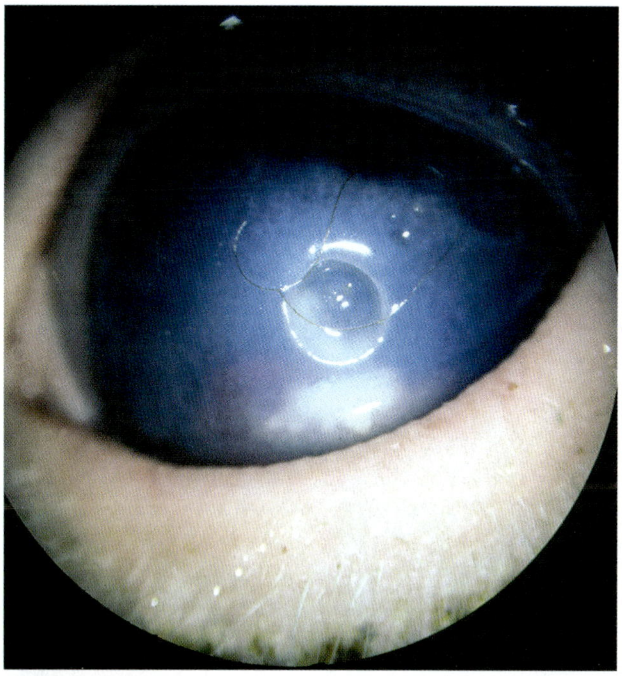

图 13-23

青年母牛患传染性角膜结膜炎1周后，角膜上有较深的火山口样溃疡。溃疡周围角膜水肿，角膜边缘血管形成。由于继发眼色素层炎而发生眼前房积脓。

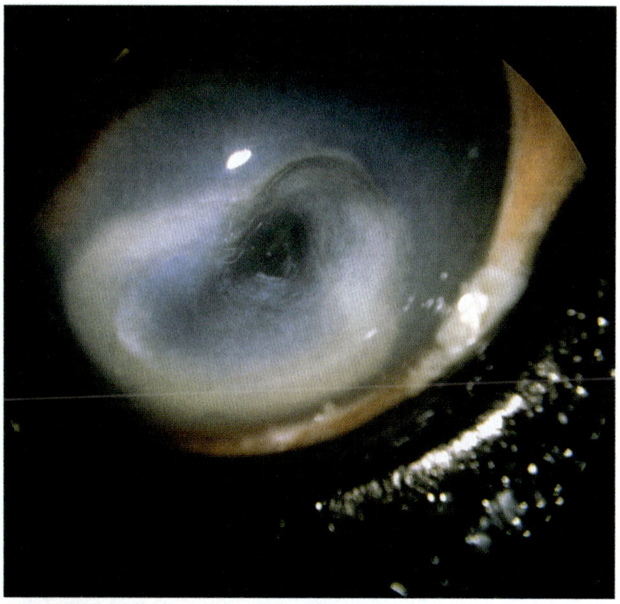

图 13-24

青年母牛患传染性角膜结膜炎1周，其眼有极深的融合性溃疡，中央弹性膜突出（中央黑色区）。

病眼不经处理，或者是感染强毒株牛摩拉克氏菌，就会发展为后弹性膜突出、角膜穿孔或全球炎。牛群暴发本病时，各种发病情况均有。在严重红眼病病例，继发眼色素层炎，从而引起虹膜残留后粘连和形成白内障。

多数情况下，根据临床症状和发病率可以做出IBK的准确诊断。从感染角膜取样，分离培养出牛摩拉克氏菌即可确诊本病。

治疗　理想的治疗包括常在局部使用抗生素，每日结膜下注射抗生素，局部使用阿托品，保持睫状肌松弛。不过，由于保定困难和人力有限，实际治疗牛传染性角膜结膜炎时常常打折扣。除非将病牛关在牛栏中，否则每天至多能进行一次治疗。易保定的牛应尽可能治疗，以加速清除牛摩拉克氏菌感染。同在其他的动物一样，病牛的康复和治疗的成功率与治疗次数呈正相关。

理想的治疗方法应包括（每日1次，连续给药3 d）：

1. 结膜下注射25 mg头孢噻呋(Pfizer，纽约)或青霉素G300 000 IU。

2. 每日多次给感染牛眼局部应用庆大霉素、红霉素、妥布霉素。治疗本病可用眼药膏或乳房炎膏。用药前要考虑屠宰、挤乳的停药期。

3. 每日局部应用1%阿托品软膏2次。

4. 舍饲病牛，避免阳光照射。清洗眼排出物，驱蝇，减少蝇对牛脸的刺激。

折中的治疗方法包括：

1. 开始结膜下注射氨苄西林、青霉素。氨苄西林在屠宰前6 d停药，挤乳前48 h停药。

2. 局部应用抗生素和阿托品1次。

3. 每日局部用药1次。

4. 20 mg/kg肌肉注射长效土霉素，72 h再次注射1次。注意：盐酸土霉素(Pfizer，New York,NY）要求，对于屠宰牛休药期28 d，泌乳牛休药期为96 h（眼泪中分泌的抗生素选择性地进入结膜上皮，维持有效水平后可以抑制牛摩拉克氏菌）。

或用下列方法：

1. 托拉菌素（Draxxin; Pfizer，New York,NY）对于犊牛是较好的一次给药的治疗方法，剂量如标签所示。

2. 红眼病斑，用肠线缝合眼睑，或用肠线缝合第三眼睑瓣。如果溃疡未被发现和/或每日未进行治疗，可以用一次抗生素治疗方法（结膜下注射萘普生和注射四环素或托拉菌素）和睑缝术可能是最好的治疗方案。

角膜感染严重，要发生穿孔时，Fox（Dr.

Francis Fox, personal communication, 1977, Ithaca, NY) 建议在局部应用5%硝酸银，作为最后一招的治疗方法。当然有很多其他的治疗方法，不过不值得推荐。禁止在局部或结膜下应用皮质类固醇药物。此类药降低感染角膜的抵抗力，易造成角膜穿孔。许多兽医提倡使用皮质类固醇药物，而牛眼又能耐受这种治疗，仅仅是因为局部或结膜下应用皮质类固醇药物药效短暂(仅数小时)，牛角膜愈合能力强，可以克服此药暂时所引起的副作用。

有人提倡用喷雾抗生素来治疗牛眼病，这要考虑所喷雾的药物性质。用喷雾呋喃唑酮的方法能有效地治疗红眼病，但是现已禁用。禁用含有多种染料的刺激性喷雾剂。对已经疼痛的牛眼使用“红眼病粉剂”是非常残忍的。将应鼻内接种的IBR疫苗接种于眼的经验做法(有些兽医推荐)也是禁忌的，因为牛传染性鼻气管炎和牛摩拉克氏菌合并感染，可加剧角膜病变而引起穿孔。

眼角膜发生穿孔，或者形成严重的圆锥形角膜，并发眼内炎或全眼球炎的未经治疗的病例，为了防止疼痛、苍蝇和眼分泌物刺激加剧感染而引起病牛生长停止或产奶停止，需要施行眼球摘除术。

预防 现有多种抗牛摩拉克氏菌的菌苗可用于每年发生红眼病的牛群。此菌苗并不能完全阻止新病例的产生，但可降低红眼病的发病率，它的好处还有在红眼病流行季节，可以节省人力、药品和兽医费用。由于实际需要，在大多数地区，与奶牛相比，肉牛使用牛摩拉克氏菌菌苗要多些，在有问题的乳用青年母牛效果应该也是如此。正如使用许多其他生物制品一样，接种红眼病菌苗后有时可见过敏反应发生。所以，在接种此菌苗时应准备肾上腺素。一些反应可能是由菌苗内内毒素所引起，而不是真正的过敏反应。

应驱灭蝇类，消灭本病媒介。但这实际操作很难。为了最大限度地消灭面蝇，曾使用过含杀虫剂耳标、喷雾剂、杀虫剂粉袋，或者给牛口服化学药，通过粪便排出后来控制蝇类幼虫，或者采用其他的控制蝇类措施。无论采用哪一种控制蝇类措施兽医应和农场主商谈其效果、成本和要投入的劳力。牧场的日常剪草措施有助于减少该病的传播。

为了更好的防制这种损失巨大的疾病，有待于将来的技术进步，应生产出更有效的菌苗，发现更有效的控制蝇类方法。

角膜肿瘤 Corneal Neoplasms

鳞状细胞癌及其前体(上皮瘤、角化病)是牛角膜最常见的肿瘤。这些肿瘤通常发生于颞缘区，然后扩展至邻近角膜组织和球结膜(图13-25)。早期诊断出本病则可进行冷冻、射频高热、辐射或角膜切

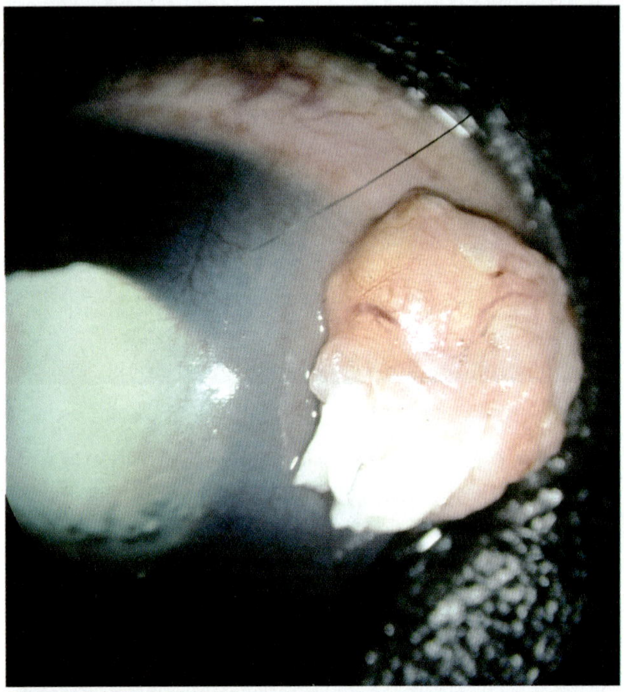

图 13-25

一头8岁的荷斯坦奶牛的角膜鳞状细胞癌。此癌发源于角膜颞缘。

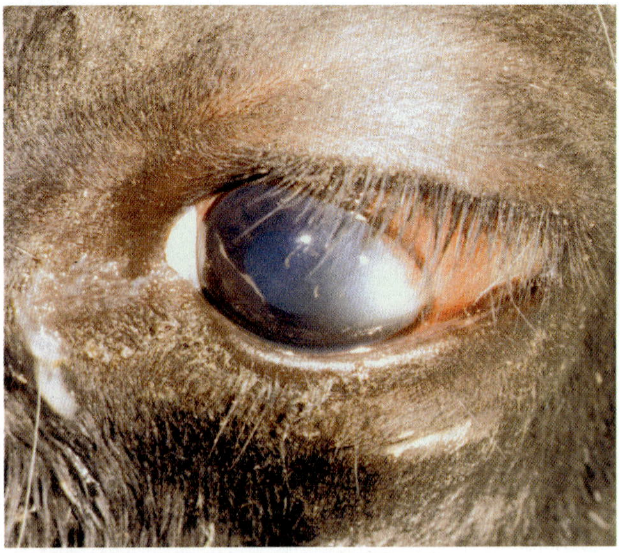

图 13-26

一头奶牛发生多灶性淋巴肉瘤，颞部角膜内的白色团块即为角膜淋巴肉瘤。

除等有效治疗。在所有奶牛品种之中，荷斯坦乳牛发病率最高。为了防止肿瘤转移或进一步侵入眼球，可考虑摘除大的或以前未曾查出的肿瘤。在被忽视病例，肿瘤可转移至局部淋巴结(特别是腮腺淋巴结)和肺脏。

牛角膜和眼球的淋巴肉瘤不常见(图13-26)。在角膜生长淋巴肉瘤的病例，不是仅在角膜生长此种瘤，而是弥散性淋巴肉瘤侵害多个器官的表现之一。最近，在一头荷斯坦奶牛证实，眼淋巴管肉瘤是角膜巩膜肿瘤的起因。

角膜撕裂 Corneal Lacerations

部分(非穿孔)角膜撕裂的治疗同非感染性角膜损伤的治疗(请参阅前面有关的论述)。并发虹膜脱出的角膜穿孔性撕裂的治疗，则需要有高级眼科设备、眼科缝合材料、全身性麻醉，以便进行有效的美容修复。在贵重奶牛应进行修复手术。若是奶牛价值不值得进行修复手术，或者初期创伤已引起眼内大损伤，如晶状体或玻璃体脱出，则要进行眼球摘除术。

眼色素层疾病 DISEASES OF THE UVEAL TRACT

眼色素层炎症性疾病 Inflammatory Diseases of the Uveal Tract

病因学和症状

虹膜、睫状体和脉络膜构成了眼色素层。它是眼的血管层。眼色素层发炎时，其内的血管易形成蛋白质和细胞性渗出物。在大多数种类动物，免疫介导性疾病也涉及眼色素层。眼色素层中虹膜最容易检查。在虹膜、睫状体和脉络膜均发炎时，易诊断出虹膜炎，而难以诊断出睫状体和脉络膜的炎症。

眼色素层炎的症状有:瞳孔缩小，结膜和睫状体充血，张力减退，角膜外周水肿，血管形成，虹膜水肿，眼前房中细胞渗出物、纤维蛋白渗出物积聚。虹膜炎导致血管扩张，引起纤维蛋白、白细胞、红细胞从发炎的虹膜血管中渗出。蓄积的渗出物中白细胞和纤维蛋白占优势，称为“眼前房积脓”。蓄积的渗出物中红细胞和纤维蛋白占优势时，则称为“眼前房积血”。脉络膜渗出物可积聚于视网膜和脉络膜之间，引起脉络膜视网膜炎，或者引起浆液性视网膜脱离。

在发生败血症的初生犊牛常见眼色素层炎。这些犊牛眼色素层炎可起因于内源细菌散播至眼色素层，或革兰氏阴性细菌所产生的内毒素血症作用于眼色素层脉管系统。这些犊牛表现出的主要症状有眼前房积脓、虹膜肿胀、瞳孔缩小(图13-27)。眼色素层炎症状是诊断昏迷新生犊牛的重要线索，因为这表明犊牛败血症，可能发生脑膜炎，且预后不良。

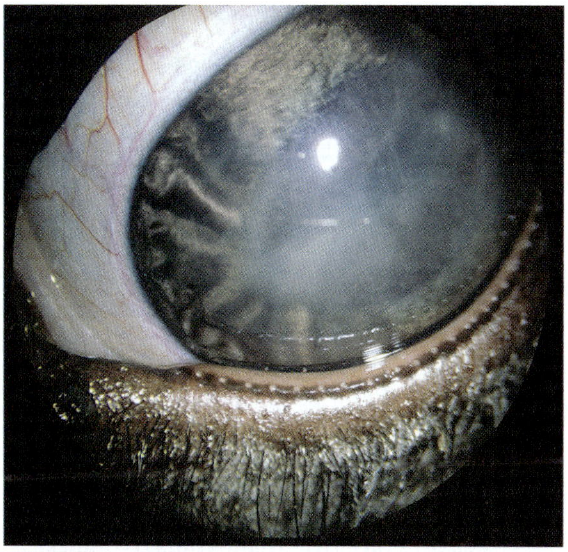

图 13-27

发生败血症的新生犊牛的眼色素层炎。虹膜水肿，纤维蛋白块使缩小、闭合的瞳孔变得模糊不清。

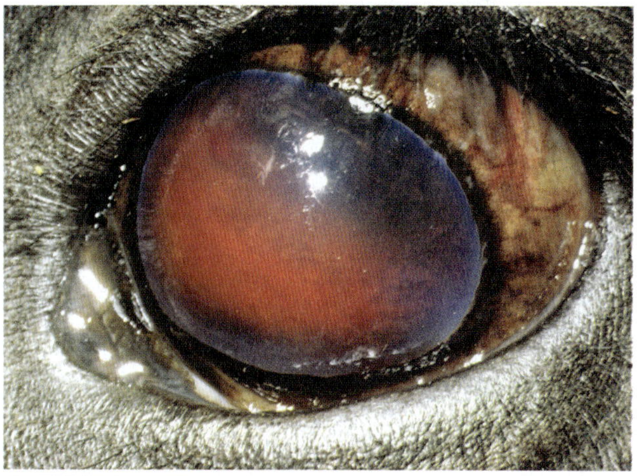

图 13-28

发生败血性子宫炎的成年奶牛的眼色素层炎。眼前房中有大的纤维蛋白块并积血，致使缩小的瞳孔模糊不清。

成年牛发生与脓毒性乳房炎、脓毒性子宫炎、心内膜炎和其因素有关的败血症时，有时可发生单侧眼或双眼色素层炎(图13-28)。革兰氏阴性细菌所引起的脓毒性乳房炎是眼色素层炎最常见的病因。并且，真正的败血症或内毒素血症也可引起此炎症。

在一些其他方面健康的牛，有时发生自发性单眼或双眼色素层炎。发病牛可暂时或永久地失去视力。理论上认为它有多种起因，但无一被证实。曾怀疑它的起因有钩端螺旋体(*Leptospira* sp.)、昏睡嗜组织杆菌(*H. somni*)、弓形虫病、博士疏螺旋体(*Borrelia burgdorferi*)和其他一些病菌。在成年牛亦可发生免疫介导性眼色素层炎。欧洲人描述的牛“特定性眼炎”(specific ophthalmia)与马的再发性眼色素层炎相似，认为它是由病毒感染所引起。

急性恶性卡他热(MCF)引起严重的前眼色素层炎和脉管炎，二者实际上波及到除脉络膜外的眼睛各部分。角膜水肿和外周血管形成所引起的角膜混浊严重，深部病变不易看清，但是通常存在前眼色素层炎和眼前房积脓。恶性卡他热引起双侧眼色素层炎。其特征是大量单核细胞流入前眼色素层(图13-29)。慢性恶性卡他热或温和型恶性卡他热可引起双侧眼色素层炎，其症状轻微，如轻度角膜水肿、轻度虹膜炎、眼前房中有纤维蛋白或积脓、角膜外周血管形成(图13-30)。

在控制奶牛结核病之前，有时可见到结核病所引起的肉芽肿性眼色素层炎。由于结核病在公共卫生上很重要，所以，发现牛体重减轻，有慢性呼吸道病，同时怀疑有肉芽肿性眼色素层炎时，应进行结核病的鉴别诊断。

双眼非特异性瞳孔缩小常见于发生毒血症的牛。这些牛通常发生严重感染，瞳孔缩小反映了轻度，这种眼色素层炎与全身性炎症性反应有关。

牛头顶撞、颈枷和分隔栏创伤以及人们粗暴地待牛均可引起眼球创伤，从而引起创伤性眼色素层炎。创伤性眼色素层炎的症状，除眼前房积血显著外与其他类型眼色素层炎相似。

许多严重角膜炎症性疾病，特别是红眼病，均可发生继发性眼色素层炎，其后遗症使视力下降。

诊断

依据眼部病变，无角膜损伤，或者根据荧光素摄取，即可诊断原发性眼色素层炎。体检时观察到面部创伤或者发现败血性病灶，如脓毒性乳房炎，这样眼色素层炎的原发性病因就很清楚。初生犊牛败血症很明显:病牛精神沉郁、发热、腹泻、脐肿，或者表现出和细菌性败血症相符的其他症状。

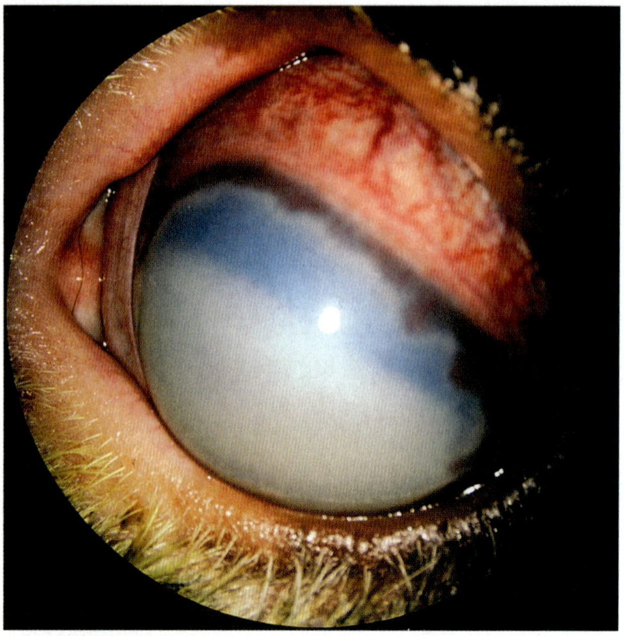

图 13-29

患急性恶性卡他热的奶牛眼严重色素层炎。所见的病变发生于双眼，病变为严重眼充血、角膜水肿、角膜外周血管形成。眼前房下2/3积脓，脓汁浓稠，由单核细胞组成。

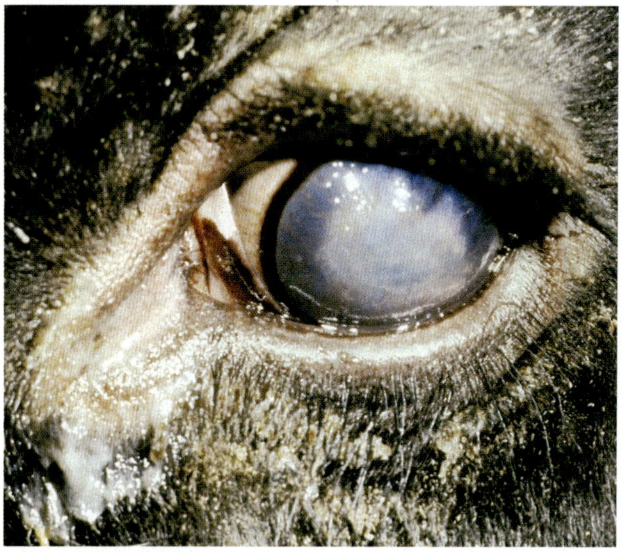

图 13-30

患慢性恶性卡他热的荷斯坦犊牛牛眼外观。双眼均发生慢性眼色素层炎、慢性角膜炎，并发角膜水肿、血管形成。

成年牛患眼色素层炎时，应找到原发感染部位。若是无原发感染部位存在，且无发热，则应考虑自发性眼色素层炎。关于自发性眼色素层炎的病因尚不清楚，这有待于用血清学方法来阐明。若是牛群中不只是一头奶牛发生眼色素层炎，且病因不明，则应用急性期和恢复期血清检查有无钩端螺旋体、昏睡嗜组织杆菌、弓形虫病、博士疏螺旋体和其他一些疾病的可能。发生恶性卡他热的病牛，除了有眼色素层炎的症状外，还有黏膜病变、流鼻涕、高热、淋巴结病、神经系统疾病、血尿及其他一些身体异常情况。

严重的初发性角膜炎，如红眼病，可遮掩继发性角膜炎。但是发生继发性角膜炎时通常有明显瞳孔缩小和眼前房积脓。

治疗

眼色素层炎继发于败血症即犊牛败血症、脓毒性乳房炎、心内膜炎时，治疗时则应针对进入眼色素层的病原菌。因而要局部和结膜下应用抗生素进行治疗。若有可能，这些抗生素应与进行原发病全身性治疗的最适宜抗生素相同。例如，发生大肠杆菌性乳房炎，且被怀疑为原发性感染时，可在乳区局部使用头孢噻呋、若噻呋。若此奶牛发生眼色素层炎，则需要每天在眼局部应用新霉素、多黏菌素B/杆菌肽眼软膏数次，每天结膜下注射头孢噻呋（25 mg）1次。若发生革兰氏阴性菌败血症的新生犊牛发生了眼色素层炎，则可用头孢噻呋治疗，不过结膜下注射头孢噻呋量小一些。正如奶牛发生心内膜炎的病因有的很可能是革兰氏阳性菌一样，有时人们怀疑牛眼色素层炎是由革兰氏阳性菌所引起时，结膜下注射和局部应用宜选用青霉素、氨苄青霉素。

使睫状肌麻痹，减轻疼痛，并使瞳孔扩张，从而防止因眼前房中纤维蛋白和细胞蓄积而发生虹膜粘连和瞳孔闭合，是一种重要的辅助疗法。每日给患眼应用硫酸阿托品眼软膏(1%)数次即可达上述目的。

当牛单侧眼或双侧眼发生自发性眼色素层炎，而其他情况正常时，局部治疗包括每日应用1%阿托品数次，促使睫状肌体麻痹和瞳孔扩张。或者局部应用抗生素-类固醇制剂，以减退败血性眼色素层炎。创伤性眼色素层炎只要在眼创伤时未发生角膜擦伤或溃疡，可采用类似的方法治疗。创伤性眼色素层炎若是没有发生角膜损伤，则每日数次用1%阿托品软膏和抗生素-皮质类固醇治疗。非甾体抗炎病物（NSAIDs）可能有助于治疗自发性(非败血性，很可能是由于免疫介导的)和创伤性眼色素层炎。为了控制前列腺素介导的眼色素层炎症并使动物安适，可给予标准剂量阿司匹林、氟胺烟酸葡胺或局部用保泰松。

外伤、由多种因素而导致的血小板减少（如BDVD、欧洲蕨类和自发性的疾病）或者先天性血小板凝固疾病均可出血形成前房积血（hyphema）。通常采用睫状肌麻痹剂和抗炎性药物局部治疗，但是治疗的焦点常在于原发性疾病和其他器官系统的病变。

晶状体疾病
DISEASES OF THE LENS

发育性疾病 Developmental Diseases

病因学和症状

曾有人记述过遗传性白内障的许多病例，包括荷斯坦乳牛核性白内障，和发生于娟姗乳牛隐性小晶状体，并发白内障，晶状体异位，无虹膜。与其他种类动物一样，新生犊牛发生白内障可能是遗传病，也可能是眼先天发育性意外。仅依据临床症状难以确诊。如果发现品系不同、年龄相似的犊牛发生类似的白内障，则应研究先天性病因，如中毒、妊娠中时期牛病毒性腹泻病毒感染和其他一些常见感染。如果发病犊牛为同一品系，则应考虑遗传因素，除非有牛病毒性腹泻病毒感染的其他症状(如小脑发育不全或短颌)，否则不可能区别单头犊牛的病变。若是发生先天性白内障，且不能排除遗传因素，则宜淘汰小公牛，而不应留做种用。若怀疑牛病毒性腹泻病毒是新生犊牛皮质性白内障的病因，则在喂初乳前应检测犊牛出生前血中牛病毒性腹泻病毒抗体滴度，并用全血做病毒分离，以排除牛病毒性腹泻病毒持续感染的可能性。

有时先天性白内障病变很细微，要用生物显微镜观察轻微核性浊斑或皮质性浊斑(图33-31)。发生完全白内障时，晶状体完全不透光(图13-32)。只涉及部分晶状体的先天性白内障病程发展缓慢。不过兽医会告诉畜主任何形式白内障均可发展，最终引起失明。

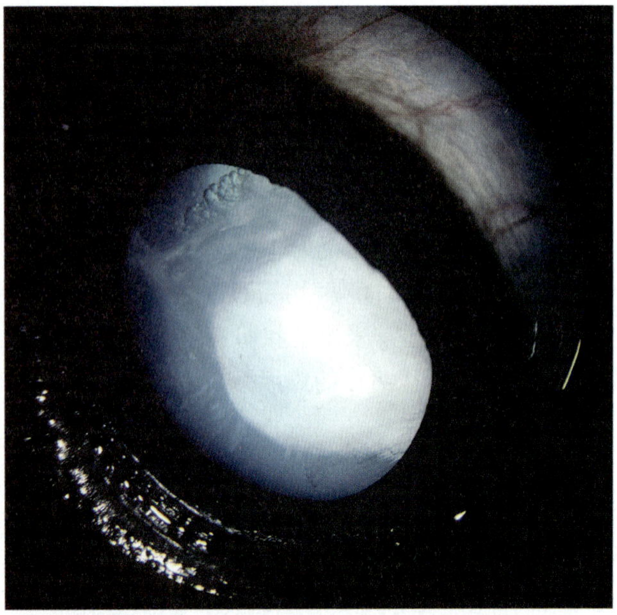

图 13-31

荷斯坦乳犊牛发生浓密核性白内障，其外周皮质形成浊斑。

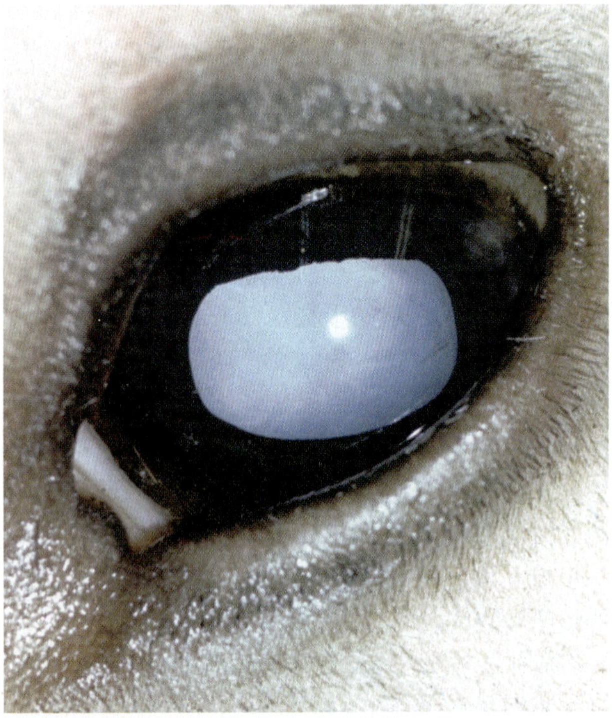

图 13-32

发生于娟姗犊牛的弥漫性皮质性白内障。

后天性疾病 Acquired Diseases

病因学和症状

牛后天性白内障通常起因于眼内炎症或者眼的先前创伤。与眼色素层炎相关的眼炎，或者严重的牛的传染性角膜结膜炎（IBK），均可引起虹膜后粘连和纤维蛋白覆盖于晶状体前囊。对晶状体前囊的损伤改变了晶状体正常代谢，导致囊性白内障和皮质性白内障的形成。初始炎症发生之后，经由这些机制所形成的白内障发展缓慢。因而在最初发现白内障时，病眼很平静，或者没有炎症。但是存在先前发生了炎症的迹象，这些迹象有虹膜后粘连，早期虹膜粘连所引起的晶状体前囊上的棕色或黑色虹膜色素残斑，以及先前发生的牛传染性角膜结膜炎所引起的角膜瘢痕。

同样，创伤性眼色素层炎也可发生纤维蛋白渗出、出血和虹膜粘连，从而损伤晶状体囊。创伤可引起眼色素层炎，并致使晶状体脱位或者晶状体破裂，从而更易导致白内障形成。

治疗

一般情况下，牛的白内障不用外科手术摘除。很少治疗牛的白内障，主要是出于经济上的考虑。极少数情况下可转眼科兽医治疗本病。

在眼损伤、牛传染性角膜结膜炎感染和各种起因的眼色素层炎时，局部多用硫酸阿托品或许可以最大限度地预防牛眼的后天性白内障。扩大瞳孔，就不大会发生虹膜粘连(虹膜后粘连)。

玻璃体疾病 DISEASES OF THE VITREOUS

发育性疾病 Developmental Diseases

经检眼镜检查，可见几乎所有新生犊牛的持续性玻璃体动脉。在25%～50%的1～2周岁牛只可见此动脉残迹。在成年牛，检眼镜下通常可见该血管已纤维化的近端（伯格麦斯特氏乳头(Bergmeister’s papilla)漂浮在玻璃体中，但附着在视神经乳头中央。

炎症性疾病 Inflammatory Diseases

在极少数情况下，发生败血症的犊牛也可形成玻璃体脓肿，并可进一步发展成眼内炎。玻璃体炎可能与牛恶性卡他热有关，也可能与栓塞性脓毒性眼色素层炎有关。其治疗方法与脓毒性眼色素层炎的相似。

先天性遗传病 Congenital Inherited Diseases

许多先天性视网膜病、视网膜发育异常以及视网膜脱离可能是遗传缺陷所致。但是，在奶牛这方面疾病报道很少。这说明其发病率低，或者是由于临床上未能诊断出本病所致。在4头有血缘关系的爱尔兰弗里斯(Irish Friesian)牛，观察到视网膜脱离与多发性先天异常有关。

除非奶牛眼瞎，否则很少用眼底镜检查奶牛眼底损伤，所以，临床上可能漏检了轻微的视网膜病变。

营养性疾病 Nutritional Causes

维生素A缺乏症

病因学和症状 实验研究证实，维生素A缺乏时，牛脑脊髓液(CSF)压力升高，并认为与见到的神经症状有关。脑脊髓液压力升高，起因于蛛网膜绒毛异常和硬脑膜变厚，不能正常吸收脑脊髓液。失明的病理生理学机制比较复杂。视神经乳头水肿是成年牛和青年牛维生素A缺乏的典型病变，但在成年牛和青年牛视神经乳头水肿的发生机理却不同。人们认为成年牛的视神经乳头水肿是继发于脑脊髓液压力慢性升高。只有在慢性视神经乳头水肿引起局部血管缺血，干扰了轴索运输，以及继发视神经变性时，视神经乳头水肿才会引起失明。脑脊髓液压力升高也很可能在青年牛的视神经乳头水肿形成中起作用。但是，硬脑膜纤维发育不良，骨代谢发生改变，引起视神经管骨吸收下降，可直接损伤视神经，引起视神经乳头水肿。骨吸收下降，引起视神经管背腹侧压迫。所引起的血管损伤、视神经缺血性坏死和直接干扰视神经的轴索运输，导致更严重的视神经乳头水肿、视网膜神经纤维层水肿以及充血血管破裂性视网膜或玻璃体出血。青年牛视神经管的这种病理生理学改变是不可逆的，一旦发生失明，常为永久性的。

据报道，在实验性维生素A缺乏牛，视力受到影响的最初症状为夜盲，不过这在牧场很少见。在暗适应过程中，光感受器的活动需要视紫质，而视紫质的再生则需要维生素A。已证实，大鼠发生慢性维生素A缺乏症时，其视网膜杆的功能异常和损失要大于视网膜锥的。光感受器功能异常，特别是视网膜杆功能异常，很可能与成年牛及青年牛的夜盲症和失明有关。因此，光感受器异常和视神经乳头水肿引起了成年牛视力改变。在青年牛也发生同样的生理和生化机制问题。但是，由于视神经受压和局部血管缺血，在青年牛还可发生其他的病变。

狭窄视神经管中视神经发生破裂和局部缺血性坏死后，被一层致密的成熟胶原所替代。这是一种慢性变化。此处视神经轴索受到破坏，引起视束华勒氏(Wallerian)变性和继发性星形神经胶质细胞增生。

对于维生素A缺乏的耐受力，公牛似乎不如母牛有耐受力。维生素A含量长期较低的日粮少见。但是一些青年牛和肥育牛的日粮和用贮存很久的饲料或者主要用维生素A含量低的饲料(谷类)配制时，其维生素A含量就较低。维生素A缺乏的日粮必须喂数月后，牛才会出现维生素A缺乏的临床症状。临床症状有失明、非反应性瞳孔扩大等。

眼检查发现视神经乳头水肿、视网膜水肿。在某些病例，由于充血的视网膜血管漏出血液至视网膜或玻璃体，还可发现视网膜出血（图13-33和图13-34）。在不同的牛个体，其视力下降程度和眼底镜下的病变有所不同，但在表现出神经症状或眼症状的大多数牛都发生视神经乳头水肿。

诊断 临床症状(神经症状、眼症状和生长受阻)提示维生素A缺乏症，但是要确诊本病，必须测定血清或血浆中维生素A的水平。血清中维生素A水平＜20μg /100 mL时，则说明发生了维生素A缺乏症，并且此时视力下降程度同血清中维生素A水平呈反比。牛血清中维生素A水平的正常范围为25～60 μg/100 mL（表13-1）。

治疗 纠正日粮，增加日粮中维生素A含量。其最低标准为每千克体重40 IU维生素A。并且，在治疗最初数天，维生素A量应达440 IU/kg。由于视神经通过视神经管时可能受到永久性伤害，失明的青年牛预后不良。

绵马中毒

欧洲学者报道，牛采食绵马后继发视神经病。所见症状为各种程度的眼球后视神经炎、消化不良和便秘。有时发生视神经乳头炎、视神经乳头水肿

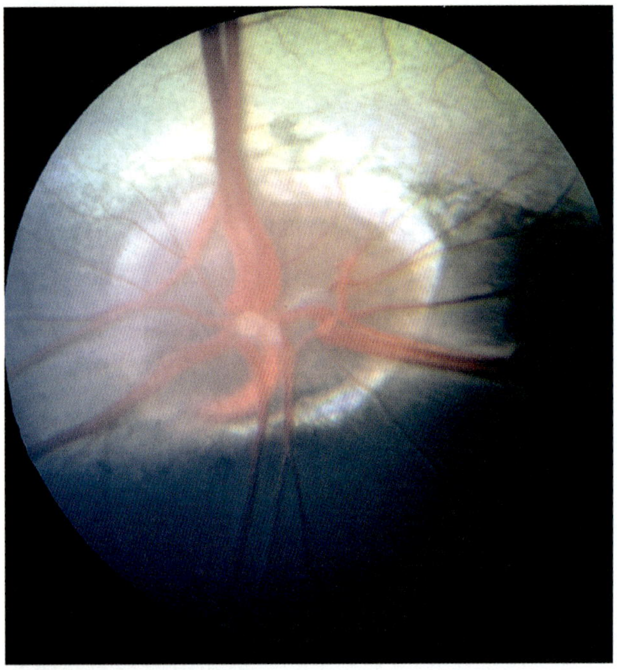

图 13-33

荷斯坦牛的正常眼底。

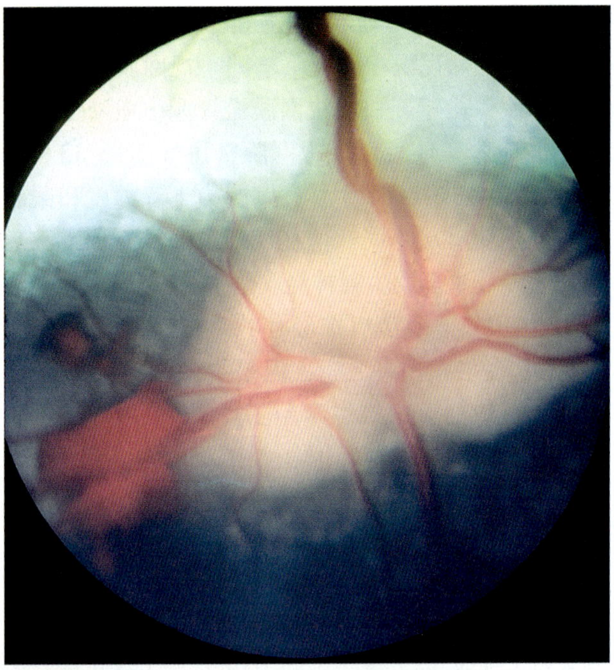

图 13-34

患维生素A缺乏症的荷斯坦小公牛发生严重的视神经乳头水肿、视网膜水肿和前视网膜出血。

以及视神经乳头周围出血。可发生暂时或永久性失明，这取决于牛采食绵马的量。

对此病的唯一治疗方法是不要在有绵马的草场上放牧，并给予对症性轻泻药。

炎症性病变 Inflammatory Lesions

病因学和症状

在妊娠第75～150 d之间的牛胎儿感染了牛病毒性腹泻病毒，可引起牛胎儿视网膜和视神经的炎症性损伤。犊牛或完全失明或部分失明，这取决于视神经损伤的程度。感染犊牛出生时，用检眼镜检查，可见视网膜萎缩、视网膜出血和视神经变性(图13-35)。视网膜萎缩表现为反光色素层区反光过强或者非反光色素层区脱色素损伤。若是并发白内障(参阅晶状体部分)，检眼镜下检查则发现眼底病变可能被掩盖。在牛群中大约同一时间出生的犊牛，不论感染与否，可能有或没有其他的先天性畸形，如短颌畸形或小脑发育不全。

许多成年牛有脉络膜视网膜多灶性瘢痕，说明败血症引起的脉络膜视网膜多灶性炎症可能比我们所认识的要常见得多。急性病例检眼镜检查可见活动性脉络膜视网膜炎的圆形绒毛样病变(“棉花绒样斑点”)，这在非反光色素层区最明显。后来此病变发展为瘢痕，其外周区无色素，中心区色素过多，因而被称为“弹孔样”病变(图13-36)。犊牛败血症或乳房炎、子宫炎和心内膜炎所致的成年牛败血症

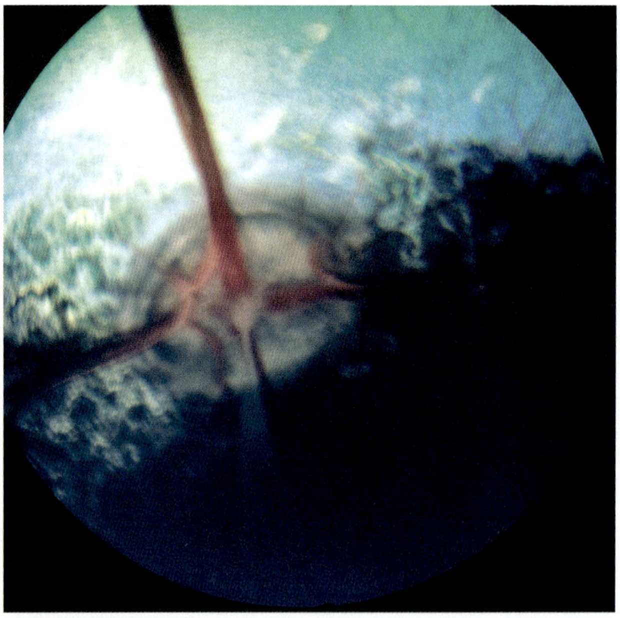

图 13-35

子宫内感染牛病毒性腹泻病毒致使犊牛出生时失明。视神经变性、脉络膜、视网膜、视乳头周围形成瘢痕以及反光色素层反光过强。

可以引起这些病变。在这些病变形成过程中，奶牛可能无任何症状，或者症状很轻。只有在奶牛完全失明后，才有可能检查视网膜病变。因此，有时可能存在昏睡嗜组织杆菌或其他病原的亚临床感染，但这尚未被证实。

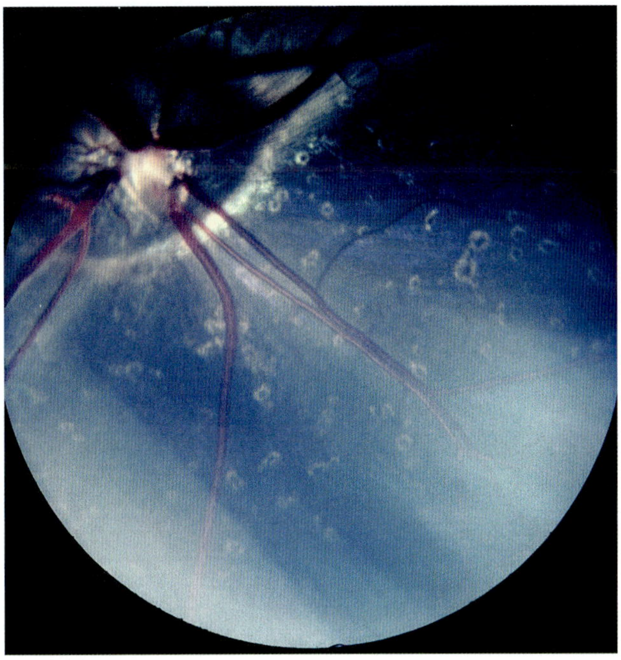

图 13-36

荷斯坦乳牛一只眼视力下降。这只眼的非反光色素层区有脉络膜视网膜多灶性瘢痕。

治疗和预防

只有确定了直接因果关系，才有可能对这些病变进行治疗和预防。例如，通过测定喂初乳前犊牛血清中特异性抗体滴度，并结合全血血沉棕黄层样品的病毒分离、鉴定，可确诊犊牛在子宫内是否感染了牛病毒性腹泻病毒。有关牛病毒性腹泻的防制请参阅第六章。

眼底的血管病变 Vascular Lesions or the Fundus

由于牛颈长时间夹在紧的斜槽内，或者偶尔被噎住，致使牛颈静脉严重受压，引起颈静脉压升得很高，可导致视神经乳头水肿、视网膜水肿以及视乳头周围视网膜出血。病牛双目失明，瞳孔非反应性放大。治疗方法为松放被夹牛，对于非妊娠牛，还可静脉注射地塞米松20～50 mg(每隔12 h静脉注射1或2次)。依据作者本人经验，发生本病的大多数牛失明，不过无一例在急性阶段做过治疗。其检眼镜下病变与维生素A缺乏症的相同，但依据临床上有无被夹情况以及是否只有一头牛发病，很容易对这两种病做出鉴别诊断。

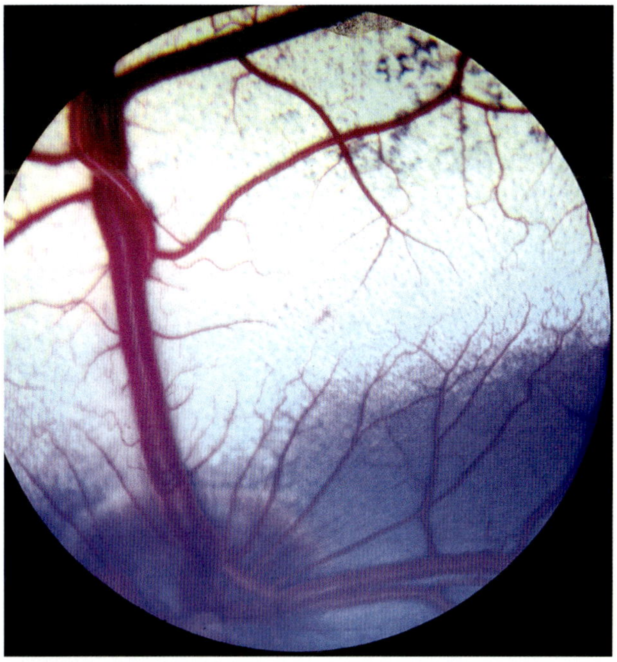

图 13-37

法乐氏四联症犊牛继发红细胞增多症，视网膜血管充血。

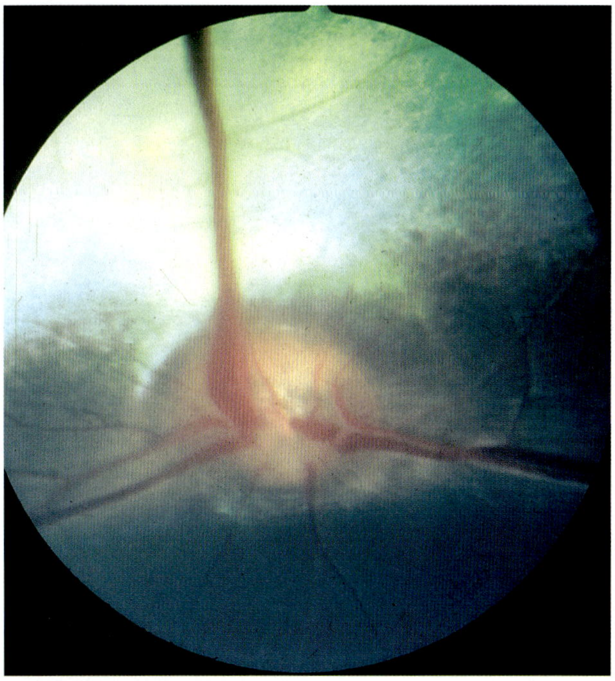

图 13-38

荷斯坦乳牛视网膜变性，眼底反光色素层区弥漫性。反光过强、血管变细、视神经乳头外周脱髓鞘。

见于牛的一些先天性心脏畸形(如发生法乐氏四联症)病例的红细胞增多症，可引起视网膜脉管显著膨大(图13-37)。应分析红细胞增多症的原发性和继发性病因。有人报道原发性红细胞增多症是娟姗牛的隐性性状。

视网膜变性 Retinal Degeneration

临床上偶尔可见到散发性视网膜变性病例。其临床特征和检眼镜下病变同其他种类动物的进行性视网膜变性相似。在英格兰一群弗里斯牛中，有几头无血缘关系的奶牛表现出了视网膜变性的临床症状。有两个报道依据的就是这些牛的症状、检眼镜下病变以及组织病理学变化。此牛群并未接触到现已知的毒素，同遗传亦无关系。

作者曾见过荷斯坦成年乳牛发生视网膜变性的几个散发性病例。有一次还见到一牛群中有2头无血缘关系的牛同时发生本病。据报道，这些病牛都反应迟钝，不发出叫声，最后饲养管理者发现它们失明。病牛不愿离开牛栏，行为可能焦躁不安，顶撞人、门和栅栏，难以控制。只有在视网膜变性很严重时，才会出现这些症状。病牛瞳孔放大，对光无反应或反应很弱。眼底镜检查结果表明眼底反

表13-1 牛非中枢神经功能性障碍而失明*

病　名	症　状	病　名	症　状
低血镁症	泌乳牛首先易感 血清中低镁，要对症治疗 四肢抽搐 感觉敏感 运动失调	毒性植物（如疯草、雄性蕨类、油菜） 脑脊髓灰质软化和盐类中毒	视神经炎、视神经乳头炎 视网膜变性、干眼 尸检发现可视神经乳头水肿 视力无异常，但对光有反射 进一步发展为癫痫
维生素A不足症	（犊牛） 眼突 视神经水肿 步态异常 癫痫	氢氰酸中毒	黏膜鲜红色，呼吸困难 接触过植物，发病动物多
酮症	（神经型） 酮尿 通常高产泌乳奶牛易发癫痫 发生四肢抽搐	狂犬病	少有失明 狂躁，上行性麻痹 流涎，感觉消失
铅中毒	头颈肌肉颤动 瞳孔扩大 狂躁不安 有接触史 血、肾、肝、粪中铅含量高	散发性牛脑脊髓炎 血栓性脑膜脑炎	发热、呼吸困难 跛行、散发 视网膜出血、视网膜炎 寒冷季节易发、嗜睡、发病早期死亡
李氏杆菌病	唐氏综合征和癫痫 头偏斜 面瘫 眼内炎 散发李氏杆菌病	肝性脑病（如犊牛门、体循环异常，犊牛或成年牛严重肝病）	瞳孔扩大 里急后重症状发生肝病时易发生光过敏现象
MCF（恶性卡他热）	鼻、口、眼损伤 眼内炎 边缘性严重角膜炎 发热	脲中毒 瘤胃酸中毒	瘤胃中充满流食，脱水，酸中毒

*牛发生这些病时，表现为眼球震颤，斜视，特别是癫痫发作时，表现为瞬膜突出。

该表是根据兽医眼科学基础理论，ed 3， St. Louis， 2001， Saunders，由Slatter D总结和修改。

光色素层区反光过强，血管变细，视神经萎缩(图13-38)。

在另一牛群中作者诊断出一头母牛及其子代母牛发生视网膜变性，这里面可能存在着遗传因素。这些牛在出生后头2年都发生了视网膜变性。组织病理学检查可见光感受器变性、视网膜变薄、无炎症性病变。

大脑皮质性失明 Cortical Blindness

瞳孔对光反应正常，视网膜、视神经毫无病变而引起失明的病变。这种情况下的失明被称为大脑皮质性失明。此时大脑皮质可能发生弥漫性病变，鉴别诊断时应注意区别犊牛和成年牛脑灰质软化、铅中毒以及严重的大脑创伤。其他的不常见病因有犊牛严重的脑膜炎、大脑皮质区脑脓肿。后者可引起偏盲，此时脓肿存在于失明眼睛对侧大脑皮质中。

成年牛发生大脑皮质性失明的一个不常见原因是严重酮病所致。Fox和其他一些有经验的临床兽医也偶尔见到发生严重酮病的病牛突然失明。经治疗纠正丙酮血症和恢复食欲后，牛依然失明。严重低血糖症或其他代谢性因素可引起这些奶牛大脑皮质纹状区功能异常。不过，这种综合征很少见。一般情况下对本病治疗无效，不过可试试低浓度葡萄糖静脉输液和皮质激素药物治疗。表13-1 牛非中枢神经功能性障碍而失明和表13-2牛通常发生的视觉功能障碍。

（王伊琴译，杨利峰、杨杨校）

表13-2 牛常见的视觉功能障碍

疾病名称	症 状	疾病名称	症 状
牛传染性角膜结膜炎（IBK）	角膜中央损伤 常见于青年牛单侧或双侧 病程4～6周 双侧结膜炎（结膜水肿有白瘢）	牛恶性卡他热（MCF）	疫病呈暴发性 大多可康复 高发病率 双侧均易发 边缘性角膜炎
传染性鼻气管炎（IBR）	流鼻涕、发热 疫病呈暴发性 大多可康复 高发病率 双侧均易发	鳞状上皮细胞癌	眼前房积脓 眼内炎、发热 低发病率

参考文献

Allen LJ, George LW, Willits NH: Effect of penicillin or penicillin and dexamethasone in cattle with infectious bovine keratoconjunctivitis, *J Am Vet Med Assoc* 206:1200-1203, 1995.

Anderson WI, Rebhun WC, deLahunta A, et al: The ophthalmic and neuroophthalmic effects of a vitamin A deficiency in young steers, *Vet Med* 86:1143-1148, 1991.

Angelos JA, Dueger EL, George LW, et al: Efficacy of florfenicol for treatment of naturally occurring infectious bovine keratoconjunctivitis, *J Am Vet Med Assoc* 216:62-64, 2000.

Ashton N, Barnett KC, Clay CE, et al: Congenital nuclear cataracts in cattle, *Vet Rec* 100:505-508, 1977.

Barnett KC, Palmer AC, Abrams JT: Ocular changes associated with hypovitaminosis A in cattle, *Br Vet J* 126:561-577, 1970.

Bistner SI, Robin L, Aguirre G: Development of the bovine eye, *Am J Vet Res* 34:7-12, 1973.

Bistner SI, Shaw D, Sartori R: Ocular manifestation of low level phenothiazine administration to cattle. In *Transactions: 11th Annual Scientific Program of College of Veterinary Ophthalmologists*, pp. 85-94, 1980.

Blood DC, Radostits OM, Henderson JA: *Veterinary medicine, a textbook of the diseases of cattle, sheep, pigs, goats and horses*, ed 10, London, 2007, Saunders.

Booth A, Reid M, Clark T: Hypovitaminosis A in feedlot cattle, *J Am Vet Med Assoc* 190:1305-1308, 1987.

Bradley R, Terlecki S, Clegg FG: The pathology of a retinal degeneration in Friesian cows, *J Comp Pathol* 92:69-83, 1982.

Brown MH, Brightman AH, Fenwick BW, et al: Identification of lactoferrin in bovine tears and its in vitro effect on Moraxella bovis, *Am J Vet Res* 35:437-439, 1996.

Carter-Dawson L, Kuwabara T, O'Brien PJ, et al: Structural and biochemical changes in vitamin A-deficient rat retinas, *Invest Ophthalmol Vis Sci* 18:437-446, 1979.

Clare NT: The metabolism of phenothiazine in ruminants, *Aust Vet J* 23:340-344, 1947.

Clare NT, Whitten LK, Filmer D: Identification of the photosensitizing agent in photosensitized keratitis in young cattle following use of phenothiazine as an anthelmintic, *Aust Vet J* 23:344-348, 1947.

Clegg FG, Terlecki S, Bradley R: Blindness in dairy cows, *Vet Rec* 109:101-103, 1981.

Collor JS: Safety and efficacy of Gram-negative bacterial vaccines, *Bov*

Pract 29:13-17, 1994.
Cook N: Combined outbreak of the genital and conjunctival forms of bovine herpesvirus 1 infection in a UK dairy herd, *Vet Rec* 143:561-562, 1998.
Davis TE, Krook L, Warner RG: Bone resorption in hypovitaminosis A, *Cornell Vet* 60:90-119, 1970.
Deas DW: A note on hereditary opacity of the cornea in British Friesian cattle, *Vet Rec* 71:619-620, 1959.
Den Otter W, Hill FW, Klein WR, et al: Therapy of bovine ocular squamous cell carcinoma with local doses of interleukin-2, *Cancer Immunol Immunother* 41:10-14, 1995.
Divers TJ, Blackmon DM, Martin CL, et al: Blindness and convulsions associated with vitamin A deficiency in feedlot steers, *J Am Vet Med Assoc* 189:1579-1582, 1986.
Dueger EL, George LW, Angelos JA, et al: Efficacy of a long-acting formulation of ceftiofur crystalline-free acid for the treatment of naturally occurring infectious bovine keratoconjunctivitis, *Am J Vet Res* 65:1185-1188, 2004.
Eastman TG, George LW, Hird DW, et al: Combined parenteral and oral administration of oxytetracycline for control of infectious bovine keratoconjunctivitis, *J Am Vet Med Assoc* 212:560-563, 1998; comment 212:1365, 1998.
Eaton HD: Chronic bovine hypo- and hypervitaminosis A and cerebrospinal fluid pressure, *Am J Clin Nutr* 22:1070-1080, 1969.
Erb C, Nau-Staudt K, Flammer J, et al: Ascorbic acid as a free radical scavenger in porcine and bovine aqueous humour, *Ophthalmic Res* 36:38-42, 2004.
Evans K, Smith M, McDonough P, et al: Eye infections due to Listeria monocytogenes in three cows and one horse, *J Vet Diagn Invest* 16:464-469, 2004.
Fox FH: The eyes. In Fincher MG, Gibbons WJ, Mayer K, et al., editors: *Diseases of cattle*, Evanston, IL, 1956, American Veterinary Publications, pp. 385-398.
Frank SK, Gerber JD: Hydrolytic enzymes of Moraxella bovis, *J Clin Microbiol* 13:269-271, 1981.
Gearhart MS, Crissman JW, Georgi ME: Bilateral lower palpebral demodicosis in a dairy cow, *Cornell Vet* 71:305-310, 1981.
George LW: Clinical infectious bovine keratoconjunctivitis, *Compend Contin Educ Pract Vet* 6:S712-S724, 1984.
George LW, Ardans A, Mihalyi J, et al: Enhancement of infectious bovine keratoconjunctivitis by modified-live infectious bovine rhinotracheitis virus vaccine, *Am J Vet Res* 49:1800-1806, 1988.
George LW, Kagonyera G: Pathogenesis and clinical management of infectious bovine keratoconjunctivitis, *Bov Proc* 20:26-32, 1988.
George L, Mihalyi J, Edmondson A, et al: Topically applied furazolidone or parenterally administered oxytetracycline for the treatment of infectious bovine keratoconjunctivitis, *J Am Vet Med Assoc* 192:1415-1422, 1988.
George LW, Borrowman AJ, Angelos JA: Effectiveness of a cytolysin-enriched vaccine for protection of cattle against infectious bovine keratoconjunctivitis, *Am J Vet Res* 66:136-142, 2005.
Gillespie JH, Timoney JH: *Hagan and Bruner's infectious diseases of domestic animals*, ed 7, Ithaca and London, 1981, Comstock Publishing Associates.
Grahn B, Wolfer J: Diagnostic ophthalmology (orbital emphysema in a calf), *Can Vet J* 36:388-399, 1995.
Grier RL, Brewer WG Jr, Paul SR, et al: Treatment of bovine and equine ocular squamous cell carcinoma by radio-frequency hyperthermia, *J Am Vet Med Assoc* 177:55-61, 1980.
Grimes TD: Retinal detachment with associated intra-ocular abnormality in related Irish Friesian cattle. In *Transactions: 17th Annual Meeting of the American College of Veterinary Ophthahnology and Scientific Program of the International Society of Veterinary Ophthalmologists*, 1986.
Guard CL, Rebhun WC, Perdrizet JA: Cranial tumors in aged cattle causing Horner's syndrome and exophthalmos, *Cornell Vet* 74:361-365, 1984.
Hayes KC, Nielsen SW, Eaton HD: Pathogenesis of the optic nerve lesion in vitamin A deficient calves, *Arch Ophthalmol* 80:777-787, 1968.
Heider L, Wyman M, Burt J, et al: Nasolacrimal duct anomaly in calves, *J Am Vet Med Assoc* 167:145-147, 1975.
Hoffmann D, Jennings PA, Spradbrow PB: Immunotherapy of bovine ocular squamous cell carcinomas with phenol-saline extracts of allogeneic carcinomas, *Aust Vet J* 57:159-163, 1981.
Jeffrey M, Duff JP, Higgins RJ, et al: Polioencephalomalacia associated with the ingestion of ammonium sulphate by sheep and cattle, *Vet Rec* 134:343-348, 1994.
Kagonyera GM, George LW, Munn R: Light and electron microscopic changes in corneas of healthy and immunomodulated calves infected with Moraxella bovis, *Am J Vet Res* 49:386-395, 1988.
Kleinschuster SJ, Rapp HJ: Immunotherapy of bovine ocular carcinoma with BCG cell wall vaccine. In *Proceedings: 68th Annual Meeting American Association of Cancer Researchers*, 1977, p. 85.
Kopecky KE, Pugh GW Jr, McDonald TJ: Influence of outdoor winter environment on the course of infectious bovine keratoconjunctivitis, *Am J Vet Res* 42:1990-1992, 1981.
Ladouceur CA, Kazacos KR: Eye worms in cattle in Indiana, *J Am Vet Med Assoc* 178:385-387, 1981.
Lane VM, George LW, Cleaver DM: Efficacy of tulathromycin for treatment of cattle with acute ocular *Moraxella bovis* infections, *J Am Vet Med Assoc* 229(4):557-561, 2006.
Levisohn S, Garazi S, Gerchman I, et al: Diagnosis of a mixed mycoplasma infection associated with a severe outbreak of bovine pinkeye in young calves, *J Vet Diagn Invest* 16:579-581, 2004.
Marolt J, Burdnjak Z, Vekelic E, et al: Specific ophthalmia of cattle, *Zentralbl Veterinärmed* 10A:286-294, 1963.
Mason CS, Buxton D, Gartside JF: Congenital ocular abnormalities in calves associated with maternal hypovitaminosis A, *Vet Rec* 153:213-214, 2003.
McConnel CS, House JK: Infectious bovine keratoconjunctivitis vaccine development, *Aust Vet J* 83:506-510, 2005.
McConnon JM, White ME, Smith MC, et al: Pendular nystagmus in dairy cattle, *J Am Vet Med Assoc* 182:812-813, 1983.
Momke S, Distl O: Bilateral convergent strabismus with exophthalmus (BCSE) in cattle: an overview of clinical signs and genetic traits, *Vet J* 173:272-277, 2007.
Moore LA: Some ocular changes and deficiency manifest in mature cows fed a ration deficient in vitamin A, *J Dairy Sci* 24:893-902, 1941.
Moore LA, Sykes JF: Terminal CSF pressure values in vitamin A deficiency, *Am J Physiol* 134:436-439, 1941.
Moritomo Y, Koga O, Miyamoto H, et al: Congenital anophthalmia with caudal vertebral anomalies in Japanese Brown Cattle, *J Vet Med Sci* 57:693-696, 1995.
Neilsen SW, Mills JHL, Woelfel CG, et al: The pathology of marginal vitamin A deficiency in calves, *Res Vet Sci* 7:143-150, 1966.
O'Toole D, Raisbeck M, Case JC, et al: Selenium induced "blind staggers" and related myths: a commentary on the extent of historical livestock losses attributed to selenosis on Western U.S. rangelands, *Vet Pathol* 33:104-116, 1996.
Paulsen ME, Johnson LaR, Young S, et al: Blindness and sexual dimorphism associated with vitamin A deficiency in feedlot cattle, *J Am Vet Med Assoc* 194:933-937, 1989.
Pugh GW Jr, Hughes DE: Bovine infectious keratoconjunctivitis: Moraxella bovis as the sole etiologic agent in a winter epizootic, *J Am Vet Med Assoc* 161:481-486, 1972.
Raisbeck MF, Dahl ER, Sanchez DA, et al: Naturally occurring selenosis in Wyoming, *J Vet Diagn Invest* 5:84-87, 1993.
Rebhun WC, King JM, Hillman RB: Atypical actinobacillosis granulomas in cattle, *Cornell Vet* 78:125-130, 1988.
Rosen ES, Edgar JT, Smith JLS: Male fern retrobulbar neuropathy in cattle, *Trans Ophthalmol Soc UK* 89:285-299, 1969.
Rosenbusch RF, Kinyon JM, Apley M, et al: In vitro antimicrobial inhibition profiles of Mycoplasma bovis isolates recovered from various regions of the United States from 2002 to 2003, *J Vet Diagn Invest* 17:436-441, 2005.
Ruggles AJ, Irby NL, Saik JE, et al: Ocular lymphangiosarcoma in a cow, *J Am Vet Med Assoc* 200:1987-1988, 1992.
Saunders LZ, Fincher MG: Hereditary multiple eye defects in grade Jersey calves, *Cornell Vet* 41:351-366, 1951.
Saunders LZ, Rubin LF: *Ophthalmic pathology of animals*, Basel, Switzerland, 1975, S. Karger.
Shryock TR, White DW, Werner CS: Antimicrobial susceptibility of Moraxella bovis, *Vet Microbiol* 61:305-309, 1998.
Slatter D: *Fundamentals of veterinary ophthalmology*, ed 3, St. Louis, 2001, WB Saunders.
Smith JS, Mayhew IG: Horner's syndrome in large animals, *Cornell Vet* 67:529-542, 1977.
Stehman SM, Rebhun WC, Riis RC: Progressive retinal atrophy in re-

lated cattle, *Bov Pract* November:195-197, 1987.

Stewart RJ, Masztalerz A, Jacobs JJ, et al: Local interleukin-2 and interleukin-12 therapy of bovine ocular squamous cell carcinomas, *Vet Immunol Immunopathol* 106:277-284, 2005.

Stewart RJ, Masztalerz A, Jacobs JJ, et. al: Treatment of ocular squamous cell carcinomas in cattle with interleukin-2, *Vet Rec* 159(20):668-672, 2006.

Tennant B, Harrold D, Reina-Guerra M, et al: Arterial pH, PO_2 and PCO_2 of calves with familial bovine polycythemia, *Cornell Vet* 59:594-604, 1969.

Van der Woerdt A, Wilkie DA, Gilger BC: Congenital epiphora in a calf associated with dysplastic lacrimal puncta, *Agric Pract* 17:7-11, 1996.

Whittaker CSG, Gelatt KN, Wilkie DA: Food animal ophthalmology. In Gelatt KN, editor: *Veterinary ophthalmology*, ed 4, Philadelphia, 2007, Williams & Wilkins.

Whitten LK, Filmer DB: A photosensitized keratitis in young cattle following the use of phenothiazine as an anthelmintic. *Aust Vet J* 23:336-340, 1974.

Willoughby RA: Congenital eye defects in cattle, *Mod Vet Pract* 49:36, 1968.

第十四章
CHAPTER 14

代谢性疾病
Metabolic Diseases

Simon F. Peek and Thomas J. Divers

热乳和酮病这些泌乳早期常见的代谢性疾病实质上是管理性疾病。在群体水平上，疾病是否发生取决于在干奶后期和泌乳早期，为提高产奶量而向高营养日粮过渡时的奶牛的饲养管理。在现代奶牛业中，由于传染病可通过免疫有效控制，通过加强饲养管理来预防常见代谢性疾病尤为重要。饲养管理包括饲料来源、贮存、制备、日粮配方和运输。良好的饲养管理还能提供一个尽可能舒适的、最大限度利用饲料的环境条件。在调查群体代谢疾病的过程中，都必须考虑各种因素。个别奶牛由于体质差、并发症、遗传病和干物质吸收减少等原因而发生代谢病。除了钙，其他与奶牛相关的元素包括钾、镁和磷。尽管与低血钙症相比，其他相关因素引发代谢病的几率较小，但也在本章给予讨论。

酮病：病因、分类和病理生理学
KETOSIS: CAUSES, CLASSIFICATION,AND PATHOPHYSIOLOGY

酮病发生于奶牛能量负平衡时，最常见于妊娠最后2周和泌乳早期。妊娠最后几周，由于激素作用和瘤胃体积减小，从而引起营养物质摄入减少和/或脂解作用的增强。分娩时，产奶量的增加导致了能量负平衡。尽管脂类主要提供牛奶生产和乳糖形成时所需能量，但也用于乳脂的生物合成。很显然，从开始泌乳前2周产犊后4周，我们对奶牛补充的营养不能满足其产奶的消耗。酮病可分为几类，但其病理生理学大致相似，包括脂解，未酯化游离脂肪酸的过量释放、脂肪酸以三酰基甘油形式在肝内储存增加以及一些奶牛极低密度脂蛋白在肝内的分泌减少。某些患有原发性酮病的奶牛由于不能将三酰基甘油从肝脏正常排出，可能对肝脂沉积具有遗传易感性。

妊娠毒血症与能量供给不能满足胚胎发育密切相关。本病在小奶牛和经产奶牛的发生率相同，但更易发生于产双胞胎奶牛。暂时继发性酮病奶牛血浆中β-羟丁酸（BHB）出现暂时性升高，其主要是由于其他疾病如皱胃左侧移位引起饲料吸收率降低所致。亚临床酮病指泌乳前几周“临床表现”正常的奶牛，其血浆β-羟丁酸的值高于1 400 μmol/L或14.4 mg/dL。临床上表现为体重显著减轻、食欲降低、产奶量减少、繁殖能力降低。在某些泌乳早期的奶牛群中，亚临床酮病发生率为30%～50%。

原发性临床酮病指泌乳早期奶牛的酮病（常见于1～3周所产的奶中，最常发生于奶牛第2～4泌乳期）。这些奶牛产犊前采食、身体状况均正常，无其他临床疾病，但其血浆β-羟丁酸含量高于3 000 mol/L或26 mg/dL。肥胖牛/脂肪肝综合征指分娩前或分娩时发病，出现食欲显著减退，回归性乳热和胎盘滞留、肌病和败血症的奶牛。

肝脏脂肪沉积至少表现为3种形式：①亚临床酮病的临床静止期。②由于遗传因素或分娩性肥胖的易感个体，在早发性围乳期酮病后的慢性脂动员。③泌乳期的最初几天，大量脂类聚集于肝内的过肥奶牛的围乳期酮病。

酮病的临床症状和诊断
Clinical Signs and Diagnosis of ketosis

原发性或自发性酮病最常见于泌乳期的第1个月内，大多在泌乳期的第2～4周发生。泌乳期早期（第1周）发生酮病的奶牛或泌乳期酮病持续超过4周的奶牛最可能出现肝内大量脂肪沉积。患病奶牛摄入的全混合日粮（TMR）减少，如草料分开饲喂，奶牛喜欢吃草而非精料。体温、脉搏和呼吸正常，偶尔低于正常。吃全混合日粮（TMR）的奶牛瘤胃体积缩小，收缩频率降低，在瘤胃内表面形成一薄层明显的纤维膜。草料分喂的牛瘤胃大小正常，但有一大的柔软的纤维层。听诊病牛瘤胃时，通常听到其心跳。呼出的气体、尿液或奶中可检出酮体。一些嗅觉敏感的人能够很容易闻出酮体的气味。尽管特异性没有使用牛奶酮体检测法高，但尿中乙酰乙酸的检测应用广泛，是最敏感的检测方法。如果尿液颜色为紫色，说明存在乙酰乙酸（图14-1）。其浓度可通过颜色变化的速度和强度反映出来，但尿中乙酰乙酸的检测可能受其水合状态和尿浓度的影响。许多患有原发性酮病的奶牛，尿液检测时呈深紫色，尽管肝脏脂肪沉积的奶牛尿液可能呈浅紫色且粪便比同一泌乳期的同群牛干燥。患病奶牛反应迟钝，被毛干枯、逆立。

患神经性酮病的奶牛常表现为不停地舔自身和其他物体、具有攻击行为、头部姿态异常等临床症状。神经性酮病的发病机理不清楚。一些原发性酮病的奶牛由于体质弱而不能站立或共济失调，这与病牛血糖过低直接相关。代谢性酮病可能发生于部分奶牛，而且只有少数奶牛可能会很严重（碳酸氢盐浓度低达12 mEq/L）。

继发性酮病具有与原发病相关的症状，常见于皱胃移位。除了见于子宫炎，酮病很少发生于患腹膜炎、败血性乳腺炎和沙门氏菌病等全身性疾病的奶牛。继发性酮病的尿酮体试纸条常呈淡紫色，但如果奶牛脱水或尿浓缩，试纸条颜色为深紫色。治疗应该针对原发病，以使酮病消退。如果酮病持续存在，则应考虑原发性酮病。一部分皱胃移位的奶牛常发展为原发性酮病。这并不奇怪，证据表明，这两种病之间存在联系。如果 β - 羟丁酸的测定浓度高于1 400 μmol/L，证明为原发性酮病。

酮病持续存在1～7周的奶牛常出现肝脂沉积。肝脂沉积常可通过超声检查和肝脏活检(图14-2)证实，由于诊断简单但治疗很难，因而该方法很少使用。患慢性酮病/脂动员和肝脂沉积的奶牛体重显著减轻，食欲减退，尽管饲料吸收较少，但仍产适量的奶(图14-3)。患酮病奶牛可能出现低血糖症导致的体质虚弱，脂肪在肌肉蓄积引起的肌无力和/或低血钾症。一些奶牛死亡，或者被卖掉，或者出现由于经常治疗引起的并发症，例如葡萄糖注射引起的静脉炎、强制进食引起的口部损伤。肝脏的酶类包括天冬氨酸氨基转移酶（AST）γ-谷氨酰基转移酶

图 14-1

原发性酮病患病奶牛的尿样检测呈现乙酰乙酸条带反应阳性。

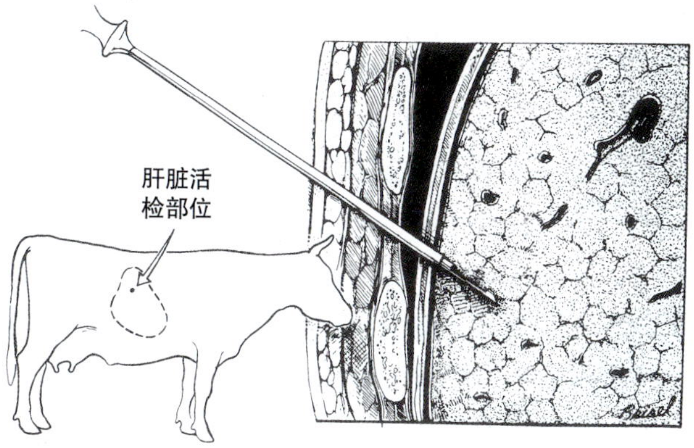

图 14-2

奶牛肝组织活检的部位和方法。多数情况下，肝脏脂肪沉积并不需要肝组织活检和超声检查进行诊断。诊断主要根据发病史、临床症状和实验室检查。

图 14-3

一头患有慢性酮病、慢性脂动员、体重减轻和肝脏脂肪沉积的4岁荷斯坦奶牛。经治疗4周后痊愈。

周。此系统对“应激”很敏感，它可通过拟交感神经途径，导致过量脂动员和肝脂蓄积。

妊娠后期到分娩前，奶牛干物质吸收（DMI）降低多达20%。干物质吸收减少（成年荷斯坦牛DMI从15 kg/d降低到12 kg/d）时，机体内储脂动员的速度增加。血清中NEFAs浓度相应增加。当在分娩前测定时，最终发展为病理性肝脂沉积的奶牛NEFAs水平，高于早期泌乳高峰时的上限。如果在分娩前7 d测定NEFAs，对预测酮病发生率，在某种程度上，对皱胃移位、胎盘滞留具有一定的诊断价值。理想情况下，NEFAs值在这段时间内应保持在0.5 mmol/L或稍低。产犊前1周是测定NEFAs的最佳时间，因为在奶牛中随机抽样测定有助于判定是否干乳后期的能量平衡与群体内酮病的高发生率有关。产犊后 β - 羟丁酸可用于判定有亚临床症状的奶牛酮体水平。如果酮体值＞1 400 mmol/L，即认为发生了酮病。如果追溯病史，这些患酮病的奶牛在产犊前1周干物质摄取量仅为12 kg或更少，并且NEFAs值升高。牛奶成分测定常用于检测泌乳期奶牛的能量消耗。当乳脂与乳蛋白的比值超过1.5时，发生酮病的危险性增加。这就暗示了NEFAs对于奶牛乳脂合成的重要性。只要乳产量不进一步增加，在泌乳早期设法降低乳脂合成有利于预防酮病。

由于所有奶牛在围产期都经历了脂肪在肝脏的生理性蓄积，凡能导致大量脂动员的疾病最可能引起肝内过量脂肪蓄积和酮病。多脂症或其他降低采食的疾病都是潜在的致病因素。相反，在分娩前3周直到分娩，瘤胃瘘管强制饲喂与自由采食比较，可使肝中增加的甘油三酯从23%降低到16%。大量数据表明，在妊娠最后2周，应尽量逐步增加非纤维素碳水化合物（NFCs）的摄入量，以提高干物质的摄入和维持正能量平衡。此外还有一个好处是，血浆中胰岛素升高，可抑制了脂解作用。NFCs的增加（可达34%～36%）应是一个逐步的过程，这样奶牛在泌乳期的最初几天将会逐步增加能量的摄入。干奶后期一般都减量饲喂，但限制饲喂可能是一个棘手问题。有人建议待产牛要分群饲喂，并给以其比干奶早期营养浓度更高的配合日粮。对这群奶牛的管理不当导致了产后酮病的暴发。Guard博士记录了一群给予适量日粮却发生了酮病的临产牛。3 m长的饲槽空间内喂养15～25头牛。饲槽的前边有一个深的污水坑。此外，在饲槽周围有一个电栅栏并横穿其顶部，以防止奶牛踩踏饲料。建造一个20 m长，远离污水坑和电围栏的饲槽解决了酮病这一问题。Guard博士记录了一个300头围产期奶牛的牛群，仅仅由于饥饿，在4周内致使半数奶牛因肝功能衰竭而死。尽管在现代化管理条件下，这种情况不可能发生。管理人员为防止其过肥，以致只给予其5 kg的劣质干草。濒死奶牛消瘦，体况评分为2～2.5，但却有严重的肝脂沉积。

在实验中，将泌乳奶牛所需营养物质的摄入量减至80%，并输入 β -羟丁酸的前体物丁二醇，可复制酮病和肝脂沉积。在这个模型中，肝脂沉积发生于临床酮病前。这并不奇怪，因为肝脏脂肪浸润削弱了来源于瘤胃的丙酮酸和氨基酸的糖异生作用，丙酮酸和氨基酸是肝脏糖异生的两种重要底物。实验牛临床症状直到发展为低血糖时才出现。不管肥胖与否，长时间的干奶本身就增加了临床酮病的可能。现已发现，许多患有重症酮病无法用常规方法治愈的奶牛，干奶期提前3个月甚至更长。这种情况尤其常发现于胚胎移植的奶牛。尽管这种现象的病理生理学特征尚无报道，但许多医生都观察到同样的现象。据认为体况评分大于4.0，患酮病的几率增加（见附录1）。

实验证明，干奶期尤其是在分娩前最后3周，蛋白质供给不足会增加奶牛发生酮病的几率。研究中，给治疗组补充动物源性蛋白质以增加其旁路代谢和总天然蛋白的吸收。进行这项研究的营养学家普遍认为，仅增加干奶期奶牛日粮中的粗蛋白质与用较贵的动物源性蛋白质产生的效果几乎一致。如果在日粮中给予临产奶牛较高的非纤维素碳水化合物，这将会提供微生物蛋白产量增加的几率。临产期奶牛和小母牛对于可吸收蛋白的最低需求量为900 g/d，泌乳期需求量将增加到1 100 g/d。赖氨酸和甲硫氨酸应供应充足，以使日粮平衡。日粮中任何形式的蛋白质，尤其是非蛋白氮和可溶性蛋白质的供给过量，都可使奶牛酮病发生。一项研究表明，在奶牛日粮中添加尿素，引起不同泌乳期奶牛多次暴发酮病。添加尿素的原因是玉米青贮饲料不能被完全消化，或奶牛产奶量不能达到预期要求。在所有已知饲喂尿素后暴发酮病的病例中，当从日粮中去除尿素后，酮病都自然恢复。Guard博士将一个200头奶牛的牛群在苜蓿牧场放牧，大约50%的奶牛发生了酮病。治疗的措施是将奶牛每天关养12 h，并喂给每头奶牛添加120 mL丙二醇的青贮玉米。

一项研究发现，奶牛在产前2周每天给烟酸6 g，产后每天12 g，持续12周。服用了过量烟酸的奶牛血糖含量比对照组高，而血中β-羟丁酸的浓度比对照组低。另一个评价剂量效应的实验中，分别给予产后奶牛烟酸量0，3，6和12 g/d，持续12周。在剂量为3 g/d的组中，未发现有效果。给予烟酸6 g或12 g/d的奶牛，产奶量和血糖浓度比给药0或3 g/d的奶牛略微升高。尽管有这些结果，但添加烟酸来预防酮病尚未被广泛采用。因费用和只给早期泌乳奶牛提供饲料所带来的不便限制了此法的应用。烟酸用于高发病率酮病或过度肥胖的围乳期奶牛可能最有效。

现在，临产奶牛和泌乳奶牛日粮中使用离子载体将为预防酮病提供一个强有力的工具。这类抗生素的作用是降低乙酸的生成和促进瘤胃细菌产生丙酸盐。由于丙酸可被肝转变为葡萄糖，其含量增加可减少低血糖症和从储脂中过量动员脂肪。围乳期给予瘤胃控制释放的莫能菌素，可减少50%的酮病发生率，同时降低未酯化脂肪酸的浓度。瘤胃内控制释放的莫能菌素胶囊比将其添加到饲料中更有效。在干物质的摄取量减少时，如果在饲喂日粮中添加莫能菌素，莫能菌素的浓度可能太低，以至于对瘤胃微生物无效。

如果不考虑奶牛的舒适性，那么对其酮病的预防将无从谈起。对围乳期奶牛提供充足的进食和活动空间非常重要。此外，要想使奶牛正常反刍，舒适的休息空间和环境很重要。干乳期后期，应避免圈舍的频繁迁移，因为奶牛需要不断地建立甚至重建它们的社会关系和熟悉新的环境，而这将影响奶牛对干物质的摄取。

低血钙症
HYPOCALCEMIA

病理生理学 Pathophysiology

成年奶牛正常的血钙浓度在8.5～10 mg/dL，即一个600 kg重的奶牛血浆中仅含有3 g钙。显然，为了满足初乳中需要的钙、胎儿的成熟、妊娠后期的初次泌乳（每天总共需要钙30 g），成年奶牛需要从骨骼动员一定数量的钙，并且提高胃肠道对钙的吸收效率。肠道对钙的吸收主要依赖于1,25-二羟维生素D_3，而1,25-二羟维生素D_3由肾脏在甲状旁腺素（PTH）的作用下产生。钙平衡第三个环节，即肾脏对钙的吸收增加，尽管其数量很少，但其在增强过渡期奶牛对钙的利用方面具有重要作用。血浆中钙水平可维持肌肉细胞、神经细胞及其他细胞的重要功能。血浆中钙平衡的调节通过甲状旁腺素的作用而实现。当钙水平生理性降低时，机体产生甲状旁腺素。甲状旁腺素的作用是增加对破骨的重吸收（PTH的直接作用），促进肠道对钙的吸收（借助1,25-二羟维生素D_3），增强肾小管对钙的重吸收。甲状旁腺素对血浆钙的减少高度敏感，但这种敏感性会受到低血镁症的影响，这就部分解释了临床上奶牛低血镁性搐搦和低血钙之间的联系，包括未泌乳奶牛，这种联系在文献中有详尽记载。其他几种重要因素也会干扰PTH在组织水平上的活性，尽管甲状旁腺素分泌正常，但其活性削弱了奶牛对泌乳需求高效反应的能力。或许其中最重要的因素是酸碱平衡的作用，这也是近年来研究的热点。代谢性碱中毒增加了奶牛对乳热和亚临床低血钙症的敏感性，因为它通过构象改变PTH-受体相互作用，从而干扰了骨骼钙的重吸收和肠道对钙的吸收。尽管PTH正常分泌，但PTH-受体相互作用的改变使得下游信号中断，从而使其水平不能升高。Ender 和Dishington于1971年首次发现，饮用化奶牛可降低低血钙症的发生率。许多研究者包括Oetzel 和Goff随后将这一方法加以改进，在干奶期奶牛日常食物中补充阴离子盐，由于妊娠后期的相对酸化，降低了乳热和亚临床低血钙症的发生率。值得注意的是，单价阳离子如钾离子和钠离子可能通过它们的碱化效应及随后降低的组织对PTH的反应，影响乳热的发生，这远远大于干乳期后期和泌乳早期钙离子产生的影响。理论上，饲喂低钙日粮可减少乳热的发生率，这是因为长期高PTH水平可克服碱化对组织应答造成的负面影响。长期低钙日粮、配置和运输在实际应用中受到限制。有关日粮中阴阳离子和pH值的控制将在以后的章节中详细讨论。

其他因素，尤其是年龄、品种和内分泌如雌激素水平，在奶牛低血钙的发展过程中起作用。随着年龄的增加，由于骨细胞数量的降低，骨骼中可供利用的钙减少。这也是成骨细胞活性高的小母牛不发生临床乳热的原因。另一个与年龄相关的变化是老龄奶牛的外周组织中PTH受体减少。临床医生经长期观察发现，娟姗奶牛的乳热发病率比荷斯坦奶牛高。尽管对这种品种易感性不同的原因没有一个极具说服力的解释，但两个因素可能在其中起作用。与荷斯坦奶牛相比，①娟姗奶牛初乳中的钙浓度较高；②肠道中1,25-二羟维生素D_3受体的数量较少。尽管在妊娠最后几天雌激素量增加，雌激素对骨骼中钙动员有负效应，但雌激素似乎并不是乳热高发生率和低血钙症加重的原因。

临床症状 Clinical Signs

临产期低血钙症可能发生于产前24 h产后72 h。最初奶牛表现不安、兴奋和食欲减退。这一阶段许多奶牛头部周围受到刺激时伸出舌头，这只是奶牛想攻击人或想逃走但不能实现时做出的举动。奶牛已渐渐失去调节深部体温的功能。因此奶牛直肠温度的高低依赖于周围环境温度。当周围温度低于68.0 °F/（或20.0 °C）时，体表温度降低，导致四肢湿冷。瘤胃收缩减弱直至停止。奶牛步履蹒跚或倒地，倒地后通常不能再站立。低血钙症时，心率加快，然而由于静脉回流减少，心肌收缩力减弱，心输出量降低。由于气体不能排出，瘤胃鼓气。奶牛由胃鼓气或心血管功能丧失引发动物窒息而导致的死亡常发生在12 h之内。通常将低血钙症分为3个期。第1期，奶牛仍能够站立。第2期，奶牛卧地不起。第3期，奶牛昏迷，失去反应。

治疗 Treatment

多年来，世界各地治疗低血钙症最常规的方法是将硼葡萄糖酸钙经非消化道给药。由于个人的喜好及其认为奶牛所需的治疗量不同，输入溶液中钙的浓度、钙盐组成、其他元素和碳水化合物可能差别很大。毫无疑问，静脉或皮下注射硼葡萄糖酸钙溶液治疗，可很快恢复骨骼肌的紧张度和胃肠道平滑肌的功能。在静脉补钙期间，奶牛常打嗝、排便或排尿。许多低血钙症2期病例，在含钙溶液即将输入或输入后不久即可站立。低血钙症3期奶牛可能需要较长时间才能站立而不需要帮助，但有时在静脉补钙后几分钟即可站立。应将躺卧在平滑地面如没有水泥的厩舍的奶牛转移到一个容易站立的地方。该方法有助于防止奶牛出现劳累性肌病和其他肌肉骨骼损伤，而这两种病最常见于患有低血钙症的奶牛在光滑地面挣扎着站立的奶牛。

血清中钙浓度的正常值在8.5～10 mg/dL 之间。分娩时低血钙症的发展程度并不与临床症状完全相关。血清钙浓度为7 mg/dL时，多数奶牛能够站立，但有轻微的胃鼓气和食欲减退，浓度为5 mg/dL时，大多数奶牛不能站立，浓度低于4 mg/dL时，大多数奶牛昏迷。一个标准的含23%硼葡萄糖酸钙的500 mL的瓶中含钙10 g。一头体况良好、重达700 kg的成熟荷斯坦奶牛，其细胞外液约为210 L。如果其钙浓度为5 mg/dL，则缺乏的钙为10.5 g。这样，一标准瓶钙即可将血清钙浓度增加到10 mg/dL。

口服凝胶和液体在治疗和预防奶牛低血钙症中的应用日益增多。简单钙盐中只有氯化钙被证明对临床乳热具有较好的疗效。给卧地不起的奶牛灌服液体氯化钙往往具有腐蚀性，引起吸气性肺炎，甚至死亡。奶牛口服钙添加剂时，其功能性的吞咽反应可阻止这些腐蚀性物质进入气管。因此在用药前，要对低血钙症和肌无力的严重程度进行评价。给未补料的早期泌乳奶牛灌服含有丙酸钙的液体的情况日益增多。口服给药1.5 lb的丙酸钙提供约140 g的钙。然而口服1 lb的丙酸钙提供90 g的钙，丙酸钙还可补充能量，并且无腐蚀性。研究表明，与传统的静脉给药疗法相比，口服给药钙制剂在降低乳热的复发率和减轻临床症状更有优势。然而，根据临床医师和养牛场的经验，选择静脉补钙用于治疗卧底不起的乳热病例。但在许多奶牛场，表现食欲减退的低血钙症奶牛完全转变为口服给药。

大多数患有单纯乳热的病例，只需简单治疗。如果复发，除了补充钙以外，还应该补充镁。不同的临床医生对易发生乳热的奶牛的牛奶处理方法不同。局部挤奶可减轻低血钙症的发生。不完全挤奶可能导致漏奶和对环境乳腺炎的易感性。

作为群体问题的乳热 MILK FEVER AS A HERD PROBLEM

国家动物卫生监督机构调查发现，美国在1996年和2002年乳热的发生率分别为5.9%和5.2%。许多兽医认为，当超过20%成年奶牛发生乳热时，即认为是一个群体问题。在管理良好的奶牛场，成年奶牛的乳热发病率不超过8%。在威斯康星大学，作者使用这个临界点作为奶牛群体问题的警戒线。现代乳业中有不同年龄奶牛，许多奶牛场初产奶牛的比例比以前更高，当判定一个奶牛场是否存在作为群体问题的乳热时，需要仔细考虑奶牛经产次数的不同。乳热临床发病最常见的年龄分布不同，3次以上泌乳期奶牛的发生率比第2次产犊牛高1倍，第1次产犊牛不发生。乳热的发生取决于干奶期，尤其是产前最后3周奶牛的营养管理。如果临床医生想调查临产期低血钙症，作者建议产犊后12～24 h，从不同年龄的奶牛采样，用30%的成年奶牛发病率作为临产期奶牛低血钙症的分界线。

过去认为，每天保持钙摄入量低于60 g,食物中钙磷比例为1.5：1，可预防乳热。但我们现在发现该观点存在缺陷。2001年，国家研究委员会（NRC）在有关营养需求的出版资料中描述，一头680 kg的成年干奶期奶牛在妊娠的270 d内每天需要21.5 g可吸收钙（因为大多数含钙饲料的吸收系数为70%和90%，基于绝对重量的日粮中总钙量高于这里所给的可吸收值），20 g磷，15 g镁和52 g钾。换算成浓度分别为0.45%钙，0.23%磷，0.12%镁，0.52%钾。用普通饲草和谷物配制的多数日粮，除镁外，都超过最低需求量。最近的经验表明，按传统营养指南预防乳热，也不可能达到目的。由于饲草中含有钙和其他阳离子尤其是钾含量高，因此碱化了转化日粮。通过控制无机阴阳离子的含量以保持妊娠后期干奶期奶牛处于一种轻度代谢性酸中毒状态，经验性地解决了一些牛群乳热发病率高的问题。通过给干奶期结束奶牛饲喂含HCl的豌豆氯也取得了较好的效果。可通过测定尿pH值监测饲喂量及其效果。饲喂这种高氯的物质后尿pH值应在6.0～7.0，并一直维持这个水平直至分娩。其他营养学家通过调节干奶期奶牛日粮中钾与镁的比率也取得了相同的效果。

为减少乳热发生而为干奶牛配置日粮时经常遇到的两个问题是：有的农场必须饲喂含钙较高的豆科牧草和含钾越来越高的牧草。这种钾浓度高的牧草是由于施用了碳酸钾或厩肥。后一种情况在液体粪肥系统成为常规后变得更加重要。液体粪肥的贮存和处理对周围环境有利，因为它可防止许多可溶性养分进入运动场周围的地表水中，因其方便经济，因此常用于大的奶牛场。但随着奶牛场的扩大，并且其成为许多农民的主业，单位面积土地上的动物头数增多，施的粪肥也随之增多，这种液体粪肥被植物吸收，从而为奶牛饲料提供了更多可吸收的养分。

Oetzel 查阅了有关日粮和乳热的文献后发现，奶牛每日钙摄入量低于50 g时，乳热的发病率很低，每日钙摄入量增至120 g时，发病率升高，然而钙的摄入量更高时，发病率下降。这种与钙摄入量反常的关系驳斥了以前一些人的观点，以前的一些人认为限制钙的摄入极其重要。试验中评价这些日粮时，计算了阳离子减去阴离子的差。测定的阳离子包括钠和钾（钙和镁），阴离子包括氯离子、硫酸根和磷酸根离子。阳离子之和与阴离子之和的差值升高时，乳热的发病率增高。预测乳热的方程式可表示为每千克干物质中（Na＋K）－（Cl＋S)的差值（毫克当量）。常规的干奶期奶牛日粮值为+100～+250。检测强离子平衡中钙动员和活性的实验进一步证明，人为控制临产期的离子差值，血清钙平衡发生改变。当日粮中阳离子与阴离子差值为负（－100左右）时，与对照组相比，产后血清钙增高。

干奶期奶牛日粮中可加入盐类增加阴离子的含量，主要有氯化铵、硫酸铵、硫酸钙（石膏）和硫酸镁（泻盐）。这类盐较贵且适口性差。需在混合饲料（全混合日粮）中使用效果才比较理想。使用这种饲料，每头奶牛每天的费用为0.30～0.40 $。通常，它们全部包括在3周内产犊的临产期奶牛的饲料里。牛场如果没有单独饲喂这群牛的设施，整个干奶期奶牛都需要饲喂。产犊时应不间断地饲喂阴离子盐类，对血钙浓度的影响可持续几天。间断性饲喂阴离子盐类后，可延迟低血钙症的复发。多数情况下，这种反弹发生在产后几天，这时奶牛摄取的干物质足以提供维持产奶所需要的钙而不出现临床症状。常饲喂大豆氯代替这些盐。

由于给牛群饲喂了一些过期的阴离子盐，奶牛出现了严重的后果。通常产生这些后果的原因如下：首先，在干物质摄取显著减少时，供给的阴离子盐可能严重影响适口性。遗憾的是，在临床乳热暴发时，并没有给奶牛补充足量的阴离子盐，这样就会导致饲料的摄入量显著减少，以及由于围产期能量负平衡和酮病所致的奶牛代谢问题。其次，补充阴离子盐使得闭乳期奶牛日粮中钙的需求量增加。例如，NRC指南中指出，当补充阴离子盐时，日粮中钙的需求量至少增加95 g(0.98%)。当补充阴离子盐预防奶牛乳热时，每天钙的摄取量可达150 g甚至更高。偶尔，饲草中的氯化物含量高会使过渡期奶牛日粮过度酸化，引起瘤胃酸中毒。

由于日粮的酸化程度最终与尿pH值有关，因此测定尿pH值是奶牛群体检测的一个有效手段。因此干奶期奶牛尿pH值可作为检测或判定阴离子盐补充方案的一个有效参数。一般未补充阴离子盐的奶牛尿pH值为8.0～8.5。当大量给予阴离子盐或HCl时，尿pH值可降到5.5。研究表明，有针对性地将尿pH值保持在6.0～7.0，日粮中阳离子与阴离子之差（DCAD）最恰当，乳热预防效果最好。有时，临床医生会发现尿pH7.0甚至更高，可推测补充了阴离子盐。在许多例子中，这种情况与饲草中钾含量高有关，解决的方法是要么提高阴离子的补充量，要么降低饲草中DCAD。干奶期奶牛乳热的高发病率与日粮中钾的摄入量过高有关（>150 g/d），不论日粮中钙的水平如何。当调查这类畜群时，常发现没有添加镁。钾、镁和钙的相互作用还不清楚，可能与前面讨论过的强离子影响无关。钾是饲草和谷物中主要的阳离子。瘤胃中钾离子的浓度可能决定了跨瘤胃电位。随着摄入的钾离子的量增多，瘤胃液中钾离子的浓度也升高，相反瘤胃液中钠离子浓度降低。当钠被钾等渗取代时，可观察到跨瘤胃点位由5 mV升高到60 mV。反刍动物镁的吸收主要通过被动转运载体穿过瘤胃。吸收的速率与跨瘤胃电位成反比。据观察，瘤胃液中钠对镁的吸收并不重要，因为用锂取代钠并未对镁的吸收产生影响。摄入较高的钾量可直接降低镁的生物利用度。在干奶期奶牛日粮中以氧化镁的形式补充镁，每补充4 g钾就补充1 g镁，使镁的摄入量每天高达65 g，这样成功地控制了群体性乳热。也可饲喂硫酸镁来替代，以调节钾镁比值和日粮中阳离子阴离子之差（DCAD）。氧化镁和硫酸镁的适口性相对较差，需与其他饲料或盐混合饲喂以提高奶牛的食欲。

饲养奶牛时，要使其乳热的发病率和镁的缺乏降低到最小，必须熟悉饲喂各种饲草时钾的摄入。当土壤中钾充足，青草和苜蓿产量增加。控制环境退化的肥粪贮藏系统使钾重新回到土壤中。随着购买的谷物和精料进入农场，造成钾的纯蓄积。由于我们无意间给奶牛饲喂了越来越多的钾，产犊牛发病的机会就会增多。饲喂阴离子盐是一种临时解决奶牛乳热的方法。另一种解决办法是配制矿物质平衡的日粮。施钾肥少和未施钾肥的土地被留出用于干奶期奶牛饲草的生产地。一些奶牛场主正在从以前施低钾肥或不施厩肥的农场购买饲料。

低磷酸盐血症
HYPOPHOSPHATEMIA

高产奶牛低磷血症的临床相关性一直都是兽医临床医生和许学术界推测和争论的焦点。毫无疑问，许多兽医通过口服或静脉内补磷治疗复发性乳热和永久性躺卧不起。但一直缺乏令人信服的科学证据证明低磷血症是奶牛卧地不起的原因。正常血浆磷的参考值范围在5.6～6.5 mg/dL。通常，临床厌食奶牛血磷水平低于该参考范围。

测定血中磷水平的血采自颈静脉，常常比来自尾静脉血中的磷低0.8 mg/dL（Oetzel, Madison, WI, 2006）。轻度低磷血症（血浆磷2～4 mg/dL）并没有缺乏常量元素及电解质紊乱时出现的临床症状。重度低磷血症（血浆磷<1 mg/dL）的奶牛常卧地不起，但卧地不起的奶牛并不一定是由低磷血症引起，事实上，这些患病奶牛也可能由低血糖症、低血钙症和低镁血症引起。切记，大多数发生乳热的奶牛血磷过低（奶牛血浆钙<5 mg/dL时，血浆磷<2 mg/dL）。静脉内只输入钙，几小时内血磷即可正常。

治疗 Treatment

口腔灌服含磷溶液已成为治疗食欲不振但尚未卧地不起的奶牛必不可少的措施。磷的生磷酸钠盐经静脉内或口服补磷。口服补磷时应给予200～250 mg的一磷酸钠，相当于提供大约50 g的磷，并常与其他物质如钙、能量物质和镁一起灌服。

低血镁症
HYPOMAGNESEMIA

奶牛低镁血症很少表现出有临床经验的兽医很熟悉的严重临床症状。正常血浆镁浓度在1.8～2.3 mg/dL。但要切记，测定血液中镁的浓度并不能如实反映体内镁离子的真实情况。奶牛血镁值快速降低到1.0 mg/dL或更低时，肌肉开始震颤，随后兴奋性过高，如果不治疗，奶牛就会发展为惊厥、四肢抽搐，血镁值进一步降低将会导致动物死亡。遗憾的是，在严重的病例，惊厥和四肢抽搐可能导致严重的肌肉损伤和细胞内镁离子的外漏，此时，测定血镁浓度并不可靠。濒死期或死前12 h采样时，奶牛眼房液、尿液和脑脊液能更可靠地判定其镁离子含量。当瘤胃夜中氨或铵的浓度升高时，镁的吸收减少。快速生长的饲草含镁少而含氮高，低镁高氮的共同作用可引起低血镁症和低血钙症。氨浓度高引起镁吸收抑制的机理尚不清楚。以氨化青贮玉米为基础的干奶期日粮或以尿素为主要补充蛋白，很容易引起继发性镁缺乏。患病奶牛的临床症状像奶牛乳热，不像低血镁症引起的抽搐。在少数情况下，如果只饲喂大量蛋白氮和可溶性蛋白，而不适当补镁，可引起泌乳早期的奶牛卧地不起。轻度低血镁症（血浆磷浓度为1.3～1.8 mg/dL）在泌乳早期表现为食欲不振的奶牛中可能更常见，并且轻度低血镁症常伴有轻度低血磷症和轻度低血钙症。重度低血镁症奶牛常具有轻度到中度低血钙症。泌乳期奶牛的临床症状并不典型，然而长期低镁血症降低了生产能力，且易患低血钙症。单个取样，根据食欲不振不能确定整个奶牛群体发生了低镁血症。但如果根据12～24 h采取的新鲜样本证明大多数奶牛的血浆镁浓度低于2.0 mg/dL，则可认为过渡期奶牛的日粮中镁的利用和吸收存在问题。也可在泌乳早期的奶牛群中进行相似的检验。从食物中吸收的镁超过维持和泌乳需要随时排出尿。每群测定10头奶牛尿中镁与肌酸肝的比率是评价畜群健康状况的有效方法。此比率可校正肾保水的程度，比单一镁的浓度能更好地反映镁的状况。北美的实验室还未提出这个参考比值，这与新西兰不同。在新西兰，牛群的平均值低于1.0，表明牛缺镁（如补充镁，病情可能减轻，或泌乳增多）。

奶牛高镁血症很少发生，如果发生，则暗示要么奶牛肾功能降低，要么给其口服了过量的镁盐。或二者同时发生。

治疗 Treatment

奶牛表现为低血镁症性饲草性肢体搐搦时，需要紧急治疗。奶牛出现狂躁不安和肌肉震颤时，在经非消化道补充镁之前，首先要镇静。根据神经症状的不同，可用甲苯噻嗪和苯巴比妥进行治疗。这种情况下，静脉内补镁效果较好，但要注意滴注速度，以防引起心肌毒性。患有低血镁症且步态不稳的奶牛，将血清中镁浓度从低于1.0 mg/dL提高到正常值，需要2～3 g的镁。如果使用含有多种元素如钙和磷的商品化的溶液，应在注射前进行检查以确保溶液中含有适量的镁。注射应至少在5～10 min内完成。为防止在接下来的12～24 h复发，可经皮下至少4个部位再注射浓度为20%的硫酸镁溶液250 mL。因为许多奶牛同时并发低血钙症应选择含钙的注射液，这样复发率降低，经非胃肠道补钙的奶牛起始反应率速度降低。许多临床医生给奶牛经口灌服镁盐，以防止疾病再复发。但是这就需要动物获得很好的上呼吸道保护性反射，并且也要防止刺激过度。在严重病例中过早使用该方法，可能导致奶牛四肢抽搐复发。

然而，毫无疑问，经口灌服镁是治疗奶牛轻度或中度低血镁症的一种安全有效的方法。许多商品化或自制的灌服药含硫酸镁200～250 g，常被用于非特异性支持性肠液疗法治疗泌乳期奶牛。重复使用镁盐常导致动物腹泻和血清镁浓度高于正常范围。然而，仅通过静脉内给镁可能造成心脏的急性毒性。

低血钾症
HYPOKALEMIA

围乳期奶牛钾的体内平衡是一个复杂的问题，受许多因素的影响，包括干物质吸收、并发的代谢性疾病、药物治疗、酸碱平衡以及无法精确测定占机体内钾总量98%的细胞内钾浓度。临床症状不明显的中度低血钾症是常发于断饲奶牛的早期性的电解质紊乱，任何因素都可引起。正常血浆钾的浓度在3.8～5.6 mEq/L,，许多患有围乳期疾病如子宫炎、LDA或酮病的奶牛，钾含量稍低于该范围。重度低血钾症奶牛血浆钾可能低于2.5 mEq/L，这时奶牛体质逐步减弱，直至卧地不起。可以预料，当血浆钾低于2.0 mEq/L时，奶牛将卧地不起。敏感的奶牛场主可以注意到明显的肌肉震颤和卧地时间延长这些低血钾症典型的先期症状，但奶牛卧地不起并发展为不能站立的过程需要几小时才能发现。然而需要强调的是，与低血钙症、骨骼肌损伤及难产引起的损伤相比，低血钾症只是引起奶牛卧地不起的一个很小的因素。以前的观察发现，糖皮质激素和盐皮质激素异氟泼尼龙醋酸盐混合液的使用与重度低血钾症综合征的发生有关。重度低血钾症的复制实验及随后多次给药后症状减轻证实了以前观察到的结果。然而近年来发现，在未使用异氟泼尼龙醋酸盐时，也出现该情况。在发生了低血钾症的奶牛群中，不能确定是管理因素、营养因素还是其他因素引发了该病，但至少可以肯定的是，许多发病奶牛都有一个慢性顽固性酮病发病史，或者服用了许多可能诱导高血糖症的因子重复治疗酮病。理论上，反复使用诱导高血糖症的药物，如50%的葡萄糖、丙二醇和糖皮质激素，将会增加尿的丢失和使钾离子进入细胞内。当发生代谢性碱中毒的奶牛出现食欲不振时，钾离子的细胞内移可能会加剧。长期食欲不振的奶牛可能出现全身性钾缺乏，这是因为奶牛饲料的摄入不足，加上钾离子从尿和粪便中丢失。使用任何具有肾上腺皮质作用的药物，将会进一步加重尿的丢失。重度低血钾症的临床表现主要是奶牛瘫痪，就像肉毒梭菌病例中表现的机体软弱无力（图14-7，A和B）。许多发病奶牛甚至无力抬头，因此被误诊为一般的乳热病，但常规的钙疗法无效，且不能使其镇静。在纠正重症低血钾症时，灌服氯化钾治疗，在疗效上至少与静脉内补充大量含钾离子溶液相当。建议对确诊为重度低血钾症（<2.5 mEq/L）并且体质虚弱的奶牛，灌服0.5 lb氯化钾，每日2次。除了最严重的低血钾症，一般不适宜给予大剂量的钾，否则奶牛在给药的随后几天会出现腹泻。然而临床经验表明，患重度低血钾症奶牛很难治愈，除非在治疗后最初24～48 h，奶牛能够再次站立。应考虑使用吊索、提臀器和漂浮槽等辅助设施。但严重的低血钾症奶牛由于其体质虚弱，无法在漂浮槽治疗。对于重复治疗酮病的奶牛，有低血钾症加重的危险，这时应考虑补充少量的钾。确实，由于低血钾症的产后奶牛食欲减退，许多临床兽医给奶牛补充含钾的口服溶液。当大剂量经口给药时，按照60～125 g的给药顺序，给奶牛补充少量钾,奶牛安全，耐受性好。

（张交儿译，白瑜、鲁云校）

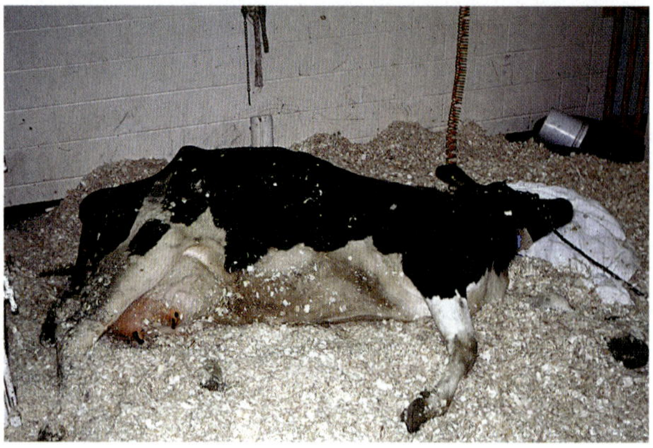

A

B

图 14-7

A和B，奶牛患有低血钾症，躺卧在地。奶牛表现全身无力、瘫痪，无力支撑头部体重，无力以胸着地直卧。

参考文献

Bertics SJ, Grummer RR, Cadorniga-Valino C, et al: Effect of prepartum dry matter intake on liver triglyceride concentration and early lactation, *J Dairy Sci* 75:1914-1922, 1992.

Bobe G, Young JW, Beitz DC: Invited review: pathology, etiology, prevention, and treatment of fatty liver in dairy cows, *J Dairy Sci* 87:3105-3124, 2004.

Carrier J, Stewart S, Godden S, et al: Evaluation and use of three cow-side tests for detection of subclinical ketosis in early postpartum cows, *J Dairy Sci* 87:3725-3735, 2004.

Coffer NJ, Frank N, Elliott SB, et al: Effects of dexamethasone and isoflupredone acetate on plasma potassium concentrations and other biochemical measurements in dairy cows in early lactation, *Am J Vet Res* 67:1244-1251, 2006.

Curtis CR, Erb HN, Sniffen CJ, et al: Path analysis of dry period nutrition, postpartum metabolic and reproductive disorders, and mastitis in Holstein cows, *J Dairy Sci* 68:2347-2360, 1985.

Dann HM, Morin DE, Bollero GA, et al: Prepartum intake, postpartum induction of ketosis, and periparturient disorders affect the metabolic status of dairy cows, *J Dairy Sci* 88:3249-3264, 2005.

Drackley JK, Veenhuizen JJ, Richard MJ, et al: Metabolic changes in blood and liver of dairy cows during either feed restriction or administration of 1,3-butanediol, *J Dairy Sci* 74:4254-4264, 1991.

Duffield TF: Monitoring strategies for metabolic disease in transition dairy cows. In *Proceedings, World Buiatrics Congress, Quebec, Canada*, pp. 34-35, 2004.

Duffield TF, LeBlanc S, Bagg R, et al: Effect of a monensin controlled release capsule on metabolic parameters in transition dairy cows, *J Dairy Sci* 86:1171-1176, 2003.

Dufva GS, Bartley EE, Dayton AD, et al: Effect of niacin supplementation on milk production and ketosis of dairy cattle, *J Dairy Sci* 66:2329-2336, 1983.

Elcher R: Evaluation of the metabolic and nutritional situation in dairy herds: diagnostic use of milk components. In *Proceedings, World Buiatrics Congress, Quebec, Canada*, pp. 36-38, 2004.

Ender F, Dishington IW, Helgebostad A: Calcium balance studies in dairy cows under experimental induction and prevention of hypocalcemic paresis puerperalis, *Z Tierphysiol Tierernahr Futtermittelkd* 28:233-256, 1971.

Geishauser T, Leslie K, Kelton D, et al: Monitoring for subclinical ketosis in dairy herds, *Comp Cont Educ* 23:S65-S71, 2001.

Gerloff BJ: Feeding the dry cow to avoid metabolic disease, *Vet Clin North Am (Food Anim Pract)* 4:379-390, 1988.

Goff JP: Macromineral disorders of the transition cow, *Vet Clin North Am Food Anim Pract* 20:471-495, 2004.

Goff JP: Major advances in our understanding of nutritional influences on bovine health, *J Dairy Sci* 89:1292-1301, 2006.

Goff JP: Treatment of calcium, phosphorous and magnesium balance disorders, *Vet Clin North Am Food Anim Pract* 15:619-640, 1999.

Hayirli A: The role of exogenous insulin in the complex of hepatic lipidosis and ketosis associated with resistance phenomenon in postpartum dairy cattle, *Vet Res Commun* 30:479-774, 2006.

Head MJ, Rook JAF: Some effects of spring grass on rumen digestion and metabolism of the dairy cow, *Proc Nutr Sec (Lond)* 16:25-34, 1957.

Holtenius P, Hjort P: Studies on the pathogenesis of fatty liver in cows, *Bov Pract* 25:91-94, 1990.

Jenkins TC, Palmquist DL: Effects of fatty acids or calcium soaps on rumen and total nutrient digestibility of dairy rations (Holstein cows), *J Dairy Sci* 67:978-986, 1984.

Kim IH, Suh GH: Effect of the amount of body conditions loss from the dry to near calving periods on the subsequent body condition change, occurrence of postpartum diseases, metabolic parameters and reproductive performance in Holstein dairy cows, *Theriogenology* 60:1445-1446, 2003.

LeBlanc SJ, Lissemore KD, Kelton DF, et al: Major advances in disease prevention in dairy cattle, *J Dairy Sci* 89:1267-1279, 2006.

Martens H, Blume I: Effect of intraruminal sodium and potassium concentrations and of the transmural potential difference on magnesium absorption from the temporarily isolated rumen of sheep, *Q J Exp Physiol* 71:409-415, 1986.

Melendez P, Goff JP, Risco CA, et al: Incidence of subclinical ketosis in cows supplemented with a monensin controlled-release capsule in Holstein cattle, Florida, USA, *Prev Vet Med* 73:33-43, 2006.

Moore SJ, VandeHaar MJ, Sharma BK, et al: Effects of altering dietary cation-anion difference on calcium and energy metabolism in peripartum cows, *J Dairy Sci* 83:2095-2104, 2000.

Morrow DA, Hillman D, Dade AW, et al: Clinical investigation of a dairy herd with the fat cow syndrome, *J Am Vet Med Assoc* 174:161-167, 1979.

Oetzel GR: Meta-analysis of nutritional risk factors for milk fever in dairy cattle, *J Dairy Sci* 74:3900-3912, 1991.

Oetzel GR: Monitoring and testing dairy herds for metabolic disease, *Vet Clin North Am Food Anim Pract* 20:651-674, 2004.

Oetzel GR, Fetman MJ, Hamar DW, et al: Screening of anionic salts for palatability, effects on acid-base status, and urinary calcium excretion in dairy cows, *J Dairy Sci* 74:965-971, 1991.

Overton TR, Waldron MR, Smith KL: Transition cow management systems in the context of varied dry period length, Cornell Dairy Nutrition Conference, 2005.

Peek SF, Divers TJ, Guard C, et al: Hypokalemia, muscle weakness and recumbency in dairy cattle, *Vet Ther Res Appl Vet Med* 1:235-244, 2000.

Pinotti L, Baldi A, Politis I, et al: Rumen-protected choline administration to transition cows: effects on milk production and vitamin E status, *J Vet Med A Physiol Pathol Clin Med* 50:18-21, 2003.

Pravettoni D, Doll K, Hummel M, et al: Insulin resistance and abomasal motility disorders in cows detected by use of abomasoduodenal electromyography after surgical correction of left displaced abomasum, *Am J Vet Res* 65:1319-1324, 2004.

Rukkwamsuk T, Kruip TA, Wensing T: Relationship between overfeeding and overconditioning in the dry period and the problems of high producing dairy cows during the postparturient period, *Vet Q* 21:71-77, 1999.

Sutherland RJ, Bell KC, McSporran KD, et al: A comparative study of diagnostic tests for the assessment of herd magnesium status in cattle, *N Z Vet J* 34:133-135, 1986.

Vernon RG: Lipid metabolism during lactation: a review of adipose tissue-liver interactions and the development of fatty liver, *J Dairy Res* 72:460-469, 2005.

West HJ: Liver function of dairy cows in late pregnancy and early lactation, *Res Vet Sci* 46:231-237, 1989.

附图

APPENDIX

体况评分 *

Body Condition Scoring

体况评分=1

体况评分=2

体况评分=3

体况评分=4

体况评分=5

注：*感谢礼来公司分部的益农产品公司，地址：美国印第安纳州印第安纳波利斯46285号。

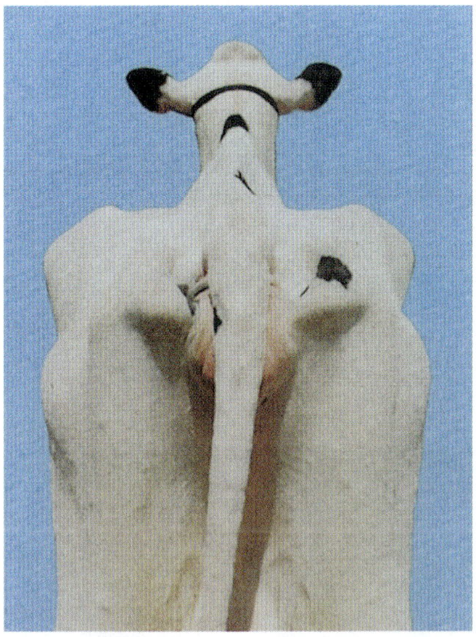

体况评分=1

尾根部周围深陷。盆骨和肋骨端变尖，容易摸到。盆骨部和腰部无脂肪组织。腰部深度凹陷。

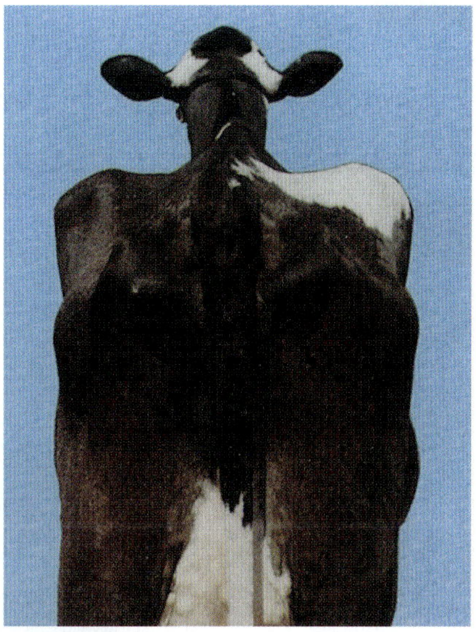

体况评分=2

尾根部轻度凹陷，有少许脂肪组织覆盖于臀骨端，盆骨容易摸到。肋骨端较圆，上表面轻度凹陷。腰部凹陷可见。

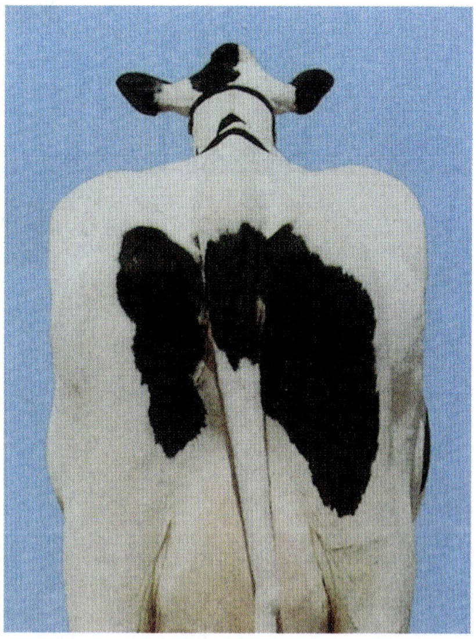

体况评分=3

尾根部周围无凹陷，脂肪组织容易摸到。盆骨轻度凹陷。臀骨端覆盖有厚的脂肪层。用力按压时可摸到肋骨端。腰部轻度凹陷。

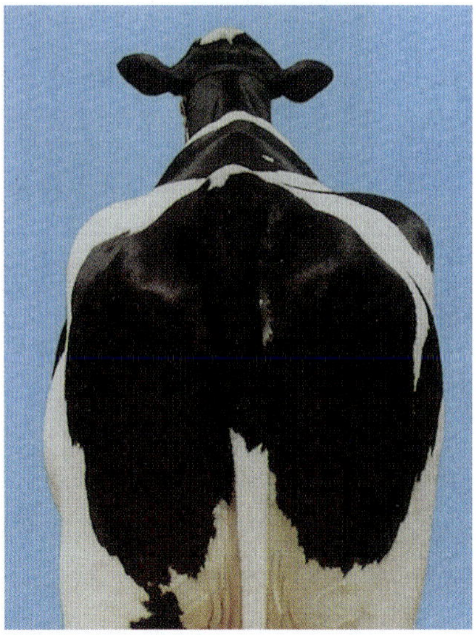

体况评分=4

尾根部脂肪皱襞可见，臀骨端覆盖有几层脂肪组织。用力按压时可摸到盆骨。肋骨端不再能摸到。腰部无凹陷。

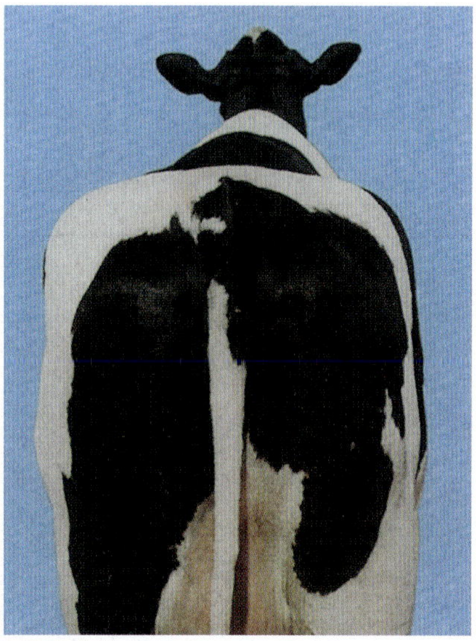

体况评分=5

尾根部被包于厚厚的脂肪层中，用力按压时不再能摸到盆骨。肋骨端覆盖有厚厚的脂肪层。

第十五章
CHAPTER 15

其他传染病
Miscellaneous Infectious Diseases

Franklyn Garry

梭菌性肌炎
CLOSTRIDIAL MYOSITIS

病因学 Etiology

梭菌性肌炎是由厌氧芽孢杆菌（败血梭状芽孢杆菌、气肿疽梭菌、诺维芽孢杆菌、苏德式芽孢杆菌、产气荚膜芽孢杆菌、气肿疽梭菌杆菌和其他条件性梭状芽孢杆菌）引起的一种牛高度致死性疾病。梭菌性肌炎病程的发展，需要病原体和适宜的厌氧环境同时存在。因此，当牛由于外伤、穿透伤、刺伤、裂伤、外科切口、肌肉注射刺激性药物或化学试剂因素引起肌肉损伤时，最容易受到感染。

腐败梭菌和产气夹膜梭菌是大多数温血动物胃肠道内的正常菌群，因此，牛肌肉感染这两种病原体是属于外源性的（图15-1）。土壤和粪便中可能含有腐败梭菌和产气夹膜梭菌，腐败梭菌能引起恶性水肿，而气肿疽梭菌感染则与黑腿病（气肿性炭疽）相关。根据临床特点来区分这些种属有时比较困难，而且经常需要实验室方法辅助鉴别诊断，因此将所有的梭状芽孢杆菌感染归为梭菌性肌炎可能会比较方便。故将恶性水肿作为任何梭菌性肌炎的通用名称，而不再就某种特殊的单一梭菌感染具体命名。

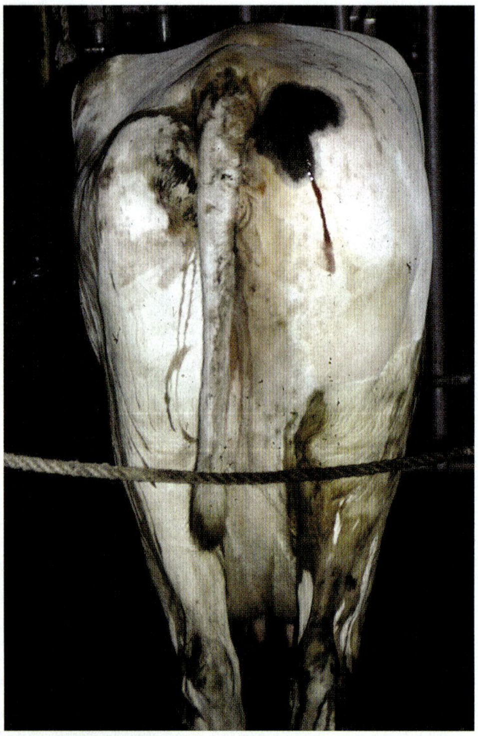

图 15-1

荷斯坦奶牛肌肉注射前列腺素后引起右后肢的产气荚膜梭菌性肌炎。

气肿疽梭菌发病机理极其复杂。这种病原体可以在土壤中存活，但是不知道它是以滋养体（vegetative）和孢子两种形式存活，还是单独以孢子形式存在。牛食入气肿疽梭菌后，其滋养体可在肠道中增殖，然后进入淋巴系统、血流，最终在肌肉和肝脏里繁殖。到达肌肉和肝脏后，此病原体仍然是以无害的孢子形式存在，直到周围组织在某种情况下受损伤，创造了适于其滋养体生长的厌氧环境。由于土壤发生污染或者组织损伤接触到病原体损伤，可造成肌肉的外源性气肿疽梭菌感染。如果牛在含有气肿疽梭菌的场地上放牧，或饲喂从这种土壤上收获的农作物，那么就有可能造成梭菌性肌炎地区性流行的危险。幼牛的肌肉最容易发生气肿疽梭菌感染，而且大多数病例发生于6～24月龄饲养良好的牛群中。然而，我们调查了一个流行气肿疽梭菌肌炎的牛群，发现该病波及了一些年龄在2～3岁的首次泌乳的奶牛。当年夏季，这些奶牛还可以在牧场上正常放牧，但是此病会在冬季暴发流行，这是由于牛群拥挤着穿过狭窄已结冰的通道，导致肌肉的撞伤和外伤引起（图15-2）。苏德式梭菌（*C. sordelli*）可能有着与该病相似的发病机理，因为它与快速生长肉牛的肌肉损伤有关。

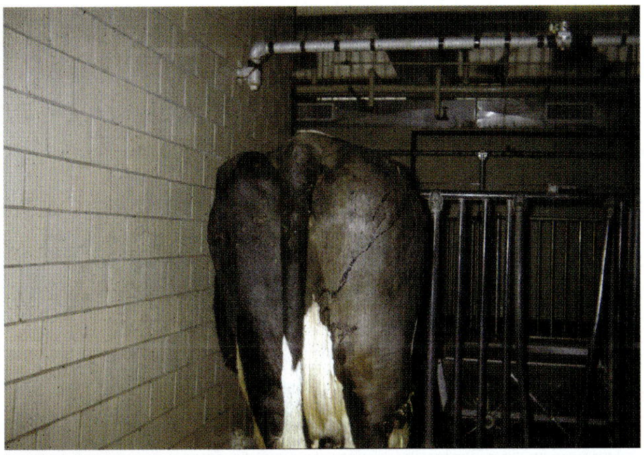

图 15-2

一头2岁的荷斯坦小母牛，因为被强迫通过狭窄通道而造成反复擦伤，导致右后肢气肿疽梭菌肌炎。

无论哪种梭菌引起的感染，一般都会伴发毒血症和随后发生的严重肌炎。梭状芽孢杆菌外毒素促进感染的传播，对宿主防御系统是有害的，并且产生的厌氧环境对滋养体的生长是必须的。气肿疽梭菌、腐败梭菌和产气荚膜梭菌可产生 α -毒素，这是一种溶血性、坏死性的卵磷脂酶，它对白细胞有杀伤作用，并且能增加毛细血管的通透性。另外，气肿疽梭菌可以产生其他的毒素，例如透明质酸酶、腐败梭菌产生的 β -毒素（脱氧核糖核酸酶和杀白细胞素）、γ -毒素（透明质酸酶）和 δ -毒素（溶血素）；产气荚膜梭菌根据血清型不同，可产生除 α -毒素之外的其他毒素。一般来说，气肿疽梭菌和苏德式梭菌感染的死亡率最高，产气荚膜梭菌最低，而腐败梭菌介于两者之间。偶发病例或者特定区域发生的梭菌性肌炎可能是由诺维梭菌、苏德式梭菌、谲诈梭菌或其他种属导致的。诺维梭菌可引起外源性感染和内源性感染（黑腿病）。后者是由于吸虫诱导肝内芽孢活化变成滋养体引起的。

无论何种梭菌感染乳牛，梭菌性肌炎的发生大部分是由外源途径引起。任何导致粪便或污物进入皮下的过程都能引起危险。小的外科手术、断尾、肌内注射和被忽视的伤口最易诱发梭菌感染。断尾是在美国东北部一种比较新的饲养管理方式，但迄今为止，农场主们还没有熟练掌握断尾技术从而导致梭菌性肌炎、破伤风和由其他病原体引发的伤口感染，整个成年牛群断尾后可造成产气荚膜梭菌肌炎的流行（图15-3）。

目前，乳牛中引起梭菌肌炎的最普遍原因是肌内注射。前列腺素的频繁使用是罪魁祸首。然而，这种情况可能不是药物本身的过错，而是某些人注射药物时不对注射部位进行清洁或者是不使用无菌的针头和注射器导致的。由于梭菌病原体可能存在牛的毛发或皮肤上、因此使用的注射器和针头或被污染的多剂量药瓶，反而在肌内注射部位接种了病原体。

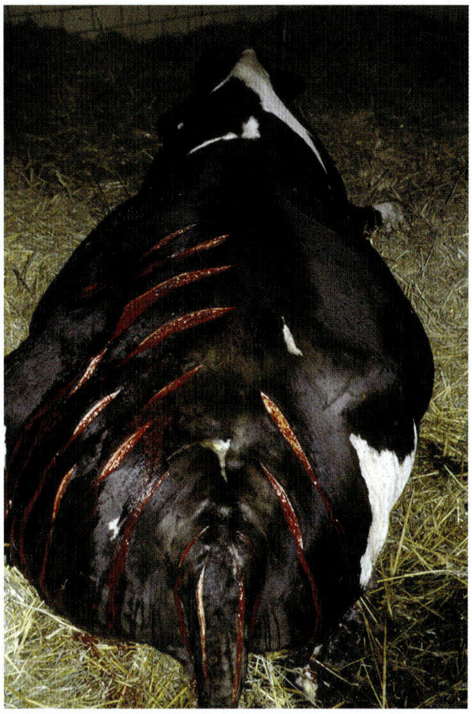

图 15-3

因断尾手术引起的荷斯坦牛气肿疽梭菌感染。注意沿着背部的大片的外科开窗术。

临床症状 Clinical Signs

梭菌性肌炎的表现包括发热、精神沉郁、食欲不振、毒血症和渐进的肌肉肿胀。如果涉及四肢肌肉组织肌病，则会发生严重跛行。最初，受感染肌肉的周围皮肤温热，柔软，并且可能有指压凹性水肿。然而，原发的肌肉部位最终变得坚硬，并且表面的皮肤变得发黑、拉紧、冰凉和坏死。感染肌肉部位产生气体，触压有捻发音。根据解剖部位的不同，沿着筋膜面向上或向下发生肿胀。全身与梭菌强外毒素诱发的毒血症有关。最初常表现为发热，但是某些病畜可能因为毒血症而表现为正常或低于正常体温。心率和呼吸率随病情恶化而加快。在24～48 h内，病情急速加剧，如果治疗不及时，很少有牛可以存活3 d。病程非常迅速，以致会被误诊为猝死，然而，死前经常可见急剧的肿胀、毒血症和跛行。

后期病例出现脱水、严重跛行或卧倒不起、明显的神经症状和休克。最终，某些牛发展为弥散性血管内凝血（DIC）或者多器官衰竭。

新近断尾、伴有外阴或阴道撕伤的新近难产或者其他的创伤可能为诊断提供线索。依据“针眼”可怀疑近期做过注射或查看病历记录。

诊断　Diagnosis

梭菌性肌炎必须与软组织蜂窝织炎、脓肿、血清肿或血肿相区别。一般来说，症状表现发展过快可排除脓肿的可能，而血清肿可由只有发热和毒血症的症状而被排除。血肿可由有发热、毒血症却无贫血症状被排除。

要迅速查明感染起因，并与引起蜂窝织炎的其他原因进行区分。肌肉肿胀严重的表面皮肤需要被切去，并且为无菌抽吸术做准备，抽吸液为血清液或褐色液体以及一些气体，并用革兰氏染色和组织培养来鉴定。革兰氏染色易观察到大量的革兰氏阳性杆菌，可以进行快速诊断。肌肉活组织检查可以为细胞学检查及培养、应用荧光抗体鉴定梭菌种属提供极好的样品。抽吸物或活组织检查的位置不会像正常组织一样流血。事实上，切口明显包含浆液和血清渗出物，而多数严重感染的肌肉组织，其血液供应一般显著减少或缺乏。革兰氏染色和荧光抗体检测为确诊提供了最快捷的方式。组织培养有助于鉴别致病种属，但是一般因为耗时较长而对单个病畜的诊断意义较小。

尽管气肿疽梭菌一般产生较多的气体，而腐败梭菌（恶性水肿梭菌）多出现水肿，但是病理变化经常是交叉的。不可能仅根据感染牛的临床表现来精确分辨梭菌病原体的种属。

血清学检测对于诊断没有帮助，因为不管是全血细胞计数（CBC）还是血清化学检测都不能提供以有效的数据。尽管病畜处在严重的感染和毒血症期，白细胞象多变，但大多数情况下是正常的。令人惊讶的是血清肌酸激酶和天冬氨酸转氨酶的指标有时仅有轻度上升。事实上，由于梭菌产生的外毒素导致血栓及血管损伤，致使深层肌炎区域释放的肌酶不能进入外周血液。因此，损伤部位血液的减少抑制了病灶区的酶和钾离子的吸收。尸体剖检证实，在气肿疽梭菌感染中存在伴随有气体和液体产生的呈黑色、深红色或绿红色的坏死肌肉(图15-4)。其他梭菌性肌炎可能同样产生气体，但腐败梭菌和产气芽孢梭菌的主要病变是水肿和肌肉变色。在多种组织中同样可以见到浆膜出血。康奈尔大学兽医病理学家John King博士将感染组织的气味比喻成酸败黄油的令人作呕的甜味。

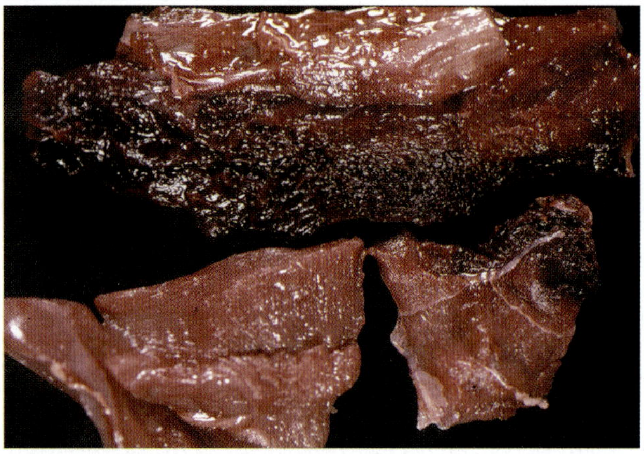

图 15-4

一头表现发热和跛行的7月龄小母牛的肌肉损伤，为典型的黑腿病（气肿疽梭菌）。此畜群中的另外2头跛行小母牛死于其前一天。

治疗　Treatment

除非在病程早期作出诊断，否则一般治疗无效。青霉素是作为杀死梭菌滋养体的首选抗生素，并且需要高剂量使用（44 000 U/kg肌内注射，或者皮下注射，每日2次）。每天静脉注射（IV）同样剂量的青霉素钠盐或钾盐4～6次是首选，但是用于牛过于昂贵。某些临床医生认为在患肢感染或临近损伤的区域注射一些青霉素是非常重要的。磺胺类药物或者四环素类同样可以很有效地对抗梭菌肌炎感染，并且能够成功治愈一些早期感染的高杂种牛（grade cattle）。全身抗生素疗法只能在血液循环系统正常的情况下杀死那些抗生素能够触及的病原体。因此，在大多数的严重感染中，由于感染肌肉中的血液供应不足，抗生素可能会扩散到周围组织，但在病灶不能达到抑制浓度。

对感染肌肉包括皮肤和筋膜进行的“开窗术”使组织直接与氧气接触，继而干扰病原体复制所必需的厌氧环境。急性病例必须进行外科手术“开窗”，并且用盐溶液或过氧化氢冲洗伤口。急性病例中没有必要进行大片的清创术，但是如果病畜耐过急性感染，发展成腐败伤口，则必须进行清创术。

镇痛药诸如非类固醇类抗感染药物（NSAIDs），可以减轻病畜痛苦，并且如果这种药物用于支持疗法的话，必须选择适宜的用药剂量，以免引起胃肠道或肾脏毒性的副作用发生。

病畜遭受毒血症或者休克时，静脉补液或注射一倍剂量可溶的皮质激素可能会有帮助；但皮质激素不能反复使用。

病情改善的特征是：进行性肿胀情况稳定、发热消退、精神恢复、食欲增加。抗生素疗法需要进行1～4周，并且可以根据临床反应而缩短。感染肌肉经常发生脱落，因此需要长时间的伤口护理。由于伤口愈合需时较长或主要肌群的纤维化和挛缩，动物可能会长期跛行。

预防和控制 Prevention and Control

当怀疑疾病是因为不规范的注射、多剂量的药瓶重复使用或污染的注射器和针头引起时，对操作人员的培训可以预防此类事件的发生。类似地，对断尾技术的培训同样会有帮助。如果认为病原是气肿疽梭菌，所有的幼畜都必须进行疫苗接种。当确诊气肿疽梭菌或饲养管理不当诱发其他种属梭菌感染时，疫苗接种是最有效的防止黑腿病和其他梭菌性肌炎的方法。许多结合新型佐剂的类毒素疫苗已经商品化，并且必须按照说明书进行使用，因为目前某些疫苗只需一个单位剂量即可达到有效的免疫效果。除气肿疽梭菌之外，过去多数的类毒素菌苗要在2～4周内注射2次，才能有效预防引起肌炎的梭菌感染。类毒素菌苗最好在被动免疫的母源抗体减少后接种。如果在4月龄之前使用，需要在4月龄或者更大时重复接种。畜群的免疫程序包括最初免疫和加强免疫，这样动物才能在断尾前有足够的免疫力。每年采取的保护成年产乳牛抵抗梭菌肌炎的加强免疫，其保护效果仍不清楚，但对地方性农场和那些没有此病新近发生的农场似乎有作用。

梭菌性血红蛋白尿（羊快疫）
BACILLARY HEMOGLOBINURIA (REDWATER)

病因学 Etiology

溶血梭状芽孢杆菌（一种厌氧菌）也称D型诺维氏梭菌，是引起牛杆菌性血红蛋白尿的病原。这种暴发性疾病是由于溶血梭菌在肝脏中急剧增殖引起的大量坏疽性梗死。梗死及其他全身性溶血和毒血症是由病原体产生的活性β-毒素和磷脂酶C引起的。

溶血性梭菌在某些地区呈区域性流行，尤其是土壤pH值高（大约8.0）的潮湿地区。溶血性梭菌的孢子生命力很强，可在污染的土壤中长时间存活。与气肿疽梭菌相似，摄入的孢子通过淋巴和血液系统运输到肝脏和其他组织。携带这种病原体的牛可以通过粪便和尿液排出病原体，但其自身仍保持健康状态，因为溶血性梭菌是胃肠道正常菌群的一部分，在健康牛的肝脏中也可以找到。

当肝细胞发生损伤时，潜藏在肝脏的芽孢就有转化成滋养体的危险。携带溶血性梭菌的未免疫牛，可能因肝脏损伤将病原体激活至毒性状态，这种肝脏损伤与以下情况有关：吸虫、瘤胃炎继发的肝脓肿、败血症、肝脏的代谢性缺氧、肝毒素和活组织检查。与其他梭菌属相似，此病原体只寻找肝脏内氧张力减少的损伤区域，只有这样才能促进厌氧的滋养体生长。滋养体的生长可能产生强大的的外毒素，如磷脂酶C，随后导致肝脏坏死、溶血，并发展成毒血症。肝吸虫是引起该病的最主要的生物因素，因此杆菌性血红蛋白尿总是在某些特定地域中流行，而且在放牧的牛群中广泛传播。

临床症状 Clinical Signs

成年牛多发此病。急性病例伴随高热（40.0～41.11℃），心率过速，胃肠郁结，产奶停止，食欲下降，弓形站姿，以及随之发生的腹部疼痛表现。血管内溶血引起渐进性贫血，呼吸困难，以及红细胞显著损耗之后出现的血红蛋白尿。同时可能出现黄疸。病程进行很快，大多数病畜在12～48 h死亡。

诊断 Diagnosis

该病必须与急性钩端螺旋体病（牛犊多发）、产后血红蛋白尿（缺磷地区新生产的母牛）、急性肾盂肾炎（血尿、脓尿）、恶性卡他热导致的出血性膀胱炎，以及蕨菜中毒（地方性血尿症）做鉴别诊断。在特定的地区发生的血红蛋白尿和/或贫血，可能会与寄生虫疾病有关，例如巴贝西虫病和无浆体（边虫）病，但是这些疾病可能不会如此急速致死，并且无浆体（边虫）病不会引起血红蛋白尿。

大体剖检发现肝脏出现大面积的贫血性梗死和肾脏变黑（图15-5，A和B），同时伤口处可以培养出溶血性梭菌。尽管正常肝脏中也可以培养出梭菌，但特征性的梗死可以作为诊断依据。梭菌荧光抗体（FA）检测同样可以帮助诊断，但是可能会与B型和C型诺维氏梭菌产生交叉反应。进行毒素鉴定可做确诊，但是一般不采用。

A

B

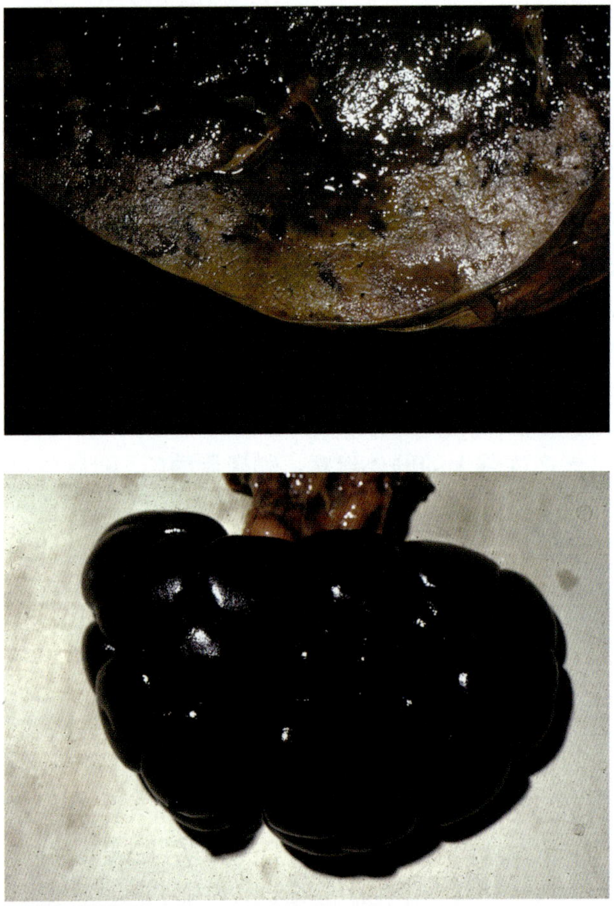

图 15-5

A，死于牧场的成年母牛，由溶血性梭菌引起的肝脏梗死。B，同一头感染母牛变色的肾脏；变色是由血红蛋白血症/血红细胞凝集引起的。

治疗 Treatment

治疗效果不佳，但还是应该静脉注射青霉素钠盐或钾盐（44 000 IU/kg，每日4次），或给予全血和静脉补液。

预防和控制 Prevention and Control

当杆菌性血红蛋白尿的发生与吸虫有关时，牛群应该远离污染的牧场，而且畜群必须选用适当的、经许可的药物杀死吸虫。纠正易诱发瘤胃炎的饲养方法。

牛犊在母源抗体消失后3～4周内，接种2次包括D型诺维氏梭菌在内的商品化的类毒素菌苗，以产生保护作用。随后再对家畜进行每年2次加强免疫。

钩端螺旋体病 LEPTOSPIROSIS

病因学 Etiology

牛的钩端螺旋体病可由非宿主特异性的血清型钩状螺旋体，如波摩纳(猪型)钩端螺旋体、出血性黄疸钩端螺旋体和犬钩端螺旋体或宿主特异性型钩状螺旋体如哈德乔钩端螺旋体引起。致病螺旋体目前被分为13个种属和4个DNA-DNA重组的基因型，其中问号钩端螺旋体最常见。这些种属进一步被分为血清型/血清群，进而是株系。问号钩端螺旋体和博氏钩端螺旋体是牛群中最重要的两种基因型群。在美国已鉴定的与牛有关的血清型有6个：波蒙纳型（pomona）、犬型（canicola）、出血性黄疸型（icterohaemorrhagiae）、哈德乔型（hardjo）、感冒伤寒型（grippotyphosa）和西瓦吉扎克型（szwajizak）。哈德乔型是美国牛群中最常见的血清型。在日本的牛中鉴定出澳洲钩端螺旋体（*Leptospira australis*）和七日热钩端螺旋体（*Leptospira hebdomadis*）。

钩端螺旋体是水生的腐生螺旋体属，对于人和动物致病的钩端螺旋体在宿主体外似乎不增殖。感染是由于钩端螺旋体穿过结膜、消化道、生殖道、皮肤伤口或湿润的受损皮肤而引起的。钩端螺旋体的血源性传播可使其散播到多种器官，包括子宫，并造成肾脏感染。大多数的钩端螺旋体定植在肾小管，并在感染后的不同时期随尿液排出。

钩端螺旋体有许多天然的家养和野生宿主，它们携带病菌散布在牛的生活环境中。由于许多血清型不是宿主专一性的，因此很难把所有病例归咎于单一种属的钩端螺旋体。犬、猪、大鼠、小鼠、马、鹿和其他的野生动物都可能污染易感牛群生存的环境。牛是哈德乔钩端螺旋体的维持宿主，并且似乎是它的唯一寄存宿主。

动物感染并出现菌血症后，在几天内出现有凝集作用的免疫球蛋白（Ig）M抗体，而具有中和作用的IgG抗体出现较晚。尽管凝集抗体有助于缓解菌血症，但它不能减轻继发的肾脏感染。非宿主专一性的细钩端螺旋体可在牛体中存活10 d到4个月。

牛螺旋体感染的临床后果为败血症和生殖障碍，但是许多螺旋体感染都呈现亚临床症状，可以通过血清学检测，或屠宰时通过间质性肾炎的损伤来判断。钩端螺旋体的确切患病率仍不知道，但是哈德乔型感染似乎有上升趋势。与之相反，波蒙纳型感染率有下降趋势。一些评估显示，美国奶牛的畜群感染率在35%～50%，大多数为哈德乔型。

临床症状 Clinical Signs

实验和自然感染波蒙纳钩端螺旋体的潜伏期为3～9 d。波蒙纳钩端螺旋体引起的急性钩端螺旋体病常见于犊牛，但在成年奶牛也可发生。犊牛感染波蒙纳钩端螺旋体时起先出现急性发热症状（41.11～41.67℃）、败血症、溶血性贫血、血红蛋白尿、食欲不振、心率和呼吸频率加剧以及精神沉郁，可见点状皮下出血和黄疸。2月龄内的犊牛死亡率很高。成年牛急性感染波蒙纳钩端螺旋体时表现败血症，高热，泌乳停止，乳房松弛，并且有特异性的浓稠红色、橙色或黑黄色的乳房炎分泌物。成年牛在败血症期间会出现血红蛋白尿和流产。

在成年奶牛中，亚急性或慢性感染最常见。如果不出现发热、血红蛋白尿、黄疸或乳房炎，该病经常是不被察觉，直到发生流行性流产。流产通常发生在感染后几周（平均为3周），伴发胎儿败血症，此后同一群的动物可能在几天或几周内发生流产。特征性的是胎儿流产发生在怀孕的后3个月，但是流产症状一般从4个月到妊娠末期均可发生。子宫在妊娠末期受感染，可能产出弱胎或死胎。因为感染后很长时间才会流产，所以胎儿可能已经死亡并稍自溶。收集流产奶牛的血清可发现血清转化现象，实际上是血清滴度开始恢复，因为奶牛已在几周前感染了该病。在某些地区，如果不进行接种加强免疫，受肾脏钩端螺旋体波蒙纳变异株或其他毒株感染的母牛，其流产发生率很高。在美国东北部放牧过的小母牛，在夏末秋初发生流产是很典型的。这些地区在饲养管理中未给放牧的小母牛建立足够的基础免疫力，是造成该地区流产的主要原因。而开放式牛栏饲养的情况则不同，易感牛接触到致病菌，一年四季均可发病。

最近，在美国的牛群中发生了肾脏钩端螺旋体哈德乔变异株引起的地方流行性或区域性繁殖障碍，但仍缺乏牛群感染肾脏钩端螺旋体哈德乔变异株会导致流产的确切证据。这一宿主相关性变异株的致病机理与其他变异株稍有不同。钩端螺旋体哈德乔型主要感染牛的子宫和乳腺，并伴随有败血症。亚急性至慢性感染通常与繁殖障碍有关。最近研究表明，自然感染肾脏钩端螺旋体哈德乔变异株的牛群在不确定的时期会从尿液中排出病菌，排菌高峰在感染早期。当此病传入牛群后，可能引起急性全身症状：高热、精神沉郁、食欲不振和乳房松弛，所有乳区都分泌浓稠的黄色、橙色的乳汁。怀孕母牛通常在感染后的4～12周发生流产。

亚临床感染及可能发生的流产多见于肾脏钩端螺旋体哈德乔变异株造成的地方性感染的牛群。在这种地方性流行的牛群中，成年牛可能具有抵抗力，但初产母牛则会持续存在生殖障碍。不育和早期的胚胎死亡增加了受孕的工作难度，延长了生产间期，并且延迟了发情的恢复。病原可在流产后的几天内从生殖道排出，并且可持续在输卵管和子宫中存活几周至几个月。另外，可从流产或产后3周母牛输卵管中培养出该病菌。用于配种的公牛群可通过交配传播。

诊断 Diagnosis

青年犊牛的急性感染表现血红蛋白尿应主要与水中毒进行鉴别诊断。成年牛表现为急性败血病和血红蛋白尿，需要与许多疾病相区别，包括产后血红蛋白尿、杆菌性血红蛋白尿、巴贝西虫病、伴随恶性卡他热(MCF)的出血性膀胱炎以及其他引起“红尿”的疾病。比较急性感染期和恢复期的血清滴度变化是诊断该病的最好依据。虽然很多检测抗体的方法地都是有效的，常用的还是显微凝集反应和酶联免疫吸附测定(ELISA)。肾脏钩端螺旋体波蒙纳变异株的急性感染期，可利用荧光抗体技术和暗视野观察技术检查尿液中的螺旋体，恢复期血清滴度较急性感染期高4倍时，该结果对诊断多数螺旋体变异株具有重要意义。对牛接种疫苗往往导致相对较低的凝集滴度（400或者更低）。

哈德乔型螺旋体与其他种属不同，其滴度较难测定，而且非常易变。抗哈德乔型螺旋体的抗体滴度在流产时可能很低，甚至阴性。

流产胎儿在子宫内死亡时间较长并且发生自溶，对诊断一般没有帮助。因此，怀疑是肾脏钩状螺旋体波蒙纳变异株引起的流产需要用血清学技术诊断，怀疑为肾脏钩状螺旋体哈德乔变异株引起的流产需要针对子宫、组织液和尿液用血清学技术进行诊断。可以通过体外培养、免疫荧光、组织特殊染色或PCR对钩端螺旋体或其DNA进行检测。

治疗 Treatment

由肾脏钩端螺旋体波蒙纳变异株引起的急性病例，可以应用四环素或替米考星治疗。尽管链霉素对本病治疗效果良好，但因为该药会长时间在肉中残留，所以该药已经退出市场，不再推荐使用该药。在急性败血症的牛犊或牛群中应用全血和静脉补液作为必要的支持疗法。哈德乔型螺旋体可以通过以下方法治愈：肌肉注射一剂20 mg/kg的长效土霉素、10 mg/kg 口服替米考星，或多次注射头孢噻呋钠（肌肉注射2.2 或 5 mg/kg，每日1次，连续5 d；或肌肉注射20 mg/kg，每日1次，连续3 d）。所有的这些治疗均可有效减少尿液中哈德乔型螺旋体的含量。在48 h内肌肉注射2次15 mg/kg阿莫西林，同样也可以消灭尿液中哈德乔型螺旋体的含量。可排毒的小母牛用15 mg/kg阿莫西林治疗后，在屠宰中从肾脏中分离不到钩端螺旋体。

预防 Prevention

由于钩端螺旋体治疗一般很难成功，因此免疫接种是很有必要的。为了达到保护效果，必须使用血清型特异的全细胞菌苗。最常用的是五联钩端螺旋体菌苗（波蒙纳型、犬型、出血性黄疸型、感冒伤寒型和哈德乔型）。对牛犊进行初次接种后，每2年进行1次加强免疫，一般能有效地预防除哈德乔型之外血清型的钩端螺旋体发生。牛犊在4～6月龄时母源抗体减少，需要进行免疫接种；2次疫苗注射是建立初次免疫的关键。在初次免疫后的4～6个月进行加强免疫。在免疫预防的最常见错误是仅对小母牛注射一剂菌苗，直到6～12个月才进行加强免疫，因此常导致初次免疫失败。对哈德乔螺旋体进行有效免疫比较困难，只有极少数地疫苗能有效地抵抗哈德乔型的感染。抗哈德乔型的单价疫苗可以保护牛群不受该血清型螺旋体的感染，但五价疫苗却不能。目前已证实现存的抗哈德乔螺旋体的单价疫苗(Spirovac,. Pfizer Animal Health, New York, NY, 和Leptavoid, Schering Plough, Coopers Animal Health, Wellington, New Zealand)，可以诱发抗哈德乔螺旋体感染的体液IgG应答和细胞免疫反应。尽管，哈德乔型是否会导致特定的病症一直是有争议的，但因为不存在其他有效控制该病原体的方法，所以仍建议对动物进行免疫。隔离流产或急性患病的牛，并迅速转移流产胎儿，可能会减少病原体的传播，但这不是有效的控制手段。因为疫苗不能清除感染，所以应该把抗生素治疗作为控制方法之一。

结核病 TUBERCULOSIS

病因学 Etiology

很少有牛病（除去布氏杆菌病）能像结核一样产生精神上、经济上和公共卫生方面的威胁。虽然有补救措施及赔偿机制进行调节，但牛结核检测阳性结果必然导致牛群数量的减少和经济损失。如今，只有很少的兽医工作者经历过奶牛结核的发生，因此很多人认为该病在奶牛中已基本根除或者不用考虑了。然而，在驼鹿、动物园进口的动物和从墨西哥进口的牛发现该病，进一步阻碍了根除奶牛结核病的努力。1994年密西根州发现白尾鹿携带有牛结核分枝杆菌，1998年后陆续在牛群中检测到结核病。北美野生散养鹿群出现自主型（self-sustaining）牛结核是罕见的，这可能是由种群高密度、诱饵（通过食物诱猎鹿）和饮食的异常引起。现在在州和联邦兽医监管部门合作基础上，重新展开了一系列保护奶牛的监测行动。此前，这项针对结核病检测项目因为州和联邦的财政紧缩而减少，但是在一些疫区或存在感染鹿或墨西哥牛的高危地区，检测项目仍在继续。一些州和收奶站仍要求对所有产奶牛进行定期的结核菌素试验。伴随着牛群发病率的上升，引起人们对结核病的关心度提高。

牛结核杆菌主要引起牛的结核病，也能够感染包括人在内的其他物种。结核分枝杆菌是人结核的病原体，也能感染猪、猴，偶尔感染牛、狗和鹦鹉。牛结核分枝杆菌和结核分枝杆菌很相似，能感染牛、猪、马、人，很少感染猫和羊。鸟分枝杆菌是特殊的种属，很少感染牛、猪、羊和人。这三者都是抗酸、抗乙醇的革兰氏阳性杆菌。其生长要求严格，需要特殊的培养基和操作技术来培养。其毒力因子包括表面脂类，如6、6’-分枝杆菌酸藻糖、“索状因子”或其他因子。牛结核杆菌可以在巨噬细胞内存活，因干扰溶酶体对吞噬体的细胞融合作用而成为胞内菌。牛结核杆菌可产生保护其在吞噬体内生长的蛋白（应激或热休克蛋白）。牛结核杆菌的代谢产物对中性粒细胞有细胞毒性，针对牛结核杆菌的免疫反应可补充细胞毒性T细胞，杀死巨噬细胞内的牛结核杆菌。

发病家畜可通过呼吸和摄食感染该病。成年牛主要通过呼吸传播，而幼年牛可通过摄食染病——特别是饮用污染的牛奶。伴随感染，发病器官和局部淋巴结出现原发性损伤。因而，吸入性感染的病原体一般在肺部出现原发性损伤。这些病变很小，肉眼观察时一般容易被忽略，而局部淋巴结的较严重病变一般比较明显。淋巴结可能会将结核病的发生局限在局部很长时间，其后病原体会蔓延到其他淋巴结、内脏器官，而如果是严重感染、免疫抑制患畜、强毒性感染，则可能蔓延全身。在一些抵抗力比较强的物种和个体，结核病的发生会仅限制于淋巴结内。在一些对于牛结核杆菌具有抗性的种群中，遗传抗性和通过巨噬细胞介导的杀死胞内菌的作用起着比较重要的作用。出现在原发病灶和蔓延到局部淋巴结的结核结节是该病的典型病变。结核结节是宿主介导的细胞免疫受阻和微观形态下的巨噬细胞和其他单核细胞的坏死灶。局部的钙化是常见的，病程长的损伤区域是钙质性、干酪样。因为呼吸道是该病的主要发病源，所以成年牛胸腔感染较为常见。病程发展及全身感染能造成弥漫性损伤，摄食是犊牛的主要感染途径，因此会出现全身弥散性结节，肠系膜淋巴结和其他内脏淋巴结通常会被感染，咽部淋巴结也可能出现病变。犊牛消化道本身出现病变的情况较为少见。

感染牛因感染的部位和程度不同，通过唾液、气管气溶胶、排泄物（摄食或吞咽呼吸道排出物）和其他的分泌物散播病原体。排泄物内的牛结核杆菌可以在数周内保持感染力，并且菌体在潮湿环境或死水中存活数日。虽然生殖道传播该病很少见，但还是存在感染的可能性。

临床症状 Clinical Signs

只有少数的感染奶牛出现可见临床症状，有症状的患牛没有特征性病变。较严重的病畜可能会表现发育停滞，体质下降逐渐消瘦。牛结核病的典型表现为慢性湿咳和胸部听诊异常等呼吸症状，但不是经常出现。比较明显的临床表现是淋巴结肿大伴有慢性呼吸障碍。咽后淋巴结病变可能导致呼吸或者吞咽、嗳气困难。明显的贲门窦或肠梗阻伴随内脏淋巴结肿大。这些症状是无疼痛表现的，严重情况下可以引流治疗。很少出现乳房症状，一旦发生，并且人或者动物饮用了未经消毒的牛奶，将会导致严重的危害公共卫生后果。幸运的是常规的巴斯特消毒法可以杀灭牛奶中的牛结核杆菌。生殖道病变非常少见。生殖道和乳房的并发感染通常伴随着局部淋巴结肿大的症状。

大部分结核菌素阳性的奶牛很少出现可见的肺脏病变，但一般可见明显的淋巴结损伤。更为复杂的是，一些出现明显病变的严重感染奶牛结核菌素检测却是阴性。

诊断 Diagnosis

在美国，检测牛结核的主要方式是用结核菌素皮下试验对奶牛和买卖的牛（包括州际或国际贸易）进行常规监测，同时对屠宰场的牛胴体进行检查。官方兽医用提纯蛋白衍生的结核菌素0.1 mL进行尾部皱褶皮内试验。72 h后判断结果，分为三种：阳性、可疑、阴性。所有可疑和阳性结果牛都应由兽医管理部门派人用颈部皮肤试验进行重检(用牛和禽分枝杆菌的提纯蛋白衍生物)。过去还用过其他方法来检验，现在除了皮试其他方法很少用。屠宰检测和随后的追溯制度曾经是最常用的诊断方式之一。但是，因为不能发现较小的病灶，屠宰场胴体检测的准确性相对较低。现在El Paso牛奶基地，一般采用γ-干扰素和尾褶皮试相结合的方法，因为该地区几个较大的奶牛场存在着该病。γ-干扰素可检测到特异的淋巴因子，该淋巴因子是由结核菌素刺激淋巴细胞产生的。

因为美国有消灭牛结核的目标，皮试阳性牛通过隔离、鉴定然后送到指定的屠宰场。畜主得到一定的政府补偿。当证实结核菌素阳性反应牛已经感染了该病，则建议将病牛淘汰，并追查源头，对与其有买卖联系的牛群进行检疫。根据El Paso的研究表明，大的牛场可通过检疫隔离来移除检测阳性牛，全群检疫2次间隙60 d，全是阴性，6个月后终检1次。但遗憾的是本程序不能完全消除感染牛群。美国农业部、动植物检疫机构和兽医机构调查发现，尽管对大的牛群进行了检查，也执行了检疫程序，阳性反应牛仍然高达40%。因此，如果希望消灭该病，淘汰感染牛群是最有效的措施。皮试的固有误差是这种折中程序的主要原因。对一些结核分枝杆菌敏感的牛会出现假阳性反应（无肉眼病变），这些结核杆菌包括：人结核杆菌、禽结核杆菌、副结核杆菌和“皮肤型结核病”杆菌。晚期病例、近期感染牛、不敏感牛和老年牛可出现假阴性反应。现在的PPD结核菌素试验的敏感度为85%，特异性为98%。γ-干扰素实验的敏感性和特异性也相似。然而，由于现在牛群中结核病很少，因此皮试的预测值很小，但在感染牛群，其预测值增加。另外，兽医检测时，其自身技术水平和细节重视程度也会在一定程度上影响检测结果。

包括纽约在内的许多州，不再支持对所有的牛进行常规结核菌素试验，而只对“高危险”种群的牛进行检测。“高危”动物包括与捕获的鹿科动物接触的牛，或与有引进外来动物的农场或动物园临近的牛，还有经流行病学追溯，与发病群有关联的牛。

无结核病州是指5年没有新发结核病牛群的州。如果这些州在48个月内查出有一个或多个牛群或野牛群有结核病，无结核病州的名称将被停止或取消。在某些国家使用的卡介苗（BCG），在美国禁止使用。同样也不允许对感染牛进行任何治疗。

溃疡性淋巴管炎 ULCERATIVE LYMPHANGITIS

病因学 Etiology

后肢淋巴管炎在牛群中偶发。此损伤在结核菌素试验中有时会引起假阳性。尽管这类损伤一般发生于无结核病的牛群中，但在结核感染牛群中也有该损伤发现。这类损伤引起关注的最主要原因是，它可导致结核菌素试验结果为疑似或阳性。在过去，这些假阳性牛被称为“皮试反应型”牛。

损伤处发现的病原体是腐生性和抗酸性的，但是目前尚不能对这些病原体进行分类，在选择性培养基上分离不到。仅有一则成功报道称，牛可通过基本组织样品的皮内接种进行感染。理论上，这种损伤可以通过病原体在淋巴系统中的传播而继发前肢或后肢的感染。然而，感染牛通常表现为健康状态。

相似的损伤在假结核棒状杆菌感染中也可见。在这些病例中，损伤仅限于后肢，伴有或不伴有淋巴结肿胀。溃疡性损伤部位可能会排出清亮、胶状渗出物。假结核病感染的牛同样可引起表皮肉芽肿（特别是暴露的侧面部、颈部、胸腔和腹腔），少数发生乳房炎和内脏感染。其临床症状与溃疡性淋巴管炎显著不同，这些将在随后讨论。

临床症状 Clinical Signs

原发病变是掌骨或跖区病变见于一肢或多肢，皮下出现大量小结节。一定时间后，小结节形成溃疡，并排出脓汁由浆液转变成干酪样坏死。在溃疡形成前可能会出现轻度跛行，小结节肿胀、发炎。引流后，跛行缓解。随着时间的延长，结节可能会融合，或形成索状结节。结节主要是皮下组织，但也可能包括皮肤成分（图15-6）。除一定时期的轻度跛行和溃疡外，无全身症状。

诊断 Diagnosis

通过脓汁涂片或活组织检查可以鉴别抗酸细菌。组织培养可能没有结果，因此有耐酸的腐生性杆菌，但有些病例确诊为疑似病例。在无感染畜群中，结核菌素皮试结果为可疑的牛一般认为是“皮试反应型”，但是如果要确定为阳性，需要兽医进行颈部比较皮试检测。非消化道给予青霉素或四环素对本病有一定的治疗作用。

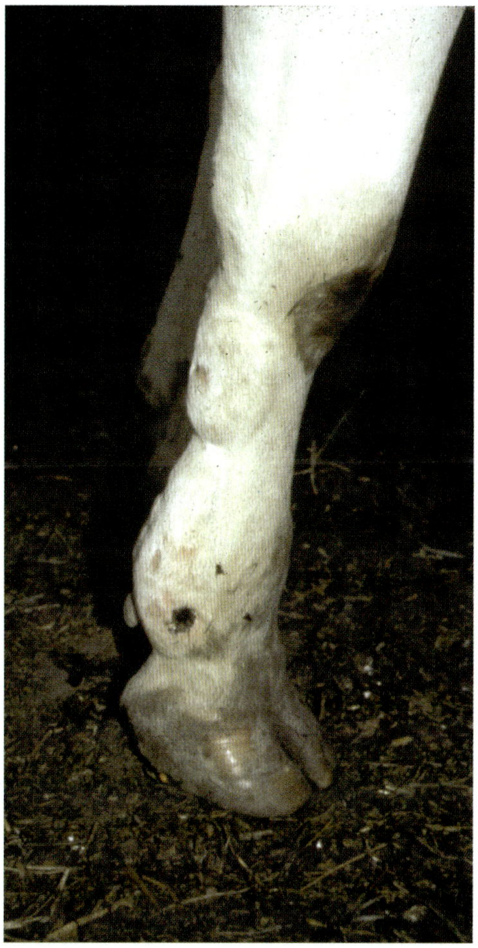

图 15-6

一头荷斯坦奶牛右掌骨区溃疡性淋巴管炎的典型损伤。

假结核棒状杆菌感染 *CORYNEBACTERIUM PSEUDOTUBERCULOSIS* INFECTION

假结核病是引起绵羊、山羊干酪性淋巴结炎和马鸽子热的病原体，很少引起牛的发病。但是，在美国的加利福尼亚和其他地区，该病原体可引起牛皮肤的溃疡性坏死。在小型反刍动物中，病原体趋向于在特定畜群中引起区域性流行，而临床表现也以散发出现。

病原体可以在土壤、环境以及感染组织中存活很长时间。通常认为，病原体通过黏膜或皮肤的损伤、擦伤或裂伤感染宿主。一旦通过了皮肤或黏膜屏障，病原体即通过淋巴系统传播到淋巴结或其他组织中。在马中，假结核病病原体是一种存活于吞噬细胞中的兼性胞内菌，同时具有很多潜在的武器来保护它自己在宿主中存活，如外毒素（磷脂酶D），它可以袭击红细胞中的神经磷脂和毛细血管内皮细胞。同时，病原体还具有对吞噬细胞有毒性的化脓因子和表面磷脂。所有的这些因子都导致了病原体对宿主的慢性持续性感染，这在小型反刍动物得以证实。

牛皮肤溃疡性损伤可能渗出脓汁，并且特征性的存在于侧面部、颈部、胸腔和腹腔。感染牛一般不表现其他症状，尽管通过引流或外科清创术可以加速伤口愈合，但不加处理的伤口也会在2～4周自动愈合。此感染经常全群传播，牛群感染率可达10%。与初产母牛和未产母牛相比，此病多发于成年牛。当饲养和处理设施导致侧面皮肤擦伤时，会明显加大感染的可能。该病的特征性起因是病原体通过皮肤创伤和小面积皮肤擦伤引起牛的感染。感染动物通常被淘汰。此病在干旱的美国西部州和以色列的奶牛常见，而且夏季多发。

临床症状 Clinical Signs

感染该菌的牛表现为：面部、颈部或躯干的大面积溃疡性损伤。坏死性物质在伤口处聚集，而且在深处的坏死区形成肉芽组织。除产奶量下降4%～6%外，病牛一般不会出现其他明显症状。有时在感染牛群中可确诊散发病例。

诊断 Diagnosis

此损伤必须与以下疾病相区别：放线杆菌性肉芽肿、其他肉芽肿和肿瘤。组织培养可确诊，活组织检查可将其与肿瘤、肉芽肿区分。

治疗 Treatment

本病一般会自愈，但某些病例可以进行清创术，并给予7 d或更长时间的青霉素或四环素治疗。

巴贝西虫病 BABESIOSIS

病因学 Etiology

巴贝西虫病是牛的一种原虫病，在美国，因为消灭了它的传播途径——硬蜱，该病已被消灭。牛的巴贝西虫病也称德克萨斯热、红尿病、梨浆虫病或蜱热。巴贝西虫病可能是由6种以上的巴贝虫属引起，这些种属按形态分为大型或小型虫体。主要的大型种属是二联巴贝西虫，而主要的小型种属是牛巴贝西虫。此病多发于热带与亚热带气候，但美国仍受来自中美和墨西哥传播该病的威胁。

二联巴贝西虫在红细胞中呈成对的梨形体，并且通过牛蜱传播，一般是具环牛蜱。蜱因叮咬已感染动物而感染，随后在卵巢感染它们的幼虫。二联巴贝西虫继续在幼虫、若虫和成年蜱中发育，之后通过蜱的叮咬将病原体传播给易感牛。其他昆虫和血液污染的器具同样可能传播该病，但是蜱是最主要的媒介。6月龄以上的牛较易感染，因为牛犊有初乳的被动免疫，或者特殊的红细胞保护因子（或者两者皆具），所以可以保护牛犊在6～9月龄之前不受感染。

牛巴贝西虫在红细胞中呈单体、多体或双体。单体和多体为圆形，而双体可能为梨形，但比二联巴贝西虫要连接成更大的钝角形。牛巴贝西虫比二联巴贝西虫感染红细胞数量要少，而且更难鉴别。牛巴贝西虫感染倾向于大脑的毛细血管，有研究者成功对感染大脑进行了显微镜诊断。包括小环牛蜱和微小牛蜱在内的多种牛蜱属可以传播牛巴贝西虫，而幼虫期是最主要的感染源。

临床症状 Clinical Signs

发烧、贫血、血红蛋白尿、黄疸、虚弱、食欲减退、精神沉郁和胃肠停滞是二联巴贝西虫感染的最常见症状。随着红细胞破坏加剧，可引起心动过速、呼吸困难和渐进性苍白，有时还可见流产。溶血性贫血是导致血管内溶血以及随后的血红蛋白尿和黄疸的原因。死亡率可能超过50%。蜱常出现在感染牛及其同舍牛群中。

牛感染牛巴贝西虫与感染二联巴贝西虫症状类似，但感染牛巴贝西虫后贫血和血红蛋白尿的程度和频率相对较少。宿主抵抗力和病原体致病力会影响疾病的严重程度。牛巴贝西虫感染一般会出现神经症状，包括角弓反张、癫痫、兴奋、抑郁或昏迷。这是感染牛发生无生命危险的贫血却最终死亡的原因。神经症状是因为感染的红细胞倾向于在大脑毛细血管中聚集造成的。

巴贝西虫病急性病症存活的牛可能转为慢性，成为携虫者，可能再次感染，或死于继发感染，病愈的牛会有生产间期延长的情况。

诊断 Diagnosis

巴贝西虫病必须与其他引起血红蛋白尿、溶血、发热和黄疸的疾病相区别。因此，在鉴别诊断中应该考虑杆菌性血红蛋白尿、钩端螺旋体病、产后血红蛋白尿、中毒性肝损伤和慢性铜中毒。当牛巴贝西虫感染出现神经症状时，必须将其与其他中枢神经系统疾病相区别。其他的神经疾病很少引起溶血和血红蛋白尿。但无浆体（边虫）病可以导致相似的症状，只是无浆体（边虫）病不会导致血红蛋白尿。

若要确诊巴贝西虫病，除临床症状外，仍需要其他的辅助检测。与牛巴贝西虫相比，二联巴贝西虫更容易在吉姆萨染色血涂片中观察到，而两种病原体的急性感染比慢性感染更易观察到虫体。牛感染巴贝西虫1～3周后，可通过补体结合或间接荧光试验在感染牛的血液中检查到特异性抗体的存在。荧光试验比补体结合试验更加敏感，它可以检测感染后很长一段时间内的抗体水平。大脑活组织检查同样可以用于牛巴贝虫感染的诊断但在死前没有任何诊断价值。其他血清学检测方法正在进行评估中，但缺乏有效性。

治疗和控制 Treatment and Control

化学药物对本病有一定的疗效。早期的有效治疗结果具有两面性，可以杀灭寄生虫，但同时也阻碍了动物有效的免疫反应，从而容易迅速受到再次感染。

锥虫蓝对二联巴贝西虫的早期治疗有效，但对牛巴贝西虫和其他小型巴贝西虫种属无效。双脒苯脲（1～3 mg/kg）、其他几种二脒的衍生物，如乙酰甘氨酸二脒那秦(3～5 mg/kg)和氨基羟乙基磺酸盐(5～10 mg/kg) 均可以有效地治疗这两种感染。另外，喹啉和吖啶的衍生物对本病亦有效。

根据美国的经验，控制牛群中的蜱对消灭巴贝西虫病是必要的。目前有许多杀虫剂都是有效的（见第七章）。有些国家控制蜱的数量，不是要完全根除巴贝西虫病，而是通过控制传播媒介的数量，从而有效保护牛群，使该病不足以严重暴发或广泛传播。

一些地区（例如澳大利亚）已经应用了针对二联巴贝西虫和牛巴贝西虫的疫苗，但仍没有商品化，而且使用活苗时要选用合适的化学疗法。目前随着牛巴贝西虫基因组计划的完成，将出现更多结合基因组和蛋白组学方法的有效疫苗面世。

控制和消灭牛群中的蜱，是控制牛巴贝虫的最理想方法。

无浆体病（边虫病）
ANAPLASMOSIS

病因学 Etiology

立克次氏体和牛群边缘虫是引起牛无浆体病的主要病因。此病原体寄生在易感牛红细胞中，由蜱和其他叮咬昆虫传播，并可由血液污染的器具刺入皮肤导致器械性感染。

安德逊式革蜱、其他革蜱和具环牛蜱都是无浆体病的生物传播媒介，他们能将边缘无浆体经卵传给下一代蜱。其他蜱、虻和蚊子可能在叮咬时将感染牛的血液注给易感牛，成为疾病传播的机械传播媒介。在群内作业时，被血液污染的针头和其他兽医器械都可能传播该病。同样，用被血液感染的器械进行与生殖相关的操作，如插管、胚胎移植和受精，也可能传播该病。

慢性感染的牛一般无症状，并成为无浆体的携带者，在虫媒的高峰季节往往传播本病，或者在常规外科手术之后造成医源性传播。

小于1岁的牛可抵抗感染，或病症轻微。成年牛则是相反，大于2岁的易感牛经常患病严重，并且死亡率较高。幼小动物对感染有抗性，部分原因可能是它们从初乳获得了被动抗体。然而，导致1～2岁的易感牛表现为典型的轻微症状；而2岁以上的易感牛，则通常导致严重急性疾病的其他因素也很重要，另外，应激因素——例如运输、饥饿、气候异常和实验性脾切除——似乎会抵消小牛对边虫病的自然抗性，而导致急性疾病的暴发。

小牛的自然感染会导致终身带虫。生物学平衡对维持免疫状态很有必要，因为彻底清除感染可能造成易感动物的再感染。尽管并不是所有的携带牛都会发生血清转化，但慢性带菌牛时有发生。保护性免疫需要体液免疫和细胞免疫的共同作用，包括细胞外膜特异性抗体的产生以及巨噬细胞的活化。免疫反应可以清除急性立克次氏体血症，但是不能完全清除感染，因为病原体本身不断发生抗原变异。一般认为血清阳性牛为带菌者；血清阴性牛在病区内更难归类，其需要更深入的研究。用化学疗法清除病原后，感染牛的获得性免疫仍持续存在，这使研究变得困难。不管被治疗牛是血清阳性还是阴性，应用双咪苯脲或四环素等化学疗法后，这种免疫力都会持续存在。然而，在边缘虫流行的区域，血清阴性牛极易感染对无浆体病表现强的易感性和发病率。因此，阳性畜群中的阴性牛，即使它们之前是血清阳性，并且随后自然清除感染，也不可能产生有效的免疫力。牛群的相对暴露率、共存应激、带菌者、传染媒介，以及感染清除和再次感染的时间差都可能影响血清阴性牛的易感性，这些牛可能是血清阳性牛转愈。

临床症状 Clinical Signs

如前所述，边缘无浆体感染造成临床疾病的可能性与易感动物的年龄成正比。也有例外情况，尤其是在意外的应激、高感染量、多寄生媒介或存在并发症时可以降低青年牛对该病的抵抗力。许多但不是大多数1岁以内的幼牛表现隐性感染或极轻微症状。自然感染潜伏期为20～40 d，随后出现急性症状，表现为发热（40.0～41.7℃）、精神沉郁、食欲减退、胃肠停滞、贫血、脱水和停乳。临床症状的严重程度与贫血的程度成正比。很多急性病例都表现黄疸，但是一般都是感染动物存活2 d以后才出现。一般不会出现血红蛋白尿。溶血现象是因为网状内皮系统破坏红细胞所致，因此主要是血管外溶血。死亡率不一，但是急性病例中可能达到50%以上。从急性病征存活下来的感染牛可能仍表现虚弱、贫血、黄疸和体况明显下降。易感成年牛引入发病畜群后可能出现急性病征，并且1～2 d死亡。无论感染牛后期血清阳性程度如何，受感染动物都会持续携带病原体。急性病症的好转需要几周。急性感染期和恢复期均可能出现流产。

诊断 Diagnosis

补体结合试验和快速平板凝集试验是最常用的确诊手段，但是一般需在急性感染后的1周才能检测到阳性。这些血清学检测方法对于检测无临床症状的慢性带虫牛同样有效。急性病例的诊断，需要验证有无严重贫血（低红细胞压积和再生），同时还需要排除肝脏疾病引起的黄疸。全血涂片经瑞氏染色、新配制的亚甲蓝染色或姬姆萨染色后显微镜检查可确定红细胞中的边缘无浆体(图15-7)。病原体以一个或多个球形出现在外周红细胞中，并且必须与嗜碱性颗粒和豪-乔小体相区别。PCR和竞争性ELISA是较新的、更加敏感的检测方法，可以用于检测发病时和治疗后的感染清除情况。

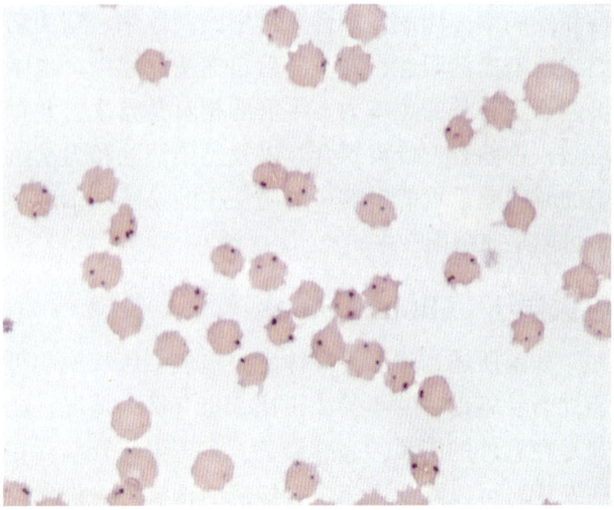

图 15-7

感染边缘无浆体小母牛的血液涂片，瑞氏染色，个别红细胞边缘可见病原体。

治疗 Treatment

有几种化学治疗药物对本病有一定的疗效，但清除病原体的效果不一样。目前北美采用土霉素作为治疗首选。在欧洲，氟喹诺酮类药物广泛使用。许多四环素都可用于治疗，而用药剂量决定于是否清除病原体还是仅仅降低宿主体内病原体的数量。可以应用咪多卡二丙酸盐治疗感染牛(肌肉注射5.0 mg/kg，14 d间隔注射2次)，但是北美牛群不使用此药。长效四环素（肌肉注射20 mg/kg，3 d间隔注射4次，Liquamycin LA 200, Pfizer, Inc., Animal Health Division）同样可以消除牛的感染。小剂量注射此长效四环素可以控制急性感染，但是不能完全消除病原体。清除感染的牛可能会再次感染。当急性感染牛的贫血危及生命时，可以进行必要的输血。

杀虫剂的使用和控制飞虫措施可以尽可能减少传播媒介。考虑到奶牛场的生产目的，这些化学药物必须在法规许可的情况下使用。

预防 Prevention

当感染率较低时，清除急性和无症状表现（血清阳性）牛的感染，同时减少蚊虫，可有效控制本病的发生。疫病的区域流行，实施防控措施非常困难。除了媒介控制和药物治疗外，畜群的饲养管理方法也应该改进。尽量减小应激，不要将非疫区动物引入发病群，除非进行消毒，否则应避免交叉使用采血针、打耳器及其他兽医器械器具。必须谨慎使用疫苗，因为目前没有完全安全的疫苗。在美国，使用的是感染红细胞制成的灭活制品，因此，免疫牛可能产生抗红细胞抗体，这种抗体可使每年一次加强免疫的母牛所产新生犊牛发生同族溶血症，因此，妊娠后期不应再加强免疫。活疫苗在澳大利亚和中南美国家已广泛使用，由于考虑到血液制成的活疫苗可能传播病原体，美国未批准此种疫苗在其境内的应用。加利福尼亚批准了一种改良的、辐射过的活疫苗制品，免疫1岁以下的牛犊可产生持续的抗感染力。但此疫苗免疫大龄动物后可导致发病。最近，研制成功一种提纯的疫苗，该产品可以在美国使用。据报道，这种疫苗可以降低吸吮初乳的犊牛发生新生犊牛同族溶血症的可能性（Am-Vax, Schering-Plough Animal Health, Kenilworth, NJ）。

疫苗科技的不断进步为牛无浆体病防治提供了光明的前景。

附红细胞体病（支原体病）EPERYTHROZOONOSIS(MYCOPLASMOSIS)

病因学 Etiology

此病是由专性寄生于红细胞内的魏容氏附红细胞体、立克次氏体引起的。附红细胞体属血营养性立克次氏体，最近依据16S核糖体RNA基因序列分析，其被重新归为支原体属，但此处仍沿用先前常用的名称。牛群由于实验性切除脾而感染此种寄生虫发生寄生物血症的情况非常普遍。但是，自然感染病例并不常见，实验人员试图通过输送病牛全血来感染其他牛，也以失败告终。早期至中期泌乳期的小奶牛夏季易发此病，这说明特定牛群具有特殊的易感性，但并未证实。

临床症状 Clinical Signs

小奶牛症状表现为乳头和后肢末端肿胀、发热、股骨沟淋巴结肿大、产乳量降低和轻度体重下降。此病病程短暂，急性临床症状在7～10 d内消除。大多数情况下，畜群中仅有个别动物发病，但是随时间延长，可能会在畜群中形成小规模暴发。年轻公牛可出现类似症状，以阴囊和后肢水肿、不育为特征。这些症状与血涂片中观察到大量附红细胞体密切相关，并且症状随寄生虫血症的减退而消除。猪和绵羊感染支原体（附红细胞体属）常见严重贫血和溶血现象，在自然发病的牛中未有发现。

诊断 Diagnosis

根据小奶牛早期至中期泌乳期的典型临床症状，以及血液涂片检查寄生虫（图15-8），可以确诊此病。

治疗 Treatment

许多患畜在7～14 d内病症得以缓和，同时体内寄生虫血症下降到检测不到虫体的水平。同时，可选择应用一剂安他乐土霉素来迅速清除病原体，消除病症。

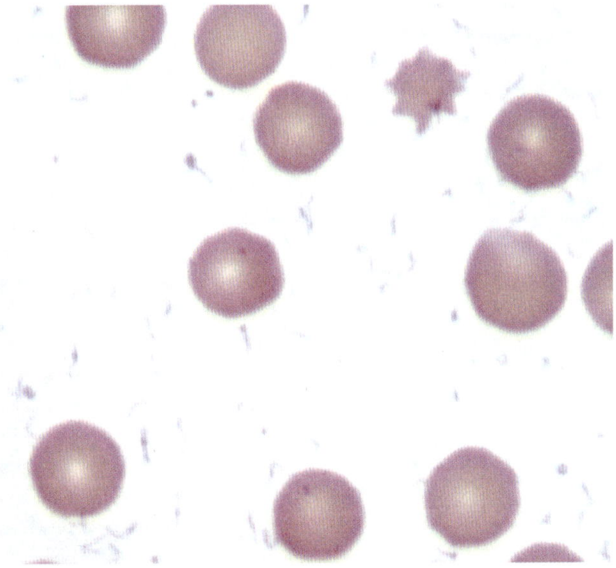

图 15-8

一头小母牛血涂片中的附红细胞体，此畜群许多小母牛表现四肢肿胀。此病原体较难识别，并且位置上比无形体属更靠近中央。

蜱热

TICKBORNE FEVER

嗜吞噬细胞无形体（*Anaplasma phagocytophilum*）是引起蜱热的原因。尽管此硬蜱属病原体存在于美国多个地区，但是据我们所知，北美尚无牛的临床病例报道。其他国家病牛临床症状包括：发热、白细胞和血小板减少、流产、共济失调、产量下降和对其他感染的易感性加大等。镜下检测白细胞中有无桑葚体或应用PCR技术检测血液DNA是最佳的诊断手段。尽管此感染一般会自愈，但土霉素疗法可一定程度地缩短病程。

炭疽

ANTHRAX

病因学 Etiology

炭疽杆菌是革兰氏阳性大杆菌，能引起人和动物的炭疽病，培养基上生长的炭疽杆菌呈紧密排列的长链形（水母头样菌落），而活体内的炭疽杆菌为短链，末端钝圆，有清晰的荚膜，可包围几个细胞。炭疽杆菌能形成芽孢，但只有在15～40℃的有氧环境中才能发育，而在活体中则不发育，此芽孢有很强的抵抗力，可在干燥的高氮碱性土壤中存活数十年。因此，病畜排出物或病死动物的组织可污染土壤，并使该病菌在一定的地理环境中存活，这有可能造成该病的散发。在潮湿的环境中，当温度高于15.5℃时可促进芽孢发芽增殖；污染的土壤又变干燥时生长的炭疽杆菌又形成芽孢。多数临床病例发生在放牧季节。

在污染的土地上放牧时，牛会从污染的土壤或在污染区域生产的植物中食入芽孢并在体内形成滋养体，口腔黏膜和消化道黏膜的损伤可形成局部炭疽肿，随后炭疽杆菌进入淋巴系统，最终导致菌血症。局部炭疽可能发生在伤口，在人称为“恶性炭疽痈”，吸入芽孢是较少见的感染方式，但可发生在人（拣毛工人接触感染动物）和动物，并经常造成死亡。疫区动物的副产品，如皮革、屠宰场的下脚料、骨粉等常带有炭疽杆菌或芽孢，当动物和人与这些物品接触时，就有感染的危险。吸血昆虫也可传播该病。

炭疽杆菌的毒力作用是因为多谷氨酸荚膜的存在，该荚膜能阻碍吞噬和溶菌作用，以及由水肿因子、保护性抗原和致死因子组成的强大的毒素。这三种因子可以协同作用杀死吞噬细胞，损伤毛细血管，并能阻止血液凝固，导致毛细血管通透性增加、形成血栓和组织水肿的恶性循环，最终引起动物死亡。

临床症状 Clinical Signs

牛最急性炭疽感染可导致突然死亡，所以易与其他原因引起的突然死亡混淆，如电击、致死性内出血、梭菌性肌炎、气胀或代谢性疾病。急性炭疽死亡牛的天然孔流出血液或液体，这容易与近尾部后腔静脉血栓形成、出血性皱胃溃疡、空肠出血综合征、砷中毒或最急性沙门氏菌病造成的疾病相混淆。

急性炭疽病可引起发热，食欲废绝和生产性能降低，精神沉郁，粪便、尿液、牛奶和鼻腔分泌物中有血液存在。出现心动过速和呼吸困难，也可能出现神经症状。除非在疾病早期进行治疗，感染牛通常在1～2 d内躺卧、最后死亡。无论何时，只要依据症状（或无症状）和天然孔出血而怀疑为炭疽病时，禁止尸体剖检，直至其他检测排除该病。

牛伤口处的局部炭疽少见，但很难诊断，牛场或地区的炭疽病史可提高最急性和急性炭疽致死病的怀疑程度。

诊断　Diagnosis

当尸体新鲜时，可从颈静脉、乳房静脉或耳静脉收集血液，进行细胞学检查或细菌培养。现在不需要送检尸体的耳朵，因为这样的操作会增加人接触炭疽的危险。尸体腐烂或超过12 h，梭菌会大量增殖，造成细胞学诊断的困难。

血液样品或血涂片应在有资质的实验室检查以确保得到准确结果。其他的血清学试验如免疫荧光抗体技术和ELISA技术，在一些实验室也有应用。过去，将血液样品接种豚鼠来诊断炭疽病，但采集的样品中可能有条件致病菌，易造成误诊。尽管对可疑为炭疽病的病例，不提倡尸体剖检，但为了排除其他疾病，通常还是要做剖检。当对死牛的鉴别诊断中认为有可能是炭疽感染时，剖检者应戴手套、口罩，穿工作服。炭疽的主要病变为脾脏肿大，大面积浆膜出血，体腔液中有血样或浆液血样液体，天然孔分泌物为黑红色或黑色。诊断为炭疽病的病例应报告兽医管理机构以便检疫和尸体处理。

治疗　Treatment

急性和最急性病例因病程短不可能治疗。大剂量的青霉素和四环素，对早期病例和较少见的局部炭疽是有效的。

预防和控制　Prevention and Control

防治措施如下：

1.不在炭疽杆菌感染的草场放牧，但在实际生产中一般不太可能。

2.芽孢疫苗——10%～30%的CO_2环境中，有毒力的炭疽杆菌在含50%血清的琼脂板上培养，会生长出粗糙型无荚膜的Sterene株（无毒株）。用这种无毒菌株的芽孢可制成用于牛、绵羊、山羊的活疫苗。这种疫苗在放牧季节前每年注射一次。尽管产奶牛免疫接种该疫苗后牛奶中无芽孢残留证据，但产奶牛应用疫苗时，仍需批准。

3.感染炭疽的尸体可焚烧或埋在至少180 cm深的地下，并在上面撒上生石灰。还应向兽医当局请教适当的消毒技术。

年轻兽医应向临近的老同行请教，从而知道在他们的服务领域内以前是否或在哪里诊断出过炭疽。近年来人们更加关注此人畜共患病，因为恐怖分子试图拿其作为生物武器攻击人群。因为有效的控制措施和人畜接触的机会减少，本病在世界范围内发病减少。但炭疽杆菌的基因变异和人类接触非家畜途径传播该病原体的机会增多，给人和动物的健康带来新的威胁。一个替代性疫苗的研究领域，例如DNA疫苗——可能在未来会对动物疫病的防治起到积极作用。

伯纳特氏柯克斯氏体感染（Q热）
COXIELLA BURNETII INFECTION(Q FEVER)

病因学　Etiology

伯纳特氏柯克斯氏体，为立克次氏体，能引起人的Q热。这种微生物是专性细胞内立克次氏体，与其他立克次氏体不同的是它的生活周期是在宿主有核细胞的吞噬体内完成的。这种微生物以两种形式存在：1相的伯纳特氏柯克斯氏体往往是在家畜和蜱内分离到的，能和恢复期后期血清中的抗体起反应，而2相的伯纳特氏柯克斯氏体能和恢复期早期血清起反应，并在鸡胚重复传代后获得。

牛、绵羊、山羊等家畜是伯纳特氏柯克斯氏体的宿主。根据血清学调查，该病感染牛很常见。蜱可在动物间传播该病。但该微生物的主要来源是分娩绵羊、山羊、奶牛的羊水、胎盘和胎膜以及感染动物的奶、尿液和粪便。在大多数情况下感染的反刍兽不表现临床症状。除了羊群外，不表现高的流产率。很显然，这种微生物主要集中在怀孕动物的胎盘和乳房，当分娩时，大量病原体释放出来。流产、正常分娩或感染子宫炎的母牛会持续几个月流出病原体。在乳汁中残留病原体很常见，而且牛、山羊比绵羊残留时间更长，牛的乳汁经常残留病原体，最近加州乳腺炎试验检测表明该病的感染增加引起了人们的关注。高度污染的分泌物和组织形成的气雾可使临近的人和其他动物感染。污染的环境、皮革、羊毛、垫草也可通过气雾使人感染。这种微生物一旦停留在环境中或静止的物品上，就具有极强的抵抗力并持续存在。在病区内，飞扬的尘土可造成吸入感染。但1%～2%漂白粉溶液可进行有效的消毒。

人的Q热是农业工人和动物研究人员的职业病。奶牛场关注此病的主要原因是奶牛尤其是初生牛感染以及其所产的奶中广泛存在伯纳特氏柯克斯氏体。以前认为，该病只限于美国西部，但现在发现Q热遍及美国大部分地区。不进行巴氏消毒是牛奶感染该微生物的另一个原因。巴氏消毒的温度是62.8℃ 30 min或71.7℃15 min，可杀死该微生物，因此通过常规的巴氏消毒可防止人饮用零售的牛奶而感染。尽管经口感染是不常见的方式，但仍可造成血清转变，含有大量伯纳特氏柯克斯氏体的牛奶可通过气雾使奶牛场工人感染该病。

临床症状 Clinical Signs

感染牛通常不见症状或表现非特异性的亚临床症状，人感染该病时，有10～28 d的潜伏期，并且有畏寒、发热、头疼、不适、肌肉疼痛等症状。肝炎、肺炎的高发病率的同时心内膜炎低发病率，可能说明已造成严重的败血症。

诊断 Diagnosis

血清学试验中的补体结合试验是最常用的诊断方法，但其他试验也有应用，如放射性同位素沉淀试验。毛细管凝集试验可检测感染的牛奶，牛的感染率随地理位置，牛群规模以及妊娠周期的不同而变化。人常用补体结合试验检查感染情况，但只有在临床症状出现4周后血清学试验才出现阳性反应。

治疗 Treatment

患病牛一般不治疗，但四环素常作为治疗人Q热的基本药品。

预防和控制 Prevention and Control

由于伯纳特氏柯克斯氏体能引起人畜共患传染病和牛Q热，因此应引起对该微生物的关注和重视，避免喝未经过巴氏消毒的牛奶，因为未检测的奶牛也可能存在危险。兽医为了保护自己和农场工作人员的安全，应警惕该病的潜在威胁。兽医在接生过程中有感染该病的可能，诊治病牛的兽医风险很大。尽管未见文献报道，或许已有许多人产生了免疫力。

实验人员和屠宰场工人感染该病危险性很大，对他们进行实验性免疫接种，效果显著。实验性疫苗接种牛可使血清转化，但不能消灭排菌现象。

布氏杆菌病
BRUCELLOSIS

病因学 Etiology

布氏杆菌病（班格氏病）是一种引起牛生殖障碍的传染病，也是在公共卫生方面意义重大的疾病。和结核病一样，当人们谈到控制和消灭布氏杆菌病时，会引起强烈的反响。美国大部分地区消灭了布氏杆菌病，这得益于联邦政府采取合作检测和控制措施。然而，某些地区的牛仍患布氏杆菌病，由于美洲野牛和野生反刍动物（麋鹿和驼鹿）可携带该病，有可能使西部地区的草原牛感染布氏杆菌病。

牛流产布氏杆菌是该病常见的病原，而布氏杆菌属的马耳他布氏杆菌、猪布氏杆菌在某些情况下也可感染牛。布氏杆菌有一定的宿主倾向，但并不只感染一种宿主。本节只讨论流产布氏杆菌。

流产布氏杆菌为革兰氏阴性小杆菌，需要复杂的营养条件，在富含CO_2的有氧环境中生长良好。布氏杆菌在体外生长条件复杂，并且其种属分类和生物型鉴定很困难。用于布氏杆菌种的分类和分型的方法有：CO_2的需求、H_2S的产生、在各种染料中的生长情况、噬菌体溶菌实验、氧化酶试验和凝集试验。流产布氏杆菌已分出许多型，在美国1型布氏杆菌是主要的生物型，而2型和4型布氏杆菌很少见。

尽管布氏杆菌在体外生长条件复杂，但在适宜条件下，它可在特殊的动物产品中长期存活。一般来说，布氏杆菌喜欢潮湿、凉爽的环境，不耐阳光、干燥和热。例如，布氏杆菌在12℃的粪便中可存活250 d，但当粪便加热后会迅速死亡。同样，感染的胎盘、胎儿组织、冰藏的受染牛奶和其他奶产品，以及冷水，都可长期具有感染性。巴氏消毒法可杀死牛奶中布氏杆菌。

布氏杆菌主要经口感染，但偶有文献报道，可经交配、哺乳及生殖传播。易感牛也可通过污染的饲料、草场或被感染的羊水、胎盘组织、胎儿或牛奶污染的物体摄入细菌。在奶牛场中，大的畜群和集约化管理模式，易造成布氏杆菌病的流行，并可连续发生地方性传染。

一旦发生布氏杆菌病，布氏杆菌就会成为兼性胞内菌，并可在巨噬细胞中存活。细胞膜中的多糖和脂多糖蛋白组成细菌的表面抗原，导致宿主产生凝集抗体。检测这些抗体被应用于布氏杆菌病防治中的许多血清学方法。基于流产布氏杆菌为兼性胞内菌，细胞介导免疫非常重要，但知之甚少。

布氏杆菌通过口腔和鼻腔黏膜、眼结膜和破损的皮肤进入牛体。由于经口感染是主要途径，因此，咽是原发的感染部位。犊牛主要通过吮奶而感染，而交配可造成公牛和母牛的感染。一旦通过黏膜，布氏杆菌就会侵入局部淋巴结并在其中繁殖，进而造成菌血症。与沙门氏菌、李氏杆菌和其他兼性胞内菌相似，巨噬细胞循环也促进了流产布氏杆菌传播引发败血病。流产布氏杆菌败血症可导致乳房、子宫及相关淋巴结的感染和怀孕母牛的子宫感染，尤其是妊娠中期，可导致进行性绒毛膜-胎盘炎，并进一步引起子宫内膜炎和胎儿胎盘的感染。胎儿血液供应受阻、内毒素血症对胎儿的影响以及病菌的感染均可促进后期胎儿活力丧失而流产。流产多发生于妊娠5个月至妊娠终止。流产的胎儿已死亡数天，但胎儿的肺和皱胃中仍有活的流产布氏杆菌。

感染的牛常终生带菌，每次分娩时从奶和生殖道排出物中排出大量布氏杆菌。尽管流产布氏杆菌感染的母牛在以后怀孕时并不经常流产，但怀孕时胎盘易受感染，因此，带菌牛在生产时以及它们的排泄物会随时污染环境。

现在认为犊牛对感染具有抵抗力。为什么有这种抵抗力的原因还不很清楚，可能是由于初乳中含有被动免疫抗体。牛生长到性成熟期或怀孕后对本病特别易感。青年牛的抵抗力与年龄的关系比较复杂，在某种程度上与所谓犊牛时期的隐性感染有关，犊牛隐性感染可源于感染母牛的子宫内感染或食入感染的水或牛奶而导致。

隐性感染的牛直到妊娠后期、生产或流产时才有血清转化或临床症状。隐性感染的发生率和流行情况很难测定，但最近对两代牛的研究表明，隐性感染不常发生。

临床症状 Clinical Signs

牛的临床症状只表现为流产——通常在妊娠后半期，当该病原体进入牛群中时会暴发流产，但初产母牛和新增加的牛只表现地方性传染。布氏杆菌病可能引起人的严重疾病，但除非医生了解病人职业及病史，一般情况下很难诊断。人的布氏杆菌病叫波浪热，是众所周知的人畜共患病。农场工人、兽医和屠宰场工人在处理感染牛、胎盘、胎儿或奶时受感染几率极高。摄入感染牛的未经巴氏消毒的奶或奶酪对人来说是及其危险的。人的布氏杆菌病可能与许多其他的常见病相混淆，引起发热、肌痛或关节、眼部感染。布氏杆菌可以通过黏膜或皮肤损伤感染人。

诊断 Diagnosis

尽管细菌培养是确诊该病的最好方法，但考虑到开销以及需要专业的细菌学知识，因而限制了该方法在大范围监测和调控中的使用。最近，PCR方法已成功应用于检测流产胎儿中的病原体，从而克服了细菌培养的限制。对于感染的带菌动物，血清学检测仍然是最常用的诊断手段。现有许多血清学检测可用，并且随着对流产布氏杆菌机体免疫应答的研究而更加深入。牛感染后不久，IgM凝集素出现，并且在2周内达到高峰。随后1～2个月，IgG抗体达到高峰，而且成为慢性感染中主要的检测抗体。IgG1抗体为非凝集性的，不受调理素作用，阻止IgM和IgG2抗体，因此，IgG1有利于流产布氏杆菌在宿主内的生存。这就是为什么高水平的体液抗体与免疫无关，或与感染牛的有效免疫无关。此外，19号疫苗主要诱导产生IgM抗体和少量的IgG1抗体，表明IgG1非凝集性抗体可能对宿主免疫应答不利。

血清试管凝集试验、平板（或快速）凝集试验和纸片试验都是常用的试验技术。血清试管凝集试验和纸片试验趋向于检测IgM抗体，因此可以协助检测19号疫苗抗体或近期感染。

利凡诺试验和巯基乙醇试验可以用于鉴别慢

性感染诱发的抗体（主要为IgG1），和19号疫苗诱导的抗体（主要为IgM）。这些化学物质可以清除血清中大部分的IgM，因此，血清中加入这种试剂后滴度降低，证明血清的滴度来自19号疫苗而不是真正的感染。

乳汁环状试验一般用来检测奶牛布氏杆菌感染。牛奶厂对来自不同牛场的样本做定期检查。将灭活布氏杆菌苏木素染色悬液加入新鲜牛奶中，37.0℃水浴培养，通过观察乳脂层的颜色变化来检查奶中的凝集抗体。阳性反应表现为被凝集的细菌团与脂肪滴一起在试管中向上移动，而试管下部的牛奶退色。阴性反应为试管中的牛奶仍有颜色。

所有这些试验都不是准确无误的。相对于地方性流行区域而言，某些仅有少数病例的区域，其实际感染率比试验的阳性概率更小。流行病学监督和控制手段都受现有的诊断工具的限制——这与结核病的情况相似。

补体结合实验（CF）在检测未免疫过或仅在牛犊时免疫过的成年牛时结果是准确的。该试验仅能检测IgM和IgG1，而且普遍认为在牛犊中，补体结合抗体水平比凝集素抗体水平下降得快。因此当应用CF检测幼牛期疫苗接种的牛，很少出现假阳性。将来，通过ELISA和其他技术可进一步提高血清学检测的准确性、特异性和敏感性。

最近，避免在有效检测中导致抗体水平混乱的新疫苗研究已取得大的进展。在防治牛的流产布氏杆菌感染中，19号疫苗是极有用的工具。它使成年牛产生保护性抗体，但该抗体又可能导致牛流产，并可引起人发病。19号疫苗免疫后血清学检测偶尔也会是阳性，这在售卖、展览或运输等过程中会给畜主带来一定的麻烦。成年牛接种后的抗体水平使血清学检测结果不明确，在临床上很难将感染牛和接种牛相区别。粗糙型菌株缺乏在大多数现存检测中作为抗原成分的外膜脂多糖，因此牛接种流产性布氏杆菌粗糙型，血清学检测呈阴性。因此，对仍需对小母牛进行免疫的州，目前RB51是官方承认的牛犊疫苗接种株。

治疗 Treatment

目前仍不允许对患布氏杆菌病的奶牛进行治疗。但是，与人的治疗类似，试验性治疗感染牛可联合应用四环素和链霉素。

控制 Control

采用的防治措施应遵照各州和联邦政府的规定。在消灭了布氏杆菌病的地区或极少发病地区，监测的方法包括定期乳汁环状试验，在屠宰场随机应用血清学试验以追踪阳性牛，以及在州际、国际和私人买卖时用血清学试验检测布氏杆菌病。无论什么时候发现乳汁环状试验阳性牛，都需对全群牛进行血清学检查，移除阳性牛，并执行疫区封锁。按规定进行犊牛免疫接种补救损失。现在，一些州对4～8月龄小母牛应用RB51疫苗免疫。公犊牛因怕引起生殖器官的慢性感染，而禁止免疫接种。

在美国南部布氏杆菌病地方流行的大型奶牛场和草原肉牛中，在检测和屠宰过程中控制本病是不太可能的。通过对犊牛进行免疫接种和改善卫生状况，若干年后，随着慢性感染牛的自然淘汰可以减少或最终消灭布氏杆菌病。在一些严重感染地区，成年牛也进行免疫，但常造成免疫失败，成年牛的免疫只有当地兽医部门同意之后才能施行。

牛白血病病毒感染（造血细胞组织增生）(牛淋巴肉瘤)

BOVINE LEUKEMIA VIRUS INFECTION (LEUKOSIS) (BOVINE LYMPHOSARCOMA)

病因学 Etiology

牛白血病病毒是一种逆转录病毒，可以引起牛淋巴肉瘤病，也可导致牛地方流行性白血病（EBL）和成年牛的单纯造血细胞组织增生。这一逆转录病毒属于肿瘤病毒亚科，而且也同其他逆转录病毒一样具有逆转录酶。逆转录酶可将RNA转录为DNA，然后将病毒DNA整合到宿主细胞染色体DNA中。这种机制导致宿主终身带病，而且病毒蛋白随宿主细胞复制而复制，因而，宿主体内将持续终生产生针对该病毒的抗体。BLV的宿主细胞是B淋巴细胞。在感染开始阶段，一般认为编码的病毒DNA（前病毒）会产生真正的病毒粒子，能够逃离宿主细胞，感染其他细胞。机体产生特异性抗体后，病毒粒子被禁锢在淋巴细胞内，因为逃逸出来的病毒粒子将被血液中的抗体蛋白（可能是针对糖蛋白51（gp 51））中和。如果感染的淋巴细胞与血清抗体分离，或将抗体稀释，那么病毒可能从淋巴细胞中逃逸。因此，BLV的水平传播需要含有感染性淋巴细胞的血液由患畜向易感牛群传输。感染细胞需要机械辅助或损伤表面屏障，才能通过完整的上皮和黏膜，并且可以避免易感动物体内抗体的中和。含有感染淋巴细胞的牛奶、初乳和其他体液分泌物可导致BLV的水平传播。

感染母牛的病毒可能穿过胎盘，从而垂直传播给胎儿，但概率低于10%。在淋巴细胞增多症（PL）和淋巴肉瘤高发的牛群，子宫感染率较高，从而其垂直感染的概率也相对较高。在子宫感染病的犊牛会在免疫力建立之后发病，因为在吸收初乳之前，它们血液里有病毒和抗体共存。

有关牛白血病病毒在牛群中传播的专门文献和研究数据，有繁琐而冗长的介绍和文献表。为了尽可能简要介绍牛白血病病毒水平和垂直传播的现有研究成果，本书集中介绍重要资料，并建议读者阅读参考书目。

关于该病水平传播的研究，采用过自然放养的易感牛和试验用易感牛，或易感绵羊及极易感染BLV的羊。尽管发病牛报道的感染剂量差别很大，从几千个淋巴细胞到5 mL或更多的血液，但淋巴细胞的最低感染剂量可能是1 000个淋巴细胞。这与感染动物的淋巴细胞感染率相关，一些牛的淋巴细胞感染率<5%，而有些则>50%，后者多见于PL感染牛。这些数据表明，牛群中的BLV伴有PL发病牛是BLV重要传播源。皮内、皮下、肌肉静脉方法注射BLV感染淋巴细胞或全血可以导致易感牛感染。

通过血液的水平传播一般是医源性的，是由于饲养人员和兽医工作者重复使用注射器及针头、切角器、打耳号机、去势器械、采血针、静脉注射针、输血设备和鼻环。尽管可能性较小，但结核菌素检测的过程也可能造成该病水平传播。

如果用开口器检查完BLV阳性牛的直肠后再用它检测BLV阴性牛，仍可以造成该病的水平传播，但在评估其传播的可能性试验中，却得到相反的结果。在一个大的奶牛场做流行病研究，用同一个开口器随机给BLV阳性和阴性牛交叉做结肠检查，结果并没有增加BLV阴性感染的可能。但是，有报道称在给患畜检查后，立即用同一开口器给BLV阴性牛检测，这样会增高其感染的可能。这些不一致的结果可以用牛群中PL感染率的不同来解释。感染试验表明，直肠的异常刺激和大量的感染性血液同时作用可以使易感的犊牛和绵羊感染。

如果所用切角器或其他器械经漂白粉或氯已定清洗消毒，可大大降低BLV交叉感染的可能性。用普通采血针采集血液样品是十分危险的，特别是在给阳性动物采集后立即给其他易感动物采。因此，本过程中的注射用针头，要单个动物专用。

昆虫在本病水平传播中的作用仍有争议，很多研究采用的材料和方法都很不实际，如将吸食BLV阳性牛血后不同昆虫的口器注射给BLV阴性牛，或人工使一群昆虫先吸食BLV阳性动物，然后让它们吸食BLV阴性动物。一些研究表明，牛虻、蚊子、蜱可传播该病毒，但厩螫蝇和角蝇很少传播。至今，昆虫在BLV传播中的作用尚不清楚。虱是冬季牛群中很严重的寄生虫，但至今没有报告报道虱是否能传播该病。与北方的肉牛相比，南方肉牛的BLV高发病率可能与昆虫的传播作用有关。

流行病学研究结果表明，感染牛和易感牛的近距离接触会增加水平传播的可能性。某些情况下牛群的患病率会达到高峰，比如妊娠期、牛群密度升高或当BLV阴性牛群突然和阳性牛混群。使牛群密度增加，或当小母牛进入交配期时的管理不当或将其并入泌乳牛群，会在一定的程度上增加感染的可能性。同样地，与成年奶牛同圈的犊牛和小母牛感染的可能性也很高。具有抗病毒核心蛋白抗体的感染牛和患有PL的牛传染性比单纯具有gp51表面糖蛋白抗体的BLV阳性牛要强。

因为BLV阴性牛与阳性牛近距离接触可以传播该病，所以有人研究了不同分泌物的感染力的不同，包括鼻液、口涎、肺泡洗液、尿液、粪便、子宫洗液，还有精液。含细胞的分泌物比无细胞的分泌物更具有感染性。分泌物中的可溶性部分很少有传染性，因为病毒存在于细胞内。一篇关于BLV阳性牛尿液的研究发现，其中大多数阳性牛的可溶性部分含有BLV p25抗原。呼吸道分泌物可能含有少量感染性细胞，但其感染的可能性很小。胚胎移植时，BLV阳性供体子宫液中含有感染性细胞是比较危险的。人工授精感染的机会很小，因为富含细胞成分的精液在公牛站已被筛去。但是，白血病病毒阳性公牛在自然交配时会感染其他牛，因为他们生殖道已经感染，精液中含有较多的感染性细胞。分泌物相对较低的感染不能完全解释封闭性或高密度饲养下的高感染率，其高感染率的原因可能是母牛的身体接触和牛舍设备（如保定架）的公用。牛奶中存在的淋巴细胞具有潜在的感染性，也是一种重要的散毒方式。给易感犊牛喂的牛奶和初乳在病毒传播过程中的作用将在接下来的内容中介绍。

需要注意的是BLV的子宫传播、胚胎移植、饮用牛奶和初乳的感染情况。如前文所说，发病母畜将BLV传给易感胎儿的可能性很低——在大多数发病牛群中低于10%。高发病率种群、有PL病牛的种群或临床出现肿瘤的种群，子宫传播的可能相对较高。子宫感染主要源于通过胎盘的病毒传播。因为在幼畜出生时的血液中能检测到BLV病毒和抗体，所以一般认为此感染发生在胎儿获得免疫活性之后。生产过带病犊牛的BLV阳性母牛，再次生产的小牛不一定是带病牛。

胚胎移植不是BLV垂直传播的主要途径。BLV阳性胚胎移植供体既不使BLV阴性受体感染，也不会使胎儿感染。但如果移植受体是BLV阳性，无论胚胎供体是BLV阴性还是阳性，都有可能造成子宫途径传播。因此，防止胚胎移植中的感染，关键在于坚持使用BLV阴性的受体母牛。

BLV传染途径中最具争议的是饮用牛奶和初乳的传播。如前所述，牛奶和初乳可能携带BLV病毒，因为淋巴细胞是牛奶和初乳中正常的细胞成分。在BLV阳性牛的牛奶中检测到病毒的概率还不清楚。但可以肯定的是，BLV阳性牛牛奶和初乳中很有可能含有感染性淋巴细胞。然而，BLV阳性牛的初乳除了含有感染性的淋巴细胞外，还含有BLV的抗体，而这种抗体可以防止感染。试验表明，在饲喂初乳前，让易感新生牛饮入感染性的淋巴细胞，可使该犊牛发病。这表明，犊牛出生前3 d对初乳和牛奶中的BLV最易感。但3 d后，饮用牛奶和初乳一般不引起感染。关于初乳对初生奶牛的感染性试验数据较少，需要了解的内容很多。牛群有限的直接感染与初乳中含有BLV病毒和抗病毒抗体有关。犊牛饮用BLV阳性的初乳后，可以查到被动抗体，而且该抗体可持续6个月以上。

食用感染母牛的奶直至断奶的犊牛可感染BLV，但确定其发生率因试验结果有争议而很困难。犊牛食入含BLV抗体或不含该抗体的初乳都有感染的危险。在许多地区，可能有低于10%的牛因食入感染性牛奶而感染BLV。因患有PL或淋巴肉瘤而含有大量感染性淋巴细胞的牛奶感染性很强。牛奶当pH＜4，并在18.33℃保持24 h可杀死BLV。另外，先冰冻后解冻或巴氏消毒的初乳和牛奶可消灭其中的BLV。饲喂犊牛初乳和牛奶的最好方法是先喂BLV阴性母牛的初乳，然后喂替代品或巴氏消毒后的牛奶直至断奶。

很多过去的研究表明奶牛和肉牛中BLV的流行情况。基于不同的地理位置和不同的管理方式，其结果也各异。在美国东北部，估计总体有35%以上的感染率，但有些牛场的感染率为0，而有些则高达80%。一些南方州可以达到50%或更多。而只有不到5%的BLV阳性牛发展成为淋巴肉瘤。这是一个非常重要的数据，因为兽医有时候会把出现不明确症状的BLV血清阳性牛误诊为淋巴肉瘤。BLV感染牛是否发展成为淋巴肉瘤具有遗传性，某些遗传因子可以使B淋巴细胞在肉瘤牛上呈单克隆增殖。

少数BLV阳性牛在外周血液中也会出现PL。持续性淋巴细胞增多症界定为淋巴细胞绝对数量超过正常水平数至少3倍，且持续时间至少3个月。持续性淋巴细胞增多是B淋巴细胞良性增殖的结果。98%以上的PL患牛是BLV阳性，发展成为PL是BLV感染牛的遗传特性。临床上，某些品系的纯种牛，遗传特性可影响持续性淋巴细胞增多和淋巴肉瘤病症的发生。关于牛对BLV和PL易感性和抵抗力的进一步的遗传学关系深入研究是从探索牛淋巴细胞抗原（BoLA）发展起来的。PL病牛与非PL牛（BLV阳性）发展成淋巴肉瘤的可能性差异还未作出比较。有一项研究发现PL牛患淋巴肉瘤的可能性没有增加，但需要进一步的研究。

临床症状 Clinical Signs

在讨论临床上有肿瘤或淋巴肉瘤的BLV阳性成年牛之前，要强调两个方面：第一个是只有少于5%的BLV阳性牛出现肿瘤或淋巴肉瘤相关病症。大部分BLV感染的牛表现为无症状，有免疫活性，生产性能与同群阴性牛相当。最近数据表明BLV阳性牛不应像阴性牛一样在牛群中长时间饲养，这样会造成经济损失。但具体原因还不清楚。第二个是尽管牛特殊的靶器官会出现淋巴肉瘤典型临床症状，但大部分患牛仍需同其他多数疾病仔细鉴别。淋巴肉瘤可以伪装成牛的多种其他炎症或虚弱性疾病的表现。

2岁以下病牛很少出现淋巴肉瘤症状，该症状主要出现在3～6岁。2岁以下牛出现的淋巴肉瘤症状一般不是由BLV感染引起的。例如，胸腺型、犊牛B细胞型、幼稚T细胞型和大部分皮肤型淋巴肉瘤都发生于2岁内的幼畜。这些非BLV（散发型）淋巴肉瘤将在后面讨论。

淋巴肉瘤可发生在体表淋巴结、内部淋巴结和特定的靶器官，如皱胃、心、子宫、眼球后间隙、中枢神经系统硬膜外区域（请参阅其他章节的淋巴肉瘤的照片），以上提到组织都可能发生肿瘤。另外，也可能影响到非典型性靶器官，例如上下呼吸道、乳房、贲门窦、肾脏、尿道、肝脏、脾脏和骨髓。单一患畜可出现一处或多处病灶，或不同器官的组合病变，所以临床症状各异。

大部分淋巴肉瘤患畜出现体重减轻、食欲不振、生产性能下降等非典型性临床症状。但患畜出现硬膜外脊髓压迫等显性病变时，尽管食欲和身体状况正常，但出现突然发作的麻痹。肿瘤数量越多，涉及内脏器官越广，其体重减轻，食欲不振，生产性能下降越严重。如果淋巴肉瘤患畜存活时间较长，可能会在很多部位出现肿瘤，但整体看还是以某一解剖部位为主。少数淋巴肉瘤患畜出现发烧症状，从而很易与炎症和其他传染病的诊断相混淆。如果出现发热，一般是肿瘤坏死继发细菌感染、或是肿瘤细胞刺激的多个细胞或炎症可溶性介质释放相关热原而导致的。

大约25%患肿瘤牛可见一个或多个浅表淋巴结肿大。颈浅淋巴结（肩胛骨上部）、腹股沟浅淋巴结（股骨前部）、乳房上淋巴结、下颌下淋巴结和咽喉后淋巴结可见增大，直肠检查和剖腹术检查可知内部淋巴结如腰下淋巴结、肠系膜淋巴结增大，增大的淋巴结可引起呼吸困难（咽后淋巴结）（图4-4）和气胀（咽后和纵膈淋巴结）。气胀是由咽部和纵膈淋巴结肿瘤造成的嗳气受阻导致的。同样，咽喉部位形成的肿瘤物压迫影响空气的运输造成呼吸困难。

肠道是淋巴肉瘤的常发部位。尽管皱胃是胃肠道最易感部位，贲门窦和肠道也有时会出现病变。皱胃淋巴肉瘤可导致黑粪，迷走神经性消化不良，或单纯的食欲不振或体重下降。皱胃可见弥漫性或局灶性赘生物出现（图5-62和图5-63）。当大的淋巴肉瘤在幽门部出现时，由于妨碍皱胃食物的流出，可引起典型迷走神经性消化不良的腹部膨胀症状。由于淋巴肉瘤侵入皱胃壁，溃疡性肿瘤或黏膜溃疡所致的出血，可引起隐性出血和明显的黑粪症。由于非特异性的腹部或皱胃疼痛，患牛可出现磨牙的症状。皱胃淋巴肉瘤引起的黑粪症一定要与单纯的皱胃溃疡区别开来。

瘤胃、网胃、瓣胃的淋巴肉瘤可引起不同程度的贲门窦异常，体重下降，食欲和生产能力下降，气胀，或迷走神经性消化不良等症状。除非对腹水进行细胞学检查或进行剖腹探察，否则这些部位肿瘤很难诊断。大肠和小肠很少出现局灶性或弥散性淋巴肉瘤团块或浸润。

子宫和生殖道是淋巴肉瘤的又一常见靶部位。肿瘤可以是局灶性、多灶性或弥散性分布。典型子宫淋巴肉瘤损伤可见子宫壁多灶性坚固结节或肿块出现（图9-4）。触诊这些肿块与触诊子宫肉瘤相似，病灶呈结节状或隆起的脐状，中心凹陷。这种病灶可见于一侧或两侧子宫角。卵巢和输卵管有时也可见肿瘤，大的局灶性或弥散性肿瘤可侵及整个子宫或尾段生殖道。未妊娠母牛的生殖道肿瘤比妊娠期的容易诊断，因为怀孕牛的胎盘块和胎儿可能掩盖肿瘤。在发展为明显系统症状前，常规直肠触诊发现不了生殖道的淋巴肉瘤，但经直肠触诊到的子宫肿块应首先确认是否子宫肿瘤，还是脓肿或血肿。

心脏异常包括心律不齐、心脏杂音、心包积液、心音低沉、静脉扩张和充血性心力衰竭，都可能是淋巴肉瘤影响心脏和心包的结果。右心房被认为是牛心脏最易出现淋巴肉瘤的部位，但肿瘤可影响心脏其他位置或心包（图3-10）。肿瘤可能为局灶性、多灶性和弥散性的，因而造成临床症状的多样性。心脏淋巴肉瘤需要与造成心律不齐的其他原因如原发性电解质与胃肠功能紊乱、心肌陈旧伤、脓毒性心包炎、心肌病、心内膜炎和心肌炎鉴别诊断。

淋巴肉瘤呼吸系统症状表现为鼻腔或上呼吸道浸润、淋巴结肿大或上呼吸道肿瘤导致的吸气性喘鸣。下支气管源性呼吸困难可能是因为胸膜积液、肺受影响、纵膈肿瘤或充血性心力衰竭。眼部症状一般表明眼球后区受侵，该部位是常见发病部位。因此，发生淋巴肉瘤的BLV阳性牛常见进行性一侧或两侧眼球凸出发展到病理性眼球凸出和眼球的暴露性损伤（图13-3和图13-4）。尽管眼球后的肿块或浸润物的发展要持续几周，但病理性眼球凸出后，眼的症状则可能是急性的，因为这时眼睑完全不能保护凸出的眼球（图15-9）。角膜的暴露性损伤、干燥和深度的眼结膜水肿一般病程迅速。尽管

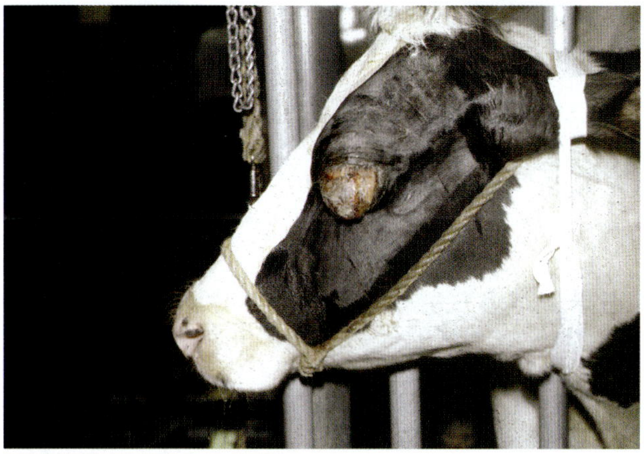

图 15-9

左眼球后区域淋巴肉瘤导致病理性眼球凸出和眼球暴露性损伤。

眼球后部淋巴肉瘤的发展速度变化很大，但如果患牛生存时间长，则常累及双侧眼球。

脊髓硬膜上的淋巴肉瘤可导致与之解剖位置对应的部位进行性麻痹和永久性瘫痪。因为脊柱胸腰段、腰段、骶骨部位常出现肿瘤，所以后肢麻痹和瘫痪比较常见。但是，颈部和颅骨、胸腔损伤也可能出现这类的四肢瘫痪。硬膜外隙的肿瘤可能会呈局灶、多灶或弥漫性。脑部淋巴肉瘤也有发生，但与脊髓压迫性肉瘤相比，数量较少，并且一般与BLV无关。尽管不是固定的规律，但影响脊髓的压迫性淋巴肉瘤可引起神经症状，这些神经症状出现在病牛明显的身体衰弱症状之前（如食欲和体况下降）。因此，压迫性淋巴肉瘤常与代谢性疾病和脊髓损伤相混淆（见第十二章）。淋巴肉瘤压迫脊髓的患牛，通常在2～7 d内从轻瘫发展成为全瘫。在此期间，因患牛站立困难，需人为辅助（提起牛尾）站立，或多次试图站立（图12-35和图12-37）。淋巴肉瘤累及腰骶部脊髓和马尾部，可出现掉尾（lost of tail）、肛门病症（analtone）、会阴脱敏等症状。用皮质类固醇对症治疗，可暂时缓解病情。

肿瘤可直接或间接地影响泌尿系统。肾周淋巴结肿大可导致肾灌流量减小、肾梗死或当双肾脉管连通时的肾前性氮血症。一侧或两侧输尿管弥散性淋巴肉瘤可导致肾积水、血尿症、肾绞痛、肾后性氮血症（双侧）。膀胱和尿道肿瘤可导致肾积水、输尿管积水、血尿症、坠胀、点滴尿、肾绞痛。骶段的硬膜外压迫性肿瘤同样可导致膀胱功能障碍。普通肾肿瘤没有外显症状，或有肾绞痛、肾性氮血症（双侧）、血尿等其他症状。泌尿系统肿瘤一般可通过直肠或阴道触诊检查出。常规直肠检查可发现左侧肾脏肿大，从而提示对患牛双侧肾脏进行经直肠和/或经腹部的超声波检查。肾淋巴肉瘤病与其他无痛并有坚硬肿块的病有很大的区别，如肾癌、肾脏淀粉样变等疾病。淋巴肉瘤患牛肾脏变形严重。活体穿刺检查可对其确诊。

乳腺或乳房淋巴结淋巴肉瘤可能是隐性的，也可能是显性的。乳房淋巴结比乳腺更易出现本病，乳房上淋巴结肿瘤膨大——单侧或双侧——比较常见（图8-8,A）。单个或多个乳腺出现淋巴肉瘤弥散性浸润或局灶性生长，通过乳腺触诊可检测到病变。

成年患牛很少出现皮肤性淋巴肉瘤症状。如果出现，则呈坚固的结节状或斑块状。皮肤肿瘤一般直径为5～20 cm。躯干或乳房皮肤常见（图7-10）。常出现在腰椎旁凹窝的血管淋巴结肿大一般与奶牛淋巴肉瘤无关。尽管其他内脏器官也有肉眼或镜下可见肿瘤，但弥散性脾肿瘤是成年奶牛的BLV阳性淋巴肉瘤病唯一可识别的病变。弥散型脾肿瘤常导致脾破裂、及随后的致死性腹腔出血和急性死亡。这种病变是致死性出血的原因，在康奈尔大学兽医学院的尸体解剖中心大约每年可见一次。腹部出血导致急性死亡在成年奶牛中并不少见；一般很难发现特定病因；只有很少一部分是由淋巴肉瘤病引起的。

淋巴肉瘤症状可出现在其他任一或多个器官任何组织，无特定的靶器官。无论有无淋巴结病，内脏或体腔都有可能出现肿瘤。患有淋巴肉瘤或淋巴瘤病的成年BLV阳性牛一般只能存活数周到数月，大部分都在6个月内死亡。虽然皮质激素对该病可能有暂时缓解作用，但一般很少对病牛进行治疗。偶尔对妊娠期后3个月的患病母牛进行保守疗法治疗，从而让其能够顺利分娩。但是，保守疗法治疗几周后效果下降。对于眼球后、胸腔、腹腔内脏的

肿瘤，在妊娠后期应用不导致流产的皮质激素，尤其是强的松（每天1 mg/kg）或异氟泼尼龙醋酸盐，会有一定的效果。要说明的是，在妊娠期的前150 d内使用地塞米松是不大可能导致流产的，因此，该药可作为旨在保留胎儿的患淋巴肉瘤母牛的治疗选择。有时严重代谢异常的淋巴肉瘤病牛可能会生产出病变犊牛。这些牛犊在子宫时已经感染，因此公犊牛基本没有继续饲养的价值。这些犊牛有很高的围产期死亡率，保留的意义不大。威斯康星州临床兽医采用过一些化学疗法治疗患淋巴肉瘤的母牛，包括长春新碱、门冬酰胺酶、环磷酰胺等药物；这种治疗方法有很大的遗传学与经济意义，但是这些药物被禁止在食用牛和产奶牛中使用，同时，应用这么大剂量的毒性药品，患牛要住院治疗，并且要仔细清除丢弃物。康奈尔大学兽医对妊娠后期患心包淋巴肉瘤母牛采用过保守疗法。

图 15-10

患有幼稚型淋巴肉瘤的新生小母牛，注意其咽后淋巴结严重肿胀。这头小母牛是双胞胎中的一头，而该双胞胎都患有散发性淋巴肉瘤病。

散发型牛白血病（SBL）包括幼稚型（T-细胞）、胸腺型——也有人认为是幼稚型的一种、犊牛型（B-细胞）和皮肤型（T-细胞）淋巴肉瘤。散发型病例很少见，而且发生在2岁以内的牛。这种肿瘤不是由BLV感染引起的，大部分但不是全部SBL患畜是BLV血清阴性。散发型淋巴肉瘤肿瘤细胞表现出T-细胞未成熟谱系，B-细胞相对较少。大部分散发型淋巴肉瘤表达出原癌基因c-Myb，而地方流行型则不表达。

幼稚型和犊牛型淋巴肉瘤影响出生到18月龄的牛犊。B-细胞犊牛型淋巴肉瘤可影响更小的牛。最明显的临床症状是弥散性淋巴结病，并导致外周淋巴结明显肿大（图4-3）。由于持续气胀或是呼吸困难，这些犊牛一般需要重新进行诊断评估。先天性淋巴肉瘤的稀有病例可能发生（图15-10）。幼稚型和犊牛型淋巴肉瘤牛犊可能出现内脏肿瘤，4～7月龄牛犊出现骨髓损伤和外周白血病。偶尔会发现单个肿瘤如在大脑皮层。乳用短角牛的幼稚/犊牛淋巴肉瘤发病率比其他品种奶牛要高。

胸腺型淋巴肉瘤一般见于6～24月龄的牛。所有患牛均可见胸腺进行性增大，但最明显的临床表现是颈部膨大。一些胸腺型患牛肿大的胸腺大部分在胸廓中。大部分患牛后颈部肿胀，并向颅骨中部和前部腹侧发展。像幼稚型淋巴肉瘤患畜一样，患胸腺淋巴肉瘤的小母牛的主要症状是胀气或呼吸困难（图4-50）。原因是受到外部压迫的食管可妨碍嗳气；气管受压迫、肺移位或受压迫、胸腔积水、肺水肿可引起呼吸困难。另外，胸腔和胸腔入口的巨大胸腺肿瘤会妨碍静脉回流，可引起静脉扩张，并影响心脏和肺的功能，甚至达到疑似心力衰竭的程度。

根据心音低沉或一侧或两侧胸廓腹侧的呼吸音减弱，可怀疑是胸廓肿瘤。发热是患牛的常见症状，但其具体机理尚不清楚。发热的出现可能与脓肿、蜂窝织炎、食管撕裂和其他炎症产生诊断困难。发热可能是由于肿瘤坏死、肿瘤诱导的致热源或介质以及呼吸系统的继发感染引起。胸腺淋巴肉瘤造成的颈部肿块在触诊时常造成误诊，因为有些病牛颈部肿块柔软、水肿、有波动感。而另一些牛触诊时感觉肿块坚硬，似乎更接近肿瘤。颈部肿瘤可能很软、水肿或有波动感，以至于认为是液体性的膨胀，进行抽取几乎没有液体，而合适的吸出物或活体组织检查可证实该病是淋巴肉瘤。淋巴肉瘤患牛的其他部位也可能出现肿瘤。1987—1988年，法国科学家对4～10月龄的无BLV发病的犊牛群进行了胸腺型淋巴肉瘤有趣的流行病学调查。结果显示73头病牛中，67头来自同一头公牛的精子。在美国，由于没有病例，因此，未见该病遗传关系的相关报道。

皮肤型淋巴肉瘤病例很少，散发于小于30月龄的牛，而且可感染BLV阴性牛。肿瘤多见于牛的颈部、躯干和后躯（图7-9）。在几个月内病灶数目会变多、体积会增大。淋巴结病可伴随该病皮肤症状同时发生或后期发生。皮肤病灶会增加很多，以至于互相融合（图7-9）。尽管早期的皮肤型淋巴肉瘤患牛表现身体状况健康，但6～12个月后，身体的健康状况恶化，最后，这些牛死于弥散性淋巴肉瘤。昆虫对皮肤型淋巴肉瘤患牛可造成严重刺激，昆虫叮咬可引起皮炎或皮肤结节出血，部分淋巴结长脓疮。皮肤结节是本病的特征症状，临床上可以与成年牛淋巴肉瘤相区别，后者皮肤上偶尔出现单个或几个病灶并伴有内脏病变。

诊断 Diagnosis

牛BLV感染的诊断可用琼脂凝胶免疫电泳（AGID）实验、ELISA或放射免疫测定法。最近建立的PCR方法可用来检测血液中的病原体，并且效果良好。一旦感染BLV病毒，尽管血液会出现抗病毒的抗体，但大部分牛会保持持续感染。血清学检测方法主要应用以下两种抗原：BLV-p24,最早确认的牛白血病病毒的主要核心蛋白；gp51是主要的外囊膜糖蛋白，可能能够协助病毒与宿主细胞结合。gp51囊膜抗原也可以中和牛白血病病毒的活性、抑制病毒释放的活性和抑制细胞外BLV病毒的活性。

大多数实验室利用gp51抗原做AGID实验。针对gp51抗原的商品化AGID检测试剂(Leukassay-B, Piunan-Moore,Washington Crossing, NJ)。一些实验室利用p24和gp51两种抗原做AGID实验。所有的AGID实验都可以特异性检测血清中的抗BLV抗体。易感牛感染BLV后3～12周，AGID方法可以检出抗体。尽管感染BLV到AGID检出抗体间隔时间较长，但其特异性高、灵敏性高、简单实用，使其成为BLV感染牛的有效筛选方法。另外，AGID也是现在出口牛首选的检测方法。

AGID和ELISA是目前多数实验室常用抗体检测方法，用这两种方法检测到的犊牛BLV阳性一般要用PCR方法进一步证实，这可能是因为样品来自BLV阳性母牛的初乳抗体。如前所述，这种被动获得的抗体在6～7月龄的时候，通常会降到不能检测出的水平，但生物学变异可能影响抗体衰减的时间。6月龄内的犊牛AGID阳性可能是因为感染，也可能是因为通过初乳获得的被动抗体的结果。假阴性结果一般是因为感染早期不能检测到抗体的原因，如3～12周时运用AGID方法检测。有时假阴性则表示BLV感染动物体内循环抗体的整体水平下降。这一般发生在分娩时期，因为母体抗体大部分进入乳房部位，跨度为产前2周到产后6周，可能伴随整体抗体水平的下降。如果抗体水平下降到AGID灵敏度范围以下，则会出现假阴性结果。因为宿主抗体应答失败而造成的假阴性情况很少。

放射免疫测定和ELISA检测方法比AGID实验灵敏度高。放射免疫测定在感染后的2周可以检测出感染的存在，也可用于检测围产期母牛牛奶和血液中的抗体水平。这些优点有助于扩大检测对象的范围。放射免疫测定的最大缺点是对仪器和技术的要求较高，ELISA的敏感度极高，特异性与AGID相当，目前在很多商业实验室应用。PCR方法的灵敏度可能等于或略大于血清学检测方法。ELISA常用于牛群中混合血清样本的监测，可以检出单个样品的低水平抗体。ELISA也可检测大批量牛奶中的抗体。

牛群的监测技术的努力方向可能是靠新型的ELISA或PCR方法同步应用检测桶装牛奶或用其他方法检测肿瘤相关抗原。应用针对淋巴肉瘤细胞多肽片段的单克隆抗体来检测肿瘤相关抗原。BLV血清阳性牛一般不会（≤10%）含有可以检测的肿瘤相关抗原。但淋巴肉瘤和PL病牛很有可能含有该抗体。

淋巴肉瘤患牛血清AGID结果可能会出现“双线阳性”结果。这种结果的意义还不清楚，可能反映了肿瘤相关抗原或较强的抗gp51和p24抗体（当二者同时存在于AGID试验中时）。

当淋巴结病和明显的（或触诊出）淋巴肉瘤出现在特定靶器官时，普通的体格检查即可确诊。但多数淋巴肉瘤的诊断需要一定的辅助诊断手段。最好的办法是对渗出液或靶器官做细胞学和活组织检查。ELISA或其他血清学试验阳性为本病提供一些疑似病例的参考指标，但不能确诊，因为不到5%的BLV阳性牛最终发展成淋巴肉瘤。外周淋巴细胞增多是本病的重要指标，但也不一定都是淋巴肉瘤病例。

当怀疑体腔有大的肿瘤时，收集腹水和胸水样品进行检查有助于诊断。但这些样品中有异常的淋巴细胞时，可确定疑似病例。当胸腔积水、心包积液、腹腔（皱胃）有大的肿瘤时，上述方法有助于最后的诊断。当一些患畜淋巴结明显增大时，淋巴结抽吸或活组织检查法有助于确诊。然而，增大的淋巴结经常证明为反应性或增生性的，而不是肿瘤。骨盆和生殖道肿瘤可通过阴道抽吸和活组织检查来诊断。超声波结合吸取物和活组织检查法，对内脏肿瘤、眼球后肿瘤和心包肿瘤的诊断很有帮助。

当用其他辅助实验不能确诊贲门窦肿瘤、皱胃肿瘤和其他内脏肿瘤时，可采用剖腹术进行确诊。临床上淋巴肉瘤最难确诊的两种情况是压迫脊髓的肿瘤和皱胃的浸润性肿瘤，除非患畜的其他部位也有肿瘤或淋巴结肿大，否则这些部位的淋巴肉瘤很难诊断。淋巴肉瘤疑似病畜表现为隐形或明显的黑粪症、体重下降、食欲不振或磨牙症状而怀疑皱胃淋巴肉瘤时，需要进行腹腔穿刺。如果穿刺液的细胞学检查不能确诊，那么必须进行剖腹术来诊断。压迫脊髓的淋巴肉瘤可使牛轻瘫甚至全瘫，这种病牛如果脊髓症状明显而在看不到淋巴肉瘤的其他证据时，需要收集脑脊液(CSF)进行检查——一般由腰骶区收集。脑脊液一般正常，但一些病例表现出蛋白水平升高。另外，少数病例的脑脊液中有肿瘤性淋巴细胞。但从腰骶区不能吸出液体，因为淋巴肉瘤肿块偶尔可造成吸取处空隙的闭塞，但临床医生可在穿刺的针头上得到CSF（图12-37）。尽管可能性很小（少于10%的淋巴肉瘤患牛），但白血病患牛可通过全血细胞计数来作出诊断。一些淋巴肉瘤病牛血清乳酸脱氢酶（LDH）值升高，但这种指标对本病而言没有特异性。

对非典（散发）型的淋巴肉瘤诊断相对较容易，如幼稚型、胸腺型和皮肤型淋巴肉瘤。淋巴结吸出物或活组织检查可以诊断幼稚型，皮肤活组织检查可以证实皮肤型。胸腺型可通过吸出物、活组织检查、胸腔穿刺或超声波指导的活组织检查诊断。

关于本病的治疗，请参阅578页。

控制 Control

BLV阳性率较低的牛群，其控制措施比较简单。可通过血清学试验对所有牛和犊牛进行检查，淘汰6月龄以上的阳性牛，隔离6月龄以内的血清阳性牛，并在9月龄的时候重新检测或用PCR方法检测。对于有价值的BLV阳性牛，可以采用超排卵的方式，将其胚胎转移至阴性母牛子宫。然而，持续存在的阳性牛阻碍了牛群中白血病病毒的消灭；这种情况在PL母牛群常见。如果在控制过程中选用的是血清学检测法，要意识到其检测的局限性。像围产期的母牛一样，早期感染也可能出现假阴性结果。因此，应在3～6个月内对整个牛群进行重复检测。为消灭群内的BLV感染已经提出了几套程序。1980年美国动物健康协会制定了建立无BLV牛群的指导方针。纽约州和其他几个州也提出了建立无BLV牛群的具体程序，但是最后结果一般不理想。

牛群感染率较小时，严格的淘汰措施会造成一些经济损失，但是非常实用。另外，也应该采取措施减少水平传播。这些措施包括兽医工作和饲养管理两个方面，比如使用一次性注射器和针头，进行电动去角，所有的公用器具用前消毒（使用洗必泰或漂白粉）；单独使用直肠检查开口器，严格控制昆虫，并且要尽量避免买进新的动物。淘汰PL病牛可避免一定的水平和垂直传播。其他的一些日常措施仍可有效控制该病传播：用来自BLV阴性母牛的初乳和牛奶（尽管本方法的重要程度尚不清楚）饲喂犊牛，使用前巴氏消毒或冻融BLV阳性母牛的初乳和牛奶（如果必要），犊牛饮用适当的BLV阴性初乳后可以饲喂牛奶替代品，只用BLV血清阴性的母牛作为胚胎移植受体。

如果经济条件不允许采取检测和屠宰，可采取以下措施：检测后将阳性牛与阴性牛分离开。隔离措施必须严格执行，相应设施如挤奶区也应该隔开。另外，还要采取上述的避免垂直传播和水平传播的管理技术。应该允许隔离的阳性奶牛生产，并让其随着时间而死亡。如果采取强制隔离措施得当，阴性牛群一直保持阴性。PL和淋巴肉瘤病牛的消除越快越好。

基于经济或管理方法的考虑，当检测-屠宰和检测-隔离都不可实施时，通过检查并修改现有的管理规程是唯一的选择。像上面提到的减少水平和垂直传播的补救措施，可减低BLV的感染率。除补救性管理措施外，将青年牛和成年牛隔离饲养也可减少病毒的感染。补救措施可以减少但不能消灭BLV感染。检测-屠杀程序是消灭白血病的最好方法，但不幸的是病牛的畜主不愿采取这种措施，因为很多感染牛具有很高的遗传和生产价值。

针对BLV，已研制出了实验性疫苗。灭活的病毒、病毒成分和来自淋巴肉瘤患畜的成淋巴细胞系都用来刺激机体抵抗BLV的感染。由于实验设计、疫苗抗原剂量及攻毒状况的不同，免疫效果也各异。好的疫苗产生的特异性抗体，应该与自然感染BLV阳性牛产生的抗体不同。例如，如果疫苗可使机体产生gp51抗体，那么检测自然感染时就应检测p24或其他相关抗体，这样就可以将疫苗接种的血清阳性和自然感染的阳性病例区别开来。另外，也可用PCR检测病毒DNA的方法将二者区别开。将感染母牛用来作为胚胎移植供体时，应选择无细胞污染的胚胎，并且只移植至BLV阴性受体母牛，受体母牛保持在阴性牛群中饲养。

牛免疫缺损病毒 BOVINE IMMUNODEFICIENCY VIRUS

病因学 Etiology

牛免疫缺损病毒（BIV）属于慢病毒属，可感染牛，并在世界范围内广泛分布。血清学和分子生物学检测方法证明，BIV感染存在于包括美国、加拿大和欧洲在内的几个区域。此病因地域差异而不同，甚至畜群内的患病率也大大不同。随着更敏感的诊断用PCR技术的面世，通过确定前病毒BIV序列，证明BIV在某些畜群中的感染率高达50%以上。在欧洲和北美，以前的血清学检测仅仅证明血清阳性率在1%～6%。与肉牛相比，奶牛群的感染率更高。BIV的确切传播方式仍不知道，但是体液的水平传播如血液、奶、精液和初乳很可能是传播的主要途径，而且与BLV传播方式相似。可能发生经胎盘的自然感染，而且可在冻融的精液中发现BIV的前病毒DNA。

临床症状 Clinical Signs

与BIV感染相关的临床症状仍不确定。尽管此病毒在约30年前已被发现，但仍无关于该病自然发病牛群明显症状的突破性研究和报道，发病牛群症状各异。淋巴细胞增多和淋巴结病常见于试验感染病例，但是BIV感染对牛健康的影响尚不清楚。此外，尽管在血清高阳性率畜群中有牛奶产量下降和对其他常见病的易感性增高的报道，但是BIV感染的经济学损伤评价有争议。

诊断 Diagnosis

BIV的确诊需要检测病毒抗体水平的血清学验证，如应用免疫荧光抗体（IFA）或Western blot和PCR扩增方法，后者检测前病毒DNA序列。PCR方法更加敏感，但是仍没有被广泛商品化。

治疗 Treatment

由于临床症状的不确定性，所以没有特效的方法来预防和根除BIV的感染。在高感染率的畜群，推荐采用控制BLV的相同方法处理。

莱姆病 LYME DISEASE

病因学 Etiology

莱姆病或称莱姆疏螺旋体病是由博氏疏螺旋体（螺旋体的一种）引起的一类人畜共患病。该病常见于康涅狄格和其他美国东部州、中西部的得克萨斯和加州的人或犬。莱姆病由蜱传播，尤其东部的鹿丹明尼硬蜱（*Ixodes dammini*）和西部的太平洋硬蜱（*Ixodes pacificus*）。这些硬蜱的生殖周期是2年，经历3个宿主。成年硬蜱在温暖季节寄生在脊椎动物宿主体内，冬季在土壤内。成年雌性硬蜱在春季产卵，卵在1个月后发育成幼虫。幼虫进食后休眠度过秋季和冬季，来年春天以若虫的形式出来。白脚鼠一般因食入幼虫和若虫而携带博氏疏螺旋体。若虫在温暖季节成熟并附着在宿主上。鹿是成年蜱的常见宿主，但人和家畜也可能成为他们的宿主，这样博氏疏螺旋体就以若虫和成虫的形式完成了从白脚鼠转移到新宿主的过程。这些蜱体积很小（1～2 mm），故在宿主身上很难发现。并且宿主也很难感觉到他们的叮咬。至少一篇文章报道，在生长有小母牛和停产奶牛的牧场出现大量的成年蜱，这牛群表现很大的感染可能，而农场庭院和草料用耕地上的蜱较少，则相对较安全。

家畜一旦感染此病，可能会有不同结果。血清转化的亚临床感染比较常见，并且只有很少的感染动物可以出现明显的临床症状。动物感染该病后产生临床症状的机理尚不清楚。对大部分物种而言，发热、皮疹（早期症状）、跛行、神经症状和内脏感染，这些都说明疾病已由最初的皮肤感染发展为全身败血症。在蜱叮咬的部位会出现迟发性炎症反应，博氏疏螺旋体显然能引起局部的迟发性超敏反应、免疫复合物和其他炎症因子释放的征候。因此，急性局部感染或败血症常表现为迟发性免疫病理学反应。如果没有特征性皮疹，急性感染可能症状轻微或者不明显，很难诊断。很多感染没有明显的临床症状，检测抗体水平诊断价值不大。在牛的血液和尿液中可发现病原体。尿液可成为传播途径，因为一旦染病，患牛会长期经尿排出博氏疏螺旋体。

临床症状 Clinical Signs

牛博氏疏螺旋体感染的临床结果尚不清楚，也没有足够的证据说明牛会发生该病。螺旋体血清阳性牛的临床症状包括：发热、跛行、强直、一个或多个关节肿胀、下肢肿胀、流产。在瑞士一个存在硬蜱的地区，奶牛的关节滑液和牛奶里均检测到了博氏疏螺旋体，这些奶牛的临床症状包括无毛的乳房部位皮肤出现红斑损伤、机体状况下降，并伴有厌食、产奶量下降、步态僵直、关节肿胀。

患病牛四肢下部肿胀、关节肿大并伴有单核细胞浸润，其他骨骼肌病症可导致跛行、不愿站立或移动、继发性损伤、褥疮性溃疡和关节肿胀。因此，若要确定是莱姆病，尤其是对初生奶牛，应先排除因不适应舍饲而发生的蹄叶炎和“混凝土地面病”、魏氏附红细胞体病以及维生素E和硒的缺乏。最近在明尼苏达州和威斯康星州的研究表明，奶牛跛行与博氏疏螺旋体的抗体阳性率高有关。感染牛的流产为散发或地方性流行。在对一群连续从尿中排出博氏疏螺旋体的12头奶牛研究中，其中3头相继发生流产。

一些感染牛产的奶中可能含有博氏疏螺旋体，但巴氏消毒法可将其杀灭。

诊断 Diagnosis

对本病的确诊需要综合多种角度来进行，包括奶牛的临床症状、血清学检测和病原体分离与鉴定结果。血清阳性并不表明动物发病，因为血清阳性可延续很长时间乃至动物的整个生命周期，所以应该避免仅根据血清学试验结果来确诊。Western bolt试验对该病临床疑似病例的诊断较为准确，该方法通过电泳检测疑似血清中是否有博氏疏螺旋体蛋白电泳带来判断。

当怀疑牛感染博氏疏螺旋体时，应该联系能做病原体分离和Western blot的实验室寻求帮助。该病的发病率与患病率尚不清楚。一些学者通过研究发现血清有相对高的博氏疏螺旋体阳性率，但临床发病的概率却很小。

治疗 Treatment

由于该病认识较少，因此对其治疗效果的评价不得而知。大多数品种牛应用四环素和青霉素治疗该病，清除感染的效果时好时差，他们对感染引起的免疫介导紊乱效果不明显。在地方性流行疫区，控制牛群中蜱的传播是比较合理的方法。

肉孢子虫病 SARCOCYSTOSIS

病因学 Etiology

反刍动物骨骼肌和心肌肉孢子虫病感染极为常见，但是只有75%的牛会出现病变，而且大部分只能镜下观察，只有少数可用肉眼判断。肉孢子虫病变程度与病原体摄入量相关，少量病原体感染引起隐性感染，大量感染引起急性症状，表现为：贫血、厌食、发热、神经症状、跛行、尾巴僵直（鼠尾）、流产。

牛是三种肉孢子虫的中间宿主，它们是：枯氏肉孢子虫、人肉孢子虫和多毛肉孢子虫，它们终宿主分别是犬、人和猫。终宿主通过食用含有孢子虫的牛肉而感染。吞食进来的含包囊的孢子变为裂殖子，进行有性繁殖，在肠固有层内形成囊合子，囊合子进一步发育成含有子孢子的孢子囊。终末宿主可持续几周乃至几个月排出孢子化的囊合子，这段时间终末宿主可再次感染本病。牛感染此病是因为采食了囊合子污染的饲料，这些囊合子来自终末宿主的粪便。子孢子在皱胃释放，并进入毛细血管。裂体性孢子和裂殖子停留在血管中（一般在血管内皮细胞）；从而繁殖出更多的裂殖子，并通过血液传播到肌肉或其他组织。这个周期很复杂，可能涉及增殖周期的深入内容。但无论如何，包囊最终都要在肌肉中形成。

各个年龄段的牛都易感，突然接触大剂量囊合子的犊牛和成年牛发病更严重。严重感染的牛出现血管炎和血管外溶血，从而导致贫血。这种溶血可能是由免疫系统介导的，也有报道出现散在的血管内凝集。因为犬新孢子虫引起流产的发现，孢子虫病的神经系统和生殖系统的病变需要重新评定。试验感染肉孢子虫的牛常在妊娠中期3个月发生流产。

临床症状 Clinical Signs

牛吞食感染性孢子囊后1～3个月出现临床症状。试验感染的剂量为100 000或更多的孢子囊。这种感染的自然发生率还不清楚。但临床症状一般包括发热、厌食、贫血、体重下降、跛行、淋巴结病、流涎、虚弱、神经症状、胃肠紊乱。也有见眼睑、颈部和尾部（鼠尾）脱毛症状。贫血的特点是免疫介导的血管外溶血现象，可能是致死性，导致DIC和间接胆红素的升高。本病可引起母畜的流产，多发生在妊娠中期3个月，可能源于致死性感染或母畜应激。

神经症状与中枢神经的炎症有关，而病畜的虚脱是由于肌炎和贫血共同引起的。

诊断 Diagnosis

尽管间接血凝试验、ELISA、AGID方法可用于寄生虫抗体水平的检测，但这些方法主要局限于专门的实验室。早期IgM抗体在感染后1个月出现，3～4个月达到峰值，而IgG在第6周出现，3个月时达到高峰。

严重病例临床症状的出现对于诊断有一定的帮助，但在亚临床和轻度感染情况下效果不好。最急性感染肉孢子虫患畜剖检可见贫血、多灶性出血、淋巴结病变、横纹肌松弛水肿并可见明暗相间的条纹、心肌出血、肌病，肝脏苍白。组织学病变为肉芽肿性脑脊髓炎，并可见血管和肌肉内的裂殖体。慢性感染时，在横纹肌和心肌可见肉孢子虫的包囊。其他原因致死的奶牛偶尔可在横纹和心肌上发现肉孢子虫的包囊。

治疗 Treatment

大部分的治疗经验来自人工感染，其在实际工作中的疗效价值尚不清楚。安普罗铵、莫能霉素和其他离子载体有一定预防效果。但这些药对本病的治疗效果尚未确定。

控制 Control

迅速彻底清除病牛尸体以破坏其病原的增殖周期；防止终宿主的粪便污染奶牛饲料是最好的控制方法。

热应激和热射病
HEAT STROKE, HEAT STRESS

虽然热射病不是感染性疾病，但是其过热应该与感染性疾病的发热区别开来。

病因学 Etiology

环境的高温与高湿易引起热应激，严重时可引起中暑。美国大部分奶牛来自北欧、不列颠群岛和西欧各国，它们已经适应了温和的气候。美国北部冬季寒冷夏季温和的气温中，这些牛生长良好。对于这些适应了较冷气候的家畜，热应激对其影响较大。较高的相对湿度加剧了环境温度对动物的影响，因此有人认为不单纯是环境温度，而是温湿曲线的联合变化导致了热应激。热应激可能会给一些奶牛群的动物福利带来一定的影响。大多数热应激发生在南部和中部州。应激牛表现为体温持续上升、呼吸改变、胃肠功能紊乱、水分丢失严重、采食量减少、产奶量减少、产犊体重较轻、生殖能力下降及其他的负面作用。这些问题也可能发生在北部州的奶牛上，但一般比较少见而且影响较小。减小热应激影响的方法包括改造牛舍、用风扇使牛周围空气流通、水雾降温和改良饲料配方等。

牛在外置、运输、躺卧或生活在通风不良环境中受到应激易诱发热射病。其他疾病引起的呼吸道疾病或发热可使易感性增加。在高温和高湿气候下，低钙和/或肝脏脂肪沉积、失去体温调节能力的牛，躺卧在通风不良或者太阳直射的地方，可导致热射病。奶牛在热应激而又通风或降温不良时，体温一般在39.72℃或更高，只要很小的外刺激便会升至41.11℃或者更高。在春末和夏初，提前出现的高热和高湿天气，可使尚未脱去冬毛而散热较差的母牛和小母牛发生热射病。牛主要靠呼吸道散热，发病过程会造成进行性的呼吸急促困难及最后肺水肿，最终妨碍机体（而不是辅助）散热，造成恶性循环，热射病常发生于成年奶牛，有时也见于青年牛或犊牛。犊牛劳累性热应激可发生致死性的DIC。

临床症状和诊断
Clinical Signs and Diagnosis

呼吸急促（>60次/min）同时直肠温度高于40.56℃是热射病的表现。大多数母牛开始张口呼吸、流涎，并有焦虑的情绪。心率常见100 次/min或更高。严重病例表现为肺水肿，鼻腔和嘴中有大量的泡沫分泌物。患牛体温持续升高、躺卧、虚脱，躺卧时体温超过41.11℃。当体温高于42.22℃时，可造成神经损伤。

根据呼吸急促、心动过速、高热、劳累性呼吸困难、肺水肿、张口呼吸等临床症状，可以作出诊断，但对并发症也要进行诊治。例如脓毒性乳房炎、子宫炎或肺炎可导致发热，更易引起热射病。在通风不良或太阳直射的低钙患牛不仅要解决其热射病问题，而且要给予补钙治疗。同时，运输这些病牛会进一步加剧病情。工作人员应尽可能依据全面的体格检查对患牛发热原因加以鉴别诊断。

治疗 Treatment

一旦诊断为热射病，应停止移动奶牛，治疗应激。如有可能，用冷水浇患牛全身或用大功率风扇降温。两者同时应用效果最佳。酒精降温效果不如水，因为用量太大，较难凑齐，通过胃管将冷水注入瘤胃或静脉注射与室温相当的类晶体有一定的效果。

如果怀疑发生肺气肿，应按0.5～1.0 mg/kg的量使用利尿灵。对低血钙症进行治疗时，静脉内输入钙剂的过程中应谨慎，因为患畜已出现心动过速（≥120 次/min），而且要对患畜进行保定，但应避免过度的约束，非固醇类消炎药和一个剂量的去氢化可的松对重症虚脱病畜有疗效（怀孕奶牛禁用）。病情稳定后应立即治疗并发症和代谢系统疾病。但低钙症状病畜不能按此方法进行，而应当先治疗低血钙症，然后冷水降温。

实时监控直肠温度，直到温度下降至40℃，心搏过速和呼吸急促的症状缓解。面向牛的头部安置大功率电扇，通风越多效果越好。

康奈尔大学的Francis H. Fox 博士对于治疗展览牛的热射病有一定的经验，这些牛在夏季州、县博览会上一般关在高湿高热并且通风不良的牛栏里。他建议：在牛面前的草料盘放置较大的冰块并且用大功率的风扇对着冰块吹，使冷空气流向牛身。对那些没有退毛的病畜，要进行人工剪毛。除非母牛躺卧并进一步发展成DIC，或者不能转移到有水和风扇的地方，一般病畜愈后良好。但当直肠温度超过42.22℃时，病畜愈后不良。

（赵化阳、白玉译，黄瑛、王进校）

参考文献

Abt DA, Marshak RR, Kulp HW, et al: Studies on the relationship between lymphocytosis and bovine leukosis, *Bibl Haemat* 36: 527-536, 1970.

Aleman MR, Spier SJ: Corynebacterium pseudotuberculosis infection. In Smith BP, editor: *Large animal internal medicine,* St. Louis, 2002, Mosby.

Alt DP, Zuerner RL, Bolin CA: Evaluation of antibiotics for treatment of cattle infected with *Leptospira borgpetersenii* serovar hardjo, *J Am Vet Med Assoc* 219:636-639, 2001.

Animal and Plant Health Inspection Service: *Bovine tuberculosis eradication,* Washington, DC, 1989, United States Department of Agriculture.

Asahina M, Ishiguro N, Wu D, et al: The proto-oncogene c-myb is expressed in sporadic bovine lymphoma, but not in enzootic bovine leucosis, *J Vet Med Sci* 58:1169-1174, 1996.

Behymer DE, Biberstein EL, Riemann HP, et al: Q fever *(Coxiella burnetii)* investigations in dairy cattle: challenge of immunity after vaccination, *Am J Vet Res* 37:631-634, 1976.

Behymer D, Riemann HP: *Coxiella burnetii* infection (Q fever), *J Am Vet Med Assoc* 194:764-767, 1989.

Bielanski A, Simard C, Maxwell P, et al: Bovine immunodeficiency virus in relation to embryos fertilized in vitro, *Vet Res Commun* 25:663-673, 2001.

Bolin CA, Thiermann AB, Handsaker AL, et al: Effect of vaccination with a pentavalent leptospiral vaccine on *Leptospira interrogans* serovar *hardjo* type *hardjo-bovis* infection of pregnant cattle, *Am J Vet Res* 50:161-165, 1989.

Bolin CA, Alt DP: Use of a monovalent leptospiral vaccine to prevent renal colonization and urinary shedding in cattle exposed to *Leptospira borgpetersenii* serovar hardjo, *Am J Vet Res* 62:995-1000, 2001.

Brown RA, Blumerman S, Gay C, et al: Comparison of three different leptospiral vaccines for induction of a type 1 immune response to *Leptospira borgpetersenii* serovar Hardjo, *Vaccine* 21:4448-4458, 2003.

Burgess EC, Gendron-Fitzpatrick A, Wright WO: Arthritis and systemic disease caused by *Borrelia burgdorferi* infection in a cow, *J Am Vet Med Assoc* 191:1468-1469, 1987.

Burgess EC, Wachal MD, Cleven TD: *Borrelia burgdorferi* infection in dairy cows, rodents, and birds from four Wisconsin dairy farms, *Vet Microbiol* 35:61-77, 1993.

Burgess EC: *Borellia burgorferi* infection in Wisconsin USA horses and cows, *Ann N Y Acad Sci* 539:235-243, 1988, Benach JL, Bosler EM, editors [special issue published in conjunction with Lyme Disease and Related Disorders, International Conference held in New York, NY, September 14-16, 1987].

Burridge MJ, Thurmond MC, Miller JM, et al: Fall in antibody titer to bovine leukemia virus in the periparturient period, *Can J Comp Med* 46:270-271, 1982.

Burridge MJ, Thurmond MC: An overview of modes of transmission of bovine leukemia virus, *Proc US Anim Health Assoc* 85:165-169, 1981.

Catlin J, Sheehan E: Transmission of bovine brucellosis from dam to offspring, *J Am Vet Med Assoc* 188:867-869, 1986.

Cheville NF: Development, testing and commercialization of a new brucellosis vaccine for cattle, *Ann N Y Acad Sci* 916:147-153, 2000.

Cheville NF, Stevens MG, Jensen AE, et al: Immune responses and protection against infection and abortion in cattle experimentally vaccinated with mutant strains of *Brucella abortus, Am J Vet Res* 54:1591-1597, 1993.

Crawford RP, Huber JD, Sanders RB: Brucellosis in heifers weaned from seropositive dams, *J Am Vet Med Assoc* 189:547-549, 1986.

Daugschies A, Hintz J, Henning M, et al: Growth performance, meat quality and activities of glycolytic enzymes in the blood and muscle tissue of calves infected with Sarcocystis cruzi, *Vet Parasitol* 88:7-16, 2000.

Daugschies A, Rupp U, Rommel M: Blood clotting disorders during experimental sarcocystiosis in calves, *Int J Parasitol* 28:1187-1194, 1998.

DiGiacomo RF: Horizontal transmission of the bovine leukemia virus, *Vet Med* 87:263-271, 1992.

DiGiacomo RF: The epidemiology and control of bovine leukemia virus infection, *Vet Med* 87:248-257, 1992.

DiGiacomo RF: Vertical transmission of the bovine leukemia virus. *Vet Med* 87:258-262. 1992.

DiGiacomo RF, Hopkins SG, Darlington RI, et al: Control of bovine leukosis virus in a dairy herd by a change in dehorning, *Can J Vet Res* 51:542-544, 1987.

DiGiacomo RF, McGinnis LK, Studer E, et al: Failure of embryo transfer to transmit BLV in a dairy herd, *Vet Rec* 127:456, 1990.

Divers TJ: Transmission of bovine leukemia virus by rectal palpation—control and epidemiologic studies. In *Proceedings: American Association of Bovine Practitioners Conference*, 84-89, 1992.

Dubey JP, Fayer R: Sarcocystosis, toxoplasmosis, and cryptosporidiosis in cattle, *Vet Clin North Am (Food Anim Pract)* 2:293-298, 1986.

Dubey JP, Lindsay DS, Anderson ML, et al: Induced transplacental transmission of *Neospora caninum* in cattle, *J Am Vet Med Assoc* 201:709-713, 1992.

Ellis WA, O'Brien JJ, Cassells JA, et al: Excretion of *Leptospira interrogans* serovar *hardjo* following calving or abortion, *Res Vet Sci* 39:296-298, 1985.

Ellis WA, O'Brien JJ, Neill SD, et al: Bovine leptospirosis: serological findings in aborting cows, *Vet Rec* 110:178-180, 1982.

Enright JB, Sadler WW, Thomas RC: Thermal inactivation of *Coxiella burnetii* in milk pasteurization, *Public Health Monogr* 47:1-30, 1957.

Erwin BG: Experimental induction of bacillary hemoglobinuria in cattle, *Am J Vet Res* 38:1625-1627, 1977.

Essey MA: The TB challenges—how can we prevent a disastrous comeback? *Large Anim Vet* January/February:10-14, 1994.

Fayer R, Johnson AJ: Effect of amprolium on acute sarcocystosis in experimentally infected calves, *J Parasitol* 61:932-936, 1975.

Fayer R, Johnson AJ, Lunde M: Abortion and other signs of disease in cows experimentally infected with *Sarcocystis fusiformis* from dogs, *J Infect Dis* 134:624-628, 1976.

Ferrer JF, Marshak R, Abt DA, et al: Relationship between lymphosarcoma and persistent lymphocytosis in cattle: a review, *J Am Vet Med Assoc* 175:705-708, 1979.

Ferrer JF, Piper CE: Role of colostrum and milk in the natural transmission of the bovine leukemia virus, *Cancer Res* 41:4906-4909, 1981.

Fox FH, Roberts SJ: Recent experiences in the ambulatory clinic, *Cornell Vet* 39:249-260, 1949.

Frelier PF, Lewis RM: Hematologic and coagulation abnormalities in acute bovine sarcocystosis, *Am J Vet Res* 45:40-48, 1984.

Galloway DR, Baillie L: DNA vaccines against anthrax, *Expert Opin Biol Ther* 4:1661-1667, 2004.

Gasbarre LC, Suter P, Fayer R: Humoral and cellular immune responses in cattle and sheep inoculated with sarcocystis, *Am J Vet Res* 45:1592-1596, 1984.

Gerritsen MJ, Koopsman MJ, Dekker TC, et al: Effective treatment with dihydrostreptomycin of naturally infected cows shedding *Leptospira interrogans* serovar *hardjo* subtype *hardjobovis*, *Am J Vet Res* 55:339-343, 1994.

Goren MB: Phagocyte lysosomes: interactions with infectious agents, phagosomes, and experimental perturbations in function, *Annu Rev Microbiol* 31:507-533, 1977.

Grooms DL, Bolin CA: Diagnosis of fetal loss caused by bovine viral diarrhea virus and *Leptospira* spp, *Vet Clin North Am Food Anim Pract* 21:463-472, 2005.

Gunning RF, Jones JR, Jeffrey M, et al: Sarcocystis encephalomyelitis in cattle, *Vet Rec* 146:328, 2000.

Gupta P, Ferrer JF: Detection of bovine leukemia virus antigen in urine from naturally infected cattle, *Int J Cancer* 25:663-666, 1980.

Halling SM: Paradigm shifts in vaccine development: lessons learned about antigenicity, pathogenicity and virulence of Brucellae, *Vet Microbiol* 90:545-552, 2002.

Hatfield CE, Rebhun WC, Dill SG: Thymic lymphosarcoma in three heifers, *J Am Vet Med Assoc* 189:1598-1599, 1986.

Henry ET, Levine JF: Rectal transmission of bovine leukemia virus in cattle and sheep, *Am J Vet Res* 48:634-636, 1987.

Hirsh DC, MacLachlan NJ, Walker RL: *Veterinary microbiology*, ed 2, Oxford, 2004, Blackwell Publishing Ltd.

Hopkins SG, Evermann JF, DiGiacomo RF, et al: Experimental transmission of bovine leukosis virus by simulated rectal palpation, *Vet Rec* 122:389-391, 1988.

Huber NL, DiGiacomo RF, Evermann JF, et al: Bovine leukemia virus infection in a large Holstein herd: prospective comparison of production and reproductive performance in antibody-negative and antibody-positive cows, *Am J Vet Res* 42:1477-1481, 1981.

Ji B, Collins MT: Seroepidemiologic survey of Borrelia burgdorferi exposure of dairy cattle in Wisconsin, *Am J Vet Res* 55:1228-1231, 1994.

Johnson R, Kaneene JB: Bovine leukemia virus. Part I. Descriptive epidemiology, clinical manifestations, and diagnostic tests, *Compend Contin Educ Pract Vet* 13:315-327, 1991.

Johnson R, Kaneene JB: Bovine leukemia virus. Part II. Risk factors of transmission, *Compend Contin Educ Pract Vet* 13:681-691, 1991.

Johnson R, Kaneene JB: Bovine leukemia virus. Part III. Zoonotic potential, molecular epidemiology, and an animal model, *Compend Contin Educ Pract Vet* 13:1631-1640, 1991.

Johnson R, Kaneene JB: Bovine leukemia virus. Part IV. Economic impact and control measures, *Compend Contin Educ Pract Vet* 13:1727-1737, 1991.

Kabeya H, Ohashi K, Onuma M: Host immune responses in the course of bovine leukemia virus infection, *J Vet Med Sci* 63:703-708, 2001.

Kaja RW, Olson C: Non-infectivity of semen from bulls infected with bovine leukosis virus, *Theriogenology* 18:107-112, 1982.

Kim SG, Kim EH, Lafferty CJ, et al: *Coxiella burnetii* in bulk milk tank samples, United States, *Emerg Infect Dis* 11:619-621, 2005.

King JM: Clinical exposures: bovine splenic lymphosarcoma, *Vet Med* June:533, 1992.

Kuckleburg CJ, Chase CC, Nelson EA, et al: Detection of bovine leukemia virus in blood and milk by nested and real-time polymerase chain reactions, *J Vet Diagn Invest* 15:72-76, 2003.

Kuttler KL: Babesiosis. In Committee on Foreign Animal Diseases, editor: *Foreign animal diseases*, Richmond, VA, 1998, United States Animal Health Association.

Langston A, Ferdinand GA, Ruppanner R, et al: Comparison of production variables of bovine leukemia virus antibody-negative and antibody-positive cows in two California dairy herds, *Am J Vet Res* 39:1093-1099, 1978.

Lassauzet MLG, Thurmond MC, Walton RW: Lack of evidence of transmission of bovine leukemia virus by rectal palpation of dairy cows, *J Am Vet Med Assoc* 195:1732-1733, 1989.

Leonard FC, Quinn PJ, Ellis WA, et al: Duration of urinary excretion of leptospires by cattle naturally or experimentally infected with *Leptospira interrogans* serovar *hardjo*, *Vet Rec* 121:435-439, 1992.

Levy MG, Clabaugh G, Ristic M: Age resistance in bovine babesiosis: role of blood factors in resistant to *Babesia bovis*, *Infect Immun* 37:1127-1131, 1982.

Lewin HA, Bernoco D: Evidence for bovine lymphocyte antigen-linked resistance and susceptibility to subclinical progression of bovine leukaemia virus infection, *Anim Genet* 17:197-207, 1986.

Lincoln SD, Zaugg JL, Maas J: Bovine anaplasmosis: susceptibility of seronegative cows from an infected herd to experimental infection with *Anaplasma marginale*, *J Am Vet Med Assoc* 190:171-173, 1987.

Lischer CJ, Leutenegger CM, Braun U, et al: Diagnosis of Lyme disease in two cows by the detection of Borrelia burgdorferi DNA, *Vet Rec* 146:497-499, 2000.

Lopes CW, de Sa WF, Botelho GG: Lesions in cross-breed pregnant cows, experimentally infected with *Sarcocystis cruzi* (Hasselmann, 1923) Wenyon, 1926 (Apicomplexa: Sarcocytidae), *Rev Bras Parasitol Vet* 14:79-83, 2005.

Magnarelli LA, Bushmich SL, Sherman BA, et al: A comparison of serologic tests for the detection of serum antibodies to whole-cell and recombinant Borrelia burgdorferi antigens in cattle, *Can Vet J* 45:667-673, 2004.

Magonigle RA, Newby TJ: Response of cattle upon reexposure to *Anaplasma marginale* after elimination of chronic carrier infections, *Am J Vet Res* 45:695-697, 1984.

Magonigle RA, Simpson JE, Frank FW: Efficacy of a new oxytetracycline formulation against clinical anaplasmosis, *Am J Vet Res* 39:1407-1420, 1978.

Maurin M, Raoult DQ: Q fever, *Clin Microbiol Rev* 12:518-553, 1999.

McNab WB, Jacobs RM, Smith HE: A serological survey for bovine immunodeficiency-like virus in Ontario dairy cattle and associations between test results, production records and management practices, *Can J Vet Res* 58:36-41, 1994.

McQuiston JH, Childs JE: Q fever in humans and animals in the United States, *Vector Borne Zoonotic Dis* 2:179-191, 2002.

Meas S, Usui T, Ohashi K, et al: Vertical transmission of bovine leukemia virus and bovine immunodeficiency virus in dairy cattle herds, *Vet Microbiol* 84:275-282, 2002.

Monke DR: Noninfectivity of semen from bulls infected with bovine leukosis virus, *J Am Vet Med Assoc* 188:823-826, 1986.

Monke DR, Rohde RE, Hueston WD, et al: Estimation of the sensitivity and specificity of the agar gel immunodiffusion test for bovine leukemia virus 1296 cases 1982–1989, *J Am Vet Med Assoc* 200:2001-2004, 1992.

Moosawi M, Ardehaii M, Farzan A, et al: Isolation and identification of Clostridium strains from cattle malignant edema cases, *Arch Razi Institute* 50:65-70, 1999.

National Research Council: *Livestock disease eradication*, Washington, DC, 1994, National Research Council.

Newby TJ, Magonigle RA: Long-acting oxytetracycline injectable for the elimination of chronic bovine anaplasmosis under field conditions, *Agri-Practice* 4:5-7, 1983.

Nicoletti P: A short history of brucellosis, *Vet Microbiol* 90:5-9, 2002.

Nicoletti P: The epidemiology of bovine brucellosis, *Adv Vet Sci Comp Med* 24:69-98, 1980.

Nicoletti P, Milward FW, Hoffmann E, et al: Efficacy of long-acting oxytetracycline alone or combined with streptomycin in the treatment of bovine brucellosis, *J Am Vet Med Assoc* 187:493-495, 1985.

O'Brien DJ, Schmitt SM, Fitzgerald SD, et al: Managing the wildlife reservoir of *Mycobacterium bovis*: the Michigan, USA, experience, *Vet Microbiol* 112:313-323, 2006.

Onuma M, Hodatsu T, Yamamoto S, et al: Protection by vaccination against bovine leukemia virus infection in sheep, *Am J Vet Res* 45:1212-1215, 1984.

Onuma M, Aida Y, Okada K, et al: Usefulness of monoclonal antibodies for detection of enzootic bovine leukemia cells, *Jpn J Cancer Res* 76:959-966, 1985.

Orr KA, O'Reilly KL, Scholl DT: Estimation of sensitivity and specificity of two diagnostics tests for bovine immunodeficiency virus using Bayesian techniques, *Prev Vet Med* 61:79-89, 2003.

Ott SL, Johnson R, Wells SJ: Association between bovine-leukosis virus seroprevalence and herd-level productivity on US dairy farms, *Prev Vet Med* 61:249-262, 2003.

Palmer GH, Lincoln SD: Diseases associated with increased erythrocyte destruction—anaplasmosis. In Smith BP, editor: *Large animal internal medicine*, St. Louis, 2002, Mosby.

Palmer MV, Waters WR: Advances in bovine tuberculosis diagnosis and pathogenesis: what policy makers need to know, *Vet Microbiol* 112:181-190, 2006.

Parker JL, White KK: Lyme borreliosis in cattle and horses: a review of the literature, *Cornell Vet* 82:253-274, 1992.

Parma AE, Santisteban G, Margin RA: Analysis in in vivo assay of *Brucella abortus* agglutinating and non-agglutinating antibodies, *Vet Microbiol* 9:391-398, 1984.

Parodi AL, DaCosta B, Djilali S, et al: Preliminary report of familial thymic lymphosarcoma in Holstein calves, *Vet Rec* 125:350-352, 1989.

Pelzer KD, Sprecher DJ: Controlling BLV infection on dairy operations, *Vet Med* 88:275-281, 1993.

Piper CE, Ferrer JF, Abt DA, et al: Postnatal and prenatal transmission of the bovine leukemia virus under natural conditions, *J Natl Cancer Inst* 62:165-168, 1979.

Pollock JM, Rodgers JD, Welsh MD, et al: Pathogenesis of bovine tuberculosis: the role of experimental models of infection, *Vet Microbiol* 112:141-150, 2006.

Potgieter FT: Eperythrozoonosis, *Infect Dis Livestock* 1:573-580, 2004.

Quinn PJ, Markey BK, Carter ME, et al: *Veterinary microbiology and microbial disease*, Oxford, 2002, Blackwell Science Ltd.

Radostits OM, Gay CC, Blood DC, et al: *Veterinary medicine. A textbook of the diseases of cattle, sheep, pigs, goats and horses*, ed 10, London, 2007, WB Saunders Co Ltd.

Ragan VE: The Animal and Plant Health Inspection Service (APHIS) brucellosis eradication program in the United States, *Vet Microbiol* 90:11-18, 2002.

Ray WC, Brown RR, Stringfellow DA, et al: Bovine brucellosis: an investigation of latency in progeny of culture-positive cows, *J Am Vet Med Assoc* 192:182-186, 1988.

Rhodes JK, Pelzer KD, Johnson YJ: Economic implications of bovine leukemia virus infection in mid-Atlantic dairy herds, *J Am Vet Med Assoc* 223:346-352, 2003.

Rhodes JK, Pelzer KD, Johnson YJ, et al: Comparison of culling rates among dairy cows grouped on the basis of serologic status for bovine leukemia virus, *J Am Vet Med Assoc* 223:229-231, 2003.

Richtzenhain LJ, Cortez A, Heinemann MB, et al: A multiplex PCR for the detection of Brucella spp. and Leptospira spp. DNA from aborted bovine fetuses, *Vet Microbiol* 87:139-147, 2002.

Roberts DM, Carlyon JA, Theisen M, et al: The bdr gene families of the Lyme disease and relapsing fever spirochetes: potential influence on biology, pathogenesis, and evolution, *Emerg Infect Dis* 6:110-122, 2000.

Roby TO, Amerault TE, Mazzola V, et al: Immunity to bovine anaplasmosis after elimination of *Anaplasma marginale* infections with imidocarb, *Am J Vet Res* 35:993-995, 1974.

Roby TO, Mazzola V: Elimination of the carrier state of bovine anaplasmosis with imidocarb, *Am J Vet Res* 33:1931-1933, 1972.

Ruppanner R, Jessup DA, Ohishi I, et al: A strategy for control of bovine leukemia virus infection: test and corrective management, *Can Vet J* 24:192-195, 1983.

Schmidtmann ET, Schlater JL, Maupin GO, et al: Vegetational association of host-seeking adult blacklegged ticks, Ixodes scapularis Say (Acari: Ixodidae), on dairy farms in northwestern Wisconsin, *J Dairy Sci* 81:718-721, 1998.

Schmitt SM, O'Brien DJ, Bruning-Fann CS, et al: Bovine tuberculosis in Michigan wildlife and livestock, *Ann N Y Acad Sci* 969:262-268, 2002.

Schurig GG, Roop RM 2nd, Bagchi T, et al: Biological properties of RB51: a stable rough strain of *Brucella abortus*, *Vet Microbiol* 28:171-188, 1991.

Schurig GG, Sriranganathan N, Corbel MJ: Brucellosis vaccines: past, present and future, *Vet Microbiol* 90:479-496, 2002.

Schurr E, Malo D, Radzioch D, et al: Genetic control of innate resistance to mycobacterial infections, *Immunol Today* 12:A42-A45, 1991.

Shettigara PT, Samagh BS, Lobinowich EM: Control of bovine leukemia virus infection in dairy herds by agar gel immunodiffusion test and segregation of reactors, *Can J Vet Res* 53:108-110, 1989.

Smith CR, Corney BG, McGowan MR, et al: Amoxycillin as an alternative to dihydrostreptomycin sulphate for treating cattle infected with *Leptospira borgpetersenii* serovar hardjo, *Aust Vet J* 75:818-821, 1997.

Smith JA, Thrall MA, Smith JL, et al: *Eperythrozoon wenyonii* infection in dairy cattle, *J Am Vet Med Assoc* 196:1244-1250, 1990.

Snyder JH, Snyder SP: Bacillary hemoglobinuria. In Smith BP, editor: *Large animal internal medicine*, St. Louis, 2002, Mosby.

Stalheim HV, Fayer R, Hubbert WT: Update on bovine toxoplasmosis and sarcocystosis, with emphasis on their role in bovine abortions, *J Am Vet Med Assoc* 176:299-302, 1980.

Staples CR, Thatcher WW: Heat stress in dairy cattle. In Roginski H, Fuquay JW, Fox PF, editors: *Encyclopedia of dairy sciences*, Boston, 2003, Academic Press.

Surujballi O, Mallory M: An indirect enzyme linked immunosorbent assay for the detection of bovine antibodies to multiple Leptospira serovars, *Can J Vet Res* 68:1-6, 2004.

Sweeney R, Divers TJ, Ziemer E, et al: Intracranial lymphosarcoma in a Holstein bull, *J Am Vet Med Assoc* 189:555-556, 1986.

Tanner WB, Potter ME, Teclaw RF, et al: Public health aspects of anthrax vaccination of dairy cattle, *J Am Vet Med Assoc* 173:1465-1466, 1978.

Thurmond MC, Carter RL, Puhr DM, et al: An epidemiological study of natural in utero infection with bovine leukemia virus, *Can J Comp Med* 47:316-319, 1983.

Tripathy DN, Hanson LE, Mansfield ME, et al: Experimental infection of lactating goats with *Leptospira interrogans* serovars *pomona* and *hardjo*, *Am J Vet Res* 46:2512-2514, 1985.

Udall DH: *The practice of veterinary medicine*, ed 6, Ithaca, NY, 1954, Published by the author.

Uilenberg G, Thiaucourt F, Jongejan F: On molecular taxonomy: what is in a name? *Exp Appl Acarol* 32:301-312, 2004.

VanDerMaaten MJ, Miller JB, Schmerr MJ: Effect of colostral antibody on bovine leukemia virus infection of neonatal calves, *Am J Vet Res* 42:1498-5000, 1981.

Wagenaar J, Zuerner RL, Alt D, et al: Comparison of polymerase chain reaction assays with bacteriologic culture, immunofluorescence, and nucleic acid hybridization for detection of *Leptospira borgpetersenii* serovar hardjo in urine of cattle, *Am J Vet Res* 61:316-320, 2000.

Wells SJ, Trent AM, Robinson RA, et al: Association between clinical lameness and *Borrelia-burgdorferi* antibody in dairy cows, *Am J Vet Res* 54:398-405, 1993.

Williams BM: Clostridial myositis in cattle: bacteriology and gross pathology, *Vet Rec* 100:90-91, 1977.

Wojnarowicz C, Ngeleka M, Sawtell SS, et al: Saskatchewan: unusual winter outbreak of anthrax, *Can Vet J* 45:516-517, 2004.

Yaeger M, Holler LD: Bacterial causes of infertility and abortion. In Youngquist RS, editor: *Current therapy in large animal theriogenology,* Philadelphia, 1997, WB Saunders.

Yeruham I, Elad D, Friedman S, et al: *Corynebacterium pseudotuberculosis* infection in Israeli dairy cattle, *Epidemiol Infect* 131:947-955, 2003.

Yeruham I, Friedman S, Perl S, et al: A herd level analysis of a *Corynebacterium pseudotuberculosis* outbreak in a dairy cattle herd, *Vet Dermatol* 15:315-320, 2004.

Young DB, Mehlert A, Bal V, et al: Stress proteins and the immune response to mycobacteria antigens as virulence factors, *Antonie van Leeuwenhoek* 54:431-439, 1988.

Zaugg JL: Babesiosis. In Smith BP, editor: *Large animal internal medicine,* ed 3, St. Louis, 2002, Mosby.

第十六章
CHAPTER 16

各种中毒和缺乏症

Miscellaneous Toxicities and Deficiencies

Franklyn Garry

表16-1 各种中毒和缺乏症

毒物或成分	一般来源	临床症状	诊断	治疗
蓝绿藻（蓝细菌）	农场池塘，盛夏至初秋时节温暖的阳光和风促使有毒藻类聚到岸边	肝中毒 神经中毒 出血性腹泻 其症状依不同种藻类产生的毒素而定	鉴定和培养各种有毒藻类	活性炭做载体，往池塘水中加 $CuSO_4$ 使其浓度达到 0.2 ~ 0.4 mg/kg
棉酚	棉籽，棉籽饼	由于钾水平的变化(急性)或心肌病（慢性）引起的心脏衰竭 血红蛋白尿，繁殖功能障碍 肝脏坏死	有饲喂棉籽或棉籽饼的历史，犊牛日粮中含量达 100 mg/kg，成年牛日粮中游离棉酚达 1 000 ~ 2 000 mg/kg 时中毒	改变日粮，热天时减少饲喂量
氨化饲料中毒(疯牛病)	含氨的饲料	过度兴奋，眨眼睛，瞳孔扩张，视力改变，抽搐，发抖，口吐白沫，吼叫，向前冲	有饲喂氨化饲料的历史 症状：血液和瘤胃氨水平正常。毒性作用是由于吡嗪和咪唑引起的	改变日粮 适当的混合 逐渐适应 NPN 饲料来源 对哺乳牛停喂氨化饲料
柑橘类的浆果	在总的混合饲料中含有柑橘类的浆果时会引起奶牛的多种死亡。具体原因不清楚	皮肤病损，出血，心力衰竭和系统性的肉芽肿病与蚕豆属植物中毒相似。暗示 IV 类敏感性	有临床症状和饲喂柑橘类浆果的历史	经常柑橘类浆果没问题，但当与某种未知的特定的物质一起饲喂时会产生特定的毒素
[①]其他饲喂牛的副产品	饲喂食用油脂、椒盐卷饼等，在牛中会偶发急性或亚急性的中毒	症状可变化，包括瘤胃弛缓，腹泻，神经学症状；除此之外，有些病例有肾脏或肝脏衰竭	无法确定是哪种特定的毒素，经常饲喂的没问题的副产品也会发病	对症治疗
非蛋白氮 NPN）——诱导氨中毒（尿素中毒）	尿素，氨化饲料，铵盐	发病迅速(可能突然死亡) 腹痛，鼓气，兴奋，吼叫，神经症状，虚脱，流涎	有饲喂历史 测定日粮中的 NPN 瘤胃 pH > 8.0（活牛，或染病新死后剖检） 血液或玻璃体含氨 > 1.0 mg/dL	消除致病源 经胃管灌胃 2 ~ 6 L 醋和 20 ~ 30 L 冷水 日粮中 NPN 不要超过总氮的 1/3 尿素饲喂量不超过日粮的 1%，除非动物日粮逐渐增加至较高水平

续表

毒物或成分	一般来源	临床症状	诊断	治疗
莫能霉素/拉沙洛西毒性	离子载体类药物超量饲喂或混合不均，特别是犊牛！同时饲喂大环内酯类抗生素会增加莫能霉素中毒的危险	急性：厌食，异食癖，腹泻，抑郁，呼吸困难，中枢神经系统（CNS）症状（拉沙洛西毒性）和急性死亡 亚急性/慢性：心脏衰竭，呼吸困难，体弱，腹泻	心肌和骨骼肌出血和坏死 胸腔积水，腹水，水肿，肝脏呈蓝色，增大并变实（日积月累的摄入后）饲料分析	支持疗法，硒安泰乐/维生素 E
硼	硼肥	神经症状：虚弱，抑郁，肌束震颤，癫痫发作 腹泻	组织灰分的比色测定，最小致死剂量为：200 ～ 600 mg/kg	支持疗法
铁中毒	补血药剂	黄疸，神经症状	有给药的历史，肝酶增加	支持疗法，血液置换
铁缺乏	总产奶量下降，慢性失血	虚弱，心动过速，苍白	有历史、临床症状，小泡囊，小染色体再生障碍性贫血（血细胞比容＜ 12%），血清中铁的含量极低	输血，安泰乐（Parenteral）铁
锌中毒	犊牛：代乳品 成年牛：污染的水	肺炎，眼球突出，结膜水肿，腹泻，厌食，鼓气，心律失常，惊厥，多尿/烦渴， 便秘 产奶量下降	反刍日粮中含锌量高于 100 μg/g	去除中毒来源，或日粮中添加粗饲料
铅中毒	老的油漆，电池，排出的汽油，饲料中渗透入的铅	皮质盲，感觉过敏，共济失调，震颤，癫痫发作，磨牙，瘤胃弛缓，偶有腹泻	症状，暴露的可能，在瘤胃样品中寻找汽油，血铅的浓度＞ 0.35 mg/kg 肝/肾中铅的浓度 >10 mg/kg	每天维生素 B_1 1 g IV，EDTA 钙 35 mg/kg IV，每 12 h1 次，至少 3 ～ 5 d 瘤胃切开术 口服钠或镁的硫酸盐
氟中毒	毒性强的除草剂，木材的防腐剂 位于含氟物质加工厂下风向的植物和土壤	急性：胃肠炎，肾衰竭和神经症状 慢性（典型）：由于外生性骨疣和其他骨损伤引起的跛行 牙齿异常：过度磨损和变色	急性：尿、组织和瘤胃中含有氟 密质骨中氟含量 >5 500 mg/kg； 松质骨中氟含量 >7 000 mg/kg	无
硝酸和亚硝酸中毒	富集硝酸盐的植物：高粱、苏丹草、藜的茎、谷粒 肥料：污染的水，硝酸盐经瘤胃转化为亚硝酸盐 亚硝酸盐通常是毒性离子	高铁血红蛋白血症（血呈褐色） 呼吸困难，体弱，由于胎儿缺氧引起的流产/不孕	急性中毒可能是由于饲料中硝酸盐水平＞ 10 000 mg/kg 或水中水平＞ 1 500 mg/kg 国家科学院警告：饮用水中硝酸盐和亚硝酸盐含量不应分别超过 440 mg/L 或 33 mg/L 眼房水状液中硝酸盐含量超过 40 μg/mL 可确诊（40 ppm） 野外测定植物或眼房水状液中含量可用 1%的二苯胺	1%亚甲基蓝溶液，4 ～ 15 mg/kg IV；不赞成食用该类动物的肉，组织染色需要数月 给药后饲喂硝酸盐含量＜ 0.6% 的饲料

续表

毒物或成分	一般来源	临床症状	诊断	治疗
石油烃和原油	水源污染或意外泄漏	肠鼓气，由于挥发性碳氢化合物的汽化和鼓胀引起反胃 由于挥发性物质吸入肺或在嗳气时吸入引起肺炎，可能有神经症状	确定在肠容物、粪便或肺中含有挥发性碳氢化合物 瘤胃内容物中混合有水和石油，应将瘤胃内容物做委托鉴定	瘤胃切开术和支持疗法
有机磷酸盐中毒	食入或意外接触有机磷杀虫剂	食入：几小时内出现症状 皮肤接触 1 ~ 7 d 或更长时间出现症状 症状随特定毒素和各种不同的毒蕈碱或烟碱样作用而变化 常见症状：流涎，瞳孔缩小，震颤，虚弱，呼吸困难，脱水 典型症状是腹泻，但氯螨硫磷在公牛体内还可引起明显的瘤胃停滞	血、血凝块、脑、视网膜和其他组织中乙酰胆碱酯酶活性降低 样品应在 24 h 内以冷藏形式送至实验室，冷冻样品可以保存几天。乙酰胆碱酯酶水平比对照低 50%以上	阿托品： 0.25 ~ 0.50 mg/kg 体重，只有必要时才可重复给药 口服 350 ~ 700 g 活性炭 2-PAM[②]：肌肉注射 20 ~ 50 mg/kg，最好在 24 ~ 48h 内给药 皮肤接触的用水洗和洗涤剂轻洗
氨基甲酸酯中毒	食入或意外接触氨基甲酸酯类农药	与有机磷同	与有机磷同	与有机磷同，但 2-PAM 不能用在氨基甲酸酯中毒上
有机氯中毒或暴露	残留或不当的丢弃严格控制的产品如阿尔德林或甲氧氯，其他农药，大多数现在是非法制品	急性：癫痫发作，和其他神经症状 残留：没有或症状很少，但奶、脂肪和肉被污染	病史，症状，血液或组织残留 用玻璃或金属容器收集样品 脂肪组织（脑、肝、血）中的中毒浓度随每种产品而变化，但都导致组织或奶污染数月或几年	急性：支持疗法 残留：排泄时间延长，尽量通过各种药物动力学方法试着提高药物的代谢损失 受感染的牛淘汰
无水氨水	农业液体肥料（通常是农场附近的甲基苯丙胺实验室偶然泄漏造成的）	猝死，角膜溃疡，上呼吸道和支气管黏膜坏死	检测有无氨水或无水氨水泄漏的历史	支持疗法
真菌毒素				
玉米赤霉烯酮（F-2）	通常是由于温暖潮湿的条件下污染镰孢菌后又经寒冷天气的贮藏玉米	雌激素过多——乳房过早发育，外阴肿胀，脱出，流产，不孕	分析饲料中玉米赤霉烯酮含量 通常≥ 5 mg/kg 时引起症状	除去污染饲料
单端孢烯（T-2）（DON，脱氧雪腐镰孢菌烯醇）(DAS)	由于潮湿天气收获晚的饲料 谷物、小麦、大麦和其他作物	拒食饲料（绝大多数）！ 口腔黏膜坏死 可能有凝血病，免疫抑制 生殖障碍	T-2 和 DAS > 10 mg/kg 中毒	除去污染饲料
根霉菌胺（流涎因子）	豆科植物（常是红苜蓿）被根瘤菌污染	24 h 内出现多涎，随后呈现厌食，尿频，腹泻	临床症状和饲料中特定真菌的确定	除去污染饲料 严重病例给阿托品（0.25 mg/kg）

续表

毒物或成分	一般来源	临床症状	诊断	治疗
麦角	被麦角菌污染的谷物	四肢末端干性坏疽，跛行	日粮中含有 0.3%～1.0% 的麦角	除去污染饲料
黄曲霉毒素（B_1 毒性最大）	太潮湿谷物种子（特别是玉米）	产奶量下降 肝毒性（小叶中央） 免疫抑制	日粮中的浓度≥ 20 μg/kg 奶中浓度应低于 0.5 μg/L	除去污染饲料
羊茅草（"夏季综合征"）	被 *Acremonium coenophialum* 污染的羊茅草	生长缓慢，多涎，呼吸困难，神经质，耐热性差 怀胎率下降	确定羊茅草内寄生菌含量 测定羊茅草中麦角肽的水平	症状的 多种豆科植物和添加谷物 采用低寄生菌含量的多种草籽
羊茅草蹄（通常在天或冬天）	被 *A.coenophialum* 污染的羊茅草	跛行，四肢末端形成腐肉 体重下降	确定羊茅草内寄生菌含量 测定羊茅草中麦角肽的水平	多种豆科植物和添加谷物 采用低寄生菌含量的多种草籽
羊茅草脂肪坏死	被 *A.coenophialum* 污染的羊茅草	腹部脂肪坏死（Channel Island 品种常发）	确定羊茅草内寄生菌含量 测定羊茅草中麦角肽的水平	多种豆科植物和添加谷物 采用低寄生菌含量的多种草籽
震颤原性毒素	感染花稗麦角菌的毛花雀稗草 狗牙草（秋天） 多年生黑麦草 蹒跚病 各种青霉菌和曲霉菌产生的震颤原性霉菌毒素 青霉震颤毒素就是这样的一种毒素 白蛇根、无舌状黄花、辛纳真碎米蕨和山月桂属植物	震颤随运动而增强，过度兴奋，共济失调，伸展过度，抽搐，虚脱并伴随松驰 白蛇根随奶汁排出，可引起饮用感染奶的犊牛或人中毒	确定植物种类和所处季节	避免接触
碘中毒	过度补充或在日粮中治疗性投药	呼吸道疾病 眼鼻流泪涕 干燥鳞状膜 免疫抑制，产奶量、生长和繁殖率降低	摄碘量远远超过 12 mg/（头 · d） 血清或奶中碘化物≥ 20 μg/dL	成年牛的最大日粮含量为 0.60 mg/kg 幼畜日粮中最大含量为 0.25 mg/kg
砷中毒	大量涂有防腐剂树木被烧 过期的杀虫剂和灭鼠剂、除草剂以前采矿遗留的炉渣 家禽和猪的饲料添加剂	胃肠炎和腹泻（有时伴有出血） 神经症状 磨牙 可能有肾损伤 局部接触皮肤坏死	肝和肾中砷含量＞ 3 mg/kg（湿重）	20% 硫辛酸溶液，50 mg/kg 肌肉注射，每日 3 次，或口服硫代硫酸钠 30 g/d，4 d
卤代环烃（PCB，PBB）中毒	不再生产的化合物引起环境残留污染，或由于事故而引起变化产生卤代环烃	消耗性疾病，皮肤损伤，角化过度，免疫抑制，繁殖障碍，肝和肾损伤 （毒物）长期残留在体内	由有资格的实验室确定组织、奶中的含量水平；脂肪沉积	无 在需要的情况下对奶牛进行挑选

续表

毒物或成分	一般来源	临床症状	诊断	治疗
双香豆素或香豆素毒性	灭鼠剂如华法林，或第二代抗凝血剂，如溴鼠隆 brodifacoum)，还有腐败的甜三叶草、干草 青贮的甜春季干草（黄花茅）	由于维生素 K 拮抗作用导致肝脏中凝血因子产生量减少而引起出血，引起凝血酶原转化成凝血酶。 血肿，关节积血，胃肠出血，鼻出血，昆虫咬处出血，淤斑，贫血，流产等等	症状 血凝时间延长 通常是凝血酶原时间延长，有时是延长活化部分的凝血激酶的时间 血小板和 FDP 值正常	维生素 K：0.5 ～ 2.5 mg/kg 体重，肌注或皮下几次（第二代灭鼠药可能需要治疗几周） 输新鲜全血，特别是在威胁生命的贫血时
欧洲蕨	长期放牧或食用欧洲蕨干草	症状可能在长期（1 ～ 3 个月）消化不良后出现 出血和再生障碍性贫血 地方流行性血尿和膀胱肿瘤	血小板减少 白细胞减少 贫血（非再生性） 血尿和膀胱肿块	除避免接触和输全血外无有效办法
橡树或橡树子	橡树叶或橡树子 橡树的春天嫩叶和秋天的橡子	厌食，瘤胃停滞，出血性肠炎，皮下水肿，肾病	典型症状 通过化验血清和尿进行实验室确诊肾脏疾病 尸体剖检可见肾肿大，肾周水肿和出血，胃肠损伤，瘤胃中有橡树或橡树子	液体疗法 瘤胃切开术
草酸盐	酸模属植物（酸模等）	肾衰竭，低血钙症常伴有高血磷症、高血钾症和高血钠症	证实带有草酸盐结晶的肾病 瘤胃中发现中毒植物	液体疗法 病胃切开术
血根藜	反枝苋属植物的叶部，特别是在干旱条件下 硝酸盐和草酸盐的常见来源	皮下水肿，低蛋白血症，肾衰竭	确诊肾衰竭和摄入中毒植物	液体疗法 病胃切开术
生氰植物	高粱、苏丹草（通常是新收割而不是贮存饲料），李属树木，石茅高粱	呼吸急促，焦虑，逐渐衰弱和呼吸困难而死 静脉血鲜红色	确诊接触生氰植物及症状	0.5 g/kg 体重硫代硫酸钠配成 30%～ 40%溶液静脉注射，也可口服
紫杉属	丢弃的灌木修整枝叶	通常是猝死，或心律失常几天后死亡	病史，瘤胃中发现中毒植物	无
吡咯双烷生物碱	千里光属（美狗舌草）、猪屎豆属、天芥菜属、阿姆辛基属、琉璃草属、石斛等	肝衰竭，黄疸，里急后重，直肠脱出，肝性脑病，胃肠症状，可能有光致敏作用	病史，症状，以血清化学为基础的肝衰竭，肝出现典型的病理组织学变化	避免接触
皮肤中毒	草场接触	继发光致敏作用，中毒性肝损伤 脑灰质软化	病史，症状，用血清化学、活组织检查及尸体剖检确定肝脏损伤	避免接触
山扁豆属（如镰刀豆，望江南等）	接触中毒植物含量高的剁碎饲料或牧场牧草	肌病，衰弱，躺卧，肌红蛋白尿	CK 和 AST 含量升高 肌红蛋白尿 排除硒缺乏和劳损性肌病	避免接触或除去污染饲料

续表

毒物或成分	一般来源	临床症状	诊断	治疗
荨麻叶泽兰，白蛇根	美国东北部地区的牧场牧草	肌肉震颤，虚弱，由白蛇根毒素引起的共济失调	发现植物，有肌肉震颤的症状，有肌病	去除毒素
苍耳属植物	饲喂含有2片叶子的有毒的幼苗	虚弱，抑郁，呼吸困难，神经症状，包括痪疯	病史，典型的胃肠、肝和肾损伤	控制草场中有毒植物生长
紫苏属薄荷，高色氨酸草 4-甘薯苦醇（长霉的甘薯）	牛放牧的地方有森林，并且有繁茂的牧草，4～14 d后才出现症状 被苜蓿根腐病菌感染的甜甘薯	伴有呼气声的急性呼吸窘迫	病史，临床症状，排除感染原因。尸体剖检肺脏有肺水肿和肺气肿	去除牧草，支持疗法（利尿药，抗炎药） 在接触牧草前可在饲料中给予离子载体药做为预防
芥属植物（萝卜、油菜、羽衣甘蓝）	在有萝卜或其他芥属植物的草场放牧	几种可能的综合征，包括：脑脊髓灰质软化，牛急性肺气肿和肺水肿，鼓气，溶血性贫血	病史，症状	避免或限制接触 饲喂粗饲料
五氯酚（PCP或Penta）	树木防腐剂	局部刺激（流涎，口腔黏膜发炎，皮肤损伤） 通过皮肤和肺的吸收可能会引起急性（神经性）或慢性（消耗性）的症状 延长体内残留时间	进行全血分析PCP	不在室内使用处理过的木材
燕草属植物（翠雀属）	草场	箭毒样神经肌肉阻滞 随剂量而变的症状，包括：焦虑、易兴奋、僵硬、四肢开展、虚脱、鼓气、呕吐、便秘 猝死	病史，症状	毒扁豆碱0.08 mg/kg静脉注射或新斯的明0.01～0.02 mg/kg肌肉注射
夹竹桃	草场，干草或修整下的枝叶	心脏糖甙毒性 猝死 心律不齐	病史，症状	心律不齐时使用阿托品
洋葱（葱属）	春季牧场中有野生洋葱	洋葱气味，血红蛋白尿	红细胞中有异染颗粒（海因茨小体）	支持疗法，抗氧化剂；通常情况下不需要治疗
黑麦角草	一年生黑麦角草/干草	血红蛋白尿或蹒跚病（黑麦草神经毒性）	测定干草中黑麦草毒素	
硒中毒	富硒土壤中易积累硒的植物（黄芪属）等导致日食中硒含量在5～40 mg/kg 过量食用含硒产品	急性：呼吸窘迫，心衰竭，腹泻，死亡 慢性：迟钝，体重下降，跛行，被毛稀少，鼠尾，畸形蹄，“蹒跚病”	毛发中硒水平＞5 mg/kg，血中硒水平＞1.5 mg/L	远离中毒源 硒缺乏是个更大的问题，见白肌病一节

续表

毒物或成分	一般来源	临床症状	诊断	治疗
铜中毒	意外食入：牛食入 $CuSO_4$ 200 mg/kg 或更多量就会中毒 日粮中铜量正常而钼水平低 肝毒性植物（吡咯双烷生物碱）使肝中过量蓄积铜	急性：严重的胃肠症状或死亡 慢性：高铁血红蛋白血症，黏膜呈褐色，贫血，呼吸困难，血红蛋白尿铜缺乏（见本表后面的介绍）	血、肝、肾铜水平升高 正常血铜 = 0.7 ～ 1.3 mg/L，血中铜的水平无法反应身体组织的水平 正常肝铜 = 30.0 ～ 140.0 mg/kg（湿重）；正常肾铜 ≤ 15.0 mg/kg（湿重） 死后剖检肾脏呈蓝黑色，血红蛋白尿，黄疸，肝肿大	除去中毒源 降低日粮中铜或添加钼以降低 Cu/Mb 比例 每天每头日粮中加入 3 g 钼酸钠和 5 g 硫代硫酸钠，连用 2 周，然后逐渐减少
硫酸盐中毒	高硫酸盐污染的植物和 / 或水	失明，躺卧，癫痫发作，死亡 亚急性：视力受损，共济失调，耳面部肌肉抽搐	脑脊髓灰质软化 瘤胃气体中硫化氢含量增高。干物质中全硫比例超过限量 0.4%。注意：不是所有动物食入超量 0.4% 的硫会引起临床疾病。相当多的硫是从饮水中食入的，必须将水中食入的硫作为一部分计算在内	支持疗法 维生素 B_1 治疗 糖皮质激素疗法 将感染动物远离高硫源，提供低硫食物
钼中毒	日粮中 Cu/Mb 比例 < 2 ∶ 1 或 Mb > 10 mg/kg	慢性：严重腹泻，消瘦，贫血，跛行，被毛褪色，眼睛周围色素消失——与铜缺乏症状一样 急性：肾脏和肝脏坏死	日粮中比例 Cu = Mo，血中 Mo > 0.10 mg/kg	降低钼或添加铜，日粮中加入 1 % ～ 2 % $CuSO_4$
锌缺乏	低锌土壤生产的饲料，特别当土壤是碱性，且氮磷肥料施用过多时	头部、颈部、尾稍和四肢弯曲部分角化不全和脱毛 消瘦和生长缓慢 跛行	血清中锌远远低于正常水平（80 ～ 120 μg/dL）	日粮中加锌，每天最小需要量为 40 mg/kg（干物重）
镁中毒 奶牛比肉牛更少患镁缺乏病——见代谢疾病一章	过度补充含镁的物质，特别是脱水的牛	虚弱，躺卧，低血压	病史，临床症状，氮质血症，血液中镁通常 > 5 mg/dL	缓慢静脉注射硼葡萄糖钙
锰缺乏	来自低锰或临界水平锰的碱性土壤的饲料	不孕，犊牛肢体先天畸形和球节突出 生长缓慢，皮毛稀少	血和组织中锰的水平变化很大	日粮中加入 40 mg/kg 的锰
氯化钠缺乏	添加过少或没有添加	多尿，烦渴，异食癖，喝尿，盐饥饿，食欲不振，体重和产奶量下降	唾液钠正常含量 = 140 ～ 150 mEq/L 缺乏时 = 70 ～ 100 mEq/L	食盐喂食量为日粮的 0.5%
食盐中毒——见第十二章	绝大部分是犊牛由于腹泻，医源性口服非正规浓度的电解补充液造成的。也可能是由于犊牛饲喂高盐奶替代品后没有饮水造成的	失明，癫痫发作，昏迷	血浆钠 > 160 mEq/L	高血钠症需慢慢用含钠的液体校正，同时给予维生素 B_1

续表

毒物或成分	一般来源	临床症状	诊断	治疗
碘缺乏	缺碘土壤 钙食入过量 日粮中芥属植物多	新生犊牛虚弱，甲状腺肿大 死产	测定血和饲料含碘量	泌乳和干奶期奶牛饲喂0.6～0.8mg/kg干饲料 犊牛饲喂0.1～0.3mg/kg干饲料
维生素D_3中毒和/或安泰乐钙给药过量或持续时间太长	大剂量安泰乐给药，绝大部分是犊牛或围产期奶牛。娟姗乳牛更易感	心动过速，虚弱，心力衰竭的症状	高血钙症，心脏和大血管钙化	类固醇、镁、利尿和支持疗法
铜缺乏	原发性：缺铜土壤中的饲料或日粮中添加不够 继发性：高钼或Cu/Mb比例低 高锌、铁、铅或碳酸钙，无机硫酸盐增强Mb对铜的影响	犊牛：生长不良，被毛粗乱，无光泽，腹泻，肌肉骨骼异常 成年牛：消瘦，产奶量下降，贫血，被毛粗乱，无光泽，慢性腹泻（常见于继发性铜缺乏），猝倒症（心肌变性）	牧草中Cu＜3 mg/kg干物质 血液和肝中铜缺乏值、临界值和正常值常常重叠，因此补充铜后的可以证实可疑的铜缺乏 血浆铜：19～57 μg/dL＝临界值＜19 μg/dL＝最低值 日粮中添加的矿物质和盐应含3%～5%的硫酸铜 肝铜：＞100 mg/dL干重＝正常值＜30 mg/kg干重＝最低值 Cu、Mb、硫酸盐等的日粮水平	口服$CuSO_4$：犊牛为4 g/d 3～5周 奶牛为8～10 g/d，3～5周 日粮中应含铜10 mg/kg干物重作为预防
钴缺乏	牧草或日粮中钴缺乏 钴缺乏损伤维生素B_{12}合成和阻止丙酸代谢	进行性食欲不振，体重、产奶量下降 贫血，虚弱，异食癖	肝维生素B_{12}水平：正常＞0.3 mg/kg 钴缺乏时＜0.1 mg/kg	预防：钴0.11 mg/kg（干物重） 治疗：肌肉注射维生素B_{12}，口服1mg钴，每日1次

① www.wisc.edu/dysci/uwex/nutritn/Pubs/ByProducts/ByproductFeedStuffs.html
②氯解磷定制剂，Ayerst实验室，纽约。

表16-2 对可疑毒物诊断样品的采集和送检

体的样品	死亡的样品
全血化学检测：斜面凝固剖面（蓝色试管）	眼房水，2 mL
作为细胞分析样品分别采集EDTA和肝素做抗凝剂的血液样品	1 kg瘤胃内容物：冷冻，检测pH值
血清样品	100 g粪便：冷冻
做矿物分析的特殊试管样品	肝脏和肾脏：100 g冷冻，另外同样一份浸泡在福尔马林中
尿液样品	
饲料：1份冷藏和1份冷冻的样品放置在密封的容器中	脑：一份冷冻，一份浸泡在福尔马林中
水的样品：跟饲料一样保存	
瘤胃内容物和粪便：取100 g放在防漏的密封容器中冷藏	脂肪（网膜的或者腹膜的）：100 g冷冻
其他可疑的材料，如牧草、化学试剂等	

（王金秀译，李玉荣校）

参考文献

Burrows GE, editor: Clinical toxicology, *Vet Clin North Am (Food Anim Pract)*, vol 5, Philadelphia, 1989, WB Saunders.

Committee on Minerals and Toxic Substances in Diets and Water for Animals, Board on Agriculture and Natural Resources, Division on Earth and Life Studies, National Research Council of the National Academies: *Mineral tolerance of animals*, Washington, DC, 2005, National Academy Press.

Gabor LJ, Downing GM: Monensin toxicity in preruminant dairy heifers, *Aust Vet J* 81:476-478, 2003.

Gonzalez M, Barkema HW, Keefe GP: Monensin toxicosis in a diary herd, *Can Vet J* 46:910-912, 2005.

Iizuka A, Haritani M, Shiono M, et al: An outbreak of systemic granulomatous disease in cows with high milk yields, *J Vet Med Sci* 67:693-699, 2005.

Kaur R, Sharma S, Rampal S: Effect of sub-chronic selenium toxicosis on lipid peroxidation, glutathione redox cycle and antioxidant enzymes in calves, *Vet Hum Toxicol* 45:190-192, 2003.

Knight AP: *A guide to plant poisoning of animals in North America*, Jackson, WY, 2001, Teton New Media.

Lopez-Alonso M, Crespo A, Miranda M, et al: Assessment of some blood parameters as potential markers of hepatic copper accumulation in cattle, *J Vet Diagn Invest* 18:71-75, 2006.

Osweiler GD: Physical and chemical diseases. In Howard JL, Smith RA, editors: *Current veterinary therapy 4: food animal practice*, ed 4, Philadelphia, 1999, WB Saunders.

Osweiler GD, Galey FD, editors: Toxicology, *Vet Clin North Am (Food Anim Pract)*, vol 16, Philadelphia, 2000, WB Saunders.

Radostits OM, Gay CC, Blood DC, et al: Veterinary medicine. *A textbook of the diseases of cattle, sheep, pigs, goats and horses*, eds 9 and 10, Philadelphia, 2000 and 2006, WB Saunders Co Ltd.

Santos JE, Villasenor M, Robinson PH, et al: Type of cottonseed and level of gossypol in diets of lactating dairy cows: plasma gossypol, health, and reproductive performance, *J Dairy Sci* 86:892-905, 2003.

Saunders GK, Blodgett DJ, Hutchins TA, et al: Suspected citrus pulp toxicosis in dairy cattle, *J Vet Diagn Invest* 12:269-271, 2000.

Subcommittee on Dairy Cattle Nutrition, Committee on Animal Nutrition, Board on Agriculture and Natural Resources, National Research Council of the National Academies: *Nutrient requirements of dairy cattle*, ed 7, Washington, DC, 2001, National Academy Press.

Velasquez-Pereira J, Risco CA, McDowell LR, et al: Long-term effects of feeding gossypol and vitamin E to dairy calves, *J Dairy Sci* 82:1240-1251, 1999.

附录

APPENDIX

重要的相关网页链接和电话号码

Important Web Links and Phone Numbers for Dairy Practitioners

Food Animal Residue Avoidance Databank
FARAD expert-mediated assistance
Call 1-888-USFARAD
OR
E-mail farad@ncsu.edu
http://www.farad.org/
Activities have been suspended.

Milk and Dairy Beef Quality Assurance Center
http://www.dqacenter.org/

Center for Veterinary Medicine
7519 Standish Place
Rockville, MD 20855-0001
240-276-9300 or 1-888-INFO-FDA
http://www.fda.gov/cvm/default.html

CVM Counterterrorism Coordinator
Center for Veterinary Medicine
Office of Surveillance and Compliance—HFV-200
7519 Standish Place
Rockville, MD 20855-0001
240-453-6830
http://www.fda.gov/cvm/counterterror.htm

CDC List of Biological Agents and Diseases Posing Threats to Public Health
http://www.bt.cdc.gov/agent/agentlist.asp

USDA High Consequence Pathogen List
http://www.aphis.usda.gov/programs/ag_selectagent/ag_bioterr_toxinslist.html

Selection of Disinfectants
http://www.cfsph.iastate.edu/BRM/disinfectants.htm

USDA Animal Health—Import/Export Health Requirements
http://www.aphis.usda.gov/animal_health/lab_info_services/
Link for import and export requirements is:
http://www.aphis.usda.gov/import_export/index.shtml

USDA Office of Emergency Response
http://www.aphis.usda.gov/emergency_response/index.shtml

USDA Center for Veterinary Biologics
http://www.aphis.usda.gov/animal_health/vet_biologics/
or http://www.aphis.usda.gov/vs/cvb/

APHIS-USDA Center for Veterinary Biologics—Adverse Event Reporting
http://www.aphis.usda.gov/vs/cvb/html/adverseeventreport.html

National Center for Foreign Animal and Zoonotic Disease Defense
http://fazd.tamu.edu/

Foreign Animal Diseases
http://www.vet.uga.edu/vpp/gray_book02/index.php#

National Animal Health Laboratory Network
http://www.aphis.usda.gov/vs/nahln/html/Laboratories.html

ASPCA Animal Poison Control Center
College of Veterinary Medicine
University of Illinois
888-426-4435 800-548-2423
http://www.aspca.org

Poisonous Plants
http://www.ansci.cornell.edu/plants/anispecies.html
http://cal.vet.upenn.edu/poison/index.html
http://texnat.tamu.edu/cmplants/toxic/livestock/cattle.html

By-Products Fed to Dairy Cattle
www.ag.ndsu.edu/pubs/ansci/dairy/as1180w.htm
www.wisc.edu/dysci/uwex/nutritn/pubs/ByProducts/ByproductFeedstuffs.html

Necropsy Findings
http://w3.vet.cornell.edu/nst/nst.asp?Fun=Asrch

Consultant
http://www.vet.cornell.edu/consultant/consult.asp

Other Suggested Web Pages:

World Organization for Animal Health (OIE)—General
http://www.oie.int

World Animal Health Information Database WAHID (OIE)
http://www.oie.int/wahid-prod/public.php?page=home

Food and Agriculture Organization (FAO)—Emergency Prevention System for Transboundary Animal and Plant Pests and Diseases (EMPRES)
http://www.fao.org/ag/againfo/programmes/en/empres/home.asp

USDA Foreign Agriculture Service, Dairy, Livestock and Poultry Division Bovine Spongiform Encephalopathy Information
http://www.fas.usda.gov/dlp/BSE/bse.html

索引
Index

D

F

M

O

S

V

W

（默罕默德、杨利峰译，李华、常家鑫、王洋校）